完全掌握 AutoCAD 2012 室内设计超级手册

邓一鸣 等编著

超值多媒体大课堂

机械工业出版社
China Machine Press

本书根据室内设计行业 CAD 职业设计师岗位技能要求量身打造。详实而系统地介绍了 AutoCAD 在室内设计领域的具体应用技能。全书分为 20 章。第 1～10 章结合众多实例，详细讲述了 AutoCAD 在室内设计中的常用绘图技能及模型制作技能；第 11～19 章则以工程案例追踪实录的形式，以理论结合实践的写作手法，系统地讲述了 AutoCAD 在室内制图领域内的实际应用技能和图纸的绘制技能，是读者顺利进入职场的必经通道；最后一章主要学习室内图纸的后期输出技能和数据交换技能。

书中案例经典、解说精细，相关制图工具和制图技巧结合紧密，设计理念和创作构思相辅相成，专业性、层次性、技巧性等特点组合搭配，使该书具备了较高的实用价值。通过对本书的学习，读者能在熟练掌握 AutoCAD 软件的基础上，了解和掌握室内工程图纸的设计流程和方法技巧，学会运用基本的制图工具来表达具有个性化的设计效果，以体现设计之精髓。

本书主要面向初、中级用户和室内设计人员，也适合作为高等院校或社会培训机构的教材，尤其适合于广大室内设计人员和急于投身到该设计领域的广大读者。

图书在版编目（CIP）数据

完全掌握 AutoCAD 2012 室内设计超级手册/邓一鸣等编著. —北京：机械工业出版社，2012.8
ISBN 978-7-111-38216-4

I. ①完… II. ①邓… III. ①室内装饰设计－计算机辅助设计－AutoCAD 软件－手册 IV. ①TU238-39

中国版本图书馆 CIP 数据核字（2012）第 084978 号

机械工业出版社（北京市西城区百万庄大街22号　邮政编码100037）
责任编辑：夏非彼　迟振春
中国电影出版社印刷厂印刷
2012年8月第1版第1次印刷
203mm×260mm · 35.75印张
标准书号：ISBN 978-7-111-38216-4
ISBN 978-7-89433-432-9（光盘）
定价：75.00元（附1DVD）

凡购本书，如有缺页、倒页、脱页，由本社发行部调换
客服热线：（010）88378991；82728184
购书热线：（010）68326294；88379649；68995259
投稿热线：（010）82728184；88379603
读者信箱：booksaga@126.com

完全掌握 AutoCAD 2012 室内设计超级手册

多媒体光盘使用说明

94个视频  8小时  473个文件

① 将光盘放入光驱，依次双击“我的电脑”、“光盘驱动器”、“素材文件”，出现如图所示的界面

② 本书多媒体素材文件

③ 本书多媒体视频文件

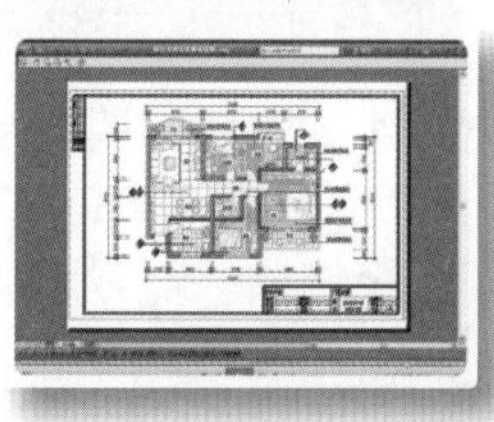

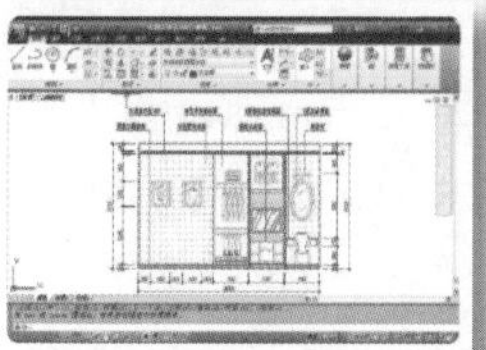

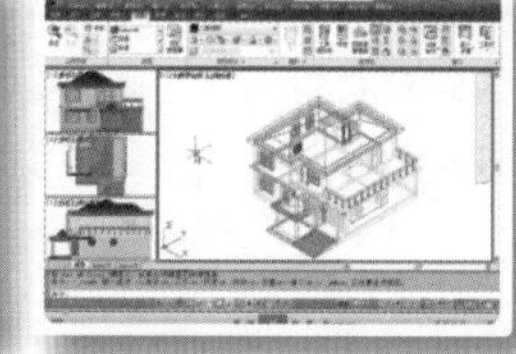

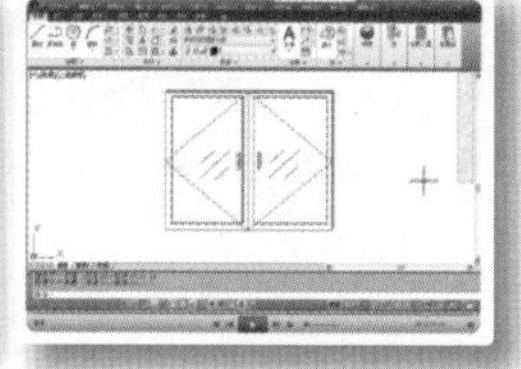

④ 视频动画播放界面

完全掌握 AutoCAD 2012 室内设计超级手册

[视频教学文件]

1.6 案例——绘制A4+H图纸边框
2.5 案例——绘制鞋柜立面图
2.8 案例——绘制玻璃吊柜
3.4 案例——绘制栏杆立面图
3.7 案例——绘制餐桌与餐椅
4.7 案例——绘制组合柜立面图
5.4 案例——绘制小户型家具布置图
5.8 案例——标注小别墅立面标高
6.6 案例——标注户型图房间功能
6.7 案例——标注户型图房间面积
7.5 案例——标注小别墅立面尺寸
8.5 案例——三维辅助功能综合应用
9.6 案例——制作办公桌立体造型
10.4 案例——制作资料柜立体造型
13.3.1 绘制户型墙体轴线图
13.3.2 绘制户型图门窗洞口
13.3.3 绘制户型图纵横墙线
13.3.4 绘制窗户与阳台构件
13.3.5 绘制单开门和推拉门
13.4 绘制多居室家具布置图
13.5.1 绘制卧室与书房地板材质图
13.5.2 绘制客厅与餐厅抛光地砖材质
13.5.3 绘制厨房与卫生间防滑地砖材质
13.6.1 标注布置图房间功能
13.6.2 标注布置图装修材质
13.6.3 标注布置图墙面投影
13.6.4 标注室内布置图尺寸
14.4.1 绘制室内吊顶墙体图
14.4.2 绘制窗帘及窗帘盒构件
14.4.3 绘制厨房与卫生间吊顶
14.5.1 绘制客厅造型吊顶图
14.5.2 绘制主卧室造型吊顶图
14.5.3 绘制儿童房造型吊顶图
14.5.4 绘制餐厅及其他房间吊顶
14.6.1 绘制天花吊顶灯带
14.6.2 布置天花艺术吊灯
14.6.3 布置天花吸顶灯具
14.6.4 布置天花轨道射灯
14.6.5 布置天花吊顶筒灯
14.7 标注多居室吊顶装修图
15.4.2 绘制客厅与餐厅B向轮廓图
15.4.3 绘制客厅电视柜立面图
15.4.4 绘制客厅电视墙立面图
15.4.5 绘制客厅博古架立面图
15.4.6 绘制客厅与餐厅B向构件图
15.5 标注客厅与餐厅B向装修立面图
15.6.2 绘制客厅与餐厅D向轮廓图
15.6.3 绘制客厅与餐厅D向家具图
15.6.4 绘制D向装饰画和艺术吊灯
15.6.5 绘制客厅与餐厅装饰壁纸
15.7 标注客厅与餐厅D向装修立面图
16.3.2 绘制主卧室B向轮廓图
16.3.3 绘制主卧室梳妆台立面图
16.3.4 绘制主卧室立面构件图
16.3.5 绘制主卧室墙面装饰壁纸
16.3.6 绘制主卧室立面灯具图
16.4 标注主卧室B向装修立面图
16.5.2 绘制次卧室B向轮廓图
16.5.3 绘制次卧室衣柜立面图
16.5.4 绘制次卧室立面构件图
16.5.5 绘制次卧室墙面装饰壁纸
16.6 标注次卧室B向装修立面图
17.3.2 绘制书房A向轮廓图
17.3.3 绘制书房写字台立面图
17.3.4 绘制书房书架立面图
17.3.5 绘制立面窗及电脑桌椅
17.4 标注书房A向装修立面图
17.5.2 绘制书房C向轮廓图
17.5.3 绘制书房单开门立面图
17.5.4 绘制书房C向立面构件图
17.5.5 绘制书房C向装饰壁纸
17.6 标注书房C向装修立面图
18.3.2 绘制儿童房B向轮廓图
18.3.3 绘制儿童房墙面装饰架
18.3.4 绘制儿童房组合柜立面图
18.3.5 绘制儿童房B向构件图
18.3.6 绘制儿童房B向装饰壁纸
18.4 标注儿童房B向装修立面图
18.5.2 绘制儿童房D向轮廓图
18.5.3 绘制儿童房D向构件图
18.5.4 绘制儿童房V形装饰架
18.5.5 绘制儿童房D向装饰壁纸
18.6 标注儿童房D向装修立面图
19.3.2 绘制厨房橱柜立面图
19.3.3 绘制厨房吊柜立面图
19.3.4 绘制厨房立面构件图
19.3.5 绘制厨房墙面材质图
19.4 标注厨房B向装修立面图
19.5 绘制卫生间C向装修立面图
19.6 绘制主卧卫生间A向装修立面图
19.7 标注主卧卫生间A向装修立面图
20.4 在模型空间快速打印室内吊顶图
20.5 在布局空间精确打印室内布置图
20.6 以多种比例方式打印室内立面图

前言

AutoCAD 是美国 Autodesk 公司开发的计算机辅助设计绘图软件，先后历经了 20 多年的发展，该软件不断的更新换代，功能不断地增强和完善，目前已成功升级到 AutoCAD 2012。它在继承和增强以前版本诸多功能的基础上，又增加了许多新功能，在运行速度、图形设计、图形管理和网络功能等方面都达到了目前最高的水平。

AutoCAD 本着灵活、高效和以人为本的特点，以其强大而又完善的功能，以及方便、快捷的操作在计算机辅助设计领域中得到了极为广泛地应用，形成了具有巨大基础的用户群体，拥有大量的设计资源，受到世界各地工程设计人员的青睐，现已成为广大技术设计人员不可缺少的得力工具。

本书特色

本书主要面向初次进入设计领域，针对相关设计软件知识不甚了解，想全面掌握设计技能、成为专业设计人员的读者，以及那些虽然具备一定的设计理论知识而实际工作经验比较缺乏的专、本科毕业生。以目前最新版本 AutoCAD 2012 中文版本为基础，从实际应用的角度出发，以日常工程设计流程为主线，系统地讲解了 AutoCAD 在室内设计领域中的应用方法和操作技巧，对应用 AutoCAD 实现设计成果的绘制和表达方面作了详尽的讲解。

书中的实例经典，解说精细，相关制图工具和制图技巧结合紧密，设计理念和创作构思相辅相成，集专业性、技巧性等特点为一体，使该书具备较高的实用价值。在图纸的具体表达过程中，采用了众多的工具搭配技巧，不仅可以使读者快速了解和掌握图纸的设计手法和表达技法，还能极大限度地提高读者的软件操作能力和作图技能，学会运用基本的制图工具表达具有个性化的设计效果，以体现设计之精髓。

主要内容

全书共分为 20 章。第 1～10 章结合众多实例，详细讲述了 AutoCAD 在室内设计中的常用绘图技能及模型制作技能；第 11～19 章则以工程案例追踪实录的形式，以理论结合实践的写作手法，系统讲述了 AutoCAD 在室内制图领域内的实际应用技能和图纸的绘制技能，是读者顺利进入职场的必经通道；最后第 20 章学习室内图纸的后期输出技能和数据交换技能。

全书内容如下：

第 1 章　概述 AutoCAD 2012 的软件界面及相关的基础操作技能，使没有基础的读者对 AutoCAD 有一个快速了解和认识，为后续章节的学习打下基础。

第 2 章　介绍点的绘制、输入、捕捉、追踪技能以及视图定位技能。

第 3 章　介绍多线、多段线、辅助线和曲线等各类线图元的绘制方法和绘制技能。

第 4 章　介绍常用闭合图元的绘制技能和编辑技能，以方便绘制和组合复杂图形。

第 5 章　介绍软件的高级制图功能，以方便对组织、管理、共享和完善图形。

第 6 章　介绍文字与表格的创建技能和图形信息的查询技能。

第 7 章　介绍各类常用尺寸的具体标注技能和编辑协调技能。

第 8 章　介绍三维观察、三维显示和用户坐标系等三维辅助制图技能。

第 9 章　介绍基本几何体、复杂几何体以及组合体的创建技术。

第 10 章　介绍三维基本操作、曲面与网格的编辑和实体面边的细化技能。

第 11 章　介绍室内设计的一些基础理论知识和相关制图规范。

第 12 章　介绍室内设计绘图样板文件的制作过程。

第 13 章　介绍 AutoCAD 在室内设计布置图方面的具体应用技能和相关技巧。

第 14 章　介绍 AutoCAD 在室内设计吊顶图方面的具体应用技能和相关技巧。

第 15 章　介绍 AutoCAD 在客厅与餐厅装修方面的具体应用技能和相关技巧。

第 16 章　介绍 AutoCAD 在主卧与次卧装修方面的具体应用技能和相关技巧。

第 17 章　介绍 AutoCAD 在书房装修方面的具体应用技能和相关技巧。

第 18 章　介绍 AutoCAD 在儿童房装修方面的具体应用技能和相关技巧。

第 19 章　介绍 AutoCAD 在厨房与卫生间装修方面的具体应用技能和相关技巧。

第 20 章　介绍室内图纸的后期输出技能以及与其他软件间的数据转换技能。

本书结构严谨，内容丰富，图文结合，通俗易懂。书中的案例经典，图文并茂，实用性、操作性和代表性极强。

通过本书的学习，能使零基础读者，在最短的时间内具备软件的基本操作技能和专业图纸的设计绘制技能，学会运用基本的绘图知识来表达具有个性化的设计效果，以体现设计之精髓。

本书作者

本书由邓一鸣主编，另外崔伟、王艳娜、陈瑛、段明英、王媛、何明生、刘静波、王恒、刘磊、魏东明、徐庆翔、宋磊、周文广、陈世明、黄鹏、贾辉等参与了部分章节的编写工作。虽然作者在本书的编写过程中力求叙述准确、完善，但由于水平有限，书中欠妥之处在所难免，希望读者和同仁能够及时指出，共同促进本书质量的提高。

技术支持

读者在学习过程中遇到难以解答的问题，可以到为本书专门提供技术支持的“中国 CAX 联盟”网站求助或直接发邮件到编者邮箱，编者会尽快给予解答。

编者邮箱：comshu@126.com

技术支持：http://www.ourcax.com/

编　者

2012 年 5 月

前言

第1章 AutoCAD 2012 轻松入门

第2章 绘制和定位点图元

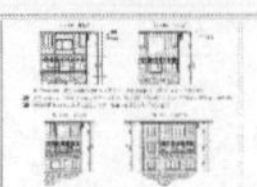

第3章 绘制与编辑线图元

第4章 绘制与编辑闭合图元

第5章 图形的组合、管理与引用

第6章 创建文字、符号与表格

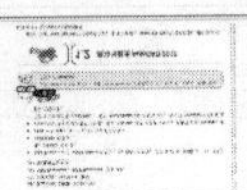

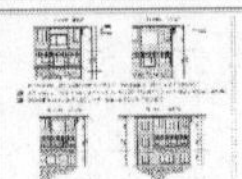

第7章 为图形标注尺寸

第8章 三维辅助功能

第9章 三维建模功能

第10章 AutoCAD 三维编辑功能

第11章 室内设计基础知识

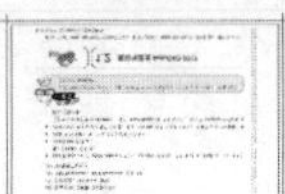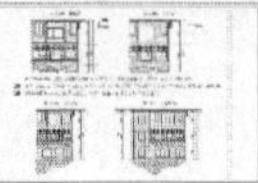

第14章 多居室吊顶平面图设计

第15章 客厅与餐厅装饰设计

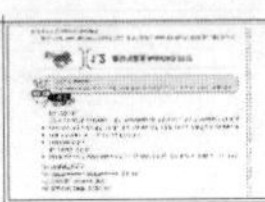

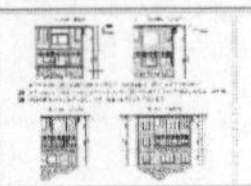

第16章 主卧与次卧装饰设计

第17章 书房装饰设计

第18章 儿童房装饰设计

第19章 厨房与卫生间装饰设计

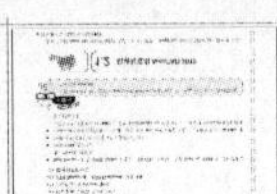

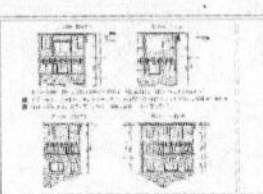

第20章 设计图纸输出与数据交换

第 1 章

AutoCAD 2012 轻松入门

AutoCAD 是一款集二维绘图、三维建模、数据管理及数据共享等诸多种功能于一体的高精度计算机辅助设计软件，此软件可使广大图形设计人员轻松、高效地进行图形设计与绘制工作。本章主要介绍 AutoCAD 的基本概念、系统配置、操作界面及绘图文件的设置等基础知识，让没有基础的初级读者对 AutoCAD 有一个快速地了解和认识。

知识要点

- 了解 AutoCAD 2012
- 启动与退出 AutoCAD 2012
- 认识 AutoCAD 2012 工作界面
- 掌握 AutoCAD 初级操作技能
- AutoCAD 文件的设置与管理
- 案例——绘制 A4-H 图纸边框

1.1 了解 AutoCAD 2012

在学习 AutoCAD 2012 绘图软件之前，首先简单介绍软件的应用范围、基本概念及其启动和退出等知识。

1.1.1 应用范围与基本概念

AutoCAD 由美国 Autodesk 公司开发的，其具有功能强大、易于掌握、使用方便、系统开发等特点。自 1982 年问世以来，在机械、建筑、服装和电子等诸多领域得到了广泛地应用，以及地理、气象、航天、造船等特殊图形的绘制，甚至石油、乐谱、灯光和广告等领域也得到了多方面的应用。目前，已成为计算机 CAD 系统中应用最为广泛的图形软件之一。

目前最新的版本为 AutoCAD 2012，其中“Auto”是英语 Automation 单词的词头，意思是“自动化”；“CAD”是英语 Computer-Aided-Design 的缩写，意思是“计算机辅助设计”；“2012”则表示 AutoCAD 软件的版本号。

1.1.2 AutoCAD 2012 系统配置

AutoCAD 具有很强的适应性，它可以在各种操作系统支持的微型计算机和工作站上运行。本节主要介绍 AutoCAD 2012 软件的配置需求。

1. 32 位操作系统的配置需求

针对 32 位的 Windows 操作系统而言，其最低配置需求如下：

（1）操作系统。Service Pack 2（SP2）或更高版本；Service Pack 3（SP3）或更高版本以及 Windows 7 Enterprise、Windows 7 Ultimate、Windows 7 Professional、Windows 7 Home Premium 等。

（2）浏览器。Internet Explorer 7.0 或更高版本。

（3）处理器。对于 Windows XP 系统而言，需要使用 Intel® Pentium® 4 或 AMD Athlon™ 双核处理器，1.6 GHz 或更高，采用 SSE2 技术；对于 Windows Vista 或 Windows 7 系统而言，需要使用 Intel Pentium 4 或 AMD Athlon 双核处理器，3.0 GHz 或更高，采用 SSE2 技术。

（4）内存。无论是在哪种操系统下，至少需要 2 GB 内存，建议使用 4 GB。

（5）显示分辨率。1024×768 真彩色。

（6）磁盘空间。1.8GB 的硬盘安装空间。不能在 64 位 Windows 操作系统上安装 32 位的 AutoCAD，反之亦然。

（7）定点设备。鼠标、轨迹球或其他设备，MS-Mouse 兼容；DVD/CD-ROM；任意速度（仅用于安装）。

（8）.NET Framework。.NET Framework 版本 4.0。

（9）3D 建模其他要求。

- Intel Pentium 4 或 AMD Athlon 处理器，3.0 GHz 或更高；或者 Intel 或 AMD 双（2）核处理器，2.0 GHz 或更高。
- 2 GB RAM 或更大。
- 2 GB 可用硬盘空间（不包括安装需要的空间）。
- 1280 x 1024 真彩色视频显示适配器，具有 128 MB 或更大显存（建议：普通图像为 256 MB，中等图像材质库图像为 512 MB）、采用 Pixel Shader3.0 或更高版本，且支持 Direct3D ®功能的工作站级图形卡。

2. 64 位系统基本配置

针对 64 位的操系统而言，其硬件和软件的最低需求如下：

（1）操作系统。Service Pack 2（SP2）或更高版本；Service Pack 3（SP3）或更高版本以及 Windows 7 Enterprise、Windows 7 Ultimate、Windows 7 Professional、Windows 7 Home Premium 等。

（2）浏览器。Internet Explorer 7.0 或更高版本。

（3）处理器。AMD Athlon 64，采用 SSE2 技术；AMD Opteron™，采用 SSE2 技术；Intel Xeon ®，具有 Intel EM64T 支持和 SSE2；Intel Pentium 4，具有 Intel EM 64T 支持并采用 SSE2 技术。

（4）内存。要 2 GB 内存，建议使用 8 GB。

（5）显示分辨率。1024×768 真彩色。

（6）磁盘空间。2.0GB 的安装空间。

（7）定点设备。MS-Mouse 兼容。

（8）.NET Framework。.NET Framework 版本 4.0。

（9）3D 建模其他要求。

- Intel Pentium 4 或 AMD Athlon 处理器，3.0 GHz 或更高；或者 Intel 或 AMD 双（2）核处理器，2.0 GHz 或更高。
- 2 GB RAM 或更大。
- 2 GB 可用硬盘空间（不包括安装需要的空间）。
- 1280×1024 真彩色视频显示适配器，具有 128 MB 或更大显存（建议：普通图像为 256 MB，中等图像材质库图像为 512 MB）、采用 Pixel Shader 3.0 或更高版本，且支持 Direct3D ®功能的工作站级图形卡。

安装 AutoCAD 2012 过程中，会自动检测 Windows 操作系统是 32 位还是 64 位版本，然后安装适当版本的 AutoCAD。

1.2 启动与退出 AutoCAD 2012

在简单了解 AutoCAD 2012 绘图软件之后，本节主要学习 AutoCAD 2012 绘图软件的几种启动方式、软件退出工作空间以及空间切换等。

1.2.1 启动 AutoCAD 2012

当成功安装 AutoCAD 2012 软件之后，通过双击桌面上的图标，或者单击桌面任务栏“开始”→“程序”“Autodesk”→“AutoCAD 2012”中的 AutoCAD 2012 - Simplified Chinese 选项，即可启动该软件，进入如图 1-1 所示的“AutoCAD 经典”工作空间。

如果用户为 AutoCAD 初始用户，那么启动 AutoCAD 2012 后，则会进入如图 1-2 所示的“草图与注释”工作空间，此种工作空间是以功能区面板的界面形式面向用户，打破了传统的经典界面形式。

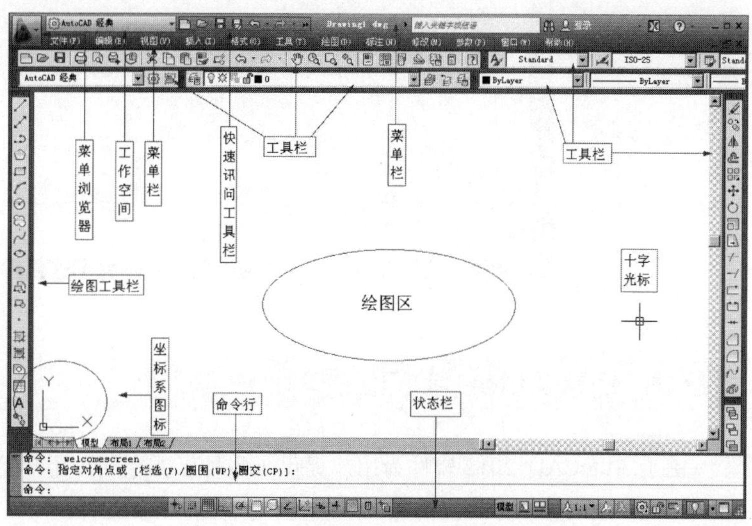

图 1-1 “AutoCAD 经典”工作空间

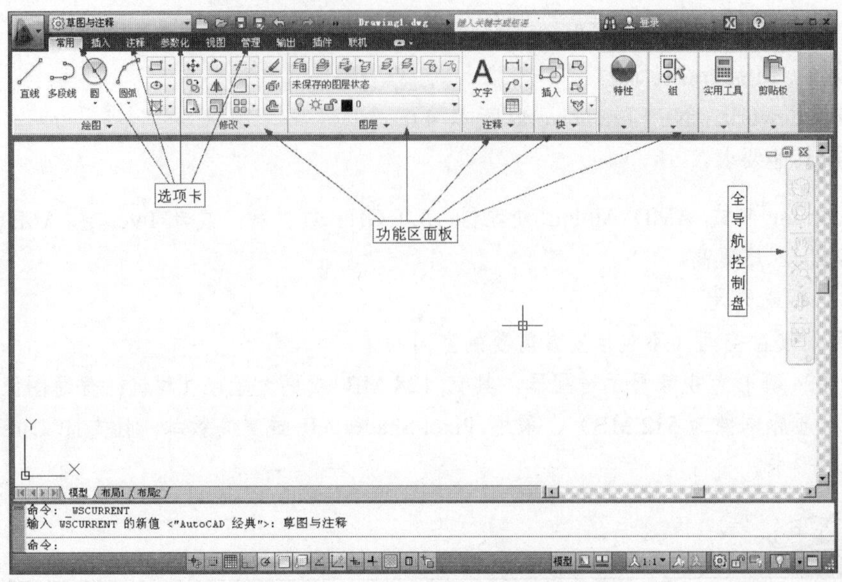

图 1-2 “草图与注释”工作空间

除了“AutoCAD 经典”和“草图与注释”两种工作空间外，AutoCAD 2012 软件还提供了“三维基础”和“三维建模”工作空间。其中，“三维建模”工作空间如图 1-3 所示，在此工作空间内可以非常方便地访问新的三维功能，而且新窗口中的绘图区可以显示出渐变背景色、地平面或工作平面（UCS 的 XY 平面）以及新的矩形栅格，这将增强三维效果和三维模型的构造。

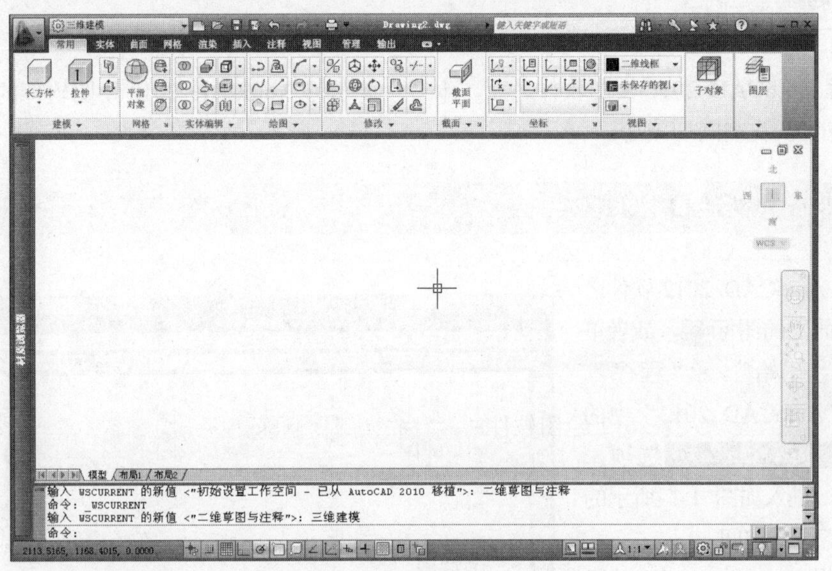

图 1-3 “三维建模”工作空间

1.2.2 切换 AutoCAD 工作空间

由于 AutoCAD 2012 软件为用户提供了多种工作空间，用户可以根据自己的做图习惯和需要进行选择相应的工作空间。工作空间的相互切换方式具体有以下几种：

方法 1：在标题栏上单击 AutoCAD 经典 按钮，在展开的按钮菜单中选择相应的工作空间，如图 1-4 所示。

方法 2：选择菜单栏“工具”→“工作空间”下一级菜单选项，如图 1-5 所示。

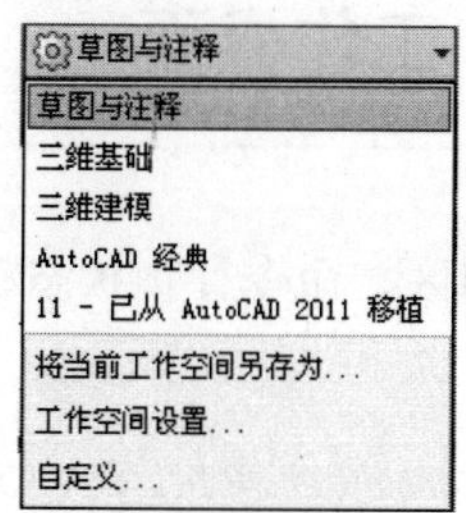

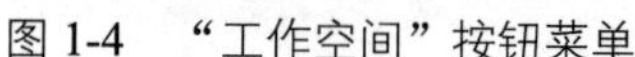

图 1-4　“工作空间”按钮菜单

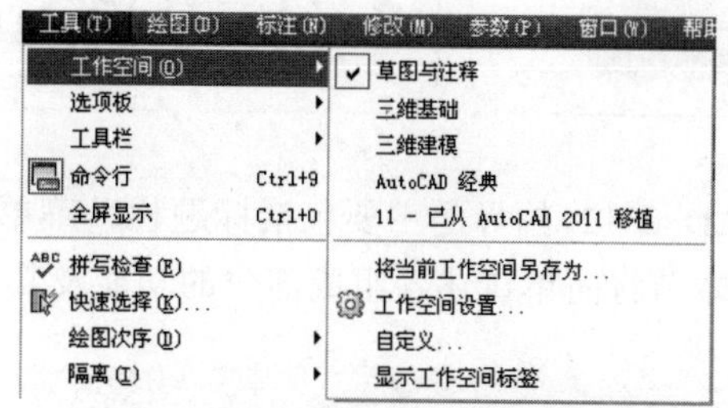

图 1-5　“工作空间”级联菜单

方法 3：展开“工作空间”工具栏上的“工作空间控制”下拉列表，选择需要的工作空间，如图 1-6 所示。

方法 4：单击状态栏上的按钮，从弹出的按钮菜单中选择所需工作空间，如图 1-7 所示。

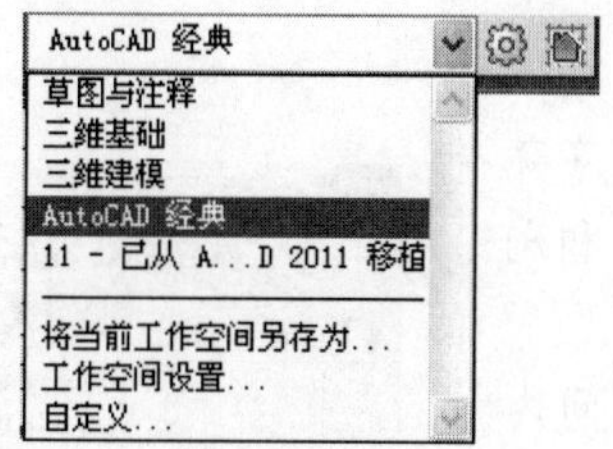

图 1-6　“工作空间控制”列表

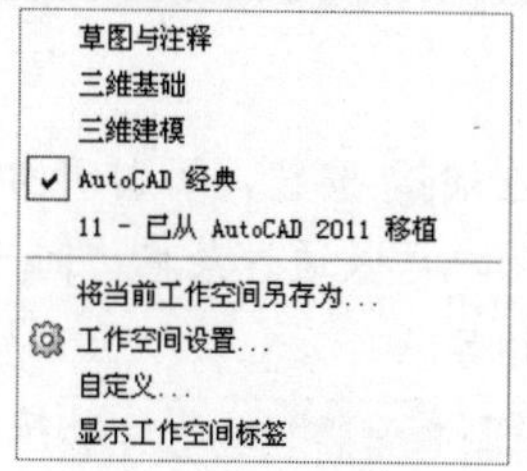

图 1-7　按钮菜单

无论选用何种工作空间，在启动 AutoCAD 2012 之后，系统都会自动打开一个名为“Drawing1.dwg”的默认绘图文件窗口。

1.2.3　退出 AutoCAD 2012

当用户需要退出 AutoCAD 2012 绘图软件时，首先要退出当前的 AutoCAD 文件。如果当前绘图文件已经存盘，那么用户可以使用以下几种方式退出 AutoCAD 绘图软件：

- 单击 AutoCAD 2012 标题栏控制按钮
- 按 Alt+F4 组合键
- 选择菜单栏中的“文件”→“退出”命令
- 在命令行中输入“Quit”或“Exit”后按 Enter 键
- 展开“应用程序菜单”，单击 退出 AutoCAD 按钮

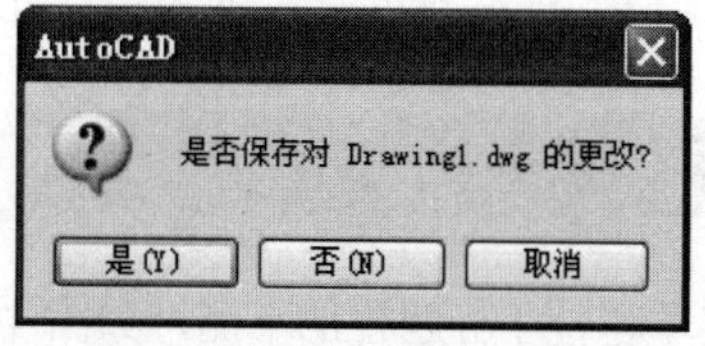

图 1-8　AutoCAD 提示框

在退出 AutoCAD 2012 软件之前，如果没有将当前的 AutoCAD 绘图文件存盘，那么系统将会弹出如图 1-8 所示的提示对话框。单击 是(Y) 按钮，将弹出“图形另存为”对话框，用于对图形进行命名保存；单击 否(N)

按钮，系统将放弃存盘并退出 AutoCAD 2012；单击 取消 按钮，系统将取消执行的退出命令。

1.3 认识 AutoCAD 2012 工作界面

AutoCAD 2012 的界面主要包括标题栏、菜单栏、工具栏、绘图区、命令行、状态栏、功能区、选项板等，本节将简单讲述各组成部分的功能及其相关的操作。

1.3.1 标题栏

标题栏位于 AutoCAD 2012 工作界面的最顶部，主要包括菜单浏览器、工作空间、快速访问工具栏、程序名称显示区、信息中心和窗口控制按钮等内容，如图 1-9 所示。

图 1-9 标题栏

- 单击左端按钮，可打开如图 1-10 所示的应用程序菜单，用户可以通过菜单访问一些常用工具、搜索命令和浏览文档等。
- 单击 AutoCAD 经典 按钮，可以在多种工作空间内进行切换。
- “快速访问工具栏”不但可以快速访问某些命令，还可以添加、删除常用命令按钮到工具栏上、控制菜单栏的显示以及各工具栏的开关状态等。

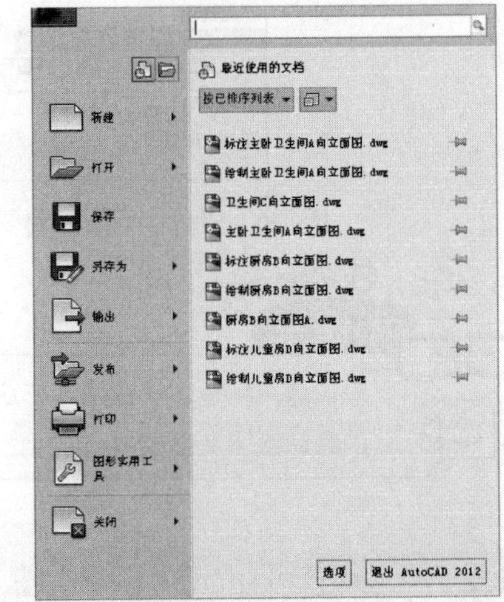

图 1-10 应用程序菜单

小提示

在“快速访问”工具栏上单击鼠标右键（或单击右端的下三角按钮），从弹出的右键菜单上就可以实现上述操作。

- “程序名称显示区”用于显示当前正在运行的程序名和当前被激活的图形文件名称；“信息中心”可以快速获取所需信息、搜索所需资源等。
- “窗口控制按钮”位于标题栏最右端，主要有“最小化”、“恢复/最大化”、“关闭”，分别用于控制 AutoCAD 窗口的大小和关闭。

1.3.2 菜单栏

菜单栏位于标题栏的下侧，如图 1-11 所示的。AutoCAD 的常用制图工具和管理编辑等工具都分门别类地排列在这些主菜单中，用户可以非常方便地选择各主菜单中的相关菜单项，进行必要的图形绘图工作。具体操作就是在主菜单项上单击，展开此主菜单，然后将光标移至需要启动的命令选项上，单击即可。

文件(F)　编辑(E)　视图(V)　插入(I)　格式(O)　工具(T)　绘图(D)　标注(N)　修改(M)　参数(P)　窗口(W)　帮助(H)

图 1-11　菜单栏

AutoCAD 为用户提供了“文件”、“编辑”、“视图”、“插入”、“格式”、“工具”、“绘图”、“标注”、“修改”、“参数”、“窗口”和“帮助”等主菜单。各菜单主要功能如下：

- “文件”菜单用于对图形文件进行设置、保存、清理、打印及发布等。
- “编辑”菜单用于对图形进行一些常规编辑，包括复制、粘贴、链接等。
- “视图”菜单用于调整和管理视图，以方便图形的显示、查看和修改。
- “插入”菜单用于向当前文件中引用外部资源，如块、参照、图像等。
- “格式”菜单用于设置与绘图环境有关的参数和样式等，如绘图单位、颜色、线型及文字、尺寸样式等。
- “工具”菜单为用户设置了一些辅助工具和常规的资源组织管理工具。
- “绘图”菜单是一个二维和三维图元的绘制菜单，几乎所有的绘图和建模工具都组织在此菜单内。
- “标注”菜单是一个专用于为图形标注尺寸的菜单，它包含了所有与尺寸标注相关的工具。
- “修改”菜单主要用于对图形进行修整、编辑、细化和完善。
- “参数”菜单主要用于为图形添加几何约束和标注约束等。
- “窗口”菜单用于控制多文档的排列方式以及界面元素的锁定状态。
- “帮助”菜单主要用于为用户提供一些帮助性的信息。

菜单栏左端的图标就是“菜单浏览器”图标；菜单栏最右边图标按钮是 AutoCAD 文件的窗口控制按钮，如“最小化”、“还原/最大化”、“关闭”，用于控制图形文件窗口的显示。

默认设置下，“菜单栏”是隐藏的。当变量 MENUBAR 的值为 1 时，显示菜单栏；为 0 时，隐藏菜单栏。

1.3.3　工具栏

工具栏位于绘图窗口的两侧和上侧，将光标移至工具栏按钮上单击，即可快速激活该命令。默认设置下，AutoCAD 2012 为用户提供了 48 种工具栏，如图 1-12 所示。在任一工具栏上单击鼠标右键，即可打此菜单；在需要打开的选项上单击，即可打开相应的工具栏；将打开的工具栏拖到绘图区任一侧，释放鼠标可将其固定；相反，也可将固定工具栏拖至绘图区，进行灵活控制工具栏的开关状态。

在工具栏右键菜单上选择“锁定位置”→“固定的工具栏/面板”选项，可以将绘图区四侧的工具栏固定，如图 1-13 所示。工具栏一旦被固定后，是不可以被拖动的。另外，用户也可以单击状态栏上的按钮，从弹出的按钮菜单中进行控制工具栏和窗口的固定状态，如图 1-14 所示。

Auto CAD 小提示

在工具栏菜单中，带有勾号的表示当前已经打开的工具栏，不带有勾号的表示没有打开的工具栏。为了增大绘图空间，通常只将几种常用的工具栏放在用户界面上，而将其他工具栏隐藏，需要时再调出。

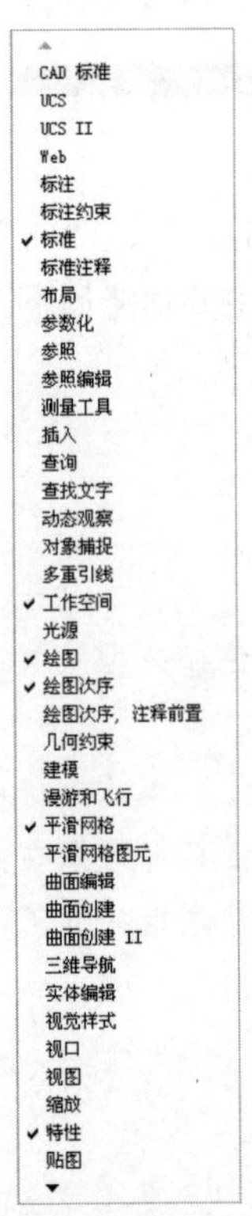

图 1-12　工具栏菜单

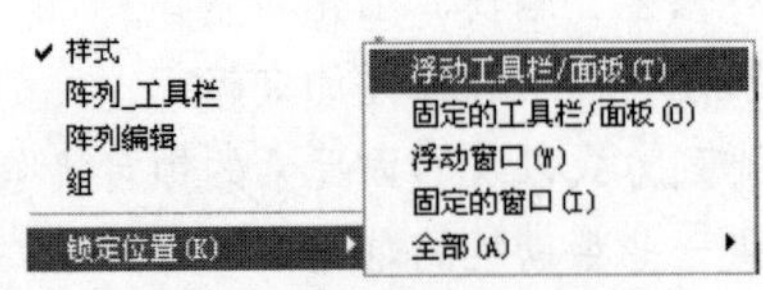

图 1-13　固定工具栏

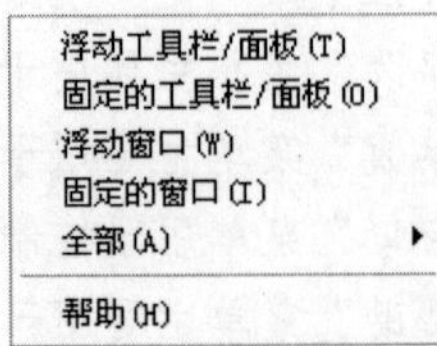

图 1-14　按钮菜单

1.3.4　功能区

“功能区”主要出现在“二维草图与注释”、“三维建模”、“三维基础”等工作空间内。它代替了 AutoCAD 众多的工具栏，以面板的形式，将各工具按钮分门别类的集合在选项卡内，如图 1-15 所示。

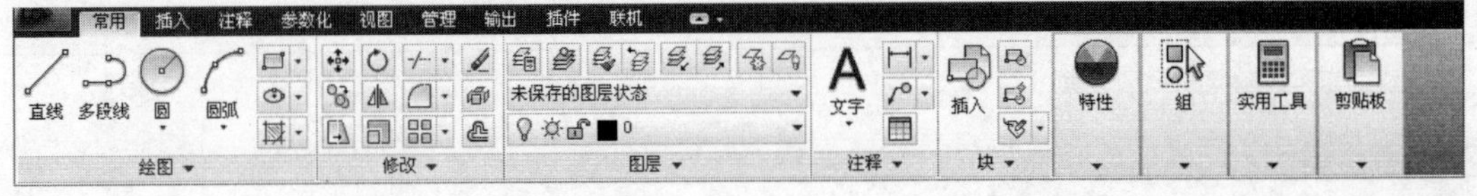

图 1-15　功能区

用户在调用工具时，只需在功能区中展开相应的选项卡，然后在所需面板上单击相应按钮即可。由于在使用功能区时，无需再显示 AutoCAD 的工具栏，因此，使得应用程序窗口变得单一、简洁有序。通过这单一简洁的界面，功能区还可以将可用的工作区域最大化。

1.3.5　绘图区

绘图区位于界面的正中央，即被工具栏和命令行所包围的整个区域，此区域是工作区域，图形的设计与修改工作都是在此区域内进行操作的。默认状态下，绘图区是一个无限大的电子屏幕，无论尺寸多大或多小的图形，都可以在绘图区中绘制和灵活显示。

当移动鼠标时，绘图区会出现一个随光标移动的十字符号，此符号被称为“十字光标”，它是由“拾点光标”和“选择光标”叠加而成的。其中“拾点光标”是点的坐标拾取器，当执行绘图命令时，显示为拾点光标；“选择光标”是对象拾取器，当选择对象时，显示为选择光标；当没有任何命令执行的前提下，显示为十字光标，如图 1-16 所示。

默认设置下，绘图区背景色 RGB 值为（254，252，240）。用户可以使用菜单“工具”→“选项”命令进行更改背景色，如图 1-17 所示。

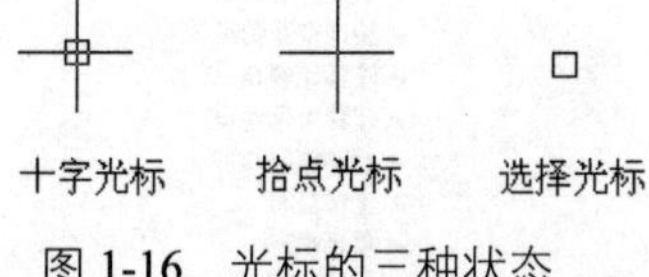

图 1-16　光标的三种状态

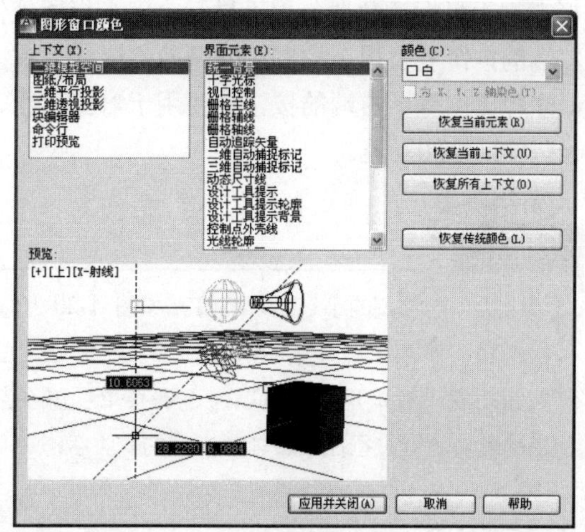

图 1-17　“图形窗口颜色”对话框

在绘图区左下部有 3 个标签，即模型、布局 1 和布局 2，分别代表了两种绘图空间，即模型空间和布局空间。模型标签代表了当前绘图区窗口是处于模型空间，通常在模型空间进行绘图。布局 1 和布局 2 是默认设置下的布局空间，主要用于图形的打印输出。用户可以通过单击标签，在这两种操作空间中进行切换。

1.3.6 命令行

绘图区的下方则是 AutoCAD 独有的窗口组成部分，即“命令行”。它是用户与 AutoCAD 软件进行数据交流的平台，主要功能就是用于提示和显示用户当前的操作步骤，如图 1-18 所示。

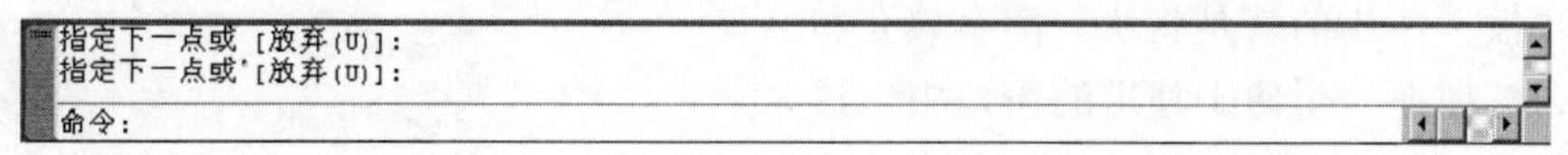

图 1-18　命令行

“命令行”分为“命令输入窗口”和“命令历史窗口”两部分，上面两行则为“命令历史窗口”，用于记录执行过的操作信息；下面一行是“命令输入窗口”，用于提示用户输入命令或命令选项。

由于“命令历史窗口”的显示有限，如果需要直观快速地查看更多的历史信息，则可以通过按 F2 功能键，系统则会以“文本窗口”的形式显示历史信息；再次按 F2 功能键，即可关闭文本窗口。

1.3.7 状态栏

如图 1-19 所示的状态栏，位于 AutoCAD 操作界面的最底部，它由坐标读数器、辅助功能区、状态栏

菜单等三部分组成。

图 1-19　状态栏

状态栏左端为坐标读数器，用于显示十字光标所处位置的坐标值；坐标读数器右端为辅助功能区，辅助功能区左端的按钮主要用于控制点的精确定位和追踪；中间的按钮主要用于快速查看布局、查看图形、定位视点、注释比例等；右端的按钮主要用于对工具栏、窗口等固定、工作空间切换以及绘图区的全屏显示等，是一些辅助绘图功能。

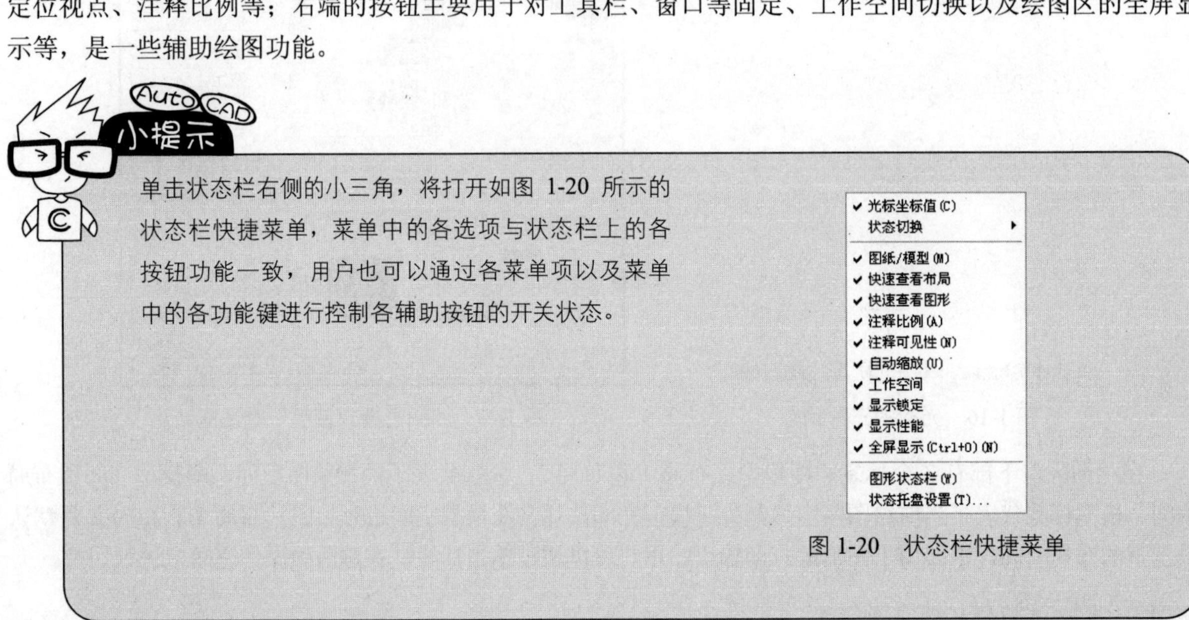

单击状态栏右侧的小三角，将打开如图 1-20 所示的状态栏快捷菜单，菜单中的各选项与状态栏上的各按钮功能一致，用户也可以通过各菜单项以及菜单中的各功能键进行控制各辅助按钮的开关状态。

图 1-20　状态栏快捷菜单

1.3.8　选项板

所谓“选项板”，指的就是将块、图案填充和自定义工具等，整理在一个便于使用的窗口中，这个窗口称之为“选项板”，如图 1-21 所示。在此窗口中包含多个类别的选项卡，每一个选项卡面板中又包含多种相应的工具按钮或图块、图案等。用户可以通过将对象从图形拖至工具选项板来创建工具，然后可以使用新工具创建与拖至工具选项板的对象具有相同特性的对象。

添加到工具选项板的项目称为“工具”，可以通过将几何对象（例如，直线、圆和多段线）、标注与块、图案填充、实体填充、渐变填充、光栅图像和外部参照任何一项拖至工具选项板来创建工具。

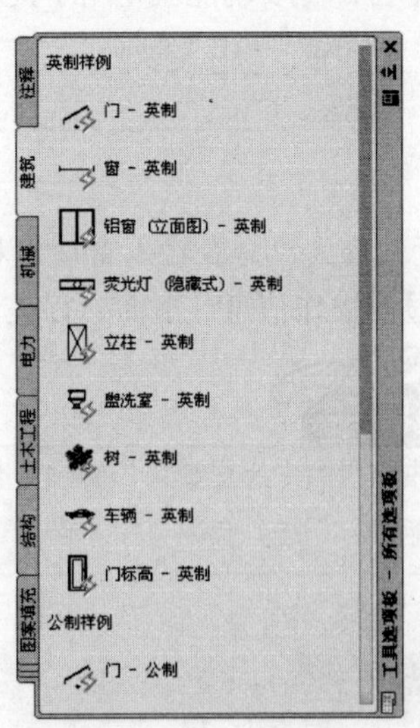

图 1-21　状态栏菜单

1.4 掌握 AutoCAD 的初级技能

本节主要学习 AutoCAD 的一些常用的初级操作技能，使读者快速了解和应用 AutoCAD 软件，以绘制一些简单的图形。

1.4.1 绝对坐标的输入

AutoCAD 默认坐标系为世界坐标系，此坐标系是由三个相互垂直并相交的坐标轴 X、Y、Z 组成，X 轴正方向水平向右，Y 轴正方向垂直向上，Z 轴正方向垂直屏幕向外，指向用户。

在具体的绘图过程中，坐标点的精确输入主要包括“绝对坐标输入”和“相对坐标输入”两种。其中“绝对坐标”又包括绝对直角坐标和绝对极坐标两种，下面学习此两种坐标。

1. 绝对直角坐标

绝对直角坐标是以坐标系原点（0,0）作为参考点，进行定位其他点的。其表达式为（x,y,z），用户可以直接输入该点的 x、y、z 绝对坐标值来表示点。在如图 1-22 所示的 A 点，其绝对直角坐标为（4,7），其中 4 表示从 A 点向 X 轴引垂线，垂足与坐标系原点的距离为 4 个单位；7 表示从 A 点向 Y 轴引垂线，垂足与原点的距离为 7 个单位。

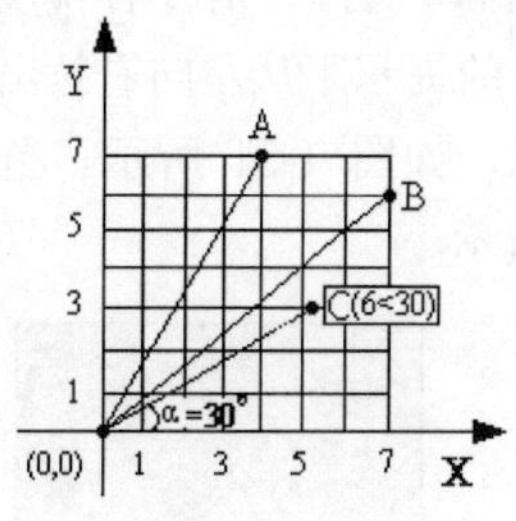

图 1-22　坐标系示例

在默认设置下，当前视图为正交视图，用户在输入坐标点时，只需输入点的 X 坐标和 Y 坐标值即可。在输入点的坐标值时，其数字和逗号应在英文 En 方式下进行，坐标中 X 和 Y 之间必须以逗号分割，且标点必须为英文标点。

2. 绝对极坐标

绝对极坐标也是以坐标系原点作为参考点，通过某点相对于原点的极长和角度来定义点的。其表达式为（L<α），L 表示某点和原点之间的极长，即长度；α 表示某点连接原点的边线与 X 轴的夹角。

如图 1-22 中的 C（6<30）点就是用绝对极坐标表示的，6 表示 C 点和原点连线的长度，30º 表示 C 点和原点连线与 X 轴的正向夹角。

Auto CAD 小提示

在默认设置下，AutoCAD 是以逆时针来测量角度的。水平向右为 0°方向，90°垂直向上，180°水平向左，270°垂直向下。

1.4.2 常用的选择技能

对象的选择技能是 AutoCAD 的重要基本技能之一，常用于对图形对象进行修改编辑之前。下面简单介绍几种常用的对象选择技能。

（1）点选

“点选”是最简单的一种对象选择方式，此方式一次仅能选择一个对象。在命令行“选择对象：”的提示下，系统自动进入点选模式，此时光标指针切换为矩形选择框状，将选择框放在对象的边沿上单击，即可选择该图形。被选择的图形对象以虚线显示，如图 1-23 所示。

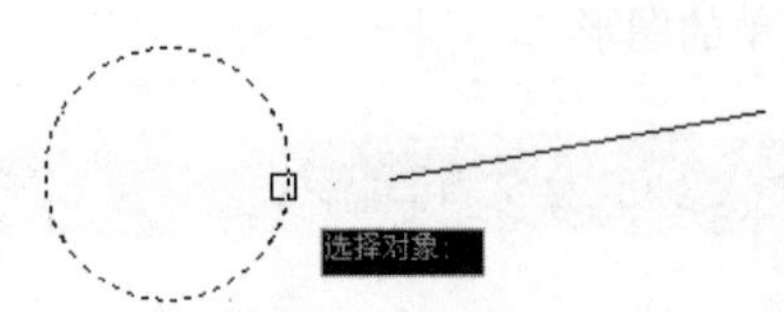

图 1-23 点选示例

（2）窗口选择

“窗口选择”是一种常用的选择方式，使用此方式一次也可以选择多个对象。在命令行 “选择对象：”的提示下从左向右拉出一矩形选择框，此选择框即为窗口选择框，选择框以实线显示，内部以浅蓝色填充，如图 1-24 所示。当指定窗口选择框的对角点之后，所有完全位于框内的对象都将被选择，如图 1-25 所示。

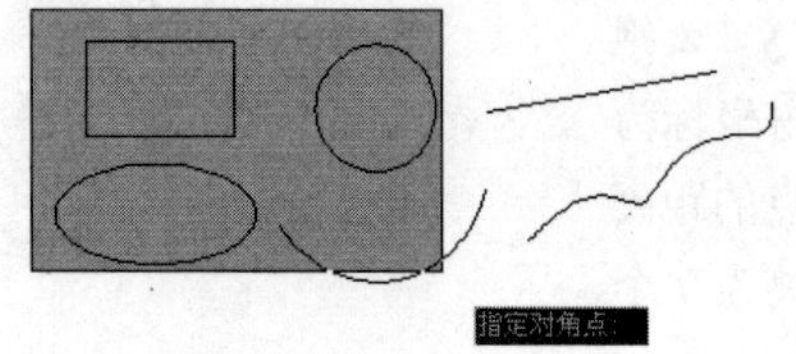

图 1-24 窗口选择框

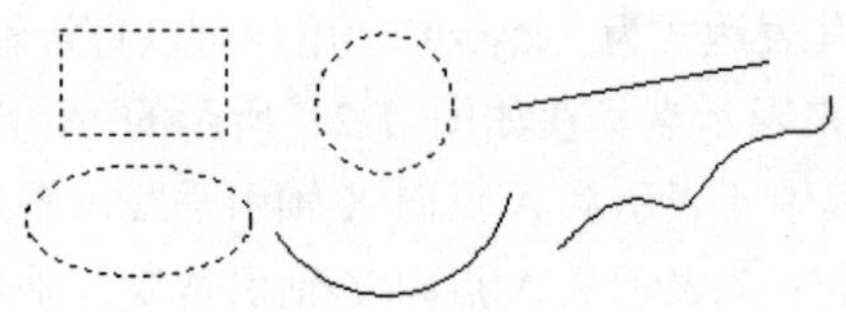

图 1-25 选择结果

（3）窗交选择

“窗交选择”是使用频率非常高的选择方式，使用此方式一次也可以选择多个对象。在命令行“选择对象：”提示下从右向左拉出一矩形选择框，此选择框即为窗交选择框，选择框以虚线显示，内部以绿色填充，如图 1-26 所示。

当指定选择框的对角点之后，结果所有与选择框相交和完全位于选择框内的对象才能被选择，如图 1-27 所示。

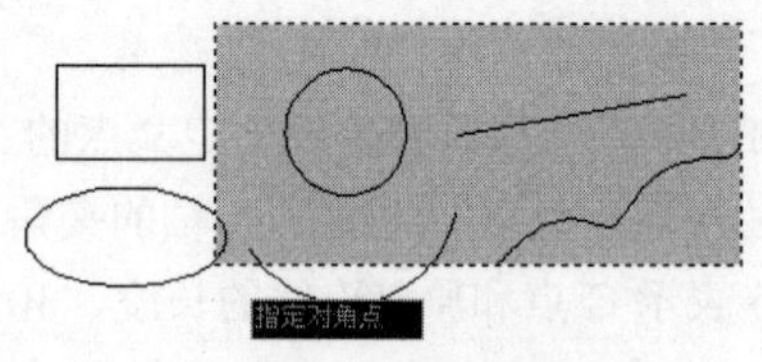

图 1-26 窗交选择框

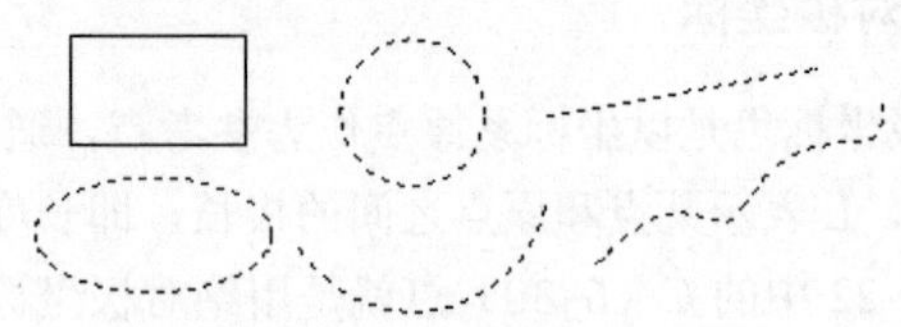

图 1-27 选择结果

1.4.3 命令的执行方式

每种软件都有多种命令的执行方式，就 AutoCAD 绘图软件而言，其命令行方式有以下几种：

（1）选择菜单栏命令

单击“菜单”中的命令选项，是一种比较传统、常用的命令启动方式。另外，为了更加方便启动某些命令或命令选项，AutoCAD 为用户提供了右键菜单，所谓右键菜单，指的就是单击右键弹出的快捷菜单，用户只需单击右键菜单中的命令或选项，即可快速激活相应的功能。

（2）单击工具栏或功能区按钮

与其他电脑软件一样，单击工具栏或功能区上的命令按钮，也是一种常用、快捷的命令启动方式。通过形象而又直观的图标按钮代替 AutoCAD 的一个个命令，远比那些复杂繁琐的英文命令及菜单更为方便直接。用户只需将光标放在命令按钮上，系统就会自动显示出该按钮所代表的命令，单击按钮即可激活该命令。

（3）在命令行输入命令表达式

“命令表达式”指的就是 AutoCAD 的英文命令，用户只需在命令行的输入窗口中输入命令表达式，然后再按键盘上的 Enter 键，就可以执行命令。此种方式是一种最原始的方式，也是一种很重要的方式。

（4）使用功能键及快捷键

“功能键与快捷键”是最快捷的一种命令启动方式。每一种软件都配置了一些命令快捷组合键，如下表列出了 AutoCAD 自身设定的一些命令快捷键，在执行这些命令时只需要按下相应的键即可。

表　AutoCAD 常用功能键

功能键	功能	功能键	功能
F1	AutoCAD 帮助	Ctrl+N	新建文件
F2	文本窗口打开	Ctrl+O	打开文件
F3	对象捕捉开关	Ctrl+S	保存文件
F4	三维对象捕捉开关	Ctrl+P	打印文件
F5	等轴测平面转换	Ctrl+Z	撤销上一步操作
F6	动态 UCS	Ctrl+Y	重复撤销的操作
F7	栅格开关	Ctrl+X	剪切
F8	正交开关	Ctrl+C	复制
F9	捕捉开关	Ctrl+V	粘贴
F10	极轴开关	Ctrl+K	超级链接
F11	对象跟踪开关	Ctrl+0	全屏
F12	动态输入	Ctrl+1	特性管理器
Delete	删除	Ctrl+2	设计中心
Ctrl+A	全选	Ctrl+3	特性
Ctrl+4	图纸集管理器	Ctrl+5	信息选项板
Ctrl+6	数据库连接	Ctrl+7	标记集管理器
Ctrl+8	快速计算器	Ctrl+9	命令行
Ctrl+	选择循环	Ctrl+Shift+P	快捷特性
Ctrl+Shift+I	推断约束	Ctrl+Shift+C	带基点复制
Ctrl+Shift+V	粘贴为块	Ctrl+Shift+S	另存

另外，AutoCAD 还有一种更为方便的“命令快捷键”，即命令表达式的缩写。严格上说，它算不上是命令快捷键，但是使用命令简写的确能起到快速执行命令的作用，所以也被称之为快捷键。不过使用此类快捷键时需要配合 Enter 键，如“直线”命令的英文缩写为“L”，用户只需按下 L 键后再按下 Enter

键，就能执行“直线”命令。

1.4.4 设置绘图环境

本节主要学习两个绘图环境的设置工具，即“图形单位”和“图形界限”。

（1）设置绘图单位

“单位”命令用于设置长度单位、角度单位、角度方向以及各自的精度等参数。执行“图形单位”命令主要有以下几种方式：

- 选择菜单栏中的“格式”→“单位”命令
- 在命令行中输入“Units”后按 Enter 键
- 使用命令简写 UN

执行“单位”命令后，可打开如图 1-28 所示的“图形单位”对话框。可在此对话框中设置如下内容：

- 设置长度单位。在“长度”选项组中单击“类型”下拉列表框，选择设置长度的类型，默认为“小数”。

AutoCAD 提供了“建筑”、“小数”、“工程”、“分数”和“科学”等 5 种长度类型。单击其右侧的▼按钮，可以从中选择需要的长度类型。

- 设置长度精度。单击“精度”下拉列表框，设置单位的精度，默认为“0.000”。用户可以根据需要自行设置单位的精度。
- 设置角度单位。在“角度”选项组中单击“类型”下拉列表框，设置角度的类型。默认为“十进制度数”。
- 设置角度精度。单击“精度”下拉列表框，设置角度的精度，默认为“0”。用户可以根据需要自行进行设置。

“顺时针”选项是用于设置角度方向的，如果勾选该复选框，在绘图过程中就以顺时针为正角度方向；否则以逆时针为正角度方向。

- “插入时的缩放单位”选项组用于确定拖放内容的单位，默认为“毫米”。
- 设置角度的基准方向。单击对话框底部的 方向(D)... 按钮，打开如图 1-29 所示的“方向控制”对话框，用来设置角度测量的起始位置。

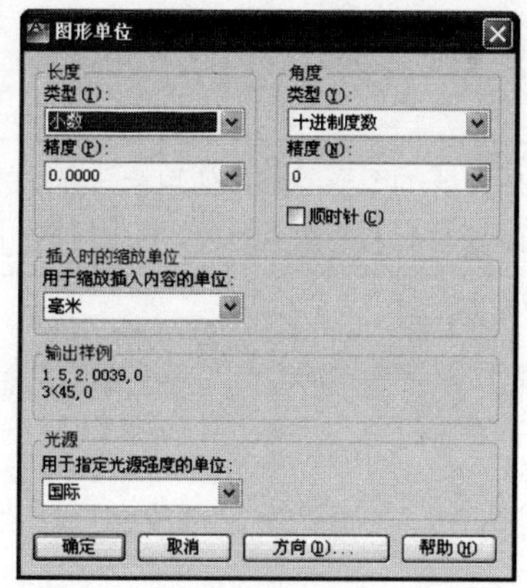

图 1-28 “图形单位”对话框

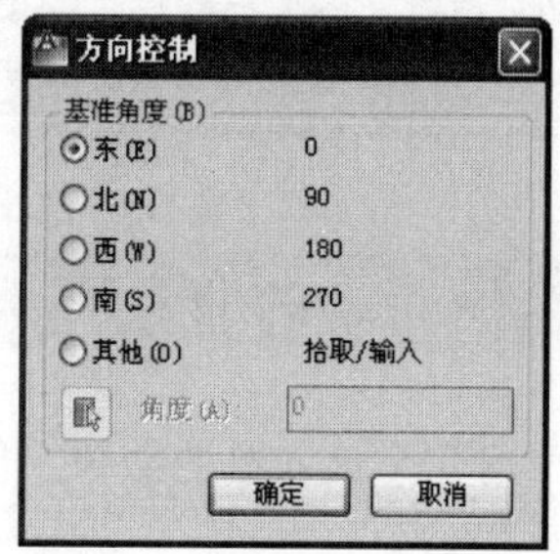

图 1-29 “方向控制”对话框

（2）设置图形界限

“图形界限”就是绘图的区域，相当于手工绘图时，事先准备的图纸。设置“图形界限”就是为了满足不同范围的图形在有限绘图区窗口中的恰当显示，以方便视窗的调整及用户的观察编辑等。执行“图形界限”命令主要有以下几种方式：

- 选择菜单栏中的“格式”→“图形界限”命令
- 在命令行中输入“Limits”后按 Enter 键

下面通过将图形界限设置为 200×100，学习图形界限的具体设置过程。

01 执行“图形界限”命令，在命令行“指定左下角点或 [开（ON）/关（OFF）] <0.0000,0.0000>：”提示下按 Enter 键，以默认原点作为图形界限的左下角点。

AutoCAD 小提示

图形界限一般是一个矩形区域，当指定图形界限的左下角点后，只需输入矩形区域的右上角点坐标即可。一般情况下以原点作为图形界限的左下角点。

02 继续在命令行“指定右上角点<420.0000,297.0000>：”提示下，输入“200,100”，并按 Enter 键。

03 单击“视图”选项卡→“二维导航”面板→“全部缩放”按钮，将图形界限最大化显示。

在默认设置下，图形的界限为 3 号横向图纸的尺寸，即长边为 420、短边为 297 个绘图单位。

04 当设置了图形界限之后，可以开启状态栏上的“栅格”功能，通过栅格点，可以将图形界限进行直观地显示出来，如图 1-30 所示。

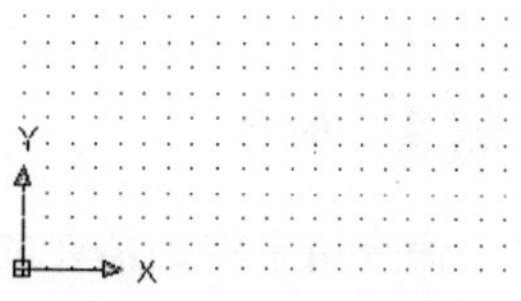

图 1-30 图形界限的显示

小提示

当用户设置了图形界限后，如果禁止绘制的图形超出所设置的图形界限，使用绘图界限的检测功能，可以将坐标值限制在设置的作图区域内，这样就不会使绘制的图形超出边界。

1.4.5 几个最简单的命令

本节主要学习几个最简单的命令，包括“直线”、“移动”、“删除”、“放弃”、“平移”等。

1. “直线”命令

“直线”命令是一个非常常用的画线工具，使用此命令可以绘制一条或多条直线段，每条直线都被看作是一个独立的对象。执行“直线”命令有以下几种方式：

- 单击“常用”选项卡→“绘图”面板→“直线”按钮
- 选择菜单栏中的“绘图”→“直线”命令
- 单击“绘图”工具栏→“直线”按钮
- 在命令行中输入“Line”后按 Enter 键
- 使用快捷键 L

下面通过绘制边长为 100 的正三角形，学习使用“直线”命令和绝对坐标的输入功能。

01 使用“实时平移”功能，将坐标系图标平移至绘图区中央。

02 单击“常用”选项卡→“绘图”面板→“直线”按钮，激活“直线”命令。

03 激活“直线”命令后，根据 AutoCAD 命令行的步骤提示，配合绝对坐标精确绘图。

```
命令：_line
指定第一点：                          //0,0 Enter，以原点作为起点
指定下一点或 [放弃(U)]：               // 100,0 Enter，定位第二点
指定下一点或 [放弃(U)]：               //100<120 Enter，定位第三点
指定下一点或 [闭合(C)/放弃(U)]：       //c Enter，闭合图形，绘制结果如图 1-31 所示
```

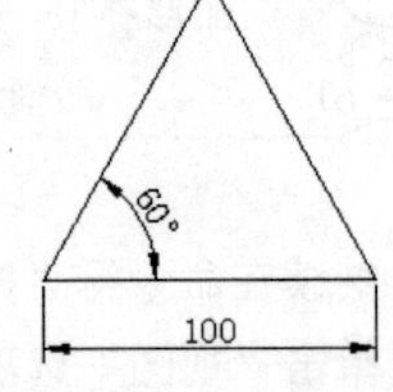

图 1-31 绘制结果

小提示

使用“放弃”选项可以取消上一步操作；使用“闭合”选项可以绘制首尾相连的封闭图形。

2. “删除”命令

“删除”命令用于将不需要的图形删除。当激活该命令后，选择需要删除的图形，单击鼠标右键或按 Enter 键，即可将图形删除。此工具相当于手工绘图时的橡皮擦，用于擦除无用的图形。执行“删除”命令主要有以下几种方式：

- 单击“常用”选项卡→“修改”面板→“删除”按钮
- 选择菜单栏中的“修改”→“删除”命令
- 单击“修改”工具栏→“删除”按钮
- 在命令行中输入“Erase”后按 Enter 键
- 使用快捷键 E

3. “放弃”和“重做”命令

当用户需要放弃已执行过的操作步骤或恢复放弃的步骤，可以使用“放弃”和“重做”命令。其中“放弃”用于撤销所执行的操作，“重做”命令用于恢复所撤销的操作。AutoCAD 支持用户无限次放弃或重做操作。

单击“标准”工具栏→“放弃”按钮，或者选择菜单栏“编辑”→“放弃”命令，或在命令行输入“Undo”或“U”，即可激活“放弃”命令。

单击“标准”工具栏→“重做”按钮，或者选择菜单栏“编辑”→“重做”命令，或者在命令行输入“Redo”，都可激活“重做”命令，以恢复放弃的操作步骤。

4. 视图的平移

使用视图的平移工具可以对视图进行平移，以方便观察视图内的图形。选择菜单栏“视图”→“平移”下一级菜单中的各命令，如图 1-32 所示，可执行各种平移工具。各菜单项功能如下：

图 1-32　平移菜单

- “实时”用于将视图随着光标的移动而平移，也可在“标准”工具栏中单击按钮，以激活“实时平移”工具。
- “点”平移是根据指定的基点和目标点平移视图。定点平移时，需要指定两点，第一点作为基点，第二点作为位移的目标点，平移视图内的图形。
- “左”、“右”、“上”和“下”命令分别用于在 X 轴和 Y 轴方向上移动视图。

激活“实时平移”命令后光标变为“”形状，此时可以按住鼠标左键向需要的方向平移视图，在任何时候都可以敲击 Enter 键或 Esc 键来停止平移。

5. 实时缩放

单击“标准”工具栏→“实时缩放”按钮，或者选择菜单栏“视图”→“缩放”→“实时”命令，都可激活“实时缩放”功能，此时屏幕上将出现一个放大镜形状的光标，此时便进入了实时缩放状态，按住鼠标左键向下拖动鼠标，则视图缩小显示；按住鼠标左键向上拖动鼠标，则视图放大显示。

1.5 AutoCAD 文件的设置管理

本节主要学习 AutoCAD 绘图文件的新建、保存、打开与清理等基本操作功能。

1.5.1 新建文件

当启动 AutoCAD 2012 后，系统会自动打开一个名为“Drawing1.dwg”的绘图文件。如果用户需要重新创建一个绘图文件，则需要使用“新建”命令，执行此命令主要有以下几种方式：

- 单击“快速访问”工具栏→“新建”按钮
- 选择菜单栏中的“文件”→“新建”命令
- 单击“标准”工具栏→“新建”按钮
- 在命令行中输入“New”后按 Enter 键
- 按组合键 Ctrl+N

执行“新建”命令后，打开如图 1-33 所示的“选择样板”对话框。在此对话框中，为用户提供了多种的基本样板文件，其中“acadISo-Named Plot Styles”和“acadiso”都是公制单位的样板文件，两者的区别就在于前者使用的打印样式为“命名打印样式”，后一个样板文件的打印样式为“颜色相关打印样式”，读者可以根据需求进行取舍。

选择“acadISo-Named Plot Styles”或“acadiso”样板文件后单击 打开(O) 按钮，即可创建一张新的空白文件，进入 AutoCAD 的默认设置的二维操作界面。

另外，AutoCAD 为用户提供了“无样板”方式创建绘图文件的功能，具体操作就是在“选择样板”对话框中单击 打开(O) 按钮右侧的下三角按钮，打开如图 1-34 所示的按钮菜单，在按钮菜单上选择“无样板打开—公制”选项，即可快速新建一个公制单位的绘图文件。

图 1-33 “选择样板”对话框

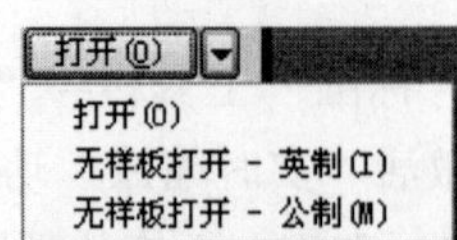

图 1-34 打开按钮菜单

1.5.2 保存文件

“保存”命令用于将绘制的图形以文件的形式进行存盘，存盘的目的就是为了方便以后查看、使用或

修改编辑等。执行“保存”命令主要有以下几种方式：

- 单击“快速访问”工具栏→“保存”按钮
- 选择菜单栏中的“文件”→“保存”命令
- 单击“标准”工具栏→“保存”按钮
- 在命令行中输入“Save”后按 Enter 键
- 按组合键 Ctrl+S

执行“保存”命令后，可打开如图 1-35 所示的“图形另存为”对话框，在此对话框内，可以进行如下操作：

- 设置存盘路径。单击上侧的“保存于”列表，在展开的下拉列表内设置存盘路径。
- 设置文件名。在“文件名”文本框内输入文件的名称，如“我的文档”。
- 设置文件格式。单击对话框底部的“文件类型”下拉列表，在展开的下拉列表框内设置文件的格式类型，如图 1-36 所示。

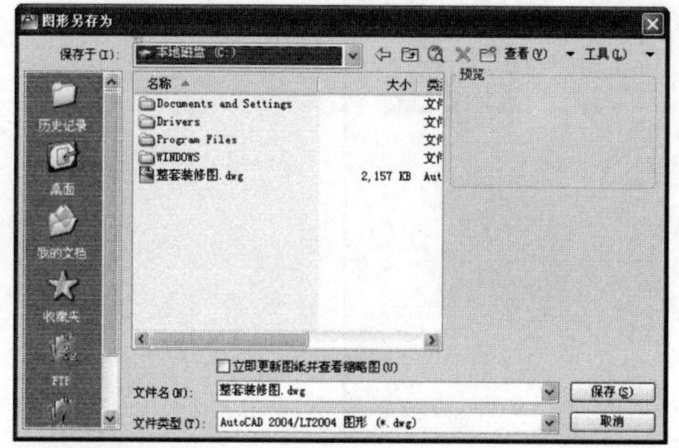

图 1-35　“图形另存为”对话框

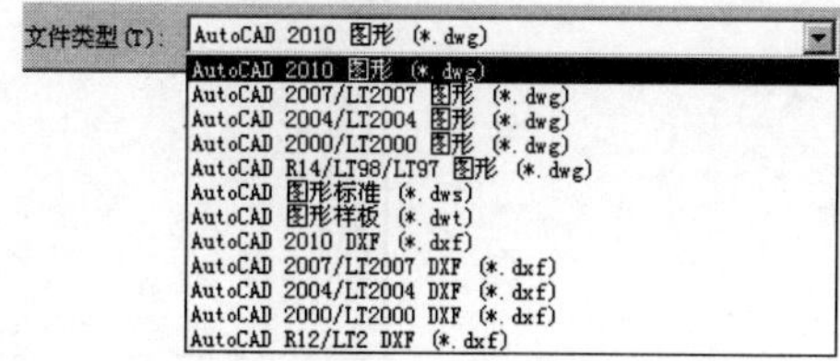

图 1-36　设置文件格式

默认的存储类型为“AutoCAD 2010 图形（*.dwg）”，使用此种格式将文件被存盘后，只能被 AutoCAD 2010 及其以后的版本所打开，如果用户需要在 AutoCAD 早期版本中打开此文件，必须使用为低版本的文件格式进行存盘。

当设置好路径、文件名以及文件格式后，单击  按钮，即可将当前文件存盘。

1.5.3　另存为文件

当用户在已存盘的图形的基础上进行了其他的修改工作，又不想将原来的图形覆盖，可以使用“另存为”命令，将修改后的图形以不同的路径或不同的文件名进行存盘。执行“另存为”命令主要有以下几种方式：

- 单击“快速访问”工具栏→“另存为”按钮
- 选择菜单栏中的“文件”→“另存为”命令
- 在命令行中输入“Saveas”后按 Enter 键
- 按组合键 Crtl+Shift+S

1.5.4 应用文件

当用户需要查看、使用或编辑已经存盘的图形时，可以使用“打开”命令。执行“打开”命令主要有以下几种方式：

- 单击“快速访问”工具栏→“打开”按钮
- 选择菜单栏中的“文件”→“打开”命令
- 单击“标准”工具栏→“打开”按钮
- 在命令行中输入“Open”后按 Enter 键
- 按组合键 Ctrl+O

执行“打开”命令后，系统将打开“选择文件”对话框，在此对话框中选择需要打开的图形文件，如图 1-37 所示。单击 打开(O) 按钮，即可将此文件打开。

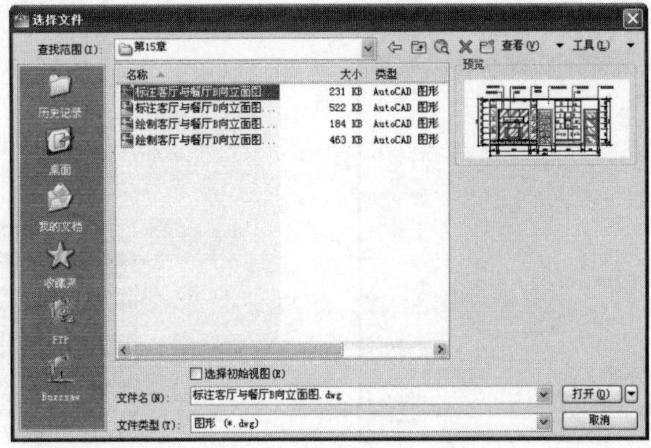

图 1-37 “选择文件”对话框

1.5.5 清理文件

有时为了给图形文件进行“减肥”，以减小文件的存储空间，可以使用“清理”命令，将文件内部的一些无用的垃圾资源（如图层、样式、图块等）清理掉。

执行“清理”命令主要有以下几种方式：

- 选择菜单栏中的“文件”→“图形实用程序”→“清理”命令
- 在命令行中输入“Purge”后按 Enter 键
- 使用命令简写 PU

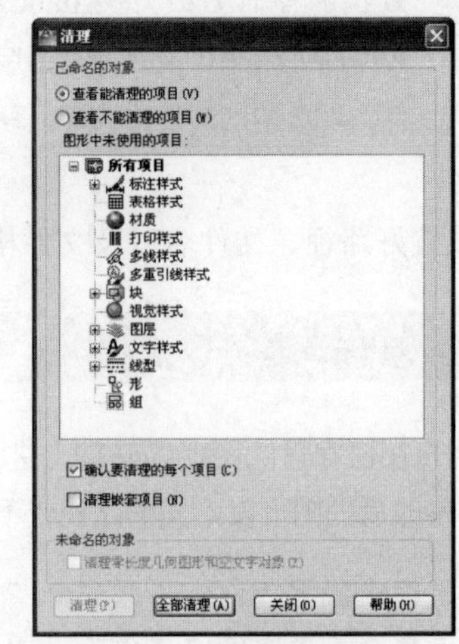

图 1-38 “清理”对话框

激活“清理”命令，系统可打开如图 1-38 所示的“清理”对话框。在此对话框中。带有“+”号的选项，表示该选项内含有未使用的垃圾项目，单击该选项将其展开，即可选择需要清理的项目。如果用户需要清理文件中所有未使用的垃圾项目，可以单击对话框底部的 全部清理(A) 按钮。

1.6 案例——绘制 A4-H 图纸边框

下面以绘制如图 1-39 所示的 A4-H 图纸内外边框为例，对本章知识进行综合练习和应用，体验一下文件的新建、图形的绘制以及文件的存储等整个操作流程。

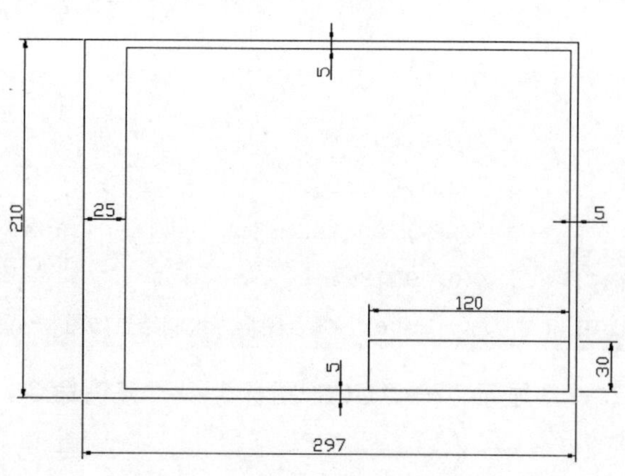

图 1-39 实例效果

01 单击“快速访问”工具栏→“新建”按钮，在打开的“选择样板”对话框中选择“acadISo-Named Plot Styles”作为基础样板，创建空白文件。

02 按下 F12 功能键，关闭状态栏上的“动态输入”功能。

03 单击“常用”选项卡→“绘图”面板→“直线”按钮，配合“绝对坐标”功能绘制 A4-H 图纸的外框。命令行操作如下：

```
命令: _line
指定第一点:                          //0,0Enter，以原点作为起点
指定下一点或 [放弃(U)]:              //297<0 Enter，输入第二点
指定下一点或 [放弃(U)]:              //297,210 Enter，输入第三点
指定下一点或 [闭合(C)/放弃(U)]:      //210<90 Enter，输入第四点
指定下一点或 [闭合(C)/放弃(U)]:      //c Enter，闭合图形
```

04 单击“视图”选项卡→“二维导航”面板→“平移”按钮，将绘制的图形从左下角拖动至绘图区中央，使之完全显示，平移结果如图 1-40 所示。

05 选择菜单栏中的“工具”→“新建 UCS”→“原点”命令，更改坐标系的原点。命令行提示如下：

```
命令: _ucs
当前 UCS 名称: *世界*
指定 UCS 的原点或 [面(F)/命名(NA)/对象(OB)/上一个(P)/视图(V)/世界(W)/X/Y/Z/Z 轴(ZA)] <世界>: _o
指定新原点 <0,0,0>:       //25,5 Enter，结束命令。移动结果如图 1-41 所示
```

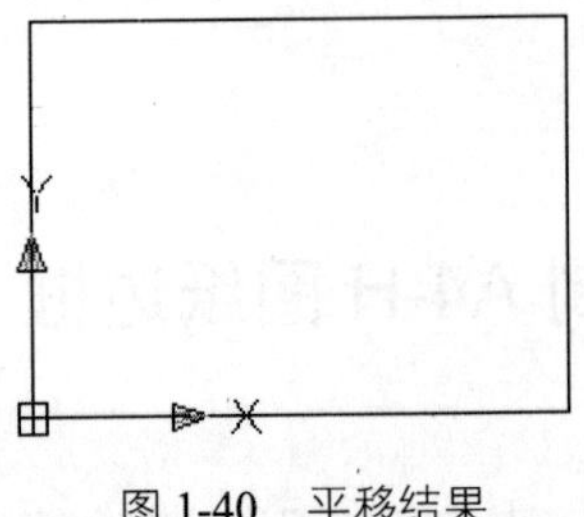

图 1-40　平移结果

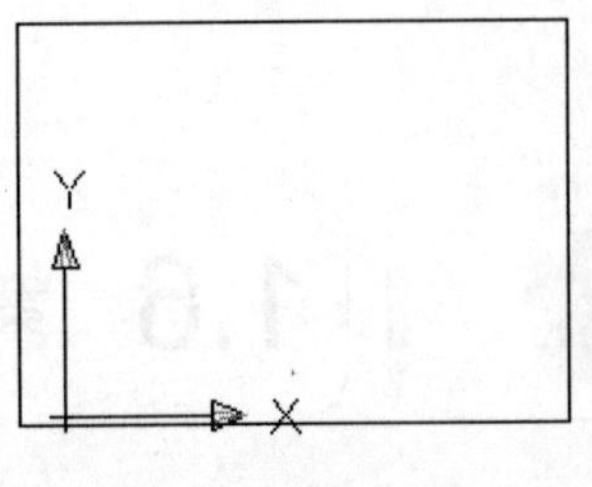

图 1-41　移动坐标

06 绘制内框。单击“常用”选项卡→“绘图”面板→“直线”按钮，，绘制 A4-H 图纸的内框。命令行提示如下：

```
命令: _line
指定第一点:                          //0,0 Enter
指定下一点或 [放弃(U)]:               //267,0 Enter
指定下一点或 [放弃(U)]:               //267,200 Enter
指定下一点或 [闭合(C)/放弃(U)]:       //0,200 Enter
指定下一点或 [闭合(C)/放弃(U)]:       //c Enter，闭合图形。绘制结果如图 1-42 所示
```

07 选择菜单栏中的“视图”→“显示”→“UCS 图标”→“开”命令，关闭坐标系，结果如图 1-43 所示。

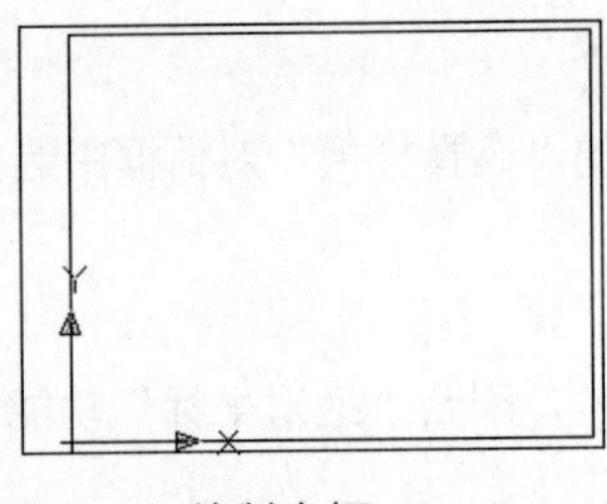

图 1-42　绘制内框

图 1-43　关闭坐标系

08 绘制标题栏。使用快捷键“L”激活“直线”命令，绘制图框标题栏。命令行操作如下：

```
命令: L                                // Enter
LINE 指定第一点:                   //147,0 Enter
指定下一点或 [放弃(U)]:              //147,30 Enter
指定下一点或 [放弃(U)]:              //267,30 Enter
指定下一点或 [闭合(C)/放弃(U)]:       // Enter，结束命令。结果如图 1-39 所示
```

09 单击“快速访问”工具栏→“保存”按钮，将图形命名存储为“A4-H 图框.dwg”。

当结束某个命令时，可以按下 Enter 键；当中止某个命令时，可以按下 Esc 键。

1.7 本章小结

本章在概述 AutoCAD 2012 的应用范围、基本概念和系统配置等知识的前提下，主要讲述了 AutoCAD 2012 中文版的用户界面、文件的设置管理、命令调用特点、绝对坐标的输入、对象的选择以及图形界限与单位的设置等基础知识，为后续章节的学习打下基础。通过本章的学习，具体应掌握以下知识：

（1）了解和掌握 AutoCAD 2012 软件的启动/退出方式、工作空间及切换、工作界面的组成及组成元素的功能设置等；

（2）了解和掌握 AutoCAD 命令的执行特点和两种绝对坐标点的精确输入技能；

（3）了解和掌握“直线”、“删除”、“放弃”、“重做”等简单命令的使用方法和相关操作；

（4）了解和掌握绘图界限、绘图单位的设置以及视图的实时平移和缩放功能；

（5）掌握 AutoCAD 文件的创建与管理操作，包括新建文件、保存文件、打开文件等。

第2章

绘制和定位点图元

通过上一章的简单介绍，使读者轻松了解和体验了 AutoCAD 绘图的基本操作过程。如果想更加方便、灵活地自由操控 AutoCAD 绘图软件，还必须了解和掌握一些基础的软件操作技能，比如点的输入、点的捕捉追踪及视图的调控等。

知识要点

- 绘制点
- 绘制等分点
- 输入坐标点
- 捕捉特征点
- 案例——绘制鞋柜立面图
- 追踪目标点
- 视图的缩放功能
- 案例——绘制玻璃吊柜

2.1 绘制点

点图元是最基本、最简单的一种几何图元。本节主要学习单点、多点、定数等分点和定距等分点等各类点图元的绘制方法。

2.1.1 绘制单个点

“单点”命令用于绘制单个的点对象，执行一次命令，仅可以绘制一个点，如图 2-1 所示。执行“单点”命令主要有以下几种方式：

- 选择菜单栏中的“绘图”→“点”→“单点”命令
- 在命令行中输入“Point”后按 Enter 键
- 使用快捷键 PO

图 2-1　单点

执行“单点”命令后 AutoCAD 系统提示如下：

```
命令: _point
当前点模式:  PDMODE=0  PDSIZE=0.0000
指定点:                  //在绘图区拾取点或输入点坐标
```

2.1.2　设置点样式

由于默认模式下的点是以一个小点显示，如果该点处在某图线上，将会看不到点。为此 AutoCAD 为用户提供了点的显样样式，用户可以根据需要进行设置点的显示样式。

01 单击“常用”选项卡→“实用工具”面板→“点样式”按钮，或者在命令行输入 Ddptype 并按 Enter 键，打开如图 2-2 所示的“点样式”对话框。

02 设置点的样式。在“点样式”对话框中共 20 种点样式，在所需样式上单击，即可将此样式设置为当前点样式。在此设置“⊠”为当前点样式。

03 设置点的大小。在“点大小”文本框内输入点的大小尺寸。其中，“相对于屏幕设置大小”选项表示按照屏幕大小的百分比进行显示点；“按绝对单位设置大小”选项表示按照点的实际大小来显示点。

04 单击 确定 按钮，结果绘图区的点被更新，如图 2-3 所示。

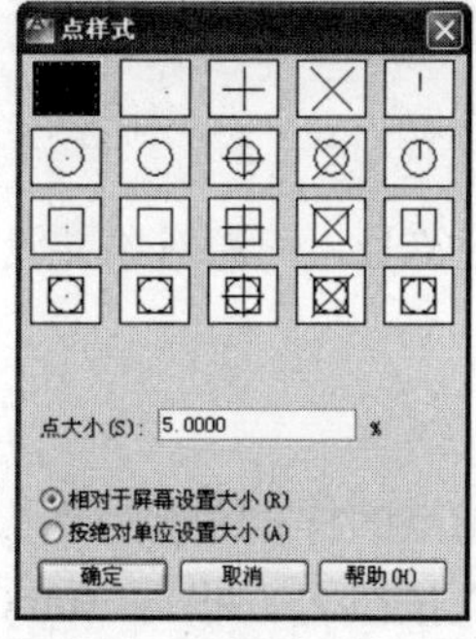

图 2-2　“点样式”对话框

图 2-3　更改点样式

2.1.3　绘制多个点

“多点”命令用于连续的绘制多个点对象，直到按下 Esc 键结束命令为止，如图 2-4 所示。执行“多点”命令主要有以下几种方式：

- 单击“常用”选项卡→“绘图”面板→“多点”按钮
- 单击“绘图”工具栏→“多点”按钮
- 选择菜单栏中的“绘图”→“点”→“多点”命令

图 2-4　绘制多点

执行“多点”命令后，AutoCAD 系统提示如下：

```
命令: Point
当前点模式:  PDMODE=0  PDSIZE=0.0000  (Current point modes:  PDMODE=0  PDSIZE=0.0000)
```

```
指定点：            //在绘图区定位点的位置
指定点：            //在绘图区定位点的位置
...
指定点：            //继续绘制点或按 Esc 键结束命令
```

2.2 绘制等分点

所谓“等分点”，指的就是将图线等分后，在等分位置上所绘制的点。本节主要学习等分点的绘制工具，具体有“定数等分”和“定距等分”两个命令。

2.2.1 定数等分点

“定数等分”命令用于按照指定的等分数目等分对象。执行“定数等分”命令主要有以下几种方式：

- 单击“常用”选项卡→“绘图”面板→“定数等分”按钮
- 选择菜单栏中的“绘图”→“点”→“定数等分”命令
- 在命令行中输入“Divide”后按 Enter 键
- 使用快捷键 DVI

对象被等分的结果仅仅是在等分点处放置了点的标记符号，而源对象并没有被等分为多个对象。下面通过将某直线等分 5 份，学习使用“定数等分”命令。

01 首先绘制一条长度为 200 的水平直线。

02 选择菜单栏中的“格式”→“点样式”命令，将当前点的样式设置为“⊠”。

03 单击“常用”选项卡→“绘图”面板→“定数等分”按钮，根据 AutoCAD 命令行提示，将线段五等分。命令行操作如下：

```
命令：_divide
选择要定数等分的对象：          //选择刚绘制的水平线段
输入线段数目或 [块(B)]:          //5 Enter，设置等分数目
```

04 结果线段被五等分，在等分点处放置了 4 个定等分点，如图 2-5 所示。

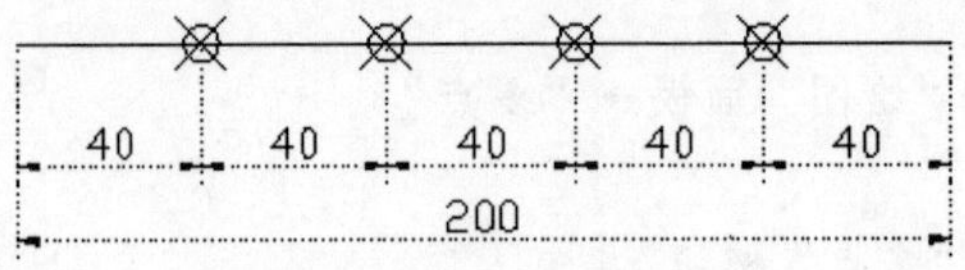

图 2-5　定数等分结果

使用“块（B）”选项可以在等分点处放置内部块，在执行此选项时，必须确保当前文件中存在所需使用的内部图块。如图 2-6 所示的图形，就是使用了点的等分工具，将圆弧进行等分，并在等分点处放置了会议椅内部块。

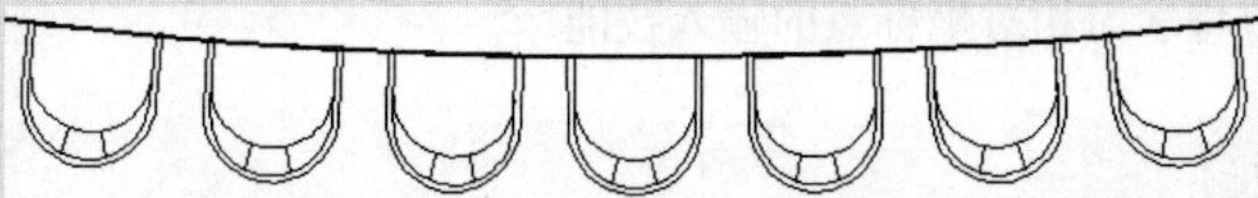

图 2-6　在等分点处放置块

2.2.2　定距等分点

“定距等分”命令用于按照指定的等分距离进行等分对象。等分的结果仅仅是在等分点处放置了点的标记符号，而源对象并没有被等分为多个对象。执行“定距等分”命令主要有以下几种方式：

- 单击“常用”选项卡→“绘图”面板→“定距等分”按钮
- 选择菜单栏中的“绘图”→“点”→“定距等分”命令
- 在命令行中输入“Measure”后按 Enter 键
- 使用快捷键 ME

下面通过将某直线每隔 45 个单位的距离进行定距等分，学习使用“定距等分”命令。

01 首先绘制长度为 200 的水平线段。

02 执行“点样式”命令，将点的样式设置为“⊠”。

03 单击“常用”选项卡→“绘图”面板→“定距等分”按钮，对线段进行定距等分。命令行操作如下：

```
命令: _measure
选择要定距等分的对象:        //选择刚绘制的线段
指定线段长度或 [块(B)]:       //50 Enter，设置等分距离
```

04 定距等分的结果如图 2-7 所示。

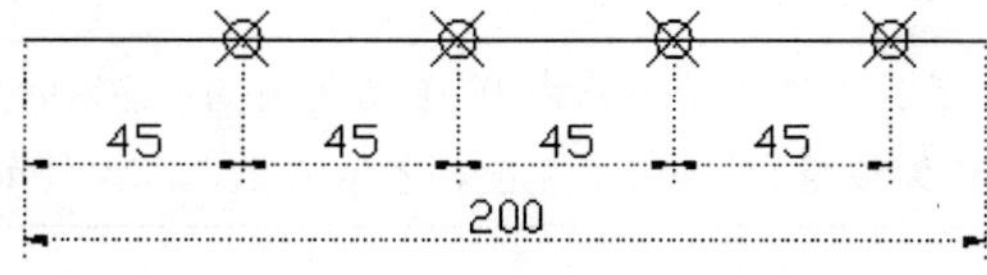

图 2-7　定距等分结果

2.3 输入坐标点

除上一章学习的绝对坐标外，还有一种比较常用的坐标，即相对坐标，它包括“相对直角坐标”和“相对极坐标”两种，本节将学习相对坐标点的输入技能。

2.3.1 相对直角坐标

相对直角坐标是某一点相对于对照点 X 轴、Y 轴和 Z 轴三个方向上的坐标变化。其表达式为（@x,y,z）。

在实际绘图中常把上一点看作参照点，后续绘图操作是相对于前一点而进行的。如在图 2-8 所示的坐标系中，如果以C点作为参照点，使用相对直角坐标表示B点，那么表达式则为（@6-3,4-1）=（@3,3）。

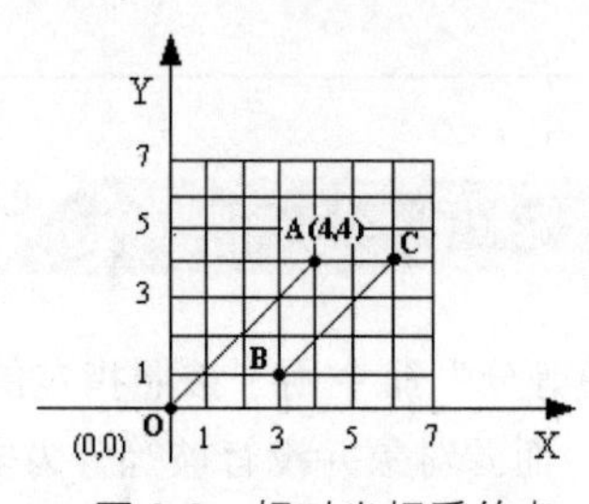

图 2-8　相对坐标系的点

AutoCAD 为用户提供了一种变换相对坐标系的方法，只要在输入的坐标值前加“@”符号，就表示该坐标值是相对于前一点的相对坐标。

2.3.2 相对极坐标点

相对极坐标是通过相对于参照点的极长距离和偏移角度来表示的，其表达式为（@L<α），L 表示极长，α 表示角度。

在图 2-8 所示的坐标系中，如果以 A 点作为参照点，使用相对极坐标表示 C 点，那么表达式则为（@2<0），其中 2 表示 C 点和 A 点的极长距离为 2 个图形单位，偏移角度为 0°。

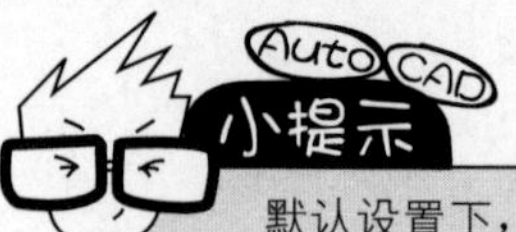

默认设置下，AutoCAD 是以 X 轴正方向作为 0° 的起始方向，逆时针方向计算的。如果在图 2-8 所示的坐标系中，以 C 点作为参照点，使用相对坐标表示 A 点，则为（@2<180）。

2.3.3 动态输入点

在输入相对坐标点时，可配合状态栏上的“动态输入”功能，当激活该功能后，输入的坐标点被看作是相对坐标点，用户只需输入点的坐标值即可，不需要输入符号“@”，因系统会自动在坐标值前添加此符号。单击状态栏上的按钮，或按下 F12 功能键，即可激活状态栏上的“动态输入”功能。

2.4 捕捉特征点

AutoCAD 还为用户提供了点的精确捕捉功能，如“捕捉”、“对象捕捉”、“临时捕捉”等，使用这些功能可以快速、准确地定位图形上的特征点，以高精度的绘制图形。

2.4.1 捕捉

步长捕捉指的就是强制性的控制十字光标，使其按照事先定义的 X 轴、Y 轴方向的固定距离（即步长）进行跳动，从而精确定位点。执行“捕捉”功能主要有以下几种方式：

- 选择菜单栏中的“工具”→“草图设置”命令，在打开的“草图设置”对话框中单击“捕捉和栅格”选项卡，勾选“启用捕捉”复选框，如图 2-9 所示
- 单击状态栏上按钮或捕捉按钮（或在此按钮上单击鼠标右键，选择快捷菜单上的“启用”选项
- 按下功能键 F9

下面通过将 X 轴方向上的步长设置为 30、Y 方向上的步长设置为 40，学习“捕捉”功能的参数设置和启用操作。

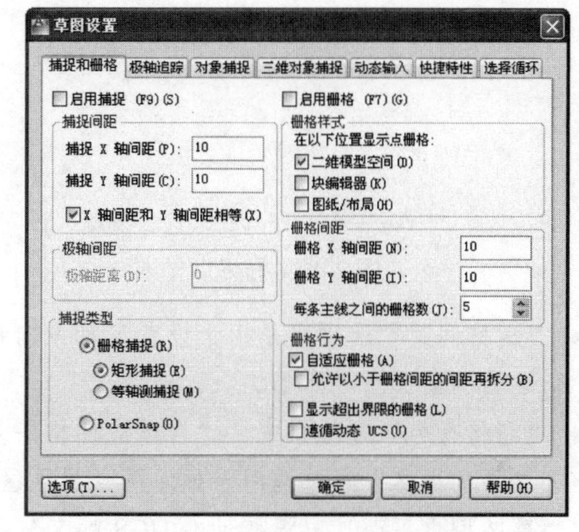

图 2-9 “草图设置”对话框

01 在状态栏按钮或捕捉按钮上单击鼠标右键，选择“设置”选项，打开“草图设置”对话框。

02 勾选“启用捕捉”复选框，即可打开“捕捉”功能。

03 设置X轴步长。在“捕捉 X 轴间距”文本框内输入数值 30，将 X 轴方向上的捕捉间距设置为 30。

04 取消勾选“X 和 Y 间距相等”复选框。

05 设置Y轴步长。在“捕捉 Y 轴间距”文本框内输入数值，如 40，将 Y 轴方向上的捕捉间距设置为 40。

06 最后单击确定按钮，完成捕捉参数的设置。

2.4.2 栅格 

所谓“栅格显示”，指的是由一些虚拟的栅格点或栅格线组成，直观地显示出当前文件内的图形界限区域。这些栅格点和栅格线仅起到一种参照显示功能，它不是图形的一部分，也不会被打印输出。执行“栅格”功能主要有以下几种方式：

- 选择菜单栏中的“工具”→“草图设置”命令，在打开的“草图设置”对话框中单击“捕捉和栅格”选项卡，然后勾选“启用栅格”复选框
- 单击状态栏上的按钮或栅格按钮（或在此按钮上单击鼠标右键，选择快捷菜单上的“启用”选项。
- 按功能键 F7
- 按组合键 Ctrl+G

在如图 2-9 所示的“草图设置”对话框中，其中：

- “极轴间距”选项组用于设置极轴追踪的距离，此选项组需要在“PolarSnap”捕捉类型下使用。
- “捕捉类型”选项组用于设置捕捉的类型，其中“栅格捕捉”单选按钮用于将光标沿垂直栅格或水平栅格点进行捕捉点；“PolarSnap”单选按钮用于将光标沿当前极轴增量角方向进行追踪点，此选项需要配合“极轴追踪”功能使用。
- “栅格样式”选项组用于设置二维模型空间、块编辑器窗口以及布局空间的栅格显示样式。如果勾选了此选项组中的三个复选框，那么系统将会以栅格点的形式显示图形界限区域，如图 2-10 所示；反之，系统将会以栅格线的形式显示图形界限区域，如图 2-11 所示。

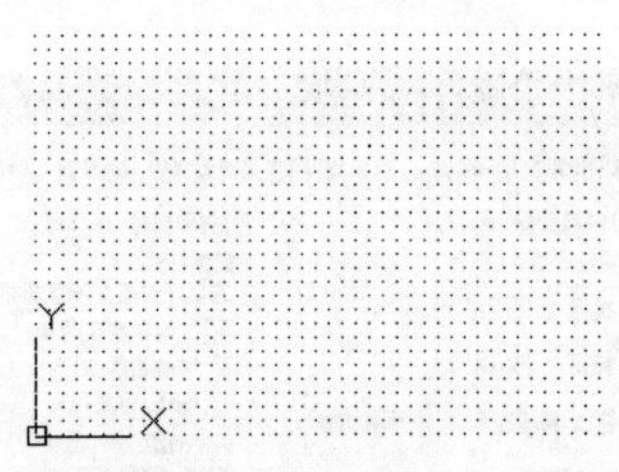

图 2-10　栅格点显示

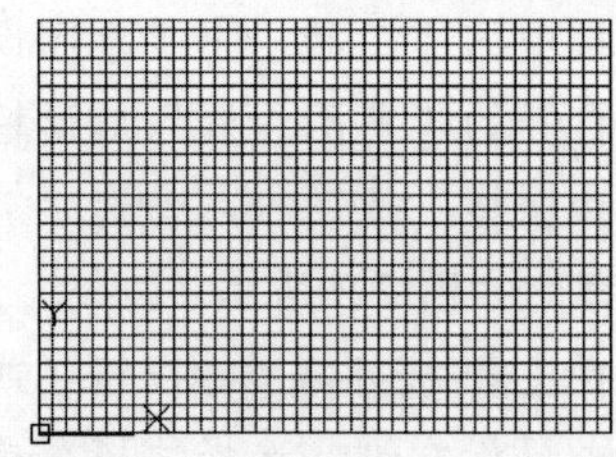

图 2-11　栅格线显示

- “栅格间距”选项组是用于设置 X 轴方向和 Y 轴方向的栅格间距的。两个栅格点之间或两条栅格线之间的默认间距为 10。
- “栅格行为”选项组中，“自适应栅格”复选框用于设置栅格点或栅格线的显示密度；“显示超出界限的栅格”复选框用于显示图形界限区域外的栅格点或栅格线；“遵循动态 UCS”复选框用于更改栅格平面，以跟随动态 UCS 的 X Y 平面。

2.4.3　对象捕捉

“对象捕捉”功能主要用于捕捉图形对象上的特征点，如直线的端点和中点、圆的圆心与象限点等。执行“对象捕捉”功能有以下几种方式：

- 选择菜单栏中的“工具”→“草图设置”命令，在打开的对话框中单击“对象捕捉”选项卡，然后勾选“启用对象捕捉”复选框。
- 单击状态栏上的按钮或对象捕捉按钮（或在此按钮上单击鼠标右键，选择快捷菜单上的“启用”选项。
- 按功能键 F3。

在“草图设置”对话框中单击“对象捕捉”选项卡，在此选项卡中为用户提供了 13 种对象捕捉功能，如图 2-12 所示。使用这些捕捉功能可以非常方便、精确地将光标定位到图形的特征点上，在所需捕

捉模式上单击，即可开启该捕捉模式。

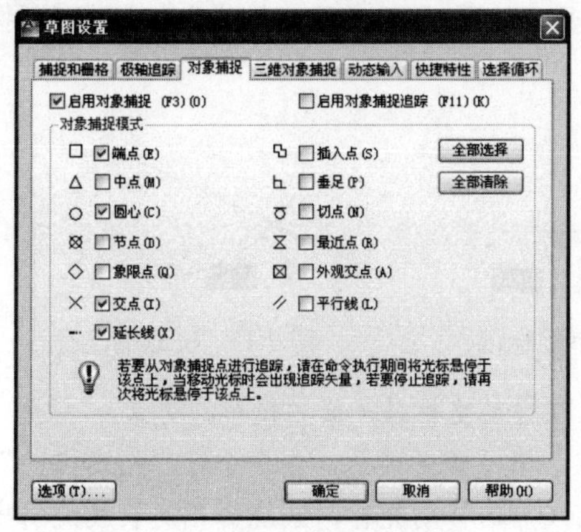

图 2-12　“对象捕捉”选项卡

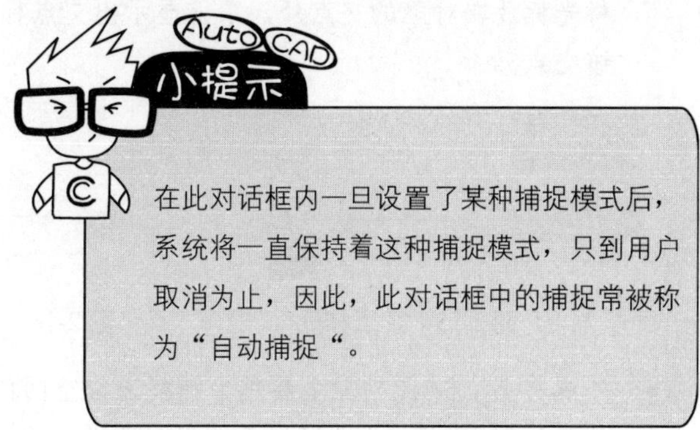

2.4.4　临时捕捉

为了方便绘图，AutoCAD 为这 13 种对象捕捉提供了“临时捕捉”功能。所谓“临时捕捉”，指的就是激活一次捕捉功能后，系统仅能捕捉一次；如果需要反复捕捉点，则需要多次激活该功能。这些临时捕捉功能位于如图 2-13 所示的“对象捕捉”工具栏和图 2-14 所示的临时捕捉菜单上，按住 Shift 或 Ctrl 键，然后单击鼠标右键，即可打开此临时捕捉菜单。

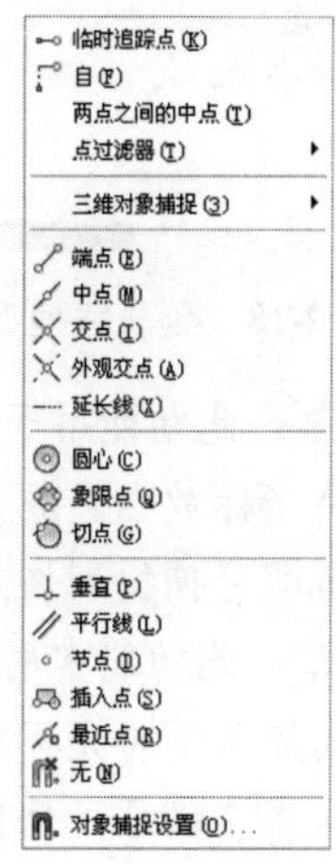

图 2-13　“对象捕捉”工具栏　　　　图 2-14　临时捕捉菜单

13 种捕捉功能的含义与功能：

- 端点捕捉：此种捕捉功能用于捕捉图形上的端点，如线段的端点，矩形、多边形的角点等。激活此功能后，在“指定点：”提示下将光标放在对象上，系统将在距离光标最近位置处显示出端点标记符号，如图 2-15 所示。此时单击左键即可捕捉到该端点。
- 中点捕捉：此功能用于捕捉线、弧等对象的中点。激活此功能后，在命令行“指定点：”的提示下将光标放在对象上，系统在中点处显示出中点标记符号，如图 2-16 所示，此时单击左键即可捕捉到该中点。

- 交点捕捉：此功能用于捕捉对象之间的交点。激活此功能后，在命令行"指定点："的提示下将光标放在对象的交点处，系统显示出交点标记符号，如图 2-17 所示，此时单击左键即可捕捉到该交点。

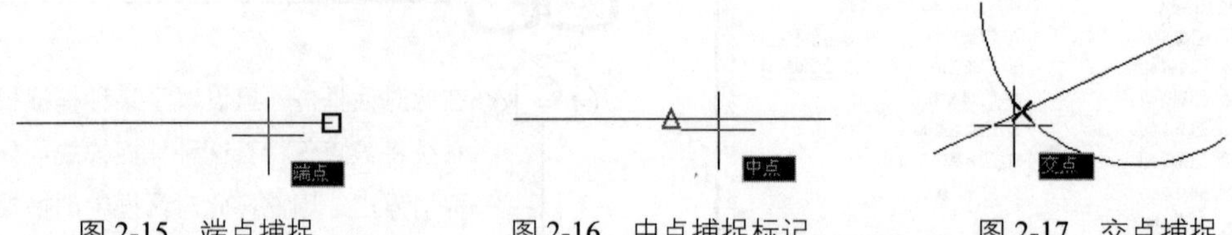

图 2-15　端点捕捉　　图 2-16　中点捕捉标记　　图 2-17　交点捕捉

- 外观交点：此功能主要用于捕捉三维空间内对象在当前坐标系平面内投影的交点。
- 延长线捕捉：此功能用于捕捉对象延长线上的点。激活该功能后，在命令行"指定点："的提示下将光标放在对象的末端稍停留，然后沿着延长线方向移动光标，系统会在延长线处引出一条追踪虚线，如图 2-18 所示。此时单击或输入一个距离值，即可在对象延长线上精确定位点。
- 圆心捕捉：此功能用于捕捉圆、弧或圆环的圆心。激活该功能后，在命令行"指定点："提示下将光标放在圆或弧等的边缘上，也可直接放在圆心位置上，系统在圆心处显示出圆心标记符号，如图 2-19 所示，此时单击即可捕捉到圆心。
- 象限点捕捉：此功能用于捕捉圆或弧的象限点。激活该功能后，在命令行"指定点："的提示下将光标放在圆的象限点位置上，系统会显示出象限点捕捉标记，如图 2-20 所示，此时单击左键即可捕捉到该象限点。

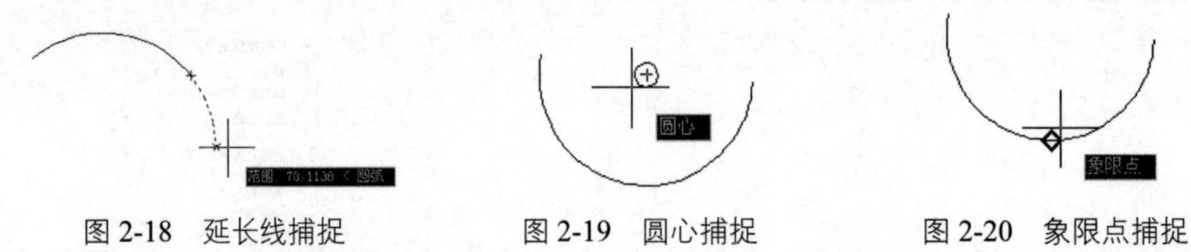

图 2-18　延长线捕捉　　图 2-19　圆心捕捉　　图 2-20　象限点捕捉

- 切点捕捉：此功能用于捕捉圆或弧的切点，绘制切线。激活该功能后，在命令行"指定点："的提示下将光标放在圆或弧的边缘上，系统会在切点处显示出切点标记符号，如图 2-21 所示。此时单击左键即可捕捉到切点，绘制出对象的切线，如图 2-22 所示。
- 垂足捕捉：此功能常用于捕捉对象的垂足点，绘制对象的垂线。激活该功能后，在命令行"指定点："的提示下将光标放在对象边缘上，系统会在垂足点处显示出垂足标记符号，如图 2-23 所示。此时单击左键即可捕捉到垂足点，绘制对象的垂线，如图 2-24 所示。

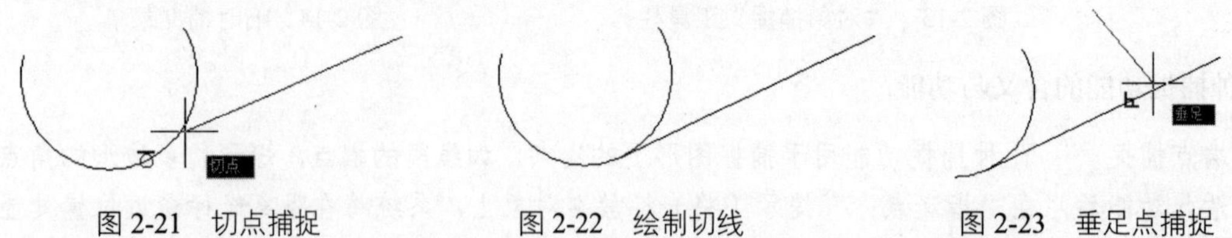

图 2-21　切点捕捉　　图 2-22　绘制切线　　图 2-23　垂足点捕捉

- 平行线捕捉：此功能常用于绘制线段的平行线。激活该功能后，在命令行"指定点："提示下把光标放在已知线段上，此时会出现一条平行的标记符号，如图 2-25 所示。移动光标，系统会在平行位置处出现一条向两方无限延伸的追踪虚线，如图 2-26 所示。单击左键即可绘制出与拾取对象相互平行的线，如图 2-27 所示。

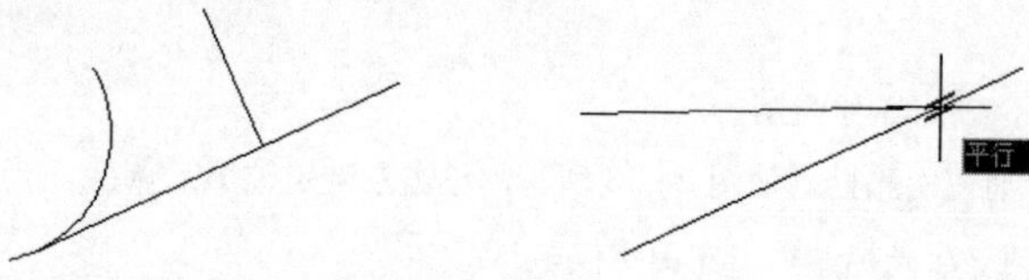

图 2-24　绘制垂线　　　　图 2-25　平行标记

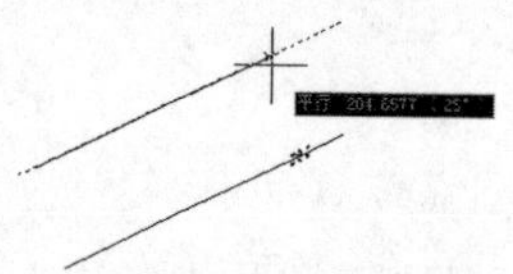

图 2-26　引出平行追踪线

- 节点捕捉：此功能用于捕捉使用“点”命令绘制的点对象。使用时需将拾取框放在节点上，系统会显示出节点的标记符号，如图 2-28 所示。单击左键即可拾取该点。
- 插入点捕捉：此种捕捉方式用来捕捉块、文字、属性或属性定义等的插入点。
- 最近点捕捉：此种捕捉方式用来捕捉光标距离对象最近的点，如图 2-29 所示。

图 2-27　绘制平行线　　　　图 2-28　节点捕捉　　　　图 2-29　最近点捕捉

2.5 案例——绘制鞋柜立面图

本例通过绘制图 2-30 所示的鞋柜立面图，主要对点的绘制、点的设置、点的坐输入以及点的捕捉等多种功能进行综合练习和巩固。

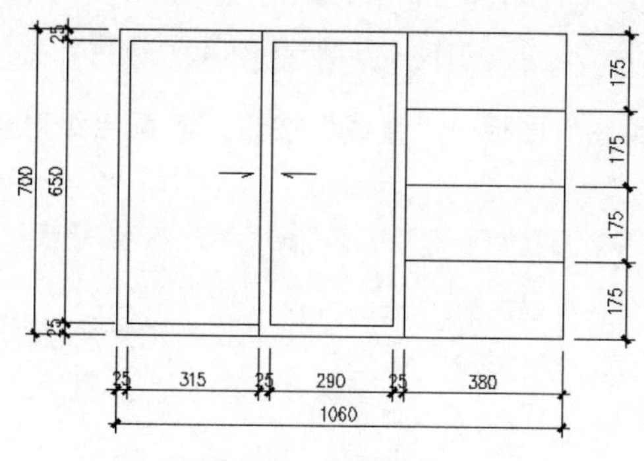

图 2-30　实例效果

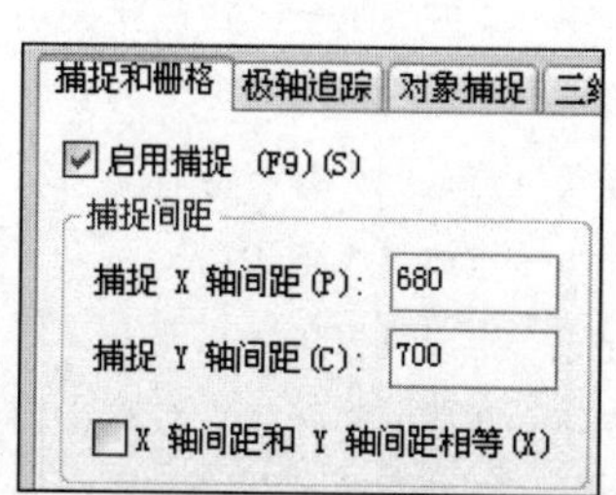

图 2-31　设置捕捉

01 单击“快速访问”工具栏→“新建”按钮，新建绘图文件。

02 单击“视图”选项卡→“二维导航”面板→“平移”按钮，将坐标系图标向左上方进行适当的平移。

03 打开状态栏上的“捕捉”和“对象捕捉”功能，并设置捕捉参数如图 2-31 和图 2-32 所示。

04 单击“常用”选项卡→“绘图”面板→“直线”按钮

![]，配合“捕捉”功能绘制推拉柜外轮廓线。命令行操作如下：

```
命令: _line
指定第一点:                    //0,0 Enter，以原点作为第一点
指定下一点或 [放弃(U)]:          //水平向右跳动一次光标，如图 2-33 所示，单击左键定位第二点
指定下一点或 [放弃(U)]:        //垂直向上跳动一次光标，单击左键定位第三点

指定下一点或 [闭合(C)/放弃(U)]: //水平向左跳动一次光标，单击左键定位第四点
指定下一点或 [闭合(C)/放弃(U)]:  //C Enter，闭合图形，结果如图 2-34 所示
```

图 2-32　设置对象捕捉

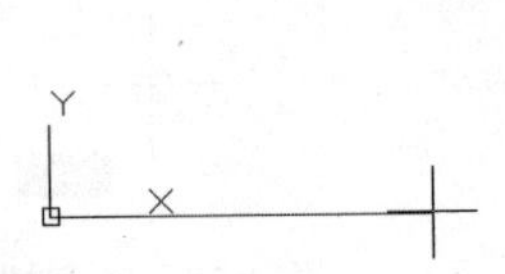

图 2-33　向右跳动一次光标

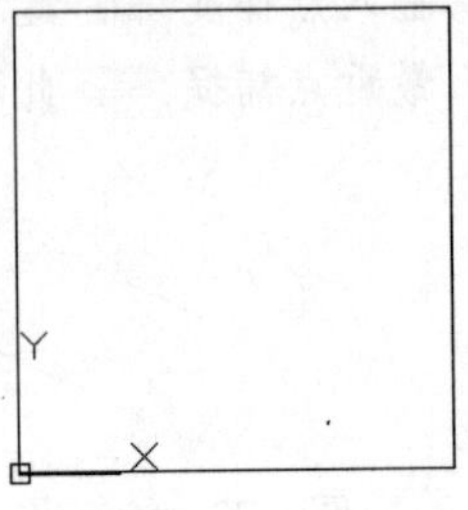

图 2-34　绘制结果

05 按下 F9 功能键，关闭状态栏上的“捕捉”功能。

06 单击“常用”选项卡→“绘图”面板→“直线”按钮![]，配合“中点捕捉”功能绘制垂直中线。命令行操作如下：

```
命令: _line
指定第一点:                         //捕捉如图 2-35 所示的中点
指定下一点或 [放弃(U)]:                //捕捉上侧水平边的中点
指定下一点或 [放弃(U)]:                // Enter，绘制结果如图 2-36 所示
```

07 单击“常用”选项卡→“绘图”面板→“直线”按钮![]，配合绝对坐标和相对坐标输入功能绘制内部的线。命令行操作如下：

```
命令: _line
指定第一点:                        //340,25 Enter
指定下一点或 [放弃(U)]:              //25,25 Enter
指定下一点或 [放弃(U)]:              //25,675 Enter
指定下一点或 [闭合(C)/放弃(U)]:  //捕捉如图 2-37 所示的垂直点
指定下一点或 [闭合(C)/放弃(U)]:  // Enter
命令: _line
指定第一点:                        //365,25 Enter
指定下一点或 [放弃(U)]:              //打开“动态输入”功能，然后输入@290,0 Enter
指定下一点或 [放弃(U)]:              //@650<90 Enter
指定下一点或 [闭合(C)/放弃(U)]:  //@290<180 Enter
指定下一点或 [闭合(C)/放弃(U)]:  //c Enter，绘制结果如图 2-38 所示
```

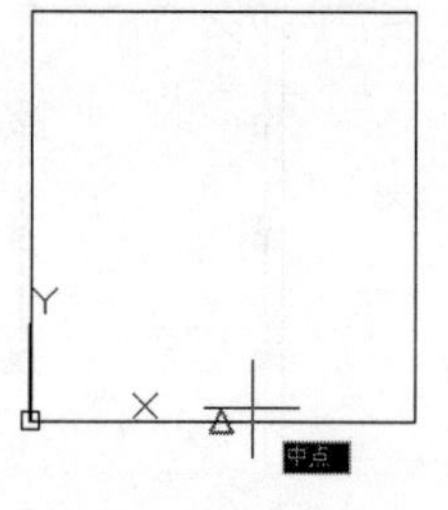

图 2-35　捕捉中点

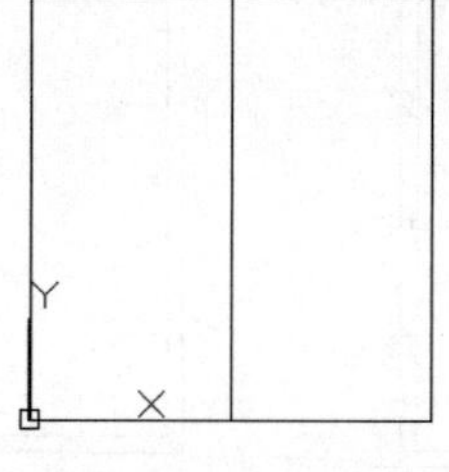
图 2-36　绘制结果

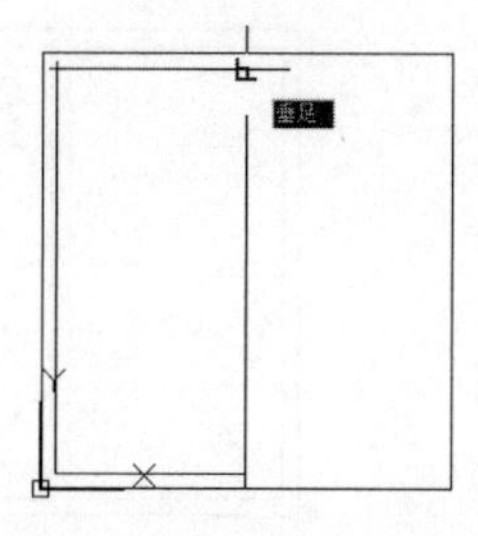
图 2-37　绝对坐标画线

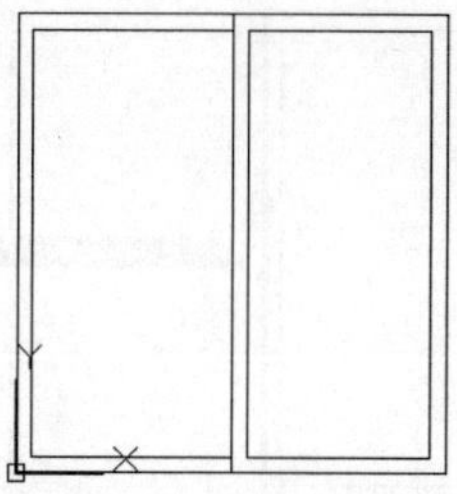
图 2-38　相对坐标画线

08 单击“常用”选项卡→“绘图”面板→“直线”按钮，配合“端点捕捉”、“交点捕捉”和“相对坐标输入”功能绘制右侧的轮廓线。命令行操作如下：

```
命令：_line
指定第一点：                              //捕捉外框的右下角点
指定下一点或 [放弃(U)]：                  //@380,0 Enter
指定下一点或 [放弃(U)]：                  //@0,700 Enter
指定下一点或 [闭合(C)/放弃(U)]：          //捕捉如图 2-39 所示的交点
指定下一点或 [闭合(C)/放弃(U)]：          // Enter，绘制结果如图 2-40 所示
```

09 单击“常用”选项卡→“绘图”面板→“直线”按钮，绘制内部方向示意线，结果如图 2-41 所示。

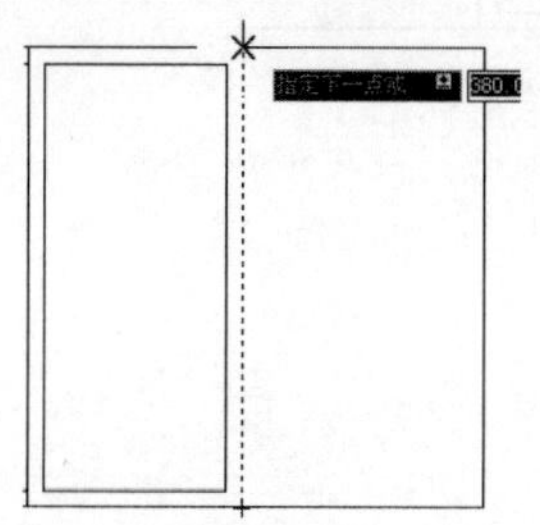
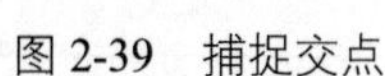
图 2-39　捕捉交点

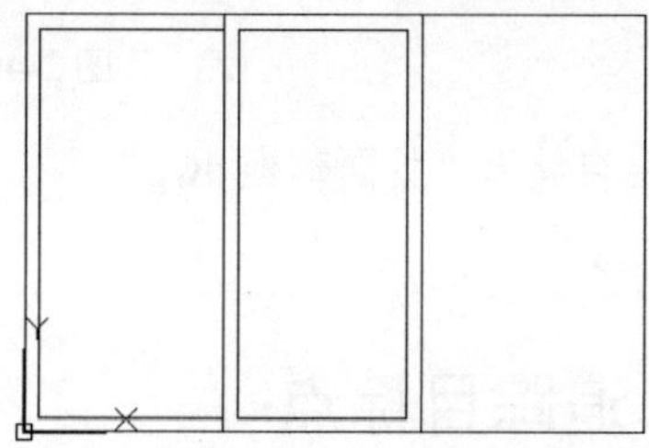
图 2-40　绘制结果

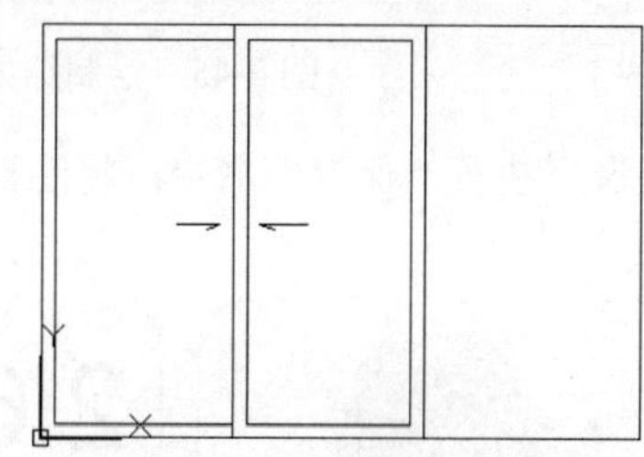
图 2-41　绘制方向示意线

10 选择菜单栏中的“格式”→“点样式”命令，设置当前点的显示样式为“⊠”。

11 单击“常用”选项卡→“绘图”面板→“定数等分”按钮，绘制定数等分点。命令行操作如下：

```
命令：_divide
选择要定数等分的对象：                    //选择如图 2-42 所示的垂直轮廓线
输入线段数目或 [块(B)]：                  //4 Enter，等分结果如图 2-43 所示
命令：                                    // Enter
DIVIDE 选择要定数等分的对象：             //选择最右侧的垂直轮廓线
输入线段数目或 [块(B)]：                  //4 Enter，等分结果如图 2-44 所示
```

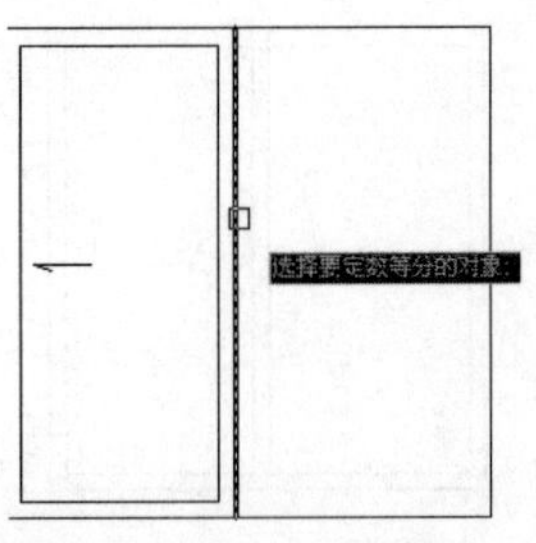

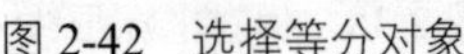
图 2-42　选择等分对象

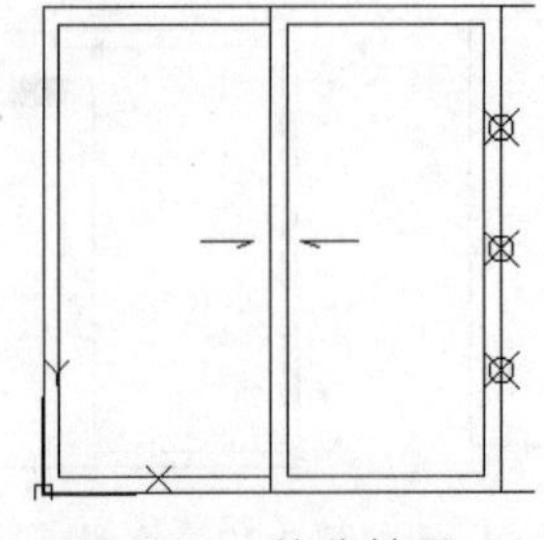
图 2-43　等分结果

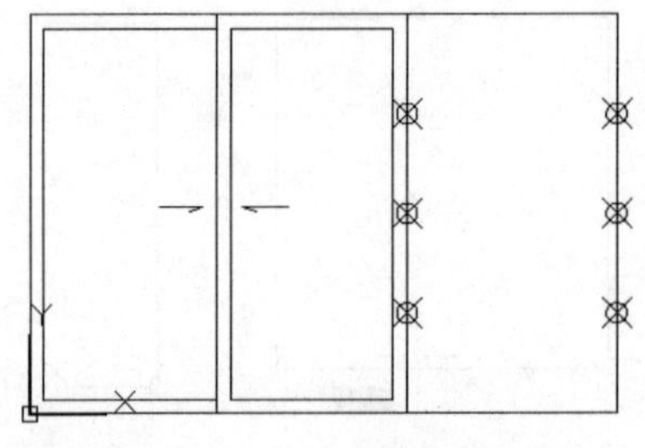
图 2-44　等分右侧垂直轮廓线

12 使用快捷键“L”激活“直线”命令，配合节点捕捉功能绘制内部的三条水平轮廓线，结果如图 2-45 所示。

13 使用快捷键“E”激活“删除”命令，配合窗口选择或窗交选择方式，选择 6 个点标记并将其删除，结果如图 2-46 所示。

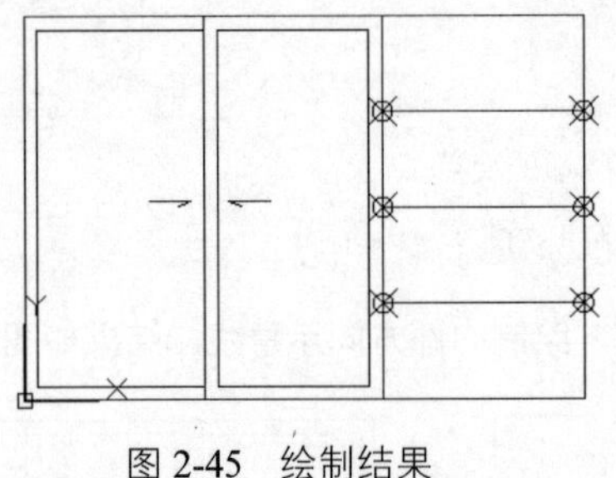
图 2-45　绘制结果

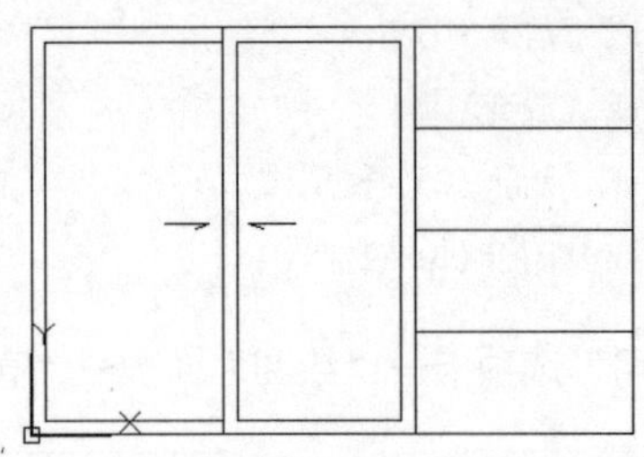
图 2-46　删除点标记

14 最后执行“保存”命令，将图形命名存储为“立面鞋柜.dwg”。

2.6 追踪目标点

使用“对象捕捉”功能只能捕捉对象上的特征点，如果捕捉特征点外的目标点，可以使用 AutoCAD 的追踪功能。常用的追踪功能有“正交模式”、“极轴追踪”、“对象追踪”和“捕捉自”4 种。

2.6.1 正交模式

“正交模式”功能用于将光标强行地控制在水平或垂直方向上，以追踪并绘制水平和垂直的线段。执行“正交模式”功能主要有以下几种方式：

- 单击状态栏上的 按钮或 正交 按钮（或在此按钮上单击鼠标右键，选择快捷菜单上的“启用”选项
- 按功能键 F8
- 在命令行中输入“Ortho”后按 Enter 键

“正交模式”功能具体可以追踪定位 4 个方向，向右引导光标，系统则定位 0° 方向；向上引导光标，系统则定位 90° 方向；向左引导光标，系统则定位 180° 方向；向下引导光标，系统则定位 270° 方向。

2.6.2　极轴追踪

“极轴追踪”功能用于根据当前设置的追踪角度，引出相应的极轴追踪虚线，进行追踪定位目标点。执行“极轴追踪”功能有以下几种方式：

- 单击状态栏上的按钮或极轴按钮（或在此按钮上单击鼠标右键，选择快捷菜单上的“启用”选项
- 按功能键 F10
- 选择菜单栏中的“工具”→“草图设置”命令，在打开的对话框中单击“极轴追踪”选项卡，然后勾选“启用极轴追踪”复选框，如图 2-47 所示

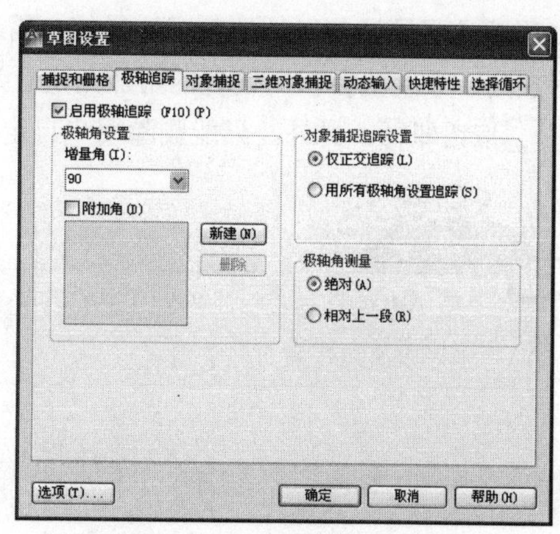

图 2-47　“极轴追踪”选项卡

下面通过绘制长度为 150、角度为 30° 的倾斜线段，学习“极轴追踪”功能的使用方法和技巧。

01　新建文件并打开“极轴追踪”功能。

02　单击“增量角”列表框，在展开的下拉列表框中选择 30，如图 2-48 所示，将当前的追踪角设置为 30°。

在“极轴角设置”选项组中的“增量角”下拉列表框内，系统提供了多种增量角，如 90°、60°、45°、30°、22.5°、18°、15°、10°、5° 等，用户可以从中选择一个角度值作为增量角。

03　单击 确定 按钮关闭对话框，完成角度跟踪设置。

04　选择菜单栏中的“绘图”→“直线”命令，配合“极轴追踪”功能绘制长度斜线段。命令行操作如下：

```
命令: _line
指定第一点:                    //在绘图区拾取一点作为起点
指定下一点或 [放弃(U)]:        //向右上方移动光标，在 30° 方向上引出如图 2-49 所示的极轴追踪虚线，然后输入
150 Enter
指定下一点或 [放弃(U)]:        // Enter，结束命令，绘制结果如图 2-50 所示
```

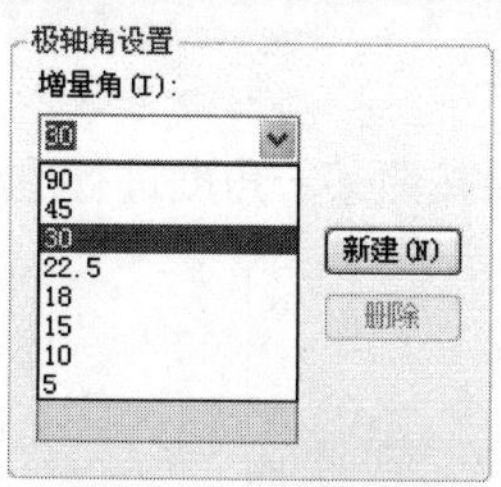

图 2-48　设置追踪角

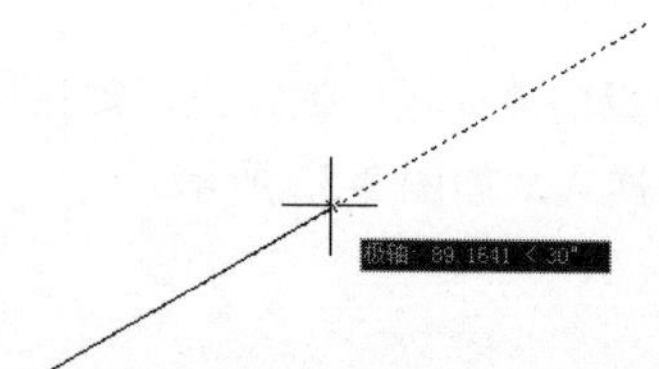

图 2-49　引出 30° 极轴矢量

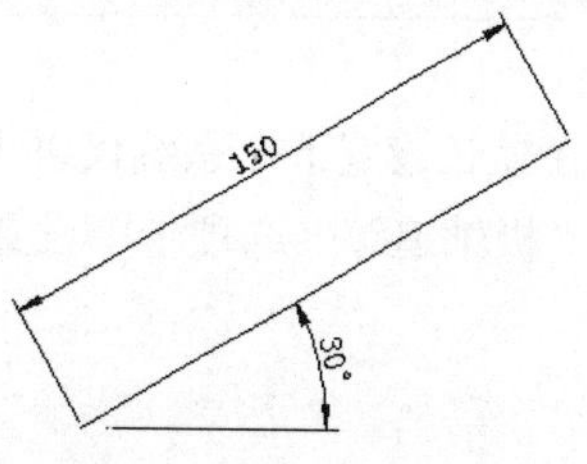

图 2-50　绘制结果

AutoCAD 小提示

AutoCAD 不但可以在增量角方向上出现极轴追踪虚线，还可以在增量角的倍数方向上出现极轴追踪虚线。

如果要选择预设值以外的角度增量值，需事先勾选“附加角”复选框，然后单击 新建(N) 按钮，创建一个附加角，系统就会以所设置的附加角进行追踪。另外，如果要删除一个角度值，在选取该角度值后单击 删除 按钮即可。另外，只能删除用户自定义的附加角，而系统预设的增量角不能被删除。

“正交追踪”与“极轴追踪”功能不能同时打开，因为前者是使光标限制在水平或垂直轴上，而后者则可以追踪任意方向矢量。

2.6.3 对象追踪

“对象追踪”功能用于以对象上的某些特征点作为追踪点，引出向两端无限延伸的对象追踪虚线，如图 2-51 所示。在此追踪虚线上拾取点或输入距离值，即可精确定位到目标点。

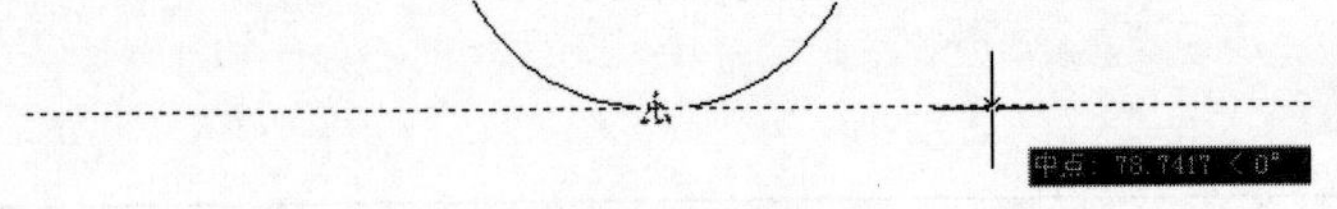

图 2-51　对象追踪虚线

执行“对象追踪”功能主要有以下几种方式：

- 单击状态栏上的 ∠ 或 对象追踪 按钮
- 按功能键 F11
- 选择菜单栏中的“工具”→“草图设置”命令，在打开的对话框中单击“对象捕捉”选项卡，然后勾选“启用对象捕捉追踪”复选框

AutoCAD 小提示

“对象追踪”功能只有在“对象捕捉”和“对象追踪”同时打开的情况下才可使用，而且只能追踪对象捕捉类型中设置的自动对象捕捉点。

在默认设置下，系统仅以水平或垂直的方向进行追踪点，如果用户需要按照某一角度进行追踪点，可以在“极轴追踪”选项卡中设置追踪的样式，如图 2-52 所示。

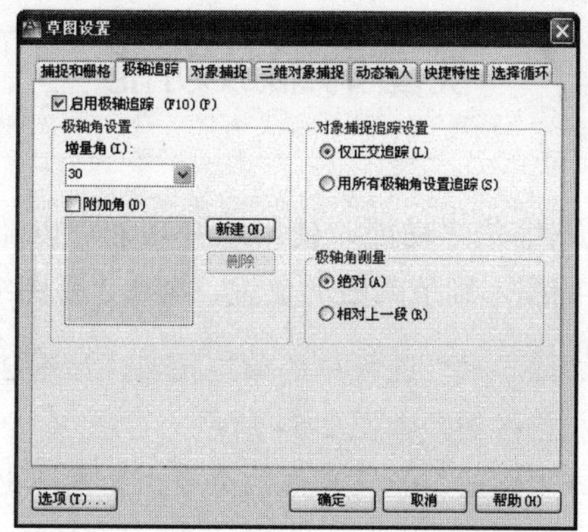

图 2-52　设置对象追踪样式

“极轴追踪”选项卡中各选项含义如下：

- 在“对象捕捉追踪设置”选项组中，“仅正交追踪”单选按钮与当前极轴角无关，它仅水平或垂直的追踪对象，即在水平或垂直方向在出现向两方无限延伸的对象追踪虚线；“用所有极轴角设置追踪”单选按钮是根据当前所设置的极轴角及极轴角的倍数出现对象追踪虚线，用户可以根据需要进行取舍。
- 在“极轴角测量”选项组中，“绝对”单选按钮用于根据当前坐标系确定极轴追踪角度；而“相对上一段”单选项用于根据上一个绘制的线段确定极轴追踪的角度。

2.6.4　捕捉自

“捕捉自”功能是借助捕捉和相对坐标定义窗口中相对于某一捕捉点的另外一点。使用“捕捉自”功能时需要先捕捉对象特征点作为目标点的偏移基点，然后再输入目标点的坐标值。执行“捕捉自”功能主要有以下几种方式：

- 单击“对象捕捉”工具栏上的按钮
- 在命令行中输入“_from”后按 Enter 键
- 按住 Ctrl 或 Shift 键的同时单击鼠标右键，选择快捷菜单中的“自”选项

2.6.5　临时追踪点

“临时追踪点”与“对象追踪”功能类似，不同的是前者需要事先精确定位出临时追踪点，然后才能通过此追踪点，引出向两端无限延伸的临时追踪虚线，以进行追踪定位目标点。执行“临时追踪点”功能主要有以下几种方式：

- 选择临时捕捉菜单中的“临时追踪点”选项
- 单击“对象捕捉”工具栏上的按钮
- 使用快捷键_tt

2.7 视图的缩放功能

AutoCAD 为用户提供了“视图缩放“功能，使用这些功能可以随意调整图形在当前视图的显示位置，以方便用户观察、编辑视图内的图形细节或图形全貌。执行“视图缩放”功能主要有以下几种方式：

- 单击“视图”选项卡→“二维导航”面板中的相应按钮，如图 2-53 所示
- 单击“缩放”工具栏中的相应按钮，如图 2-54 所示
- 选择菜单栏中的“视图”→“缩放”子菜单中的命令，如图 2-55 所示
- 使用快捷键 Z

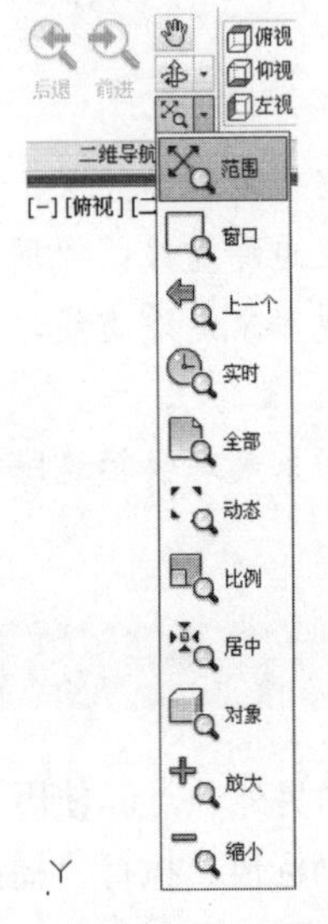

图 2-53 “二维导航”面板

图 2-54 “缩放”工具栏

图 2-55 “缩放”子菜单

(1) 窗口缩放

“窗口缩放”功能用于在需要缩放显示的区域内拉出一个矩形框，如图 2-56 所示。将位于框内的图形放大显示在视图内，如图 2-57 所示。

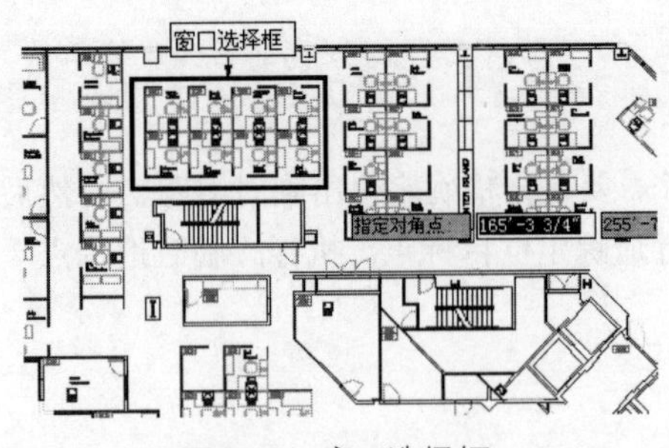

图 2-56 窗口选择框

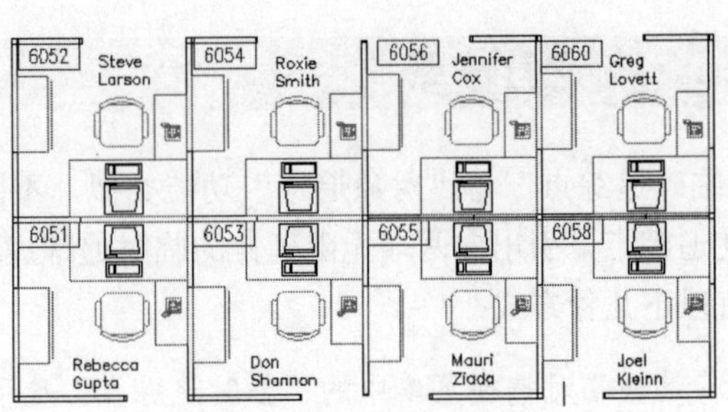

图 2-57 窗口缩放结果

(2) 动态缩放

“动态缩放”功能用于动态地浏览和缩放视图，此功能常用于观察和缩放比例比较大的图形。激活该功能后，屏幕将临时切换到虚拟显示屏状态，此时屏幕上显示 3 个视图框，如图 2-58 所示。

● “图形范围或图形界限”视图框是一个蓝色的虚线方框，该框显示图形界限和图形范围中较大的一个。
● “当前视图框”是一个绿色的线框，该框中的区域就是在使用这一选项之前的视图区域。

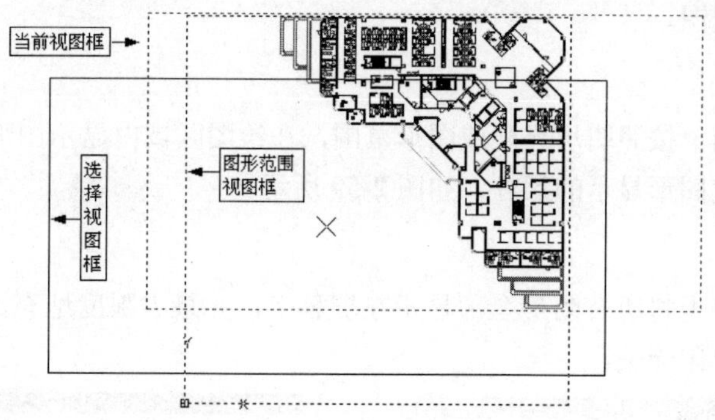

图 2-58　动态缩放工具的应用

● 以实线显示的矩形框为“选择视图框”，该视图框有两种状态：一种是平移视图框，其大小不能改变，只可任意移动；一种是缩放视图框，它不能平移，但可调节大小。可用鼠标左键在两种视图框之间切换。

如果当前视图与图形界限或视图范围相同，蓝色虚线框便与绿色虚线框重合。平移视图框中有一个“×”号，它表示下一视图的中心点位置。

（3）比例缩放

“比例缩放”功能用于按照输入的比例参数进行调整视图，视图被比例调整后，中心点保持不变。在输入比例参数时，有以下 3 种情况：

● 直接在命令行内输入数字，表示相对于图形界限的倍数；
● 在输入的数字后加字母 X，表示相对于当前视图的缩放倍数；
● 在输入的数字后加 XP，表示系统将根据图纸空间单位确定缩放比例。

通常情况下，相对于视图的缩放倍数比较直观，较为常用。

（4）中心缩放

“中心缩放”功能用于根据所确定的中心点进行调整视图。当激活该功能后，用户可直接用鼠标在屏幕上选择一个点作为新的视图中心点，确定中心点后，AutoCAD 要求用户输入放大系数或新视图的高度。具体有以下两种情况：

● 直接在命令行输入一个数值，系统将以此数值作为新视图的高度，进行调整视图。
● 如果在输入的数值后加一个 X，则系统将其看作视图的缩放倍数。

（5）缩放对象

“缩放对象”功能用于最大限度地显示当前视图内选择的图形，使用此功能可以缩放单个对象，也可以缩放多个对象。

（6）放大和缩小

“放大” 功能用于将视图放大一倍显示；“缩小” 功能用于将视图缩小一倍显示。连续单击按钮，可以成倍放大或缩小视图。

（7）全部缩放

“全部缩放” 功能用于按照图形界限或图形范围，在绘图区域内显示图形。图形界限与图形范围中哪个尺寸大，便由哪个决定图形显示的尺寸，如图 2-59 所示。

（8）范围缩放

“范围缩放” 功能用于将所有图形全部显示在屏幕上，并最大限度地充满整个屏幕，如图 2-60 所示。此种选择方式与图形界限无关。

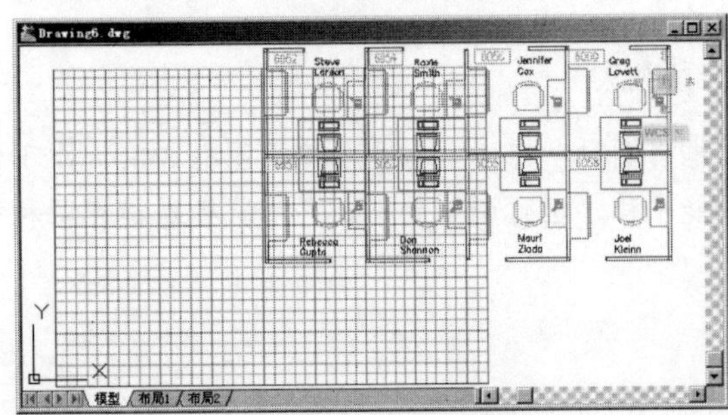

图 2-59 全部缩放

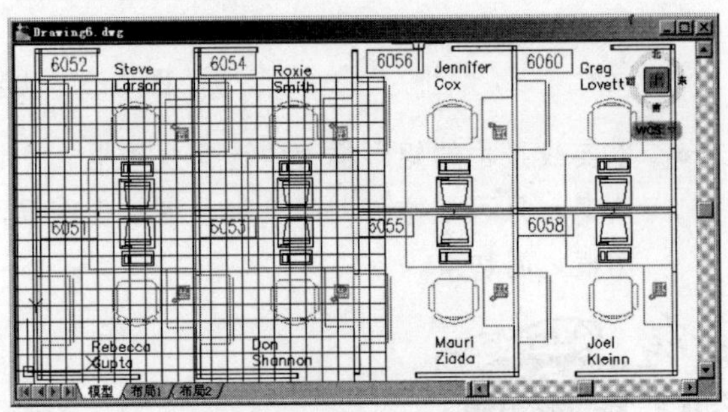

图 2-60 范围缩放

（9）视图的恢复

当视图被缩放或平移后，以前视图的显示状态会被 AutoCAD 自动保存起来，使用软件中的“缩放上一个” 功能可以恢复上一个视图的显示状态。如果用户连续单击该工具按钮，系统将连续地恢复视图，直至退回到前 10 个视图。

2.8 案例——绘制玻璃吊柜

本例通过绘制玻璃吊柜立面轮廓图，对本章所讲知识进行综合练习和巩固应用。玻璃吊柜立面轮廓图的最终绘制效果如图 2-61 所示。

01 单击“快速访问”工具栏→“新建”按钮，新建空白文件。

02 选择菜单栏中的“工具”→“草图设置”命令，在打开的“草图设置”对话框中启用并设置捕捉和追踪模式，如图 2-62 所示。

03 在“草图设置”对话框中单击“极轴追踪”选项卡，启用“极轴追踪”功能，并设置极轴角为 90º。

04 选择菜单栏中的“格式”→“图形界限”命令，设置图形的作图区域为 1200×1000。命令行操作如下：

```
命令：'_limits
重新设置模型空间界限：
指定左下角点或 [开(ON)/关(OFF)] <0.0000,0.0000>:  // Enter
指定右上角点 <420.0000,297.0000>:              //1200,1000 Enter
```

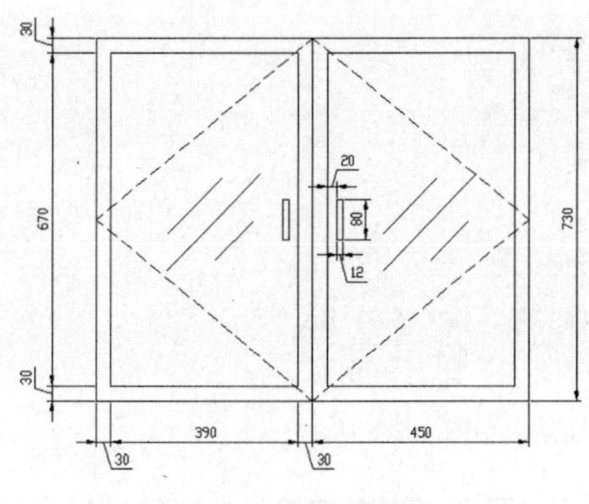

图 2-61　实例效果

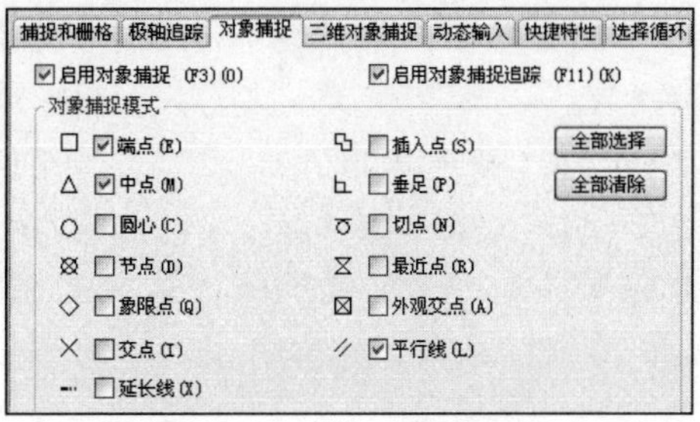

图 2-62　设置捕捉追踪模式

05 单击“视图”选项卡→“二维导航”面板→“全部”按钮，将图形界限全部显示。

06 单击“常用”选项卡→“绘图”面板→“直线”按钮，配合“极轴追踪”功能绘制外框轮廓线。命令行操作如下：

```
命令: _line
指定第一点:                          //在左下侧拾取一点作为起点
指定下一点或 [放弃(U)]:               //水平向右引出如图 2-63 所示的极轴追踪虚线，然后输入 900 Enter，定位第二点
指定下一点或 [放弃(U)]:  //垂直向上引出 90° 的极轴追踪虚线，输入 730 Enter

指定下一点或 [闭合(C)/放弃(U)]: //水平向左引出 180° 极轴虚线，输入 900 Enter
指定下一点或 [闭合(C)/放弃(U)]:     //c Enter，闭合图形，结果如图 2-64 所示
```

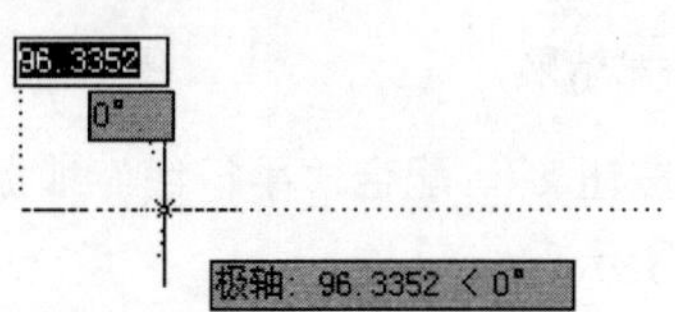

图 2-63　引出 0° 极轴矢量

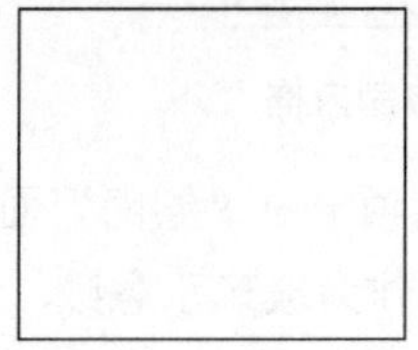

图 2-64　绘制结果

07 按下 F8 功能键，打开“正交追踪”功能。

08 单击“常用”选项卡→“绘图”面板→“直线”按钮，配合“正交追踪”和“对象捕捉”等功能绘制内框轮廓。命令行操作如下：

```
命令: _line
指定第一点:                          //按住 Shift 键单击右键，选择“自”选项
_from 基点:                          //捕捉外框的左下角点作为偏移基点
<偏移>:                              //@30,30 Enter
指定下一点或 [放弃(U)]:               //向右引出 0° 的方向矢量，输入 390 Enter
指定下一点或 [放弃(U)]:                     //向上引出 270° 方向矢量，输入 670 Enter
指定下一点或 [闭合(C)/放弃(U)]:          //向左引出 180°方向矢量，输入 390 Enter
指定下一点或 [闭合(C)/放弃(U)]:          //c Enter
```

```
命令:                                   // Enter，重复执行命令
LINE 指定第一点:                        //激活"捕捉自"功能
_from 基点:                              //捕捉外框的右下角点
<偏移>:                                 //@-30,30 Enter
指定下一点或 [放弃(U)]:                  //向左引出 180°方向矢量，输入 390 Enter
指定下一点或 [放弃(U)]:                  //向上引出 90°方向矢量，输入 670 Enter
指定下一点或 [闭合(C)/放弃(U)]:            //向右引出 0°方向矢量，输入 390 Enter
指定下一点或 [闭合(C)/放弃(U)]:            //c Enter，绘制结果如图 2-65 所示
```

09 单击“常用”选项卡→“绘图”面板→“直线”按钮，配合“中点捕捉”功能绘制对齐线。命令行操作如下：

```
命令:                               // Enter，重复执行画线命令
LINE 指定第一点:                     //捕捉外框上侧水平边中点
指定下一点或 [放弃(U)]:               //捕捉外框下侧水平边中点
指定下一点或 [放弃(U)]:              // Enter，绘制结果如图 2-66 所示
```

10 单击“常用”选项卡→“绘图”面板→“直线”按钮，配合“中点捕捉”功能绘制如图 2-67 示的 4 条直线段作为开启方向线。

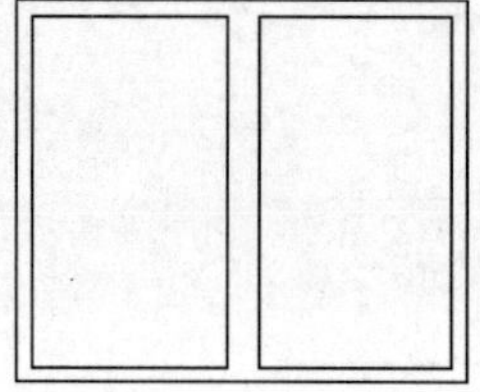

图 2-65　绘制内框

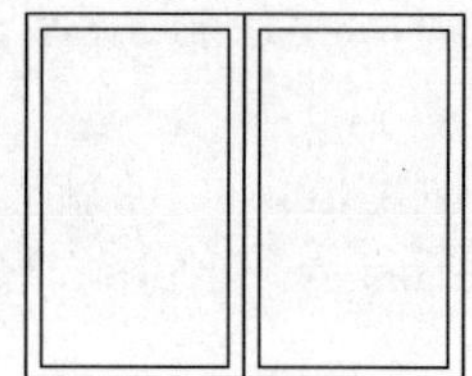

图 2-66　绘制结果

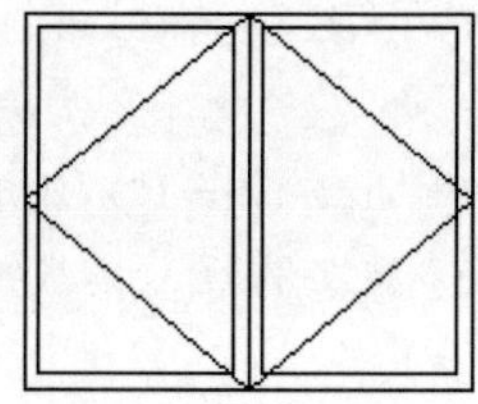

图 2-67　绘制方向线

11 单击“常用”选项卡→“绘图”面板→“直线”按钮，配合“平行线”捕捉功能，绘制三条倾斜相互平行的直线作为玻璃示意线，结果如图 2-68 所示。

12 单击“常用”选项卡→“特性”面板→“线型”下拉列表，选择“其他...”选项，如图 2-69 所示。

13 此时系统打开“线型管理器”对话框，单击对话框中的 加载(L)... 按钮，加载“DASHED”的线型，并修改线型比例，如图 2-70 所示。

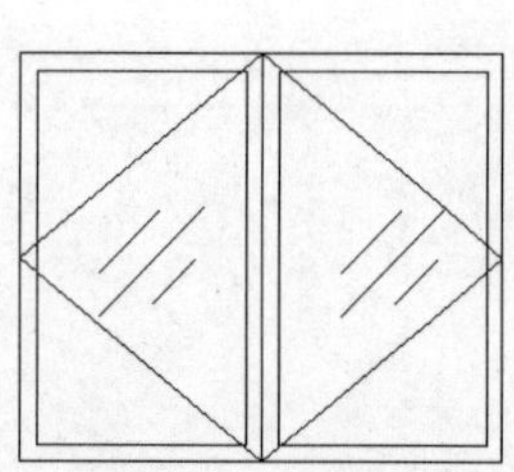

图 2-68　绘制结果

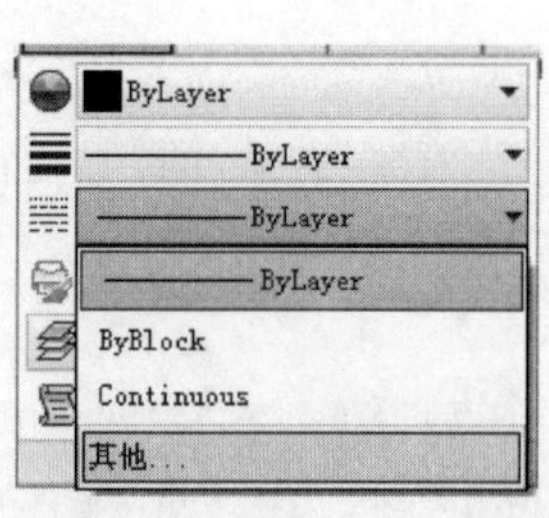

图 2-69　“线型”下拉列表

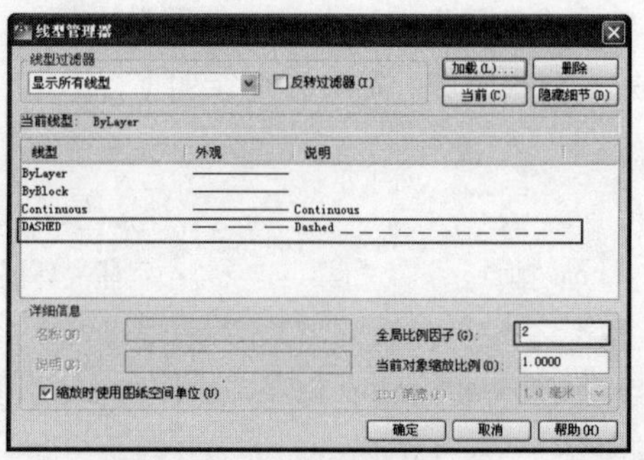

图 2-70　加载线型

14 在无命令执行的前提下选择开启方向线，然后在“常用”选项卡→“特性”面板中修改线的颜色为“红色”，修改其线型为“DASHED”

15 按下 Esc 键，取消图线的夹点显示，修改后的结果如图 2-71 所示。

16 单击“常用”选项卡→“绘图”面板→“直线”按钮，配合“对象追踪”、“对象捕捉”和“坐标输入”功能绘制把手轮廓线。命令行操作如下：

```
命令: _line
指定第一点:          //水平向左引出中点追踪虚线，输入 20 Enter
指定下一点或 [放弃(U)]:              //@0,40 Enter
指定下一点或 [放弃(U)]:              //@-12,0 Enter
指定下一点或 [闭合(C)/放弃(U)]:        //@0,-80 Enter
指定下一点或 [闭合(C)/放弃(U)]:        //@12,0 Enter
指定下一点或 [闭合(C)/放弃(U)]:       //c Enter，绘制结果如图 2-72 所示
```

17 重复执行“直线”命令，绘制右侧把手轮廓线，结果如图 2-73 所示。

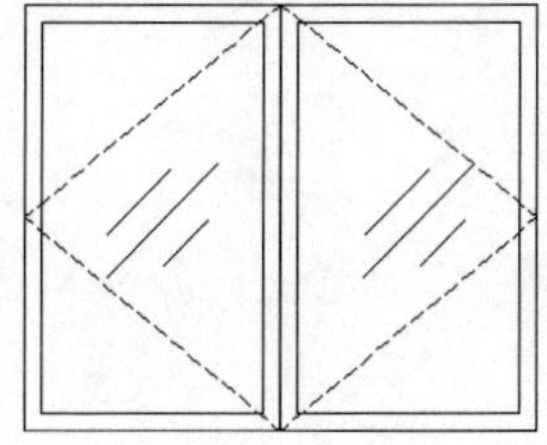

图 2-71　修改结果

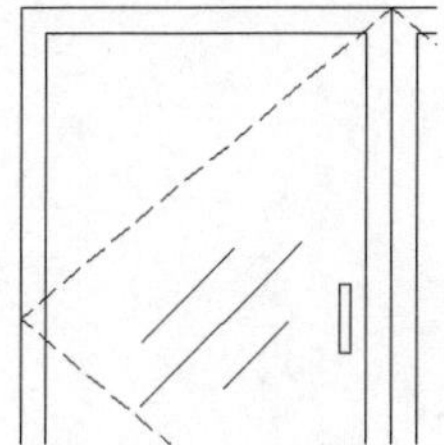

图 2-72　绘制结果

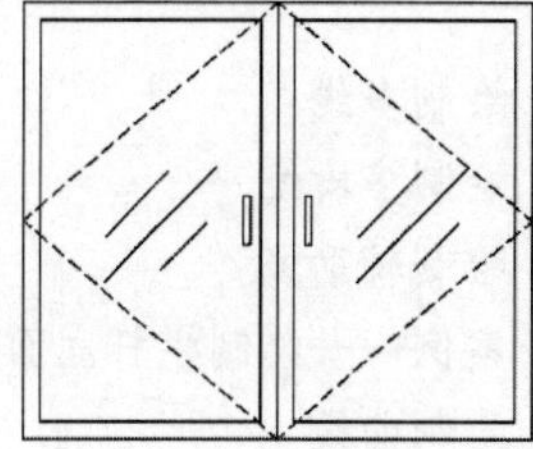

图 2-73　最终结果

18 最后单击“快速访问”工具栏→“保存”按钮，将图形命名存储为“玻璃吊柜.dwg”。

2.9 本章小结

本章主要学习了各类点图元的绘制技能和精确定位技能，具体包括点的绘制、点的输入、点的捕捉、点的追踪及视图缩放等功能，熟练掌握这些操作技能，不仅能为图形的绘制和编辑操作奠定良好的基础，同时也为精确绘图及简捷、方便地管理图形提供了条件。通过本章的学习，应掌握以下知识点：

（1）在绘制点时不但要了解点样式的设置，还要掌握点的绘制功能和等分功能；

（2）在输入点时要具体掌握相对直色坐标和相对极坐标两种功能；

（3）在捕捉点时重点掌握“对象捕捉”、“临时捕捉”等功能的具体使用技能；

（4）在追踪点时要掌握“正交模式”、“极轴追踪”、“对象追踪”、“捕捉自”等功能的操作技能；

（5）在调控缩放时要重点掌握“窗口缩放”、“中心缩放”、“比例缩放”、“全部缩放”、“范围缩放”等工具的区别及用法，以便实时地对视图进行调控。

第3章

绘制与编辑线图元

一个复杂的图形大都是由点、线、面或一些闭合图元共同拼接组合构成的。因此，要学好 AutoCAD 绘图软件，就必须掌握这些基本图元的绘制方法和操作技能，为后面更加方便、灵活地组合复杂图形做好准备。

知识要点

- 绘制多线
- 绘制多段线
- 绘制辅助线
- 案例——绘制栏杆立面图
- 绘制曲线
- 编辑图线
- 案例——绘制餐桌与餐椅

3.1 绘制多线

所谓"多线"，指的是由两条或两条以上的平行元素构成的复合线对象，如图 3-1 所示。无论多线图元中包含多少条平行线元素，系统都将其看作是一个对象。

本小节主要学习"多线"、"多线样式"和"多线编辑工具"三个命令，以绘制和编辑多线图元。

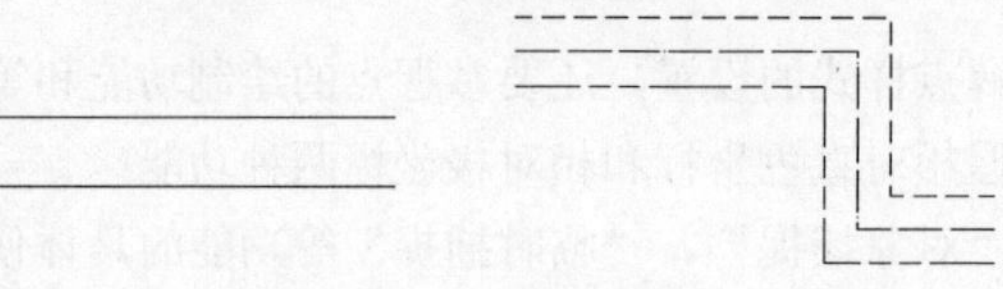

图 3-1　多线示例

3.1.1 "多线"命令

"多线"命令是用于绘制多线图元的工具，系统默认设置下，所绘制的多线是由两条平行元素构成的。执行"多线"命令主要有以下几种方式：

- 选择菜单栏中的“绘图”→“多线”命令
- 在命令行中输入“Mline”后按 Enter 键
- 使用快捷键 ML

下面通过绘制如图 3-2 所示的立面轮廓图，学习“多线”命令的使用方法和技巧。具体操作步骤如下：

01 新建文件并设置捕捉模式为端点捕捉。

02 选择菜单栏中的“绘图”→“多线”命令，配合坐标输入功能绘制左侧结构，命令行操作如下：

```
命令: _mline
当前设置: 对正 = 上, 比例 = 20.00, 样式 = STANDARD
指定起点或 [对正(J)/比例(S)/样式(ST)]:          //s Enter
输入多线比例 <20.00>:                          //15 Enter, 设置多线比例
当前设置: 对正 = 上, 比例 = 15.00, 样式 = STANDARD
指定起点或 [对正(J)/比例(S)/样式(ST)]:          //J Enter
输入对正类型 [上(T)/无(Z)/下(B)] <上>:          //b Enter, 设置对正方式
当前设置: 对正 = 下, 比例 = 12.00, 样式 = STANDARD
指定起点或 [对正(J)/比例(S)/样式(ST)]:     //在适当位置拾取一点作为起点
指定下一点:                              //@250,0 Enter
指定下一点或 [放弃(U)]:                     //@0,450 Enter
指定下一点或 [闭合(C)/放弃(U)]:     //@-250,0 Enter
指定下一点或 [闭合(C)/放弃(U)]:     //c Enter, 闭合图形
```

使用“比例”选项可以绘制任意宽度的多线。默认比例为 20。

03 重复执行“多线”命令，保持多线比例和对正方式不变，绘制右侧结构。命令行操作如下：

```
命令:MLINE
当前设置: 对正 = 下, 比例 = 15.00, 样式 = STANDARD
指定起点或 [对正(J)/比例(S)/样式(ST)]:     //捕捉图 3-3 所示的端点作为起点。
指定下一点:                              //@250,0 Enter
指定下一点或 [放弃(U)]:                     //@0,450 Enter
指定下一点或 [闭合(C)/放弃(U)]:            //@250<180 Enter
指定下一点或 [闭合(C)/放弃(U)]:          //c Enter, 闭合图形, 绘制结果如图 3-4 所示
```

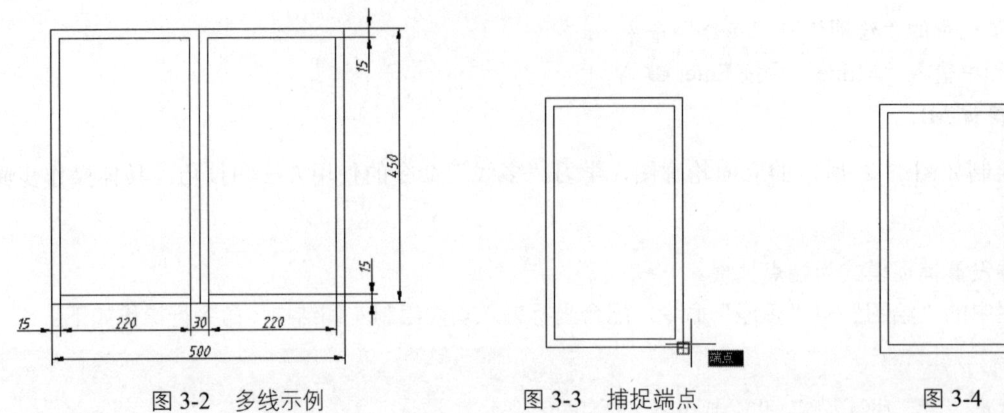

图 3-2　多线示例　　　　图 3-3　捕捉端点　　　　图 3-4　绘制结果

“对正”选项用于设置多线的对正方式，AutoCAD 共提供了 3 种对正方式，即上对正、下对正和中心对正，如图 3-5 所示。其命令行提示：“输入对正类型 [上（T）/无（Z）/下（B）] <上>：“系统提示用户输入多线的对正方式。

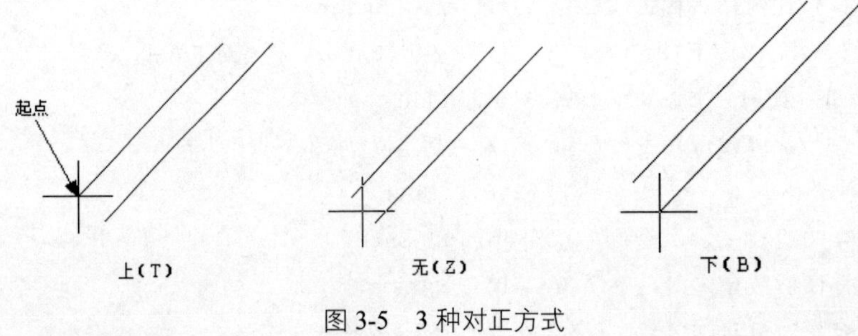

图 3-5　3 种对正方式

3.1.2　多线样式

使用系统默认的多线样式只能绘制由两条平行元素构成的多线，如果用户需要绘制其他样式的多线时，需要使用“多线样式”命令进行设置。具体操作过程如下：

01 选择菜单栏中的“格式”→“多线样式”命令，或者在命令行中输入 Mlstyle 并按 Enter 键，打开“多线样式”对话框。

02 在“多线样式”对话框中单击 新建(N)... 按钮，在打开的“创建新的多线样式”对话框中输入新样式的名称，如图 3-6 所示。

03 单击“创建新的多线样式”对话框中的 继续 按钮，打开“新建多线样式：样式一”对话框，然后设置多线的封口形式，如图 3-7 所示。

图 3-6　“创建新的多线样式”对话框

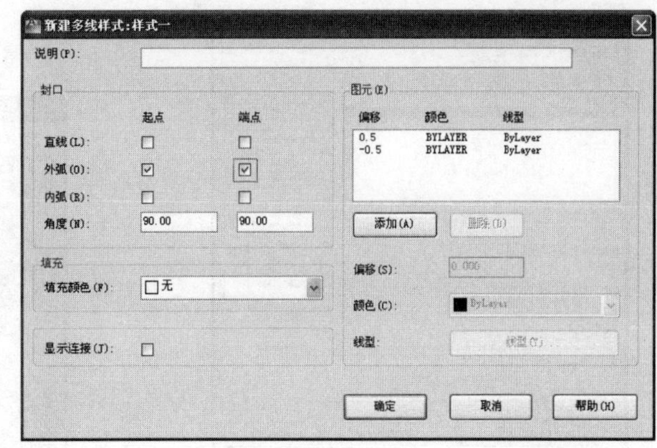

图 3-7　“新建多线样式：样式一”对话框

04　在右侧的“图元”选项组内单击[添加(A)]按钮，添加一个 0 号元素并设置元素颜色，如图 3-8 所示。

05　单击[线型(Y)...]按钮，在打开的“选择线型”对话框中单击[加载(L)...]按钮，打开“加载或重载线型”对话框，如图 3-9 所示。

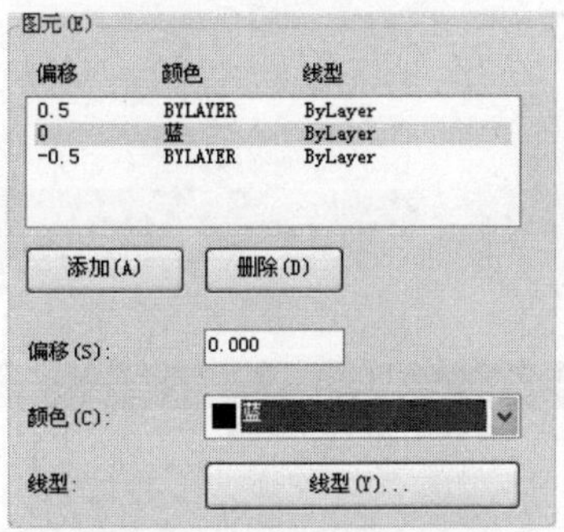

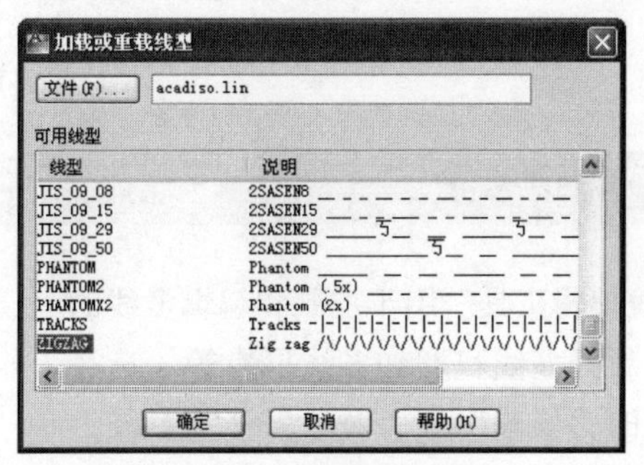

图 3-8　添加多线元素　　　　图 3-9　选择线型

06　单击[确定]按钮，结果线型被加载到“选择线型”对话框内，如图 3-10 所示。

07　选择加载的线型，单击[确定]按钮，将此线型赋给刚添加的多线元素，结果如图 3-11 所示。

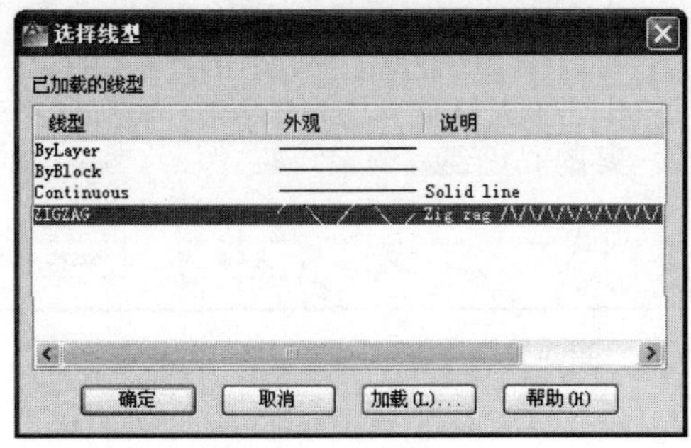

图 3-10　加载线型

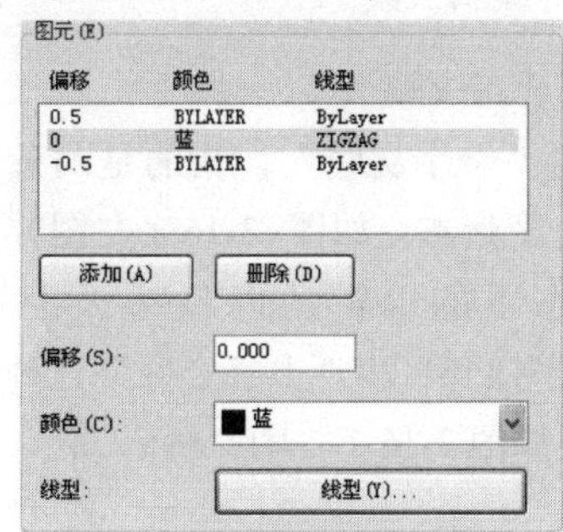

图 3-11　设置元素线型

08　单击[确定]按钮返回“多线样式”对话框，结果新线样式出现在预览框中，如图 3-12 所示。

09　单击[保存(A)...]按钮，在弹出的“保存多线样式”对话框中设置文件名如图 3-13 所示。将新式以“*mln”的格式进行保存，以方便在其他文件中进行重复使用。

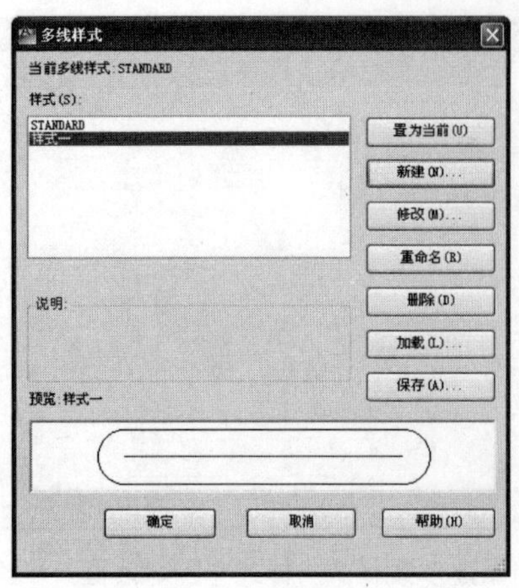
图 3-12　样式效果

图 3-13　保存样式

10 执行“多线”命令，使用刚设置的新样式绘制一段多线，如图 3-14 所示。

图 3-14　绘制结果

3.1.3　编辑多线

“多线编辑工具”用于控制和编辑多线的交叉点、断开多线和增加多线顶点等。选择菜单栏中的“修改”→“对象”→“多线”命令，或者在需要编辑的多线上双击，可打开如图 3-15 所示的“多线编辑工具”对话框，在此对话框中可以看出，AutoCAD 共提供了 12 种编辑工具。

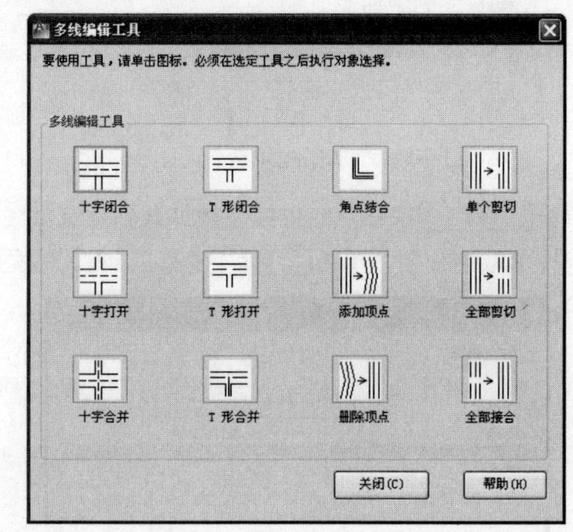

图 3-15　“多线编辑工具”对话框

（1）十字交线

所谓“十字交线”，指的是两条多线呈十字形交叉状态，如图 3-16（左图）所示。此种状态下的编辑功能包括“十字闭合“、”十字打开”和“十字合并”三种，各种编辑效果如图 3-16（右图）所示。

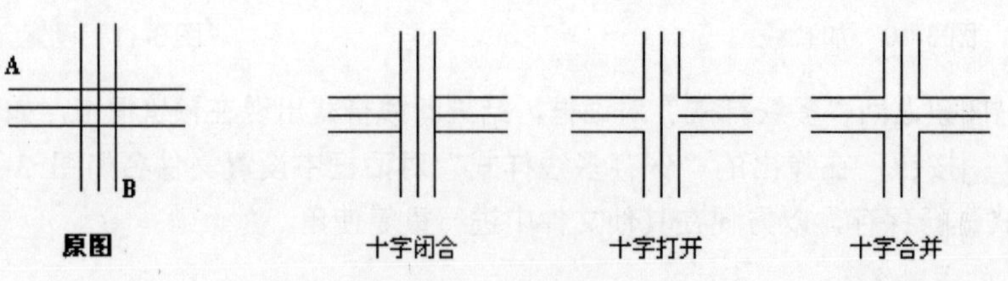

图 3-16　十字编辑

- “十字闭合”表示相交两多线的十字封闭状态，AB 分别代表选择多线的次序，水平多线为 A，垂直多线为 B。
- “十字打开”表示相交两多线的十字开放状态，将两线的相交部分全部断开，第一条多线的轴线在相交部分也要断开。
- “十字合并”表示相交两多线的十字合并状态，将两线的相交部分全部断开，但两条多线的轴线在相交部分相交。

（2）T 形交线

所谓“T 形交线”，指的是两条多线呈“T 形”相交状态，如图 3-17（左图）所示。此种状态下的编辑功能包括“T 形闭合”、“T 形打开”和“T 形合并”三种，各种编辑效果如图 3-17（右图）所示。

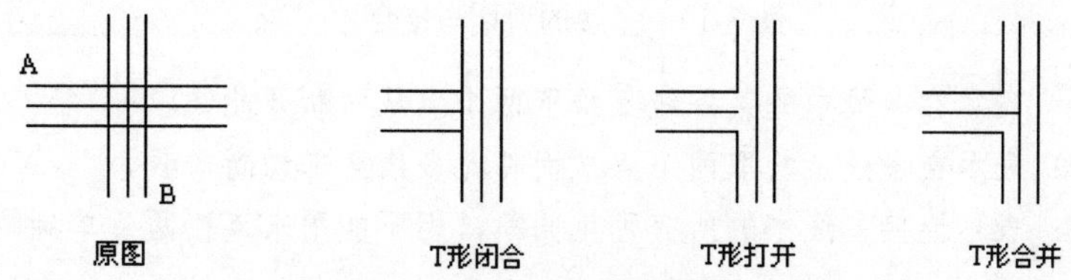

图 3-17　T 形编辑

- “T 形闭合”：表示相交两多线的 T 形封闭状态，将选择的第一条多线与第二条多线相交部分修剪掉，而第二条多线保持原样连通。
- “T 形打开”：表示相交两多线的 T 形开放状态，将两线的相交部分全部断开，但第一条多线的轴线在相交部分也断开。
- “T 形合并”：表示相交两多线的 T 形合并状态，将两线的相交部分全部断开，但第一条与第二条多线的轴线在相交部分相交。

（3）角形交线

“角形交线”编辑功能包括“角点结合”、“添加顶点”和“删除顶点”三种，其编辑的效果如图 3-18 所示。

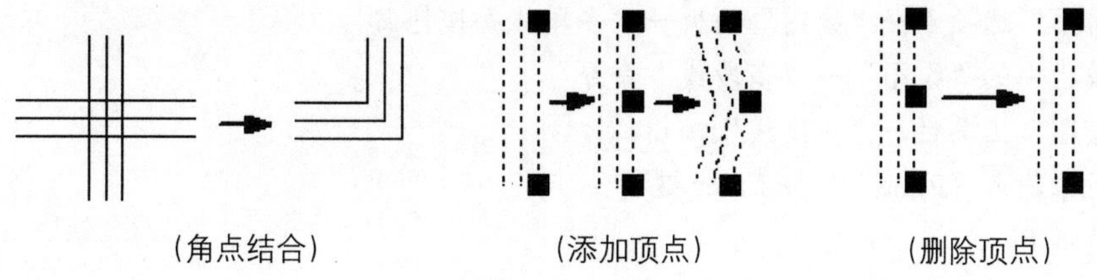

图 3-18　角形编辑

- “角点结合”：表示修剪或延长两条多线直到它们接触形成一相交角，将第一条和第二条多线的拾取部分保留，并将其相交部分全部断开剪掉。
- “添加顶点”：表示在多线上产生一个顶点并显示出来，相当于打开显示连接开关，显示交点一样。
- “删除顶点”：表示删除多线转折处的交点，使其变为直线形多线。删除某顶点后，系统会将该顶点两边的另外两顶点连接成一条多线线段。

（4）切断交线

"切断交线"编辑功能包括"单个剪切"、"全部剪切"和"全部接合"3 种，其编辑的效果如图 3-19 所示。

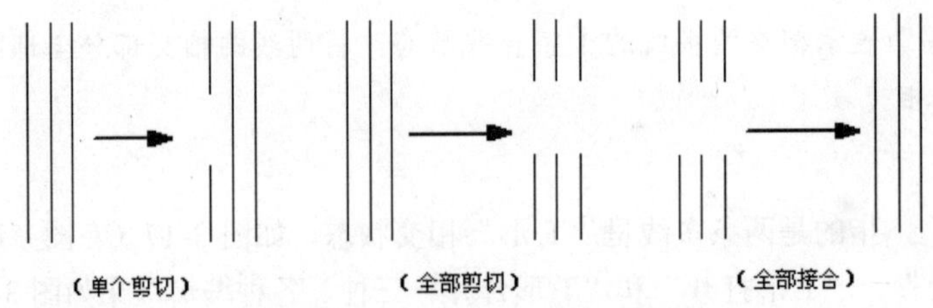

图 3-19　多线的剪切与接合

- "单个剪切"：表示在多线中的某条线上拾取两个点从而断开此线。
- "全部剪切"：表示在多线上拾取两个点从而将此多线全部切断一截。
- "全部接合"：表示连接多线中的所有可见间断，但不能用来连接两条单独的多线。

3.2 绘制多段线

多段线是由一系列直线段或弧线段连接而成的一种特殊几何图元，此图元无论包括多少条直线元素或弧线元素，系统都将其看作单个对象。本节主要学习多段线的绘制和编辑工具。

3.2.1 "多段线"命令

"多段线"命令用于二维多段线图元，所绘制的多段线可以具有宽度、可以闭合或不闭合，可以为直线段，也可以为弧线段，如图 3-20 所示。执行"多段线"命令主要有以下几种方式：

- 单击"常用"选项卡→"绘图"面板→"多段线"按钮
- 选择菜单栏中的"绘图"→"多段线"命令
- 单击"绘图"工具栏→"多段线"按钮
- 在命令行中输入"Pline"后按 Enter 键
- 使用快捷键 PL

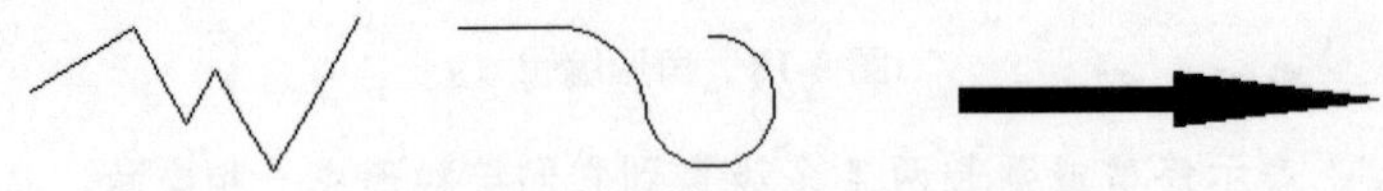

图 3-20　多段线示例

下面通过绘制浴盆的平面轮廓图，学习"多段线"命令的使用方法和技巧。命令行操作如下：

```
命令：_pline
指定起点：                    //在绘图区拾取一点作为起点
当前线宽为 0.0000
```

```
指定下一个点或 [圆弧(A)/半宽(H)/长度(L)/放弃(U)/宽度(W)]:      //@1300,0 Enter
指定下一点或 [圆弧(A)/闭合(C)/半宽(H)/长度(L)/放弃(U)/宽度(W)]: //a Enter
指定圆弧的端点或[角度(A)/圆心(CE)/闭合(CL)/方向(D)/半宽(H)/直线(L)/半径(R)/第二个点(S)/放弃(U)/宽度(W)]:    //@800<90 Enter
指定圆弧的端点或[角度(A)/圆心(CE)/闭合(CL)/方向(D)/半宽(H)/直线(L)/半径(R)/第二个点(S)/放弃(U)/宽度(W)]:    //l Enter
指定下一点或 [圆弧(A)/闭合(C)/半宽(H)/长度(L)/放弃(U)/宽度(W)]: //@1300<180 Enter
指定下一点或 [圆弧(A)/闭合(C)/半宽(H)/长度(L)/放弃(U)/宽度(W)]: //a Enter
指定圆弧的端点或[角度(A)/圆心(CE)/闭合(CL)/方向(D)/半宽(H)/直线(L)/半径(R)/第二个点(S)/放弃(U)/宽度(W)]:    //@-100,-100 Enter
指定圆弧的端点或[角度(A)/圆心(CE)/闭合(CL)/方向(D)/半宽(H)/直线(L)/半径(R)/第二个点(S)/放弃(U)/宽度(W)]:    //l Enter
指定下一点或 [圆弧(A)/闭合(C)/半宽(H)/长度(L)/放弃(U)/宽度(W)]: /@0,-600 Enter
指定下一点或 [圆弧(A)/闭合(C)/半宽(H)/长度(L)/放弃(U)/宽度(W)]: //a Enter
指定圆弧的端点或[角度(A)/圆心(CE)/闭合(CL)/方向(D)/半宽(H)/直线(L)/半径(R)/第二个点(S)/放弃(U)/宽度(W)]:    //cl Enter，结束命令，结果如图 3-21 所示
```

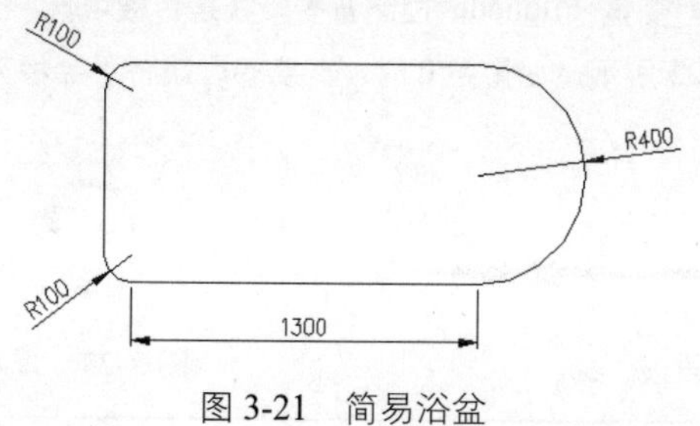

图 3-21　简易浴盆

3.2.2　多段线选项

执行“多段线”命令并指定起点后，命令行出现“指定下一个点或 [圆弧(A)/半宽(H)/长度(L)/放弃(U)/宽度(W)]:”提示，提示用户指定下一点或选择一个选项。本节将学习这些选项功能。

（1）“圆弧”选项

“圆弧”选项用于将当前多段线模式切换为画弧模式，以绘制由弧线组合而成的多段线。在命令行提示下输入“A”，或者绘图区单击鼠标右键，在打开的快捷菜单中选择“圆弧”选项，都可激活此选项。系统自动切换到画弧状态，且命令行提示如下：

```
“指定圆弧的端点或 [角度 (A) /圆心 (CE) /闭合 (CL) /方向 (D) /半宽 (H) /直线 (L) /半径 (R) /第二个点(S) /放弃 (U) / 宽度 (W) ]:”
```

命令行各选项含义如下：

- “角度”选项用于指定要绘制的圆弧的圆心角。
- “圆心”选项用于指定圆弧的圆心。
- “闭合”选项用于用弧线封闭多段线。

- “方向”选项用于取消直线与圆弧的相切关系，改变圆弧的起始方向。
- “半宽”选项用于指定圆弧的半宽值。激活此选项功能后，AutoCAD 将提示用户输入多段线的起点半宽值和终点半宽值。
- “直线”选项用于切换直线模式。
- “半径”选项用于指定圆弧的半径。
- “第二个点”选项用于选择三点画弧方式中的第二个点。
- “宽度”选项用于设置弧线的宽度值。

（2）其他选项

- “闭合”选项：激活此选项后，AutoCAD 将使用直线段封闭多段线，并结束多段线命令。
- “长度”选项：此选项用于定义下一段多段线的长度，AutoCAD 按照上一线段的方向绘制这一段多段线。若上一段是圆弧，AutoCAD 绘制的直线段与圆弧相切。
- “半宽”选项：选项用于设置多段线的半宽，“宽度”选项用于设置多段线的起始宽度值，起始点的宽度值可以相同也可以不同。

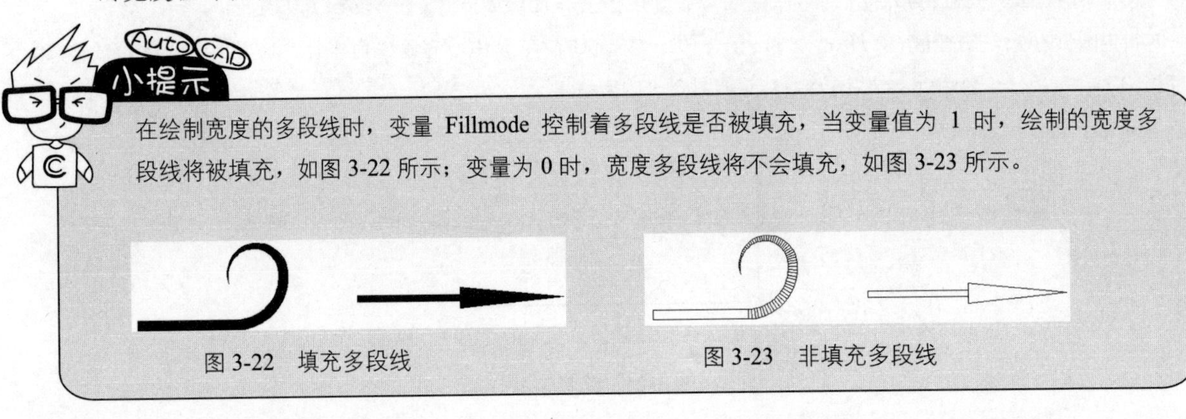

在绘制宽度的多段线时，变量 Fillmode 控制着多段线是否被填充，当变量值为 1 时，绘制的宽度多段线将被填充，如图 3-22 所示；变量为 0 时，宽度多段线将不会填充，如图 3-23 所示。

图 3-22　填充多段线

图 3-23　非填充多段线

3.2.3　编辑多段线

“编辑多段线”命令用于编辑多段线或具有多段线性质的图形，如矩形、正多边形等。执行“编辑多段线”命令主要有以下几种方式：

- 单击“常用”选项卡→“修改”面板→“编辑多段线”按钮
- 选择菜单栏中的“修改”→“对象”→“多段线”命令
- 单击“修改 II”工具栏→“编辑多段线”按钮
- 在命令行中输入“Pedit”后按 Enter 键
- 使用快捷键 PE

执行“编辑多段线”命令后，AutoCAD 提示如下：

```
命令：Pedit
选择多段线或［多条（M）］：          //选择需要编辑的多段线
```

如果用户选择了直线或圆弧，而不是多段线，系统出现如下提示：

```
选定的对象不是多段线。
是否将其转换为多段线? <Y>:          //输入"Y",将选择的对象即直线或圆弧转换为多段线,再进行编辑
```

如果选择的对象是多段线，系统则出现如下提示：

```
输入选项[闭合(C)/合并(J)/宽度(W)/编辑顶点(E)/拟合(F)/样条曲线(S)/非曲线化(D)/线型生成(L) /反转(R)/放弃(U)]:
```

命令行中各选项含义如下：

- “闭合”选项用于打开或闭合多段线。如果用户选择的多段线是非闭合的，使用该选项可使之封闭；如果用户选中的多段线是闭合的，该选项替换成“打开”，使用该选项可打开闭合的多段线。
- “合并”选项用于将其他的多段线、直线或圆弧连接到正在编辑的多段线上，形成一条新的多段线。

要往多段线上连接实体，与原多段线必须有一个共同的端点，即需要连接的对象必须首尾相连。

- “宽度”选项用于修改多段线的线宽，并将多段线的各段线宽统一变为新输入的线宽值。激活该选项后系统提示输入所有线段的新宽度。
- “拟合”选项用于对多段线进行曲线拟合，将多段线变成通过每个顶点的光滑连续的圆弧曲线，曲线经过多段线的所有顶点并使用任何指定的切线方向，如图 3-24 所示。

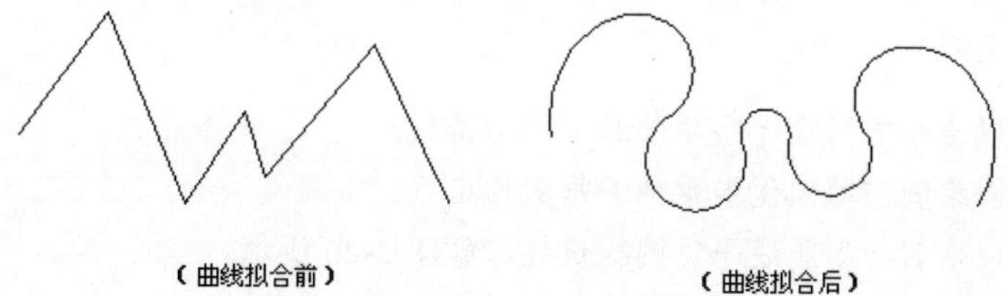

图 3-24　对多段线进行曲线拟合

- “非曲线化”选项用于还原已被编辑的多段线。取消拟合、样条曲线以及“多段线”命令中“弧”选项所创建的圆弧段，将多段线中各段拉直，同时保留多段线顶点的所有切线信息。
- “线型生成”选项用于控制多段线为非实线状态时的显示方式。
- “样条曲线”选项将用 B 样条曲线拟合多段线，生成由多段线顶点控制的样条曲线。
- “编辑顶点选项用于对多段线的顶点进行移动、插入新顶点、改变顶点的线宽及切线方向等。

3.3 绘制辅助线

AutoCAD 为用户提供了用于绘制作图辅助线的工具，即“构造线”和“射线”。本节主要学习这两种命令的使用方法和技巧。

3.3.1 绘制构造线

"构造线"命令用于绘制向两端无限延伸的作图辅助线，如图 3-25 所示。执行"构造线"命令有以下几种方式：

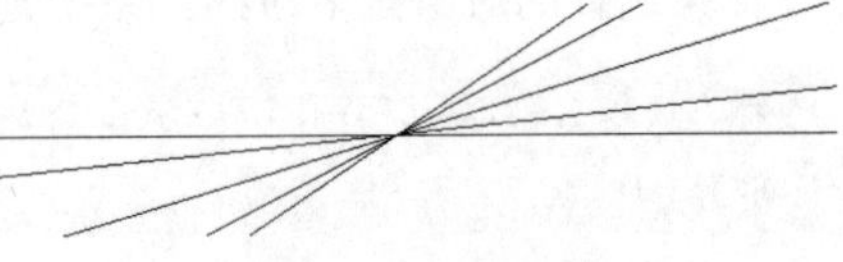

图 3-25 构造线示例

- 单击"常用"选项卡→"绘图"面板→"构造线"按钮
- 选择菜单栏中的"绘图"→"构造线"命令
- 单击"绘图"工具栏→"构造线"按钮
- 在命令行中输入"Xline"后按 Enter 键
- 使用快捷键 XL

执行"构造线"命令后，其命令行提示如下：

```
命令: _xline
指定点或 [水平(H)/垂直(V)/角度(A)/二等分(B)/偏移(O)]:
//定位构造线上的一点
指定通过点:                        //定位构造线上的通过点
指定通过点:                        //定位构造线上的通过点
…….
指定通过点:                        // Enter，结束命令
```

命令行中各选项含义如下：

- "水平"选项可以绘制向两端无限延伸的水平构造线。
- "垂直"选项可以绘制向两端无限延伸的垂直构造线。
- "偏移"选项可以绘制与参照线平行的构造线，如图 3-26 所示。
- "构造线"命令中的"二等分"选项可以绘制任意角度的角平分线。
- "角度"选项可以绘制具有任意角度的作图辅助线。其命令行操作如下：

```
命令:_xline
指定点或 [水平(H)/垂直(V)/角度(A)/二等分(B)/偏移(O)]:
  //A Enter，激活"角度"选项
输入构造线的角度 (0) 或 [参照(R)]:        //22.5 Enter
指定通过点:                              //拾取通过点
指定通过点:                              // Enter，结果如图 3-27 所示
```

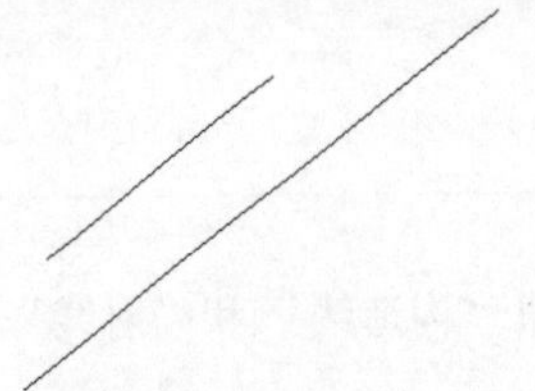

图 3-26 "偏移"选项示例

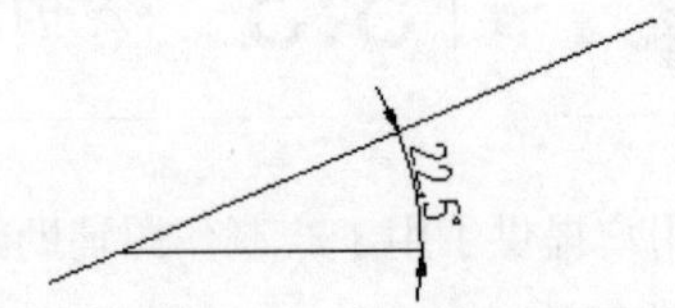

图 3-27 绘制倾斜构造线

构造线通常用作绘图时的辅助线或参照线，不能作为图形轮廓线的一部分，但是可以通过修改工具将其编辑为图形轮廓线。

3.3.2 绘制射线

“射线”命令用于绘制向一端无限延伸的作图辅助线，如图 3-28 所示。执行“射线”命令主要有以下几种方式：

- 单击“常用”选项卡→“绘图”面板→“射线”按钮
- 选择菜单栏中的“绘图”→“射线”命令
- 在命令行中输入“Ray”后按 Enter 键

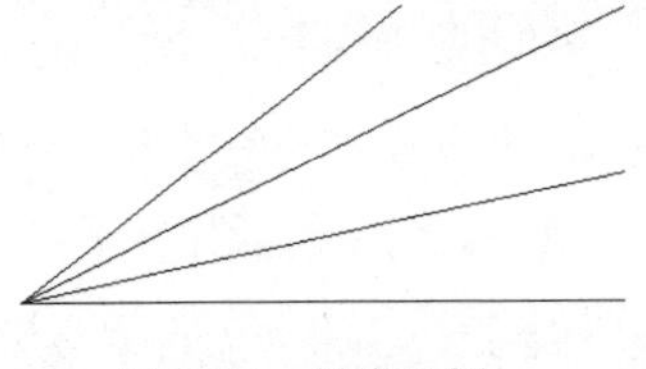

图 3-28　射线示例

激活“射线”命令后，可以连续绘制无数条射线，只到结束命令为止。命令行提示如下：

```
命令：_ray
指定起点：          //指定射线的起点
指定通过点：        //指定射线的通过点
指定通过点：        //指定射线的通过点
......
指定通过点：        //结束命令
```

3.4 案例——绘制栏杆立面图

本例通过绘制栏杆立面图，对本章所学知识进行综合练习和巩固应用。栏杆立面图的最终绘制效果如图 3-29 所示。

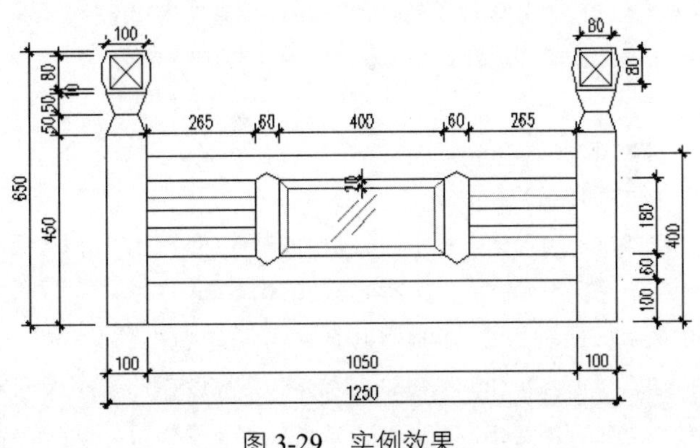

图 3-29　实例效果

01 首先新建空白文件并打开“对象捕捉”和“对象追踪”功能。

02 选择菜单栏中的“视图”→“缩放”→“圆心”命令，将视图高度调整为 8000 个单位。命令行操作如下：

```
命令: '_zoom
指定窗口的角点，输入比例因子 (nX 或 nXP)，或者[全部(A)/中心(C)/动态(D)/范围(E)/上一个(P)/比例(S)/窗口(W)/对象(O)] <实时>: _c
指定中心点:                //在绘图区拾取一点
输入比例或高度 <404>: //2000 Enter
```

03 单击“常用”选项卡→“绘图”面板→“多段线”按钮，配合“坐标输入”功能绘制栏杆柱外轮廓线。命令行操作如下：

```
命令: _pline
指定起点:                //在绘图区拾取一点
当前线宽为 0.0
指定下一个点或 [圆弧(A)/半宽(H)/长度(L)/放弃(U)/宽度(W)]:  //@0,450 Enter
指定下一点或 [圆弧(A)/闭合(C)/半宽(H)/长度(L)/放弃(U)/宽度(W)]: //@20,50 Enter
指定下一点或 [圆弧(A)/闭合(C)/半宽(H)/长度(L)/放弃(U)/宽度(W)]: //@-20,50 Enter
指定下一点或 [圆弧(A)/闭合(C)/半宽(H)/长度(L)/放弃(U)/宽度(W)]: //@0,10 Enter
指定下一点或 [圆弧(A)/闭合(C)/半宽(H)/长度(L)/放弃(U)/宽度(W)]: //a Enter
指定圆弧的端点或[角度(A)/圆心(CE)/闭合(CL)/方向(D)/半宽(H)/直线(L)/半径(R)/第二个点(S)/放弃(U)/宽度(W)]:  //s Enter
指定圆弧上的第二个点: //@-10,40 Enter
指定圆弧的端点:        //@10,40 Enter
指定圆弧的端点或[角度(A)/圆心(CE)/闭合(CL)/方向(D)/半宽(H)/直线(L)/半径(R)/第二个点(S)/放弃(U)/宽度(W)]:  //l Enter
指定下一点或 [圆弧(A)/闭合(C)/半宽(H)/长度(L)/放弃(U)/宽度(W)]:  //@0,10 Enter
指定下一点或 [圆弧(A)/闭合(C)/半宽(H)/长度(L)/放弃(U)/宽度(W)]:  //@100,0 Enter
指定下一点或 [圆弧(A)/闭合(C)/半宽(H)/长度(L)/放弃(U)/宽度(W)]:  //@0,-10 Enter
指定下一点或 [圆弧(A)/闭合(C)/半宽(H)/长度(L)/放弃(U)/宽度(W)]:  //a Enter
指定圆弧的端点或[角度(A)/圆心(CE)/闭合(CL)/方向(D)/半宽(H)/直线(L)/半径(R)/第二个点(S)/放弃(U)/宽度(W)]:  //s Enter
指定圆弧上的第二个点: //@10,-40 Enter
指定圆弧的端点:        //@-10,-40 Enter
指定圆弧的端点或[角度(A)/圆心(CE)/闭合(CL)/方向(D)/半宽(H)/直线(L)/半径(R)/第二个点(S)/放弃(U)/宽度(W)]:  //l Enter
指定下一点或 [圆弧(A)/闭合(C)/半宽(H)/长度(L)/放弃(U)/宽度(W)]:  //@0,-10 Enter
指定下一点或 [圆弧(A)/闭合(C)/半宽(H)/长度(L)/放弃(U)/宽度(W)]:  //@-20,-50 Enter
指定下一点或 [圆弧(A)/闭合(C)/半宽(H)/长度(L)/放弃(U)/宽度(W)]:  //@20,-50 Enter
指定下一点或 [圆弧(A)/闭合(C)/半宽(H)/长度(L)/放弃(U)/宽度(W)]:  //@0,-450 Enter
```

```
指定下一点或 [圆弧(A)/闭合(C)/半宽(H)/长度(L)/放弃(U)/宽度(W)]:
//c Enter，结束命令，绘制结果如图 3-30 所示
```

04 重复执行“多段线”命令，配合“捕捉自”和“端点捕捉”功能继续绘制内部的轮廓线，结果如图 3-31 所示。

05 参照 4～5 操作步骤，综合使用“多段线”、“直线”命令绘制右侧的栏杆柱，结果如图 3-32 所示。

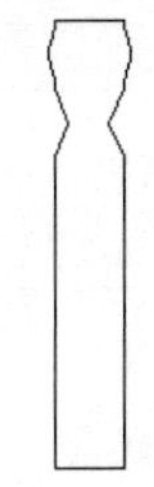

图 3-30　绘制结果

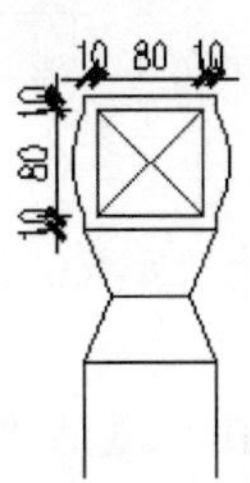

图 3-31　绘制内部结构

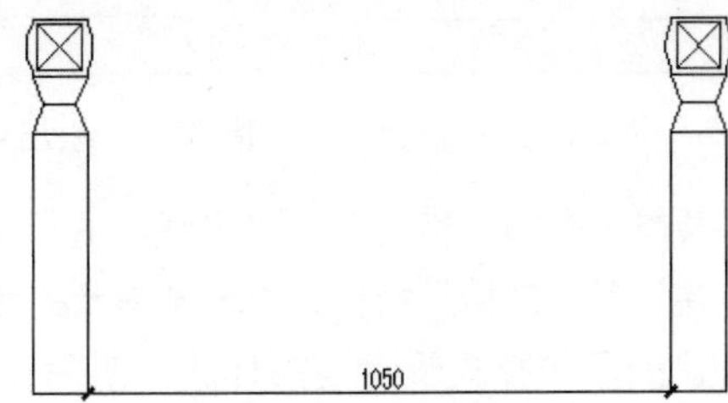

图 3-32　绘制结果

06 选择菜单栏中的“格式”→“多线样式”命令，设置名为“style01”的新样式，新样式以直线形式封口，然后在原有图元的基础上再添加四条图元，如图 3-33 所示。

07 将设置的多线样式设置为当前样式，然后使用快捷键“L”激活“直线”命令，配合“延伸捕捉“或“对象追踪”功能绘制三条水平轮廓线，如图 3-34 所示。

0.28	绿	ByLayer
0.12	140	ByLayer
-0.12	140	ByLayer
-0.28	绿	ByLayer

图 3-33　设置多线样式

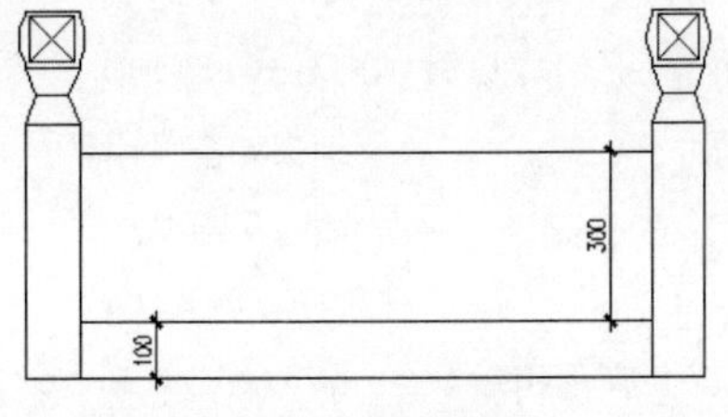

图 3-34　绘制结果

08 使用快捷键“ML”激活“多线”命令，配合“对象追踪”和“坐标输入”功能绘制栏杆轮廓线。命令行操作如下：

```
命令: ml            //Enter
MLINE 当前设置: 对正 = 上，比例 = 20.00，样式 = STYLE01
指定起点或 [对正(J)/比例(S)/样式(ST)]:   //s Enter
输入多线比例 <20.00>:                //180 Enter
当前设置: 对正 = 上，比例 = 180.00，样式 = STYLE01
指定起点或 [对正(J)/比例(S)/样式(ST)]:
    //向下引出如图 3-35 所示的对象追踪矢量，输入 60 Enter
指定下一点:   //@265,0 Enter
指定下一点或 [放弃(U)]:  // Enter
命令:  MLINE 当前设置: 对正 = 上，比例 = 180.00，样式 = STYLE01
指定起点或 [对正(J)/比例(S)/样式(ST)]:
 //向上引出如图 3-36 所示的对象追踪矢量，然后输入 60 Enter
指定下一点:  //@-265,0 Enter
```

```
指定下一点或 [放弃(U)]:  // Enter，绘制结果如图 3-37 所示
```

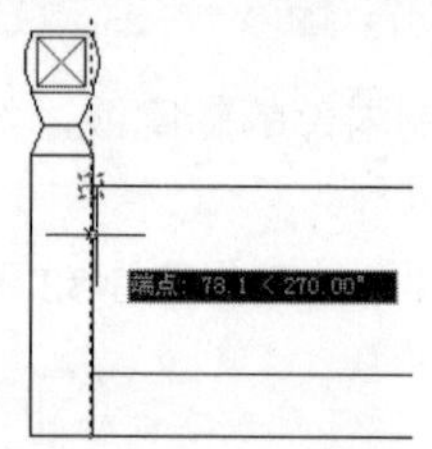

图 3-35　引出对象追踪矢量

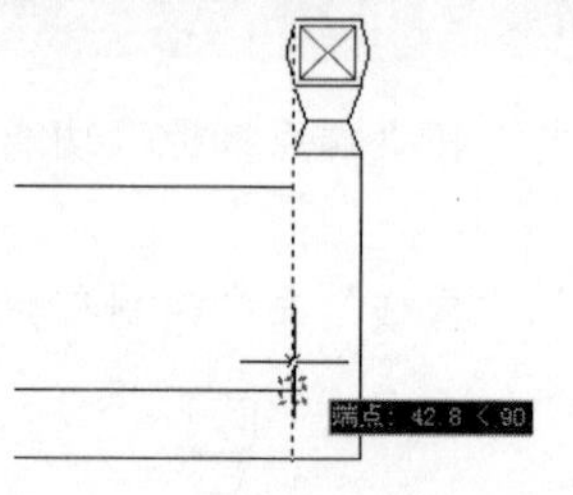

图 3-36　引出对象追踪矢量

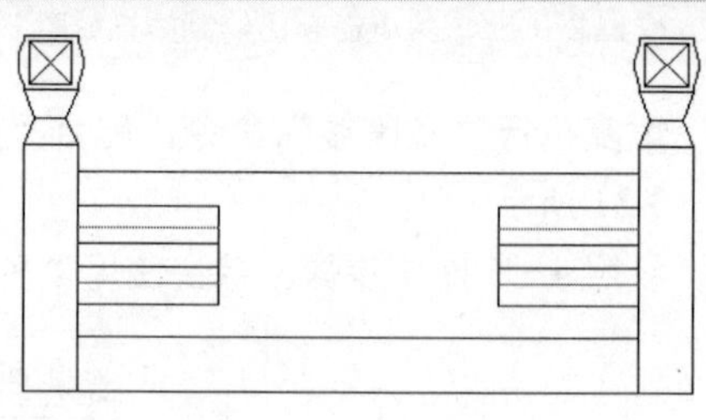

图 3-37　绘制结果

09 选择菜单栏中的“格式”→“多线样式”命令，设置名为“style02”的新样式，使用“直线”进行封口，并设置“连接”特性，-0.5 号图元的颜色为 40 号色。

10 将设置的多线样式置为当前样式。然后使用快捷键“ML”激活“多线”命令，配合“捕捉自”和“坐标输入“功能继续绘制栏杆轮廓线。命令行操作如下：

```
命令: ml              // Enter
MLINE 当前设置: 对正 = 上，比例 = 180.00，样式 = STYLE02
指定起点或 [对正(J)/比例(S)/样式(ST)]:  //s Enter
输入多线比例 <180.00>:              //20 Enter
当前设置: 对正 = 上，比例 = 20.00，样式 = STYLE02
指定起点或 [对正(J)/比例(S)/样式(ST)]:   //激活“捕捉自”功能
_from 基点:                //捕捉如图 3-38 所示的端点
<偏移>:                   //@60,0 Enter
指定下一点:                //@400,0 Enter
指定下一点或 [放弃(U)]:   //@0,-180 Enter
指定下一点或 [闭合(C)/放弃(U)]:  //@-400,0
指定下一点或 [闭合(C)/放弃(U)]:  //c Enter，绘制结果如图 3-39 所示
```

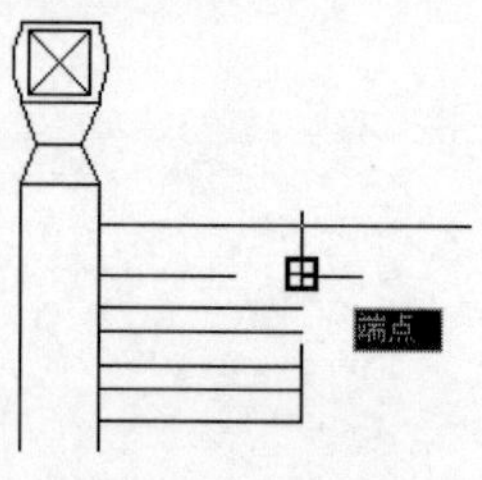

图 3-38　捕捉端点

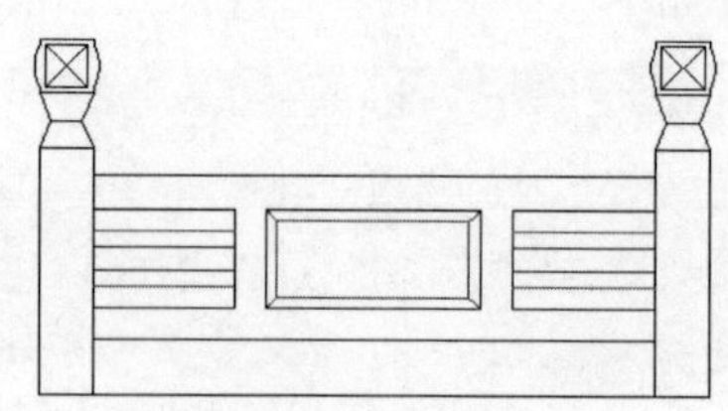

图 3-39　绘制结果

11 使用快捷键“L”激活“直线”命令，配合平行线捕捉功能绘制如图 3-40 所示的三条平行线作为示意线。

12 单击“常用”选项卡→“绘图”面板→“构造线”按钮，绘制两条倾斜构造线作为辅助线。命令行操作如下：

```
命令: _xline
指定点或 [水平(H)/垂直(V)/角度(A)/二等分(B)/偏移(O)]:  //a Enter
输入构造线的角度 (0.00) 或 [参照(R)]:  //32.5 Enter
```

```
指定通过点：    //捕捉如图 3-40 所示端点 1
指定通过点：    // Enter
命令：
XLINE 指定点或 [水平(H)/垂直(V)/角度(A)/二等分(B)/偏移(O)]：  //a Enter
输入构造线的角度 (0.00) 或 [参照(R)]：  //-32.5 Enter
指定通过点：    //捕捉如图 3-40 所示端点 1
指定通过点：    // Enter，绘制结果如图 3-41 所示
```

13 单击“常用”选项卡→“修改”面板→“修剪”按钮 -/--，对构造线进行修剪，将其编辑为图形轮廓线，结果如图 3-42 所示。

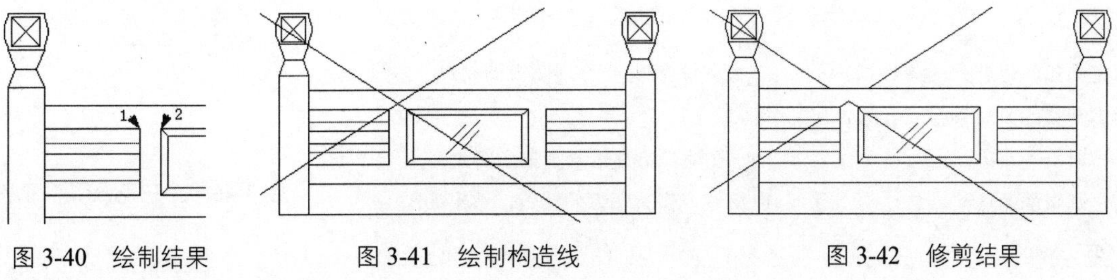

图 3-40　绘制结果　　图 3-41　绘制构造线　　图 3-42　修剪结果

14 使用快捷键“E”激活“删除”命令，删除残余的构造线，结果如图 3-43 所示。

15 参照 12～14 操作步骤，综合使用“构造线”、“修剪”、“删除”等命令，绘制其他位置的轮廓线，结果如图 3-44 所示。

16 最后执行“保存”命令，将图形命名存储为“栏杆立面图.dwg”。

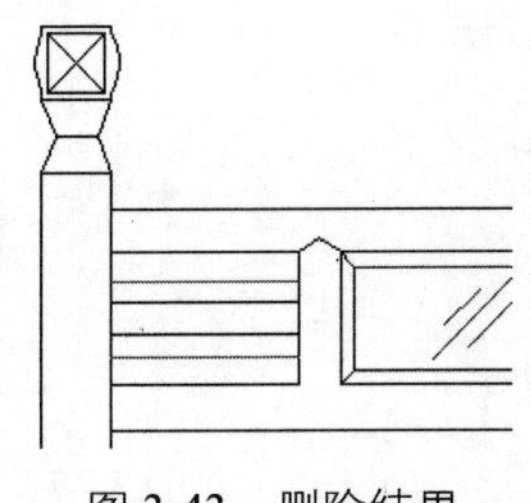

图 3-43　删除结果

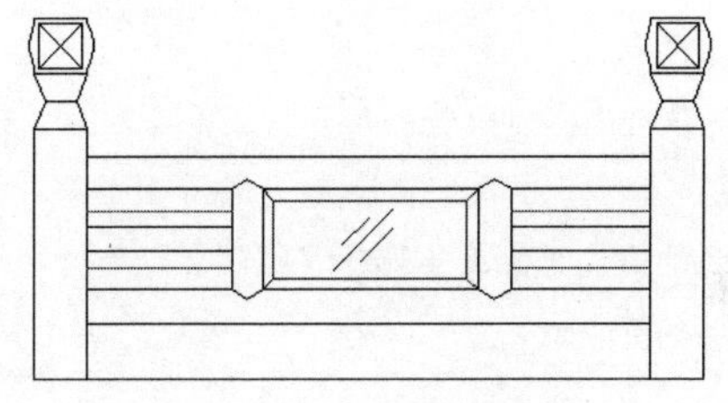

图 3-44　绘制其他轮廓线

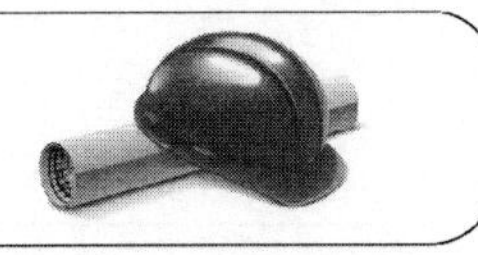

3.5 绘制曲线

本节主要学习各类曲线的绘制方法，具体有圆弧、螺旋线、椭圆弧、修订云线和样条曲线等。

3.5.1 绘制圆弧

“圆弧”命令为用户提供了 11 种画弧方式，如图 3-45 所示。执行“圆弧”命令主要有以下几种方式：

- 单击“常用”选项卡→“绘图”面板→“圆弧”按钮
- 选择菜单栏中的“绘图”→“圆弧”子菜单中的各命令
- 单击“绘图”工具栏→“圆弧”按钮
- 在命令行中输入“Arc”后按 Enter 键
- 使用快捷键 A

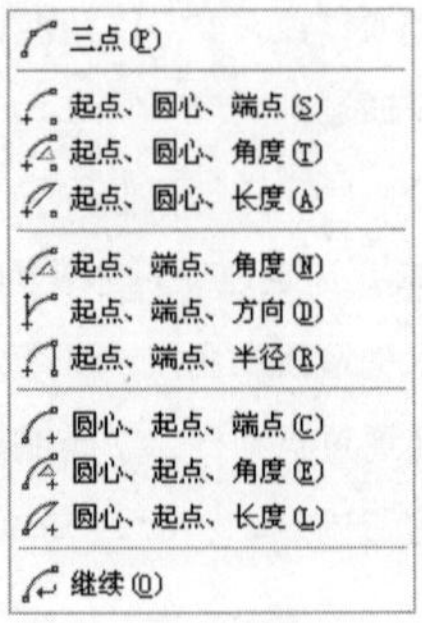

三点(P)
起点、圆心、端点(S)
起点、圆心、角度(T)
起点、圆心、长度(A)
起点、端点、角度(N)
起点、端点、方向(D)
起点、端点、半径(R)
圆心、起点、端点(C)
圆心、起点、角度(E)
圆心、起点、长度(L)
继续(O)

图 3-45　圆弧子菜单

（1）三点画弧

“三点画弧”指的是直接定位出三个点即可绘制圆弧，其中第一点和第三个点分别被作为圆弧的起点和端点，如图 3-46 所示。“三点画弧”的命令行提示如下：

```
命令: _arc
指定圆弧的起点或 [圆心(C)]:            //拾取一点作为圆弧的起点
指定圆弧的第二个点或 [圆心(C)/端点(E)]:
                                  //在适当位置拾取圆弧上的第二点
指定圆弧的端点:                 //拾取第三点作为圆弧的端点，结果如图
3-46 所示
```

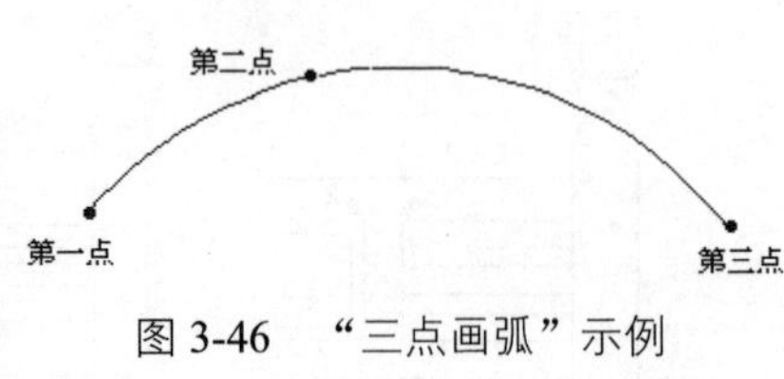

图 3-46　“三点画弧”示例

（2）“起点、圆心”方式画弧

此种画弧方式分为“起点、圆心、端点”、“起点、圆心、角度”和“起点、圆心、长度”三种方式。当用户确定出圆弧的起点和圆心后，只需要定位出圆弧的端点或角度、弧长等参数，即可精确画弧。

“起点、圆心、端点”画弧的命令行提示如下：

```
命令: _arc
指定圆弧的起点或 [圆心(C)]:                  //在绘图区拾取一点作
为圆弧的起点
指定圆弧的第二个点或 [圆心(C)/端点(E)]:  //c Enter
指定圆弧的圆心:                              //在适当位置拾取一点
作为圆弧的圆心
指定圆弧的端点或 [角度(A)/弦长(L)]:       //拾取一点作为圆弧端
点，结果如图 3-47 所示
```

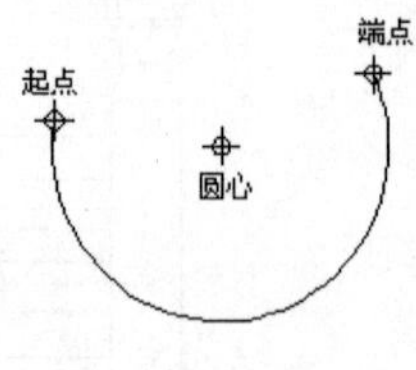

图 3-47　绘制结果

另外，当指定了圆弧的起点和圆心后，也可直接输入圆弧的包含角或圆弧的弦长，也可精确绘制圆弧，如图 3-48 和图 3-49 所示。

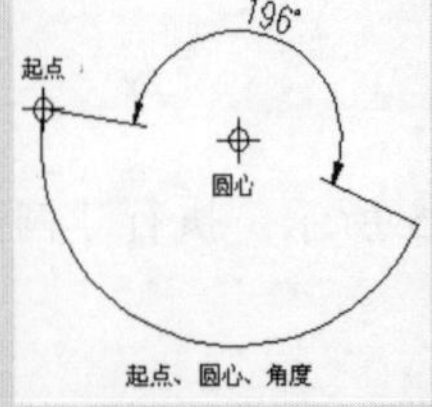

图 3-48　“起点、圆心、角度”

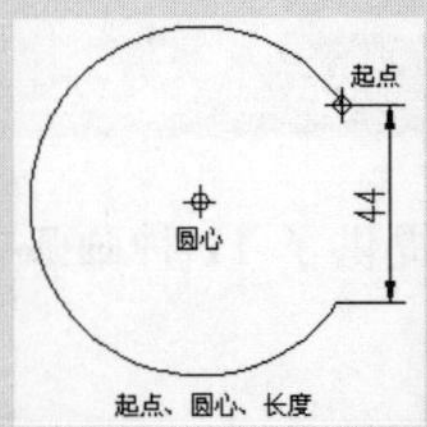

图 3-49　“起点、圆心、长度”

（3）“起点、端点”方式画弧

此种画弧方式又可分为“起点、端点、角度”、“起点、端点、方向”和“起点、端点、半径”三种方式。当定位出圆弧的起点和端点后，只需再确定弧的角度、半径或方向，即可精确画弧。“起点、端点、角度” 画弧的命令行提示如下：

```
命令: _arc
指定圆弧的起点或 [圆心(C)]:                    //定位弧的起点
指定圆弧的第二个点或 [圆心(C)/端点(E)]: _e
指定圆弧的端点:                                //定位弧的端点
指定圆弧的圆心或 [角度(A)/方向(D)/半径(R)]: _a 指定包含角:
                    //输入 190 Enter，定位弧的角度，结果如图 3-50
所示
```

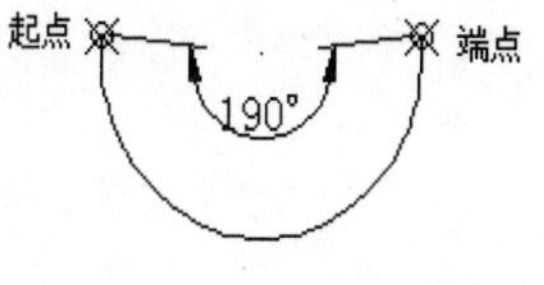

图 3-50　绘制结果

如果输入的角度为正值，系统将按逆时针方向绘制圆弧；反之，按顺时针方向绘制圆弧。另外，当指定圆弧起点和端点后，输入弧的半径或起点方向，也可精确画弧，如图 3-51 所示。

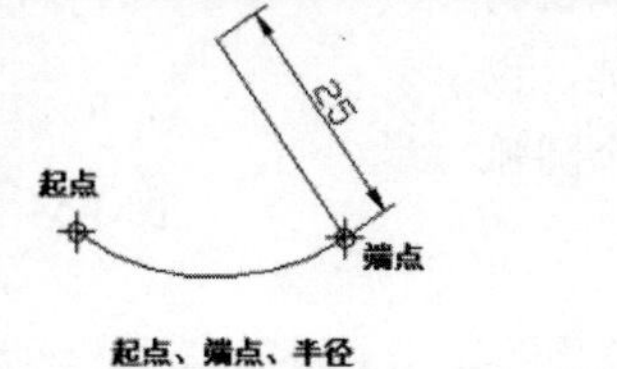

图 3-51　另外两种画弧方式

（4）“圆心、起点”方式画弧

此种方式分为 “圆心、起点、端点”、“圆心、起点、角度”和“圆心、起点、长度”三种。当确定了圆弧的圆心和起点后，只需再给出圆弧的端点，或角度、弧长等参数，即可精确绘制圆弧。“圆心、起点、端点” 画弧的命令行提示如下：

```
命令: _arc
指定圆弧的起点或 [圆心(C)]: _c 指定圆弧的圆心:
//拾取一点作为弧的圆心
指定圆弧的起点:                          //拾取一点作为弧的起点
指定圆弧的端点或 [角度(A)/弦长(L)]: //拾取一点作为弧的端
点，结果如图 3-52 所示
```

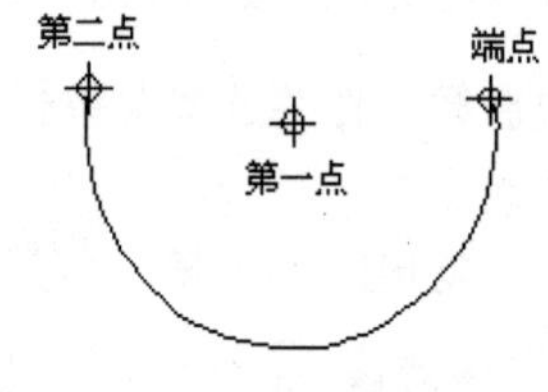

图 3-52　绘制结果

当给定了圆弧的圆心和起点后，输入圆心角或弦长，也可精确绘制圆弧，如图 3-53 所示。在配合“长度”绘制圆弧时，如果输入的弦长为正值，系统将绘制小于 180º 的劣弧；如果输入的统将绘制大于 180º 的优弧。

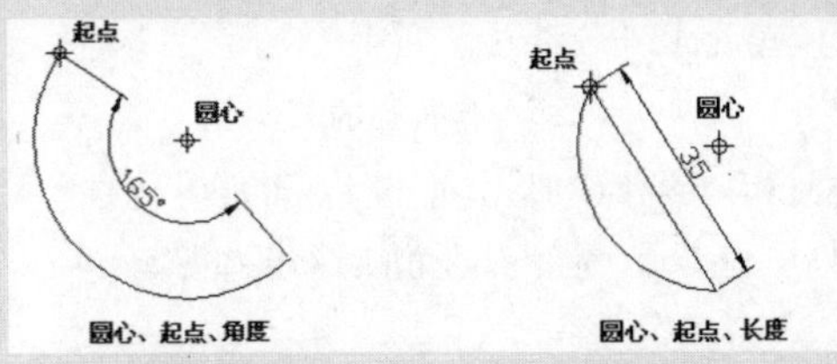

图 3-53 “圆心、起点”方式画弧

（5）“连续”圆弧

单击“常用”选项卡→“绘图”面板→“连续”按钮，可进入连续画弧状态，所绘制的圆弧与上一个圆弧自动相切。另外，在结束画弧命令后，连续两次按 Enter 键，也可进入“相切圆弧”绘制模式，所绘制的圆弧与前一个圆弧的终点连接并与之相切，如图 3-54 所示。

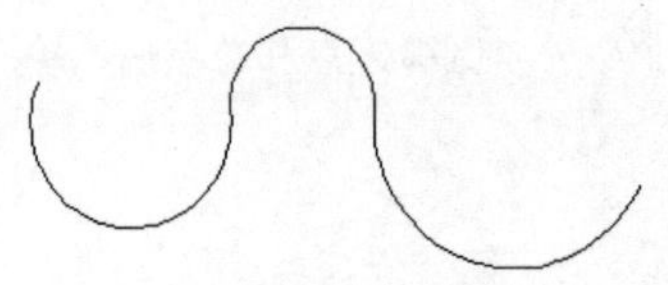

图 3-54 连续画弧方式

3.5.2 绘制螺旋线

“螺旋”命令用于绘制二维螺旋线，将螺旋用作 SWEEP 命令的扫掠路径以创建弹簧、螺纹和环形楼梯等。执行“螺旋”命令主要有以下几种方式：

- 单击“常用”选项卡→“绘图”面板→“螺旋”按钮
- 选择菜单栏中的“绘图”→“建模”→“螺旋”命令
- 单击“建模”工具栏→“螺旋”按钮
- 在命令行中输入“Helix”后按 Enter 键

下面通过绘制高度为 120、圈数为 7 的螺旋线，学习“螺旋”命令的使用方法和技巧。

01 首先新建文件并选择菜单栏中的“视图”→“三维视图”→“西南等轴测”命令，将当前视图切换为西南视图。

02 单击“常用”选项卡→“绘图”面板→“螺旋”按钮，根据命令行提示进行创建螺旋线。

```
命令: _Helix
圈数 = 3.0000      扭曲=CCW
指定底面的中心点:                          //在绘图区拾取一点
指定底面半径或 [直径(D)] <27.9686>:      //50 Enter
指定顶面半径或 [直径(D)] <50.0000>:       // Enter
```

小提示

如果指定一个值来同时作为底面半径和顶面半径，将创建圆柱形螺旋；如果指定不同值作为顶面半径和底面半径，将创建圆锥形螺旋；不能指定 0 来同时作为底面半径和顶面半径。

```
    指定螺旋高度或 [轴端点(A)/圈数(T)/圈高(H)/扭曲(W)]
<923.5423>:  //t Enter
    输入圈数 <3.0000>:                    //7 Enter
    指定螺旋高度或 [轴端点(A)/圈数(T)/圈高(H)/扭曲(W)]
<23.5423>:
    //120 Enter，结果如图 3-55 所示
```

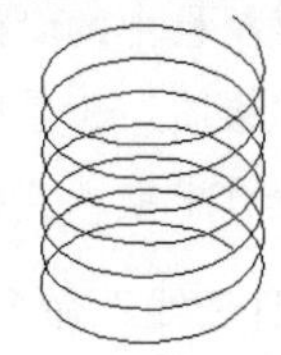

图 3-55　创建结果

小提示

默认设置下，螺旋的圈数为 3。绘制图形时，圈数的默认值始终是先前输入的圈数值，螺旋的圈数不能超过 500。另外，如果将螺旋指定的高度值为 0，则将创建扁平的二维螺旋。

3.5.3　绘制椭圆弧

椭圆弧也是一种基本的构图元素，它除了包含中心点、长轴和短轴等几何特征外，还具有角度特征。执行“椭圆弧”命令主要有以下几种方式：

- 单击“常用”选项卡→“绘图”面板→“椭圆弧”按钮
- 选择菜单栏中的“绘图”→“椭圆弧”命令
- 单击“绘图”工具栏→“椭圆弧”按钮

执行“椭圆弧”命令后，其命令行提示如下：

```
    命令: _ellipse
    指定椭圆的轴端点或 [圆弧(A)/中心点(C)]:  //A Enter
    指定椭圆弧的轴端点或 [中心点(C)]:        //拾取一点，定位弧端点
    指定轴的另一个端点:                      //@120,0 Enter，定位长轴
    指定另一条半轴长度或 [旋转(R)]:          //30 Enter，定位短轴
    指定起始角度或 [参数(P)]:                //90 Enter，定位起始角度
    指定终止角度或 [参数(P)/包含角度(I)]:    //180 Enter，结果如图
3-56 所示
```

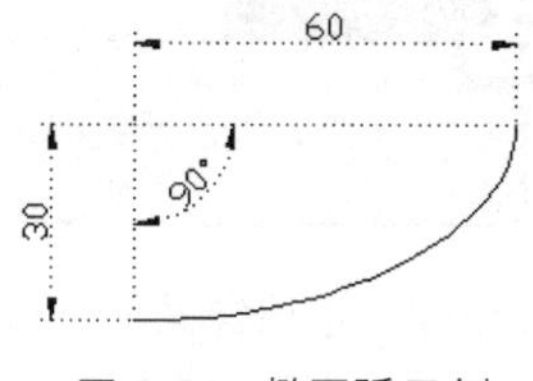

图 3-56　椭圆弧示例

小提示

椭圆弧的角度就是终止角和起始角度的差值。另外，用户也可以使用“包含角”选项功能，直接输入椭圆弧的角度。

3.5.4 绘制修订云线

“修订云线”命令用于绘制由连续圆弧构成的图线，所绘制的图线被看作是一条多段线，此种图线可以是闭合的，也可以是断开的。执行“修订云线”命令主要有以下几种方式：

- 单击“常用”选项卡→“绘图”面板→“修订云线”按钮
- 选择菜单栏中的“绘图”→“修订云线”命令
- 单击“绘图”工具栏→“修订云线”按钮
- 在命令行中输入“Revcloud“后按 Enter 键

执行“修订云线”命令后，其命令行提示如下：

```
命令: _revcloud
最小弧长: 15    最大弧长: 15    样式: 普通
指定起点或 [弧长(A)/对象(O)/样式(S)] <对象>:  //a Enter，激活弧长选项
指定最小弧长 <15>:                          //30 Enter，设置最小弧长
指定最大弧长 <30>:                          //60 Enter，设置最大弧长
```

在设置弧长时需要注意，最大弧长不能超过最小弧长的三倍。

```
指定起点或 [弧长(A)/对象(O)/样式(S)] <对象>:  //在绘图区拾取一点
沿云线路径引导十字光标...  //按住左键不放，沿着所需闭合路径引导光标，即可绘制闭合的云线，如图 3-57 所示。
修订云线完成
```

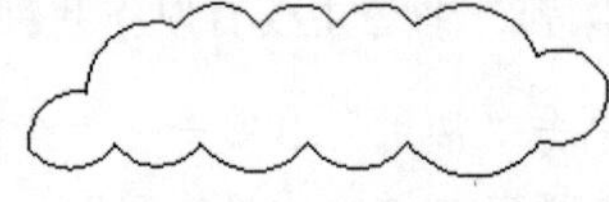

图 3-57 绘制云线

在绘制闭合云线时，需要移动光标，将端点放在起点处，系统会自动闭合云线。

命令行中选项含义如下：

- 使用“修订云线”命令中的“对象”选项功能，可以将直线、圆弧、矩形、圆以及正多边形等转化为云线图形，如图 3-58 所示。
- “样式”选项用于设置修订云线的样式。AutoCAD 共为用户提供了“普通“和”手绘“两种样式，默认情况下为“普通”样式。如图 3-59 所示的云线就是在“手绘“样式下绘制的。

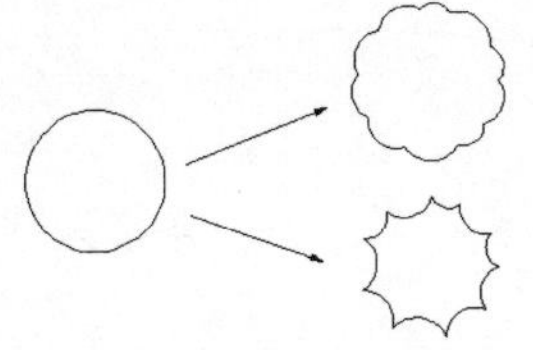

图 3-58 将对象转化为云线

图 3-59 手绘样式

3.5.5 绘制样条曲线

"样条曲线"命令用于绘制由通过某些拟合点（接近控制点）的光滑曲线，所绘制的曲线可以是二维曲线，也可是三维曲线。执行"样条曲线"命令主要有以下几种方式：

- 单击"常用"选项卡→"绘图"面板→"样条曲线"按钮
- 选择菜单栏中的"绘图"→"样条曲线"命令
- 单击"绘图"工具栏→"样条曲线"按钮
- 在命令行中输入"Spline"后按 Enter 键
- 使用快捷键 SPL

在实际工作中，光滑曲线也是较为常见的一种几何图元，如图 3-60 所示的木栈道河底断面示意线，就是使用"样条曲线"命令绘制的。

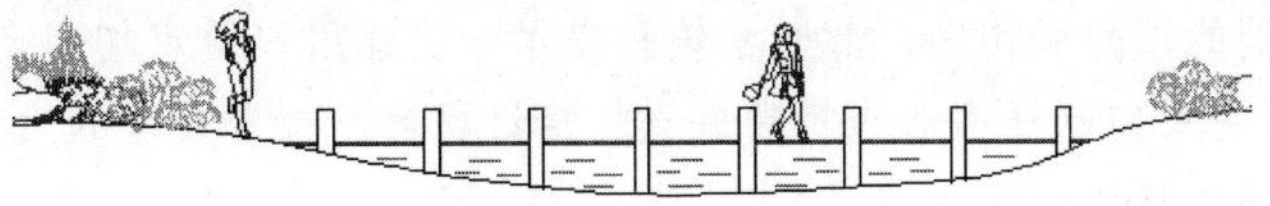

图 3-60 木栈道示意图

其命令行提示如下：

```
命令: _spline
当前设置: 方式=拟合　节点=弦
指定第一个点或 [方式(M)/节点(K)/对象(O)]:    //0,0 Enter
输入下一个点或 [起点切向(T)/公差(L)]:       //1726,-88 Enter
输入下一个点或 [端点相切(T)/公差(L)/放弃(U)]:   //2955,-294 Enter
输入下一个点或 [端点相切(T)/公差(L)/放弃(U)/闭合(C)]:   //4247,-775 Enter
输入下一个点或 [端点相切(T)/公差(L)/放弃(U)/闭合(C)]:   //5054,-957 Enter
输入下一个点或 [端点相切(T)/公差(L)/放弃(U)/闭合(C)]:   //6142,-1028 Enter
输入下一个点或 [端点相切(T)/公差(L)/放弃(U)/闭合(C)]:   //7625,-1105 Enter
输入下一个点或 [端点相切(T)/公差(L)/放弃(U)/闭合(C)]:   //10028,-1124 Enter
输入下一个点或 [端点相切(T)/公差(L)/放弃(U)/闭合(C)]:   //12190,-888 Enter
输入下一个点或 [端点相切(T)/公差(L)/放弃(U)/闭合(C)]:   //13754,-617 Enter
输入下一个点或 [端点相切(T)/公差(L)/放弃(U)/闭合(C)]:   //15067,-340 Enter
输入下一个点或 [端点相切(T)/公差(L)/放弃(U)/闭合(C)]:   //16361,-203 Enter
输入下一个点或 [端点相切(T)/公差(L)/放弃(U)/闭合(C)]:   //18474,-98 Enter
输入下一个点或 [端点相切(T)/公差(L)/放弃(U)/闭合(C)]:  //Enter，如图 3-61 所示
```

图 3-61　绘制结果

命令行选项含义如下：

- “方式”选项主要用于设置样条曲线的创建方式，即使用拟合点或控制点，两种方式下样条曲线的夹点示例如图 3-62 所示。

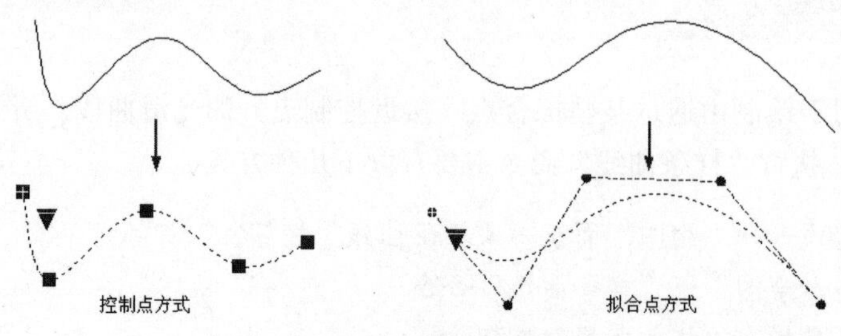

图 3-62　两种方式示例

- “节点”选项用于指定节点的参数化，它会影响曲线在通过拟合点时的形状。
- “对象”选项用于把样条曲线拟合的多段线转变为样条曲线。激活此选项后，如果用户选择的是没有经过“编辑多段线”拟合的多段线，系统无法转换选定的对象。
- “闭合”选项用于绘制闭合的样条曲线。激活此选项后，AutoCAD 将使样条曲线的起点和终点重合，并且共享相同的顶点和切向，此时系统只提示一次让用户给定切向点。
- “拟合公差”选项用来控制样条曲线对数据点的接近程度。拟合公差的大小直接影响到当前图形，公差越小，样条曲线越接近数据点。

3.6 编辑图线

本节主要学习图线的一些常规编辑功能，具体有“偏移”、“镜像”、“修剪”、“延伸”、“倒角”、“圆角”、“移动”、“分解”及“夹点编辑”等。

3.6.1 偏移图线 

“偏移”命令用于将选择的图线按照一定的距离或指定的通过点，进行偏移复制，以创建同尺寸或同形状的复合对象。执行“偏移”命令主要有以下几种方式：

- 单击“常用”选项卡→“修改”面板→“偏移”按钮
- 选择菜单栏中的“修改”→“偏移”命令
- 单击“修改”工具栏→“偏移”按钮
- 在命令行中输入“Offset”后按 Enter 键
- 使用快捷键 O

不同结构的对象，其偏移结果也不同。比如圆、椭圆等对象偏移后，对象的尺寸发生了变化，而直线偏移后，尺寸则保持不变。下面通过实例学习使用“偏移“命令。

01 打开随书光盘中的“\实例源文件\偏移图线.dwg”，如图 3-63 所示。

02 单击“常用”选项卡→“修改”面板→“偏移”按钮，对各图形进行距离偏移。命令行操作如下：

```
命令: _offset
当前设置: 删除源=否　图层=源　OFFSETGAPTYPE=0
指定偏移距离或 [通过(T)/删除(E)/图层(L)] <10.0000>:  //20 Enter，设置偏移距离
选择要偏移的对象，或 [退出(E)/放弃(U)] <退出>:       //单击左侧的圆图形
指定要偏移的那一侧上的点，或 [退出(E)/多个(M)/放弃(U)] <退出>:
                                                    //在圆的内侧拾取一点
选择要偏移的对象，或 [退出(E)/放弃(U)] <退出>:       //单击圆弧
指定要偏移的那一侧上的点，或 [退出(E)/多个(M)/放弃(U)] <退出>:
                                                    //在圆弧的内侧拾取一点
选择要偏移的对象，或 [退出(E)/放弃(U)] <退出>:     //单击右侧的圆图形
指定要偏移的那一侧上的点，或 [退出(E)/多个(M)/放弃(U)] <退出>:
                                                    //在圆的外侧拾取一点
选择要偏移的对象，或 [退出(E)/放弃(U)] <退出>:  // Enter，结果如图 3-64 所示
```

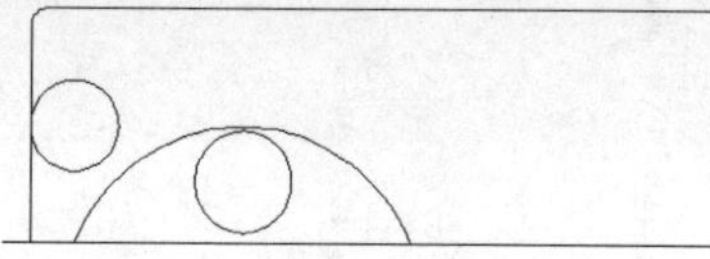

图 3-63　打开结果

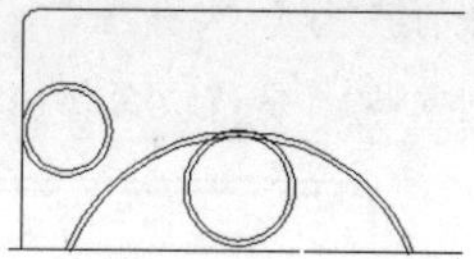

图 3-64　偏移结果

使用“删除”选项可以将源偏移对象删除；“图层”选项用于设置偏移对象所在图层。

03 重复执行“偏移”命令，选择如图 3-65 所示的轮廓线向外侧偏移 40 个单位，将下侧的水平轮廓线向下侧偏移 40 个单位，结果如图 3-66 所示。

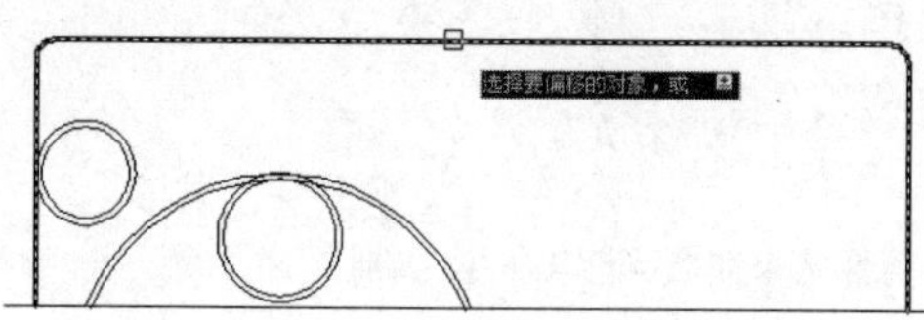

图 3-65　选择偏移对象

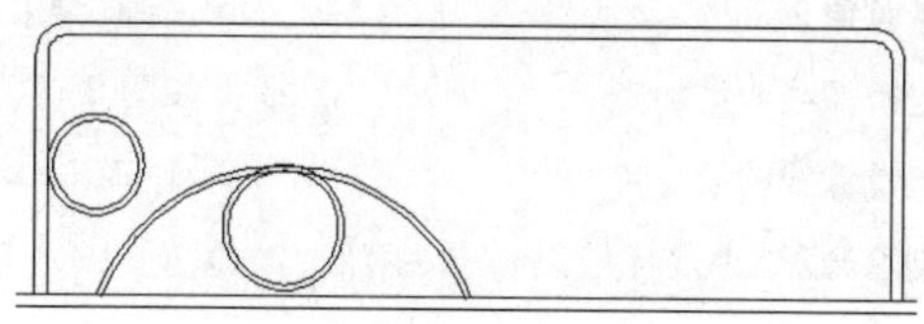

图 3-66　偏移结果

使用“偏移”命令中的“通过”选项可以根据指定的目标点进行偏移对象，使偏移出的对象通过所指定的点。

3.6.2 镜像图线

“镜像”命令用于将选择的对象沿着指定的两点进行对称复制。执行“镜像”命令主要有以下几种方式：

- 单击“常用”选项卡→“修改”面板→“镜像”按钮
- 选择菜单栏中的“修改”→“镜像”命令
- 单击“修改”工具栏→“镜像”按钮
- 在命令行中输入“Mirror”后按 Enter 键
- 使用快捷键 MI

“镜像”命令常用于创建一些结构对称的图形。下面通过实例学习使用“镜像”命令。

01 继续上例操作。

02 单击“常用”选项卡→“修改”面板→“镜像”按钮，对图形进行镜像。命令行操作如下：

```
命令: _mirror
选择对象:                        //拉出如图 3-67 所示的窗交选择框
选择对象:                        // Enter，结束对象的选择
指定镜像线的第一点:              //捕捉大圆弧的中点，如图 3-68 所示
指定镜像线的第二点:                     //@1,0 Enter
要删除源对象吗？[是(Y)/否(N)] <N>:      // Enter
```

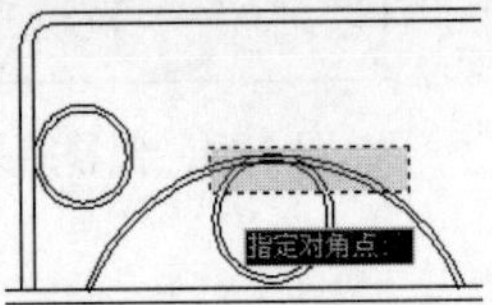

图 3-67 窗交选择

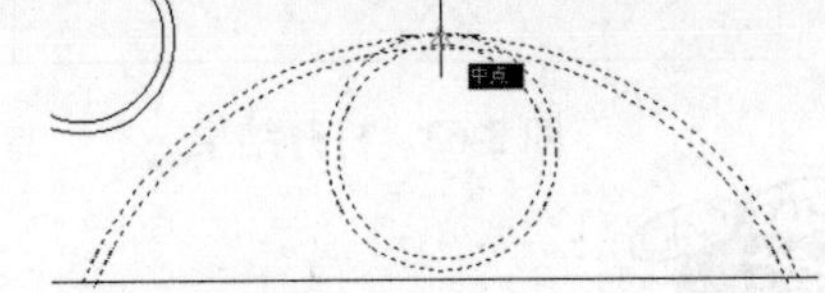

图 3-68 捕捉中点

03 对图线进行修整后，再次执行“镜像”命令，继续对内部的图形进行镜像。命令行操作如下：

```
命令: _mirror
选择对象:                        //选择如图 3-69 所示的对象
选择对象:                        // Enter，结束对象的选择
指定镜像线的第一点:              //捕捉如图 3-69 所示的中点
指定镜像线的第二点:              // @0,1 Enter
要删除源对象吗？[是(Y)/否(N)] <N>:      // Enter，镜像结果如图 3-70 所示
```

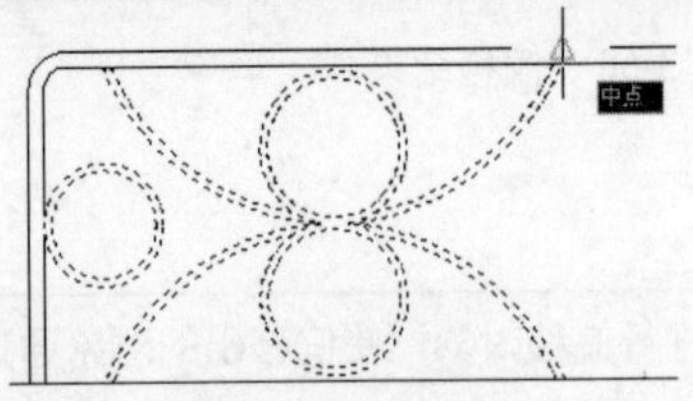

图 3-69 捕捉中点

图 3-70 镜像示例

3.6.3 修剪图线

“修剪”命令用于修剪掉对象上指定的部分，不过在修剪时，需要事先指定一个边界，如图 3-71 所示。执行“修剪”命令主要有以下几种方式：

- 单击“常用”选项卡→“修改”面板→“修剪”按钮
- 选择菜单栏中的“修改”→“修剪”命令
- 单击“修改”工具栏→“修剪”按钮
- 在命令行中输入“Trim”后按 Enter 键
- 使用快捷键 TR

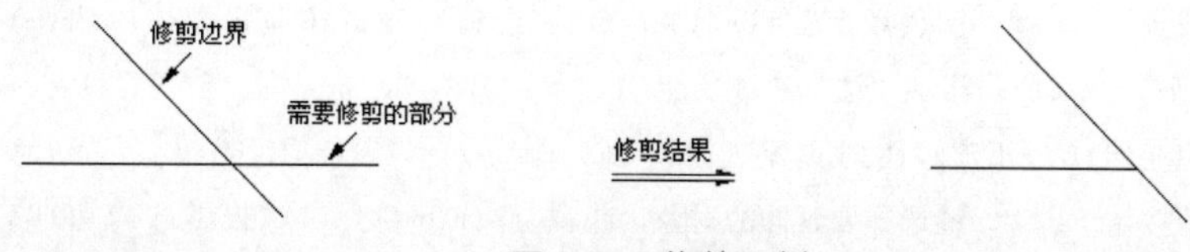

图 3-71　修剪示例

执行“修剪”命令，将图 3-71（左）所示的图线编辑成图 3-71（右）所示的状态，其命令行操作过程如下：

```
命令: _trim
当前设置:投影=UCS, 边=无
选择剪切边...
选择对象或 <全部选择>:      //选择图 3-71（左）所示的倾斜图线
选择对象:       // Enter
选择要修剪的对象，或按住 Shift 键选择要延伸的对象，或[栏选(F)/窗交(C)/投影(P)/边(E)/删除(R)/放弃(U)]:      //在水平图线的右端单击左键
选择要修剪的对象，或按住 Shift 键选择要延伸的对象，或[栏选(F)/窗交(C)/投影(P)/边(E)/删除(R)/放弃(U)]:    // Enter，结束命令，修剪结果如图 3-71（右）所示
```

当修剪多个对象时，可以使用“栏选”和“窗交”两种选项功能，而“栏选”方式需要绘制一条或多条栅栏线，所有与栅栏线相交的对象都会被选择，如图 3-72 所示。

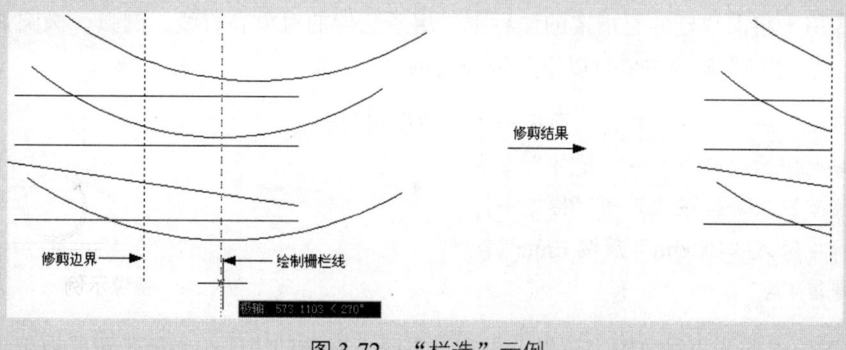

图 3-72　“栏选”示例

所谓“隐含交点”，指的是边界与对象没有实际的交点，而是边界被延长后，与对象存在一个隐含交点。下面学习“隐含交点”下的图线进行修剪技能。

01 使用画线命令绘制图 3-73 所示的两条图线。

02 单击“修改”工具栏上的 按钮，对水平图线进行修剪，命令行操作如下：

```
命令: _trim
当前设置:投影=UCS, 边=无
选择剪切边...
选择对象或 <全部选择>:                // Enter，选择刚绘制的倾斜图线
选择对象:
选择要修剪的对象，或按住 Shift 键选择要延伸的对象，或[栏选(F)/窗交(C)/投影(P)/边(E)/删除(R)/放弃(U)]:                //E Enter，激活“边”选项功能
输入隐含边延伸模式 [延伸(E)/不延伸(N)] <不延伸>://E Enter，设置修剪模式
选择要修剪的对象，或按住 Shift 键选择要延伸的对象，或[栏选(F)/窗交(C)/投影(P)/边(E)/删除(R)/放弃(U)]:                //在水平图线的右端单击左键
选择要修剪的对象，或按住 Shift 键选择要延伸的对象，或[栏选(F)/窗交(C)/投影(P)/边(E)/删除(R)/放弃(U)]:                // Enter，修剪结果如图 3-74 所示
```

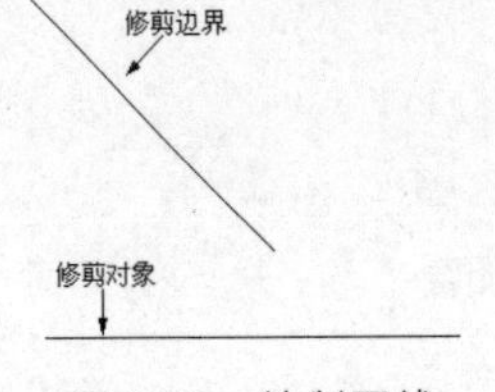

图 3-73　绘制图线

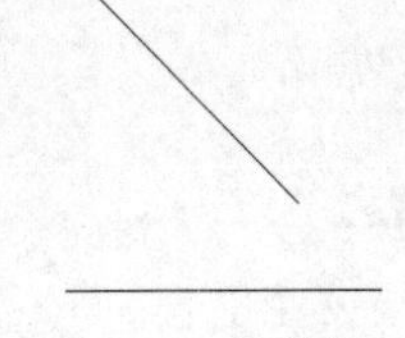
图 3-74　修剪结果

使用“边”选项可以设置修剪边的延伸模式，其中“延伸”选项表示剪切边界可以无限延长，边界与被剪实体不必相交；“不延伸”选项指剪切边界只有与被剪实体相交时才有效。

3.6.4　延伸图线

“延伸”命令用于将图线延伸至指定的边界上。用于延伸的对象有直线、圆弧、椭圆弧、非闭合的二维多段线等。执行“延伸”命令主要有以下几种方式：

- 单击“常用”选项卡→“修改”面板→“延伸”按钮
- 选择菜单栏中的“修改”→“延伸”命令
- 单击“修改”工具栏→“延伸”按钮
- 在命令行中输入“Extend”后按 Enter 键
- 使用快捷键 EX

在延伸对象时，也需要为对象指定边界。指定边界时，有两种情况：一种是对象被延长后与边界存在

有一个实际的交点；另一种就是与边界的延长线相交于一点。为此，AutoCAD 与为用户提供了两种模式，即“延伸模式”和“不延伸模式”，系统默认模式为“不延伸模式”。下面通过具体实例，学习此种模式的修剪过程。

01 使用画线命令绘制图 3-75（左）所示的两条图线。

02 单击“常用”选项卡→“修改”面板→“延伸”按钮，对垂直图线进行延伸，使之与水平图线相交于一点。命令行操作如下：

```
命令： _extend
当前设置:投影=UCS，边=无
选择边界的边...
选择对象或 <全部选择>:          //选择水平图线作为边界
选择对象：                       // Enter，结束边界的选择
选择要延伸的对象，或按住 Shift 键选择要修剪的对象，或[栏选(F)/窗交(C)/投影(P)/边(E)/放弃(U)]:
                          //在垂直图线的下端单击左键
选择要延伸的对象，或按住 Shift 键选择要修剪的对象，或[栏选(F)/窗交(C)/投影(P)/边(E)/放弃(U)]:
                          // Enter，结束命令
```

03 结果垂直图线的下端被延伸，如图 3-75（右）所示。

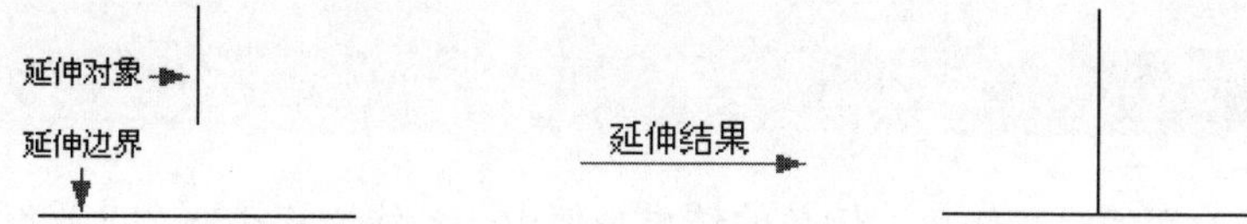

图 3-75　修剪示例

在选择延伸对象时，要在靠近延伸边界的一端选择对象，否则对象将不被延伸。

对“隐含交点”下的图线进行延伸时，需要更改默认的延伸模式，下面学习此种模式下的延伸操作。

01 绘制如图 3-76（左）所示的两条图线。

02 单击“常用”选项卡→“修改”面板→“延伸”按钮，将垂直图线的下端延长，使之与水平图线的延长线相交。命令行操作如下：

```
命令： _extend
当前设置:投影=UCS，边=无
选择边界的边...
选择对象：                         //选择水平的图线作为延伸边界
选择对象：                         // Enter，结束边界的选择
选择要延伸的对象，或按住 Shift 键选择要修剪的对象，或[栏选(F)/窗交(C)/投影(P)/边(E)/放弃(U)]:
//e Enter，激活“边”选项
输入隐含边延伸模式 [延伸(E)/不延伸(N)] <不延伸>:
```

```
//E Enter，设置模式为延伸模式
选择要延伸的对象，或按住 Shift 键选择要修剪的对象，或[栏选(F)/窗交(C)/投影(P)/边(E)/放弃(U)]:
//在垂直图线的下端单击左键。
选择要延伸的对象，或按住 Shift 键选择要修剪的对象，或[栏选(F)/窗交(C)/投影(P)/边(E)/放弃(U)]:
// Enter，结束命令
```

03 延伸效果如图 3-76（右）所示。

图 3-76　两种隐含模式

“边”选项用来确定延伸边的方式。“延伸”选项将使用隐含的延伸边界来延伸对象，而实际上边界和延伸对象并没有真正相交，AutoCAD 会假想将延伸边延长，然后再延伸；“不延伸”选项确定边界不延伸，而只有边界与延伸对象真正相交后才能完成延伸操作。

3.6.5　倒角图线

“倒角“命令用于对图线进行倒角，倒角的结果是使用一条线段连接两个非平行的图线。执行“倒角”命令主要有以下几种方式：

- 单击“常用”选项卡→“修改”面板→“倒角”按钮
- 选择菜单栏中的“修改”→“倒角”命令
- 单击“修改”工具栏→“倒角”按钮
- 在命令行中输入“Chamfer”后按 Enter 键
- 使用快捷键 CHA

（1）距离倒角

所谓“距离倒角”，指的就是直接输入两条图线上的倒角距离，进行倒角图线，下面学习此种倒角功能。

01 首先绘制图 3-77（左）所示的两条图线。

02 单击“常用”选项卡→“修改”面板→“倒角”按钮，对两条图线进行距离倒角。命令行操作如下：

```
命令: _chamfer
("修剪"模式) 当前倒角距离 1 = 0.0000，距离 2 = 0.0000
选择第一条直线或 [放弃(U)/多段线(P)/距离(D)/角度(A)/修剪(T)/方式(E)/多个(M)]:
// d Enter，激活【距离】选项
指定第一个倒角距离 <0.0000>:          //150 Enter，设置第一倒角长度
```

```
指定第二个倒角距离 <25.0000>:         //100 Enter，设置第二倒角长度
选择第一条直线或 [放弃(U)/多段线(P)/距离(D)/角度(A)/修剪(T)/方式(E)/多个(M)]:
//选择水平线段
选择第二条直线，或按住 Shift 键选择要应用角点的直线：   //选择倾斜线段
```

03 距离倒角的结果如图 3-77（右）所示。

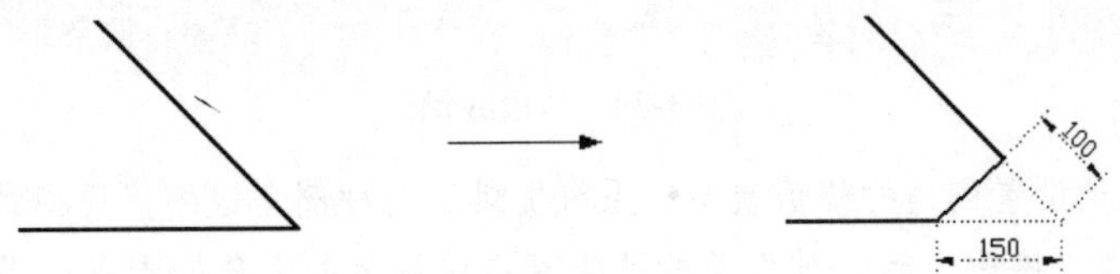

图 3-77　距离倒角

用于倒角的两个倒角距离值不能为负值，如果将两个倒角距离设置为零，那么倒角的结果就是两条图线被修剪或延长，直至相交于一点。另外，使用命令中的“多个”选项，可以同时为多条图线进行倒角。

（2）角度倒角

所谓“角度倒角”，指的是通过设置倒角图线的倒角长度和角度，进行为图线倒角。下面学习此种倒角功能。

01 绘制图 3-78（左）所示的两条垂直图线。

02 单击“修改”工具栏上的□按钮，激活“倒角”命令，对两条图形进行角度倒角。命令行操作如下：

```
命令: _chamfer
("修剪"模式) 当前倒角距离 1 = 25.0000，距离 2 = 15.0000
选择第一条直线或 [放弃(U)/多段线(P)/距离(D)/角度(A)/修剪(T)/方式(E)/
多个(M)]:                                  //a Enter，激活【角度】选项
指定第一条直线的倒角长度 <0.0000>:        //100 Enter，设置倒角长度
指定第一条直线的倒角角度 <0>:             //30 Enter，设置倒角距离
选择第一条直线或 [放弃(U)/多段线(P)/距离(D)/角度(A)/修剪(T)/方式(E)/多个(M)]:
                         //选择水平的线段
选择第二条直线，或按住 Shift 键选择要应用角点的直线：
//选择倾斜线段作为第二倒角对象
```

03 角度倒角的结果如图 3-78（右）所示。

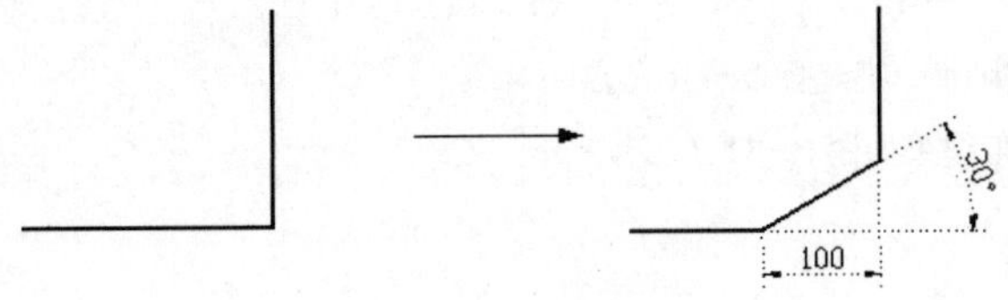

图 3-78　角度倒角

命令行中选项含义如下：

- “方式”选项用于设置倒角方式，要求选择“距离倒角”或“角度倒角”。
- “多段线“选项用于为整条多段线的所有相邻元素边进行同时倒角，如图 3-79 所示。

图 3-79　多段线倒角

- “修剪”选项用于设置倒角的修剪状态。系统提供了两种倒角边的修剪模式，即“修剪”和“不修剪”。当模式为“修剪”时，被倒角的两条直线被修剪到倒角的端点；当模式设置为“不修剪”时，用于倒角的图线将不被修剪，如图 3-80 所示。

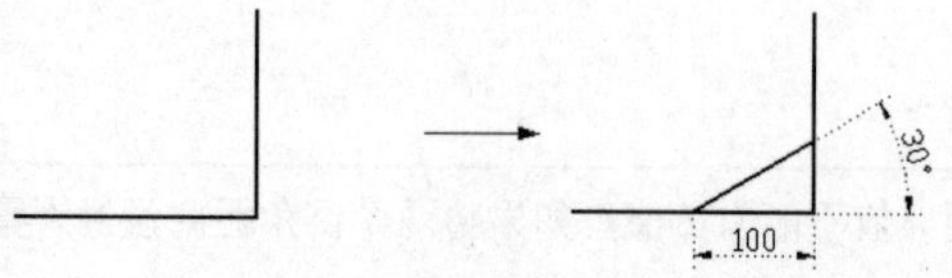

图 3-80　非修剪模式下的倒角

3.6.6　圆角图线

“圆角”命令用于为图线添加圆角，圆角的结果是使用一段光滑圆弧连接两条图线，如图 3-81 所示。执行“圆角”命令主要有以下几种方式：

- 单击“常用”选项卡→“修改”面板→“圆角”按钮
- 选择菜单栏中的“修改”→“圆角”命令
- 单击“修改”工具栏→“圆角”按钮
- 在命令行中输入“Fillet”后按 Enter 键
- 使用快捷键 F

执行“圆角”命令，将图 3-81（左）所示的图线编辑成图 3-81（右）所示的状态。其命令行操作如下：

```
命令: _fillet
当前设置: 模式 = 修剪, 半径 = 0.0000
选择第一个对象或 [放弃(U)/多段线(P)/半径(R)/修剪(T)/多个(M)]:
//r Enter, 激活【半径】选项
指定圆角半径 <0.0000>:        //100 Enter
选择第一个对象或 [放弃(U)/多段线(P)/半径(R)/修剪(T)/多个(M)]:  //选择垂直线段
选择第二个对象, 或按住 Shift 键选择要应用角点的对象:
    //选择水平线段, 圆角结果如图 3-81 (右) 所示
```

命令行中选项含义如下：

- “多个”选项用于为多个对象进行圆角处理，不需要重复执行命令。

- “修剪”选项用于设置圆角模式，以上是在“修剪”模式下进行圆角的，而“不修剪”模式下的圆角效果如图 3-82 所示。

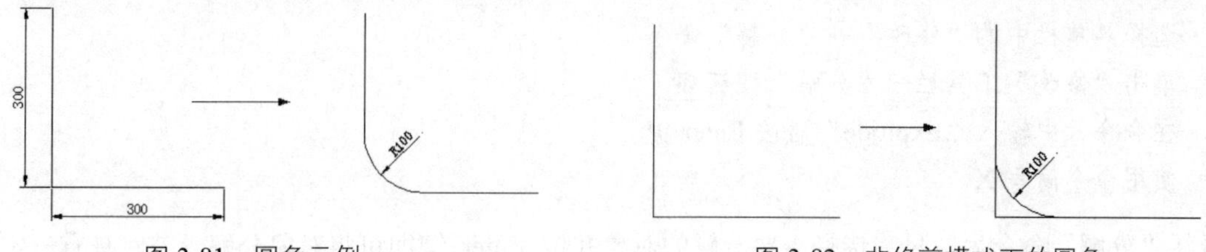

图 3-81　圆角示例　　　　图 3-82　非修剪模式下的圆角

- “多段线”选项用于对多段线每相邻元素进行圆角处理，如图 3-83 所示。

图 3-83　多段线圆角

3.6.7　移动与分解

“移动”命令用于将目标对象从一个位置移动到另一个位置，源对象的尺寸及形状均不发生变化，改变的仅仅是对象的位置。执行“移动”命令主要有以下几种方法：

- 单击“常用”选项卡→“修改”面板→“移动”按钮
- 选择菜单栏中的“绘图”→“移动”命令
- 单击“绘图”工具栏→“移动”按钮
- 在命令行中输入“Move”后按 Enter 键
- 使用快捷键 M

执行“移动”命令后，将图 3-84 编辑成图 3-85 所示的状态，其命令行操作过程如下：

```
命令: _move
选择对象:                                  //单击如图 3-84 所示的矩形
选择对象:                                  // Enter，结束对象的选择
指定基点或 [位移(D)] <位移>:               //0,0 Enter，定位基点
指定第二个点或 <使用第一个点作为位移>:
  //65<22.5 Enter，定位目标点，移动结果如图 3-85 所示
```

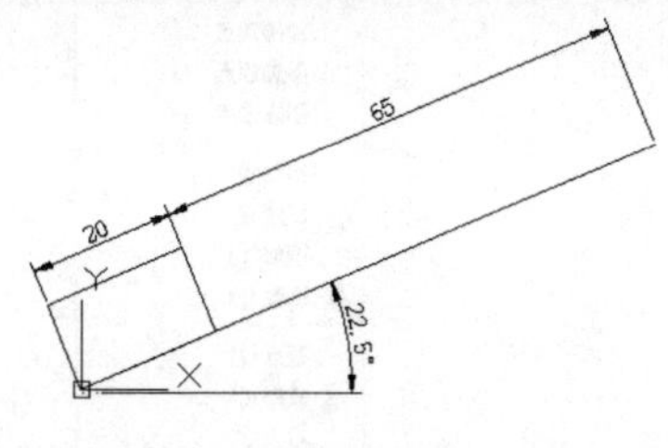

图 3-84　移动矩形

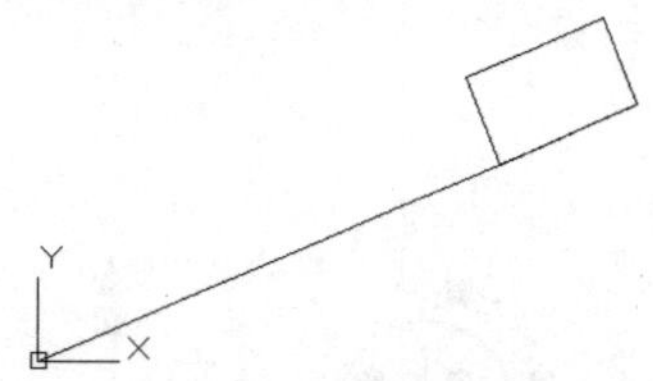

图 3-85　位移结果

“分解”命令用于将复合图形分解成各自独立的对象，以方便对分解后的各对象进行修改编辑。执行

“分解”命令主要有以下几种方法：

- 单击“常用”选项卡→“修改”面板→“分解”按钮
- 选择菜单栏中的“修改”→“分解”命令
- 单击“修改”工具栏→“分解”按钮
- 在命令行中输入“Explode”后按 Enter 键
- 使用命令简写 X

激活“分解”命令后，只需选择需要分解的对象并按 Enter 键即可将对象分解。若对具有一定宽度的多段线分解，AutoCAD 将忽略其宽度并沿多段线的中心放置分解多段线，如图 3-86 所示。

图 3-86　分解宽度多段线

3.6.8　夹点编辑

在没有命令执行的前提下选择图形，那么图形上会显示出一些蓝色实心的小方框，如图 3-87 所示，这些蓝色小方框即为图形的夹点。

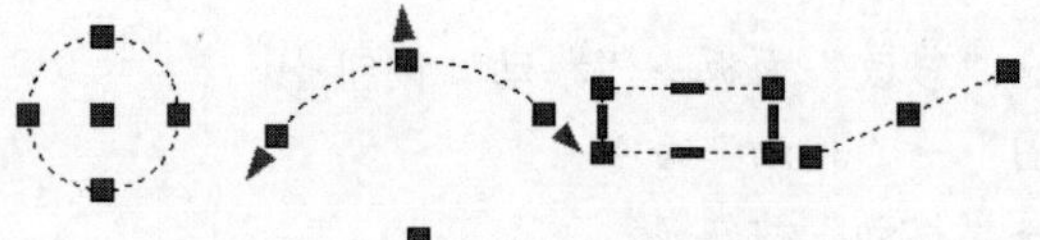

图 3-87　图形的夹点

“夹点编辑”功能就是将多种修改工具组合在一起，通过编辑图形上的这些夹点，来达到快速编辑图形的目的。用户只需单击任何一个夹点，即可进入夹点编辑模式，此时所单击的夹点以“红色”亮显，称之为“热点”或“夹基点”，如图 3-88 所示。

(1) 夹点编辑菜单

当进入夹点编辑模式后，在绘图区单击鼠标右键，打开夹点编辑菜单，如图 3-89 所示。用户可以在夹点快捷菜单中选择一种夹点模式或在当前模式下可用的任意选项。

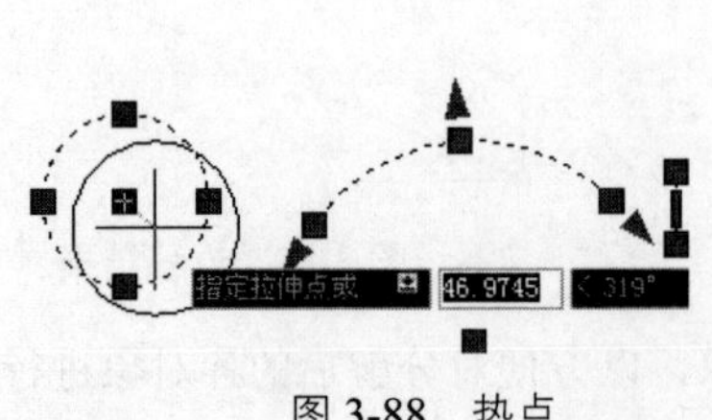

图 3-88　热点

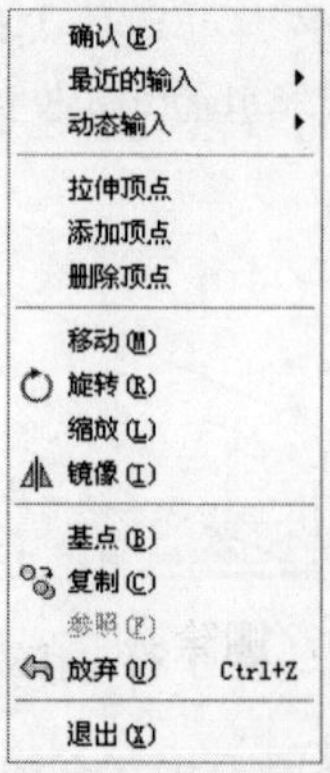

确认(E)
最近的输入
动态输入
拉伸顶点
添加顶点
删除顶点
移动(M)
旋转(R)
缩放(L)
镜像(I)
基点(B)
复制(C)
参照(R)
放弃(U)　Ctrl+Z
退出(X)

图 3-89　夹点编辑菜单

此夹点菜单中共有两类夹点命令：第一类夹点命令为一级修改菜单，包括“移动”、“旋转”、“比例”、“镜像”、“拉伸”命令，这些命令是平级的，用户可以通过单击菜单中的各修改命令进行编辑；第二类夹点命令为二级选项菜单，如“基点”、“复制”、“参照”、“放弃”等，不过这些选项菜单在一级修改命令的前提下才能使用。

AutoCAD 小提示

如果用户要将多个夹点作为夹基点，并且保持各选定夹点之间的几何图形完好如初，需要在选择夹点时按住 Shift 键再单击各夹点使其变为夹基点；如果要从显示夹点的选择集中删除特定对象也要按住 Shift 键。

另外，当进入夹点编辑模式后，也可在命令行输入各夹点命令及选项，进行夹点编辑图形。如果连续按 Enter 键，系统则在“移动”、“旋转”、“比例”、“镜像”、“拉伸”这 5 种命令中循环执行，以选择相应的夹点命令。

（2）典型应用

下面以绘制如图 3-90 所示的图形为例，学习夹点编辑工具的操作方法和技巧。具体操作步骤如下：

01 绘制一条长度为 120 的垂直线段。

02 在无命令执行的前提下选择刚绘制的线段，使其夹点显示。

03 单击上侧的夹点，进入夹点编辑模式，然后单击鼠标右键，从夹点菜单中选择“旋转”命令。

04 再次单击鼠标右键，从夹点菜单中选择“复制”命令，然后根据命令行的提示进行旋转和复制线段。命令行操作如下：

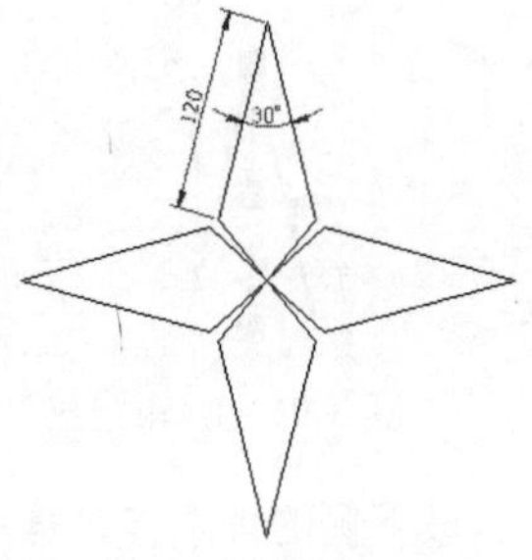

图 3-90　夹点编辑示例

```
命令：
** 拉伸 **
指定拉伸点或 [基点(B)/复制(C)/放弃(U)/退出(X)]: _rotate
** 旋转 **
指定旋转角度或 [基点(B)/复制(C)/放弃(U)/参照(R)/退出(X)]: _copy
** 旋转 (多重) **
指定旋转角度或 [基点(B)/复制(C)/放弃(U)/参照(R)/退出(X)]:  //20 Enter
** 旋转 (多重) **
指定旋转角度或 [基点(B)/复制(C)/放弃(U)/参照(R)/退出(X)]:  //-20 Enter
** 旋转 (多重) **
指定旋转角度或 [基点(B)/复制(C)/放弃(U)/参照(R)/退出(X)]:
// Enter，退出夹点编辑模式，编辑结果如图 3-91 所示
```

05 按 Delete 键，删除夹点显示的水平线段，然后选择夹点编辑出的两条线段，使其呈现夹点显示，如图 3-92 所示。

06 按住 Shift 键并依次单击下侧两个夹点，将其转变为夹基点；然后单击其中的一个夹基点，进入夹点编辑模式，对夹点图线进行镜像复制。命令行操作如下：

```
命令:
** 拉伸 **
指定拉伸点或 [基点(B)/复制(C)/放弃(U)/退出(X)]: _mirror
** 镜像 **
指定第二点或 [基点(B)/复制(C)/放弃(U)/退出(X)]: _copy
** 镜像 (多重) **
指定第二点或 [基点(B)/复制(C)/放弃(U)/退出(X)]:   //@1,0 Enter
** 镜像 (多重) **
指定第二点或 [基点(B)/复制(C)/放弃(U)/退出(X)]:
// Enter，退出夹点编辑模式，编辑结果如图 3-93 所示
```

07 夹点显示下侧的两条图线，以最下侧的夹点作为基点，对图线沿 Y 轴正方向拉伸 80 个单位，如图 3-94 所示。

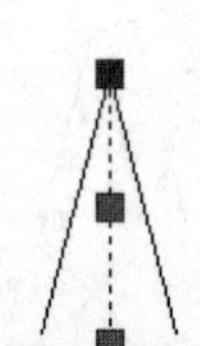

图 3-91　编辑结果

图 3-92　夹点显示

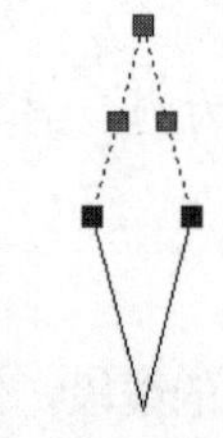

图 3-93　镜像结果

图 3-94　拉伸结果

08 以最下侧的夹点作为基点，对所有图线进行夹点旋转并复制。命令行操作如下：

```
命令:
** 拉伸 **
指定拉伸点或 [基点(B)/复制(C)/放弃(U)/退出(X)]: _rotate
** 旋转 **
指定旋转角度或 [基点(B)/复制(C)/放弃(U)/参照(R)/退出(X)]: _copy
** 旋转 (多重) **
指定旋转角度或 [基点(B)/复制(C)/放弃(U)/参照(R)/退出(X)]:   //90 Enter
** 旋转 (多重) **
指定旋转角度或 [基点(B)/复制(C)/放弃(U)/参照(R)/退出(X)]:  //180 Enter
** 旋转 (多重) **
指定旋转角度或 [基点(B)/复制(C)/放弃(U)/参照(R)/退出(X)]:
//270 Enter
** 旋转 (多重) **
指定旋转角度或 [基点(B)/复制(C)/放弃(U)/参照(R)/退出(X)]:
 // Enter，取消夹点后的编辑结果如图 3-95 所示
```

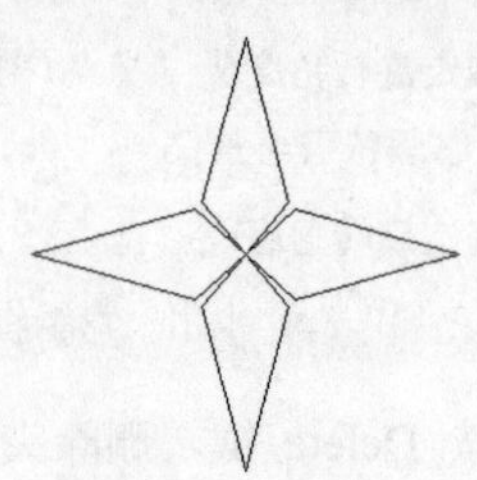

图 3-95　编辑结果

09 按下 Esc 键取消对象的夹点显示。

3.7 案例——绘制餐桌与餐椅

本例通过绘制餐桌与餐椅平面图，对本章所学单线、多线、曲线以及图线的修改编辑等重点知识进行综合练习和巩固应用。餐桌与餐椅平面图的最终绘制效果，如图 3-96 所示。

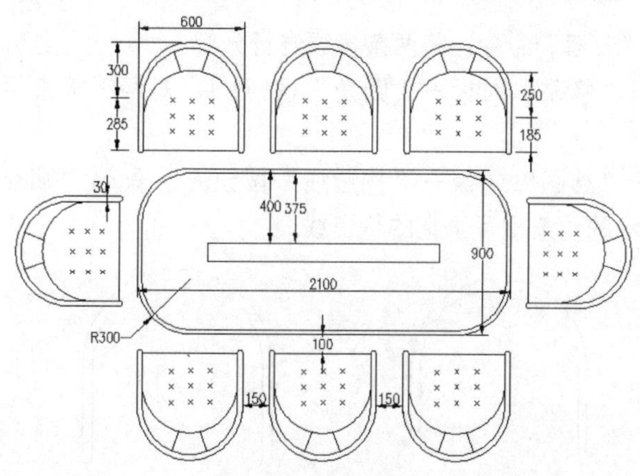

图 3-96　本例效果

01 新建绘图文件，并设置捕捉模式为端点捕捉、交点捕捉和中点捕捉。

02 单击“视图”选项卡→“二维导航”面板→“居中”按钮，将视图高度调整为 3000 个绘图单位。

03 选择菜单栏中的“格式”→“多线样式”命令，修改如图 3-97 所示的多线样式。

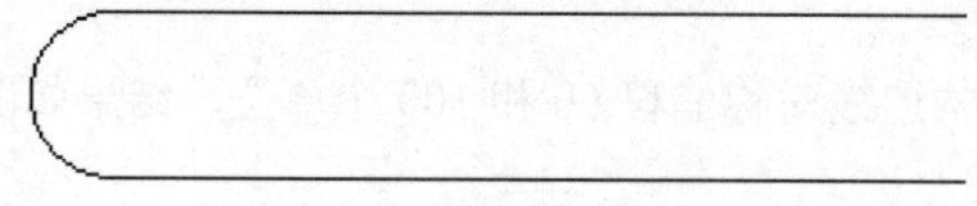

图 3-97　修改多线样式

04 使用快捷键“ML”激活“多线”命令，绘制餐椅外轮廓线。命令行操作如下：

```
命令: ml                                    // Enter
MLINE 当前设置: 对正 = 上, 比例 = 20.00, 样式 = STANDARD
指定起点或 [对正(J)/比例(S)/样式(ST)]:   //s Enter
输入多线比例 <20.00>:                   //600 Enter
当前设置: 对正 = 上, 比例 = 600.00, 样式 = STANDARD
指定起点或 [对正(J)/比例(S)/样式(ST)]:   //j Enter
输入对正类型 [上(T)/无(Z)/下(B)] <上>:   //Z Enter
当前设置: 对正 = 无, 比例 = 600.00, 样式 = STANDARD
指定起点或 [对正(J)/比例(S)/样式(ST)]:   //在绘图区拾取一点
指定下一点:                        //@0,-285 Enter
指定下一点或 [放弃(U)]:                //  Enter
命令:                             //  Enter
```

```
MLINE 当前设置：对正 = 无，比例 = 600.00，样式 = STANDARD
指定起点或 [对正(J)/比例(S)/样式(ST)]：   //s Enter
输入多线比例 <600.00>:                 //540 Enter
当前设置：对正 = 无，比例 = 540.00，样式 = STANDARD
指定起点或 [对正(J)/比例(S)/样式(ST)]：   //捕捉如图 3-98 所示的圆心
指定下一点：                          //@0,-285 Enter
指定下一点或 [放弃(U)]：                // Enter，绘制结果如图 3-99 所示
```

05 使用快捷键“X”激活“分解”命令，将两条多线进行分解。

06 单击“常用”选项卡→“修改”面板→“圆角”按钮，对两组垂直平行线进行圆角，结果如图 3-100 所示。

07 单击“常用”选项卡→“绘图”面板→“构造线”按钮，配合“端点捕捉”和“中点捕捉”功能，绘制如图 3-101 所示的两条相互垂直的构造线。

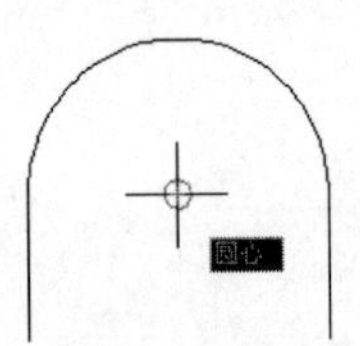

图 3-98　捕捉圆心

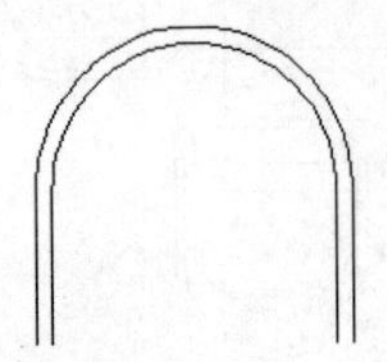
图 3-99　绘制结果

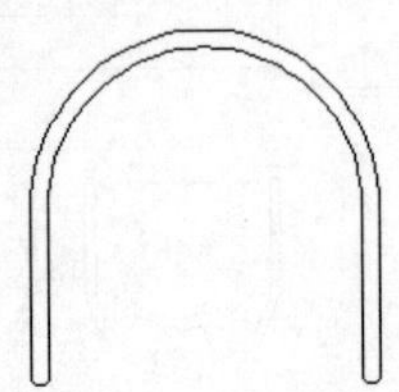
图 3-100　圆角结果

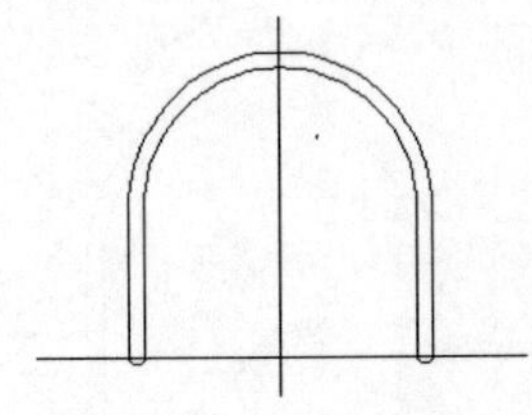
图 3-101　绘制构造线

08 单击“常用”选项卡→“修改”面板→“偏移”按钮，将水平构造线向上偏移 185 和 435 个单位，结果如图 3-102 所示。

09 单击“常用”选项卡→“绘图”面板→“圆弧”按钮，配合“交点捕捉”功能，绘制如图 3-103 所示的圆弧轮廓线。

10 执行“偏移”命令，将垂直构造线对称偏移 60 和 100 个单位，结果如图 3-104 所示。

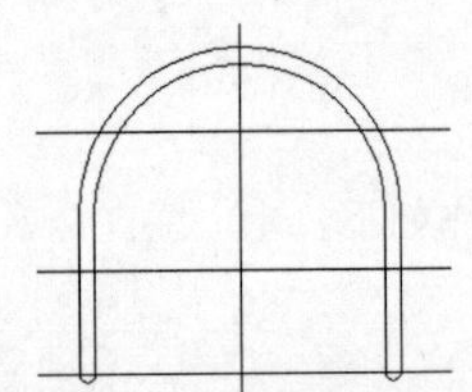
图 3-102　偏移水平构造线

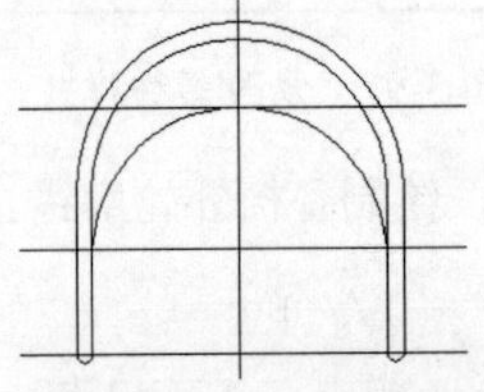
图 3-103　绘制圆弧

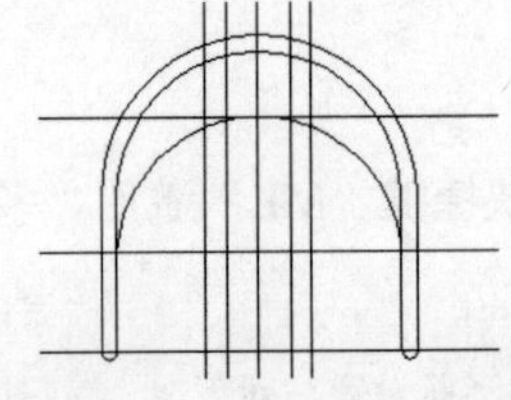
图 3-104　偏移垂直构线

11 使用快捷键“L”激活“直线”命令，配合“交点捕捉”功能绘制如图 3-105 所示的两条倾斜轮廓线。

12 使用快捷键“E”激活“删除”命令，将多余构造线删除，结果如图 3-106 所示。

13 单击“常用”选项卡→“修改”面板→“修剪”按钮，以内侧的两条垂直图线作为边界，对水平构造线进行修剪，结果如图 3-107 所示。

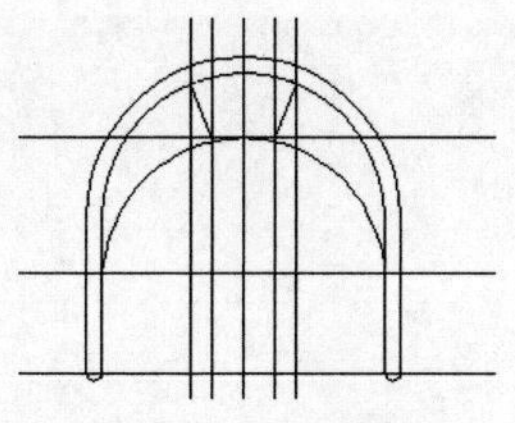
图 3-105　绘制轮廓线

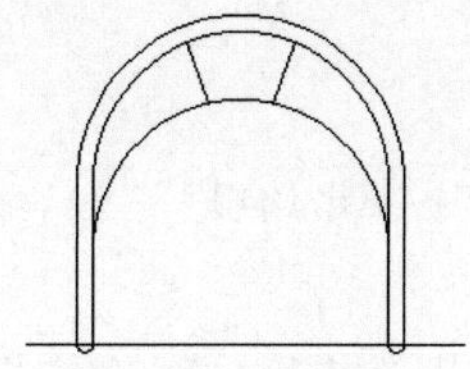
图 3-106　删除结果

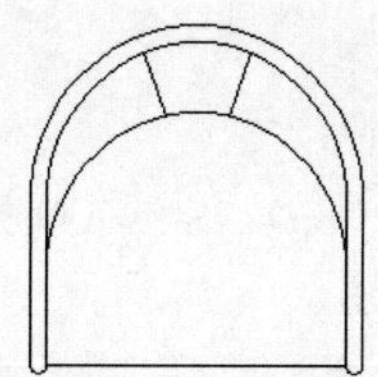
图 3-107　修剪结果

14 选择菜单栏中的“格式”→“点样式”命令，设置点尺寸为 15 个单位，点样式为“×”。

15 单击“常用”选项卡→“绘图”面板→“多点”按钮，绘制如图 3-108 所示的点标记作为示意图形。

16 单击“常用”选项卡→“绘图”面板→“多段线”按钮，配合“坐标输入“功能绘制餐桌外轮廓线，长度为 2100、宽度为 900，结果如图 3-109 所示。

17 单击“常用”选项卡→“修改”面板→“圆角”按钮，对餐桌外轮廓线进行圆角编辑，圆角半径为 300，结果如图 3-110 所示。

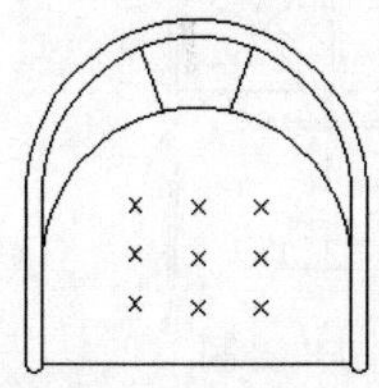
图 3-108　点样式效果

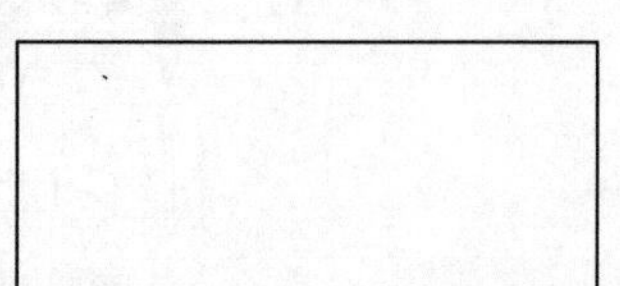
图 3-109　绘制餐桌外轮廓线

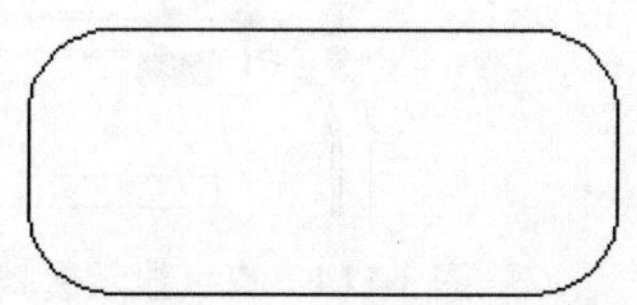
图 3-110　圆角结果

18 使用快捷键“O”激活“偏移”命令，将圆角后的多段线向内偏移 400 和 25 个单位、向外偏移 100 个单位，结果如图 3-111 所示。

19 使用快捷键“M”激活“移动”命令，配合“中点捕捉”和“”端点捕捉功能，对餐椅进行位移。命令行操作过程如下：

```
命令：_move
选择对象：                          //选择餐桌平面图形
选择对象：                          // Enter
指定基点或 [位移(D)] <位移>：        //捕捉椅子下侧水平轮廓线的中点
指定第二个点或 <使用第一个点作为位移>：
//捕捉如图 3-112 所示的端点，位移结果如图 3-113 所示
```

图 3-111　偏移结果

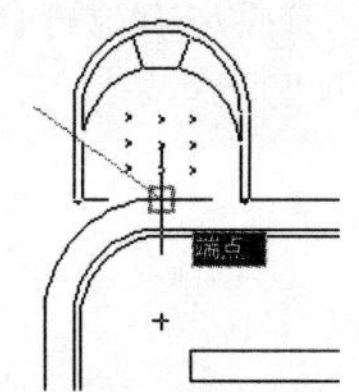

图 3-112　捕捉端点

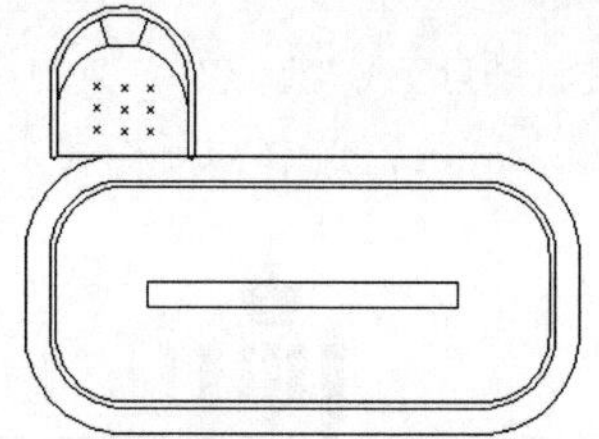
图 3-113　位移结果

20 夹点显示餐椅平面图，然后单击如图 3-114 所示的点作为基点，对其进行夹点移动并复制。命令行操作如下：

```
命令：
** 拉伸 **
指定拉伸点或 [基点(B)/复制(C)/放弃(U)/退出(X)]:   //MO Enter
** 移动 **
指定移动点或 [基点(B)/复制(C)/放弃(U)/退出(X)]:  //C Enter
** 移动 (多重) **
指定移动点或 [基点(B)/复制(C)/放弃(U)/退出(X)]:  //@750,0 Enter
** 移动 (多重) **
指定移动点或 [基点(B)/复制(C)/放弃(U)/退出(X)]:  //@1500,0 Enter
** 移动 (多重) **
指定移动点或 [基点(B)/复制(C)/放弃(U)/退出(X)]:  // Enter，编辑结果如图 3-115 所示
```

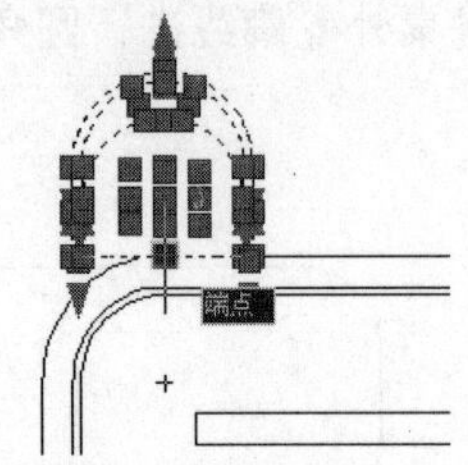

图 3-114　夹点显示餐椅

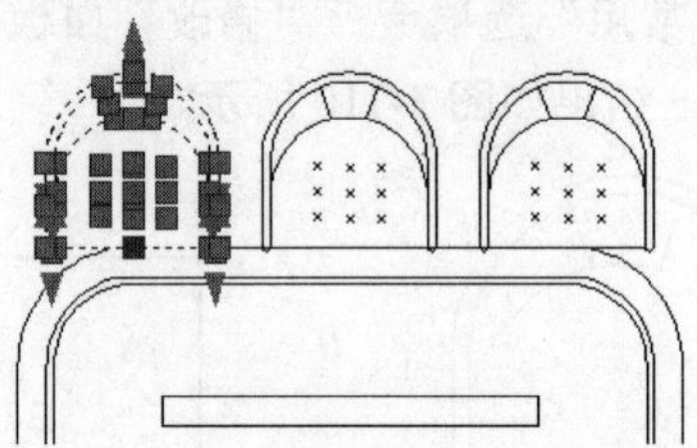

图 3-115　夹点移动并复制

21 配合“对象捕捉”和“对象捕捉追踪”功能，对餐椅平面图进行夹点旋转并复制。命令行操作如下：

```
命令：
** 拉伸 **
指定拉伸点或 [基点(B)/复制(C)/放弃(U)/退出(X)]:          //RO Enter
** 旋转 **
指定旋转角度或 [基点(B)/复制(C)/放弃(U)/参照(R)/退出(X)]:  //C Enter
** 旋转 (多重) **
指定旋转角度或 [基点(B)/复制(C)/放弃(U)/参照(R)/退出(X)]:  //B Enter
指定基点：                    //捕捉如图 3-116 所示的对象追踪矢量的交点
** 旋转 (多重) **
指定旋转角度或 [基点(B)/复制(C)/放弃(U)/参照(R)/退出(X)]:  //90 Enter
** 旋转 (多重) **
指定旋转角度或 [基点(B)/复制(C)/放弃(U)/参照(R)/退出(X)]:
  // Enter，编辑结果如图 3-117 所示
```

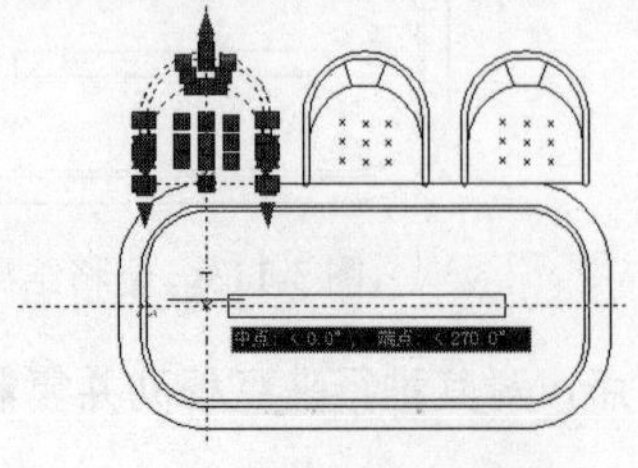

图 3-116　定位基点

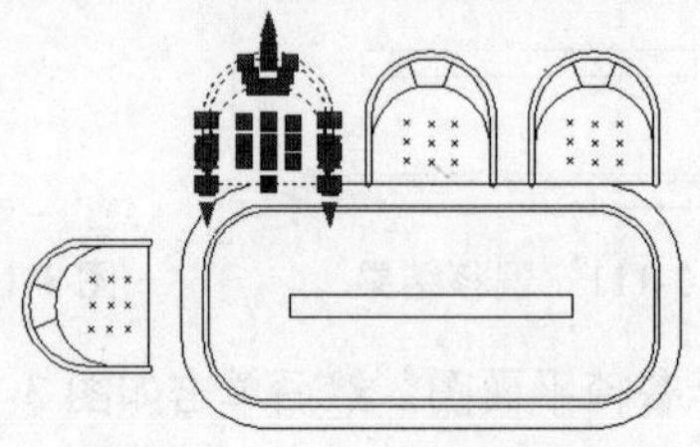

图 3-117　夹点旋转并复制

22 取消对象的夹点显示。然后执行“镜像”命令，选择左侧的餐椅进行镜像，结果如图 3-118 所示。

23 重复执行“镜像”命令，对上侧的三个椅子图形进行镜像，结果如图 3-119 所示。

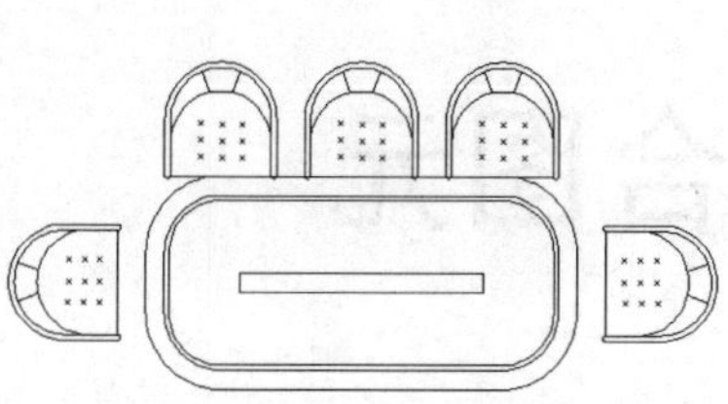

图 3-118　镜像结果

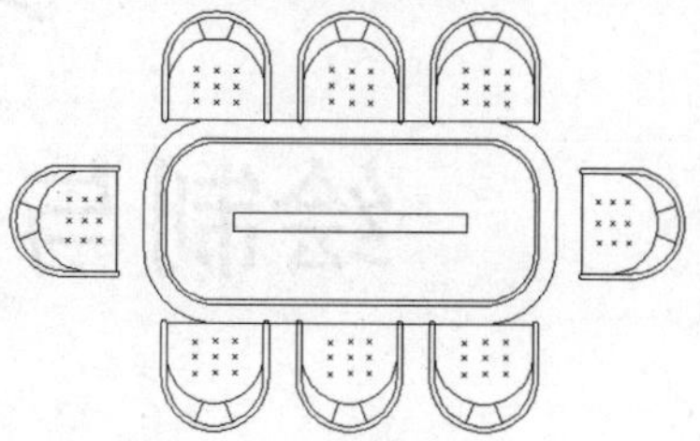

图 3-119　镜像结果

24 执行“移动”命令，配合“中点捕捉”和“端点捕捉”功能，将左右两侧的餐椅平面图向内移动，结果如图 3-120 所示。

25 使用快捷键“E”激活“删除”命令，将轮廓线 A 删除，最终结果如图 3-121 所示。

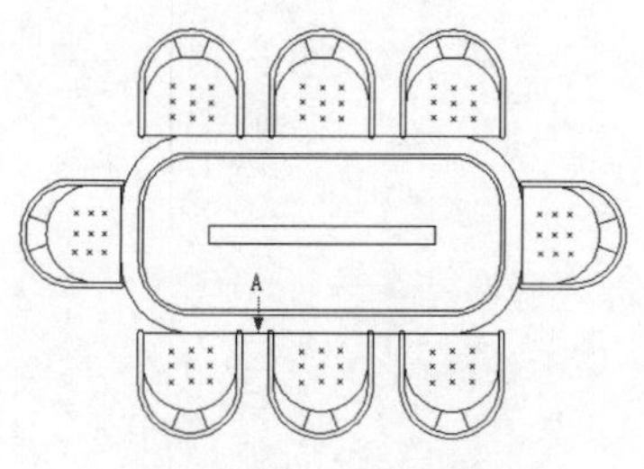

图 3-120　移动结果

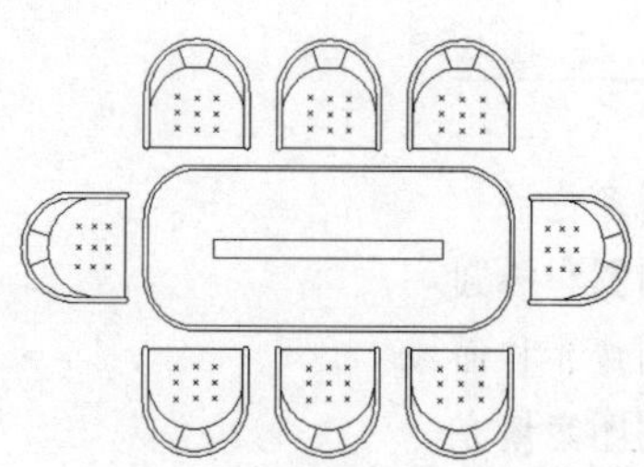

图 3-121　删除结果

26 最后执行“保存”命令，将图形命名存储为“餐桌与餐椅.dwg”。

3.8 本章小结

本章主要学习了多线、多段线、辅助线和曲线等各类几何线图元的绘制方法和绘制技巧。通过本章的学习，应熟练掌握以下内容：

（1）在绘制多线时，不但要掌握多线比例和对正方式的设置技能，还要掌握多线样式的设置及多线编辑功能；

（2）在绘制多段线时，要重点掌握多段线直线序列和弧线序列的相互转换方法和绘制技巧；

（3）在绘制曲线时，具体要掌握圆弧、椭圆弧、螺旋线、修订云线和样条曲线的绘制技能。另外，要重点掌握相切弧的绘制技能和样条曲线的拟合技能；

（4）在复制图线时，要掌握图线的定距偏移、定点偏移和对称复制技能；

（5）在编辑图线时，要掌握图线的修剪、延伸、移动、分解和夹点编辑技能；

（6）在对图线抹角时，要掌握两种倒角技能和一种圆角技能。除此之外，还需要掌握多段线及多个对象同时倒角和圆角的技能。

第4章

绘制与编辑闭合图元

闭合图元是除点图元和线图元外的一种非常重要的基本构图图元，常用的闭合图元有矩形、正多边形、圆、椭圆、边界、面域等。本章将主要学习这些闭合图形的基本绘制方法和修改编辑技能，以方便日后组合较为复杂的图形。

知识要点

- 绘制多边形
- 绘制圆和椭圆
- 绘制边界和面域
- 绘制图案填充
- 复制对象
- 编辑对象
- 案例——绘制组合柜立面图

4.1 绘制多边形

本节学习矩形和正多边形两种几何图元的具体绘制技能。此两种多边形都是由多条线元素组合而成的一种复合图元，这种复合图元被看作是一条闭合的多段线，属于一个独立的对象。

4.1.1 矩形

“矩形”命令用于绘制由4条线元素组合而成的闭合对象。执行“矩形”命令主要有以下几种方式：

- 单击“常用”选项卡→“绘图”面板→“矩形”按钮
- 选择菜单栏中的“绘图”→“矩形”命令
- 单击“绘图”工具栏→“矩形”按钮
- 在命令行中输入“Rectang”后按Enter键
- 使用快捷键REC

下面通过绘制如图4-1所示的图形结构，主要学习“矩形”命令的使用方法和技巧。

01 新建绘图文件并将视图高度调整为 100 个单位。

02 以角点方式绘制矩形。单击“常用”选项卡→“矩形”面板→“矩形”按钮▭，绘制长度为 58、宽度为 14 的矩形。命令行操作如下：

```
命令: _rectang
指定第一个角点或 [倒角(C)/标高(E)/圆角(F)/厚度(T)/宽度(W)]: //在绘图区拾取一点
指定另一个角点或 [面积(A)/尺寸(D)/旋转(R)]:   //@58,14 Enter  结果如图 4-2 所示
```

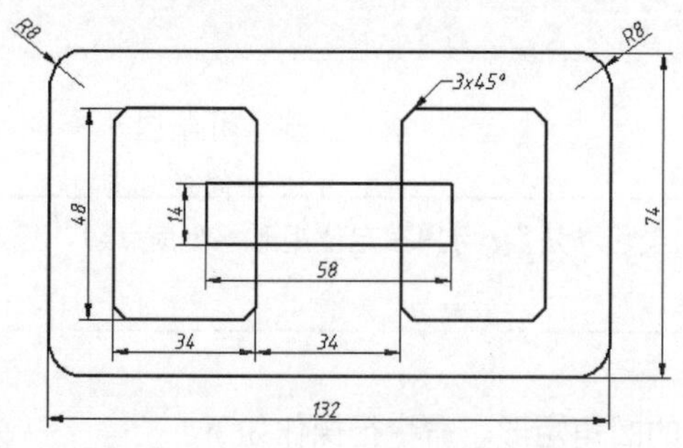

图 4-1　矩形示例

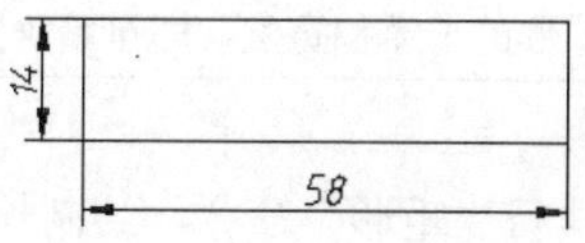

图 4-2　绘制结果

使用“面积”选项可以根据已知的面积和矩形一条边的尺寸，进行精确绘制矩形；而“旋转”选项则用于绘制具有一定倾斜角度的矩形。

03 绘制倒角矩形。单击“常用”选项卡→“绘图”面板→“矩形”按钮▭，绘制长为 34、宽为 48 的倒角矩形。命令行操作如下：

```
命令: _rectang
指定第一个角点或 [倒角(C)/标高(E)/圆角(F)/厚度(T)/宽度(W)]:   //c Enter
指定矩形的第一个倒角距离 <0.0000>:             //3 Enter，输入第一倒角距离
指定矩形的第二个倒角距离 <3..0000>:             //3 Enter，输入第二倒角距离
指定第一个角点或 [倒角(C)/标高(E)/圆角(F)/厚度(T)/宽度(W)]:  //激活“捕捉自”功能
_from 基点:                   //捕捉刚绘制的矩形的左下角点
<偏移>:                      //@-22,-17 Enter
指定另一个角点或 [面积(A)/尺寸(D)/旋转(R)]:  // @34,48 Enter，结果如图 4-3 所示
```

倒角长度一旦设置，系统将一直延续参数设置，直到用户取消为止。

04 重复执行“矩形”命令，配合“捕捉自”功能绘制右侧的倒角矩形。命令行操作如下：

```
命令: _rectang
当前矩形模式:  倒角=3.0000 x 3.0000
```

```
指定第一个角点或 [倒角(C)/标高(E)/圆角(F)/厚度(T)/宽度(W)]: //激活“捕捉自”功能
_from 基点:                                         //捕捉右侧矩形的右下角点
<偏移>:                                             // @-12,-17 Enter
指定另一个角点或 [面积(A)/尺寸(D)/旋转(R)]:          //D Enter
指定矩形的长度 <10.0000>:                            //34 Enter，指定矩形的长度
指定矩形的宽度 <10.0000>:                            //48 Enter，指定矩形的宽度
指定另一个角点或 [面积(A)/尺寸(D)/旋转(R)]:
  //在右上方单击左键，绘制结果如图 4-4 所示
```

AutoCAD 小提示

此步操作使用了另外一种绘制矩形的方法，即“尺寸法”。用户在定位矩形一个角点后，只需输入矩形的长度和宽度，即可精确绘制所需矩形。

05 重复执行“矩形”命令，绘制长为 79、宽为 50 的圆角矩形。命令行操作如下：

```
命令: _rectang
当前矩形模式:  倒角=3.0000 x3.0000
指定第一个角点或 [倒角(C)/标高(E)/圆角(F)/厚度(T)/宽度(W)]: //F Enter
指定矩形的圆角半径 <0.0000>:                  // 8 Enter，输入圆角尺寸
指定第一个角点或 [倒角(C)/标高(E)/圆角(F)/厚度(T)/宽度(W)]: //激活“捕捉自”功能
_from 基点:                                   //引出内侧矩形的左下角点
<偏移>:                                       //@-37,-30 Enter
指定另一个角点或 [面积(A)/尺寸(D)/旋转(R)]: // @132,74 Enter，结果如图 4-5 所示
```

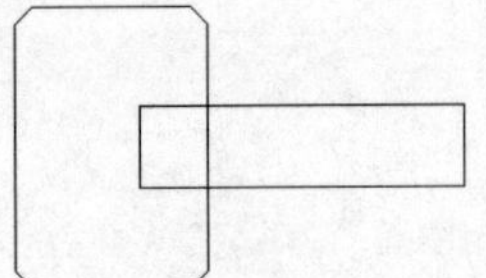

图 4-3 绘制倒角矩形

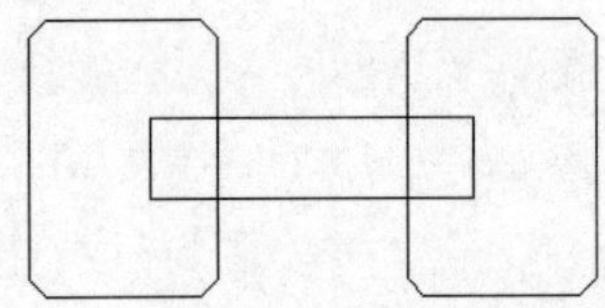

图 4-4 绘制结果

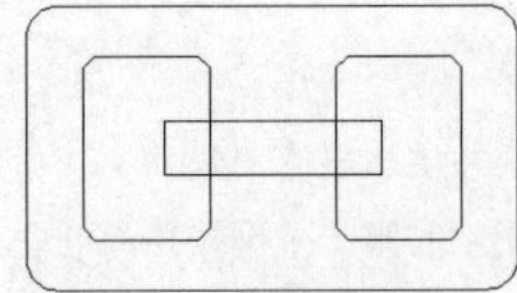

图 4-5 绘制结果

命令行选项含义如下：

- “倒角”选项用于绘制具有一定倒角特征的矩形，此选项是一个比较常用的功能，与“倒角”命令类似。
- “圆角”选项用于绘制具有一定圆角特征的矩形，与“圆角”命令类似。
- “标高”选项用于设置矩形在三维空间内的基面高度，即距离当前坐标系的 XOY 坐标平面的高度。
- “厚度”和“宽度”选项用于设置矩形各边的厚度和宽度，以绘制具有一定厚度和宽度的矩形，如图 4-6 和图 4-7 所示。矩形的厚度指的是 Z 轴方向的高度。矩形的厚度和宽度也可以由“特性”命令进行修改和设置。

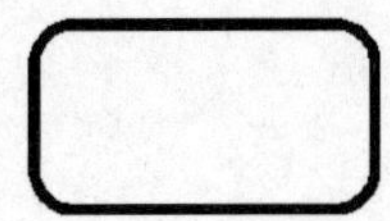

图 4-6　宽度矩形

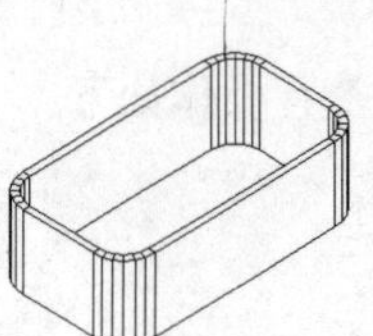

图 4-7　厚度矩形

如果绘制厚度矩形和标高矩形时，要把当前视图转变为等轴测视图，才能显示出矩形的厚度和标高，否则在俯视图中看不出什么变化来。

4.1.2　正多边形

“正多边形”命令用于绘制由相等的边角组成的闭合图形，执行“正多边形”命令主要有以下几种方式：

- 单击“常用”选项卡→“绘图”面板→“正多边形”按钮
- 选择菜单栏中的“绘图”→“正多边形”命令
- 单击“绘图”工具栏→“正多边形”按钮
- 在命令行中输入“Polygon”后按 Enter 键
- 使用快捷键 POL

（1）“内接于圆”方式画多边形

此种方式为默认方式，当指定边数和中心点后，直接输入正多边形外接圆的半径，即可精确绘制正多边形，其命令行操作如下：

```
命令: _polygon
输入边的数目 <4>:                          //5 Enter，设置边数
指定正多边形的中心点或 [边(E)]:              //在绘图区拾取一点作为中心点
输入选项 [内接于圆(I)/外切于圆(C)] <I>:       //I Enter，激活“内接于圆”选项
指定圆的半径:          //200 Enter，输入外接圆半径，绘制结果如图 4-8 所示
```

（2）“外切于圆”方式画多边形

当确定了正多边形的边数和中心点之后，使用此种方式输入正多边形内切圆的半径，就可精确绘制出正多边形，其命令行操作如下：

```
命令: _polygon
输入边的数目 <4>:                        //5 Enter
指定正多边形的中心点或 [边(E)]:            //在绘图区拾取一点
输入选项 [内接于圆(I)/外切于圆(C)] <C>:   //c Enter，激活“外切于圆”选项
指定圆的半径:       //120 Enter，输入内切圆的半径，绘制结果如图 4-9 所示
```

（3）“边”方式画多边形

此种方式是通过输入多边形一条边的边长，来精确绘制正多边形。在具体定位边长时，需要分别定位

出边的两个端点，其命令行操作如下：

```
命令: _polygon
输入边的数目 <4>:                    //6 Enter，设置边数
指定正多边形的中心点或 [边(E)]:         //e Enter，激活“边”选项
指定边的第一个端点:                    //拾取一点作为边的一个端点
指定边的第二个端点:        //@150,0 Enter ，绘制结果如图 4-10 所示
```

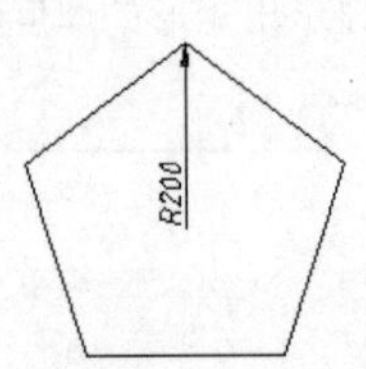

图 4-8 “内接于圆”方式

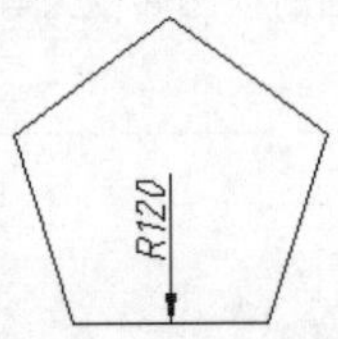

图 4-9 “外切于圆”方式

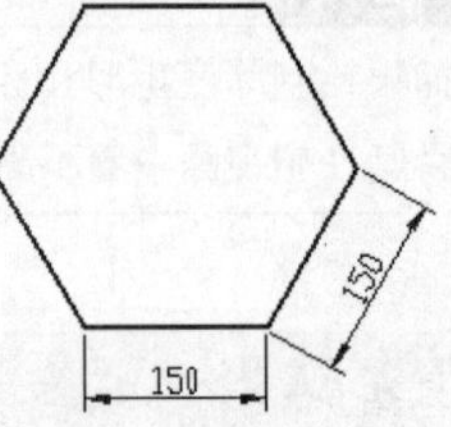

图 4-10 “边”方式

4.2 绘制圆和椭圆

本节主要学习“圆”和“椭圆”两个命令，以绘制圆和椭圆。

4.2.1 圆

AutoCAD 共为用户提供了 6 种画圆方式，如图 4-11 所示。执行“圆”命令主要有以下几种方式：

- 单击“常用”选项卡→“绘图”面板→“圆”按钮
- 选择菜单栏中的“绘图”→“圆”级联菜单中的各种命令
- 单击“绘图”工具栏→“圆”按钮
- 在命令行中输入“Circle”后按 Enter 键
- 使用快捷键 C

（1）定距画圆

“定距画圆”主要分为“半径画圆”和“直径画圆”两种方式，默认方式为“半径画圆”。当定位出圆心之后，只需输入圆的半径或直径，即可精确画圆。其命令行操作如下：

```
命令: _circle
指定圆的圆心或 [三点(3P)/两点(2P)/切点、切点、半径(T)]:
                    //在绘图区拾取一点作为圆的圆心
指定圆的半径或 [直径(D)]:        //100 Enter，输入半径，绘制结果如图 4-12 所示
```

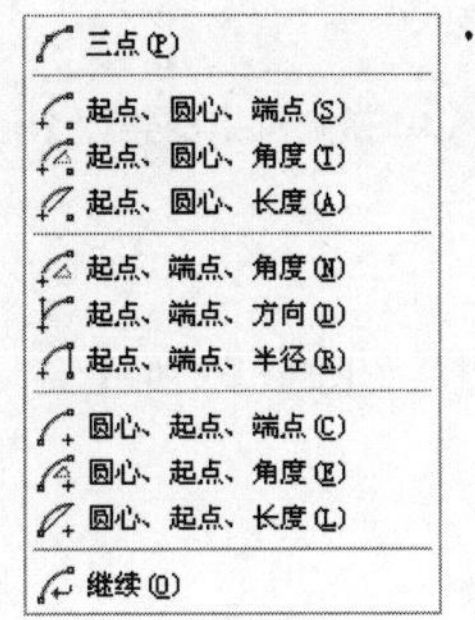

图 4-11　圆弧子菜单

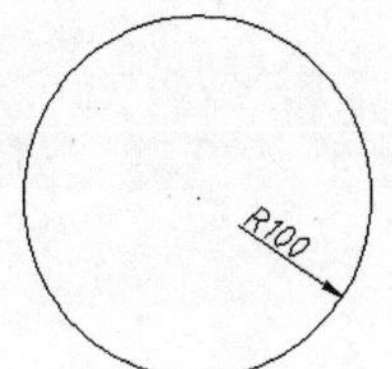

图 4-12　半径画圆

使用“直径”选项需要输入圆的直径，以直径方式画圆。

（2）定点画圆

“定点画圆”分为“两点画圆”和“三点画圆”两种方式。“两点画圆”需要指定圆直径的两个端点；而“三点画圆”则需要指定圆上的三个点，如图 4-13 和图 4-14 所示。

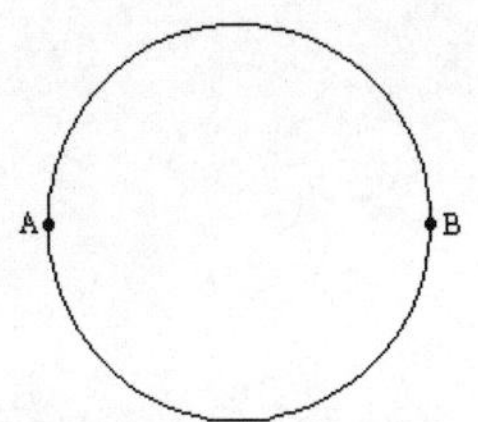

图 4-13　定点画圆

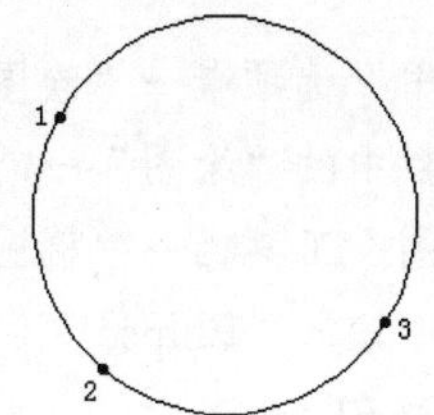

图 4-14　三点画圆

（3）画相切圆

相切圆有两种绘制方式，即“相切、相切、半径”和“相切、相切、相切”。前一种方式需要拾取两个相切对象，然后再输入相切圆半径；后一种方式是直接拾取三个相切对象即可。下面学习两种相切圆的绘制过程。

01 首先绘制如图 4-15 所示的圆和直线。

02 单击“常用”选项卡→“绘图”面板→“相切、相切、半径”按钮，根据命令行提示绘制与直线和已知圆都相切的圆。命令行操作如下：

```
命令: _circle
指定圆的圆心或 [三点(3P)/两点(2P)/切点、切点、半径(T)]: : _ttr
指定对象与圆的第一个切点:        //在直线下端单击左键，拾取第一个相切对象
指定对象与圆的第二个切点:        //在圆下侧边缘上单击左键，拾取第二个相切对象
指定圆的半径 <56.0000>:          //100 Enter，给定相切圆半径，结果如图 4-16 所示
```

03 单击“常用”选项卡→“绘图”面板→“相切、相切、相切”按钮，绘制与三个已知对象都相切的圆。命令行操作如下：

```
命令: _circle
指定圆的圆心或 [三点(3P)/两点(2P)/切点、切点、半径(T)]: _3P 指定圆上的第一个点: _tan 到
                    //拾取直线作为第一相切对象
指定圆上的第二个点: _tan 到      //拾取小圆作为第二相切对象
指定圆上的第三个点: _tan 到  //拾取大圆作为第三相切对象，结果如图 4-17 所示
```

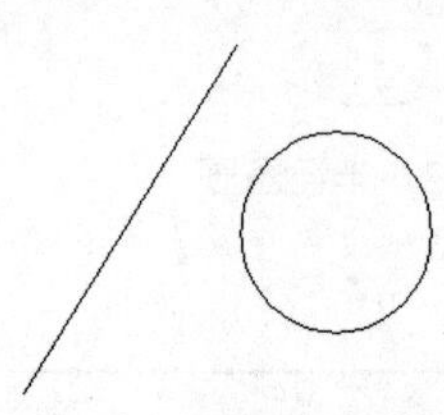
图 4-15　绘制圆和直线

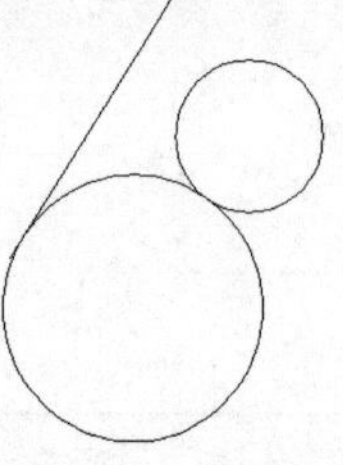
图 4-16　相切、相切、半径

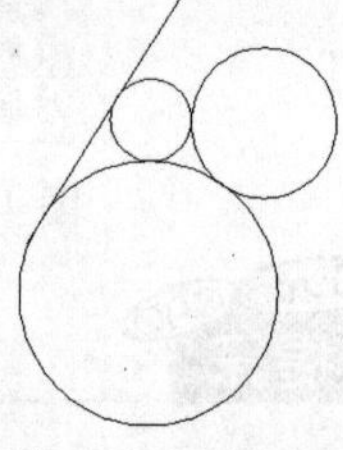
图 4-17　绘制结果

4.2.2　椭圆

"椭圆"是由两条不等的椭圆轴所控制的闭合曲线，包含中心点、长轴和短轴等几何特征。执行"椭圆"命令主要有以下几种方式：

- 单击"常用"选项卡→"绘图"面板→"椭圆"按钮
- 选择菜单栏中的"绘图"→"椭圆"子菜单命令
- 单击"绘图"工具栏→"椭圆"按钮
- 在命令行中输入"Ellipse"后按 Enter 键
- 使用快捷键 EL

（1）"轴端点"方式画椭圆

"轴端点"方式是用于指定一条轴的两个端点和另一条轴的半长，即可精确画椭圆。其命令行操作如下：

```
命令: _ellipse
指定椭圆轴的端点或 [圆弧(A)/中心点(C)]:      //拾取一点，定位椭圆轴的一个端点
指定轴的另一个端点:                    //@200,0 Enter
指定另一条半轴长度或 [旋转(R)]:            //60 Enter, 绘制结果如图 4-18 所示
```

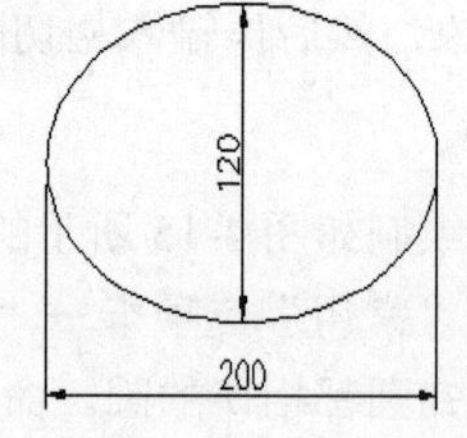

图 4-18　"轴端点"示例

如果在轴测图模式下启动了"椭圆"命令，那么，在此操作步骤中将增加"等轴测圆"选项，用于绘制轴测圆，如图 4-19 所示。

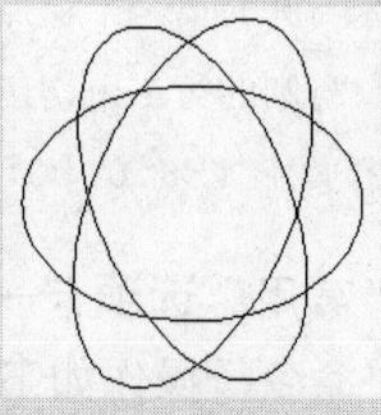
图 4-19　等轴测圆

（2）“中心点”方式画椭圆

“中心点”方式画椭圆需要先确定出椭圆的中心点，然后再确定椭圆轴的一个端点和椭圆另一半轴的长度。其命令行操作如下：

```
命令: _ellipse
指定椭圆的轴端点或 [圆弧(A)/中心点(C)]: _c
指定椭圆的中心点:                        //捕捉图 4-18 所示椭圆的中心点
指定轴的端点:                            //@0,60 Enter
指定另一条半轴长度或 [旋转(R)]:          //30 Enter，绘制结果如图 4-20 所示
```

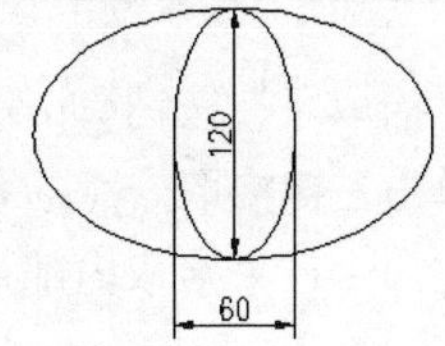

图 4-20　“中心点”方式画椭圆

“旋转”选项是以椭圆的短轴和长轴的比值，把一个圆绕定义的第一轴旋转成椭圆。

4.3 绘制边界和面域

边界和面域是两种比较特殊的几何图元。本节主要学习这两种几何图元的具体绘制方法和技巧。

4.3.1 边界

“边界”其实就是一条闭合的多段线，此种多段线不能直接绘制，而需要使用“边界”命令从多个相交对象中进行提取，如图 4-21 所示。执行“边界”命令主要有以下几种方式：

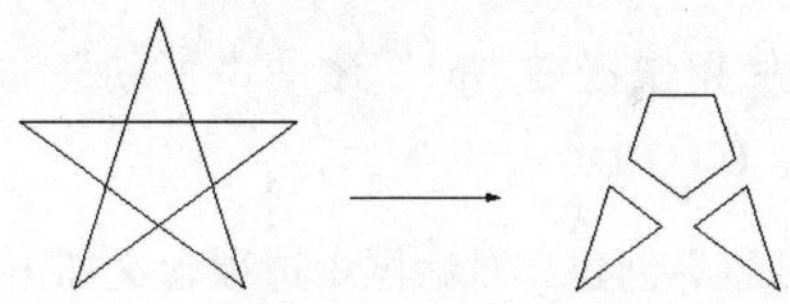

图 4-21　边界示例

- 单击“常用”选项卡→“绘图”面板→“边界”按钮
- 选择菜单栏中的“绘图”→“边界”命令
- 在命令行中输入“Boundary”后按 Enter 键
- 使用快捷键 BO

下面通过提取图 4-21（右）所示的三个闭合边界，学习使用“边界”命令。具体操作过程如下：

01 首先使用画线命令绘制图 4-21（左）所示的五角形图案。

02 单击“常用”选项卡→“绘图”面板→“边界”按钮，打开如图 4-22 所示的“边界创建”对话框。

使用的对象类型”列表框可以设置导出的是边界还是面域，默认为多段线。

03 单击“拾取点”按钮，返回绘图区在命令行“拾取内部点：”提示下，分别在五角星图案的中心区域内单击左键拾取一点，系统自动分析出一个虚线边界，如图 4-23 所示。

04 继续在命令行“拾取内部点：”提示下，在下侧的两个三角区域内单击，创建另两个边界，如图 4-24 所示。

图 4-22 “边界创建”对话框

图 4-23 创建边界-1

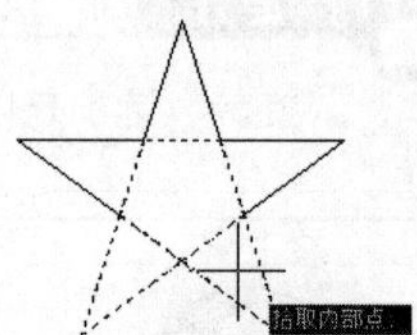

图 4-24 创建边界-2

05 继续在命令行“拾取内部点：”提示下按 Enter 键结束命令。结果创建了三条闭合的多段线边界。

在执行“边界”命令后，创建的闭合边界或面域与原图形对象的轮廓边是重合的。

06 使用快捷键“M”激活“移动”命令，将创建的三个闭合边界从原图形中移出，结果如上图 4-21（右）所示。

“边界创建”对话框中选项含义如下：

- “边界集”选项组用于定义从指定点定义边界时导出来的对象集合，共有“当前视口”和“现有集合”两种类型。前者用于从当前视口中可见的所有对象中定义边界集；后者是从选择的所有对象中定义边界集。
- 单击“新建”按钮，在绘图区选择对象后，系统返回“边界创建”对话框，在“边界集”组合框中显示“现有集合”类型，用户可以从选择的现有对象集合中定义边界集。

4.3.2 面域

“面域”是一个没有厚度的二维实心区域，它具备实体特性，不但含有边的信息，还有边界内的信息，可以利用这些信息计算工程属性，如面积、重心等。执行“面域”命令主要有以下几种方式：

- 单击“常用”选项卡→“绘图”面板→“面域”按钮
- 选择菜单栏中的“绘图”→“面域”命令

- 单击“绘图”工具栏→按钮
- 在命令行中输入“Region”后按 Enter 键
- 使用快捷键 REN

面域不能直接被创建，而是由“面域”命令将闭合图形转化成的。在激活“面域”命令后，只需选择封闭的图形对象，如圆、矩形、正多边形等，即可将其转化为面域。

封闭对象在没有转化为面域之前，仅是一种几何线框，没有什么属性信息；而这些封闭图形一旦被转化为面域，它就转变为一种实体对象，具备实体属性，可以着色渲染等，如图 4-25 所示。

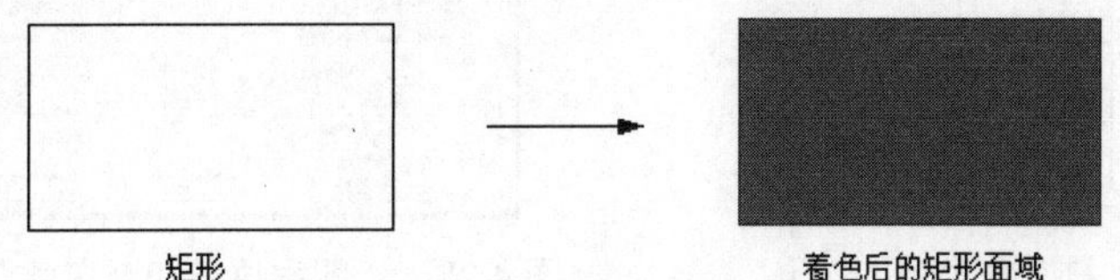

图 4-25　线框与面域

4.4 绘制图案填充

“图案”是由各种图线进行不同的排列组合而构成的一种图形元素，此类图形元素作为一个独立的整体，被填充到各种封闭的区域内，以表达各自的图形信息，如图 4-26 所示。执行“图案填充”命令主要有以下几种方式：

图 4-26　图案示例

- 单击“常用”选项卡→“绘图”面板→“图案填充”按钮
- 选择菜单栏中的“绘图”→“图案填充”命令
- 单击“绘图”工具栏→ “图案填充”按钮
- 在命令行中输入“Bhatch”后按 Enter 键
- 使用快捷键 H 或 BH

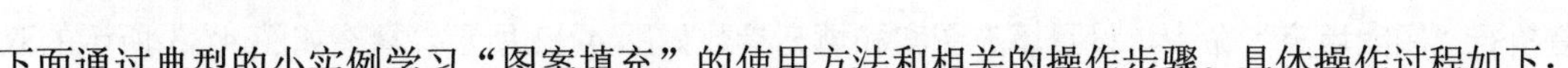

下面通过典型的小实例学习“图案填充”的使用方法和相关的操作步骤。具体操作过程如下：

01 打开随书光盘中的“\实例源文件\图案填充.dwg”，如图 4-27 所示。

02 单击“常用”选项卡→“绘图”面板→“图案填充”按扭，在命令行“拾取内部点或 [选择对象(S)/设置(T)]:”提示下，激活“设置”选项，打开“图案填充和渐变色”对话框，如图 4-28 所示。

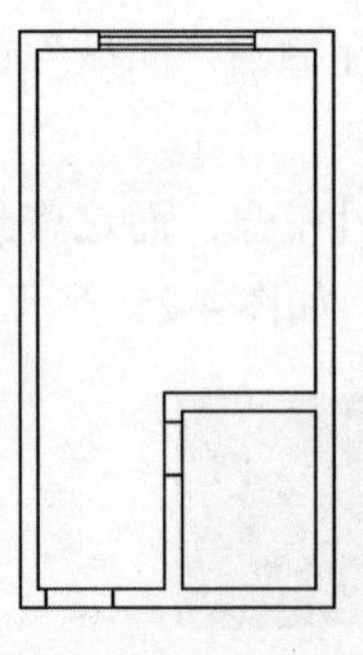
图 4-27　打开结果

图 4-28　“图案填充和渐变色”对话框

03 单击“样列”文本框中的图案或单击“图案”列表框右侧的[...]按钮，打开“填充图案选项板”对话框，选择需要填充的图案，如图 4-29 所示。

04 返回“图案填充和渐变色”对话框，设置填充角度为 90，填充比例为 25，如图 4-30 所示。

05 在“边界”选项组中单击“添加:选择对象”按钮，返回绘图区拾取填充区域，填充如图 4-31 所示的图案。

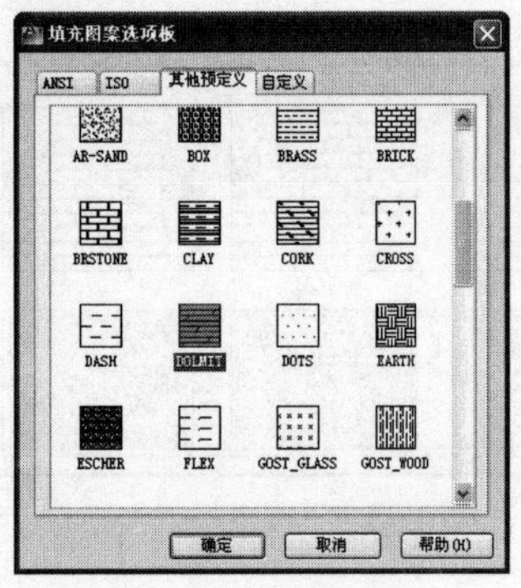
图 4-29　选择图案

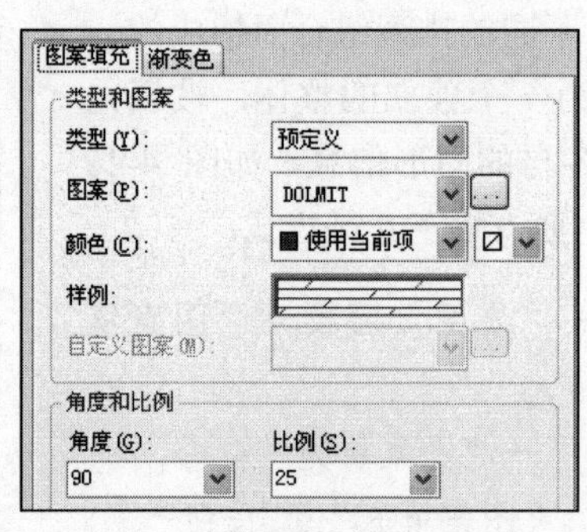
图 4-30　设置填充参数

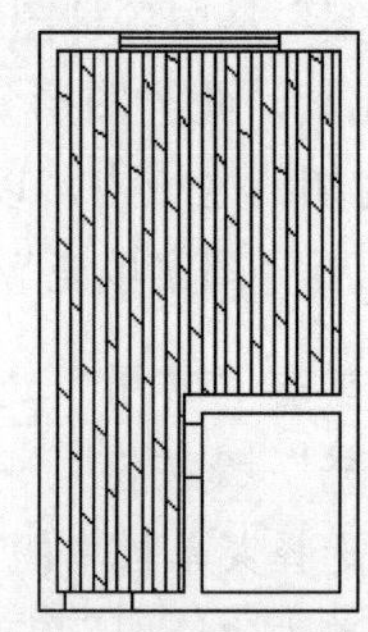
图 4-31　填充结果

06 按 Enter 键返回“图案填充和渐变色”对话框，结束命令。

07 重复执行“图案填充”命令，设置填充图案和填充参数如图 4-32 所示。填充如图 4-33 所示的双向用户定义图案。

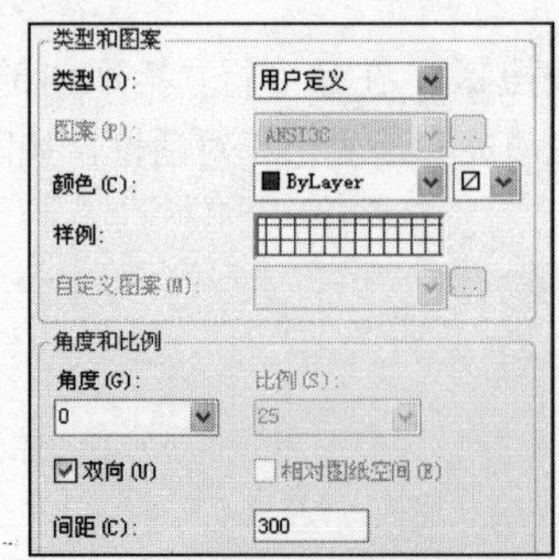
图 4-32　设置填充图案与参数

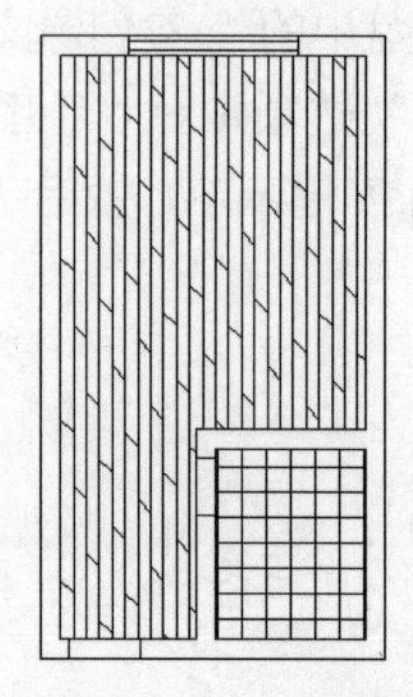
图 4-33　填充结果

（1）“图案填充”选项卡

“图案填充”选项卡用于设置填充图案的类型、样式、填充角度及填充比例等。各常用选项含义如下：

- “类型”列表框内包含“预定义”、“用户定义”和“自定义”3 种图样类型，如图 4-34 所示。

图 4-34　“类型”下拉列表框

“预定义”图样只适用于封闭的填充边界；“用户定义”图样可以使用图形的当前线型创建填充图样；“自定义”图样就是使用自定义的 PAT 文件中的图样进行填充。

- “图案”列表框用于显示预定义类型的填充图案名称。用户可从下拉列表框中选择所需的图案。
- “相对图纸空间”选项仅用于布局选项卡，它是相对图纸空间单位进行图案的填充。运用此选项，可以根据适合于布局的比例显示填充图案。
- “间距”文本框可设置用户定义填充图案的直线间距，只有激活了“用户定义”选项，此选项才可用。
- “双向”复选框仅适用于用户定义图案，勾选该复选框，将增加一组与原图线垂直的线。
- “ISO 笔宽”选项决定运用 ISO 剖面线图案的线与线之间的间隔，它只在选择 ISO 线型图案时才可用。

（2）填充边界的拾取

- “添加:拾取点”按钮用于在填充区域内部拾取任意一点，AutoCAD 将自动搜索到包含该点内的区域边界，并以虚线显示边界。
- “添加:选择对象”按钮用于选择需要填充的单个闭合图形作为边界。
- “删除边界”按钮用于删除位于选定填充区内但不填充的区域。
- “查看选择集”按钮用于查看所确定的边界。
- “继承特性”按钮用于在当前图形中选择一个已填充的图案，系统将继承该图案类型的一切属性并将其设置为当前图案。
- “关联”与“创建独立的图案填充”复选框用于确定填充图形与边界的关系。分别用于创建关联和不关联的填充图案。
- “注释性”复选框用于为图案添加注释特性。
- “绘图次序”下拉列表框用于设置填充图案和填充边界的绘图次序。
- “图层”下拉列表框用于设置填充图案的所在层。
- “透明度”下拉列表框用于设置填充图案的透明度，拖曳下侧的滑块，可以调整透明度值。

（3）“渐变色”选项卡

在“图案填充和渐变色”对话框中单击如图 4-35 所示的“渐变色”选项卡，其用于为指定的边界填充渐变色。

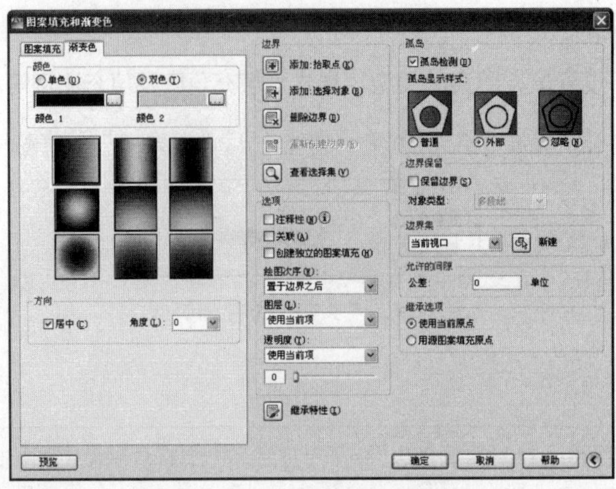

图 4-35 “渐变色”选项卡

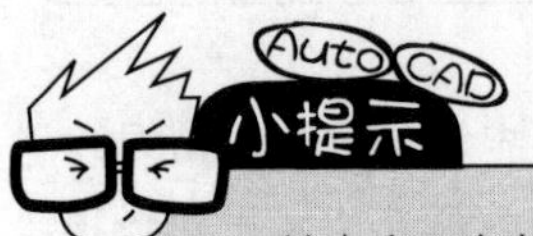

单击右下角的“更多选项”扩展按钮，即可展开右侧的“孤岛”选项。

- “单色”选项用于以一种渐变色进行填充；显示框用于显示当前的填充颜色，双击该颜色框或单击其右侧的按钮，可以选择所需的颜色。
- “双色”选项用于以两种颜色的渐变色作为填充色；“角度”选项用于设置渐变填充的倾斜角度。
- “边界保留”选项用于设置是否保留填充边界。
- “允许的间隙”选项用于设置填充边界的允许间隙值，处在间隙值范围内的非封闭区域也可填充图案。
- “继承选项”选项组用于设置图案填充的原点，即使用当前原点还是使用源图案填充的原点。
- “孤岛显示样式”选项组提供了“普通”、“外部”和“忽略”三种方式，如图 4-36 所示。其中“普通”方式是从最外层的外边界向内边界填充，第一层填充，第二层不填充，如此交替进行；“外部”方式只填充从最外边界向内第一边界之间的区域；“忽略”方式忽略最外层边界以内的其他任何边界，以最外层边界向内填充全部图形。

图 4-36 孤岛填充样式

4.5 复制对象

本节主要学习几种图形的复制功能，具体有“矩形阵列”、“环形阵列”、“路径阵列”和“复制”等命令，以快速创建多重的复杂图形结构。

4.5.1　矩形阵列

“矩形阵列”命令用于将图形按照指定的行数和列数，成“矩形”的排列方式进行大规模复制，以创建均布结构的图形，如图 4-37 所示。执行“矩形阵列”命令主要有以下几种方式：

- 单击“常用”选项卡→“修改”面板→“矩形阵列”按钮
- 选择菜单栏中的“修改”→“阵列”→“矩形阵列”命令
- 单击“修改”工具栏→“矩形阵列”按钮
- 在命令行中输入“Arrayrect”后按 Enter 键
- 使用快捷键 AR

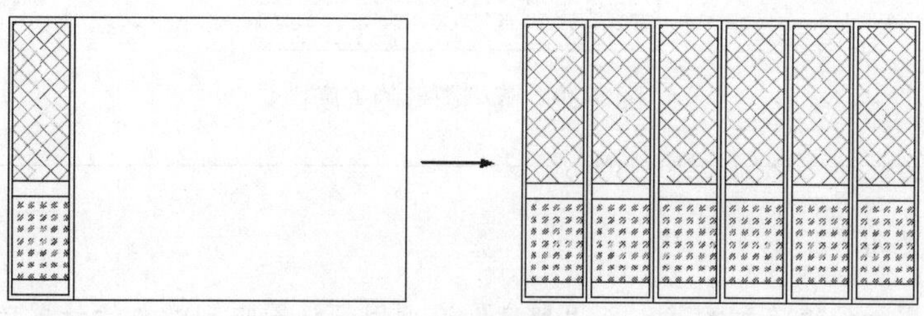

图 4-37　矩形阵列示例

下面通过将图 4-37（左）所示的图形结构快速编辑成图 4-37（右）所示的图形结构，学习“矩形阵列”命令的操作方法和技巧。

01 打开随书光盘“\实例源文件\矩形阵列.dwg”，如图 4-37（左）所示。

02 单击“常用”选项卡→“修改”面板→“矩形阵列”按钮，配合“窗口选择”功能对图形进行阵列。命令行操作如下：

```
命令: _arrayrect
选择对象:                    //窗口选择如图 4-38 所示对象
选择对象:                    // Enter
类型 = 矩形  关联 = 是
为项目数指定对角点或 [基点(B)/角度(A)/计数(C)] <计数>: //c Enter
输入行数或 [表达式(E)] <4>: //1 Enter
输入列数或 [表达式(E)] <4>: //6Enter
指定对角点以间隔项目或 [间距(S)] <间距>: // Enter
指定列之间的距离或 [表达式(E)] <60>: //725 Enter
按 Enter 键接受或 [关联(AS)/基点(B)/行(R)/列(C)/层(L)/退出(X)] <退出>:
                           // Enter，阵列结果如图 4-37（右）所示
```

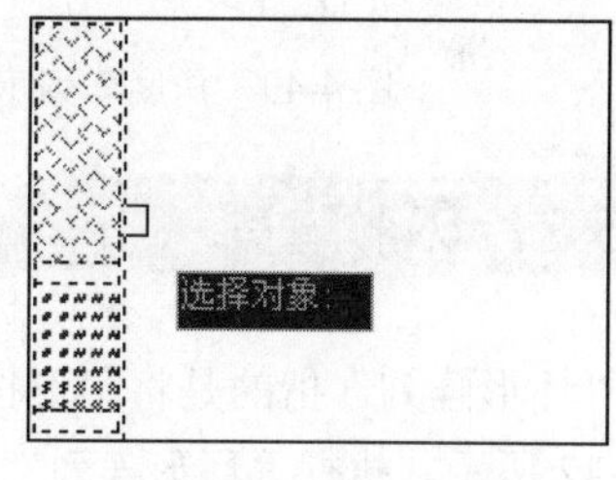

图 4-38　选择阵列对象

默认设置下矩形阵列出的图形具有关联性，是一个独立的图形结构，与图块的性质类似，其夹点效果如图 4-39 所示。用户可以使用“分解”命令取消这种关联特性。

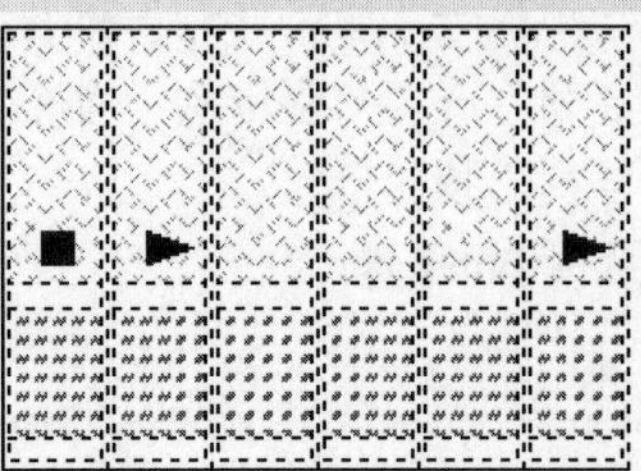
图 4-39　阵列图形的关联性

命令行中选项含义如下：

- “基点”选项用于设置阵列的基点；“角度”选项用于设置阵列对象的放置角度，使阵列后的图形对象沿着某一角度进行倾斜，如图 4-40 所示。不设置倾斜角度下的阵列效果如图 4-41 所示。
- “间距”选项框用于设置对象的行偏移或阵列偏距离。

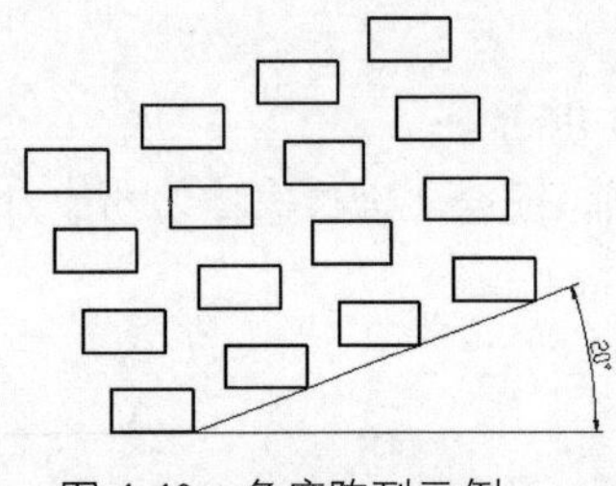

图 4-40　角度阵列示例

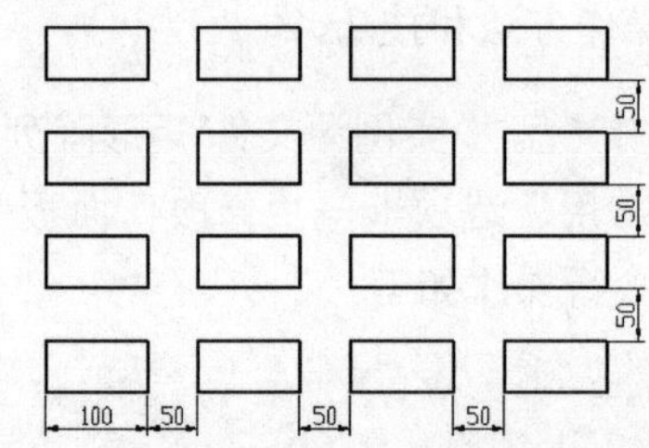

图 4-41　不设置角度下的阵列效果

4.5.2　环形阵列

“环形阵列”指的是将图形按照阵列中心点和数目，成“圆形”排列，以快速创建聚心结构图形，如图 4-42 所示。执行“环形阵列”命令主要有以下几种方式：

- 单击“常用”选项卡→“修改”面板→“环形阵列”按钮
- 选择菜单栏中的“修改”→“阵列”→“环形阵列”命令
- 单击“修改”工具栏→“环形阵列”按钮
- 在命令行中输入“Arraypolar”后按 Enter 键
- 使用快捷键 AR

下面通过将图 4-42（左）所示的图形结构快速编辑成图 4-42（右）所示的图形结构，学习“环形阵列”命令的操作方法和技巧。

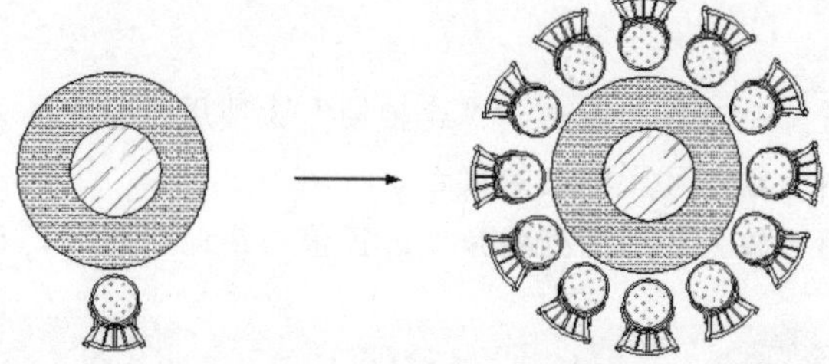

图 4-42　环形阵列

01 打开随书光盘"\实例源文件\环形阵列.dwg"，如图 4-42（左）所示。

02 单击"常用"选项卡→"修改"面板→"环形阵列"按钮，配合"窗交选择"功能进行环形阵列。命令行操作如下：

```
命令: _arraypolar
选择对象:                    //窗交选择如图 4-43 所示的图形
选择对象:                    // Enter
类型 = 极轴  关联 = 是
指定阵列的中心点或 [基点(B)/旋转轴(A)]:      //捕捉同心圆的圆心
输入项目数或 [项目间角度(A)/表达式(E)] <3>:  // 12 Enter
指定填充角度(+=逆时针、-=顺时针)或 [表达式(EX)] <360>: // Enter
按 Enter 键接受或 [关联(AS)/基点(B)/项目(I)/项目间角度(A)/填充角度(F)/行(ROW)/层(L)/旋转项目(ROT)/退出(X)] <退出>:     // Enter，阵列结果如图 4-42（右）所示
```

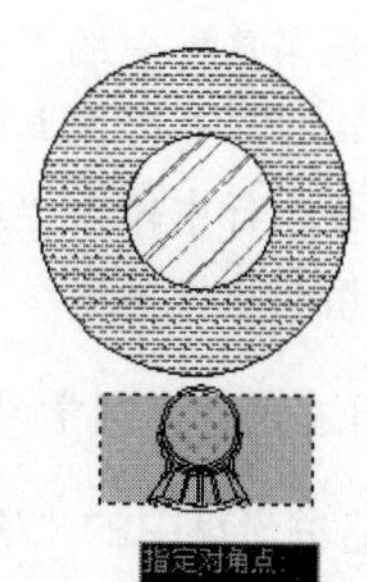

图 4-43　窗交选择

默认设置下，环形阵列出的图形具有关联性，是一个独立的图形结构，与图块的性质类似，其夹点效果如图 4-44 所示，用户可以使用"分解"命令取消这种关联特性。

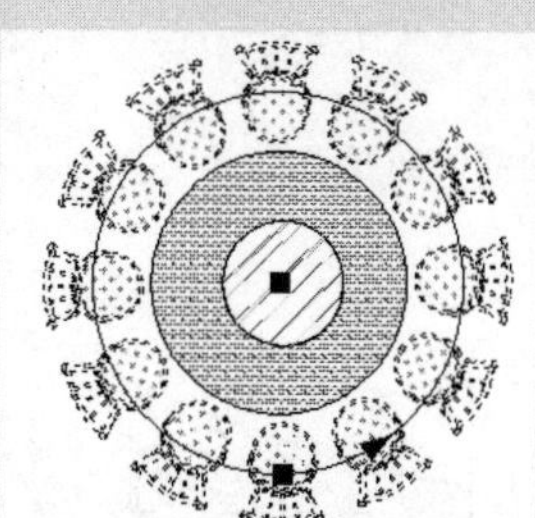

图 4-44　环形阵列的关联性

命令行中选项含义如下：

- “基点”选项用于设置阵列对象的基点；“旋转轴”选项用于指定阵列对象的旋转轴。
- “总项目数”文本框用于输入环形阵列的数量。
- “填充角度”文本框用于输入环形阵列的角度，正值为逆时针阵列，负值为顺时针阵列。

4.5.3 路径阵列

“路径阵列”命令用于将对象沿指定的路径或路径的某部分进行等距阵列。执行“路径阵列”命令主要有以下几种方式：

- 单击“常用”选项卡→“修改”面板→“路径阵列”按钮
- 选择菜单栏中的“修改”→“阵列”→“路径阵列”命令
- 单击“修改”工具栏→“路径阵列”按钮
- 在命令行中输入“Arraypath”后按 Enter 键
- 使用快捷键 AR

下面通过典型实例学习“路径阵列”命令的使用方法和操作技巧。具体操作步骤如下：

01 打开随书光盘中的“/素材文件/路径阵列.dwg”，如图 4-45 所示。

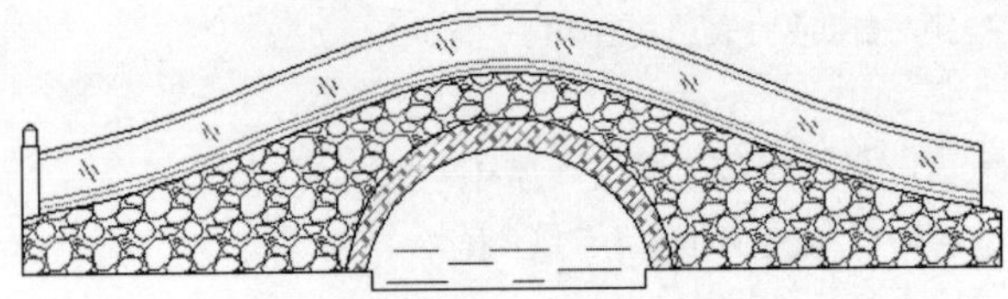

图 4-45　打开结果

02 单击“常用”选项卡→“修改”面板→“路径阵列”按钮，配合“窗口选择”功能对图形进行阵列。命令行操作如下：

```
命令：_arraypath
选择对象：        //窗口选择如图 4-46 所示的栏杆柱
选择对象：        // Enter
类型 = 路径  关联 = 是
选择路径曲线：    //选择如图 4-47 所示的样条曲线
```

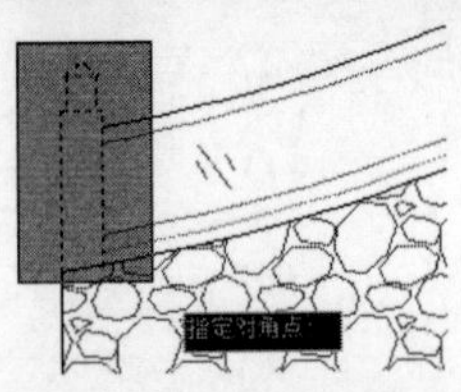

图 4-46　窗口选择

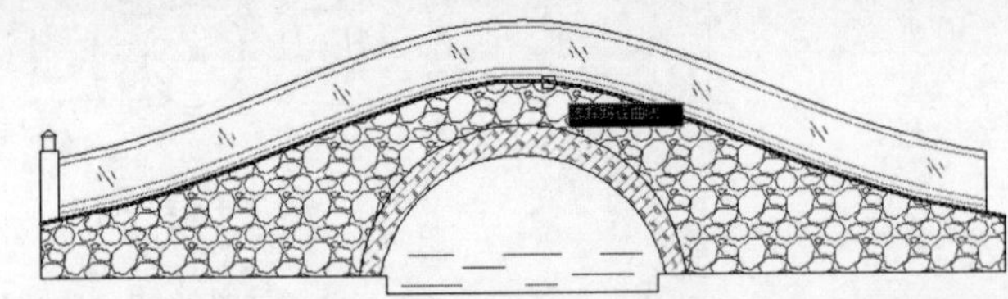

图 4-47　选择路径曲线

```
输入沿路径的项数或 [方向(O)/表达式(E)] <方向>:    //9 Enter
指定沿路径的项目之间的距离或 [定数等分(D)/总距离(T)/表达式(E)] <沿路径平均定数等分(D)>:
```

```
//t Enter
    输入起点和端点 项目 之间的总距离 <91>：  //捕捉如图 4-48 所示的端点
    按 Enter 键接受或 [关联(AS)/基点(B)/项目(I)/行(R)/层(L)/对齐项目(A)/Z 方向(Z)/退出(X)] <退出>:
//AS Enter
    创建关联阵列 [是(Y)/否(N)] <是>:   //N Enter
    按 Enter 键接受或 [关联(AS)/基点(B)/项目(I)/行(R)/层(L)/对齐项目(A)/Z 方向(Z)/退出(X)] <退出>:
//A Enter
    是否将阵列项目与路径对齐？[是(Y)/否(N)] <是>:// N Enter
    按 Enter 键接受或 [关联(AS)/基点(B)/项目(I)/行(R)/层(L)/对齐项目(A)/Z 方向(Z)/退出(X)] <退出>:
// Enter，阵列结果如图 4-49 所示
```

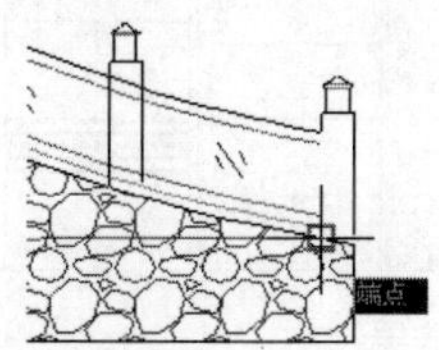

图 4-48　捕捉端点

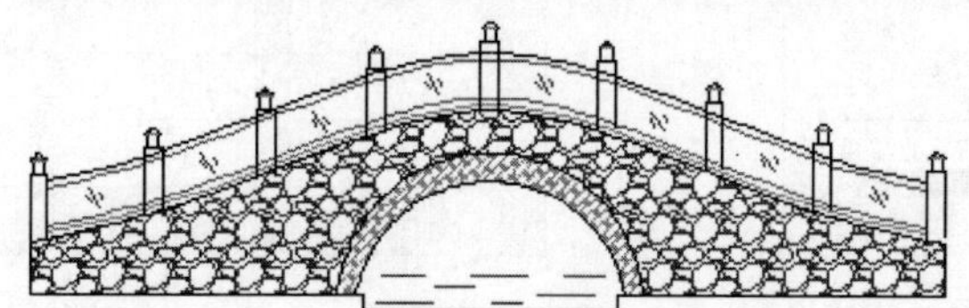
图 4-49　阵列结果

4.5.4　复制对象

“复制”命令用于复制图形，通常使用“复制”命令创建结构相同，位置不同的图形。执行“复制”命令主要有以下几种方式：

- 单击“常用”选项卡→“修改”面板→“复制”按钮
- 选择菜单栏中的“修改”→“复制”命令
- 单击“修改”工具栏→“复制”按钮
- 在命令行中输入“Copy”按 Enter 键
- 使用命令简写 CO

下面通过典型的小实例学习“复制”命令的使用方法和操作技巧。具体操作步骤如下：

01 打开随书光盘中的“/素材文件/复制对象.dwg”文件，如图 4-50 所示。

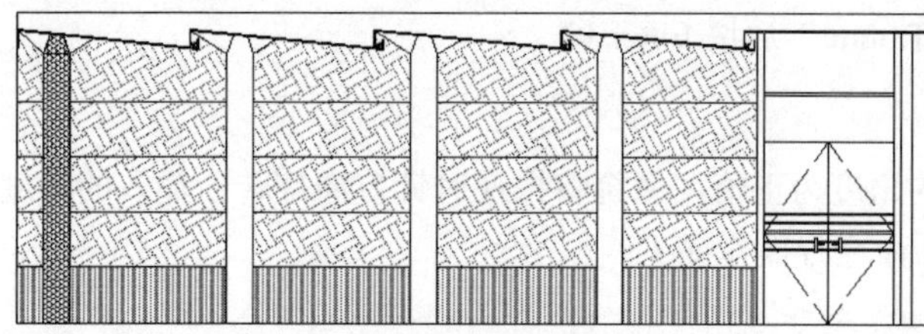
图 4-50　打开结果

02 单击“常用”选项卡→“修改”面板→“复制”按钮，配合“坐标输入功能”快速创建装修柱。命令行操作如下：

```
    命令：_copy
```

```
选择对象:                    //拉出如图 4-51 所示的窗口选择框
选择对象:                    // Enter，结束选择
当前设置: 复制模式 = 多个
指定基点或 [位移(D)/模式(O)] <位移>:        //捕捉任一点
指定第二个点或 [阵列(A)]<使用第一个点作为位移>:   //@2080,0 Enter
指定第二个点或 [阵列(A)/退出(E)/放弃(U)] <退出>:   //@4160,0 Enter
指定第二个点或 [阵列(A)/退出(E)/放弃(U)] <退出>:   //@6240,0 Enter
指定第二个点或 [阵列(A)/退出(E)/放弃(U)] <退出>: // Enter，结果如图 4-52 所示
```

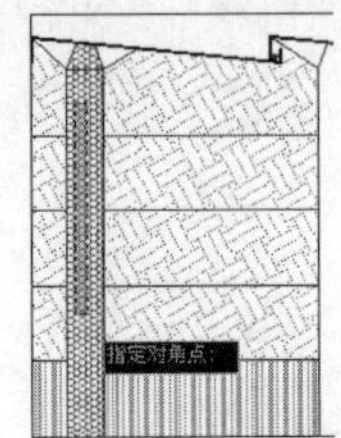

图 4-51　窗交选择

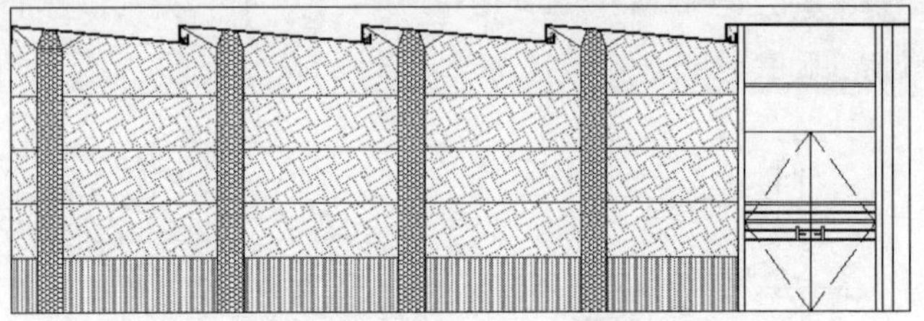
图 4-52　复制结果

4.6 编辑对象

本节主要学习图元的一些常规编辑功能，具体有“旋转”、“缩放”、“打断”、“合并”、“拉伸”和“拉长”等命令。

4.6.1 旋转对象

“旋转”命令用于将图形围绕指定的基点进行角度旋转。执行“旋转”命令主要有以下几种方式：

- 单击“常用”选项卡→“修改”面板→“旋转”按钮
- 选择菜单栏中的“修改”→“旋转”命令
- 单击“修改”工具栏→“旋转”按钮
- 在命令行中输入“Rotate”后按 Enter 键
- 使用快捷键 RO

在旋转对象时，输入的角度为正值，系统将按逆时针方向旋转；输入的角度为负值，按顺时针方向旋转。执行“旋转”命令后，命令行操作如下：

```
命令: _rotate
UCS 当前的正角方向: ANGDIR=逆时针  ANGBASE=0
选择对象:          //选择如图 4-53 所示沙发
选择对象:          // Enter
指定基点:          //拾取任一点
指定旋转角度，或 [复制(C)/参照(R)] <0>:   //-90 Enter，旋转结果如图 4-54 所示
```

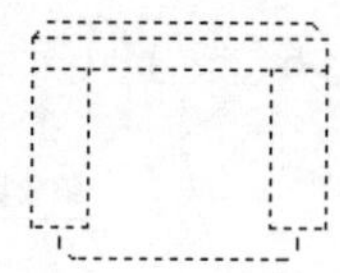

图 4-53　选择沙发

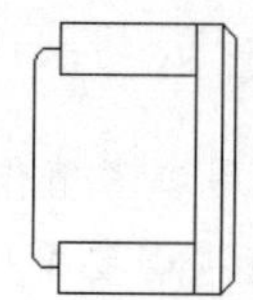

图 4-54　旋转结果

命令行中选项含义如下：

- “参照”选项用于将对象进行参照旋转，即指定一个参照角度和新角度，两个角度的差值就是对象的实际旋转角度。
- “复制”选项用于在旋转图形对象的同时将其复制，而源对象保持不变，如图 4-55 所示。

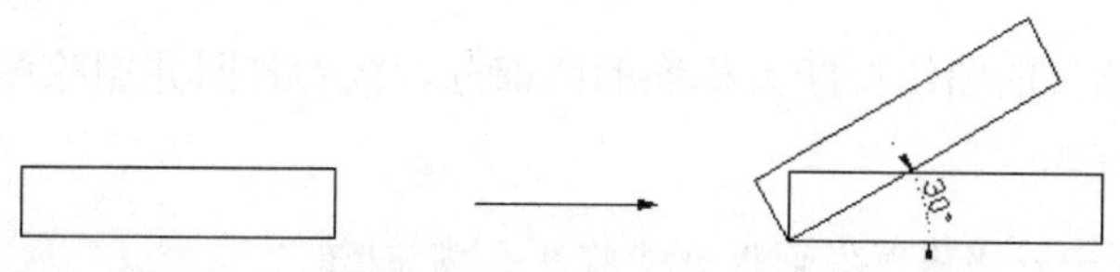

图 4-55　旋转复制示例

4.6.2　缩放对象

“缩放”命令用于将选定的对象进行等比例放大或缩小，如图 4-56 所示。使用此命令可以创建形状相同、大小不同的图形结构。执行“缩放”命令主要有以下几种方式：

- 单击“常用”选项卡→“修改”面板→“缩放”按钮
- 选择菜单栏中的“修改”→“缩放”命令
- 单击“修改”工具栏→“缩放”按钮
- 在命令行中输入“Scale”后按 Enter 键
- 使用快捷键 SC

执行“缩放”命令后，其命令行操作如下：

```
命令: _scale
选择对象:                          //选择图 4-56（左）所示的图形
选择对象:                          // Enter，结束选择
指定基点:                          //捕捉会议桌一侧的中点
指定比例因子或 [复制(C)/参照(R)] <1.0000>:
    //0.5 Enter，输入缩放比例，结果如图 4-56（右）所示
```

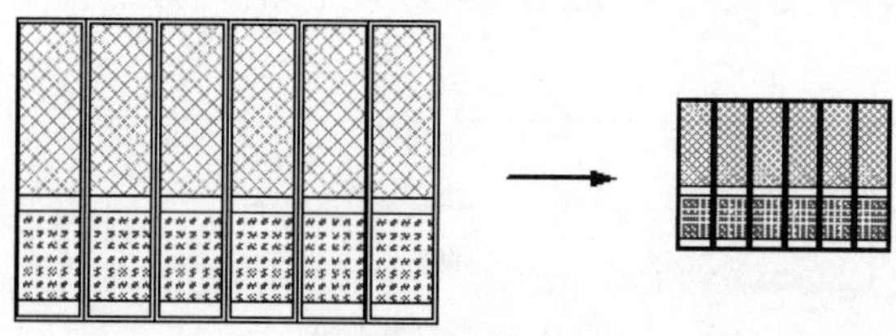

图 4-56　缩放示例

命令行中选项含义如下：

- “参照”选项使用参考值作为比例因子缩放操作对象。此选项需要用户分别指定一个参照长度和一个新长度，AutoCAD 将以参考长度和新长度的比值决定缩放的比例因子。
- “复制”选项用于在缩放图形的同时将源图形复制，如图 4-57 所示。

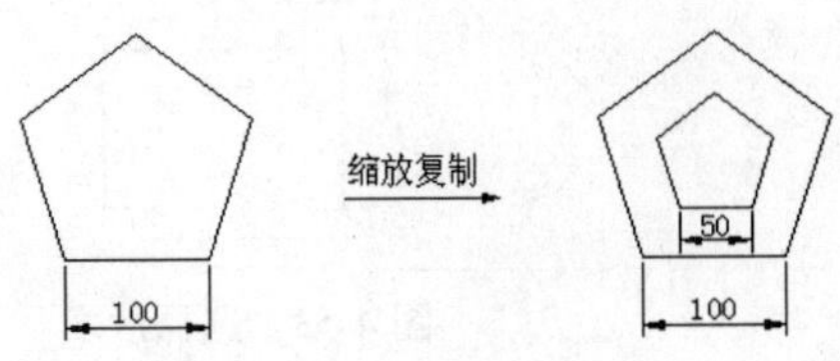

图 4-57　缩放复制示例

4.6.3　打断对象

“打断”命令用于将选择的图线打断为相连的两部分，或者打断并删除图线上的一部分。执行“打断”命令主要有以下几种方式：

- 单击“常用”选项卡→“修改”面板→“打断”按钮
- 选择菜单栏中的“修改”→“打断”命令
- 单击“修改”工具栏→“打断”按钮
- 在命令行中输入“Break”后按 Enter 键
- 使用快捷键 BR

打断对象与修剪对象都可以删除图形对象上的一部分，但是两者有着本质的区别：修剪对象必须有修剪边界的限制；而打断对象可以删除对象上任意两点之间的部分。“打断”命令的命令行操作过程如下：

```
命令: _break
选择对象:                          //选择图 4-58（上）所示的线段
指定第二个打断点 或 [第一点(F)]:    //f Enter，激活“第一点”选项
```

小提示

“第一点”选项用于重新确定第一断点。由于在选择对象时不可能拾取到准确的第一点，所以需要激活该选项，以重新定位第一断点。

```
指定第一个打断点:                  //捕捉线段的中点作为第一断点
指定第二个打断点:   //@40,0 Enter，定位第二断点，打断结果如图 4-58（下）所示
```

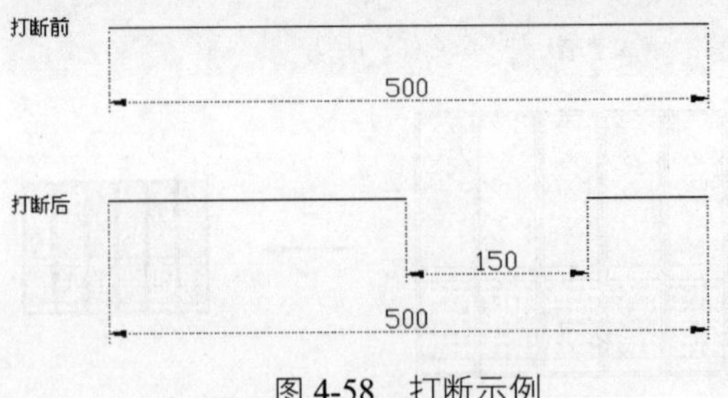

图 4-58　打断示例

要将一个对象拆分为二而不删除其中的任何部分，可以在指定第二断点时输入相对坐标符号@，也可以直接单击“常用”选项卡→“修改”面板→“打断于点”按钮。

4.6.4　合并对象

“合并”命令用于将两个或多个相似对象合并成一个完整的对象，还可以将圆弧或椭圆弧合并为一个整圆和椭圆。执行“合并”命令主要有以下几种方式：

- 单击“常用”选项卡→“修改”面板→“合并”按钮
- 选择菜单栏中的“修改”→“合并”命令
- 单击“修改”工具栏→“合并”按钮
- 在命令行中输入“Join”后按 Enter 键
- 使用快捷键 J

执行“合并”命令后，命令行操作如下：

```
命令: _join
选择源对象或要一次合并的多个对象:
//选择图 4-59（上）所示的左侧线段作为源对象
选择要合并的对象:          //选择右侧线段
选择要合并的对象:          // Enter，合并结果如图 4-59（下）所示
已将 1 条直线合并到源
2 条直线已合并为 1 条直线
```

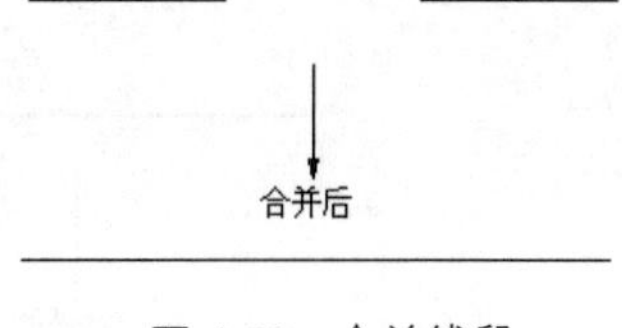

图 4-59　合并线段

4.6.5　拉伸对象

“拉伸”命令用于将图形对象进行不等比缩放，进而改变对象的尺寸或形状。执行“拉伸”命令主要有以下几种方式：

- 单击“常用”选项卡→“修改”面板→“拉伸”按钮
- 选择菜单栏中的“修改”→“拉伸”命令
- 单击“修改”工具栏→“拉伸”按钮
- 在命令行中输入“Stretch”后按 Enter 键
- 使用快捷键 S

常用于拉伸的对象有直线、圆弧、椭圆弧、多段线、样条曲线等。“拉伸”命令的命令行操作如下：

```
命令: _stretch
以交叉窗口或交叉多边形选择要拉伸的对象...
选择对象:                  //拉出如图 4-60 所示的窗交选择框
选择对象:                  // Enter
```

```
指定基点或 [位移(D)] <位移>:        //在绘图区拾取一点
指定第二个点或 <使用第一个点作为位移>:
//水平向右引出 0 度的极轴矢量，输入 1180Enter，拉伸结果如图 4-61 所示
```

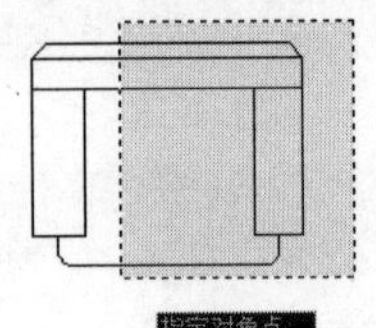

图 4-60　窗交选择

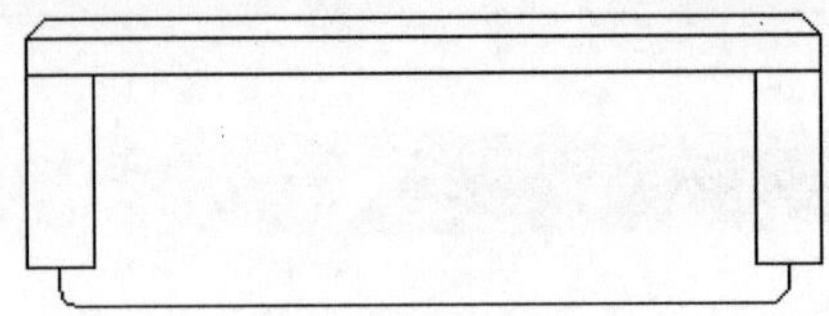

图 4-61　拉伸结果

4.6.6　拉长对象

“拉长”命令用于将图线拉长或缩短，在拉长的过程中不仅可以改变线对象的长度，还可以更改弧的角度，如图 4-62 所示。执行“拉长”命令的主要有以下几种方式：

- 单击“常用”选项卡→“修改”面板→“拉长”按钮
- 选择菜单栏中的“修改”→“拉长”命令
- 在命令行中输入“Lengthen”后按 Enter 键

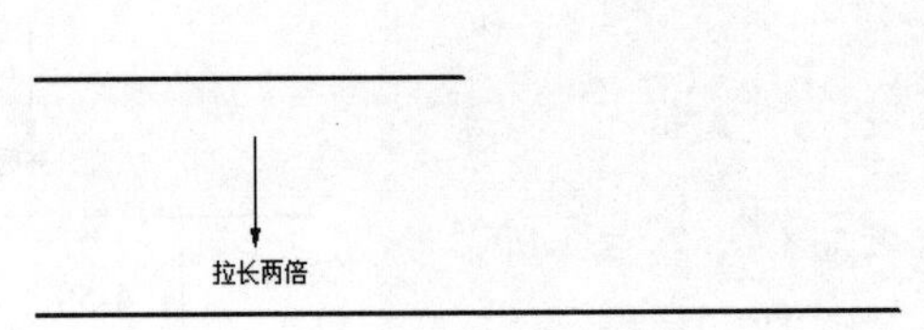

图 4-62　拉长示例

（1）“增量”拉长

所谓“增量”拉长，指的是按照事先指定的长度增量或角度增量，进行拉长或缩短对象。命令行操作过程如下：

```
命令: _lengthen
选择对象或 [增量(DE)/百分数(P)/全部(T)/动态(DY)]:   //DE Enter
输入长度增量或 [角度(A)] <0.0000>:   //50 Enter，设置长度增量
选择要修改的对象或 [放弃(U)]:        //在图 4-63（上）所示直线的右端单击左键
选择要修改的对象或 [放弃(U)]:        // Enter，拉长结果如图 4-63（下）所示
```

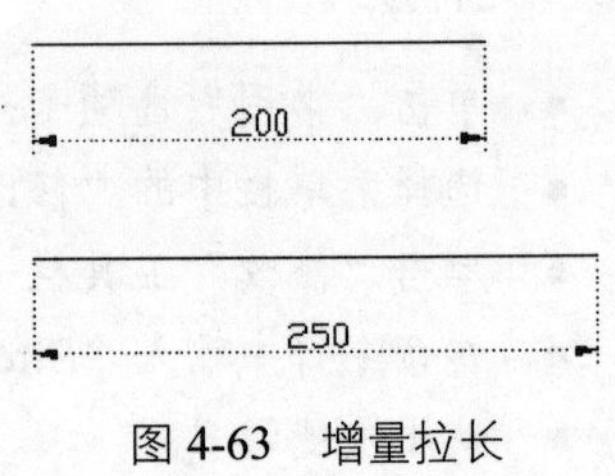

图 4-63　增量拉长

如果把增量值设置为正值，系统将拉长对象；反之，则缩短对象。

（2）百分数拉长

所谓“百分数”拉长，指的是以总长的百分比值进行拉长或缩短对象，长度的百分数值必须为正且非零。命令行操作过程如下：

```
命令: _lengthen
选择对象或 [增量(DE)/百分数(P)/全部(T)/动态(DY)]: //P Enter，激活“百分比”选项
输入长度百分数 <100.0000>:        //200 Enter，设置拉长的百分比值
选择要修改的对象或 [放弃(U)]:     //在图 4-64（上）所示直线的右端单击
选择要修改的对象或 [放弃(U)]:     // Enter，拉长结果如图 4-64（下）所示
```

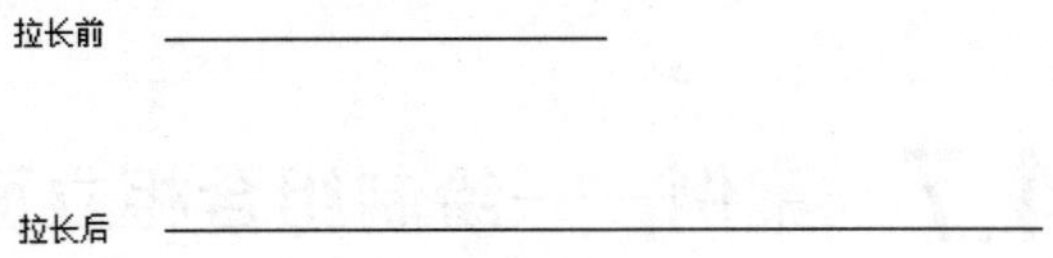

拉长前

拉长后

图 4-64 百分比拉长

当长度百分比值小于 100 时，将缩短对象；百分比值大于 100 时，将拉伸对象。

（3）“全部”拉长

所谓“全部”拉长，指的是根据指定一个总长度，或者总角度进行拉长或缩短对象。命令行操作过程如下：

```
命令: _lengthen
选择对象或 [增量(DE)/百分数(P)/全部(T)/动态(DY)]: //T Enter，激活“全部”选项
指定总长度或 [角度(A)] <1.0000)>:          //500 Enter，设置总长度
选择要修改的对象或 [放弃(U)]:     //在图 4-65（上）所示直线的右端单击
选择要修改的对象或 [放弃(U)]:     // Enter，拉长结果如图 4-65（下）所示
```

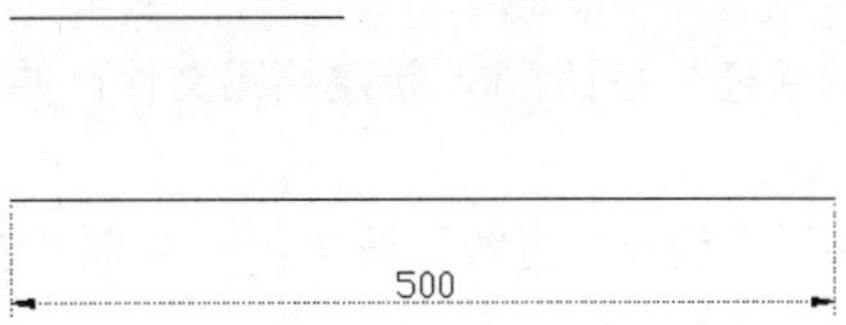

500

图 4-65 全部拉长

小提示

如果原对象的总长度或总角度大于所指定的总长度或总角度，结果原对象将被缩短；反之，将被拉长。

（4）“动态”拉长

所谓“动态”拉长，指的是根据图形对象的端点位置动态改变其长度。激活“动态”选项功能之后，AutoCAD 将端点移动到所需的长度或角度，另一端保持固定，如图 4-66 所示。

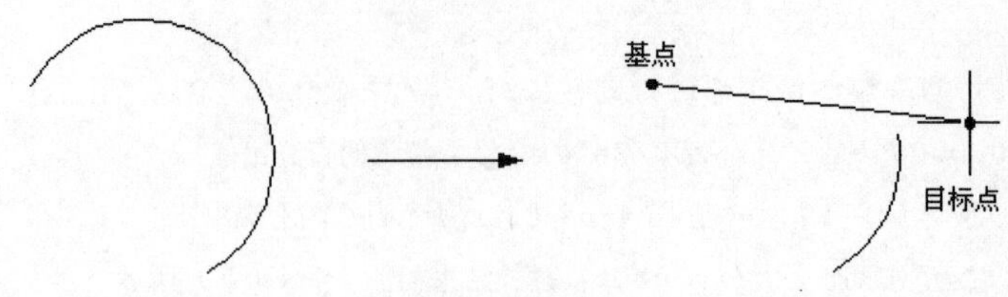

图 4-66　动态拉长

4.7 案例——绘制组合柜立面图

本例通过绘制大型组合柜立面图，对本章所学知识进行综合练习和巩固应用。组合柜立面图的最终绘制效果如图 4-67 所示。

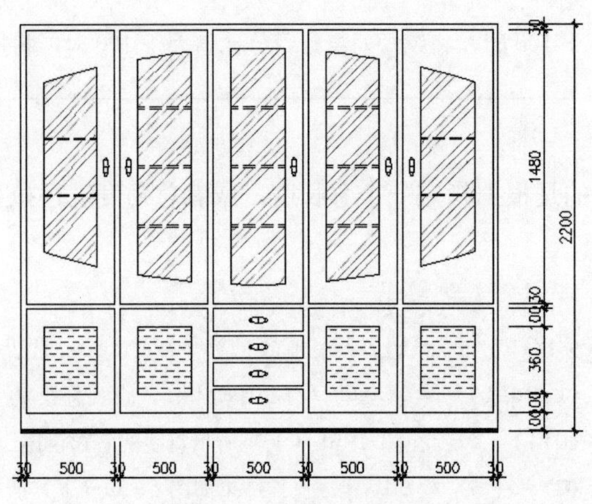

图 4-67　实例效果

01 单击“快速访问”工具栏→“新建”按钮，新建绘图文件，并打开“对象捕捉”和“对象追踪”功能。

02 单击“常用”选项卡→“绘图”面板→“直线”按钮，绘制长度为 2680、高度为 2200 的边框，如图 4-68 所示。

03 单击“常用”选项卡→“绘图”面板→“矩形”按钮，配合“捕捉自”功能绘制门扇的外边框。命令行操作如下：

```
命令: _rectang
指定第一个角点或 [倒角(C)/标高(E)/圆角(F)/厚度(T)/宽度(W)]: //激活“捕捉自”功能
_from 基点:            //捕捉左侧垂直轮廓线的下端点
<偏移>:               //@30,100 Enter
指定另一个角点或 [面积(A)/尺寸(D)/旋转(R)]:   //@500,560 Enter
```

```
命令:RECTANG
指定第一个角点或 [倒角(C)/标高(E)/圆角(F)/厚度(T)/宽度(W)]: //激活“捕捉自”功能
_from 基点:               //捕捉矩形的左上角点
 <偏移>:                  //@0,30 Enter
指定另一个角点或 [面积(A)/尺寸(D)/旋转(R)]: //@500,1480 Enter，结果如图 4-69 所示
```

04 单击“常用”选项卡→“修改”面板→“偏移”按钮，将两个矩形向内偏移 100 个单位，结果如图 4-70 所示。

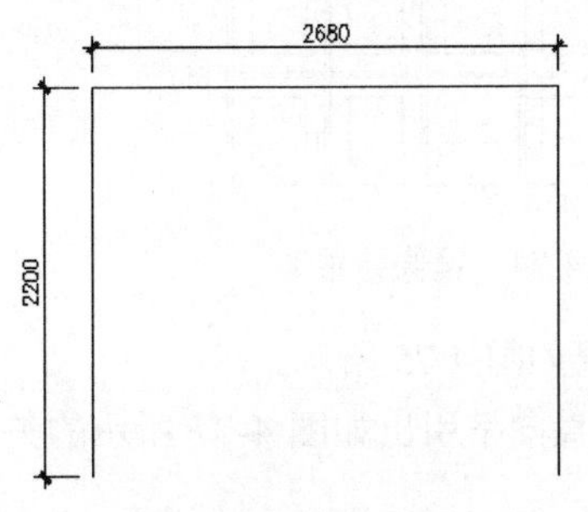

图 4-68　绘制边框

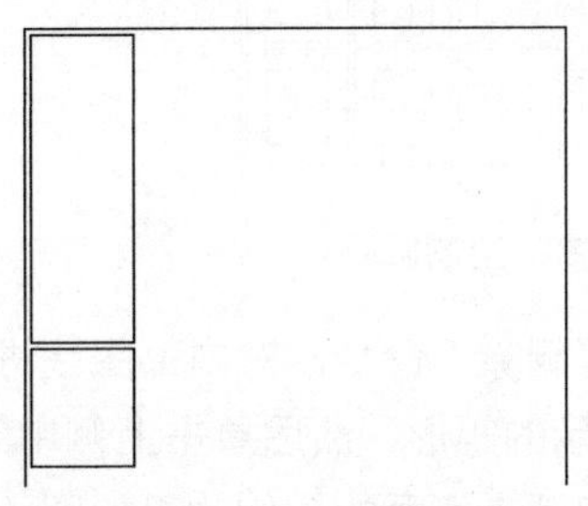

图 4-69　绘制门扇外边框

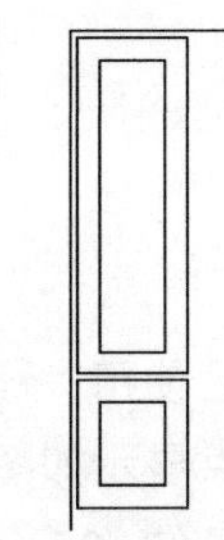

图 4-70　偏移结果

05 单击“常用”选项卡→“修改”面板→“矩形阵列”按钮，配合“窗交选择”功能对门扇边框进行阵列。命令行操作如下：

```
命令: _arrayrect
选择对象:                 //窗交选择门扇边框，即四矩形
选择对象:                 // Enter
类型 = 矩形  关联 = 否
为项目数指定对角点或 [基点(B)/角度(A)/计数(C)] <计数>: //c Enter
输入行数或 [表达式(E)] <4>: //1 Enter
输入列数或 [表达式(E)] <4>: //5Enter
指定对角点以间隔项目或 [间距(S)] <间距>: // Enter
指定列之间的距离或 [表达式(E)] <60>: //530 Enter
按 Enter 键接受或 [关联(AS)/基点(B)/行(R)/列(C)/层(L)/退出(X)] <退出>:
                          // Enter，阵列结果如图 4-71 所示
```

06 单击“常用”选项卡→“修改”面板→“偏移”按钮，将最上侧水平边向下偏移 310 个单位，并删除中间下部门扇的内边框，结果如图 4-72 所示。

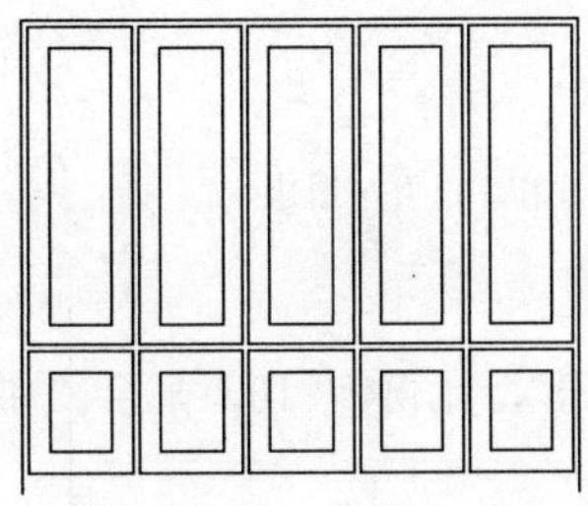

图 4-71　阵列结果

图 4-72　偏移结果

07 单击“常用”选项卡→“绘图”面板→“圆弧”按钮，配合“交点捕捉”和“中点捕捉”功能绘制如图 4-73 所示的圆弧。

08 单击“常用”选项卡→“修改”面板→“镜像”按钮，配合“中点捕捉”功能对圆弧进行镜像，结果如图 4-74 所示。

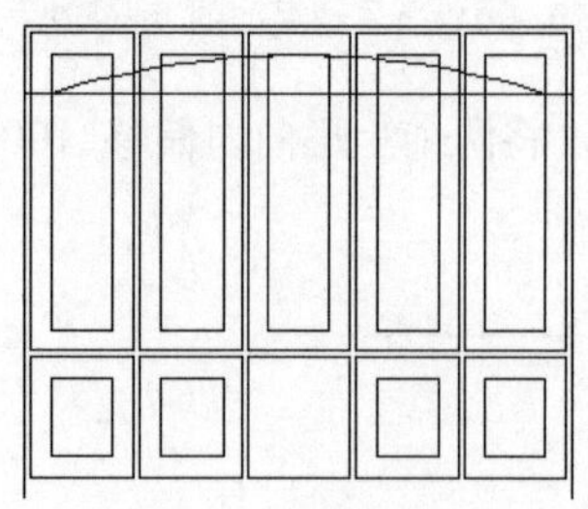
图 4-73 绘制圆弧

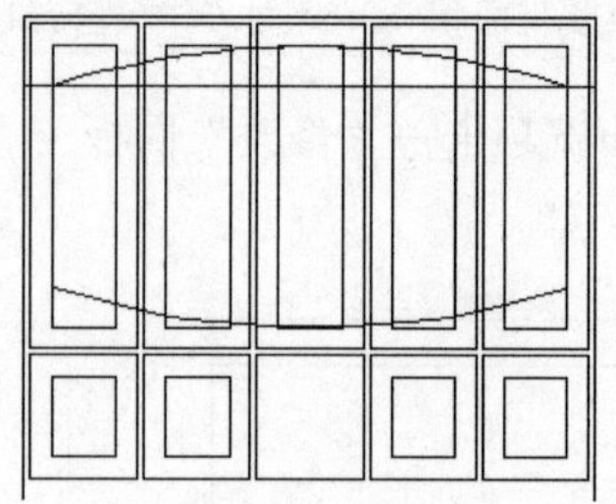
图 4-74 镜像结果

09 综合使用“修剪”和“删除”命令，对内部图线进行编辑，结果如图 4-75 所示。

10 夹点显示如图 4-76 所示的矩形。然后单击上侧中间的夹点，垂直向下引出如图 4-77 所示的矢量，向下拉伸 435 个单位。取消夹点后的拉伸效果如图 4-78 所示。

图 4-75 修剪结果

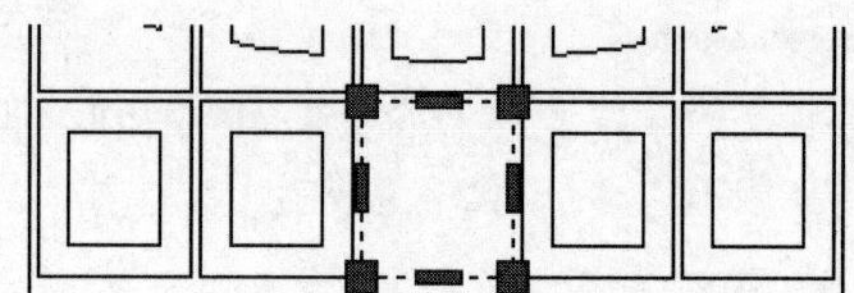
图 4-76 夹点效果

11 选择菜单栏中的“修改”→“阵列”命令，将编辑后的矩形框向上阵列 4 份，命令行操作如下：

```
命令：_arrayrect
选择对象：                    //选择夹点编辑后的矩形
选择对象：                    // Enter
类型 = 矩形  关联 = 否
为项目数指定对角点或 [基点(B)/角度(A)/计数(C)] <计数>： //c Enter
输入行数或 [表达式(E)] <4>： //4 Enter
输入列数或 [表达式(E)] <4>： //1Enter
指定对角点以间隔项目或 [间距(S)] <间距>： // Enter
指定行之间的距离或 [表达式(E)] <60>： //145 Enter
按 Enter 键接受或 [关联(AS)/基点(B)/行(R)/列(C)/层(L)/退出(X)] <退出>：
                              // Enter，阵列结果如图 4-79 所示
```

12 使用快捷键“ML”激活“多线”命令，设置正方式为“无”，比例为 10，配合“中点捕捉”功能绘制如图 4-80 所示的横向支撑。

13 使用快捷键“CO”激活“复制”命令，将刚绘制的多线对称复制 320 个单位，结果如图 4-81 所示。

14 使用快捷键“AR”激活“阵列”命令，将三条多线向右阵列 3 份，列偏移为 530，阵列结果如图 4-82 所示。

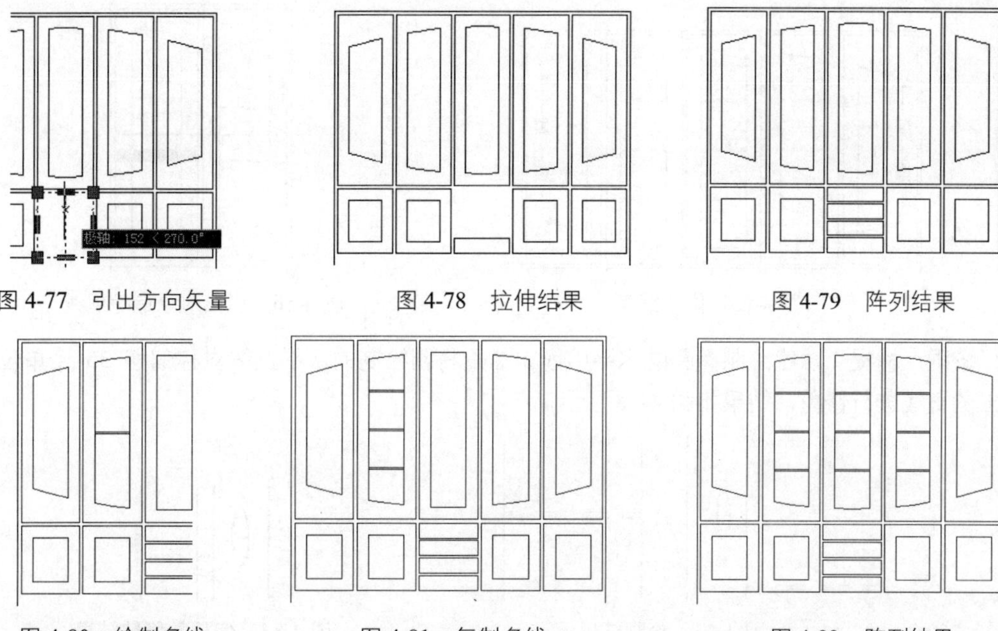

图 4-77　引出方向矢量　　图 4-78　拉伸结果　　图 4-79　阵列结果

图 4-80　绘制多线　　图 4-81　复制多线　　图 4-82　阵列结果

15 将当前点样式设置为“⊠”，然后执行“定数等分”命令，将两侧的门扇边框等分为三份，如图 4-83 所示。

16 使用快捷键“ML”激活“多线”命令，配合“节点捕捉“功能绘制如图 4-84 所示的横向支撑，多线比例为 10、对正方式为“无”。

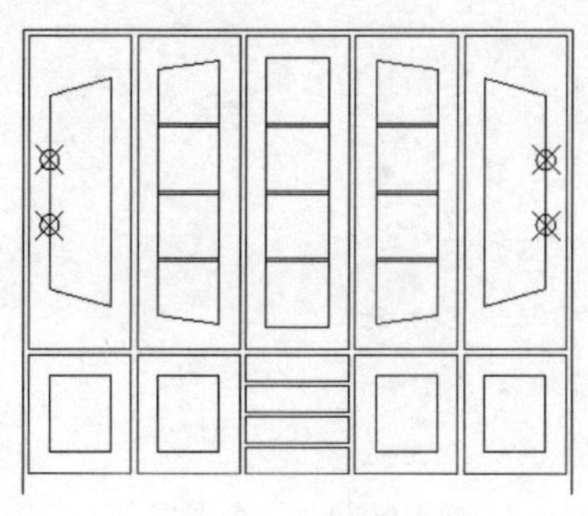

图 4-83　定数等分

图 4-84　绘制结果

17 使用快捷键“LT”激活“线型”命令，加载 DASHED2 线型，并设置线型比例为 10。

18 使用快捷键“X”激活“分解”命令，将所有的横向支撑分解，然后修改线型为 DASHED2 线型，结果如图 4-85 所示。

19 删除节点。然后单击“常用”选项卡→“绘图”面板→“椭圆”按钮，绘制门扇的拉手。命令行提示如下：

```
命令: _ellipse
指定椭圆的轴端点或 [圆弧(A)/中心点(C)]:    //c Enter
指定椭圆的中心点:        //向右引出如图 4-86 所示的对象追踪虚线，输入 50 Enter
```

```
指定轴的端点:                  //@0,50 Enter
指定另一条半轴长度或 [旋转(R)]:  //15 Enter，绘制结果如图 4-87 所示
```

图 4-85 修改线型

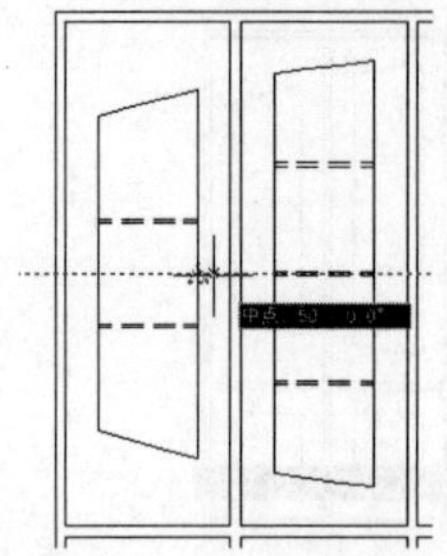

图 4-86 引出对象追踪虚线

20 配合“象限点捕捉”功能绘制椭圆的水平中线。然后将刚绘制的水平直线对称偏移 35 个单位，并对偏移出的直线进行修剪，结果如图 4-88 所示。

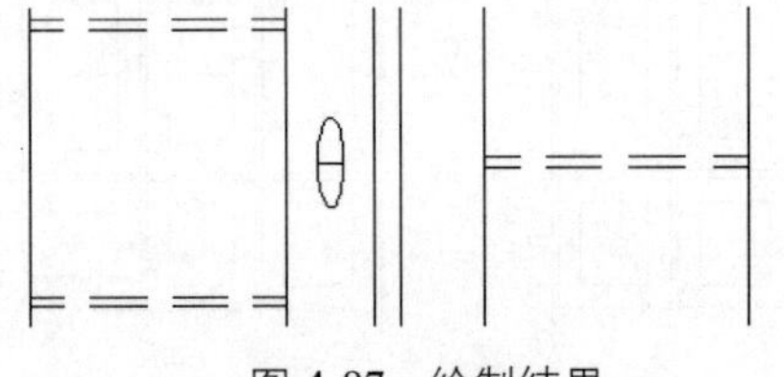

图 4-87 绘制结果

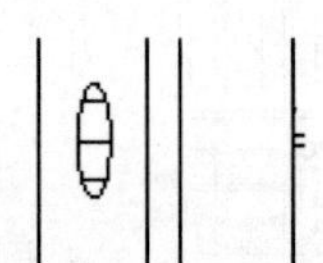

图 4-88 偏移并修剪结果

21 单击“常用”选项卡→“修改”面板→“复制”按钮，配合“坐标输入功能”对椭圆形把手进行复制。命令行操作如下：

```
命令: _copy
选择对象:                                   //框选刚绘制椭圆形把手
选择对象:                                   // Enter
当前设置: 复制模式 = 多个
指定基点或 [位移(D)/模式(O)] <位移>:          //拾取任一点
指定第二个点或 [阵列(A)]<使用第一个点作为位移>:  //@130,0 Enter
指定第二个点或 [阵列(A)/退出(E)/放弃(U)] <退出>:  //@1060,0 Enter
指定第二个点或 [阵列(A)/退出(E)/放弃(U)] <退出>:  //@1590,0 Enter
指定第二个点或 [阵列(A)/退出(E)/放弃(U)] <退出>:  //@1720,0 Enter
指定第二个点或 [阵列(A)/退出(E)/放弃(U)] <退出>:  // Enter，结果如图 4-89 所示
```

图 4-89 复制结果

22 单击“常用”选项卡→“修改”面板→“旋转”按钮，对椭圆形把手进行旋转并复制。命令行操作如下。

```
命令: _rotate
UCS 当前的正角方向:  ANGDIR=逆时针  ANGBASE=0.0
选择对象:       //拉出如图 4-90 所示的窗口选择框
选择对象:       // Enter
指定基点:       //拾取任一点
指定旋转角度，或 [复制(C)/参照(R)] <0.0>:  //c Enter 旋转一组选定对象。
指定旋转角度，或 [复制(C)/参照(R)] <0.0>:  //90 Enter，结果如图 4-91 所示
```

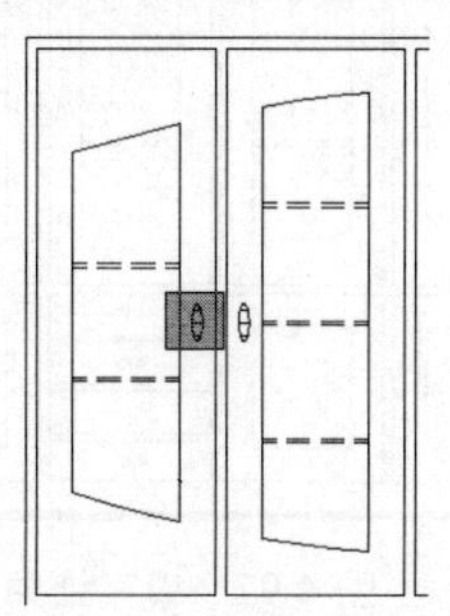

图 4-90　窗口选择

图 4-91　旋转并复制结果

23 使用快捷键“M”激活“移动”命令，配合“中点捕捉”和“对象追踪”功能将旋转复制出的把手进行位移，基点为椭圆中心点，目标点为图 4-92 所示的追踪虚线的交点。位移结果如图 4-93 所示。

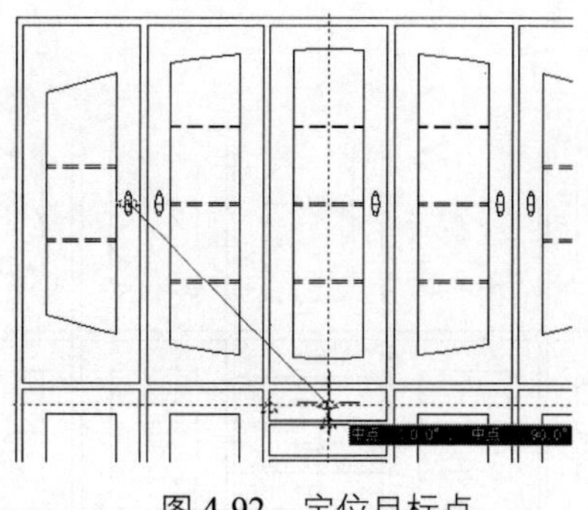

图 4-92　定位目标点

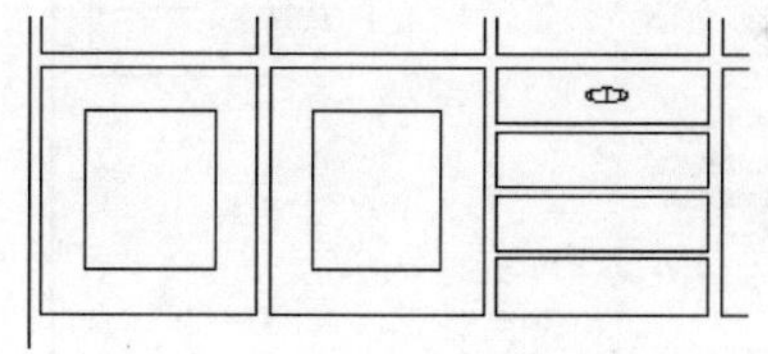

图 4-93　位移结果

24 使用快捷键“AR”激活“阵列”命令，将位移出的把手阵列 4 份，行偏移为-145，阵列结果如图 4-94 所示。

25 使用快捷键“PL”激活“多段线”命令，设置线宽为 15，分别连外边框的左、右侧下部端点，绘制如图 4-95 所示的地坪示意线。

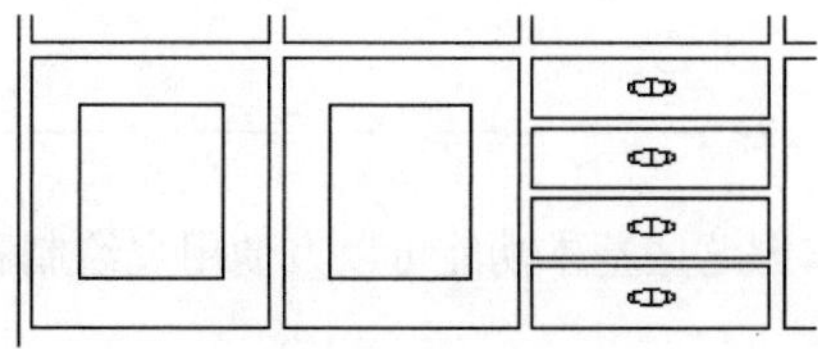

图 4-94　阵列结果

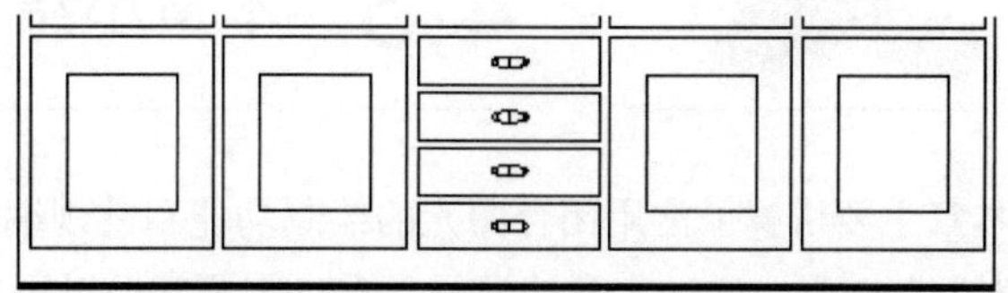

图 4-95　绘制结果

26 使用快捷键“H”激活“图案填充”命令，设置填充图案和填充参数如图 4-96 所示。为立面图填充如图 4-97 所示的图案。

27 重复执行“图案填充”命令，设置填充图案和填充参数如图 4-98 所示。为立面图填充如图 4-99 所示的图案。

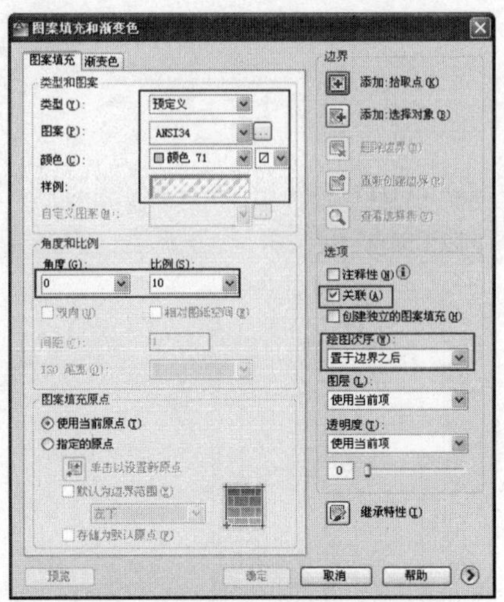

图 4-96 设置填充图案与参数

图 4-97 填充结果

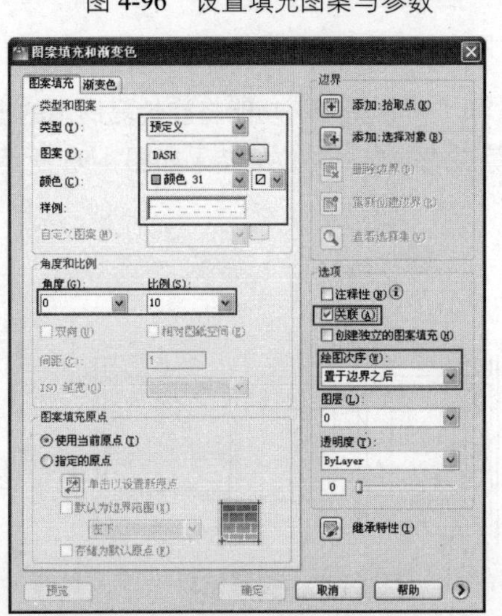

图 4-98 设置填充图案与参数

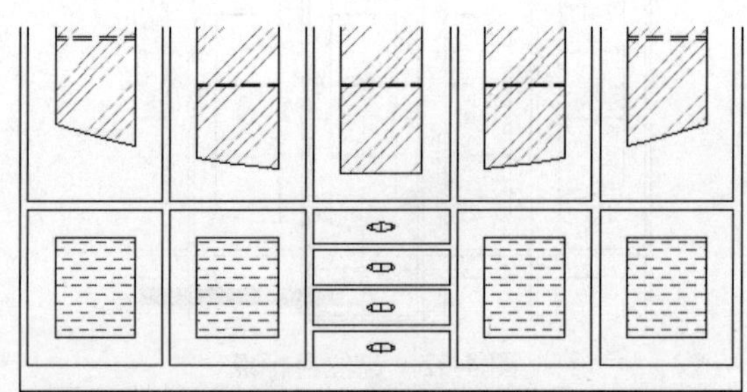

图 4-99 填充结果

28 最后执行“保存”命令，将图形命名保存为“组合立面柜.dwg”。

4.8 本章小结

本章主要讲解了常用闭合图元的绘制功能和常规编辑功能，掌握这些基本功能可以方便用户绘制和组合较为复杂图形。通过本章的学习，重点需要掌握以下知识：

（1）在绘制矩形时不但要掌握三种绘制方法，还要掌握具有圆角矩形、倒角矩形、宽度矩形等特征矩形的绘制技能；

（2）在绘制正多边形时具体要掌握内接于圆、外切于圆和边三种绘制方式；

（3）在绘制圆与椭圆时，要掌握定点画圆、定距画圆和相切圆的绘制技巧；还要掌握轴端点和中心点两种绘制椭圆的方法；

（4）在修改图形时，重点要掌握角度旋转、参照旋转、旋转复制、等比缩放、缩放复制、参照缩放技能，以及图线的拉伸、拉长、打断和合并技能；

（5）掌握复合图形的创建功能，包括复制、矩形阵列、环形阵列、路径阵列等；

（6）要掌握边界和面域的创建技能和图案的填充方法、填充边界的拾取方式等。

第5章 图形的组合、管理与引用

通过前几章的学习，读者基本具备了图样的设计能力和绘图能力，为了方便读者能够快速、高效地绘制设计图样，还需要了解和掌握一些高级制图工具。为此，本章将集中讲述 AutoCAD 的高级制图工具，灵活掌握这些工具，能使读者更加方便地对图形资源进行综合组织、管理、共享和完善等。

知识要点

- 图层与图层特性
- 设计中心
- 工具选项板
- 案例——绘制小户型家具布置图
- 定义与编辑图块
- 定义与编辑属性
- 特性与快速选择
- 案例——标注小别墅立面标高

5.1 图层与图层特性

图层的概念比较抽象，可以将其比作透明的电子纸，在每张透明电子纸上可以绘制不同线型、线宽、颜色等的图形，最后将这些电子纸叠加起来，即可得到完整的图样。使用“图层”命令可以控制每张电子纸的线型、颜色等特性和显示状态，以方便用户对图形资源进行管理、规划和控制等。执行“图层”命令主要有以下几种方式：

- 单击“常用”选项卡→“图层”面板→“图层特性”按钮
- 选择菜单栏中的“格式”→“图层”命令
- 单击“图层”工具栏→“图层”按钮
- 在命令行中输入“Layer”后按 Enter 键
- 使用快捷键 LA

5.1.1　设置图层

默认设置下，系统为用户提供了一个 0 图层。如果需要设置其他图层，可以按以下步骤进行设置：

01 单击“常用”选项卡→“图层”面板→“图层特性”按钮，打开如图 5-1 所示的“图层特性管理器”对话框。

02 单击“图层特性管理器”对话框中的按钮，新图层将以临时名称“图层 1”显示在列表中，如图 5-2 所示。

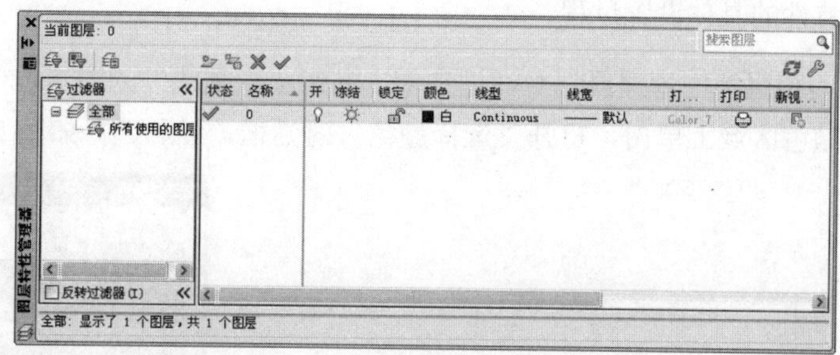

图 5-1　“图层特性管理器”对话框

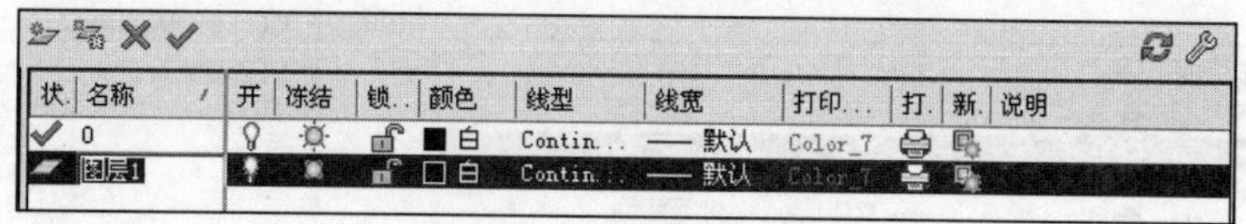

图 5-2　新建图层

03 用户可在反白显示的“图层 1”区域输入新图层的名称，如图 5-3 所示。创建第一个新图层。

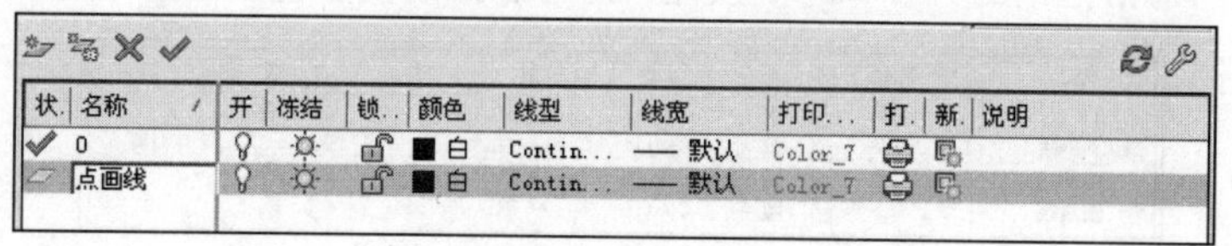

图 5-3　输入图层名

小提示

图层名最长可达 255 个字符，可以是数字、字母或其他字符；图层名中不允许含有大于号（>）、小于号（<）、斜杠（/）、反斜杠（\）及标点符号等。另外，为图层命名时，必须确保图层名的唯一性。

04 按组合键 Alt+N，或再次单击按钮，创建另外两个图层，结果如图 5-4 所示。

状.	名称	开	冻结	锁..	颜色	线型	线宽	打印...	打.	新.	说明
✓	0				白	Contin...	—— 默认	Color_7			
	点画线				白	Contin...	—— 默认	Color_7			
	轮廓线				白	Contin...	—— 默认	Color_7			
	细实线				白	Contin...	—— 默认	Color_7			

图 5-4　设置新图层

如果在创建新图层时选择了一个现有图层，或者为新建图层指定了图层特性，那么以下创建的新图层将继承先前图层的一切特性（如颜色、线型等）。

5.1.2 设置图层颜色

本节学习图层颜色特性的具体设置过程。

01 继续上节操作。在“图层特性管理器”对话框中单击名为“点画线”的图层，使其处于激活状态。

02 在如图 5-5 所示的颜色区域上单击，打开“选择颜色”对话框，然后选择如图 5-6 所示的颜色。

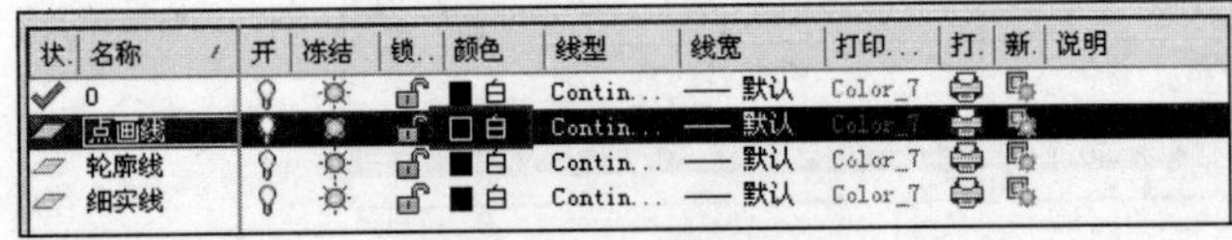

图 5-5 修改图层颜色

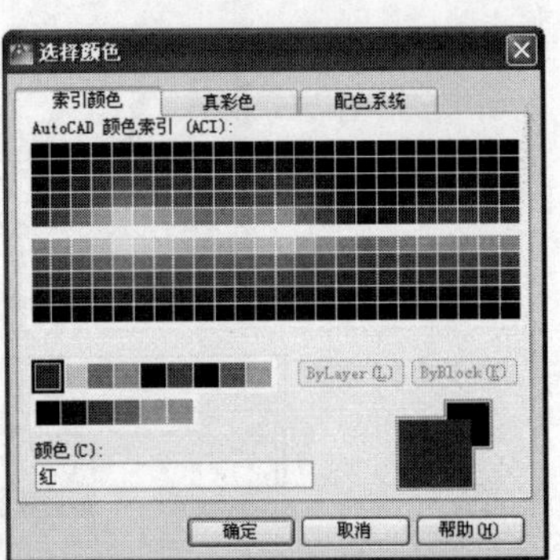

图 5-6 “选择颜色”对话框

03 单击“选择颜色”对话框中的 确定 按钮，即可将图层的颜色设置为红色，结果如图 5-7 所示。

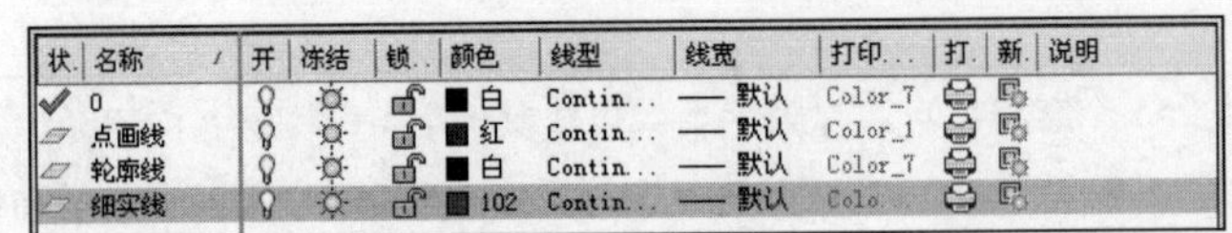

图 5-7 设置颜色后的图层

04 参照上述操作，将“细实线”图层的颜色设置为 102 号色，结果如图 5-8 所示。

状.	名称	开	冻结	锁..	颜色	线型	线宽	打印...	打.	新.	说明
✓	0				白	Contin...	—— 默认	Color_7			
	点画线				红	Contin...	—— 默认	Color_1			
	轮廓线				白	Contin...	—— 默认	Color_7			
	细实线				102	Contin...	—— 默认	Colo...			

图 5-8 设置结果

AutoCAD 小提示

用户也可以单击对话框中的“真彩色”和“配色系统”两个选项卡，如图 5-9 和图 5-10 所示，进行定义自己需要的颜色。

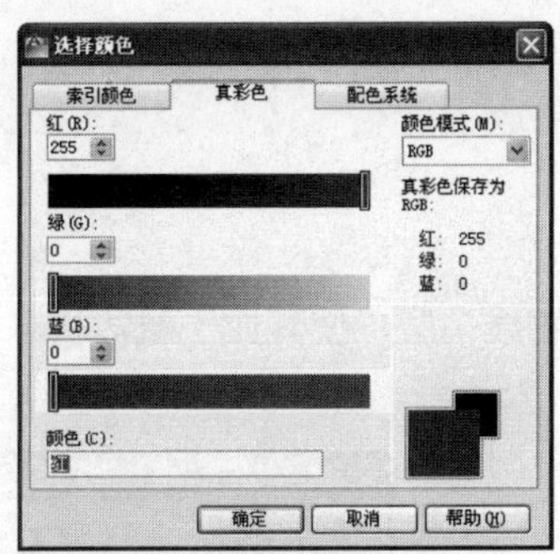

图 5-9 “真彩色”选项卡

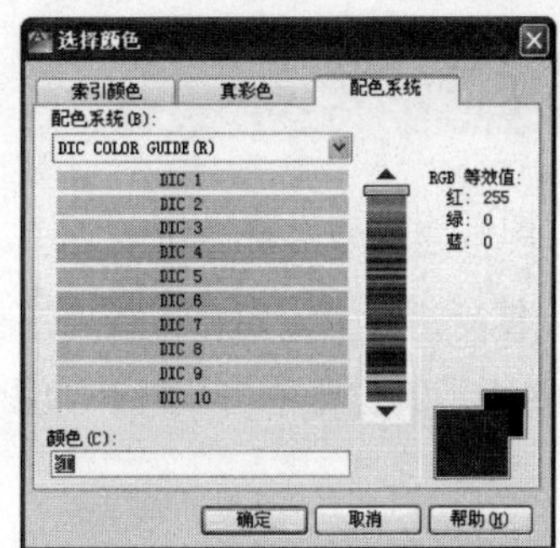

图 5-10 “配色系统”选项卡

5.1.3 设置图层线型

在默认设置时，系统为用户提供一种“Continuous”线型，用户如果需要使用其他的线型，必须进行加载。本节主要学习图层线型的加载和设置过程。

01 继续上节操作。在“图层特性管理器”对话框中单击“点画线”层，使其处于激活状态。

02 在如图 5-11 所示的图层位置上单击左键，打开“选择线型”对话框。

03 在“选择线型”对话框中单击 加载(L)... 按钮，打开“加载或重载线型”对话框，选择“ACAD ISO04W100”线型，如图 5-12 所示。

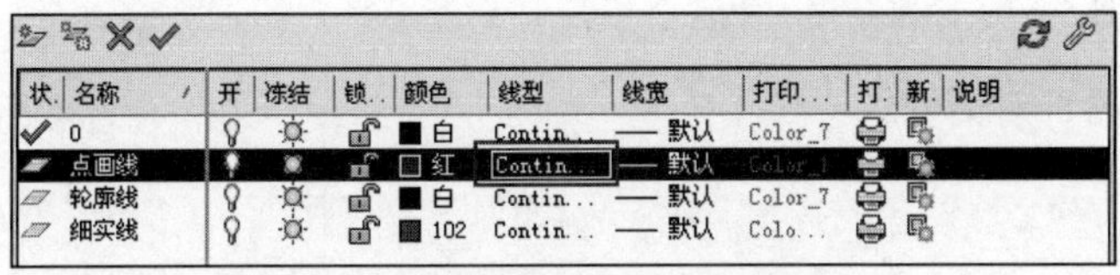

图 5-11 指定单击位置

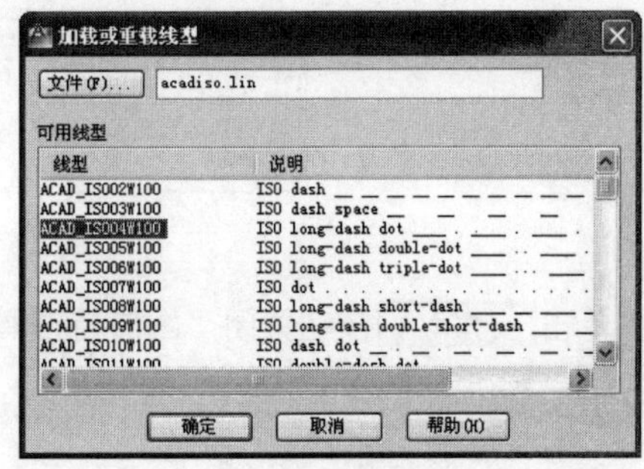

图 5-12 “加载或重载线型”对话框

04 单击 确定 按钮，线型被加载，如图 5-13 所示。

05 选择刚加载的线型并单击 确定 按钮，即将此线型附加给当前被选择的图层，结果如图 5-14 所示。

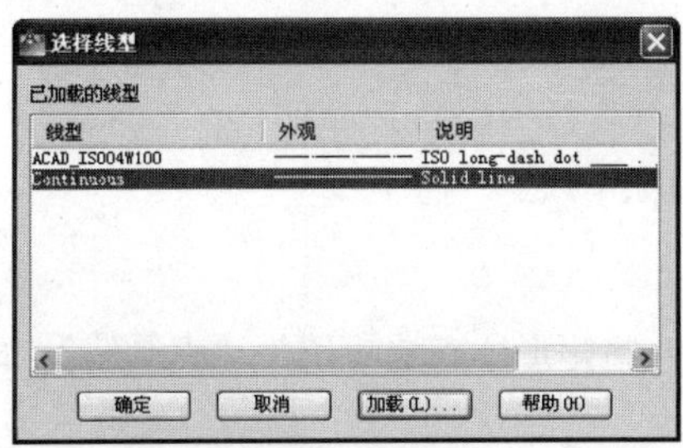

图 5-13 加载线型

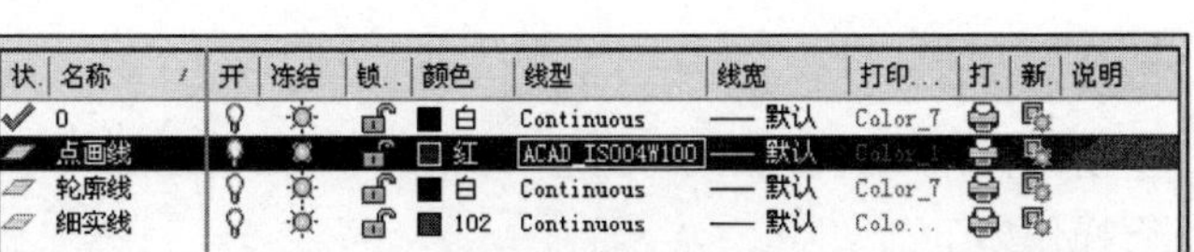

图 5-14 设置线型

5.1.4 设置图层线宽

本节学习图层线宽的设置操作。

01 继续上例操作。在“图层特性管理器”对话框中单击“轮廓线”层，使其处于激活状态。

02 在图 5-15 所示的位置单击，打开如图 5-16 所示的“线宽”对话框。

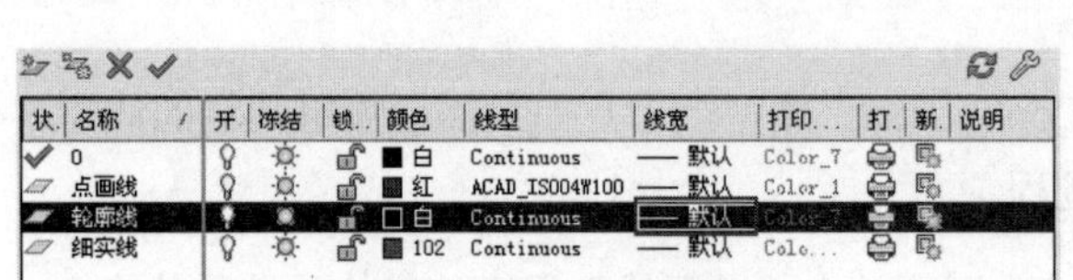

状. 名称 开 冻结 锁.. 颜色 线型 线宽 打印... 打. 新. 说明
0 白 Continuous 默认 Color_7
点画线 红 ACAD_ISO04W100 默认 Color_1
轮廓线 白 Continuous 默认 Color_7
细实线 102 Continuous 默认 Colo...

图 5-15 修改层的线宽

线宽
线宽:
默认
0.00 mm
0.05 mm
0.09 mm
0.13 mm
0.15 mm
0.18 mm
0.20 mm
0.25 mm
0.30 mm
旧的: 默认
新的: 默认
确定
取消
帮助(H)

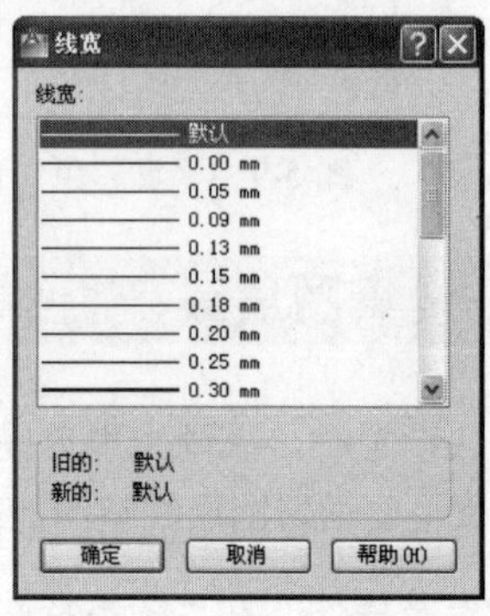

图 5-16 “线宽”对话框

03 在“线宽”对话框中选择“0.30mm”线宽，然后单击 确定 按钮返回“图层特性管理器”对话框。结果“轮廓线”图层的线宽被设置为“0.30mm”，如图 5-17 所示。

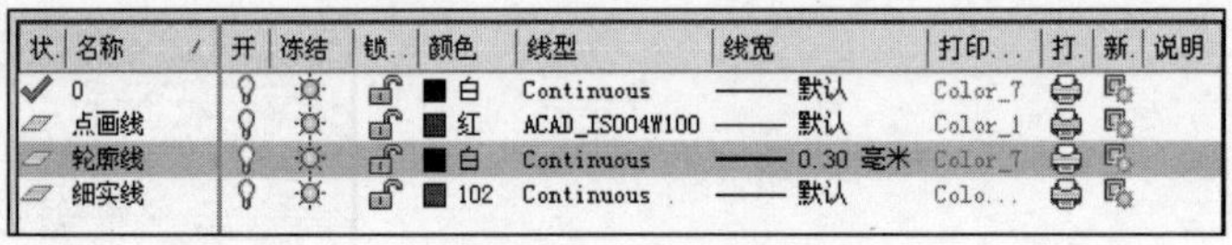

状. 名称 开 冻结 锁.. 颜色 线型 线宽 打印... 打. 新. 说明
0 白 Continuous 默认 Color_7
点画线 红 ACAD_ISO04W100 默认 Color_1
轮廓线 白 Continuous 0.30 毫米 Color_7
细实线 102 Continuous 默认 Colo...

图 5-17 设置结果

04 单击 确定 按钮关闭“图层特性管理器”对话框。

5.1.5 图层的匹配

“图层匹配”命令用于将选定对象的图层更改为目标图层上。执行此命令主要有以下几种方式：

- 单击“常用”选项卡→“图层”面板→“图层匹配”按钮
- 选择菜单栏中的“格式”→“图层工具”→“图层匹配”命令
- 单击“图层Ⅱ”工具栏→“图层匹配”按钮
- 在命令行中输入“Laymch”后按 Enter 键

下面学习“图层匹配”命令的使用方法和技巧，具体操作步骤如下：

01 继续上节操作。在 0 图层上绘制一个矩形，如图 5-18 所示。

02 单击“常用”选项卡→“图层”面板→“图层匹配”按钮，将矩形所在层更改为“点画线”。命令行操作如下：

```
命令: _laymch
选择要更改的对象:                    //选择矩形
```

```
选择对象:                                    // Enter，结束选择
选择目标图层上的对象或 [名称(N)]:        //n Enter，打开如图 5-19 所示的“更改到图层“对话框，然后双击“点画线”。
一个对象已更改到图层“点画线”上
```

03 图层更改后的显示效果如图 5-20 所示。

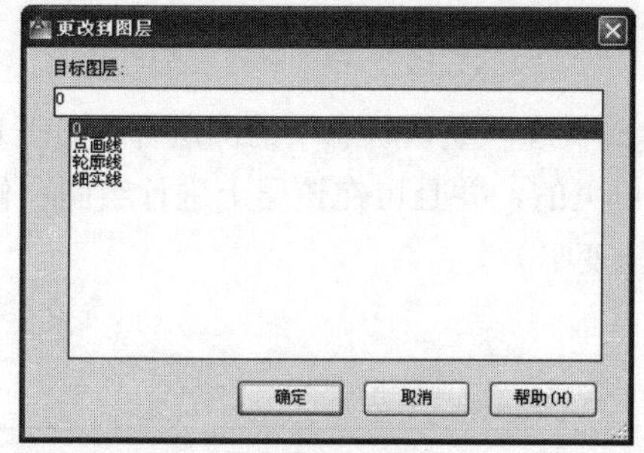

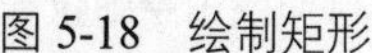

图 5-18　绘制矩形

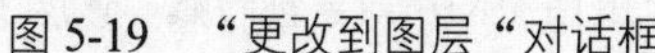

图 5-19　“更改到图层“对话框

图 5-20　图层更改后的效果

如果单击“更改为当前图层“按钮，可以将选定对象的图层更改为当前图层；如果单击“将对象复制到新图层”按钮，可以将选定的对象复制到其他图层。

5.1.6　图层的隔离

“图层隔离”命令用于将选定对象图层之外的所有图层都锁定，达到隔离图层的目的。执行此命令主要有以下几种方式：

- 单击“常用”选项卡→“图层”面板→“隔离”按钮
- 选择菜单栏中的“格式”→“图层工具”→“图层隔离”命令
- 单击“图层Ⅱ”工具栏→“图层隔离”按钮
- 在命令行中输入“Layiso”后按 Enter 键

激活“图层隔离”命令后，其命令行操作如下：

```
命令: _layiso
当前设置: 锁定图层, Fade=50
选择要隔离的图层上的对象或 [设置(S)]: //选择所需图形
选择要隔离的图层上的对象或 [设置(S)]:
//Enter，结果除所选图形所在层外的所有图层均被锁定
```

单击“取消图层隔离”按钮，或者在命令行输入 Layuniso，都可以取消图层的隔离，将被锁定的图层解锁。

5.1.7 图层的控制

为了方便对图形进行规划和状态控制，AutoCAD 为用户提供了几种状态控制功能，具体有开关、冻结与解冻、锁定与解锁等，如图 5-21 所示。

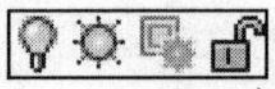

图 5-21 状态控制图标

1. 开关控制功能

按钮用于控制图层的开关状态。默认状态下的图层都为打开的图层，按钮显示为。当按钮显示为时，位于图层上的对象都是可见的，并且可在该层上进行绘图和修改操作；在按钮上单击左键，即可关闭该图层，按钮显示为（按钮变暗）。

图层被关闭后，位于图层上的所有图形对象被隐藏，该层上的图形也不能被打印或由绘图仪输出，但重新生成图形时，图层上的实体仍将重新生成。

2. 冻结与解冻

/ 按钮用于在所有视图窗口中冻结或解冻图层。默认状态下图层是被解冻的，按钮显示为；在该按钮上单击左键，按钮显示为，位于该层上的内容不能在屏幕上显示或由绘图仪输出，不能进行重生成、消隐、渲染和打印等操作。

关闭与冻结的图层都是不可见和不可以输出的。但被冻结图层不参加运算处理，可以加快视窗缩放、视窗平移和许多其他操作的处理速度，增强对象选择的性能并减少复杂图形的重生成时间。建议冻结长时间不用看到的图层。

3. 在视口中冻结

按钮用于冻结或解冻当前视口中的图形对象，不过它在模型空间内是不可用的，只能在图纸空间内使用此功能。

4. 锁定与解锁

/按钮用于锁定图层或解锁图层。默认状态下图层是解锁的，按钮显示为，在此按钮上单击，图层被锁定，按钮显示为，用户只能观察该层上的图形，不能对其编辑和修改，但该层上的图形仍可以显示和输出。

5. 状态控制功能的启动

状态控制功能的启动，主要有以下两种方式：

- 在“图层”工具栏或面板中展开“图层控制”列表，然后单击各图层左端的状态控制按钮。

- 在“图层特性管理器”对话框中选择图层后，单击相应控制按钮。

5.2 设计中心

“设计中心”命令与 Windows 的资源管理器界面功能相似，其窗口如图 5-22 所示。此命令主要用于对 AutoCAD 的图形资源进行管理、查看与共享等，是一个直观、高效的制图工具。执行“设计中心”命令主要有以下几种方式：

- 单击“视图”选项卡→“选项板”面板→“设计中心”按钮
- 选择菜单栏中的“工具”→“选项板”→“设计中心”命令
- 单击“标准”工具栏→“设计中心”按钮
- 在命令行中输入“Adcenter”后按 Enter 键
- 使用快捷键 ADC
- 按组合键 Ctrl+2

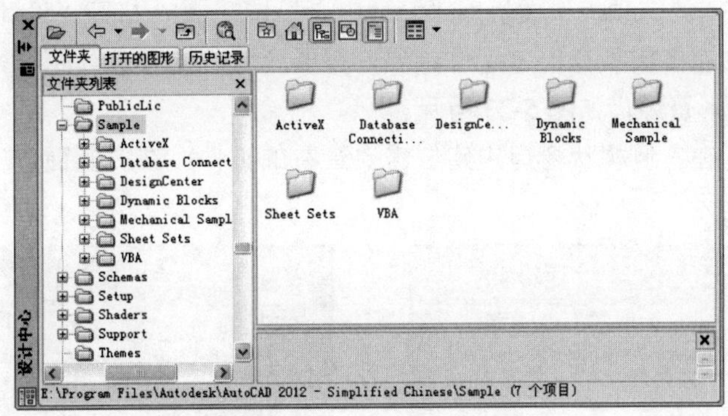

图 5-22　“设计中心”窗口

在“设计中心”窗口中共包括“文件夹”、“打开的图形”、“历史记录”3 个选项卡，分别用于显示计算机和网络驱动器上的文件与文件夹的层次结构、打开图形的列表、自定义内容等，具体如下：

- 在“文件夹”选项卡中，左侧为“树状管理视窗”，用于显示计算机或网络驱动器中文件和文件夹的层次关系；右侧为“控制面板”，用于显示在左侧树状视窗中选定文件的内容。
- “打开的图形”选项卡用于显示 AutoCAD 任务中当前所有打开的图形，包括最小化的图形。
- “历史记录”选项卡用于显示最近在设计中心打开的文件的列表。它可以显示“浏览 Web”对话框最近连接过的 20 条地址的记录。

“设计中心”窗口中各按钮含义如下：

- 单击“加载”按钮，将打开“加载”对话框，以方便浏览本地和网络驱动器或 Web 上的文件，然后选择内容加载到内容区域。
- 单击“上一级”按钮，将显示活动容器的上一级容器的内容。容器可以是文件夹也可以是一个图形文件。

- 单击“搜索”按钮，可打开“搜索”对话框，用于指定搜索条件，查找图形、块及图形中的非图形对象，如线型、图层等。还可以将搜索到的对象添加到当前文件中，为当前图形文件所使用。
- 单击“收藏夹”按钮，将在设计中心右侧窗口中显示“Autodesk Favorites”文件夹内容。
- 单击“主页”按钮，系统将设计中心返回到默认文件夹。安装时，默认文件夹被设置为 ...\Sample\DesignCenter。
- 单击“树状图切换”按钮，设计中心左侧将显示或隐藏树状管理视窗。如果在绘图区域中需要更多空间，可以单击该按钮隐藏树状管理视窗。
- “预览”按钮用于显示和隐藏图像的预览框。当预览框被打开时，在上部的面板中选择一个项目，则在预览框内将显示出该项目的预览图像。如果选定项目没有保存的预览图像，则该预览框为空。
- “说明”按钮用于显示和隐藏选定项目的文字信息。

5.2.1 查看图形资源

通过“设计中心”窗口，不但可以方便查看本机或网络机上的 AutoCAD 资源，还可以单独将选择的 CAD 文件进行打开。

01 单击“视图”选项卡→“选项板”面板→“设计中心”按钮，打开“设计中心”窗口。

02 查看文件夹资源。在左侧树状窗口中定位并展开需要查看的文件夹，那么，在右侧窗口中即可查看该文件夹中的所有图形资源，如图 5-23 所示。

03 查看文件内部资源。在左侧树状窗口中定位需要查看的文件，在右侧窗口中即可显示文件内部的所有资源，如图 5-24 所示。

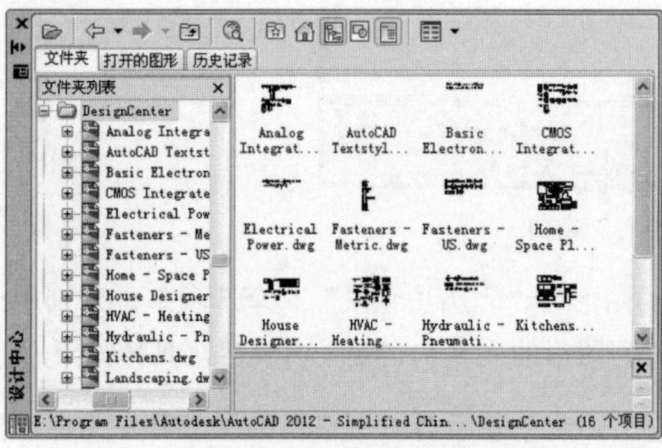

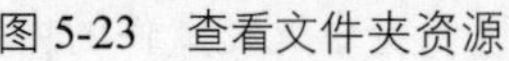
图 5-23　查看文件夹资源

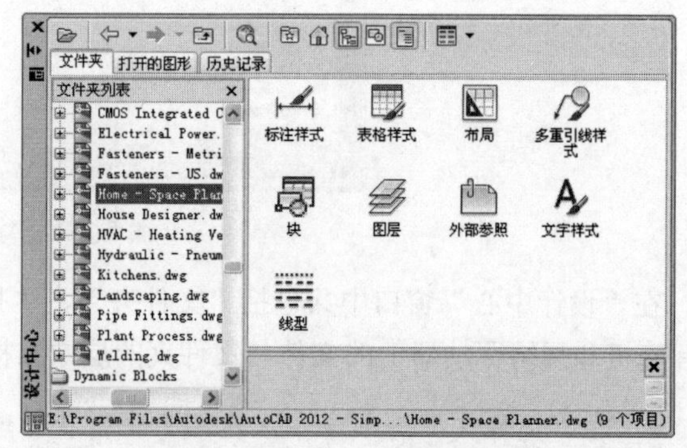

图 5-24　查看文件内部资源

04 如果用户需要进一步查看某一类内部资源，如文件内部的所有图块，可以在右侧窗口中双击块的图标，即可显示出所有的图块，如图 5-25 所示。

05 打开 CAD 文件。如果用户需要打开某 CAD 文件，可以在该文件图标上单击鼠标右键，然后选择右键快捷菜单上的“在应用程序窗口中打开”选项，即可打开此文件，如图 5-26 所示。

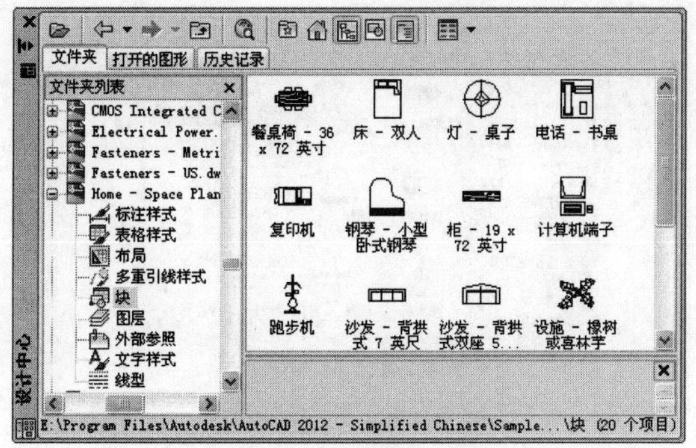
图 5-25　查看块资源

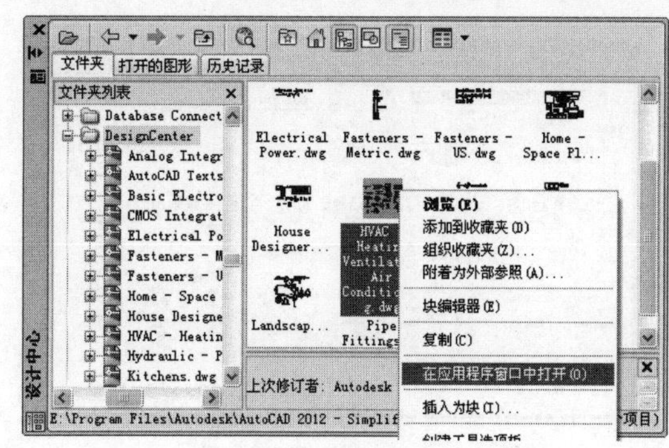
图 5-26　图标右键菜单

5.2.2　共享图形资源

用户不但可以随意查看本机上的所有设计资源，还可以将有用的图形资源及图形的一些内部资源应用到自己的图纸中。

01 继续上节操作，共享文件资源。在左侧树状窗口中查找并定位所需文件的上一级文件夹，然后在右侧窗口中定位所需文件。

02 在文件图标上单击鼠标右键，选择“插入为块”选项，如图 5-27 所示。

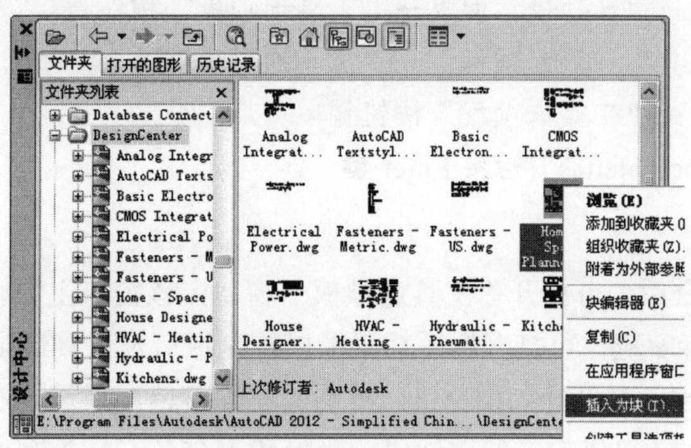
图 5-27　共享文件资源

03 此时打开如图 5-28 所示的“插入”对话框，根据实际需要设置参数，然后单击 确定 按钮，即可将选择的图形以块的形式共享到当前文件中。

04 共享文件内部资源。定位并打开所需文件的内部资源，如图 5-29 所示。

05 在设计中心右侧窗口中选择某一图块，单击鼠标右键，从打开的右键快捷菜单中选择“插入块”选项，即可将此图块插入到当前图形文件中。

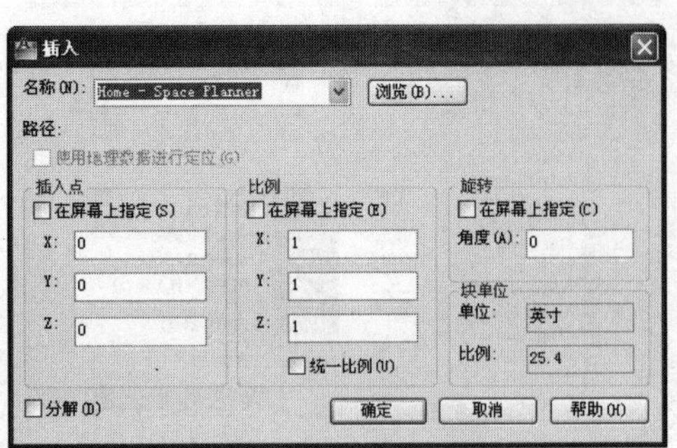

图 5-28 “插入”对话框

图 5-29 浏览图块资源

5.3 工具选项板

“工具选项板”命令用于组织、共享图形资源和高效执行命令等，其窗口包含一系列选项板，这些选项板以选项卡的形式分布在“工具选项板”窗口中，如图 5-30 所示。

执行“工具选项板”命令主要有以下几种方式：

- 单击“视图”选项卡→“选项板”面板→“工具选项板”按钮
- 选择菜单栏中的“工具”→“选项板”→“工具选项板”命令
- 单击“标准”工具栏→“工具选项板”按钮
- 在命令行中输入“Toolpalettes”后按 Enter 键
- 按组合键 Ctrl+3

执行“工具选项板”命令后，可打开“工具选项板”窗口，该窗口主要有各选项卡和标题栏两部分组成。在窗口标题栏上单击鼠标右键，可打开标题栏菜单以控制窗口及工具选项卡的显示状态等。

在选项板中单击鼠标右键，可打开如图 5-31 所示的右键菜单，通过此右键快捷菜单，也可以控制工具面板的显示状态、透明度。还可以很方便地创建、删除和重命名工具面板等。

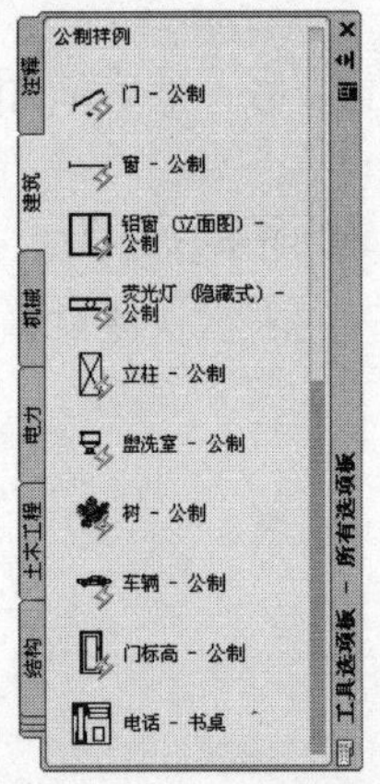

图 5-30 “工具选项板”窗口

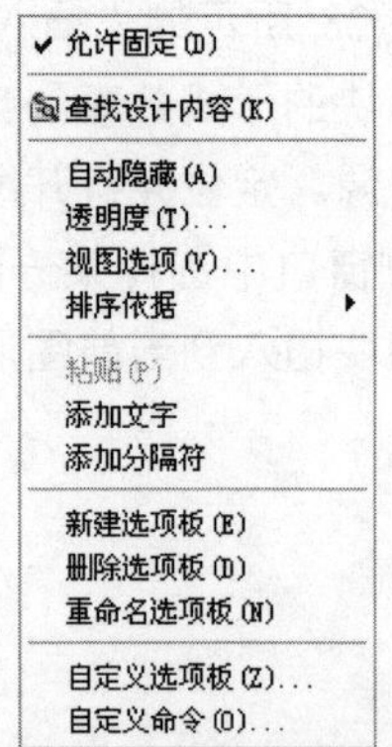

图 5-31 面板右键菜单

5.3.1　选项板定义

用户可以根据需要自定义选项板中的内容及创建新的工具选项板，下面将通过具体实例学习此功能。

01 单击“视图”选项卡→“选项板”面板→“工具选项板”按钮，打开“工具选项板”窗口。

02 定义选项板内容。在设计中心窗口中定位需要添加到选项板中的图形、图块或图案填充等内容，然后按住左键不放，将选择的内容直接拖到选项板中，即可添加这些项目，如图 5-32 所示。添加结果如图 5-33 所示。

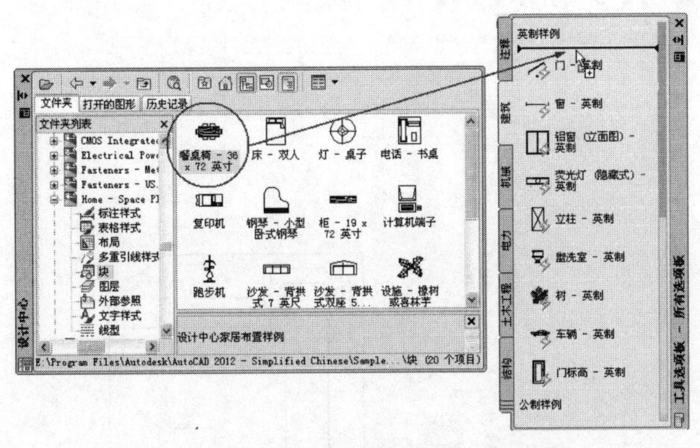

图 5-32　添选项板加内容

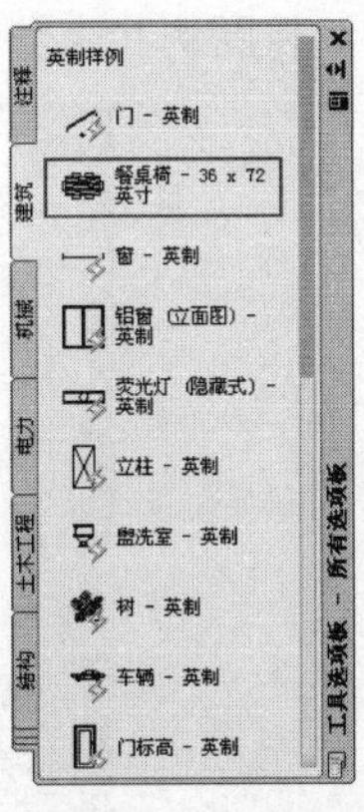

图 5-33　添加结果

03 定义选项板。在“设计中心”左侧窗口中选择文件夹，然后单击鼠标右键，选择如图 5-34 所示的“创建块的工具选项板”选项。

04 系统将此文件夹中的所有图形文件创建为新的工具选项板，选项板名称为文件的名称，如图 5-35 所示。

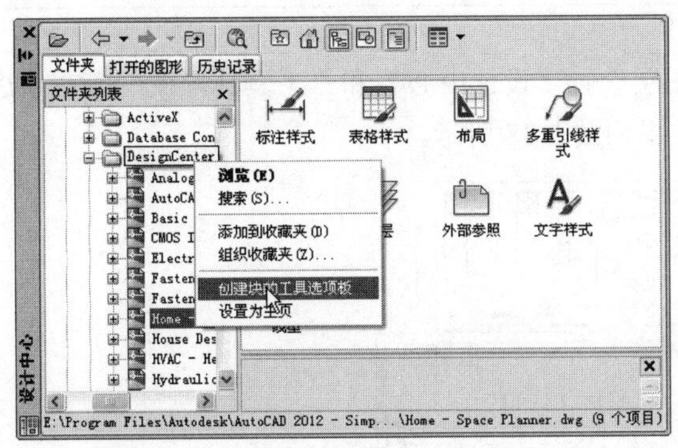

图 5-34　定位文件

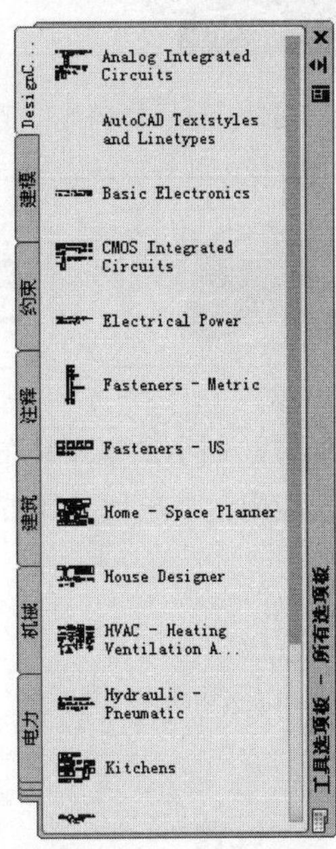

图 5-35　定义选项板

5.3.2 选项板的资源共享

下面通过向图形文件中插入图块及填充图案为例，学习“工具选项板”命令的使用方法和技巧。

01 新建文件。单击“视图”选项卡→“选项板”面板→“工具选项板”按钮，打开“工具选项板”窗口。

02 在“工具选项板”窗口中展开“建筑”选项卡，然后在所需图例上单击左键，如图 5-36 所示。

03 返回绘图区，在命令行“指定插入点或 [基点(B)/比例(S)/X/Y/Z/旋转(R)]：”提示下，在绘图区拾取一点，将图例共享到当前文件内，结果如图 5-37 所示。

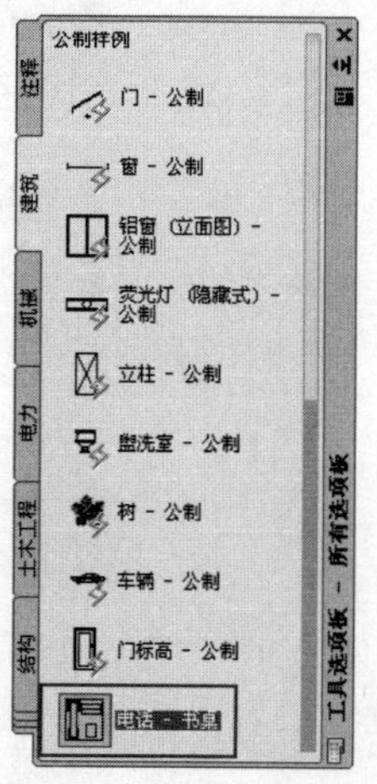

图 5-36 选择共享图块

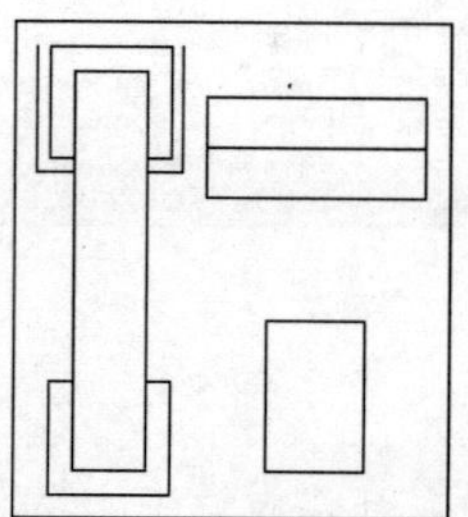

图 5-37 共享结果

另外，也可以将光标定位到所需图例上，然后按住鼠标不放，将其拖动到当前图形中。

5.4 案例——绘制小户型家具布置图

本例通过绘制小户型家具布置图，主要对“图层”、“设计中心”和“工具选项板”等命令进行综合练习和巩固应用。小户型家具布置图的最终绘制效果如图 5-38 所示。

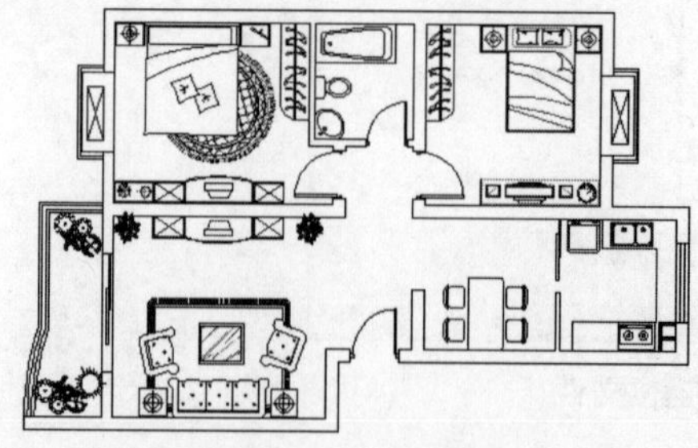

图 5-38 实例效果

01 执行“打开”命令，打开随书光盘中的“\实例源文件\小户型墙体图.dwg”，如图 5-39 所示。

02 使用快捷键“LA”激活“图层”命令，在打开的“图层特性管理器”对框中创建名为“图块层”的新图层，图层颜色为 52 号，并将此图层设置为当前图层，如图 5-40 所示。

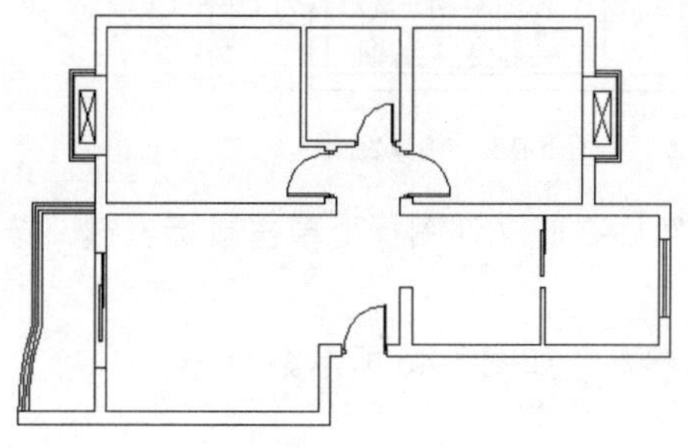

图 5-39　打开结果

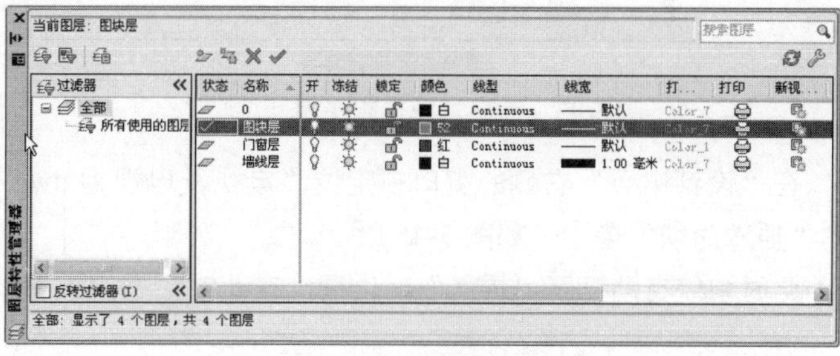

图 5-40　设置新图层

03 单击“视图”选项卡→“选项板”面板→“设计中心”按钮，打开“设计中心”窗口，定位随书光盘“图块文件”文件夹，如图 5-41 所示。

04 在右侧窗口中向下拖动滑块，然后在“沙发组合 03.dwg”文件图标上单击鼠标右键，选择“复制”选项，如图 5-42 所示。

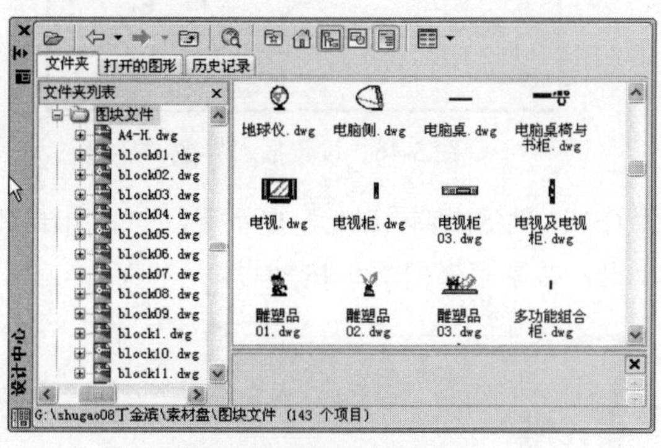

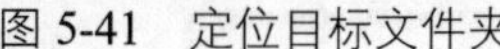

图 5-41　定位目标文件夹

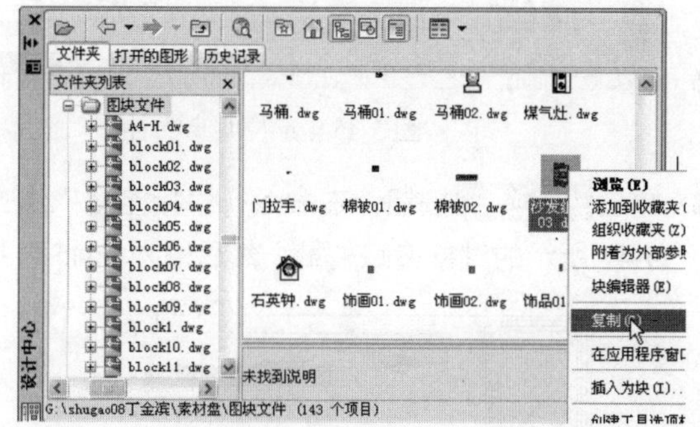

图 5-42　定位目标文件

05 返回绘图区单击鼠标右键，然后选择“粘贴”选项，将图形共享到当前文件内。命令行操作如下：

```
命令: _pasteclip
命令: _-INSERT 输入块名或 [?]: "E:\素材盘\图块文件\沙发组合 03.dwg"
指定插入点或 [基点(B)/比例(S)/X/Y/Z/旋转(R)]:          //r Enter
指定旋转角度 <0.00>:                                  //90 Enter
指定插入点或 [基点(B)/比例(S)/X/Y/Z/旋转(R)]:
        //向右引出如图 5-43 所示的对象追踪矢量，然后输入
2100 并按 Enter 键，定位插入点
输入 X 比例因子，指定对角点，或 [角点(C)/XYZ(XYZ)] <1>:   // Enter
输入 Y 比例因子或 <使用 X 比例因子>:         // Enter，共享结果如图 5-44 所示
```

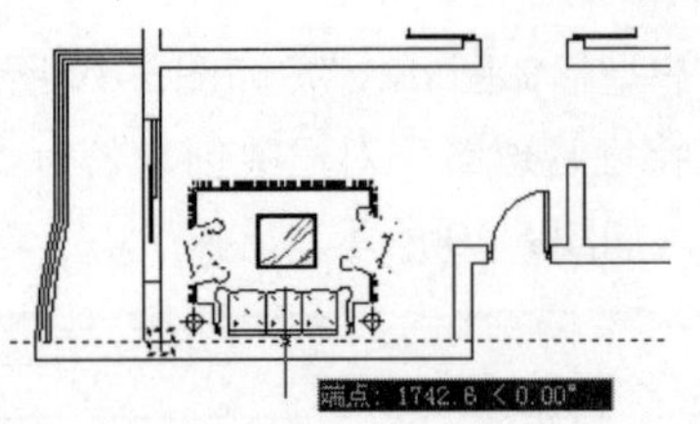
图 5-43　引出对象追踪矢量

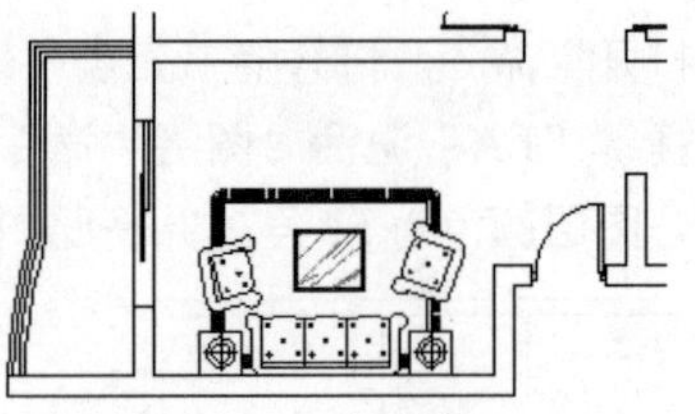
图 5-44　共享结果

06 在“设计中心”右侧的窗口中定位“电视及电视柜.dwg”，然后在此文件图标上单击鼠标右键，选择“插入为块”选项，如图 5-45 所示。

07 此时系统自动打开“插入”对话框，在此对话框内设置插入参数，如图 5-46 所示。

图 5-45　定位共享文件

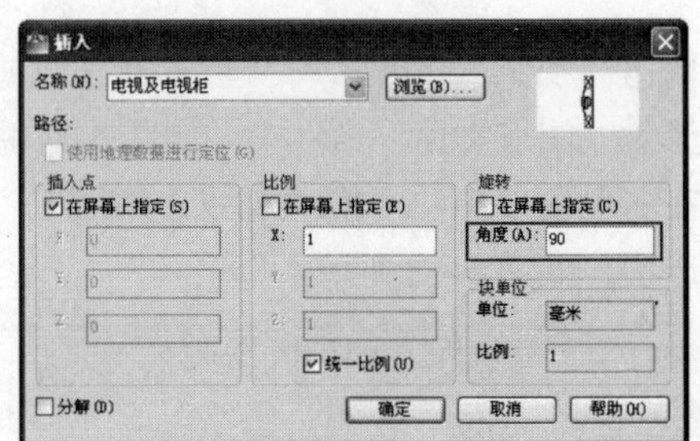
图 5-46　设置插入参数

08 单击 确定 按钮，在命令行“指定插入点或 [基点(B)/比例(S)/旋转(R)]：”提示下，向右引出如图 5-47 所示的对象追踪矢量。然后输入 2045 并按 Enter 键，共享结果如图 5-48 所示。

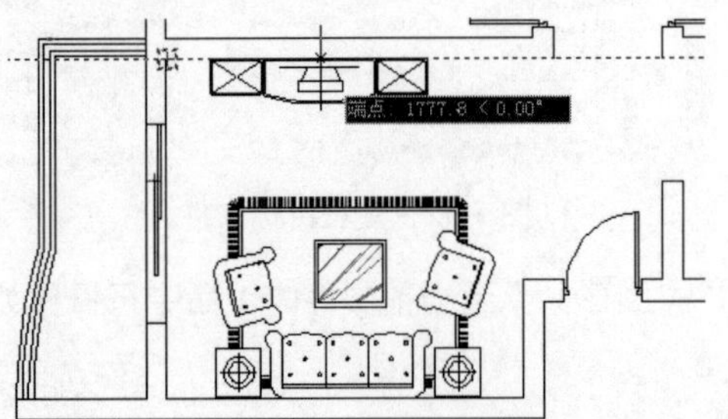
图 5-47　引出对象追踪矢量

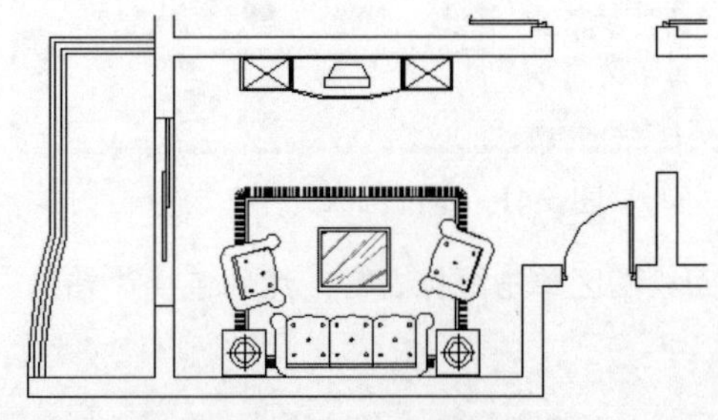
图 5-48　共享结果

09 单击“常用”选项卡→“修改”面板→“镜像”按钮，将“电视及电视柜”图块进行镜像。命令行操作如下：

```
命令: _mirror
选择对象:                    //选择刚插入的电视及电视柜图块
选择对象:                    // Enter
指定镜像线的第一点:          //激活“两点之间的中点”捕捉功能
_m2p 中点的第一点:           //捕捉如图 5-49 所示的端点
中点的第二点:                //捕捉如图 5-50 所示的端点
指定镜像线的第二点:          //@1,0 Enter
```

```
要删除源对象吗？[是(Y)/否(N)] <N>:   // Enter，镜像结果如图 5-51 所示
```

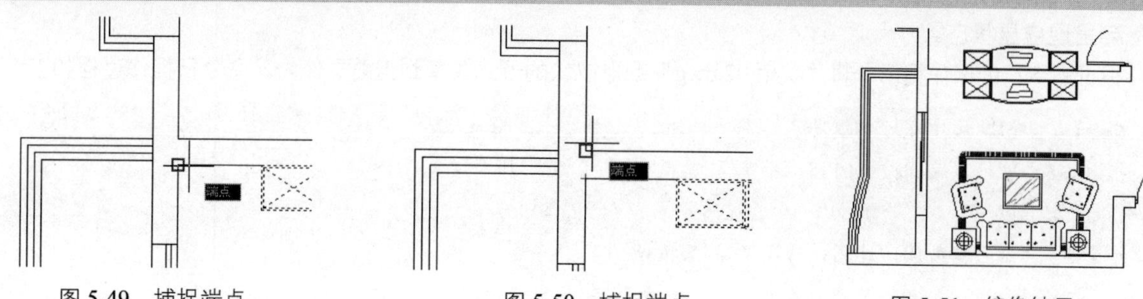

图 5-49　捕捉端点　　图 5-50　捕捉端点　　图 5-51　镜像结果

10 在“设计中心”左侧窗口中定位“图块文件”文件夹，然后在此文件夹上单击鼠标右键，选择“创建块的工具选项板”选项，如图 5-52 所示。

11 结果“图块文件”被创建为块的选项板，并自动打开“工具选项板”窗口，如图 5-53 所示。

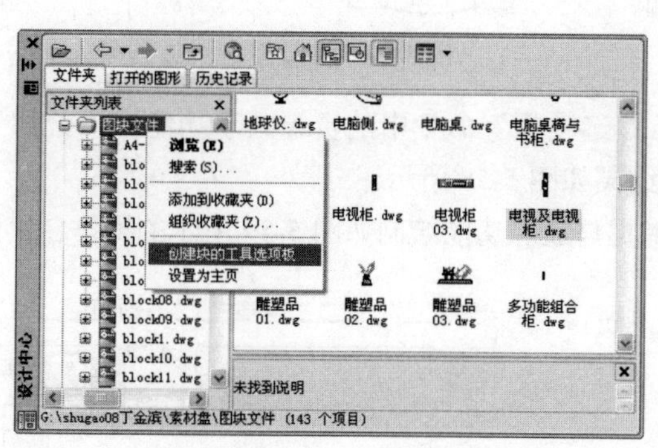

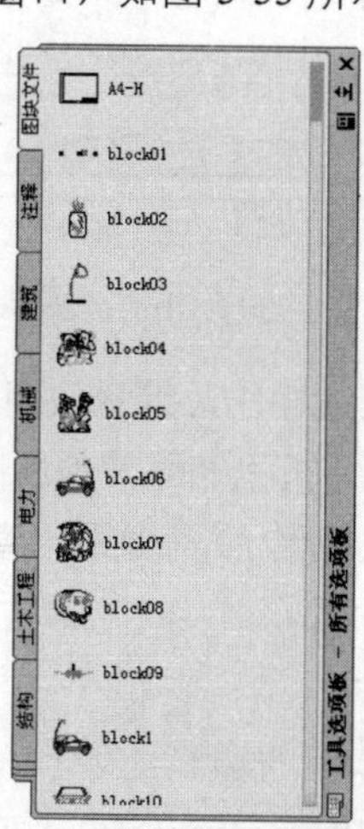

图 5-52　定位文件夹　　图 5-53　创建块的选项板

12 在“工具选项板”窗口中向下拖动滑块，定位“双人床 03.dwg”文件图标，如图 5-54 所示。

13 在“双人床 03.dwg”文件图标上按住鼠标不放，将其拖曳至绘图区，以块的形式共享此图形，结果如图 5-55 所示。

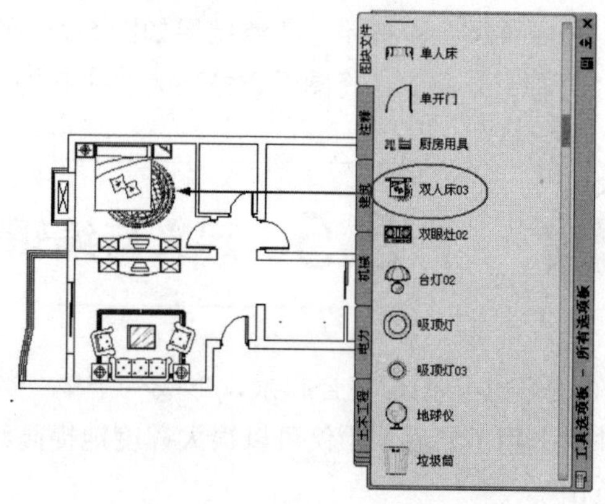

图 5-54　定位文件图标　　图 5-55　以“拖曳”方式共享

14 在“工具选项板”窗口中单击“衣柜 02.dwg”图标，然后将光标移至绘图区，此时被单击的图形将会呈现虚显状态。

15 根据命令行的操作提示，将“衣柜 02.dwg”图形以块的形式共享到当前文件内。命令行操作过程如下：

```
命令： 忽略块 尺寸箭头 的重复定义。
指定插入点或 [基点(B)/比例(S)/X/Y/Z/旋转(R)]:  //r Enter
指定旋转角度 <0>:                          //-90 Enter
指定插入点或 [基点(B)/比例(S)/X/Y/Z/旋转(R)]:
```

//捕捉如图 5-56 所示的端点，插入结果如图 5-57 所示

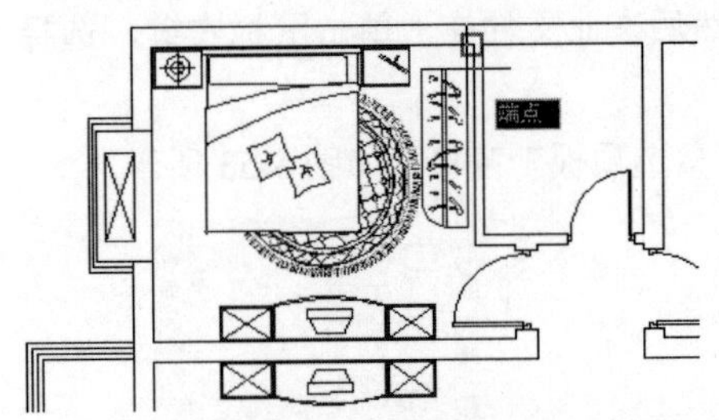

图 5-56　捕捉端点

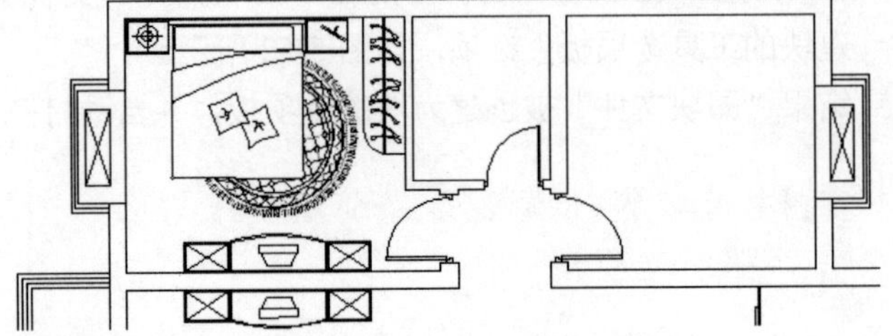

图 5-57　共享图形后的结果

16 参照上述操作，综合使用“设计中心”、“工具选项板”命令中的资源共享功能和“分解”、“删除”等命令，分别布置其他房间内的用具图块，结果如图 5-58 所示。

17 使用快捷键“L”激活“直线”命令，配合捕捉与追踪功能绘制如图 5-59 所示的操作台轮廓线。

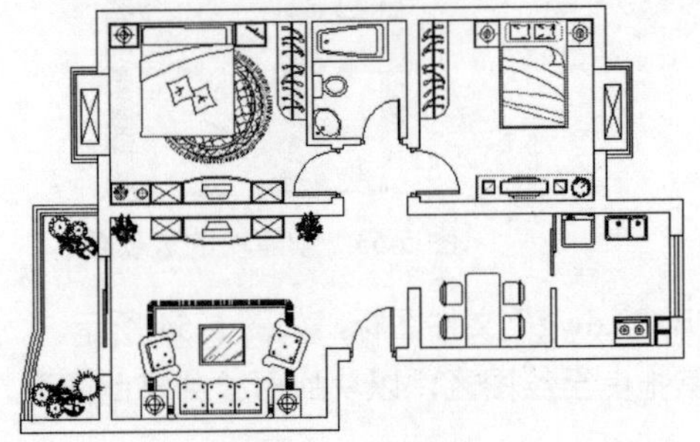

图 5-58　布置其他图块

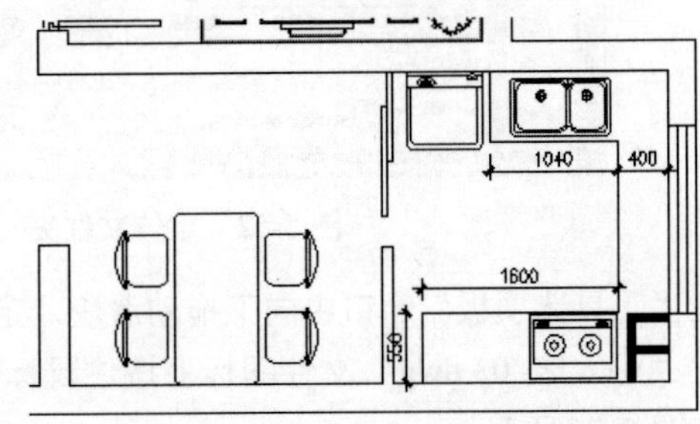

图 5-59　操作台轮廓线

18 调整视图，使平面图全部显示，最终结果如图 5-38 所示。

19 最后执行“另存为”命令，将图形重命名为“小户型布置图.dwg”。

5.5 定义与编辑图块

“图块”指的是将多个图形集合起来，形成一个单一的组合图元，以方便用户对其进行选择、应用和编辑等。在文件中引用了块后，不仅可以很大程度地提高绘图速度、节省存储空间、还可以使绘制的图形更标准化和规范化。

5.5.1　定义内部块

“创建块”命令用于将单个或多个图形集合成为一个整体图形单元，保存于当前图形文件内，以供当前文件重复使用。执行“创建块”命令主要有以下几种方法：

- 单击“视图”选项卡→“块”面板→“创建”按钮
- 选择菜单栏中的“绘图”→“块”→“创建”命令
- 单击“绘图”工具栏→“创建块”按钮
- 在命令行中输入“Block”或“Bmake”后按 Enter 键
- 使用快捷键 B

下面通过将图 5-60 所示的“餐桌椅”定义成内部块，学习“创建块”命令的使用方法和操作技巧。具体操作步骤如下：

01 打开随书光盘“\实例源文件\定义图块.dwg”，如图 5-60 所示。

02 单击“视图”选项卡→“块”面板→“创建”按钮，打开如图 5-61 所示的“块定义”对话框。

图 5-60　打开结果

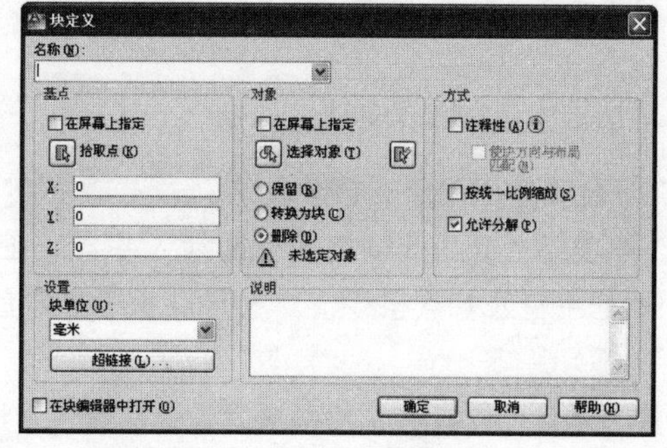

图 5-61　“块定义”对话框

03 定义块名。在“名称”文本框内输入“餐桌与餐椅”作为块的名称，选择“对象”选项组中的“保留”单选按钮，其他参数采用默认设置。

图块名是一个不超过 255 个字符的字符串，可包含字母、数字、“$”、“-”及“_”等符号。

04 定义基点。在“基点”选项组中单击“拾取点”按钮，返回绘图区捕捉如图 5-62 所示的圆心作为块的基点。

05 单击“选择对象”按钮，返回绘图区框选所有的图形对象。

06 预览效果。按 Enter 键返回到“块定义”对话框，在此对话框中出现图块的预览图标，如图 5-63 所示。

图 5-62 捕捉基点

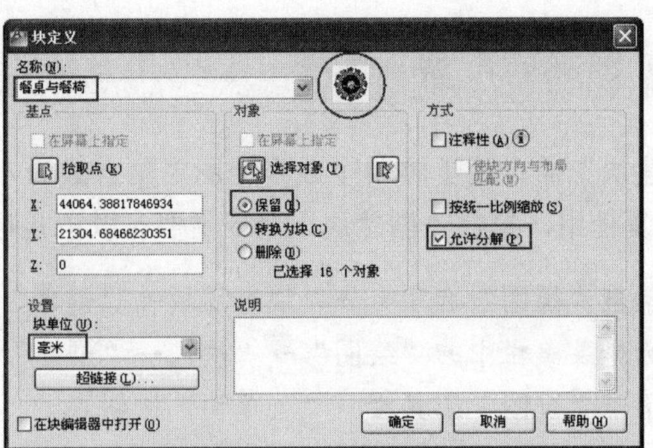

图 5-63 图块预览图标

如果在定义块时，勾选了“按照统一比例缩放”复选框，那么在插入块时，仅可以对块进行等比缩放。

07 单击 确定 按钮关闭“块定义”对话框，结果所创建的图块保存在当前文件内，此块将会与文件一起存盘。

“块定义”对话框中选项含义如下：

- “名称”下拉列表框用于为新块赋名。
- “基点”选项组主要用于确定图块的插入基点。在定义基点时，用户可以直接在“X”、“Y”、“Z”文本框中输入基点坐标值，也可以在绘图区直接捕捉图形上的特征点。AutoCAD 默认基点为原点。
- 单击“快速选择”按钮，将打开“快速选择”对话框，用户可以按照一定的条件定义一个选择集。
- “转换为块”单选按钮用于将创建块的源图形转化为图块。
- “删除”单选按钮用于将组成图块的图形对象从当前绘图区中删除。
- “在块编辑器中打开”复选按钮用于定义完块后自动进入块编辑器窗口，以便对图块进行编辑管理。

使用“创建块”命令创建的图块被称为“内部块”，此种图块只能被当前文件内引用，不能用于其他文件。

5.5.2 定义外部块

“内部块”仅供当前文件所引用，为了弥补内部块的这一缺陷，AutoCAD 为用户提供了“写块”命令，使用此命令可以定义外部块，所定义的外部块不但可以被当前文件所使用，还可以供其他文件进行重复引用。下面学习外部块的具体定义过程。

01 继续上例操作。在命令行输入“Wblock”或“W”后按 Enter 键，激活“写块”命令，打开“写块”对话框。

02 在“源”选项组中选择“块”单选按钮，然后展开“块”右侧的下拉列表框，选择“餐桌与餐椅”内部块，如图 5-64 所示。

03 在“文件名和路径”文本框内设置外部块的存盘路径、名称和单位，如图 5-65 所示。

04 单击 确定 按钮，“餐桌与餐椅”内部块被转化为外部图块，以独立文件形式存盘。

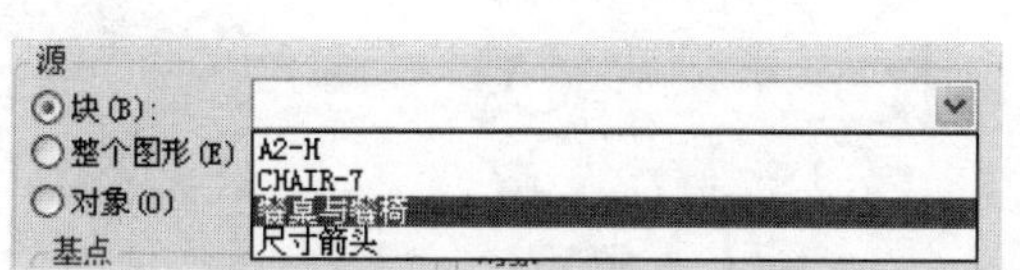

图 5-64　选择块

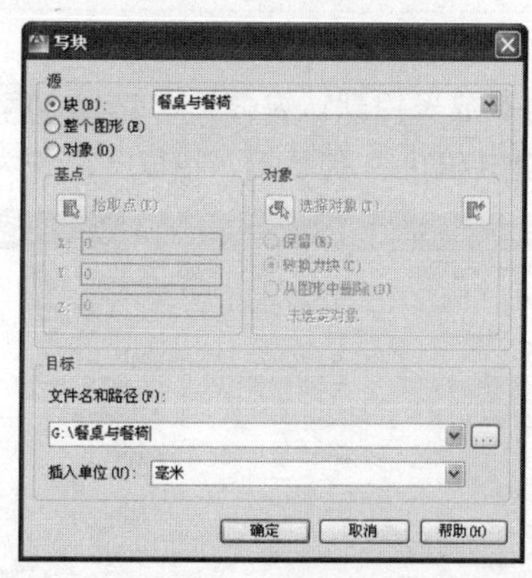

图 5-65　创建外部块

“写块”对话框中选项含义如下：

- “块”单选按钮用于将当前文件中的内部图块转换为外部块，进行存盘。当选择该选项时，其右侧的下拉列表框被激活，可从中选择需要被写入块文件的内部图块。
- “整个图形”单选按钮用于将当前文件中的所有图形对象，创建为一个整体图块进行存盘。
- “对象”单选按钮用于将当前文件中的部分图形或全部图形创建为一个独立的外部图块。具体操作与创建内部块相同。

5.5.3　插入图块

“插入块”命令用于将内部块、外部块和以存盘的.dwg 文件，引用到当前图形文件中，以组合更为复杂的图形结构。执行“插入块”命令主要有以下几种方式：

- 单击“视图”选项卡→“块”面板→“插入”按钮
- 选择菜单栏中的“插入”→“块”命令
- 单击“绘图”工具栏→“插入”按钮
- 在命令行中输入“Insert”后按 Enter 键
- 使用快捷键 I

下面通过插入刚定义的“餐桌与餐椅”图块，学习“插入块”命令的使用方法和操作技巧。具体操作步骤如下：

01 继续上例操作。单击“视图”选项卡→“块”面板→“插入”按钮，打开“插入”对话框。

02 展开“名称”下拉列表框，选择“餐桌与餐椅”图块。

03 在“缩放比例”选项组中勾选“统一比例”复选框，同时设置图块的缩放比例为 0.6，如图 5-66 所示。

小提示

如果勾选了“分解”复选框，那么插入的图块则不是一个独立的对象，而是被还原成一个个单独的图形对象。

04 其他参数采用默认设置，单击[确定]按钮返回绘图区，在命令行“指定插入点或 [基点(B)/比例(S)/旋转(R)]：”提示下，拾取一点作为块的插入点，结果如图 5-67 所示。

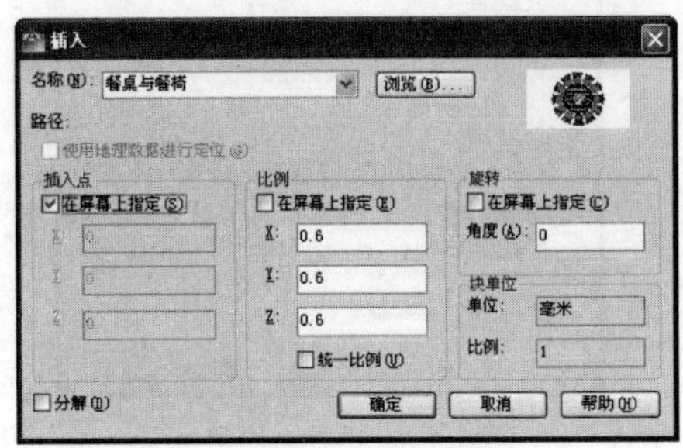

图 5-66　设置插入参数

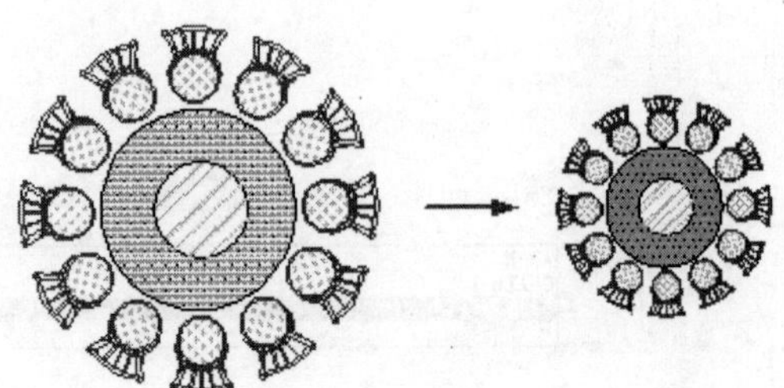

图 5-67　插入结果

“插入”对话框中选项含义如下：

- “名称”下拉文本框用于设置需要插入的内部块。如果需要插入外部块或已存盘的图形文件，可以单击[浏览(B)...]按钮，从打开的“选择图形文件”对话框中选择相应外部块或文件。
- “插入点”选项组用于确定图块插入点的坐标；“比例”选项组是用于确定图块的插入比例。
- “旋转”选项组用于确定图块插入时的旋转角度。

5.5.4　编辑图块

使用“块编辑器”命令，可以对当前文件中的图块进行修改编辑，以更新先前块的定义。执行“块编辑器”命令主要有以下几种方式：

- 单击“视图”选项卡→“块”面板→“块编辑器”按钮
- 选择菜单栏中的“工具”→“块编辑器”命令
- 在命令行中输入“Bedit”后按 Enter 键
- 使用快捷键 BE

下面通过典型的实例，学习“块编辑器”命令的使用方法和操作技巧。具体操作步骤如下：

01 打开随书光盘“\实例源文件\会议桌与会议椅.dwg”，如图 5-68 所示。

02 单击“视图”选项卡→“块”面板→“块编辑器”按钮，弹出如图 5-69 所示的“编辑块定义”对话框。

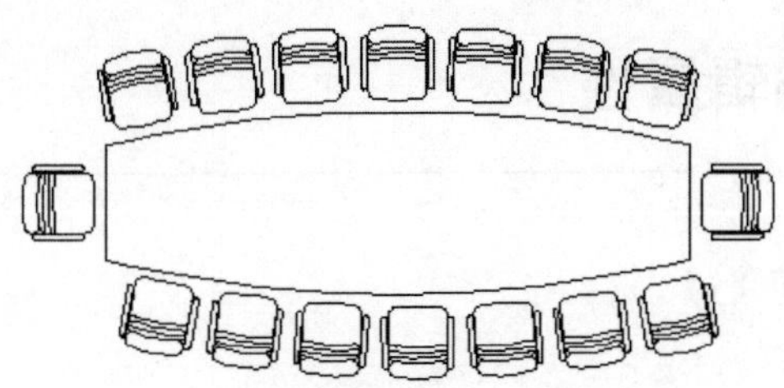

图 5-68　打开结果

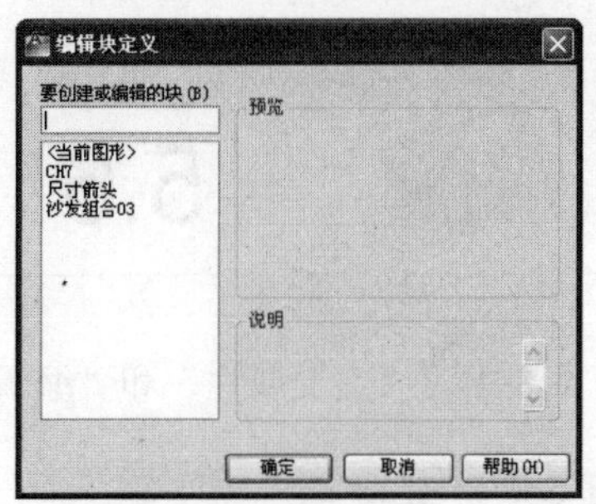

图 5-69　“编辑块定义”对话框

03 在“编辑块定义”对话框中双击“CH7”图块，打开如图 5-70 所示的块编辑窗口。

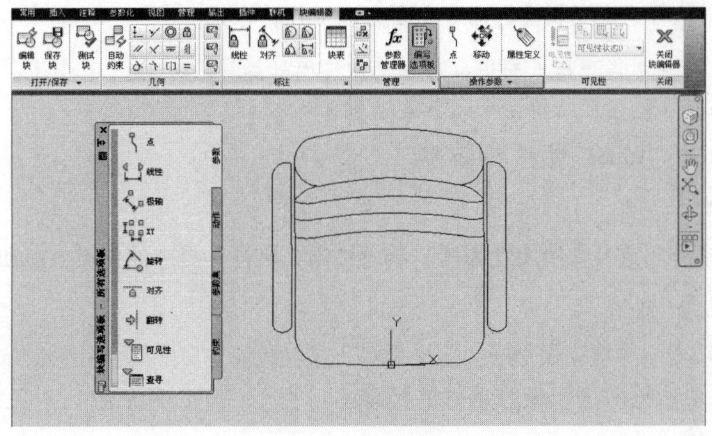

图 5-70　块编辑窗口

04 使用快捷键“H”激活“图案填充”命令，为椅子平面图填充 CROSS 图案，填充比例为 4，填充结果如图 5-71 所示。

在块编辑器窗口中还可以为块添加约束、参数及动作特征，以及对块进行另名存储。

05 单击“块编辑器”选项卡→“打开\保存”面板→“保存块定义”按钮，将上述操作进行保存。

06 关闭块编辑器，所有会议椅图块被更新，如图 5-72 所示。

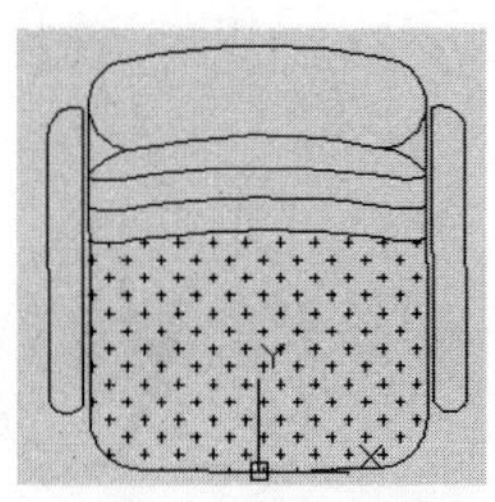

图 5-71　填充结果

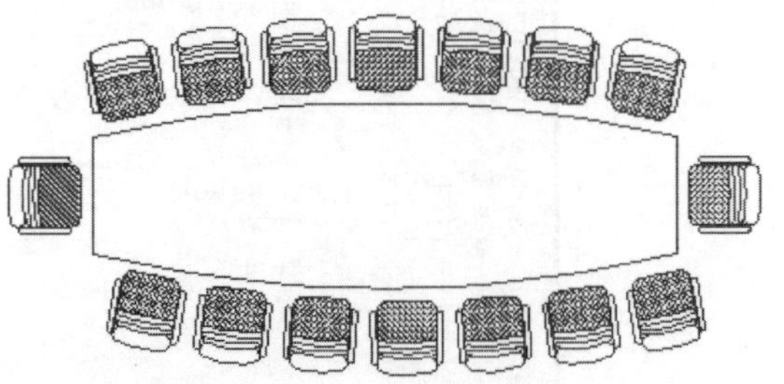

图 5-72　操作结果

5.6 定义与编辑属性

本节主要学习“定义属性”和“编辑属性”两个命令。

5.6.1 定义属性

“属性”实际上是一种“文字信息”，属性不能独立存在，它是附属于图块的一种非图形信息，用于对图块进行文字说明。执行“定义属性”命令主要有以下几种方式：

- 单击“视图”选项卡→“块”面板→“定义属性”按钮
- 选择菜单栏中的“绘图”→“块”→“定义属性”命令
- 在命令行中输入“Attdef”后按 Enter 键
- 使用快捷键 ATT

下面通过为“轴标号”定义文字属性为例，学习“定义属性”命令的使用方法和技巧。

01 首先绘制半径为 4 的圆。

02 单击“视图”选项卡→“块”面板→“定义属性”按钮，打开“属性定义”对话框。

03 在“属性定义”对话框中进行设置属性的标记名、提示说明、默认值、对正方式及属性高度等参数，如图 5-73 所示。

04 单击 确定 按钮返回绘图区，在命令行“指定起点：”提示下，捕捉圆心作为属性插入点，结果如图 5-74 所示。

当用户需要重复定义对象的属性时，可以勾选“在上一个属性定义下对齐”复选框，系统将自动沿用上次设置的各属性的文字样式、对正方式及高度等参数的设置。

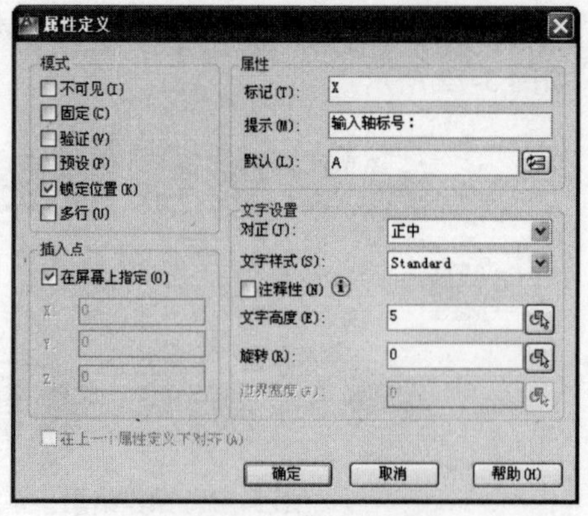

图 5-73 定义属性参数

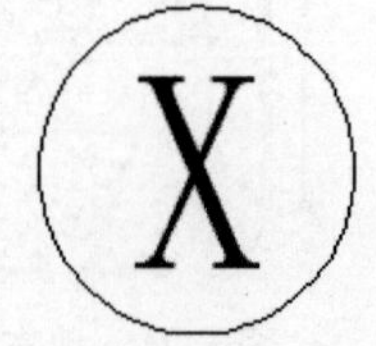

图 5-74 定义属性

属性定义的模式主要有以下几种：

- “不可见”复选框用于设置插入属性块后是否显示属性值。
- “固定”复选框用于设置属性是否为固定值。
- “验证”复选框用于设置在插入块时提示确认属性值是否正确。
- “预设”复选框用于将属性值定为默认值。
- “锁定位置”复选框用于将属性位置进行固定。
- “多行”复选框用于设置多行的属性文本。

5.6.2　编辑属性

当为几何图形定义了属性之后，并没有真正起到“属性”的作用，还需要将定义的属性和几何图形一起创建为“属性块”，然后插入“属性块”时，才可体现出“属性”的作用。当插入带有属性的图块后，可以使用“编辑属性”命令，对属性值及属性的文字特性等进行修改。执行“编辑属性”命令主要有下几种方式：

- 单击“视图”选项卡→“块”面板→“定义属性”按钮
- 选择菜单栏中的“修改”→“对象”→“属性”→“单个”命令
- 单击“修改Ⅱ”工具栏→“定义属性”按钮
- 在命令行中输入“Eattedit”后按 Enter 键

下面学习属性块的创建、应用及属性块的修改编辑等操作，具体如下：

01 继续上节操作。使用快捷键“B”激活“创建块”命令，将轴标号及其属性一起创建为属性块，块的基点为圆心，参数设置如图 5-75 所示。

02 单击 确定 按钮，打开如图 5-76 所示的“编辑属性”对话框，在此对话框中即可定义正确的文字属性值。

03 在此设置属性值为 C，单击 确定 按钮，结果创建了一个属性值为 C 的轴标号，如图 5-77 所示。

04 单击“视图”选项卡→“块”面板→“定义属性”按钮，在命令行“选择块：”提示下，选择属性块，打开如图 5-78 所示的“增强属性编辑器”对话框。

05 在“属性”选项卡中的“值”文本框中，修改属性值为 D，结果属性值被更改，如图 5-79 所示。

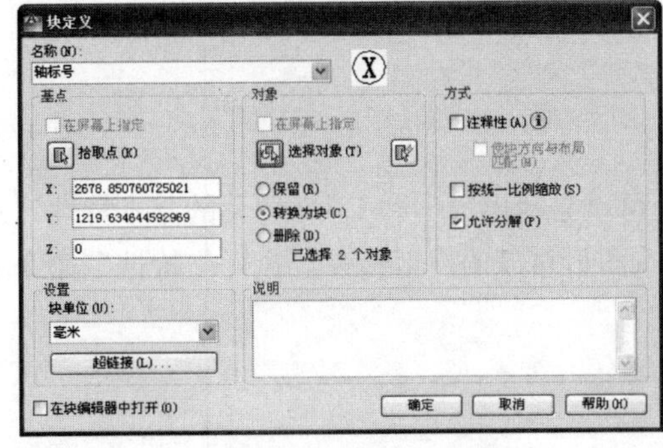

图 5-75　设置块参数

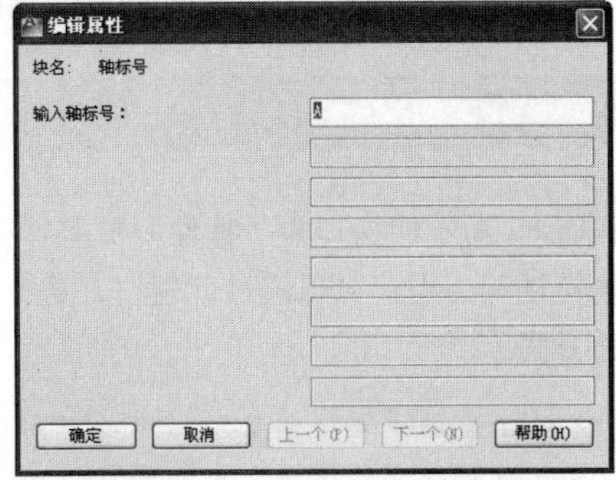

图 5-76　“编辑属性”对话框

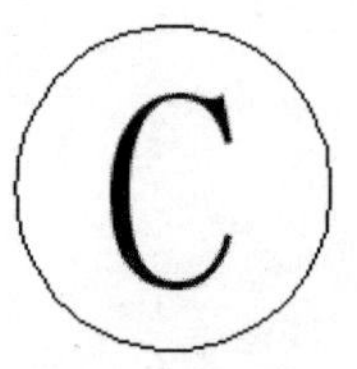
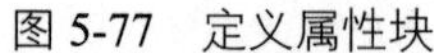
图 5-77　定义属性块

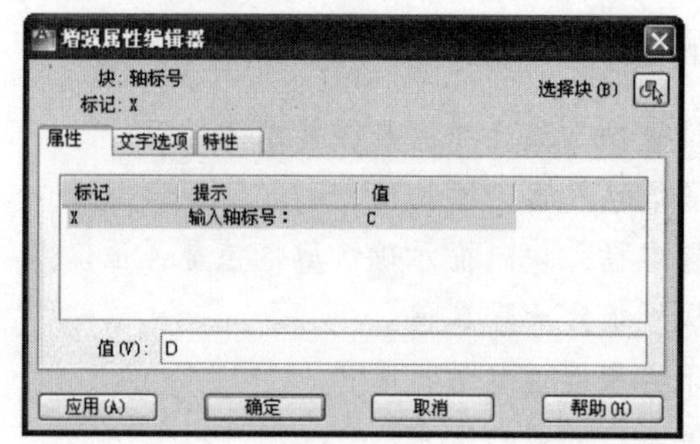
图 5-78　“增强属性编辑器”对话框

图 5-79　修改结果

“增强属性编辑器”对话框中各选项卡含义如下：

- 属性”选项卡用于显示当前文件中所有属性块的标记、提示和默认值，还可以修改属性值。当选择了需要修改的属性，在“值”文本框内输入新的属性值后单击 应用(A) 按钮，就可以改变原来的属性值。然后再通过单击右上角的“选择块”按钮，对当前图形中的其他属性块进行修改。
- “文字选项”选项卡用于修改属性文字的样式、高度等文字特性，如图 5-80 所示。
- “特性”选项卡用于修改属性的图层、线型、颜色和线宽等特性，如图 5-81 所示。

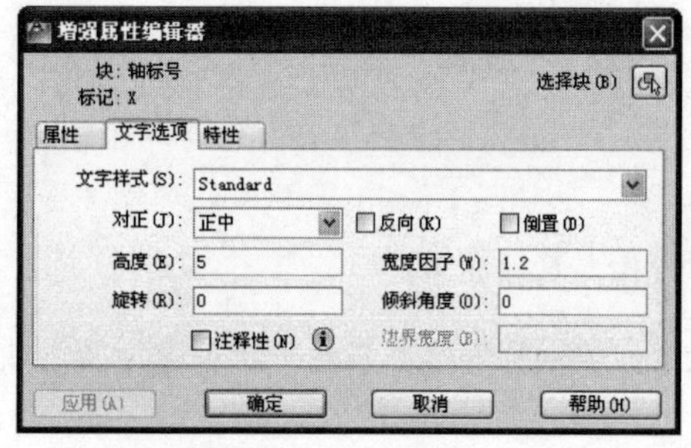
图 5-80　“文字选项”选项卡

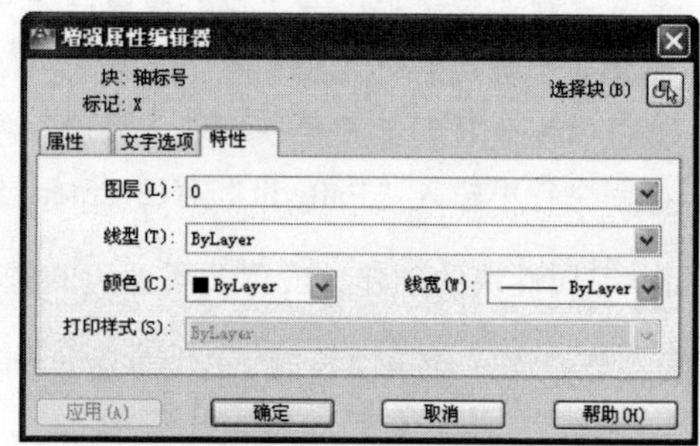
图 5-81　“特性”选项卡

5.7 特性与快速选择

本节主要学习“特性”、“特性匹配”和“快速选择”3 个命令。

5.7.1 特性

如图 5-82 所示的窗口为“特性”窗口，在此窗口中可以显示出每一种 CAD 图元的基本特性、几何特性及其他特性等。用户可以通过此窗口，进行查看和修改图形对象的内部特性。执行“特性”命令主要有以下几种方式：

- 选择菜单栏中的“工具”→“选项板”→“特性”命令
- 选择菜单栏中的“修改”→“特性”命令
- 单击“标准”工具栏→“特性”按钮
- 单击“视图”选项卡→“选项板”面板→“特性”按钮

- 在命令行中输入“Properties”后按 Enter 键
- 使用快捷键 PR
- 按组合键 Ctrl+1

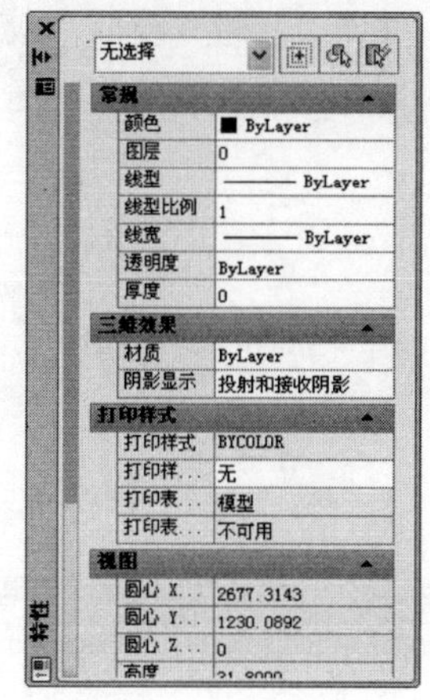

图 5-82　“特性”窗口

“特性”窗口主要由标题栏、工具栏和特性窗口组成。

- 标题栏。标题栏位于窗口的一侧，其中按钮用于控制特性窗口的显示与隐藏状态；单击按钮，可打开一个按钮菜单，用于改变特性窗口的尺寸大小、位置及窗口的显示与否等。
- 工具栏。无选择 为特性窗口工具栏，用于显示被选择的图形名称，以及用于构建新的选择集。无选择 下拉列表框用于显示当前绘图窗口中所有被选择的图形名称；按钮用于切换系统变量 PICKADD 的参数值；“快速选择”按钮用于快速构造选择集。
- 特性窗口。系统默认的特性窗口共包括“常规”、“三维效果”、“打印样式”、“视图”和“其他”5 个组合框，分别用于控制和修改所选对象的各种特性。

下面通过实例学习如何编辑对象特性。

01 首先绘制边长为 200 的正五边形。然后选择菜单栏中的“视图”→“三维视图”→“西南等轴测”命令，将视图切换为西南视图，如图 5-83 所示。

02 在无命令执行的前提下，夹点显示正五边形，如图 5-84 所示。

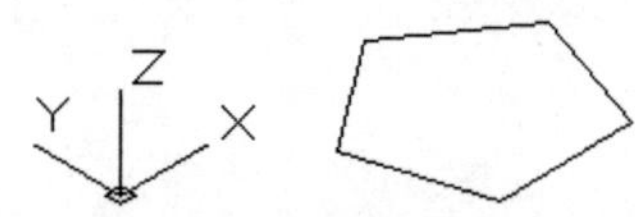

图 5-83　切换视图

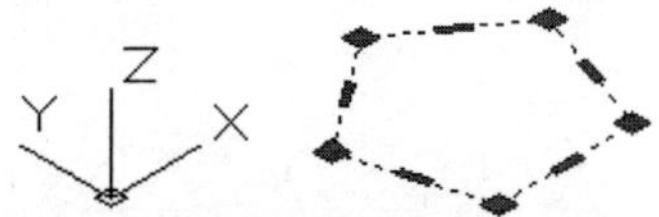

图 5-84　夹点效果

03 打开“特性”窗口，然后在“厚度”选项上单击。此时该选项以输入框的形式显示，输入“厚度”值为 150，如图 5-85 所示。

04 按 Enter 键，正五边形的厚度被修改为 150，如图 5-86 所示。

05 在“全局宽度”选项上单击并输入 30，修改边的宽度参数，如图 5-87 所示。

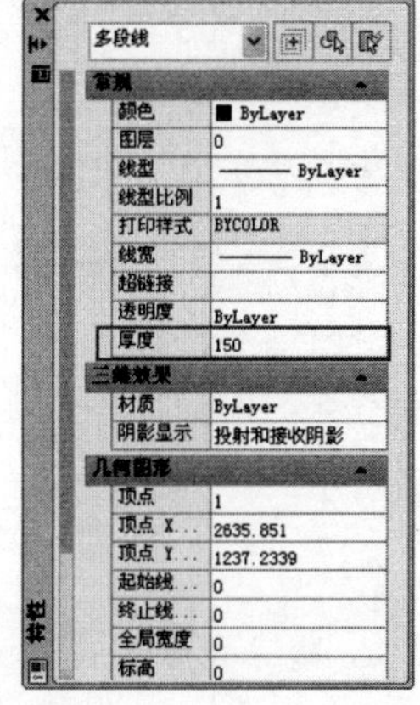

图 5-85　修改厚度特性

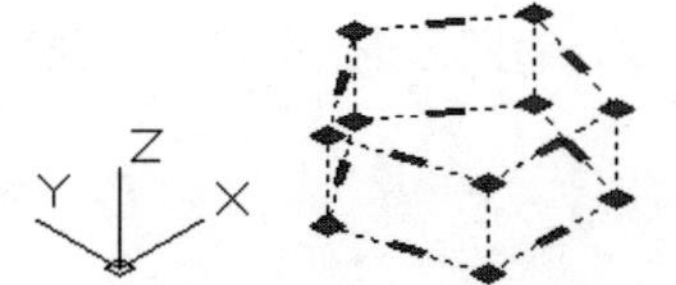

图 5-86　修改后的效果

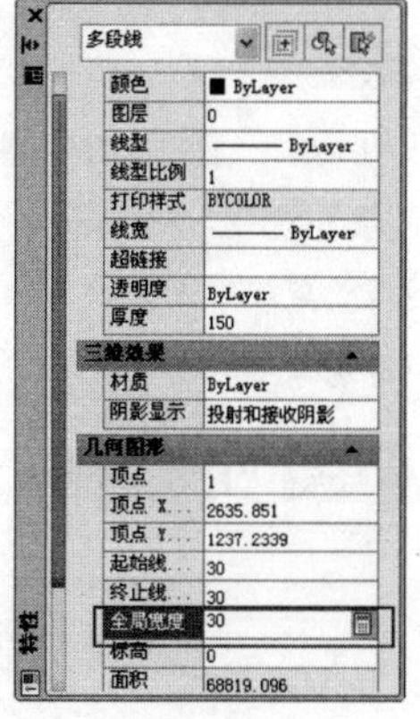

图 5-87　修改宽度特性

06 关闭“特性”窗口，取消图形夹点，修改后效果如图 5-88 所示。

07 选择菜单栏中的“视图”→“消隐”命令，结果如图 5-89 所示。

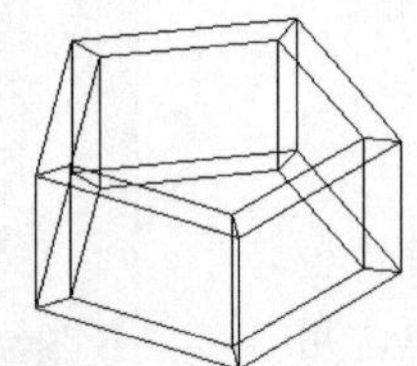

图 5-88　修改效果

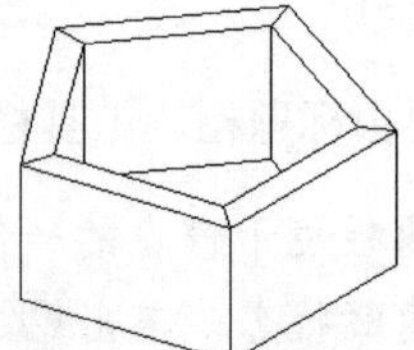

图 5-89　消隐效果

5.7.2　特性匹配

“特性匹配”命令用于将图形的特性复制给另外一个图形，使这些图形拥有相同的特性。执行“特性匹配”命令主要有以下几种方式：

- 选择菜单栏中的“修改”→“特性匹配”命令
- 单击“标准”工具栏→“特性匹配”按钮
- 在命令行中输入“Matchprop”后按 Enter 键
- 使用快捷键 MA

下面通过实例学习特性匹配的操作方法。

01 继续上例操作。使用快捷键“REC”激活“矩形”命令，绘制长度为 400，宽度为 240 的矩形，如图 5-90 所示。

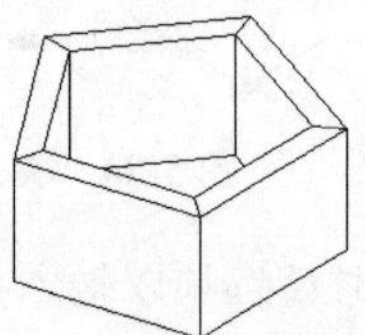

图 5-90　绘制矩形

02 单击“标准”工具栏→“特性匹配”按钮，匹配宽度和厚度特性。命令行操作如下：

```
命令：'_matchprop
选择源对象：                    //选择左侧的正五边形
当前活动设置： 颜色 图层 线型 线型比例 线宽 透明度 厚度 打印样式 标注 文字 图案填充 多段线 视口 表格材质 阴影显示 多重引线
选择目标对象或 [设置(S)]：       //选择右侧的矩形
选择目标对象或 [设置(S)]：       //Enter，结果正五边形的宽度和厚度特性复制给矩形，如图 5-91 所示
```

03 使用快捷键“HI”激活“消隐”命令，对图形进行消隐，效果如图 5-92 所示。

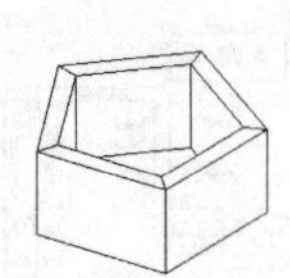
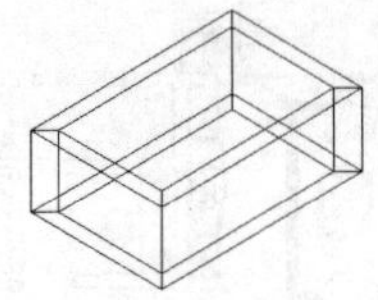

图 5-91　匹配结果

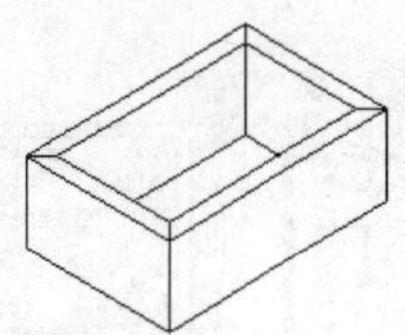

图 5-92　消隐效果

使用“设置”选项可以在“特性设置”对话框中设置当前需要匹配的对象特性。

5.7.3　快速选择

“快速选择”命令用于根据图形类型、图层、颜色、线型、线宽等属性设定过滤条件，快速选择具有某些共性的图形对象。执行“快速选择”命令主要有以下几种方式：

- 单击“视图”选项卡→“实用工具”面板→“快速选择”按钮。
- 选择菜单栏中的“工具”→“快速选择”命令。
- 在命令行中输入“Qselect”后按 Enter 键。

下面通过典型的小实例学习“快速选择”命令的具体使用方法和技巧。操作步骤如下：

01 打开随书光盘中的“\实例效果文件\第 5 章\多居室地面装修材质图.dwg ”图形，如图 5-93 所示。

02 单击“视图”选项卡→“实用工具”面板→“快速选择”按钮，弹出“快速选择”对话框。

03 “特性”文本框属于三级过滤功能，用于按照目标对象的内部特性设定过滤参数，在此选择“图层”。

04 在“值”下拉列表框中选择“地面层”，其他参数使用默认设置，如图 5-94 所示。

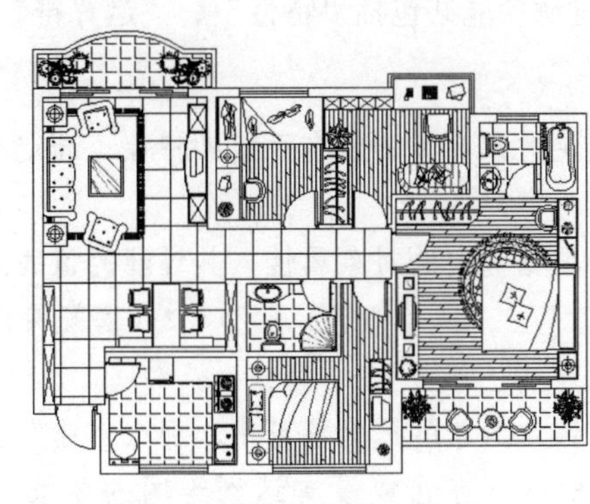

图 5-93　打开结果

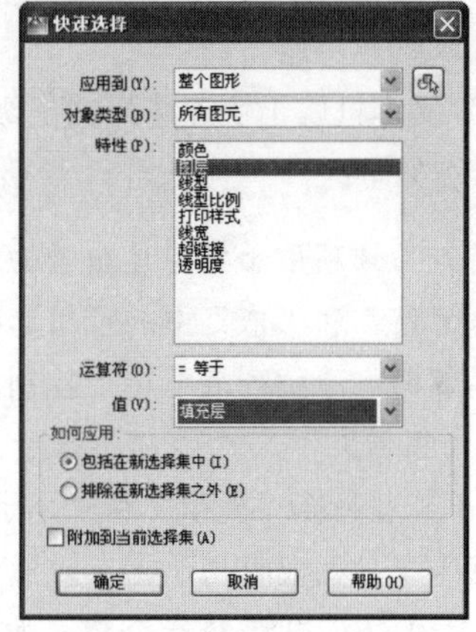

图 5-94　“快速选择”对话框

05 单击 确定 按钮，所有符合过滤条件的图形都被选择，如图 5-95 所示。

06 按 Delete 键，将选择的对象删除，结果如图 5-96 所示。

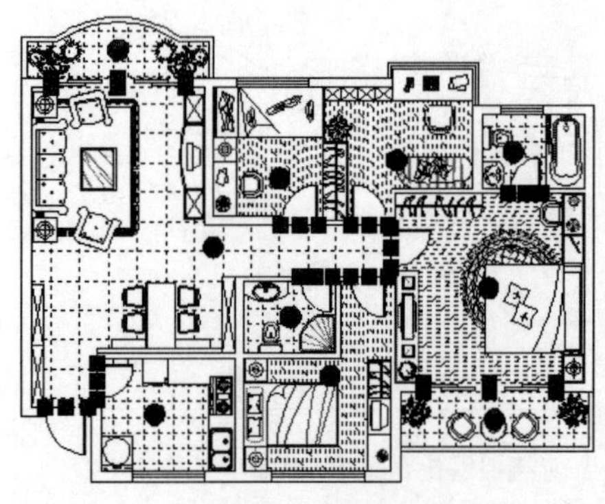
图 5-95　选择结果

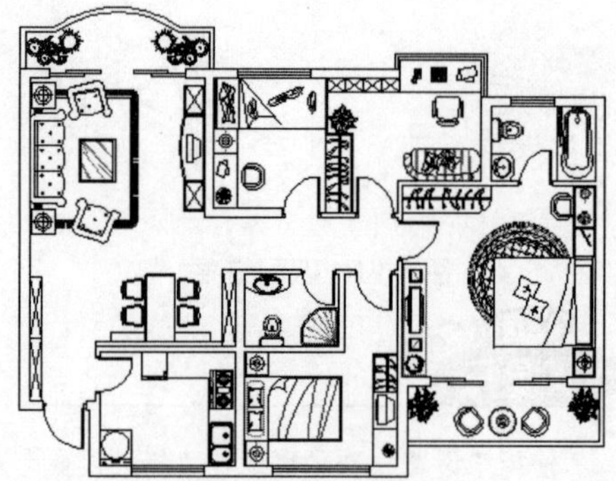
图 5-96　删除结果

（1）一级过滤功能

在“快速选择”对话框中，“应用到”下拉列表框属于一级过滤功能，用于指定是否将过滤条件应用到整个图形或当前选择集。如果已勾选了对话框下方的“附加到当前选择集”复选框，那么 AutoCAD 将该过滤条件应用到整个图形，并将符合过滤条件的对象添加到当前选择集中。

（2）二级过滤功能

“对象类型”下拉列表框属于快速选择的二级过滤功能，用于指定要包含在过滤条件中的对象类型。如果过滤条件正应用于整个图形，那么“对象类型”下拉列表框包含全部的对象类型，包括自定义；否则，该下拉列表框中只包含选定对象的对象类型。

小提示

默认时，指整个图形或当前选择集的“所有图元”，用户也可以选择某一特定的对象类型，如“直线”或“圆”等，系统将根据选择的对象类型来确定选择集。

（3）三级过滤功能

“特性”文本框属于快速选择的三级过滤功能，三级过滤功能共包括“特性”、“运算符”和“值”3 个选项，分别如下：

- “特性”选项用于指定过滤器的对象特性。包括选定对象类型的所有可搜索特性，选定的特性确定“运算符”和“值”中的可用选项。
- “运算符”下拉列表框用于控制过滤器值的范围。根据选定的对象属性，其过滤的值的范围分别是“=（等于）”、“<>（不等于）”、“>（大于）”、“<（小于）”和“*（通配符匹配）”。对于某些特性“大于”和“小于”选项不可用。
- “值”下拉列表框用于指定过滤器的特性值。如果选定对象的已知值可用，那么“值”成为一个列表，可以从中选择一个值；如果选定对象的已知值不存在或没有达到绘图的要求，就可以在“值”文本框中输入一个值。

（4）其他

- “如何应用”选项组用于指定是否将符合过滤条件的对象包括在新选择集内或是排除在新选择集之外。
- “附加到当前选择集”复选框用于指定创建的选择集是替换当前选择集还是附加到当前选择集。

5.8 案例——标注小别墅立面标高

本例通过为小别墅立面图标注标高尺寸，对本章所学知识进行综合练习和巩固应用。小别墅立面图标高的最终标注效果如图 5-97 所示。

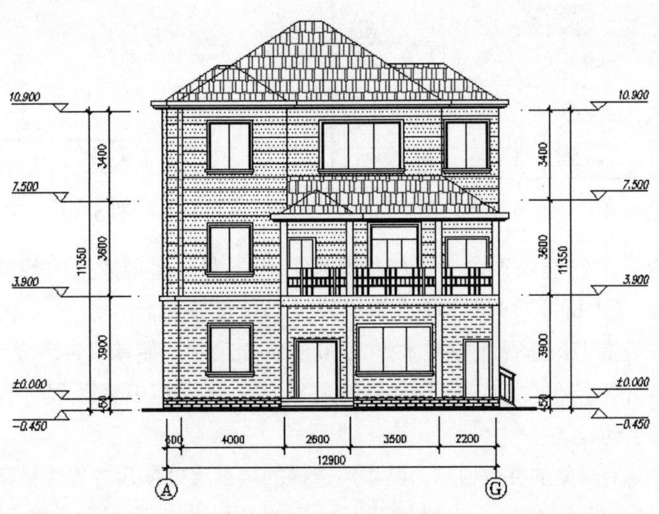

图 5-97　实例效果

01 打开随书光盘中的“\实例源文件\小别墅立面图.dwg”，如图 5-98 所示。

02 使用快捷键“LA”激活“图层”命令，将“0 图层”设置为当前图层。

03 激活状态栏上的“极轴追踪”功能，并设置极轴角为 45º。

04 使用快捷键“PL”激活“多段线”命令，参照图示尺寸绘制出标高符号，如图 5-99 所示。

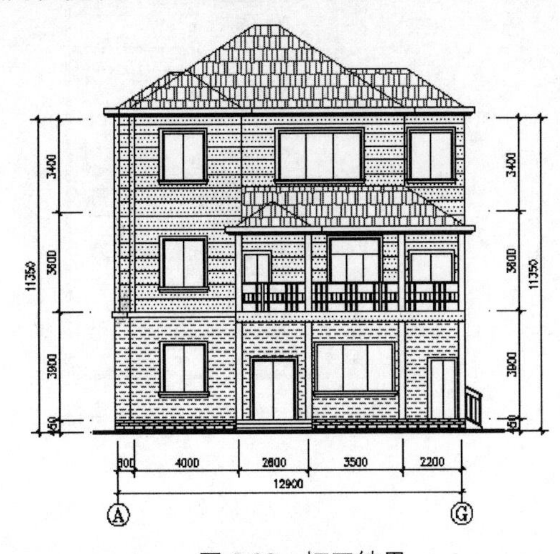

图 5-98　打开结果

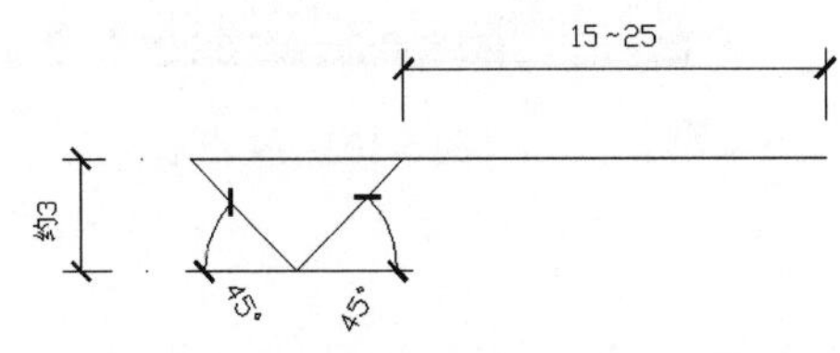

图 5-99　标高符号

05 单击“视图”选项卡→“块”面板→“定义属性”按钮，打开“属性定义”对话框，为标高符号定义文字属性，如图 5-100 所示。

06 单击 确定 按钮，在命令行“指定起点：”提示下捕捉标高符号最右侧的端点，为标高符号定义属性，结果如图 5-101 所示。

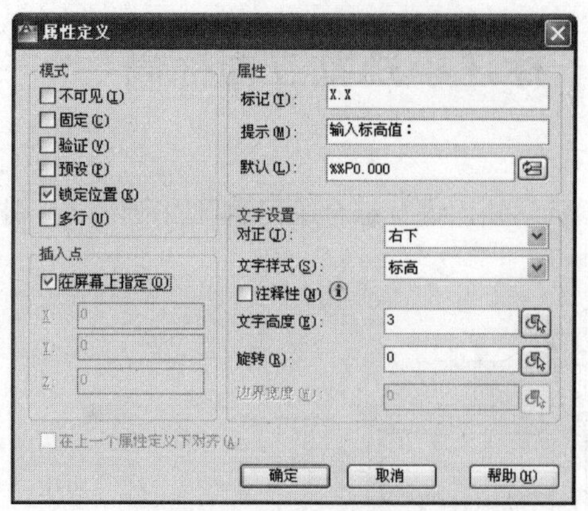

图 5-100　设置属性参数

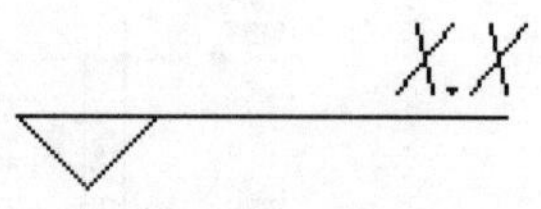

图 5-101　定义属性

07 使用快捷键“B”激活“创建块”命令，将标高符号和属性一起创建为内部块，图块的基点为标高符号的下端点，图块名为“标高符号”，并选中“删除”单选按钮。

08 在无任何命令执行的前提下，选择尺寸文本为 3900 的层高尺寸，使其以夹点显示，如图 5-102 所示。

09 按 Ctrl+1 组合键打开“特性”窗口，在“直线和箭头”选项组中修改尺寸界线超出尺寸线的长度，修改参数如图 5-103 所示。

10 关闭“特性”窗口并取消对象的夹点显示，结果所选择的层高尺寸的尺寸界线被延长，如图 5-104 所示。

11 单击“标准”工具栏上的按钮，选择被延长的层高尺寸作为源对象，将尺寸界线的特性复制给其他层高尺寸，结果如图 5-105 所示。

图 5-102　夹点显示

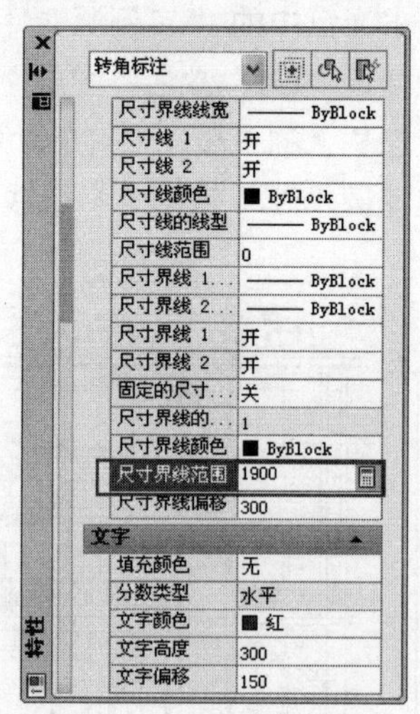

图 5-103　修改尺寸界线特性

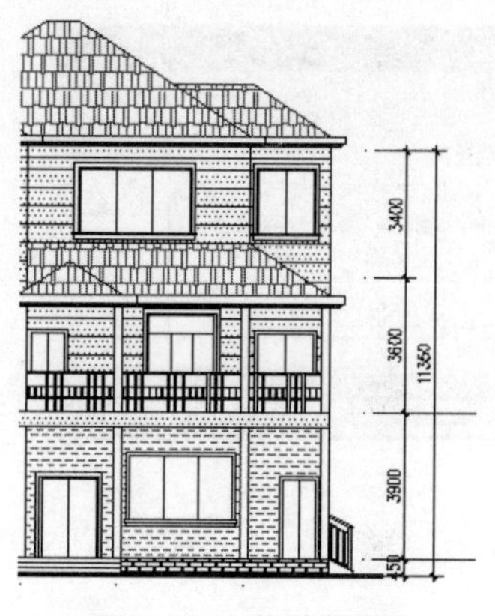

图 5-104　修改结果

图 5-105　特性匹配

12 使用快捷键“LA”激活“图层”命令，设置“其他层”作为当前图层。

13 单击“视图”选项卡→“块”面板→“插入”按钮，插入刚定义的“标高符号”属性块，块的缩放比例为 100，插入点为图 5-106 所示的端点。属性值为默认，插入结果如图 5-107 所示。

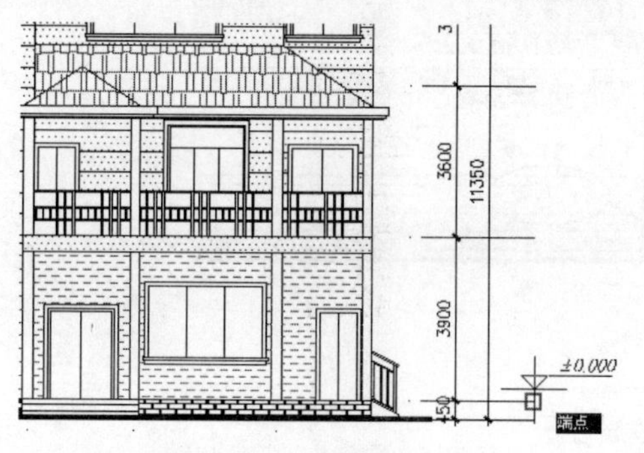

图 5-106　捕捉端点

图 5-107　插入结果

14 使用快捷键“CO”激活“复制”命令，将将刚插入的标高分别复制到其他尺寸延伸线的末端，如图 5-108 所示。

15 单击“视图”选项卡→“块”面板→“定义属性”按钮，在命令行“选择块：”提示下，选择最下侧的标高符号，然后修改其属性值，如图 5-109 所示。

图 5-108　复制结果

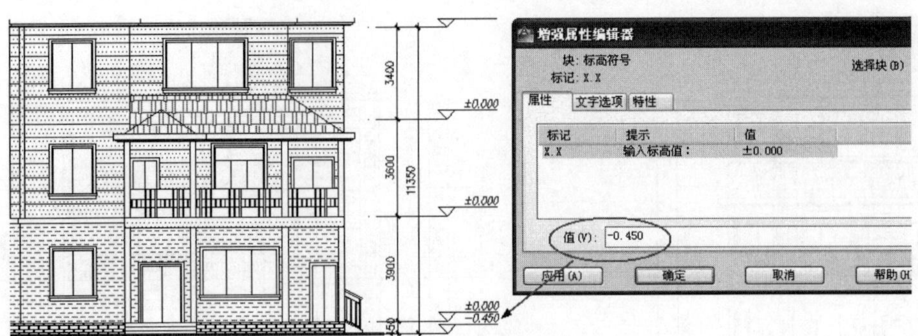

图 5-109 修改属性值

16 在“增强属性编辑器”对话框中单击 应用(A) 按钮，标高被修改。

17 单击“增强属性编辑器”对话框中的“选择块”按钮，返回绘图区，选择最上侧的标高符号，修改其属性值，如图 5-110 所示。

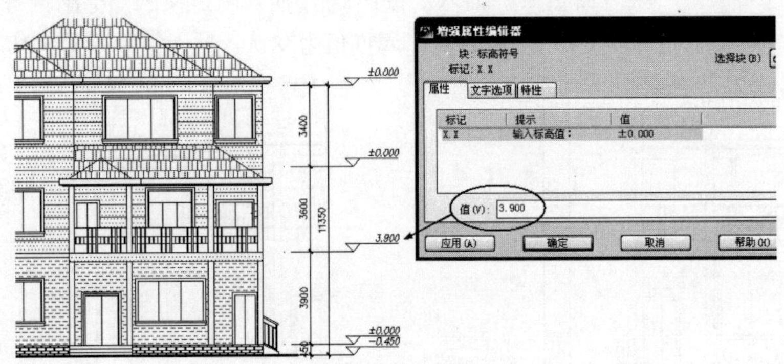

图 5-110 修改属性值

18 重复执行上一步操作，分别修改其他位置的标高属性值，结果如图 5-111 所示。

图 5-111 修改结果

19 单击“常用”选项卡→“修改”面板→“镜像”按钮，对最下侧的标高进行镜像。命令行操作如下：

```
命令: _mirror
选择对象:                    //选择最下侧的标高
选择对象:                    //Enter，结束选择
指定镜像线的第一点:          //捕捉标高指示线的右端点
```

```
指定镜像线的第二点：                //@1,0Enter
要删除源对象吗？[是(Y)/否(N)] <N>：   //YEnter，镜像结果如图 5-112 所示
```

图 5-112　镜像结果

20 重复执行“镜像”命令，配合“中点捕捉”功能对所有的标高进行镜像，结果如图 5-113 所示。

图 5-113　镜像结果

21 最后使用“另存为”命令，将图形重命名为“标注小别墅立面标高.dwg”。

5.9 本章小结

为了提高绘图的效率和质量，本章集中讲述了软件的一些高效制图功能，如图块、图层、设计中心和选项板等。通过本章的学习，重点需要掌握以下知识：

（1）图层是规划和组织复杂图形的便捷工具，在理解图层概念及功能的前提下，重点掌握图层的具体设置过程和状态控制功能；

（2）设计中心是组织、查看和共享图形资源的高效工具，要重点掌握图形资源的查看和共享功能，以快速方便地组合复杂图形；

（3）工具选项板也是一种便捷的高效制图工具，读者不但要掌握该工具的具体使用方法，还需要掌握工具选项板的定义功能；

（4）在定义图块时要理解和掌握内部块、外部块的区别及具体定义过程；

（5）在插入图块时要注意块的缩放比例、旋转角度等参数的设置；

（6）特性主要用于组织、管理和修改图形的内部特性，以达到修改完善图形的目的。

第 6 章

创建文字、符号与表格

前面几章都是通过各种基本几何图元的相互组合，来表达作者的设计思想和设计意图的，但是有些图形信息是不能仅仅通过几何图元就能完整表达出来的。为此，本章将讲述 AutoCAD 的文字创建功能和图形信息的查询功能，以详细向读者表达图形无法传递的一些图纸信息，使图纸更直观，更容易交流。

知识要点

- 设置文字样式
- 创建文字注释
- 创建引线注释
- 表格与表格样式
- 查询图形的信息
- 案例——标注户型图房间功能
- 案例——标注户型图房间面积

6.1 设置文字样式

"文字样式"命令用于控制文字的外观效果，如字体、字号、倾斜角度、旋转角度及其他的特殊效果等。相同内容的文字，如果使用不同的文字样式，其外观效果也不同，如图 6-1 所示。

青 科 苑　　青 科 苑　　青 科 苑

技术培训基地　　技术培训基地　　技术培训基地

图 6-1　文字示例

执行"文字样式"命令主要有以下几种方式：

- 单击"常用"选项卡→"注释"面板→"文字样式"按钮
- 选择菜单栏中的"格式"→"文字样式"命令
- 单击"样式"工具栏→"文字样式"按钮
- 在命令行中输入"Style"后按 Enter 键
- 使用快捷键 ST

下面通过设置名为“汉字”的文字样式，学习“文字样式”命令的使用方法和技巧。

01 设置新样式。单击“常用”选项卡→“注释”面板→“文字样式”按钮，打开“文字样式”对话框，如图 6-2 所示。

02 单击 新建(N)... 按钮，在打开的“新建文字样式”对话框中为新样式命名，如图 6-3 所示。

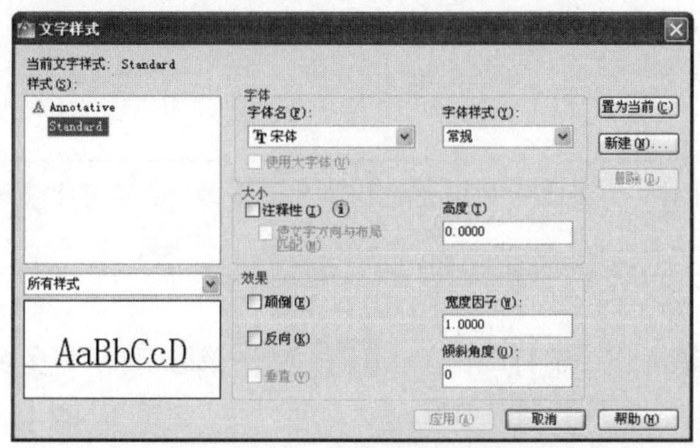

图 6-2　“文字样式”对话框

图 6-3　为新样式命名

03 设置字体。在“字体”选项组中展开“字体名”下拉列表框，选择所需的字体。

小提示

如果撤销“使用大字体”复选框，所有（.SHX）和 TrueType 字体都将显示在列表框内以供选择；若选择 TrueType 字体，那么在右侧“字体样式”下拉列表框中可以设置当前字体样式，如图 6-4 所示；若选择了编译型（.SHX）字体后，且勾选了“使用大字体”复选框后，则右侧的下拉列表框变为如图 6-5 所示的状态，此时用于选择所需的大字体。

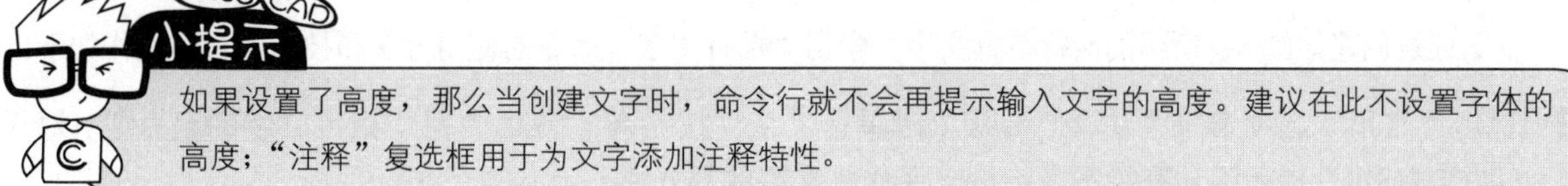

图 6-4　选择 TrueType 字体　　　图 6-5　选择编译型（.SHX）字体

04 设置字体高度。在“高度”文本框中设置文字高度，在此使用默认设置。

小提示

如果设置了高度，那么当创建文字时，命令行就不会再提示输入文字的高度。建议在此不设置字体的高度；“注释”复选框用于为文字添加注释特性。

05 设置文字效果。“颠倒”复选框设置文字为倒置状态；“反向”复选框设置文字为反向状态；“垂直”复选框控制文字呈垂直排列状态；“倾斜角度”文本框用于控制文字的倾斜角度，如图 6-6 所示。

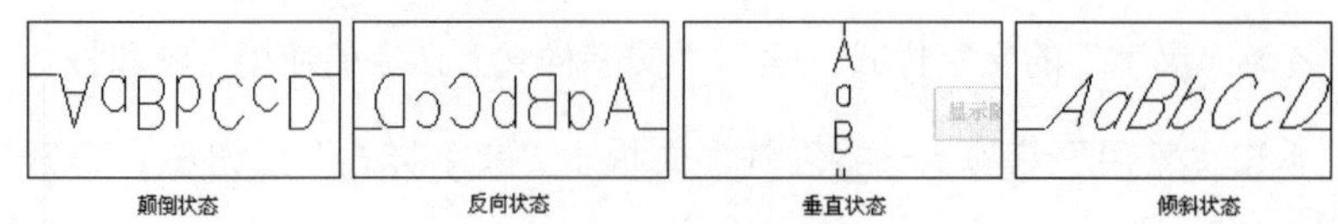

图 6-6　设置字体效果

06 设置宽度比例。在“宽度因子”文本框中设置字体的宽高比，在此设置为 0.7。

国标规定工程图样中的汉字应采用长仿宋体，宽高比为 0.7，当此比值大于 1 时，文字宽度放大，否则将缩小。

07 单击 应用(A) 按钮，结果设置的文字样式被看作当前样式；单击 删除(D) 按钮，可以将多余的文字样式进行删除；单击 关闭(C) 按钮，关闭“文字样式”对话框。

6.2 创建文字注释

本节主要学习文字、符号的创建功能和编辑功能，包括“单行文字”、“多行文字”和“编辑文字”3 个命令。

6.2.1 创建单行文字

“单行文字”命令主要通过命令行创建单行或多行的文字对象，所创建的每一行文字，都被看作是一个独立的对象，如图 6-7 所示。执行“单行文字”命令主要有以下几种方式：

- 单击“常用”选项卡→“注释”面板→“单行文字”按钮 AI
- 选择菜单栏中的“绘图”→“文字”→“单行文字”命令
- 单击“文字”工具栏→“单行文字”按钮 AI
- 在命令行中输入“Dtext”后按 Enter 键
- 使用快捷键 DT

下面通过创建如图 6-7 所示的两行单行文字，学习“单行文字”命令的使用方法和技巧。具体操作如下：

01 单击“常用”选项卡→“注释”面板→“单行文字”按钮 AI，在命令行“指定文字的起点或 [对正(J)/样式(S)]:”提示下，在绘图区拾取一点作为文字的插入点。

02 在命令行“指定高度 <2.5000>:”提示下输入 10 并按 Enter 键，为文字设置高度。

03 在“指定文字的旋转角度 <0>:”提示下按 Enter 键，采用当前设置。

04 此时绘图区出现如图 6-8 所示的单行文字输入框，然后在命令行输入“青科苑”，如图 6-9 所示。

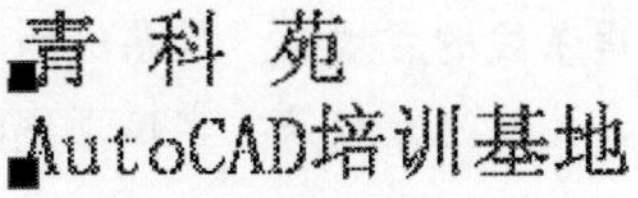

图 6-7　单行文字示例 　　图 6-8　单行文字输入框

05 按 Enter 键换行，然后输入“AutoCAD 培训基地”。

06 连续按两次 Enter 键，结束“单行文字”命令，结果如图 6-10 所示。

图 6-9　输入文字 　　图 6-10　创建文字

“文字的对正”指的是文字的哪一位置与插入点对齐，它是基于如图 6-11 所示的 4 条参考线而言的，这 4 条参考线分别为顶线、中线、基线和底线。其中“中线”是大写字符高度的水平中心线（即顶线至基线的中间），不是小写字符高度的水平中心线。

执行“单行文字”命令后，在命令行“指定文字的起点或 [对正(J)/样式(S)]:”提示下激活“对正”选项，可打开如图 6-12 所示的选项菜单。

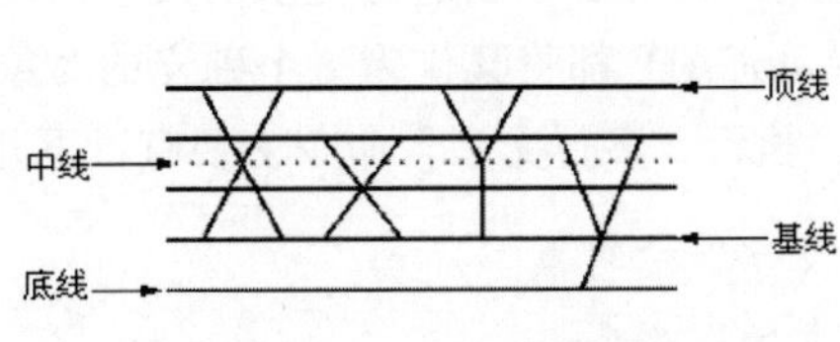

图 6-11　文字对正参考线

图 6-12　对正选项菜单

同时命令行操作提示如下：

```
“输入选项[对齐(A)/布满(F)/居中(C)/中间(M)/右对齐(R)/左上(TL)/中上(TC)/右上(TR)/左中(ML)/正中(MC)/右中(MR)/左下(BL)/中下(BC)/右下(BR)]:”
```

- “对齐”选项用于提示拾取文字基线的起点和终点，系统会根据起点和终点的距离自动调整字高。
- “布满”选项用于提示用户拾取文字基线的起点和终点，系统会以拾取的两点之间的距离自动调整宽度系数，但不改变字高。
- “居中”选项用于提示用户拾取文字的中心点，此中心点就是文字串基线的中点，即以基线的中点对齐文字。
- “中间”选项用于提示用户拾取文字的中间点，此中间点就是文字串基线的垂直中线和文字串高度的水平中线的交点。

- “右对齐”选项用于提示用户拾取一点作为文字串基线的右端点，以基线的右端点对齐文字。
- “左上”选项用于提示用户拾取文字串的左上点，此左上点就是文字串顶线的左端点，即以顶线的左端点对齐文字。
- “中上”选项用于提示用户拾取文字串的中上点，此中上点就是文字串顶线的中点，即以顶线的中点对齐文字。
- “右上”选项用于提示用户拾取文字串的右上点，此右上点就是文字串顶线的右端点，即以顶线的右端点对齐文字。
- “左中”选项用于提示用户拾取文字串的左中点，此左中点就是文字串中线的左端点，即以中线的左端点对齐文字。
- “正中”选项用于提示用户拾取文字串的中间点，此中间点就是文字串中线的中点，即以中线的中点对齐文字。
- “右中”选项用于提示用户拾取文字串的右中点，此右中点就是文字串中线的右端点，即以中线的右端点对齐文字。
- “左下”选项用于提示用户拾取文字串的左下点，此左下点就是文字串底线的左端点，即以底线的左端点对齐文字。
- “中下”选项用于提示用户拾取文字串的中下点，此中下点就是文字串底线的中点，即以底线的中点对齐文字。
- “右下”选项用于提示用户拾取文字串的右下点，此右下点就是文字串底线的右端点，即以底线的右端点对齐文字。

6.2.2 创建多行文字

“多行文字”命令也是一种较为常用的文字创建工具，较适合于创建为复杂的文字，比如多行文字及段落性文字。无论创建的文字包含多少行、多少段，AutoCAD 都将其作为一个独立的对象，当选择该对象后，对象的 4 角会显示出 4 个夹点，如图 6-13 所示。执行“多行文字”命令主要有以下几种方式：

- 单击“常用”选项卡→“注释”面板→“多行文字”按钮A
- 选择菜单栏中的“绘图”→“文字”→“多行文字”命令
- 单击“绘图”工具栏→“多行文字”按钮A
- 在命令行中输入“Mtext”后按 Enter 键
- 使用快捷键 T

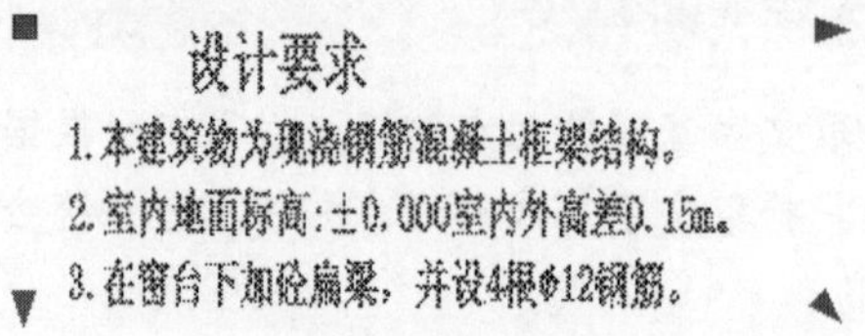

设计要求

1. 本建筑物为现浇钢筋混凝土框架结构。
2. 室内地面标高：±0.000室内外高差0.15m。
3. 在窗台下加砼扁梁，并设4根Φ12钢筋。

图 6-13　多行文字示例

下面通过创建如图 6-13 所示的段落文字，学习“多行文字”的使用方法和技巧。具体操作步骤如下：

01 单击“常用”选项卡→“注释”面板→“多行文字”按钮A，在命令行“指定第一角点:”提示下在绘图区拾取一点。

02 在“指定对角点或 [高度(H)/对正(J)/行距(L)/旋转(R)/样式(S)/宽度(W)/栏(C)]:”提示下拾取对角点，打开如图 6-14 所示的“文字编辑器”。

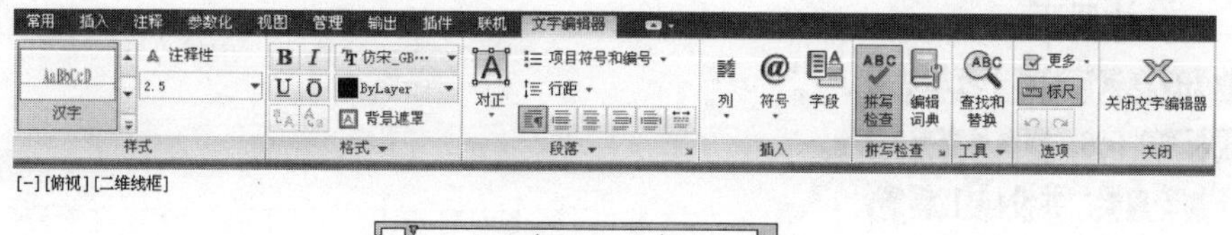

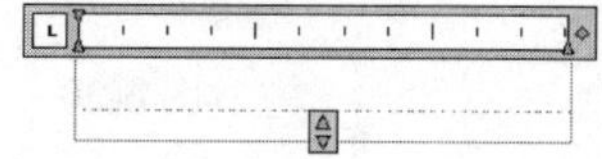

图 6-14　打开“文字编辑器”

“注释”面板中可以设置当前文字样和及字体高度；在“格式”面板中可以设置字体和字体效果；在“段落”面板中可以设置文字对正方式和段落特性等。

03 在“文字编辑器”选项卡→“注释”面板中设置字体高度为 12。

04 在“文字编辑器”选项卡→“格式”面板中设置字体为宋体。

05 在下面文字输入框内单击，指定文字的输入位置，然后输入如图 6-15 所示标题文字。

06 向下拖曳输入框下面的下三角按钮，调整列高。

07 按 Enter 键进行换行，更改文字的高度为 9，然后输入第一行文字，结果如图 6-16 所示。

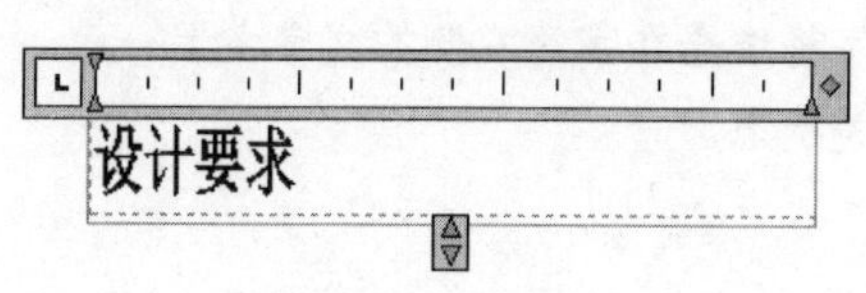

图 6-15　输入文字

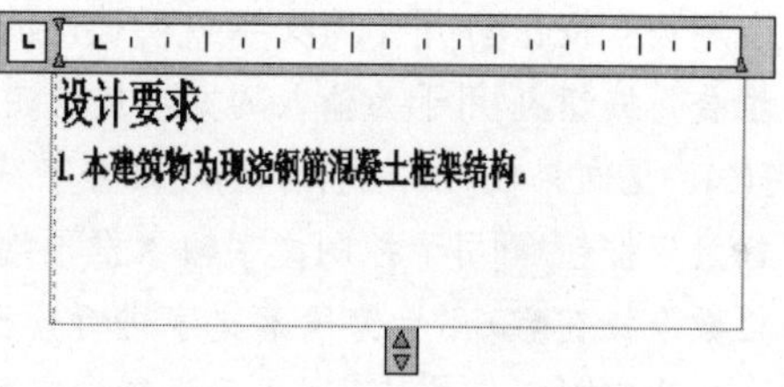

图 6-16　输入第一行文字

08 按 Enter 键，分别输入其他两行文字对象，如图 6-17 所示。

09 将光标移至标题前，然后按 Enter 键添加空格，结果如图 6-18 所示。

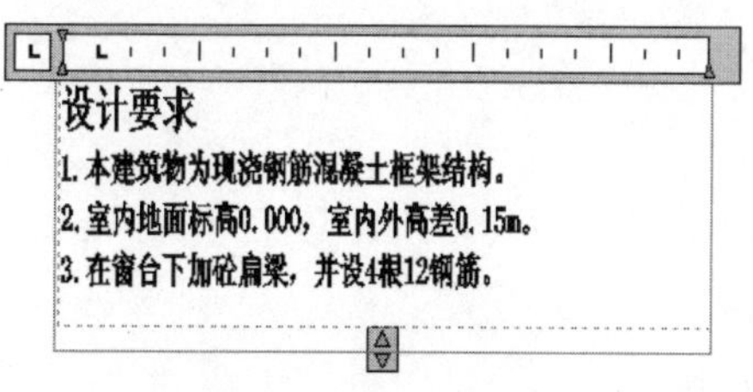

图 6-17　输入其他行文字

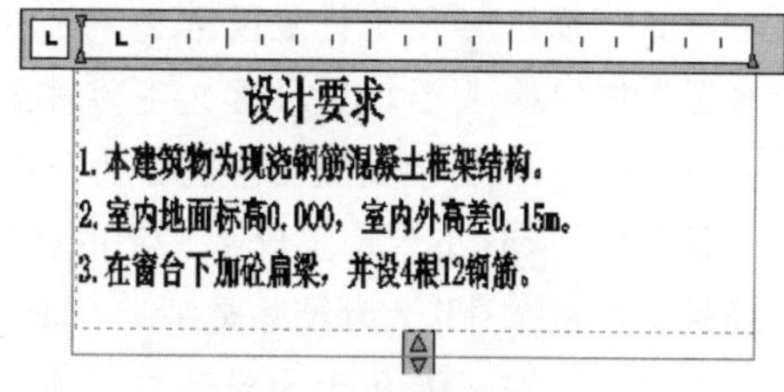

图 6-18　添加空格

10 关闭“文字编辑器”，文字的创建结果如图 6-19 所示。

如果用户是在“经典模式”空间内执行“多行文字”命令，则会打开如图 6-20 所示的“文字格式”

编辑器。

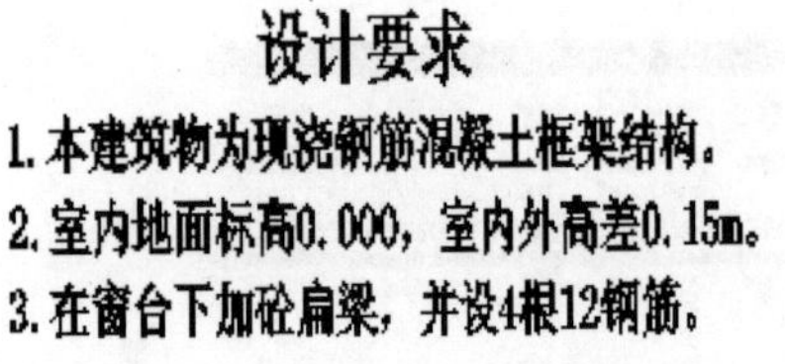

设计要求
1.本建筑物为现浇钢筋混凝土框架结构。
2.室内地面标高0.000，室内外高差0.15m。
3.在窗台下加砼扁梁，并设4根12钢筋。

图 6-19　创建多行文字

文字格式
Standard
宋体
12
ByLayer
确定
0.0000
1.0000
0.7000

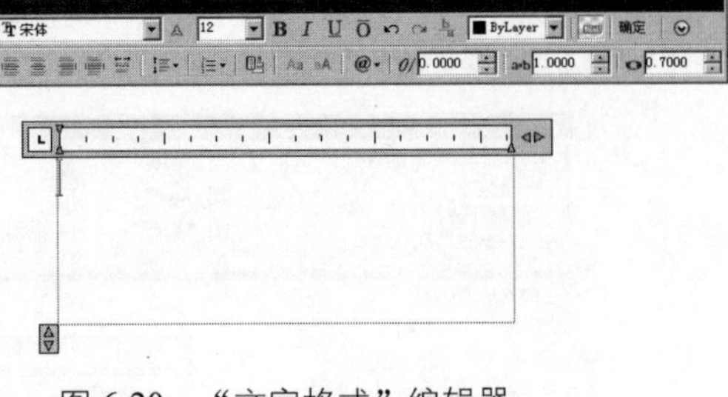

图 6-20　“文字格式”编辑器

“文字格式”编辑器由工具栏和顶部带标尺的文本输入框两部分组成。各组成部分重要功能如下：

（1）工具栏

工具栏主要用于控制多行文字对象的文字样式和选定文字的各种字符格式、对正方式、项目编号等，其中：

- Standard 下拉列表框用于设置当前的文字样式。
- 宋体 下拉列表框用于设置或修改文字的字体。
- 2.5 下拉列表框用于设置新字符高度或更改选定文字的高度。
- ByLayer 下拉列表框用于为文字指定颜色或修改选定文字的颜色。
- “粗体”按钮 B 用于为输入的文字对象或所选定文字对象设置粗体格式。“斜体”按钮 I 用于为新输入文字对象或所选定文字对象设置斜体格式。粗体和斜体仅适用于使用 TrueType 字体的字符。
- “下划线”按钮 U 用于为文字或所选定的文字对象设置下划线格式。
- “上划线”按钮 Ō 用于为文字或所选定的文字对象设置上划线格式。
- “堆叠”按钮用于为输入的文字或选定的文字设置堆叠格式。要使文字堆叠，文字中需包含插入符(^)、正向斜杠(/)或磅符号(#)，堆叠字符左侧的文字将堆叠在字符右侧的文字之上。
- “标尺”按钮用于控制文字输入框顶端标心的开关状态。
- “栏数”按钮用于为段落文字进行分栏排版。
- “多行文字对正”按钮用于设置文字的对正方式。
- “段落”按钮用于设置段落文字的制表位、缩进量、对齐、间距等。
- “左对齐”按钮用于设置段落文字为左对齐方式。
- “居中”按钮用于设置段落文字为居中对齐方式。
- “右对齐”按钮用于设置段落文字为右对齐方式。
- “对正”按钮用于设置段落文字为对正方式。
- “分布”按钮用于设置段落文字为分布排列方式。
- “行距”按钮用于设置段落文字的行间距。
- “编号”按钮用于为段落文字进行编号。
- “插入字段”按钮用于为段落文字插入一些特殊字段。
- “全部大写”按钮 Aa 用于修改英文字符为大写。
- “全部小写”按钮 aA 用于修改英文字符为小写。
- “符号”按钮 @ 用于添加一些特殊符号。

- “倾斜角度”按钮 0.0000 用于修改文字的倾斜角度。
- “追踪”微调按钮 1.0000 用于修改文字间的距离。
- “宽度因子”按钮 1.0000 用于修改文字的宽度比例。

（2）多行文字输入框

如图 6-21 所示的文本输入框，位于工具栏下侧，主要用于输入和编辑文字对象，它是由标尺和文本框两部分组成。在文本输入框内单击鼠标右键，可弹出如图 6-22 所示的快捷菜单，个别选项功能如下：

- “全部选择”选项用于选择多行文字输入框中的所有文字。
- “改变大小写”选项用于改变选定文字对象的大小写。
- “查找和替换”选项用于搜索指定的文字串并使用新的文字将其替换。
- “自动大写”选项用于将新输入的文字或当前选择的文字转换成大写。
- “删除格式”选项用于删除选定文字的粗体、斜体或下划线等格式。
- “合并段落”用于将选定的段落合并为一段并用空格替换每段的回车。
- “符号”选项用于在光标所在的位置插入一些特殊符号或不间断空格。
- “输入文字”选项用于向多行文本编辑器中插入 TXT 格式的文本、样板等文件或插入 RTF 格式的文件。

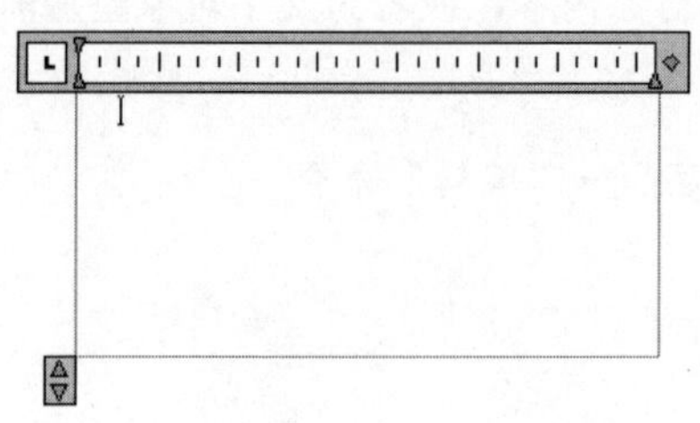

图 6-21　文字输入框

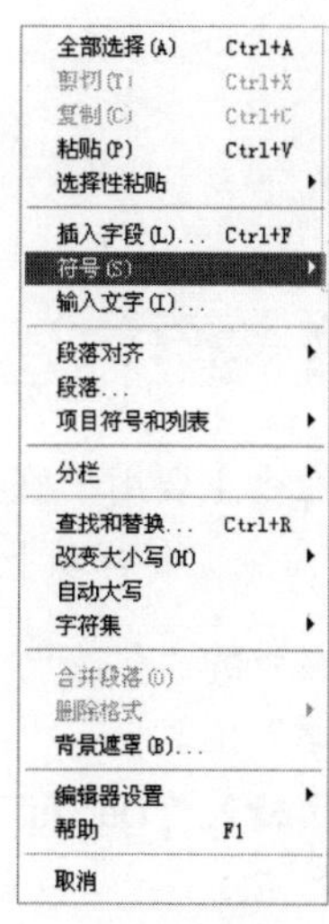

图 6-22　快捷菜单

6.2.3　创建特殊字符

使用“多行文字”命令中的字符功能，可以非常方便地创建一些特殊符号，如度数、直径符号、正负号、平方、立方等。下面学习特殊字符的创建技巧，具体操作过程如下：

01 继续上节操作。在段落文字对象上双击，打开“文字编辑器”。

02 将光标定位到“0.000”前，然后单击“文字编辑器”选项卡→“插入”面板→“符号”按钮@，在打开的符号菜单中选择“正/负”选项，结果所选择的正/负号的代码选项会自动转化为正负号符号，如图 6-23 所示。

03 将光标定位到“12”前，然后单击@按钮打开符号菜单，选择“直径”选项，添加直径符号，如图

6-24 所示。

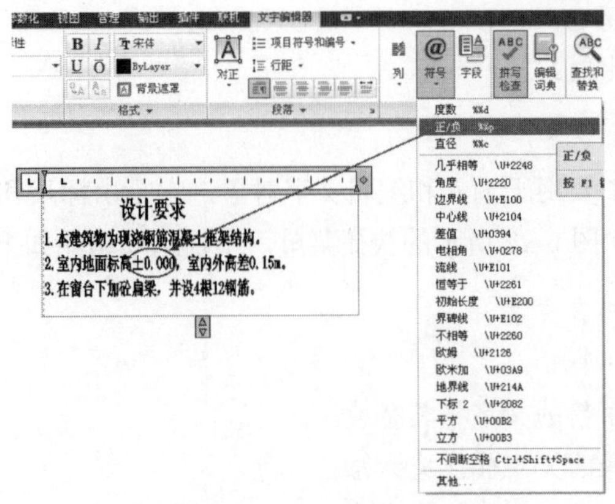

设计要求
1.本建筑物为现浇钢筋混凝土框架结构。
2.室内地面标高±0.000，室内外高差0.15m。
3.在窗台下加砼扁梁，并设4根12钢筋。
度数 %%d
正/负 %%p
直径 %%c
不间断空格 Ctrl+Shift+Space
其他...

图 6-23　添加正/负号

设计要求
1.本建筑物为现浇钢筋混凝土框架结构。
2.室内地面标高±0.000，室内外高差0.15m。
3.在窗台下加砼扁梁，并设4根φ12钢筋。
度数 %%d
正/负 %%p
直径 %%c
不间断空格 Ctrl+Shift+Space
其他...

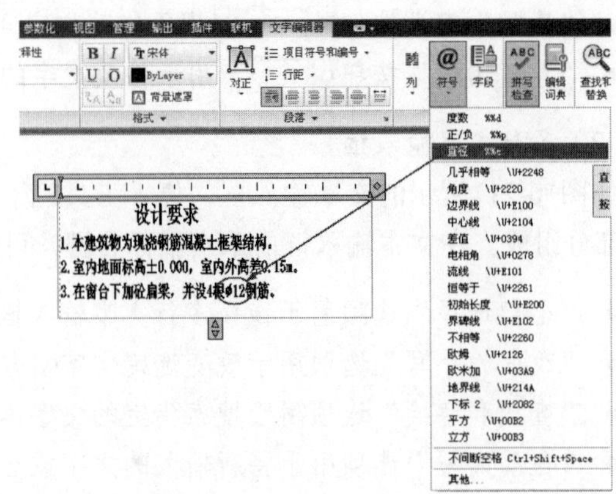

图 6-24　添加直径符号

04 关闭“文字编辑器”，完成特殊符号的添加，结果如图 6-25 所示。

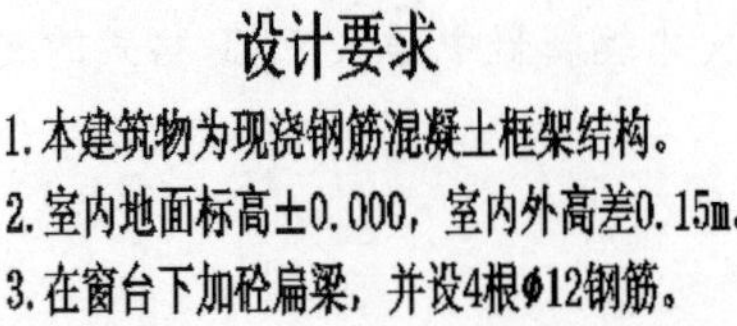

设计要求
1.本建筑物为现浇钢筋混凝土框架结构。
2.室内地面标高±0.000，室内外高差0.15m。
3.在窗台下加砼扁梁，并设4根φ12钢筋。

图 6-25　添加符号

6.2.4 编辑文字注释

“编辑文字”命令主要用于修改编辑现有的文字对象内容，或者为文字对象添加前缀或后缀等内容。执行“编辑文字”命令主要有以下几种方式：

- 选择菜单栏中的“修改”→“对象”→“文字”→“编辑”命令
- 单击“文字”工具栏→“编辑文字”按钮
- 在命令行中输入“Ddedit”后按 Enter 键
- 使用快捷键 ED

1. 编辑单行文字

如果需要编辑的文字是使用“单行文字”命令创建的，那么在执行“编辑文字”命令后，命令行会出现“选择注释对象或 [放弃(U)]”的操作提示。此时用户只需要单击编辑的单行文字，系统即可打开如图 6-26 所示的单行文字编辑框，在此编辑框中输入正确的文字内容即可。

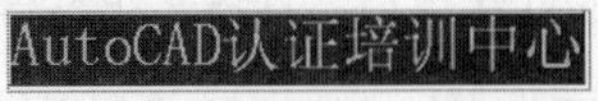

AutoCAD认证培训中心

图 6-26　单行文字编辑框

2. 编辑多行文字

如果编辑的文字是使用“多行文字”命令创建的，那么在执行“编辑文字”命令后，命令行出现“选择注释对象或 [放弃(U)]”的操作提示。此时用户只需要单击编辑的文字对象，将会打开“文字编辑器”，在此编辑器内不但可以修改文字的内容，而且还可以修改文字的样式、字体、字高及对正方式等特性。

6.3 创建引线文字

本节主要学习“快速引线”和“多重引线”两个命令，以创建带有引线的文字注释。

6.3.1 快速引线

“快速引线”命令用于创建一端带有箭头、另一端带有文字注释的引线尺寸，其中，引线可以为直线段，也可以为平滑的样条曲线，如图 6-27 所示。

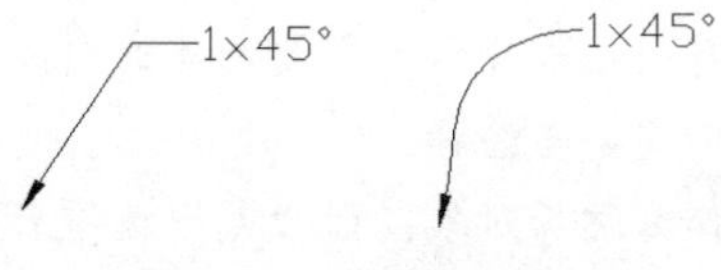

图 6-27　引线标注示例

在命令行中输入“Qleader”或“LE”后按 Enter 键，激活“快速引线”命令。其命令行操作如下：

```
命令: _qleader
指定第一个引线点或 [设置(S)] <设置>:      //在适当位置定位第一个引线点
指定下一点:                              //在适当位置定位第二个引线点
指定文字宽度 <0>:                        // Enter
输入注释文字的第一行 <多行文字(M)>:      // 12 厘清玻 Enter
输入注释文字的下一行:                    //玻璃层板 Enter
输入注释文字的下一行:                    // Enter，标注结果如图 6-28 所示
```

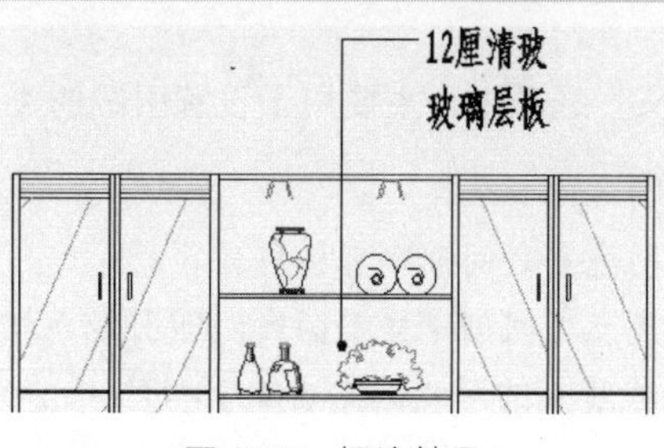

图 6-28　标注结果

1. “注释”选项卡

激活“设置”选项后，可打开如图 6-29 所示的“引线设置”对话框，以设置引线参数。

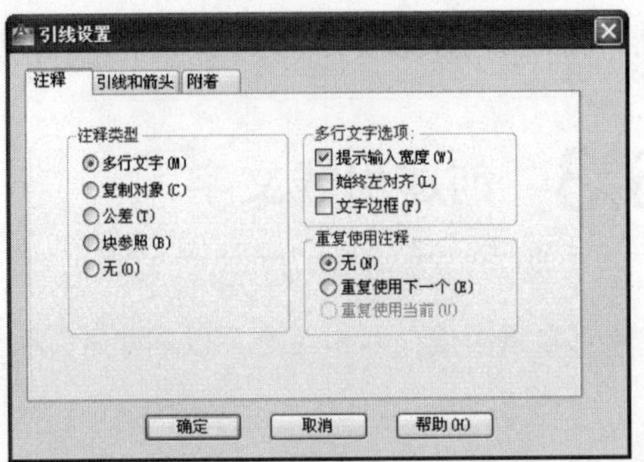

图 6-29 “注释”选项卡

(1) “注释类型”选项组

- “多行文字”选项用于在引线末端创建多行文字注释。
- “复制对象”选项用于复制已有引线注释作为需要创建的引线注释。
- “公差”选项用于在引线末端创建公差注释。
- “块参照”选项用于以内部块作为注释对象；而“无”选项表示创建无注释的引线。

(2) “多行文字选项”选项组

- “提示输入宽度”复选框用于提示用户，指定多行文字注释的宽度。
- “始终左对齐”复选框用于自动设置多行文字使用左对齐方式。
- “文字边框”复选框主要用于为引线注释添加边框。

(3) “重复使用注释”选项组

- “无”选项表示不对当前所设置的引线注释进行重复使用。
- “重复使用下一个”选项用于重复使用下一个引线注释。
- “重复使用当前”选项用于重复使用当前的引线注释。

2. “引线和箭头”选项卡

如图 6-30 所示的“引线和箭头”选项卡，主要用于设置引线的类型、点数、箭头及引线段的角度约束等参数。

- “直线”选项用于在指定的引线点之间创建直线段。
- “样条曲线”选项用于在引线点之间创建样条曲线，即引线为样条曲线。
- “箭头”选项组用于设置引线箭头的形式。单击 实心闭合 下拉列表框，在下拉列表框中选择一种箭头形式。
- “无限制”复选框表示系统不限制引线点的数量，用户可以通过按 Enter 键，手动结束引线点的设置过程。
- “最大值”选项用于设置引线点数的最多数量。
- “角度约束”选项组用于设置第一条引线与第二条引线的角度约束。

3. “附着”选项卡

如图 6-31 所示的“附着”选项卡，主要用于设置引线和多行文字注释之间的附着位置，只有在“注释”选项卡内选择“多行文字”选项时，此选项卡才可用。

- “第一行顶部”单选按钮用于将引线放置在多行文字第一行的顶部。
- “第一行中间”单选按钮用于将引线放置在多行文字第一行的中间。
- “多行文字中间”单选按钮用于将引线放置在多行文字的中部。
- “最后一行中间”单选按钮用于将引线放置在多行文字最后一行的中间。
- “最后一行底部”单选按钮用于将引线放置在多行文字最后一行的底部。
- “最后一行加下划线”复选按钮用于为最后一行文字添加下划线。

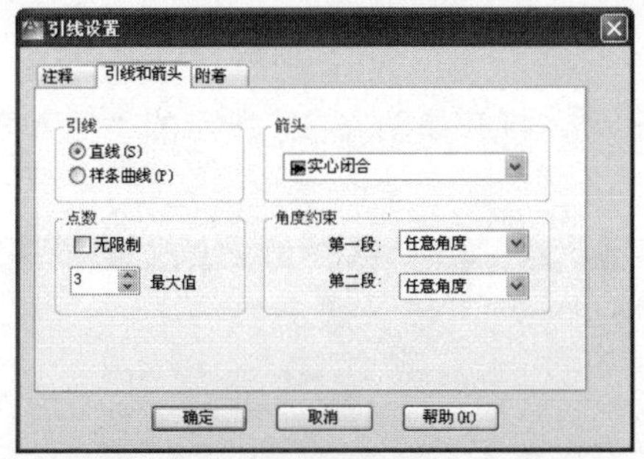

图 6-30　“引线和箭头”选项卡

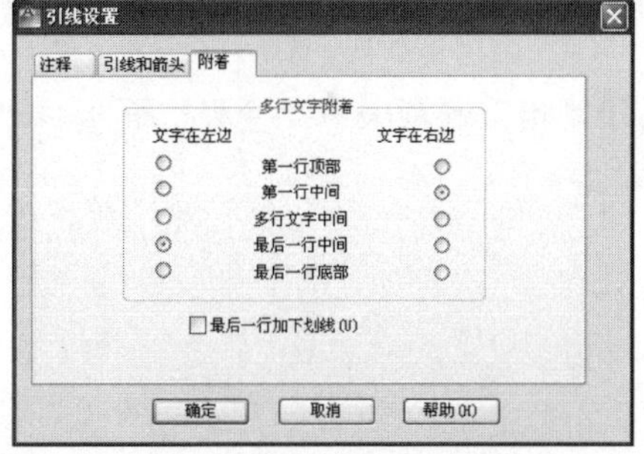

图 6-31　“附着”选项卡

6.3.2　多重引线

另外，使用“多重引线”命令也可以创建具有多个选项的引线对象，只不过，这些选项功能都是通过命令行进行设置的，没有对话框较为直观。执行“多重引线”命令主要有以下几种方式：

- 单击“常用”选项卡→“注释”面板→“重引线”按钮
- 选择菜单栏中的“标注”菜单→“多重引线”命令
- 单击“多重引线”→“重引线”按钮
- 在命令行中输入“Mleader“后按 Enter 键
- 使用快捷键 MLE

激活“多重引线”命令后，其命令行操作如下：

```
命令: _mleader
指定引线基线的位置或 [引线箭头优先(H)/内容优先(C)/选项(O)] <选项>:  //Enter
输入选项 [引线类型(L)/引线基线(A)/内容类型(C)/最大节点数(M)/第一个角度(F)/第二个角度(S)/退出选项(X)] <退出选项>:                                    //输入一个选项
指定引线基线的位置或 [引线箭头优先(H)/内容优先(C)/选项(O)] <选项>:  //指定基线位置
指定引线箭头的位置:   //指定箭头位置并输入注释内容
```

6.4　表格与表格样式

AutoCAD 为用户提供了表格的创建与填充功能，使用“表格”命令，不但可以创建表格和填充表格内容，还可以将表格链接至 Microsoft Excel 电子表格中的数据。执行“表格”命令主要有以下几种方式：

- 单击“常用”选项卡→“注释”面板→“表格”按钮
- 选择菜单栏中的“绘图”→“表格”命令
- 单击“绘图”工具栏→“表格”按钮
- 在命令行中输入“Table“后按 Enter 键
- 在命令行中输入 TB

下面通过创建如图 6-32 所示的简单表格，学习使用“表格”命令的操作方法和技巧。具体操作步骤如下：

01 单击“常用”选项卡→“注释”面板→“表格”按钮，打开如图 6-33 所示的“插入表格”对话框。

标题			
表头	表头	表头	表头

图 6-32 创建表格

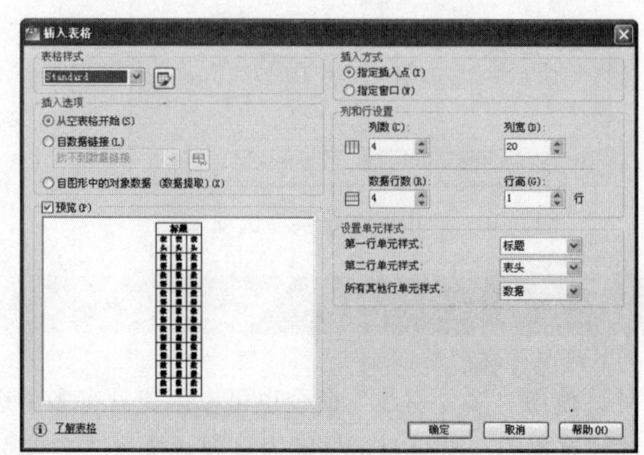

图 6-33 “插入表格”对话框

02 在“列数”文本框中输入 4，设置表格列数为 4；在“列宽”文本框中输入 20，设置列宽为 20。

03 在“数据行数”文本框中输入 4，设置表格行数为 4，其他参数不变。然后单击 确定 按钮返回绘图区，在命令行“指定插入点:”的提示下，拾取一点作为插入点。

04 此时系统打开“文字编辑器”，然后在反白显示的表格框内输入“标题”，如图 6-34 所示。

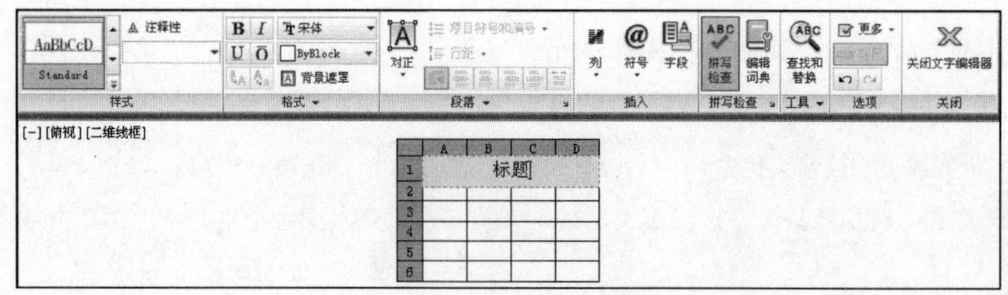

图 6-34 输入标题文字

05 按键盘上的右方向键或按 Tab 键，此时光标跳至左下侧的列标题栏中，如图 6-35 所示。

06 此时在反白显示的列标题栏中输入文字，如图 6-36 所示。

07 继续按右方向键或 Tab 键，分别在其他列标题栏中输入表格文字，如图 6-37 所示。

	A	B	C	D
1	标题			
2				
3				
4				
5				
6				

图 6-35　定位光标

	A	B	C	D
1	标题			
2	表头			
3				
4				
5				
6				

图 6-36　输入文字

	A	B	C	D
1	标题			
2	表头	表头	表头	表头
3				
4				
5				
6				

图 6-37　输入其他文字

AutoCAD 小提示

默认状态下创建的表格，不仅包含标题行，还包含表头行、数据行。用户可以根据实际情况进行取舍。

"插入表格"对话框中选项含义如下：

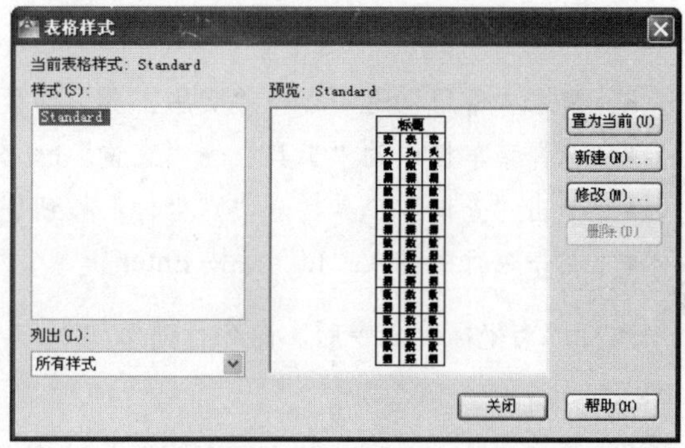

图 6-38　"表格样式"对话框

- 单击 Standard 列表右侧的按钮，可打开如图 6-38 所示的"表格样式"对话框，在此对话框中可以设置新的表格样式、修改已有表格样式或设置当前样式等。
- 在"插入表格"对话框中，"表格样式"选项组不仅可以设置、新建或修改当前表格样式，还可以对表格样式进行预览。
- "插入选项"选项组用于设置表格的填充方式，具体有"从空表格开始、自数据链接和自图形中的对象数据"3 种。
- "插入方式"选项组用于设置表格的插入方式。即激活此方式后，系统将按照当前的行参数和列参数创建表格。

AutoCAD 小提示

系统共提供了"指定插入点"和"指定窗口"两种方式，默认方式为"指定插入点"方式。如果使用"指定窗口"方式，系统将表格的行数设为自动，即按照指定的窗口区域自动生成表格的数据行，而表格的其它参数仍使用当前的设置。

- "列和行设置"选项组用于设置表格的列参数、行参数及列宽和行高参数。系统默认的列参数为 5、行参数为 1。
- "设置单元样式"选项组用于设置第一行、第二行或其他行的单元样式。

另外，打开"表格样式"对话框，还有以下几种方法：

- 单击"常用"选项卡→"注释"面板→"表格样式"按钮
- 选择菜单栏中的"格式"→"表格样式"命令
- 单击"样式"工具栏→"表格样式"按钮

- 在命令行中输入“Tablestyle“后按 Enter 键
- 使用快捷键 TS

6.5 查询图形的信息

本节主要学习图形信息的几个查询工具，具体有“点坐标”、“距离”、“面积”和“列表”4 个命令。

6.5.1 点坐标

“点坐标”命令主要用于查询点的 X 轴向坐标值和 Y 轴向坐标值，所查询出的坐标值为点的绝对坐标值。执行“点坐标”命令主要有以下几种方式：

- 单击“常用”选项卡→“实用工具”面板→“点坐标”按钮
- 选择菜单栏中的“工具”→“查询”→“点坐标”命令
- 单击“查询”工具栏→“点坐标”按钮
- 在命令行中输入“Id”后按 Enter 键

执行“点坐标”命令后，命令行提示如下：

```
命令：_Id
指定点：                    //捕捉需要查询的坐标点。
AutoCAD 报告如下信息：
X = <X 坐标值>     Y =<Y 坐标值>      Z = <Z 坐标值>
```

6.5.2 距离

“距离”命令用于查询任意两点之间的距离。还可以查询两点的连线与 X 轴或 XY 平面的夹角等参数信息。执行“距离”命令主要有以下几种方式：

- 单击“常用”选项卡→“实用工具”面板→“距离”按钮
- 选择菜单栏中的“工具”→“查询”→“距离”命令
- 单击“查询”工具栏→“距离”按钮
- 在命令行中输入“Dist”或“Measuregeom”后按 Enter 键
- 使用命令简写 DI

下面通过实例学习“距离”命令的使用方法和技巧。具体操作步骤如下：

01 首先绘制长度为 200，角度为 30 的倾斜线段。

02 单击“常用”选项卡→“实用工具”面板→“距离”按钮，查询倾斜线段的长度、角度等几何信息。命令行操作如下：

```
命令：_MEASUREGEOM
```

```
输入选项 [距离(D)/半径(R)/角度(A)/面积(AR)/体积(V)] <距离>: _distance
指定第一点:                       //捕捉线段的下端点
指定第二个点或 [多个点(M)]:
//捕捉线段的上端点，系统自动查询这两点之间的信息，具体如下:
距离 = 39.0966, XY 平面中的倾角 = 27,   与 XY 平面的夹角 = 0
X 增量 = 34.7975,   Y 增量 = 17.8236,    Z 增量 = 0.0000
```

其中：

- “距离”表示所拾取的两点之间的实际长度；
- “XY 平面中的倾角”表示所拾取的两点连线与 X 轴正方向的夹角；
- “与 XY 平面的夹角”表示拾取的两点连线与坐标系 XY 平面的夹角；
- “X 增量”表示所拾取的两点在 X 轴方向上的坐标差；
- “Y 增量”表示所拾取的两点在 Y 轴方向上的坐标差。

03 最后在命令行“输入选项 [距离(D)/半径(R)/角度(A)/面积(AR)/体积(V)/退出(X)] <距离>: ”提示下，输入 X 并按 Enter 键，结束命令。

- “半径”选项用于查询圆弧或圆的半径、直径等。
- “角度”选项用于圆弧、圆或直线等对象的角度。
- “面积”选项用于查询单个封闭对象或由若干点围成区域的面积及周长等。
- “体积”选项用于查询对象的体积。

6.5.3　面积

“面积”命令主要用于查询单个对象或由多个对象所围成的闭合区域的面积及周长。执行“面积”命令主要有以下几种方式：

- 单击“常用”选项卡→“实用工具”面板→“面积”按钮
- 选择菜单栏中的“工具”→“查询”→“面积”命令
- 单击“查询”工具栏→“面积”按钮
- 在命令行中输入“Measuregeom”或“Area”后按 Enter 键

下面通过查询正六边形的面积和周长，学习“面积”命令使用方法和操作技巧。具体操作步骤如下：

01 首先绘制边长为 150 的正六边形。

02 单击“常用”选项卡→“实用工具”面板→“面积”按钮，查询正六边形的面积和周长。操作过程如下：

```
命令: _MEASUREGEOM
输入选项 [距离(D)/半径(R)/角度(A)/面积(AR)/体积(V)] <距离>: _area
指定第一个角点或 [对象(O)/增加面积(A)/减少面积(S)/退出(X)] <对象(O)>:
//捕捉正六边形左上角点
指定下一个点或 [圆弧(A)/长度(L)/放弃(U)]:    //捕捉正六边形左角点
```

```
指定下一个点或 [圆弧(A)/长度(L)/放弃(U)]:    //捕捉正六边形左下角点
指定下一个点或 [圆弧(A)/长度(L)/放弃(U)/总计(T)] <总计>: //捕捉正六边形右下角点
指定下一个点或 [圆弧(A)/长度(L)/放弃(U)/总计(T)] <总计>: //捕捉正六边形右角点
指定下一个点或 [圆弧(A)/长度(L)/放弃(U)/总计(T)] <总计>: //捕捉正六边形右上角点
指定下一个点或 [圆弧(A)/长度(L)/放弃(U)/总计(T)] <总计>:
// Enter，结束面积的查询过程
查询结果：面积 = 58456.7148，周长 = 900.0000
```

03 最后在命令行“输入选项 [距离(D)/半径(R)/角度(A)/面积(AR)/体积(V)/退出(X)] <面积>:提示下，输入 X 并按 Enter 键，结束命令。

命令行选项含义如下：

- “对象”选项用于查询单个闭合图形的面积和周长，如圆、椭圆、矩形、多边形、面域等。另外，使用此选项也可以查询由多段线或样条曲线所围成的区域的面积和周长。
- “增加面积”选项主要用于将新选图形实体的面积加入总面积中，此功能属于“面积的加法运算”。另外，如果用户需要执行面积的加法运算，必需先要将当前的操作模式转换为加法运算模式。
- “减少面积”选项用于将所选实体的面积从总面积中减去，此功能属于“面积的减法运算”。另外，如果用户需要执行面积的减法运算，必需先要将当前的操作模式转换为减法运算模式。

6.5.4 列表

“列表”命令用于查询图形所包含的众多内部信息，如图层、面积、点坐标及其他的空间等特性参数。执行“列表”命令主要有以下几种方式：

- 选择菜单栏中的“工具”→“查询”→“列表”命令
- 单击“查询”工具栏→“列表”按钮
- 在命令行中输入“List”后按 Enter 键
- 使用快捷键 LI 或 LS

当执行“列表”命令后，选择需要查询信息的图形对象，AutoCAD 会自动切换到文本窗口，并滚动显示所有选择对象的有关特性参数。下面学习使用“列表”命令。具体操作步骤如下：

01 新建文件并绘制半径为 100 的圆。

02 单击“查询”工具栏中的按钮，激活“列表”命令。

03 在命令行“选择对象:”提示下，选择刚绘制的圆。

04 继续在命令行“选择对象:”提示下，按 Enter 键，系统将以文本窗口的形式直观显示所查询出的信息，如图 6-39 所示。

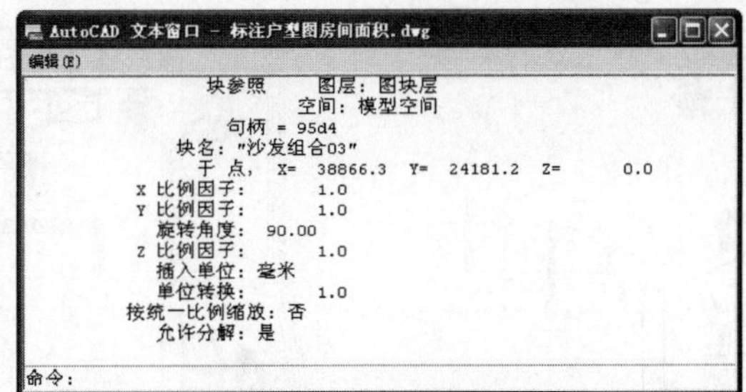

图 6-39　列表查询结果

6.6 案例——标注户型图房间功能

本例通过为某户型图标注房间功能性文字注释，对本章知识进行综合练习和巩固应用。户型图房间功能的最终标注效果如图 6-40 所示。

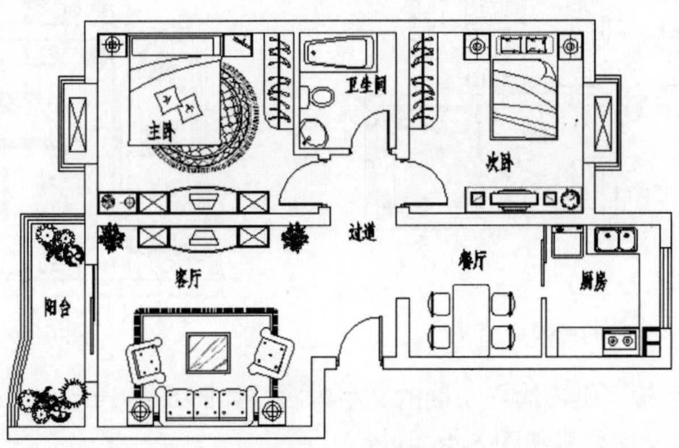

图 6-40　标注效果

01 打开随书光盘"\实例效果文件\第 6 章\小户型布置图.dwg"，如图 6-41 所示。

02 使用快捷键"LA"激活"图层"命令，创建名为"文本层"的新图层，图层颜色为"洋红"，并将其设置为当前图层。

03 单击"常用"选项卡→"注释"面板→"文字样式"按钮，打开"文字样式"对话框，创建一种名为"仿宋体"的文字样式，其中字体为"仿宋体"，宽度比例为 0.7。

04 单击"常用"选项卡→"注释"面板→"单行文字"按钮，在命令行"指定文字的起点或 [对正(J)/样式(S)]："提示下，在平面图左上侧房间内拾取一点。

05 在"指定高度 <2.500>："提示下输入 280 后按 Enter 键，设置高度。

06 在"指定文字的旋转角度 <0.000>："提示下按 Enter 键。

07 此时系统显示出如图 6-41 所示的单行文字输入框，在此输入框内输入如图 6-42 所示的文字注释。

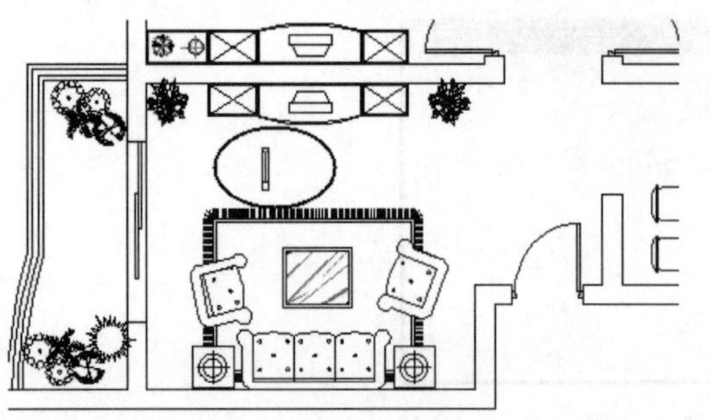

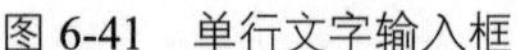
图 6-41 单行文字输入框

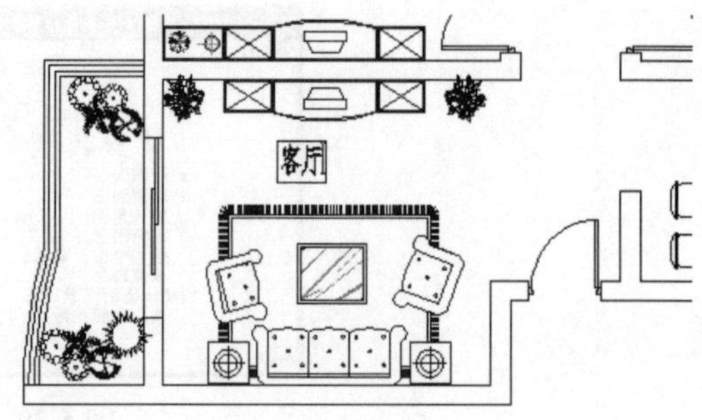

图 6-42 输入文字

08 结束“单行文字”命令。然后使用快捷键“CO”激活“复制”命令，将刚输入的文字分别复制到其他房间内，结果如图 6-43 所示。

09 使用快捷键“ED”激活“编辑文字”命令，在命令行“选择注释对象或 [放弃(U)]：”提示下，选择复制后的文字，被选择的文字反白显示，如图 6-44 所示。

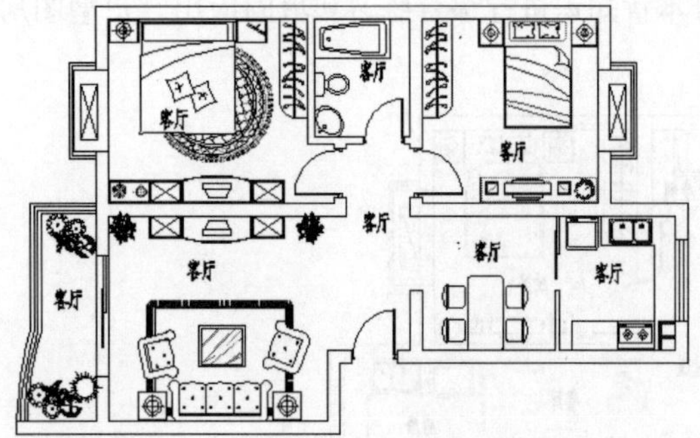

图 6-43 复制结果

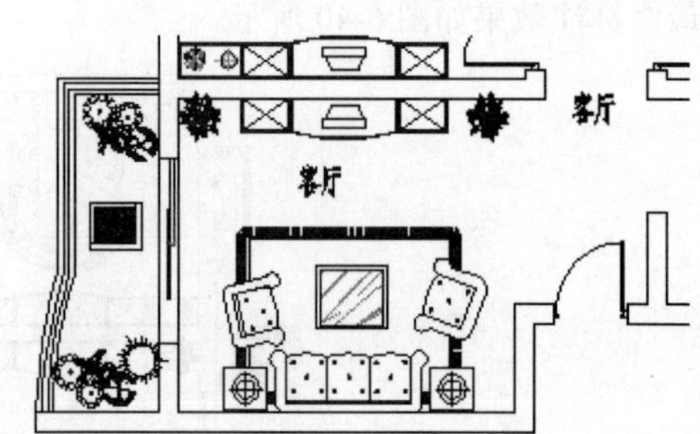

图 6-44 选择文字

10 此时在反白显示的文字输入框内输入正确的文字内容，如图 6-45 所示。

11 按 Enter 键，修改后的文字效果如图 6-46 所示。

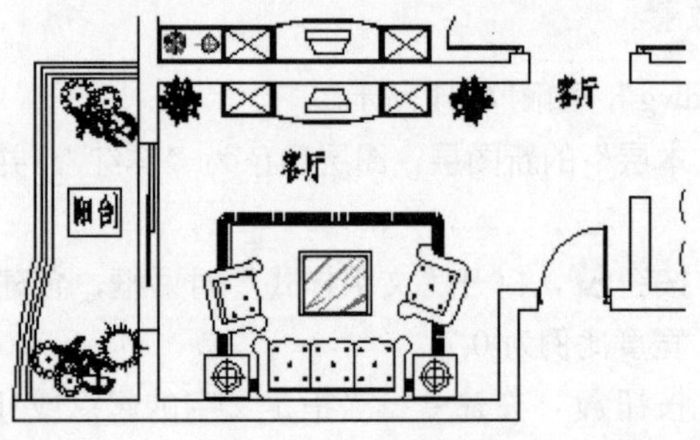

图 6-45 输入文字

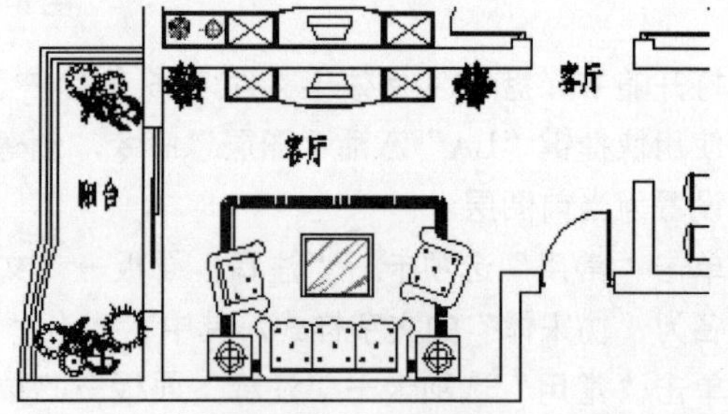

图 6-46 修改结果

12 参照步骤 09~11 的操作方法，根据命令行的提示，分别修改其他房间内的文字注释，结果如图 6-47 所示。

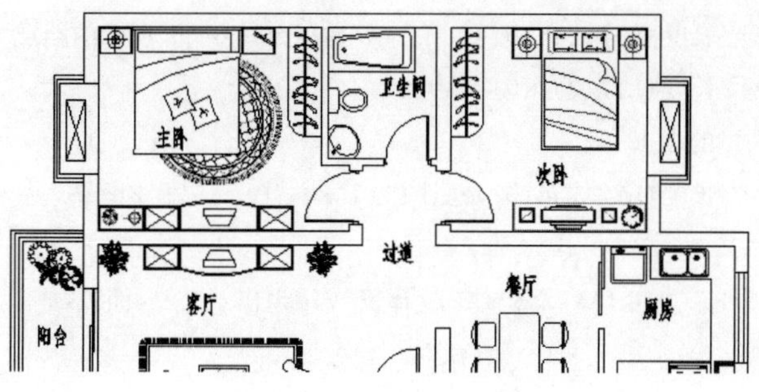

图 6-47　编辑其他文字

13 最后使用“另存为”命令，将图形另命存储为“标注户型图房间功能.dwg”。

6.7 案例——标注户型图房间面积

本例通过为某户型图标注房间使用面积，对本章知识进行综合练习和巩固应用。户型图房间使用面积的最终标注效果如图 6-48 所示。

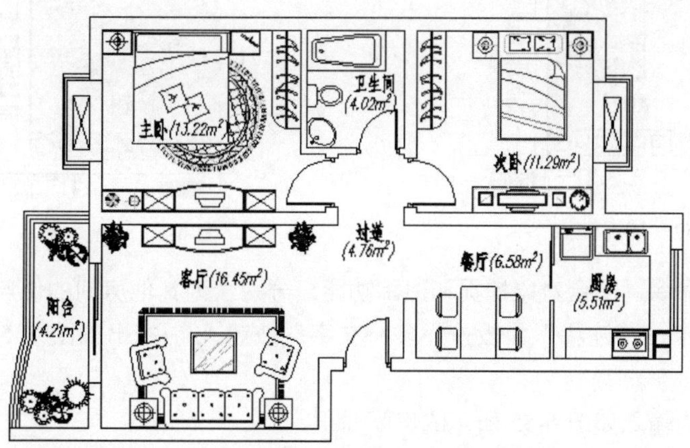

图 6-48　面积标注效果

01 打开随书光盘“\实例效果文件\第 6 章\标注户型图房间功能.dwg”。

02 使用快捷键“LA”激活“图层”命令，创建名为“面积层”的新图层，图层颜色为 124 号色，并将其设置为当前图层。

03 单击“常用”选项卡→“注释”面板→“文字样式”按钮，创建一种名为“面积”的文字样式，参数设置如图 6-49 所示。

04 单击“常用”选项卡→“实用工具”面板→“面积”按钮，查询卧室的使用面积。命令行操作如下：

```
命令：_MEASUREGEOM
输入选项 [距离(D)/半径(R)/角度(A)/面积(AR)/体积(V)] <距离>: _area
指定第一个角点或 [对象(O)/增加面积(A)/减少面积(S)/退出(X)] <对象(O)>:
                                        //捕捉如图 6-50 所示的端点
指定下一个点或 [圆弧(A)/长度(L)/放弃(U)]:        //捕捉如图 6-51 所示的端点
```

```
指定下一个点或 [圆弧(A)/长度(L)/放弃(U)]:      //捕捉如图 6-52 所示的端点
指定下一个点或 [圆弧(A)/长度(L)/放弃(U)/总计(T)] <总计>:
    //捕捉如图 6-53 所示的端点
指定下一个点或 [圆弧(A)/长度(L)/放弃(U)/总计(T)] <总计>:  // Enter
区域 = 11289600.0, 周长 = 13440.0
输入选项 [距离(D)/半径(R)/角度(A)/面积(AR)/体积(V)/退出(X)] <面积>:
//X Enter, 结束命令
```

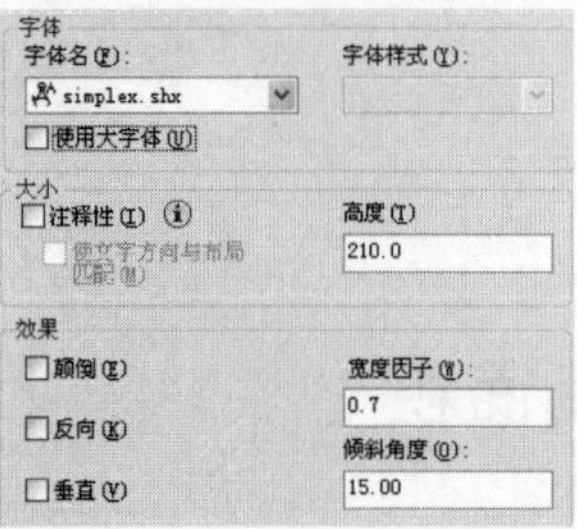

图 6-49　设置文字样式

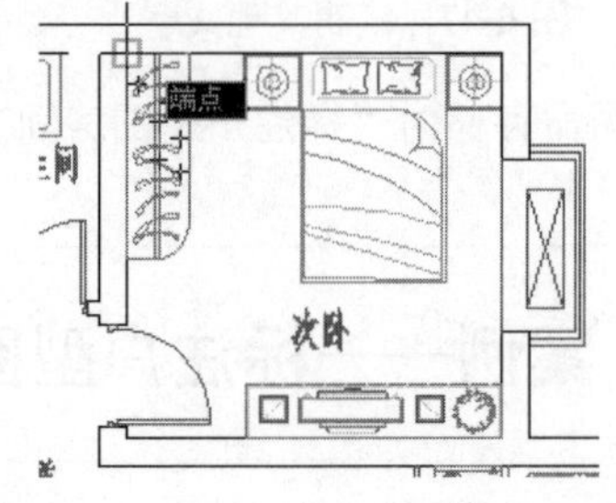

图 6-50　捕捉端点

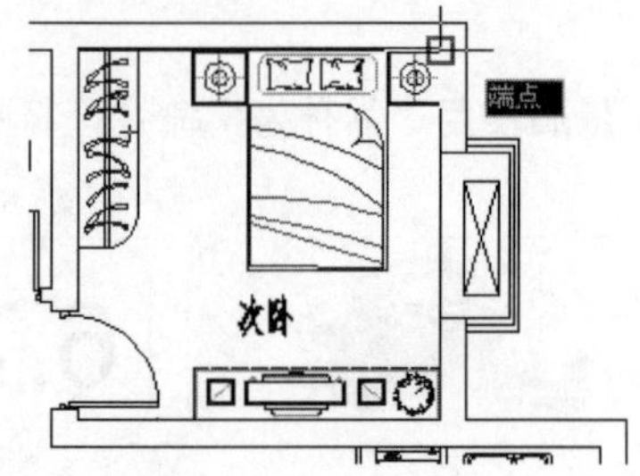

图 6-51　捕捉端点

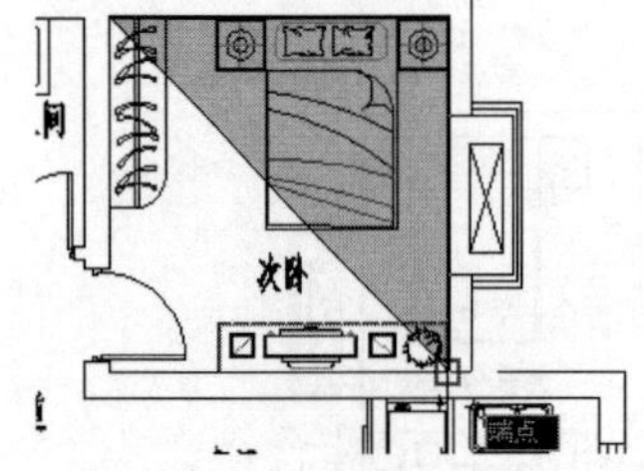

图 6-52　捕捉端点

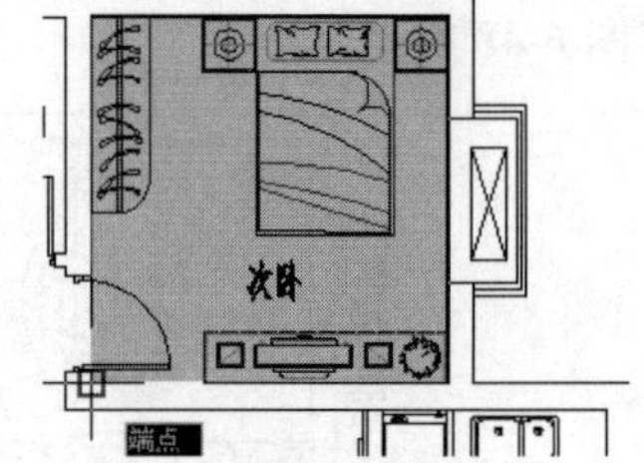

图 6-53　捕捉端点

05 重复执行“面积”命令，配合对象捕捉和追踪功能，分别查询其他房间的使用面积。

06 单击“常用”选项卡→“注释”面板→“多行文字”按钮 A，拖出如图 6-54 所示的矩形框，打开“文字编辑器”。

07 在多行文字输入框内输入如图 6-55 所示的房间面积。

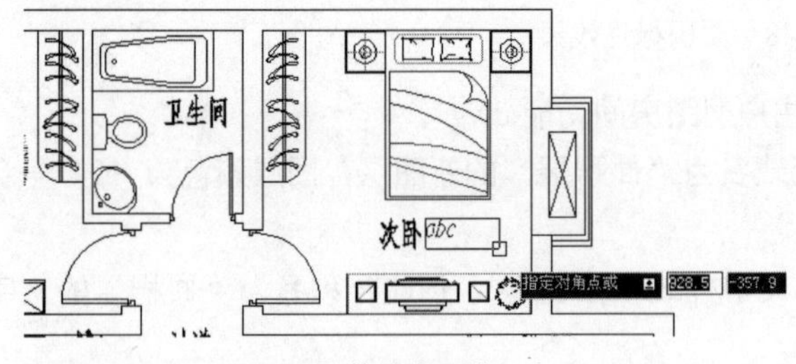

图 6-54　拖出矩形框

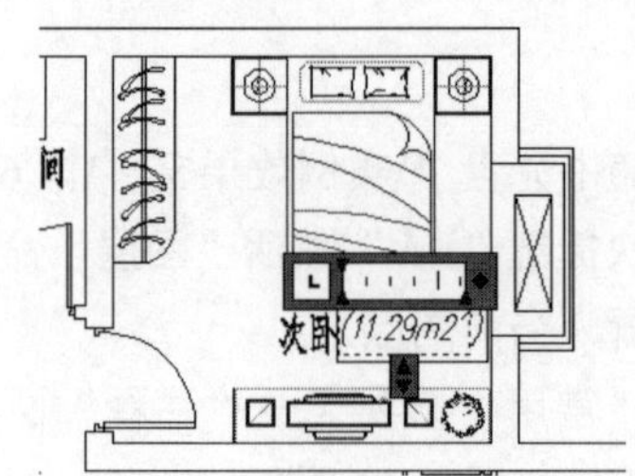

图 6-55　输入文字内容

符号“^”是按键盘上的 Shift+6 组合键输入的。

08 在文字输入框内选择“2^”后，使其呈现反白显示，如图 6-56 所示。

09 单击“文字编辑器”选项卡→“格式”面板→“堆叠”按钮，将文字进行堆叠，结果如图 6-57 所示。

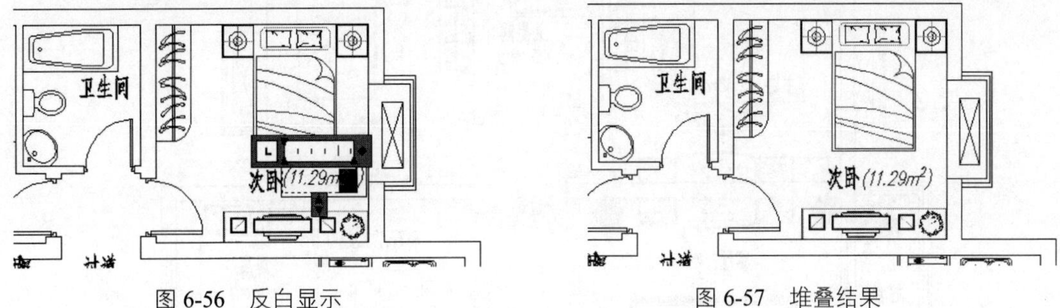

图 6-56　反白显示　　图 6-57　堆叠结果

10 使用快捷键“CO”激活“复制”命令，将标注的面积分别复制到其他房间内，结果如图 6-58 所示。

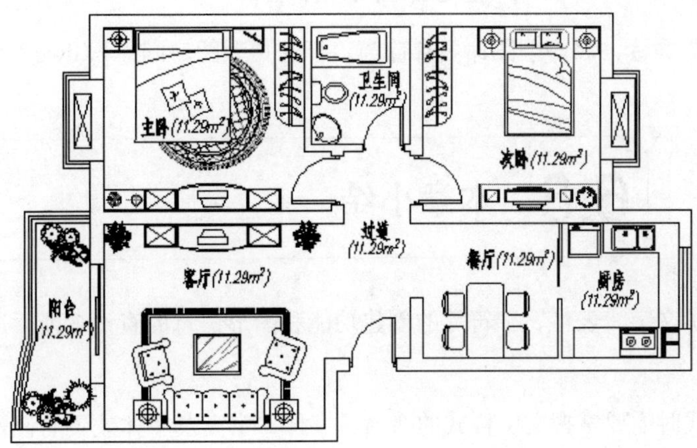

图 6-58　复制结果

11 选择菜单栏中的“修改”→“对象”→“文字”→“编辑”命令，在命令行“选择注释对象或 [放弃(U)]：”提示下，选择复制后的面积，输入正确的使用面积，如图 6-59 所示。修改结果如图 6-60 所示。

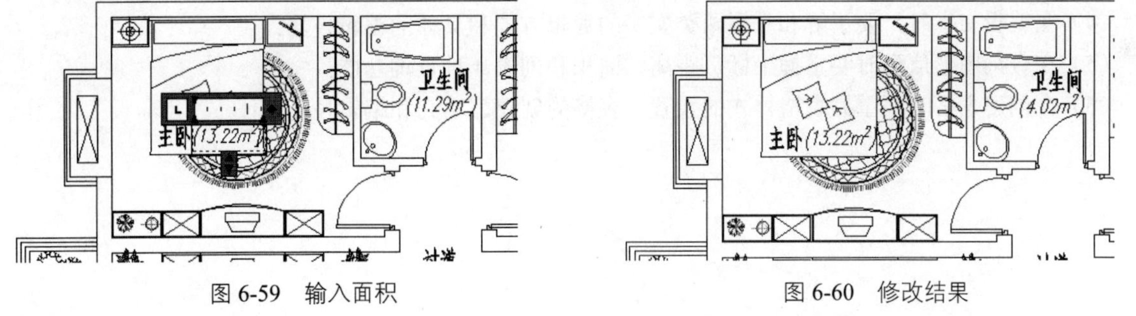

图 6-59　输入面积　　图 6-60　修改结果

12 继续在命令行“选择注释对象或 [放弃(U)]：”提示下，分别选择其他位置的面积对象，修改其内容，结果如图 6-61 所示。

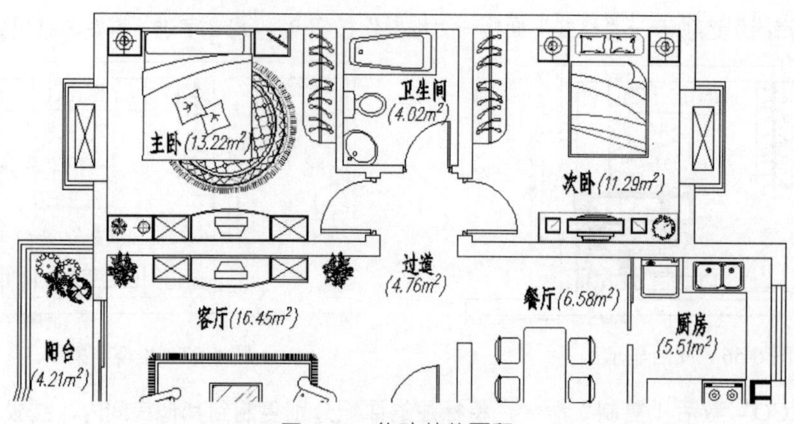

图 6-61 修改其他面积

13 最后使用“另存为”命令，将户型图命名存储为“标注户型图房间面积.dwg”。

6.8 本章小结

本章主要集中讲述了文字、表格、字符等的创建功能和图形信息的查询功能。通过本章的学习，具体需要掌握如下知识点：

（1）在创建文字样式时需要掌握文字样式的命名、字体、字高及字体效果的设置技能；

（2）在创建单行文字时需要理解和掌握单行文字的概念和创建方法，了解和掌握各种文字的对正方式；

（3）在创建多行文字时掌握多行文字的功能，以及与单行文字的区别，并重点掌握多行文字的技能、特殊字符的快速输入技巧和段落格式的编排技巧；

（4）在编辑文字时，要了解和掌握两类文字的编辑方式和具体的编辑技巧；

（5）在查询图形信息时要掌握坐标、距离、面积和列表 4 种查询功能；

（6）在创建表格时要掌握表格样式的设置、表格的创建、填充和编辑技巧。

第 7 章

为图形标注尺寸

与文字注释一样，尺寸标注也是图纸的重要组成部分，是指导施工人员现场施工的重要依据。它能将图形间的相互位置关系及形状等进行数字化、参数化，以更加直观地表达图形的尺寸。本章主要集中学习 AutoCAD 尺寸的具体标注功能和编辑功能。

知识要点

- 标注基本尺寸
- 标注复合尺寸
- 编辑与更新尺寸
- 标注样式管理器
- 案例——标注小别墅立面尺寸

7.1 标注基本尺寸

AutoCAD 为用户提供了多种尺寸标注工具，本节主要学习各类基本尺寸的标注功能。

7.1.1 标注线性尺寸

“线性”命令用于标注两点之间的水平尺寸或垂直尺寸，如图 7-1 所示。执行“线性”命令主要有以下几种方式：

- 单击“注释”选项卡→“标注”面板→“线性”按钮
- 选择菜单栏中的“标注”→“线性”命令
- 单击“标注”工具栏→“线性”按钮
- 在命令行中输入“Dimlinear”或“Dimlin”后按 Enter 键

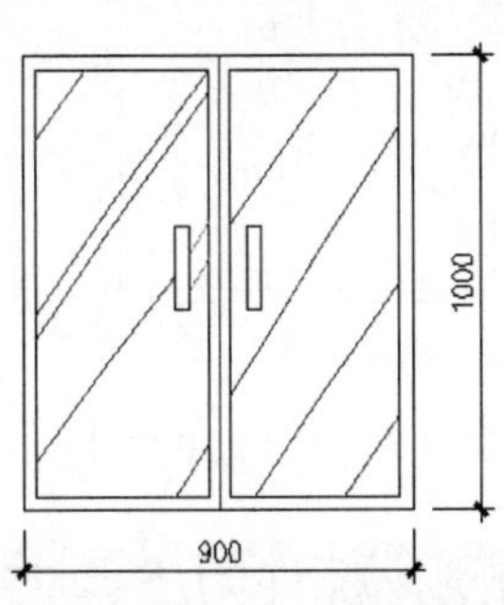

图 7-1　线性尺寸示例

下面通过标注如图 7-1 所示的长度尺寸和垂直尺寸，学习“线性”命令的使用方法和技巧。具体操作如下：

01 打开随书光盘中的“\实例源文件\线性标注.dwg”，如图 7-2 所示。

02 单击“注释”选项卡→“标注”面板→“线性”按钮⊢┤，配合“端点捕捉”功能标注下侧的长度尺寸。命令行操作如下：

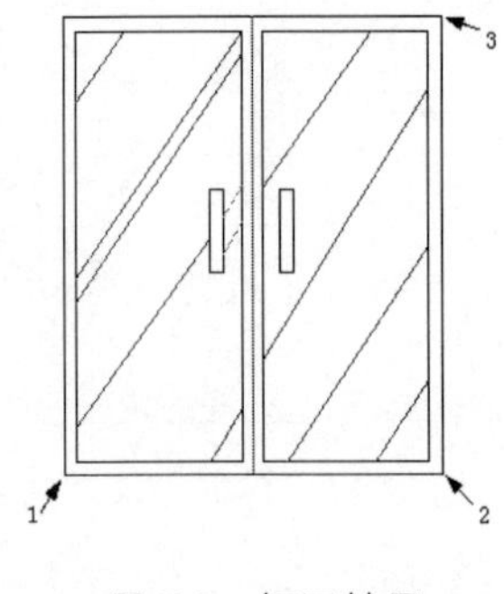

图 7-2　打开结果

```
命令: _dimlinear
指定第一个尺寸界线原点或 <选择对象>:      //捕捉图 7-2 所示的端点 1
指定第二条尺寸界线原点:                  //捕捉图 7-2 所示的端点 2
指定尺寸线位置或[多行文字(M)/文字(T)/角度(A)/水平(H)/垂直(V)/旋转(R)]:
        //向下移动光标，在适当位置拾取一点，标注结果如图 7-3 所示
标注文字 = 900
```

03 重复执行“线性”命令，配合“端点捕捉”功能标注宽度尺寸。命令行操作如下：

```
命令:                                   // Enter，重复执行“线性”命令
DIMLINEAR 指定第一个尺寸界线原点或 <选择对象>:   // Enter
选择标注对象:                            //单击如图 7-4 所示的垂直边
指定尺寸线位置或[多行文字(M)/文字(T)/角度(A)/水平(H)/垂直(V)/旋转(R)]:
        //水平向右移动光标，然后在适当位置指定尺寸线位置，标注结果如图 7-1 所示
标注文字 = 1000
```

命令行各选项含义如下：

- “多行文字”选项主要是通过“文字编辑器”手动输入尺寸文字内容，或者为尺寸文字添加前/后缀等。
- “文字”选项主要是通过命令行，手动输入尺寸文字的内容。
- “角度”选项用于设置尺寸文字的旋转角度，如图 7-5 示。
- “水平”选项用于标注两点之间的水平尺寸。
- “垂直”选项用于标注两点之间的垂直尺寸。
- “旋转”选项用于设置尺寸线的旋转角度。

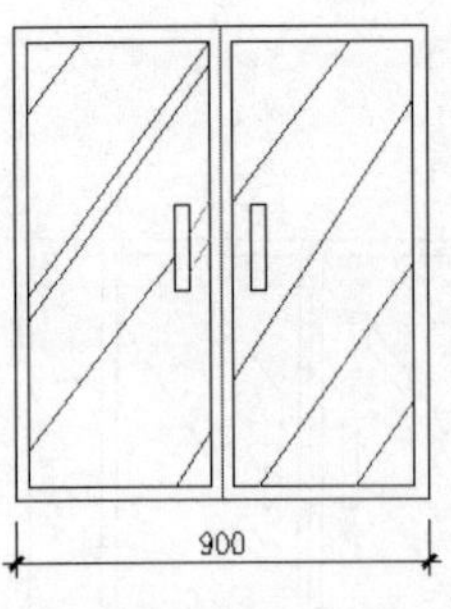

图 7-3　标注长度尺寸

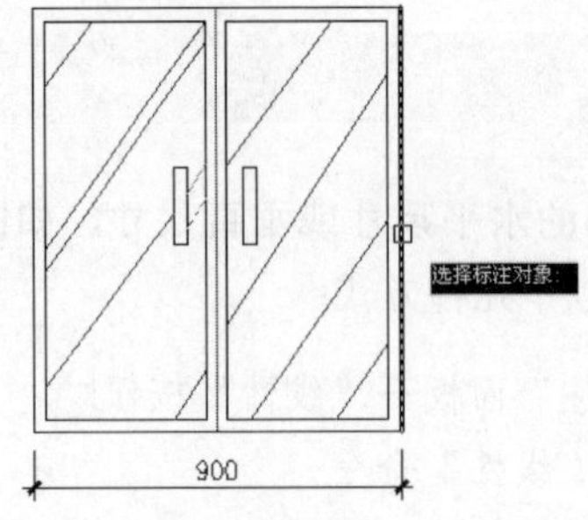

图 7-4　选择垂直边

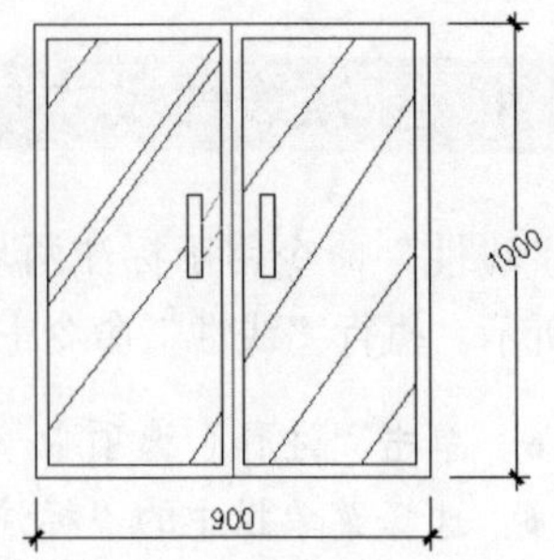

图 7-5　“角度”选项示例

7.1.2　标注对齐尺寸

“对齐”命令主要用于标注平行于所选对象或平行于两尺寸界线原点连线的直线型尺寸，此命令比较适合于标注倾斜图线的尺寸，如图 7-6 所示。执行“对齐”命令主要有以下几种方式：

- 单击“注释”选项卡→“标注”面板→“对齐”按钮
- 选择菜单栏中的“标注”→“对齐”命令
- 单击“标注”工具栏→“对齐”按钮
- 在命令行中输入“Dimaligned”或“Dimali”后按 Enter 键

下面通过标注如图 7-6 所示的倾斜尺寸，学习“对齐”命令的使用方法和技巧。具体操作如下：

01 打开随书光盘中的“\实例源文件\对齐标注.dwg”，如图 7-7 所示。

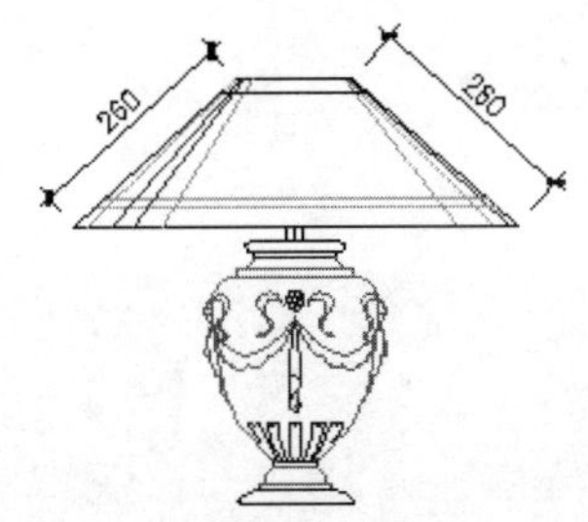

图 7-6　对齐标注示例

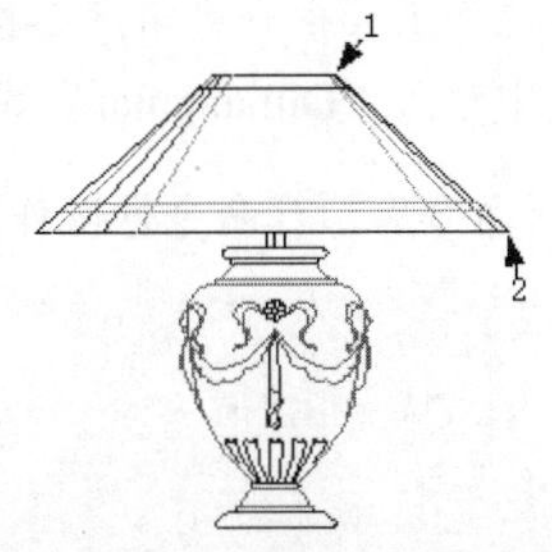

图 7-7　打开结果

02 单击“注释”选项卡→“标注”面板→“对齐”按钮，配合“端点捕捉”功能标注右侧的倾斜尺寸。命令行操作如下：

```
命令: _dimaligned
指定第一个尺寸界线原点或 <选择对象>:     //捕捉图 7-7 所示的端点 1
指定第二条尺寸界线原点:                  //捕捉图 7-7 所示的端点 2
指定尺寸线位置或[多行文字(M)/文字(T)/角度(A)]:
                        //在适当位置指定尺寸线位置，结果如图 7-8 所示
标注文字 =260
```

03 重复执行“对齐”命令，配合“端点捕捉”功能标注左侧的倾斜尺寸。命令行操作如下：

```
命令:                                       // Enter
DIMALIGNED 指定第一个尺寸界线原点或 <选择对象>:   // Enter
选择标注对象:                               //单击如图 7-9 所示的边
指定尺寸线位置或[多行文字(M)/文字(T)/角度(A)/水平(H)/垂直(V)/旋转(R)]:
                    //在适当位置指定尺寸线位置，标注结果如图 7-6 所示
标注文字 = 260
```

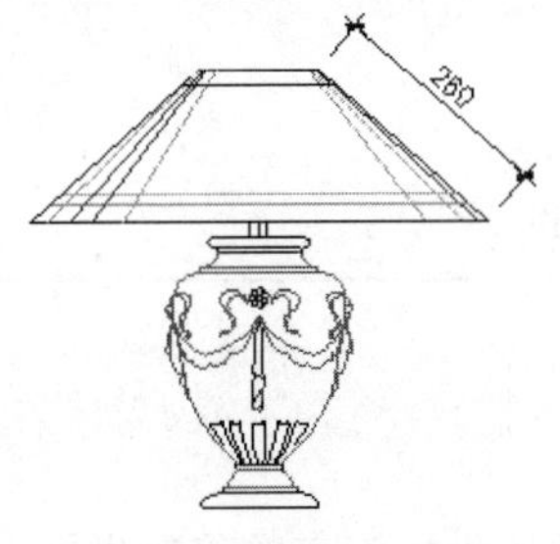

图 7-8　标注结果

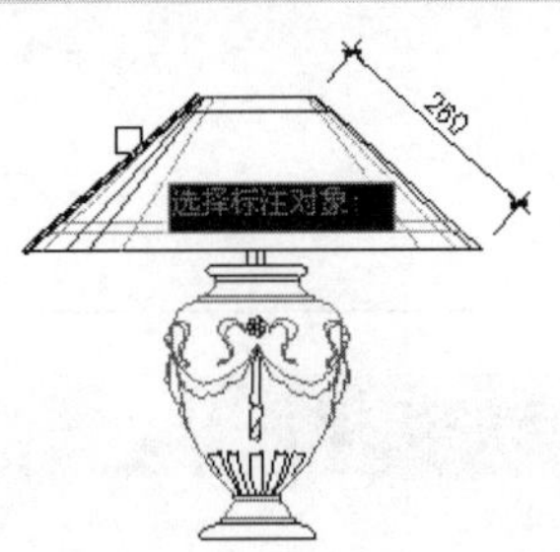

图 7-9　选择对象

7.1.3 标注角度尺寸

“角度”命令用于标注图线间的角度尺寸或圆弧的圆心角等，如图 7-10 所示。执行“角度”命令主要有以下几种方式：

- 单击“注释”选项卡→“标注”面板→“角度”按钮
- 选择菜单栏中的“标注”→“角度”命令
- 单击“标注”工具栏→“角度”按钮
- 在命令行中输入“Dimangular”或“Dimang”后按 Enter 键

执行“角度”命令后，其命令行操作如下：

```
命令: _dimangular
选择圆弧、圆、直线或 <指定顶点>:        //选择右侧倾斜轮廓边
选择第二条直线:                         //选择下侧下侧水平边
指定标注弧线位置或 [多行文字(M)/文字(T)/角度(A) /象限点(Q)]:
                                        //在适当位置拾取一点，定位尺寸线位置。
标注文字 = 33
```

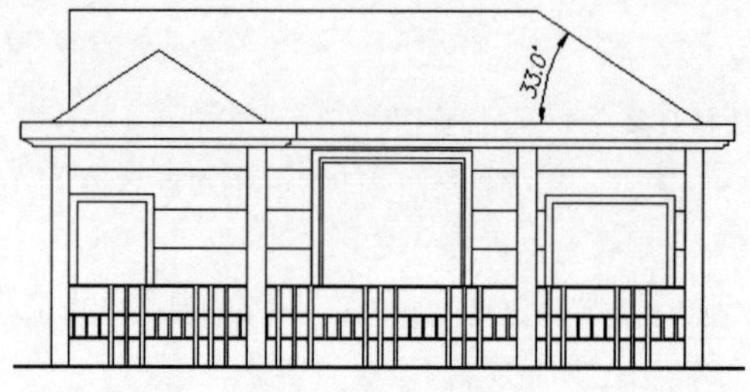

图 7-10　标注结果

小提示

在标注角度尺寸时，如果选择的是圆弧，系统将自动以圆弧的圆心作为顶点，圆弧端点作为尺寸界线的原点，标注圆弧的角度，如图 7-11 所示。

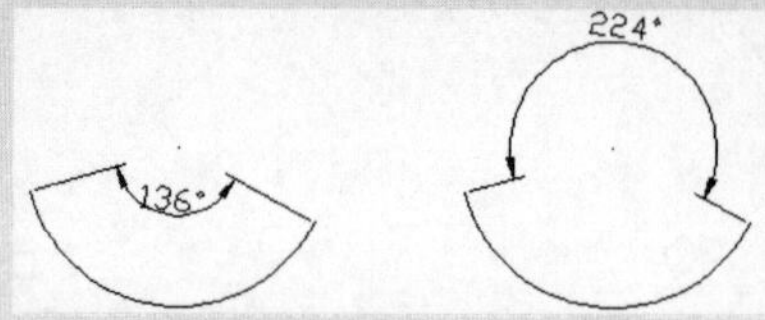

图 7-11　圆弧标注示例

7.1.4 标注点的坐标

“坐标”命令用于标注点的 X 坐标值和 Y 坐标值，所标注的坐标为点的绝对坐标，执行“坐标”命令

主要有以下几种方式：

- 单击“注释”选项卡→“标注”面板→“坐标”按钮
- 选择菜单栏中的“标注”→“坐标”命令
- 单击“标注”工具栏→“坐标”按钮
- 在命令行中输入“Dimordinate”或“Dimord”后按 Enter 键

激活“坐标”命令后，命令行出现如下提示：

```
命令：_dimordinate
指定点坐标：                              //捕捉点
指定引线端点或 [X 基准(X)/Y 基准(Y)/多行文字(M)/文字(T)/角度(A)]： //定位引线端点
```

小提示

上下移动光标，则可以标注点的 X 坐标值；左右移动光标，则可以标注点的 Y 坐标值。另外，使用“X 基准”选项，可以强制性的标注点的 X 坐标，不受光标引导方向的限制。

7.1.5　标注半径尺寸

“半径”命令用于标注圆、圆弧的半径尺寸，所标注的半径尺寸是由一条指向圆或圆弧的带箭头的半径尺寸线组成。当用户采用系统的实际测量值标注文字时，系统会在测量数值前自动添加“R”，如图 7-12 所示。执行“半径”命令主要有以下几种方式：

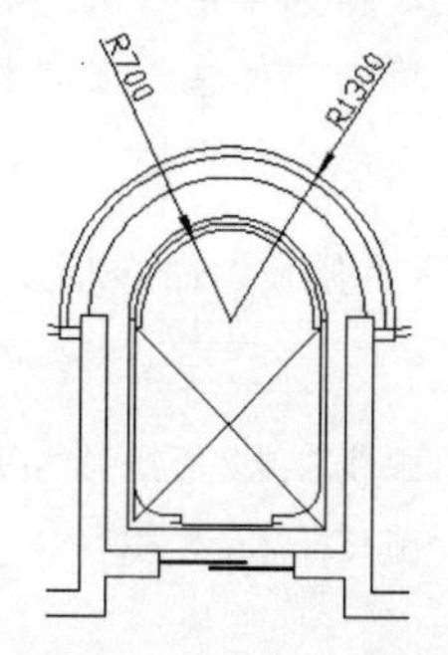

图 7-12　半径尺寸示例

- 单击“注释”选项卡→“标注”面板→“半径”按钮
- 选择菜单栏中的“标注”→“半径”命令
- 单击“标注”工具栏→“半径”按钮
- 在命令行中输入“Dimradius”或“Dimrad”后按 Enter 键

激活“半径”命令后，AutoCAD 命令行会出现如下提示：

```
命令：_dimradius
选择圆弧或圆：                    //选择需要标注的圆或弧对象
标注文字 = 700
指定尺寸线位置或 [多行文字(M)/文字(T)/角度(A)]：  //指定尺寸的位置
```

7.1.6　标注直径尺寸

“直径”命令用于标注圆或圆弧的直径尺寸，如图 7-13 所示。当用户采用系统的实际测量值标注文字时，系统会在测量数值前自动添加“Ø”。执行“直径”命令主要有以下几种方式：

- 单击“注释”选项卡→“标注”面板→“直径”按钮

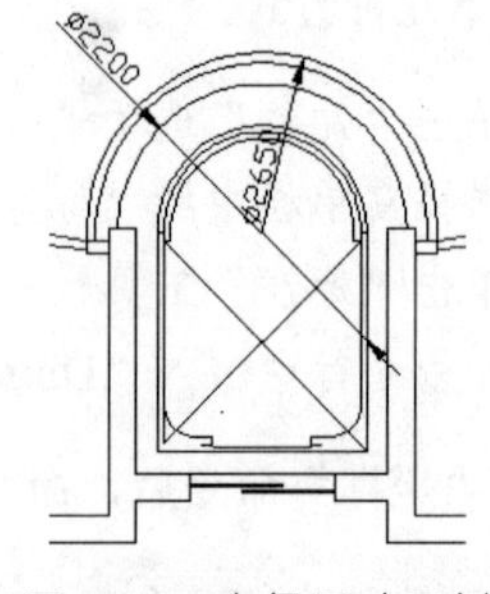

图 7-13　直径尺寸示例

- 选择菜单栏中的“标注”→“直径”命令
- 单击“标注”工具栏→“直径”按钮
- 在命令行中输入“Dimdiameter”或“Dimdia”后按 Enter 键

激活“直径”命令后，命令行会出现如下提示：

```
命令: _dimdiameter
选择圆弧或圆:                          //选择需要标注的圆或圆弧
标注文字 = 2200
指定尺寸线位置或 [多行文字(M)/文字(T)/角度(A)]:        //指定尺寸的位置
```

7.1.7　标注弧长尺寸

“弧长”命令主要用于标注圆弧或多段线弧的长度尺寸。默认设置下，会在尺寸数字的一端添加弧长符号，如图 7-14 所示。执行“弧长”命令主要有以下几种方式：

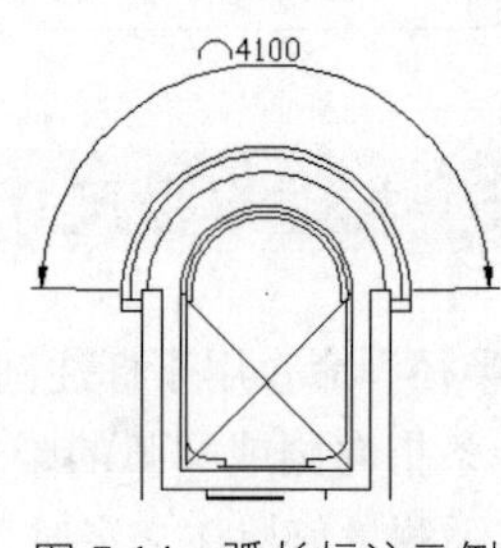

图 7-14　弧长标注示例

- 单击“注释”选项卡→“标注”面板→“弧长”按钮
- 选择菜单栏中的“标注”→“弧长”命令
- 单击“标注”工具栏→“弧长”按钮
- 在命令行中输入“Dimarc”后按 Enter 键

激活“弧长”命令后，AutoCAD 命令行会出现如下提示：

```
命令: _dimarc
选择弧线段或多段线弧线段:                //选择需要标注的弧线段
指定弧长标注位置或 [多行文字(M)/文字(T)/角度(A)/部分(P)/引线(L)]:
                                        //指定弧长尺寸的位置
标注文字 = 4100
```

使用“部分”选项，可以标注圆弧或多段线弧上的部分弧长，如图 7-15 所示；使用“引线”选项，为圆弧的弧长尺寸添加指示线，如图 7-16 所示。

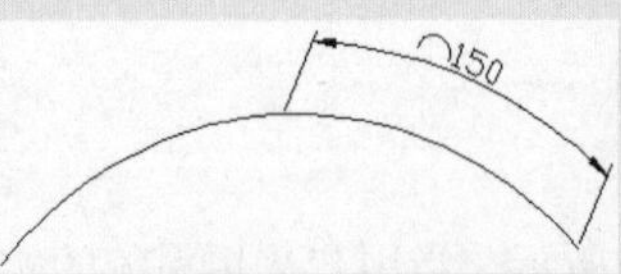

图 7-15　“部分”选项示例

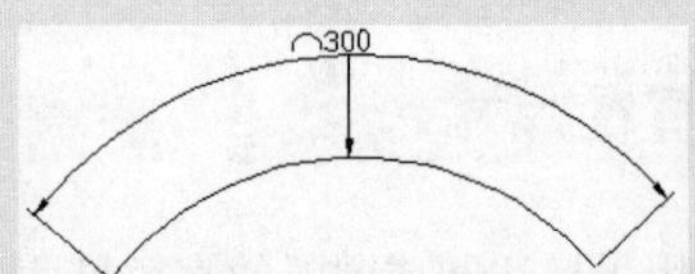

图 7-16　“引线”选项示例

7.1.8　标注折弯尺寸

“折弯”命令用于标注含有折弯的半径尺寸，其中，引线的折弯角度可以根据需要进行设置，如图 7-17 所示。执行“折弯”命令主要有以下几种方式：

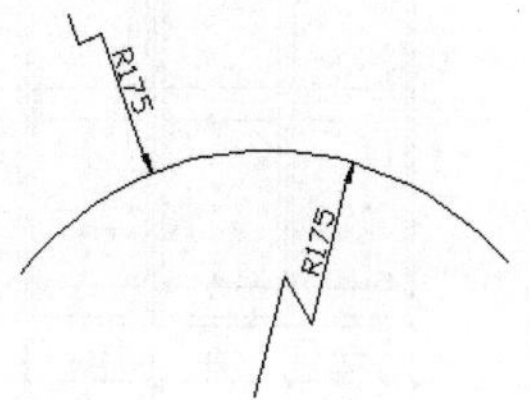

图 7-17　折弯尺寸

- 单击“注释”选项卡→“标注”面板→“弧长”按钮
- 选择菜单栏中的“标注”→“弧长”命令
- 单击“标注”工具栏→“弧长”按钮
- 在命令行中输入“Dimjogged”后按 Enter 键

激活“折弯”命令后，AutoCAD 命令行有如下提示：

```
命令: _dimjogged
选择圆弧或圆:                                     //选择弧或圆作为标注对象
指定图示中心位置:                                 //指定中心线位置
标注文字 = 175
指定尺寸线位置或 [多行文字(M)/文字(T)/角度(A)]:    //指定尺寸线位置
指定折弯位置:                                     //定位折弯位置
```

7.2　标注复合尺寸

本节主要学习几个比较常用的复合标注工具，具体有“快速标注”、“基线”、“连续”等命令。

7.2.1　快速标注

“快速标注”命令用于一次标注多个对象间的的尺寸，如图 7-18 所示 ，是一种比较常用的复合标注工具。执行“快速标注”命令主要有以下几种方式：

- 单击“注释”选项卡→“标注”面板→“快速标注”按钮
- 选择菜单栏中的“标注”→“快速标注”命令
- 单击“标注”工具栏→“快速标注”按钮
- 在命令行中输入“Qdim”后按 Enter 键

下面通过标注如图 7-18 所示的长度尺寸和垂直尺寸，学习“线性”命令的使用方法和技巧。具体操作步骤如下：

01　打开随书光盘中的“\实例源文件\快速标注.dwg”，如图 7-19 所示。

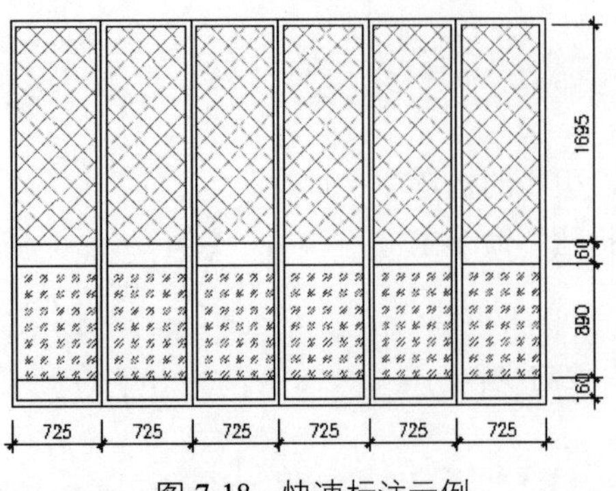

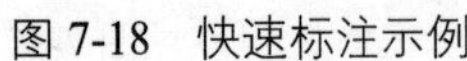
图 7-18 快速标注示例

图 7-19 打开结果

02 单击“注释”选项卡→“标注”面板→“快速标注”按钮，根据命令行的提示快速标注下侧的水平尺寸。命令行操作如下：

```
命令: _qdim
选择要标注的几何图形:              //拉出图 7-20 所示的窗交选择框
选择要标注的几何图形:              //Enter
指定尺寸线位置或 [连续(C)/并列(S)/基线(B)/坐标(O)/半径(R)/直径(D)/基准点(P)/编辑(E)/设置(T)] <
连续>:            //向下引导光标指定尺寸线位置，标注结果如图 7-21 所示
```

图 7-20 窗交选择框

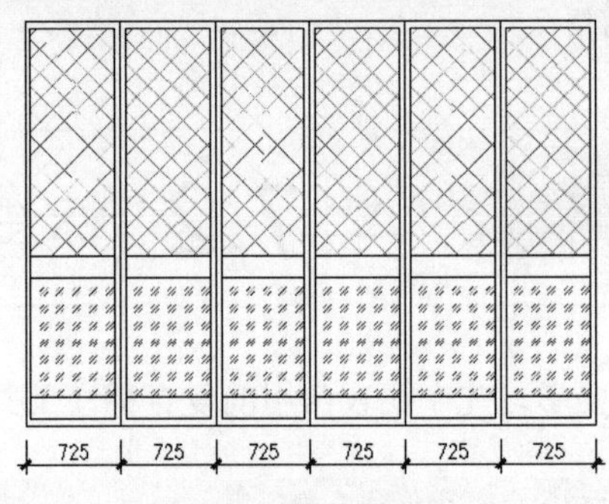

图 7-21 标注结果

03 重复执行“快速标注”命令，标注右侧的垂直尺寸。命令行操作如下：

```
命令: _qdim
关联标注优先级 = 端点
选择要标注的几何图形:              //分别选择如图 7-22 所示的图线
选择要标注的几何图形:              //Enter
指定尺寸线位置或 [连续(C)/并列(S)/基线(B)/坐标(O)/半径(R)/直径(D)/基准点(P)/编辑(E)/设置(T)] <
连续>:            //向右引导光标指定尺寸线位置，标注结果如图 7-23 所示
```

图 7-22　选择图线

图 7-23　标注结果

命令行中各选项含义如下：

- “连续”选项用于标注对象间的连续尺寸。
- “并列”选项用于标注并列尺寸，如图 7-24 所示。
- “坐标”选项用于标注对象的绝对坐标。
- “基线”选项用于标注基线尺寸，如图 7-25 所示。

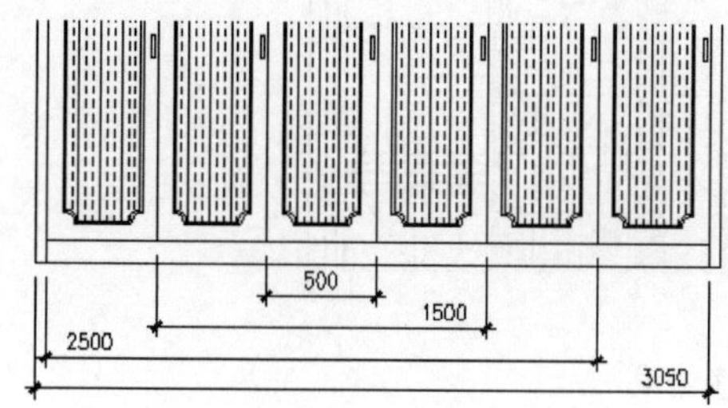

图 7-24　并列尺寸示例

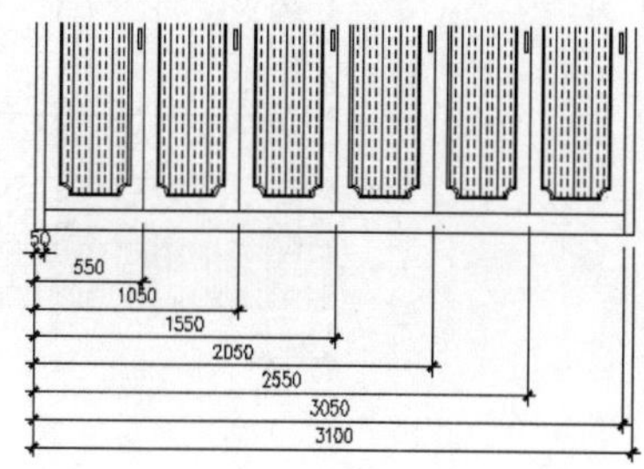

图 7-25　基线尺寸示例

- “基准点”选项用于设置新的标注点。
- “编辑”选项用于添加或删除标注点。
- “半径”选项用于标注圆或弧的半径尺寸。
- “直径”选项用于标注圆或弧的直径尺寸。

7.2.2　标注基线尺寸

“基线”命令需要在现有尺寸的基础上，以所选择的尺寸界限作为基线尺寸的尺寸界限，进行创建基线尺寸，如图 7-26 所示。执行“基线”命令主要有以下几种方式：

- 单击“注释”选项卡→“标注”面板→“基线”按钮
- 选择菜单栏中的“标注”→“基线”命令
- 单击“标注”工具栏→“基线”按钮
- 在命令行中输入“Dimbaseline”或“Dimbase”后按 Enter 键

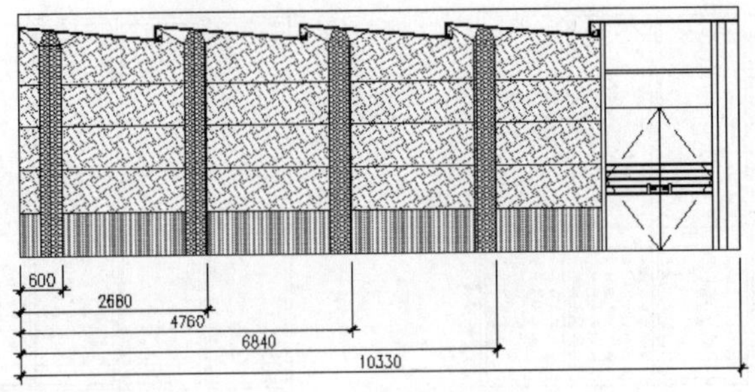

图 7-26　基线标注示例

下面通过标注如图 7-26 所示的基线尺寸，学习“基线”命令的使用方法和技巧。具体操作如下：

01 打开随书光盘“\实例源文件\基线标注.dwg”。

02 单击“注释”选项卡→“标注”面板→“线性”按钮，配合“端点捕捉”或“交点捕捉”功能，标注如图 7-27 所示的线性尺寸作为基准尺寸。

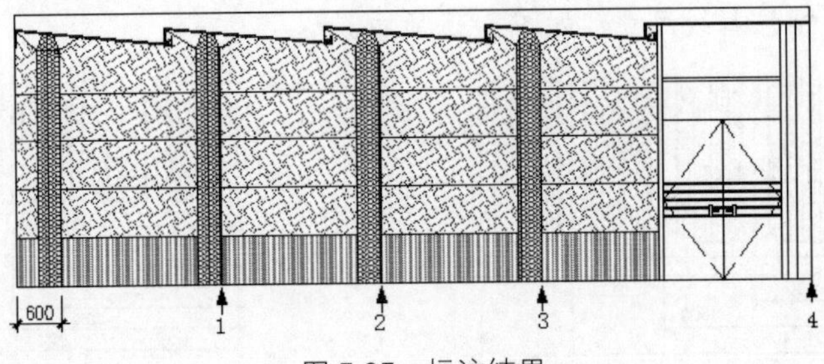

图 7-27　标注结果

03 单击“注释”选项卡→“标注”面板→“基线”按钮，配合“交点捕捉”功能标注基线尺寸。命令行操作如下：

```
命令：_dimbaseline
指定第二条尺寸界线原点或 [放弃(U)/选择(S)] <选择>:  //捕捉图 7-27 所示的交点 1
标注文字 =2680
指定第二条尺寸界线原点或 [放弃(U)/选择(S)] <选择>:   //捕捉图 7-27 所示的交点 2
标注文字 = 4760
指定第二条尺寸界线原点或 [放弃(U)/选择(S)] <选择>:   //捕捉交点 3
标注文字 = 6840
指定第二条尺寸界线原点或 [放弃(U)/选择(S)] <选择>:   //捕捉交点 4
标注文字 = 10330
指定第二条尺寸界线原点或 [放弃(U)/选择(S)] <选择>: // Enter，退出基线标注状态
选择基准标注:                                 // Enter，退出命令
```

AutoCAD 小提示

当激活“基线”命令后，AutoCAD 会自动以刚创建的线性尺寸作为基准尺寸，进入基线尺寸的标注状态。

04 标注结果如图 7-28 所示。

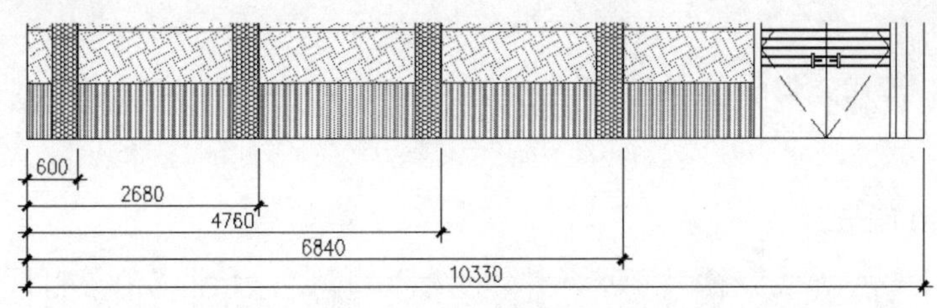

图 7-28　标注结果

7.2.3　标注连续尺寸

“连续”命令也需要在现有的尺寸基础上创建连续的尺寸对象，所创建的连续尺寸位于同一个方向矢量上，如图 7-29 所示。执行“连续”命令主要有以下几种方式：

- 单击“注释”选项卡→“标注”面板→“连续”按钮
- 选择菜单栏中的“标注”→“连续”命令
- 单击“标注”工具栏→“连续”按钮
- 在命令行中输入“Dimcontinue”或“Dimcont”后按 Enter 键

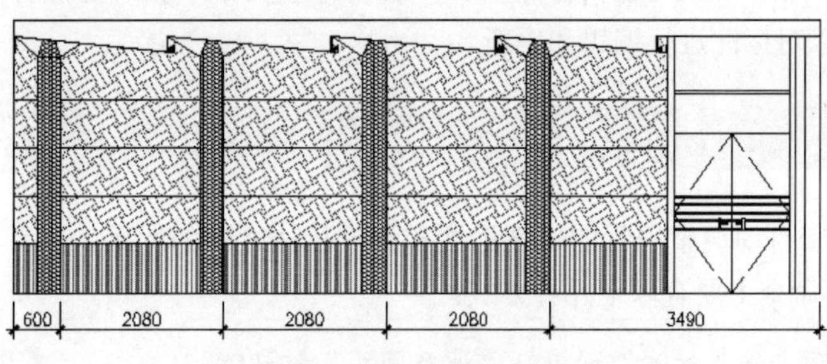

图 7-29　连续标注示例

下面通过标注如图 7-29 所示的连续尺寸，学习“连续”命令的使用方法和操作技巧。具体操作步骤如下：

01 打开随书光盘中的“\实例源文件\连续标注.dwg”。

02 执行“线性”命令，配合“交点捕捉“功能标注如图 7-27 所示的线性尺寸。

03 单击“注释”选项卡→“标注”面板→“连续”按钮，根据命令行的提示标注连续尺寸。命令行操作如下：

```
命令: _dimcontinue
指定第二条尺寸界线原点或 [放弃(U)/选择(S)] <选择>:  //捕捉上图 7-21 所示交点 1
标注文字 = 2080
指定第二条尺寸界线原点或 [放弃(U)/选择(S)] <选择>:  //捕捉交点 2
标注文字 = 2080
指定第二条尺寸界线原点或 [放弃(U)/选择(S)] <选择>:  //捕捉交点 3
标注文字 = 2080
```

```
指定第二条尺寸界线原点或 [放弃(U)/选择(S)] <选择>:  //捕捉交点 4
标注文字 = 3490
指定第二条尺寸界线原点或 [放弃(U)/选择(S)] <选择>:  // Enter, 退出连续状态
选择连续标注:                                   // Enter, 退出命令
```

04 标注结果如图 7-30 所示。

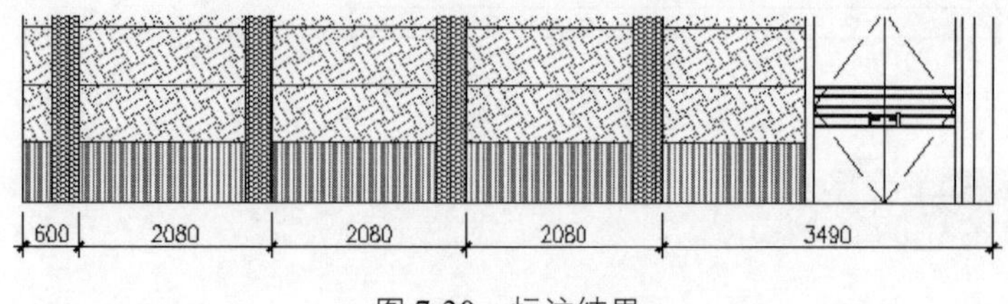

图 7-30　标注结果

7.3 编辑与更新尺寸

本节主要学习“标注间距”、“编辑标注”、“编辑标注文字”、“标注打断”、“折弯线性”和“标注更新”等个命令，以对标注进行编辑和更新。

7.3.1 标注间距

“标注间距”命令用于自动调整平行的线性标注和角度标注之间的间距，或者根据指定的间距值进行调整。执行“标注间距”命令主要有以下几种方式：

- 单击“注释”选项卡→“标注”面板→“调整间距”按钮
- 选择菜单栏中的“标注”→“标注间距”命令
- 单击“标注”工具栏→“调整间距”按钮
- 在命令行中输入“Dimspace”后按 Enter 键

执行“标注间距”命令后，其命令行操作如下 ：

```
命令: _DIMSPACE
选择基准标注:                          //尺寸文字为 16.0 的尺寸对象
选择要产生间距的标注::                  //选择其他三个尺寸对象
选择要产生间距的标注:                  // Enter, 结束对象的选择
输入值或 [自动(A)] <自动>:              // 10 Enter, 调整结果如图 7-31 所示
```

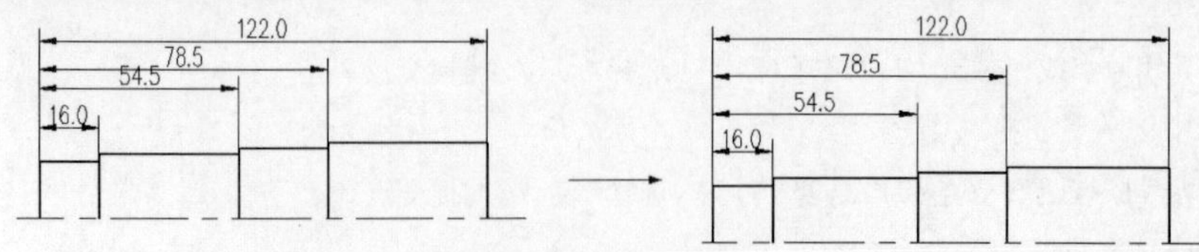

图 7-31　调整结果

“自动”选项用于根据现有尺寸位置，自动调整各尺寸对象的位置，使之间隔相等。

7.3.2　倾斜标注

“倾斜”命令用于修改标注文字的内容、旋转角度及尺寸界线的倾斜角度等。执行“倾斜”命令主要有以下几种方式：

- 单击“注释”选项卡→“标注”面板→“倾斜”按钮
- 选择菜单栏中的“标注”→“倾斜”命令
- 单击“标注”工具栏→“编辑标注”按钮
- 在命令行中输入“Dimedit”后按 Enter 键

下面通过将图 7-32（左）所示的尺寸标注为图 7-32（右）所示的状态，学习使用“倾斜”命令。具体操作步骤如下：

01 打开随书光盘“\实例源文件\倾斜标注.dwg”，并标注如图 7-32（左）所示的线性尺寸。

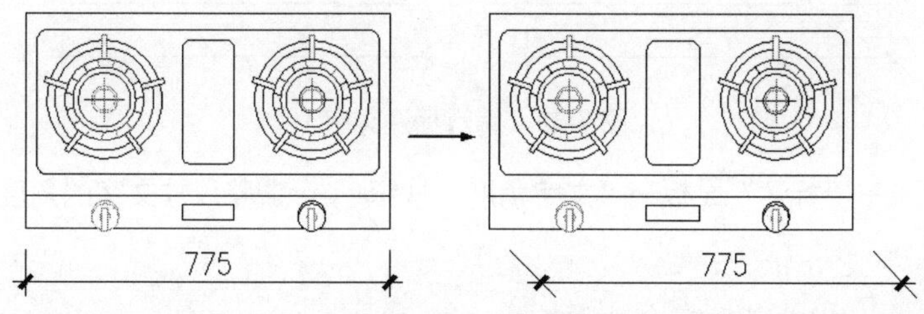

图 7-32　倾斜标注

02 单击“注释”选项卡→“标注”面板→“倾斜”按钮，根据命令行提示进行编辑标注。命令行操作如下：

```
命令: _dimedit
命令: _dimedit
输入标注编辑类型 [默认(H)/新建(N)/旋转(R)/倾斜(O)] <默认>: _o
选择对象:          //选择刚标注的尺寸
选择对象::          // Enter
输入倾斜角度 (按 Enter 表示无):     //-45 Enter，结果如图 7-32（右）所示
```

命令行中各选项含义如下：

- “默认”选项可以将倾斜的标注恢复到原有状态。
- “新建”选项可以修改标注文字的内容。
- “旋转”选项可以旋转尺寸线。
- “倾斜”选项可以修改尺寸界线的角度。

7.3.3 编辑标注文字

“编辑标注文字”命令用于重新调整标注文字的放置位置，以及标注文字的旋转角度。执行“编辑标注文字”命令主要有以下几种方式：

- 单击“注释”选项卡→“标注”面板→“文字角度”按钮
- 选择菜单栏中的“标注”→“对齐文字”级联菜单中的各命令
- 单击“标注”工具栏→“编辑标注文字”按钮
- 在命令行中输入“Dimtedit”后按 Enter 键

下面通过将图 7-33（左）所示的尺寸标注为图 7-33（右）所示的状态，学习使用“编辑标注文字”命令。具体操作步骤如下：

01 打开随书光盘“\实例源文件\倾斜标注.dwg”，并标注如图 7-33（左）所示的线性尺寸。

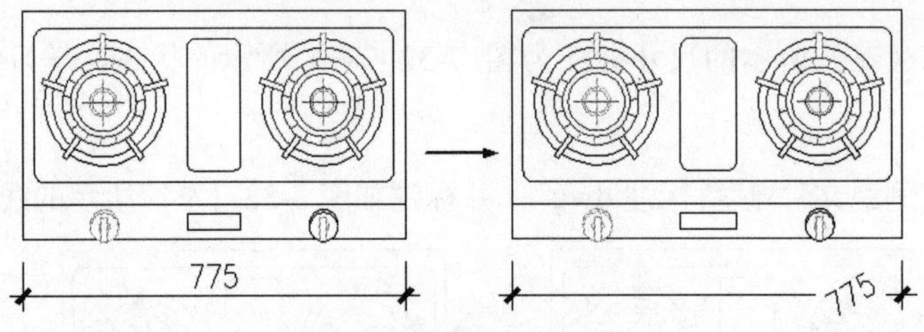

图 7-33 编辑标注文字

02 单击“注释”选项卡→“标注”面板→“文字角度”按钮，调整尺寸文字的角度。命令行操作如下：

```
命令：_dimtedit
选择标注：                //选择刚标注的线性尺寸
为标注文字指定新位置或 [左对齐(L)/右对齐(R)/居中(C)/默认(H)/角度(A)]：_a
指定标注文字的角度：  //30 Enter，编辑结果如图 7-34 所示
```

03 重复执行“编辑标注文字”命令，调整标注文字的位置。命令行操作如下：

```
命令：
DIMTEDIT 选择标注：              //选择图 7-34 所示的尺寸
为标注文字指定新位置或 [左对齐(L)/右对齐(R)/居中(C)/默认(H)/角度(A)]：
//r Enter，指定文字位置，结果如图 7-35 所示
```

命令行中各选项含义如下：

- “左对齐”选项用于沿尺寸线左端放置标注文字。
- “右对齐”选项用于沿尺寸线右端放置标注文字。
- “居中”选项用于把标注文字放在尺寸线的中心。
- “默认”选项用于将标注文字移回默认位置。
- “角度”选项用于旋转标注文字。

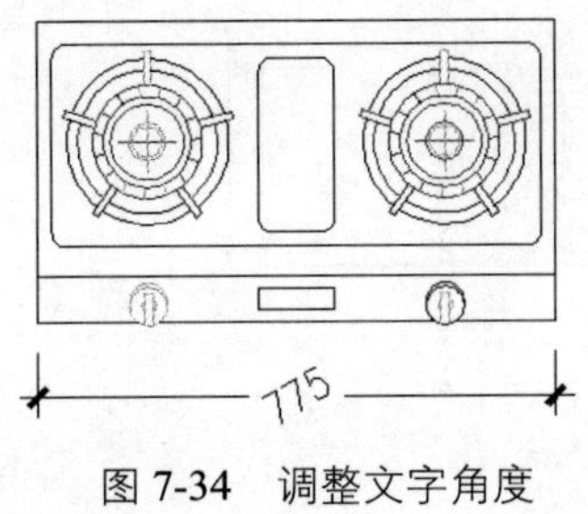

图 7-34　调整文字角度

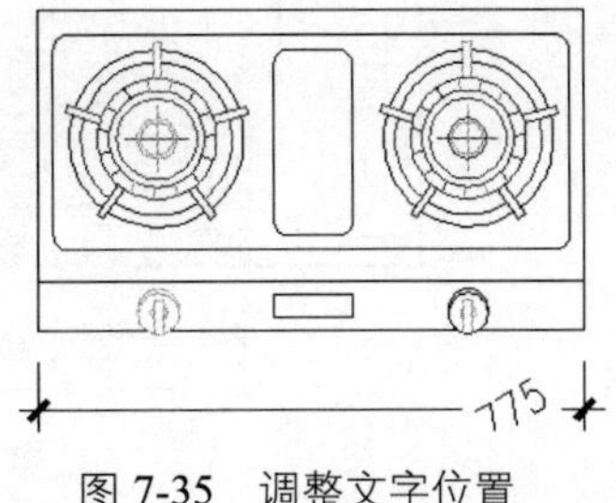

图 7-35　调整文字位置

7.3.4　标注打断

“标注打断”命令用于在尺寸线、尺寸界线与几何对象或其他标注相交的位置将其打断，如图 7-36 所示。执行“标注打断”命令主要有以下几种方式：

- 单击“注释”选项卡→“标注”面板→“打断”按钮
- 选择菜单栏中的“标注”→“标注打断”命令
- 单击“标注”工具栏→“打断”按钮
- 在命令行中输入“Dimbreak”后按 Enter 键

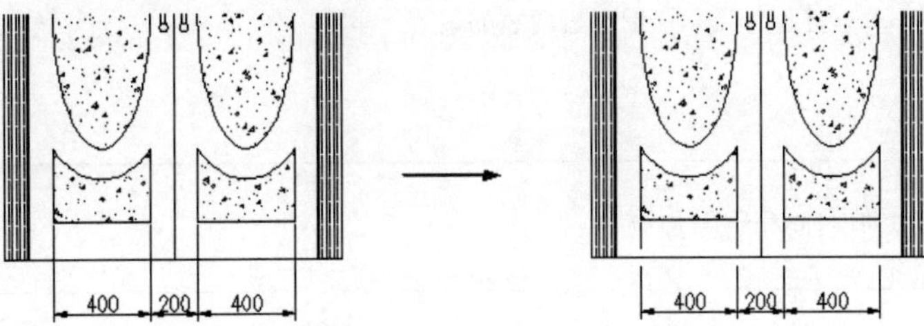

图 7-36　标注打断

执行“标注打断”命令后，命令行操作如下：

```
命令: _DIMBREAK
选择要添加/删除折断的标注或 [多个(M)]:    //选择需要打断的尺寸
选择要折断标注的对象或 [自动(A)/手动(M)/删除(R)] <自动>:
 //选择要打断标注的对象
选择要折断标注的对象:                     // Enter，结束命令
```

“手动”选项用于手动定位打断位置；“删除”选项用于恢复被打断的尺寸对象。

7.3.5　折弯线性

“折弯线性”命令用于在线性标注或对齐标注上添加或删除折弯线，如图 7-37 所示。“折弯线”指的是所标注对象中的折断；标注值代表实际距离，而不是图形中测量的距离。

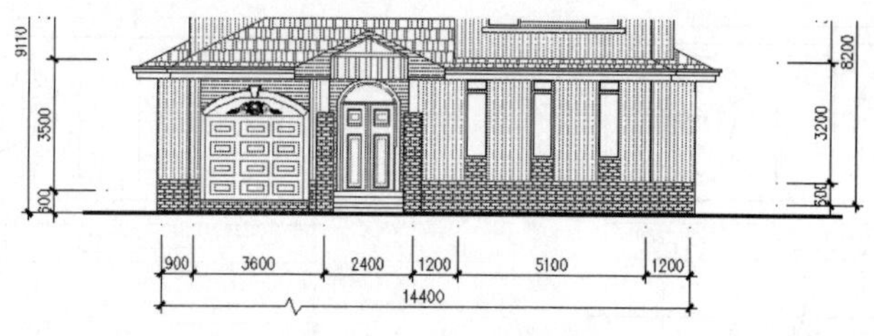

图 7-37 折弯线性

执行“折弯线性”命令主要有以下几种方式：

- 单击“注释”选项卡→“标注”面板→“折弯标注”按钮
- 执行菜单栏中的“标注”→“折弯线性”命令
- 单击“标注”工具栏→“折弯标注”按钮
- 在命令行中输入“DIMJOGLINE”后按 Enter 键

执行“折弯线性”命令后，命令行操作如下：

```
命令: _DIMJOGLINE
选择要添加折弯的标注或 [删除(R)]:    //选择需要添加折弯的标注
指定折弯位置 (或按 ENTER 键):      //指定折弯线的位置
```

“删除”选项用于删除标注中的折弯线。

7.3.6 标注更新

“更新”命令用于将尺寸对象的样式更新为当前尺寸标注样式，还可以将当前的标注样式保存起来，以供随时调用。执行“更新”命令主要有以下几种方式：

- 单击“注释”选项卡→“标注”面板→“更新”按钮
- 执行菜单栏中的“标注”→“更新”命令
- 单击“标注”工具栏→“更新”按钮
- 在命令行中输入“-Dimstyle”后按 Enter 键

激活该命令后，仅选择需要更新的尺寸对象即可，命令行操作如下：

```
命令: _-dimstyle
当前标注样式:NEWSTYLE 注释性: 否
输入标注样式选项[注释性(AN)/保存(S)/恢复(R)/状态(ST)/变量(V)/应用(A)/?] <恢复>:
选择对象:                    //选择需要更新的尺寸
选择对象:                    // Enter，结束命令
```

命令行中各选项含义如下：

- “状态”选项用于以文本窗口的形式显示当前标注样式的数据。

- "应用"选项将选择的标注对象自动更换为当前标注样式。
- "保存"选项用于将当前标注样式存储为用户定义的样式。
- "恢复"选项用于恢复已定义过的标注样式。

7.4 标注样式管理器

"标注样式"命令用于控制尺寸的外观形式，它是所有尺寸变量的集合，这些变量决定了尺寸标注中各元素的外观，只要用户调整标注样式中某些尺寸变量，就能灵活修改尺寸标注的外观。执行"标注样式"命令主要有以下几种方式：

- 单击"常用"选项卡→"注释"面板→"标注样式"按钮
- 选择菜单栏中的"标注"→"标注样式"命令
- 单击"标注"工具栏→"标注样式"按钮
- 在命令行中输入"Dimstyle"后按 Enter 键
- 使用快捷键 D

7.4.1 设置标注样式

执行"标注样式"命令后，打开如图 7-38 所示的"标注样式管理器"对话框，在此对话框。

单击[新建(N)...]按钮后，打开如图 7-39 所示的"创建新标注样式"对话框，其中"新样式名"文本框用以为新样式命名；"基础样式"下拉列表框用于设置新样式的基础样式；"注释性"复选框用于为新样式添加注释；"用于"下拉列表框用于设置新样式的适用范围。

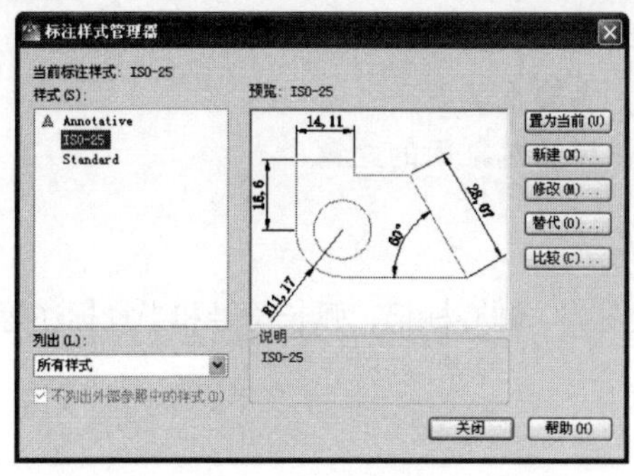

图 7-38 "标注样式管理器"对话框

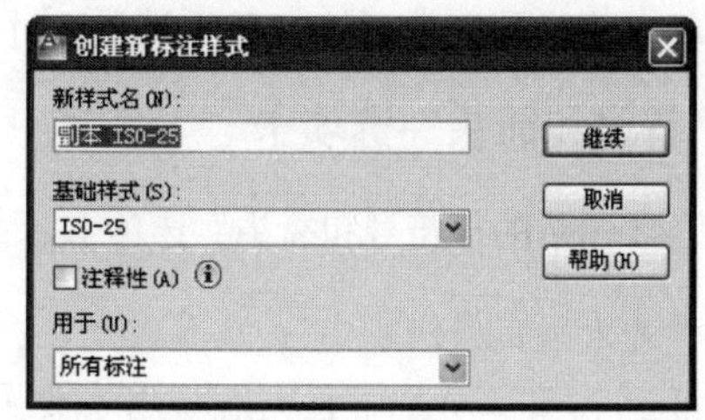

图 7-39 "创建新标注样式"对话框

单击[继续]按钮后打开如图 7-40 所示的"新建标注样式：副本 ISO-25"对话框，此对话框包括"线"、"符号和箭头"、"文字"、"调整"、"主单位"、"换算单位"和"公差"7 个选项卡。

1. "线"选项卡

如图 7-40 所示的"线"选项卡，主要用于设置尺寸线、尺寸界线的格式和特性等变量。

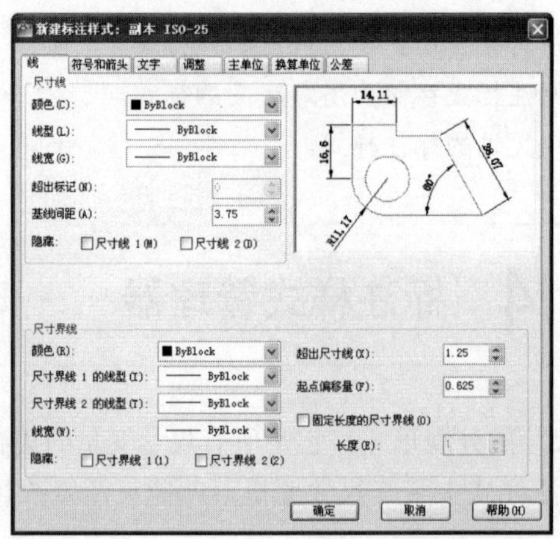

图 7-40 “新建标注样式”对话框

(1) “尺寸线”选项组

- “颜色”下拉列表框用于设置尺寸线的颜色。
- “线型”下拉列表框用于设置尺寸线的线型。
- “线宽”下拉列表框用于设置尺寸线的线宽。
- “超出标记”微调按钮用于设置尺寸线超出尺寸界线的长度。在默认状态下，该选项处于不可用状态，只有在选择建筑标记箭头时，此微调按钮才处于可用状态。
- “基线间距”微调按钮用于设置在基线标注时两条尺寸线之间的距离。

(2) “尺寸界线”选项组

- “颜色”下拉列表框用于设置尺寸界线的颜色。
- “线宽”下拉列表框用于设置尺寸界线的线宽。
- “尺寸界线 1 的线型”下拉列表框用于设置尺寸界线 1 的线型。
- “尺寸界线 2 的线型”下拉列表框用于设置尺寸界线 2 的线型。
- “超出尺寸线”微调按钮用于设置尺寸界线超出尺寸线的长度。
- “起点偏移量”微调按钮用于设置尺寸界线起点与被标注对象间的距离。

2. “符号和箭头”选项卡

如图 7-41 所示的“符号和箭头”选项卡，主要用于设置箭头、圆心标记、弧长符号和半径标注等参数。

(1) “箭头”选项组

- “第一个/第二个”下拉列表框用于设置箭头的形状。
- “引线”下拉列表框用于设置引线箭头的形状。
- “箭头大小”微调按钮用于设置箭头的大小。

(2) “圆心标记”选项组

- “无”单选按钮表示不添加圆心标记。
- “标记”单选按钮用于为圆添加十字形标记。
- “直线”单选按钮用于为圆添加直线型标记。
- 2.5 微调按钮用于设置圆心标记的大小。

（3）“折断标注”选项组用于设置打断标注的大小。

（4）“弧长符号”选项组

- “标注文字的前缀”单选按钮用于为弧长标注添加前缀。
- “标注文字的上方”单选按钮用于设置标注文字的位置。
- “无”单选按钮表示在弧长标注上不出现弧长符号。
- “半径折弯标注”选项组用于设置半径折弯的角度。
- “线性折弯标注”选项组用于设置线性折弯的高度因子。

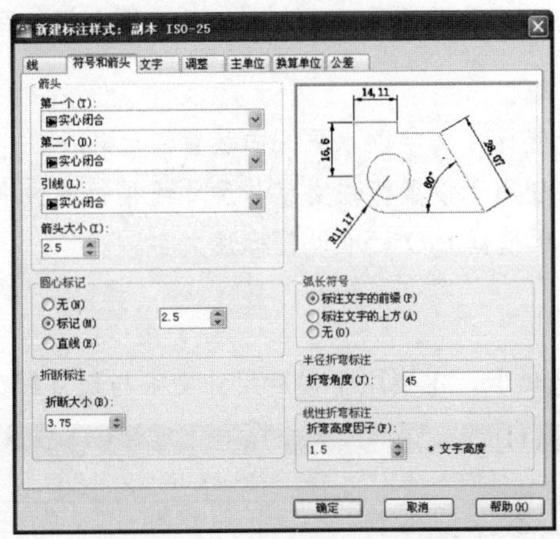

图 7-41　“符号和箭头”选项卡

3. “文字”选项卡

如图 7-42 所示的“文字”选项卡，主要用于设置尺寸文字的样式、颜色、位置及对齐方式等变量。

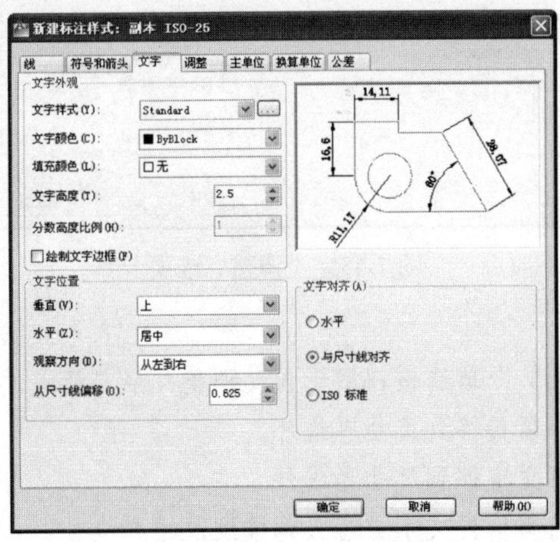

图 7-42　“文字”选项卡

（1）“文字外观”选项组

- “文字样式”下拉列表框用于设置尺寸文字的样式。
- “文字颜色”下拉列表框用于设置标注文字的颜色。
- “填充颜色”下拉列表框用于设置尺寸文本的背景色。
- “文字高度”微调按钮用于设置标注文字的高度。

- “分数高度比例”微调按钮用于设置标注分数的高度比例。只有在选择分数标注单位时，此选项才可用。
- “绘制文字边框”复选框用于设置是否为标注文字加上边框。

（2）“文字位置”选项组

- “垂直”下拉列表框用于设置尺寸文字相对于尺寸线垂直方向的放置位置。
- “水平”下拉列表框用于设置标注文字相对于尺寸线水平方向的放置位置。
- “观察方向”下拉列表框用于设置尺寸文字的观察方向。
- “从尺寸线偏移”微调按钮，用于设置标注文字与尺寸线之间的距离。

（3）“文字对齐”选项组

- “水平”单选按钮用于设置标注文字以水平方向放置。
- “与尺寸线对齐”单选按钮用于设置标注文字与尺寸线平行的方向放置。
- “ISO 标准”单选按钮用于根据 ISO 标准设置标注文字。

4. “调整”选项卡

如图 7-43 所示的“调整”选项卡，主要用于设置尺寸文字与尺寸线、尺寸界线等之间的位置。

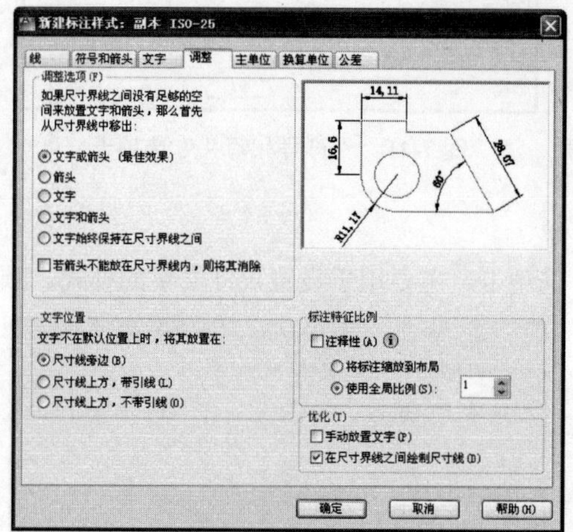

图 7-43 “调整”选项卡

（1）“调整选项”选项组

- “文字或箭头（最佳效果）”单选按钮用于自动调整文字与箭头的位置，使二者达到最佳效果。
- “箭头”单选按钮用于将箭头移到尺寸界线外。
- “文字”单选按钮用于将文字移到尺寸界线外。
- “文字和箭头”单选按钮用于将文字与箭头都移到尺寸界线外。
- “文字始终保持在尺寸界线之间”单选按钮用于将文字放置在尺寸界线之间。

（2）“文字位置”选项组

- “尺寸线旁边”单选按钮用于将文字放置在尺寸线旁边。
- “尺寸线上方，带引线”单选按钮用于将文字放置在尺寸线上方，并带引线。
- “尺寸线上方，不带引线”单选按钮用于将文字放置在尺寸线上方，但不带引线引导。

（3）“标注特征比例”选项组

- “注释性”复选框用于设置标注为注释性标注。
- “使用全局比例”单选按钮用于设置标注的比例因子。
- “将标注缩放到布局”单选按钮用于根据当前模型空间的视口与布局空间的大小来确定比例因子。

（4）“优化”选项组

- “手动放置文字”复选框用于手动放置标注文字。
- “在尺寸界线之间绘制尺寸线”复选框用于在标注圆弧或圆时，尺寸线始终在尺寸界线之间。

5. “主单位”选项卡

如图 7-44 所示为“主单位”选项卡，主要用于设置线性标注和角度标注的单位格式及精确度等参数变量。

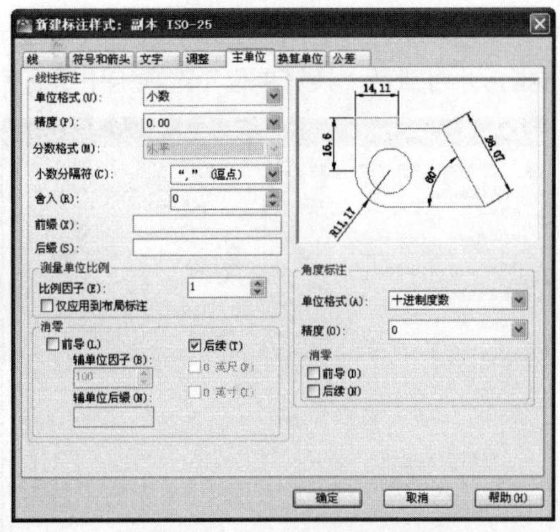

图 7-44 “主单位”选项卡

（1）“线性标注”选项组

- “单位格式”下拉列表框用于设置线性标注的单位格式，默认值为小数。
- “精度”下拉列表框用于设置尺寸的精度。
- “分数格式”下拉列表框用于设置分数的格式。
- “小数分隔符”下拉列表框用于设置小数的分隔符号。
- “舍入”微调按钮用于设置除了角度之外的标注测量值的四舍五入规则。
- “前缀”文本框用于设置尺寸文字的前缀，可以为数字、文字、符号。
- “后缀”文本框用于设置尺寸文字的后缀，可以为数字、文字、符号。

（2）“测量单位比例”选项组

- “比例因子”微调按钮用于设置除了角度之外的标注比例因子。
- “仅应用到布局标注”复选框仅对在布局里创建的标注应用线性比例值。

（3）“消零”选项组

- “前导”复选框用于消除小数点前面的零。当尺寸文字小于 1 时，如为“0.5”，勾选此复选框后，此“0.5”将变为“.5，前面的零已消除。

- “后续”复选框用于消除小数点后面的零。
- “0 英尺”复选框用于消除零英尺前的零。如“0′-1/2″”，表示为“1/2″”。
- “0 英寸”复选框用于消除英寸后的零。如“2′-1.400″”，表示为“2′-1.4″”。

(4) “角度标注”选项组

- “单位格式”下拉列表框用于设置角度标注的单位格式。
- “精度”下拉列表框用于设置角度的小数位数。

(5) “消零”选项组

- “前导”复选框消除角度标注前面的零。
- “后续”复选框消除角度标注后面的零。

6. “换算单位”选项卡

如图 7-45 所示的“换算单位”选项卡，主要用于显示和设置尺寸文字的换算单位、精度等变量。只有勾选了“显示换算单位”复选框，才可激活“换算单位”选项卡中所有的选项组。

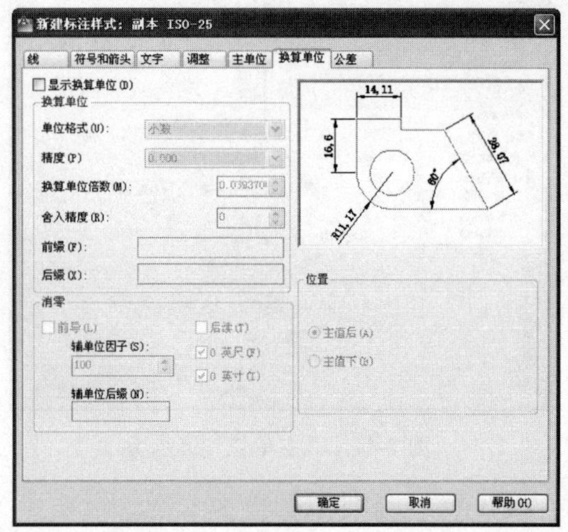

图 7-45 “换算单位”选项卡

(1) “换算单位”选项组

- “单位格式”下拉列表框用于设置换算单位格式。
- “精度”下拉列表框用于设置换算单位的小数位数。
- “换算单位倍数”微调按钮用于设置主单位与换算单位间的换算因子的倍数。
- “舍入精度”微调按钮用于设置换算单位的四舍五入规则。
- “前缀”文本框输入的值将显示在换算单位的前面。
- “后缀”文本框输入的值将显示在换算单位的后面。

(2) “消零”选项组用于消除换算单位的前导和后续零，以及英尺、英寸前后的零。

(3) “位置”选项组

- “主值后”单选按钮将换算单位放在主单位之后。
- “主值下”单选按钮将换算单位放在主单位之下。

7.4.2　其他选项解析

在“标注样式管理器”对话框中不仅可以设置标注样式，还可以修改、替代和比较标注样式，具体如下：

- 置为当前(U) 按钮用于把选定的标注样式设置为当前标注样式。
- 修改(M)... 按钮用于修改当前选择的标注样式。当用户修改了标注样式后，当前图形中的所有标注都会自动更新为当前样式。
- 替代(O)... 按钮用于设置当前使用的标注样式的临时替代值。

当用户创建了替代样式后，当前标注样式将被应用到以后所有尺寸标注中，直到用户删除替代样式为止，而不会改变替代样式之前的标注样式。

- 比较(C)... 按钮用于比较两种标注样式的特性或浏览一种标注样式的全部特性，并将比较结果输出到 Windows 剪贴板上，然后再粘贴到其他 Windows 应用程序中。
- 新建(N)... 按钮用于设置新的标注样式。

7.5　案例——标注小别墅立面尺寸

本例通过为别墅立面图标注施工尺寸，对本章所学知识进行综合练习和巩固应用。别墅立面图施工尺寸的最终标注效果如图 7-46 所示。

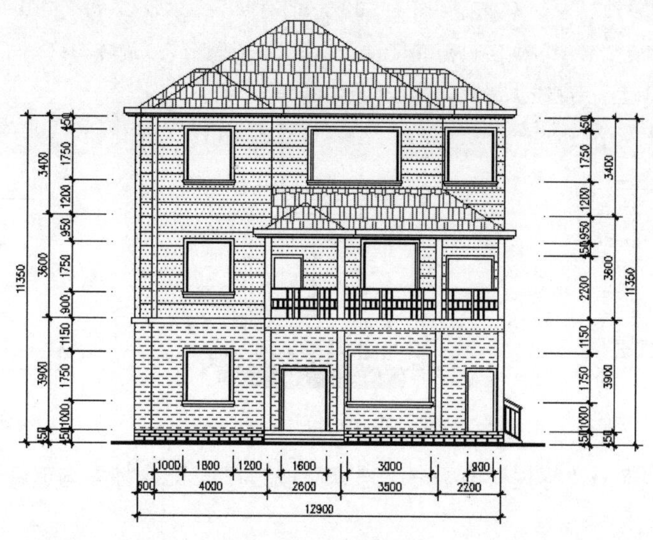

图 7-46　标注效果

01 执行“打开”命令，打开随书光盘中的“\实例源文件\别墅立面图.dwg”，如图 7-47 所示。

02 在“常用”选项卡→“图层”面板中打开被关闭的“轴线层”，然后将“尺寸层”设置为当前图层。

此时立面图的显示结果如图 7-48 所示。

图 7-47　打开结果

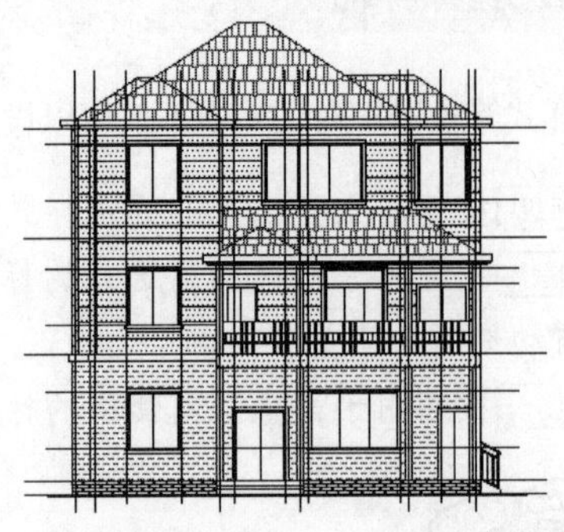
图 7-48　图形的显示效果

03 单击“常用”选项卡→“注释”面板→“标注样式”按钮，在打开的“标注样式管理器”对话框中设置新的标注样式，样式名为“DIMSTYLE01”。

04 展开“线”选项卡，设置新样式的基线间距为 800，超出尺寸线为 250，起点偏移量为 300。

05 展开“符号和箭头”选项卡，设置尺寸箭头为“_DIMX”，大小为 1.2。

06 展开“文字”选项卡，设置标注文字的文字样式为“SIMPLEX”，颜色为红色，文字高度为 280；设置标注文字偏移尺寸线为 100。

07 展开“主单位”选项卡，将线性标注的精度设置为 0，其他参数不变。

08 返回“标注样式管理器”对话框，将新设置的标注样式设置为当前样式。

09 单击“注释”选项卡→“标注”面板→“线性”按钮，配合“端点捕捉”功能标注立面图左侧的细部尺寸。命令行操作如下：

```
命令: _dimlinear
指定第一个尺寸界线原点或 <选择对象>:  //捕捉如图 7-49 所示的端点
指定第二条尺寸界线原点:        //捕捉如图 7-50 所示的端点
指定尺寸线位置或[多行文字(M)/文字(T)/角度(A)/水平(H)/垂直(V)/旋转(R)]:
//向左引导光标，在适当位置指定尺寸线位置，结果如图 7-51 所示
标注文字 = 450
```

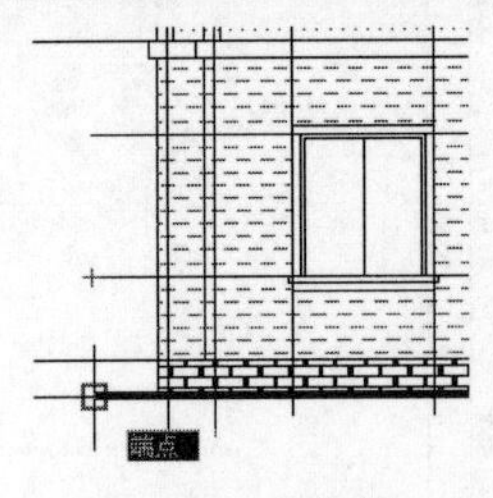

图 7-49　定位第一原点

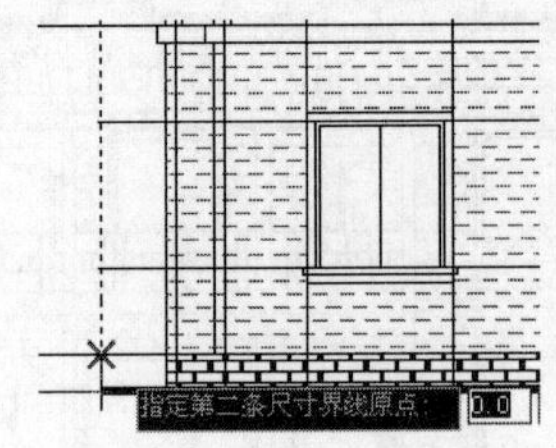

图 7-50　定位第二原点

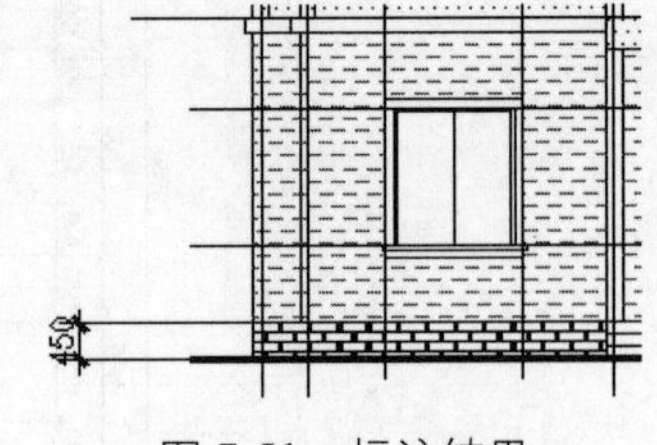

图 7-51　标注结果

10 单击“注释”选项卡→“标注”面板→“连续”按钮，配合捕捉与追踪功能，标注左侧的细部尺寸，命令行操作如下：

```
命令: _dimcontinue
指定第二条尺寸界线原点或 [放弃(U)/选择(S)] <选择>:  //捕捉如图 7-52 所示的端点
标注文字 = 1000
```

```
指定第二条尺寸界线原点或 [放弃(U)/选择(S)] <选择>:  //捕捉如图 7-53 所示的端点
标注文字 = 1750
指定第二条尺寸界线原点或 [放弃(U)/选择(S)] <选择>:  //捕捉如图 7-54 所示的交点
标注文字 =1150
```

图 7-52　捕捉端点

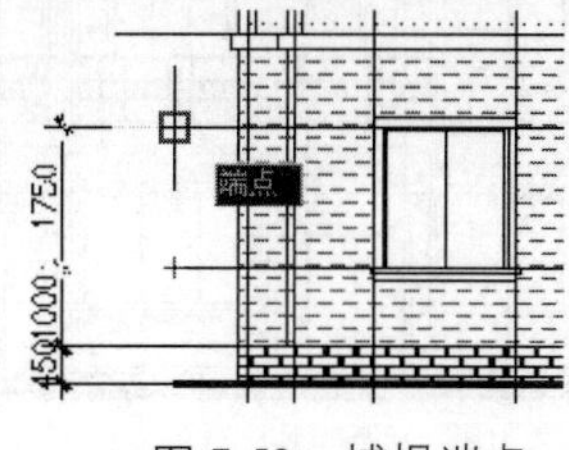

图 7-53　捕捉端点

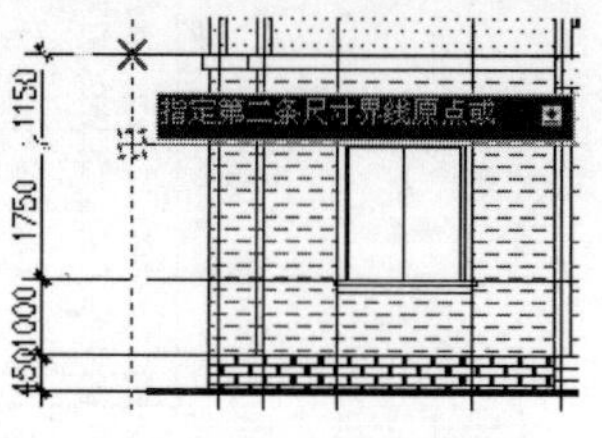

图 7-54　捕捉交点

11 继续在命令行的提示下，配合捕捉或追踪功能分别标注其他位置的细部尺寸，结果如图 7-55 所示。

12 单击“注释”选项卡→“标注”面板→“快速标注”按钮，根据命令行的提示分别选择如图 7-56 所示的 5 条水平轴线，标注立面图的层高尺寸，标注结果如图 7-57 所示。

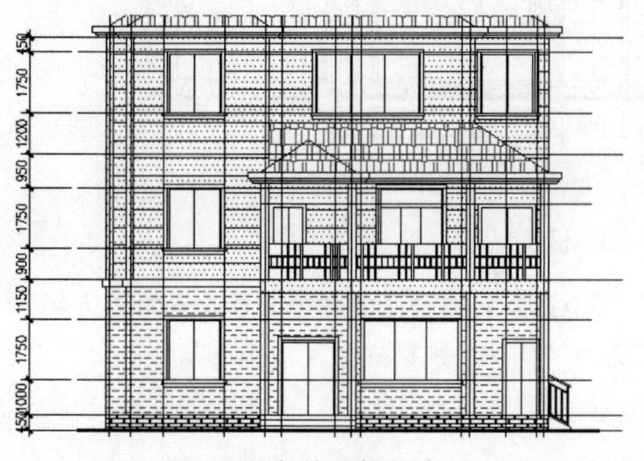

图 7-55　标注细部尺寸

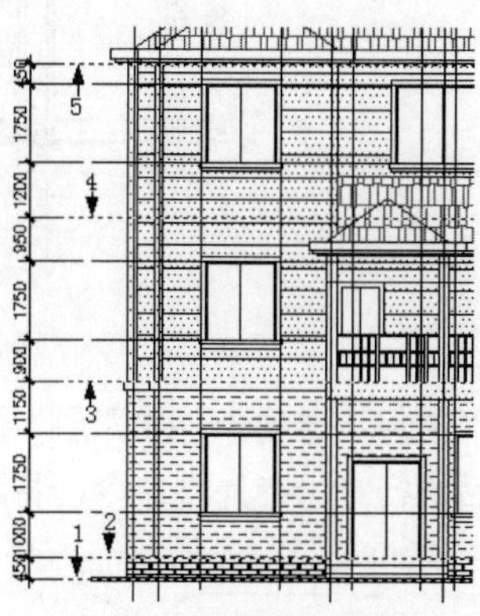

图 7-56　选择轴线

13 单击“注释”选项卡→“标注”面板→“基线”按钮，选择最下侧的层高尺寸作为基准尺寸，配合“端点捕捉”功能标注左侧的总尺寸，标注结果如图 7-58 所示。

图 7-57　标注层高尺寸

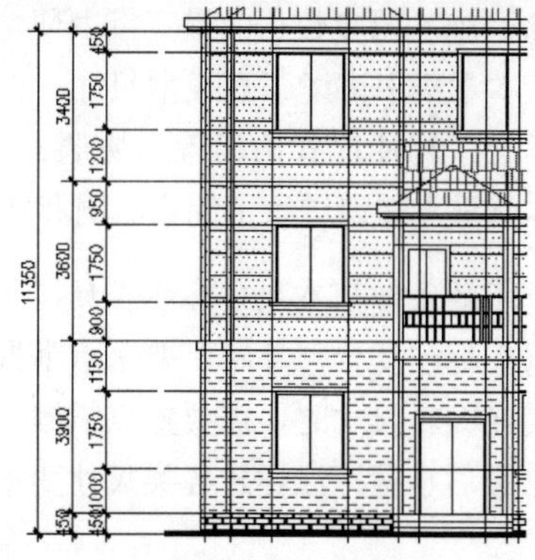

图 7-58　标注总尺寸

14 参照上述操作，综合使用“线性”、“基线”、“快速标注”等命令，标注立面图右侧的尺寸，标注结果如图 7-59 所示。

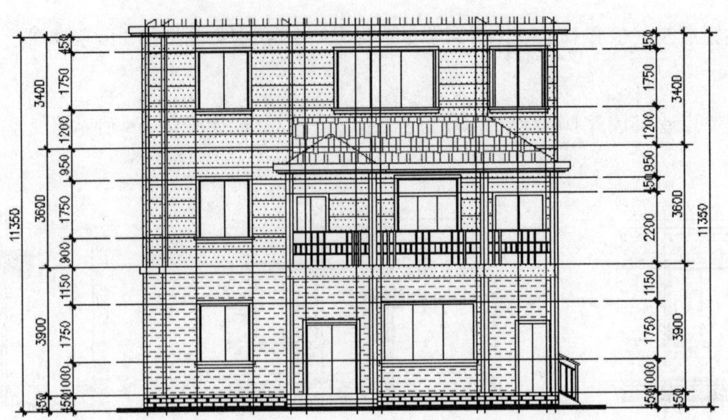

图 7-59 标注右侧尺寸

15 参照上述操作，综合使用“对齐”、“连续”、“快速标注”等命令，标注立面图下侧的尺寸，标注结果如图 7-60 所示。

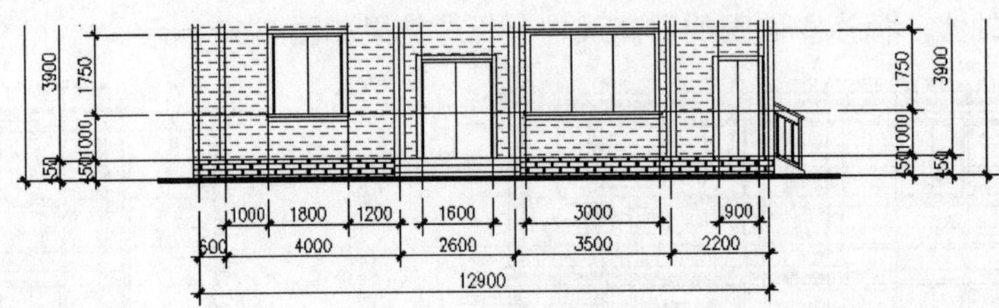

图 7-60 标注下侧尺寸

16 在“常用”选项卡→“图层”面板中关闭“轴线层”，立面图的最终显示效果如图 7-46 所示。

17 最后执行“另存为”命令，将图形命名存储为“标注小别墅立面尺寸.dwg”。

7.6 本章小结

尺寸是施工图参数化的最直接表现，是施工人员现场施工的主要依据，也是绘制施工图重要的一个操作环节。本章集中讲述了直线型尺寸、曲线型尺寸、复合型尺寸等各类常用尺寸的具体标注方法和技巧，同时还学习了标注样式的设置与协调、尺寸标注的修改与完善等；最后通过为某别墅立面图标注施工尺寸，对本章重点知识进行了综合巩固和实际应用。通过本章的学习，重点需要掌握如下知识：

（1）了解各种基本尺寸标注工具，重点掌握线性尺寸和对齐尺寸的标注技能；

（2）在标注复合尺寸时，要重点掌握“基线”、“连续”和“快速标注”3 个命令的应用技能；

（3）在编辑尺寸时，需要重点掌握“编辑标注”、“编辑标注文字”、“标注打断”等命令；

（4）最后掌握标注样式各类尺寸变量的设置技能。

第 8 章

三维辅助功能

AutoCAD 为用户提供了比较完善的三维制图功能，使用三维制图功能可以创建出物体的三维模型，此种模型具有较强的真实感效果，包含的信息更多、更完整，也更利于与计算机辅助工程、制造等系统相结合。本章主要讲述 AutoCAD 的三维辅助功能，为后叙章节的学习打下基础。

知识要点

- 三维观察功能
- 视图与视口
- 三维显示功能
- 定义与管理 UCS
- 案例——三维辅助功能综合练习

8.1 三维观察功能

本节主要学习三维模型的观察功能，具体包括视点的设置、动态观察器、导航立方体和控制盘等。

8.1.1 视点的设置

在 AutoCAD 绘图空间中可以在不同的位置进行观察图形，这些位置称为视点。视点的设置主要有两种方式。

1. 使用“视点”命令设置视点

“视点”命令用于直接输入观察点的坐标或角度来确定视点。选择菜单栏中的“视图”→“三维视图”→“视点”命令，或者在命令行中输入“Vpoint”后按 Enter 键，激活“视点”命令，命令行出现如下提示：

```
命令：Vpoint
当前视图方向：VIEWDIR=0.0000,0.0000,1.0000
指定视点或 [旋转(R)] <显示指南针和三轴架>:
 //直接输入观察点的坐标来确定视点
```

如果用户没有输入视点坐标，而是直接按 Enter 键，那么绘图区会显示如图 8-1 所示的指南针和三轴架。其中，三轴架代表 X、Y、Z 轴的方向，当用户相对于指南针移动十字线时，三轴架会自动进行调整，以显示 X、Y、Z 轴对应的方向。

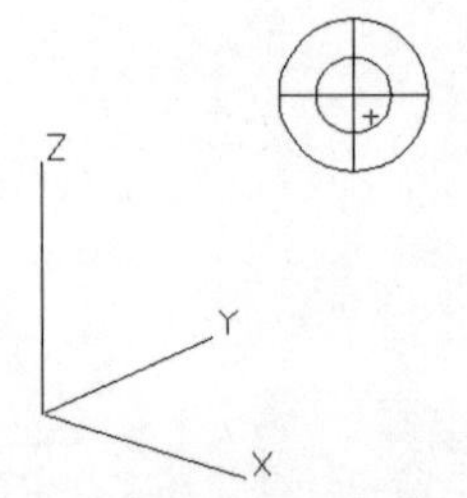

图 8-1 指南针和三轴架

2. 通过“视点预置”设置视点

“视点预置”命令是通过对话框的形式进行设置视点的，如图 8-2 所示。选择菜单栏中的“视图”→“三维视图”→“视点预置”命令，或者在命令行中输入“DDVpoint”或“VP”后按 Enter 键，打开“视点预置”对话框，在此对话框中可以进行如下设置：

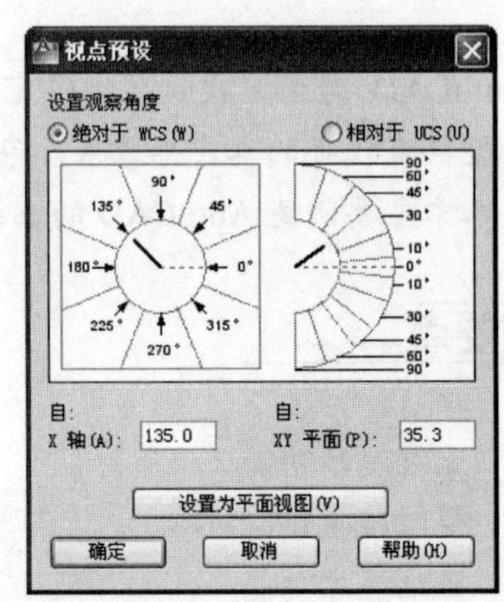

图 8-2 “视点预置”对话框

- 设置视点、原点的连线与 XY 平面的夹角。具体操作就是在右侧半圆图形上选择相应的点，或者直接在“XY 平面”文本框内输入角度值。
- 设置视点、原点的连线在 XOY 面上的投影与 X 轴的夹角。具体操作就是在左侧图形上选择相应点，或在“X 轴”文本框内输入角度值。
- 设置观察角度。系统将设置的角度默认为是相对于当前 WCS，如果选中了“相对于 UCS”单选按钮，设置的角度值就是相对于 UCS 的。
- 设置为平面视图。单击 设置为平面视图(V) 按钮，系统将重新设置为平面视图。平面视图的观察方向是与 X 轴的夹角为 270º，与 XY 平面的夹角为 90º。

8.1.2 动态观察器

AutoCAD 为用户提供了三种动态观察功能，使用此功能可以从不同角度观察三维物体的任意部分。

1. 受约束的动态观察

当激活“受约束的动态观察”命令后，绘图区会出现如图 8-3 所示的光标显示状态，此时按住鼠标不放，可以手动调整观察点，以观察模型的不同侧面。执行“受约束的动态观察”命令主要有以下几种方式：

- 单击“视图”选项卡→“导航”面板→“动态观察”按钮
- 选择菜单栏中的“视图”→“动态观察”→“受约束的动态观察”命令
- 单击“动态观察”工具栏→“受约束的动态观察”按钮
- 在命令行中输入“3dorbit”后按 Enter 键

图 8-3　受约束的动态观察

2. 自由动态观察

“自由动态观察”命令用于在三维空间中不受滚动约束的旋转视图，当激活此功能后，绘图区会出现如图 8-4 所示的圆形辅助框架，用户可以从多个方向自由地观察三维物体。执行“自由动态观察”命令主要有以下几种方式：

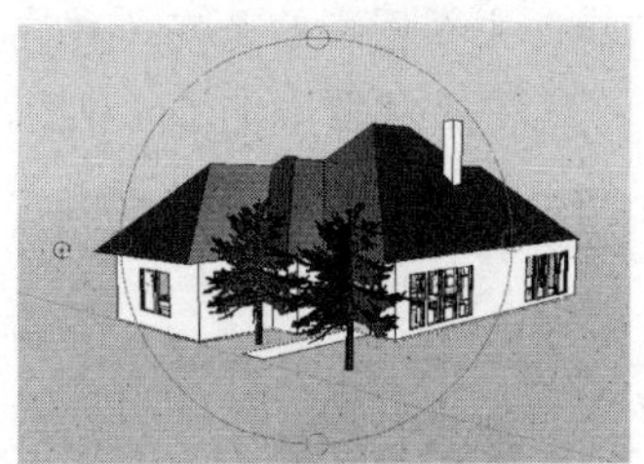

图 8-4　自由动态观察

- 单击“视图”选项卡→“导航”面板→“自由动态观察”按钮
- 选择菜单栏中的“视图”→“动态观察”→“自由动态观察”命令
- 单击“动态观察”工具栏→“自由动态观察”按钮
- 在命令行中输入“3dforbit”后按 Enter 键

3. 连续动态观察

“连续动态观察”命令用于以连续运动的方式在三维空间中旋转视图，以持续观察三维物体的不同侧面，且不需要进行手动设置视点。当激活此命令后，光标变为如图 8-5 所示的状态，此时按住鼠标进行拖曳，即可连续旋转视图。

执行“连续动态观察”命令主要有以下几种方式：

- 单击“视图”选项卡→“导航”面板→“连续动态观察”按钮
- 选择菜单栏中的“视图”→“动态观察”→“连续动态观察”命令
- 单击“动态观察”工具栏→“连续动态观察”按钮
- 在命令行中输入“3dcorbit”后按 Enter 键

图 8-5　连续动态观察

8.1.3　导航立方体

如图 8-6 所示的 3D 导航立方体（即 ViewCube），不但可以快速帮助用户调整模型的视点，还可以更

改模型的视图投影、定义和恢复模型的主视图，以及恢复随模型一起保存的已命名 UCS。

此导航立方体主要由顶部的房子标记、中间的导航立方体、底部的罗盘和最下侧的 UCS 菜单 4 部分组成。当沿着立方体移动鼠标时，分布在导航立体棱、边、面等位置上的热点会亮显，单击一个热点，就可以切换到相关的视图。

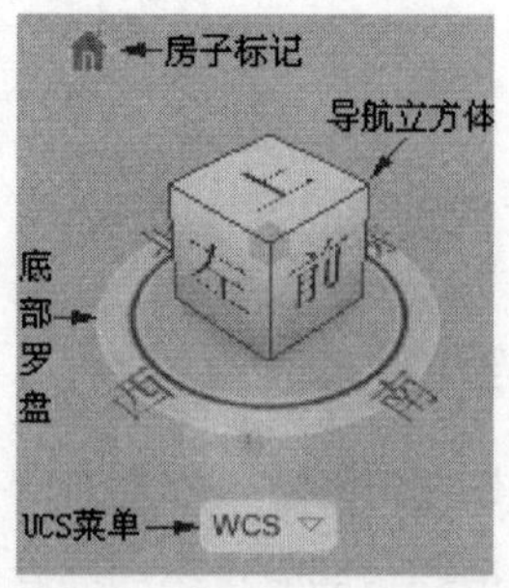

图 8-6 ViewCube 显示图

- 视图投影。当查看模型时，在平行模式、透视模式和带平行视图面的透视模式之间进行切换。
- 主视图指的是定义和恢复模型的主视图。主视图是用户在模型中定义的视图，用于返回熟悉的模型视图。
- 通过单击 ViewCube 下方的 UCS 按钮菜单，可以恢复已命名的 UCS。

将当前视觉样式设为 3D 显示样式后，导航立方体显示图才可以显示出来。在命令行输入 Cube 后按 Enter 键，可以控制导航立方体图的显示和关闭状态。

8.1.4 全导航控制盘

如图 8-7 所示的 SteeringWheels 导航控制盘分为若干个按钮，每个按钮包含一个导航工具。可以通过单击按钮或单击并拖动悬停在按钮上的光标来启动各种导航工具。单击导航栏上的按钮，或者单击“视图”选项卡→“导航”面板→“SteeringWheels”按钮打开此控制盘。在控制盘上单击鼠标右键，可打开如图 8-8 所示的快捷菜单。

图 8-7 SteeringWheels 导航控制盘

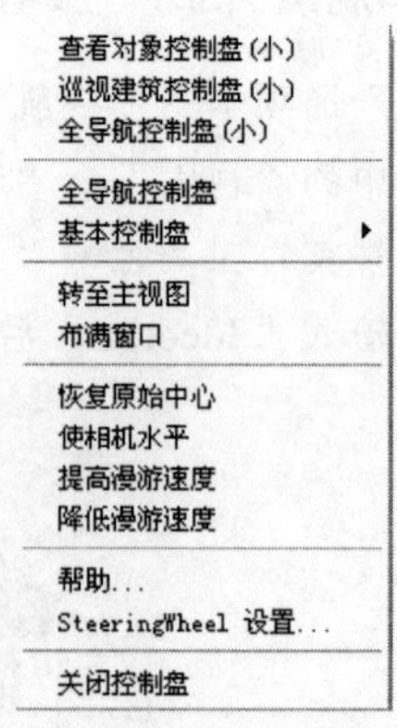

图 8-8 控制盘快捷菜单

在 SteeringWheels 导航控制盘中共有 4 个不同的控制盘可供使用，每个控制盘均拥有其独有的导航方式，具体如下：

- 二维导航控制盘。通过平移和缩放导航模型。
- 查看对象控制盘。将模型置于中心位置并定义轴心点，以使用“动态观察”工具，缩放和动态观察模型。

- 巡视建筑控制盘。通过将模型视图移近或移远、环视及更改模型视图的标高来导航模型。
- 导航控制盘。将模型置于中心位置并定义轴心点，以使用“动态观察”工具漫游和环视、更改视图标高、动态观察、平移和缩放模型。

小提示

使用控制盘上的工具导航模型时，先前的视图将保存到模型的导航历史中，要从导航历史恢复视图，可以使用回放工具。单击控制盘上的“回放”按钮或单击“回放”按钮并在上面拖动，即可以显示回放历史，如图 8-9 所示，从中可以浏览导航历史以恢复先前的某个视图。

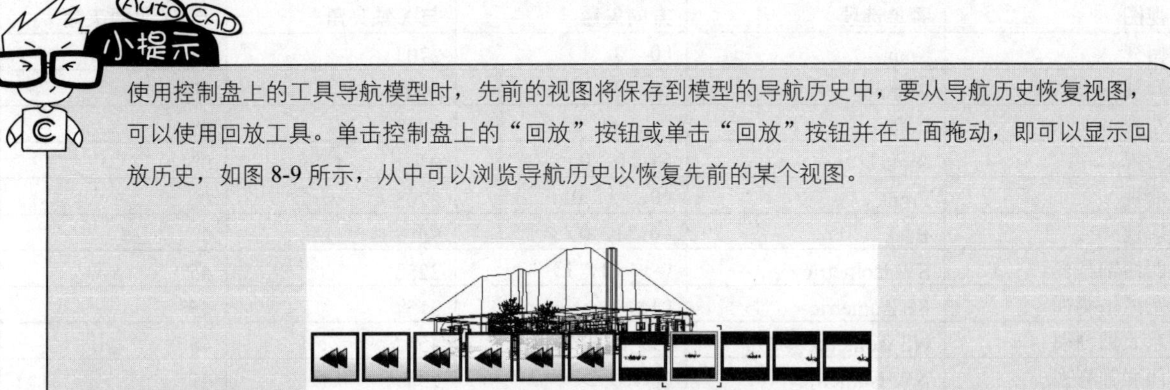

图 8-9　回放历史

8.2 视图与视口

本节主要学习正交视图、等轴测视图及视口的分割与合并功能。

8.2.1 切换视图

为了便于观察和编辑三维模型，AutoCAD 为用户提供了一些标准视图，具体包括 6 个正交视图和 4 个等轴测图，如图 8-10 所示；其按钮排列在如图 8-11 所示的“视图”面板上。视图的切换主要有以下几种方式：

- 选择菜单栏中的“视图”→“三维视图”子菜单命令
- 单击“视图”选项卡→“视图”面板上的按钮
- 单击“视图”工具栏上相应的按钮

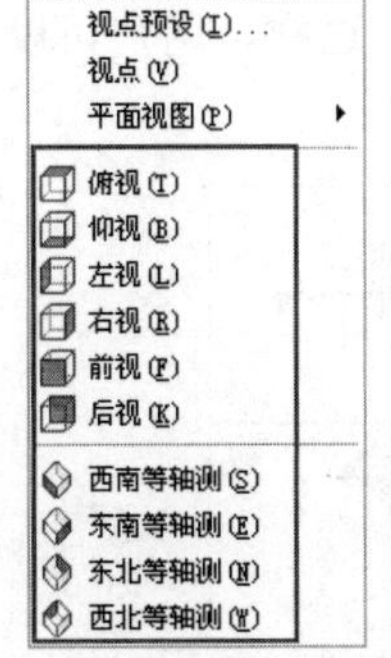

图 8-10　视图子菜单

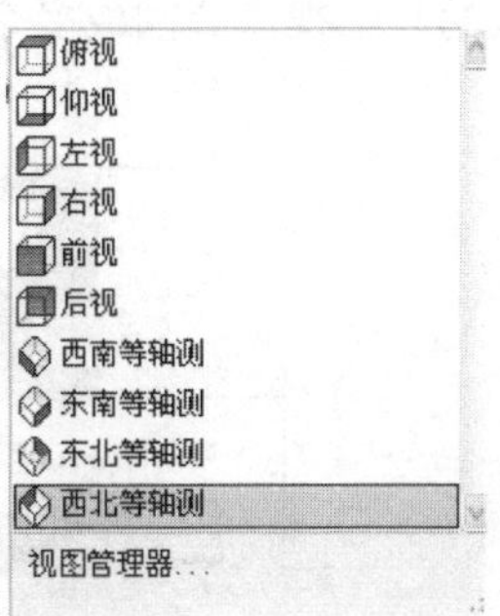

图 8-11　“视图”面板

上述 6 个正交视图和 4 个等轴测视图用于显示三维模型的主要特征视图，其中每种视图的视点、与 X 轴夹角和与 XY 平面夹角等内容下表所示。

表　基本视图及其参数设置

视图	菜单选项	方向矢量	与 X 轴夹角	与 XY 平面夹角
俯视	Tom	（0，0，1）	270°	90°
仰视	Bottom	（0，0，-1）	270°	90°
左视	Left	(-1，0，0)	180°	0°
右视	Right	（1，0，0）	0°	0°
前视	Front	（0，-1，0）	270°	0°
后视	Back	（0，1，0）	90°	0°
西南轴测视	SW Isometric	(-1，-1，1)	225°	45°
东南轴测视	SE Isometric	(1，-1，1)	315°	45°
东北轴测视	NE Isometric	(1，1，1)	45°	45°
西北轴测视	NW Isometric	(-1，1，1)	135°	45°

8.2.2　平面视图

除了上述 10 个标准视图之外，AutoCAD 还为用户提供了一个“平面视图”工具，使用此命令，可以将当前 UCS、命名保存的 UCS 或 WCS 切换为各坐标系的平面视图，以方便观察和操作，如图 8-12 所示。

选择菜单栏中的“视图”→“三维视图”→“平面视图”命令，或者在命令行中输入“Plan”后按 Enter 键，都可激活“平面视图”命令。

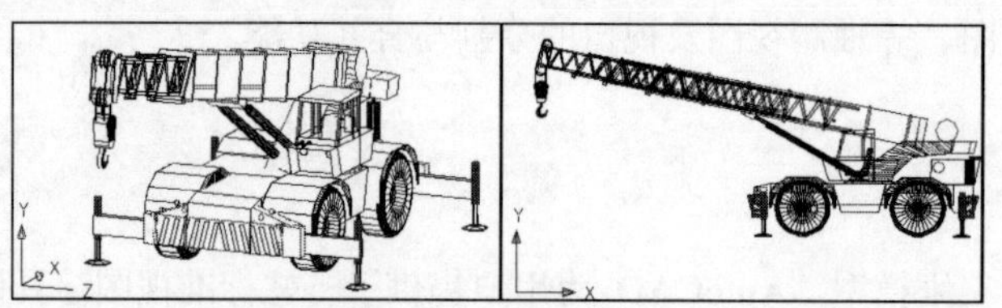

图 8-12　平面视图切换

8.2.3　创建视口

视口是用于绘制图形、显示图形的区域。默认设置下，AutoCAD 将整个绘图区作为一个视口，在实际建模过程中，有时需要从各个不同视点上观察模型的不同部分，为此 AutoCAD 为用户提供了视口的分割功能，可以将默认的一个视口分割成多个视口，如图 8-13 所示。这样，用户可以从不同的方向观察三维模型的不同部分。

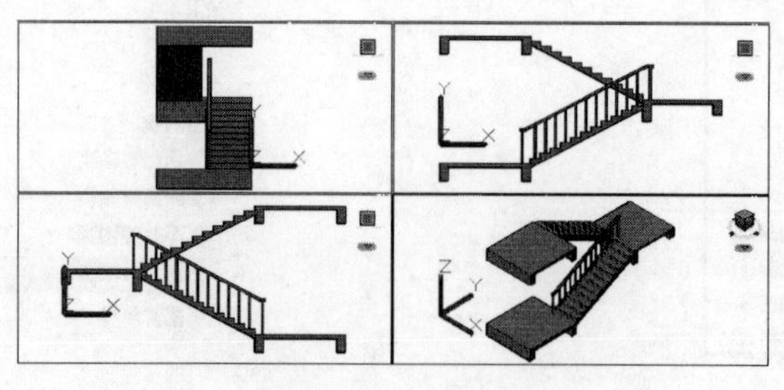

图 8-13　分割视口

视口的分割与合并具体有以下几种方式：

- 通过菜单分割视口。选择菜单栏中的“视图”→“视口”级联菜单中的相关命令，即可将当前视口分割为两个、三个或多个视口，如图 8-14 所示。
- 单击“视口”工具栏或面板上的各按钮。
- 通过对话框分割视口。选择菜单栏中的“视图”→“视口”→“新建视口”命令，或者在命令行中输入“Vports”后按 Enter 键，打开如图 8-15 所示的“视口”对话框。在此对话框中，用户可以对分割视口进行提前预览效果，使用户能够方便直接地进行分割视口。

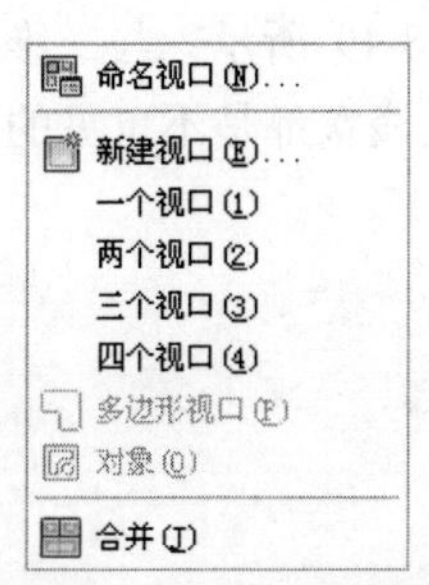

图 8-14　视口级联菜单

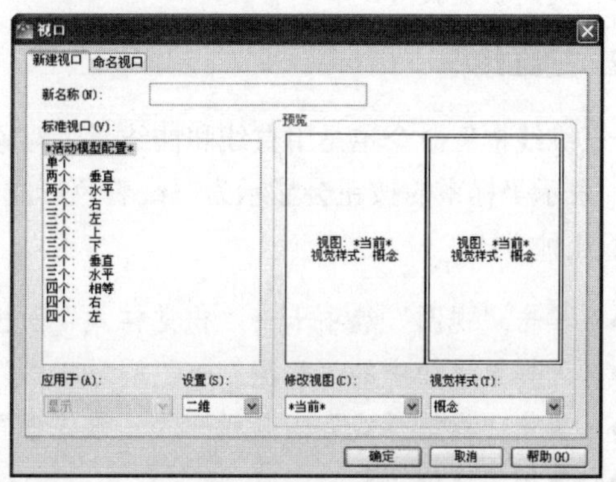

图 8-15　“视口”对话框

8.3　三维显示功能

本节主要学习 AutoCAD 的三维显示功能，具体包括视觉样式、管理视觉样式、附着材质和三维渲染等。

8.3.1　视觉样式

AutoCAD 提供了几种控制模型外观显示效果的工具，巧妙运用这些着色功能，能快速显示出三维物体的逼真形态，对三维模型的效果显示有很大的帮助。这些着色工具位于如图 8-16 所示的菜单栏和图 8-17 所示的“视觉样式”面板上。

图 8-16　“视觉样式”菜单栏

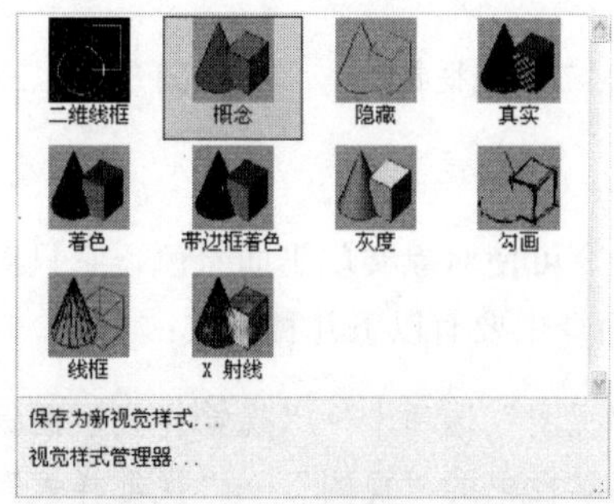

图 8-17　“视觉样式”面板

1. 二维线框

“二维线框”命令是用直线和曲线显示对象的边缘，此对象的线型和线宽都是可见的，如图 8-18 所示。执行此命令主要有以下几种方式：

- 单击“视图”选项卡→“视觉样式”面板→“二维线框”按钮
- 选择菜单栏中的“视图”→“视觉样式”→“二维线框”命令
- 单击“视觉样式”工具栏→“二维线框”按钮
- 使用快捷键 VS

2. 三维线框

“三维线框”命令也是用直线和曲线显示对象的边缘轮廓，如图 8-19 所示。与二维线框显示方式不同的是，表示坐标系的按钮会显示为三维着色形式，并且对象的线型及线宽都是不可见的。执行该命令主要有以下几种方式：

- 单击“视图”选项卡→“视觉样式”面板→“线框”按钮
- 选择菜单栏中的“视图”→“视觉样式”→“三维线框”命令
- 单击“视觉样式”工具栏→“三维线框”按钮
- 使用快捷键 VS

3. 三维隐藏

“三维隐藏”命令用于将三维对象中观察不到的线隐藏起来，只显示那些位于前面无遮挡的对象，如图 8-20 所示。执行该命令主要有以下几种方式：

- 单击“视图”选项卡→“视觉样式”面板→“三维隐藏”按钮
- 选择菜单栏中的“视图”→“视觉样式”→“三维隐藏”命令
- 单击“视觉样式”工具栏→“三维隐藏”按钮按钮
- 使用快捷键 VS

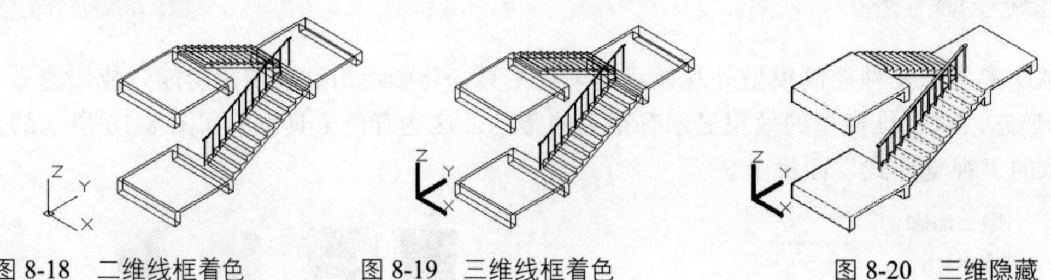

图 8-18　二维线框着色　　图 8-19　三维线框着色　　图 8-20　三维隐藏

4. 真实

“真实”命令可使对象实现平面着色，它只对各多边形的面着色，不对面边界作光滑处理，如图 8-21 所示。执行此命令主要有以下几种方式：

- 单击“视图”选项卡→“视觉样式”面板→“真实”按钮
- 选择菜单栏中的“视图”→“视觉样式”→“真实”命令
- 单击“视觉样式”工具栏→“真实”按钮
- 使用快捷键 VS

5. 概念

“概念”命令也可使对象实现平面着色，它不仅可以对各多边形的面着色，还可以对面边界作光滑处理，如图 8-22 所示。执行此命令主要有以下几种方式：

- 单击“视图”选项卡→“视觉样式”面板→“概念”按钮
- 选择菜单栏中的“视图”→“视觉样式”→“概念”命令
- 单击“视觉样式”工具栏→“概念”按钮
- 使用快捷键 VS

6. 着色

“着色”命令用于将对象进行平滑着色，如图 8-23 所示。执行此命令主要有以下几种方式：

- 单击“视图”选项卡→“视觉样式”面板→“着色”按钮
- 选择菜单栏中的“视图”→“视觉样式”→“着色”命令
- 使用快捷键 VS

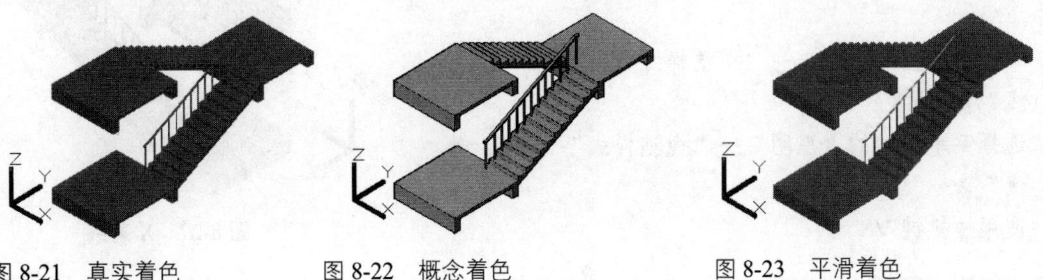

图 8-21　真实着色　　图 8-22　概念着色　　图 8-23　平滑着色

7. 带边缘着色

“带边缘着色”命令用于将对象带有可见边的平滑着色，如图 8-24 所示。执行此命令主要有以下几种方式：

- 单击“视图”选项卡→“视觉样式”面板→“带边缘着色”按钮
- 选择菜单栏中的“视图”→“视觉样式”→“带边缘着色”命令
- 使用快捷键 VS

8. 灰度

“灰度”命令用于将对象以单色面颜色模式着色，以产生灰度效果，如图 8-25 所示。执行此命令主要有以下几种方式：

- 单击“视图”选项卡→“视觉样式”面板→“灰度”按钮
- 选择菜单栏中的“视图”→“视觉样式”→“灰度”命令
- 使用快捷键 VS

9. 勾画

“勾画”命令用于将对象使用外伸和抖动方式产生手绘效果，如图 8-26 所示。执行此命令主要有以下几种方式：

- 单击“视图”选项卡→“视觉样式”面板→“勾画”按钮
- 选择菜单栏中的“视图”→“视觉样式”→“勾画”命令
- 使用快捷键 VS

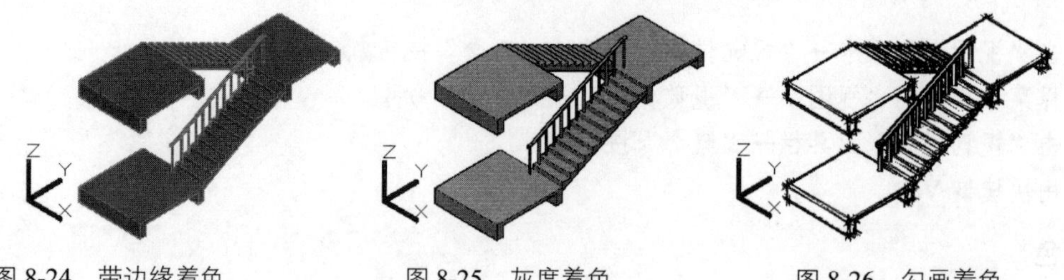

图 8-24 带边缘着色　　图 8-25 灰度着色　　图 8-26 勾画着色

10. X 射线

“X 射线”命令用于更改面的不透明度，以使整个场景变成部分透明，如图 8-27 所示。执行此命令主要有以下几种方式：

- 单击“视图”选项卡→“视觉样式”面板→“X 射线”按钮
- 选择菜单栏中的“视图”→“视觉样式”→“X 射线”命令
- 使用快捷键 VS

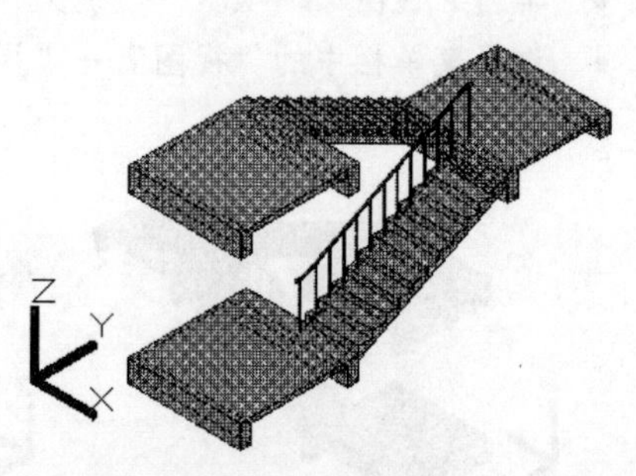

图 8-27 X 射线

8.3.2 管理视觉样式

“管理视觉样式”命令用于控制模型的外观显示效果、创建或更改视觉样式等，其窗口如图 8-28 所示。其中，面设置选项用于控制面上颜色和着色的外观，环境设置用于打开和关闭阴影和背景，边设置指定显示哪些边及是否应用边修改器。

执行“管理视觉样式”命令主要有以下几种方式：

- 选择菜单栏中的“视图”→“视觉样式”→“视觉样式管理器...”命令
- 单击“视觉样式”工具栏或面板上的按钮
- 在命令行中输入“Visualstyles”后按 Enter 键

图 8-28 “视觉样式管理器”对话框

8.3.3 附着材质

AutoCAD 为用户提供了“材质浏览器”命令，使用此命令可以直观、方便地为模型附着材质，以更加真实地表达实物造型。执行“材质游览器”命令主要有以下几种方式：

- 单击“渲染”选项卡→“材质”面板→“材质游览器”按钮
- 选择菜单栏中的“视图”→“渲染”→“材质游览器”命令
- 单击“渲染”工具栏→“材质游览器”按钮
- 在命令行中输入“Matbrowseropen”后按 Enter 键

下面通过简单的小实例学习“材质游览器”命令的使用方法。具体操作步骤如下：

01 选择菜单栏中的“绘图”→“建模”→“长方体”命令，创建长度为 20、宽度为 600、高度为 300 的长方体，如图 8-29 所示。

02 单击“渲染”选项卡→“材质”面板→“材质游览器”按钮，打开如图 8-30 所示的“材质浏览器”窗口。

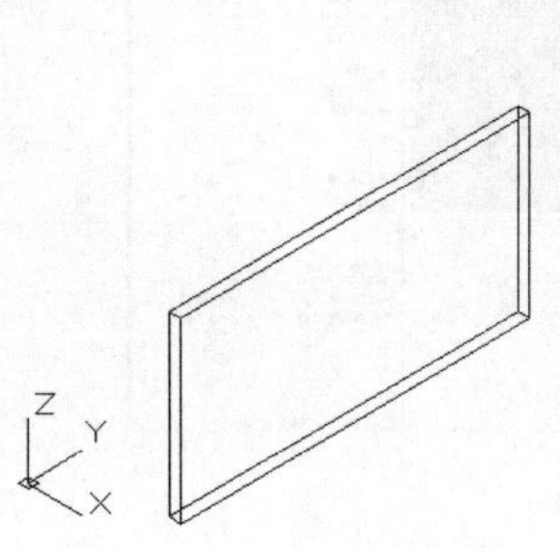

图 8-29 创建长方体

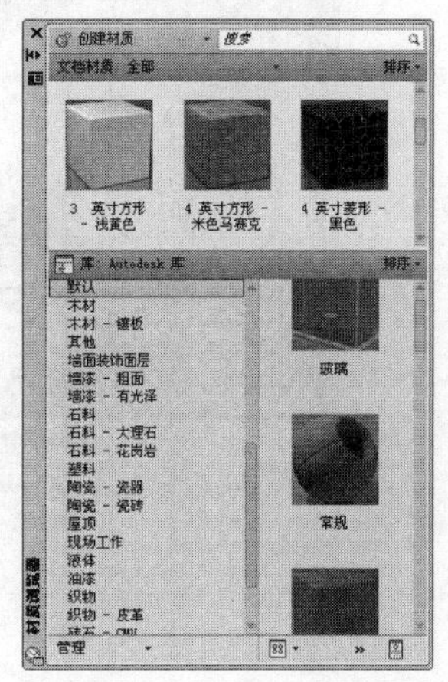

图 8-30 “材质游览器”窗口

03 在“材质浏览器”窗口中选择所需材质后，按住鼠标不放，将选择的材质拖曳至长方体上，为长方体附着材质，如图 8-31 所示。

04 单击“视图”选项卡→“视觉样式”面板→“直实”按钮，对附着材质后的长方体进行真实着色，结果如图 8-32 所示。

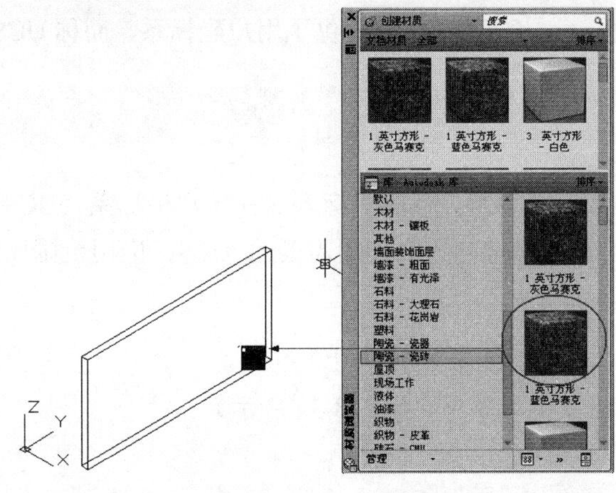

图 8-31 附着材质

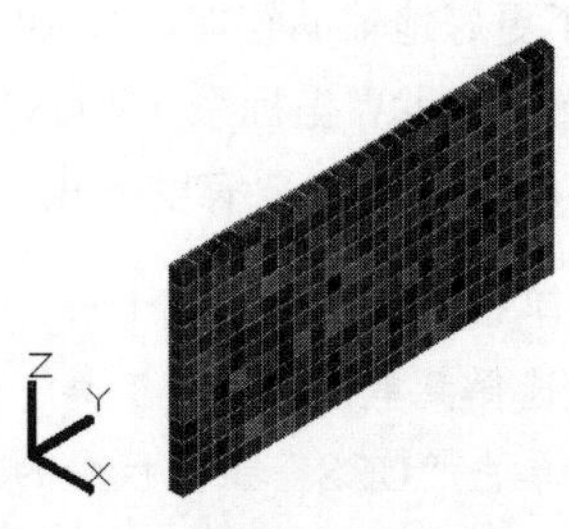

图 8-32 真实着色

8.3.4 三维渲染

AutoCAD 为用户提供了简单的渲染功能。单击“渲染”选项卡→“渲染”面板→“渲染”按钮，或者选择菜单栏中的“视图”→“渲染”→“渲染”命令，或者单击“渲染”工具栏→“渲染”按钮按钮，即可激活此命令。AutoCAD 将按默认设置对当前视口内的模型以独立的窗口进行渲染，如图 8-33 所示。

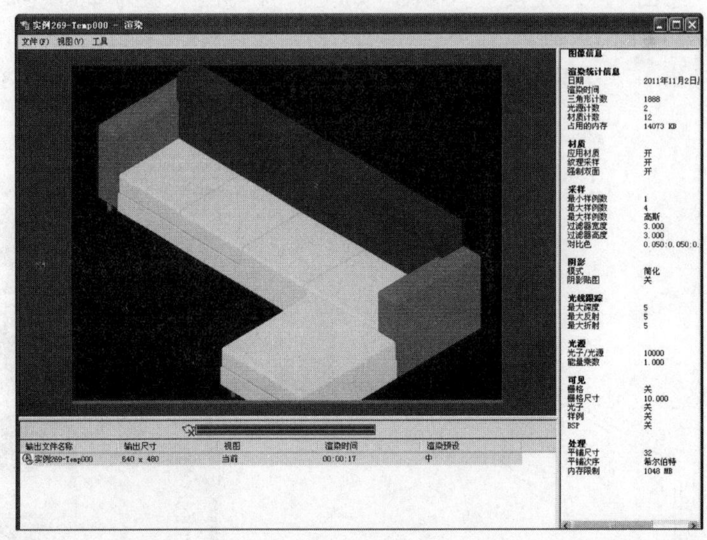

图 8-33 渲染窗口

8.4 定义与管理 UCS

在默认设置下，AtuoCAD 是以世界坐标系的 XY 平面作为绘图平面，进行绘制图形的。由于世界坐标系是固定的，其应用范围有一定的局限性，为此，AutoCAD 为用户提供了用户坐标系，简称 UCS。

8.4.1 定义 UCS

为了更好地辅助绘图，AutoCAD 为用户提供了一种非常灵活的坐标系——用户坐标系（UCS）。此坐标系弥补了世界坐标系（WCS）的不足，用户可以随意定制符合作图需要的 UCS，应用范围比较广。执行“UCS”命令主要有以下几种方式：

- 单击“视图”选项卡→“坐标”面板上的各按钮（如图 8-34 所示）
- 选择菜单栏中的“工具”→“新建 UCS”级联菜单命令（如图 8-35 所示）
- 单击“UCS”工具栏中的各按钮
- 在命令行中输入“UCS”后按 Enter 键

图 8-34　“坐标”面板

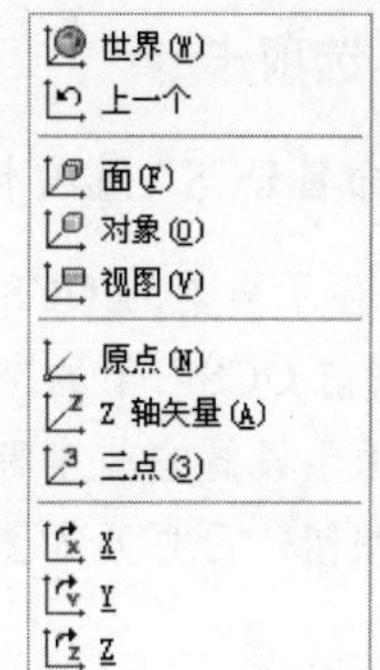

图 8-35　“UCS”菜单

执行“UCS”命令后，命令行出现“指定 UCS 的原点或 [面(F)/命名(NA)/对象(OB)/上一个(P)/视图(V)/世界(W)/X/Y/Z/Z 轴(ZA)] <世界>:”的提示，其中：

- “指定 UCS 的原点”选项用于指定三点，以分别定位出新坐标系的原点、X 轴正方向和 Y 轴正方向。
- “面(F)”选项用于选择一个实体的平面作为新坐标系的 XOY 面。用户必须使用点选法选择实体。
- “命名(NA)”选项主要用于恢复其他坐标系为当前坐标系、为当前坐标系命名保存及删除不需要的坐标系。
- “对象(OB)”选项表示通过选定的对象创建 UCS 坐标系。用户只能使用点选法来选择对象，否则无法执行此命令。
- “上一个(P)”选项用于将当前坐标系恢复到前一次所设置的坐标系位置，直到将坐标系恢复为 WCS 坐标系。
- “视图(V)”选项表示将新建的用户坐标系的 X、Y 轴所在的面设置成与屏幕平行，其原点保持不变，Z 轴与 XY 平面正交。
- “世界(W)”选项用于选择世界坐标系作为当前坐标系，用户可以从任何一种 UCS 坐标系下返回到世界坐标系。
- “X/Y/Z”选项：原坐标系坐标平面分别绕 X、Y、Z 轴旋转而形成新的用户坐标系。
- “Z 轴”选项用于指定 Z 轴方向以确定新的 UCS 坐标系。

8.4.2　管理 UCS

“命名 UCS”命令用于对命名 UCS 及正交 UCS 进行管理和操作，执行“命名 UCS”命令主要有以下几种方式：

- 选择菜单栏中的“工具”→“命名 UCS”命令
- 单击“UCSⅡ”工具栏→“命名 UCS” 按钮
- 在命令行中输入“Ucsman”后按 Enter 键

执行“命名 UCS”后可打开如图 8-36 所示的“UCS”对话框，通过此对话框，可以很方便地对自己定义的坐标系统进行存储、删除、应用等操作。

1. “命名 UCS”选项卡

如图 8-36 所示的“命名 UCS”选项卡，用于显示当前文件中的所有坐标系，还可以设置当前坐标系。

- “当前 UCS”：显示当前的 UCS 名称。如果 UCS 设置没有保存和命名，那么当前 UCS 读取“未命名”。在“当前 UCS”下的空白栏中有 UCS 名称的列表，列出当前视图中已定义的坐标系。
- 置为当前(C) 按钮用于设置当前坐标系。
- 单击 详细信息(T) 按钮，可打开如图 8-37 所示的“UCS 详细信息”对话框，用来查看坐标系的详细信息。

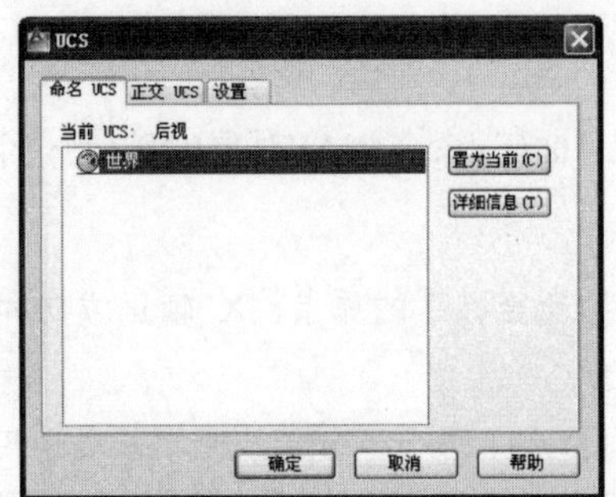

图 8-36 “UCS”对话框

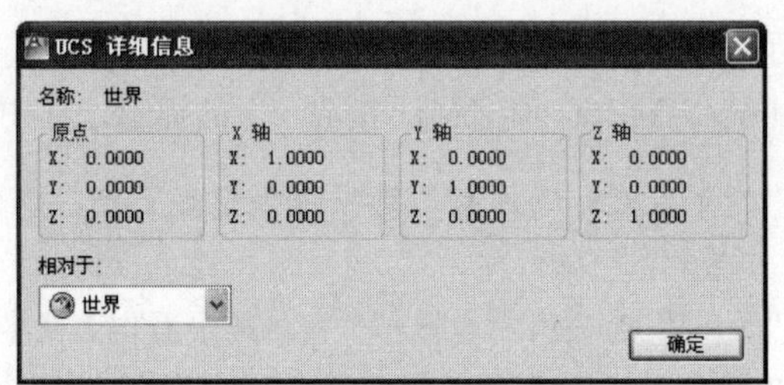

图 8-37 “UCS 详细信息”对话框

2. “正交 UCS”选项卡

在“UCS”对话框中展开如图 8-38 所示的选项卡，此选项卡主要用于显示和设置 AutoCAD 的预设标准坐标系作为当前坐标系。

- “正交 UCS”列表框中列出当前视图中的 6 个正交坐标系。正交坐标系是相对“相对于”列表框中指定的 UCS 进行定义的。
- 置为当前(C)：用于设置当前的正交坐标系。用户可以在列表中双击某个选项，将其设为当前；也可以选择需要设为当前的选项后单击鼠标右键，从弹出的快捷菜单中选择设为非当前的选项。

3. “设置”选项卡

在“UCS”对话框中展开如图 8-39 所示的选项卡，此选项卡主要用于设置 UCS 图标的显示及其他的一些操作设置。

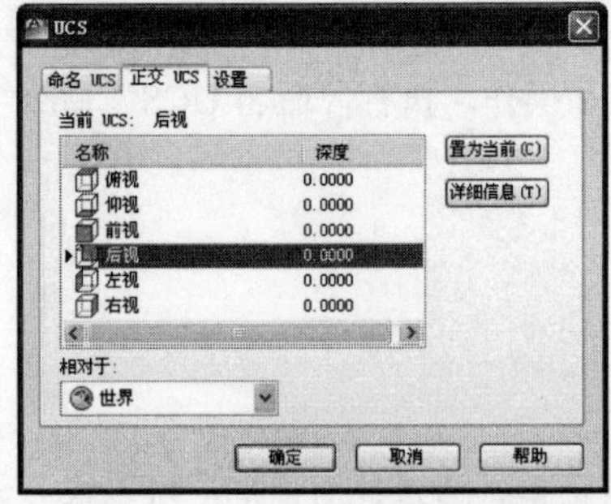

图 8-38 “正交 UCS”选项卡

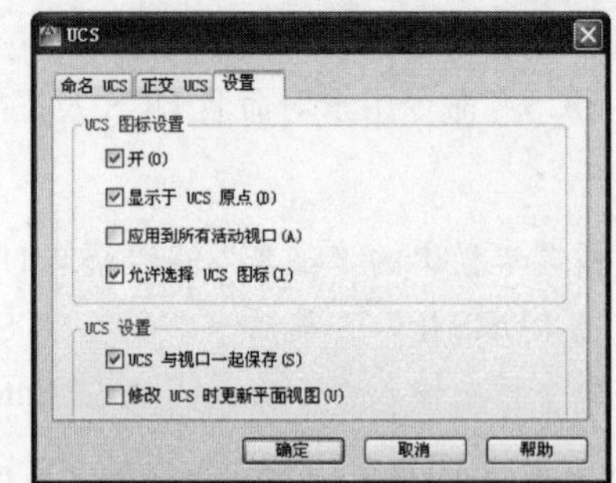

图 8-39 “设置”选项卡

- “开”复选框用于显示当前视口中的 UCS 图标。
- “显示于 UCS 原点”复选框用于在当前视口中当前坐标系的原点显示 UCS 图标。

- “应用到所有活动视口”复选框用于将 UCS 图标设置应用到当前图形中的所有活动视口。
- “UCS 与视口一起保存”复选框用于将坐标系设置与视口一起保存。如果不勾选此选项，视口将反映当前视口的 UCS。
- “修改 UCS 时更新平面视图”复选框用于修改视口中的坐标系时恢复平面视图。当对话框关闭时，平面视图和选定的 UCS 设置被恢复。

8.5 案例——三维辅助功能综合应用

本节通过将某小别墅模型分割为 4 个视口，同时以不同显示方式显示模型的不同视图，以对本章所讲述的视图、视口、着色等知识点进行综合练习和巩固。本例效果如图 8-40 所示。

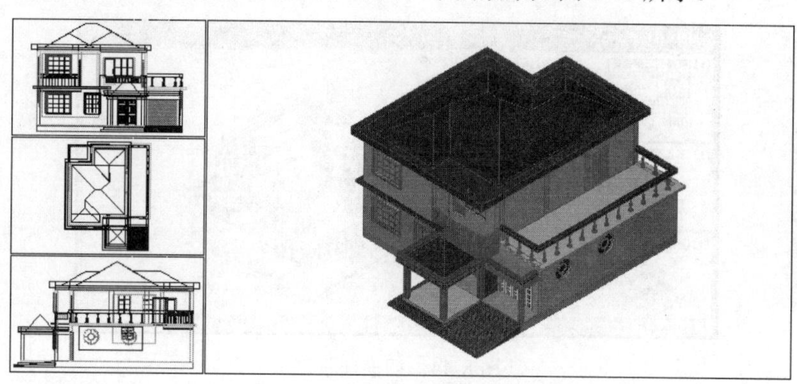

图 8-40　实例效果

01 打开随书光盘“/实例源文件/别墅立体模型.dwg”，如图 8-41 所示。

02 选择菜单栏中的“视图”→“视口”→“新建视口”命令，打开“视口”对话框，然后选择如图 8-42 所示的视口模式。

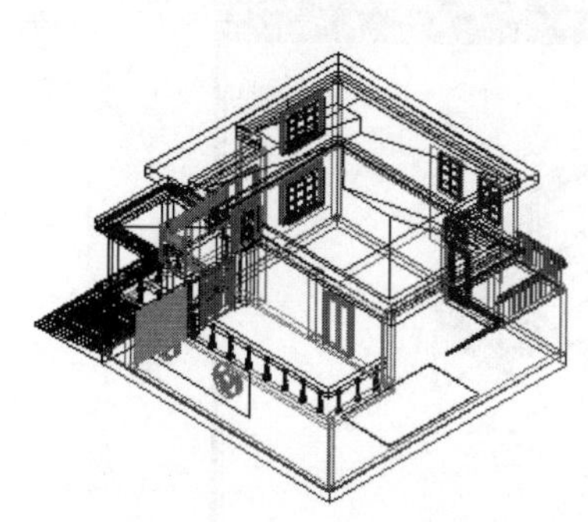

图 8-41　打开结果

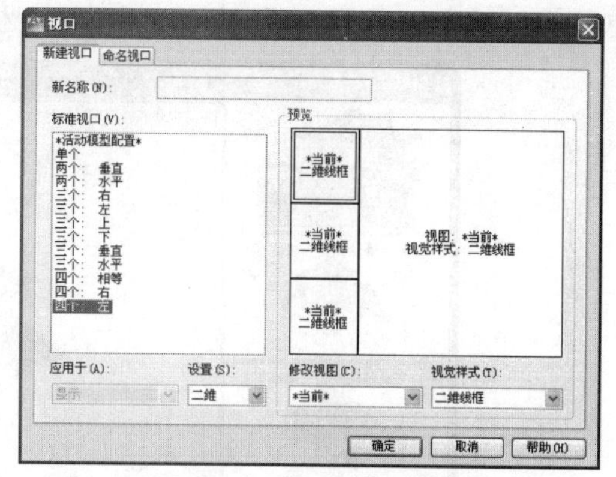

图 8-42　“视口”对话框

03 单击 确定 按钮，系统将当前单个视口分割为四个等大的视口，如图 8-43 所示。

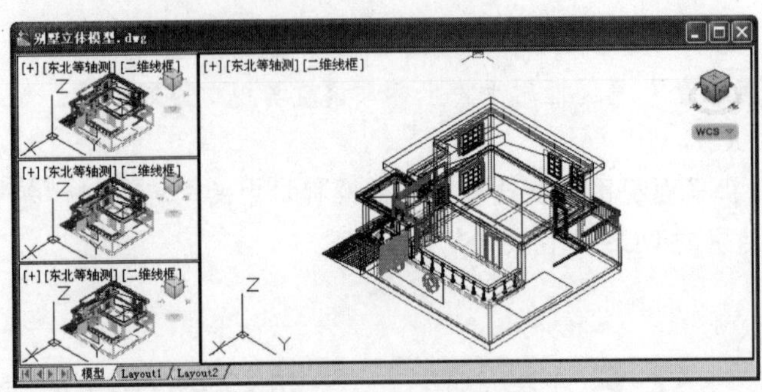
图 8-43　分割视口

04 将光标放在左上侧的视口内并单击，将此视口激活为当前视口，此时该视口边框变粗。

05 单击“视图”选项卡→“视图”面板→“前视”按钮，将当前视口内的视图切换为前视图，结果如图 8-44 所示。

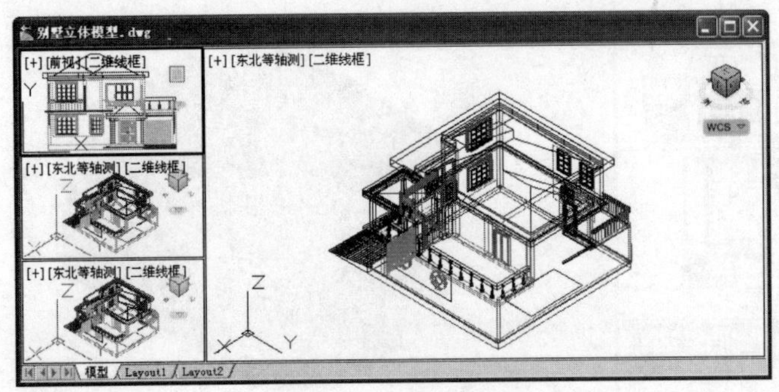
图 8-44　切换前视图

06 使用快捷键“VS”激活“视觉样式”命令，对模型进行真实着色，结果如图 8-45 所示。

07 将光标放在左下侧的视口内并单击，将此视口激活为当前视口。

08 单击“视图”选项卡→“视图”面板→“俯视”按钮，将当前视口切换为俯视图，结果如图 8-46 所示。

09 使用快捷键“VS”激活“视觉样式”命令，对模型进行概念着色，结果如图 8-47 所示。

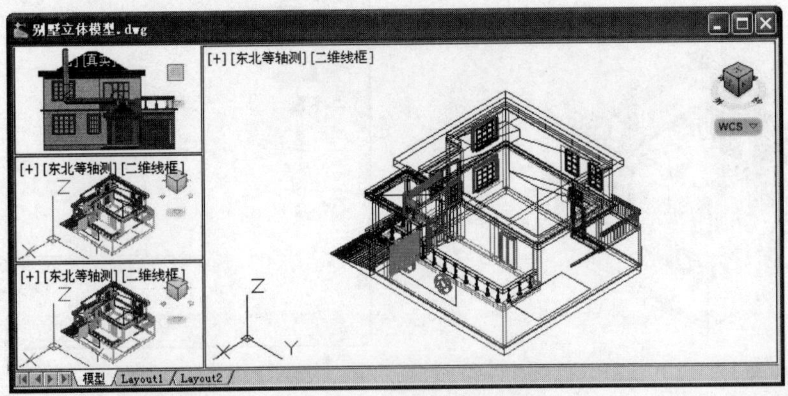
图 8-45　真着着色

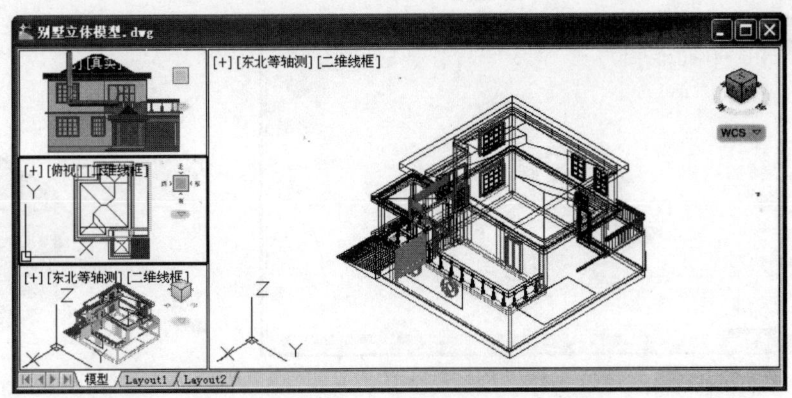

图 8-46　切换俯视图

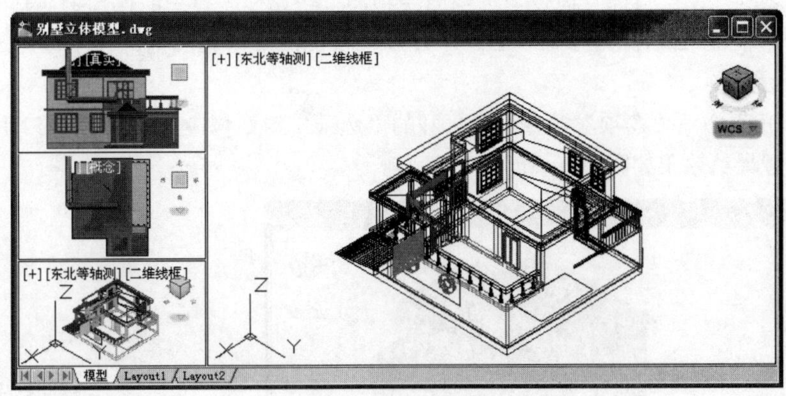

图 8-47　概念着色

10 将光标放在左下角的视口内并单击，将此视口激活为当前视口。

11 单击“视图”选项卡→“视图”面板→“右视”按钮，将当前视口切换为右视图，结果如图 8-48 所示。

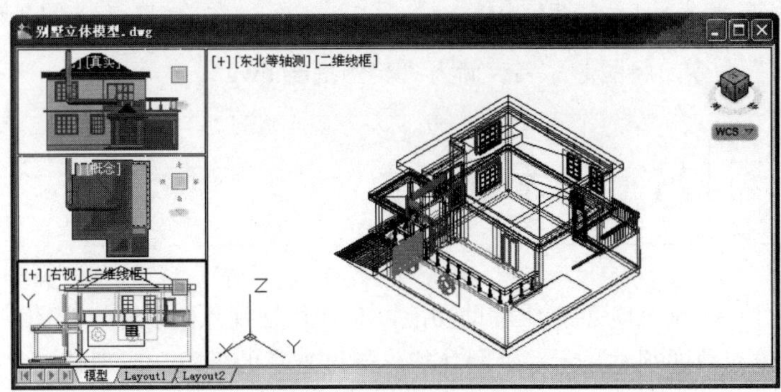

图 8-48　切换右视图

12 使用快捷键“VS”激活“视觉样式”命令，对模型进行带边缘着色，结果如图 8-49 所示。

13 将光标放在右侧的视口内并单击，将此视口激活为当前视口。

14 使用“实时缩放”和“实时平移”工具调整视图，然后对模型进行真实着色，结果如图 8-50 所示。

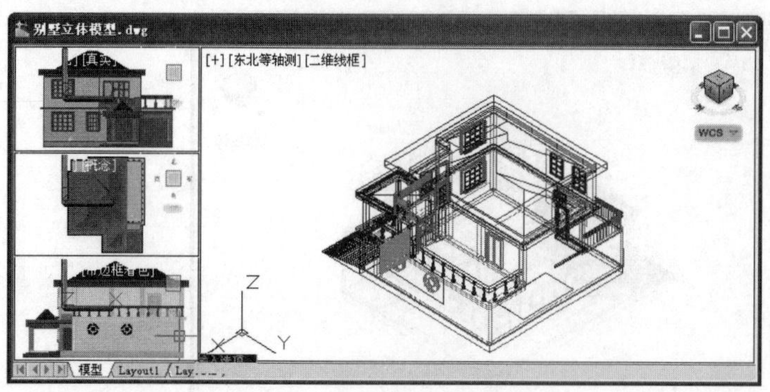

图 8-49　着色显示

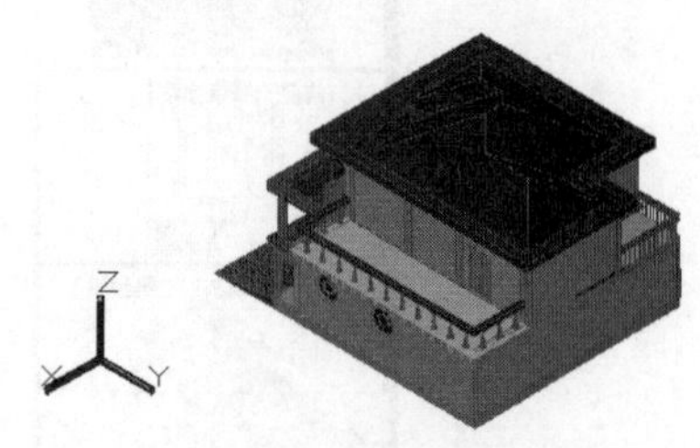

图 8-50　真实着色

15 单击“视图”选项卡→“视图”面板→“东南等轴测”按钮，将当前视图切换到东南视图。

16 使用快捷键“VS”激活“视觉样式”命令，分别将左侧的三个视图内的模型进行三维线框着色，结果如图 8-51 所示。

17 使用快捷键“OP”激活“选项”命令，在打开的“选项”对话框中关闭如图 8-52 所示的几个视口控件。视图及模型最终效果如图 8-40 所示。

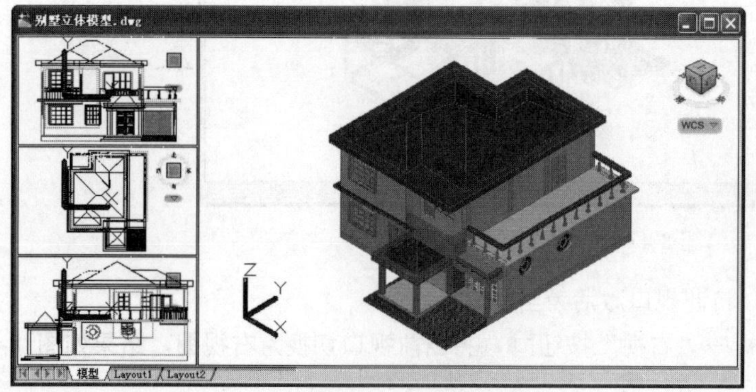

图 8-51　三维线框着色

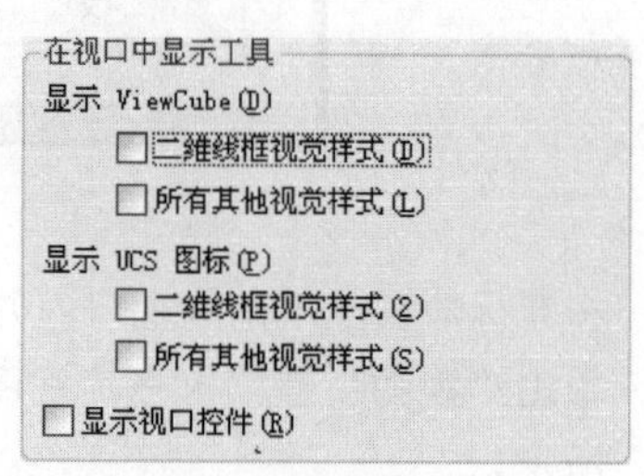

图 8-52　关闭显示控件

18 最后执行“另存为”命令，将图形命名存储为“实例指导.dwg”。

8.6 本章小结

本章主要简单讲述了 AutoCAD 的三维辅助功能，具体包括视点的设置、视图的切换、视口的分割、坐标系的设置管理及三维对象的视觉显示等辅助功能。通过本章的学习，应理解和掌握以下知识：

（1）三维观察功能，具体有视点、动态观察器、导航立方体、控制盘等；

（2）理解世界坐标系和用户坐标系的概念及功能，掌握用户坐标系的各种设置方式及坐标系的管理、切换和应用等重要操作知识；

（3）三维显示功能，具体有视觉样式、管理视觉样式和渲染；

（4）视图与视口中具体包括 6 种正交视图、4 种等轴测视图、平面视图及视口的创建与合并。

第9章 三维建模功能

随着版本的不断升级，AutoCAD 的三维建模功能也日趋完善，这些功能主要体现在实体建模、曲面建模和网格建模三个方面。本章主要学习这三种模型的具体建模方法和相关技能。

知识要点

- 了解三维模型
- 基本几何实体
- 复杂实体和曲面
- 组合实体和曲面
- 创建网格
- 案例——制作办公桌立体造型

9.1 了解三维模型

AutoCAD 共为用户提供了三种模型，用以表达物体的三维形态。分别是实体模型、曲面模型和网格模型。通过这三类模型，不仅能让非专业人员对物体的外形有一个感性的认识，还能帮助专业人员降低绘制复杂图形的难度，使一些在二维平面图中无法表达的东西清晰而形象地显示在屏幕上。

- 实体模型。实体模型是实实在在的物体，它不仅包含面边信息，而且还具备实物的一切特性。用户不仅可以对其进行着色和渲染，也可以对其进行打孔、切槽、倒角等布尔运算，还可以检测和分析实体内部的质心、体积和惯性矩等。
- 曲面模型。曲面的概念比较抽象，可以将其理解为实体的面，此种面模型不仅能着色渲染等，还可以对其进行修剪、延伸、圆角、偏移等编辑。
- 网格模型。网格模型是由一系列规则的格子线围绕而成的网状表面，然后由网状表面的集合来定义三维物体。此种模型仅含有面边信息，能着色和渲染，但是不能表达出真实实物的属性。

9.2 基本几何实体

本节主要学习各种基本几何实体的创建功能，这些实体建模工具按钮位于“建模”工具栏和“建模”面板上，其菜单位于“绘图”→“建模”子菜单上。

9.2.1 长方体

“长方体”命令用于创建长方体模型或立方体模型。执行“长方体”命令主要有以下几种方式：

- 单击“常用”选项卡→“建模”面板→“长方体”按钮。
- 选择菜单栏中的“绘图”→“建模”→“长方体”命令。
- 单击“建模”工具栏→“长方体”按钮。
- 在命令行中输入 Box 后按 Enter 键。

执行“长方体”命令后，命令行操作如下：

```
命令: _box
指定第一个角点或 [中心(C)]:              //在绘图区拾取一点
指定其他角点或 [立方体(C)/长度(L)]:    //@200,150 Enter
指定高度或 [两点(2P)]:      //35 Enter，创建结果如图 9-1 所示
```

命令行中各选项含义如下：

- “立方体”选项用于创建长、宽、高都相等的正立方体。
- “中心点”选项用于根据长方体的正中心点位置进行创建长方体，即首先定位长方体的中心点位置。
- “长度”选项用于直接输入长方体的长度、宽度和高度等参数，即可生成相应尺寸的方体模型。

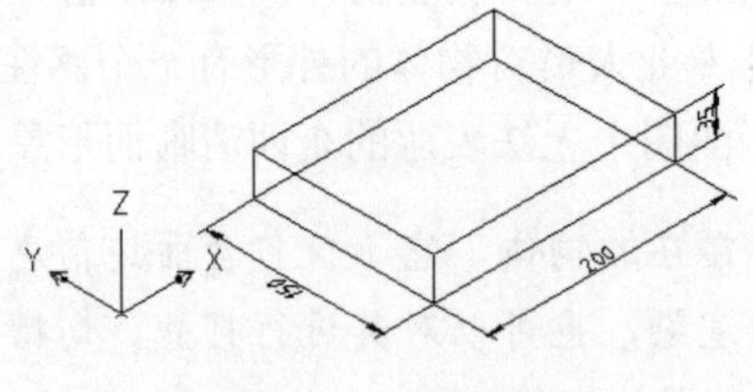

图 9-1 长方体

9.2.2 圆柱体

“圆柱体”命令用于创建圆柱实心体或椭圆柱实心体模型，如图 9-2 所示。执行“圆柱体”命令主要有以下几种方式：

- 单击“常用”选项卡→“建模”面板→“圆柱体”按钮
- 选择菜单栏中的“绘图”→“建模”→“圆柱体”命令
- 单击“建模”工具栏→“圆柱体”按钮

- 在命令行中输入“Cylinder”后按 Enter 键

执行“圆柱体”命令后，其命令行操作如下：

```
命令: _cylinder
指定底面的中心点或 [三点(3P)/两点(2P)/ 切点、切点、半径(T)/椭圆(E)]
 //在绘图区拾取一点
指定底面半径或 [直径(D)]>:                //120 Enter，输入底面半径
指定高度或 [两点(2P)/轴端点(A)] <100.0000>:  //260 Enter，结果如图 9-3 所示
```

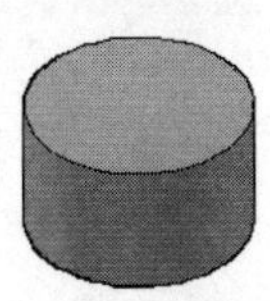
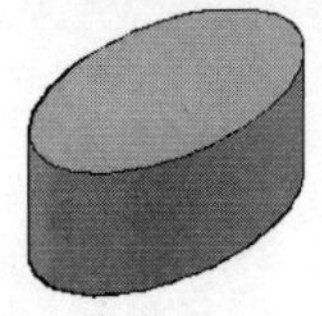

图 9-2　圆柱体和椭圆柱体

图 9-3　创建结果

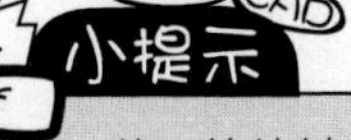

使用快捷键“HI”对模型进行消隐，效果如图 9-4 所示。另外，变量 FACETRES 用于设置实体消隐或渲染后表面的光滑度，值越大，表面越光滑，如图 9-5 所示；变量 ISOLINES 用于设置实体线框的表面密度，值越大，网格线就越密集，如图 9-6 所示。

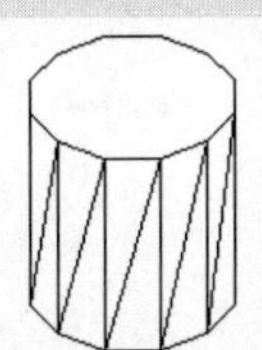

图 9-4　消隐效果图

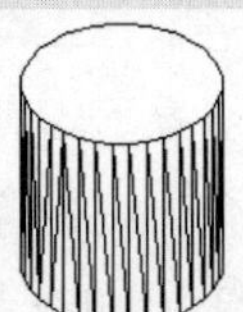

图 9-5　FACETRES＝5

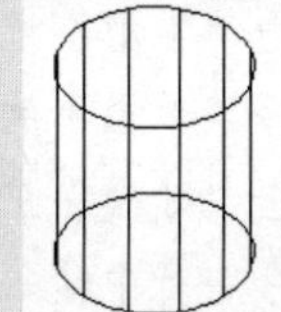

图 9-6　ISOLIENS＝12

命令行中各选项含义如下：

- “三点”选项用于指定圆上的三个点定位圆柱体的底面。
- “两点”选项用于指定圆直径的两个端点定位圆柱体的底面。
- “切点、切点、半径”选项用于绘制与已知两对象相切的圆柱体。
- “椭圆”选项用于绘制底面为椭圆的椭圆柱体。

9.2.3　圆锥体

“圆锥体”命令用于创建圆锥体或椭圆锥体模型，如图 9-7 所示。执行“圆锥体”命令主要有以下几种方式：

- 单击“常用”选项卡→“建模”面板→“圆锥体”按钮
- 选择菜单栏中的“绘图”→“建模”→“圆锥体”命令
- 单击“建模”工具栏→“圆锥体”按钮

- 在命令行中输入“Cone”后按 Enter 键

执行“圆锥体”命令后，其命令行操作如下：

```
命令: _cone
指定底面的中心点或 [三点(3P)/两点(2P)/切点、切点、半径(T)/椭圆(E)]:
                                        //拾取一点作为底面中心点
指定底面半径或 [直径(D)] <261.0244>:        //75 Enter，输入底面半径
指定高度或 [两点(2P)/轴端点(A)/顶面半径(T)] <120.0000>:
      //180 Enter，创建结果如图 9-8 所示
```

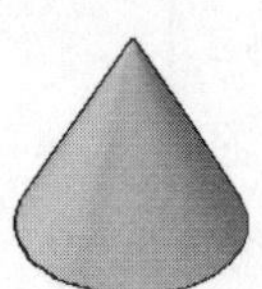
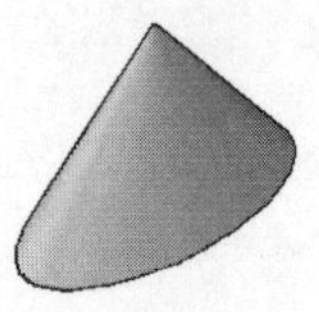

图 9-7　圆锥体与椭圆锥体

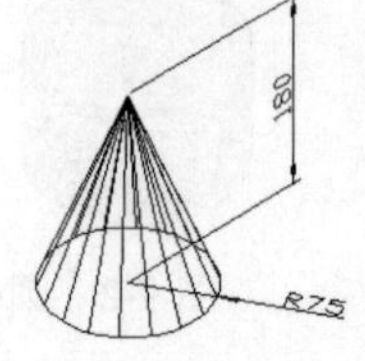

图 9-8　创建圆锥体

9.2.4　多段体

“多段体”命令用于创建具有一定宽度和高度的三维多段体。执行“多段体”命令主要有以下几种方式：

- 单击“常用”选项卡→“建模”面板→“多段体”按钮
- 选择菜单栏中的“绘图”→“建模”→“多段体”命令
- 单击“建模”工具栏→“多段体”按钮
- 在命令行中输入“Polysolid”后按 Enter 键

执行“多段体”命令后，其命令行操作如下：

```
命令: _Polysolid 高度 = 80.0000, 宽度 = 5.0000, 对正 = 居中
指定起点或 [对象(O)/高度(H)/宽度(W)/对正(J)] <对象>:
指定下一个点或 [圆弧(A)/放弃(U)]:            //@100,0 Enter
指定下一个点或 [圆弧(A)/放弃(U)]:            //@0,-60 Enter
指定下一个点或 [圆弧(A)/闭合(C)/放弃(U)]:    //@100,0 Enter
指定下一个点或 [圆弧(A)/闭合(C)/放弃(U)]:    //a Enter
指定圆弧的端点或 [闭合(C)/方向(D)/直线(L)/第二个点(S)/放弃(U)]:  //@0,-150 Enter
指定下一个点或 [圆弧(A)/闭合(C)/放弃(U)]:    //在绘图区拾取一点
指定圆弧的端点或 [闭合(C)/方向(D)/直线(L)/第二个点(S)/放弃(U)]:
  // Enter，绘制结果如图 9-9 所示
```

命令行中各选项含义如下：

- “对象”选项可以将现有的直线、圆弧、圆、矩形及样条曲线等二维对象，转化为具有一定宽度和高度的三维实心体，如图 9-10 所示。

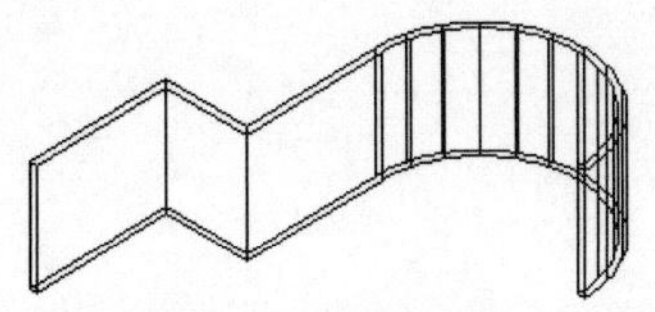

图 9-9　绘制结果

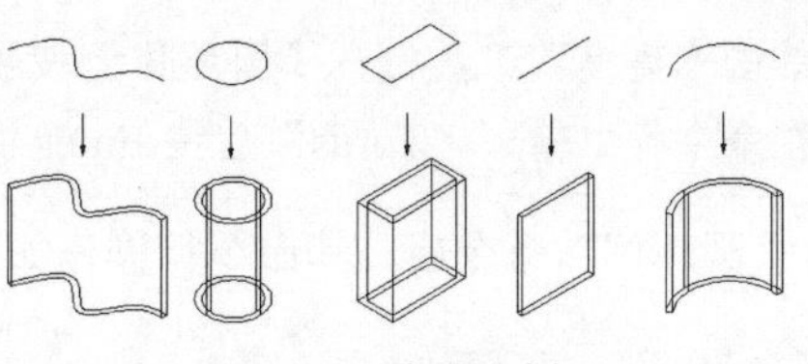

图 9-10　选项示例

- “高度”选项用于设置多段体的高度。
- “宽度”选项用于设置多段体的宽度。
- “对正”选项用于设置多段体的对正方式，具体有“左对正”、“居中”和“右对正”3 种方式。

9.2.5　棱锥体

“棱锥体”命令用于创建三维实体棱锥，如底面为四边形、五边形、六边形等的多面棱锥，如图 9-11 所示。执行“棱锥体”命令主要有以下几种方式：

- 单击“常用”选项卡→“建模”面板→“棱锥体”按钮
- 选择菜单栏中的“绘图”→“建模”→“棱锥体”命令
- 单击“建模”工具栏→“棱锥体”按钮
- 在命令行中输入“Pyramid”后按 Enter 键

执行“棱锥体”命令后，其命令行操作如下：

```
命令: _pyramid
4 个侧面　外切
指定底面的中心点或 [边(E)/侧面(S)]:     //s Enter，激活“侧面”选项
输入侧面数 <4>:                        //6 Enter，设置侧面数
指定底面的中心点或 [边(E)/侧面(S)]:     //在绘图区拾取一点
指定底面半径或 [内接(I)] <72.0000>:     //120 Enter
指定高度或 [两点(2P)/轴端点(A)/顶面半径(T)] <10.0000>:
 //500 Enter，创建结果如图 9-11（右）所示
```

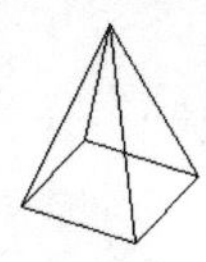

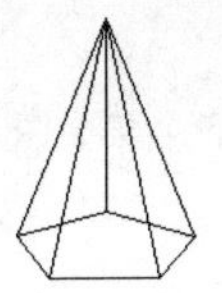

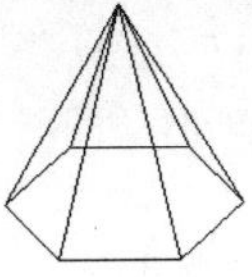

图 9-11　棱锥体

9.2.6　圆环体

“圆环体”命令用于创建圆环实心体模型，如图 9-12 所示。执行“圆环体”命令主要有以下几种方式：

- 单击“常用”选项卡→“建模”面板→“圆环体”按钮
- 选择菜单栏中的“绘图”→“建模”→“圆环体”命令

- 单击“建模”工具栏→“圆环体”按钮
- 在命令行中输入“Torus”后按 Enter 键

执行“圆环体”命令后，其命令行操作如下：

```
命令: _torus
指定中心点或 [三点(3P)/两点(2P)/切点、切点、半径(T)]:
                                        //拾取一点定位环体的中心点
指定半径或 [直径(D)] <120.0000>:         //200 Enter，输入圆环体的半径
指定圆管半径或 [两点(2P)/直径(D)]:
 //20 Enter，结果如图 9-13 所示，消隐效果如图 9-14 所示
```

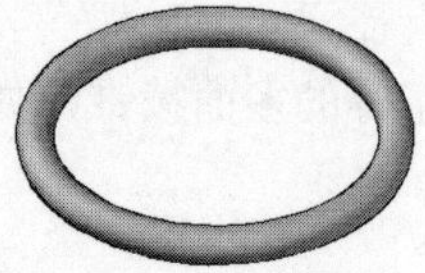
图 9-12　圆环体

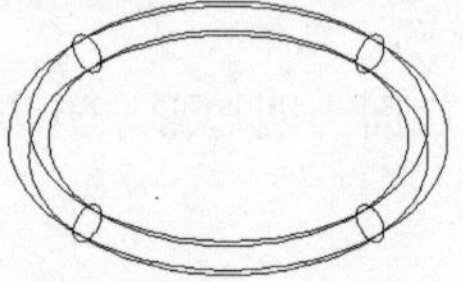
图 9-13　创建圆环体

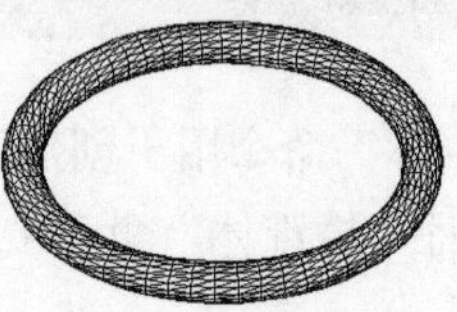
图 9-14　消隐效果

9.2.7　球体

“球体”命令主要用于创建三维球体模型。执行“球体”命令主要有以下几种方式：

- 单击“常用”选项卡→“建模”面板→“球体”按钮
- 选择菜单栏中的“绘图”→“实体”→“球体”命令
- 单击“建模”工具栏→“球体”按钮
- 在命令行中输入“Sphere”后按 Enter 键

执行“球体”命令后，命令行操作如下：

```
命令: _sphere
指定中心点或 [三点(3P)/两点(2P)/切点、切点、半径(T)]:
 //在绘图区拾取一点作为球体的中心点
指定半径或 [直径(D)] <10.3876>:
  //150Enter，创建结果如图 9-15 所示，概念着色效果如图 9-16 所示
```

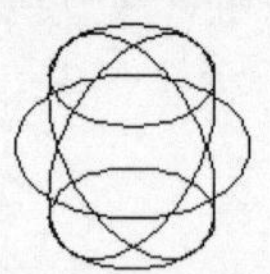
图 9-15　创建球体

图 9-16　概念着色

9.2.8　楔体

“楔体”命令主要用于创建三维楔体模型，如图 9-17 所示。执行“楔体”命令主要有以下几种方式：

- 单击“常用”选项卡→“建模”面板→“楔体”按钮
- 选择菜单栏中的“绘图”→“建模”→“楔体”命令
- 单击“建模”工具栏→“楔体”按钮
- 在命令行中输入“Wedge”后按 Enter 键

执行“楔体”命令后，其命令行操作如下：

```
命令: _wedge
指定第一个角点或 [中心(C)]:                //在绘图区拾取一点
指定其他角点或 [立方体(C)/长度(L)]:      //@120,20 Enter
指定高度或 [两点(2P)] <10.52>:          //150 Enter，创建结果如图 9-18 所示
```

命令行中各选项含义如下：

- “中心点”选项用于定位楔体的中心点，其中心点为斜面正中心点。
- “立方体”选项用于创建长、宽、高都相等的楔体。

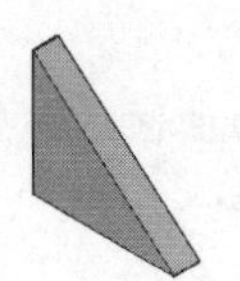

图 9-17　楔体示例

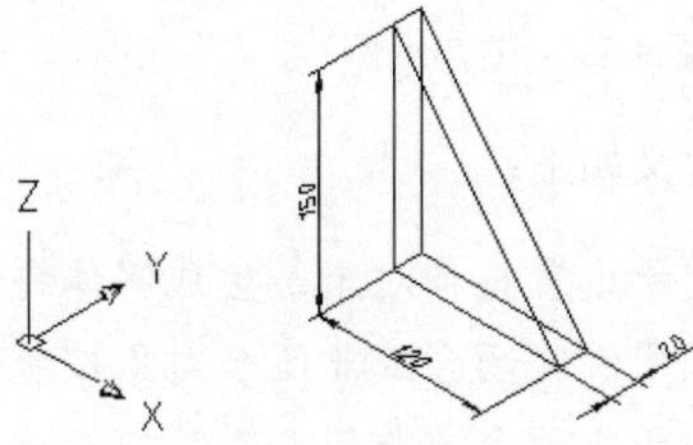

图 9-18　创建楔体

9.3 复杂实体和曲面

本节主要学习复杂几何实体和典面的创建，具体包括“拉伸”、“旋转”、“剖切”、“干涉”、“扫掠”、“抽壳”等命令。

9.3.1　拉伸

“拉伸”命令用于将闭合的二维图形按照指定的高度拉伸为三维实体或曲面，将非闭合的二维图形拉伸为曲面，如图 9-19 所示。执行“拉伸”命令主要有以下几种方式：

- 单击“常用”选项卡→“建模”面板→“拉伸”按钮
- 选择菜单栏中的“绘图”→“建模”→“拉伸”命令
- 单击“建模”工具栏→“拉伸”按钮
- 在命令行中输入“Extrude”后按 Enter 键
- 使用快捷键 EXT

执行“拉伸”命令后，命令行提示如下：

```
命令: _extrude
当前线框密度: ISOLINES=4, 闭合轮廓创建模式 = 实体
选择要拉伸的对象或 [模式(MO)]: _MO 闭合轮廓创建模式 [实体(SO)/曲面(SU)] <实体>: _SO
选择要拉伸的对象或 [模式(MO)]:            //选择矩形
选择要拉伸的对象或 [模式(MO)]:            //Enter
指定拉伸的高度或 [方向(D)/路径(P)/倾斜角(T)/表达式(E)] <0.0000>:  //t Enter
指定拉伸的倾斜角度或 [表达式(E)] <0>:      //10 Enter
指定拉伸的高度或 [方向(D)/路径(P)/倾斜角(T)/表达式(E)] <26.0613>:
//100 Enter, 拉伸结果如图 9-20 所示
```

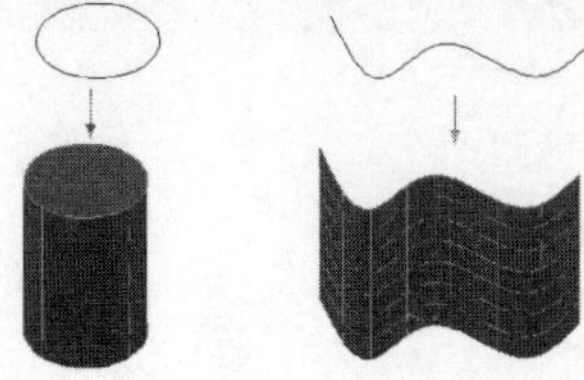

图 9-19　拉伸示例

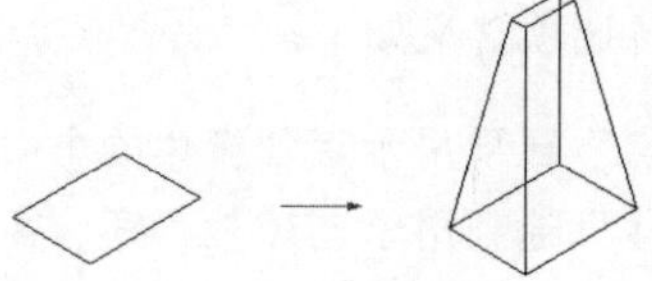

图 9-20　拉伸矩形

命令行中各选项含义如下:

- “模式”选项用于设置拉伸对象是生成实体还是曲面。将圆拉伸为曲面后的效果如图 9-21 所示。
- “倾斜角”选项用于将闭合或非闭合对象按照一定的角度进行拉伸。
- “方向”选项用于将闭合或非闭合对象按指光标指引的方向进行拉伸。
- “表达式”选项用于输入公式或方程式以指定拉伸高度。
- “路径”选项用于将闭合或非闭合对象按照指定的直线或曲线路径进行拉伸，如图 9-22 所示。

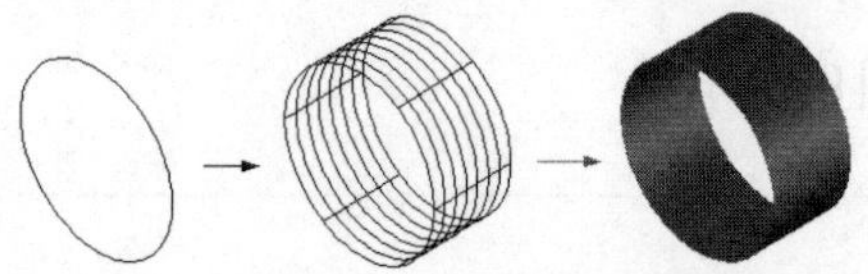

图 9-21　将圆拉伸为曲面

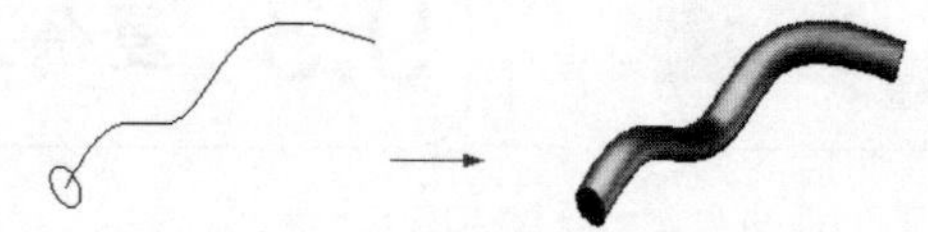

图 9-22　路径拉伸

9.3.2　旋转

“旋转”命令用于将闭合二维图形绕坐标轴旋转为三维实心体或曲面，将非闭合图形绕轴旋转为曲面。此命令常用于创建一些回转体结构的模型，如图 9-23 所示。执行“旋转”命令主要有以下几种方式:

- 单击“常用”选项卡→“建模”面板→“旋转”按钮
- 选择菜单栏中的“绘图”→“建模”→“旋转”命令
- 单击“建模”工具栏→“旋转”按钮
- 在命令行中输入“Revolve”后按 Enter 键

执行“旋转”命令后，其命令行操作如下:

```
命令: _revolve
当前线框密度: ISOLINES=4, 闭合轮廓创建模式 = 实体
```

```
选择要旋转的对象或 [模式(MO)]: _MO 闭合轮廓创建模式 [实体(SO)/曲面(SU)] <实体>: _SO
选择要旋转的对象或 [模式(MO)]:              //选择图 9-24 所示的闭合边界
选择要旋转的对象或 [模式(MO)]:              //Enter
指定轴起点或根据以下选项之一定义轴 [对象(O)/X/Y/Z] <对象>:
  //捕捉直线的上端点
指定轴端点:                 //捕捉直线的下端点
指定旋转角度或 [起点角度(ST)/反转(R)/表达式(EX)] <360>:
   // Enter，旋转结果如图 9-25 所示
```

图 9-23　回转体示例

图 9-24　二维图形

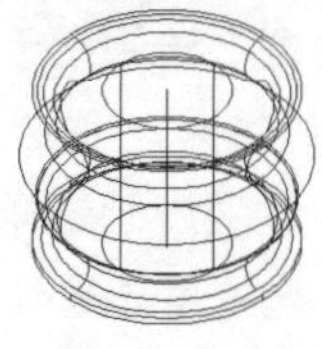

图 9-25　旋转结果

命令行中各选项含义如下：

- “模式”选项用于设置旋转对象是生成实体还是曲面。
- “对象”选项用于选择现有的直线或多段线等作为旋转轴，轴的正方向是从这条直线上的最近端点指向最远端点。
- “X 轴”选项主要使用当前坐标系的 X 轴正方向作为旋转轴的正方向。
- “Y 轴”选项使用当前坐标系的 Y 轴正方向作为旋转轴的正方向。

9.3.3　剖切

“剖切”命令用于切开现有的实体或曲面，然后移去不需要的部分，保留指定的部分。使用此命令也可以将剖切后的两部分都保留。执行“剖切”命令主要有以下几种方式：

- 单击“常用”选项卡→“实体编辑”面板→“剖切”按钮
- 选择菜单栏中的“绘图”→“三维操作”→“剖切”命令
- 在命令行中输入“Slice”后按 Enter 键
- 使用快捷键 SL

执行“剖切”命令后，命令行操作如下：

```
命令: _slice
选择要剖切的对象:                       //选择图 9-26 所示的实体
选择要剖切的对象:                       // Enter，结束选择
指定 切面 的起点或 [平面对象(O)/曲面(S)/Z 轴(Z)/视图(V)/XY(XY)/YZ(YZ)/ZX(ZX)/三点(3)] <三点>:
//ZX Enter，激活“ZX 平面”选项
指定 XY  平面上的点 <0,0,0>:              //捕捉如图 9-26 所示的端点
在所需的侧面上指定点或 [保留两个侧面(B)] <保留两个侧面>:
//捕捉如图 9-27 所示的象限点，剖切结果如图 9-28 所示
```

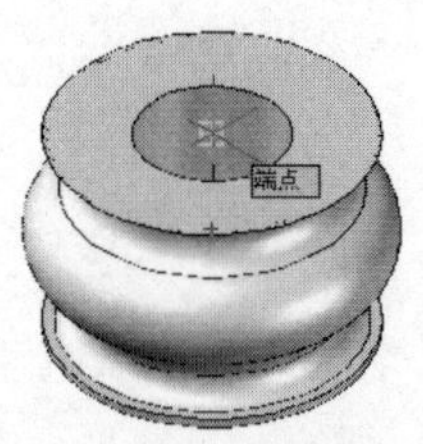

图 9-26　捕捉端点

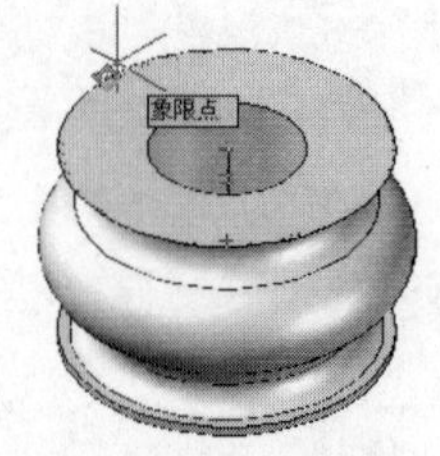

图 9-27　捕捉象限点

图 9-28　剖切结果

命令行中各选项含义如下：

- "平面对象"选项用于选择一个目标对象，如以圆、椭圆、圆弧、样条曲线或多段线等，作为实剖切面剖切实体。
- "曲面"选项用于选择现在的曲面进行剖切对象。
- "Z 轴"选项用于通过指定剖切平面的法线方向来确定剖切平面，即 XY 平面上 Z 轴（法线）上指定的点定义剖切面。
- "视图"选项也是一种剖切方式，该选项所确定的剖切面与当前视口的视图平面平行，用户只需指定一点，即可确定剖切平面的位置。
- "XY"/"YZ"/"ZX"选项分别用于将剖切平面与当前用户坐标系的 XY 平面/YZ 平面/ZX 平面对齐，用户只需指定一点即可定义剖切面位置。
- "三点"选项是系统默认的一种剖切方式，用于通过指定三个点，以确定剖切平面。

9.3.4　干涉

"干涉"命令用于检测各实体之间是否存在干涉现象，如果所选择的实体之间存在干涉（即相交）的现象，可以将干涉部分提取出来，创建为新的实体。执行"干涉"命令主要有以下几种方式：

- 单击"常用"选项卡→"实体编辑"面板→"干涉"按钮
- 选择菜单栏中的"修改"→"三维操作"→"干涉检查"命令
- 在命令行中输入"Interfere"后按 Enter 键

执行"干涉"命令后，其命令行提示如下：

```
命令: _interfere
选择第一组对象或 [嵌套选择(N)/设置(S)]:      //选择图 9-29 所示的回转体
选择第一组对象或 [嵌套选择(N)/设置(S)]:      // Enter，结束选择
选择第二组对象或 [嵌套选择(N)/检查第一组(K)] <检查>: //选择圆环体
选择第二组对象或 [嵌套选择(N)/检查第一组(K)] <检查>: Enter
```

此时系统将会亮显干涉出的实体，如图 9-30 所示。同时打开如图 9-31 所示的"干涉检查"对话框。

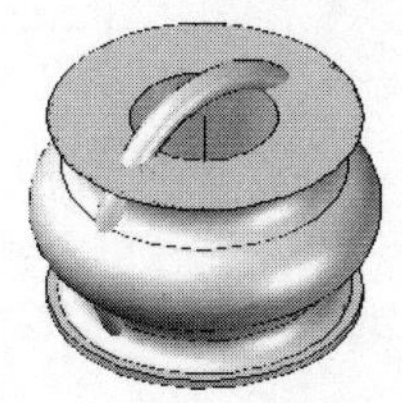

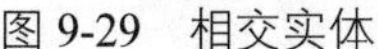

图 9-29　相交实体

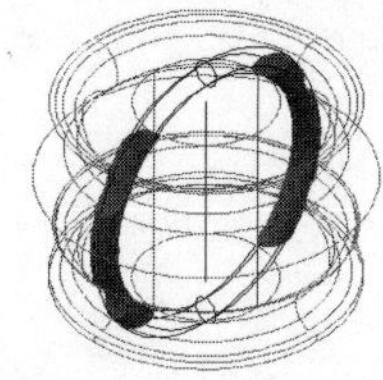

图 9-30　亮显干涉实体

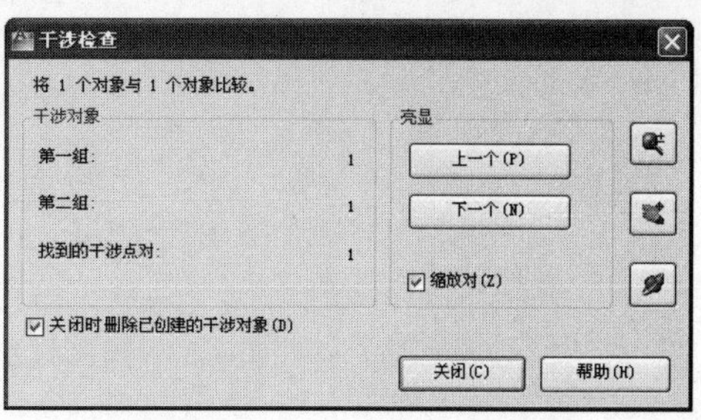

图 9-31　“干涉检查”对话框

在“干涉检查”对话框中取消对“关闭时删除已创建的干涉对象”复选框的勾选，并将创建的干涉实体进行外移，结果如图 9-32 所示。

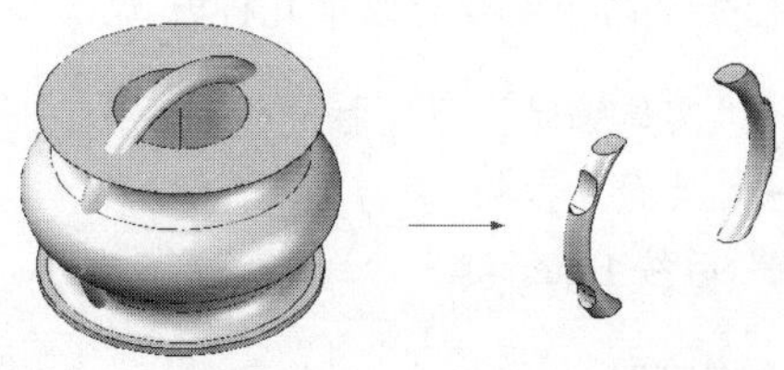

图 9-32　移动干涉体

9.3.5　扫掠

“扫掠”命令用于沿路径扫掠闭合（或非闭合）的二维（或三维）曲线，以创建新的实体（或曲面）。执行“扫掠”命令主要有以下几种方式：

- 单击“常用”选项卡→“建模”面板→“扫掠”按钮
- 选择菜单栏中的“绘图”→“建模”→“扫掠”命令
- 单击“建模”工具栏→“扫掠”按钮
- 在命令行中输入“Sweep”后按 Enter 键

下面通过实例学习“扫掠”命令的使用方法。

01 首先绘制圈数为 6，底面半径和顶面半径都为 45，高度为 150 的螺旋线，如图 9-33 所示。

02 使用快捷键“C”激活“圆”命令，绘制半径为 5 的圆图形。

03 单击“常用”选项卡→“建模”面板→“扫掠”按钮，创建扫掠实体。命令行操作如下：

```
命令: _sweep
当前线框密度:  ISOLINES=12
选择要扫掠的对象:                    //选择刚绘制的圆图形。
选择要扫掠的对象:                    // Enter，结束选择
选择扫掠路径或 [对齐(A)/基点(B)/比例(S)/扭曲(T)]: //选择螺旋作为路径
        //选择螺旋作为路径，扫掠结果如图 9-34 所示
```

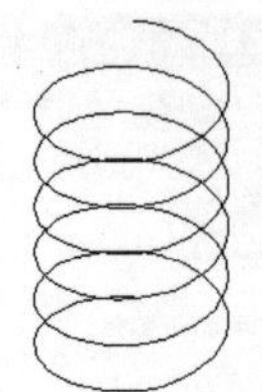

图 9-33　绘制螺旋线

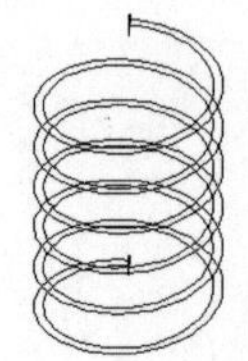

图 9-34　扫掠结果

9.3.6　抽壳

"抽壳"命令用于将三维实体按照指定的厚度，创建为一个空心的薄壳体，或者将实体的某些面删除，以形成薄壳体的开口。执行"抽壳"命令主要有以下几种方式：

- 选择菜单栏中的"修改"→"实体编辑"→"抽壳"命令
- 单击"实体编辑"工具栏→"抽壳"按钮
- 在命令行中输入"Solidedit"后按 Enter 键

执行"抽壳"命令后，命令行操作如下：

```
命令: _solidedit
实体编辑自动检查:  SOLIDCHECK=1
输入实体编辑选项 [面(F)/边(E)/体(B)/放弃(U)/退出(X)] <退出>: _body
输入体编辑选项[压印(I)/分割实体(P)/抽壳(S)/清除(L)/检查(C)/放弃(U)/退出(X)] <退出>: _shell
选择三维实体:                              //选择图 9-35（左）所示的圆柱体
删除面或 [放弃(U)/添加(A)/全部(ALL)]:        //单击圆柱体的上表面
删除面或 [放弃(U)/添加(A)/全部(ALL)]:        // Enter，结束面的选择
输入抽壳偏移距离:          //25 Enter，设置抽壳距离
已开始实体校验。
已完成实体校验。
输入体编辑选项[压印(I)/分割实体(P)/抽壳(S)/清除(L)/检查(C)/放弃(U)/退出(X)] <退出>:
// Enter，结束命令，抽壳后的效果如图 9-35（右）所示
```

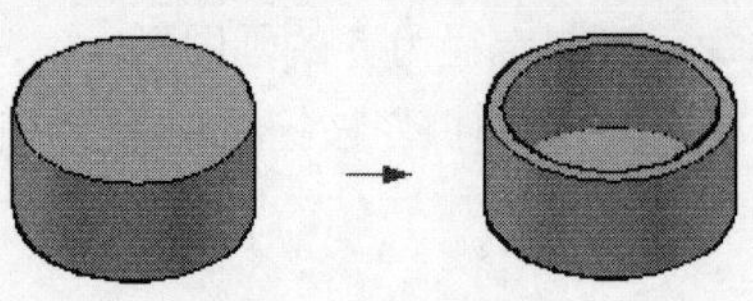

图 9-35　抽壳结果

9.4　组合实体和曲面

本节主要学习组合实体和组合曲面的合建功能，具体有"并集"、"差集"和"交集"3 个命令。

9.4.1　并集

“并集”命令用于将多个实体、面域或曲面组合成一个实体、面域或曲面。执行“并集”命令主要有以下几种方式：

- 单击“常用”选项卡→“实体编辑”面板→“并集”按钮
- 选择菜单栏中的“修改”→“实体编辑”→“并集”命令
- 单击“建模”工具栏→“并集”按钮
- 在命令行中输入“Union”后按 Enter 键
- 使用快捷键 UNI

执行“并集”命令后，命令行操作如下：

```
命令：_union
选择对象：          //选择图 9-36（左）所示的圆锥体
选择对象：          //选择圆柱体
选择对象：          // Enter，结果如图 9-36（右）所示
```

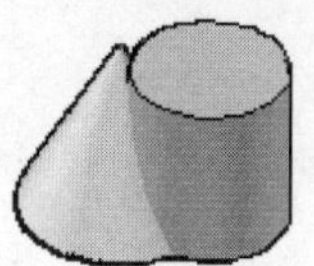
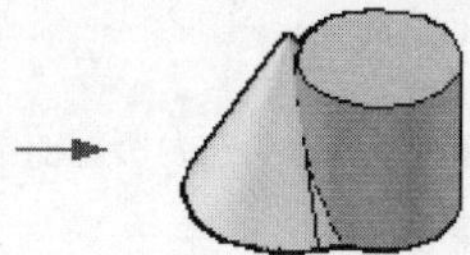

图 9-36　并集示例

9.4.2　差集

“差集”命令用于从一个实体（或面域）中移去与其相交的实体（或面域），从而生成新的实体（或面域、曲面）。执行“差集”命令主要有以下几种方式：

- 单击“常用”选项卡→“实体编辑”面板→“差集”按钮
- 选择菜单栏中的“修改”→“实体编辑”→“差集”命令
- 单击“建模”工具栏→“差集”按钮
- 在命令行中输入“Subtract”后按 Enter 键
- 使用快捷键 SU

“执行差集”命令后，命令行提示如下：

```
命令：_subtract
选择要从中减去的实体、曲面和面域...
选择对象：                    //选择图 9-37（左）所示的圆锥体
选择对象：                    // Enter，结束选择
选择要减去的实体、曲面和面域...
选择对象：                    //选择圆柱体
选择对象：                    // Enter，差集结果如图 9-37（右）所示
```

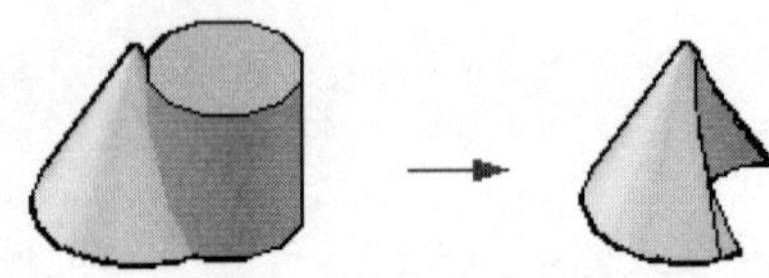

图 9-37 差集示例

9.4.3 交集

“交集”命令用于将多个实体（或面域、曲面）的公有部分，提取出来形成一个新的实体（或面域、曲面），同时删除公共部分以外的部分。执行“交集”命令主要有以下几种方式：

- 单击“常用”选项卡→“实体编辑”面板→“交集”按钮
- 选择菜单栏中的“修改”→“实体编辑”→“交集”命令
- 单击“建模”工具栏→“交集”按钮
- 在命令行中输入“Intersect”后按 Enter 键
- 使用快捷键 IN

“执行交集”命令后，命令行提示如下：

```
命令: _intersect
选择对象:                    //选择图 9-38（左）所示的圆锥体
选择对象:                    //选择圆柱体
选择对象:                    // Enter，交集结果如图 9-38（右）所示
```

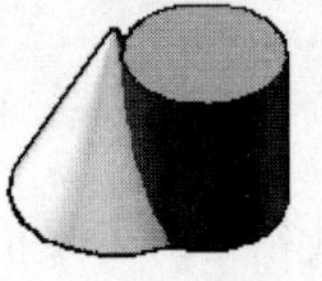
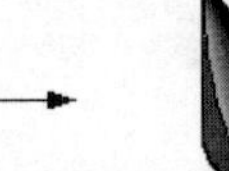

图 9-38 交集示例

9.5 创建网格

本节学习基本几何体网格和复杂几何体网格的创建技巧，具体有“网格图元”、“旋转网格”、“平移网格”、“直纹网格”、“边界网格”等命令。

9.5.1 网格图元

如图 9-39 所示的基本几何体网格图元，与基本几何实体的结构相同，只是网格图元是由网状格子线连接而成。网格图元包括网格长方体、网格楔体、网格圆锥体、网格球体、网格圆柱体、网格圆环体、网格棱锥体等基本网格图元。执行“网格图元”命令主要有以下几种方式：

- 单击“网格”选项卡→“图元”面板上的相应按钮

- 选择菜单栏中的“绘图”→“建模”→“网格”→“图元”级联菜单中的各命令选项
- 单击“平滑网格图元”工具栏上的各按钮
- 在命令行中输入“Mesh”后按 Enter 键

图 9-39　基本网格图元

基本几何体网格的创建方法与创建基本几何实体方法相同，在此不再细述。

9.5.2　平移网格

“平移网格”用于将轨迹线沿着指定方向矢量平移延伸而形成的三维网格。执行“平移网格”命令主要有以下几种方式：

- 单击“网格”选项卡→“图元”→“平移曲面”按钮
- 选择菜单栏中的“绘图”→“建模”→“网格”→“平移网格”命令
- 在命令行中输入“Tabsurf”后按 Enter 键

执行“平移网格”命令后，命令行操作如下：

```
命令: _tabsurf
当前线框密度: SURFTAB1=24
选择用作轮廓曲线的对象:  //选择如图 9-40 所示的闭合边界
选择用作方向矢量的对象: //在直线的左端单击，结果生成图 9-41 所示的平移网格
```

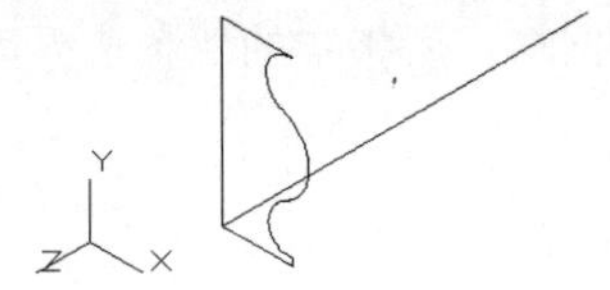

图 9-40　二维图线

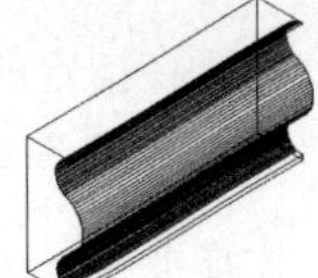

图 9-41　创建平移网格

创建平移网格时，用于拉伸的轨迹线和方向矢量不能位于同一平面内，在指定位伸的方向矢量时，选择点的位置不同，结果也不同。

9.5.3 旋转网格

“旋转网格”是通过一条轨迹线绕一根指定的轴进行空间旋转，从而生成回转体空间网格，如图 9-42 所示。此命令常用于创建具有回转体特征的空间形体，如酒杯、茶壶、花瓶、灯罩等三维模型。执行“旋转网格”命令主要有以下几种方式：

- 单击“网格”选项卡→“图元”→“旋转网格”按钮
- 选择菜单栏中的“绘图”→“建模”→“网格”→“旋转网格”命令
- 在命令行中输入“Revsurf”后按 Enter 键

执行“旋转网格”命令后，命令行操作如下：

```
命令: _revsurf
当前线框密度: SURFTAB1=24  SURFTAB2=24
选择要旋转的对象:                    //选择图 9-42 所示的闭合边界
选择定义旋转轴的对象:                  //选择垂直直线
指定起点角度 <0>:                    // Enter，采用当前设置
指定包含角 (+=逆时针，-=顺时针) <360>:
          // Enter，旋转结果如图 9-43 所示，消隐效果如图 9-44 所示
```

图 9-42　二维图线

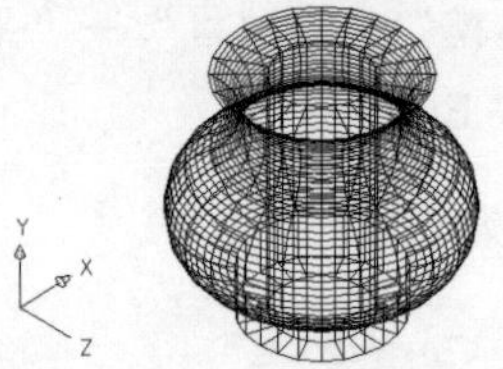

图 9-43　旋转结果

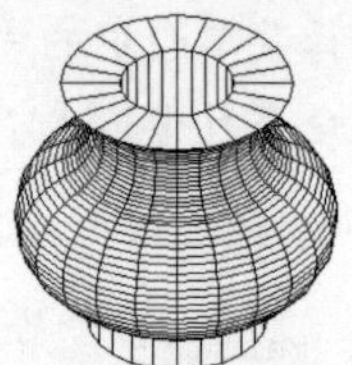

图 9-44　消隐效果

9.5.4 直纹网格

“直纹网格”命令用于在指定的两个对象之间创建直纹网格，所指定的两条边界可以是直线、样条曲线、多段线等。执行“直纹网格”命令主要有以下几种方式：

- 单击“网格”选项卡→“图元”→“直纹曲面”按钮
- 选择菜单栏中的“绘图”→“建模”→“网格”→“直纹网格”命令
- 在命令行中输入“Rulesurf”后按 Enter 键

执行“直纹网格”命令后，命令行操作如下：

```
命令: _rulesurf
当前线框密度: SURFTAB1=36
选择第一条定义曲线:          //在左侧样条曲线的下端单击，如图 9-45 所示
选择第二条定义曲线:
      //在右侧样条曲线的下端单击，结果生成如图 9-46 所示直纹网格
```

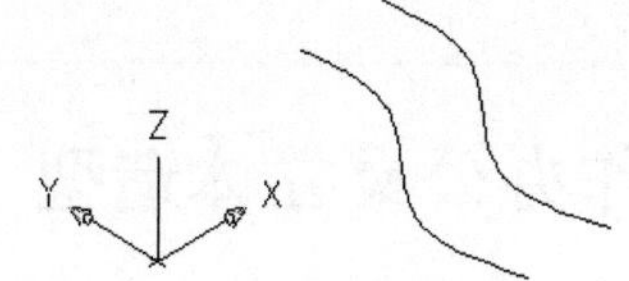

图 9-45　绘制样条曲线

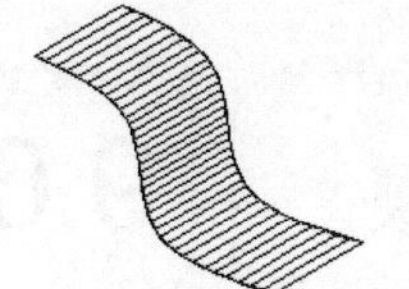

图 9-46　创建直纹网格

在选择对象时，需要选择的对象必须同时闭合或同时打开。如果一个对象为点，那么另一个对象可以是闭合的，也可以是打开的。

9.5.5　边界网格

“边界网格”命令用于将 4 条首尾相连的空间直线或曲线作为边界，创建空间曲面模型。执行“边界网格”命令主要有以下几种方式：

- 单击“网格”选项卡→“图元”→“边界曲面”按钮
- 选择菜单栏中的“绘图”→“建模”→“网格”→“边界网格”命令
- 在命令行中输入“Edgesurf”后按 Enter 键

执行“边界网格”命令后，命令行操作如下：

```
命令: _edgesurf
当前线框密度: SURFTAB1=12  SURFTAB2=12
选择用作曲面边界的对象 1:            //单击图 9-47 所示的轮廓线 1
选择用作曲面边界的对象 2:            //单击轮廓线 2
选择用作曲面边界的对象 3:            //单击轮廓线 3
选择用作曲面边界的对象 4:  //单击轮廓线 4，结果生成如图 9-48 所示的边界网格
```

将创建的边界网格进行后置，然后重复执行“边界网格”命令，选择轮廓线 4、5、6 和 7，创建如图 9-49 所示的边界网格。

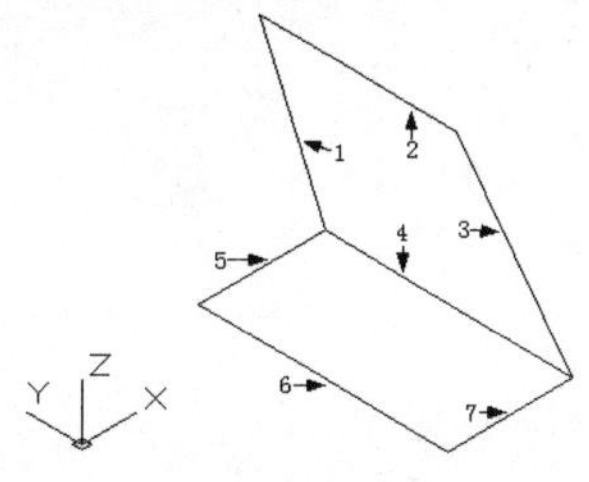

图 9-47　二维图线

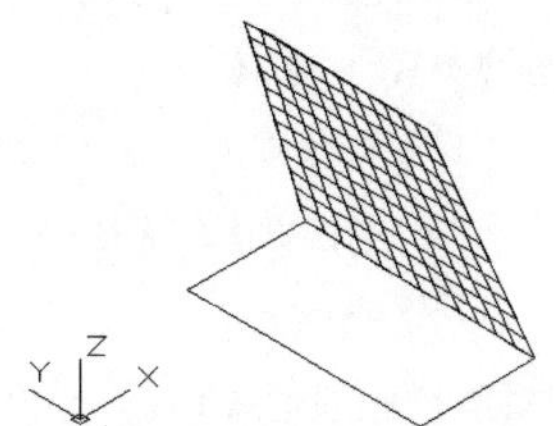

图 9-48　创建结果

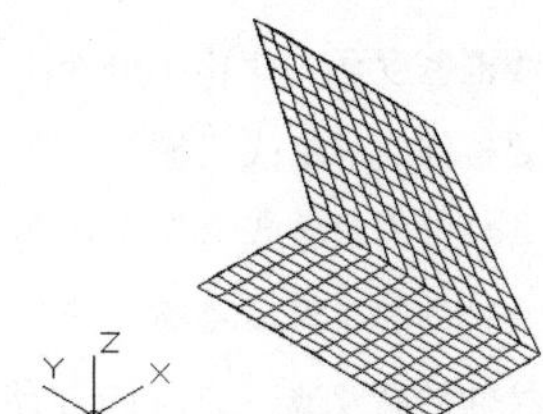

图 9-49　创建边界网格

9.6 案例——制作办公桌立体造型

本节通过制作办公桌立体造型，对所学知识进行综合练习和巩固应用。办公桌立体造型的最终制作效果如图 9-50 所示。

01 新建空白文件。然后执行“直线”命令。绘制桌面板轮廓线。命令行操作如下：

```
命令: _line 指定第一点:                          //在绘图区拾取一点
指定下一点或 [放弃(U)]:                   //@1500,0 Enter
指定下一点或 [放弃(U)]:                   //@0,-700 Enter
指定下一点或 [闭合(C)/放弃(U)]:             //@-1000,0 Enter
指定下一点或 [闭合(C)/放弃(U)]:             //@0,-800 Enter
指定下一点或 [闭合(C)/放弃(U)]:             //@-500,0 Enter
指定下一点或 [闭合(C)/放弃(U)]: // c Enter，绘制结果如图 9-51 所示
```

图 9-50　实例效果

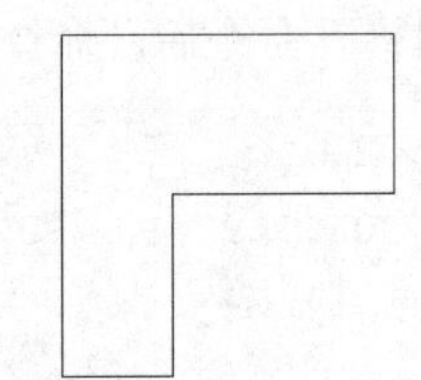

图 9-51　绘制结果

02 使用快捷键“F”激活“圆角”命令，对桌面板轮廓线进行圆角，圆角半径为 400，结果如图 9-52 所示。

03 将桌面板定义为面域，然后单击“常用”选项卡→“建模”面板→“拉伸”按钮，创建桌面板立体造型。命令行操作如下：

```
命令: _extrude
当前线框密度: ISOLINES=4，闭合轮廓创建模式 = 实体
选择要拉伸的对象或 [模式(MO)]: _MO 闭合轮廓创建模式 [实体(SO)/曲面(SU)] <实体>: _SO
选择要拉伸的对象或 [模式(MO)]:               //选择桌面板面域
选择要拉伸的对象或 [模式(MO)]:               //Enter
指定拉伸的高度或 [方向(D)/路径(P)/倾斜角(T)/表达式(E)] <0.0>: //@0,0,25 Enter
```

04 将当前视图切换为左视图。然后执行“多段线”命令，配合坐标功能绘制桌脚轮廓线，命令行操作如下：

```
命令: _pline
指定起点:                            //在绘图区下侧拾取一点
```

```
指定下一个点或 [圆弧(A)/半宽(H)/长度(L)/放弃(U)/宽度(W)]:      // @0,-10 Enter
指定下一点或 [圆弧(A)/闭合(C)/半宽(H)/长度(L)/放弃(U)/宽度(W)]:  //@600,0 Enter
指定下一点或 [圆弧(A)/闭合(C)/半宽(H)/长度(L)/放弃(U)/宽度(W)]:  //@10<81 Enter
指定下一点或 [圆弧(A)/闭合(C)/半宽(H)/长度(L)/放弃(U)/宽度(W)]:  //@125<171 Enter
指定下一点或 [圆弧(A)/闭合(C)/半宽(H)/长度(L)/放弃(U)/宽度(W)]:  //@166<175 Enter
指定下一点或 [圆弧(A)/闭合(C)/半宽(H)/长度(L)/放弃(U)/宽度(W)]:  //@-240,0 Enter
指定下一点或 [圆弧(A)/闭合(C)/半宽(H)/长度(L)/放弃(U)/宽度(W)]:
//c Enter，闭合图形，结果如图 9-53 所示
```

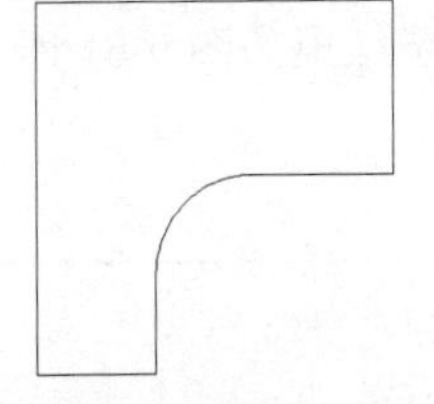

图 9-52　圆角结果

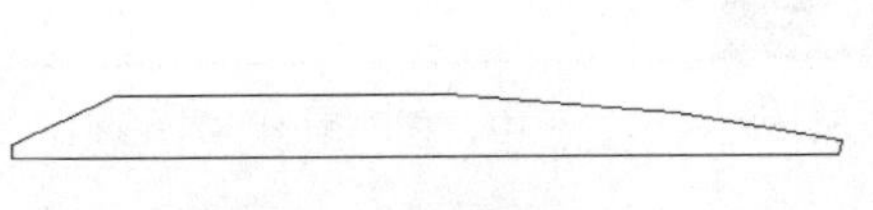

图 9-53　绘制结果

05 单击“常用”选项卡→“建模”面板→“拉伸”按钮，将刚绘制的闭合多段线拉伸 60 个单位。

06 将当前视图切换为俯视图，然后绘制半径为 110 的两个圆，圆心距为 170。

07 重复执行“圆”命令，绘制半径为 10 的相切圆，如图 9-54 所示。

08 使用快捷键“L”激活“直线”命令，配合象限点捕捉功能绘制图 9-55 所示的直线。

09 将图形修剪为如图 9-56 所示的状态，并将其转化为面域。

10 执行“矩形”命令，绘制长度为 50、宽度为 120 的矩形，并对面域进行镜像，结果如图 9-57 所示。

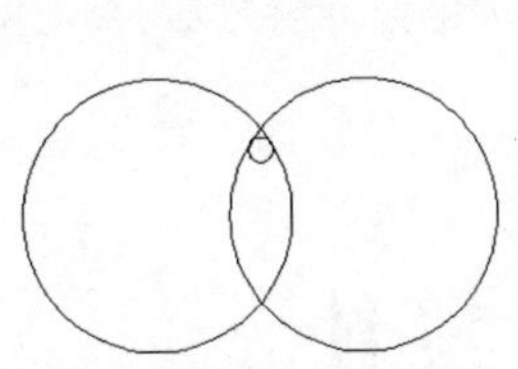

图 9-54　绘制圆

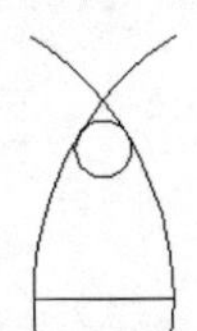

图 9-55　绘制直线

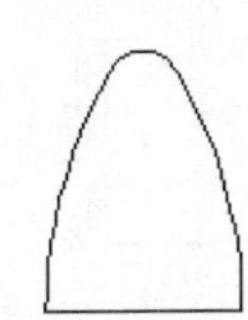

图 9-56　修剪结果

图 9-57　镜像结果

11 单击“常用”选项卡→“建模”面板→“拉伸”按钮，将图 9-57 所示的 3 个闭合图形拉伸 700 个单位。

12 切换到西南视图。然后使用“移动”命令将桌腿模型进行组合，结果如图 9-58 所示。

13 参照上述操作，制作另一条桌腿模型。也可直接调用光盘中的“\图块文件\桌腿.dwg”，如图 9-59 所示。

14 使用快捷键“M”激活“移动”命令，分别将桌腿与桌面板拼装在一起，结果如图 9-60 所示。

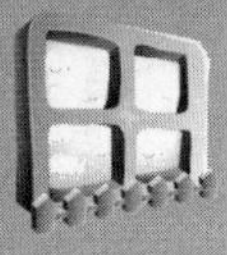

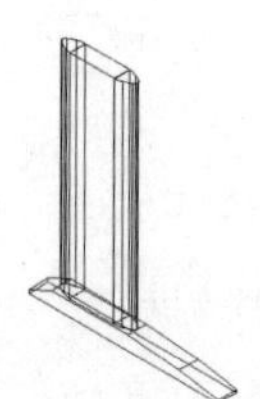
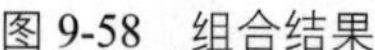
图 9-58 组合结果

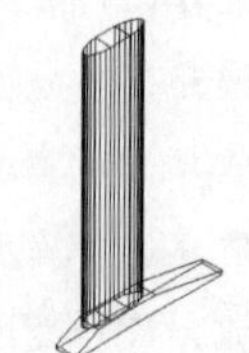
图 9-59 引用另一条桌腿

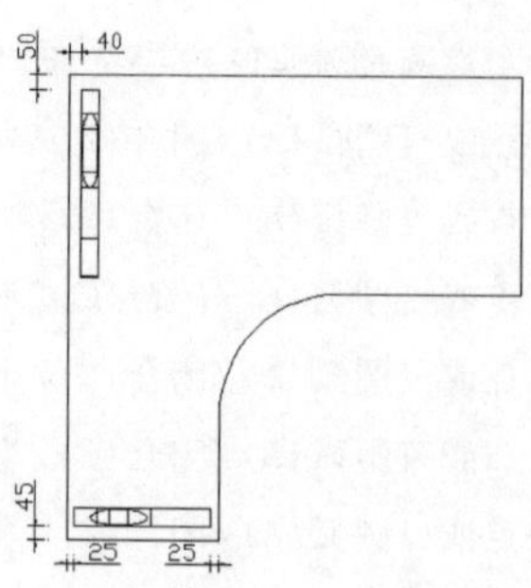

图 9-60 移动结果

15 确认当前视图为俯视图。选择顶部的桌腿模型进行镜像复制，镜像结果如图 9-61 所示。

在具体的拼装过程中，需要配合多个视图，才能将各模型正确组合在一起。

16 将当前视图切换为东南视图。然后选择菜单栏中的“绘图”→“建模”→“长方体”命令，绘制档板模型。命令行操作如下：

```
命令: _box
指定第一个角点或 [中心(C)]:                //捕捉图 9-62 所示的 A 点
指定其他角点或 [立方体(C)/长度(L)]:    //l Enter，激活“长度”选项
指定长度:                                //-1310 Enter
指定宽度:                                //18 Enter
指定高度或 [两点(2P)]:                     //-500 Enter，创建结果如图 9-63 所示
```

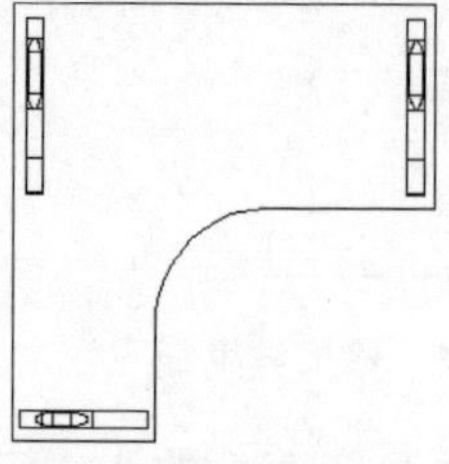
图 9-61 镜像结果

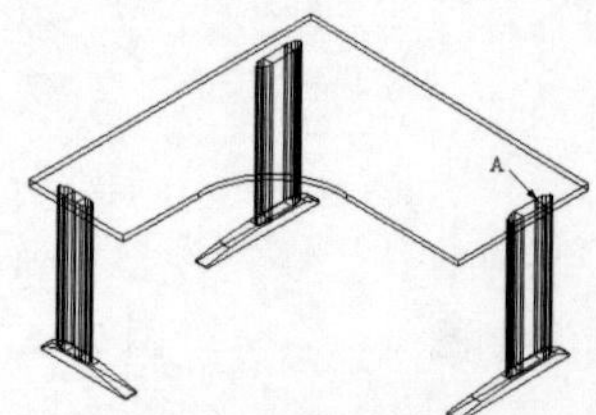

图 9-62 东南视图

17 使用快捷键“C”激活“圆”命令，配合“捕捉自”功能，以 Q 点作为偏移基点，以（@120,170）作为圆心，绘制半径为 40 的圆，如图 9-64 所示。

18 执行“正多边形”命令，以圆的圆心作为中心点，绘制边长为 90 的正方形，如图 9-65 所示。

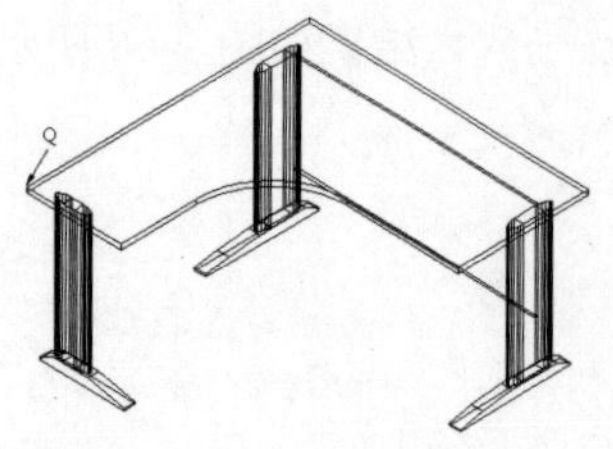

图 9-63 创建档板

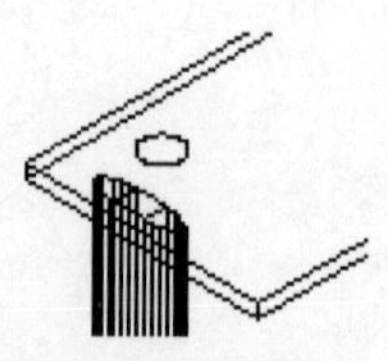
图 9-64 绘制圆

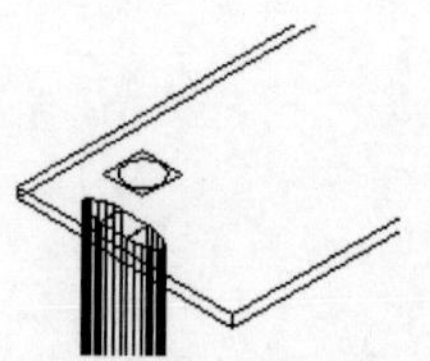
图 9-65 绘制正方形

19 使用快捷键“CO”激活“复制”命令，选择刚绘制的走线孔轮廓线进行复制，基点为走线孔的中心点，目标点分别为（@37.5,1180）、（@1210,1180）。

20 使用快捷键“I”激活“插入块”命令，参数为默认，插入光盘中的“／图块文件／办公椅.dwg”，插入点为图 9-66 所示的端点。插入结果如图 9-67 所示。

21 将视图切换到俯视图。然后对所有模型进行镜像，结果如图 9-68 所示。

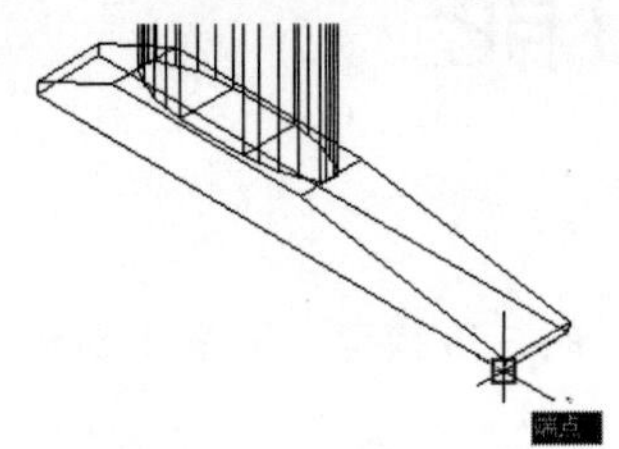

图 9-66　定位插入点

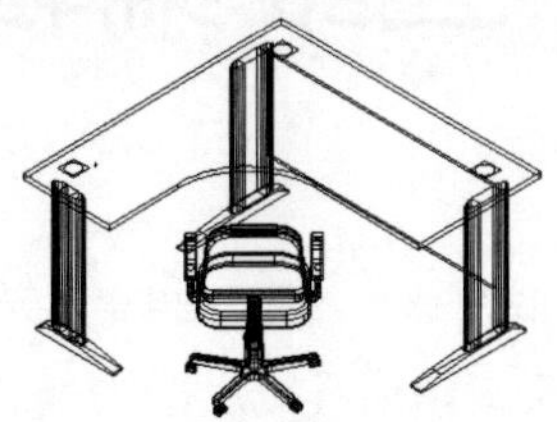

图 9-67　插入结果

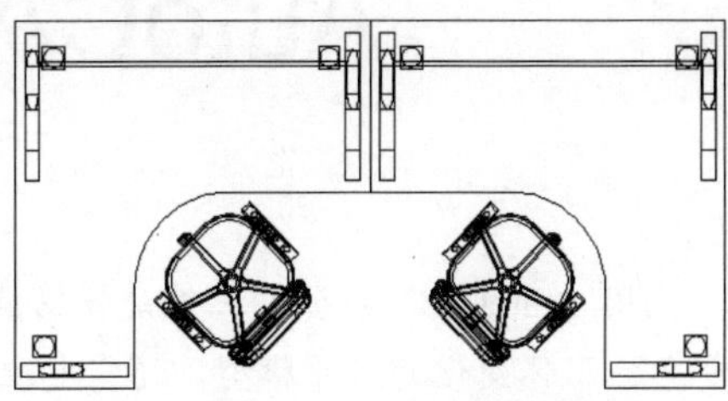

图 9-68　镜像结果

22 将视图切换到西南视图。然后对模型进行消隐显示，效果如图 9-50 所示。

23 最后执行“保存”命令，将图形命名存储为“实例指导.dwg”。

9.7 本章小结

本章主要详细讲述了各种基本几何实体和复杂几何实体的创建方法和编辑技巧。除此之外，还介绍了三维面及网格面的创建方法和技巧。通过本章的学习，应熟练掌握如下知识：

（1）基本几何体。具体包括多段体、长方体、圆柱体、圆锥体、棱锥面、圆环体、球体和楔体；

（2）复杂几何体。具体包括拉伸实体、回转实体；

（3）组合实体。具体包括并集实体、差集实体和交集实体；

（4）三维面。了解和掌握三维面和网格曲面的区别及创建方法和技巧；

（5）复杂网格。具体包括平移网格、旋转网格、直纹网格和边界网格，掌握各种网格的特点、线框密度的设置及各自的创建方法。

第 10 章

AutoCAD 三维编辑功能

使用 AutoCAD 提供的三维建模功能，仅能创建一些形体固定、构造简单的三维模型，如果要创建结构复杂、形体变化的三维模型，还需要配合使用三维编辑功能。

知识要点

- 三维基本操作
- 编辑曲面与网格
- 编辑实体边与面
- 案例——制作资料柜立体造型

10.1 三维基本操作

本节主要学习三维模型的基本操作功能，具体包括“三维镜像”、“三维对齐”、“三维旋转”、“三维阵列”、“三维移动”等命令。

10.1.1 三维镜像

“三维镜像”命令用于将选择的三维模型，在三维空间中按照指定的对称面进行镜像复制。执行“三维镜像”命令主要有以下几种方式：

- 选择菜单栏中的“修改”→“三维操作”→“三维镜像”命令
- 在命令行中输入“Mirror3D”后按 Enter 键

执行“三维镜像”命令后，命令行操作如下：

```
命令: _mirror3d
选择对象:                    //选择如图 10-1 所示的柜子门及把手
选择对象:                              // Enter，结束选择
指定镜像平面 (三点) 的第一个点或 [对象(O)/最近的(L)/Z 轴(Z)/视图(V)/XY 平面(XY)/YZ 平面(YZ)/ZX 平面(ZX)/三点(3)] <三点>:   //YZ Enter，设置镜像平面
指定 ZX 平面上的点 <0,0,0>:                  //捕捉如图 10-2 所示的端点
```

```
是否删除源对象？[是(Y)/否(N)] <否>:            //N Enter，镜像结果如图 10-3 所示
```

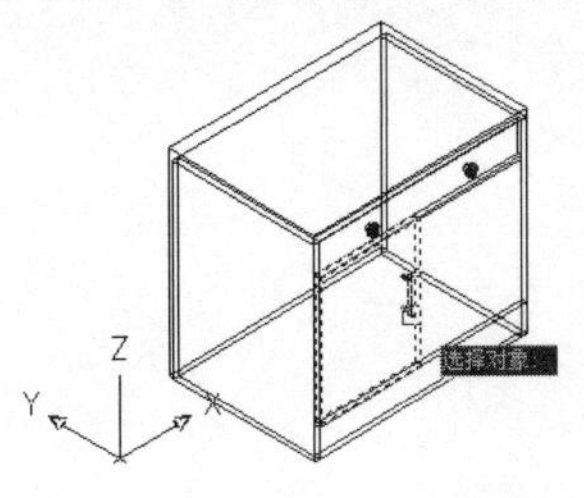

图 10-1　选择对象

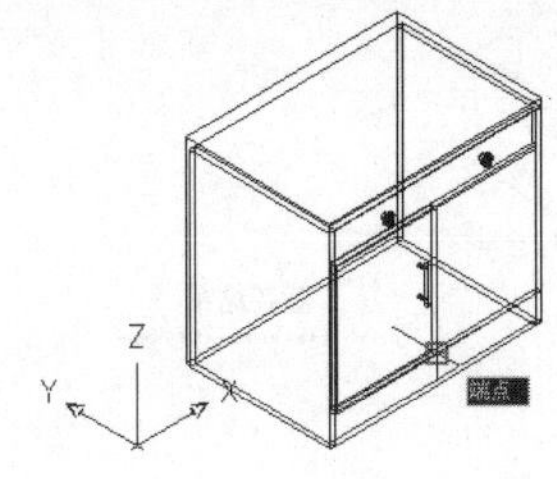

图 10-2　捕捉端点

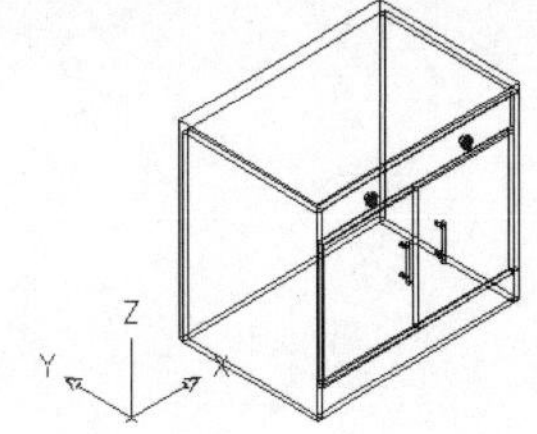

图 10-3　镜像结果

命令行中各选项含义如下：

- "对象"选项用于选定某一对象所在的平面作为镜像平面。
- "最近的"选项用于以上次镜像使用的镜像平面作为当前镜像平面。
- "Z 轴"选项用于在镜像平面及镜像平面的 Z 轴法线指定点。
- "视图"选项用于在视图平面上指定点，进行空间镜像。
- "XY 平面"选项用于以当前坐标系的 XY 平面作为镜像平面。
- "YZ 平面"选项用于以当前坐标系的 YZ 平面作为镜像平面。
- "ZX 平面"选项用于以当前坐标系的 ZX 平面作为镜像平面。
- "三点"选项用于指定三个点，以定位镜像平面。

10.1.2　三维对齐

"三维对齐"命令主要以定位原平面和目标平面的形式，将两个三维对象在三维操作空间中进行对齐，如图 10-4 所示。执行"三维对齐"命令主要有以下几种方式：

- 选择菜单栏中的"修改"→"三维操作"→"三维对齐"命令
- 单击"建模"工具栏→"三维对齐"按钮
- 在命令行中输入"3dalign"后按 Enter 键
- 在命令行中输入 3AL

执行"三维对齐"命令，命令行提示如下：

```
命令: _3dalign
选择对象:                                  //选择上侧的长方体
选择对象:                                  // Enter，结束选择
指定源平面和方向 ...
指定基点或 [复制(C)]:                        //定位第一源点 a
指定第二个点或 [继续(C)] <C>:                 //定位第二源点 b
指定第三个点或 [继续(C)] <C>:                 //定位第三源点 c
指定目标平面和方向 ...
指定第一个目标点:                           //定位第一目标点 A
指定第二个目标点或 [退出(X)] <X>:            //定位第二目标点 B
指定第三个目标点或 [退出(X)] <X>:
```

```
//定位第三目标点 C，结果如图 10-4（右）所示
```

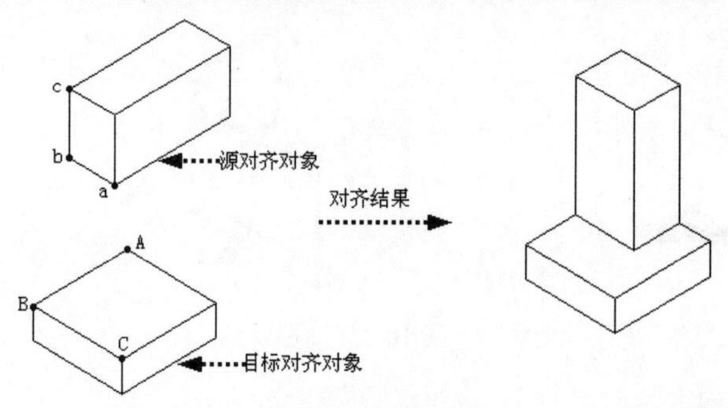

图 10-4　三维对齐

10.1.3　三维旋转

“三维旋转”命令用于在三维视图中显示旋转夹点工具并围绕基点，进行旋转三维对象。执行“三维旋转”命令主要有以下几种方式：

- 选择菜单栏中的“修改”→“三维操作”→“三维旋转”命令
- 单击“建模”工具栏→“三维旋转”按钮
- 在命令行中输入“3drotate”后按 Enter 键

执行“三维旋转”命令，命令行操作如下：

```
命令: _3drotate
UCS 当前的正角方向:  ANGDIR=逆时针   ANGBASE=0
选择对象:                    //选择长方体
选择对象:                    //Enter，结束选择
指定基点:                    //捕捉如图 10-5 所示的中点
拾取旋转轴:                  //在如图 10-6 所示方向上单击鼠标，定位旋转轴
指定角的起点或键入角度:      //90 Enter，旋转结果如图 10-7 所示
正在重生成模型
```

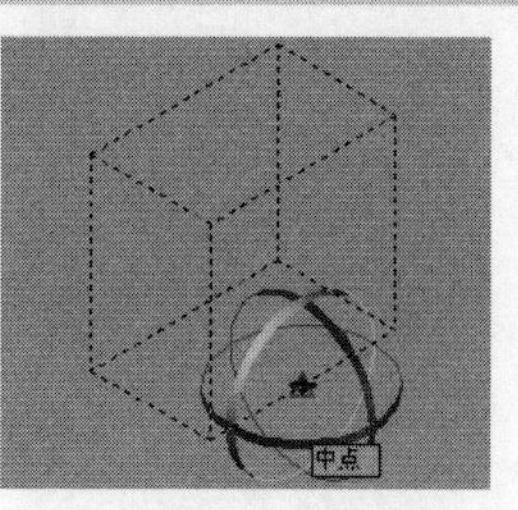

图 10-5　定位基点

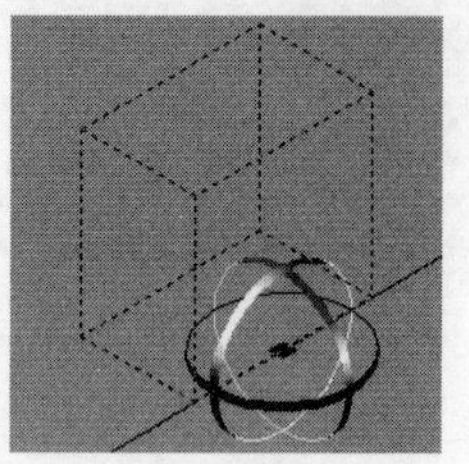

图 10-6　定位旋转轴

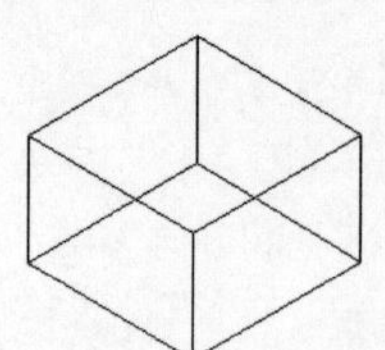

图 10-7　旋转结果

10.1.4　三维阵列

“三维阵列”命令用于将三维物体按照环形或矩形的方式，在三维空间中进行规律性的多重复制。执

行“三维阵列”命令有以下几种方式：

- 选择菜单栏中的“修改”→“三维操作”→“三维阵列”命令
- 单击“建模”工具栏→“三维阵列”按钮
- 在命令行中输入“3Darray”后按 Enter 键
- 在命令行中输入 3A

1. 三维矩形阵列

下面通过典型的小实例，学习三维操作空间内创建均布结构造型的方法和技巧。操作步骤如下：

01 打开随书光盘中的“\实例源文件\三维矩形阵列.dwg”。

02 选择菜单栏中的“修改”→“三维操作”→“三维阵列”命令，对抽屉造型进行阵列。命令行操作如下：

```
命令：_3darray
选择对象：                              //选择图 10-8 所示的抽屉造型
选择对象：                              // Enter，结束选择
输入阵列类型 [矩形(R)/环形(P)] <矩形>：   //R Enter
输入行数 (---) <1>:                       // Enter
输入列数 (|||) <1>:                        //2 Enter
输入层数 (...) <1>:                       //2 Enter
指定列间距 (|||):                         //387.5 Enter
指定层间距 (...):             //295 Enter，阵列结果如图 10-9 所示
```

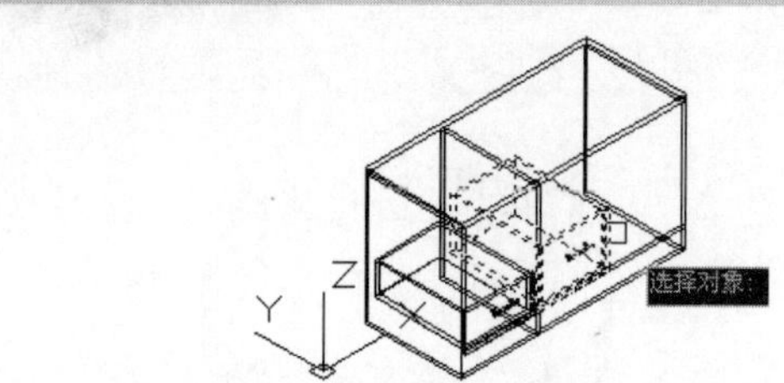

图 10-8　选择对象

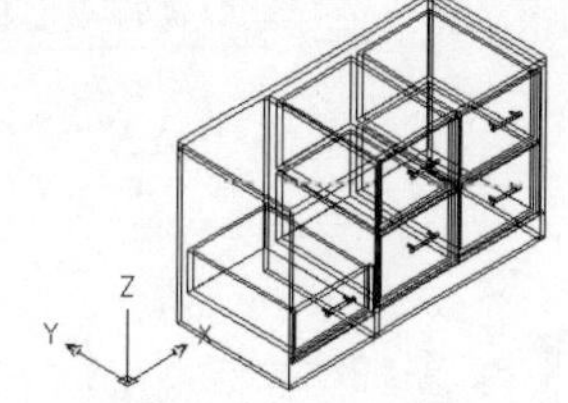

图 10-9　阵列结果

03 对模型进行消隐。然后重复执行“三维阵列”命令，对左侧的抽屉造型进行矩形阵列。命令行操作如下：

```
命令：_3darray
选择对象：                              //选择图 10-10 所示的抽屉造型
选择对象：                              // Enter，结束选择
输入阵列类型 [矩形(R)/环形(P)] <矩形>：   //R Enter
输入行数 (---) <1>:                       // Enter
输入列数 (|||) <1>:                        // Enter
输入层数 (...) <1>:                       //3 Enter
指定层间距 (...):                       //198Enter，结果如图 10-11 所示
```

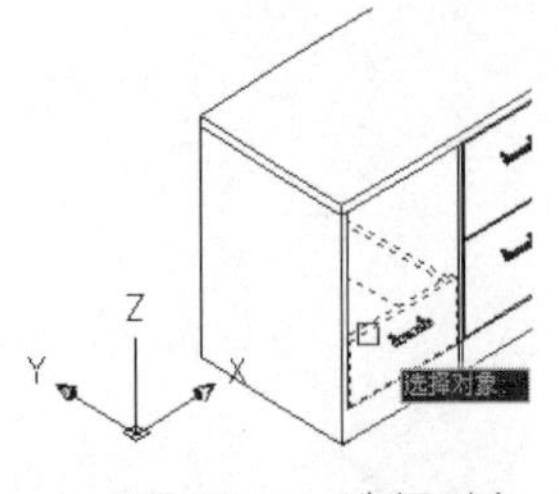

图 10-10　选择对象

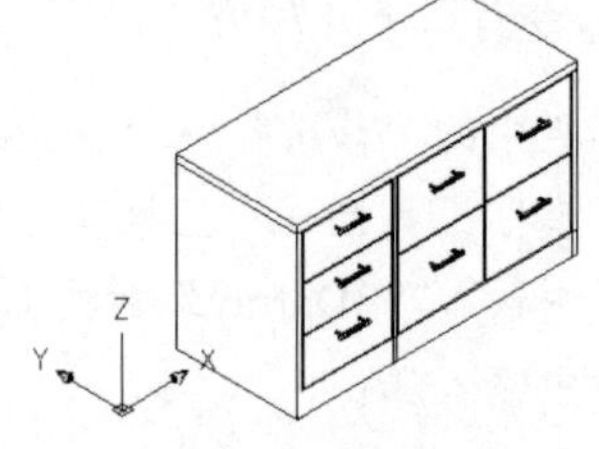

图 10-11　阵列结果

2. 三维环形阵列

下面通过典型的小实例，学习三维操作空间内创建聚心结构造型的方法和技巧。具体操作如下：

01 打开随书光盘中的“\实例源文件\三维环形阵列.dwg”。

02 选择菜单栏中的“修改”→“三维操作”→“三维阵列”命令，使用命令中的“环形阵列”功能进行环形阵列。命令行操作如下：

```
命令: _3darray
选择对象:                                    //拉出如图 10-12 所示的对象
选择对象:                                    // Enter
输入阵列类型 [矩形(R)/环形(P)] <矩形>:          //P Enter
输入阵列中的项目数目:                          //4 Enter
指定要填充的角度 (+=逆时针, -=顺时针) <360>: // Enter
旋转阵列对象? [是(Y)/否(N)] <Y>:               //YEnter
指定阵列的中心点:                        //捕捉桌面板上侧圆心
指定旋转轴上的第二点:          //捕捉桌面板下侧圆心，阵列结果如图 10-13 所示
```

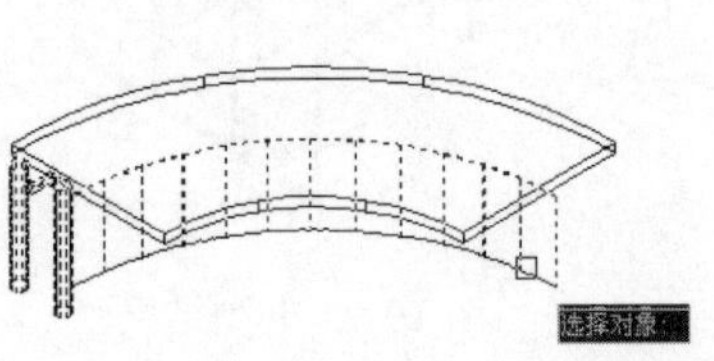

图 10-12　选择对象

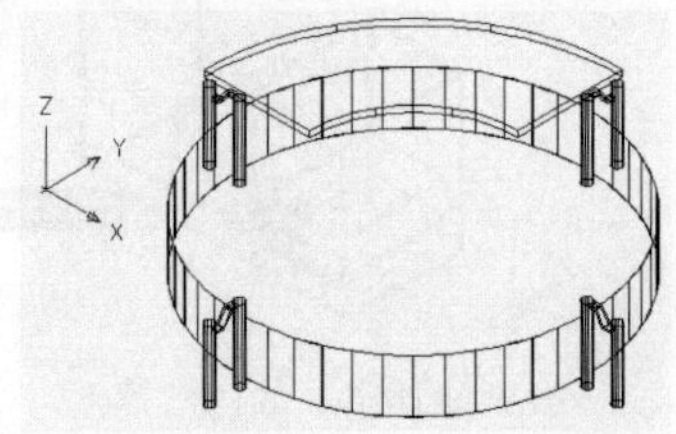

图 10-13　阵列结果

03 对模型进行消隐。然后重复执行“三维阵列”命令，对上侧的桌面板造型进行环形阵列。命令行操作如下：

```
命令: _3darray
选择对象:                                    //选择如图 10-14 所示的桌面板造型
选择对象:                                    // Enter
输入阵列类型 [矩形(R)/环形(P)] <矩形>:          //P Enter
输入阵列中的项目数目:                          //4 Enter
指定要填充的角度 (+=逆时针, -=顺时针) <360>: // Enter
旋转阵列对象? [是(Y)/否(N)] <Y>:               //YEnter
指定阵列的中心点:                        //捕捉桌面板上侧圆心
```

```
指定旋转轴上的第二点：        //捕捉桌面板下侧圆心，阵列结果如图 10-15 所示
```

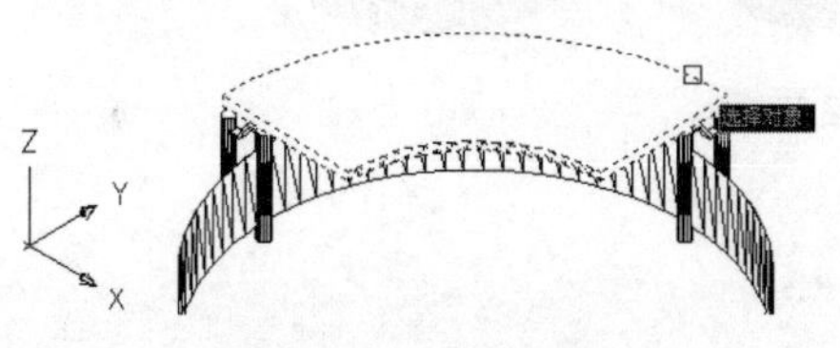

图 10-14　选择对象

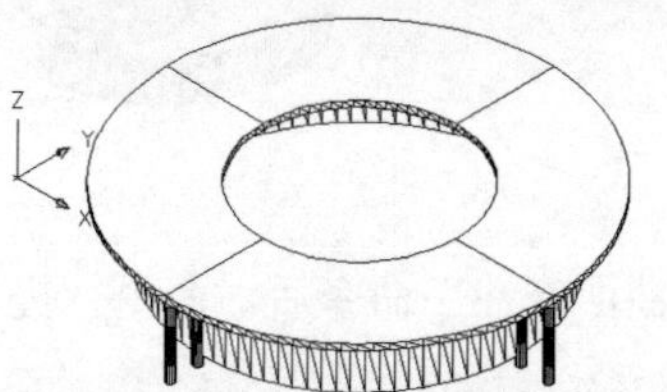

图 10-15　阵列效果

10.1.5　三维移动

"三维移动"命令用于将选择的对象在三维操作空间内进行位移。执行"三维移动"命令主要有以下几种方式：

- 选择菜单栏中的"修改"→"三维操作"→"三维移动"命令
- 单击"建模"工具栏→"三维移动"按钮
- 在命令行中输入"3dmove"后按 Enter 键
- 在命令行中输入 3m

执行"三维移动"命令后，命令行提示如下：

```
命令：_3dmove
选择对象：                                //选择对象
选择对象：                                //结束选择
指定基点或 [位移(D)] <位移>：               //定位基点
指定第二个点或 <使用第一个点作为位移>：      //定位目标点
```

10.2　编辑曲面与网格

本节主要学习曲面与网格的编辑优化功能。

10.2.1　曲面修补

"曲面修补"命令主要修补现有的曲面，以创建新的曲面，还可以添加其他曲线以约束和引导修补曲面，如图 10-16 所示。执行"曲面修补"命令主要有以下几种方式：

- 单击"曲面"选项卡→"创建"面板→"修补"按钮
- 选择菜单栏中的"绘图"→"建模"→"曲面"→"修补"命令
- 单击"曲面创建"工具栏→"修补"按钮
- 在命令行中输入"Surfpatch"后按 Enter 键

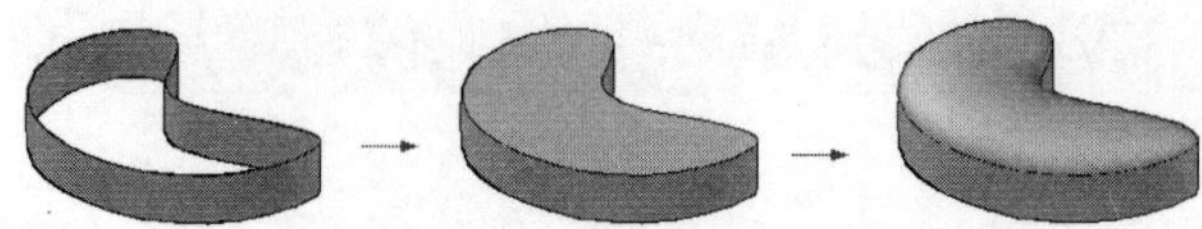

图 10-16 曲面修补

执行“曲面修补”命令后，命令行提示如下：

```
命令: _SURFPATCH
连续性 = G0 - 位置，凸度幅值 = 0.5
选择要修补的曲面边或 <选择曲线>:        //选择如图 10-16（左）所示的曲面边
选择要修补的曲面边或 <选择曲线>:        // Enter
按 Enter 键接受修补曲面或 [连续性(CON)/凸度幅值(B)/约束几何图形(CONS)]:
                              // Enter，修补结果如图 10-16（中）所示
```

小提示

夹点显示修补曲面，然后在下三角按钮菜单上选择“相切”选项，对曲面指定相切特性，结果如图 10-16（右）所示。

10.2.2 曲面圆角

“曲面圆角”命令用于为现有的空间曲面进行圆角，以创建新的圆角曲面，如图 10-17 所示。执行“曲面圆角”命令主要有以下几种方式：

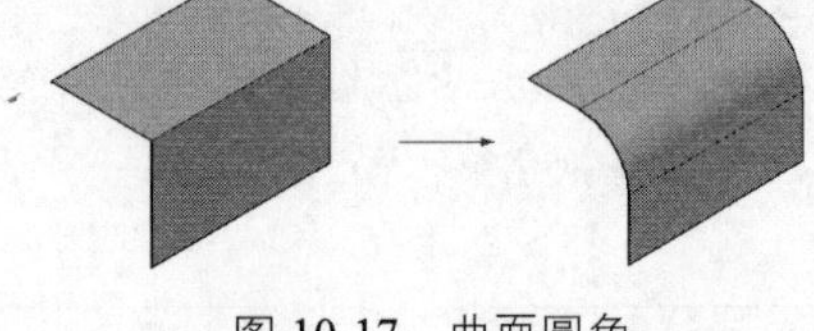

图 10-17 曲面圆角

- 单击“曲面”选项卡→“创建”面板→“圆角”按钮
- 选择菜单栏中的“绘图”→“建模”→“曲面”→“圆角”命令
- 单击“曲面创建”工具栏→“圆角”按钮
- 在命令行中输入“Surffillet”后按 Enter 键。

执行“曲面圆角”命令后，命令行提示如下：

```
命令: _SURFFILLET
半径 = 25.0，修剪曲面 = 是
选择要圆角化的第一个曲面或面域或者 [半径(R)/修剪曲面(T)]:  //选择曲面
选择要圆角化的第二个曲面或面域或者 [半径(R)/修剪曲面(T)]:  //选择曲面
按 Enter 键接受圆角曲面或 [半径(R)/修剪曲面(T)]:          //结束命令
```

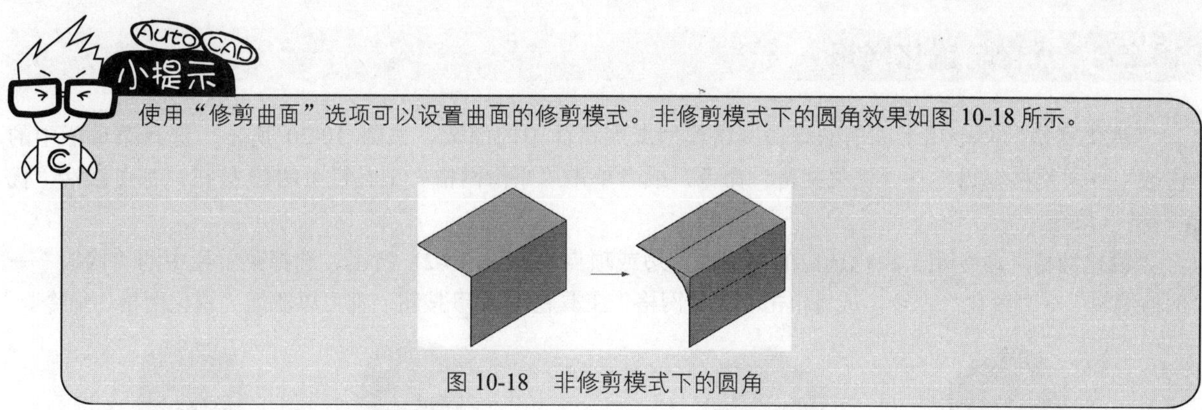

使用“修剪曲面”选项可以设置曲面的修剪模式。非修剪模式下的圆角效果如图 10-18 所示。

图 10-18　非修剪模式下的圆角

10.2.3　曲面修剪

“曲面修剪”命令用于修剪与其他曲面、面域、曲线等相交的曲面部分，如图 10-19 所示。执行“曲面修剪”命令主要有以下几种方式：

- 单击“曲面”选项卡→“创建”面板→“修剪”按钮
- 选择菜单栏中的“修改”→“曲面编辑”→“修剪”命令
- 单击“曲面编辑”工具栏→“修剪”按钮
- 在命令行中输入“Surftrim”后按 Enter 键

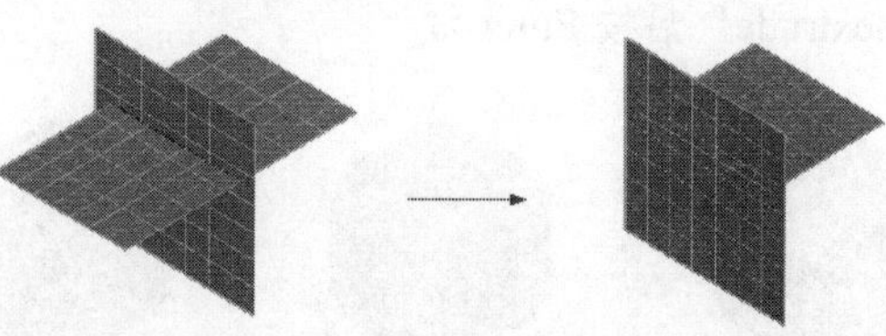

图 10-19　曲面修剪示例

执行“曲面修剪”命令后，命令行提示如下：

```
命令: _SURFTRIM
延伸曲面 = 是, 投影 = 自动
选择要修剪的曲面或面域或者 [延伸(E)/投影方向(PRO)]:
 //选择图 10-19（左）所示的水平曲面
选择要修剪的曲面或面域或者 [延伸(E)/投影方向(PRO)]: // Enter
选择剪切曲线、曲面或面域:           //选择 10-19（左）垂直曲面
选择剪切曲线、曲面或面域:           // Enter
选择要修剪的区域 [放弃(U)]:          //在需要修剪掉的曲面上单击
选择要修剪的区域 [放弃(U)]:          // Enter，修剪结果如图 10-19（右）所示
```

10.2.4 优化与锐化网格

“优化网格”命令用于成倍的增加网格模型或网格面中的面数，如图 10-20 所示。选择菜单栏中的“修改”→“网格编辑”→“优化网格”命令，或者单击“平滑网格”工具栏上的按钮，都可激活“优化网格”命令。

“锐化网格”命令用于锐化选定的网格面、边或项点，如图 10-21 所示。选择菜单栏中的“修改”→“网格编辑”→“锐化”命令，或者单击“平滑网格”工具栏上的按钮，都可以激活“锐化网格”命令。

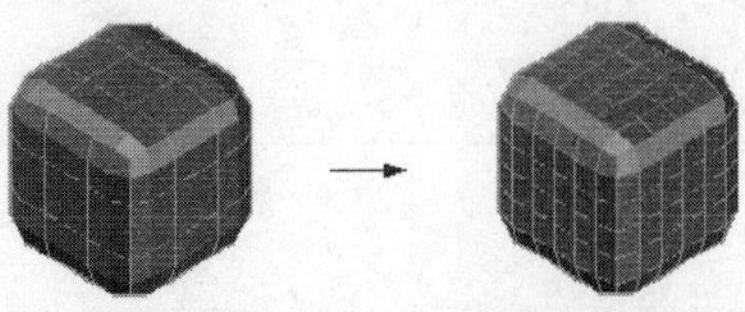

图 10-20 优化网格示例

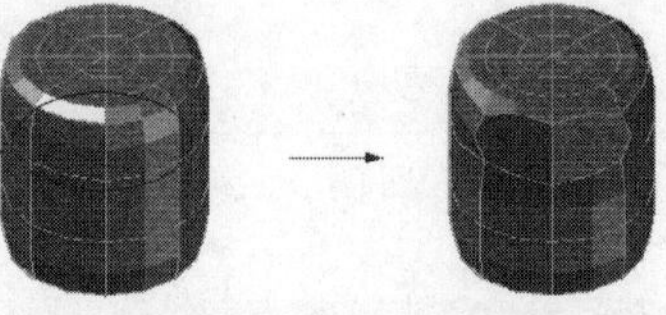

图 10-21 锐化网格

10.2.5 拉伸网格

“拉伸面”命令可以将网格模型上的网格面按照指定的距离或路径进行拉伸，如图 10-22 所示。执行“拉伸面”命令主要有以下几种方式：

- 单击“网格”选项卡→“网格”面板→“拉伸面”按钮
- 选择菜单栏中的“修改”→“网格编辑”→“拉伸面”命令
- 在命令行中输入“Meshextrude”后按 Enter 键

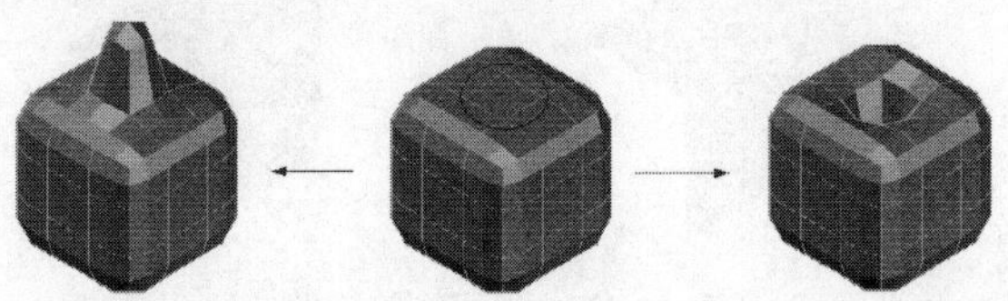

图 10-22 拉伸网格示例

执行“拉伸面”命令后，命令行提示如下：

```
命令: _MESHEXTRUDE
相邻拉伸面设置为: 合并
选择要拉伸的网格面或 [设置(S)]:            //选择需要拉伸的网格面
选择要拉伸的网格面或 [设置(S)]:             // Enter
指定拉伸的高度或 [方向(D)/路径(P)/倾斜角(T)] <-0.0>:  //指定拉伸高度
```

小提示

“方向”选项用于指定方向的起点和端点，以定位拉伸的距离和方向；“路径”选项用于按照选择的路径进行拉伸；“倾斜角”选项用于按照指定的角度进行拉伸。

10.3 编辑实体边与面

本节主要学习实体模型面、边的编辑功能。

10.3.1　倒角边

“倒角边”命令主要用于将实体的棱边按照指定的距离进行倒角编辑，如图 10-23 所示。执行“倒角边”命令主要有以下几种方式：

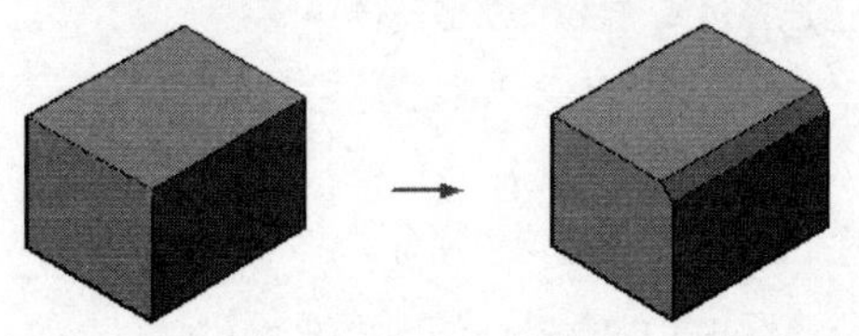

图 10-23　倒角边

- 单击“实体”选项卡→“实体编辑”面板→“倒角边”按钮
- 选择菜单栏中的“修改”→“实体编辑”→“倒角边”命令
- 在命令行中输入“Chamferedge”后按 Enter 键

执行“倒角边”命令后，命令行提示如下：

```
命令: _CHAMFEREDGE 距离 1 = 1.0000, 距离 2 = 1.0000
选择一条边或 [环(L)/距离(D)]:                   //选择倒角边
选择属于同一个面的边或 [环(L)/距离(D)]:         //D
指定距离 1 或 [表达式(E)] <1.0000>:             //输入第一倒角距离
指定距离 2 或 [表达式(E)] <1.0000>:             //输入第二倒角距离
选择属于同一个面的边或 [环(L)/距离(D)]:         // Enter
按 Enter 键接受倒角或 [距离(D)]:                // Enter, 结束命令
```

命令行中各选项含义如下：

- “环”选项用于一次选中倒角基面内的所有棱边。
- “距离”选项用于设置倒角边的倒角距离。
- “表达式”选项用于输入倒角距离的表达式，系统会自动计算倒角距离。

10.3.2　圆角边

“圆角边”命令主要用于将实体的棱边按照指定的半径进行圆角编辑，如图 10-24 所示。执行“圆角边”命令主要有以下几种方式：

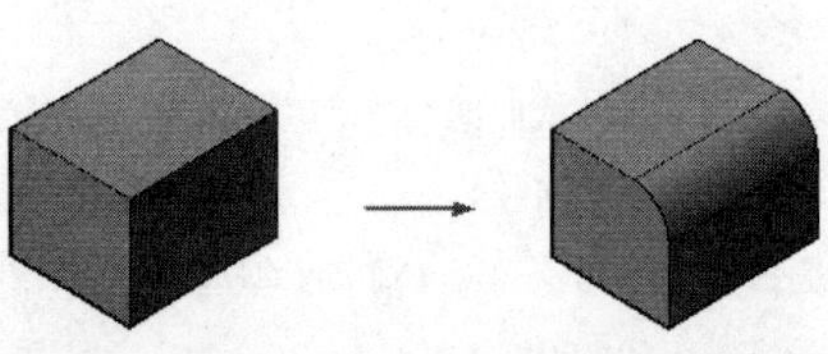

图 10-24　圆角边

- 单击“实体”选项卡→“实体编辑”面板→“圆角边”按钮
- 选择菜单栏中的“修改”→“实体编辑”→

"圆角边"命令

- 单击"实体编辑"工具栏→"圆角边"按钮
- 在命令行中输入"Filletedge"后按 Enter 键

执行"圆角边"命令后，命令行提示如下：

```
命令: _FILLETEDGE
半径 = 1.0000
选择边或 [链(C)/半径(R)]:              //选择圆角边
选择边或 [链(C)/半径(R)]:              // r Enter
输入圆角半径或 [表达式(E)] <1.0000>:  //设置圆角半径
选择边或 [链(C)/半径(R)]:              // Enter
已选定 1 个边用于圆角。
按 Enter 键接受圆角或 [半径(R)]:       // Enter，结束命令
```

命令行中各选项含义如下：

- "链"选项用于如果各棱边是相切的关系，则选择其中的一个边，所有棱边都将被选中，同时进行圆角。
- "半径"选项用于为随后选择的棱边重新设定圆角半径。
- "表达式"选项用于输入圆角半径的表达式，系统会自动计算出圆角半径。

10.3.3 压印边

"压印边"命令用于将圆、圆弧、直线、多段线、样条曲线或实体等对象压印到三维实体上，使其成为实体的一部分，如图 10-25 所示。执行"压印边"命令主要有以下几种方式：

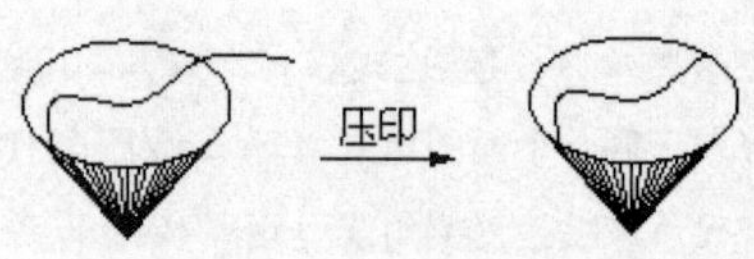

图 10-25 压印边示例

- 单击"实体"选项卡→"实体编辑"面板→"压印"按钮
- 选择菜单栏中的"修改"→"实体编辑"→"压印边"命令
- 单击"实体编辑"工具栏→"压印边"按钮
- 在命令行中输入"Imprint"后按 Enter 键

执行"压印边"命令后，命令行提示如下：

```
命令: _imprint
选择三维实体或曲面:                //选择圆锥体
选择要压印的对象:                  //选择样条曲线
是否删除源对象 [是(Y)/否(N)] <N>:  //Y Enter
选择要压印的对象:                  // Enter，压印结果如图 10-25（右）所示
```

10.3.4　拉伸面

“拉伸面”命令用于对实心体的表面进行编辑，将实体面按照指定的高度或路径进行拉伸，以创建出新的形体，如图 10-26 所示。执行“拉伸面”命令主要有以下几种方式：

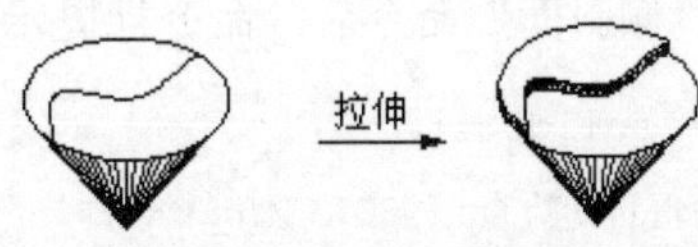

图 10-26　拉伸面

- 单击“实体”选项卡→“实体编辑”面板→“拉伸面”按钮。
- 选择菜单栏中的“修改”→“实体编辑”→“拉伸面”命令。
- 单击“实体编辑”工具栏→“拉伸面”按钮。
- 在命令行中输入 Solidedit 后按 Enter 键。

执行“拉伸面”命令后，命令行操作如下：

```
命令: _solidedit
实体编辑自动检查: SOLIDCHECK=1
输入实体编辑选项 [面(F)/边(E)/体(B)/放弃(U)/退出(X)] <退出>: _face
输入面编辑选项[拉伸(E)/移动(M)/旋转(R)/偏移(O)/倾斜(T)/删除(D)/复制(C)/颜色(L)/材质(A)/放弃(U)/退出(X)] <退出>: _extrude
选择面或 [放弃(U)/删除(R)]:            //选择如图 10-26 (左) 所示的压印表面
选择面或 [放弃(U)/删除(R)/全部(ALL)]:  // Enter, 结束选择
指定拉伸高度或 [路径(P)]:              // 5 Enter
指定拉伸的倾斜角度 <0>:                // Enter
已开始实体校验。
输入面编辑选项[拉伸(E)/移动(M)/旋转(R)/偏移(O)/倾斜(T)/删除(D)/复制(C)/颜色(L)/材质(A)/放弃(U)/退出(X)] <退出>:            //X Enter
实体编辑自动检查: SOLIDCHECK=1
输入实体编辑选项 [面(F)/边(E)/体(B)/放弃(U)/退出(X)] <退出>:
 //X Enter, 拉伸结果如图 10-26 (右) 所示
```

10.3.5　倾斜面

“倾斜面”命令主要用于通过倾斜实体的表面，使实体表面产生一定的锥度，如图 10-27 所示。执行“倾斜面”命令主要有以下几种方式：

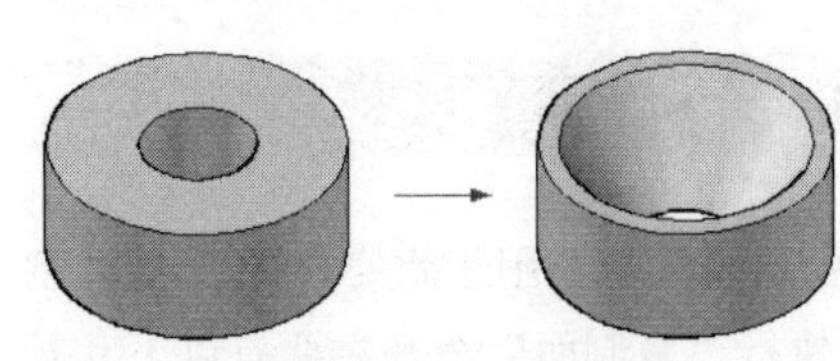

图 10-27　倾斜面

- 单击“实体”选项卡→“实体编辑”面板→“倾斜面”按钮。
- 选择菜单栏中的“修改”→“实体编辑”→“倾斜面”命令

- 单击“实体编辑”工具栏→“倾斜面”按钮
- 在命令行中输入“Solidedit”后按 Enter 键

执行“倾斜面”命令后，命令行提示如下：

```
命令：_solidedit
实体编辑自动检查： SOLIDCHECK=1
输入实体编辑选项 [面(F)/边(E)/体(B)/放弃(U)/退出(X)] <退出>: _face
输入面编辑选项[拉伸(E)/移动(M)/旋转(R)/偏移(O)/倾斜(T)/删除(D)/复制(C)/颜色(L)/材质(A)/放弃(U)/退出(X)] <退出>: _taper
选择面或 [放弃(U)/删除(R)]:            //选择如图 10-28 所示的柱孔表面
选择面或 [放弃(U)/删除(R)/全部(ALL)]:            // Enter，结束选择
指定基点：                                    //捕捉下底面圆心
指定沿倾斜轴的另一个点：                      //捕捉顶面圆心
指定倾斜角度：                            //30 Enter
已开始实体校验。
已完成实体校验。
输入面编辑选项[拉伸(E)/移动(M)/旋转(R)/偏移(O)/倾斜(T)/删除(D)/复制(C)/颜色(L)/材质(A)/放弃(U)/退出(X)] <退出>:                //X Enter
实体编辑自动检查： SOLIDCHECK=1
输入实体编辑选项 [面(F)/边(E)/体(B)/放弃(U)/退出(X)] <退出>:
//X Enter，退出命令，结果如图 10-29 所示
```

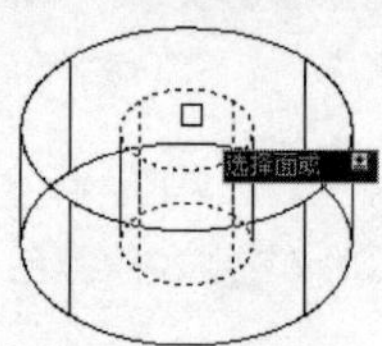

图 10-28 选择面

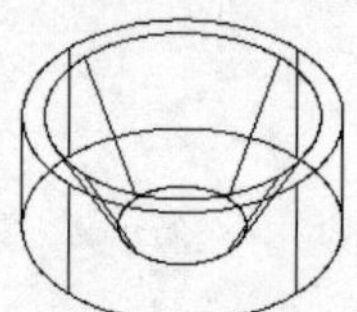
图 10-29 倾斜面

在倾斜面时，倾斜的方向是由锥角的正/负号及定义矢量时的基点决定的。如果输入的倾角为正值，则 AutoCAD 将已定义的矢量绕基点向实体内部倾斜面，否则，向实体外部倾斜。

10.3.6 复制面

“复制面”命令用于将实体的表面复制成新的图形对象，所复制出的新对象是面域或体，如图 10-30 所示。执行“复制面”命令主要有以下几种方式：

- 单击“实体”选项卡→“实体编辑”面板→“复制面”按钮
- 选择菜单栏中的“修改”→“实体编辑”→“复制面”命令

- 单击“实体编辑”工具栏→“复制面”按钮
- 在命令行中输入“Solidedit”后按 Enter 键

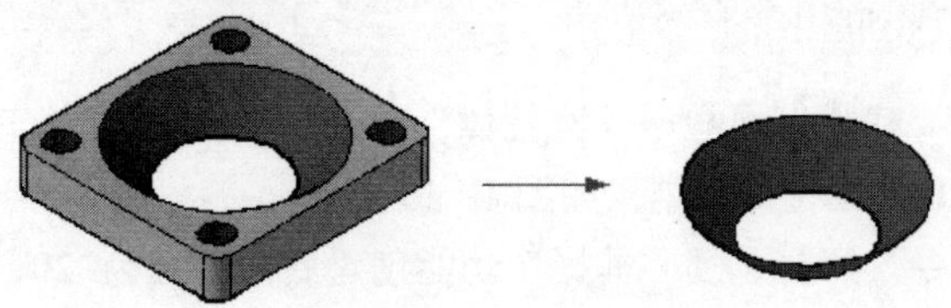

图 10-30　复制面

10.4 案例——制作资料柜立体造型

本节通过制作沙发立体造型，对所学知识进行综合练习和巩固应用。资料柜立体造型的最终制作效果如图 10-31 所示。

图 10-31　实例效果

01 新建空白文件，并打开“对象捕捉”和“对象追踪”功能。

02 使用快捷键“REC”激活“矩形”命令，绘制长度为 600，宽度为 400 的矩形。

03 使用快捷键“A”激活“圆弧”命令，配合点的捕捉与追踪功能绘制如图 10-32 所示的圆弧，其中圆弧距水平边为 50 个单位。

04 使用快捷键“O”激活“偏移”命令，将矩形和圆弧向内偏移 10 个单位，并将其编辑为图 10-33 所示的状态。

05 将图 10-33 所示的两个闭合图形转化为两个面域。然后将视图切换为西北等轴测视图。

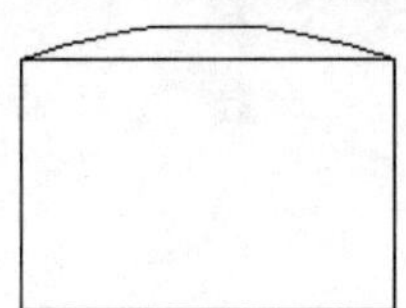

图 10-32　绘制结果

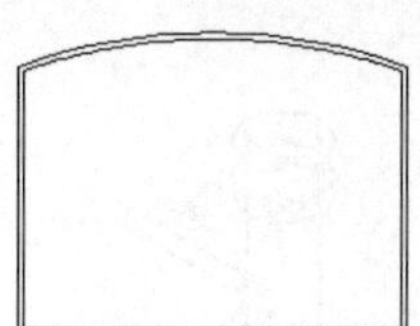

图 10-33　编辑结果

06 单击“常用”选项卡→“建模”面板→“圆柱体”按钮，配合“捕捉自”功能绘制高度为 100 的圆柱体。命令行操作如下：

```
命令: _cylinder
指定底面的中心点或 [三点(3P)/两点(2P)/切点、切点、半径(T)/椭圆(E)]:
//激活“捕捉自”功能
_from 基点:        //捕捉如图 10-34 所示的端点 A
<偏移>:           //@0,0,-50 Enter
```

```
指定底面半径或 [直径(D)] <125.0586>:  //20 Enter
指定高度或 [两点(2P)/轴端点(A)] <907.7933>:
  //@0,0,100 Enter，结果如图 10-34 所示
```

07 单击"常用"选项卡→"建模"面板→"圆柱体"按钮，以圆柱体下表面中心点为圆心，绘制底面半径为 25、高度为-10 的圆柱体，结果如图 10-35 所示。

08 重复执行"圆柱体"命令，配合"圆心捕捉"功能创建底面半径为 20、高度为-15 的圆柱体，如图 10-36 所示。

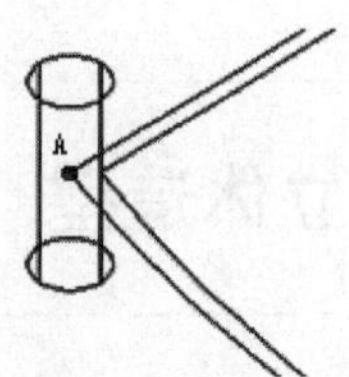

图 10-34 绘制圆柱体

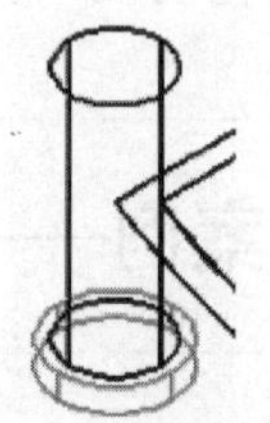
图 10-35 绘制圆柱体

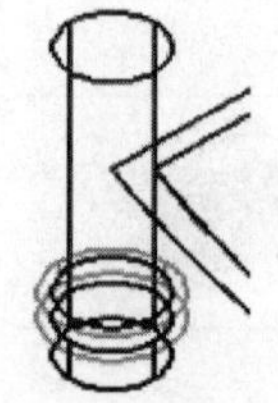
图 10-36 绘制圆柱体

09 选择菜单栏中的"修改"→"三维操作"→"三维镜像"命令，对下侧的两个圆柱体进行镜像。命令行操作如下：

```
命令: _mirror3d
选择对象:                    //选择下侧的两个圆柱体
选择对象:                            // Enter，结束选择
指定镜像平面 (三点) 的第一个点或 [对象(O)/最近的(L)/Z 轴(Z)/视图(V)/XY 平面(XY)/YZ 平面(YZ)/ZX 平面(ZX)/三点(3)] <三点>:  //XY Enter，设置镜像平面
指定 ZX 平面上的点 <0,0,0>:                  //捕捉图 10-34 所示的端点 A
是否删除源对象？[是(Y)/否(N)] <否>:           //N Enter，镜像结果如图 10-37 所示
```

10 在命令行输入"CO"激活"复制"命令，配合"端点捕捉"功能将 5 个柱体分别复制到其他位置，结果如图 10-38 所示。

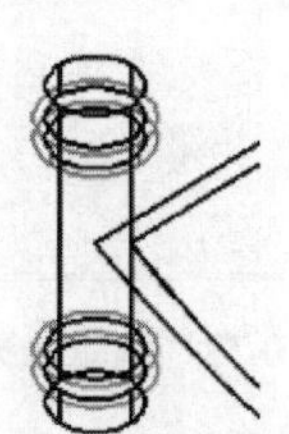
图 10-37 镜像结果

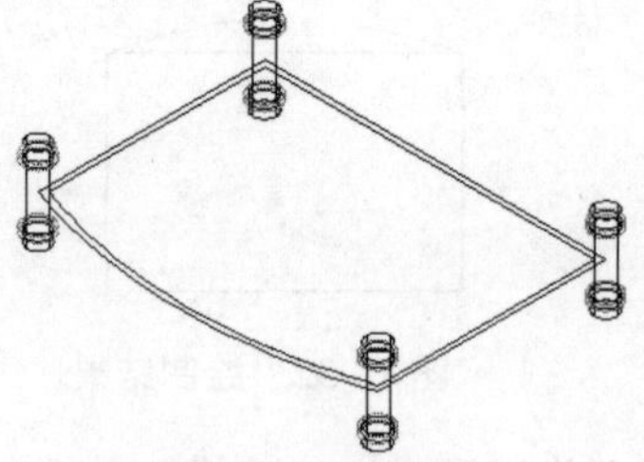
图 10-38 复制结果

11 单击"常用"选项卡→"建模"面板→"拉伸"按钮，将面域进行拉伸，命令行操作如下：

```
命令: _extrude
当前线框密度: ISOLINES=4，闭合轮廓创建模式 = 实体
选择要拉伸的对象或 [模式(MO)]: _MO 闭合轮廓创建模式 [实体(SO)/曲面(SU)] <实体>: _SO
选择要拉伸的对象或 [模式(MO)]:          //选择外侧的面域
```

```
选择要拉伸的对象或 [模式(MO)]:              //Enter
指定拉伸的高度或 [方向(D)/路径(P)/倾斜角(T)/表达式(E)] <26.0613>: //@0,0,-15 Enter
命令: _extrude
当前线框密度: ISOLINES=4, 闭合轮廓创建模式 = 实体
选择要拉伸的对象或 [模式(MO)]: _MO 闭合轮廓创建模式 [实体(SO)/曲面(SU)] <实体>: _SO
选择要拉伸的对象或 [模式(MO)]:             //选择内侧的面域
选择要拉伸的对象或 [模式(MO)]:              //Enter
指定拉伸的高度或 [方向(D)/路径(P)/倾斜角(T)/表达式(E)] <26.0613>:
//@0,0,10 Enter, 拉伸结果如图 10-39 所示
```

12 使用快捷键“3A”激活“三维阵列”命令，选择图 10-39 所示的模型，垂直向上阵列 3 份，结果如图 10-40 所示。

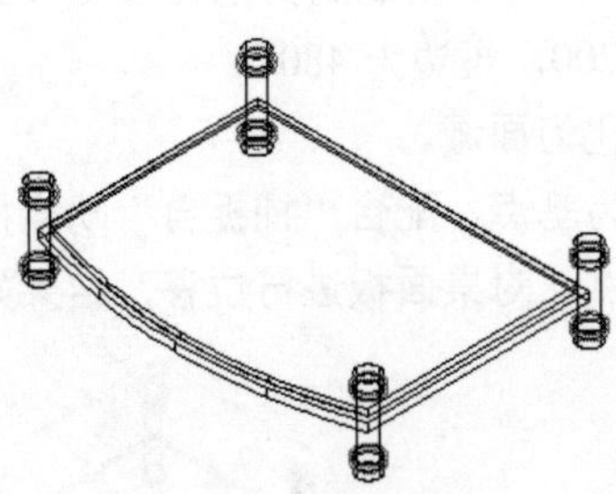

图 10-39 拉伸结果

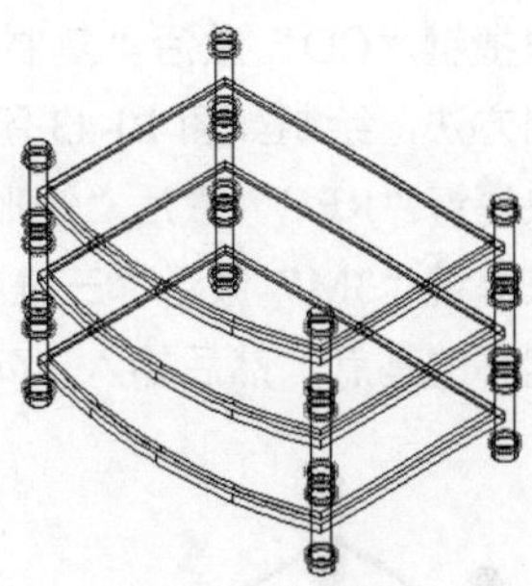

图 10-40 阵列结果

13 单击“常用”选项卡→“建模”面板→“球体”按钮，配合“捕捉自”功能，捕捉左前侧最上面中心点垂直向上 15 个单位的点作为球心，绘制半径为 30 的球体，结果如图 10-41 所示。

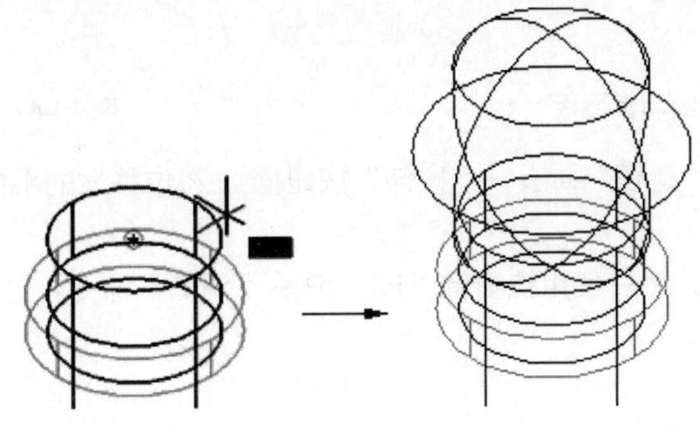

图 10-41 创建球体

14 使用快捷键“C”激活“圆”命令，以最下侧柱体底面中心点为圆心，绘制半径为 30 的圆。

15 单击“常用”选项卡→“建模”面板→“拉伸”按钮，将圆拉伸为三维实体。命令行操作如下：

```
命令: _extrude
当前线框密度: ISOLINES=4, 闭合轮廓创建模式 = 实体
选择要拉伸的对象或 [模式(MO)]: _MO 闭合轮廓创建模式 [实体(SO)/曲面(SU)] <实体>: _SO
选择要拉伸的对象或 [模式(MO)]:             //选择刚绘制的圆
选择要拉伸的对象或 [模式(MO)]:              //Enter
```

```
指定拉伸的高度或 [方向(D)/路径(P)/倾斜角(T)/表达式(E)] <0.0000>:  //t Enter
指定拉伸的倾斜角度或 [表达式(E)] <0>:       //-15 Enter
指定拉伸的高度或 [方向(D)/路径(P)/倾斜角(T)/表达式(E)] <26.0613>:
//@0,0,-50 Enter，拉伸结果如图 10-42 所示
```

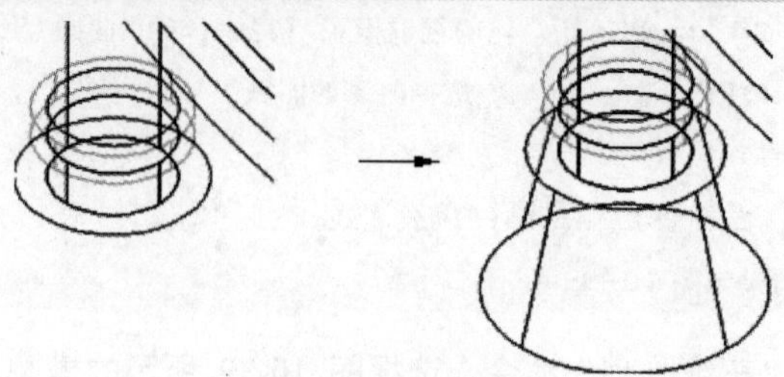

图 10-42 拉伸结果

16 使用快捷键“CO”激活“复制”命令，将拉伸体和球体分别复制到其他柱形支架上。然后参照绘制隔板的方法，绘制如图 10-43 所示的桌面板，长边为 700，短边为 480。

17 使用快捷键“REC”激活“矩形”命令，将桌面板转化为面域。

18 使用快捷键“3M”激活“三维移动”命令，以点 B 为基点，配合“捕捉自”功能捕捉左后侧的球心作为偏移的基点，然后输入（@50,-20,10）作为目标点，对桌面板进行位移，结果如图 10-44 所示。

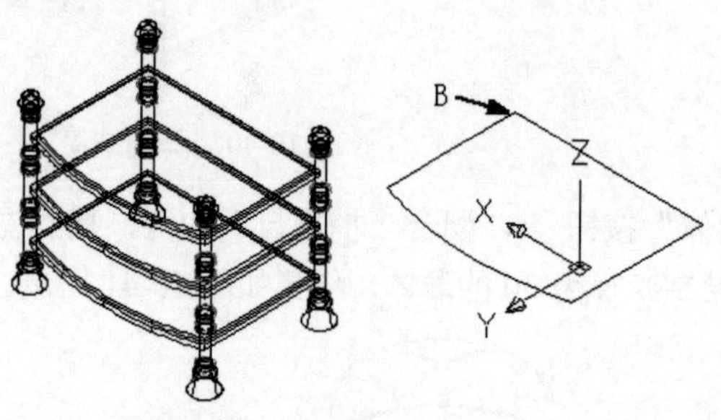

图 10-43 绘制桌面板

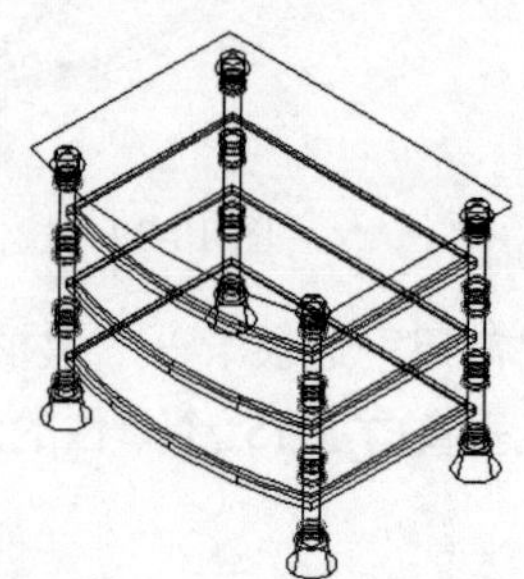

图 10-44 位移结果

19 单击“常用”选项卡→“建模”面板→“拉伸”按钮，将位移后的桌面板拉伸 15 个单位，结果如图 10-45 所示。

20 将视图切换到东北视图。然后使用快捷键“HI”激活“消隐”命令，对模型进行消隐显示，结果如图 10-46 所示。

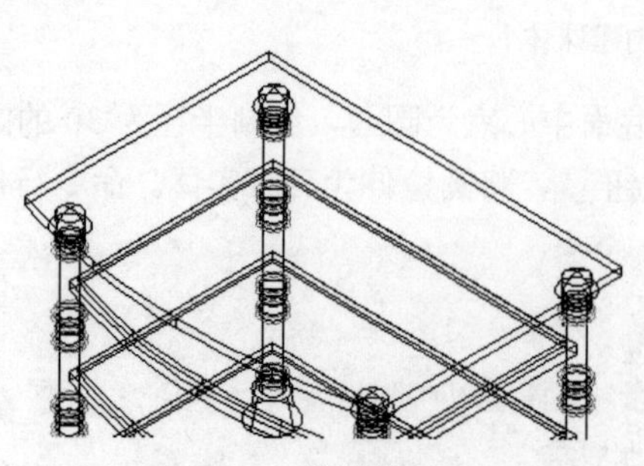

图 10-45 拉伸结果

图 10-46 消隐效果

21 最后执行“保存”命令，将图形命名存储为“实例指导.dwg”。

10.5 本章小结

本章主要学习了三维模型的基本操作功能、曲面与网格的编辑功能和实体面、边的细化功能。通过本章的学习，应了解和掌握如下知识：

（1）了解和掌握模型的空间旋转、镜像、阵列、对齐、移动等重要操作功能；
（2）了解和掌握曲面的修补、圆角、修剪功能；
（3）了解和掌握网格的优化、锐化和拉伸功能；
（4）了解和掌握实体棱边的倒角、圆角和压印功能；
（5）了解和掌握实体面的拉伸、倾斜和复制功能。

第11章

室内设计基础知识

“室内设计”是指包含人们一切生活空间的内部设计。从狭义上讲，“室内设计”可以理解为满足人们不同行为需求的建筑内部空间的设计，又或者是在建筑环境中实现某些功能而进行的内部空间组织和创造性的活动。具体来说，室内设计就是根据建筑物的使用性质、所处环境、相应标准及使用者需求，运用一定的物质技术手断和建筑美学原理，根据使用对象的特殊性以及他们所处的特定环境，对建筑内部空间进行规划、组织和空间再造，从而营造出功能合理、舒适优美、满足人们物质生活和精神生活需要的室内环境。

知识要点

- 室内设计的一般步骤
- 室内设计的一般原则
- 室内设计的具体内容
- 室内设计的常见风格
- 室内设计的常用尺寸
- 室内设计制图规范

11.1 室内设计的一般步骤

室内设计一般可以分为准备阶段、分析阶段、施工图设计阶段和设计实施阶段4个步骤。

11.1.1 准备阶段

设计准备阶段主要是接受委托任务书，明确设计期限并制定设计计划进度安排，明确设计任务和要求，熟悉设计有关的规范和定额标准，收集分析必要的资料和信息，包括对现场的调查踏勘及对同类型实例的参观等。在签订合同或制定投标文件时，还包括设计进度安排，设计费率标准。

11.1.2　分析阶段

此阶段是在准备阶段的基础上，进一步收集、分析、运用与设计任务有关的资料与信息，构思立意，进行初步方案设计，以及方案的分析与比较，确定初步设计方案，提供设计文件。室内初步方案的文件通常包括：

- 平面图，常用比例 1:50、1:100；
- 室内立面展开图，常用比例 1:20、1:50；
- 平顶图或仰视图，常用比例 1:50、1:100；
- 室内透视图；
- 室内装饰材料实样版面；
- 设计意图说明和造价概算；

初步设计方案需经审定后，方可进行施工图设计。

11.1.3　设计阶段

设计应以满足使用功能为根本，造型应以完善视觉追求为目的，按照“功能决定形式”的先后顺序进行设计。当设计方案成熟以后按比例绘出正式图纸，绘制施工所必需的有关平面布置、室内立面和平顶等图纸，还需包括构造节点详细、细部大样图及设备管线图，编制施工说明和造价预算。

11.1.4　实施阶段

根据设计阶段所完成的图纸，确定具体施工方案，室内工程在施工前，设计人员应向施工单位进行设计意图说明及图纸的技术交底；工程施工期间需按图纸要求核对施工实况，有时还需根据现场实况提出对图纸的局部修改或补充；施工结束时，会同质检部门和建设单位进行工程验收。

11.2　室内设计的一般原则

由于住宅空间一般多为单层、别墅（双层或三层）、公寓（双层或错层）的空间结构，住宅室内设计就是根据不同的功能需求，采用众多的手法进行空间的再创造，使居室内部环境具有科学性、实用性、审美性。在视觉效果、比例尺度、层次美感、虚实关系、个性特征等方面达到完美的结合，体现出“家”的主题，使业主在生理及心理上获得团聚、舒适、温馨、和睦的感受。因此，住宅室内设计在整体上一般该遵循以下原则。

1. 功能布局

住宅的功能是基于人的行为活动特征而展开的。要创造理想的生活环境，首先应树立“以人为本”的思想，从环境与人的行为关系研究这一最根本的课题入手，全方位地深入了解和分析人的居住和行为需求。

住宅室内环境在建筑设计时只提供了最基本的空间条件，如面积大小、平面关系、设备管井、厨房浴厕等位置，这并不能制约室内空间的整体再创造，更深、更广的功能空间内涵还需设计师去分析、探讨。住宅室内环境所涉及的功能构想有基本功能与平面布局两方面的内容：

基本功能包括睡眠、休息、饮食、家庭团聚、会客、视听、娱乐及学习、工作等。这些功能因素又形成环境的静-闹、群体-私密、外向-内敛等不同特点的分区。

- 群体生活区（闹）及功能主要体现为：

  起居室-谈聚、音乐、电视、娱乐、会客等。

  餐室-用餐、交流等。

  休闲室-游戏、健身、琴棋、电视等。
- 私密生活区（静）及功能主要有：

  卧室（分主卧室、次卧室、客房）-睡眠、梳妆、阅读、视听、嗜好等。

  儿女室-睡眠、书写、嗜好等。

  书房（工作间）-阅读、书写、嗜好等。
- 家务活动区及其功能主要有：

  厨房-配膳清洗、储藏物品、烹调等。

  贮藏间-储藏物品、洗衣等。

2. 面积标准

因人口数量、年龄结构、性格类型、活动需要、社交方式、经济条件诸因素的变化，在现实生活中很难建立理想的面积标准，只能采用最低标准作依据。以下面积标准分别是国家住宅设计标准（GB50096-1999，简称 G）和上海住宅设计标准（DGJ08-20-2001，简称 S）中的住宅最低面积标准。

户型总面积—G：一类 34m^2（2 居室），二类 45 m^2（3 居室），一类 56 m^2（3 居室），一类 68 m^2（4 居室）；S：小套 2 居室，中套 3 居室，大套 4-5 居室，无总面积标准。

- 起居室—G：12 m^2：S 小套 12 m^2 大套 14 m^2
- 餐室—无最低标准。
- 主卧室（双人卧室）--G：10 m^2；S：12 m^2。
- 单人卧室—G：6 m^2；S：6 m^2。
- 浴室—G：3 m^2；S：4 m^2。
- 厨房—G：一二类 4 m^2，三四类 5 m^2；S：小套 4.5 m^2；中套 5 m^2，大套 5.5 m^2。
- 储藏室—S：大套 1.5 m^2。

确定居室面积前考虑与空间面积有密切关系的因素：

（1）家庭人口越多，单位人口所需空间相对越小。

（2）兴趣广泛，性格活跃，好客的家庭，单位人口需给予较大的空间。

（3）偏爱较大群体空间或私人空间的家庭，可减少房间数量。

（4）偏爱较多独立空间的家庭，每个房间相对狭小一点也无妨。

3. 立面空间设计

立面空间泛指高度与长度，高度与长度所共同构成的垂直空间，包括以墙为主的实立面和介于天花板与地板之间的虚立面。它是多方位、多层次，有时还是互相交错融合的实与虚的立体。

立体空间塑造包括两个方面的内容：一是贮藏、展示的空间布局；二是通过风、调温、采光、设施的处理。其手法上可以采用隔、围、架、透、封、上升、下降、凸出、凹进等手法及可活动的家具、陈设等，辅以色、材质、光照等虚拟手法的综合组织与处理，以达到空间的高效利用，增进室内自然与人为生活要素的功效。例如，有时建筑本身的墙、柱、设备管井等占据空间，设计上应将其利用或隐去，真假并举，或单独处理，或成双成对，或形成序列，运用色、光、材等造型手法使其有机而自然地成为空间塑造的组成部分。在实施时应注意以下几点：

- 墙面实体垂直空间要保留必要部分作通风、调温和采光，其他部分则按需要作贮藏展示的空间。
- 墙面有立柱时可用壁橱架予以隐蔽。
- 立面空间要以平面空间活动需要为先决条件。
- 在平面空间设计的同时，对活动形态、家具配置详作安排。
- 在立面设计中调整平面空间布局。

11.3 室内设计的具体内容

现代家庭室内设计必须满足人在视觉、听觉、体感、触觉、嗅觉等多方面的要求，营造出人们生理和心理双向需要的室内环境。从家具造型到陈设挂件，从采光到照明，从室内到室外，来重视整体布置，创造一个共享空间，满足不同经济条件和文化层次的人们生活与精神的需要。所以在室内设计中需考虑与室内设计有关的基本要素，以进行室内设计与装饰，这些基本因素主要表现在空间、界面、色彩、线条、质感、采光与照明、家具与陈设、绿化等方面。

11.3.1　空间与界面 

室内建筑主要包括室内空间的组织和建筑界面的处理，它是确定室内环境基本形体和线形的设计，设计时以物质功能和精神功能为依据，考虑相关的客观环境因素和主观的身心感受。

室内空间组织包括平面布置，首先需要对原有建筑设计的意图充分理解，对建筑物的总体布局、功能分析、人流动向及结构体系等有深入的了解，在室内设计时对室内空间和平面布置予以完善、调整或再创造。

建筑界面处理，是指对室内空间的各个围合，包括地面、墙面、隔断、平顶等各界的使用功能和特点，界面的形状、图形线脚、肌理构成的设计，以及界面和结构的连接构造，界面和风、水、电等管线设施的协调配合等方面的设计。面设计应从物质和人的精神审美方面来综合考虑。

11.3.2　家具与陈设 

在室内设计中，家具有着举足轻重的作用，是现代室内设计的有机构成部分。家具的功能具有两重性，家具既是物质产品又是精神产品，是以满足人们生活需要的功能为基础，在家庭室内设计中尤为重要。因为，空间的划分是以家具的合理布置来达到功能分区明确，使用方便，感觉舒适的目的。

根据人体工程学的原理生产的家具，能科学地满足人类生活各种行为的需要，用较少的时间，较低的消耗来完成各种动作，从而组成高度适用而紧凑的空间，使人感到亲切。陈设系统指除固定于室内墙、地、顶及建筑构体、设备外一切适用的，或供观赏的陈设物品。

家具是室内陈设的主要部分，还包括室内纺织物、家用电器、日用品和工艺品等。

- 室内织物包括窗帘、床单、台布、沙发面料、靠垫、地毯、挂毯等。在选用纺织品时，其色彩、质感、图案等除考虑室内整体的效果外，还可以作为点缀。室内如缺少纺织品，就会缺少温暖的感觉。
- 家用电器主要包括电视机、音响、电冰箱、录像机、洗衣机等在内的各种家用电器用品。
- 日用品的品种多而杂，陈设中主要有陶瓷器皿、玻璃器皿、文具等。
- 工艺品包括书画、雕塑、盆景、插花、剪纸、刺绣、漆器等都能美化空间，供人欣赏。

作为陈设艺术，有着广泛的社会基础，人们按自己的知识、经历、爱好、身份及经济条件等安排生活，选择各类陈设品。综合家具、装饰品和各类日用生活用品的造型、比例、尺度、色彩、材质等方面的因素，使室内空间得到合理的分配和运用，给人们带来舒适和方便，同时又得到美的熏陶和享受。

11.3.3 采光与照明

在室内空间中光也是很重要的，室内空间通过光来表现，光能改变空间的个性。室内空间的光源有自然光和人工光两大类，室内照明是指室内环境的自然光和人工照明，光照除了能满足正常的工作生活环境的采光、照明要求外，光照和光影效果还能有效地起到烘托室内环境气氛的作用。没有光也就没有空间，没有色彩、没有造型了，光可以使室内的环境得以显现和突出。

自然光可以向人们提供室内环境中时空变化的信息气氛，可以消除人们在六面体内的窒息感，它随着季节、昼夜的不断变化，使室内生机勃勃；人工照明可以恒定地描述室内环境和随心所欲的变换光色明暗，光影给室内带来了生命，加强了空间的容量和感觉。同时，光影的质和量也对空间环境和人的心理产生影响。

人工照明在室内设计中主要有“光源组织空间、塑造光影效果、利用光突出重点、光源演绎色彩”等作用，其照明方式主要有“整体（普通）照明、局部（重点）照明、装饰照明、综合（混合）照明”；其安装方式可分为台灯、落地灯、吊灯、吸顶灯、壁灯、嵌入式灯具、投射灯等。

11.3.4 室内织物

当代织物已渗透到室内设计的各个方面，其种类主要有“地毯、窗帘、家具的蒙面织物、陈设覆盖织物、靠垫、壁挂”等。

由于织物在室内的覆盖面积较大，所以对室内的气氛、格调、意境等起很大的作用，主要体现在“实用性、分隔性、装饰性”三方面。

11.3.5 室内色彩

色彩是室内设计中最为生动、最为活跃的因素，室内色彩往往是给人们留下室内环境的第一印象。色彩最具表现力，通过人们的视觉感受产生的生理、心理和类似物理的效应，形成丰富的联想、深刻的寓意和象征。 色彩对人们的视知觉生理特性的作用是第一位的。不同的色彩色相会使人心理产生不同的联想。不同的色彩在人的心理上会产生不同的物理效应，如冷热、远近、轻重、大小等。感情刺激，如兴奋、消沉、热情、抑郁、镇静等，象征意义，如庄严，轻快、刚柔、富丽、简朴等。

室内色彩除对视觉环境产生影响外，还直接影响人们的情绪和心理。室内色彩不仅仅局限于地面、墙面与天棚，而且还包括房间里的一切装修、家具、设备、陈设等。所以，室内设计中心需在色彩上进行全面认真的推敲。科学的运用色彩，使室内空间里的墙纸、窗帘、地毯、沙发罩、家具、陈设、装修等色彩的相互协调，才能取得令人满意的室内效果，不仅有利于工作，有助于生活健康，同时又能取得美的效果。

11.3.6　室内绿化

室内设计中绿化已成为改善室内环境的重要手段，在室内设计中具有不能代替的特殊作用。室内绿化可调节温、湿度、净化室内环境，组织空间构成，使室内空间更具有活力，以自然美增强内部环境表现力。更为主要的是，室内绿化使室内环境生机勃勃，带来自然气息，令人赏心悦目，起到柔化室内人工环境，在高节奏的现代生活中具有协调人们心理使之平衡的作用。

在运用室内绿化时，首先应考虑室内空间主题气氛等的要求，通过室内绿化的布置，充分发挥其强烈的艺术感染力，加强和深化室内空间所要表达的主要思想；其次还要充分考虑使用者的生活习惯和审美情趣。

11.4　室内设计的常见风格

室内设计的风格主要可分为传统风格、乡土风格、现代风格、后现代风格、自然风格及混合型风格等。

11.4.1　传统风格

中国传统崇尚庄重和优雅，传统风格的室内设计是在室内布置、线形、色调及家具、陈设的造型等方面，吸取中国传统木构架构筑室内藻井天棚、屏风、隔扇等装饰。多采用对称的空间构图方式，笔彩庄重而简练，空间气氛宁静雅致而简朴。传统风格常给人们以历史延续和地域文脉的感受，使室内环境突出民族文化渊源的形象特征。

11.4.2　乡土风格

主要表现为尊重民间的传统习惯、风土人情，保持民间特色，注意运用地方建筑材料或利用当地的传说故事等作为装饰主题。在室内环境中力求表现悠闲、舒畅的田园生活情趣，创造自然、质朴、高雅的空间气氛。

11.4.3　现代风格

广义的现代风格可泛指造型简洁新颖，具有当今时代感的建筑形象和室内环境。以简洁明快为主要特

点，重视室内空间的使用效能，强调室内布置按功能区分的原则进行，家具布置与空间密切配合，主张废弃多余的、繁琐的附加装饰，使质和神韵。另外，装饰色彩和造型追随时尚。

11.4.4 后现代风格

后现代风格是对现代风格中纯理性主义倾向的批判，后现代风格强调建筑及室内装潢应具有历史的延续性，但又不拘泥于传统的逻辑思维方式，探索创新造型手法，讲究人情味。常在室内设置夸张、变形的柱式和断裂的拱券，或者把古典构件的抽象形式以新的手法组合在一起，即采用非传统的混合、叠加、错位、裂变等手法和象征、隐喻等手段，以期创造一种融感性与理性、集传统与现代、揉大众与行家于一体的即“亦此亦彼”的建筑形象与室内环境。

11.4.5 自然风格

自然风格倡导“返朴归真、回归自然”，美学上推崇自然、结合自然，才能在当今高科技、高节奏的社会生活中使人们能取得生理和心理的平衡，因此室内多用木料、织物、石材等天然材料，显示材料的纹理，清新淡雅。

此外，由于其宗旨和手法的类同，也可把田园风格归入自然风格一类。田园风格在室内环境中力求表现悠闲、舒畅、自然的田园生活情趣，也常运用天然木、石、藤、竹等材质质朴的纹理。巧于设置室内绿化，创造自然、简朴、高雅的氛围。

11.4.6 混合型风格

混合型风格指的是在空间结构上既讲求现代实用，又吸取传统的特征，在装饰与陈设中融中西为一体。近年来，建筑设计和室内设计在总体上呈现多元化，兼容并蓄的状况。室内布置中也有既趋于现代实用，又吸取传统的特征，在装潢与陈设中溶古今中西于一体。例如，传统的屏风、摆设和茶几，配以现代风格的墙面及门窗装修、新型的沙发；欧式古典的琉璃灯具和壁面装饰，配以东方传统的家具和埃及的陈设、小品等。

混合型风格虽然在设计中不拘一格，运用多种体例，但设计中仍然是匠心独具，深入推敲形体、色彩、材质等方面的总体构图和视觉效果。

11.5 室内设计常用尺寸

本节列出了室内设计中一些常用的基本尺寸，单位为毫米（mm）。

11.5.1 墙面与交通空间

- 踢脚板高：80~200mm。
- 墙裙高：800~1500mm。

- 挂镜线高：1600~1800（画中心距地面高度）mm。
- 楼梯间休息平台净空：等于或大于 2100mm。
- 楼梯跑道净空：等于或大于 2300mm。
- 客房走廊高：等于或大于 2400mm。
- 两侧设座的综合式走廊宽度等于或大于 2500mm。
- 楼梯扶手高：850~1100mm。
- 门的常用尺寸：宽 850~1000mm。
- 窗的常用尺寸：宽 400~1800mm（不包括组合式窗子）。
- 窗台高：800~1200mm。

11.5.2 室内家具尺寸

- 衣橱：深度 600~650mm；推拉门 700mm，衣橱门宽度 400~650mm。
- 推拉门：宽 750~1500mm、高度 1900~2400mm。
- 矮柜：深度 350~450mm、柜门宽 300~600mm。
- 电视柜：深 450-600 mm、高度 600-700 mm。
- 单人床：宽度有 900mm、1050mm、1200mm 3 种；长度有 1800mm、1860mm、2000mm、2100mm。
- 双人床：宽度有 1350mm、1500mm、1800mm 3 种；长度有 1800mm、1860mm、2000mm、2100mm。
- 圆床：直径 1860mm、2125mm、2424mm（常用）。
- 室内门：宽 800~950mm；高度有 1900mm、2000mm、2100mm、2200mm、2400mm。
- 厕所、厨房门：宽 800mm、900mm；高度有 1900mm、2000mm、2100mm 三种。
- 窗帘盒：高 120~180mm；深度：单层布 120mm、双层布 160~180mm（实际尺寸）。
- 单人沙发：长度 800~950mm、深度 850~900mm、坐垫高 350~420mm、背高 700~900mm。
- 双人沙发：长 1260~1500mm、深度 800~900mm。
- 三人沙发：长 1750~1960mm、深度 800~900mm。
- 四人沙发：长 2320~2520mm、深度 800~900mm。
- 小型茶几（长方形）：长度 600~750mm，宽度 450~600mm，高度 380~500mm（380mm 最佳）。
- 中型茶几（长方形）：长度 1200~1350mm；宽度 380~500mm 或者 600~750mm。
- 中型茶几（正方形）：长度 750~900mm，高度 430~500mm。
- 大型茶几（长方形）：长度 1500~1800mm、宽度 600~800mm，高度 330~420mm（330mm 最佳）。
- 大型茶几（圆形）：直径 750mm、900mm、1050mm、1200mm；高度 330~420mm。
- 大型茶几（正方形）：宽度 900mm、1050mm、1200mm、1350mm、1500mm；高度 330~420mm。
- 书桌（固定式）：深度 450~700mm（600mm 最佳）、高度 750mm。
- 书桌（活动式）：深度 650~800mm、高度 750~780mm。
- 书桌下缘离地至少 580mm；长度最少 900mm（1500~1800mm 最佳）。

- 餐桌：高度 750~780mm（一般）、西式高度 680~720mm、一般方桌宽度 1200mm、900mm、750mm。
- 长方桌宽度 800mm、900mm、1050mm、1200mm；长度 1500mm、1650mm、1800mm、2100mm、2400mm。
- 圆桌：直径 900mm、1200mm、1350mm、1500mm、1800mm。
- 书架：深度 250~400mm（每一格）、长度 600~1200mm、下大上小型下方深度 350~450mm、高度 800～900mm。
- 活动未及顶高柜：深度 450mm，高度 1800~2000mm。

11.5.3 餐厅常用尺寸

- 餐桌高：750~790mm。
- 餐椅高：450~500mm。
- 圆桌直径：2 人 500mm、3 人 800mm、4 人 900mm、5 人 1100mm、6 人 1100~1250mm、8 人 1300mm、10 人 1500mm、12 人 1800mm。
- 方餐桌尺寸：2 人 700×850mm、4 人 1350×850mm、8 人 2250×850mm，
- 餐桌转盘直径：700~800mm。
- 餐桌间距：（其中座椅占 500mm）应大于 500mm。
- 主通道宽：1200~1300mm。
- 内部工作道宽：600~900mm。
- 酒吧台高：900~1050mm、宽 500mm。
- 酒吧凳高：600~750mm。

11.5.4 卫生间尺寸

- 卫生间面积：$3\sim5m^2$。
- 浴缸长度一般有 3 种：1220mm、1520mm、1680mm；宽 720mm、高 450mm。
- 坐便：750×350mm。
- 冲洗器：690×350mm。
- 盥洗盆：550×410mm。
- 淋浴器高：2100mm。
- 化妆台：长 1350mm、宽 450 mm。

11.5.5 灯具常用尺寸

- 大吊灯最小高度：2400mm。
- 壁灯高：1500~1800mm。
- 反光灯槽最小直径：等于或大于灯管直径两倍。
- 壁式床头灯高：1200~1400mm。
- 照明开关高：1000mm。

11.6 室内设计制图规范

室内装修施工图与建筑施工图一样，一般都是按照正投影原理及视图、剖视和断面等的基本图示方法绘制的，其制图规范也应遵循建筑制图和家具制图中的图标规定。

11.6.1 常用图纸幅面

AutoCAD 工程图要求图纸的大小必须按照规定图纸幅面和图框尺寸裁剪，常用到的图纸幅面和图框尺寸如表 11-1 所示。

表 11-1　图纸幅面和图框尺寸（mm）

尺寸代号	A0	A1	A2	A3	A4
L×B	1188×841	841×594	594×420	420×297	297×210
c	10			5	
a	25				
e	20			10	

表 11-1 中的 L 表示图纸的长边尺寸，B 为图纸的短边尺寸，图纸的长边尺寸 L 等于短边尺寸 B 的根下 2 倍。当图纸是带有装订边时，a 为图纸的装订边，尺寸为 25mm；c 为非装订边，A0~A2 号图纸的非装订边边宽为 10mm，A3、A4 号图纸的非装订边边宽为 5mm；当图纸为无装订边图纸时，e 为图纸的非装订边，A0~A2 号图纸边宽尺寸为 20mm，A3、A4 号图纸边宽为 10mm，各种图纸图框尺寸如图 11-1 所示。

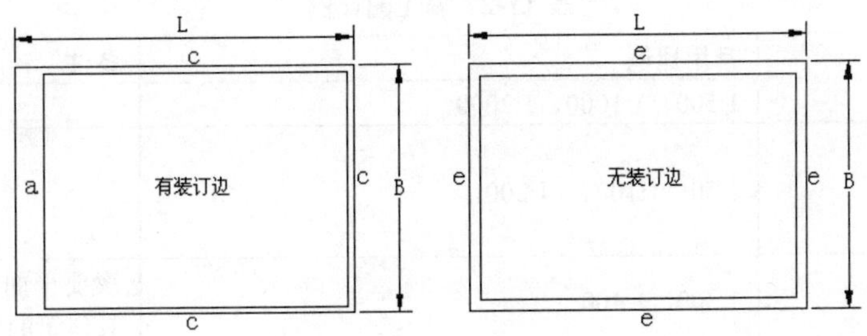

图 11-1　图纸图框尺寸

图纸的长边可以加长，短边不可以加长，但长边加长时须符合标准：对于 A0、A2 和 A4 幅面可按 A0 长边的 1/8 的倍数加长，对于 A1 和 A3 幅面可按 A0 短边的 1/4 的整数倍进行加长。

11.6.2 标题栏与会签栏

在一张标准的工程图纸上，总有一个特定的位置用来记录该图纸的有关信息资料，这个特定的位置就是标题栏。标题栏的尺寸是有规定的，但是各行各业却可以有自己的规定和特色。一般来说，常见的 CAD 工程图纸标题栏有 4 种形式，如图 11-2 所示。

一般从零号图纸到四号图纸的标题栏尺寸均为 40mm×180mm，也可以是 30mm×180mm 或 40mm×180mm。另外，需要会签栏的图纸要在图纸规定的位置绘制出会签栏，作为图纸会审后签名使用，会签栏的尺寸一般为 20mm×75mm，如图 11-3 所示。

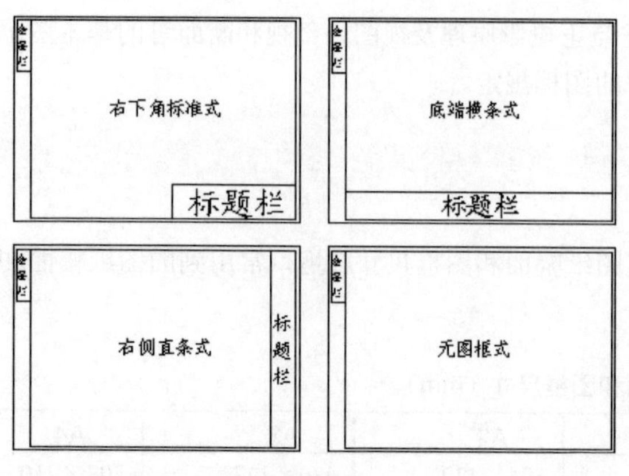

图 11-2　图纸标题栏格式

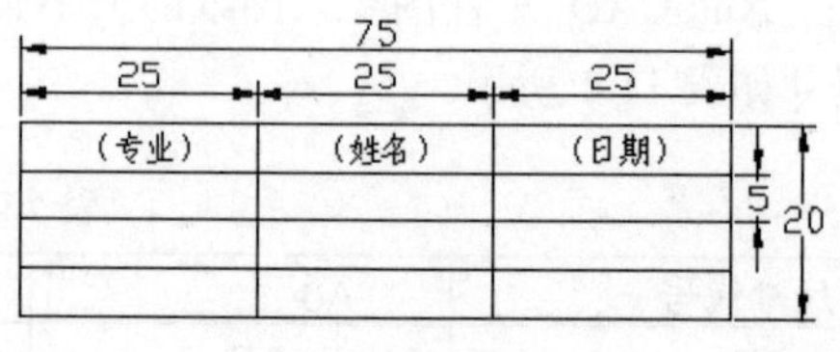

图 11-3　会签栏

11.6.3　比例

建筑物形体庞大，必须采用不同的比例来绘制。对于整幢建筑物、构筑物的局部和细部结构都分别予以缩小绘出，特殊细小的线脚等有时不缩小，甚至需要放大绘出。建筑施工图中，各种图样常用的比例见表 11-2 所示。

表 11-2　施工图比例

图名	常用比例	备注
总平面图	1:500、1:1000、1:2000	
平面图 立面图 剖视图	1:50、1:100、 1:200	
次要平面图	1:300、1:400	次要平面图指屋面平面 图、工具建筑的地面平面图等
详图	1:1、1:2、1:5、1:10、1:20、1:25、1:50	1:25 仅适用于结构构件详图

11.6.4　图线

在施工图中为了表明不同的内容并使层次分明，须采用不同线型和线宽的图线绘制。每个图样应根据复杂程度与比例大小，首先要确定基本线宽 b，然后再根据制图需要，确定各种线型的线宽。图线的线型和线宽按表 11-3 的说明来选用。

表 11-3　图线的线型、线宽及用途

名称	线宽	用途
粗实线	b	平面图、剖视图中被剖切的主要建筑构造（包括构配件）的轮廓线 建筑立面图的外轮廓线 建筑构造详图中被剖切的主要部分的轮廓线 建筑构配件详图中的构配件的外轮廓线
中实线	0.5b	平面图、剖视图中被剖切的次要建筑构造（包括构配件）的轮廓线 建筑平面图、立面图、剖视图中建筑构配件的轮廓线 建筑构造详图及建筑构配件详图中的一般轮廓线
细实线	0.35b	小于 0.5b 的图形线、尺寸线、尺寸界线、图例线、索引符号、标高符号等
中虚线	0.5b	建筑构造及建筑构配件不可见的轮廓线 平面图中的起重机轮廓线 拟扩建的建筑物轮廓线
细实线	0.35b	图例线、小于 0.5b 的不可见轮廓线
粗点画线	b	起重机轨道线
细点画线	0.35b	中心线、对称线、定位轴线
折断线	0.35b	不需绘制全的断开界线
波浪线	0.35b	不需绘制全的断开界线、构造层次的断开界线

11.6.5　字体

图纸上所标注的文字、字符和数字等应做到排列整齐、清楚正确，尺寸大小要协调一致。当汉字、字符和数字并列书写时，汉字的字高要略高于字符和数字；汉字应采用国家标准规定的矢量汉字，汉字的高度应不小于 2.5mm，字母与数字的高度应小于 1.8mm；图纸及说明中汉字的字体应采用长仿宋体，图名、大标题、标题栏等可选用长仿宋体、宋体、楷体或黑体等；汉字的最小行距应不小于 2mm，字符与数字的最小行距应不小于 1mm，当汉字与字符数字混合时，最小行距应根据汉字的规定使用。

11.6.6　尺寸

图纸上的尺寸应包括尺寸界线、尺寸线、尺寸起止符号和尺寸数字等。尺寸界线是表示所度量图形尺寸的范围边限，应使用细实线标注；尺寸线是表示图形尺寸度量方向的直线，它与被标注的对象之间的距离不宜小于 10mm，且互向平行的尺寸线之间的距离要保持一致，一般为 7~10mm；尺寸数字一律使用阿拉伯数字注写，在打印出图后的图纸上，字高一般为 2.5~3.5mm，同一张图纸上的尺寸数字大小应一致，并且图样上的尺寸单位，除建筑标高和总平面图等建筑图纸以 m 为单位之外，均应以 mm 为单位。

11.7 本章小结

AutoCAD 是一款集多种功能于一体的高精度计算机辅助设计软件，此软件可使广大图形设计人员轻松、高效地进行图形的设计与绘制工作。本章在概述室内设计理念知识的基础上，主要讲述了使用

AutoCAD 2012 进行室内设计的基本操作技能，以及室内图纸的绘制、修改、标注和资源的规划与共享技能，使读者快速了解相关的理论知识和初步应用 AutoCAD，为后叙章节的学习打下基础。

通过本章的学习，能使没有 AutoCAD 操作基础的读者和相关设计理论知识比较薄弱的读者，对其有一个宏观的认识和了解，如果读者对以上内容有所了解。

第12章 制作室内设计样板文件

在 AutoCAD 制图中，“绘图样板”也称“样板图”或“样板文件”。此类文件指的就是包含一定的绘图环境、参数变量、绘图样式、页面设置等内容，但并未绘制图形的空白文件，当将此空白文件保存为“.dwt”格式后，就成为了样板文件。用户在样板文件的基础上绘图，可以避免许多参数的重复性设置，大大节省绘图时间，不但提高绘图效率，还可以使绘制的图形更符合规范、更标准，保证图面、质量的完整统一。

知识要点

- 设置室内设计绘图环境
- 设置室内设计常用图层及特性
- 设置室内设计常用绘图样式
- 绘制室内设计标准图框
- 室内样板图的页面布局

12.1 设置室内设计绘图环境

本章以设置一个 A2-H 幅面的室内设计绘图样板文件为例，学习室内设计绘图样板文件的详细制作过程和技巧。下面首先了解室内设计绘图环境的设置，具体包括绘图单位、图形界限、捕捉模数、追踪功能及常用变量等。

12.1.1 设置单位与精度

01 单击“快速访问”工具栏→“新建”按钮，打开“选择样板”对话框。

02 在“选择样板”对话框中选择“acadISO -Named Plot Styles”作为基础样板，新建空白文件，如图 12-1 所示。

小提示

“acadISO -Named Plot Styles”是一个命令打印样式样板文件，如果用户需要使用“颜色相关打印样式”作为样板文件的打印样式，可以选择“acadiso”基础样式文件。

03 选择菜单栏中的“格式”→“单位”命令，或者使用快捷键“UN”激活“单位”命令，打开“图形单位”对话框。

04 在“图形单位”对话框中设置长度类型、角度类型、单位、精度等参数，如图 12-2 所示。

图 12-1 “选择样板”对话框

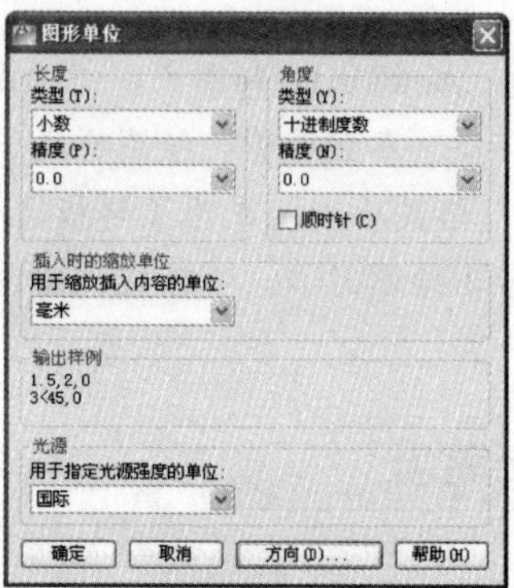

图 12-2 设置单位与精度

12.1.2 设置绘图区域

01 继续上节操作。选择菜单栏中的“格式”→“图形界限”命令，设置默认作图区域为 59400×42000。命令行操作如下：

```
命令: '_limits
重新设置模型空间界限:
指定左下角点或 [开(ON)/关(OFF)] <0.0,0.0>: //Enter
指定右上角点 <420.0,297.0>:              //59400,42000Enter
```

02 选择菜单栏中的“视图”→“缩放”→“全部”命令，将设置的图形界限最大化显示。

小提示

如果用户想直观地观察到设置的图形界限，可按下 F7 功能键，打开“栅格”功能，通过坐标的栅格点，直观、形象地显示出图形界限，如图 12-3 所示。

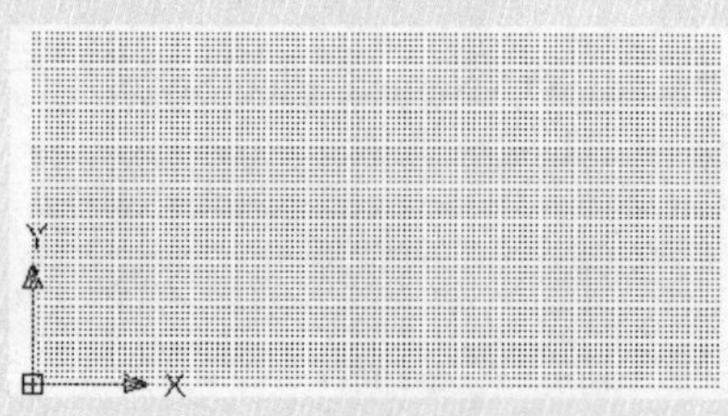

图 12-3 栅格显示界限

12.1.3　设置捕捉与追踪

01 继续上节操作。选择菜单栏中的“工具”→“草图设置”命令，或者使用快捷键“DS”激活“草图设置”命令，打开“草图设置”对话框。

02 在“草图设置”对话框中展开“对象捕捉”选项卡，启用和设置一些常用的对象捕捉功能，如图 12-4 所示。

03 展开“极轴追踪”选项卡，设置追踪角参数，如图 12-5 所示。

04 单击 确定 按钮，关闭“草图设置”对话框。

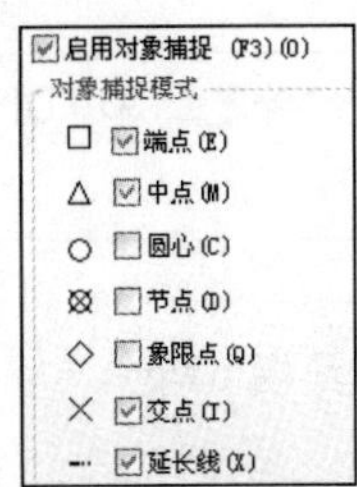

图 12-4　设置捕捉参数

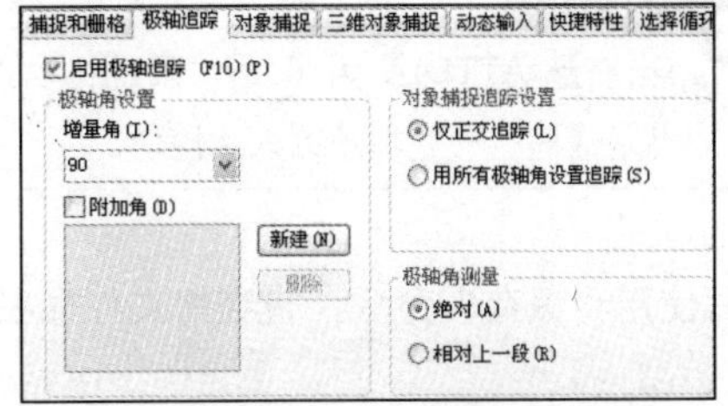

图 12-5　设置追踪参数

在此设置的捕捉和追踪参数，并不是绝对的，用户可以在实际操作过程中进行随时更改。

05 按下 F12 功能键，打开状态栏上的“动态输入”功能。

12.1.4　设置常用系统变量

01 继续上节操作。在命令行中输入系统变量“LTSCALE”，以调整线型的显示比例。命令行操作如下：

```
命令: LTSCALE                          // Enter
输入新线型比例因子 <1.0000>:         // 100 Enter
正在重生成模型
```

02 使用系统变量“DIMSCALE”设置和调整尺寸标注样式的比例。具体操作如下：

```
命令: DIMSCALE                    // Enter
输入 DIMSCALE 的新值 <1>:     //100 Enter
```

将尺寸比例调整为 100，并不是绝对参数值，用户也可以根据实际情况进行修改设置。

03 系统变量“MIRRTEXT”用于设置镜像文字的可读性。当变量值为 0 时，镜像后的文字具有可读性；当变量值为 1 时，镜像后的文字不可读。命令行操作如下：

```
命令: MIRRTEXT                          // Enter
输入 MIRRTEXT 的新值 <1>:               // 0 Enter
```

04 由于属性块的引用一般有“对话框”和“命令行”两种形式，可以使用系统变量“ATTDIA”，进行控制属性值的输入方式。命令行操作如下：

```
命令: ATTDIA                       // Enter
输入 ATTDIA 的新值 <1>:            //0 Enter
```

AutoCAD 小提示

当变量 ATTDIA 为 0 时，系统将以“命令行”形式提示输入属性值；当变量 ATTDIA 为 1 时，以“对话框”形式提示输入属性值。

05 最后使用“保存”命令，将当前文件命名存储为“设置室内设计绘图环境.dwg”。

12.2 设置室内设计常用图层及特性

下面通过为样板文件设置常用的图层及图层特性，学习层及层特性的设置方法和技巧，以方便用户对各类图形资源进行组织和管理。

12.2.1 设置常用图层

01 打开上例存储的“设置室内设计绘图环境.dwg”，或者直接从随书光盘中的“\实例效果文件\第 12 章\”目录下调用此文件。

02 单击“常用”选项卡→“图层”面板→“图层特性”按钮，打开“图层特性管理器”对话框。

03 在“图层特性管理器”对话框中单击“新建图层”按钮，创建一个名为“尺寸层”的新图层，如图 12-6 所示。

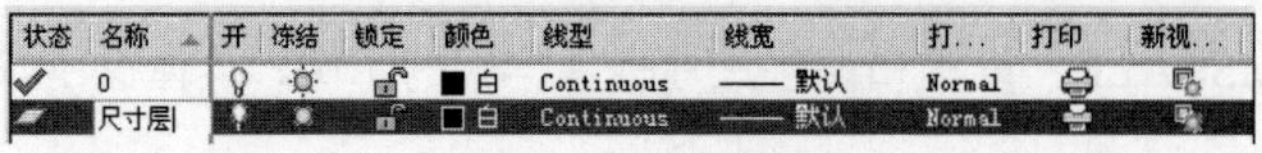

状态	名称	开	冻结	锁定	颜色	线型	线宽	打...	打印	新视...
✓	0				白	Continuous	—— 默认	Normal		
	尺寸层				白	Continuous	—— 默认	Normal		

图 12-6 新建图层

04 连续按 Enter 键，分别创建灯具层、吊顶层、家具层、轮廓线等图层，如图 12-7 所示的图层。

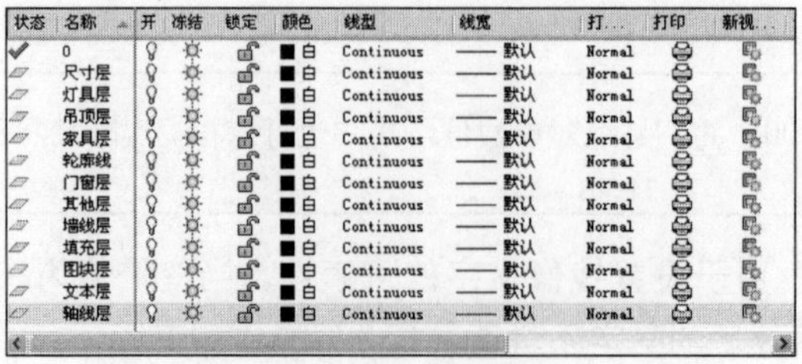

状态	名称	开	冻结	锁定	颜色	线型	线宽	打...	打印	新视...
✓	0				白	Continuous	—— 默认	Normal		
	尺寸层				白	Continuous	—— 默认	Normal		
	灯具层				白	Continuous	—— 默认	Normal		
	吊顶层				白	Continuous	—— 默认	Normal		
	家具层				白	Continuous	—— 默认	Normal		
	轮廓线				白	Continuous	—— 默认	Normal		
	门窗层				白	Continuous	—— 默认	Normal		
	其他层				白	Continuous	—— 默认	Normal		
	墙线层				白	Continuous	—— 默认	Normal		
	填充层				白	Continuous	—— 默认	Normal		
	图块层				白	Continuous	—— 默认	Normal		
	文本层				白	Continuous	—— 默认	Normal		
	轴线层				白	Continuous	—— 默认	Normal		

图 12-7 设置图层

连续两次按键盘上的 Enter 键，也可以创建多个图层。在创建新图层时，所创建出的新图层将继承先前图层的一切特性（如颜色、线型等）。

12.2.2　设置颜色特性

01 继续上节操作。选择“轴线层”，在如图 12-8 所示的颜色图标上单击，打开“选择颜色”对话框。

02 在“选择颜色”对话框中的“颜色”文本框中输入 142，为所选图层设置颜色值，如图 12-9 所示。

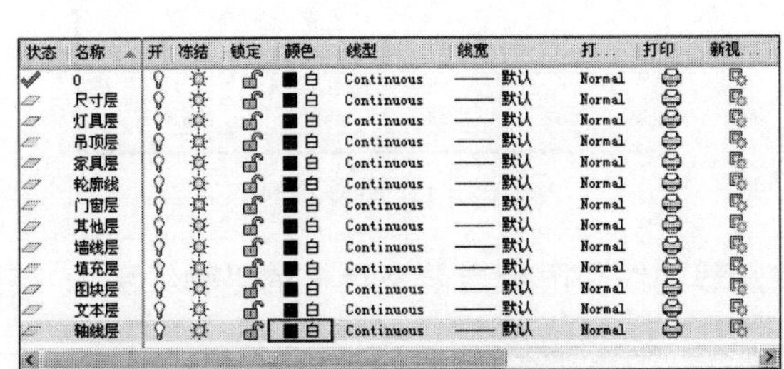

状态	名称	开	冻结	锁定	颜色	线型	线宽	打...	打印	新视...
	0				白	Continuous	—— 默认	Normal		
	尺寸层				白	Continuous	—— 默认	Normal		
	灯具层				白	Continuous	—— 默认	Normal		
	吊顶层				白	Continuous	—— 默认	Normal		
	家具层				白	Continuous	—— 默认	Normal		
	轮廓线				白	Continuous	—— 默认	Normal		
	门窗层				白	Continuous	—— 默认	Normal		
	其他层				白	Continuous	—— 默认	Normal		
	墙线层				白	Continuous	—— 默认	Normal		
	填充层				白	Continuous	—— 默认	Normal		
	图块层				白	Continuous	—— 默认	Normal		
	文本层				白	Continuous	—— 默认	Normal		
	轴线层				白	Continuous	—— 默认	Normal		

图 12-8　修改图层颜色

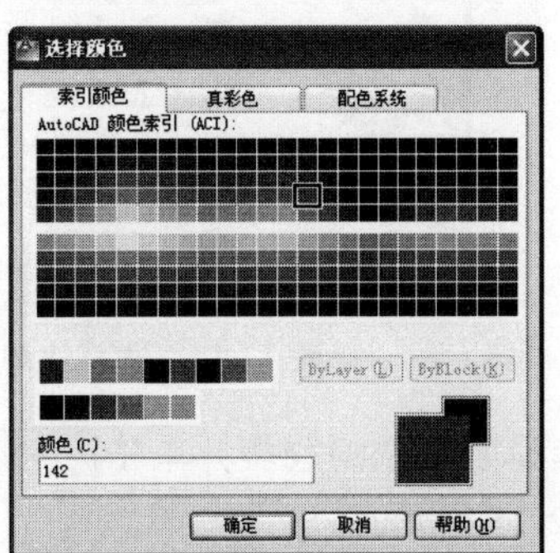

图 12-9　“选择颜色”对话框

03 单击 确定 按钮返回“图层特性管理器”对话框，结果“轴线层”的颜色被设置为“142”号色，如图 12-10 所示。

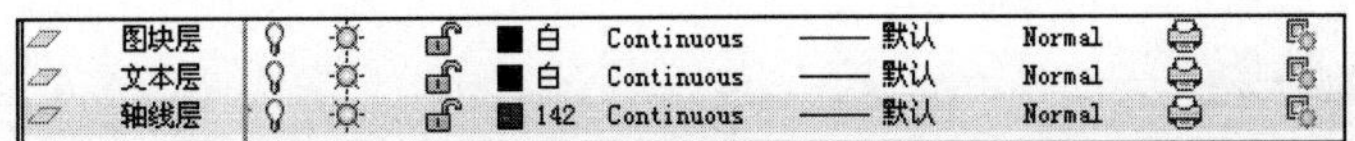

名称	开	冻结	锁定	颜色	线型	线宽	打...	打印	新视...
图块层				白	Continuous	—— 默认	Normal		
文本层				白	Continuous	—— 默认	Normal		
轴线层				142	Continuous	—— 默认	Normal		

图 12-10　设置结果

04 参照步骤 02~04 的操作，分别为其他图层设置颜色特性，设置结果如图 12-11 所示。

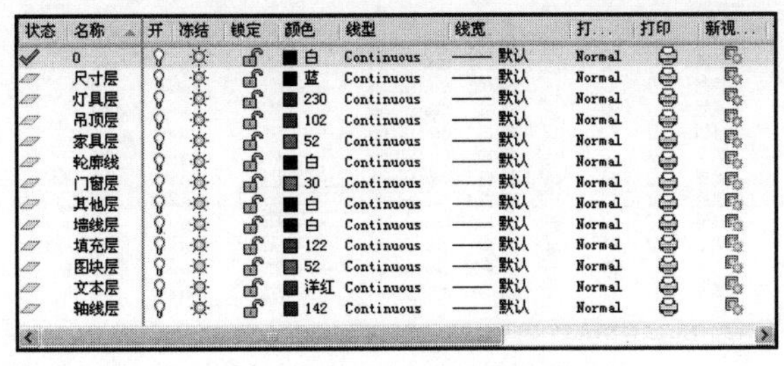

状态	名称	开	冻结	锁定	颜色	线型	线宽	打...	打印	新视...
	0				白	Continuous	—— 默认	Normal		
	尺寸层				蓝	Continuous	—— 默认	Normal		
	灯具层				230	Continuous	—— 默认	Normal		
	吊顶层				102	Continuous	—— 默认	Normal		
	家具层				52	Continuous	—— 默认	Normal		
	轮廓线				白	Continuous	—— 默认	Normal		
	门窗层				30	Continuous	—— 默认	Normal		
	其他层				白	Continuous	—— 默认	Normal		
	墙线层				白	Continuous	—— 默认	Normal		
	填充层				122	Continuous	—— 默认	Normal		
	图块层				52	Continuous	—— 默认	Normal		
	文本层				洋红	Continuous	—— 默认	Normal		
	轴线层				142	Continuous	—— 默认	Normal		

图 12-11　设置颜色特性

12.2.3　设置线型特性

01 继续上节操作。选择“轴线层”，在如图 12-12 所示的“Continuous”位置上单击，打开“选择线型”对话框。

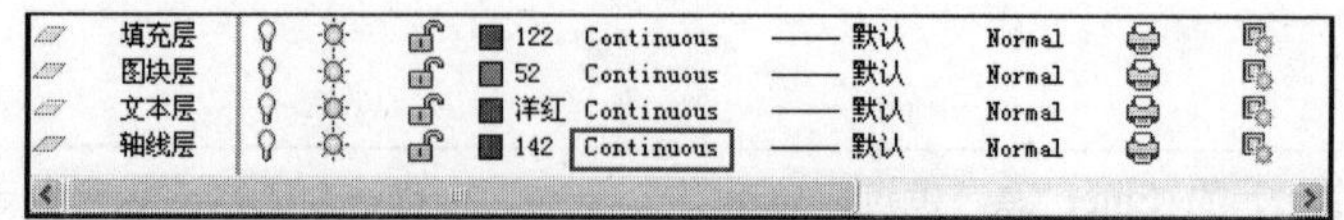

图 12-12　指定单击位置

02 在“选择线型”对话框中单击 加载(L)... 按钮，从打开的“加载或重载线型”对话框中选择如图 12-13 所示的“ACAD_ISO04W100”线型。

03 单击 确定 按钮，选择的线型被加载到“选择线型”对话框中，如图 12-14 所示。

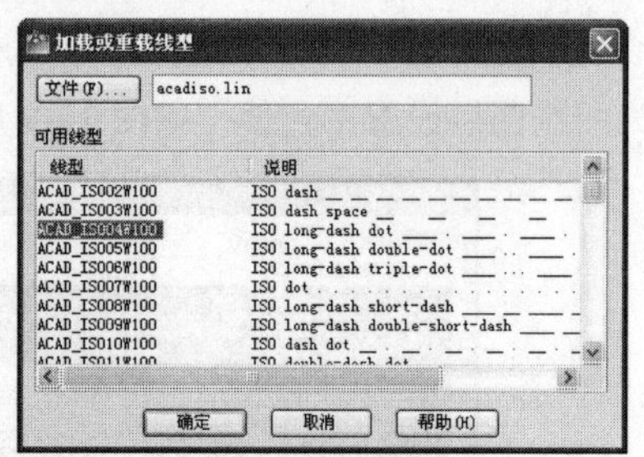

图 12-13　选择线型

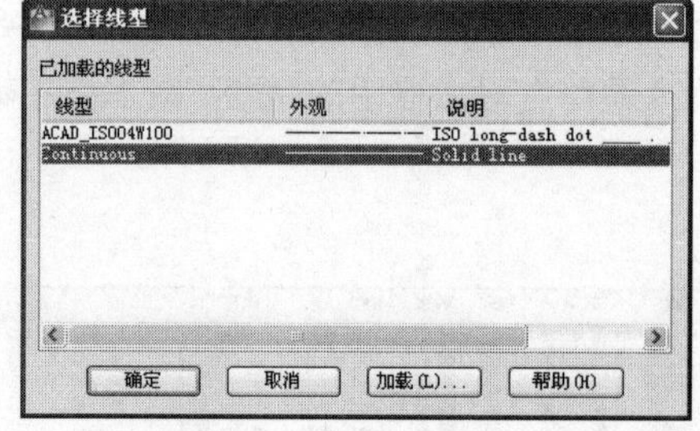

图 12-14　加载线型

04 选择刚加载的线型并单击 确定 按钮，将加载的线型附给当前被选择的“轴线层”，结果如图 12-15 所示。

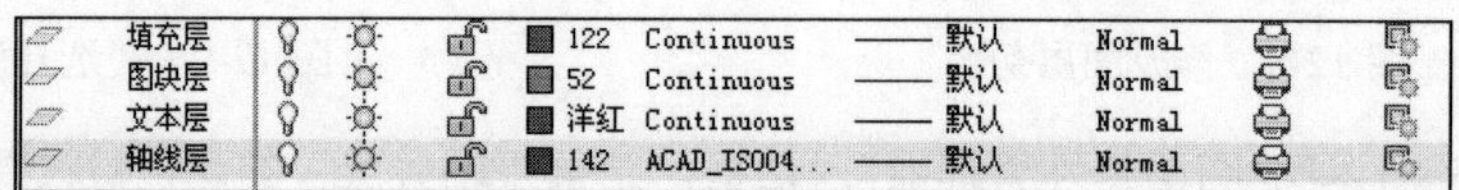

图 12-15　设置图层线型

12.2.4　设置线宽特性

01 继续上节操作。选择“墙线层”，在如图 12-16 所示的位置上单击，以对其设置线宽。

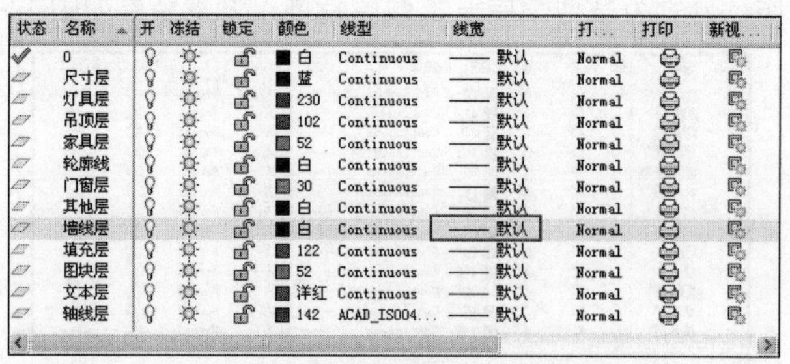

图 12-16　指定单击位置

02 此时系统打开“线宽”对话框，选择 1.00mm 的线宽，如图 12-17 所示。

03 单击 确定 按钮返回“图层特性管理器”对话框，结果“墙线层”的线宽被设置为 1.00mm，如图 12-18 所示。

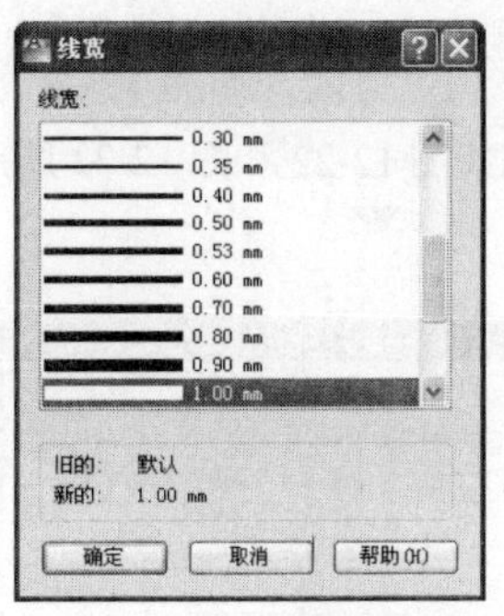

图 12-17　选择线宽

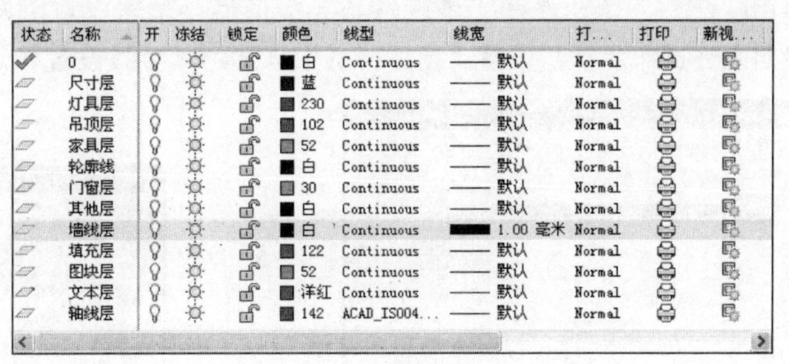

图 12-18　设置线宽

04 在“图层特性管理器”对话框中单击 ✖ 按钮，关闭对话框。

05 最后执行“另存为”命令，将文件命名存储为“设置室内设计常用图层及特性.dwg”。

12.3 设置室内设计常用绘图样式

本节主要学习室内设计样板图中各种常用样式的具体设置过程和设置技巧，如文字样式、尺寸样式、墙线样式、窗线样式等。

12.3.1 设置墙/窗线样式

01 打开上例存储的“设置室内设计常用图层及特性.dwg”，或者直接从随书光盘中的“\实例效果文件\第 12 章\”目录下调用此文件。

02 选择菜单栏中的“格式”→“多线样式”命令，或者在命令行中输入“mlstyle”，打开“多线样式”对话框。

03 单击 新建(N)... 按钮，打开“创建新的多线样式”对话框，为新样式赋名，如图 12-19 所示。

04 单击 继续 按钮，打开“新建多线样式：墙线样式”对话框，设置多线样式的封口形式，如图 12-20 所示。

图 12-19　为新样式赋名

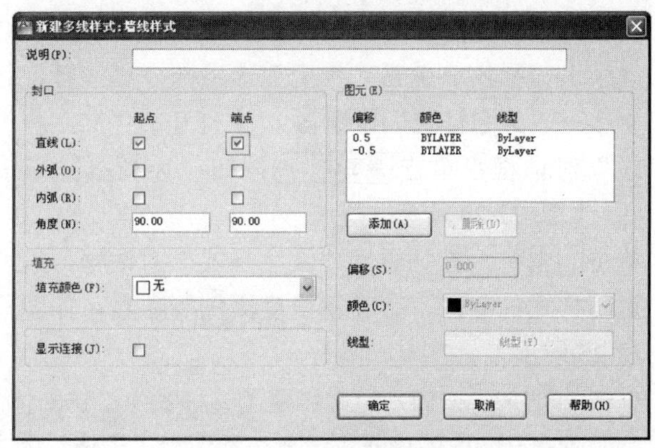

图 12-20　设置封口形式

05 单击[确定]按钮返回“多线样式”对话框，结果设置的新样式显示在预览框内，如图 12-21 所示。

06 参照上述操作步骤，设置“窗线样式”样式，其参数设置和效果预览分别如图 12-22 和图 12-23 所示。

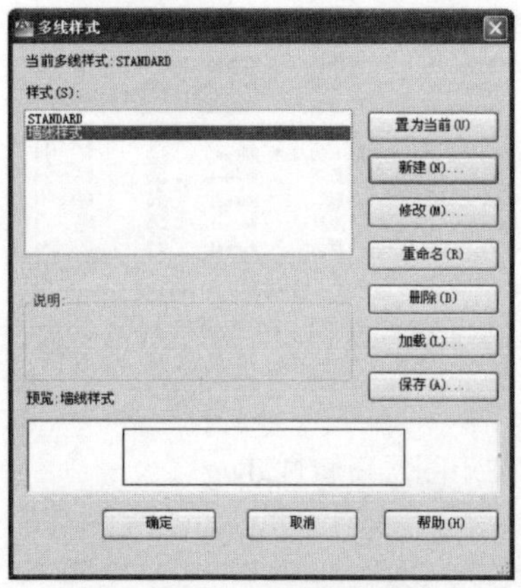

图 12-21　设置墙线样式

图 12-22　设置参数

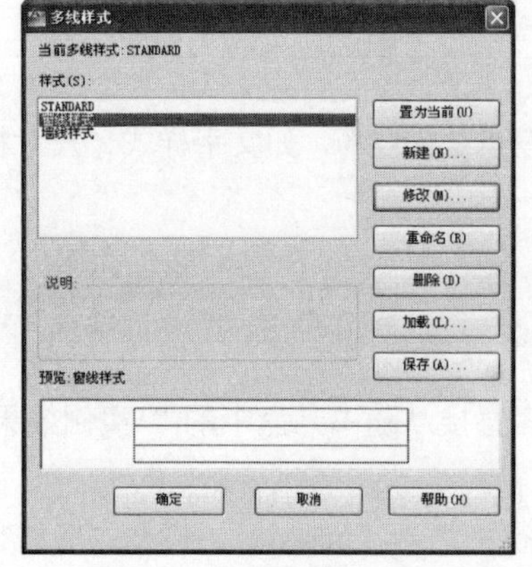

图 12-23　窗线样式预览

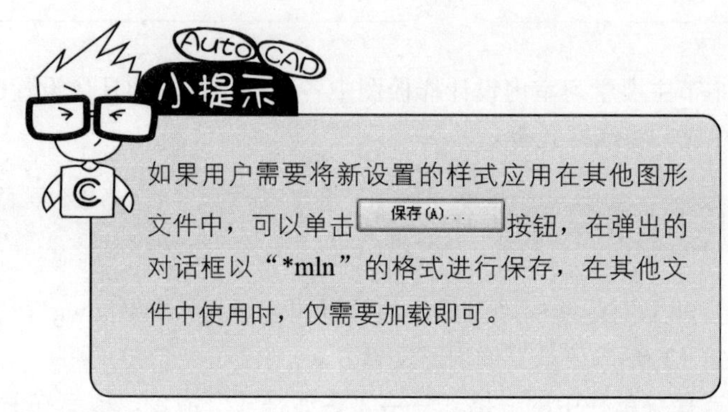

07 选择“墙线样式”并单击[置为当前(U)]按钮，将其设为当前样式，关闭对话框。

12.3.2　设置文字样式

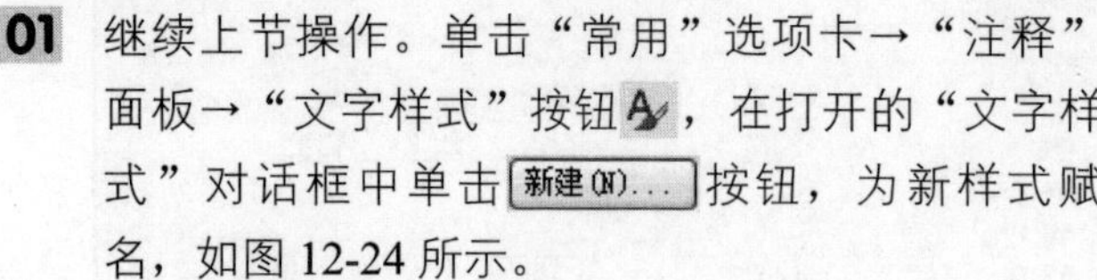

01 继续上节操作。单击“常用”选项卡→“注释”面板→“文字样式”按钮，在打开的“文字样式”对话框中单击[新建(N)...]按钮，为新样式赋名，如图 12-24 所示。

图 12-24　设置样式名

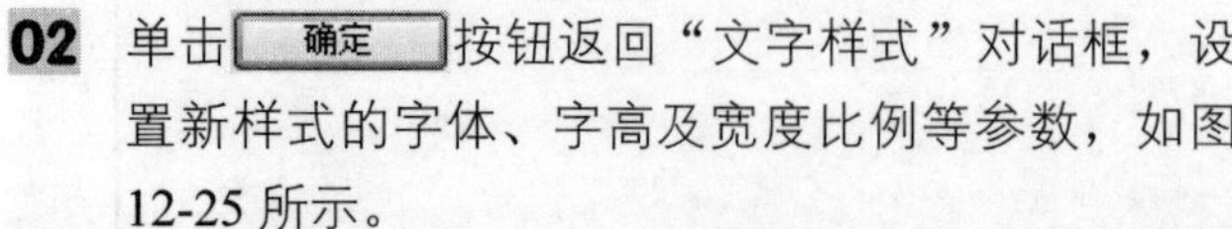

02 单击[确定]按钮返回“文字样式”对话框，设置新样式的字体、字高及宽度比例等参数，如图 12-25 所示。

03 单击[应用(A)]按钮，至此创建了一种名为“仿宋体”的文字样式。

04 参照步骤 03~05 的操作，设置一种名为“宋体”的文字样式，其参数设置如图 12-26 所示。

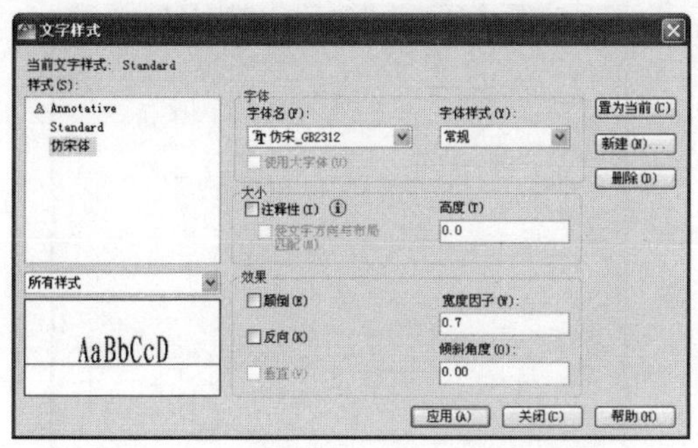

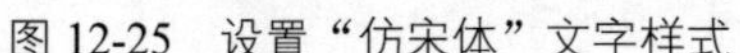
图 12-25　设置“仿宋体”文字样式

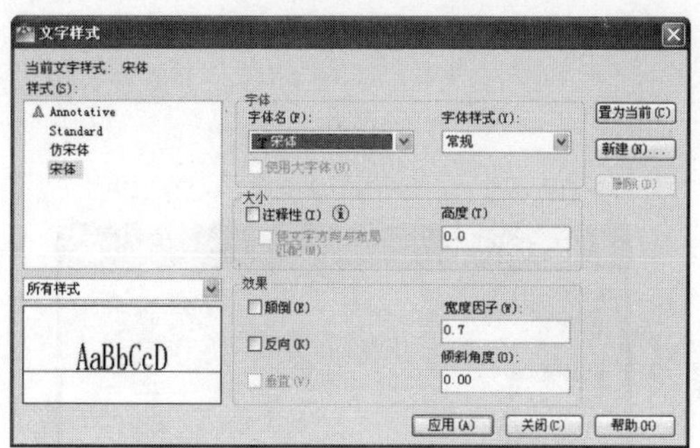

图 12-26　设置“宋体”文字样式

05 参照步骤 03~05 的操作，设置一种名为“COMPLEX”的轴号字体样式，其参数设置如图 12-27 所示。

06 参照步骤 03~05 的操作，设置一种名为“SIMPLEX”的文字样式，其参数设置如图 12-28 所示。

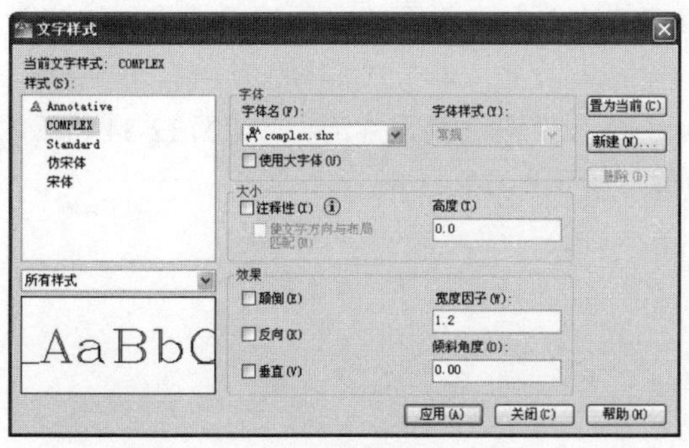

图 12-27　设置“COMPLEX”文字样式

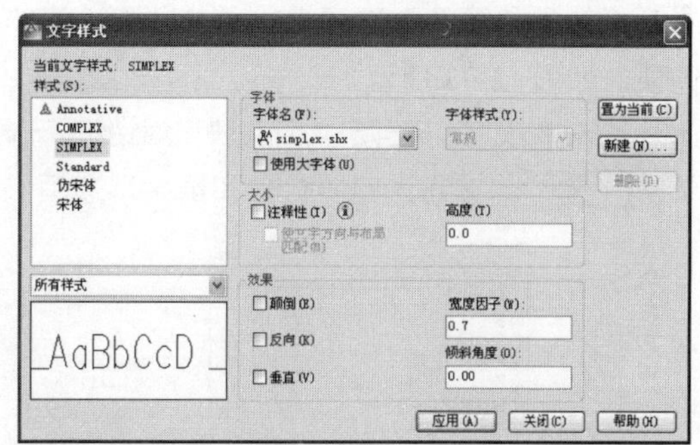

图 12-28　设置“SIMPLEX”文字样式

07 单击 关闭(C) 按钮，关闭“文字样式”对话框。

12.3.3　设置标注样式

01 继续上节操作。单击“常用”选项卡→“绘图”面板→“多段线”按钮，绘制宽度为 0.5、长度为 2 的多段线，作为尺寸箭头。

02 使用“直线”命令绘制一条长度为 3 的水平线段，并使直线段的中点与多段线的中点对齐，如图 12-29 所示。

03 单击“常用”选项卡→“修改”面板→“旋转”按钮，将箭头旋转 45°，如图 12-30 所示。

图 12-29　绘制细线

图 12-30　旋转结果

04 单击“常用”选项卡→“块”面板→“创建块”按钮，打开“块定义”对话框。

05 单击“拾取点”按钮，返回绘图区捕捉多段线中点作为块的基点，然后将其创建为图块。

06 单击“常用”选项卡→“注释”面板→“标注样式”按钮，在打开的“标注样式管理器”对话框中单击 新建(N)... 按钮，为新样式赋名，如图 12-31 所示。

07 单击 继续 按钮，打开“新建标注样式：建筑标注”对话框，设置基线间距、起点偏移量等参数，如图 12-32 所示。

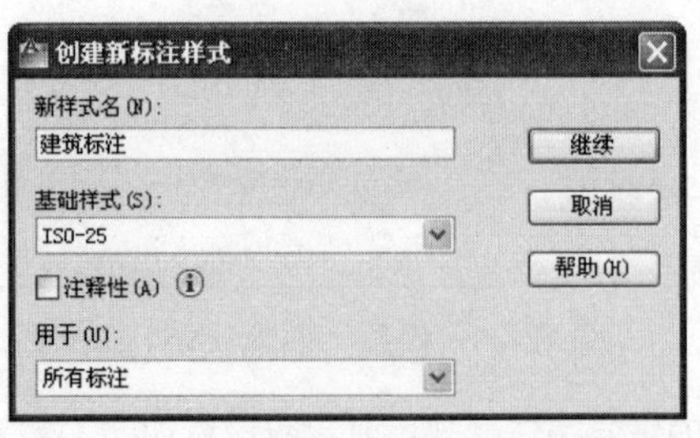

图 12-31 “创建新标注样式”对话框

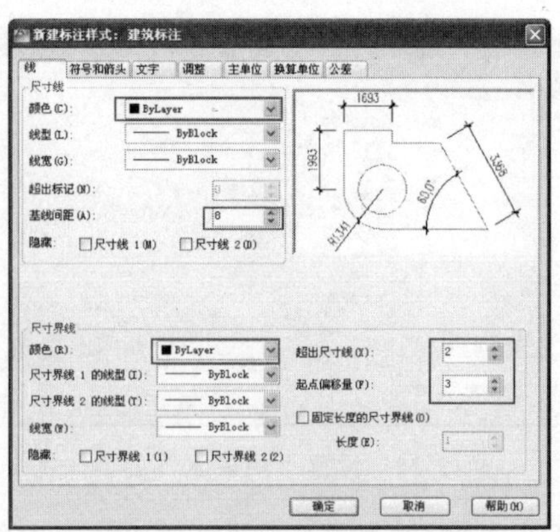

图 12-32 设置“线”参数

08 展开“符号和箭头”选项卡，单击“箭头”选项组中的“第一个”下拉列表框，选择“用户箭头”选项，如图 12-33 所示。

09 此时系统弹出“选择自定义箭头块”对话框，选择“尺寸箭头”块作为尺寸箭头，如图 12-34 所示的。

10 单击 确定 按钮返回“符号和箭头”选项卡，设置参数如图 12-35 所示。

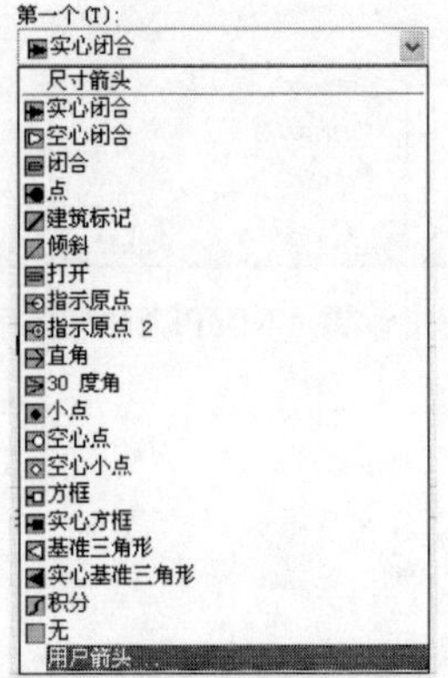

图 12-33 “第一个”下拉列表框

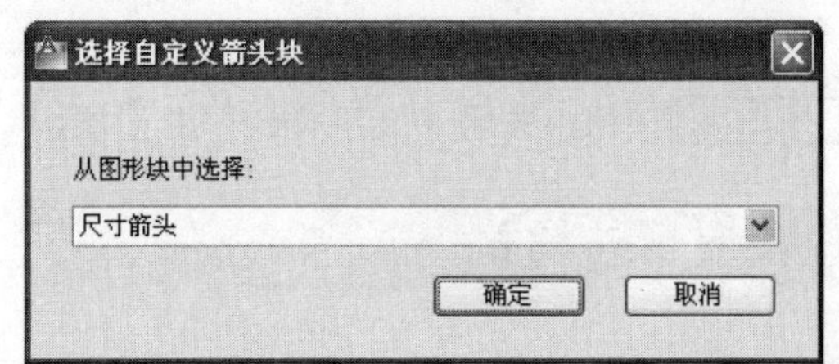

图 12-34 设置尺寸箭头

11 在对话框中展开“文字”选项卡，设置尺寸文本的样式、颜色、大小等参数，如图 12-36 所示。

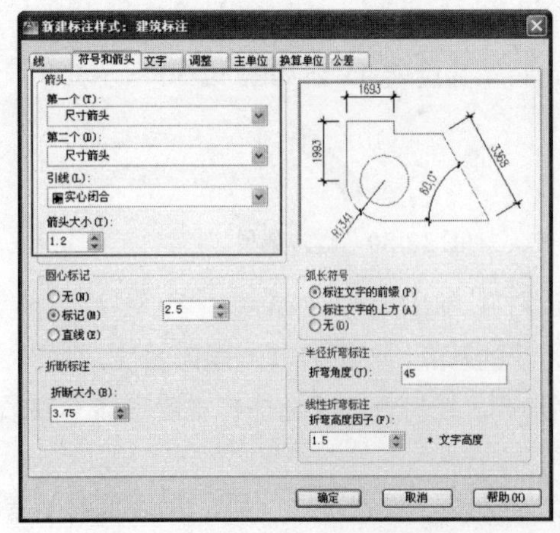

图 12-35 设置直线和箭头参数

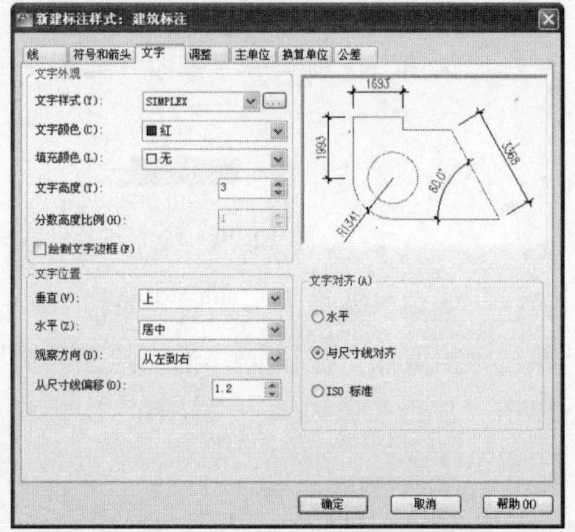

图 12-36 设置文字参数

12 展开“调整”选项卡，调整文字、箭头与尺寸线等的位置，如图 12-37 所示。

13 展开“主单位”选项卡，设置线型参数和角度标注参数，如图 12-38 所示。

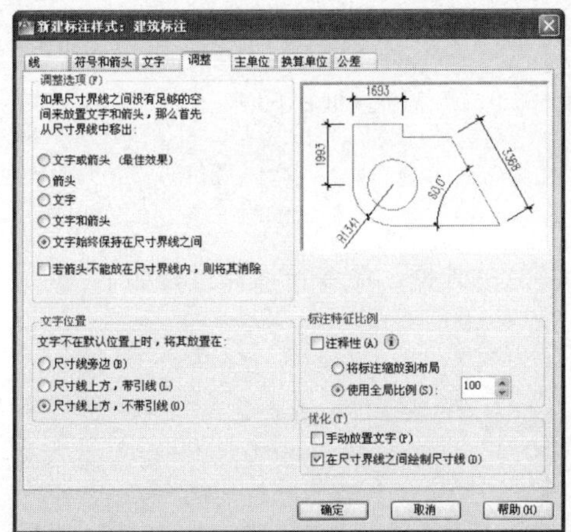

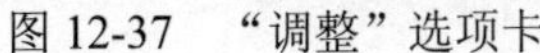

图 12-37　“调整”选项卡

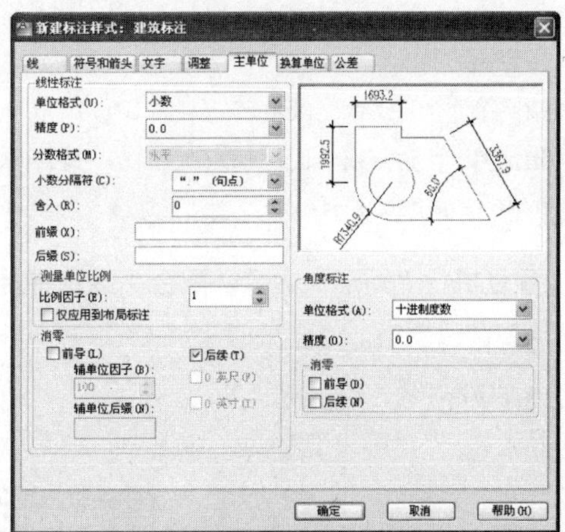

图 12-38　“主单位”选项卡

14 单击 确定 按钮返回“标注样式管理器“对话框，单击 置为当前 (U) 按钮，将“建筑标注”设置为当前样式。

15 最后执行“另存为”命令，将当前文件命名存储为“设置室内设计常用绘图样式.dwg”。

12.4 绘制室内设计标准图框

本节主要学习样板图中 2 号图纸标准图框的绘制技巧，以及图框标题栏的文字填充技巧。具体操作如下：

01 打开上例存储的“设置室内设计常用绘图样式.dwg”，或者直接从随书光盘中的“\实例效果文件\第 12 章\”目录下调用此文件。

02 单击“常用”选项卡→“绘图”面板→“矩形”按钮，绘制长度为 594、宽度为 420 的矩形，作为 2 号图纸的外边框。

03 重复执行“矩形”命令，配合“捕捉自”功能绘制内框。命令行操作如下：

```
命令:                                          //Enter
RECTANG 指定第一个角点或 [倒角(C)/标高(E)/圆角(F)/厚度(T)/宽度(W)]: //w Enter
指定矩形的线宽 <0>:                       //2 Enter，设置线宽
指定第一个角点或 [倒角(C)/标高(E)/圆角(F)/厚度(T)/宽度(W)]: //激活“捕捉自”功能
_from 基点:                                //捕捉外框的左下角点
<偏移>:                                         //@25,10 Enter
指定另一个角点或 [面积(A)/尺寸(D)/旋转(R)]:   //激活“捕捉自”功能
_from 基点:                   //捕捉外框右上角点
<偏移>:               //@-10,-10 Enter，绘制结果如图 12-39 所示
```

04 重复执行“矩形”命令，配合“端点捕捉”功能绘制标题栏外框。命令行操作过程如下：

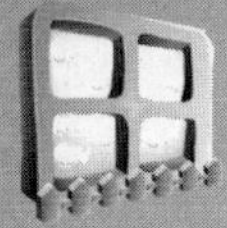


```
命令: _rectang
当前矩形模式: 宽度=2.0
指定第一个角点或 [倒角(C)/标高(E)/圆角(F)/厚度(T)/宽度(W)]: // w Enter
指定矩形的线宽 <2.0>:            //1.5 Enter，设置线宽
指定第一个角点或 [倒角(C)/标高(E)/圆角(F)/厚度(T)/宽度(W)]: //捕捉内框右下角点
指定另一个角点或 [面积(A)/尺寸(D)/旋转(R)]:
 //@-240,50 Enter，绘制结果如图 12-40 所示
```

05 重复执行“矩形”命令，配合“端点捕捉”功能绘制会签栏的外框。命令行操作过程如下：

```
命令: _rectang
当前矩形模式: 宽度=1.5
指定第一个角点或 [倒角(C)/标高(E)/圆角(F)/厚度(T)/宽度(W)]:
                          //捕捉内框的左上角点
指定另一个角点或 [面积(A)/尺寸(D)/旋转(R)]:
//@-20,-100 Enter，绘制结果如图 12-41 所示
```

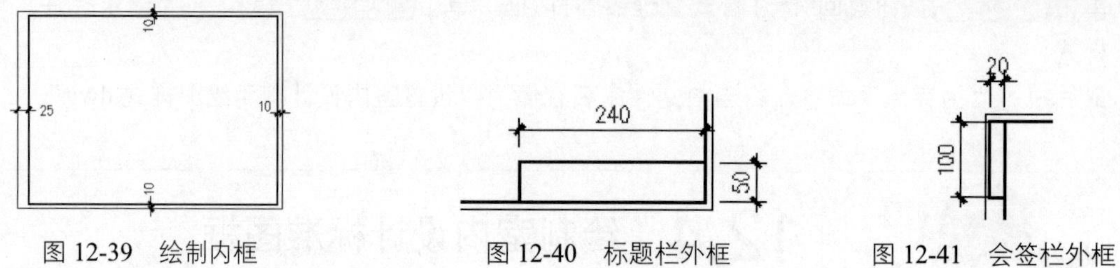

图 12-39　绘制内框　　图 12-40　标题栏外框　　图 12-41　会签栏外框

06 使用快捷键“L”激活“直线”命令，参照图中所示尺寸绘制标题栏和会签栏内部的分格线，如图 12-42 和图 12-43 所示。

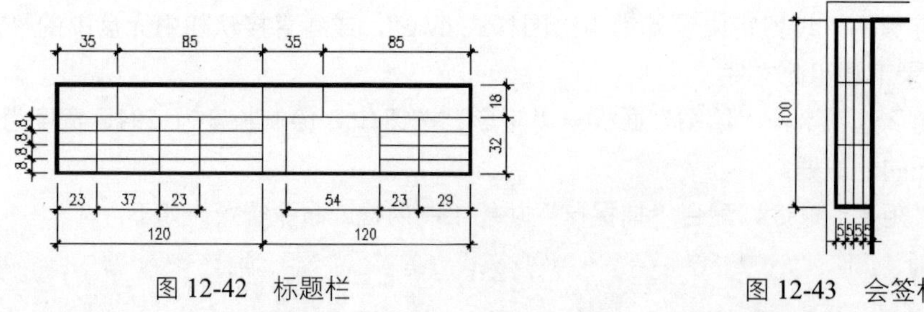

图 12-42　标题栏　　图 12-43　会签栏

07 单击“常用”选项卡→“注释”面板→“多行文字”按钮 A，分别捕捉如图 12-44 所示的方格对角点 A 和 B，打开“文字编辑器”选项卡。

08 在“文字编辑器”选项卡相应面板中，设置文字的对正方式为正中、文字样式为“宋体”、字体高度为 8。然后输入如图 12-45 所示的文字。

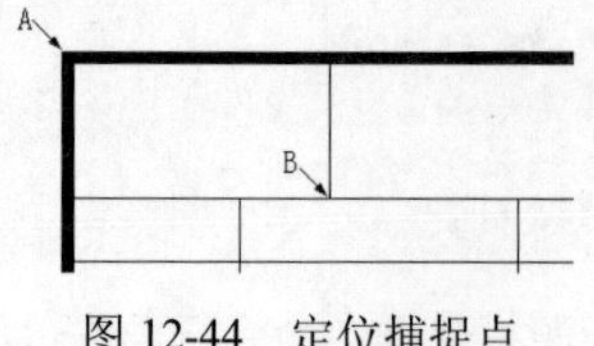

图 12-44　定位捕捉点

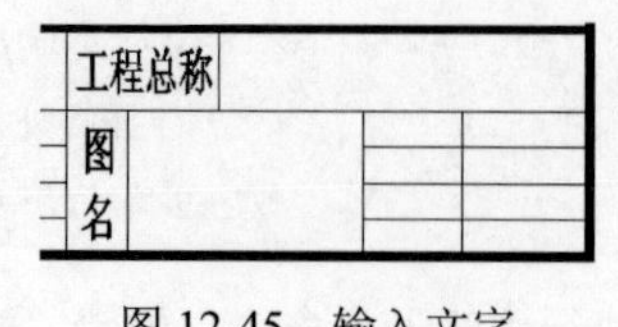

图 12-45　输入文字

09 重复执行“多行文字”命令，设置字体样式为“宋体”、字体高度为 4.6、对正方式为“正中”，输入标题栏其他文字，如图 12-46 所示。

设计单位				工程总称			
批准		工程主持		图名		工程编号	
审定		项目负责				图号	
审核		设计				比例	
校对		绘图				日期	

图 12-46　标题栏效果

10 单击“常用”选项卡→“修改”面板→“旋转”按钮，将会签栏旋转-90°。

11 使用快捷键“T”激活“多行文字”命令，设置样式为“宋体”、高度为 2.5，对正方式为“正中”，为会签栏填充文字，结果如图 12-47 所示。

专　业	名　称	日　期
建　筑		
结　构		
给 排 水		

图 12-47　填充文字

12 单击“常用”选项卡→“修改”面板→“旋转”按钮，将会签栏及填充的文字旋转-90°，基点不变。

13 单击“常用”选项卡→“块”面板→“创建块”按钮，打开“块定义”对话框。

14 在“块定义”对话框中设置块名为“A2-H”，基点为外框左下角点，其他块参数如图 12-48 所示。将图框及填充文字创建为内部块。

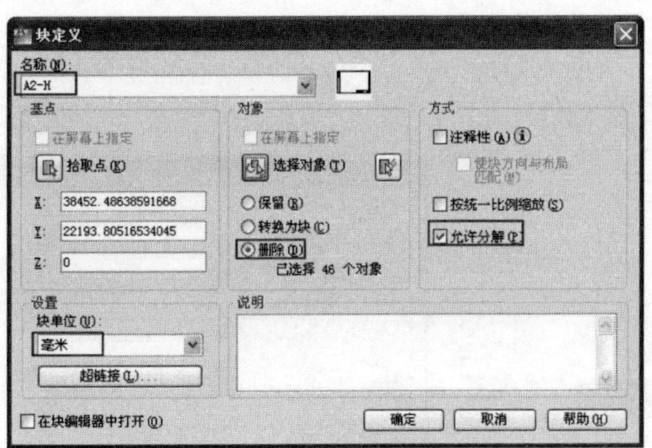

图 12-48　设置块参数

15 最后执行“另存为”命令，将当前文件命名存储为“创建并填充图框.dwg”。

12.5 室内样板图的页面布局

本节主要学习室内设计样板图的页面设置、图框配置，以及样板文件的存储方法和具体操作过程。

12.5.1 设置图纸打印页面

01 打开上例存储的“创建并填充图框.dwg”，或者直接从随书光盘中的“\实例效果文件\第 12 章\”目录下调用此文件。

02 单击绘图区底部的“布局 1”标签，进入到如图 12-49 所示的布局空间，系统自动打开“页面设置管理器”对话框。

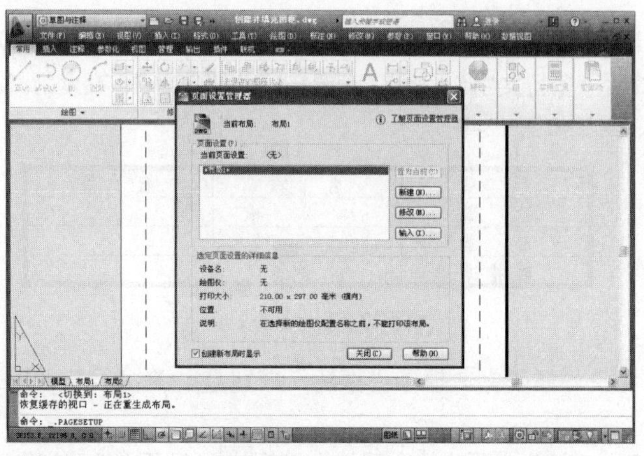

图 12-49 布局空间

03 在“页面设置管理器”对话框中单击 新建(N)... 按钮，打开“新建页面设置”对话框，为新页面赋名，如图 12-50 所示。

04 单击 确定(O) 按钮进入“页面设置-布局 1”对话框，然后设置打印设备、图纸尺寸、打印样式、打印比例等各页面参数，如图 12-51 所示。

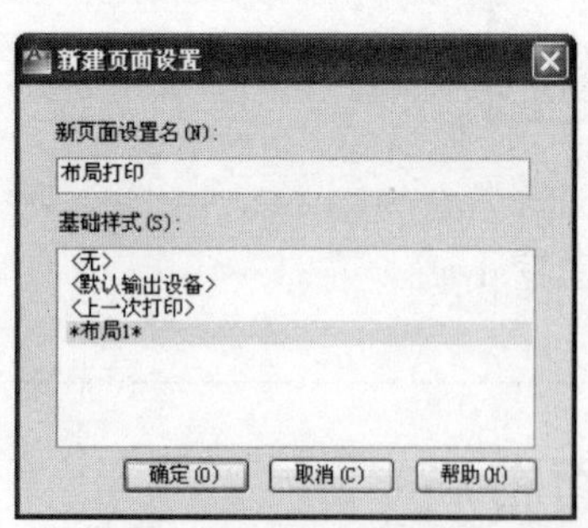

图 12-50 为新页面赋名

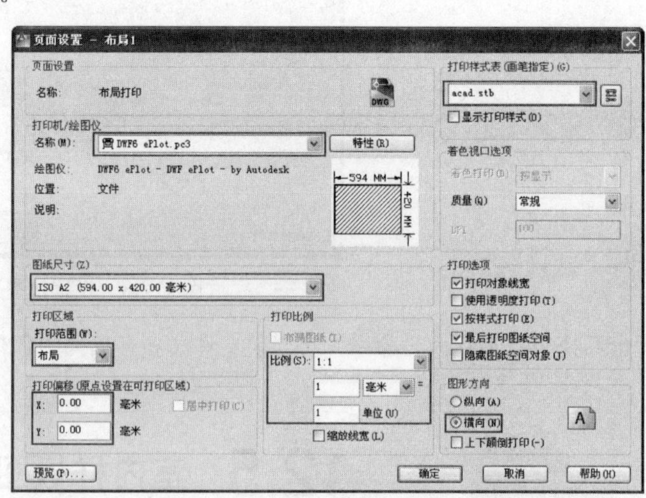

图 12-51 设置页面参数

05 单击 确定 按钮返回“页面设置管理器”话框，将刚设置的新页面设置为当前。

06 使用快捷键“E”激活“删除”命令，选择布局内的矩形视口边框并进行删除。新布局的页面设置效果如图 12-52 所示。

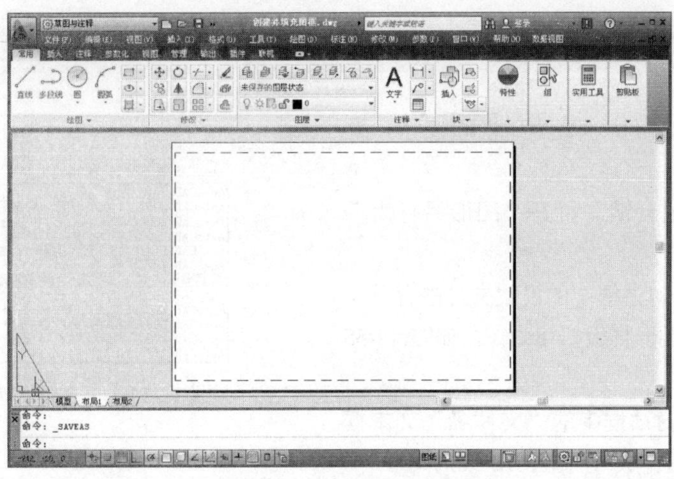

图 12-52　页面设置效果

12.5.2　配置标准图纸边框

01 继续上节操作。单击“常用”选项卡→“绘图”面板→“插入块”按钮，打开“插入”对话框。

02 在“插入”对话框中设置插入点、轴向的缩放比例等参数，如图 12-53 所示。

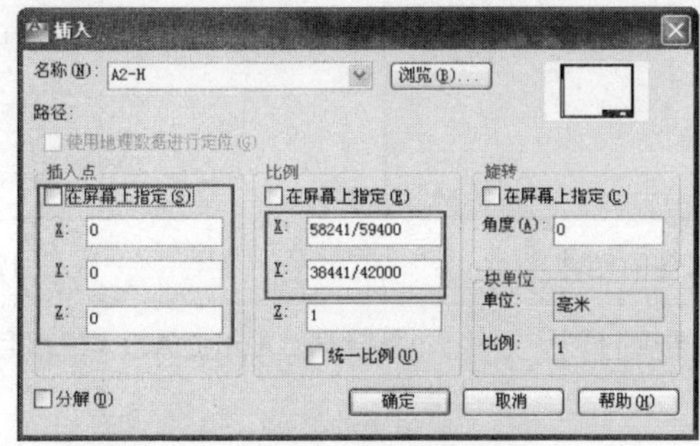

图 12-53　设置块参数

03 单击 确定 按钮，结果 A2-H 图表框被插入到当前布局中的原点位置上，如图 12-54 所示。

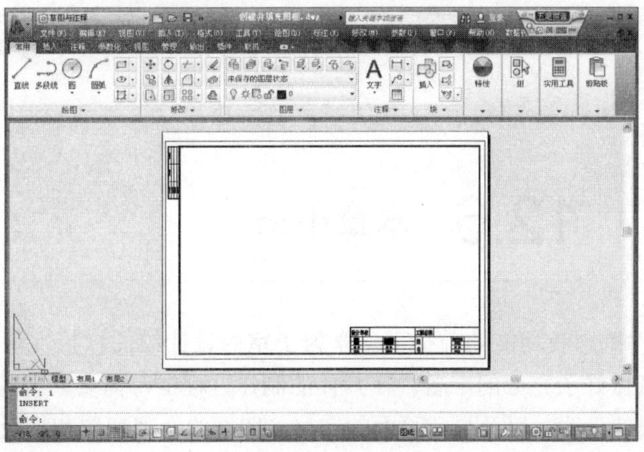

图 12-54　插入结果

12.5.3 室内样板图的存储

01 继续上节操作。单击状态栏上的图纸按钮，返回模型空间，

02 按 Ctrl+Shift+S 组合键，打开“图形另存为”对话框。

03 在“图形另存为”对话框中的设置文件的存储类型为“AutoCAD 图形样板（*dwt)”，如图 12-55 所示。

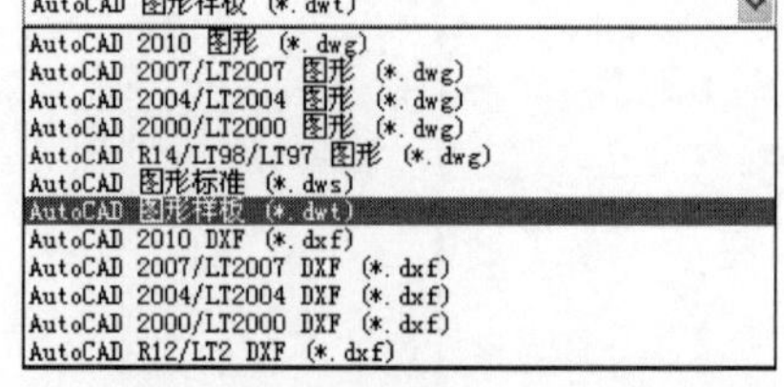

图 12-55 “文件类型”下拉列表框

04 在“图形另存为”对话框中的“文件名”文本框内输入“室内绘图样板”，如图 12-56 所示。

05 单击保存(S)按钮，打开“样板选项”对话框，输入“A2-H 幅面样板文件”，如图 12-57 所示。

图 12-56 样板文件的创建

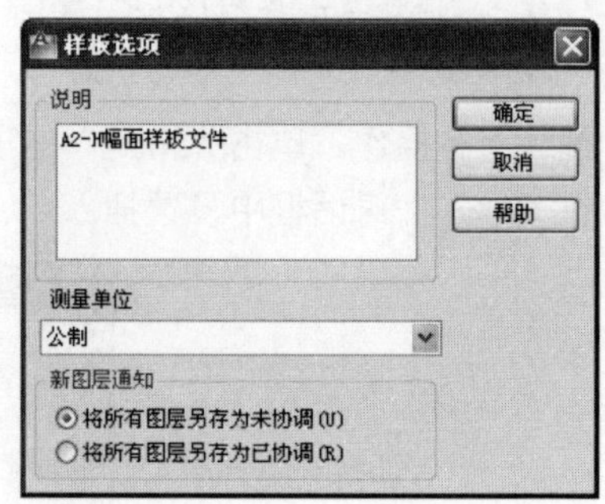

图 12-57 “样板选项”对话框

06 单击确定按钮，创建制图样板文件，保存于 AutoCAD 安装目录下的“Template”文件夹目录下。

07 最后执行“另存为”命令，将当前图形命名存储为“室内样板图的页面布局.dwg”。

用户一旦定制了绘图样板文件，此样板文件会自动被保存在 AutoCAD 安装目录下的“Template”文件夹目录下。

12.6 本章小结

本章在了解样板文件概念及功能的前提下，学习了室内设计绘图样板文件的具体制作过程和相关技巧，为以后绘制施工图纸做好了充分的准备。在具体的制作过程中，需要掌握绘图环境的设置、图层及特性的设置、各类绘图样式的设置，以及打印页面的布局、图框的合理配置和样板的另存为等技能。

第13章 绘制多居室装饰布置

室内布置图是装修行业中一种重要的图纸，它是假想使用一个水平的剖切平面，在窗台上方位置，将经过室内外装修的房屋整个剖开，移去以上部分向下所作的水平投影图。主要用于表明室、内外装修布置的平面形状、具体位置、大小和所用材料，表明这些布置与建筑主体结构之间，以及这些布置之间的相互位置及关系等。本章主要学习 AutoCAD 在室内设计布置图方面的具体应用技能和相关技巧。

知识要点

- 室内布置图设计内容
- 室内布置图设计思路
- 绘制多居室户型墙体结构图
- 绘制多居室户型装修布置图
- 绘制多居室户型地面材质图
- 标注多居室户型装修布置图

13.1 室内布置图设计内容

室内布置图是在建筑平面图的基础上进行设计的，是装修施工图中的首要图纸之一，此种图纸细分为家具布置图和地面铺装图两种。也可以将两种图纸合并为一种图纸，即在布置图中即能体现室内陈设的各种布置，又可体现出地面的铺装、材料及施工说明等。

室内布置图主要内容包括建筑平面设计和空间组织、结构内表面（墙面、地面、顶棚、门和窗等）的处理、自然光和照明的运用，以及室内家具、灯具、陈设的选型与布置、植物摆设和用具等的配置。在具体设计时，需要兼顾以下内容：

1. 功能布局

住宅室内空间的合理利用，在于不同功能区域的合理分割、巧妙布局，充分发挥居室的使用功能。例如，卧室、书房要求静，可设置在靠里边一些的位置以不被其他室内活动干扰；起居室、客厅是对外接待、交流的场所，可设置靠近入口的位置；卧室、书房与起居室、客厅相连处又可设置过渡空间或共享空间，起间隔调节作用。此外，厨房应紧靠餐厅，卧室与卫生间贴近。

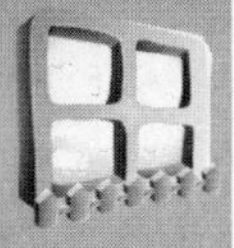

2. 空间设计

平面空间设计主要包括区域划分和交通流线两个内容。区域划分是指室内空间的组成，交通流线是指室内各活动区域之间以及室内外环境之间的联系，它包括有形和无形两种，有形的指门厅、走廊、楼梯、户外的道路等；无形的指其他可能供作交通联系的空间。设计时应尽量减少有形的交通区域，增加无形的交通区域，以达到空间充分利用且自由、灵活、和缩短距离的效果。

另外，区域划分与交通流线是居室空间整体组合的要素，区域划分是整体空间的合理分配，交通流线寻求的是个别空间的有效连接。惟有两者相互协调作用，才能取得理想的效果。

3. 内含物的布置

室内内含物主要包括家具、陈设、灯具、绿化等设计内容，这些室内内含物通常要处于视觉中显著的位置，它可以脱离界面布置于室内空间内，不仅具有实用和观赏的作用，对烘托室内环境气氛，形成室内设计风格等方面也起到举足轻重的作用。

4. 整体上的统一

“整体上的统一”指的是将同一空间的许多细部，以一个共同的有机因素统一起来，使它变成一个完整而和谐的视觉系统。设计构思时，就需要根据业主的职业特点、文化层次、个人爱好、家庭成员构成、经济条件等做综合的设计定位。

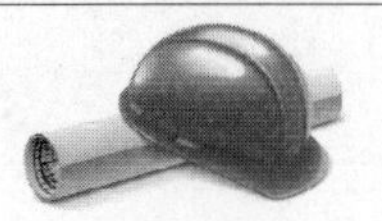

13.2 室内布置图设计思路

在设计并绘制室内平面布置图时，具体可以参照如下思路：

（1）首先根据测量出的数据绘制出户型图的墙体结构图；
（2）根据墙体结构图进行室内内含物的合理布置；
（3）对室内地面、柱等进行装饰设计，分别以线条图案和文字注解的形式表达出设计的内容；
（4）为室内布置图标注必要的文字注解，以直观的表达出所选材料及装修要求等内容；
（5）最后为室内布置图标注必要的尺寸及室内墙面的投影符号等。

13.3 绘制多居室墙体结构图

本例在综合前面所学知识的前提下，主要学习多居室户型墙体结构平面图的具体绘制过程和技巧。多居室户型墙体结构平面图的最终绘制效果如图 13-1 所示。

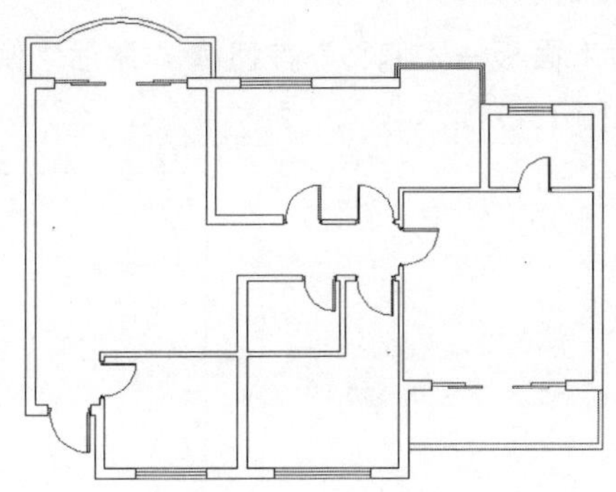

图 13-1　实例效果

在绘制多居室墙体结构平面图时，具体可以参照如下绘图思路：

- 首先使用“新建”命令调用“室内绘图样板.dwt”文件。
- 使用“直线”和“偏移”命令绘制户型图纵横定位轴线。
- 使用“夹点编辑”、“拉长”命令绘制户型图纵横定位轴线。
- 使用“偏移”、“打断”、“修剪”、“删除”等命令绘制门洞和窗洞。
- 使用“多线”、“多线样式”和“多线编辑工具”等命令绘制户型图主墙线和次墙线。
- 使用“多线”、“多线样式”、“多段线”和“偏移”等命令绘制户型图窗子和阳台构件。
- 使用“插入块”、“矩形”和“镜像”等命令绘制户型图单开门和推拉门。

13.3.1　绘制户型墙体轴线图

01 单击“快速访问工具栏”中的按钮，在打开的“选择样板”对话框中选择随书光盘中的“\绘图样板文件\室内绘图样板.dwt”，新建空白文件。

为了方便以后调用该样板文件夹，用户可以直接将随书光盘中的“室内绘图样板.dwt”拷贝至 AutoCAD 安装目录下的“Templat”文件夹下。

02 使用快捷键“LA”激活“图层”命令，在打开的“图层特性管理器”对话框中双击“轴线层”，将其设置为当前图层。

03 在命令行中输入“Ltscale”并按 Enter 键，将线型比例设置为 40。

04 单击状态栏上的按钮或按下 F8 功能键，打开“正交”功能。

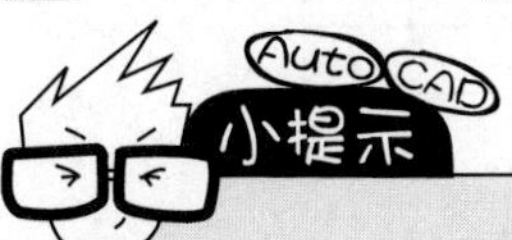

“正交”是一个辅助绘图工具，用于将光标强制定位在水平位置或垂直位置上。

05 单击“常用”选项卡→“绘图”面板→“直线”按钮，配合坐标输入功能绘制两条垂直相交的直线作为基准轴线，如图 13-2 所示。

06 单击“常用”选项卡→“修改”面板→“偏移”按钮，激活“偏移”命令，将水平基准轴线向上偏移 1300 和 8000 个单位，如图 13-3 所示。

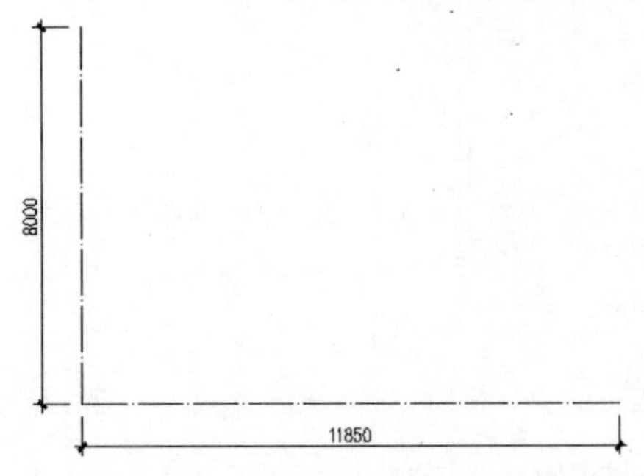

图 13-2 绘制定位轴线

图 13-3 偏移结果

07 重复执行“偏移”命令，继续对水平基准轴线进行偏移，间距分别为 500、650、1550、1200、600、1650，结果如图 13-4 所示。

08 重复执行“偏移”命令，将垂直基准轴线向右偏移，间距分别为 1450、2350、650、2100、1250、1700、2350，偏移结果如图 13-5 所示。

图 13-4 偏移水平轴线

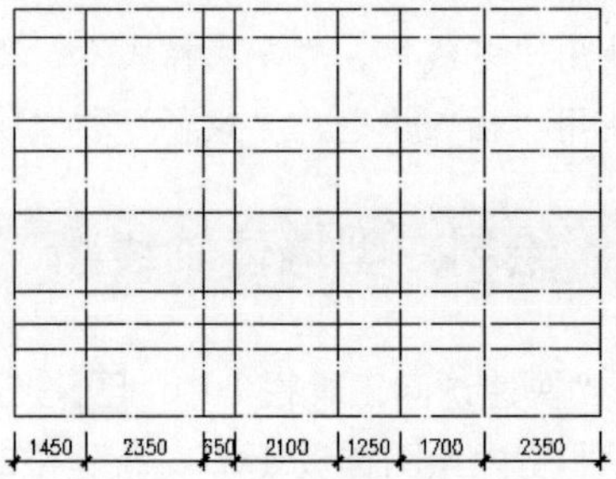

图 13-5 偏移垂直轴线

09 在无命令执行的前提下，选择最左侧的垂直轴线，使其呈现夹点显示状态，如图 13-6 所示。

10 在最下侧的夹点上单击，使其变为夹基点（也称热点），此时该点变为红色。

11 在命令行“** 拉伸 ** 指定拉伸点或 [基点(B)/复制(C)/放弃(U)/退出(X)]:”提示下，捕捉如图 13-7 所示的交点；对其进行夹点拉伸，结果如图 13-8 所示。

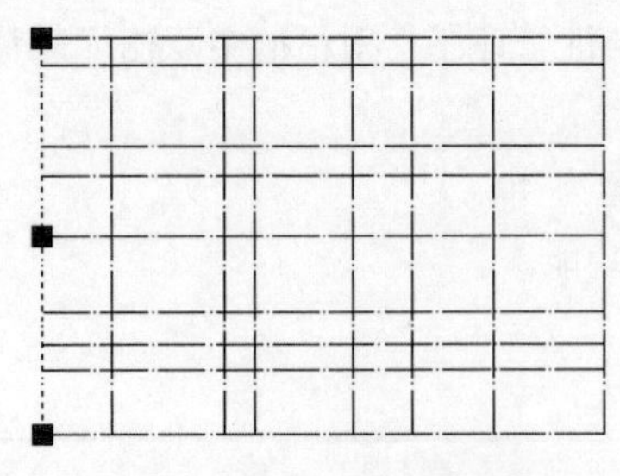

图 13-6 夹点显示轴线

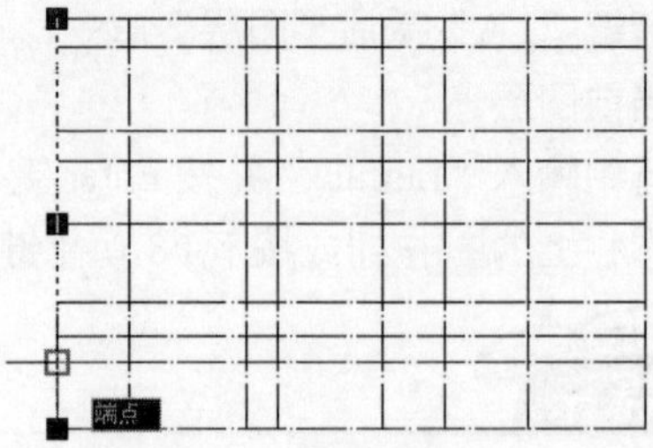

图 13-7 捕捉端点

12 按 Esc 键，取消对象的夹点显示状态，结果如图 13-9 所示。

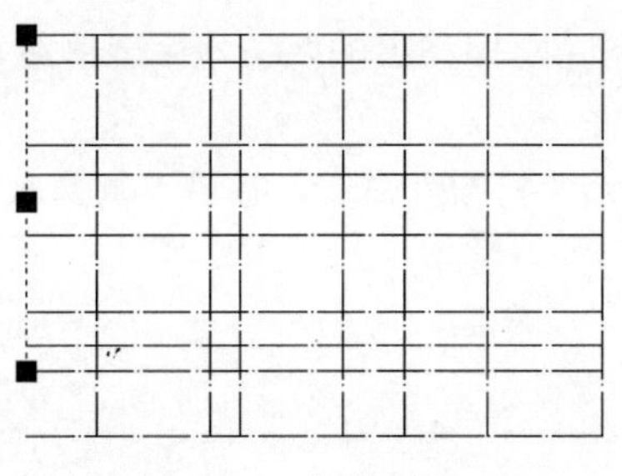
图 13-8　拉伸结果

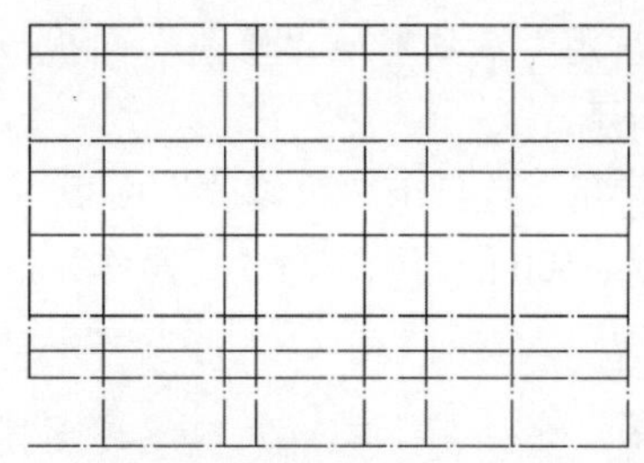
图 13-9　取消夹点后的效果

13 参照步骤 09～12 的操作，配合端点捕捉和交点捕捉功能，分别对其他轴线进行夹点拉伸，编辑结果如图 13-10 所示。

14 使用快捷键“LEN”激活“拉长”命令，对最上侧的水平轴线进行编辑。命令行操作如下：

```
命令：len
LENGTHEN 选择对象或 [增量(DE)/百分数(P)/全部(T)/动态(DY)]:  //t Enter
指定总长度或 [角度(A)] <1>:      //7730 Enter，设置总长度
选择要修改的对象或 [放弃(U)]:   //在所选水平轴线的右端单击左键
选择要修改的对象或 [放弃(U)]:   // Enter，结束命令，编辑结果如图 13-11 所示
```

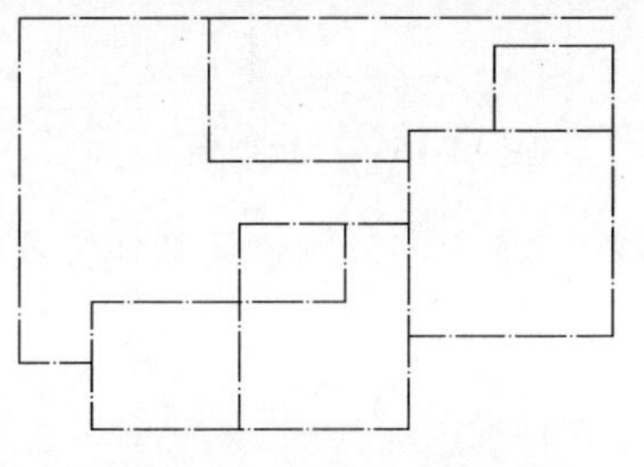
图 13-10　编辑其他轴线

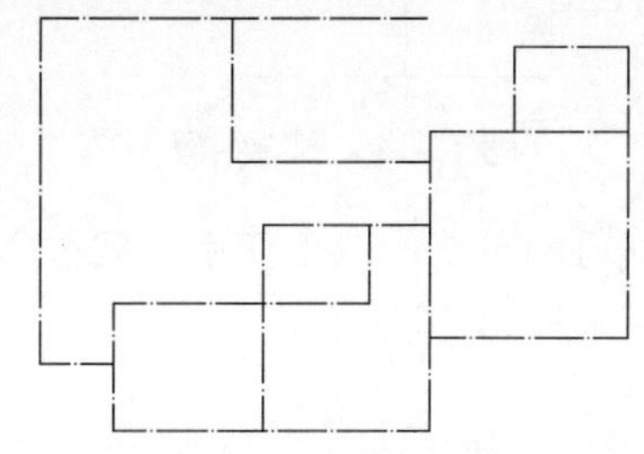
图 13-11　编辑结果

至此，多居室户型墙体定位轴线绘制完毕。下一节将学习门窗洞口的开洞方法和技巧。

13.3.2　绘制户型图门窗洞口

01 继续上节操作。单击“常用”选项卡→“修改”面板→“偏移”按钮，将最左侧的垂直轴线向右偏移 500 和 3300 个单位，偏移结果如图 13-12 所示。

02 单击“常用”选项卡→“修改”面板→“修剪”按钮-/--，以刚偏移出的两条辅助轴线作为边界，对最上侧的水平轴线进行修剪，以创建宽度为 2800 的窗洞，修剪结果如图 13-13 所示。

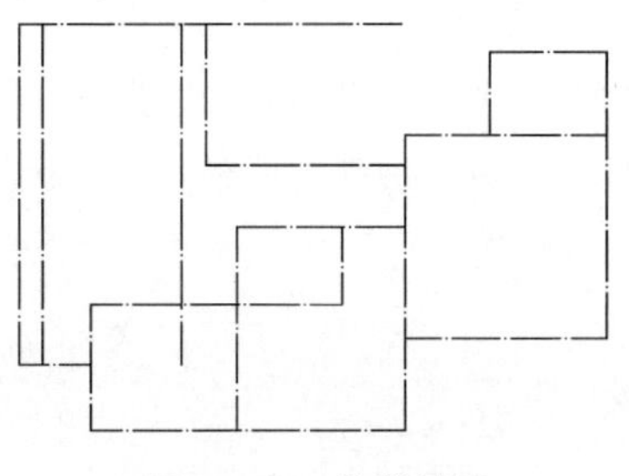
图 13-12　偏移结果

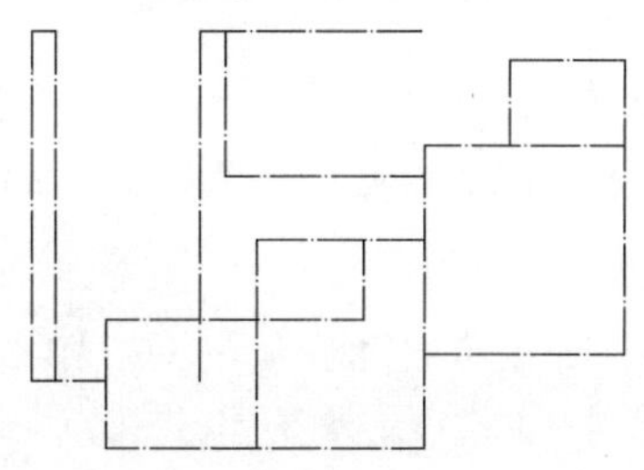
图 13-13　修剪结果

03 单击“常用”选项卡→“修改”面板→“”按钮，删除刚偏移出的两条水平辅助线，结果如图 13-14 所示。

04 单击“常用”选项卡→“修改”面板→“”按钮，激活“打断”命令，在最下侧的水平轴线上创建宽度为 1500 的窗洞。命令行操作如下：

```
命令: _break
选择对象:                                    //选择最下侧的水平轴线
指定第二个打断点 或 [第一点(F)]:             //F 按 Enter，重新指定第一断点
指定第一个打断点:                            //激活“捕捉自”功能
 _from 基点:                                 //捕捉最下侧水平轴线的左端点
 <偏移>:                                     //@750,0 Enter
指定第二个打断点:                            //@1500,0Enter，打断结果如图 13-15 所示
```

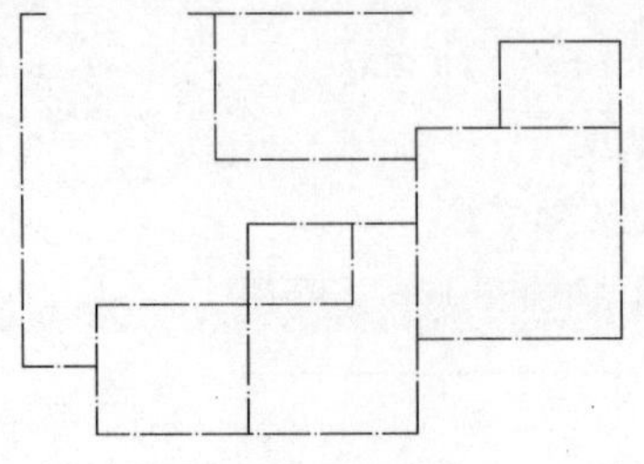

图 13-14　删除结果

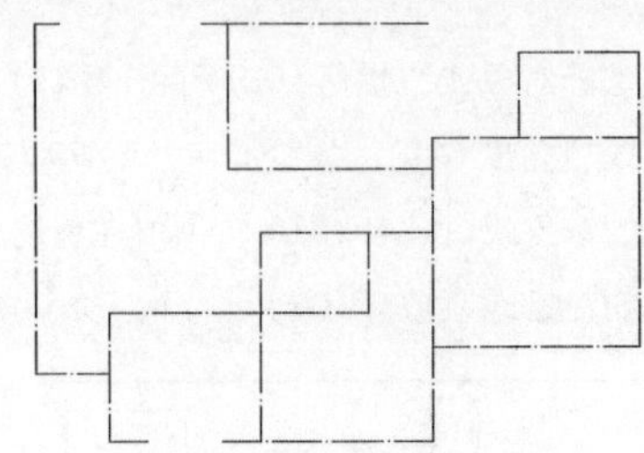

图 13-15　打断结果

05 参照上述打洞方法，综合使用“偏移”、“修剪”和“打断”命令，分别创建其他位置的门洞和窗洞，结果如图 13-16 所示。

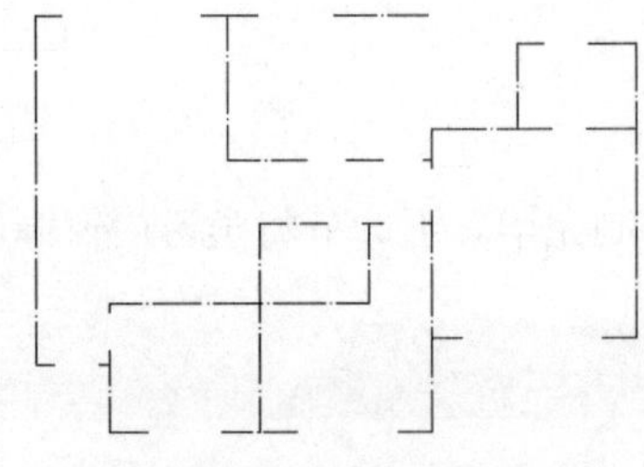

图 13-16　创建其他洞口

至此，门窗洞口创建完毕。下一节将学习主墙线和次墙线的快速绘制过程和技巧。

13.3.3　绘制户型图纵横墙线

01 继续上节操作。在“常用”选项卡→“图层”面板中设置“墙线层”设为当前图层。

02 选择菜单栏中的“绘图”→“多线”命令，配合“端点捕捉“功能绘制主墙线。命令行操作如下：

```
命令: _mline
当前设置: 对正 = 上，比例 = 20.00，样式 = 墙线样式
指定起点或 [对正(J)/比例(S)/样式(ST)]:        //s Enter
输入多线比例 <20.00>:                        //200 Enter
```

```
当前设置: 对正 = 上, 比例 = 200.00, 样式 = 墙线样式样式
指定起点或 [对正(J)/比例(S)/样式(ST)]:        //j Enter
输入对正类型 [上(T)/无(Z)/下(B)] <上>:       //z Enter
当前设置: 对正 = 无, 比例 = 200.00, 样式 = 墙线样式样式
指定起点或 [对正(J)/比例(S)/样式(ST)]:     //捕捉如图 13-17 所示的端点 1
指定下一点:                              //捕捉如图 13-17 所示的端点 2
指定下一点或 [放弃(U)]:     //捕捉如图 13-17 所示的端点 3
指定下一点或 [闭合(C)/放弃(U)]:             //捕捉如图 13-17 所示的端点 4
指定下一点或 [闭合(C)/放弃(U)]:             // Enter, 绘制结果如图 13-18 所示
```

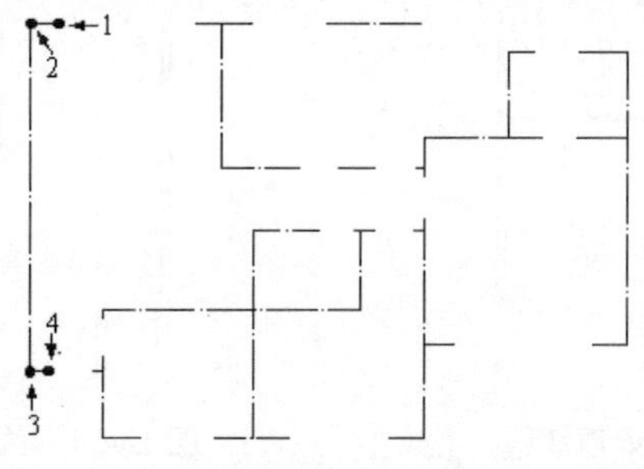

图 13-17　定位端点

03 重复执行“多线”命令，设置多线比例和对正方式保持不变，配合端点捕捉和交点捕捉功能绘制其他主墙线，结果如图 13-19 所示。

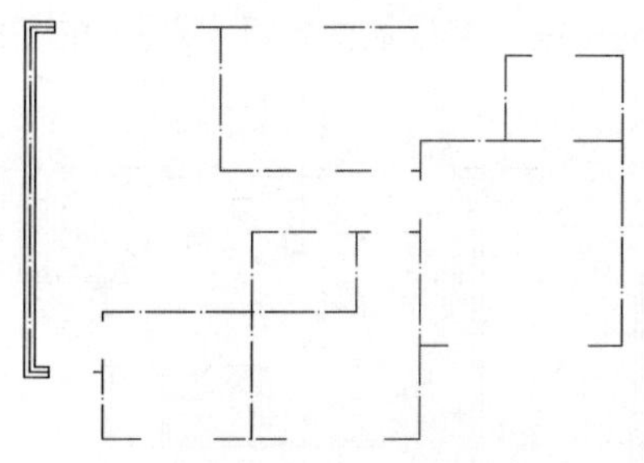

图 13-18　绘制主墙线

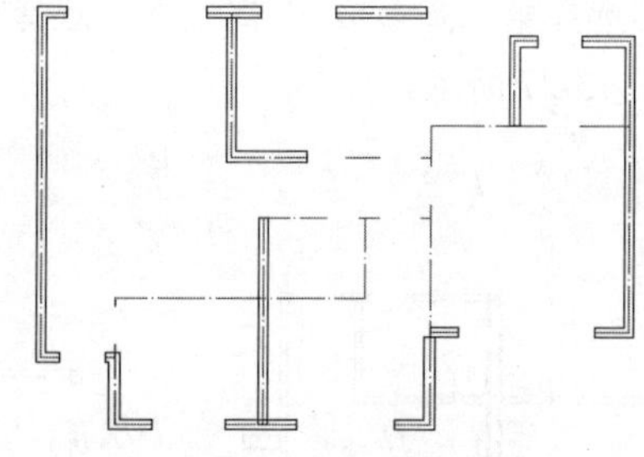

图 13-19　绘制其他主墙线

04 重复执行“多线”命令，设置多线对正方式不变，绘制宽度为 100 的非承重墙线。命令行操作如下：

```
命令: ML                                  // Enter, 激活命令
MLINE 当前设置: 对正 = 无, 比例 = 200.00, 样式 = 墙线样式
指定起点或 [对正(J)/比例(S)/样式(ST)]:  //S Enter
输入多线比例 <200.00>:                  //100 Enter
指定起点或 [对正(J)/比例(S)/样式(ST)]:   //捕捉如图 13-20 所示的端点
指定下一点:                             //捕捉如图 13-21 所示的端点
指定下一点或 [放弃(U)]:                // Enter, 结果如图 13-22 所示
```

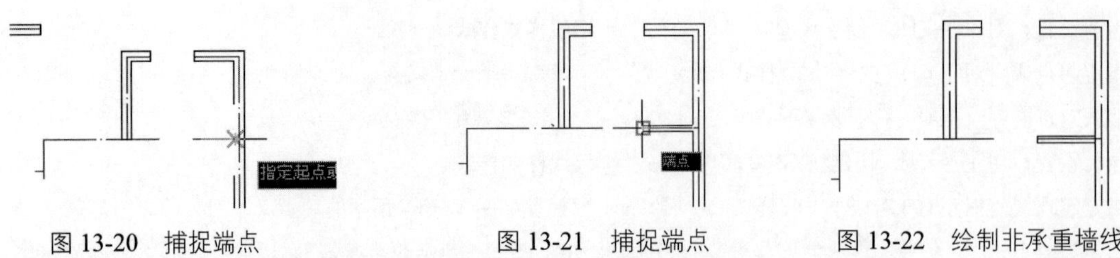

图 13-20　捕捉端点　　图 13-21　捕捉端点　　图 13-22　绘制非承重墙线

05 重复执行“多线”命令，设置多线比例与对正方式不变，配合对象捕捉功能分别绘制其他位置的非承重墙线，结果如图 13-23 所示。

06 在“常用”选项卡→“图层”面板中关闭“轴线层”，结果如图 13-24 所示。

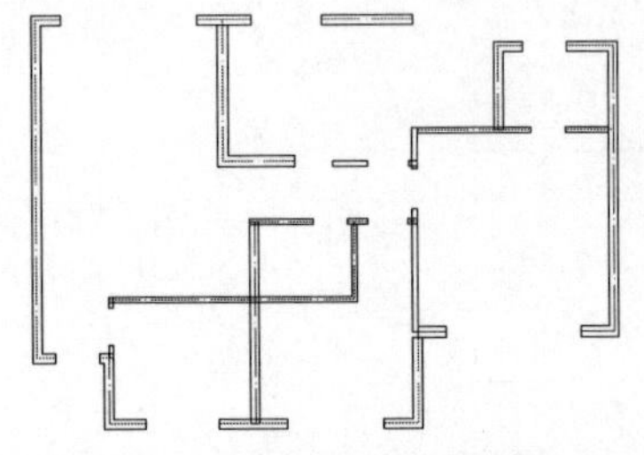

图 13-23　绘制其他非承重墙线

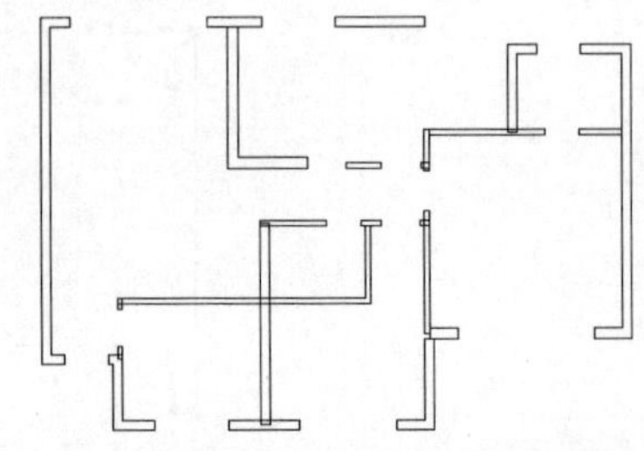

图 13-24　关闭“轴线层”后的显示

07 执行菜单栏中的”修改”→“对象”→“多线”命令，在打开的“多线编辑工具”对话框中单击按钮，激活“T 形合并”功能。

08 返回绘图区，在命令行的“选择第一条多线:”提示下，选择如图 13-25 所示的墙线。

09 在“选择第二条多线:”提示下，选择如图 13-26 所示的墙线，结果这两条 T 形相交的多线被合并，如图 13-27 所示。

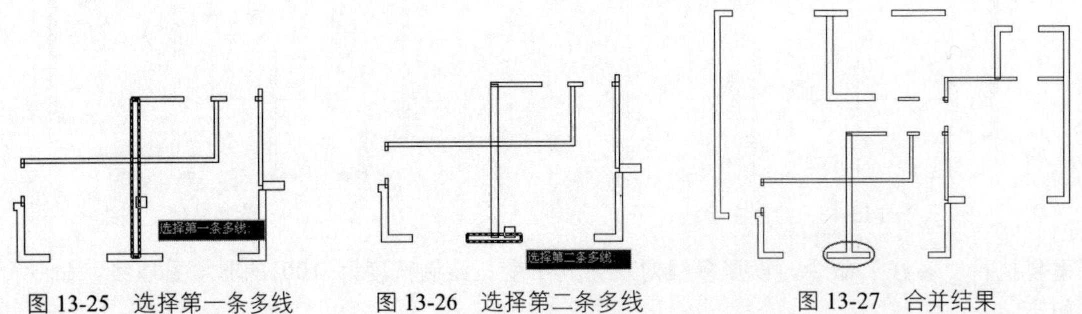

图 13-25　选择第一条多线　　图 13-26　选择第二条多线　　图 13-27　合并结果

10 继续在“选择第一条多线或 [放弃(U)]:”提示下，分别选择其他位置 T 形墙线进行合并，合并结果如图 13-28 所示。

11 在任一墙线上双击，在打开的“多线编辑工具”对话框中单击“角点结合”按钮。

12 返回绘图区，在“选择第一条多线或 [放弃(U)]:”提示下，单击如图 13-29 所示的墙线。

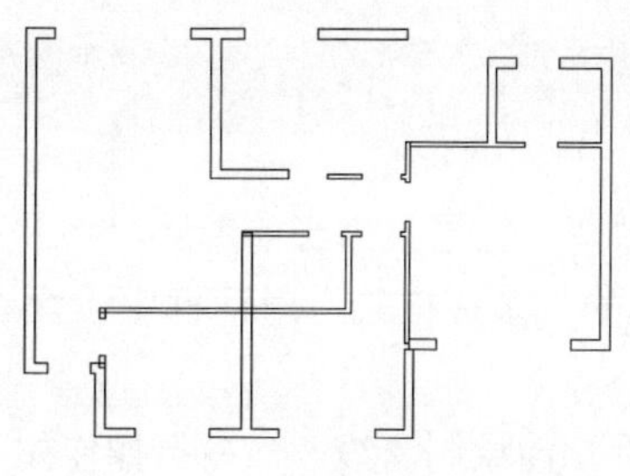

图 13-28　T 形合并其他墙线

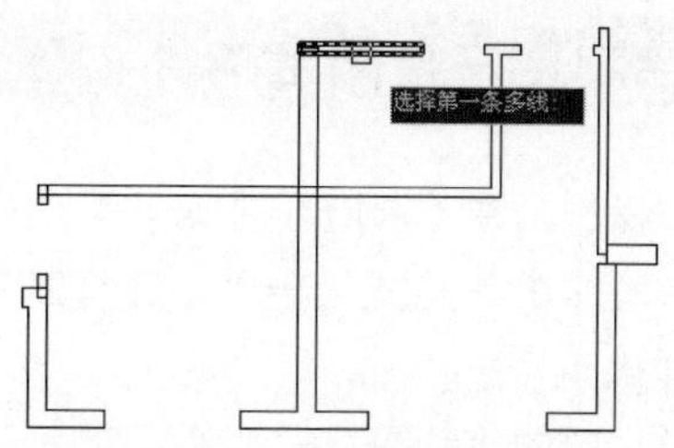

图 13-29　选择第一条多线

13 在“选择第二条多线:”提示下，选择如图 13-30 所示的墙线，结果这两条 T 形相交的多线被合并，如图 13-31 所示。

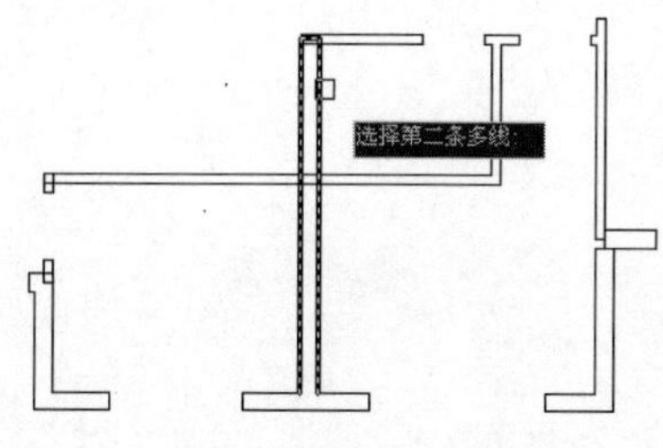

图 13-30　选择第一条多线

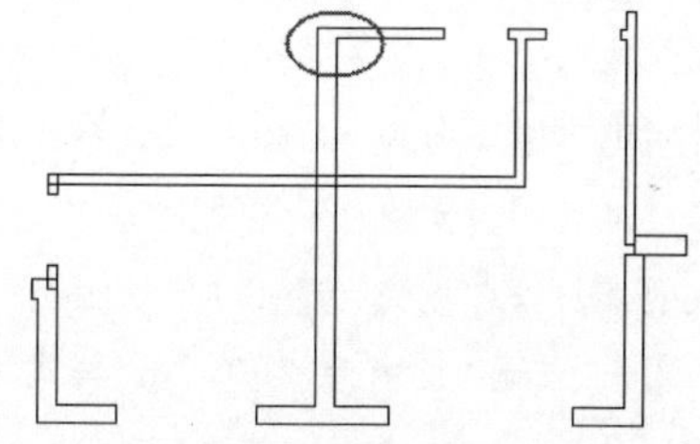

图 13-31　选择第二条多线

14 继续根据命令行的提示，对其他位置的拐角墙线进行编辑，编辑结果如图 13-32 所示。

15 在任一墙线上双击，在打开的“多线编辑工具”对话框中单击“十字合并”按钮。

16 返回绘图区，在“选择第一条多线或 [放弃（U）]:”提示下，单击如图 13-33 所示的墙线。

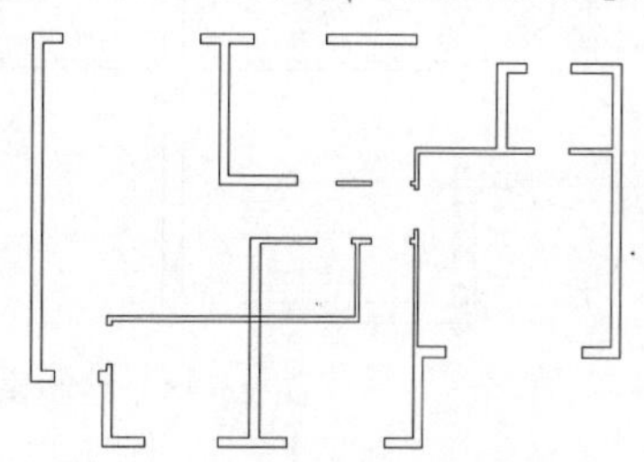

图 13-32　角点结合其他拐角墙线

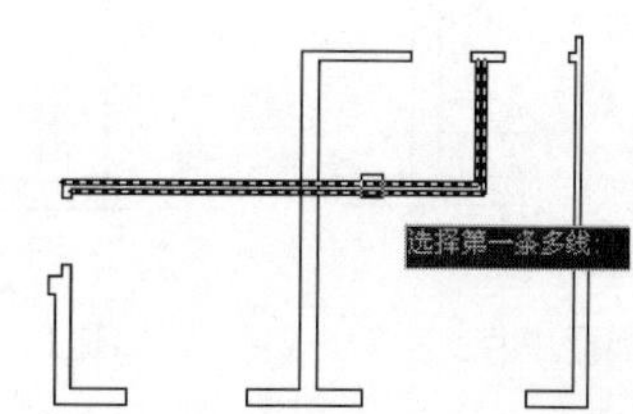

图 13-33　选择第一条多线

17 在“选择第二条多线:”提示下，选择如图 13-34 所示的墙线，结果这两条 T 形相交的多线被合并，如图 13-35 所示。

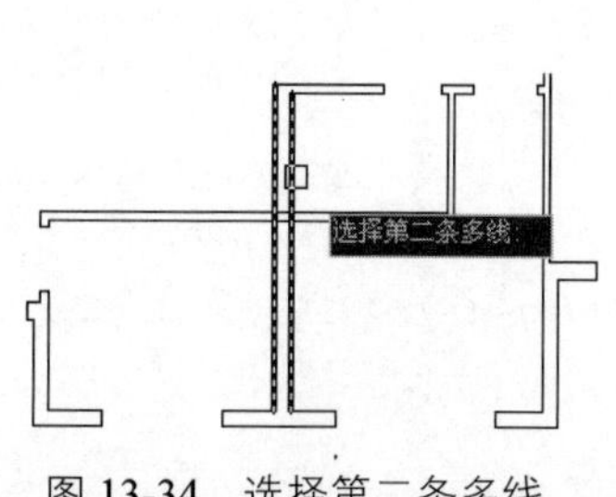

图 13-34　选择第二条多线

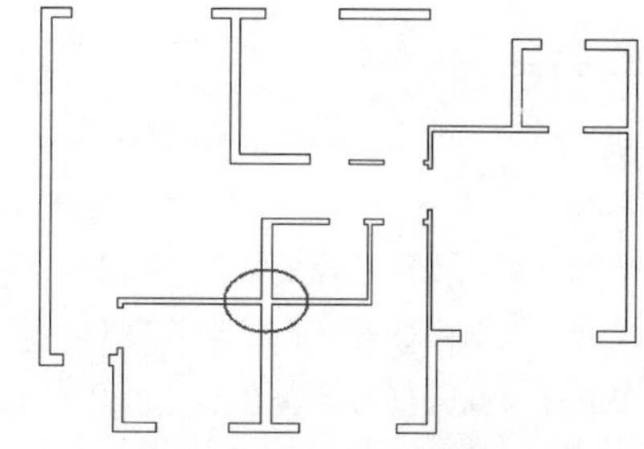

图 13-35　十字合并结果

至此，户型图纵横墙线编辑完毕。下一节将学习户型图的平面窗、凸窗、阳台等建筑构件的绘制方法和技巧。

13.3.4 绘制窗户与阳台构件

01 继续上节操作。在“常用”选项卡→“图层”面板中设置“门窗层”为当前图层。

02 执行菜单栏中的”格式”→“多线样式”命令，在打开的“多线样式”对话框中设置“窗线样式”为当前样式。

03 执行菜单栏中的“绘图”→“多线”命令，配合中点捕捉功能绘制窗线。命令行操作如下：

```
命令: _mline
当前设置: 对正 = 上, 比例 = 100.00, 样式 = 窗线样式
指定起点或 [对正(J)/比例(S)/样式(ST)]:       //s Enter
输入多线比例 <100.00>:                       //200 Enter
当前设置: 对正 = 上, 比例 = 200.00, 样式 = 窗线样式
指定起点或 [对正(J)/比例(S)/样式(ST)]:        //j Enter
输入对正类型 [上(T)/无(Z)/下(B)] <上>:        //z Enter
当前设置: 对正 = 无, 比例 = 200.00, 样式 = 窗线样式
指定起点或 [对正(J)/比例(S)/样式(ST)]:     //捕捉如图 13-36 所示中点
指定下一点:                              //捕捉如图 13-37 所示中点
指定下一点或 [放弃(U)]:               // Enter, 绘制结果如图 13-38 所示
```

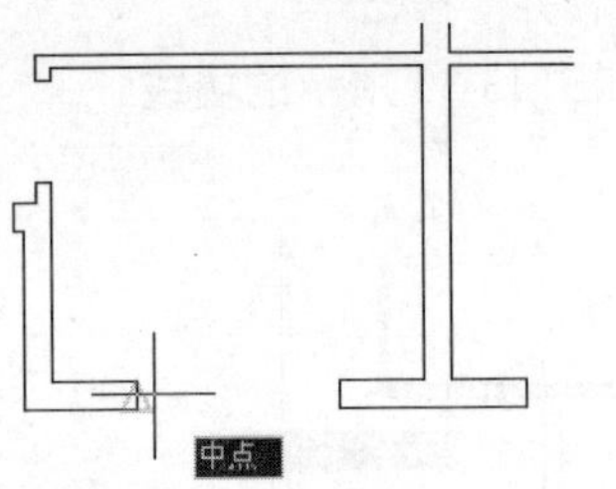

图 13-36 捕捉中点

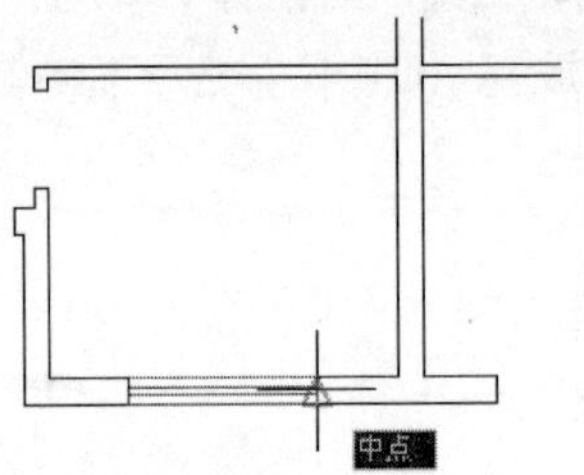

图 13-37 捕捉中点

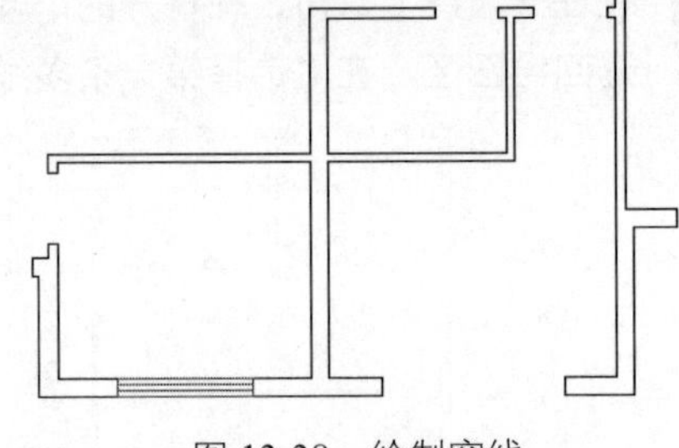
图 13-38 绘制窗线

04 重复上一步骤的操作，设置多线比例和对正方式保持不变，配合中点捕捉功能绘制其他窗线，结果如图 13-39 所示。

05 单击“常用”选项卡→“绘图”面板→“多段线”按钮，配合点的追踪和坐标输入功能绘制凸窗轮廓线。命令行操作如下：

```
命令: _pline
指定起点:                     //捕捉图 13-40 所示的端点
当前线宽为 0.0
指定下一个点或 [圆弧(A)/半宽(H)/长度(L)/放弃(U)/宽度(W)]:      //@0,740 Enter
指定下一点或 [圆弧(A)/闭合(C)/半宽(H)/长度(L)/放弃(U)/宽度(W)]: //@-1670,0 Enter
指定下一点或 [圆弧(A)/闭合(C)/半宽(H)/长度(L)/放弃(U)/宽度(W)]:
 //捕捉如图 13-41 所示的端点
指定下一点或 [圆弧(A)/闭合(C)/半宽(H)/长度(L)/放弃(U)/宽度(W)]:
                        // Enter, 绘制结果如图 13-42 所示
```

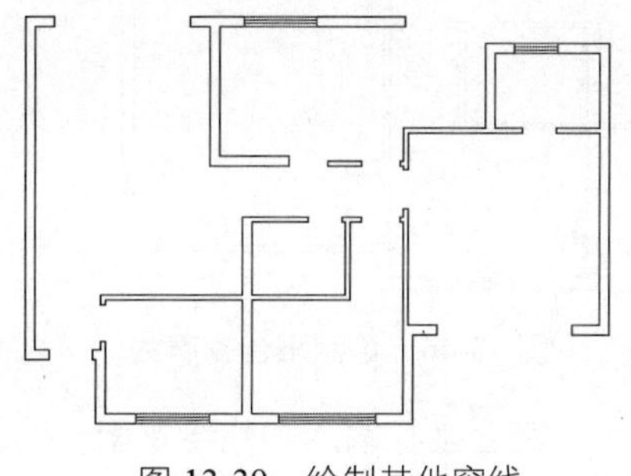

图 13-39 绘制其他窗线

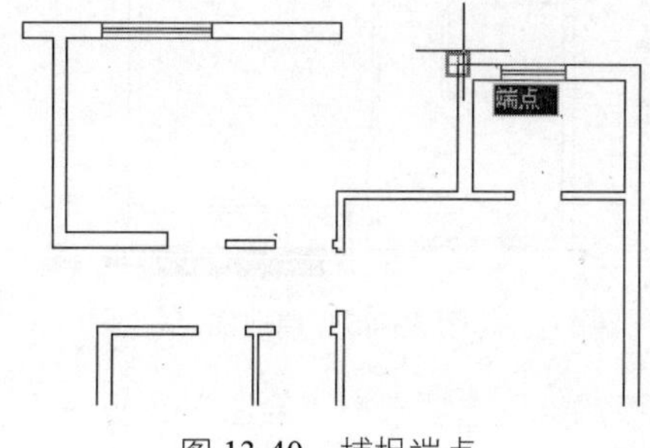

图 13-40 捕捉端点

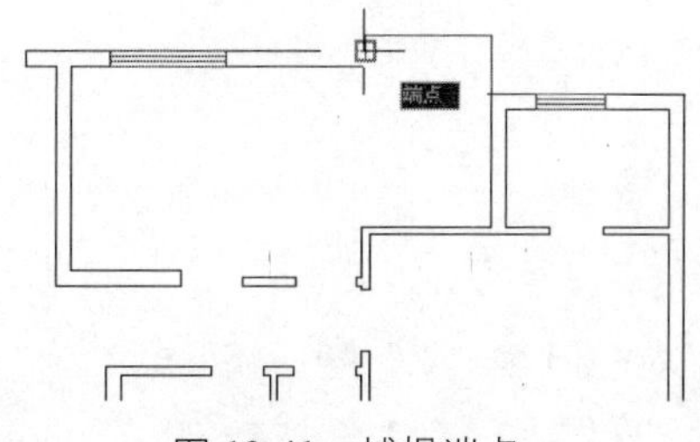

图 13-41 捕捉端点

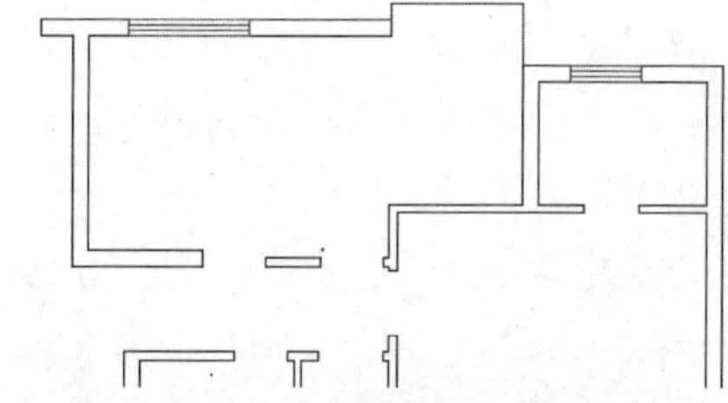

图 13-42 绘制凸窗轮廓线

06 使用快捷键“O”激活“偏移”命令，将凸窗轮廓线向上侧偏移 50 和 100 个单位，结果如图 13-43 所示。

07 执行菜单栏中的“格式”→“多线样式”命令，将“墙线样式”设置为当前多线样式。

08 执行菜单栏中的“绘图”→“多线”命令，配合捕捉与坐标输入功能绘制阳台轮廓线。命令行操作如下：

```
命令：_mline
当前设置：对正 = 无，比例 = 200.00，样式 = 墙线样式
指定起点或 [对正(J)/比例(S)/样式(ST)]:   //s Enter
输入多线比例 <200.00>:                  //100 Enter
当前设置：对正 = 无，比例 = 100.00，样式 = 墙线样式
指定起点或 [对正(J)/比例(S)/样式(ST)]:   //j Enter
输入对正类型 [上(T)/无(Z)/下(B)] <无>:   //T Enter
当前设置：对正 = 上，比例 = 100.00，样式 = 墙线样式
指定起点或 [对正(J)/比例(S)/样式(ST)]:   //捕捉如图 13-44 所示的端点
指定下一点:                            //@0,-1200 Enter
指定下一点或 [放弃(U)]:                 //捕捉如图 13-45 所示的追踪虚线的交点
指定下一点或 [闭合(C)/放弃(U)]:         // Enter，绘制结果如图 13-46 所示
```

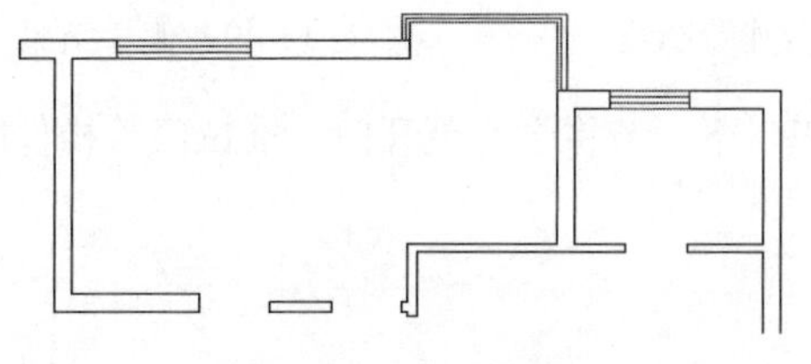

图 13-43 偏移结果

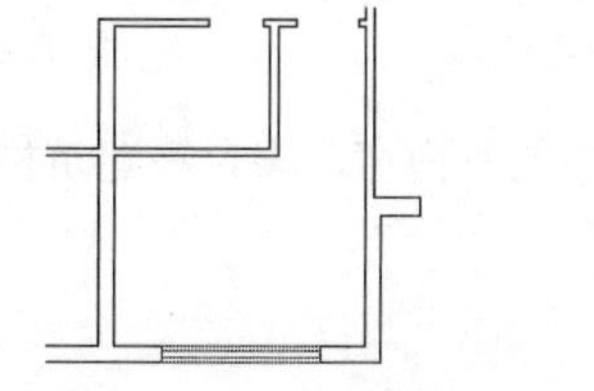

图 13-44 捕捉端点

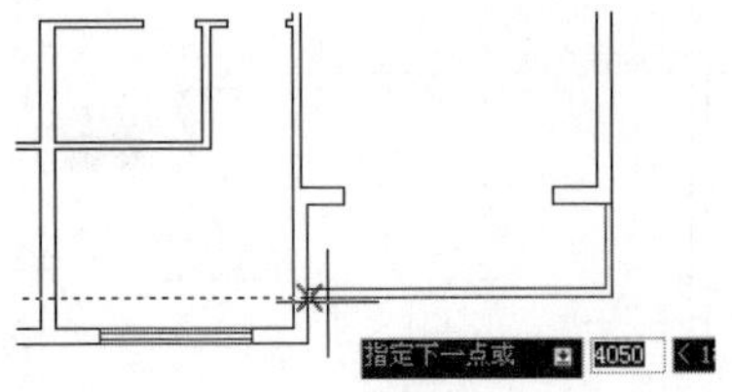

图 13-45　捕捉端点

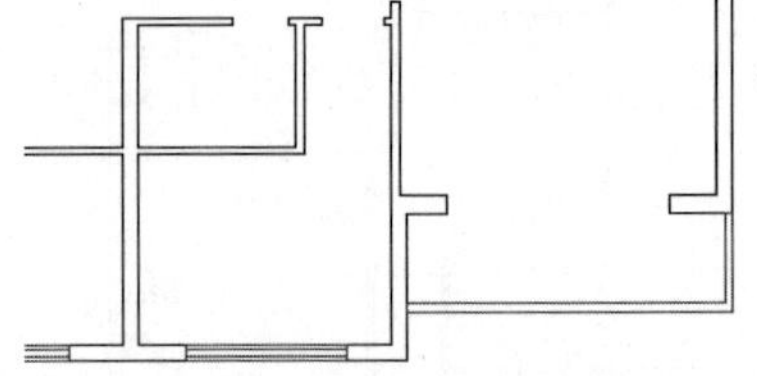

图 13-46　绘制阳台轮廓线

09 单击“常用”选项卡→“绘图”面板→“多段线”按钮，配合坐标输入功能绘制阳台外轮廓线。命令行操作如下：

```
命令: _pline
指定起点:                    //捕捉如图 13-47 所示的端点
当前线宽为 0
指定下一个点或 [圆弧(A)/半宽(H)/长度(L)/放弃(U)/宽度(W)]:  //@0,820 Enter
指定下一点或 [圆弧(A)/闭合(C)/半宽(H)/长度(L)/放弃(U)/宽度(W)]:  //@700,0 Enter
指定下一点或 [圆弧(A)/闭合(C)/半宽(H)/长度(L)/放弃(U)/宽度(W)]:  //a Enter
指定圆弧的端点或[角度(A)/圆心(CE)/闭合(CL)/方向(D)/半宽(H)/直线(L)/半径(R)/第二个点(S)/放弃(U)/
宽度(W)]:    //s Enter
指定圆弧上的第二个点: //@1300,406 Enter
指定圆弧的端点:          //@1300,-406 Enter
指定圆弧的端点或[角度(A)/圆心(CE)/闭合(CL)/方向(D)/半宽(H)/直线(L)/半径(R)/第二个点(S)/放弃(U)/
宽度(W)]:    //l Enter
指定下一点或 [圆弧(A)/闭合(C)/半宽(H)/长度(L)/放弃(U)/宽度(W)]:  //@700,0 Enter
指定下一点或 [圆弧(A)/闭合(C)/半宽(H)/长度(L)/放弃(U)/宽度(W)]:  //@0,-820 Enter
指定下一点或 [圆弧(A)/闭合(C)/半宽(H)/长度(L)/放弃(U)/宽度(W)]:
                    // Enter，结束命令，绘制结果如图 13-48 所示
```

10 使用快捷键“O”激活“偏移”命令，将刚绘制的阳台轮廓线向上侧偏移 100 个单位，结果如图 13-49 所示。

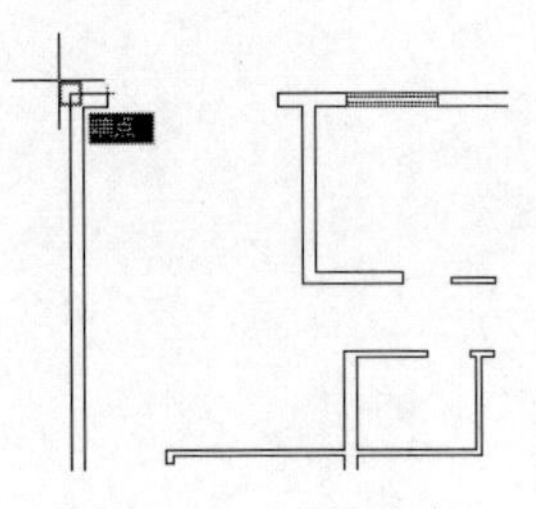

图 13-47　捕捉端点

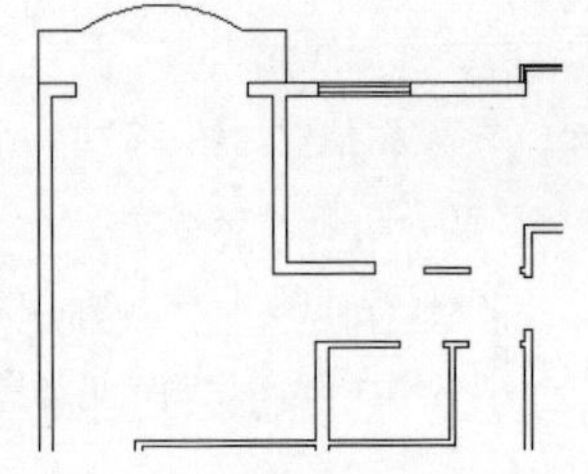

图 13-48　绘制阳台外轮廓线

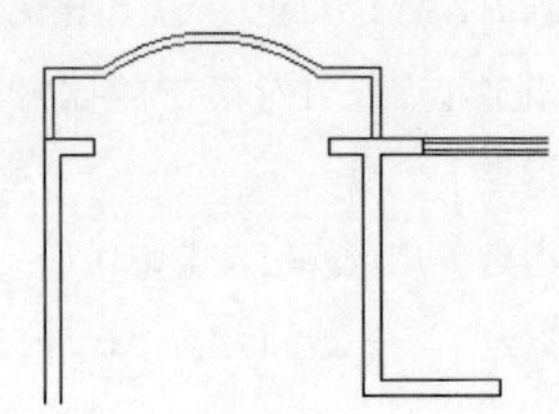

图 13-49　偏移结果

至此，户型图中的平面窗、阳台等建筑构件绘制完毕。下一节将学习单开门、推拉门等构件的快速绘制方法和技巧。

13.3.5　绘制单开门和推拉门

01 继续上节操作。单击“常用”选项卡→“块”面板→“插入块”按钮，插入随书光盘“\图块文件\单开门.dwg”，块参数设置如图 13-50 所示。插入点如图 13-51 所示的中点。

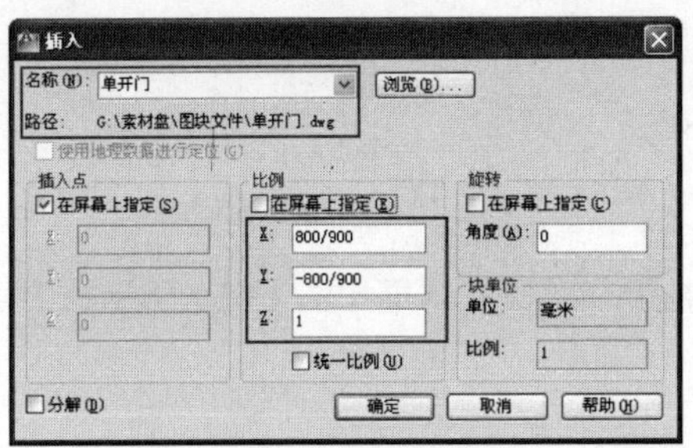

图 13-50　设置参数

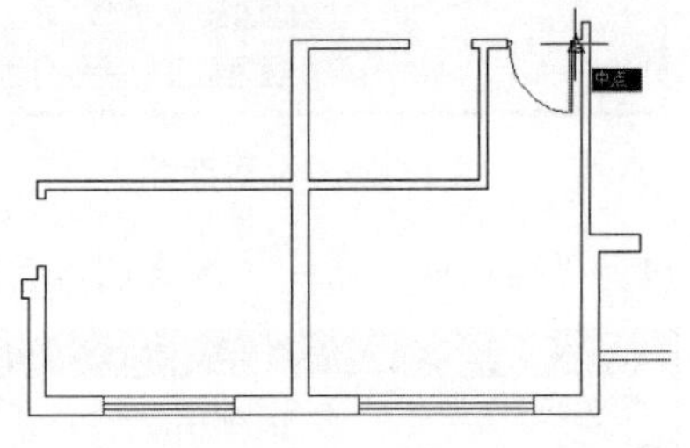

图 13-51　定位插入点

02 重复执行“插入块”命令，设置插入参数如图 13-52 所示。插入点如图 13-53 所示的中点。

03 重复执行“插入块”命令，设置插入参数如图 13-54 所示。插入点如图 13-55 所示的中点。

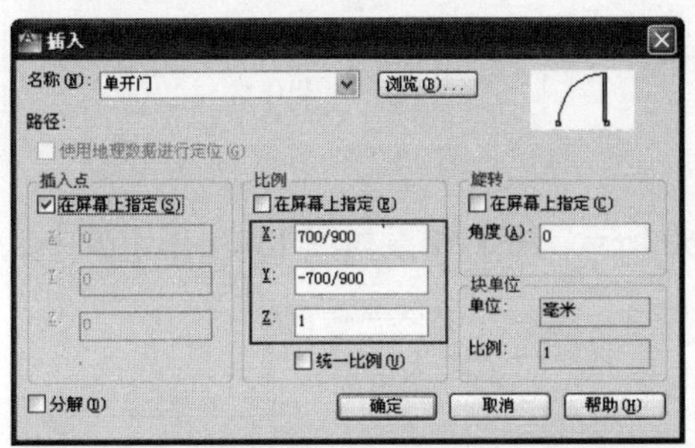

图 13-52　设置参数

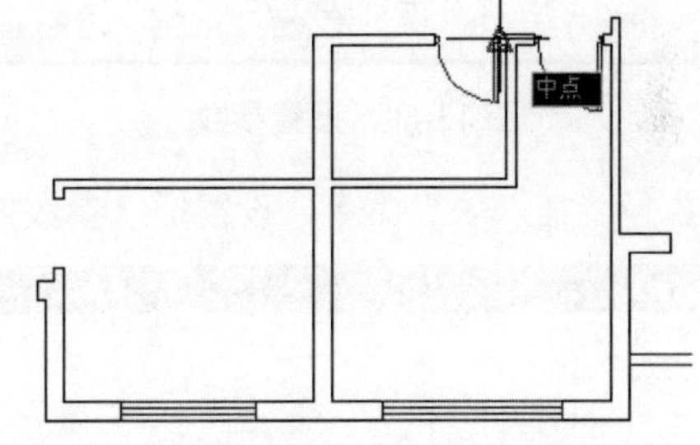

图 13-53　定位插入点

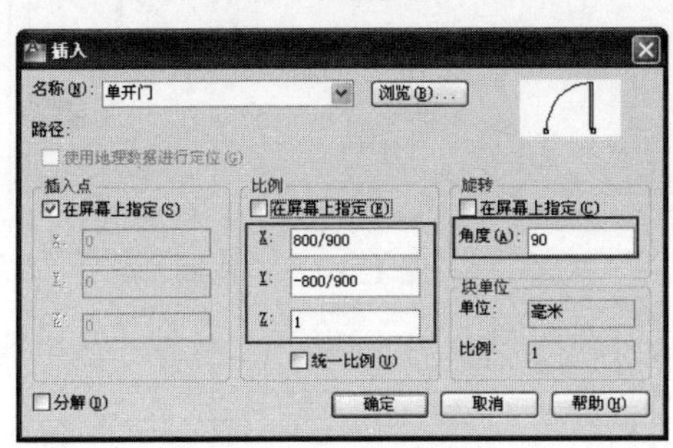

图 13-54　设置参数

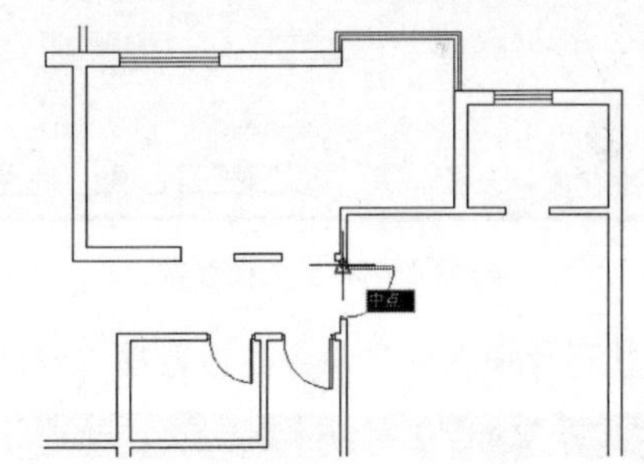

图 13-55　定位插入点

04 重复执行“插入块”命令，设置插入参数如图 13-56 所示。插入结果如图 13-57 所示的中点。

图 13-56 设置参数

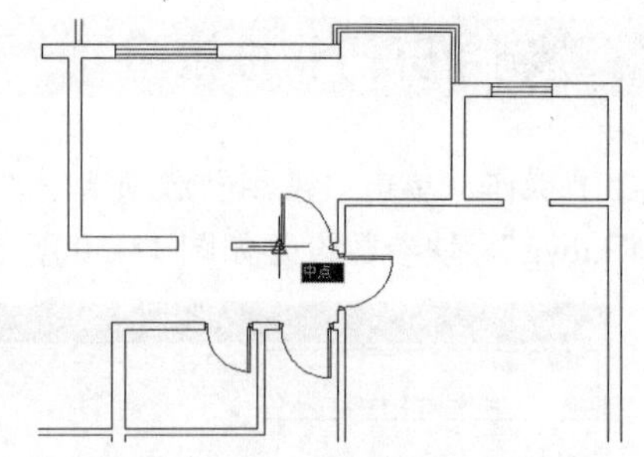

图 13-57 定位插入点

05 重复执行“插入块”命令，设置插入参数如图 13-58 所示。插入结果如图 13-59 所示的中点。

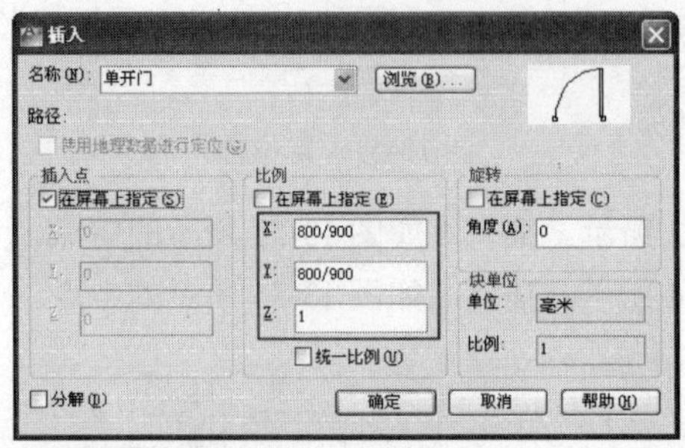

图 13-58 设置参数

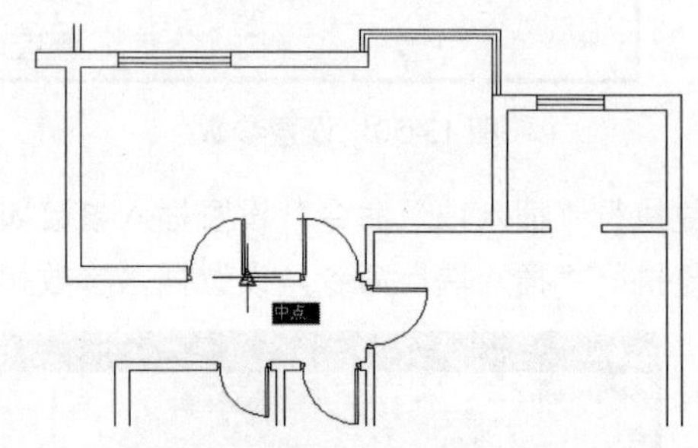

图 13-59 定位插入点

06 重复执行“插入块”命令，设置插入参数如图 13-60 所示。插入结果如图 13-61 所示的中点。

图 13-60 设置参数

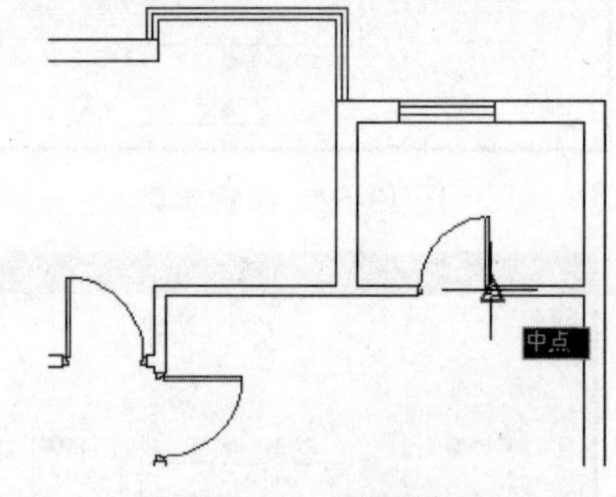

图 13-61 定位插入点

07 重复执行“插入块”命令，设置插入参数如图 13-62 所示。插入结果如图 13-63 所示的中点。

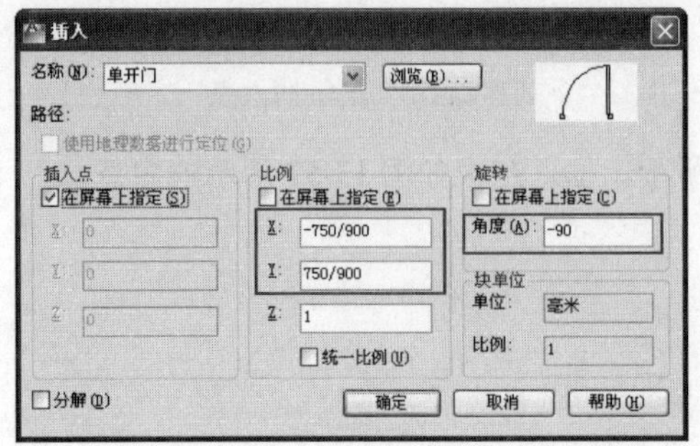

图 13-62 设置参数

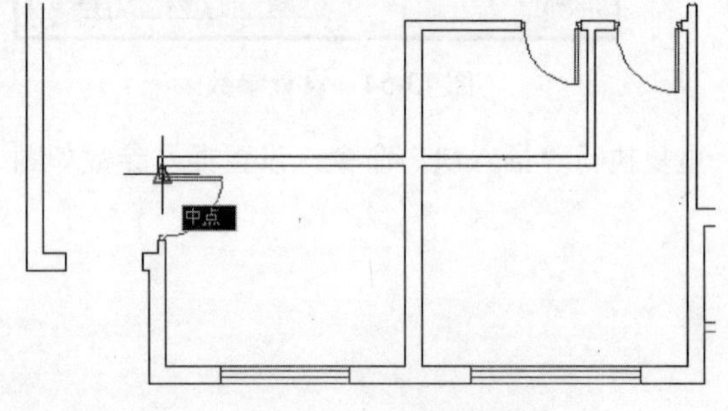

图 13-63 定位插入点

08 重复执行“插入块”命令，设置插入参数如图 13-64 所示。插入结果如图 13-65 所示的中点。

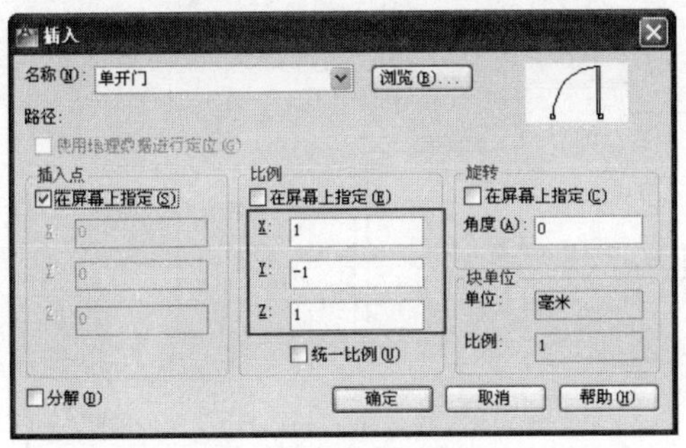

图 13-64　设置参数

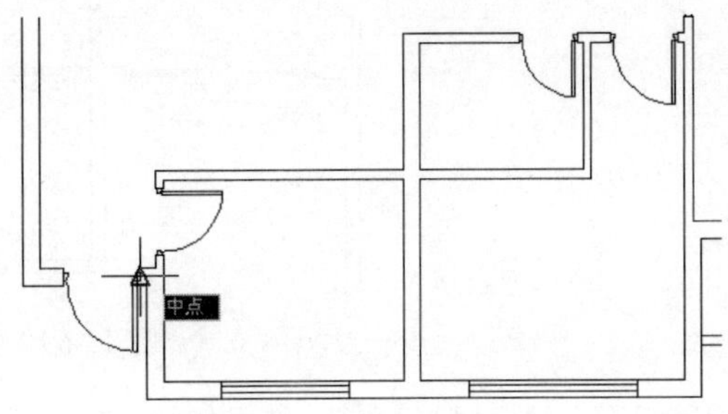

图 13-65　定位插入点

09 单击“常用”选项卡→“绘图”面板→“矩形”按钮，配合坐标输入功能和对象捕捉功能绘制推拉门。命令行操作如下：

```
命令: _rectang
指定第一个角点或 [倒角(C)/标高(E)/圆角(F)/厚度(T)/宽度(W)]:
//捕捉如图 13-66 所示的中点
指定另一个角点或 [面积(A)/尺寸(D)/旋转(R)]:   //@720,50 Enter
命令:                          // Enter
RECTANG 指定第一个角点或 [倒角(C)/标高(E)/圆角(F)/厚度(T)/宽度(W)]:
                              //捕捉刚绘制的矩形下侧水平边的中点
指定另一个角点或 [面积(A)/尺寸(D)/旋转(R)]:
//@720,-50 Enter, 绘制结果如图 13-67 所示
```

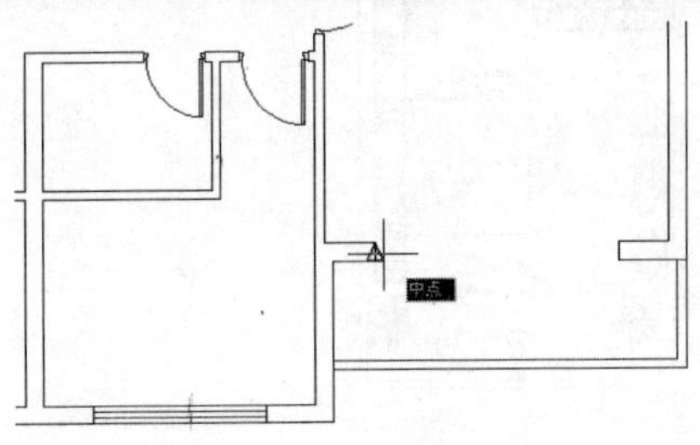

图 13-66　捕捉中点

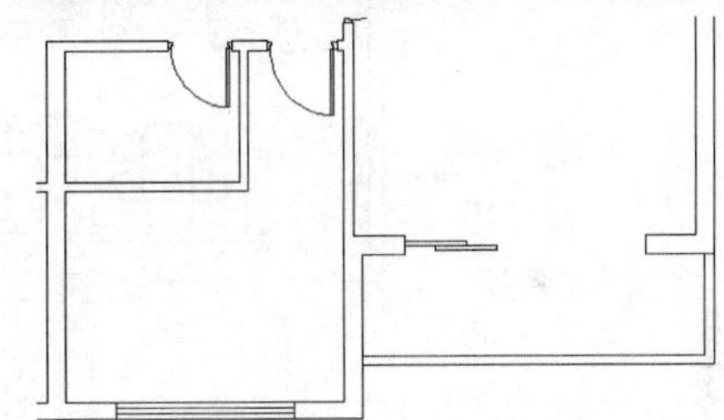

图 13-67　绘制推拉门

10 使用快捷键“MI”激活“镜像”命令，配合“两点之间的中点”捕捉功能，对刚绘制的推拉门进行镜像，如图 13-68 所示。

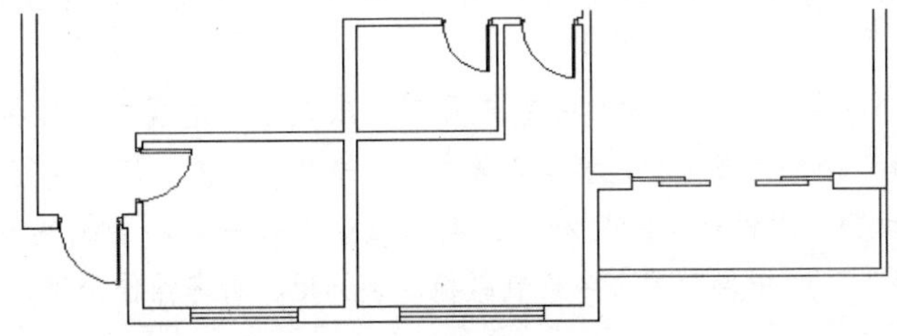

图 13-68　镜像结果

11 参照步骤 10 和步骤 11 的操作，综合使用“矩形”和“镜像”命令，绘制上侧的四扇推拉门，结果如图 13-69 所示。

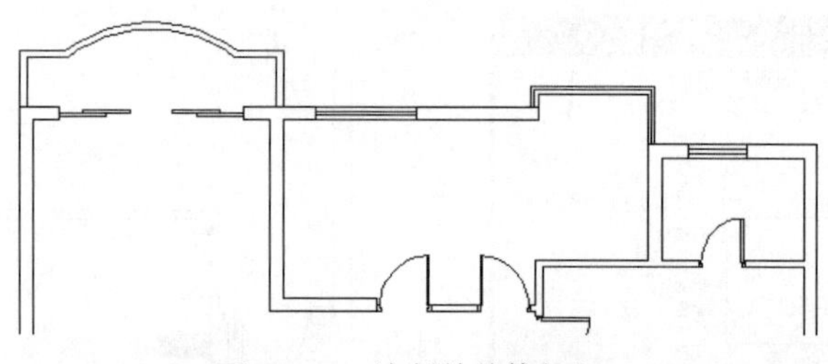

图 13-69　绘制其他推拉门

12 调整视图，显示图形全部，结果如图 13-1 所示。

13 最后执行“保存”命令，将图形命名存储为“多居室墙体结构平面图.dwg”。

13.4 绘制多居室家具布置图

本例在综合所学知识的前提下，主要学习多居室户型室内装修家具布置图的具体绘制过程和技巧。多居室户型家具布置图的最终绘制效果如图 13-70 所示。

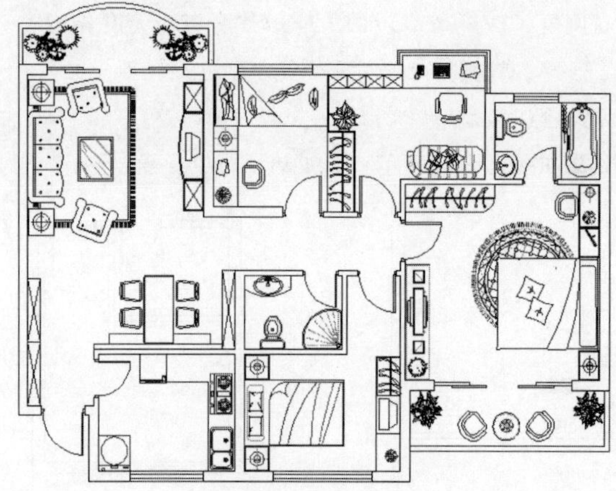

图 13-70　实例效果

在绘制多居室户型装修布置图时，具体可以参照如下绘图思路：

- 使用“插入块”命令为客厅和餐厅布置电视、电视柜、沙发组合、绿化植物、餐桌椅、酒水柜等图块。
- 使用“设计中心”命令为主卧室和次卧室布置床、床头柜、电视柜、梳妆台以及衣柜等图块。
- 使用“工具选项板”命令为书房和儿童房布置书桌、书架、沙发、床、学习桌、衣柜、绿化植物等。
- 综合使用“插入块”、“设计中心”和“工具选项板”等命令，绘制其他房间内的布置图。
- 最后使用“多段线”、“矩形”等命令绘制鞋柜、装饰柜、厨房操作台等，对室内布置图进行完善。

13.4.1 绘制客厅与餐厅布置图

01 单击“快速访问工具栏”中的按钮，打开上例存储的“多居室墙体结构平面图.dwg”文件。

读者也可以直接从随书光盘中的“\实例效果文件\第 13 章\”目录下打开此文件。

02 使用快捷键“LA”激活“图层”命令，在打开的“图层特性管理器”对话框中双击“家具层”，将此图层设置为当前图层。

03 单击“常用”选项卡→“绘图”面板→“插入块”按钮，在打开的“插入”对话框中单击浏览(B)...按钮，然后选择随书光盘中的“\图块文件\电视及电视柜.dwg”文件。

04 返回“插入”对话框，采用默认参数，将图块插入到客厅平面图中，插入点为图 13-71 所示的中点；插入结果如图 13-72 所示。

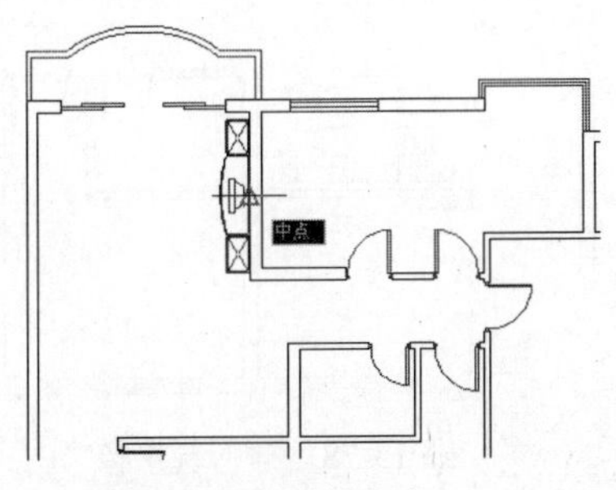

图 13-71　捕捉中点

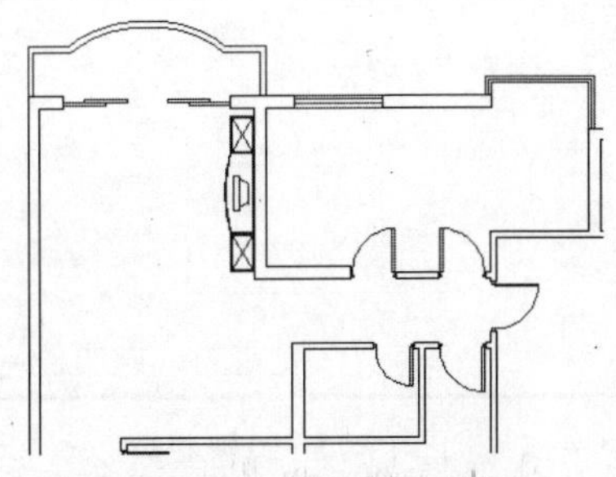

图 13-72　插入电视及电视柜

05 重复执行“插入块”命令，在打开的“插入”对话框中单击浏览(B)...按钮，选择随书光盘中的“\图块文件\沙发组合 03.dwg”文件。

06 返回“插入”对话框，采用默认参数设置，配合“端点捕捉”和“对象追踪”功能将沙发组合图块插入到平面图中。

07 在命令行“指定插入点或 [基点(B)/比例(S)/X/Y/Z/旋转(R)]：”提示下，垂直向下引出如图 13-73 所示的对象追踪虚线，然后输入 1620 后并按 Enter 键定位插入点，插入结果如图 13-74 所示。

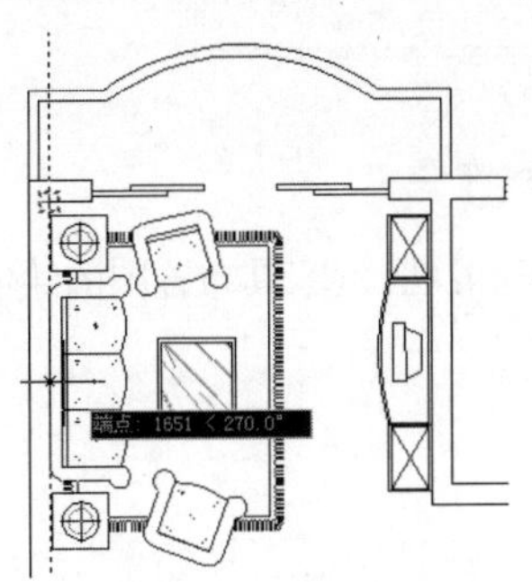

图 13-73　引出对象追踪虚线

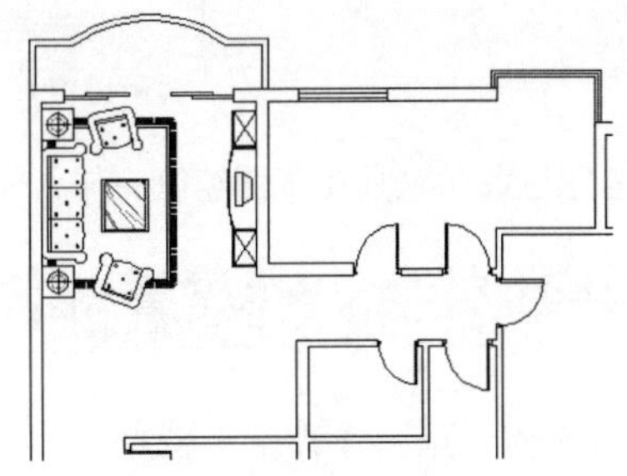

图 13-74　插入沙发组合

08 重复执行“插入块”命令，插入随书光盘中的“\图块文件\绿化植物 01.dwg”，将其以默认参数插入到平面图中，并适当调整其位置，结果如图 13-75 所示。

09 使用快捷键“MI”激活“镜像”命令，配合中点捕捉功能将刚插入的植物图块进行镜像，结果如图 13-76 所示。

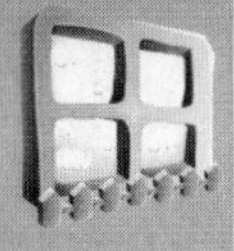

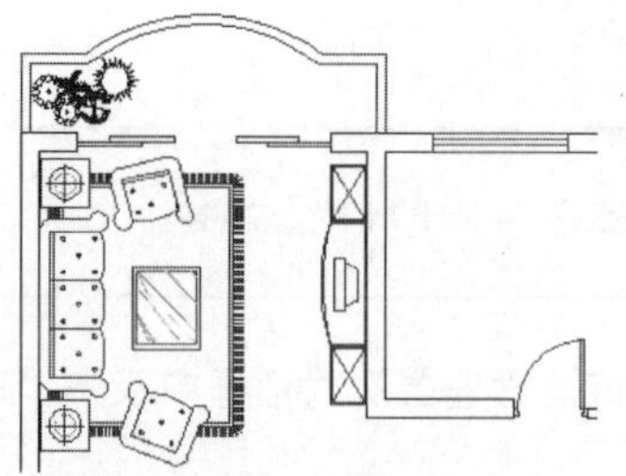

图 13-75　插入绿化植物

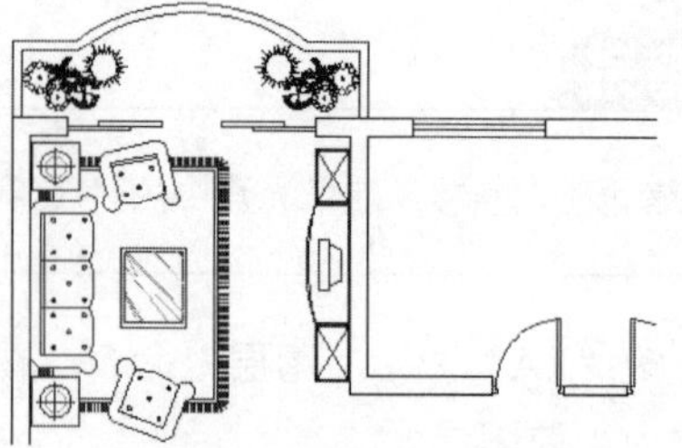

图 13-76　镜像结果

10 重复执行“插入块”命令，插入随书光盘中的“\图块文件\餐桌椅 03.dwg”文件，块参数设置如图 13-77 所示；插入结果如图 13-78 所示。

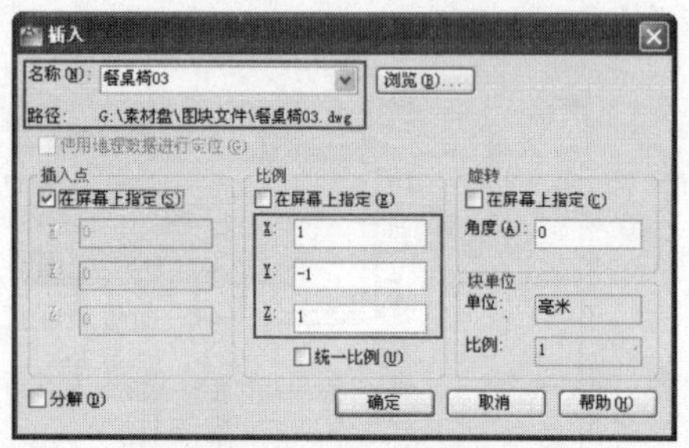

图 13-77　设置参数

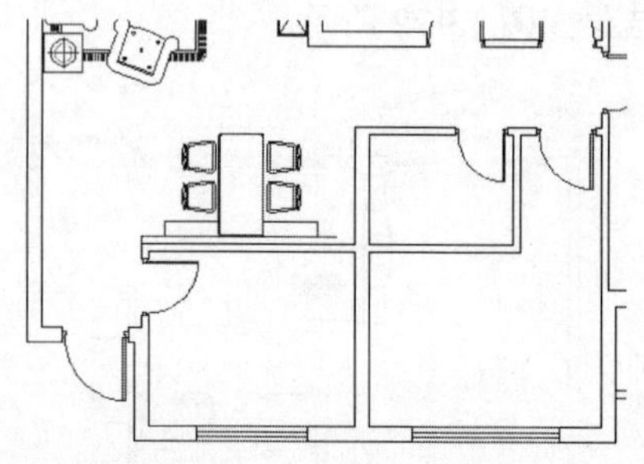

图 13-78　插入餐桌椅

11 接下来，综合使用“矩形”和“直线”命令，绘制酒水柜和墙面装饰柜示意图，结果如图 13-79 所示。

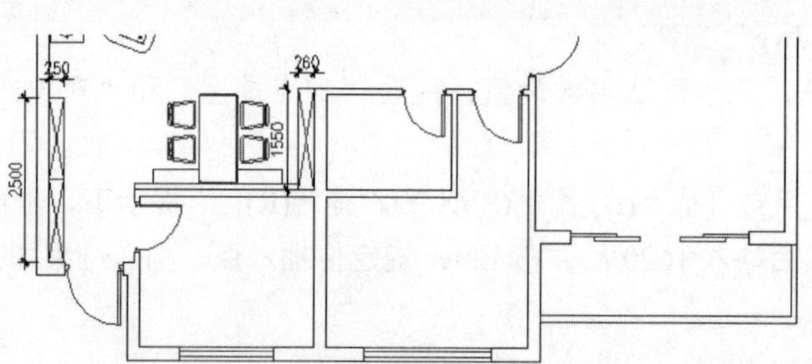

图 13-79　绘制酒水柜和墙面装饰柜

至此，客厅与餐厅家具布置图绘制完毕。下一节将学习主卧室和次卧室家具布置图的绘制过程和技巧。

13.4.2　绘制主卧和次卧布置图

01 继续上节操作。单击“视图”选项卡→“选项板”面板→“设计中心”按钮，定位随书光盘中的“图块文件”文件夹，如图 13-80 所示。

用户可以事先将随书光盘中的“图块文件”拷贝至用户计算机上，然后通过“设计中心”工具进行定位。

02 在右侧的窗口中选择“双人床 03.dwg”文件，然后单击鼠标右键，选择“插入为块”选项，如图 13-81 所示。将此图形以块的形式共享到平面图中。

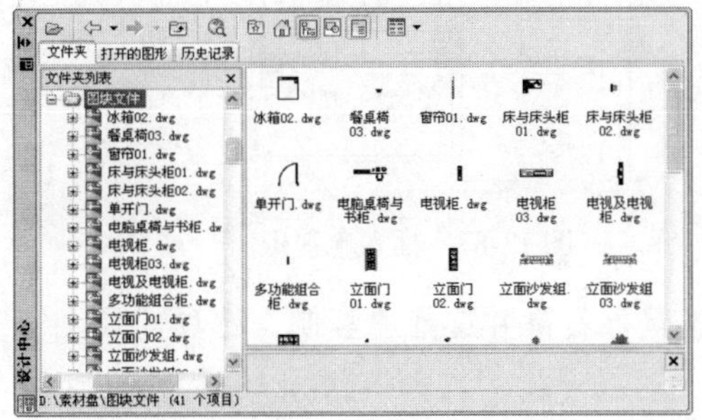

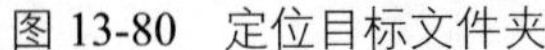

图 13-80　定位目标文件夹

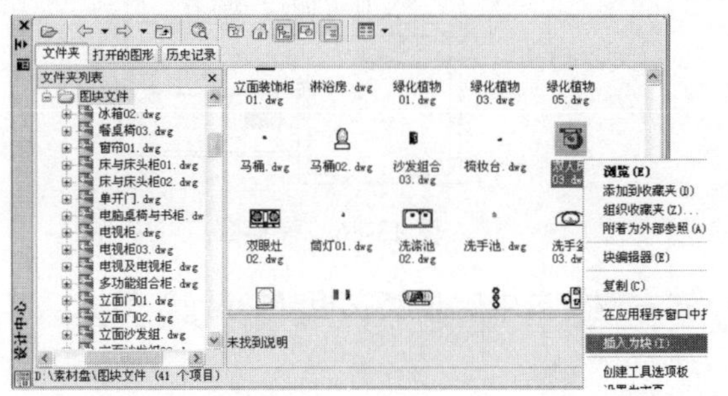

图 13-81　选择文件

03 此时系统打开“插入”对话框，在此对话框内设置参数，如图 13-82 所示，然后配合端点捕捉功能将该图块插入到平面图中，插入点如图 13-83 所示的端点，插入结果如图 13-84 所示。

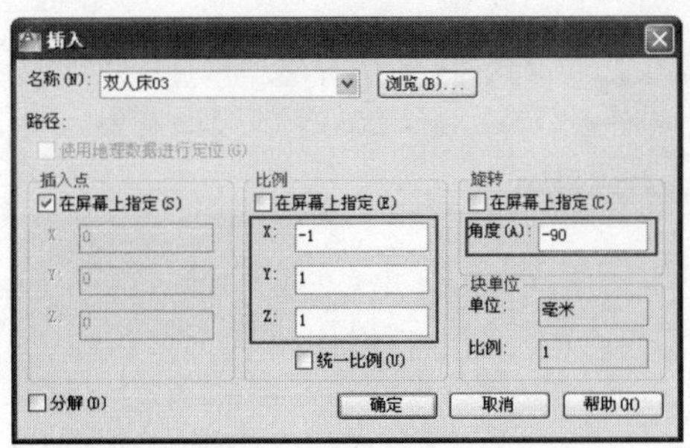

图 13-82　设置参数

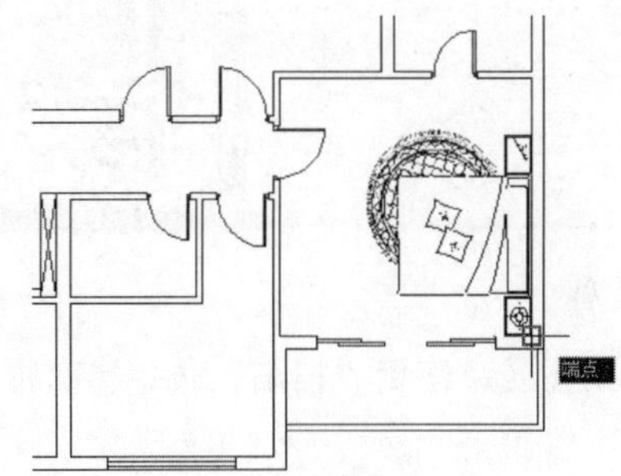

图 13-83　定位插入点

04 在“设计中心”右侧的窗口中向下移动滑块，找到“电视柜.dwg”文件并选择，如图 13-85 所示。

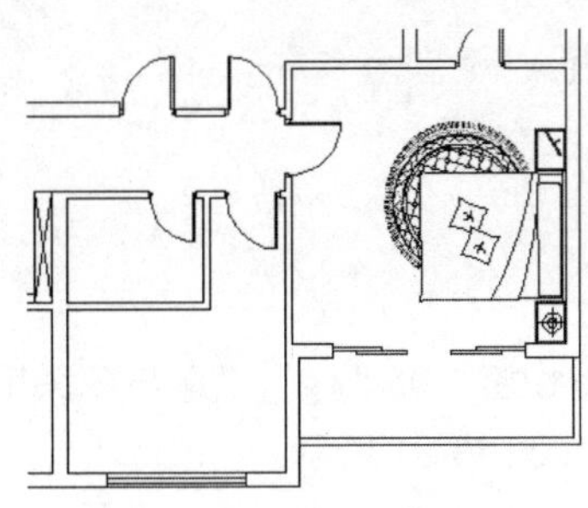

图 13-84　插入双人床

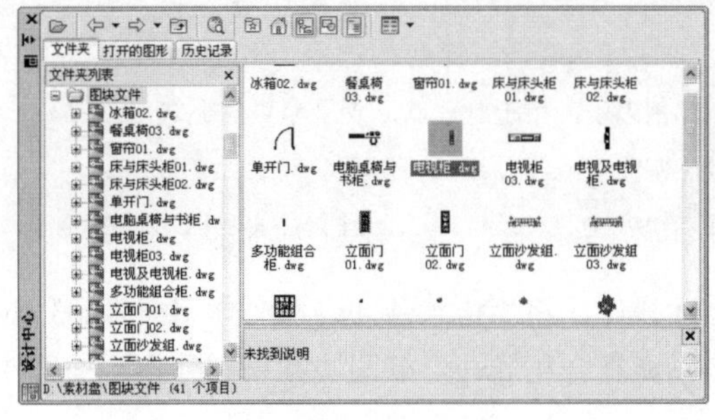

图 13-85　定位文件

05 按住鼠标不放将其拖曳至平面图中，配合端点捕捉功能将图块插入到平面图中。命令行操作如下：

```
命令： _-INSERT 输入块名或 [?]
单位：毫米　转换：　　　1.0
指定插入点或 [基点(B)/比例(S)/X/Y/Z/旋转(R)]：　//捕捉如图 13-86 所示的端点
输入 X 比例因子，指定对角点，或 [角点(C)/XYZ(XYZ)] <1>: // Enter
输入 Y 比例因子或 <使用 X 比例因子>:　// Enter
指定旋转角度 <0.0>:　// Enter，结果如图 13-87 所示
```

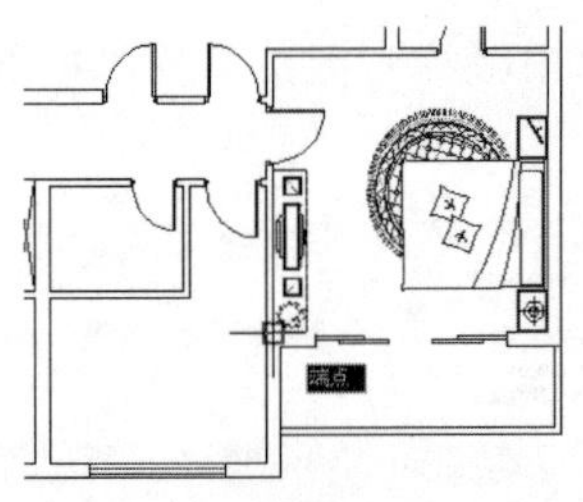

图 13-86　捕捉端点

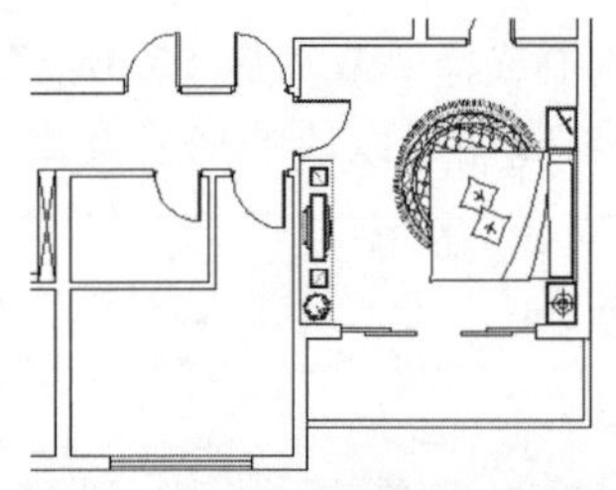

图 13-87　插入电视柜

06 在右侧窗口中定位“衣柜 02.dwg”图块，然后单击鼠标右键并选择“复制”选项，如图 13-88 所示。

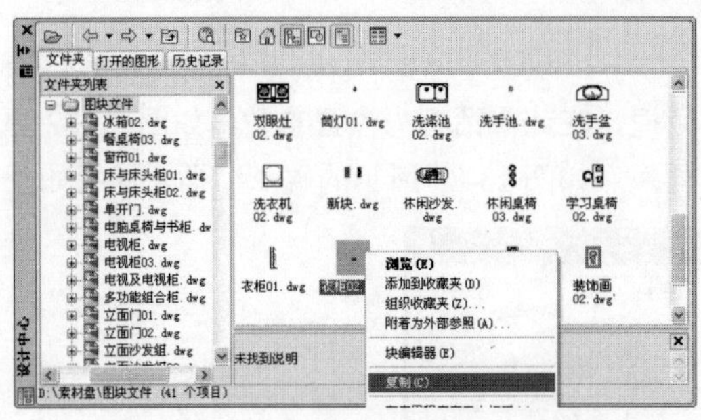

图 13-88　定位文件

07 返回绘图区，使用“粘贴”命令将衣柜图块粘贴到平面图中。命令行操作如下：

```
命令: _pasteclip
命令: _-INSERT 输入块名或 [?]
"D:\素材盘\图块文件\衣柜 02.dwg"
单位: 毫米　转换:　　1.0
指定插入点或 [基点(B)/比例(S)/X/Y/Z/旋转(R)]:　　//捕捉如图 13-89 所示的端点
输入 X 比例因子，指定对角点，或 [角点(C)/XYZ(XYZ)] <1>:　// Enter
输入 Y 比例因子或 <使用 X 比例因子>:　// Enter
指定旋转角度 <0.0>:　// Enter，结果如图 13-90 所示
```

08 参照上述操作，将“梳妆台.dwg”、“休闲桌椅 03.dwg”、“绿化植物 05.dwg”、“床与床头柜 02.dwg”和“多功能组合柜.dwg”等图块共享到卧室平面图中，结果如图 13-91 所示。

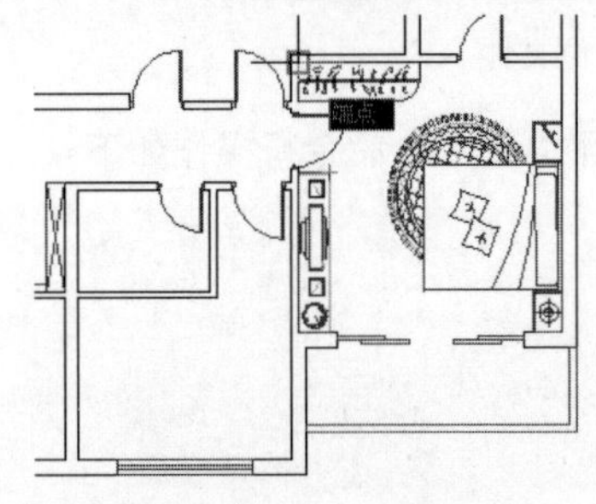

图 13-89　捕捉端点

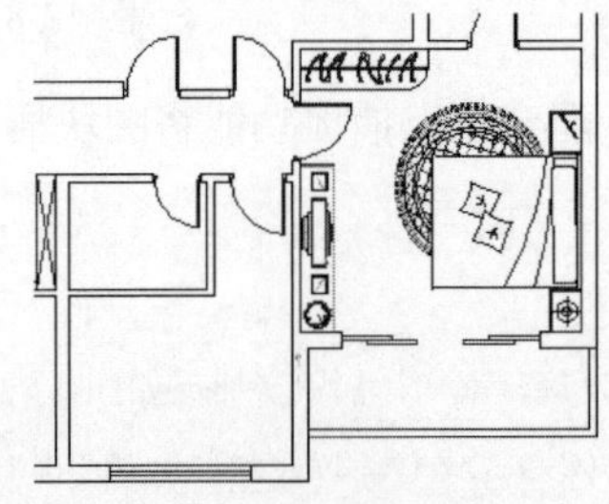

图 13-90　粘贴衣柜

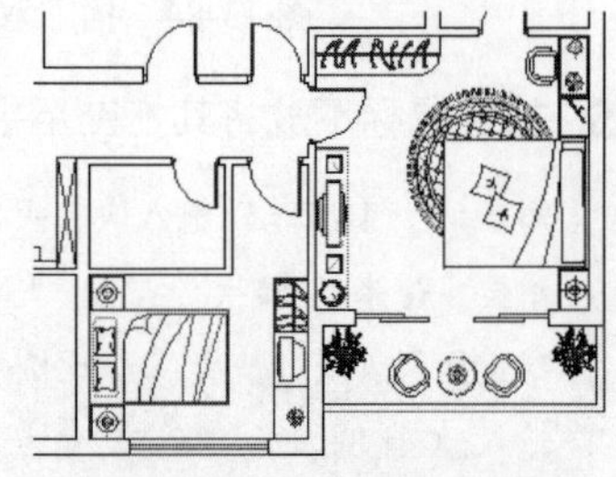

图 13-91　共享结果

至此，主卧室与次卧室家具布置图绘制完毕。下一节将学习书房和儿童房家具布置图的绘制过程和技巧。

13.4.3　绘制书房与儿童房布置图

01 继续上节操作。使用快捷键“PL”激活“多段线”命令，配合“捕捉自”和“坐标输入”功能绘制书房与儿童房之间的隔墙。命令行操作如下：

```
命令: pl                    // Enter
PLINE 指定起点:       //激活“捕捉自”功能
_from 基点:        //捕捉如图 13-92 所示的端点
<偏移>:          //@300,0 Enter
指定下一个点或 [圆弧(A)/半宽(H)/长度(L)/放弃(U)/宽度(W)]:  //@0,-1130 Enter
指定下一点或 [圆弧(A)/闭合(C)/半宽(H)/长度(L)/放弃(U)/宽度(W)]:  //@540,0 Enter
指定下一点或 [圆弧(A)/闭合(C)/半宽(H)/长度(L)/放弃(U)/宽度(W)]:  //@0,-1570 Enter
指定下一点或 [圆弧(A)/闭合(C)/半宽(H)/长度(L)/放弃(U)/宽度(W)]:
            // Enter，绘制结果如图 13-93 所示
```

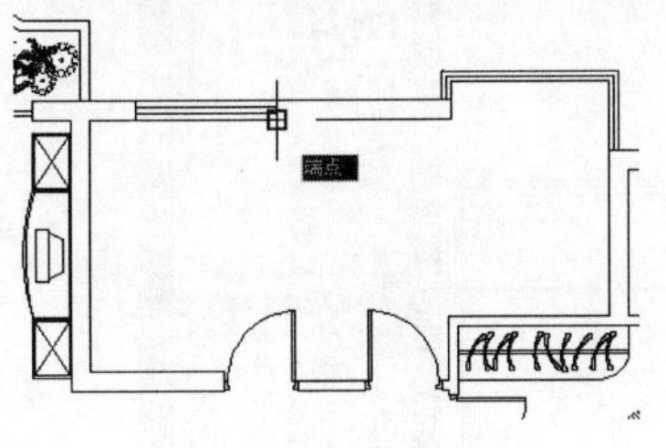

图 13-92　捕捉端点

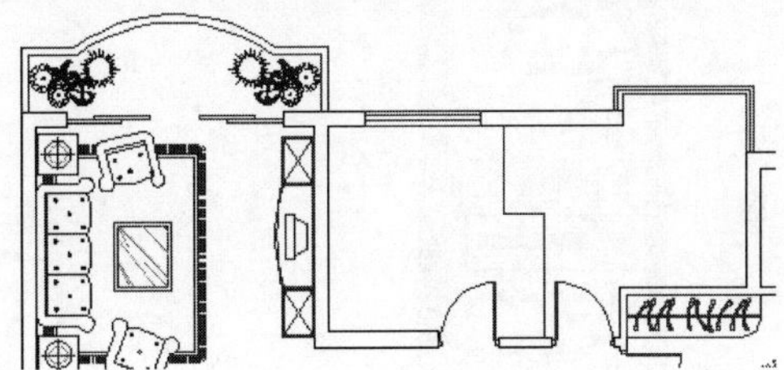

图 13-93　绘制隔墙

02 使用快捷键“O”激活“偏移”命令，将刚绘制的多段线向右侧偏移 30 个单位，结果如图 13-94 所示。

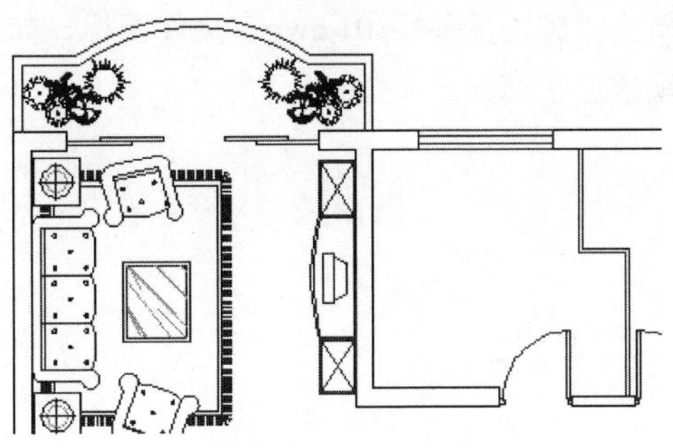

图 13-94　偏移结果

03 在“设计中心”左侧窗口中定位“图块文件”文件夹，然后单击鼠标右键，选择“创建块的工具选项板”选项，将“图块文件”文件夹创建为选项板，如图 13-95 所示。创建结果如图 13-96 所示。

04 在“工具选项板”窗口中向下拖动滑块，然后定位于“电脑桌椅与书柜.dwg”文件，如图 13-97 所示。

05 在“电脑桌椅与书柜.dwg”文件上按住鼠标不放，将其拖曳至绘图区，如图 13-98 所示。以块的形式共享此图形，结果如图 13-99 所示。

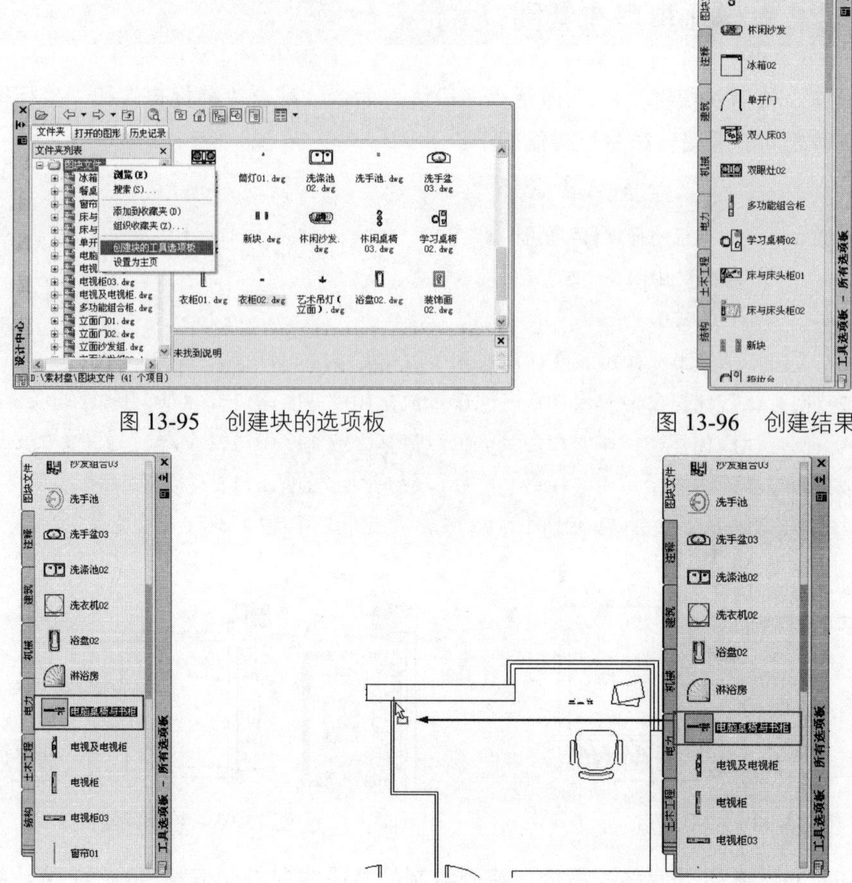

图 13-95　创建块的选项板　　图 13-96　创建结果

图 13-97　定位文件　　图 13-98　以“拖曳”方式共享

06 在“工具选项板”窗口中单击“床与床头柜 01.dwg”文件图标，如图 13-100 所示。然后将光标移至绘图区，此时图形将会呈现虚显状态。

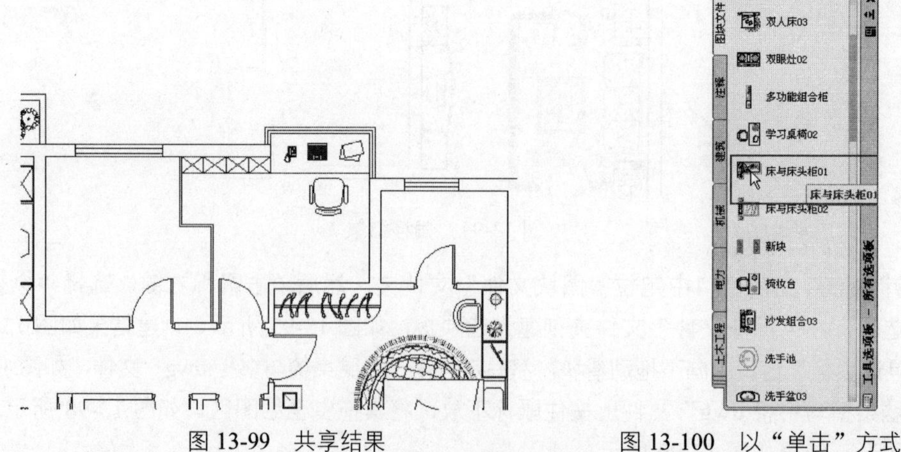

图 13-99　共享结果　　图 13-100　以“单击”方式共享

07 返回绘图区，在命令行“指定插入点或 [基点(B)/比例(S)/X/Y/Z/旋转(R)]:”提示下，捕捉如图 13-101 所示的端点；插入结果如图 13-102 所示。

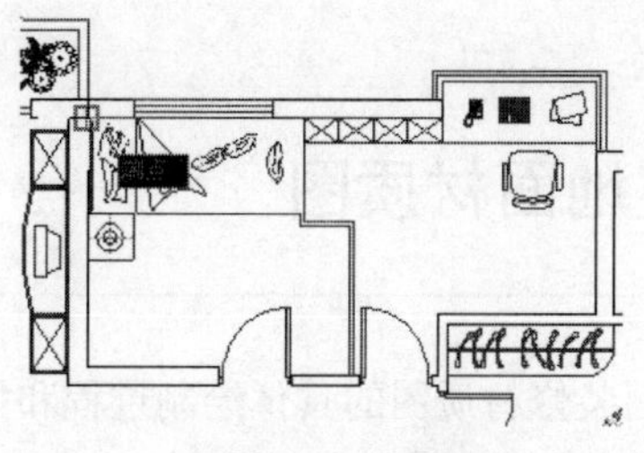

图 13-101　捕捉端点

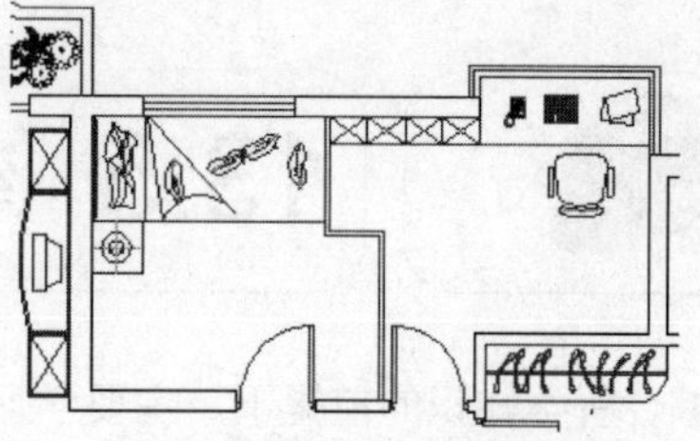

图 13-102　插入结果

08 参照上述操作，分别以“单击”和“拖曳”的形式，为书房布置“休闲沙发.dwg”和“绿化植物 03.dwg”图块；为儿童房布置“衣柜 01.dwg”和“学习桌椅 02.dwg”图块，布置结果如图 13-103 所示。

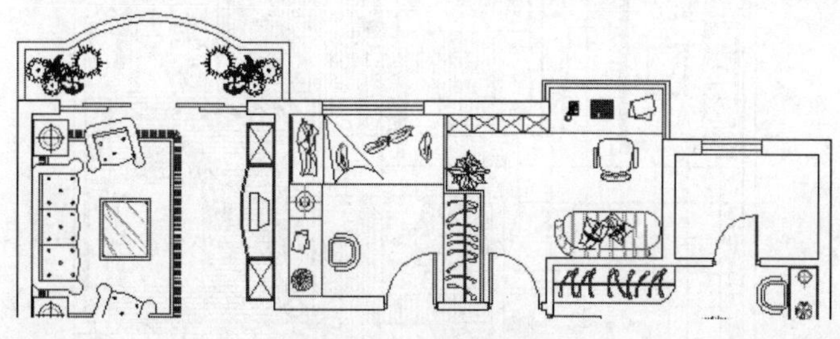

图 13-103　布置结果

13.4.4　绘制其他家具布置图

参照第 13.4.1~13.4.3 小节中的家具布置方法，综合使用“插入块”、“设计中心”和“工具选项板”等命令，为厨房布置“双眼灶 02.dwg”、“洗涤池 02.dwg”、“冰箱 02.dwg”和“洗衣机 02.dwg”图例；为卫生间布置“洗手盆 03.dwg”、“马桶.dwg”和“淋浴房.dwg”图例；为主卧卫生间布置“马桶.dwg”、“洗手池.dwg”、和“浴盆 02.dwg”图例，布置后的效果如图 13-104 所示。

接下来使用“多段线”命令，配合坐标输入功能绘制厨房操作台轮廓线，结果如图 13-105 所示。

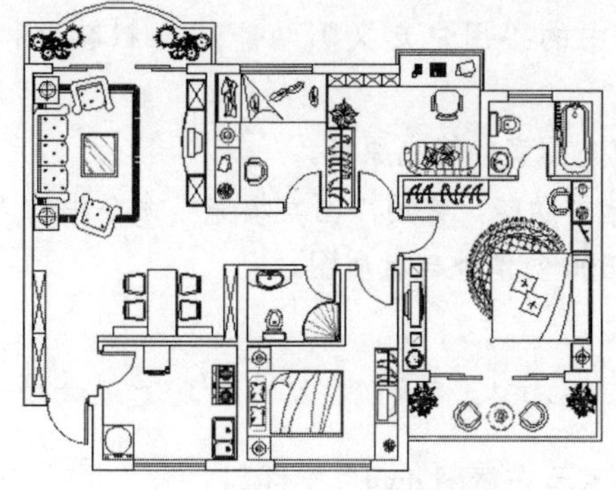

图 13-104　布置其他图例

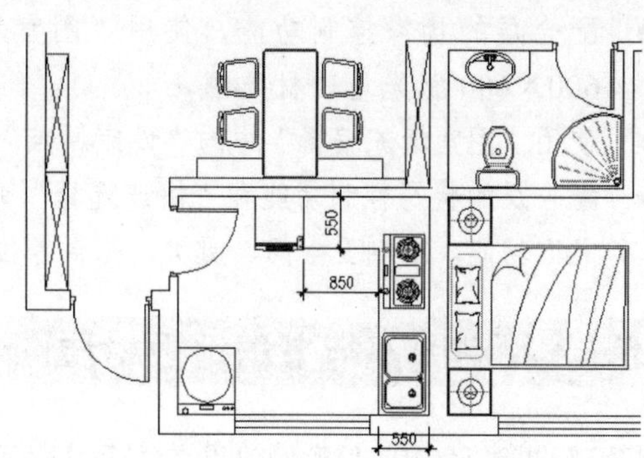

图 13-105　绘制厨房操作台

13.5 绘制多居室地面材质图

本例在综合所学知识的前提下，主要学习多居室户型地面装修材质图的具体绘制过程和技巧。多居室户型地面装修材质图的最终绘制效果如图 13-106 所示。

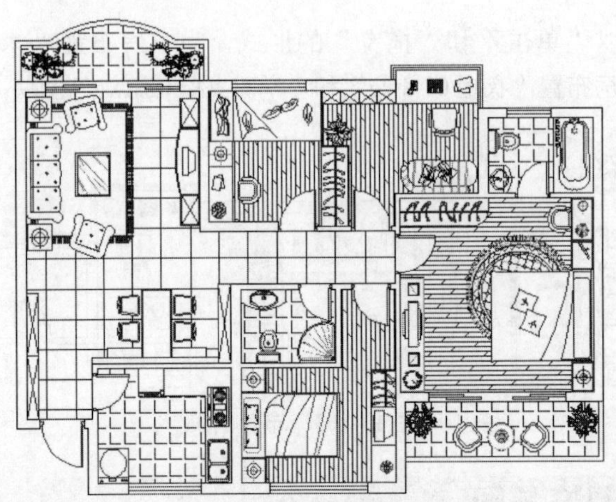

图 13-106　实例效果

在绘制多居室户型地面材质图时，具体可以参照如下绘图思路：

- 首先使用“直线”命令封闭各房间位置的门洞。
- 配合层的状态控制功能和“快速选择”命令中过滤选择功能，使用“图案填充”命令中的“预定义”功能，绘制卧室、书房、儿童房等房间内的地板材质图。
- 使用“多段线”命令绘制某些图块的边缘轮廓线。
- 配合层的状态控制功能，使用“图案填充”命令中的“用户定义”功能，绘制客厅和餐厅 600×600 抛光地砖材质图。
- 使用“图案填充编辑”中的“设定原点”功能更改填充图案的填充原点。
- 配合层的状态控制功能和“快速选择”命令中过滤选择功能，使用“图案填充”命令中的“预定义”功能，绘制卫生间、厨房、阳台等位置的 300×300 防滑地砖材质图。

13.5.1　绘制卧室与书房地板材质图

01 打开随书光盘中的“\实例效果文件\第 13 章\绘制多居室家具布置图.dwg”文件。

02 使用快捷键“LA”激活“图层”命令，在打开的“图层特性管理器”对话框中双击“填充层”，将其设置为当前层。

03 使用快捷键“L”激活“直线”命令，配合捕捉功能分别将各房间两侧门洞连接起来，以形成封闭区域，如图 13-107 所示。

04 在无命令执行的前提下，夹点显示卧室、书房及儿童房房间内的家具图块，如图 13-108 所示。

05 在“常用”选项卡→“图层”面板中，将夹点显示的对象暂时放置在“0”图层上，如图 13-109 所示。

06 取消对象的夹点显示。然后在“常用”选项卡→“图层”面板中冻结“家具层”，此时平面图的显示效果如图 13-110 所示。

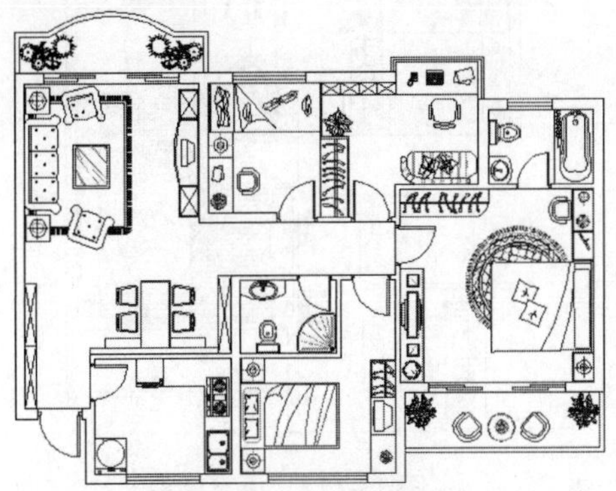
图 13-107　绘制结果

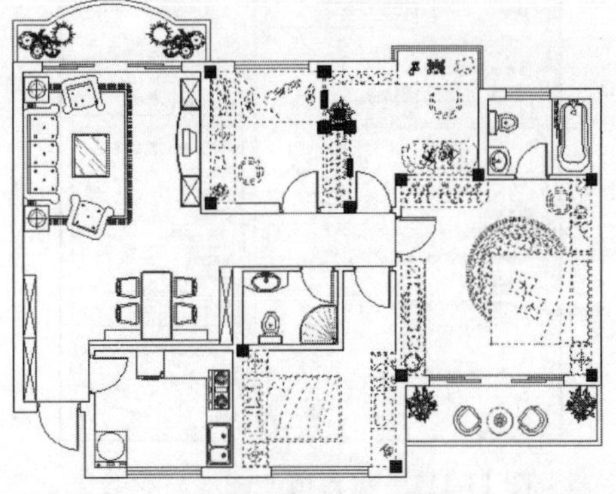
图 13-108　夹点结果

07 单击“常用”选项卡→“绘图”面板→“图案填充”按钮，激活“图案填充”命令。然后在命令行“拾取内部点或 [选择对象(S)/设置(T)]:”提示下，激活“设置”选项，打开“图案填充和渐变色”对话框。

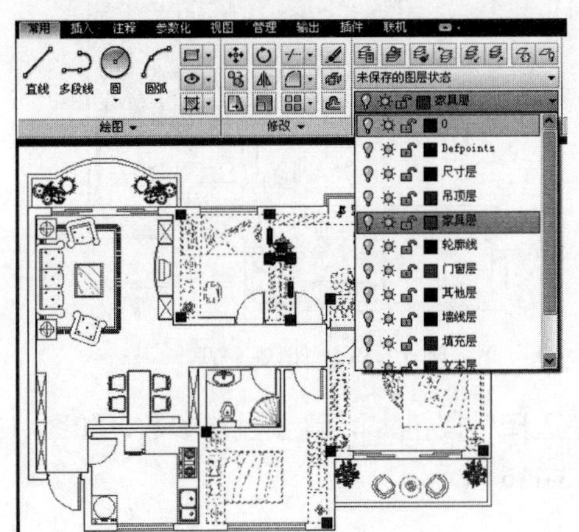

图 13-109　更改图块所在层

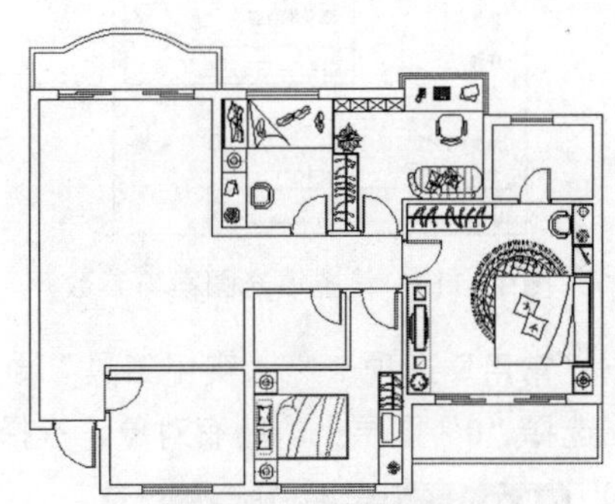
图 13-110　冻结图层后的效果

更改图层及冻结“家具层”的目的就是为了方便地面图案的填充，如果不关闭图块层，由于图块太多，会大大影响图案的填充速度。

08 在“图案填充和渐变色”对话框中选择填充图案并设置填充比例、角度、关联特性等，如图 13-111 所示。

09 单击“图案填充创建”选项卡→“边界”面板→“拾取点”按钮，返回绘图区，在主卧室房间空白区域内单击，系统会自动分析出填充边界并按照当前的图案设置进行填充，填充如图 13-112 所示的图案。

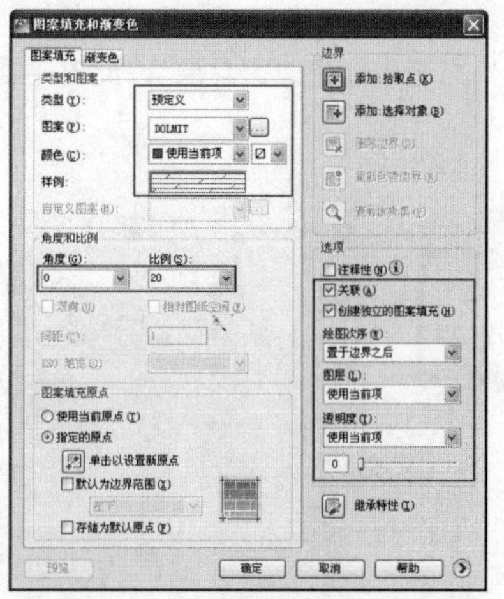

图 13-111　设置填充图案与参数

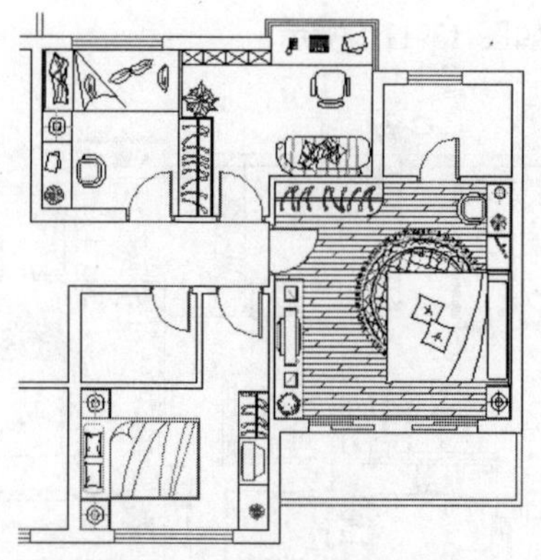

图 13-112　填充结果

10 参照步骤 07~09 的操作，分别为次卧室、书房和儿童房填充地板图案，其中填充图案与参数，设置如图 13-113 所示。填充结果如图 13-114 所示。

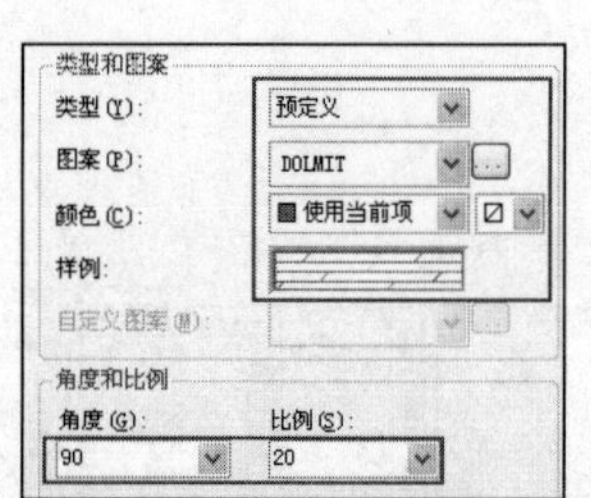

图 13-113　设置填充图案与参数

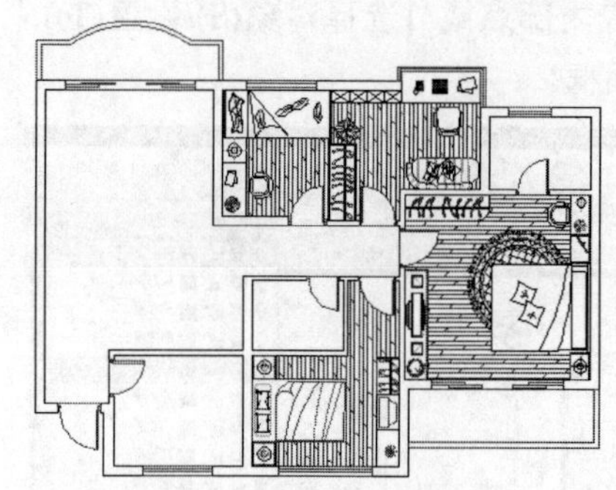

图 13-114　填充结果

11 单击“常用”选项卡→“实用工具”面板→“快速选择”按钮，设置过滤参数，如图 13-115 所示。选择“0”图层上的所有对象，选择结果如图 13-116 所示。

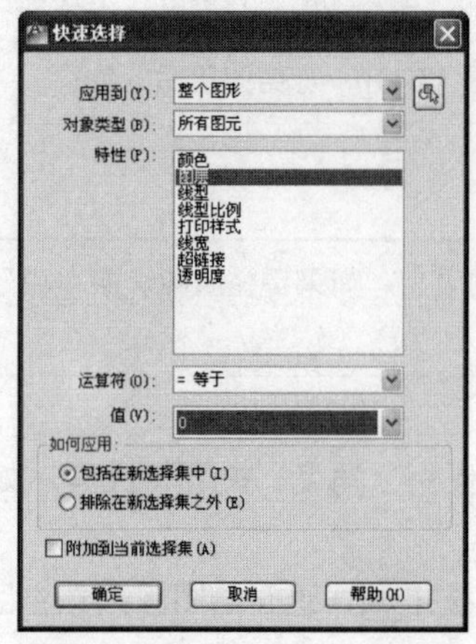

图 13-115　设置过滤参数

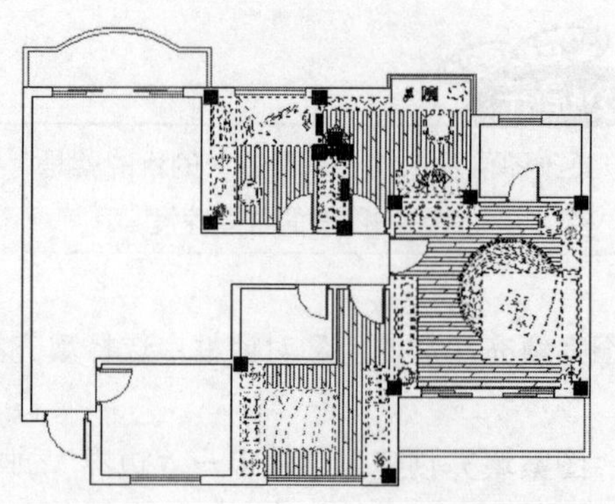

图 13-116　选择结果

12 在“常用”选项卡→“图层”面板中，将夹点显示的图形对象放到“家具层”上，同时解冻“家具层”。此时平面图的显示效果如图 13-117 所示。

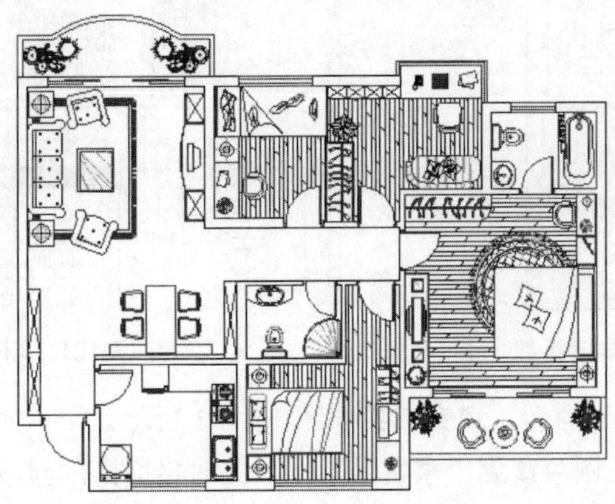

图 13-117　解冻图层后的效果

至此，卧室、书房与儿童房地板材质图绘制完毕。下一节将学习客厅与餐厅抛光地砖材质图的绘制过程和技巧。

13.5.2　绘制客厅与餐厅抛光地砖材质

01 继续上节操作。使用快捷键“PL”激活“多段线”命令，配合“对象捕捉”功能绘制客厅沙发组合图例的外边缘轮廓，然后夹点显示外边缘轮廓及其他家具图块，如图 13-118 所示。

02 在“常用”选项卡→“图层”面板中，将夹点显示的图形暂时放置在“0 图层上”，并冻结“家具层”，平面图的显示效果如图 13-119 所示。

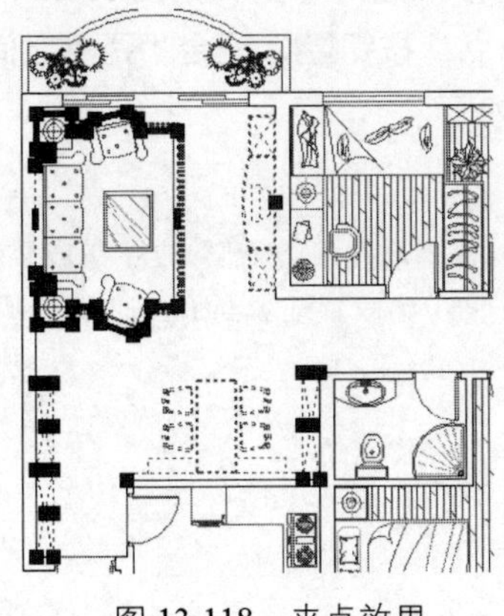

图 13-118　夹点效果

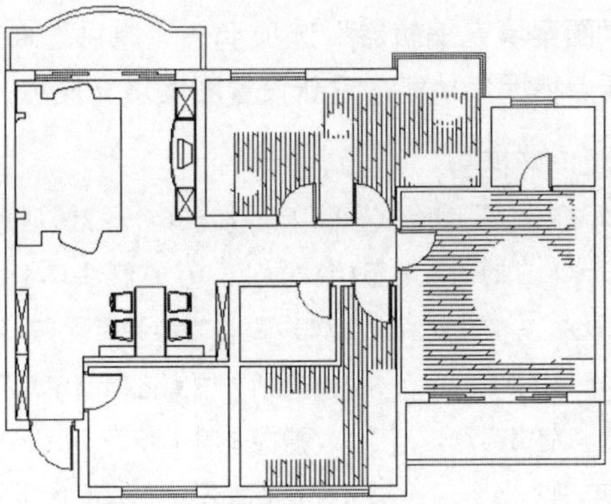

图 13-119　冻结图层后的效果

03 单击“常用”选项卡→“绘图”面板→“图案填充”按扭，在命令行“拾取内部点或 [选择对象(S)/设置(T)]:”提示下，激活“设置”选项，打开“图案填充和渐变色”对话框。

04 在“图案填充和渐变色”对话框中选择填充图案并设置填充比例、角度、关联特性等，如图 13-120 所示。

05 单击“图案填充创建”选项卡→“边界”面板→“拾取点”按钮，返回绘图区，在客厅房间空白区域内单击，系统会自动分析出填充边界，如图 13-121 所示。

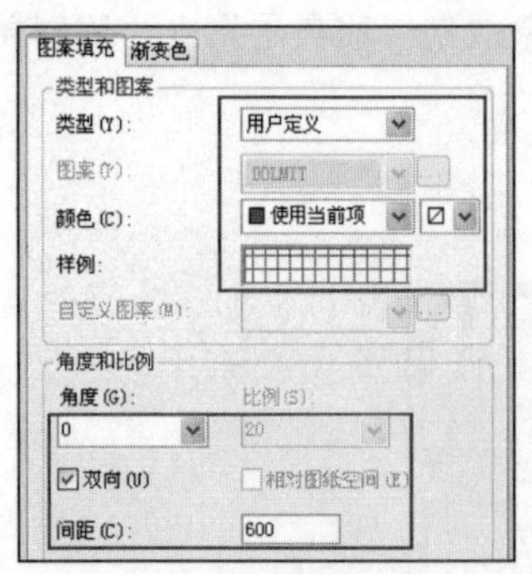

图 13-120　设置填充图案与参数

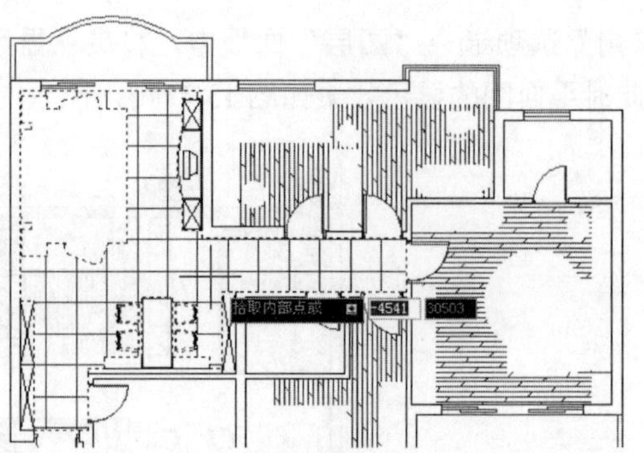

图 13-121　填充结果

06 按 Enter 键结束“图案填充”命令，填充结果如图 13-122 所示。

07 将客厅和餐厅内的各家具图例放置到“家具层”上。此时平面图的显示效果如图 13-123 所示。

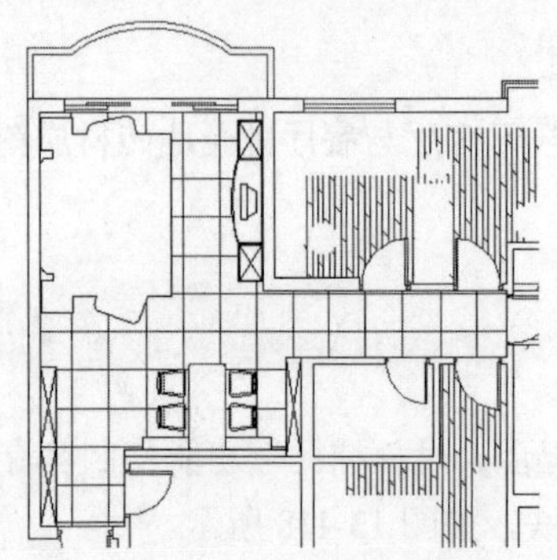

图 13-122　填充结果

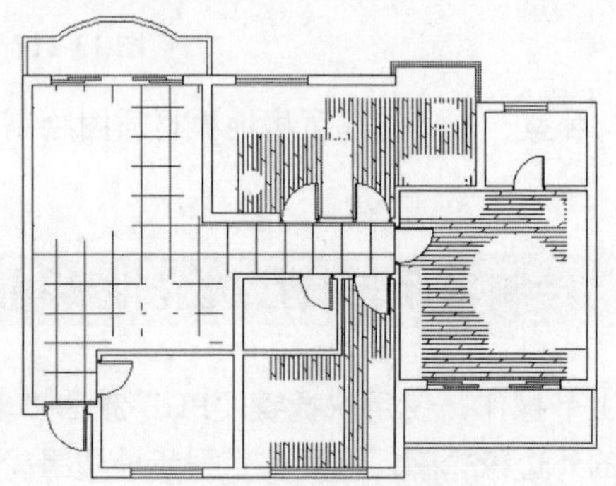

图 13-123　操作结果

08 在无任何命令执行的前提下单击刚填充的地砖图案，使其呈现夹点显示状态，如图 13-124 所示。

09 单击“图案填充编辑器”选项卡→“原点”面板→“设定原点”按钮，配合“两点之间的中点”和“端点捕捉”功能，重新设置图案填充原点。命令行操作如下：

```
命令: _-HATCHEDIT
输入图案填充选项 [解除关联(DI)/样式(S)/特性(P)/绘图次序(DR)/添加边界(AD)/删除边界(R)/重新创建边界(B)/关联(AS)/独立的图案填充(H)/原点(O)/注释性(AN)/图案填充颜色(CO)/图层(LA)/透明度(T)] <特性>:
_O[使用当前原点(U)/设置新原点(S)/默认为边界范围(D)] <使用当前原点>:  _S
选择点:                    //激活“两点之间的中点”功能
_m2p 中点的第一点:          //捕捉如图 13-125 所示的端点
中点的第二点:               //捕捉如图 13-126 所示的端点
要存储为默认原点吗? [是(Y)/否(N)] <N>:
// Enter，更改填充原点后的效果如图 13-127 所示
```

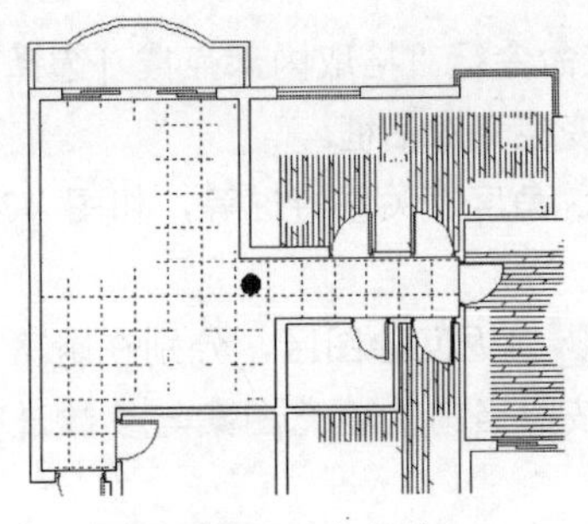

图 13-124　夹点效果

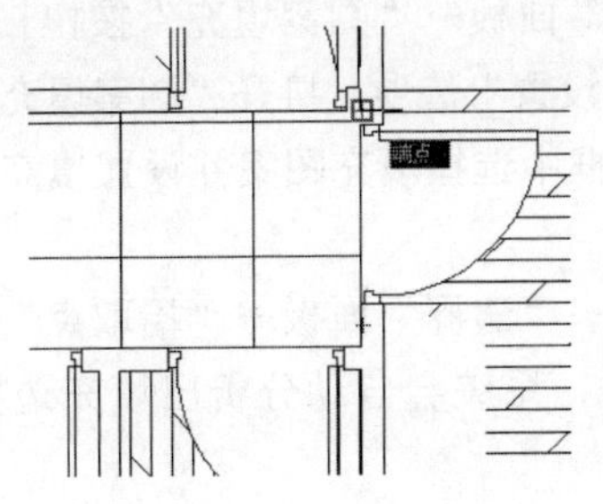

图 13-125　捕捉端点

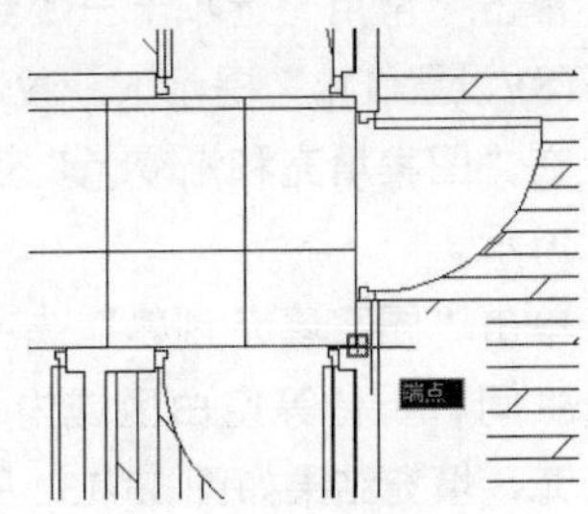

图 13-126　捕捉端点

在更改图案填充原点时，为了避免填充线延伸至填充边区域之外，可以事先冻结“家具层”。

10 在“常用”选项卡→“图层”面板中解冻“家具层”，平面图的显示效果如图 13-128 所示。

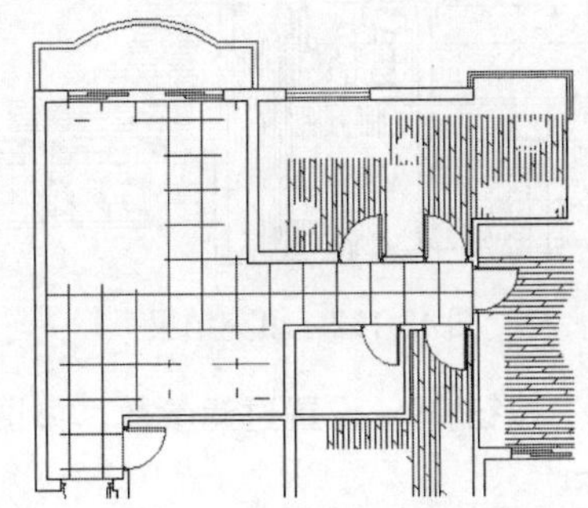

图 13-127　更改填充原点后的效果

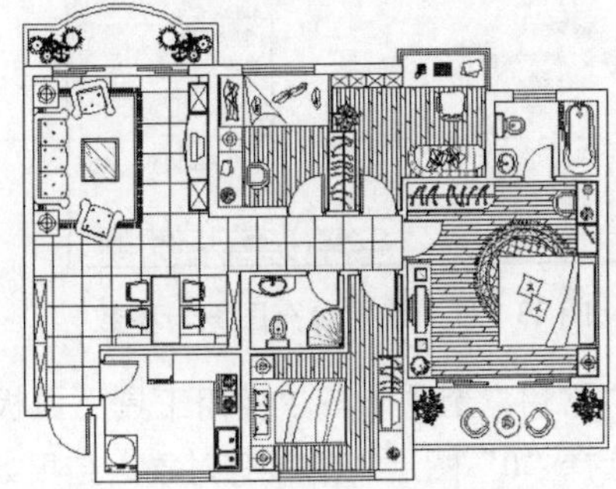

图 13-128　解冻“家具层”后的效果

至此，客厅和餐厅地面材质图绘制完毕。下一节学习厨房、卫生间、阳台等地砖材质图的绘制过程。

13.5.3　绘制厨房与卫生间防滑地砖材质

01 继续上节操作。在无命令执行的前提下，夹点显示如图 13-129 所示的对象。

02 在“常用”选项卡→“图层”面板中，将夹点显示的图形放到 “0 图层”上并冻结“家具层”，平面图的显示效果如图 13-130 所示。

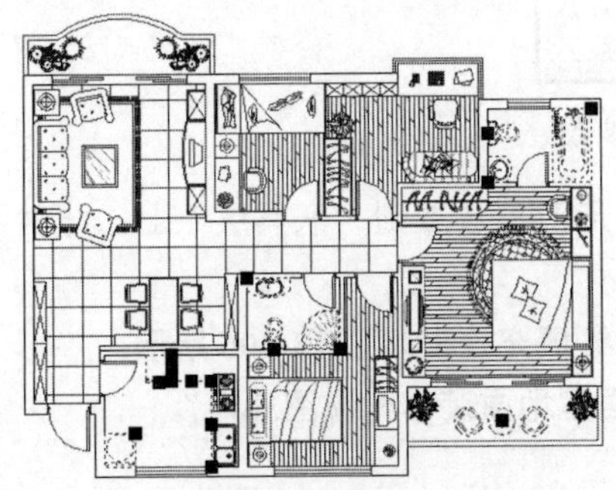

图 13-129　夹点效果

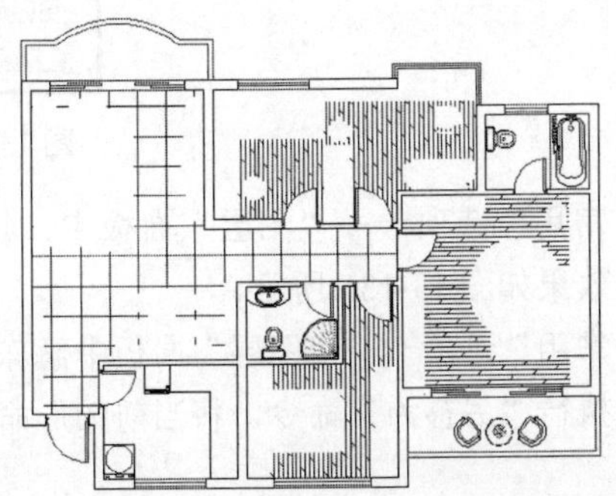

图 13-130　平面图的显示

03 单击“常用”选项卡→“绘图”面板→“图案填充”按钮，在命令行“拾取内部点或 [选择对象(S)/设置(T)]:”提示下，激活“设置”选项，打开“图案填充和渐变色”对话框。

04 在“图案填充和渐变色”对话框中选择填充图案并设置填充比例、角度、关联特性等，如图 13-131 所示。

05 单击“图案填充创建”选项卡→“边界”面板→“拾取点”按钮，返回绘图区，分别在厨房、卫生间、阳台等空白区域内单击，系统会自动分析出填充边界并按照当前的填充图案与参数进行填充，填充结果如图 13-132 所示。

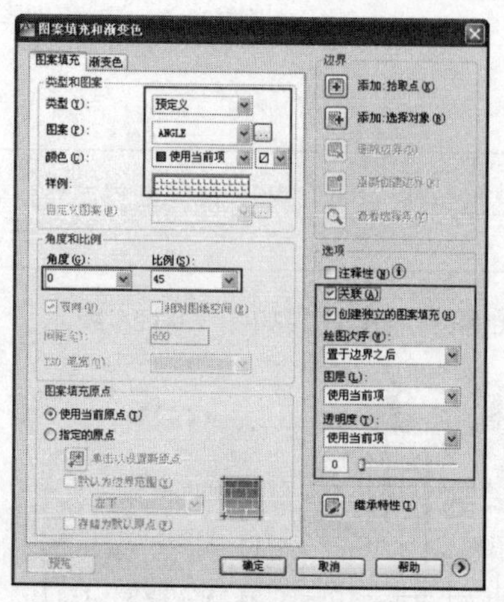

图 13-131　设置填充图案与参数

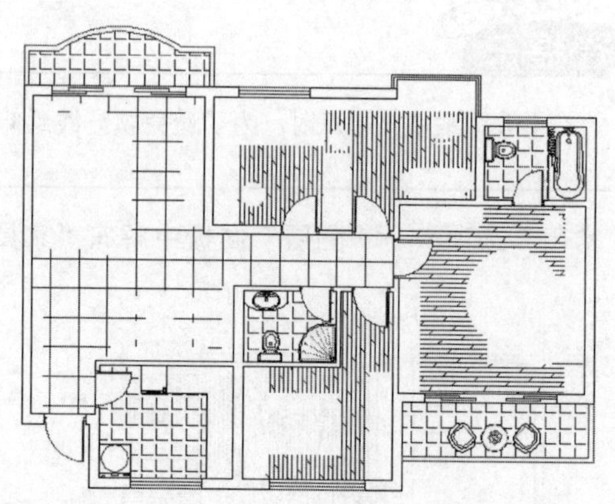
图 13-132　填充结果

06 单击“常用”选项卡→“实用工具”面板→“快速选择”按钮，设置过滤参数，如图 13-133 所示，选择“0”图层上的所有对象，结果如图 13-134 所示。

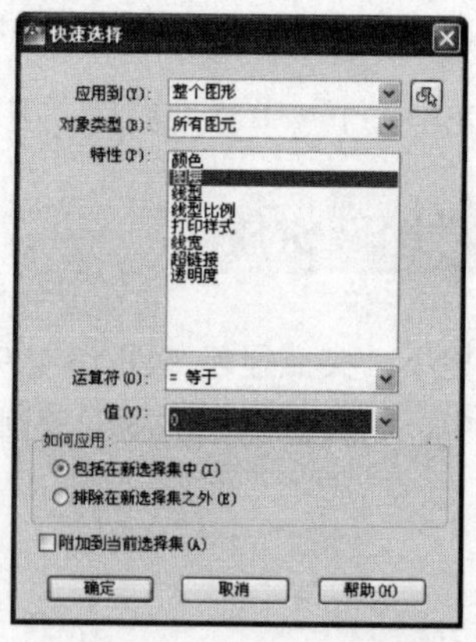

图 13-133　设置过滤参数

07 在“常用”选项卡→“图层”面板中，将夹点显示的图形对象放置到“家具层”上，此时平面图的显示效果如图 13-135 所示。

08 在“常用”选项卡→“图层”面板中解冻“家具层”，最终填充效果如图 13-106 所示。

09 最后执行“另存为”命令，将当前图形命名存储为“多居室地面装修材质图.dwg”。

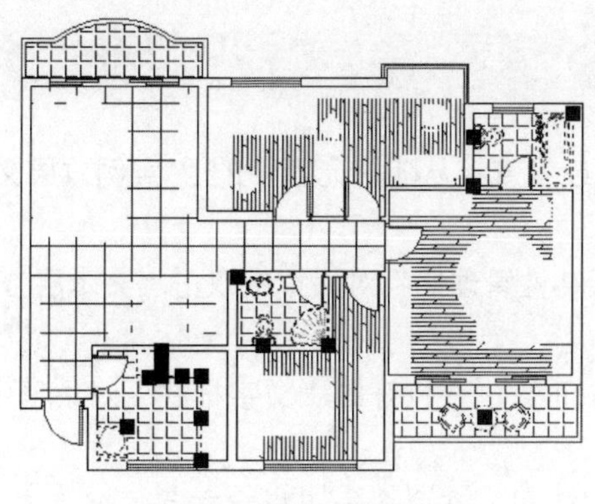

图 13-134　选择结果

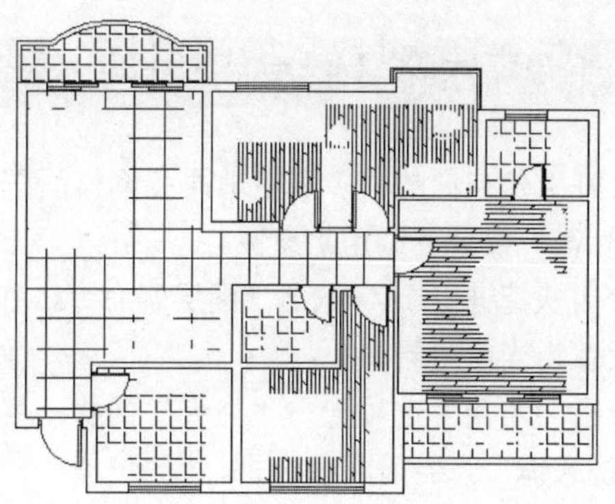

图 13-135　更改图层后的效果

13.6 标注多居室装修布置图

本例通过为多居室户型布置图标注房间功能、地面材质注解、墙面投影及施工尺寸，主要学习室内布置图的后期标注过程和标注技巧。本例最终标注效果如图 13-136 所示。

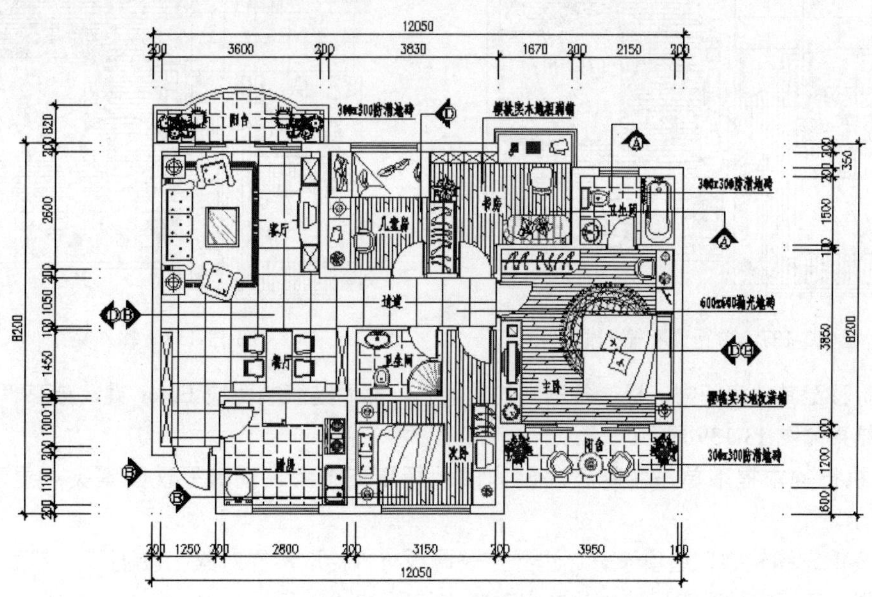

图 13-136　实例效果

在标注多居室户型装修布置图时，具体可以参照如下绘图思路：

- 首先使用“单行文字”、“编辑图案填充”命令标注多居室户型各房间的使用功能。
- 使用“复制”、“直线”、“编辑文字”命令标注多居室户型地面材质注解。
- 使用“多段线”、“圆”、“修剪”、“图案填充”、“定义属性”、“创建块”等命令制作投影符号属性块。
- 使用“直线”、“插入块”、“编辑属性”等命令绘制投影符号指示线并标注布置图墙面投影。
- 最后使用“构造线”、“线性”、“连续”等命令标注户型布置图尺寸。

13.6.1 标注布置图房间功能

01 打开上例存储的“多居室地面装修材质图.dwg”文件，或者直接从随书光盘中的“\实例效果文件\第13章\”目录下调用此文件。

02 使用快捷键“LA”激活“图层”命令，在打开的“图层特性管理器”对话框中双击“文本层”，将其设置为当前图层。

03 单击“常用”选项卡→“注释”面板→“文字样式”按钮，在打开的“文字样式”对话框中设置“仿宋体”为当前文字样式。

04 单击“常用”选项卡→“注释”面板→“单行文字”按钮，在命令行“指定文字的起点或 [对正(J)/样式(S)]：”的提示下，在主卧室房间内的适当位置上单击，拾取一点作为文字的起点。

05 继续在命令行“指定高度 <2.5>：”提示下，输入 240 并按 Enter 键，将当前文字的高度设置为 240 个绘图单位。

06 在“指定文字的旋转角度<0.00>：”提示下，直接按 Enter 键，表示不旋转文字。此时绘图区会出现一个单行文字输入框，如图 13-137 所示。

07 在单行文字输入框内输入“主卧”，此时所输入的文字会出现在单行文字输入框内，如图 13-138 所示。

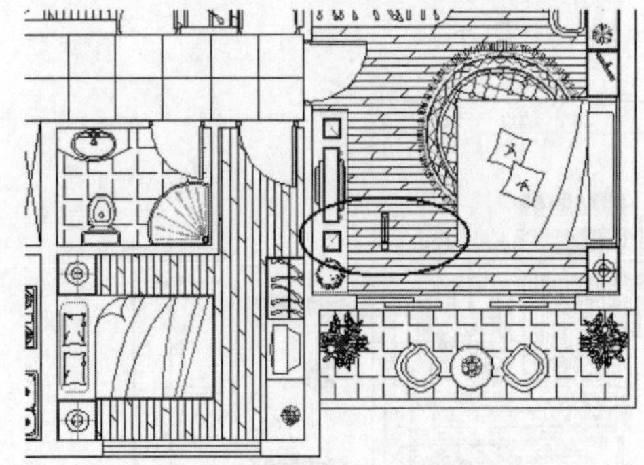

图 13-137 单行文字输入框

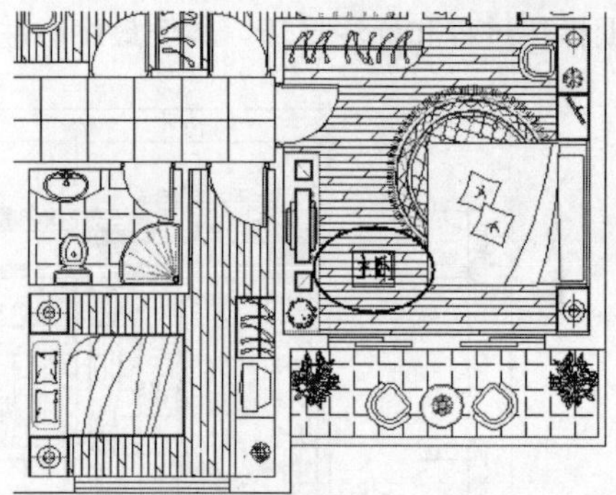

图 13-138 输入文字

08 分别将光标移至其他房间内，标注各房间的功能性，然后连续按两次 Enter 键，结束“单行文字”命令，标注结果如图 13-139 所示。

09 在无命令执行的前提下单击主卧室房间内的地板填充图案，使其呈现图案夹点显示状态，如图 13-140 所示。

10 单击“图案填充编辑器”选项卡→“边界”→面板→“拾取边界对象”按钮，然后在命令行“选择对象”提示下，选择图案区域内的文字对象，如图 13-141 所示。

11 继续在命令行“选择对象：”提示下，连续按两次 Enter 键结束命令，结果所选择的文字对象以孤岛的形式被排除在填充区域之外，如图 13-142 所示。

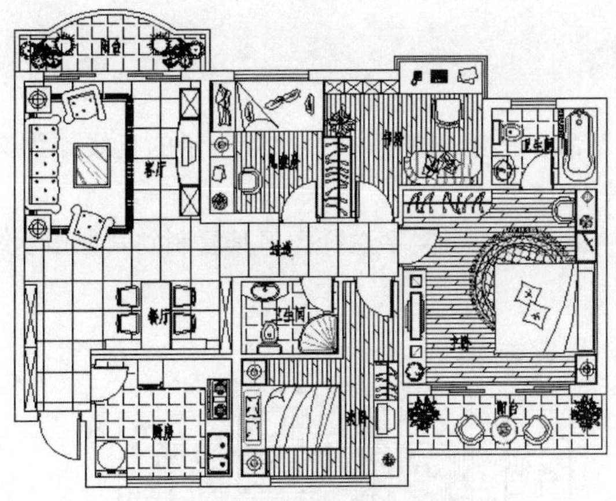

图 13-139　标注其他房间功能

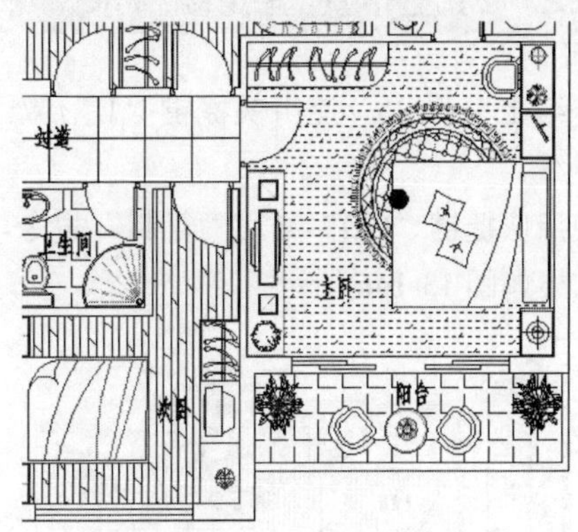

图 13-140　夹点显示状态

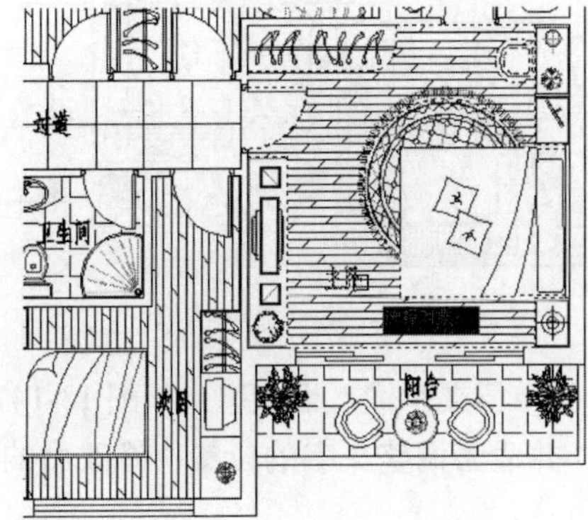

图 13-141　选择文字对象

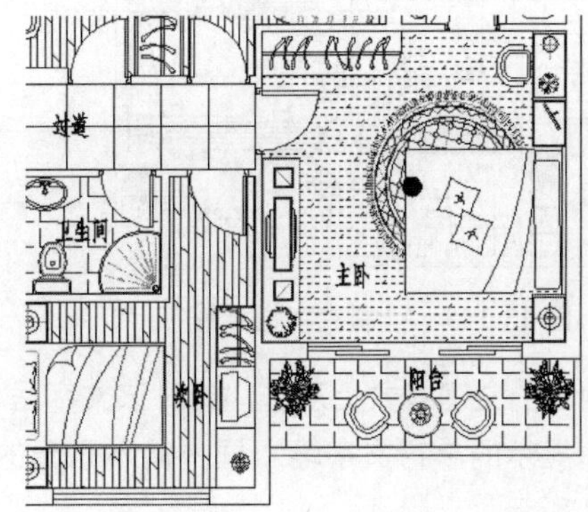

图 13-142　编辑结果

12 按 Esc 键取消图案的夹点显示状态，结果如图 13-143 所示。

13 参照步骤 09~12 的操作，分别修改书房、儿童房、次卧、厨房、客厅、阳台、卫生间等内的填充图案，将图案内的文字以孤岛的形式排除在图案区域外，结果如图 13-144 所示。

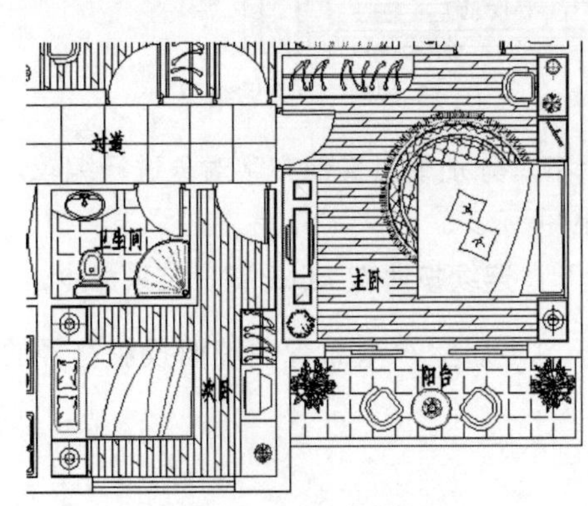

图 13-143　取消夹点显示

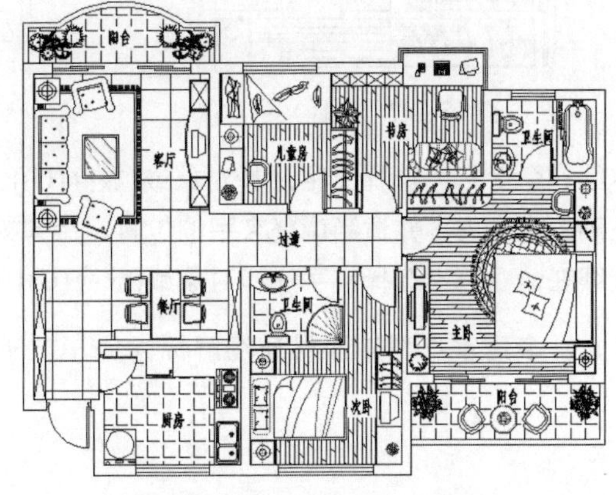

图 13-144　修改其他填充图案

至此，多居室户型布置图的房间功能性注释标注完毕。下一节将学习地面材质注释的标注方法和技巧。

13.6.2 标注布置图装修材质 

01 继续上节操作。使用快捷键“L”激活“直线”命令，绘制如图 13-145 所示的直线作为文字指示线。

02 使用快捷键“CO”激活“复制”命令，选择其中的一个单行文字注释，将其复制到其他指示线上，结果如图 13-146 所示。

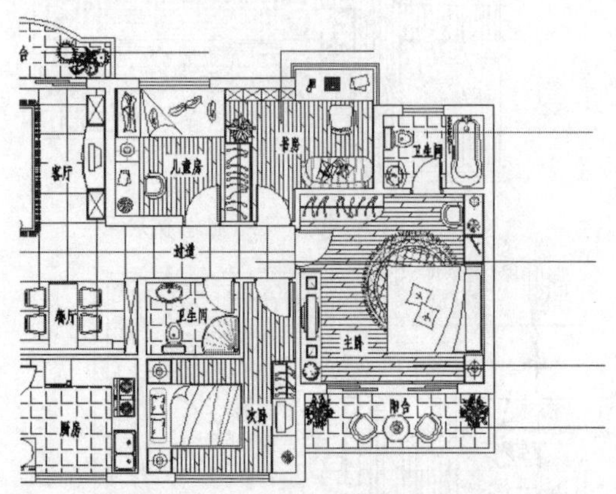

图 13-145　绘制文字指示线

图 13-146　复制结果

03 在复制出的文字对象上双击，此时该文字呈现反白显示的单行文字输入框状态，如图 13-147 所示。

04 在反白显示的单行文字输入框内输入正确的文字注释，并适当调整文字的位置，修改后的结果如图 13-148 所示。

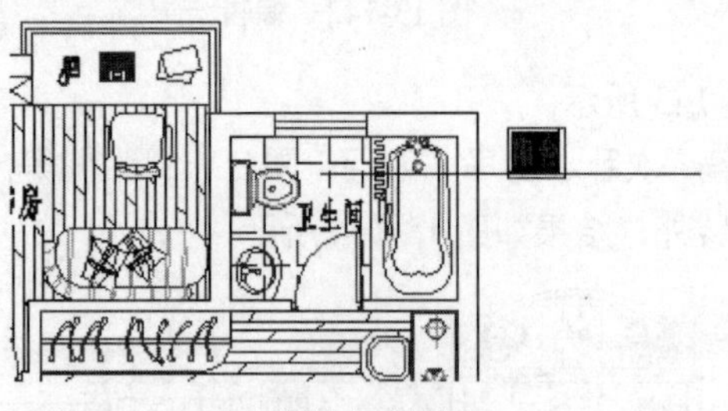

图 13-147　选择文字对象

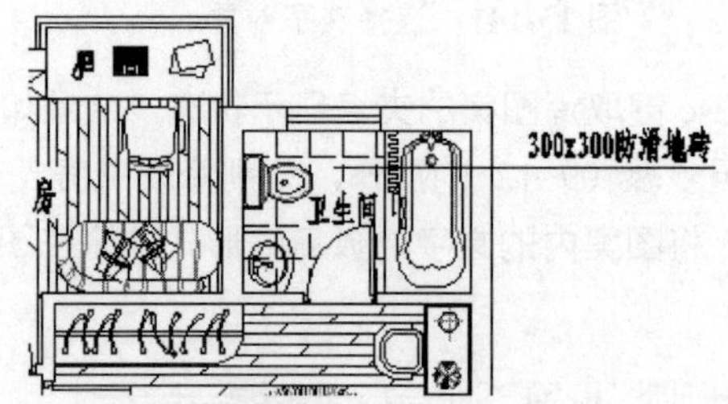

图 13-148　修改后结果

05 继续在命令行“选择文字注释对象或[放弃(U)]：”的提示下，分别单击其他文字对象进行编辑，输入正确的文字内容并适当调整文字的位置，结果如图 13-149 所示。

06 继续在命令行“选择文字注释对象或[放弃(U)]：”的提示下，连续按两次 Enter 键，结束命令。

至此，多居室户型地面材质注解标注完毕。下一节将学习多居室户型布置图墙面投影符号的标注过程。

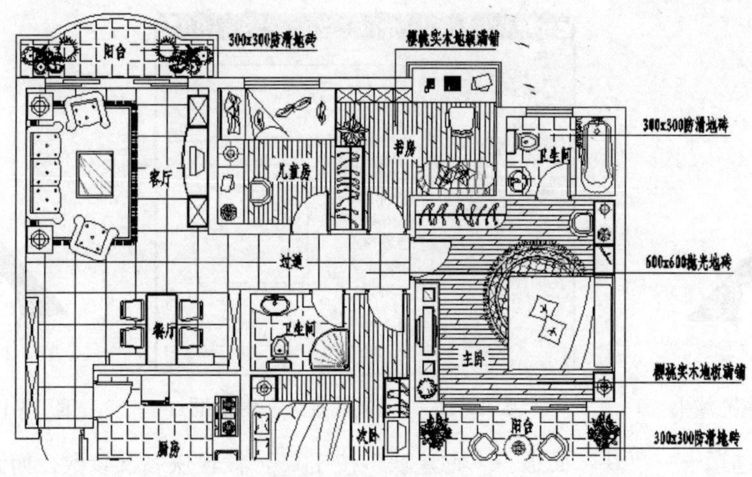

图 13-149　编辑其他文字

13.6.3　标注布置图墙面投影

01 继续上节操作。使用快捷键“LA”激活“图层”命令，在打开的“图层特性管理器”对话框中双击“0”图层，将其设置为当前图层。

02 单击“常用”选项卡→“绘图”面板→“多段线”按钮，配合“极轴追踪”和“坐标输入”功能，绘制如图 13-150 所示的投影符号。

03 单击“常用”选项卡→“绘图”面板→“圆”按钮，配合“中点捕捉”绘制半径为 4 的圆，如图 13-151 所示。

04 单击“常用”选项卡→“修改”面板→“修剪”按钮，对投影符号进行修剪，结果如图 13-152 所示。

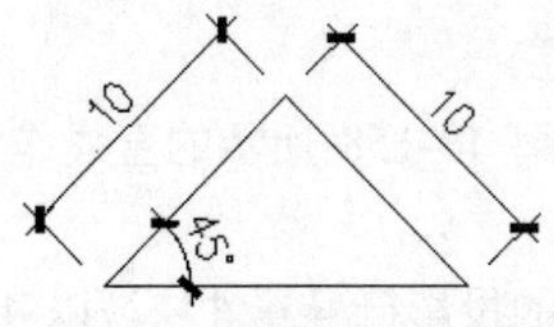

图 13-150　绘制投影符号

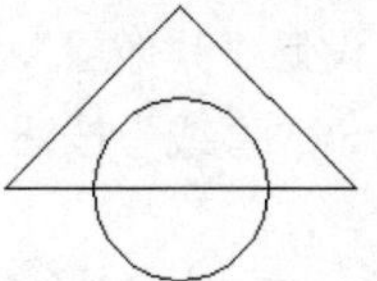

图 13-151　绘制圆

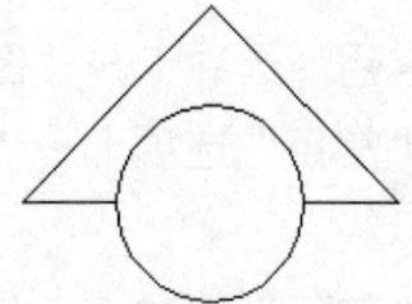

图 13-152　修剪结果

05 单击“常用”选项卡→“绘图”面板→“图案填充”按钮，为投影符号填充实体图案，填充结果如图 13-153 所示。

06 在“常用”选项卡→“注释”面板中设置“COMPLEX”为当前文字样式。

07 单击“常用”选项卡→“块”面板→“定义属性”按钮，在打开的“属性定义”对话框中设置属性，如图 13-154 所示。为投影符号定义文字属性，属性的插入点为圆心，定义结果如图 13-155 所示。

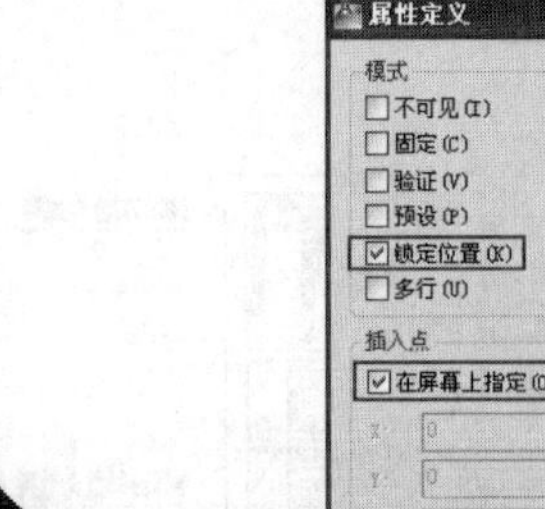

图 13-153 填充结果

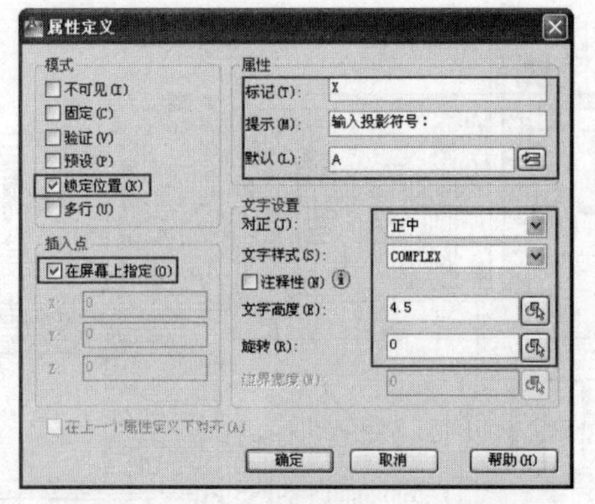

图 13-154 “属性定义”对话框

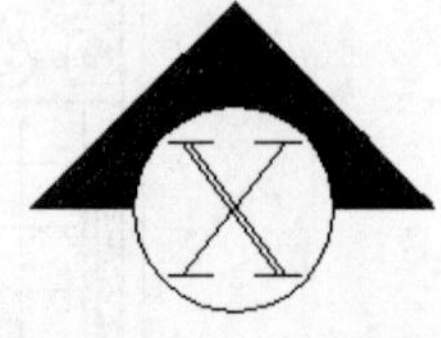

图 13-155 定义结果

08 单击“常用”选项卡→“块”面板→“创建块”按钮，设置块名及参数，如图 13-156 所示。将“投影符号”和定义的文字属性一起创建为属性块，基点为图 13-157 所示的端点。

图 13-156 设置块参数

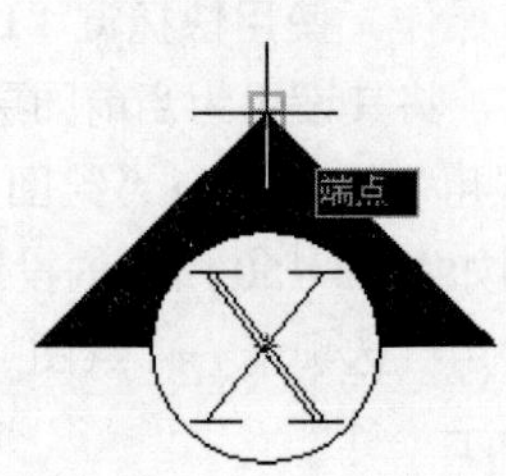

图 13-157 捕捉端点

09 在“常用”选项卡→“图层”面板中设置“其他层”为当前操作层。

10 单击“常用”选项卡→“绘图”面板→“直线”按钮，绘制如图 13-158 所示的直线作为投影符号的指示线。

11 单击“常用”选项卡→“块”面板→“插入”按钮，将刚定义的投影符号属性块，以 45 倍的等比缩放比例插入到指示线的端点处，结果如图 13-159 所示。

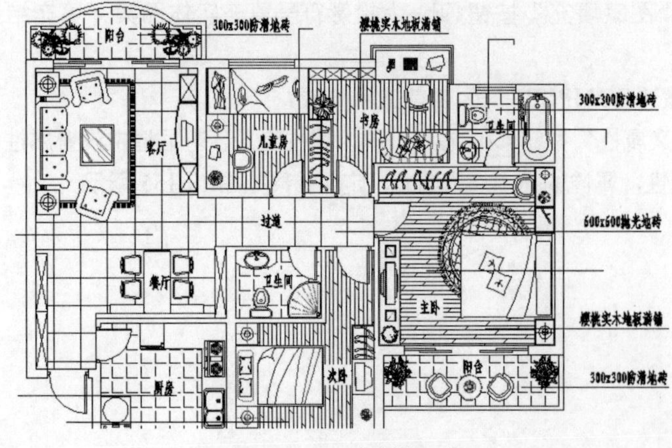

图 13-158 绘制指示线

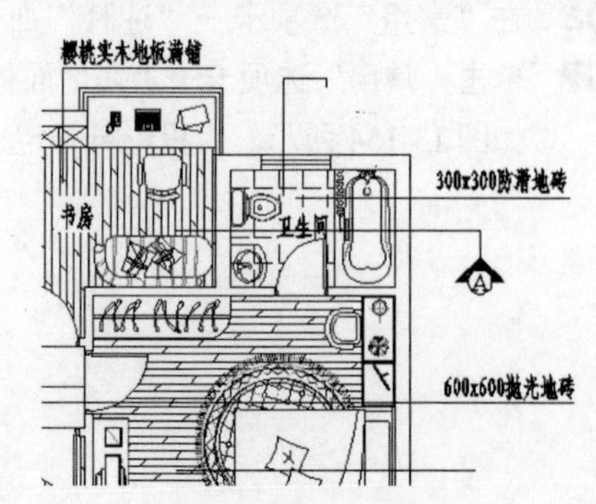

图 13-159 插入结果

12 重复执行“插入块”命令，设置块参数，如图 13-160 所示。继续为布置图标注投影符号，属性值为 D，标注结果如图 13-161 所示。

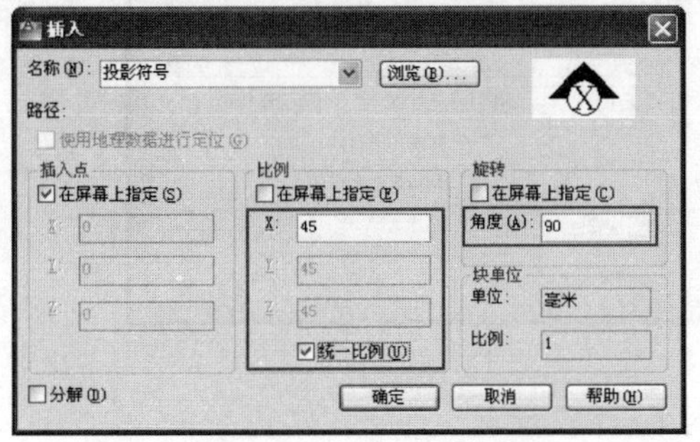

图 13-160　设置参数

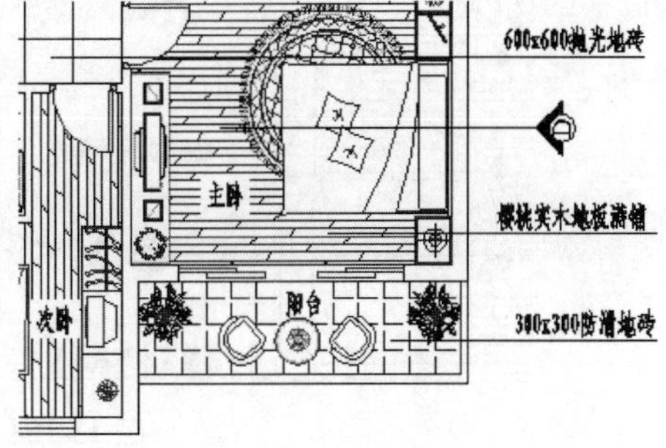

图 13-161　插入结果

13 单击“常用”选项卡→“修改”面板→“镜像”按钮，配合象限点捕捉功能，将刚插入的投影符号进行镜像，镜像结果如图 13-162 所示。

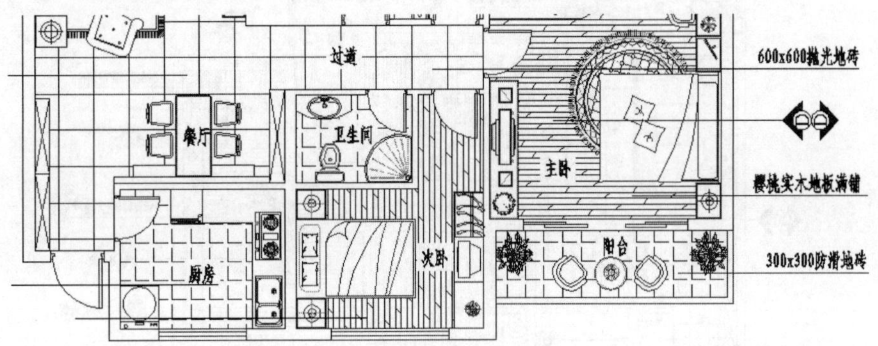

图 13-162　镜像结果

14 在镜像出的投影符号属性块上双击，打开“增强属性编辑器”对话框，修改属性值，如图 13-163 所示。修改属性的旋转角度，如图 13-164 所示。

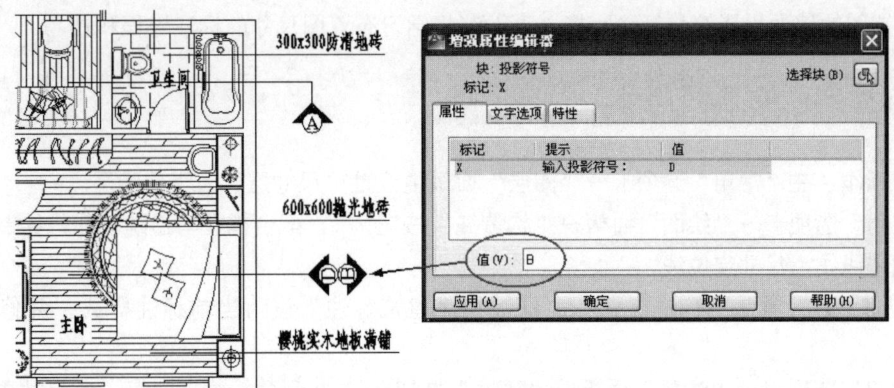

图 13-163　修改属性值

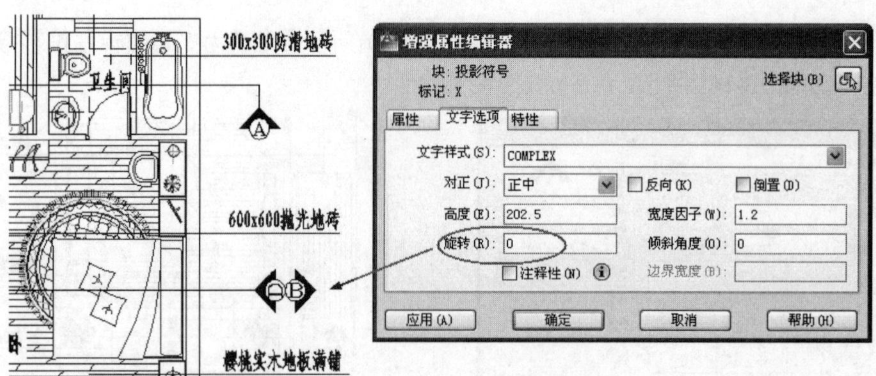

图 13-164　修改属性的旋转角度

15 参照步骤 12~15 的操作，使用“插入块”和“编辑属性”命令，分别标注其他位置的投影符号，结果如图 13-165 所示。

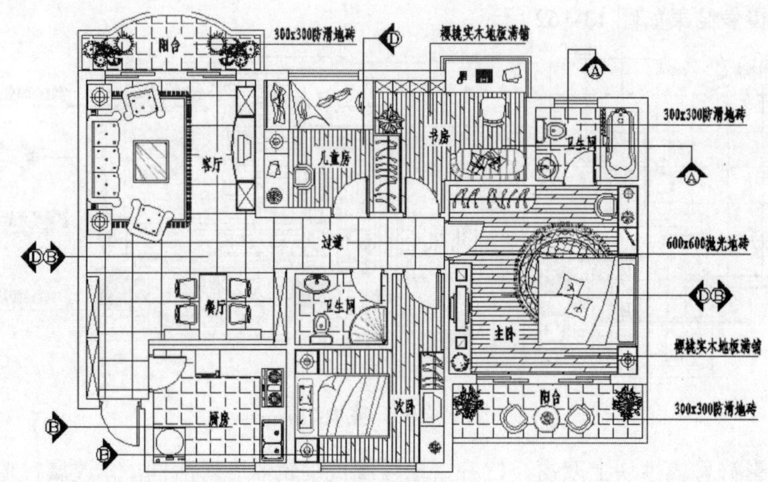

图 13-165　标注结果

至此，布置图的墙面投影符号标注完毕。下一节将学习布置图尺寸的标注过程和技巧。

13.6.4　标注室内布置图尺寸

01 继续上节操作。在“常用”选项卡→“图层”面板中设置“尺寸层”为当前图层。

02 单击“常用”选项卡→“绘图”面板→“构造线”按钮，配合捕捉与追踪功能，绘制如图 13-166 所示的构造线作为尺寸定位线。

03 使用快捷键“D”激活“标注样式”命令，将“建筑标注”设为当前标注样式，并修改标注比例为 65。

04 单击“常用”选项卡→“注释”面板→“线性”按钮，在命令行“指定第一条尺寸界线原点或 <选择对象>：”提示下，捕捉如图 13-167 所示的交点作为第一条标注界线的起点。

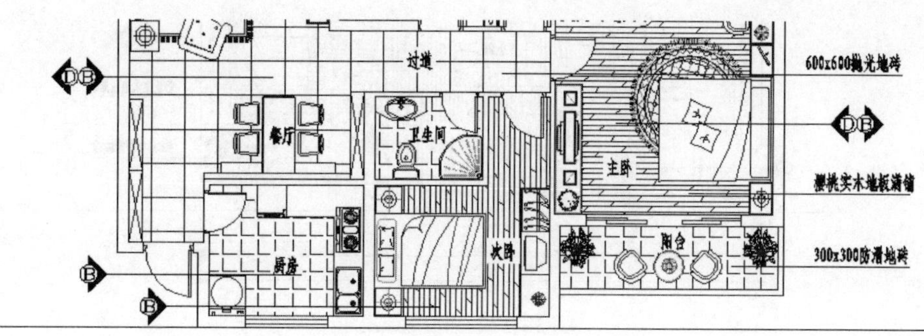

图 13-166　绘制构造线

05 在“指定第二条尺寸界线原点:”的提示下，捕捉追踪虚线与辅助线的交点作为第二条标注界线的起点，如图 13-168 所示。

06 在“指定尺寸线位置或 [多行文字(M)/文字(T)/角度(A)/水平(H)/垂直(V)/旋转(R)]：”的提示下，向下移动光标并指定尺寸线位置，标注结果如图 13-169 所示。

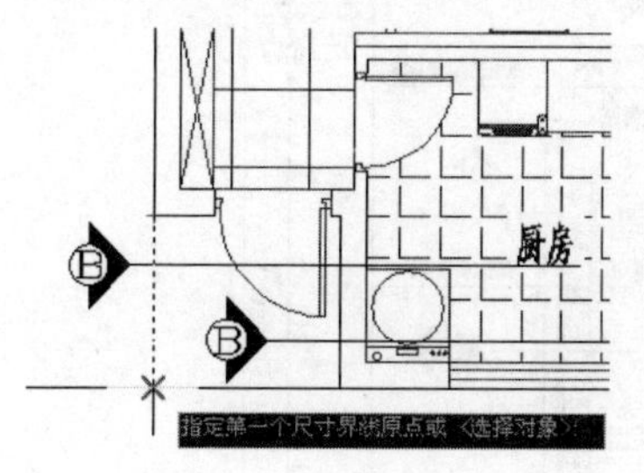

图 13-167　定位第一原点

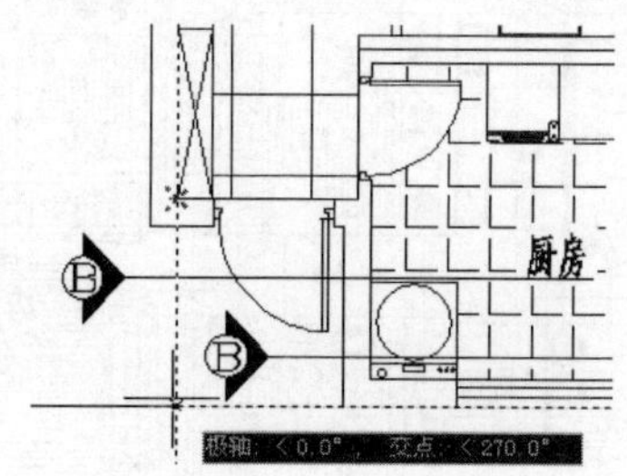

图 13-168　定位第二原点

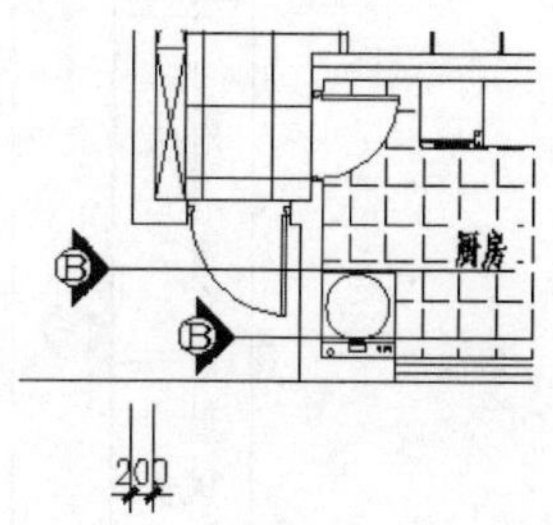

图 13-169　标注结果

07 单击“注释”选项卡→“标注”面板→“连续”按钮，在“指定第二条尺寸界线原点或 [放弃(U)/选择(S)] <选择>：”的提示下，捕捉如图 13-170 所示的交点，标注连续尺寸。

08 继续在命令行“指定第二条尺寸界线原点或 [放弃(U)/选择(S)] <选择>：”的提示下，配合捕捉与追踪功能，继续标注上侧的连续尺寸，标注结果如图 13-171 所示。

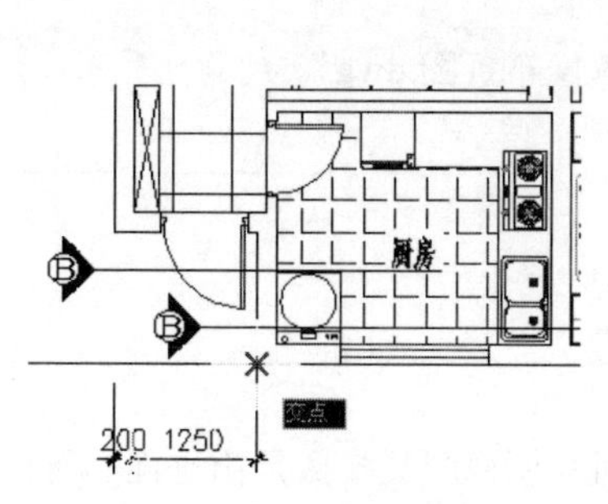

图 13-170　捕捉交点

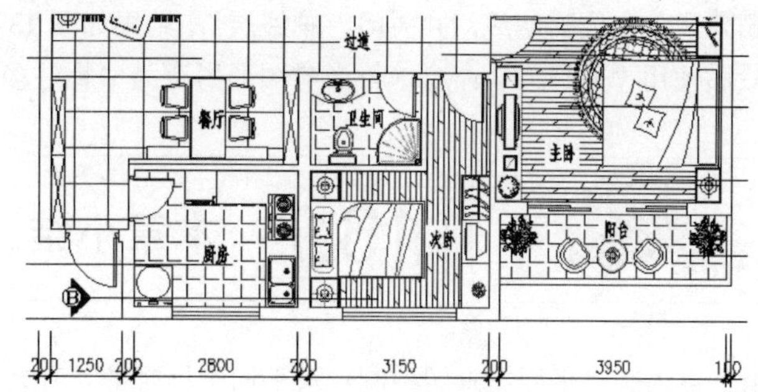

图 13-171　标注结果

09 连续按两次键盘上的 Enter 键，结束“连续”命令。

10 重复执行“线性”命令，配合捕捉与追踪功能，标注如图 13-172 所示的总尺寸。

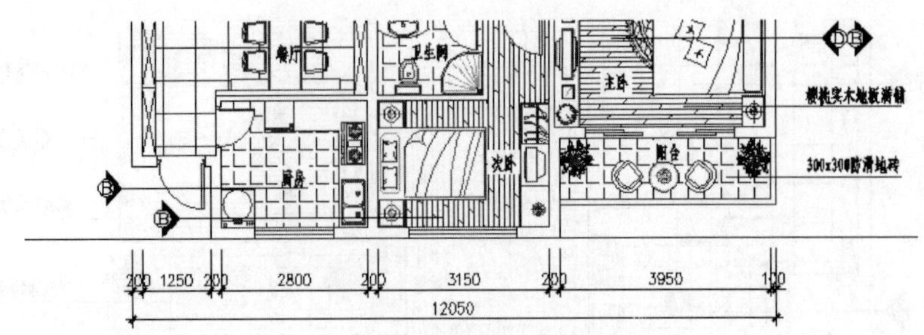

图 13-172　标注结果

11 参照上述操作，综合使用“构造线”、“线性”和“连续”命令分别标注平面图其他位置尺寸，结果如图 13-173 所示。

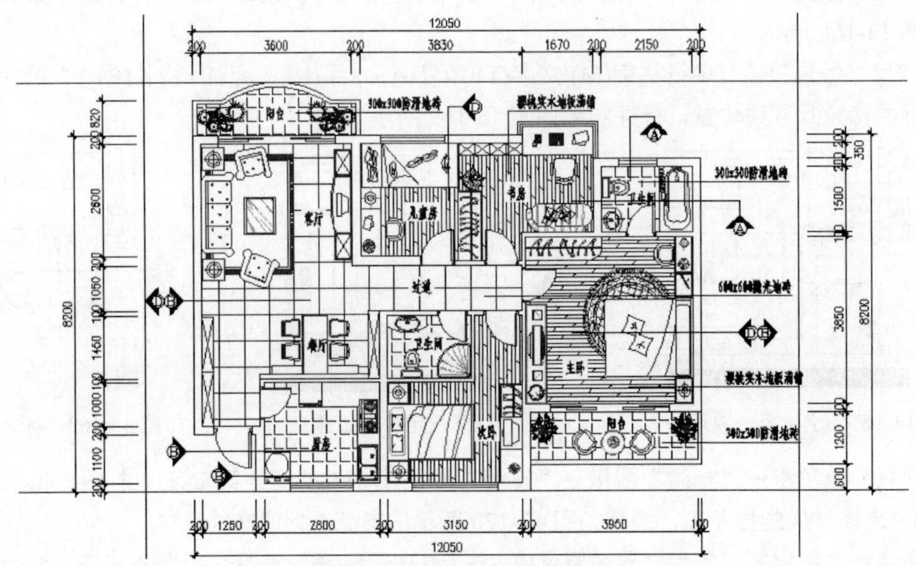

图 13-173　标注其他位置尺寸

12 删除尺寸定位辅助线，并关闭“轴线层”，结果如图 13-136 所示。

13 最后使用“另存为”命令，将当前图形另存为“标注多居室装修布置图.dwg”。

13.7 本章小结

由于室内装修平面布置图控制着水平向纵横轴的尺寸数据，而其他视图又多数是由平面布置图中引出的，因而室内布置图是绘制和识读室内装修施工图的重点和基础，是装修施工的首要图纸。本章在简述布置图相关理念及绘图思路的前提下，通过绘制某多居室户型墙体结构图、多居室户型室内装修布置图、多居室户型地面装修材质图、标注多居室户型室内布置图等典型实例，学习了室内装修平面布置图的设计方法、具体绘图过程和绘制技巧。

希望读者通过本章的学习，在理解和掌握布置图形成、功能等知识的前提下，掌握平面布置图方案的表达内容、完整的绘图过程和相关图纸的表达技巧。

第14章

多居室吊顶平面图设计

吊顶也称天棚、顶棚、天花板或天花等，它是室内装饰的重要组成部分，也是室内空间装饰中最富有变化、最引人注目的界面，它不但可以弥补室内空间的缺陷，还可以给室内增加个性色彩。本章在概述室内吊顶的形成、用途、设计类型等知识的前提下，通过绘制某多居室吊顶平面图，主要学习 AutoCAD 在室内吊顶装修平面图中的具体应用技能和相关技巧。

知识要点

- 室内吊顶的设计手法
- 室内吊顶的设计类型
- 室内吊顶的设计思路
- 绘制多居室吊顶轮廓图
- 绘制多居室造型吊顶图
- 绘制多居室吊顶灯具图
- 标注多居室吊顶装修图

14.1 室内吊顶的设计手法

吊顶是室内设计中经常采用的一种手法，人们的视线往往与其接触的时间较多，因此吊顶的形状及艺术处理很明显地影响着空间的整体效果。本节主要简述一些常用的吊顶设计手法。

1. 平板吊顶

此种吊顶一般是以 PVC 板、铝扣板、石膏板、矿棉吸音板、玻璃纤维板、玻璃等作为主要装修材料，照明灯卧于顶部平面之内或吸于顶上。此种类型的吊顶多适用于卫生间、厨房、阳台和玄关等空间。

2. 格栅式吊顶

此种吊顶需要使用木材作成框架，镶嵌上透光或磨砂玻璃，光源在玻璃上面。这也属于平板吊顶的一种，但是造型要比平板吊顶生动和活泼，装饰的效果比较好。一般适用于餐厅、门厅、中厅或大厅等大空间，它的优点是光线柔和、轻松自然。

3. 藻井式吊顶

藻井式吊顶是在房间的四周进行局部吊顶，可设计成一层或两层，装修后的效果有增加空间高度的感觉，还可以改变室内的灯光照明效果。

这类吊顶需要室内空间具有一定的高度，而且房间面积较大。

4. 局部吊顶

局部吊顶是为了避免室内的顶部有水、暖、气管道，而且空间的高度又不允许进行全部吊顶的情况下，采用的一种局部吊顶的方式。

5. 异型吊顶

异型吊顶是局部吊顶的一种，使用平板吊顶的形式，把顶部的管线遮挡在吊顶内，顶面可嵌入筒灯或内藏日光灯，使装修后的顶面形成两个层次，不会产生压抑感。此种吊顶比较适用于卧室、书房等空间。异型吊顶采用的云型波浪线或不规则弧线，一般不超过整体顶面面积的三分之一，超过或小于这个比例，就难以达到好的效果。

另外，随着装修的时尚，无顶装修开始流行起来。所谓无顶装修就是在房间顶面不加修饰的装修。无吊顶装修的方法是，顶面做简单的平面造型处理，采用现代的灯饰灯具，配以精致的角线，也给人一种轻松自然的怡人风格。

14.2 室内吊顶的设计类型

本节主要从吊顶常用材质方面，简单介绍一些常用的吊顶设计类型，具体内容如下。

1. 石膏板吊顶

石膏板员顶是以熟石膏为主要原料掺入添加剂与纤维制成，具有质轻、绝热、吸声、阻燃和可锯等性能。多用于商业空间科学，一般采用 600×600 规格，有明骨和暗骨之分，龙骨常用铝或铁。

2. 轻钢龙骨石膏板吊顶

石膏板与轻钢龙骨相结合，便构成轻钢龙骨石膏板。轻钢龙骨石膏板天花有纸面石膏板、装饰石膏板、纤维石膏板、空心石膏板条多种。现在使用轻钢龙骨石膏板天花作隔断墙的较多，而用来做造型天花的则比较少。

3. 夹板吊顶

夹板，也称胶合板，具有材质轻、强度高、良好的弹性和韧性，耐冲击和振动、易加工和涂饰、绝缘等优点。它还能轻易地创造出弯曲的、圆的、方的等各种各样的造型吊顶。

4. 方形镀漆铝扣吊顶

此种吊顶在厨房、厕所等容易脏污的地方使用，是目前的主流产品。

5. 彩绘玻璃天花

这种吊顶具有多种图形图案，内部可安装照明装置，但一般只用于局部装饰。

14.3 室内吊顶图设计思路

在设计并绘制室内吊顶图时，具体可以参照如下思路：

（1）首先在室内布置图的基础上，快速修整墙体平面图；
（2）绘制吊顶图细部构件，具体有门洞、窗洞、窗帘和窗帘盒等构件；
（3）为吊顶平面图绘制吊顶轮廓、灯池及灯带等内容；
（4）为吊顶平面图布置艺术吊顶、吸顶灯及辅助灯具等；
（5）为吊顶平面图标注尺寸及必要的文字注释。

14.4 绘制多居室吊顶轮廓图

本例在综合所学知识的前提下，主要学习多居室吊顶轮廓图的快速绘制过程和绘制技巧。多居室吊顶轮廓图的最终绘制效果如图 14-1 所示。

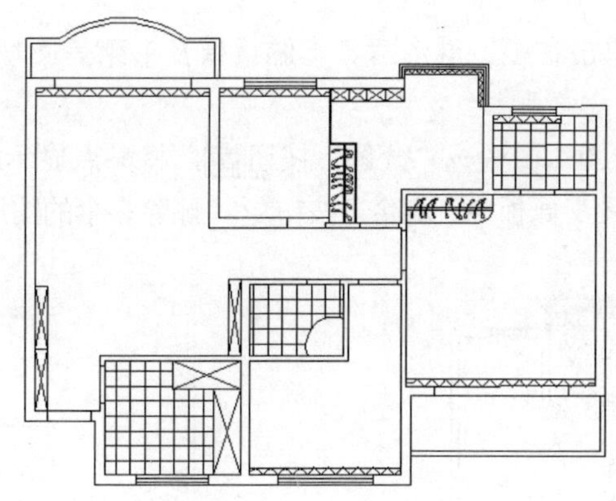

图 14-1　实例效果

在绘制多居室吊顶轮廓图时，具体可以参照如下绘图思路：

- 首先调用多居室装修布置图文件，然后使用图层的状态控制功能初步调整平面图。
- 综合使用“删除”、“分解”、“直线”及图层的控制功能，初步绘制吊顶轮廓图。
- 综合使用“直线”、“偏移”、“线型”、“特性”等命令，并配合捕捉追踪功能绘制窗帘盒和卷帘。
- 最后使用“图案填充”、“图案填充编辑”等命令绘制厨房与卫生间吊顶。

14.4.1 绘制室内吊顶墙体图

01 单击“快速访问工具栏”中的按钮，打开上一章存储的“标注多居室装修布置图.dwg”文件。

另外，读者也可以直接从随书光盘中的“\实例效果文件\第 14 章\”目录下打开此文件。

02 在“常用”选项卡→“图层”面板中设置“吊顶层”为当前图层，并冻结“尺寸层”、“文本层”、“填充层”、“其他层”。此时平面图的显示效果如图 14-2 所示。

03 单击“常用”选项卡→“绘图”面板→“删除”按钮，删除与当前操作无关的对象，结果如图 14-3 所示。

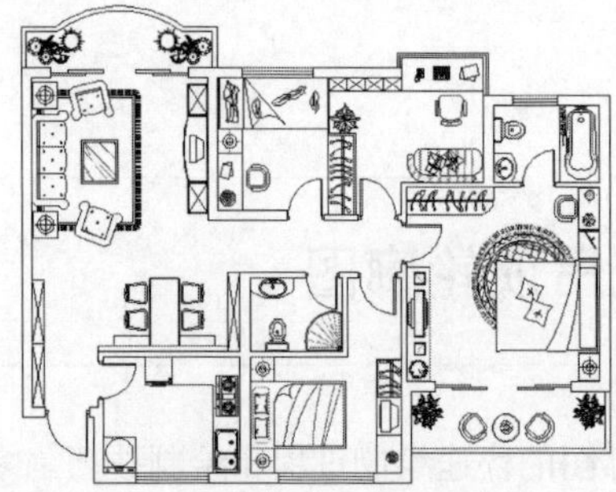

图 14-2 平面图的显示效果

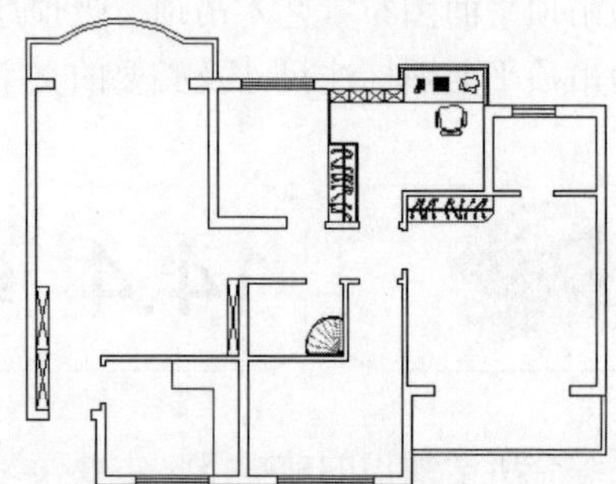

图 14-3 删除结果

04 在无命令执行的前提下，单击衣柜、淋浴房、电脑桌椅及书架等图块，使其呈现夹点显示状态，结果如图 14-4 所示。

05 单击“常用”选项卡→“绘图”面板→“分解”按钮，将夹点显示的图块分解。

06 单击“常用”选项卡→“绘图”面板→“删除”按钮，删除多余的图形对象，结果如图 14-5 所示。

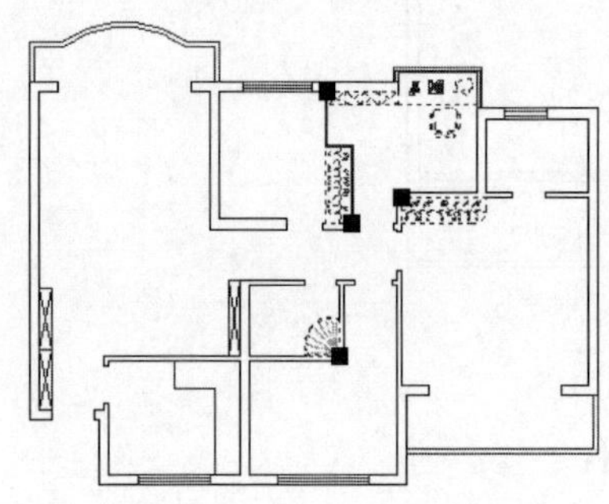

图 14-4 夹点显示效果

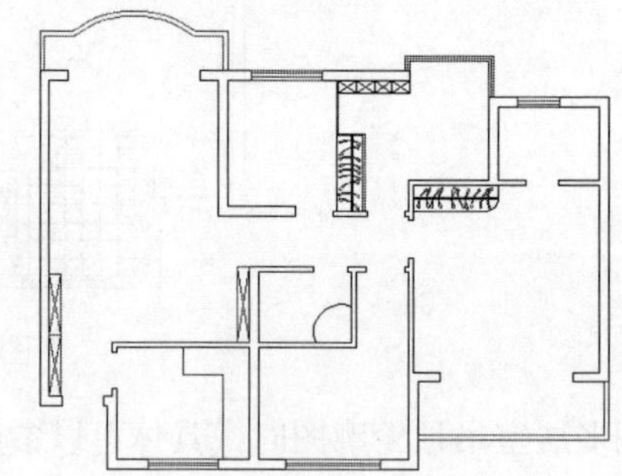

图 14-5 删除多余的对象

07 在“常用”选项卡→“图层”面板中暂时关闭“墙线层”，此时平面图的显示效果如图 14-6 所示。

08 夹点显示图 14-6 所示的所有对象。然后在“常用”选项卡→“图层”面板中更改其图层为“吊顶层”，如图 14-7 所示。

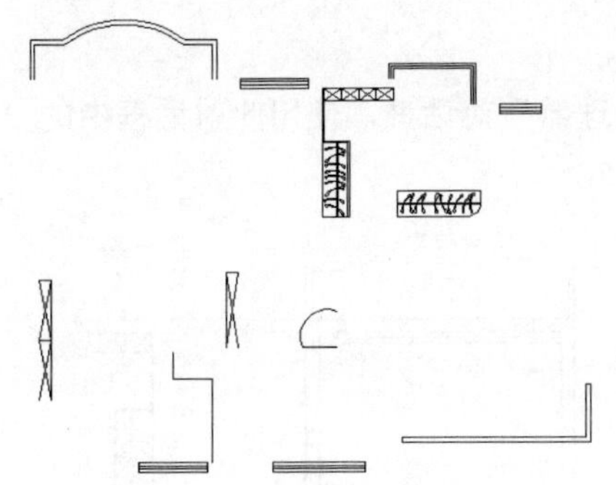
图 14-6　关闭“墙线层”后的效果

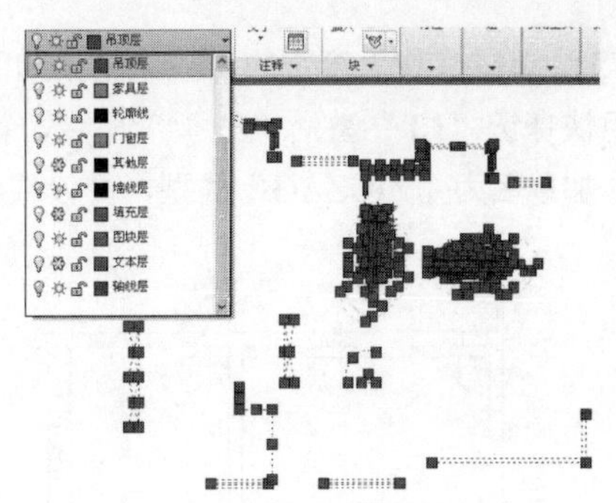
图 14-7　更改夹点对象所在层

09 取消对象的夹点显示。然后打开被关闭的“墙线层”，此时平面图的显示效果如图 14-8 所示。

10 单击“常用”选项卡→“绘图”面板→“直线”按钮，分别连接各门洞两侧端点，绘制过梁底面的轮廓线及橱柜示意线，结果如图 14-9 所示。

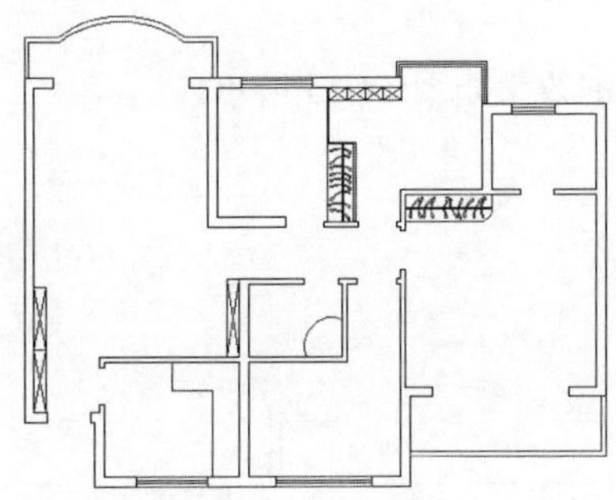
图 14-8　打开“墙线层”效果

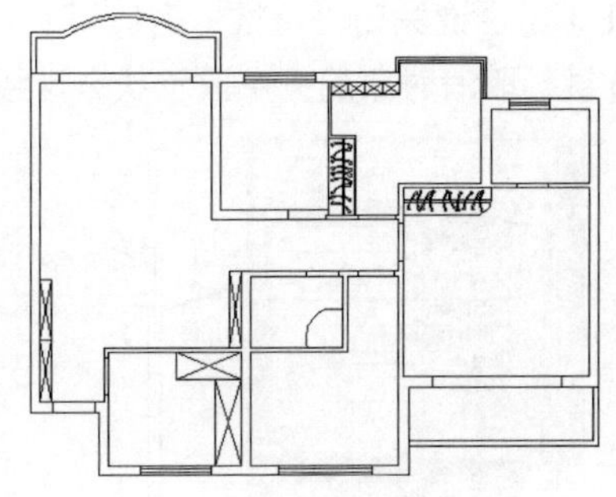
图 14-9　绘制结果

至此，吊顶墙体图绘制完毕。下一节将学习窗帘及窗帘盒构件的具体绘制过程和技巧。

14.4.2　绘制窗帘及窗帘盒构件

01 继续上节操作。单击“常用”选项卡→“绘图”面板→“直线”按钮，配合“对象追踪”和“极轴追踪”功能绘制窗帘盒轮廓线。命令行操作如下：

```
命令: _line
指定第一点:                    //垂直向下引出如图 14-10 所示的对象追踪矢量，然后输入 150 Enter
指定下一点或 [放弃(U)]:         //水平向右引出极轴追踪矢量，然后捕捉追踪虚线与墙线的交点，如图 14-11 所示
指定下一点或 [放弃(U)]:         // Enter，绘制结果如图 14-12 所示
```

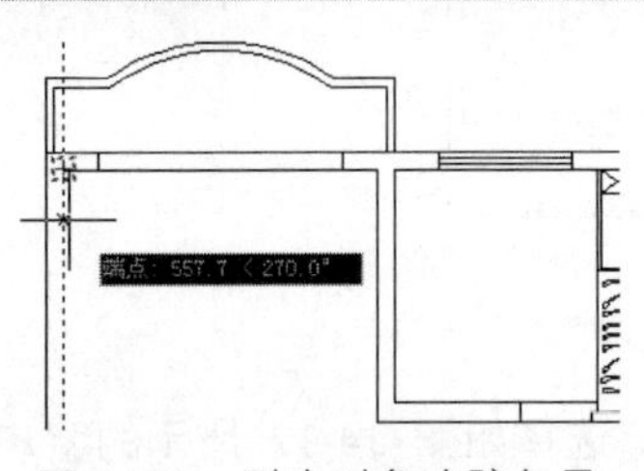
图 14-10　引出对象追踪矢量

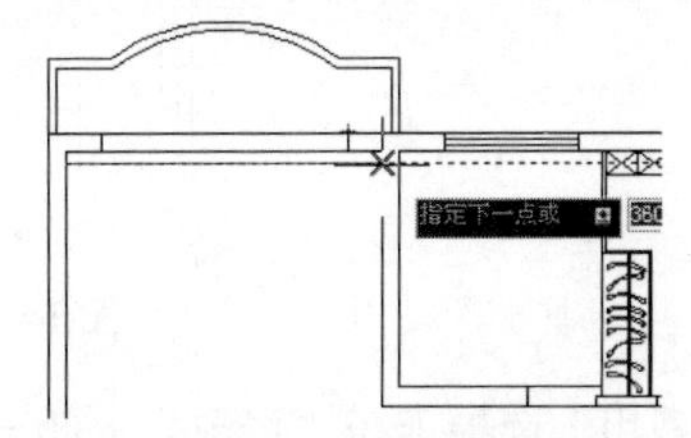

图 14-11　引出极轴矢量

02 单击“常用”选项卡→“修改”面板→“偏移”按钮，选择刚绘制的窗帘盒轮廓线，将其向上偏

移 75 个单位，作为窗帘轮廓线，结果如图 14-13 所示。

03 使用快捷键“LT”激活“线型”命令，打开“线型管理器”对话框，使用此对话框中的“加载”功能，加载名为“ZIGZAG”线型，并设置线型比例为 15。

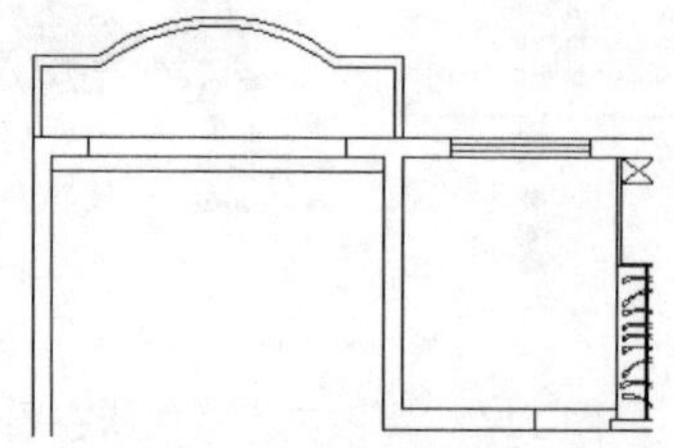

图 14-12　绘制窗帘盒轮廓线

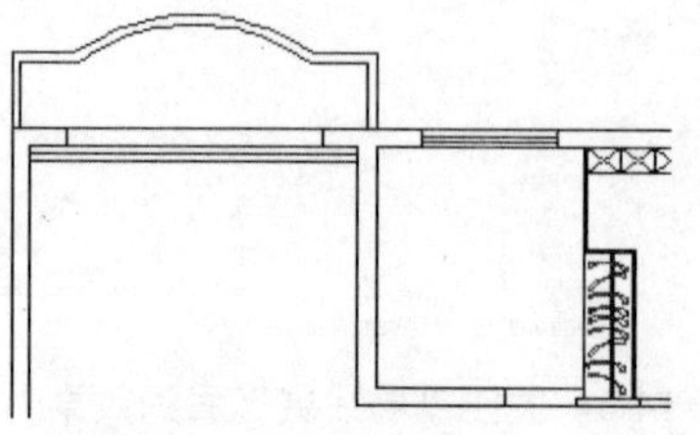

图 14-13　偏移结果

04 在无命令执行的前提下，夹点显示窗帘轮廓线。然后按 Ctrl+1 组合键，激活“特性”命令，在打开的“特性”窗口中修改窗帘轮廓线的线型及颜色特性，如图 14-14 所示。

05 按 Ctrl+1 组合键关闭“特性”窗口。

06 按 Esc 键，取消对象的夹点显示状态，线型特性修改后的效果如图 14-15 所示。

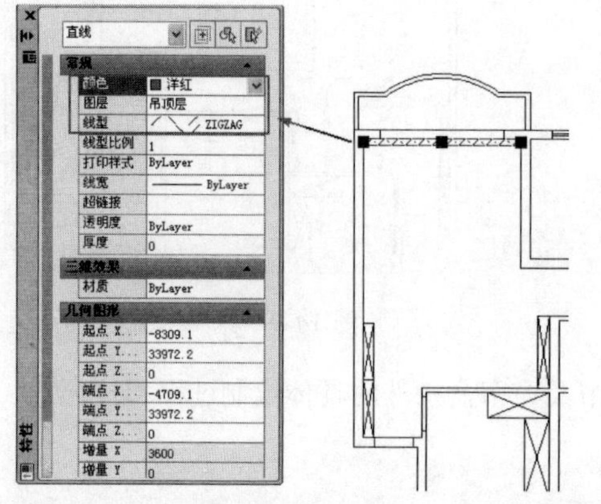

图 14-14　修改线型及颜色特性

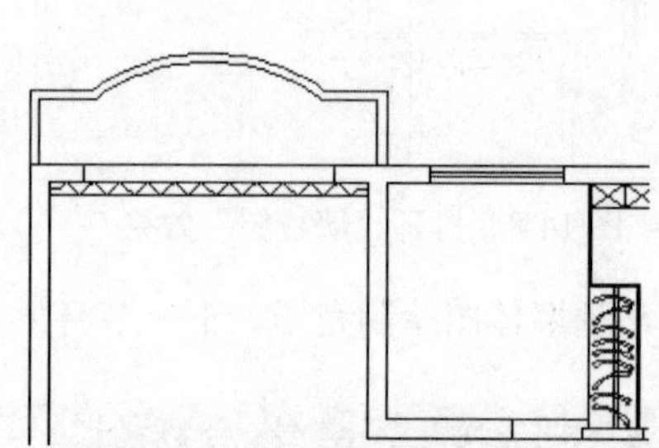

图 14-15　特性编辑后的效果

07 参照步骤 02～07 的操作，分别绘制其他房间内的窗帘及窗帘盒轮廓线，绘制结果如图 14-16 所示。

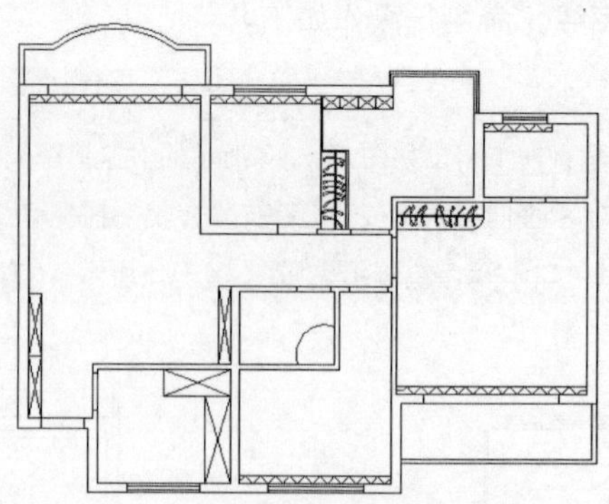

图 14-16　绘制其他窗帘及窗帘盒

08 单击“常用”选项卡→“修改”面板→“偏移”按钮，选择如图 14-17 所示的窗户内轮廓线；向下侧偏移 50 和 100 个单位，偏移结果如图 14-18 所示。

09 接下来使用“夹点拉伸”功能分别对两条偏移出的轮廓线进行编辑完善，并绘制下侧的水平轮廓线，结果如图 14-19 所示。

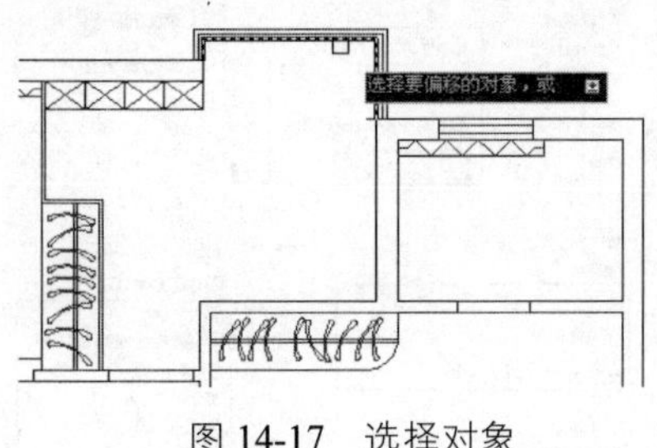

图 14-17　选择对象

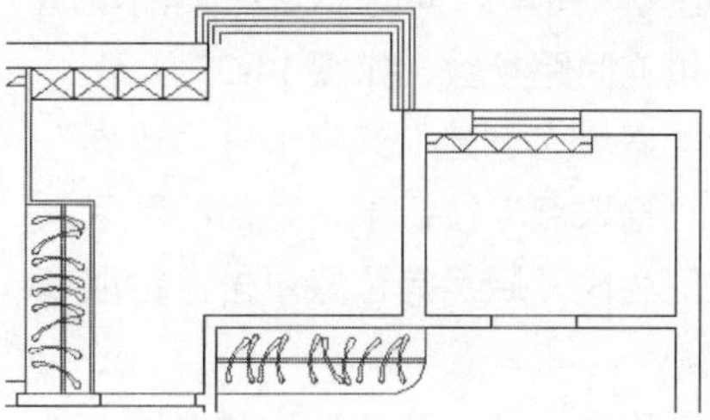

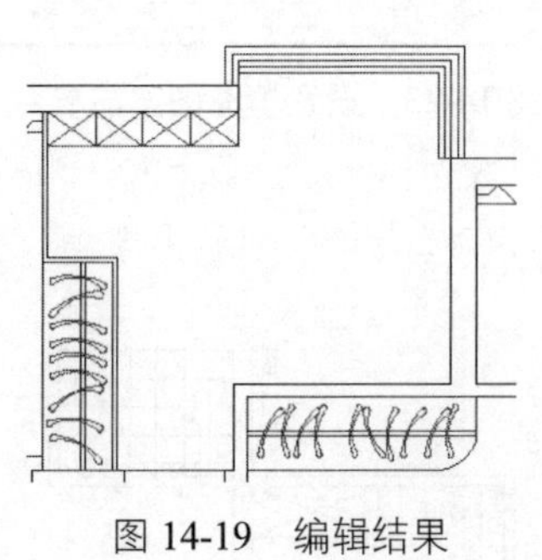
图 14-18　偏移结果

10 在无命令执行的前提下，夹点显示如图 14-20 所示的窗帘轮廓线。然后在“特性”窗口中更改其颜色、线型和线型比例等特性，如图 14-21 所示。

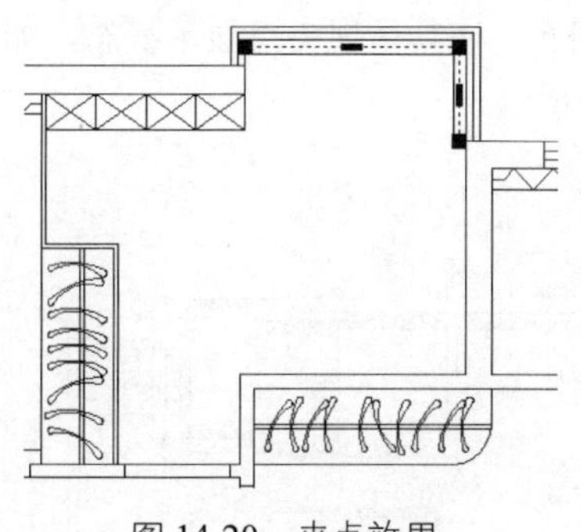
图 14-19　编辑结果

图 14-20　夹点效果

11 关闭“特性”窗口，并取消图线的夹点显示，特性编辑后的效果如图 14-22 所示。

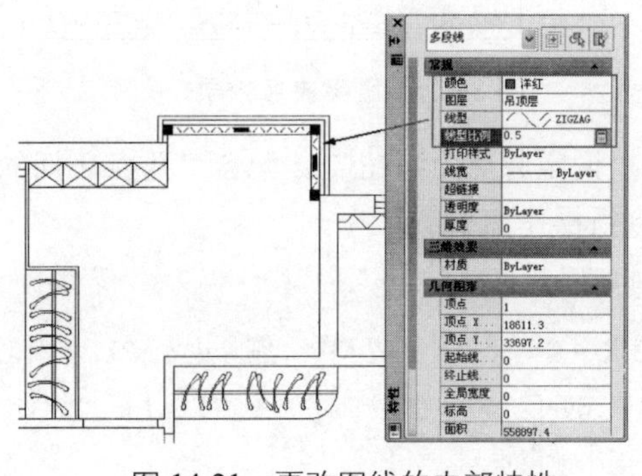

图 14-21　更改图线的内部特性

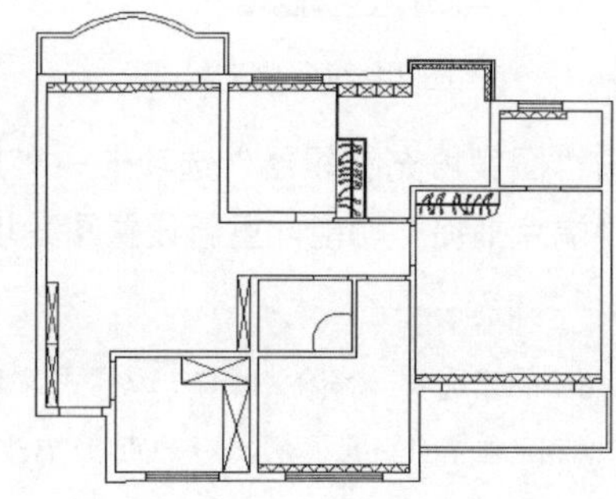
图 14-22　编辑后的效果

至此，窗帘和窗帘盒轮廓线绘制完毕。下一节将学习厨房、卫生间吊顶的绘制过程和技巧。

14.4.3　绘制厨房与卫生间吊顶

01 继续上节操作。单击“常用”选项卡→“绘图”面板→“图案填充”按扭，激活“图案填充”命令。然后在命令行“拾取内部点或 [选择对象(S)/设置(T)]:”的提示下，激活“设置”选项，打开“图案填充和渐变色”对话框。

02 在“图案填充和渐变色”对话框中选择“用户定义”图案，同时设置图案的填充角度及填充间距参数，如图 14-23 所示。

03 单击“图案填充创建”选项卡→“边界”面板→“拾取点”按钮，返回绘图区，分别在卫生间、厨房等位置单击，拾取填充区域。

04 返回“图案填充和渐变色”对话框后单击 确定 按钮，结束命令。填充后的结果如图 14-24 所示。

05 在无命令执行的前提下，单击刚填充的厨房吊顶图案，使其呈现夹点显示状态，如图 14-25 所示。

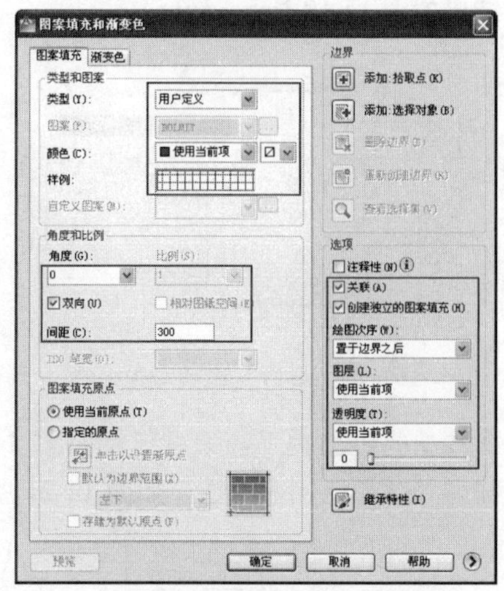

图 14-23 设置填充图案与参数

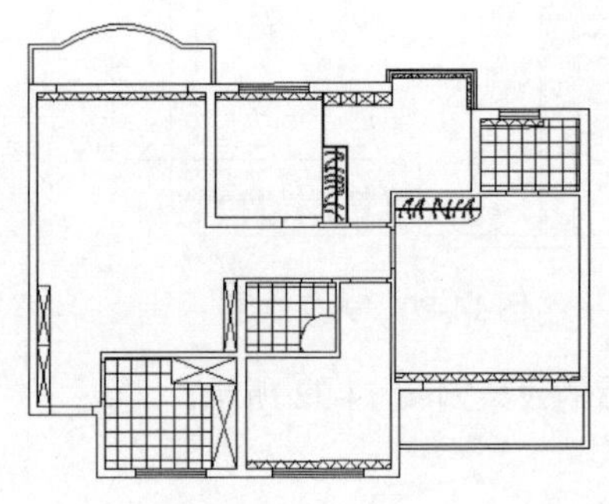

图 14-24 填充结果

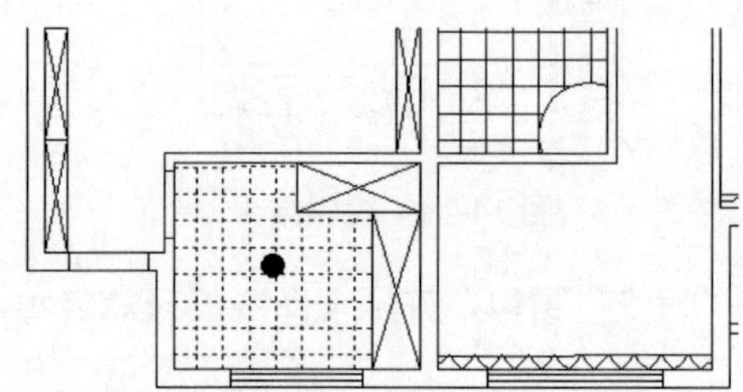

图 14-25 图案夹点效果

06 单击“图案填充编辑器”选项卡→“原点”面板→“设定原点”按钮，配合“两点之间的中点”和“端点捕捉”功能，重新设置图案填充原点。命令行操作如下：

```
命令: _-HATCHEDIT
输入图案填充选项 [解除关联(DI)/样式(S)/特性(P)/绘图次序(DR)/添加边界(AD)/删除边界(R)/重新创建边界(B)/关联(AS)/独立的图案填充(H)/原点(O)/注释性(AN)/图案填充颜色(CO)/图层(LA)/透明度(T)] <特性>:
_O[使用当前原点(U)/设置新原点(S)/默认为边界范围(D)] <使用当前原点>: _S
选择点:                    //激活“两点之间的中点”功能
_m2p 中点的第一点:         //捕捉如图 14-26 所示的端点
中点的第二点:              //捕捉如图 14-27 所示的端点
要存储为默认原点吗? [是(Y)/否(N)] <N>:
// Enter, 结束命令, 更改填充原点后的效果如图 14-28 所示
```

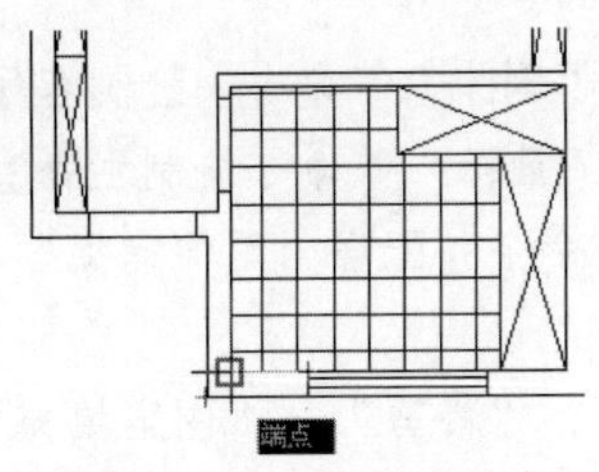

图 14-26　捕捉端点

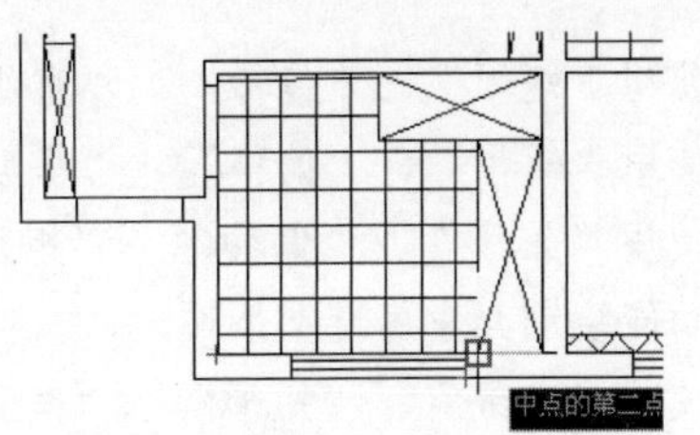

图 14-27　捕捉端点

07 参照上两步的操作，配合“两点之间的中点”和“端点捕捉”功能，分别更改卫生间和主卧卫生间吊顶内的填充图案原点，结果如图 14-29 所示。

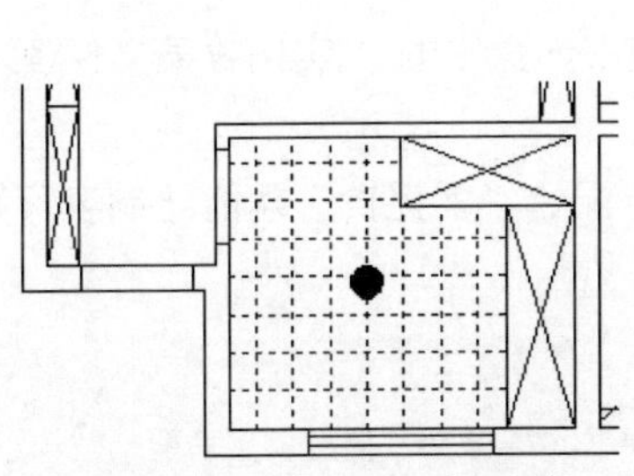

图 14-28　更改原点后的效果

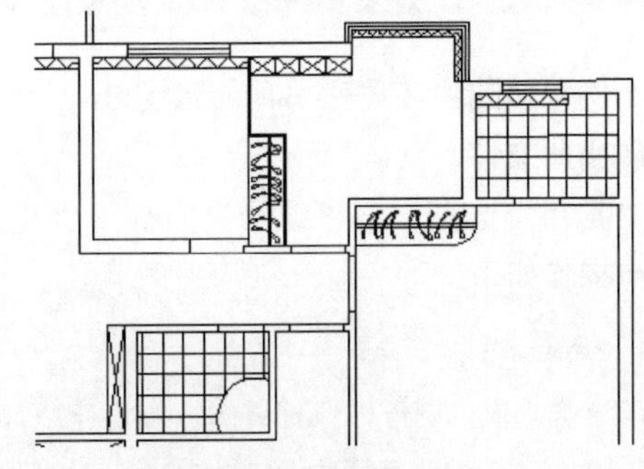

图 14-29　更改填充原点

最后执行“另存为”命令，将图形命名存储为“多居室吊顶轮廓图.dwg”。

14.5　绘制多居室造型吊顶图

本例在综合所学知识的前提下，主要学习多居室各房间造型吊顶图的具体绘制过程和绘制技巧。多居室造型吊顶图的最终绘制效果如图 14-30 所示。

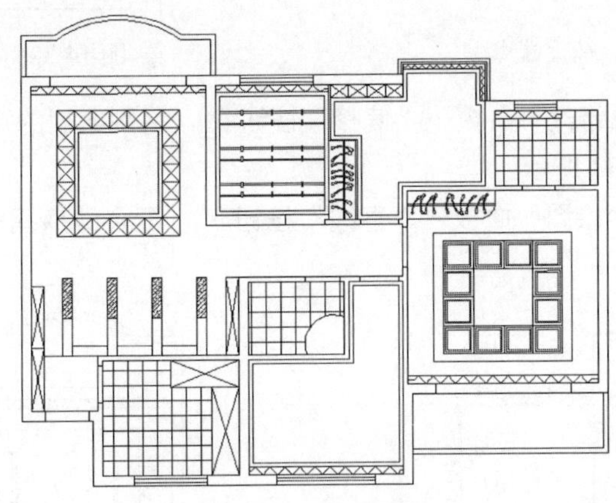

图 14-30　实例效果

在绘制多居室吊顶造型图时，具体可以参照如下绘图思路：

- 综合使用“矩形”、“偏移”、“直线”、“阵列”、“删除”等命令，绘制客厅造型吊顶。
- 综合使用“矩形”、“偏移”、“修剪”、“阵列”、“删除”等命令绘制主卧室造型吊顶。
- 综合使用“直线”、“偏移”、“矩形”、“阵列”等命令并配合“延伸捕捉”、“捕捉自”等辅助功能绘制儿童房造型吊顶。
- 综合使用“直线”、“矩形”、“阵列”、“构造线”、“修剪”、“图案填充”等命令绘制餐厅造型吊顶。
- 综合使用“边界”、“偏移”、“构造线”、“圆角”等命令绘制次卧室和书房简易吊顶。

14.5.1 绘制客厅造型吊顶图

01 打开上例存储的“多居室吊顶轮廓图.dwg”，或者直接从随书光盘中的“\实例效果文件\第 14 章\”目录下调用此文件。

02 单击“常用”选项卡→“绘图”面板→“矩形”按钮，配合“捕捉自”功能绘制客厅矩形吊顶。命令行操作如下：

```
命令: _rectang
指定第一个角点或 [倒角(C)/标高(E)/圆角(F)/厚度(T)/宽度(W)]: //激活“捕捉自”功能
_from 基点:          //捕捉如图 14-31 所示的端点
<偏移>:              //@540,-325 Enter
指定另一个角点或 [面积(A)/尺寸(D)/旋转(R)]:
 //@2520,-2520 Enter，绘制结果如图 14-32 所示
```

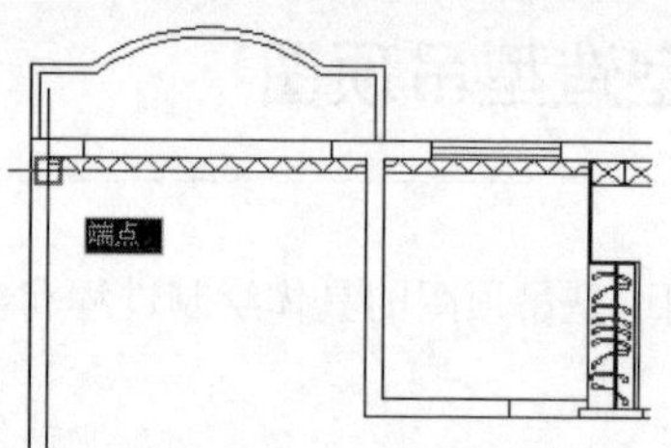

图 14-31 捕捉端点

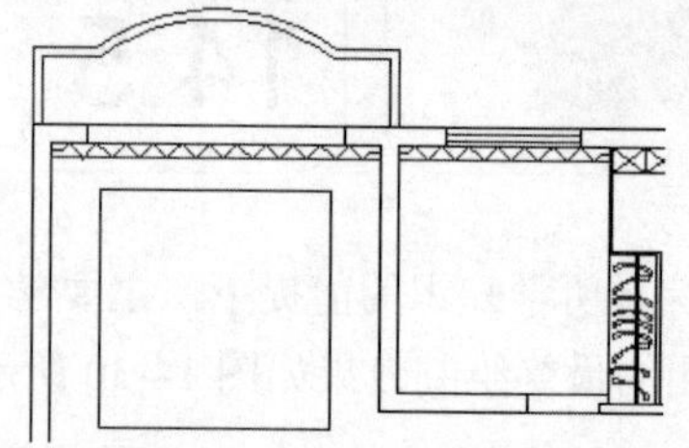

图 14-32 绘制客厅吊顶

03 单击“常用”选项卡→“修改”面板→“偏移”按钮，将刚绘制的矩形向内侧偏移 360 和 435 个绘图单位，结果如图 14-33 所示。

04 单击“常用”选项卡→“绘图”面板→“直线”按钮，配合端点捕捉功能，绘制如图 14-34 所示的分隔线。

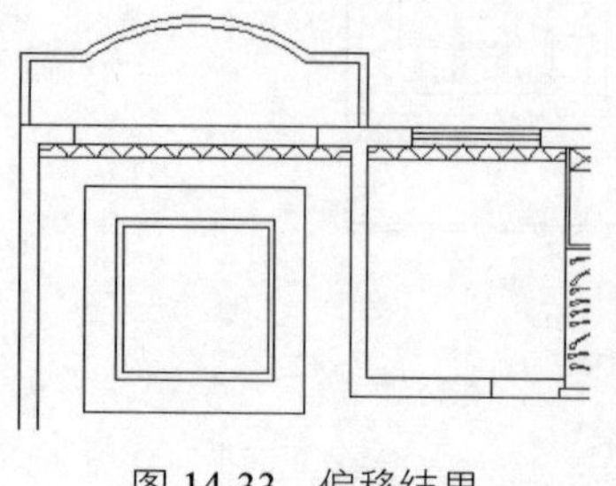

图 14-33 偏移结果

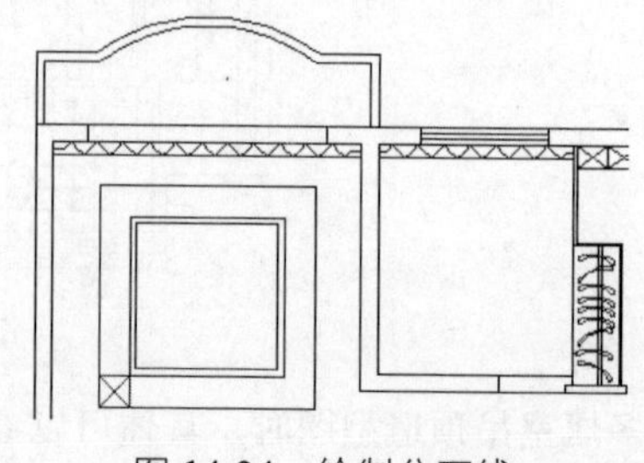

图 14-34 绘制分隔线

05 单击“常用”选项卡→“修改”面板→“矩形阵列”按钮，将分隔线进行矩形阵列。命令行操作如下：

```
命令: _arrayrect
选择对象:        //窗口选择如图 14-35 所示的对象
选择对象:        // Enter
类型 = 矩形  关联 = 是
为项目数指定对角点或 [基点(B)/角度(A)/计数(C)] <计数>:  // Enter
输入行数或 [表达式(E)] <4>:  //7 Enter
输入列数或 [表达式(E)] <4>:   //7 Enter
指定对角点以间隔项目或 [间距(S)] <间距>: // Enter
指定行之间的距离或 [表达式(E)] <600>:   //360 Enter
指定列之间的距离或 [表达式(E)] <600>:   //360 Enter
按 Enter 键接受或 [关联(AS)/基点(B)/行(R)/列(C)/层(L)/退出(X)] <退出>:  //AS Enter
创建关联阵列 [是(Y)/否(N)] <是>:    //N Enter
按 Enter 键接受或 [关联(AS)/基点(B)/行(R)/列(C)/层(L)/退出(X)] <退出>:
                                    // Enter，阵列结果如图 14-36 所示
```

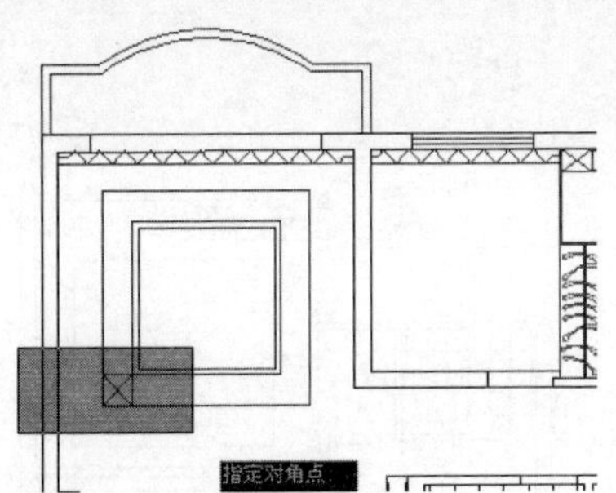

图 14-35　窗口选择

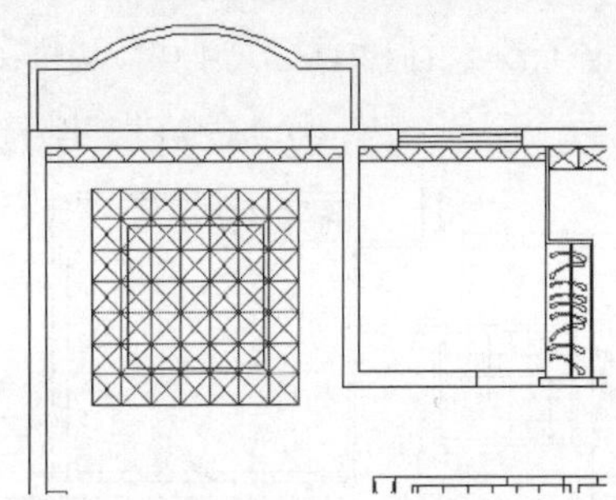

图 14-36　阵列结果

06 单击“常用”选项卡→“修改”面板→“删除”按钮，窗交选择如图 14-37 所示的对象并进行删除，结果如图 14-38 所示。

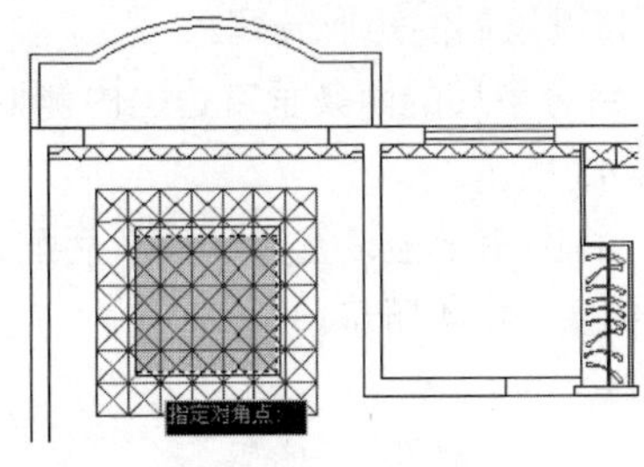

图 14-37　窗交选择

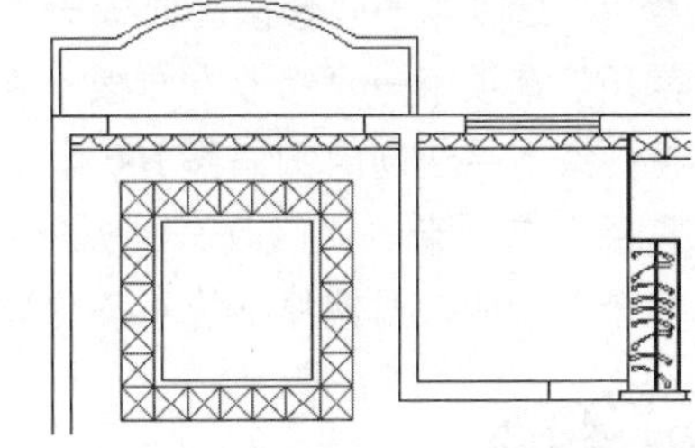

图 14-38　删除结果

07 在无命令执行的前提下，分别夹点显示如图 14-39 所示的分隔线并进行删除，删除后的效果如图 14-40 所示。

至此，客厅造型吊顶图绘制完毕。下一节将学习主卧室造型吊顶图的绘制过程和技巧。

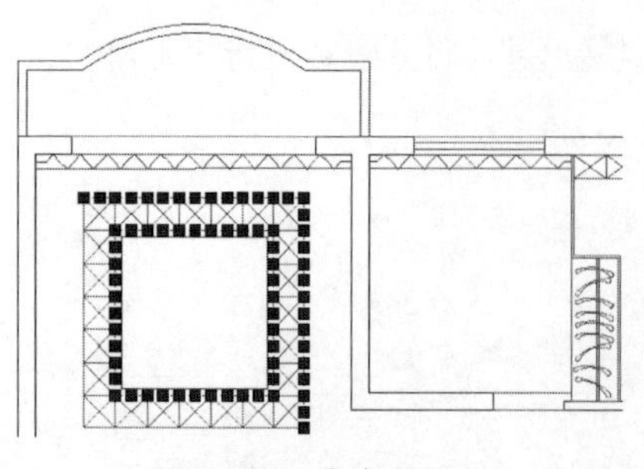
图 14-39　夹点显示

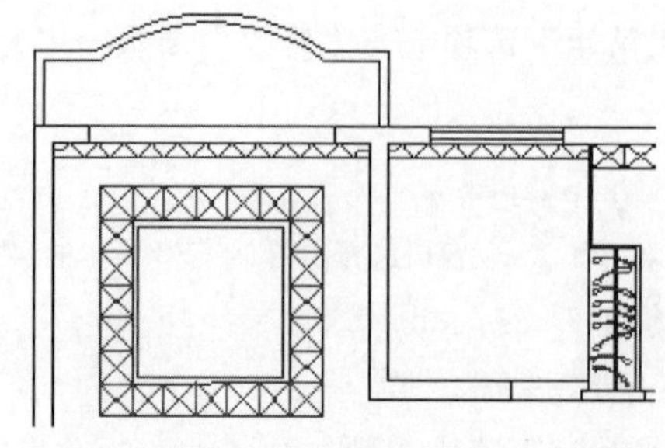
图 14-40　删除后效果

14.5.2　绘制主卧室造型吊顶图

01 继续上节操作。单击“常用”选项卡→“绘图”面板→“矩形”按钮，配合“捕捉自”功能绘制主卧室矩形吊顶。命令行操作如下：

```
命令: _rectang
指定第一个角点或 [倒角(C)/标高(E)/圆角(F)/厚度(T)/宽度(W)]: //激活“捕捉自”功能
_from 基点:        //捕捉如图 14-41 所示的端点
<偏移>:           //@-540,2805 Enter
指定另一个角点或 [面积(A)/尺寸(D)/旋转(R)]:
//@-2870,-2590 Enter，绘制结果如图 14-42 所示
```

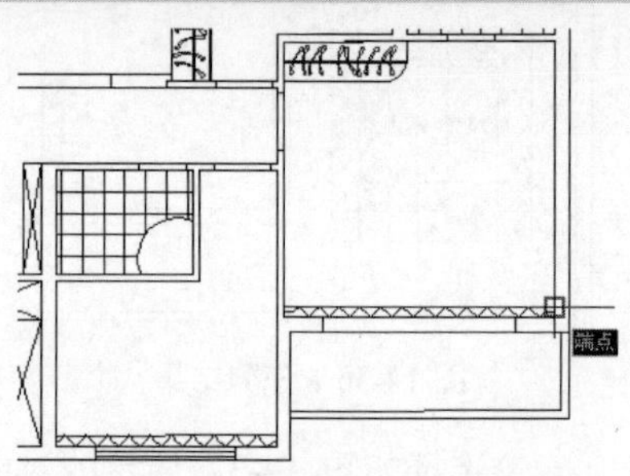

图 14-41　捕捉端点

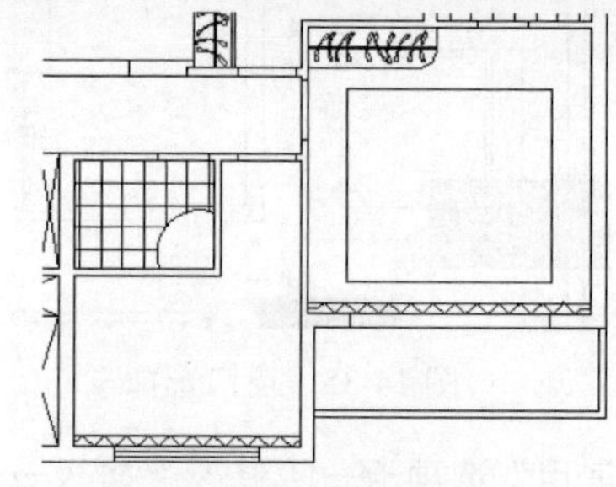
图 14-42　绘制结果

02 单击“常用”选项卡→“修改”面板→“分解”按钮，将刚绘制的矩形分解。

03 单击“常用”选项卡→“修改”面板→“偏移”按钮，将分解后的两条垂直边向内侧偏移 200 个单位，将两条水平边向内侧偏移 160 个单位，结果如图 14-43 所示。

04 单击“常用”选项卡→“修改”面板→“圆角”按钮，将圆角半径设置为 0，然后配合使用命令中的“多个”功能，对偏移出的 4 条图线进行圆角，结果如图 14-44 所示。

AutoCAD 小提示

在此也可以使用“倒角”命令，将两个倒角距离都设置为 0，然后在“修剪”模式下快速为 4 条图线进行倒角。

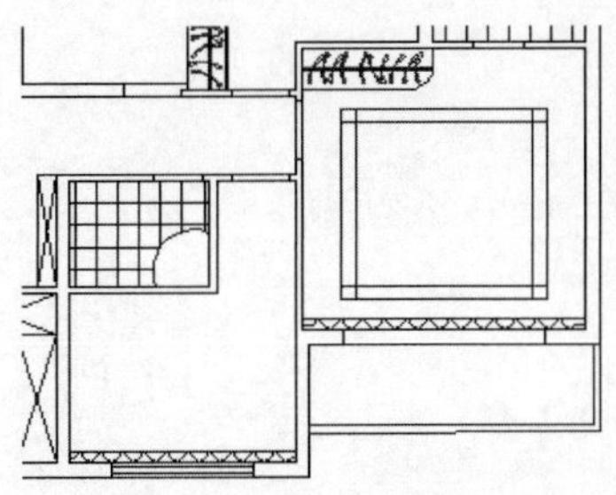

图 14-43　偏移结果

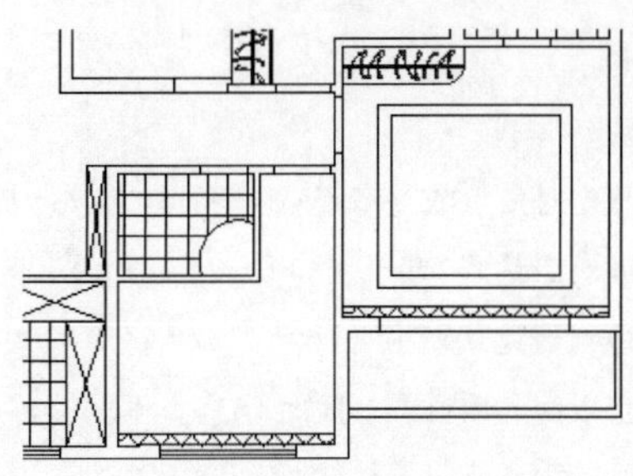

图 14-44　圆角结果

05 单击“常用”选项卡→“修改”面板→“偏移”按钮，对圆角后的垂直图线和水平图线进行偏移。偏移间距及偏移结果如图 14-45 所示。

06 单击“常用”选项卡→“修改”面板→“修剪”按钮，对偏移出的图线进行修剪，结果如图 14-46 所示。

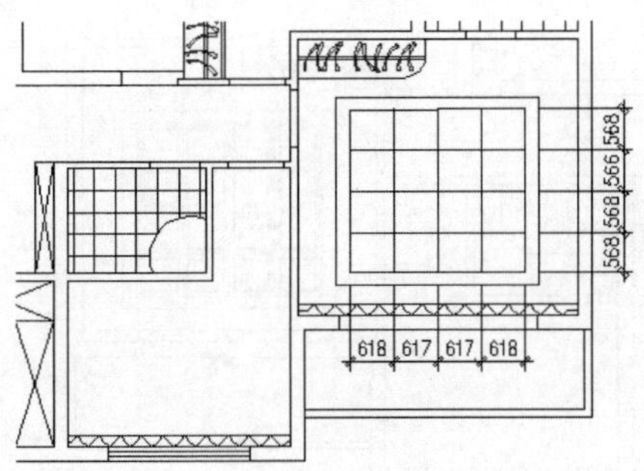

图 14-45　偏移结果

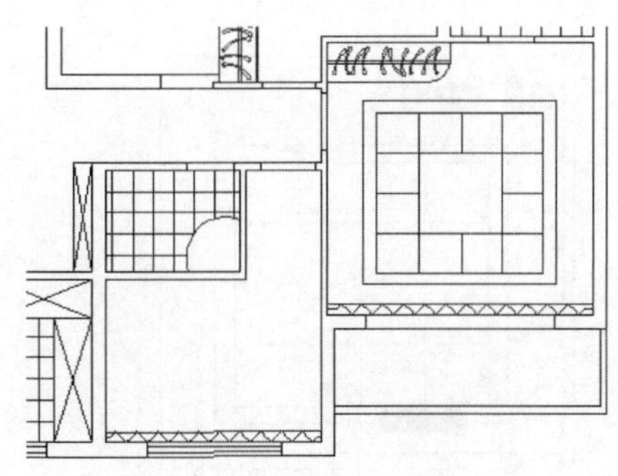

图 14-46　修剪结果

07 使用快捷键“BO”激活“边界”命令，在如图 14-47 所示的区域拾取点，提取一条闭合的多段线边界。

08 单击“常用”选项卡→“修改”面板→“偏移”按钮，将提取的多段线边界向内侧偏移 50 和 80 个单位，并删除源边界，结果如图 14-48 所示。

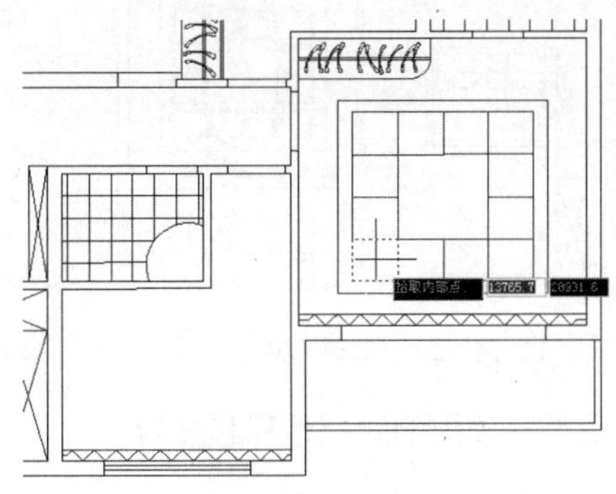

图 14-47　提取边界

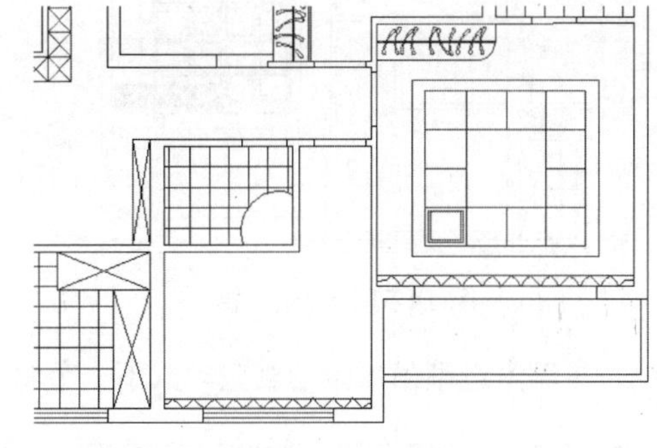

图 14-48　偏移边界

09 单击“常用”选项卡→“修改”面板→“矩形阵列”按钮，将偏移出的两条边界进行矩形阵列。命令行操作如下：

```
命令: _arrayrect
选择对象:          //窗交选择如图 14-49 所示的对象
```

```
选择对象:        // Enter
类型 = 矩形  关联 = 是
为项目数指定对角点或 [基点(B)/角度(A)/计数(C)] <计数>:  // Enter
输入行数或 [表达式(E)] <4>:  //4 Enter
输入列数或 [表达式(E)] <4>:   //4 Enter
指定对角点以间隔项目或 [间距(S)] <间距>: // Enter
指定行之间的距离或 [表达式(E)] <600>:   //568 Enter
指定列之间的距离或 [表达式(E)] <600>:   //618 Enter
按 Enter 键接受或 [关联(AS)/基点(B)/行(R)/列(C)/层(L)/退出(X)] <退出>:  //AS Enter
创建关联阵列 [是(Y)/否(N)] <是>:    //N Enter
按 Enter 键接受或 [关联(AS)/基点(B)/行(R)/列(C)/层(L)/退出(X)] <退出>:
                                  // Enter，阵列结果如图 14-50 所示
```

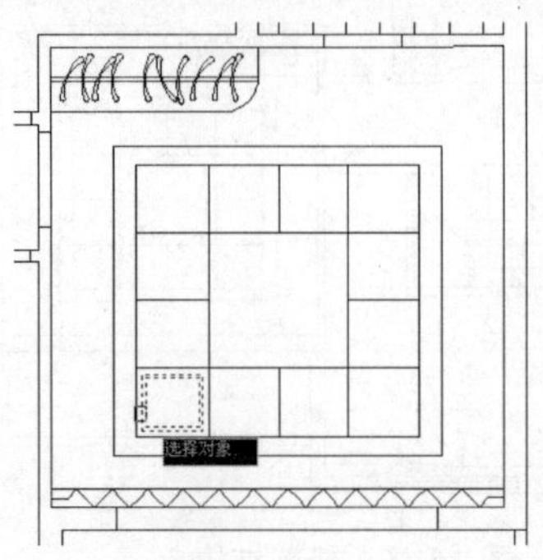

图 14-49 窗口选择

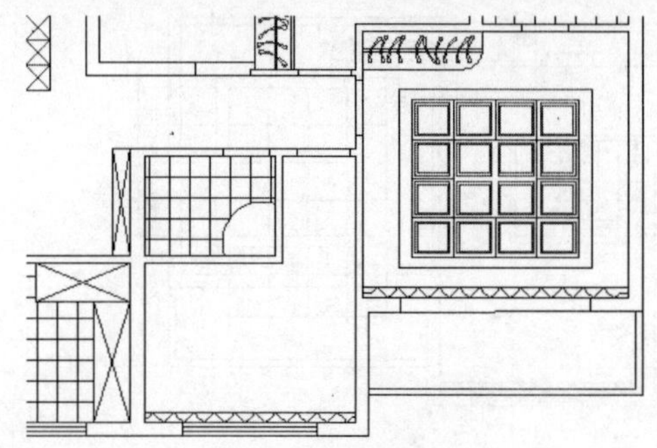
图 14-50 阵列结果

10 单击“常用”选项卡→“修改”面板→“删除”按钮，窗交选择如图 14-51 所示的对象并进行删除，结果如图 14-52 所示。

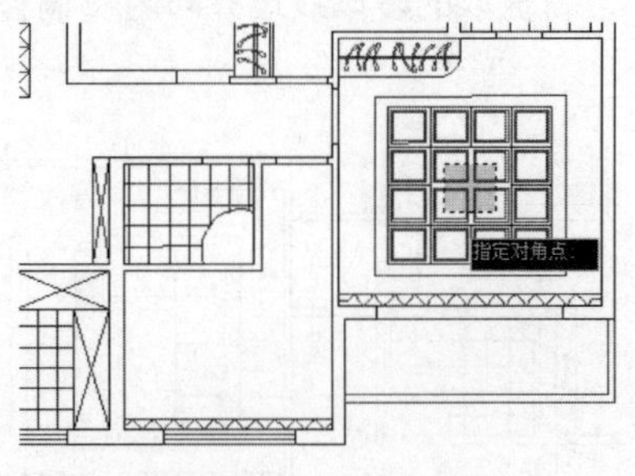

图 14-51 窗交选择

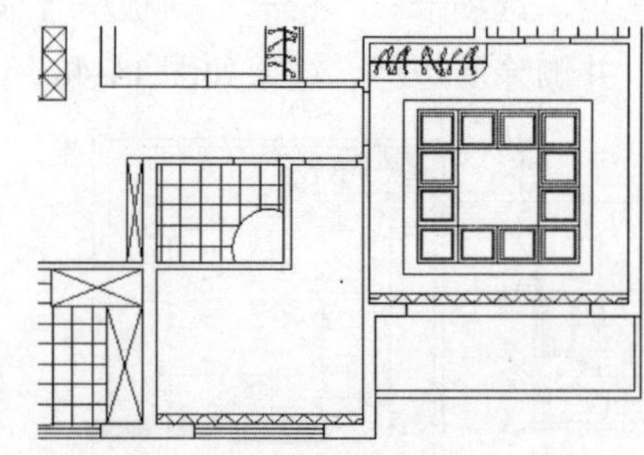
图 14-52 删除结果

至此，主卧室造型吊顶图绘制完毕。下一节将学习儿童房造型吊顶图的绘制过程和技巧。

14.5.3 绘制儿童房造型吊顶图

01 继续上节操作。使用快捷键“BO”激活“边界”命令，在儿童房房间内单击，提取如图 14-53 所示的多段线边界。

02 单击“常用”选项卡→“修改”面板→“偏移”按钮，将提取的边界向内侧偏移 80，并删除源边界，结果如图 14-54 所示。

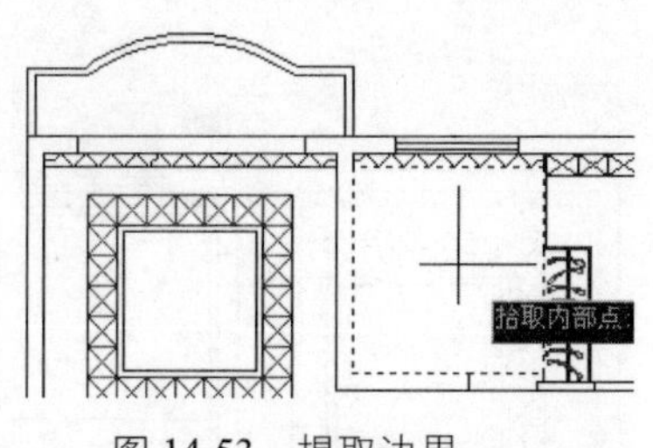

图 14-53　提取边界

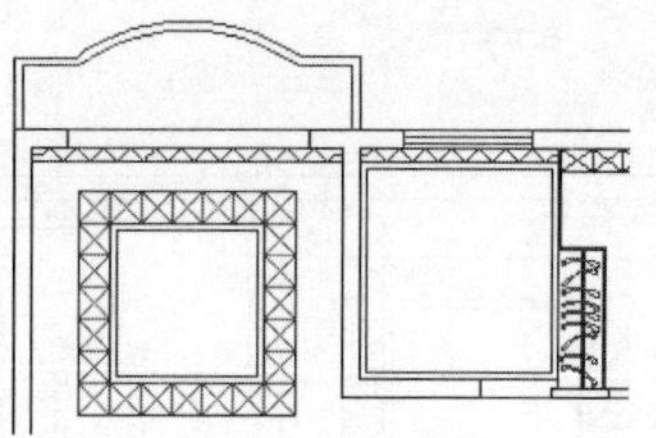

图 14-54　偏移结果

03 单击“常用”选项卡→“绘图”面板→“直线”按钮，配合“延伸捕捉”、“交点捕捉”和“极轴追踪”功能，绘制如图 14-55 所示的水平轮廓线。

04 单击“常用”选项卡→“修改”面板→“偏移”按钮，将刚绘制的水平轮廓线向上侧偏移 25 个绘图单位，结果如图 14-56 所示。

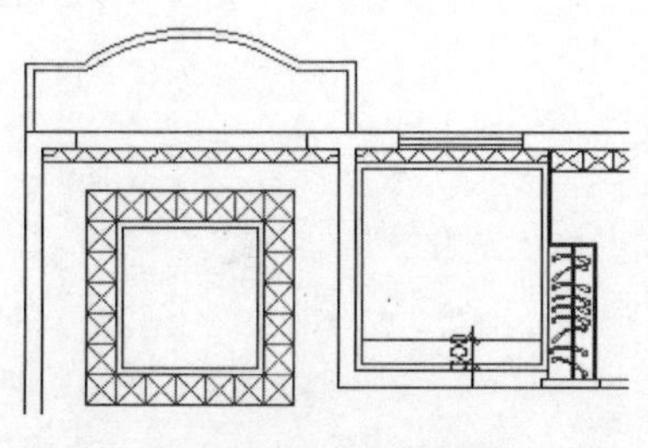

图 14-55　水平轮廓线

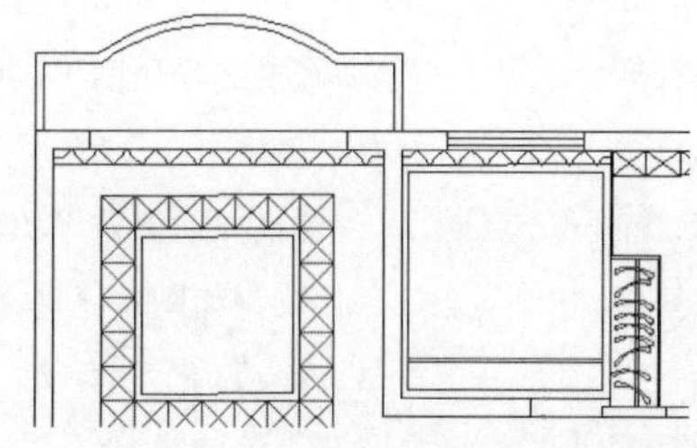

图 14-56　偏移结果

05 单击“常用”选项卡→“绘图”面板→“矩形”按钮，配合“捕捉自”功能绘制矩形结构。命令行操作如下：

```
命令: _rectang
指定第一个角点或 [倒角(C)/标高(E)/圆角(F)/厚度(T)/宽度(W)]: //激活“捕捉自”功能
_from 基点:         //捕捉如图 14-57 所示的端点
<偏移>:             //@445,280 Enter
指定另一个角点或 [面积(A)/尺寸(D)/旋转(R)]: //@25,95 Enter，结果如图 14-58 所示
```

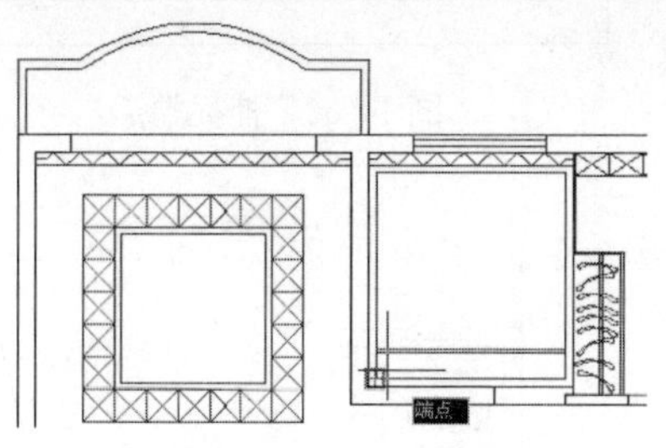

图 14-57　捕捉端点

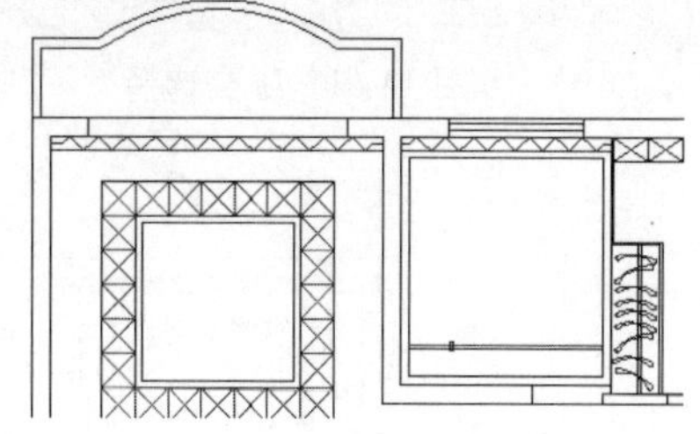

图 14-58　绘制矩形结构

06 单击“常用”选项卡→“修改”面板→“复制”按钮，，配合坐标输入或“极轴追踪”功能，将刚绘制的矩形水平向右复制 612.5 和 1225 个绘图单位，结果如图 14-59 所示。

07 单击“常用”选项卡→“修改”面板→“修剪”按钮，以 3 个矩形作为边界，对两条水平轮廓线进行修剪，结果如图 14-60 所示。

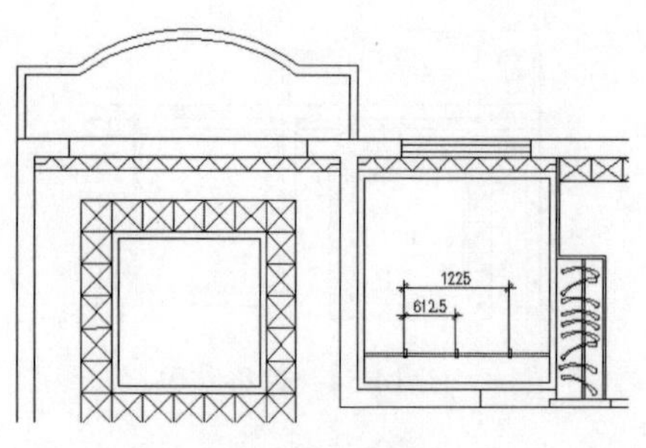

图 14-59 复制结果

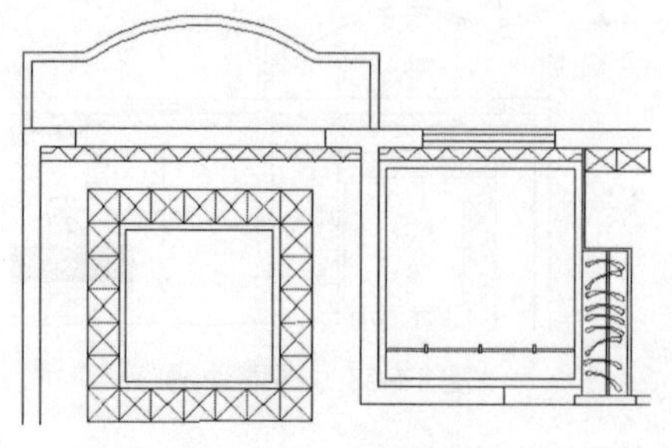
图 14-60 修剪结果

08 单击“常用”选项卡→“修改”面板→“镜像”按钮，配合“捕捉自”和“端点捕捉”功能，对修剪后的吊顶结构进行镜像。命令行操作如下：

```
命令: _mirror
选择对象:               //窗交选择如图 14-61 所示对象
选择对象:               // Enter
指定镜像线的第一点:     //激活“捕捉自”功能
_from 基点:              //捕捉如图 14-62 所示的端点
<偏移>:                  //@0,100 Enter
指定镜像线的第二点:     //@1,0 Enter
要删除源对象吗？[是(Y)/否(N)] <N>: // Enter，镜像结果如图 14-63 所示
```

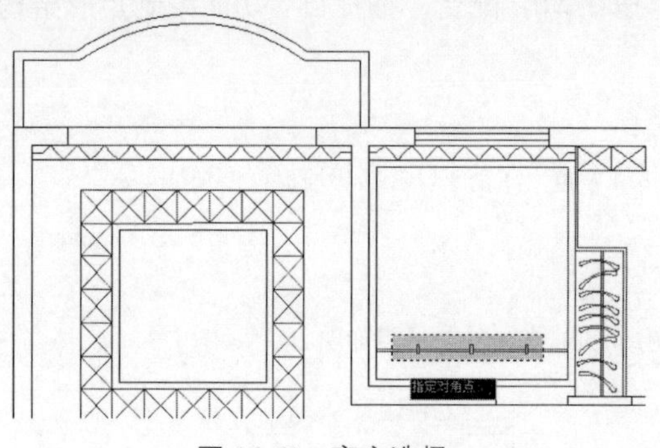
图 14-61 窗交选择

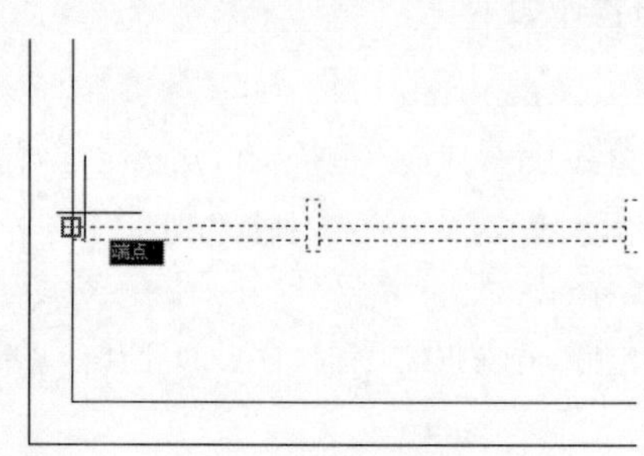

图 14-62 捕捉端点

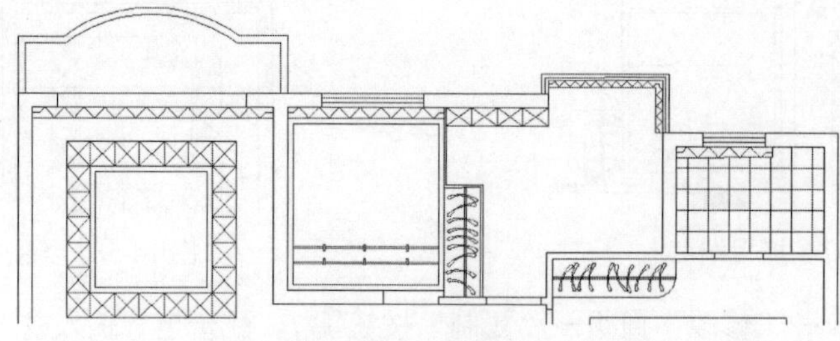
图 14-63 镜像结果

09 单击“常用”选项卡→“修改”面板→“阵列”按钮，窗交选择如图 14-64 所示的图形进行阵列。命令行操作如下：

```
命令: _arrayrect
选择对象:            //窗交选择如图 14-64 所示的图形
```

```
选择对象:          // Enter
类型 = 矩形  关联 = 是
为项目数指定对角点或 [基点(B)/角度(A)/计数(C)] <计数>: // Enter
输入行数或 [表达式(E)] <4>:                // 3 Enter
输入列数或 [表达式(E)] <4>:                //1 Enter
指定对角点以间隔项目或 [间距(S)] <间距>:  // Enter
指定行之间的距离或 [表达式(E)] <435>:     //720 Enter
按 Enter 键接受或 [关联(AS)/基点(B)/行(R)/列(C)/层(L)/退出(X)] <退出>:
      // Enter，阵列结果如图 14-65 所示
```

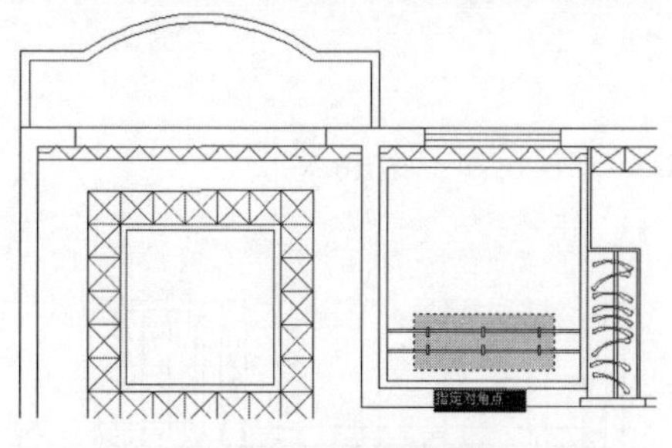

图 14-64　窗交选择

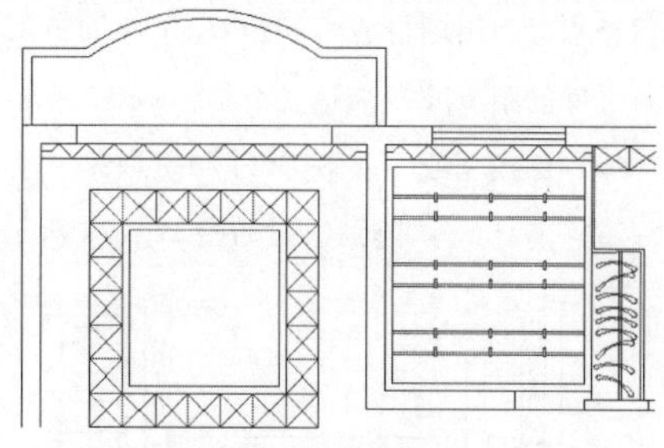

图 14-65　阵列结果

至此，儿童房造型吊顶图绘制完毕。下一节将学习餐厅、书房及次卧室吊顶图的绘制过程和技巧。

14.5.4　绘制餐厅及其他房间吊顶

01 继续上节操作。单击“常用”选项卡→“绘图”面板→“直线”按钮，配合“交点捕捉”和“极轴追踪”功能，绘制如图 14-66 所示的两条水平轮廓线。

02 单击“常用”选项卡→“绘图”面板→“矩形”按钮，配合“捕捉自”功能绘制矩形结构。命令行操作如下：

```
命令: _rectang
指定第一个角点或 [倒角(C)/标高(E)/圆角(F)/厚度(T)/宽度(W)]: //激活“捕捉自”功能
_from 基点:        //捕捉如图 14-67 所示的端点
<偏移>:            //@390,0 Enter
指定另一个角点或 [面积(A)/尺寸(D)/旋转(R)]:
 //@200,1550 Enter，绘制结果如图 14-68 所示
```

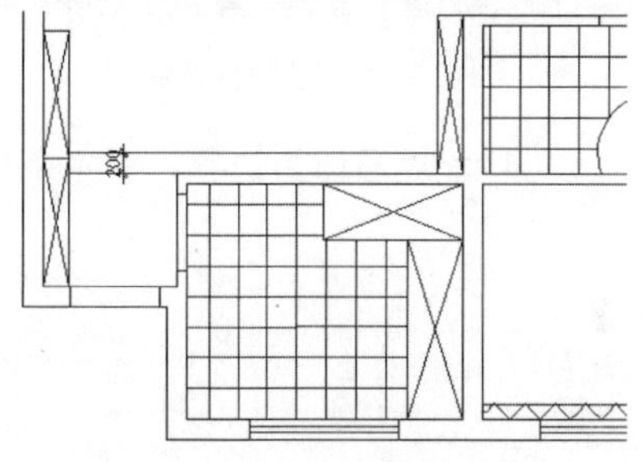

图 14-66　绘制水平轮廓线

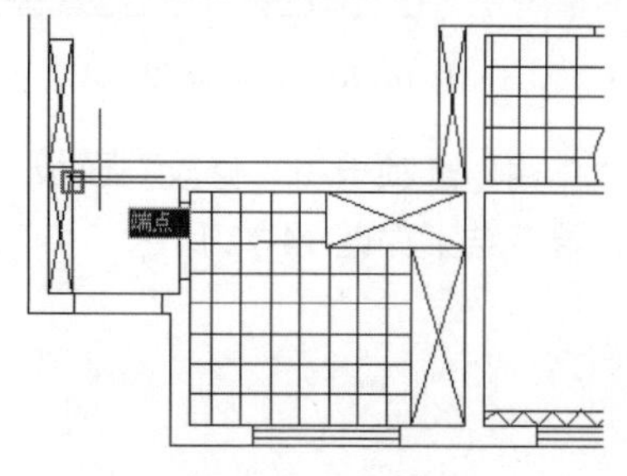

图 14-67　捕捉端点

03 单击“常用”选项卡→“修改”面板→“阵列”按钮，选择刚绘制的矩形进行阵列。命令行操作如下：

```
命令: _arrayrect
选择对象:            //选择刚绘制矩形
选择对象:            // Enter
类型 = 矩形  关联 = 是
为项目数指定对角点或 [基点(B)/角度(A)/计数(C)] <计数>: // Enter
输入行数或 [表达式(E)] <4>:                // 1 Enter
输入列数或 [表达式(E)] <4>:                //4 Enter
指定对角点以间隔项目或 [间距(S)] <间距>:  // Enter
指定行之间的距离或 [表达式(E)] <435>:     //950 Enter
按 Enter 键接受或 [关联(AS)/基点(B)/行(R)/列(C)/层(L)/退出(X)] <退出>:
     // Enter，阵列结果如图 14-69 所示
```

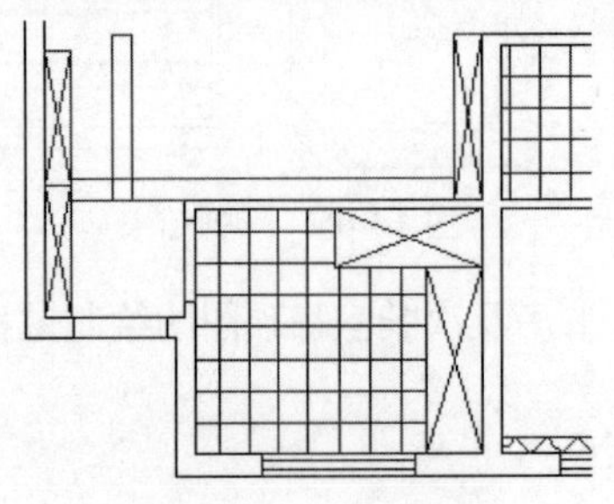

图 14-68　绘制矩形

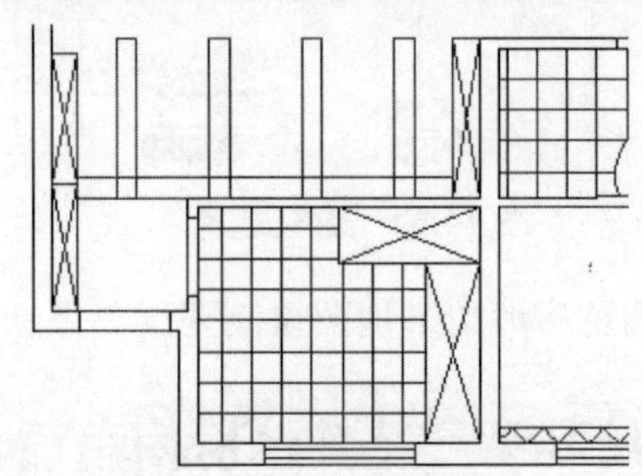

图 14-69　阵列结果

04 单击“常用”选项卡→“修改”面板→“修剪”按钮，以 4 个矩形作为边界，对水平轮廓线进行修剪，修剪结果如图 14-70 所示。

05 单击“常用”选项卡→“绘图”面板→“构造线”按钮，配合延伸捕捉功能，绘制如图 14-71 所示的水平构造线。

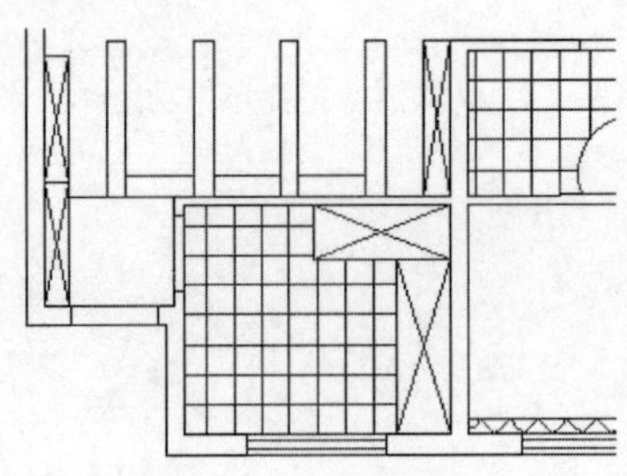

图 14-70　修剪结果

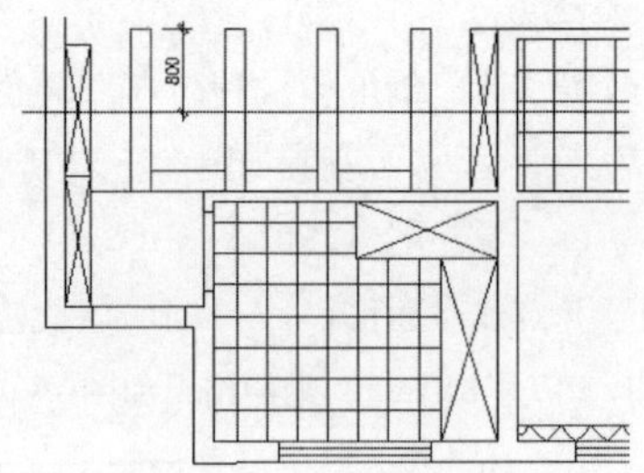

图 14-71　绘制构造线

06 单击“常用”选项卡→“修改”面板→“修剪”按钮，以 4 个矩形作为边界，对水平构造线进行修剪，修剪结果如图 14-72 所示。

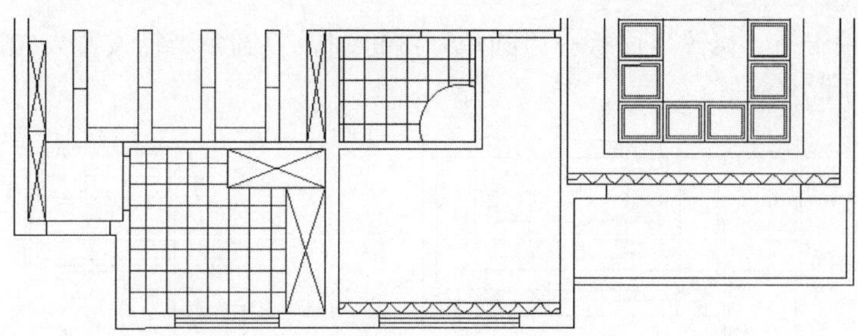

图 14-72　修剪结果

07 单击“常用”选项卡→“绘图”面板→“图案填充”按钮，设置填充图案与参数，如图 14-73 所示；填充如图 14-74 所示的图案。

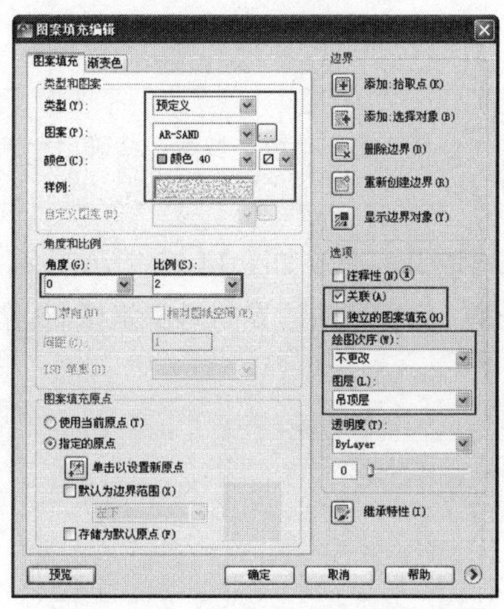

图 14-73　设置填充图案与参数

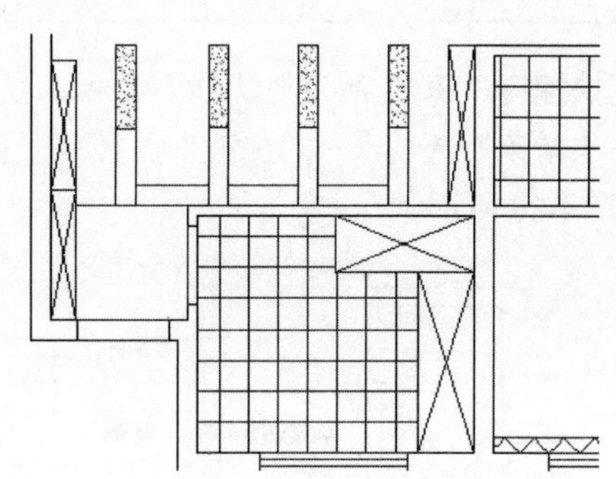

图 14-74　填充结果

08 重复执行“图案填充”命令，设置填充图案与参数，如图 14-75 所示；填充如图 14-76 所示的图案。

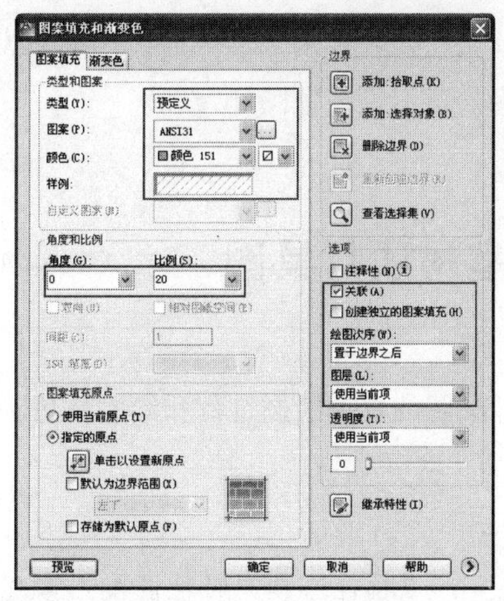

图 14-75　设置填充图案与参数

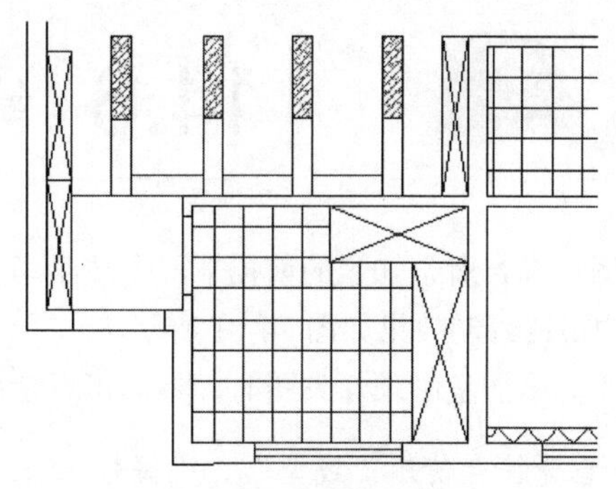

图 14-76　填充结果

09 单击“常用”选项卡→“绘图”面板→“构造线”按钮，在次卧室房间内绘制 6 条构造线，构造线距离内墙线为 80 个单位，结果如图 14-77 所示。

10 单击“常用”选项卡→“修改”面板→“圆角”按钮，将圆角半径设置为 0，对 6 条构造线进行圆角，结果如图 14-78 所示。

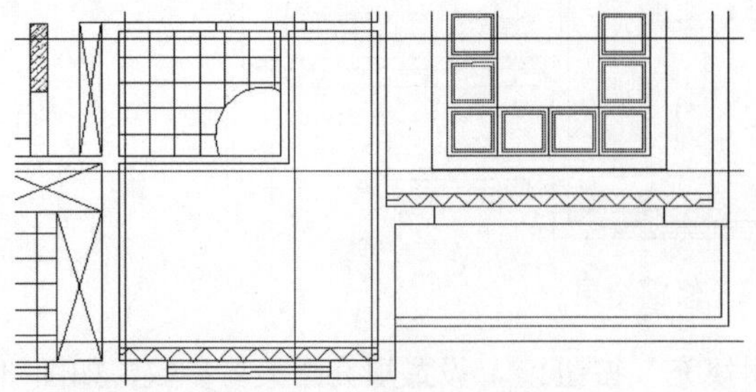

图 14-77　绘制构造线

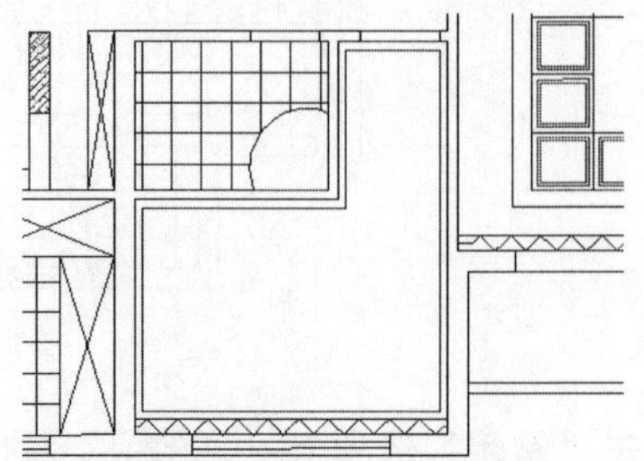

图 14-78　圆角结果

在绘制构造线时，可以巧妙使用“构造线”命令中的“偏移”选项功能，快速、精确地绘制构造线。

11 使用快捷键“BO”激活“边界”命令，在书房房间内拾取点，提取如图 14-79 所示的多段线边界。

12 单击“常用”选项卡→“修改”面板→“偏移”按钮，将提取的边界向内侧偏移 80 个单位，结果如图 14-80 所示。

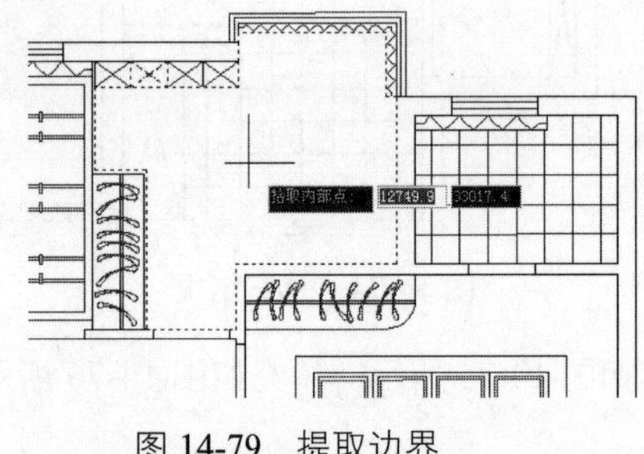

图 14-79　提取边界

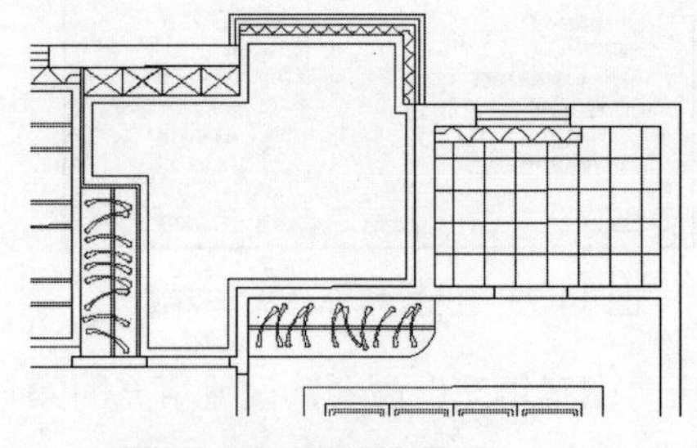

图 14-80　偏移结果

13 最后执行“另存为”命令，将当前图形命名存储为“多居室造型吊顶图.dwg”。

14.6 绘制多居室吊顶灯具图

本例在综合所学知识的前提下，主要学习多居室吊顶灯具图的具体绘制过程和绘制技巧。多居室吊顶灯具图的最终绘制效果如图 14-81 所示。

在绘制多居室吊顶灯具图时，具体可以参照如下思路：

- 首先综合使用“线型”、“偏移”、“编辑多段线”、“特性”和“特性匹配”命令绘制吊顶灯带轮廓线。
- 使用“插入块”命令并配合“对象追踪”、“中点捕捉”功能布置吊顶艺术吊灯。
- 使用“插入块”、“复制”、“直线”等命令并配合“中点捕捉”、“端点捕捉”及“两点之间的中点”等辅助功能布置吊顶吸顶灯具。

- 使用“插入块”、“镜像”命令并配合“中点捕捉”和“对象追踪”等辅助功能绘制轨道射灯。
- 最后使用“直线”、“定数等分”、“定距等分”、“多点”、“复制”、“矩形阵列”等命令绘制多居室辅助灯具。

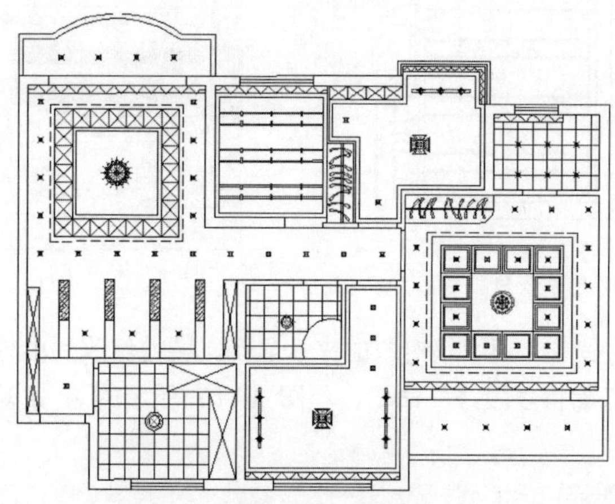

图 14-81　实例效果

14.6.1　绘制天花吊顶灯带

01 打开上例存储的“多居室造型吊顶图.dwg”，或者直接从随书光盘中的“\实例效果文件\第 14 章\”目录下调用此文件。

02 使用快捷键“LT”激活“线型”命令，使用“线型管理器”对话框中的“加载”功能，加载一种名为“DASHED”的线型。

03 单击“常用”选项卡→“修改”面板→“偏移”按钮，选择如图 14-82 所示的轮廓线并向外侧偏移 90 个单位，偏移结果如图 14-83 所示。

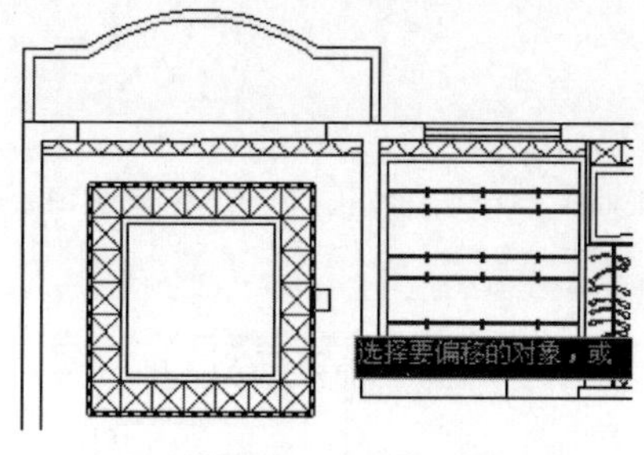

图 14-82　选择偏移对象

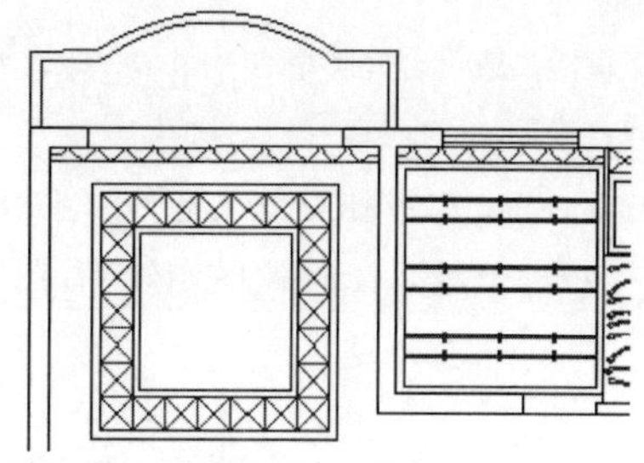

图 14-83　偏移结果

04 在无命令执行的前提下单击刚偏移出的轮廓线，使其呈现夹点显示状态，如图 14-84 所示。

05 按下 Ctrl+1 组合键，打开“特性”窗口，修改夹点图线的颜色和线型特性，如图 14-85 所示。

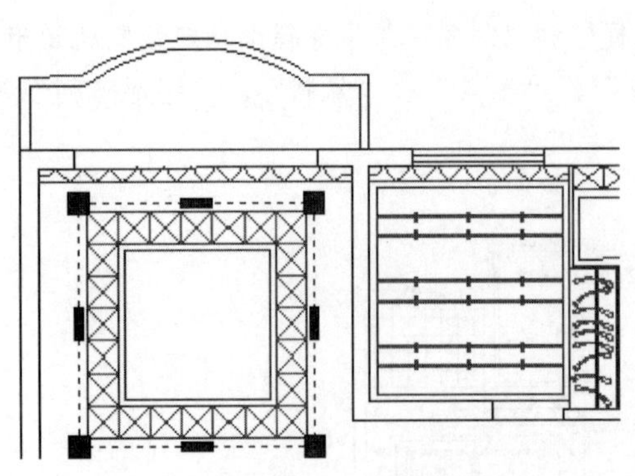

图 14-84　夹点显示效果

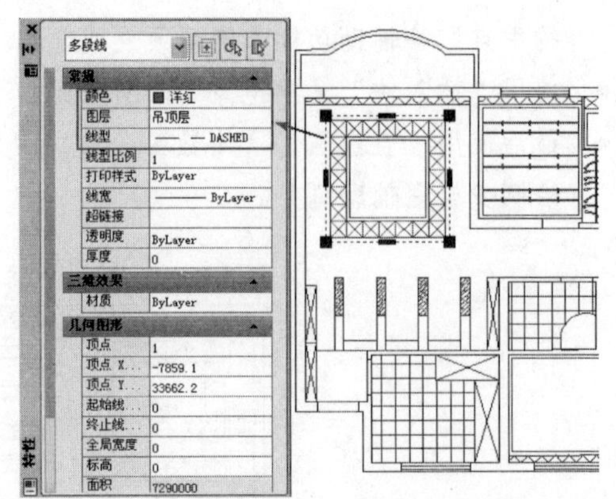

图 14-85　修改线型参数

06 关闭“特性”窗口，然后按 Esc 键取消对象的夹点显示，特性修改后的效果如图 14-86 所示。

07 使用快捷键“PE”激活“编辑多段线”命令，将图 14-87 所示的 4 条轮廓线编辑成一条多段线。命令行操作如下：

```
命令: PE        // Enter
PEDIT 选择多段线或 [多条(M)]:     //m Enter
选择对象:  //选择图 14-87 所示的轮廓线 1
选择对象:  //选择图 14-87 所示的轮廓线 2
选择对象:  //选择图 14-87 所示的轮廓线 3
选择对象:  //选择图 14-87 所示的轮廓线 4
选择对象:  // Enter
是否将直线、圆弧和样条曲线转换为多段线? [是(Y)/否(N)]? <Y>  // Enter
输入选项 [闭合(C)/打开(O)/合并(J)/宽度(W)/拟合(F)/样条曲线(S)/非曲线化(D)/线型生成(L)/反转(R)/放弃(U)]:  // J Enter
合并类型 = 延伸
输入模糊距离或 [合并类型(J)] <0.0>: // Enter
多段线已增加 3 条线段
输入选项 [闭合(C)/打开(O)/合并(J)/宽度(W)/拟合(F)/样条曲线(S)/非曲线化(D)/线型生成(L)/反转(R)/放弃(U)]:    // Enter，合并后的夹点效果如图 14-88 所示
```

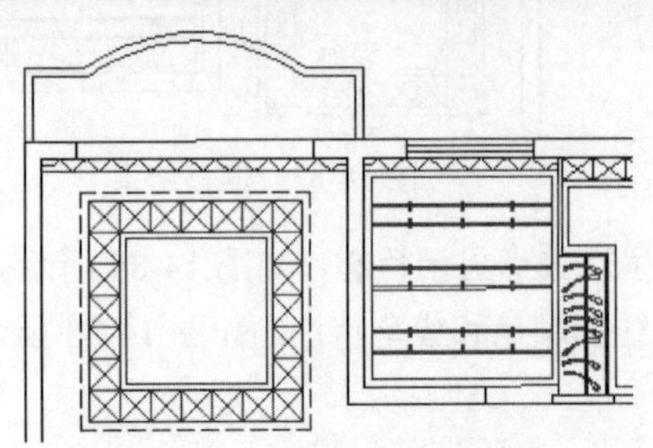

图 14-86　修改特性后结果

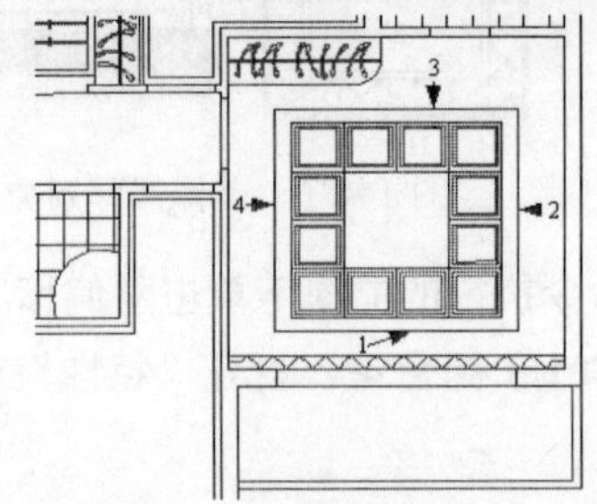

图 14-87　编辑多段线

08 单击“常用”选项卡→“修改”面板→“偏移”按钮，将夹点显示的多段线向外侧偏移 90 个单位，结果如图 14-89 所示。

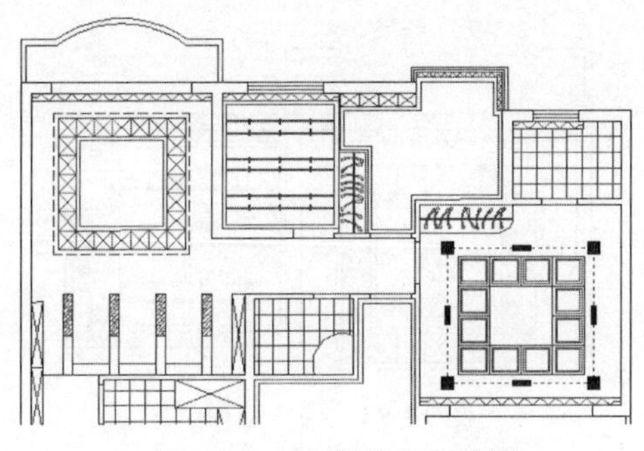

图 14-88　多段线夹点效果

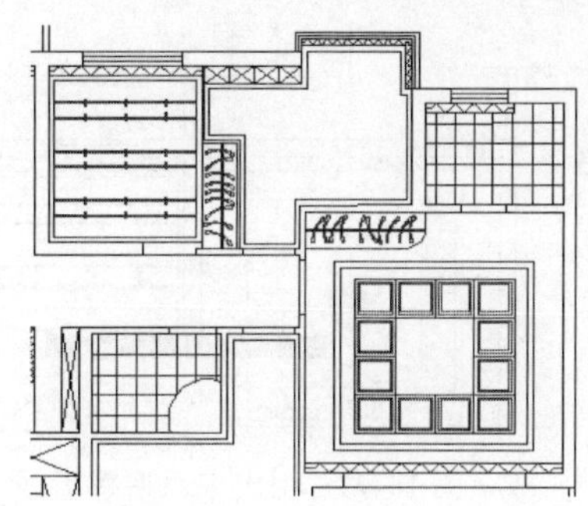

图 14-89　偏移结果

09 使用快捷键“MA”激活“特性匹配”命令，选择如图 14-90 所示的灯带轮廓线作为源对象，将其线型特性和颜色特性匹配给刚偏移出的多段线，匹配结果如图 14-91 所示。

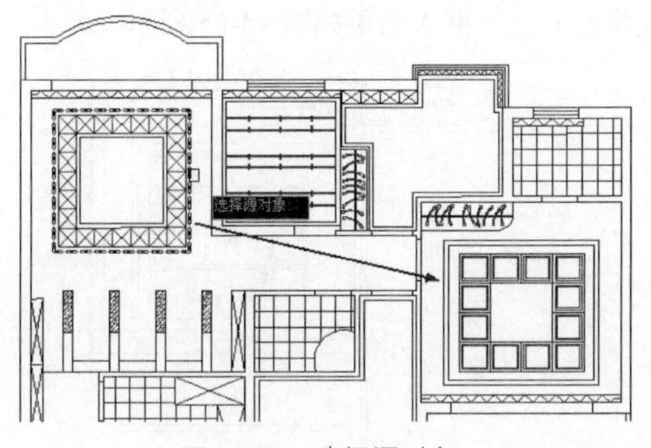

图 14-90　选择源对象

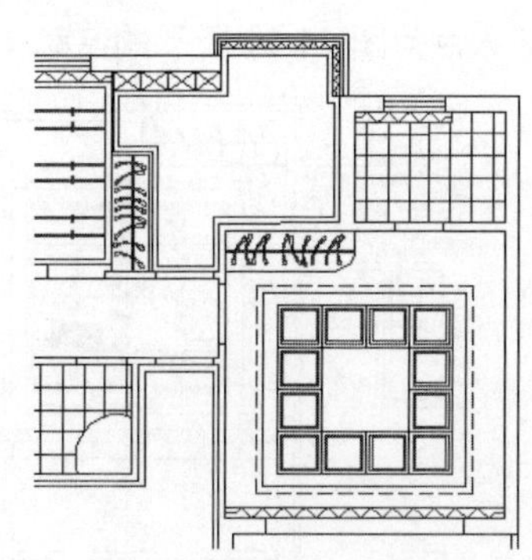

图 14-91　匹配结果

至此，吊顶灯带轮廓线绘制完毕。下一节将学习客厅与主人房艺术吊顶的布置过程和布置技巧。

14.6.2　布置天花艺术吊灯

01 继续上节操作。打开状态栏上的“对象捕捉”与“对象追踪”功能。

02 使用快捷键“LA”激活“图层”命令，在打开的“图层特性管理器”对话框中创建名为“灯具层”的新图层，图层颜色为 230 号色，并将此图层设置为当前图层。

03 单击“常用”选项卡→“绘图”面板→“插入块”按钮，在打开的“插入”对话框中单击 浏览(B)... 按钮，然后选择随书光盘中的“\图块文件\艺术吊灯 01.dwg”。

04 返回“插入”对话框，采用默认参数，将图块插入到客厅吊顶图中，在命令行“指定插入点或 [基点(B)/比例(S)/旋转(R)]:”提示下，配合“对象捕捉”和“对象追踪”功能，引出如图 14-92 所示的两条追踪矢量。

05 接下来捕捉两条追踪矢量的交点作为图块的插入点，插入结果如图 14-93 所示。

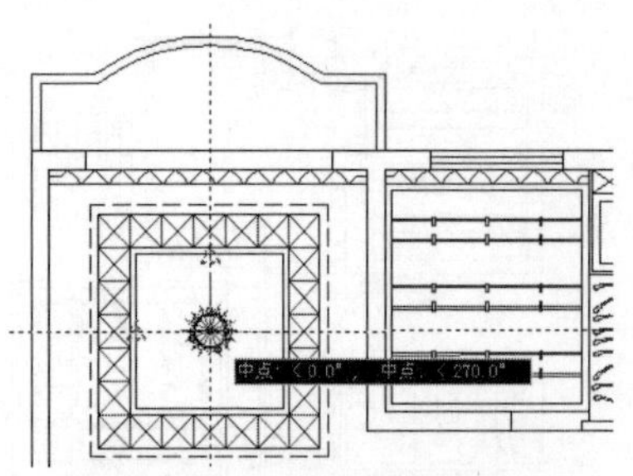

图 14-92　引出中点追踪虚线

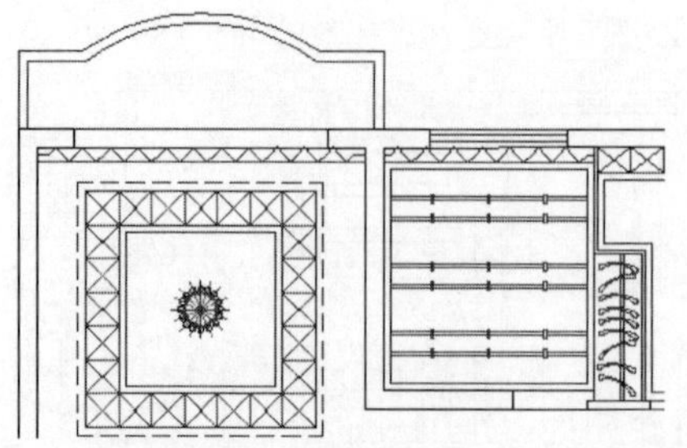

图 14-93　插入结果

06 重复执行“插入块”命令，在打开的“插入”对话框中单击 浏览(B)... 按钮，然后选择随书光盘中的“\图块文件\艺术吊灯 02.dwg”。

07 返回绘图区，配合“延伸捕捉”和“对象追踪”功能，将图块插入到卧室吊顶中，块的缩放比例为 2，插入点为图 14-94 所示的追踪矢量和延伸矢量的交点；插入结果如图 14-95 所示。

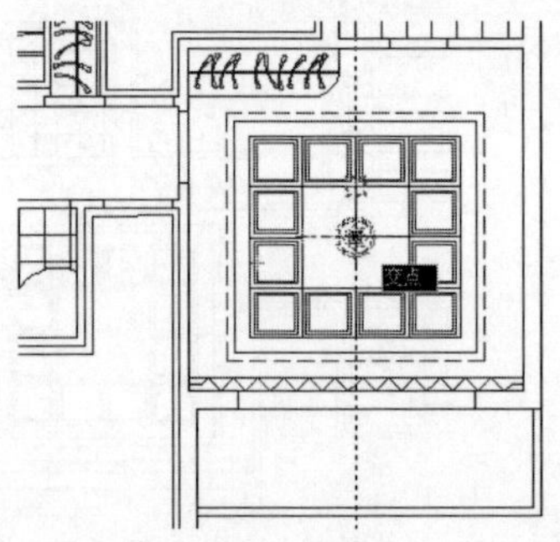

图 14-94　定位插入点

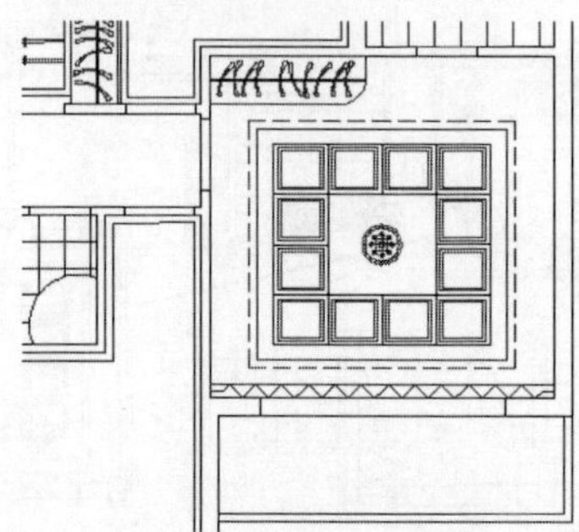

图 14-95　插入结果

至此，客厅与主卧室艺术吊灯布置完毕。在定位插入点时，要注意捕捉与追踪功能的双重应用技能。下一节将学习吸顶灯的快速布置技能。

14.6.3　布置天花吸顶灯具

01 继续上节操作。单击“常用”选项卡→“绘图”面板→“直线”按钮，配合“交点捕捉”和“延伸捕捉”功能，绘制如图 14-96 所示的两条灯具定位辅助线。

02 单击“常用”选项卡→“绘图”面板→“插入块”按钮，在打开的“插入”对话框中单击 浏览(B)... 按钮，然后选择随书光盘中的“\图块文件\工艺灯具 01.dwg”。

03 返回“插入”对话框，采用默认参数，将图块插入到次卧室吊顶中，在命令行“指定插入点或 [基点(B)/比例(S)/旋转(R)]:”提示下，捕捉如图 14-97 所示的中点作为插入点；插入结果如图 14-98 所示。

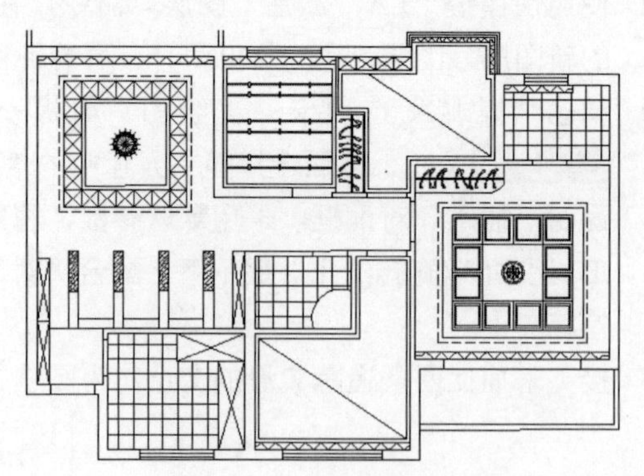

图 14-96　绘制辅助线

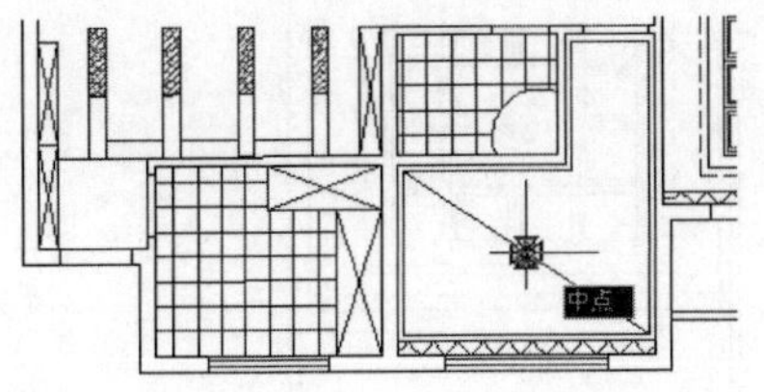

图 14-97　定位插入点

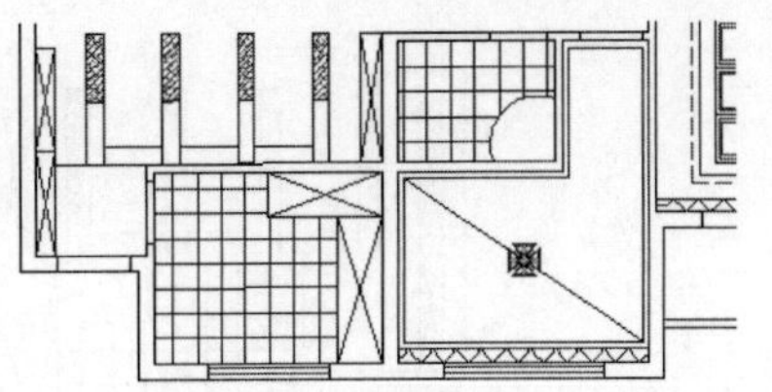

图 14-98　插入结果

04 单击“常用”选项卡→“修改”面板→“复制”按钮，配合“中点捕捉”功能将插入的灯具图块复制到书房吊顶中，结果如图 14-99 所示。

05 单击“常用”选项卡→“绘图”面板→“插入块”按钮，在打开的“插入”对话框中单击 浏览(B)... 按钮，然后选择随书光盘中的“\图块文件\吸顶灯.dwg”。

06 返回“插入”对话框，设置块的等比缩放比例为 0.8，然后在命令行“指定插入点或 [基点(B)/比例(S)/旋转(R)] :”提示下，激活“两点之间的中点”功能。

07 在“_m2p 中点的第一点: ”提示下，捕捉如图 14-100 所示的端点。

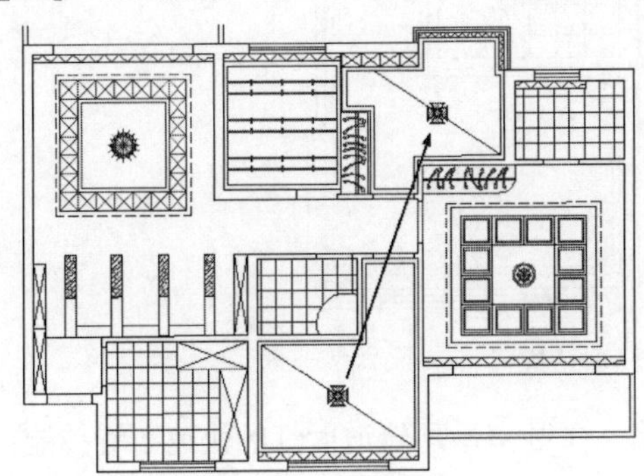

图 14-99　复制灯具

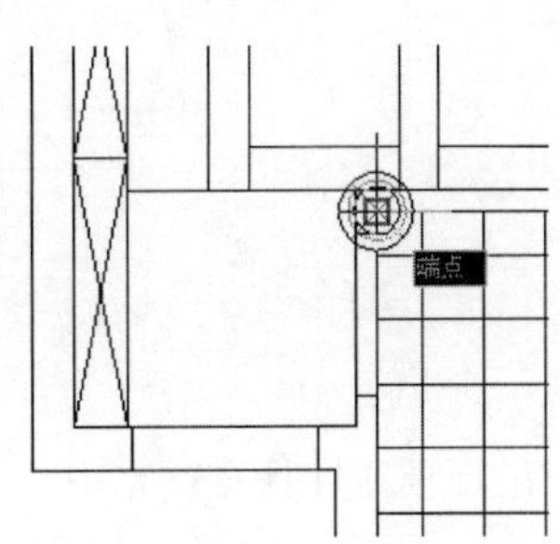

图 14-100　捕捉端点

08 继续在“中点的第二点:”提示下，捕捉如图 14-101 所示的端点；插入结果如图 14-102 所示。

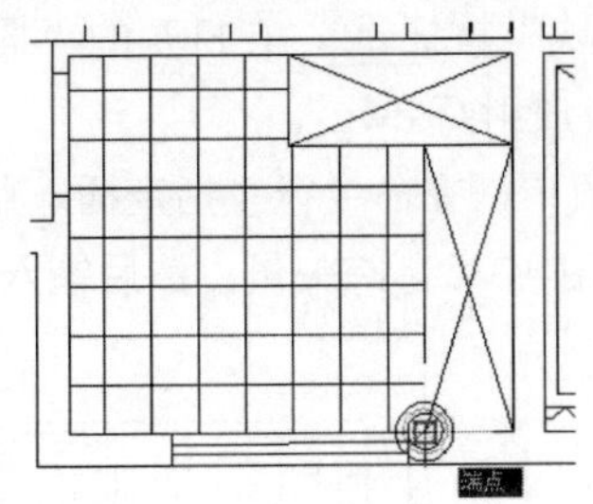

图 14-101　捕捉端点

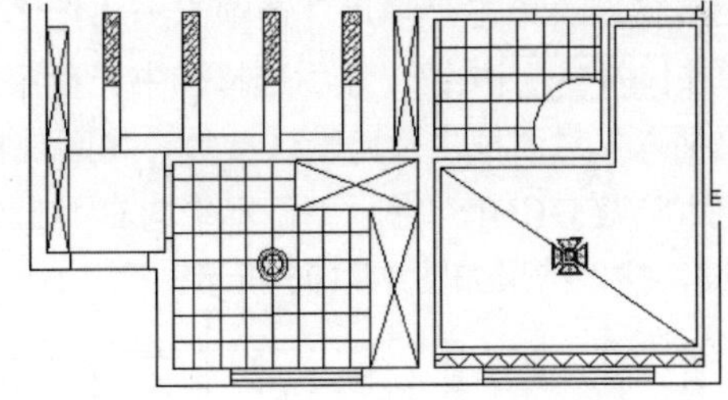

图 14-102　插入结果

09 再次执行“插入块”命令，采用默认参数，插入随书光盘中的“\图块文件\吸顶灯 03.dwg”，配合“捕捉自”和“端点捕捉”功能定位插入点，插入位置及结果如图 14-103 所示。

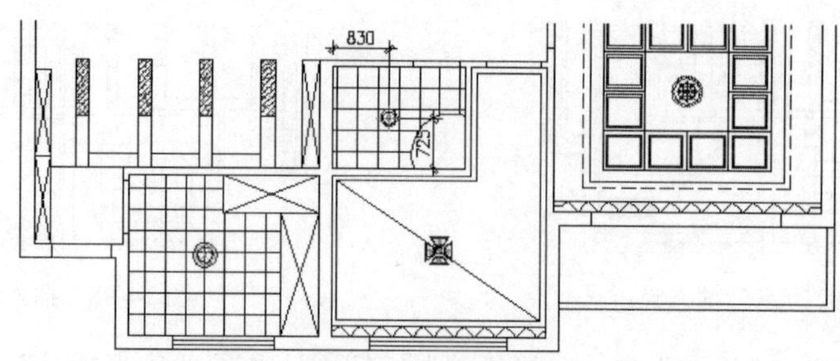

图 14-103　插入结果

10 使用快捷键“X”激活“分解”命令，选择厨房、卫生间内的吊顶填充图案进行分解。

11 使用快捷键“TR”激活“修剪”命令，以插入的吸顶灯具作为边界，对分解后的填充线进行修整，结果如图 14-104 所示。

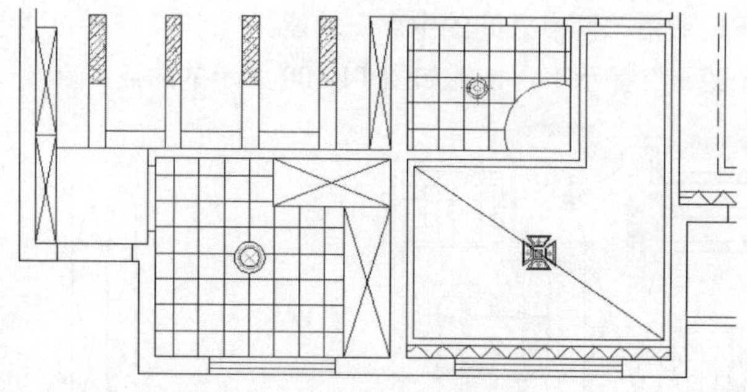

图 14-104　修剪结果

至此，吊顶吸顶灯具布置完毕。下一节将学习书房、主卧室吊顶轨道射灯的快速布置技能。

14.6.4　布置天花轨道射灯

01 继续上节操作。单击“常用”选项卡→“绘图”面板→“插入块”按钮，在打开的“插入”对话框中单击浏览(B)...按钮，然后选择随书光盘中的“\图块文件\轨道射灯.dwg”。

02 返回“插入”对话框，采用默认参数，将图块插入到次卧室吊顶中，在命令行“指定插入点或 [基点(B)/比例(S)/旋转(R)]:”提示下，水平向右引出如图 14-105 所示的中点追踪矢量；然后输入 200 并按 Enter 键，插入结果如图 14-106 所示。

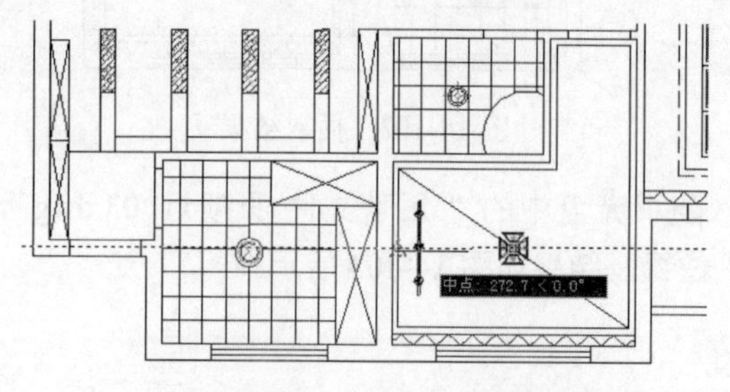

图 14-105　引出中点追踪矢量

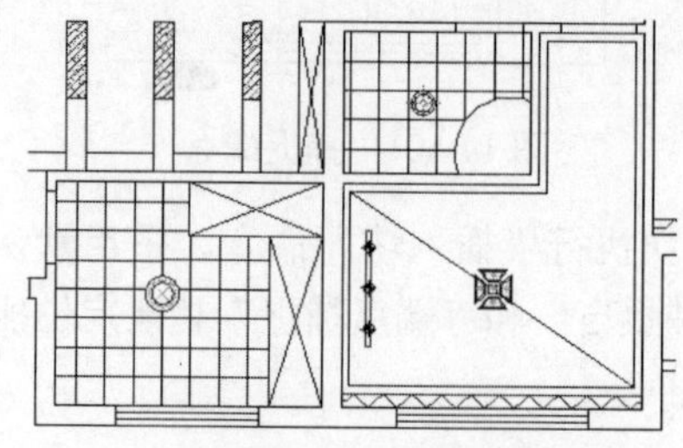

图 14-106　插入结果

03 单击“常用”选项卡→“修改”面板→“镜像”按钮，配合“中点捕捉”功能对刚插入的轨道射灯图块进行镜像，结果如图 14-107 所示。

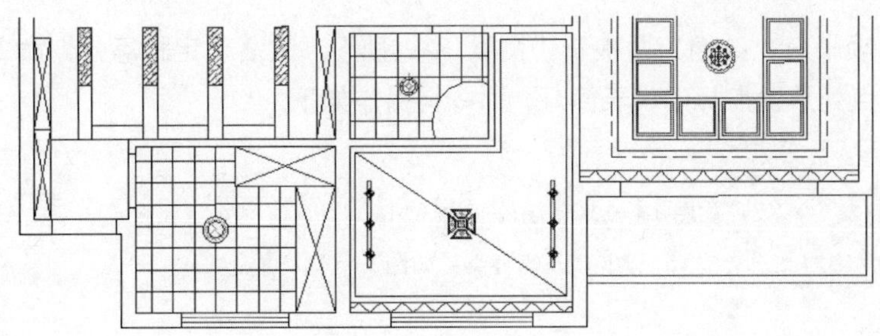

图 14-107　镜像结果

04 重复执行“插入块”命令，以 90º 的旋转角度，再次插入随书光盘中的“\图块文件\轨道射灯.dwg”。

05 在命令行“指定插入点或 [基点(B)/比例(S)/旋转(R)]:”提示下，激活“捕捉自”功能。

06 在命令行“ _from 基点: ”提示下捕捉如图 14-108 所示的中点。

07 继续在命令行“<偏移>:”提示下，输入 @0,-300 后按 Enter 键，插入结果如图 14-109 所示。

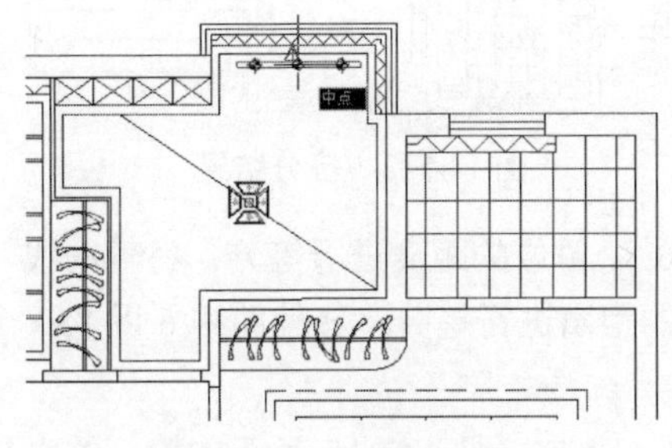

图 14-108　捕捉中点

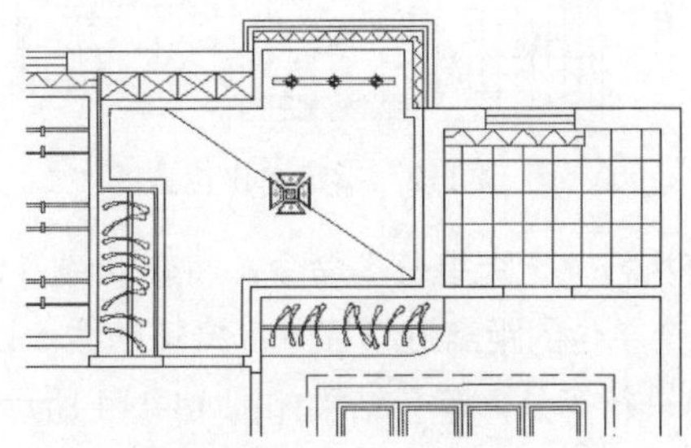

图 14-109　插入结果

至此，轨道射灯布置完毕。下一节将学习多居室吊顶辅助灯具的快速布置方法和相关技巧。

14.6.5　布置天花吊顶筒灯

01 继续上节操作。单击“常用”选项卡→“实用工具”面板→“点样式”按钮，在打开的“点样式”对话框中设置当前点的样式和大小，如图 14-110 所示。

02 单击“常用”选项卡→“绘图”面板→“直线”按钮，配合捕捉或追踪功能，绘制如图 14-111 所示的灯具定位辅助线。

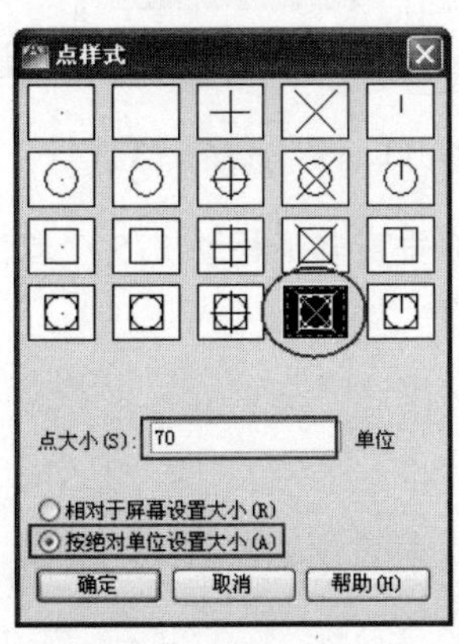

图 14-110　设置点样式及大小

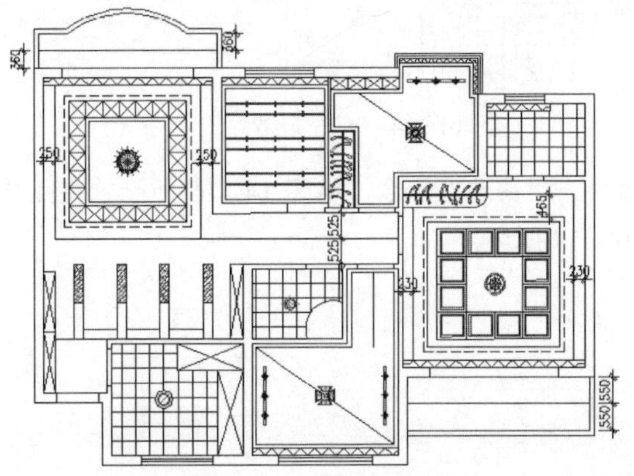

图 14-111　绘制定位辅助线

03 单击“常用”选项卡→“绘图”面板→“测量”按钮，激活“定距等分”命令，为辅助线进行定距等分，在等分点处放置点标记代表筒灯。命令行操作如下：

```
命令：_measure
选择要定距等分的对象：    //在如图 14-112 所示的位置单击
指定线段长度或 [块(B)]：   //775 Enter，等分结果如图 14-113 所示
```

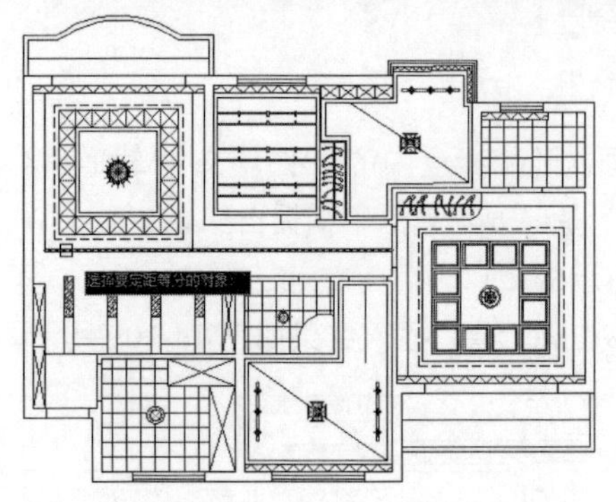

图 14-112　指定单击位置

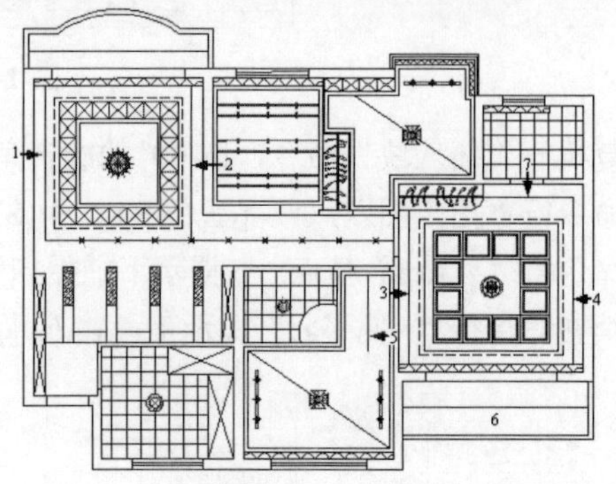

图 14-113　等分结果

04 重复执行“定距等分”命令，将辅助线 1、2、7 以 750 个单位的距离进行等分；将辅助线 3、4 以 760 个单位的距离进行等分；将辅助线 5 以 600 个单位的距离进行等分；将辅助线 6 以 830 个单位的距离进行等分，等分结果如图 14-114 所示。

05 单击“常用”选项卡→“修改”面板→“移动”按钮，窗选如图 14-115 所示的筒灯并水平向左移动 100 个单位。

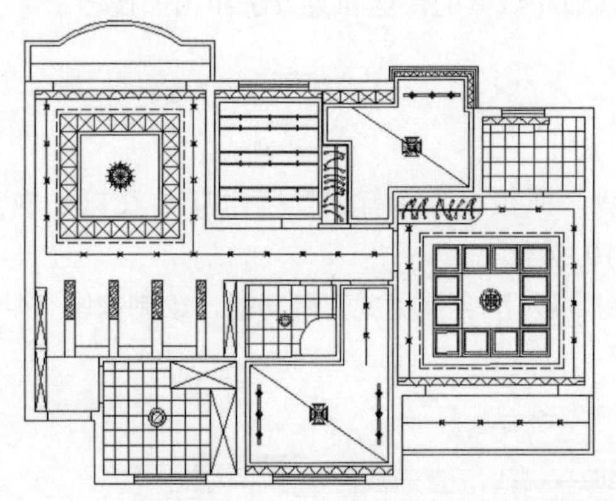

图 14-114　等分结果

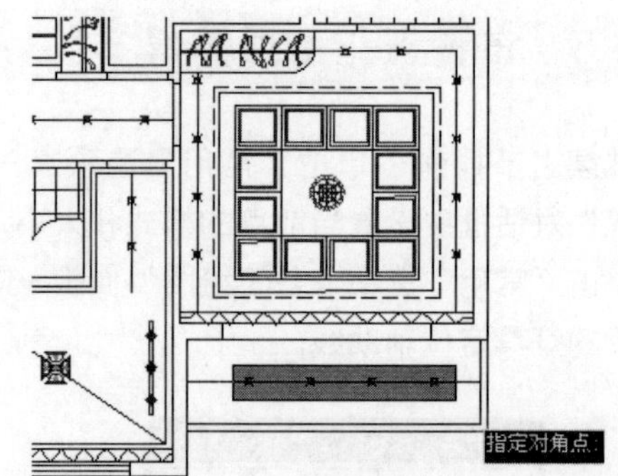

图 14-115　选择并移动

06 重复执行“移动”命令，将图 14-116 所示的夹点显示的 8 个筒灯垂直向下移动 375 个单位，结果如图 14-117 所示。

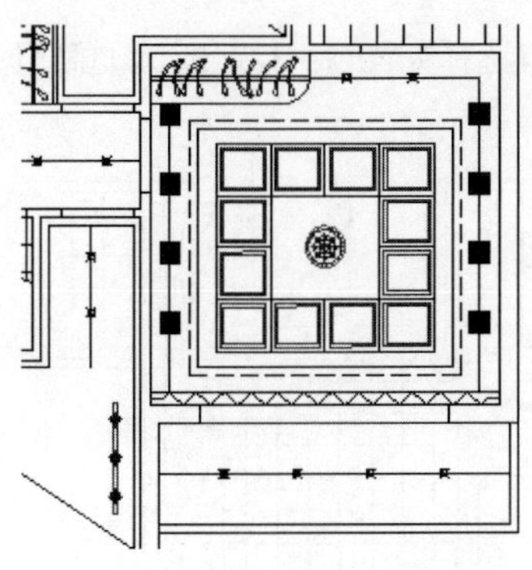

图 14-116　夹点效果

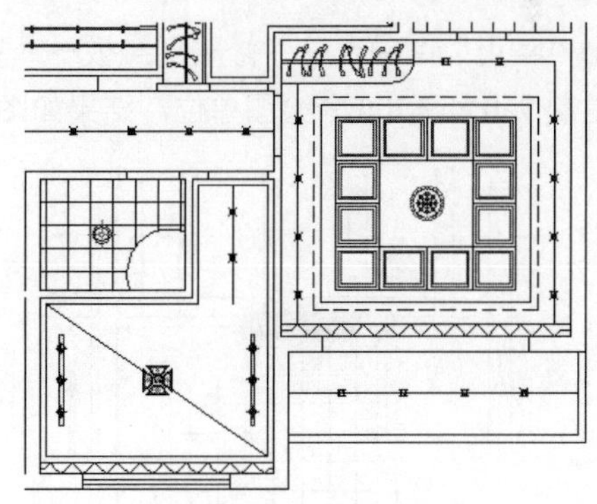

图 14-117　重直向下移动

07 单击“常用”选项卡→“绘图”面板→“多点”按钮，配合“对象捕捉”或“坐标输入”功能，绘制如图 14-118 所示的点作为筒灯。

08 单击“常用”选项卡→“绘图”面板→“定数等分”按钮，选择图 14-118 所示的辅助线 1，进行等分 5 份，结果如图 14-119 所示。

09 单击“常用”选项卡→“修改”面板→“删除”按钮，删除所有定位辅助线，结果如图 14-120 所示。

10 单击“常用”选项卡→“绘图”面板→“多点”按钮，配合“交点捕捉”功能在主卧卫生间吊顶中绘制 6 个点作为筒灯，绘制结果如图 14-121 所示。

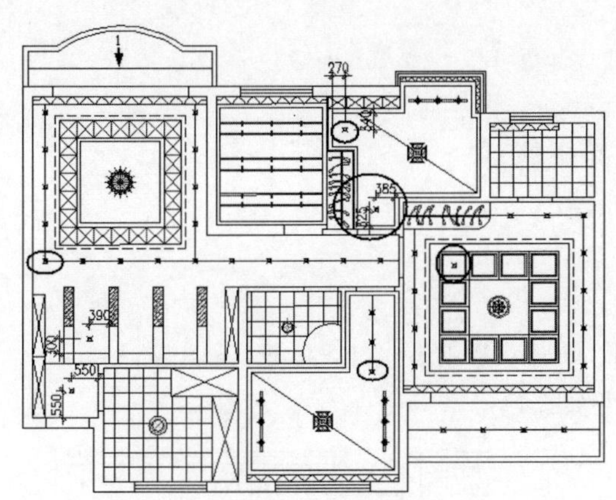

图 14-118　绘制筒灯

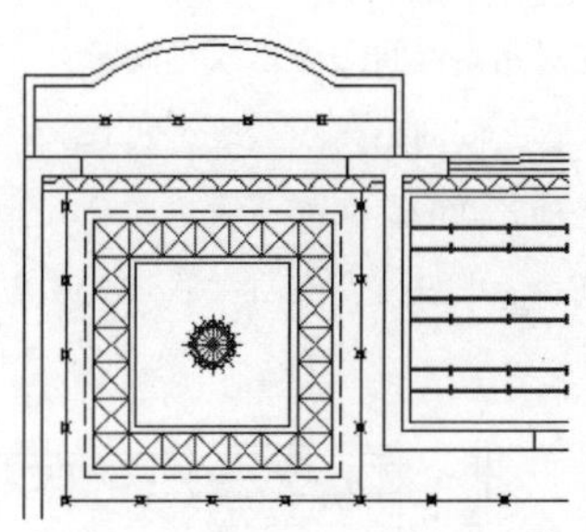

图 14-119　等分结果

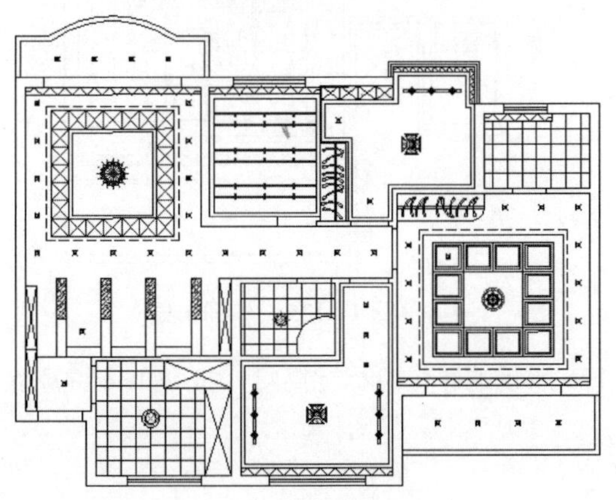

图 14-120　删除结果

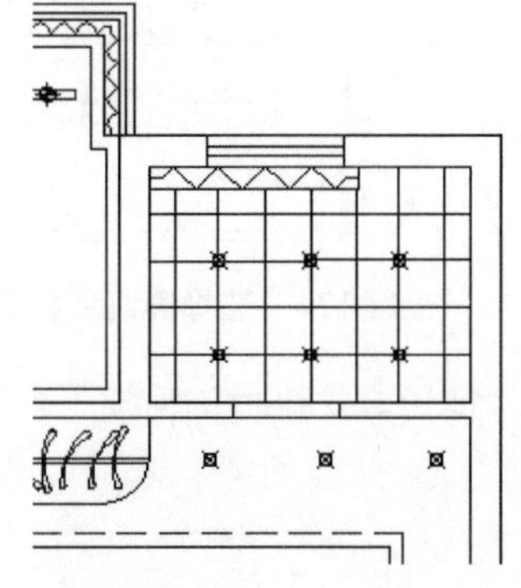

图 14-121　绘制筒灯

11 单击“常用”选项卡→“修改”面板→“复制”按钮，窗口选择如图 14-122 所示的筒灯；水平向右复制 950 和 1900 个绘图单位，结果如图 14-123 所示。

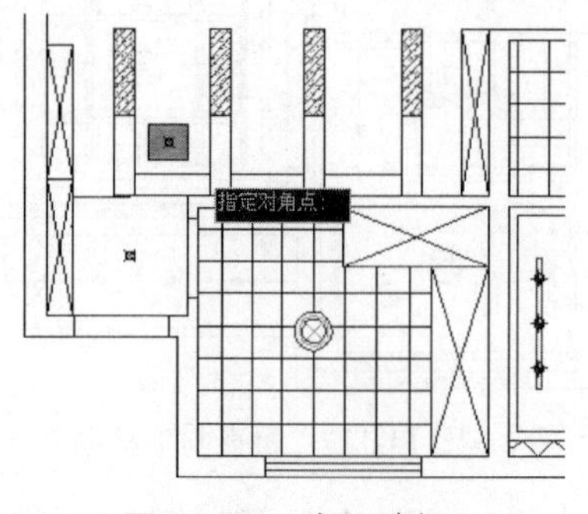

图 14-122　窗口选择

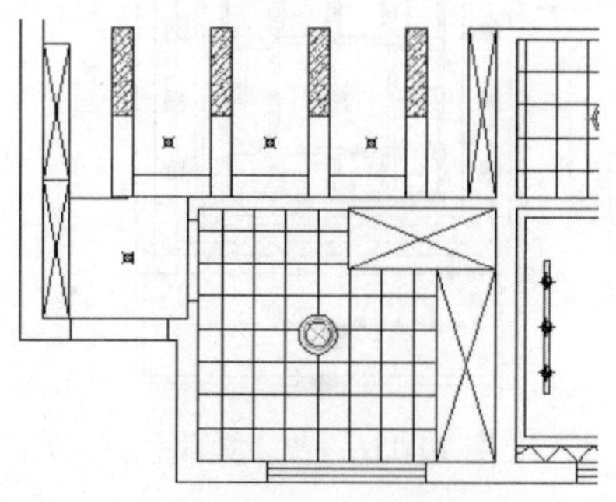

图 14-123　向右复制

12 单击“常用”选项卡→“修改”面板→“阵列”按钮，窗口选择如图 14-124 所示的筒灯进行阵列。命令行操作如下：

```
命令：_arrayrect
选择对象：                          //窗交选择如图 14-124 所示的筒灯点标记
选择对象：                          // Enter
类型 = 矩形  关联 = 是
为项目数指定对角点或 [基点(B)/角度(A)/计数(C)] <计数>:     // Enter
输入行数或 [表达式(E)] <4>:                //4 Enter
输入列数或 [表达式(E)] <4>:                //4 Enter
指定对角点以间隔项目或 [间距(S)] <间距>: // Enter
指定行之间的距离或 [表达式(E)] <1>:      //-567.5 Enter
指定列之间的距离或 [表达式(E)] <1>:      //617.5 Enter
按 Enter 键接受或 [关联(AS)/基点(B)/行(R)/列(C)/层(L)/退出(X)] <退出>:
                         // Enter，阵列结果如图 14-125 所示
```

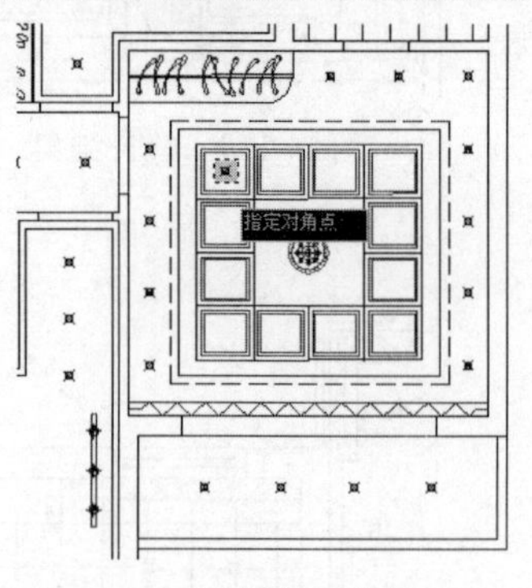

图 14-124　选择筒灯点标记

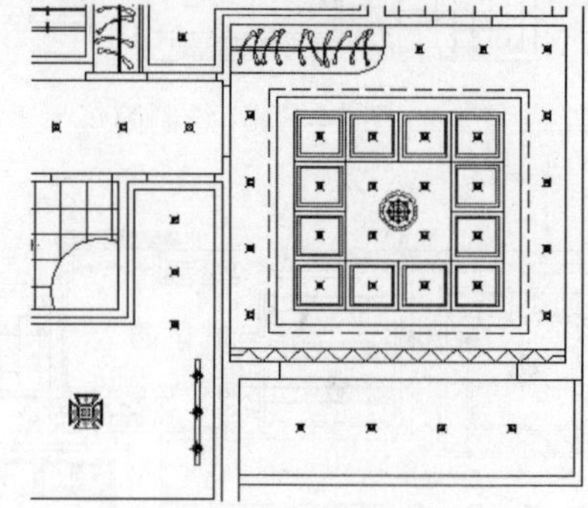

图 14-125　阵列结果

13 在无任何命令执行的前提下，夹点显示如图 14-126 所示的 4 个点标记筒灯，按 Delete 键删除，

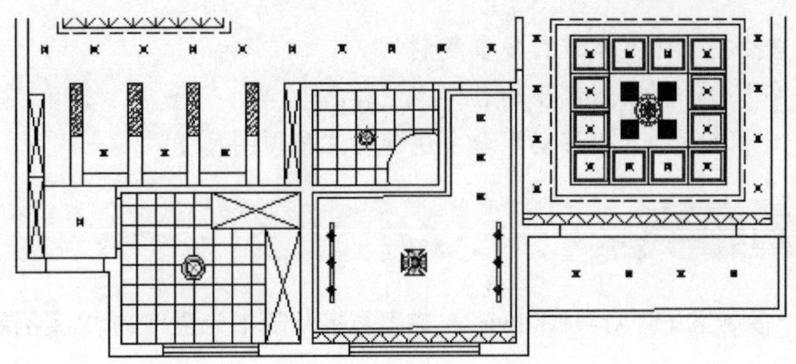

图 14-126　夹点效果

14 调整视图，显示全部图形，最终结果如图 14-81 所示。

15 最后执行“另存为”命令，将图形命名存储为“多居室吊顶灯具图.dwg”。

14.7 标注多居室吊顶装修图

本例在综合所学知识的前提下，主要学习多居室吊顶装修图文字和尺寸的快速标注过程和标注技巧。多居室吊顶装修图文字和尺寸的最终标注效果如图 14-127 所示。

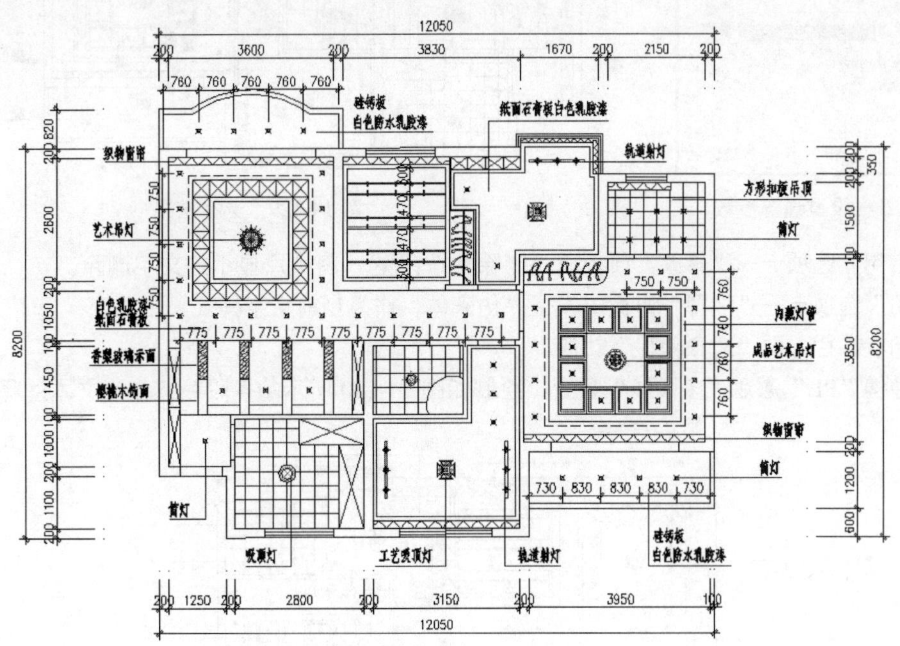

图 14-127　实例效果

在标注吊顶图文字及尺寸时，具体可以参照如下思路：

- 调用源文件，并设置当前层与当前样式。
- 使用“多段线”或“直线”命令绘制文字的指示线。
- 使用“多行文字”命令标注单个文本注释。

- 使用“复制”命令对单个文本进行多重复制。
- 使用“编辑文字”命令修改复制出的各文本注释。
- 使用“线性”、“连续”、“移动”命令快速标注吊顶图尺寸。

14.7.1　绘制文字指示线

01 打开上例存储的“多居室吊顶灯具图.dwg”，或者直接从随书光盘中的“\实例效果文件\第 14 章\”目录下调用此文件。

02 在“常用”选项卡→“图层”面板中解冻“文本层”，并将此图层设置为当前层。

03 单击“常用”选项卡→“实用工具”面板→“快速选择”按钮，设置过滤参数，如图 14-128 所示。选择“文本层”上的所有对象，选择结果如图 14-129 所示。

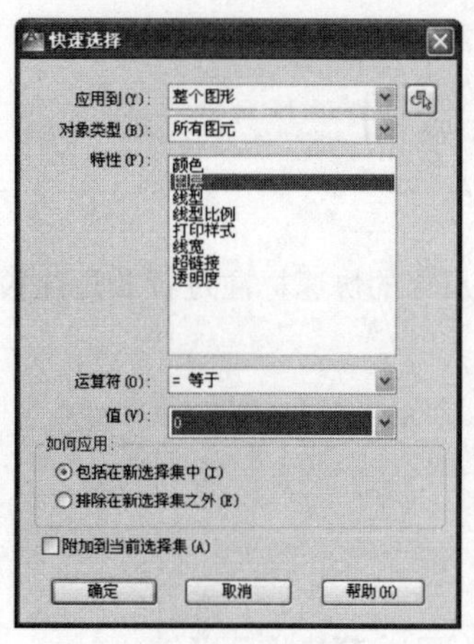

图 14-128　设置过滤参数

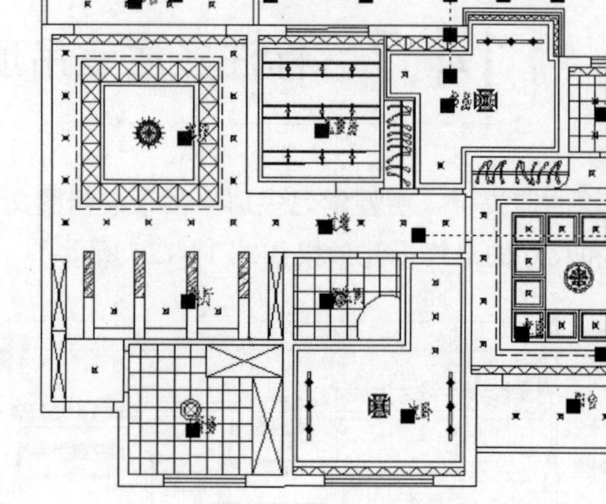

图 14-129　选择结果

04 单击“常用”选项卡→“修改”面板→“删除”按钮，将夹点显示的文字删除。

05 在“常用”选项卡→“注释”面板中设置“仿宋体”作为当前文字样式。

06 暂时关闭状态栏上的“对象捕捉”功能。

07 使用快捷键“PL”激活“多段线”命令，绘制如图 14-130 所示的多段线，作为文本注释的指示线。

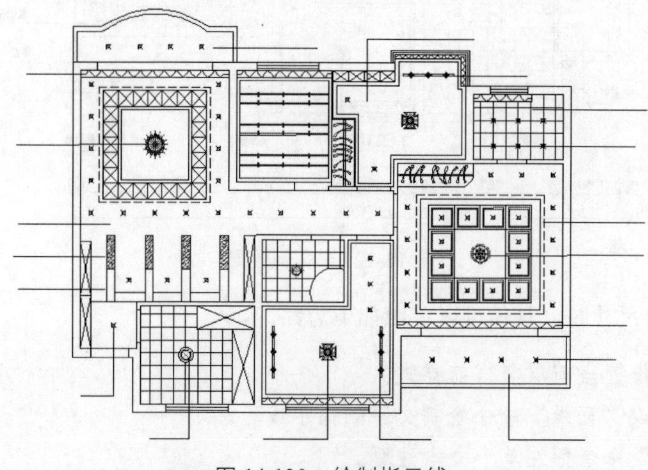

图 14-130　绘制指示线

在绘制指示线时，可以配合状态栏上的“正交”或“极轴追踪”功能。

至此，文字指示线绘制完毕。下一节将学习吊顶图文字注释的具体标注过程和标注技巧。

14.7.2　标注吊顶图文字

01 继续上节操作。使用快捷键“ST”激活“文字样式”命令，修改当前文字样式的高度为 240。

02 单击“常用”选项卡→“注释”面板→“多行文字”按钮A，激活“多行文字”命令，根据命令行的提示，在指示线上端拉出如图 14-131 所示的矩形框。

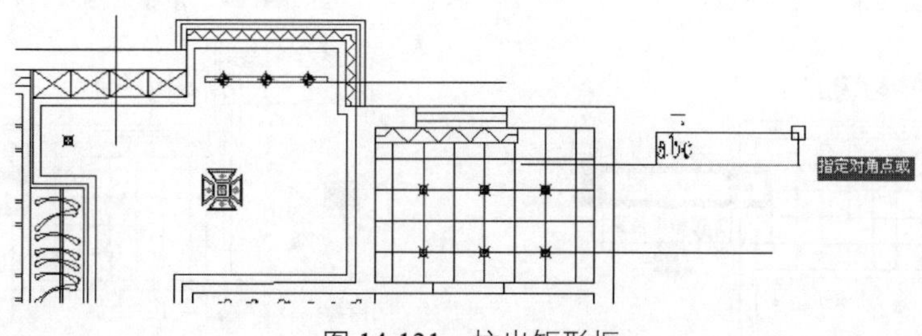

图 14-131　拉出矩形框

03 当指定了矩形框的右下角点时，系统自动打开“文字编辑器”选项卡及相应功能面板。

04 在下侧的文字输入框内单击，以指定文字的输入位置，然后输入“方形扣板吊顶”字样，如图 14-132 所示。

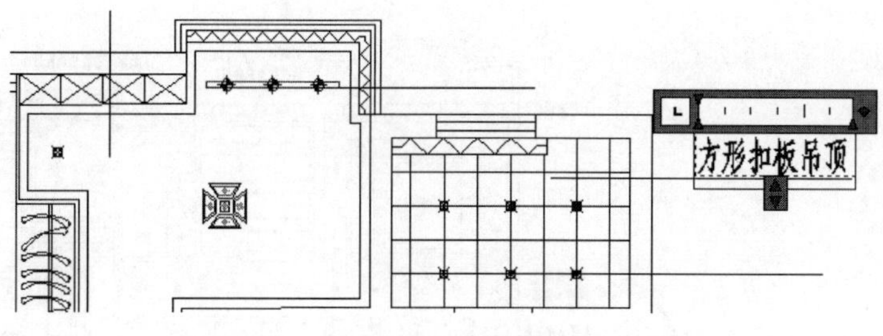

图 14-132　输入文字

05 关闭“文字编辑器”，文字标注结果如图 14-133 所示。

06 单击“常用”选项卡→“修改”面板→“复制”按钮，选择刚创建的文字对象，将其复制到其他指示线上，结果如图 14-134 所示。

07 在复制出的多行文字上双击，打开如图 14-135 所示的多行文字输入框。

08 接下来在文字输入框内输入正确的文字内容，如图 14-136 所示。

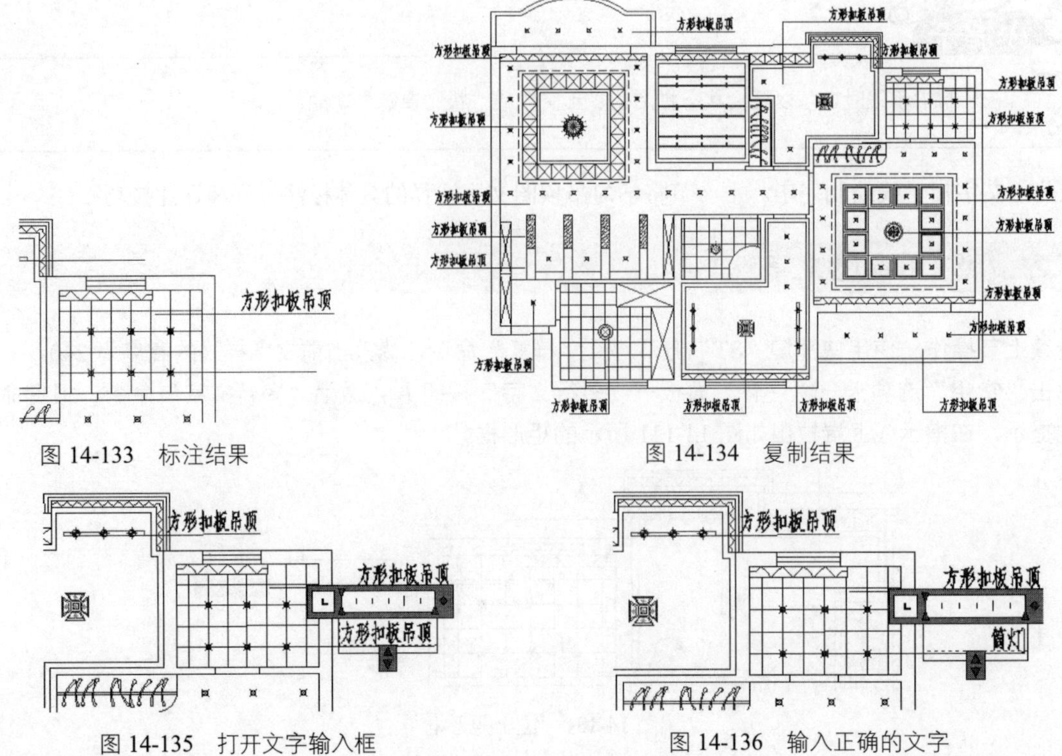

图 14-133　标注结果　　图 14-134　复制结果

图 14-135　打开文字输入框　　图 14-136　输入正确的文字

09 单击鼠标，结束命令。结果绘图区中被选择的文字内容被更改，如图 14-137 所示。

10 参照上述操作，分别在其他文字上双击，输入正确的文字内容，并适当调整文字的位置，结果如图 14-138 所示。

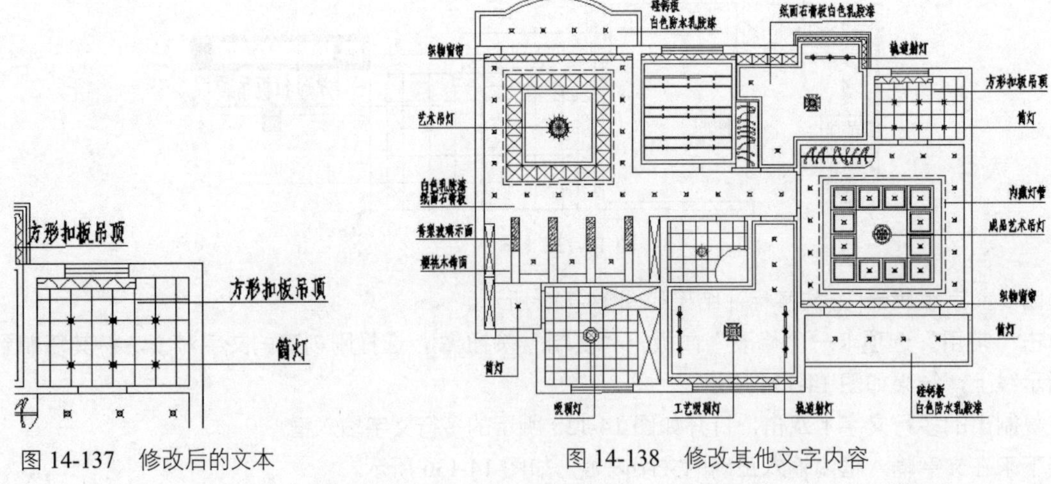

图 14-137　修改后的文本　　图 14-138　修改其他文字内容

至此，吊顶图中的文字注释标注完毕。下一节学习吊顶图尺寸的快速标注过程和标注技巧。

14.7.3　标注吊顶图尺寸

01 继续上节操作。在“常用”选项卡→“图层”面板中打开“尺寸层”，并将此图层设置为当前图层。

02 使用快捷键“M”激活“移动”命令，适当调整尺寸的位置，结果如图 14-139 所示。

03 单击“常用”选项卡→“注释”面板→“线性”按钮，配合“节点捕捉”和“端点捕捉”功能，标注如图 14-140 所示的线性尺寸。

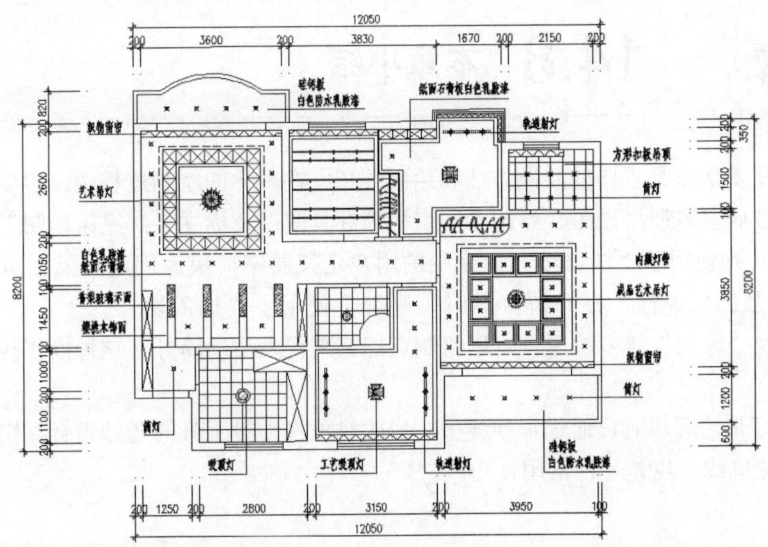

图 14-139　解冻尺寸并调整位置后的效果

04 单击“注释”选项卡→“标注”面板→“连续”按钮，以刚标注的线性尺寸作为基准尺寸，标注如图 14-141 所示的连续尺寸，作为灯具的定位尺寸。

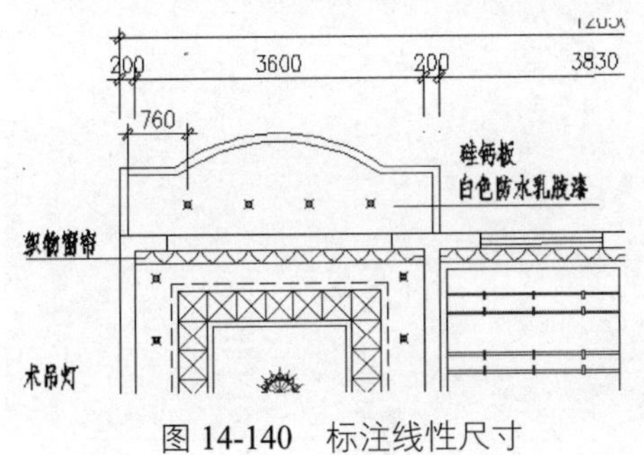

图 14-140　标注线性尺寸

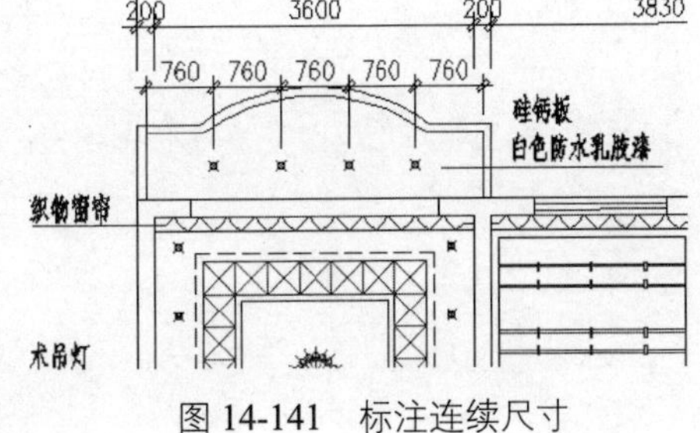

图 14-141　标注连续尺寸

05 综合使用“线性”和“连续”命令，分别标注其他位置的灯具定位尺寸，结果如图 14-142 所示。

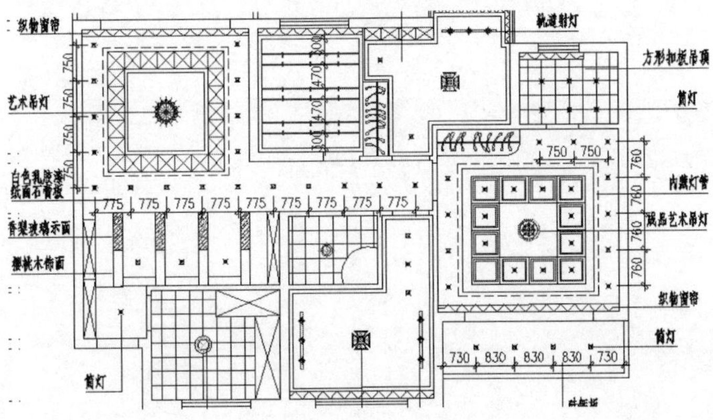

图 14-142　标注其他尺寸

06 调整视图，使吊顶图完全显示，最终效果如图 14-127 所示。

07 最后执行“另存为”命令，将当前图形另名存储为“标注多居室吊顶图.dwg”。

14.8 本章小结

本章主要学习了多居室吊顶图的绘制方法和绘制技巧。在具体的绘制过程中，主要分为“绘制多居室吊顶轮廓图、绘制多居室造型吊顶图、绘制多居室吊顶灯具图以及标注多居室吊顶图”等操作环节。在绘制吊顶轮廓图时，巧妙使用了“图案填充命令中的用户定义图案，快速创建出卫生间与厨房内的吊顶图案，此种技巧有极强的代表性；在布置灯具时，则综合使用了“插入块”、“定数等分”、“定距等分”、“复制”以及“阵列”等多种命令，以绘制点标记来代表吊顶筒灯，这种操作技法简单直接，巧妙方便。

另外，在绘制灯带轮廓线时，通过加载线型，修改对象特性等工具的巧妙组合，快速、明显的区分出灯带轮廓线与其他轮廓线，也是一种常用技巧。

第 15 章
客厅与餐厅装饰设计

室内装饰立面图主要用于表明室内装修的造型和样式，在此种图纸上不但要体现出门窗、花格、装修隔断等构件的高度尺寸和安装尺寸，以及家具和室内配套产品的安放位置和尺寸等内容。除此以外，还要体现出室内墙面上各种装饰品，如壁画、壁挂、金属等的式样、位置和大小尺寸等。本章在简单了解室内装修立面图表达内容及形成特点等相关理论知识的前提下，主要学习客厅与餐厅装修立面图的绘制技能和相关技巧。

知识要点

- 室内立面图形成方式
- 室内立面图设计思路
- 客厅与餐厅设计要点
- 绘制客厅与餐厅 B 向装修立面图
- 标注客厅与餐厅 B 向装修立面图
- 绘制客厅与餐厅 D 向装修立面图
- 标注客厅与餐厅 D 向装修立面图

15.1 室内立面图形成方式

室内立面装饰图的形成，主要有以下 3 种方式。

- 假设将室内空间垂直剖开，移去剖切平面前的部分，对余下的部分作正投影而成。这种立面图实质上是带有立面图示的剖面图。它所示图像的进深感比较强，并能同时反映顶棚的选级变化。但此种形式的缺点是剖切位置不明确（在平面布置上没有剖切符号，仅用投影符号表明视向），其剖面图示安排较难与平面布置图和顶棚平面图应。
- 假设将室内各墙面沿面与面相交处拆开，移去暂时不予图示的墙面，将剩下的墙面及其装饰布置向铅直投影面作投影而成。这种立面图不出现剖面图像，只出现相邻墙面及其上装饰构件与该墙面的表面交线。
- 假设将室内各墙面沿某轴阴角拆开，依次展开，直至都平等于同一铅直投影面，形成立面展开图。这种立面图能将室内各墙面的装饰效果连贯地展示在人们眼前，以便人们研究各墙面之间的统一与反差及相互衔接关系，对室内装饰设计与施工有着重要作用。

15.2 室内立面图设计思路

在设计并绘制室内立面图时，具体可以参照如下思路：

（1）首先根据地面布置图，定位需要投影的立面，并绘制主体轮廓线。

（2）绘制立面内部构件定位线，如果立面图结构复杂，可以采取从外到内、从整体到局部的绘图方式。

（3）布置各种装饰图块。将常用的装饰用具以块的形式整理起来，在绘制立面图时直接插入装饰块就可以了，不需要再逐一绘制。

（4）填充立面装饰图案。在绘制立面图时，有些装饰用具及饰面装饰材料等不容易绘制和表达，此时可采用填充图案的方式进行表示。

（5）标注文本注释，以体现出饰面材料及施工要求等。

（6）标注立面图的装饰尺寸和各构件的安装尺寸。

15.3 客厅与餐厅设计要点

客厅与餐厅多为一个开敞式的空间，是家庭居住环境中最大的生活空间， 也是家庭活动中心及接待客人的社交空间。它的主要功能是家庭会客、娱乐、休闲、交流、就餐、学习等，其配套家具主要有沙发、茶几、电视柜、酒水柜、餐桌椅及装饰品成例柜等。在设计并绘制此类图纸时，具体需要兼顾如下要点：

1. 空间功能

客厅一般可划分为会客区、用餐区、学习区等。会客区应适当靠外一些，用餐区接近厨房，学习区只占居室的一个角落。由于客厅具有多功能性且面积大，通常在设计功能区域划分时采用隔断形式，具体有木柜隔断、艺术屏风隔断、花格式隔断、地台式隔断、天花造型分格及利用天花灯光照明强弱分格等。

2. 区域划分手法

客厅区域划分可以采用“硬性划分”和“软性划分”两种方式。“软性划分”是用暗示法塑造空间，利用不同装修材料、装饰手法、特色家具、灯光造型等来划分。比如，通过吊顶从上部空间将会客区与就餐区划分开来，地面上也可以通过局部铺地毯等手段把不同的区域划分开来。“硬性划分”是把空间分成相对封闭的几个区域来实现不同的功能。主要是通过隔断、家具的设置，从大空间中独立出一些小空间来。

3. 重点突出

客厅有顶面、地面及四面墙壁，因为视角的关系，墙面理所当然地成为重点。但四面墙也不能平均用力，应确立一面主题墙，主题墙是指客厅中最引人注目的一面墙，是客厅装修的“点睛之笔“，一般是放置电视、音响的那面墙。在主题墙上，可以运用各种装饰材料做一些造型，以突出整个客厅的装饰风格。目前使用较多的如各种毛坯石板、木材等。

顶面与地面是两个水平面。顶面处理对整修空间起决定性作用，对空间的影响要比地面显著。地面通常是最先引人注意的部分，其色彩、质地和图案能直接影响室内观感。

4. 家具的布置

家具的布置方式可以分为两类，即“规则式”和“自由式”。小空间的家具布置宜以集中为主，大空间则以分散为主。

另外，在满足空间功能需求的同时，还应注意与整个室内空间上的协调、统一，各个区域的家具布置与局部美化装饰，应服从整体的视觉美感。

5. 色彩的应用

客厅的色彩设计应有一个基调，一般采用比较淡雅或偏冷些的色调。向南的居室有充足的日照，可采用偏冷的色调，朝北居室可以采用偏暖的色调。色调主要是通过地面、墙面、顶面来体现的，而装饰品、家具等只起调剂、补充的作用。总之，要做到舒适方便、热情亲切、丰富充实，使人有温馨祥和的感受。

15.4 绘制客厅与餐厅 B 向装修立面图

本例在综合所学知识的前提下，主要学习客厅与餐厅 B 向装修立面图的具体绘制过程和绘制技巧。客厅与餐厅 B 向立面图的最终绘制效果如图 15-1 所示。

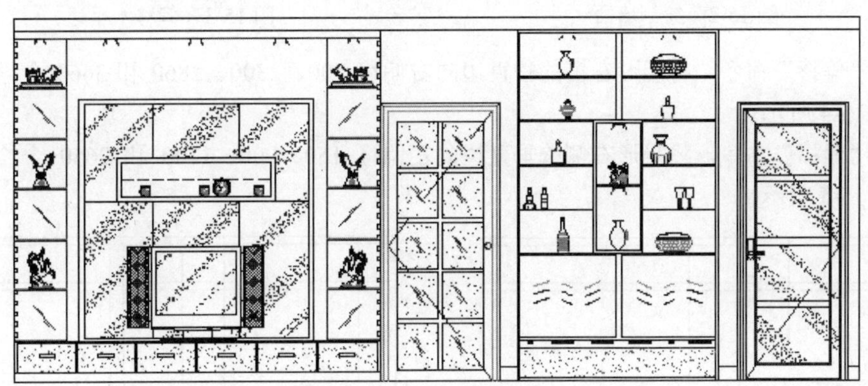

图 15-1　实例效果

15.4.1　B 向装修立面图绘图思路

在绘制客厅与餐厅 B 向立面图时，具体可以参照如下思路：

- 首先使用“新建”命令调用室内绘图样板文件。
- 使用“矩形”、“分解”、“偏移”、“圆角”、“修剪”等命令绘制 B 向墙面轮廓线。
- 使用“偏移”、“修剪”、“阵列”、“矩形”、“图案填充”等命令，并配合“捕捉自”或“对象捕捉”功能绘制电视柜立面图。
- 使用“偏移”、“圆角”、“直线”、“修剪”、“构造线”、“图案填充”命令绘制电视墙立

面图。

- 使用“偏移”、“阵列”、“修剪”、“镜像”等命令绘制博古架立面图。
- 最后使用“插入块”、“复制”、“镜像”、“修剪”等命令布置并完善 B 向立面图构件。

15.4.2 绘制客厅与餐厅 B 向轮廓图

01 单击“快速访问工具栏”中的按钮，选择随书光盘中的“\绘图样板文件\室内绘图样板.dwt”，新建空白文件。

02 在“常用”选项卡→“图层”面板中设置“轮廓线”为当前操作层。

03 单击“常用”选项卡→“绘图”面板→“矩形”按钮，绘制长度为 6500、宽度为 2700 的矩形作为墙面外轮廓线，如图 15-2 所示。

04 单击“常用”选项卡→“修改”面板→“分解”按钮，将矩形分解为 4 条独立的线段。

05 单击“常用”选项卡→“修改”面板→“偏移”按钮，将上侧的矩形水平边向下偏移 100 和 600 个绘图单位；将下侧的矩形水平边向上偏移 100 和 2000 个绘图单位，结果如图 15-3 所示。

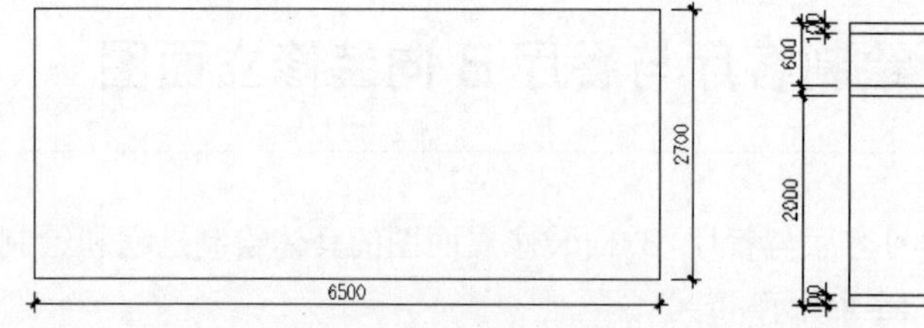

图 15-2 绘制墙面

图 15-3 偏移水平边

06 重复执行“偏移”命令，将矩形左侧的垂直边向右偏移 500、2300、2860 和 3660 个绘图单位，偏移结果如图 15-4 所示。

07 重复执行“偏移”命令，将矩形右侧的垂直边向左偏移 150、900、1100 和 2650 个绘图单位，偏移结果如图 15-5 所示。

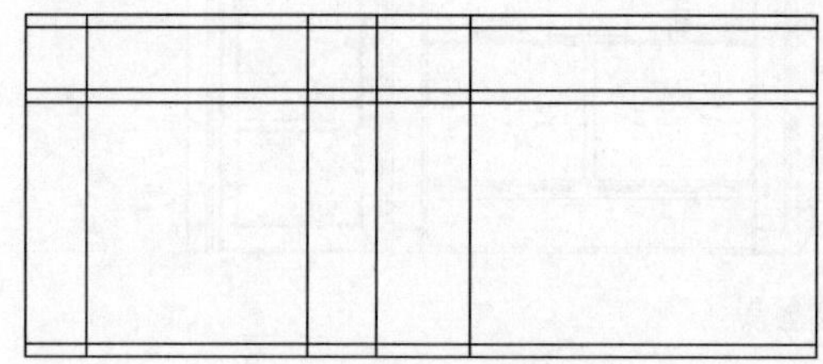

图 15-4 偏移左侧垂直边

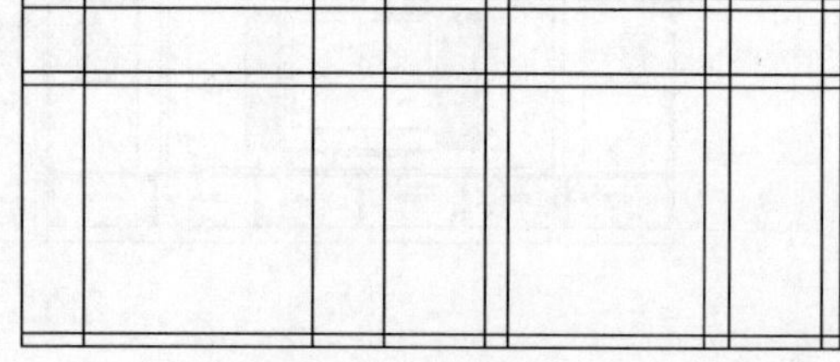

图 15-5 偏移右侧垂直边

08 单击“常用”选项卡→“修改”面板→“圆角”按钮，将圆角半径设置为 0，对图 15-6 所示的轮廓线 1、2、3 进行圆角编辑，圆角结果如图 15-7 所示。

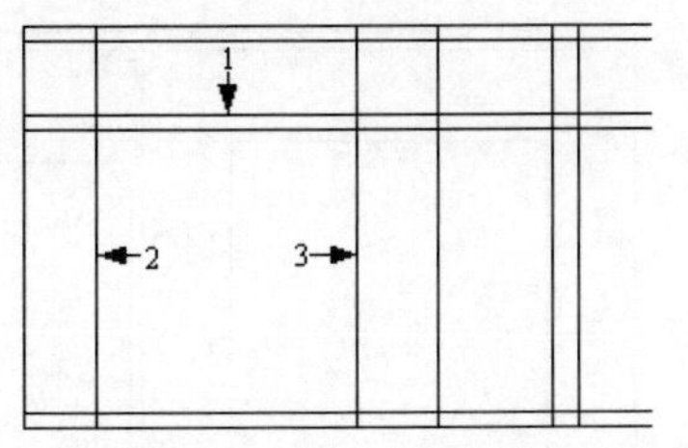

图 15-6　指定圆角图线

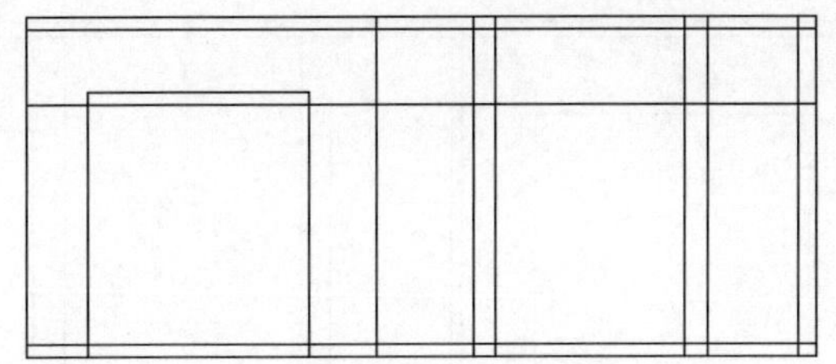

图 15-7　圆角结果

09 重复执行“圆角”命令，分别对其他位置的图线进行圆角，结果如图 15-8 所示。

10 单击“常用”选项卡→“修改”面板→“修剪”按钮，选择如图 15-9 所示的两条垂直边作为修剪边界，对边界之间的水平图线进行修剪，结果如图 15-10 所示。

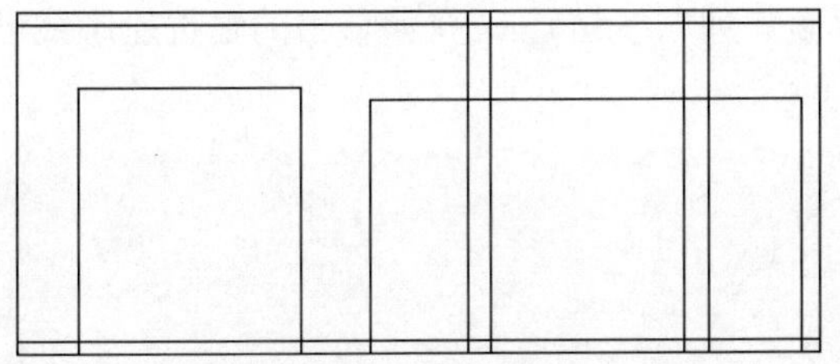

图 15-8　其他圆角结果

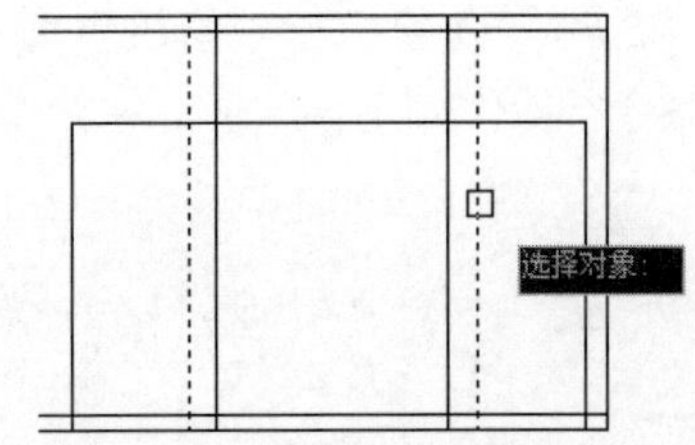

图 15-9　选择修剪边界

11 重复执行“修剪”命令，分别对其他位置的图线进行修剪，修剪结果如图 15-11 所示。

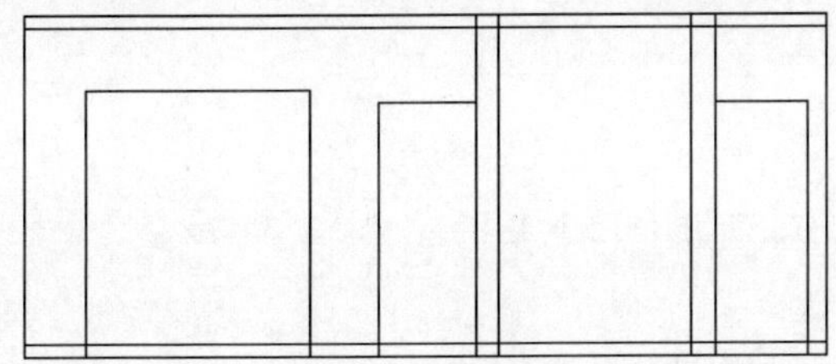

图 15-10　修剪结果

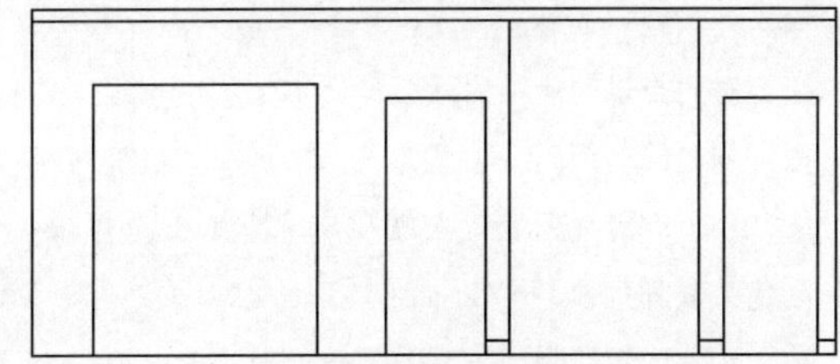

图 15-11　修剪其他图线

至此，客厅与餐厅 B 向墙面轮廓图绘制完毕。下一节将学习客厅电视柜立面图绘制过程和绘制技巧。

15.4.3　绘制客厅电视柜立面图

01 继续上节操作。在“常用”选项卡→“图层”面板中设置“家具层”为当前操作层。

02 单击“常用”选项卡→“修改”面板→“偏移”按钮，将左侧的垂直轮廓线向右偏移 2800；将下侧的水平轮廓线向上偏移 60、280 和 300 个单位，结果如图 15-12 所示。

03 单击“常用”选项卡→“修改”面板→“修剪”按钮，对偏移出的水平轮廓线和垂直轮廓线进行修剪，结果 15-13 所示。

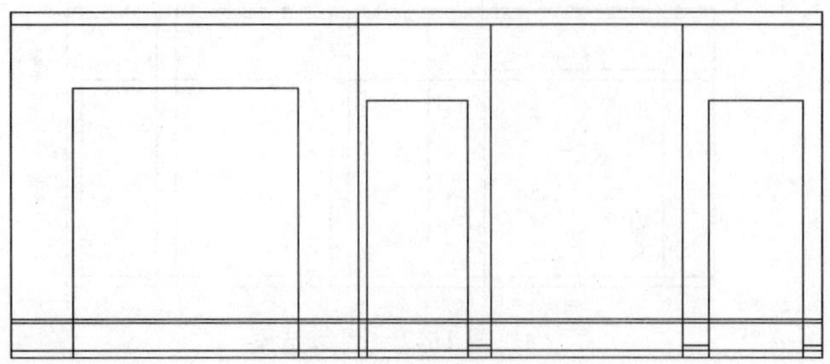
图 15-12　偏移结果

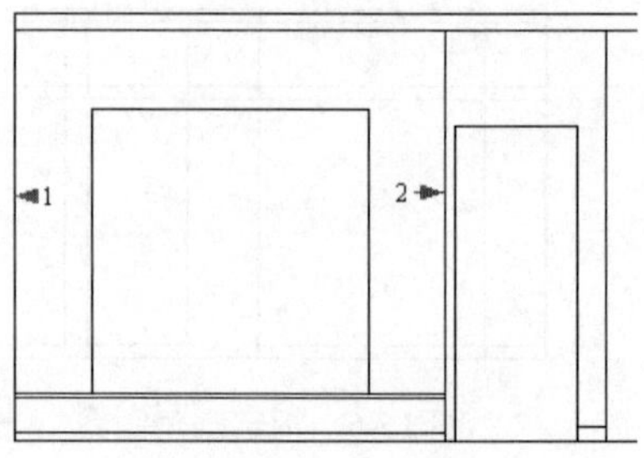

图 15-13　修剪结果

04 单击“常用”选项卡→“修改”面板→“偏移”按钮，将图 15-13 所示的垂直轮廓线 1 向右偏移 25、475 和 485 个单位，将垂直轮廓线 2 向左偏移 25 个单位，结果如图 15-14 所示。

05 单击“常用”选项卡→“修改”面板→“矩形阵列”按钮，将偏移出的垂直轮廓线进行矩形阵列。命令行操作如下：

```
命令: _arrayrect
选择对象:        //窗交选择如图 15-15 所示的对象
选择对象:        // Enter
类型 = 矩形  关联 = 是
为项目数指定对角点或 [基点(B)/角度(A)/计数(C)] <计数>: // Enter
输入行数或 [表达式(E)] <4>:  //1 Enter
输入列数或 [表达式(E)] <4>:   //5 Enter
指定对角点以间隔项目或 [间距(S)] <间距>: // Enter
指定列之间的距离或 [表达式(E)] <0>:   //460 Enter
按 Enter 键接受或 [关联(AS)/基点(B)/行(R)/列(C)/层(L)/退出(X)] <退出>:  //AS Enter
创建关联阵列 [是(Y)/否(N)] <是>:    //N Enter
按 Enter 键接受或 [关联(AS)/基点(B)/行(R)/列(C)/层(L)/退出(X)] <退出>:
                              // Enter，阵列结果如图 15-16 所示
```

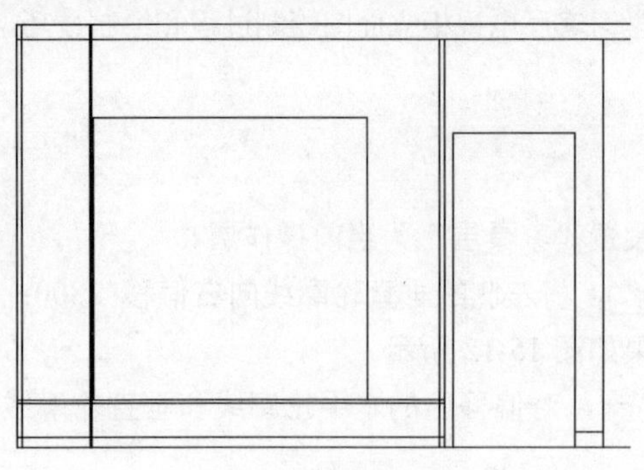
图 15-14　偏移结果

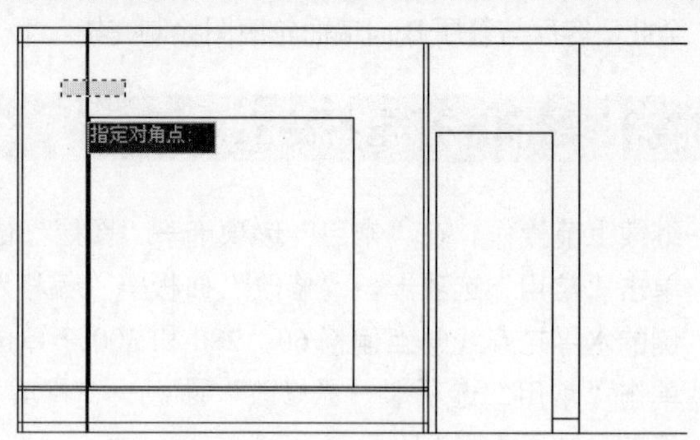

图 15-15　窗交选择

06 单击“常用”选项卡→“修改”面板→“修剪”按钮，对偏移出的轮廓线和阵列出的垂直轮廓线进行修剪，编辑出电视柜的立面结构轮廓图，结果如图 15-17 所示。

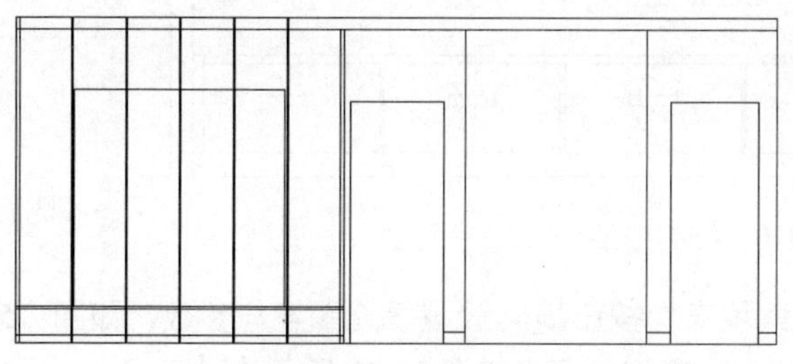

图 15-16　阵列结果

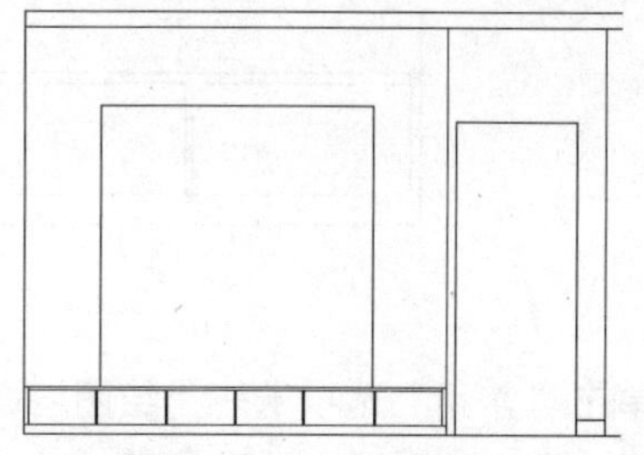

图 15-17　修剪结果

07 单击“常用”选项卡→“绘图”面板→“矩形”按钮，配合“捕捉自”功能绘制矩形把手。命令行操作如下：

```
命令: _rectang
指定第一个角点或 [倒角(C)/标高(E)/圆角(F)/厚度(T)/宽度(W)]: //激活“捕捉自”功能
_from 基点:         //捕捉如图 15-18 所示的端点
<偏移>:             //@165,-80 Enter
指定另一个角点或 [面积(A)/尺寸(D)/旋转(R)]:
 //@120,-25 Enter，绘制结果如图 15-19 所示
```

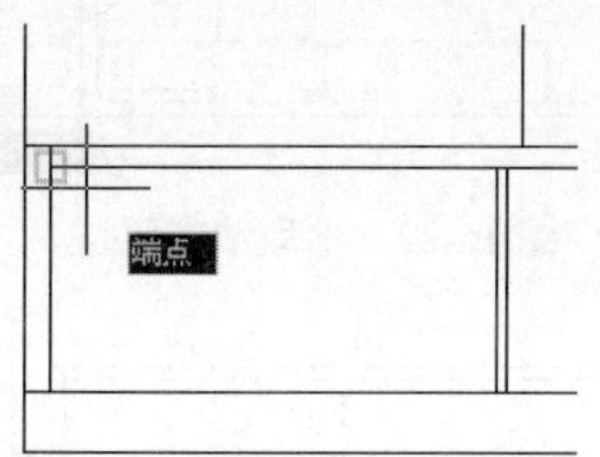

图 15-18　捕捉端点

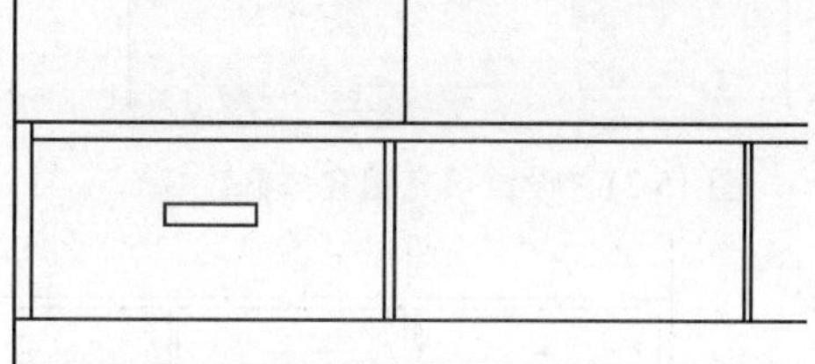

图 15-19　绘制把手

08 单击“常用”选项卡→“修改”面板→“矩形阵列”按钮，对绘制的矩形把手进行矩形阵列。命令行操作如下：

```
命令: _arrayrect
选择对象:        //选择刚绘制的矩形
选择对象:        // Enter
类型 = 矩形  关联 = 是
为项目数指定对角点或 [基点(B)/角度(A)/计数(C)] <计数>:  // Enter
输入行数或 [表达式(E)] <4>:  //1 Enter
输入列数或 [表达式(E)] <4>:   //6 Enter
指定对角点以间隔项目或 [间距(S)] <间距>: // Enter
指定列之间的距离或 [表达式(E)] <0>:   //460 Enter
按 Enter 键接受或 [关联(AS)/基点(B)/行(R)/列(C)/层(L)/退出(X)] <退出>:  //AS Enter
创建关联阵列 [是(Y)/否(N)] <是>:    //N Enter
按 Enter 键接受或 [关联(AS)/基点(B)/行(R)/列(C)/层(L)/退出(X)] <退出>:
                          // Enter，阵列结果如图 15-20 所示
```

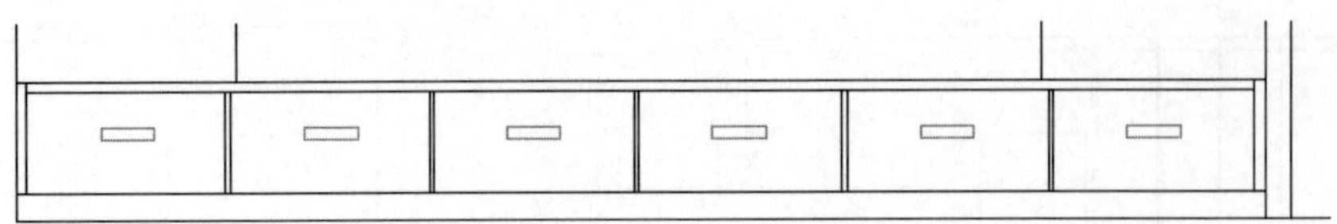

图 15-20　阵列结果

09 单击“常用”选项卡→“绘图”面板→“图案填充”按钮，设置填充图案与参数，如图 15-21 所示。返回绘图区，拾取如图 15-22 所示的区域，为电视柜填充如图 15-23 所示的图案。

图 15-21　设置填充图案与参数

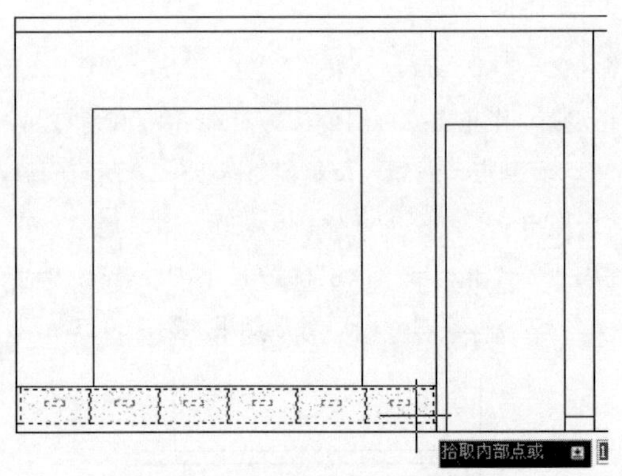

图 15-22　拾取填充区域

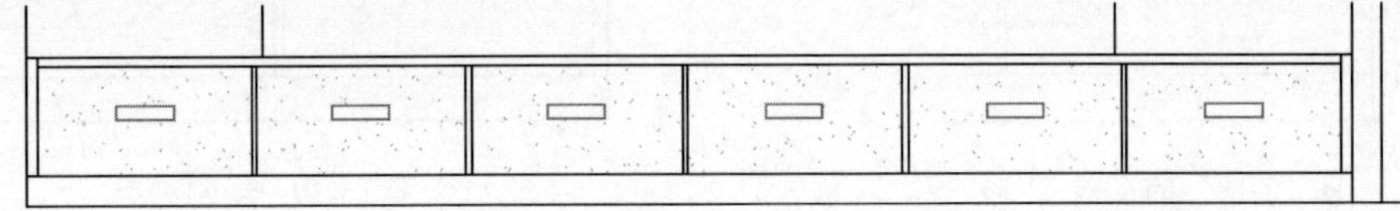

图 15-23　填充结果

至此，客厅电视柜立面轮廓图绘制完毕。下一节将学习客厅电视墙立面图的绘制过程和技巧。

15.4.4　绘制客厅电视墙立面图

01 继续上节操作。单击“常用”选项卡→“修改”面板→“偏移”按钮，将图 15-24 所示的轮廓线 1、2、3 向内侧偏移 40 个单位；将轮廓线 4 向上侧偏移 20 个单位，结果如图 15-25 所示。

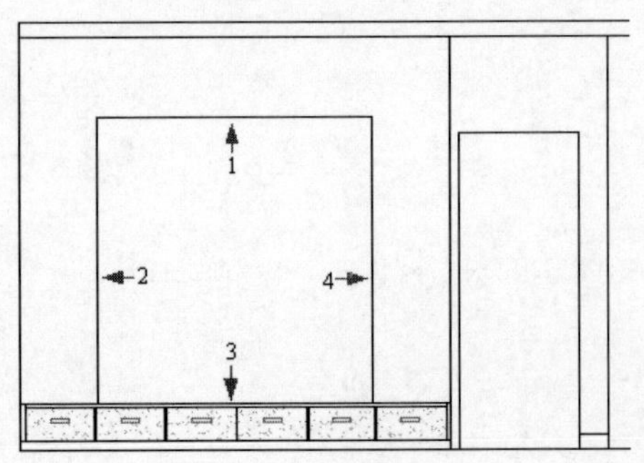

图 15-24　定位偏移对象

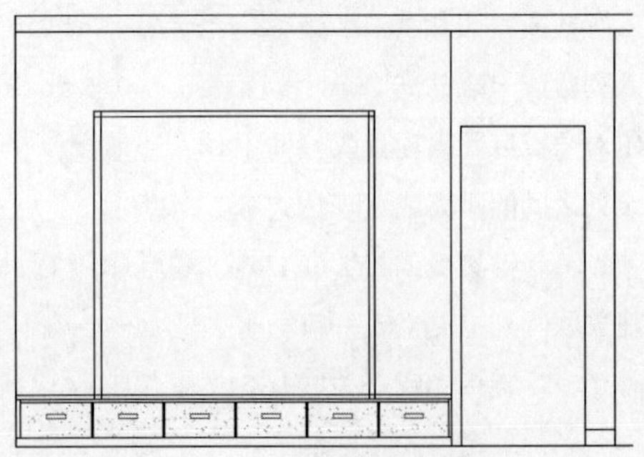

图 15-25　偏移结果

02 单击“常用”选项卡→“修改”面板→“圆角”按钮，对偏移出的图线进行圆角编辑，圆角半径为 0，结果如图 15-26 所示。

03 单击“常用”选项卡→“修改”面板→“偏移”按钮，将圆角后的两个垂直边分别向内侧偏移 40；将圆角后的上侧水平边向下偏移 730，结果如图 15-27 所示。

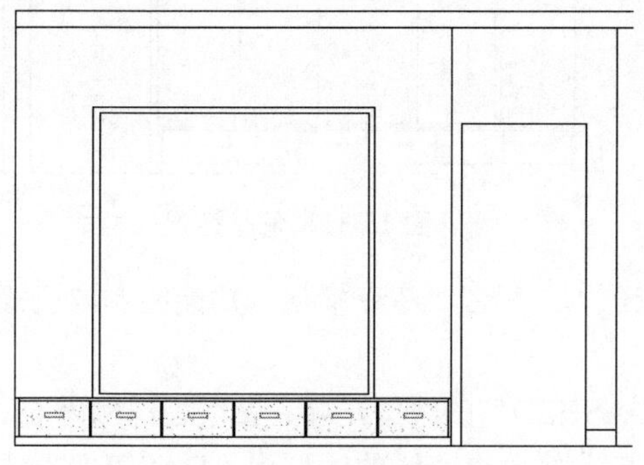

图 15-26　圆角结果

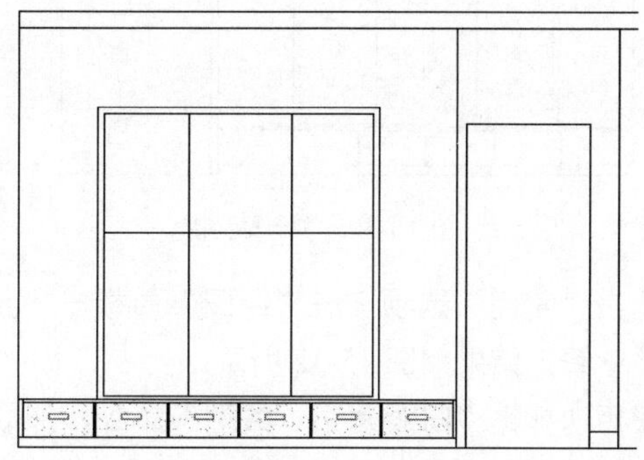

图 15-27　偏移结果

04 单击“常用”选项卡→“绘图”面板→“矩形”按钮，配合“捕捉自”功能绘制内部的矩形结构。命令行操作如下：

```
命令: _rectang
指定第一个角点或 [倒角(C)/标高(E)/圆角(F)/厚度(T)/宽度(W)]: //激活“捕捉自”功能
_from 基点:          //捕捉如图 15-28 所示的端点
<偏移>:              //@250,-400 Enter
指定另一个角点或 [面积(A)/尺寸(D)/旋转(R)]:
 //@1220,-330 Enter，绘制结果如图 15-29 所示
```

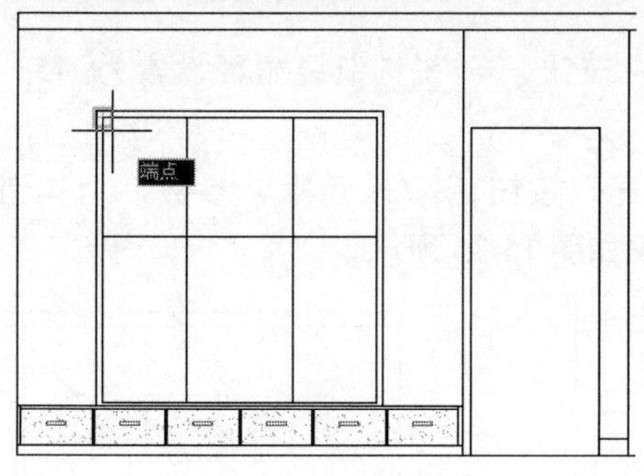

图 15-28　捕捉端点

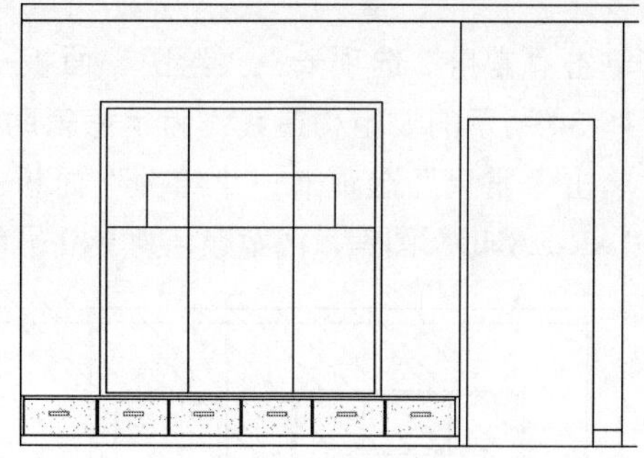

图 15-29　绘制结果

05 单击“常用”选项卡→“修改”面板→“修剪”按钮，以刚绘制的矩形作为边界，对内部的两条垂直轮廓线进行修剪，结果如图 15-30 所示。

06 单击“常用”选项卡→“修改”面板→“偏移”按钮，将刚绘制的矩形向内侧偏移 40 个单位，如图 15-31 所示。

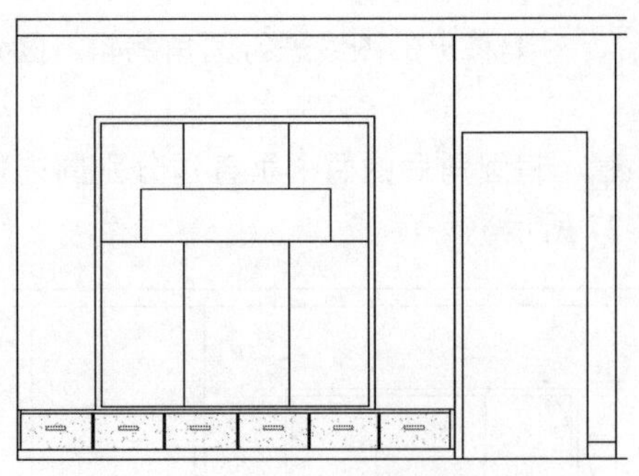
图 15-30　修剪结果

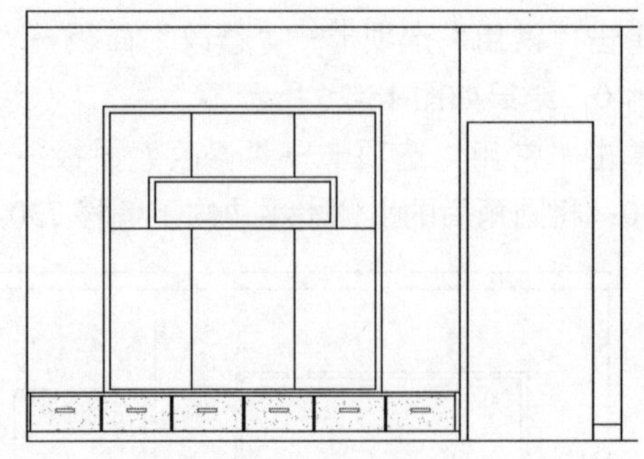
图 15-31　偏移结果

07 单击“常用”选项卡→“绘图”面板→“直线”按钮，配合“中点捕捉”功能绘制内侧矩形的水平中线，结果如图 15-32 所示。

08 使用快捷键“LT”激活“线型”命令，加载名为“DASHED”的线型，并设置线型比例为 6。

09 夹点显示矩形的水平中心线。然后打开“特性”窗口，修改中心线的线型为“DASHED”线型，修改中心线的颜色特性为 30 号色，结果如图 15-33 所示。

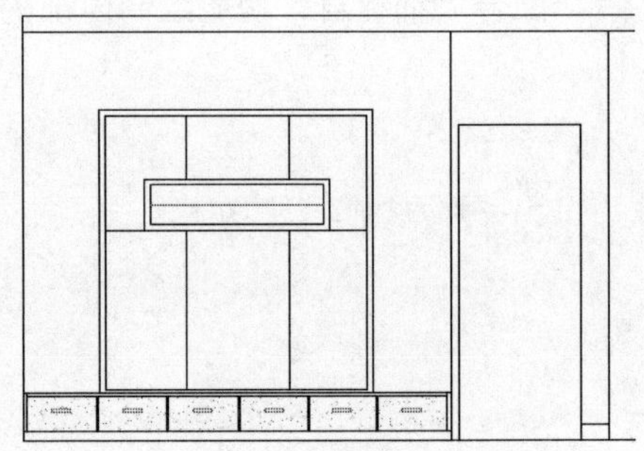
图 15-32　绘制水平中线

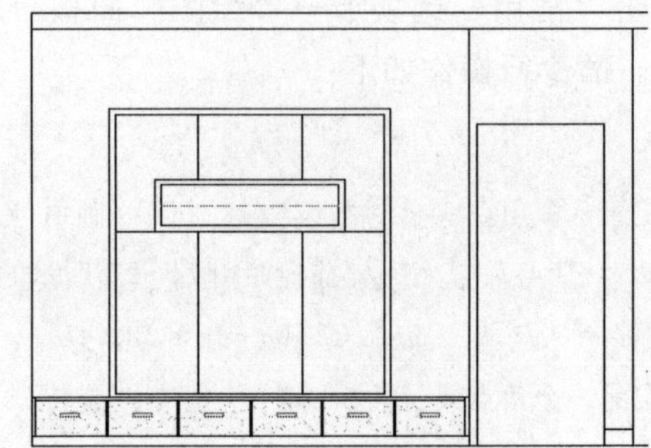
图 15-33　修改线型及颜色

10 单击“常用”选项卡→“绘图”面板→“构造线”按钮，将构造线角度设置为 45，绘制如图 15-34 所示的 8 组构造线作为示意辅助线。

11 单击“常用”选项卡→“绘图”面板→“图案填充”按钮，采用默认参数，为构造线组填充“AR-SAND”图案，图案颜色为 140 号色，填充结果如图 15-35 所示。

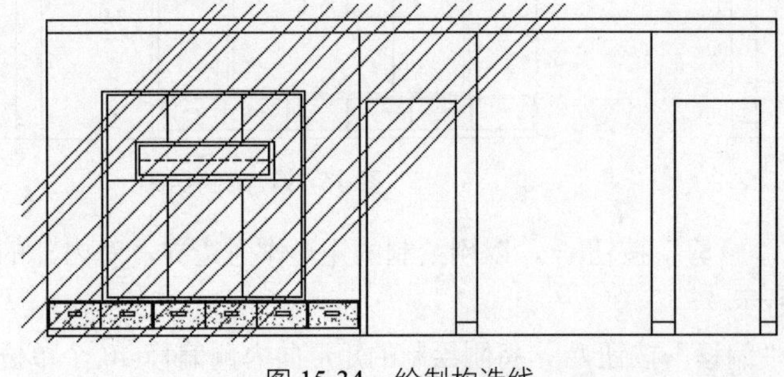
图 15-34　绘制构造线

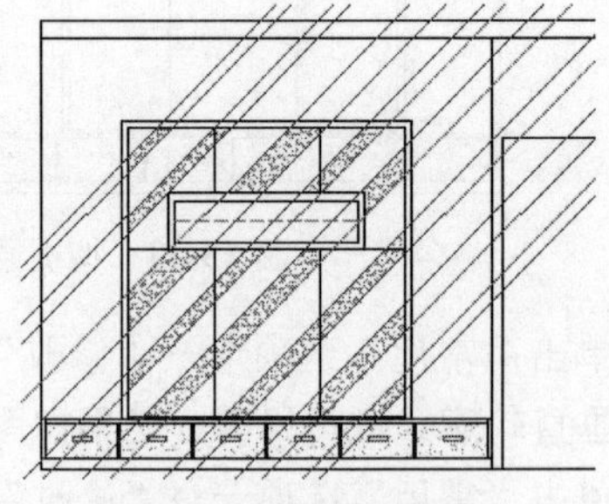
图 15-35　填充结果

12 单击“常用”选项卡→“修改”面板→“删除”按钮，删除构造线，结果如图 15-36 所示。

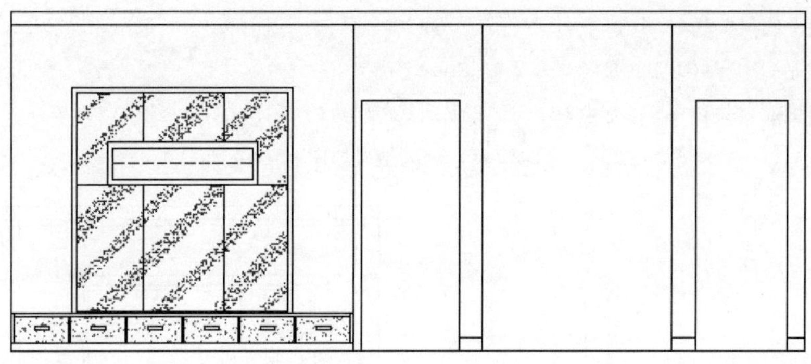

图 15-36　删除结果

至此，客厅电视墙立面轮廓图绘制完毕。下一节将学习客厅博古架立面图的绘制过程和技巧。

15.4.5　绘制客厅博古架立面图

01 继续上节操作。单击“常用”选项卡→“修改”面板→“偏移”按钮，将图 15-37 所示的垂直轮廓线 1 向右偏移 400 个绘图单位，并将偏移出的水平轮廓线颜色特性修改为 53 号色。

02 重复执行“偏移”命令，将图 15-37 所示的水平轮廓线 2 向上偏移 10 个绘图单位，并将偏移出的水平轮廓线颜色特性修改为绿色；将图 15-37 所示的水平轮廓线 3 向下偏移 50 个单位，并将偏移出的水平轮廓线颜色特性修改为 53 号色，结果如图 15-38 所示。

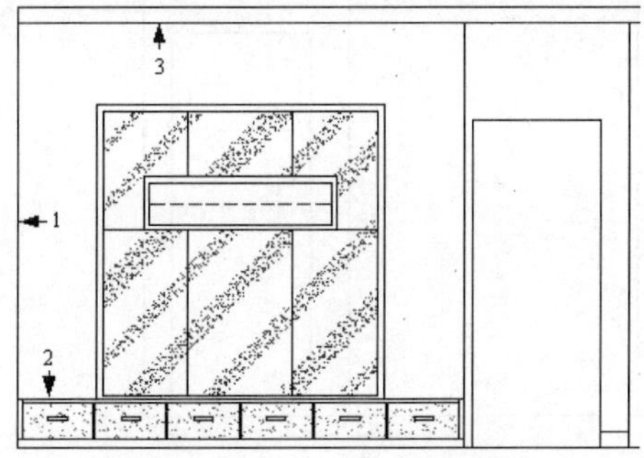

图 15-37　指定偏移对象

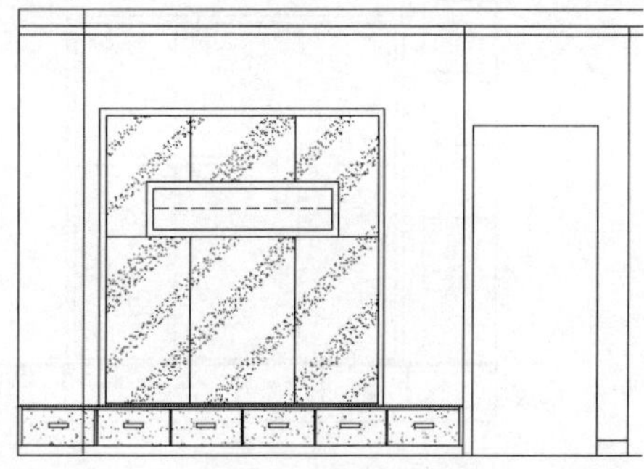

图 15-38　偏移结果

03 单击“常用”选项卡→“修改”面板→“矩形阵列”按钮，对水平轮廓线进行矩形阵列。命令行操作如下：

```
命令: _arrayrect
选择对象:        //窗交选择如图 15-39 所示的两条水平轮廓线
选择对象:        // Enter
类型 = 矩形  关联 = 是
为项目数指定对角点或 [基点(B)/角度(A)/计数(C)] <计数>:  // Enter
输入行数或 [表达式(E)] <4>:  //6 Enter
输入列数或 [表达式(E)] <4>:   //1 Enter
指定对角点以间隔项目或 [间距(S)] <间距>: // Enter
指定行之间的距离或 [表达式(E)] <0>:   //375 Enter
```

```
按 Enter 键接受或 [关联(AS)/基点(B)/行(R)/列(C)/层(L)/退出(X)] <退出>:  //AS Enter
创建关联阵列 [是(Y)/否(N)] <是>:    //N Enter
按 Enter 键接受或 [关联(AS)/基点(B)/行(R)/列(C)/层(L)/退出(X)] <退出>:
                            // Enter，阵列结果如图 15-40 所示
```

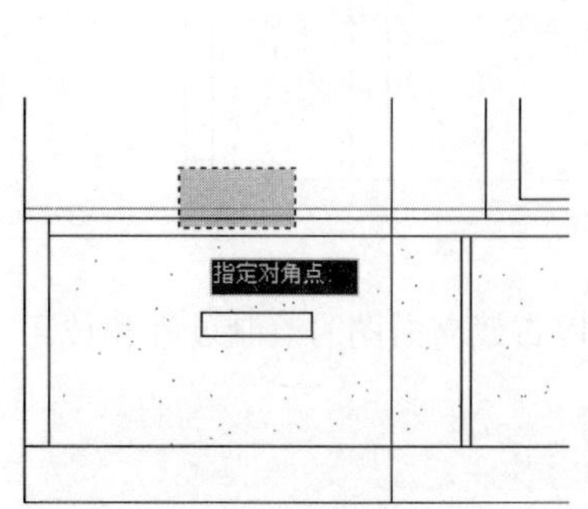

图 15-39　窗交选择

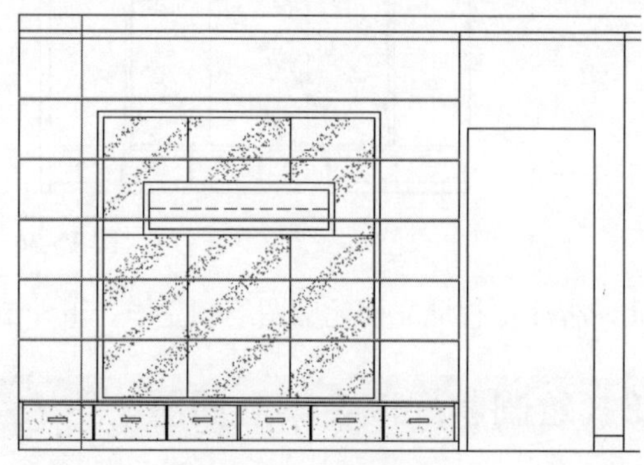
图 15-40　阵列结果

04 单击“常用”选项卡→“修改”面板→“修剪”按钮，对偏移出的轮廓线和阵列出的轮廓线进行修剪，编辑出博古架立面结构，如图 15-41 所示。

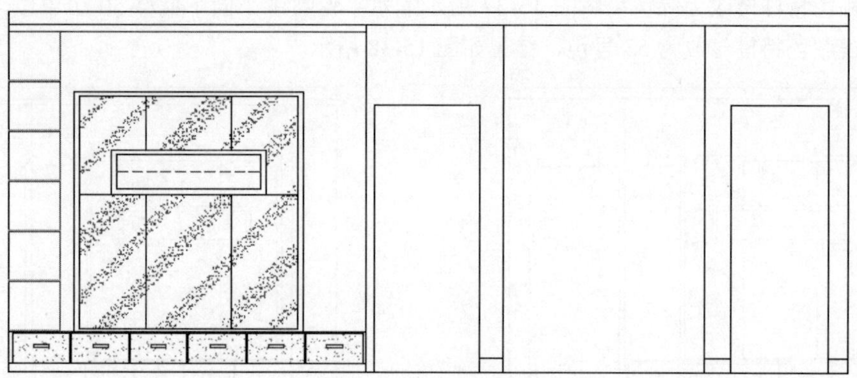
图 15-41　修剪结果

05 单击“常用”选项卡→“绘图”面板→“矩形”按钮，配合“捕捉自”功能绘制内部的矩形结构。命令行操作如下：

```
命令: _rectang
指定第一个角点或 [倒角(C)/标高(E)/圆角(F)/厚度(T)/宽度(W)]: //激活“捕捉自”功能
_from 基点:         //捕捉如图 15-42 所示的端点
<偏移>:             //@0,20 Enter
指定另一个角点或 [面积(A)/尺寸(D)/旋转(R)]:
 //@20,30 Enter，绘制结果如图 15-43 所示
```

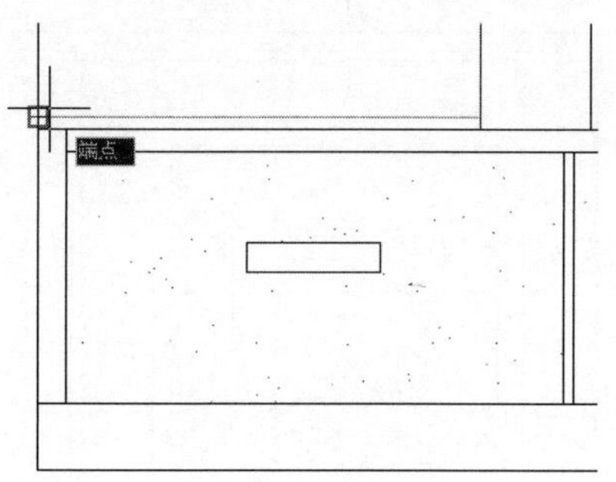

图 15-42　捕捉端点

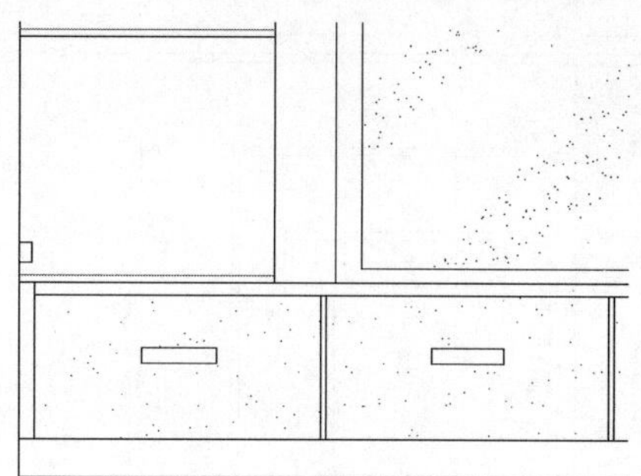

图 15-43　绘制结果

06 单击“常用”选项卡→“修改”面板→“矩形阵列”按钮，对刚绘制的矩形进行矩形阵列。命令行操作如下：

```
命令: _arrayrect
选择对象:        //窗口选择如图 15-44 所示的矩形
选择对象:        // Enter
类型 = 矩形  关联 = 是
为项目数指定对角点或 [基点(B)/角度(A)/计数(C)] <计数>:  // Enter
输入行数或 [表达式(E)] <4>:  //28 Enter
输入列数或 [表达式(E)] <4>:   //1 Enter
指定对角点以间隔项目或 [间距(S)] <间距>: // Enter
指定行之间的距离或 [表达式(E)] <0>:   //80 Enter
按 Enter 键接受或 [关联(AS)/基点(B)/行(R)/列(C)/层(L)/退出(X)] <退出>:  //AS Enter
创建关联阵列 [是(Y)/否(N)] <是>:    //N Enter
按 Enter 键接受或 [关联(AS)/基点(B)/行(R)/列(C)/层(L)/退出(X)] <退出>:
                                   // Enter，阵列结果如图 15-45 所示
```

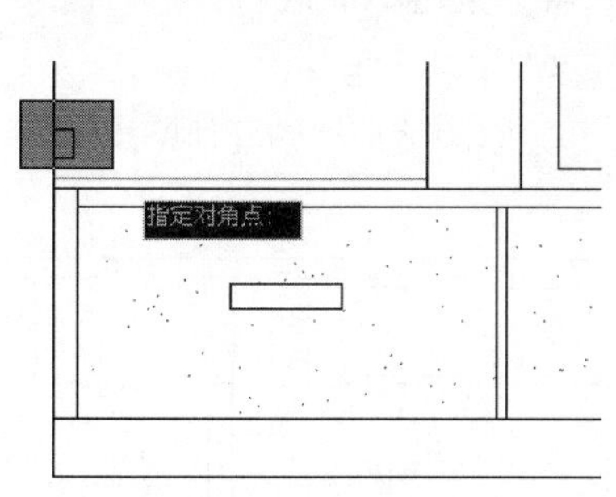

图 15-44　窗交选择

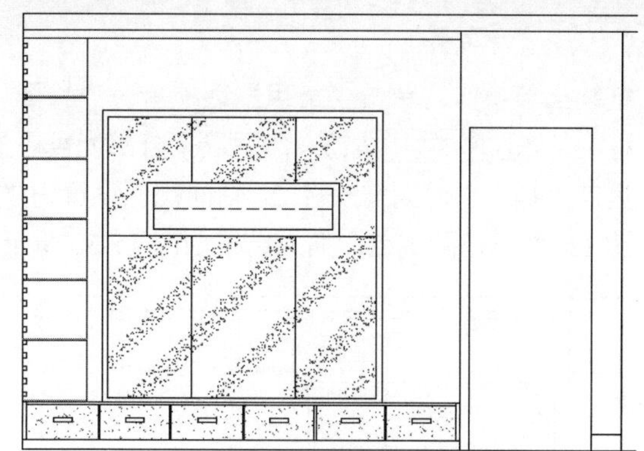

图 15-45　阵列结果

07 单击“常用”选项卡→“修改”面板→“镜像”按钮，配合“中点捕捉”功能，窗交选择如图 15-46 所示的博古架进行镜像，镜像结果如图 15-47 所示。

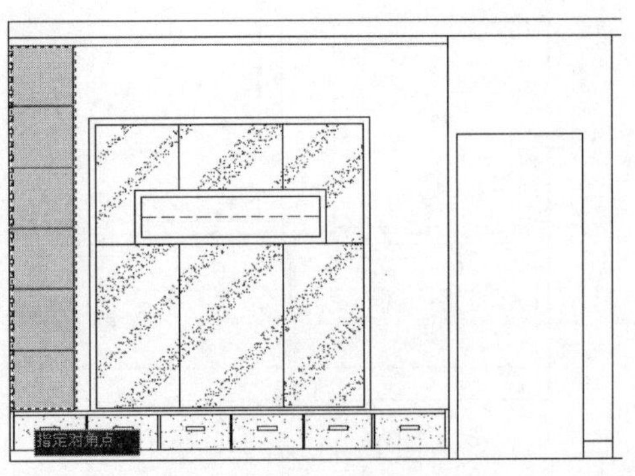

图 15-46　窗交选择

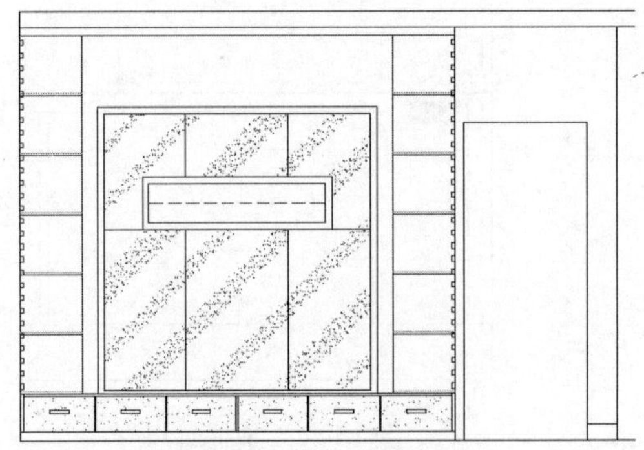

图 15-47　镜像结果

08 单击“常用”选项卡→“修改”面板→“修剪”按钮，以博古架的矩形结构作为边界，对水平轮廓线进行修整并完善，结果如图 15-48 所示。

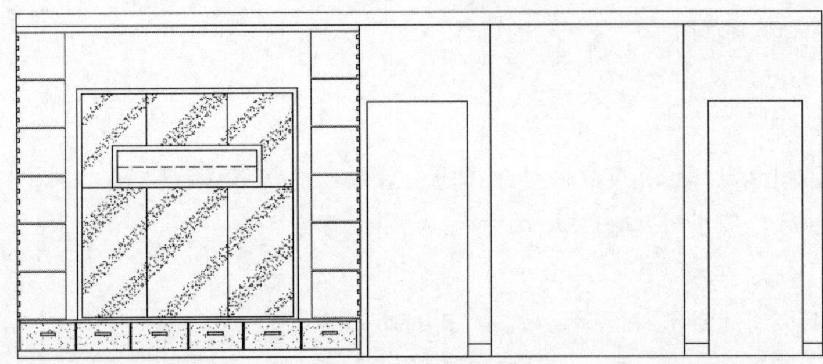

图 15-48　完善结果

至此，客厅博古架立面图绘制完毕。下一节将学习客厅与餐厅立面构件图的绘制过程和表达技巧，具体包括立面门、电视、音响、酒水柜、灯具及其他装饰品等。

15.4.6　绘制客厅与餐厅 B 向构件图

01 继续上节操作。单击“常用”选项卡→“绘图”面板→“插入块”按钮，在打开的“插入”对话框中单击 浏览(B)... 按钮，然后选择随书光盘中的“\图块文件\立面门 01.dwg”。

02 返回“插入”对话框，将 X 轴向比例设置为“-8/9”，然后将立面门图块插入到立面图中，插入点为图 15-49 所示的端点；插入结果如图 15-50 所示。

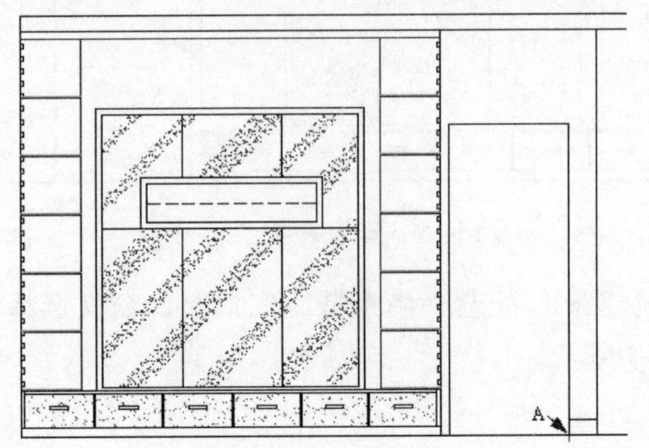

图 15-49　定位插入点

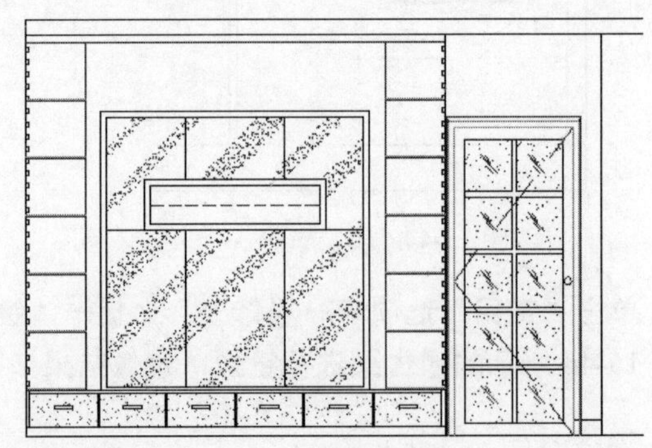

图 15-50　插入结果

03 单击“常用”选项卡→“绘图”面板→“插入块”按钮，采用默认参数插入随书光盘中的“\图块文件\酒水柜 01.dwg”，插入点为图 15-51 所示的端点 S；插入结果如图 15-52 所示。

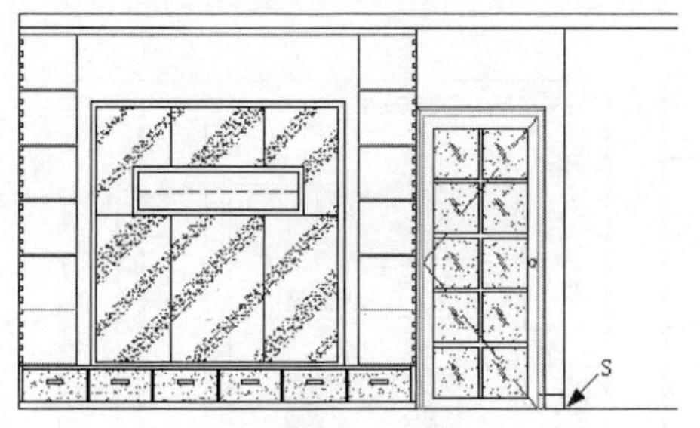

图 15-51　定位插入点

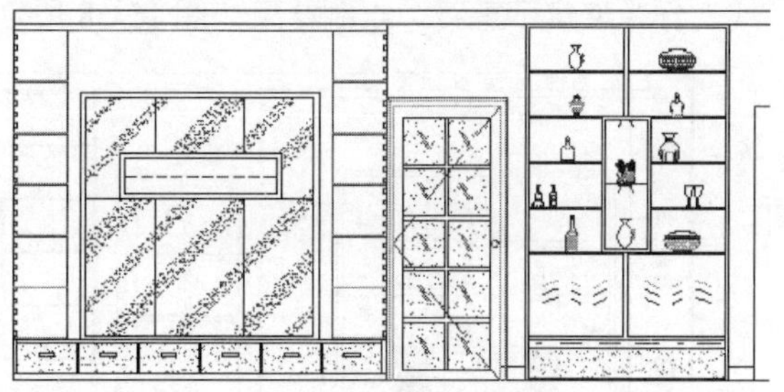

图 15-52　插入结果

04 重复执行“插入块”命令，在打开的“插入”对话框中单击 浏览(B)... 按钮，然后选择随书光盘中的“\图块文件\立面门 02.dwg”。

05 返回“插入”对话框，将 X 轴向比例设置为“750/710”，然后将立面门图块插入到立面图中，插入点为图 15-53 所示的端点；插入结果如图 15-54 所示。

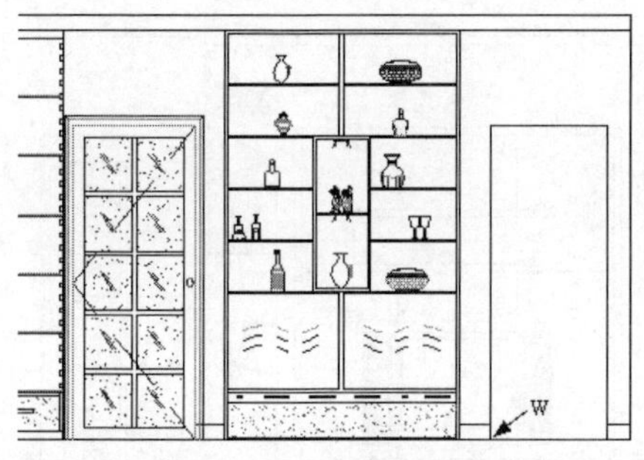

图 15-53　定位插入点

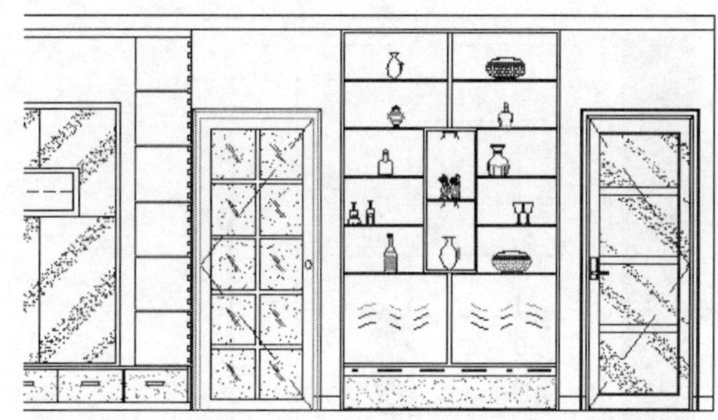

图 15-54　插入立面门

06 重复执行“插入块”命令，分别插入随书光盘“\图块文件\”目录下的“雕塑品 01.dwg、雕塑品 02.dwg、雕塑品 03.dwg、电视.dwg、block01.dwg 和筒灯 02.dwg”等图块，插入结果如图 15-55 所示。

07 重复执行“插入块”命令，配合“两点之间的中点”和“端点捕捉”功能，以 0.8 的等分缩放比例，插入光盘中的“\图块文件\筒灯 02.dwg”文件，如图 15-56 所示。

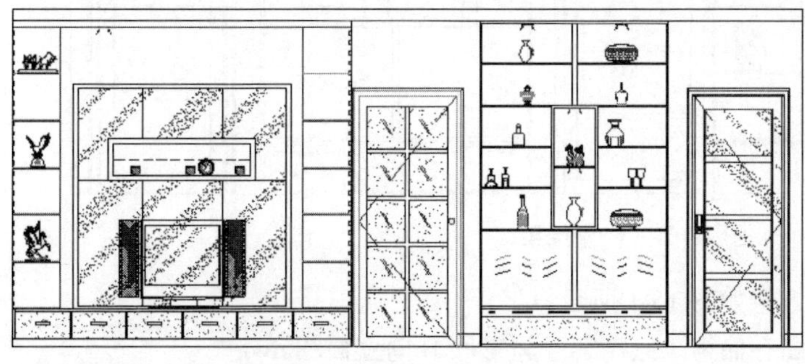

图 15-55　插入其他图块

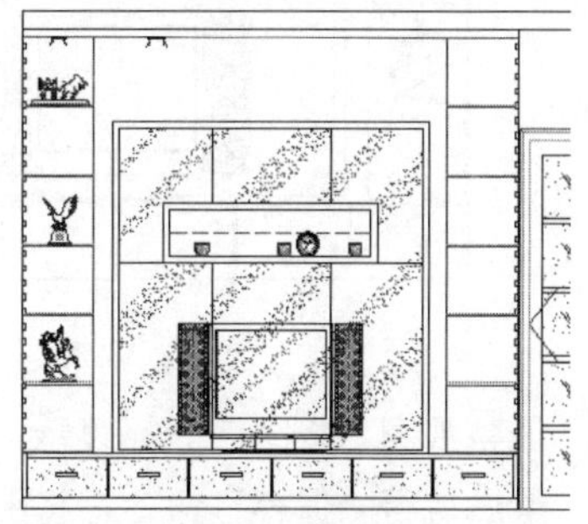

图 15-56　插入结果

08 单击“常用”选项卡→“修改”面板→“复制”按钮，将电视墙上侧的筒灯图块水平向右复制

650 和 1300 个单位，结果如图 15-57 所示。

09 单击“常用”选项卡→“绘图”面板→“直线”按钮，配合“平行线捕捉”功能绘制 3 组平行线，作为玻璃示意线，绘制结果如图 15-58 所示。

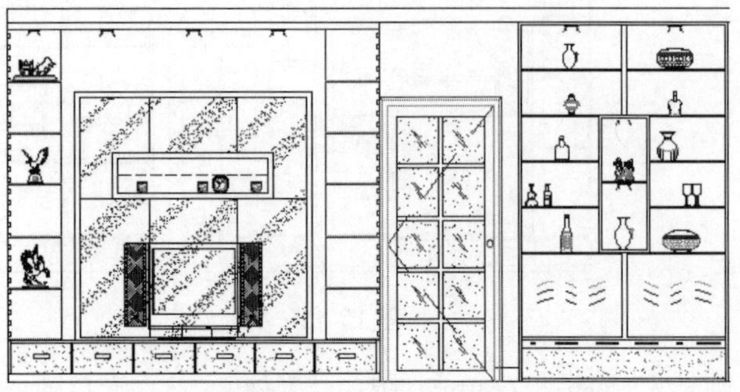

图 15-57　复制结果　　图 15-58　绘制平行线

10 单击“常用”选项卡→“修改”面板→“镜像”按钮，配合“中点捕捉”功能，窗口选择如图 15-59 所示的图形并进行镜像，镜像结果如图 15-60 所示。

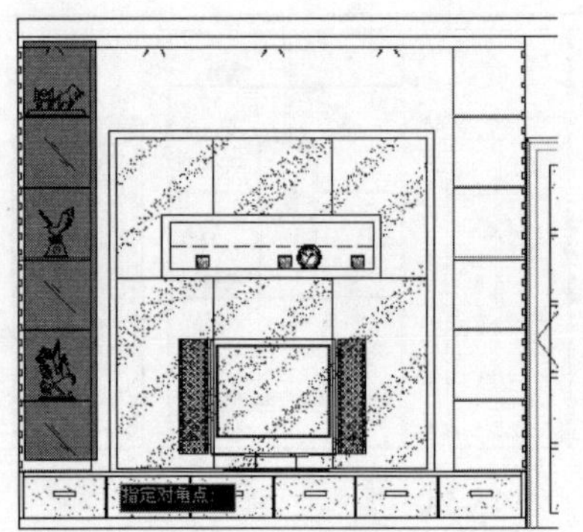

图 15-59　窗口选择

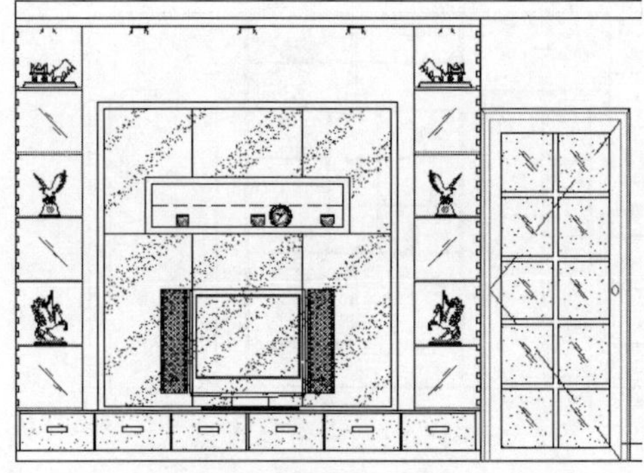

图 15-60　镜像结果

11 接下来分别使用“分解”、“修剪”和“删除”命令，对立面图构件轮廓线进行修整，删除被遮挡住的图线，结果如图 15-61 所示。

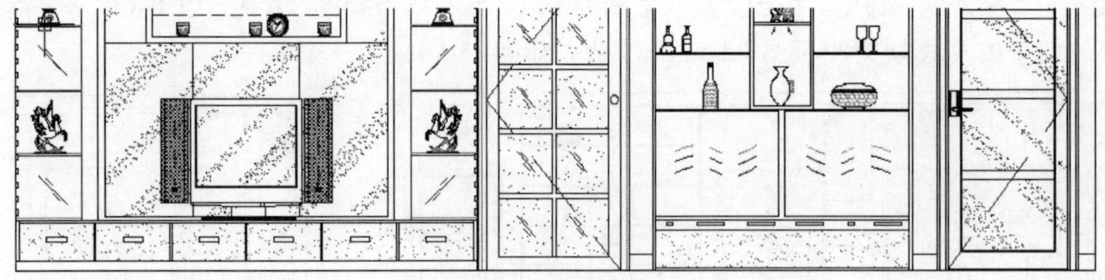

图 15-61　修整结果

12 调整视图，将图形全部显示，最终效果如图 15-1 所示。

13 最后执行“保存”命令，将图形命名存储为“绘制客厅与餐厅 B 向立面图.dwg”。

15.5 标注客厅与餐厅 B 向装修立面图

本例在综合所学知识的前提下，主要学习客厅与餐厅 B 向装修立面图引线注释和立面尺寸等内容的具体标注过程和技巧。客厅与餐厅 B 向装修立面图的最终标注效果如图 15-62 所示。

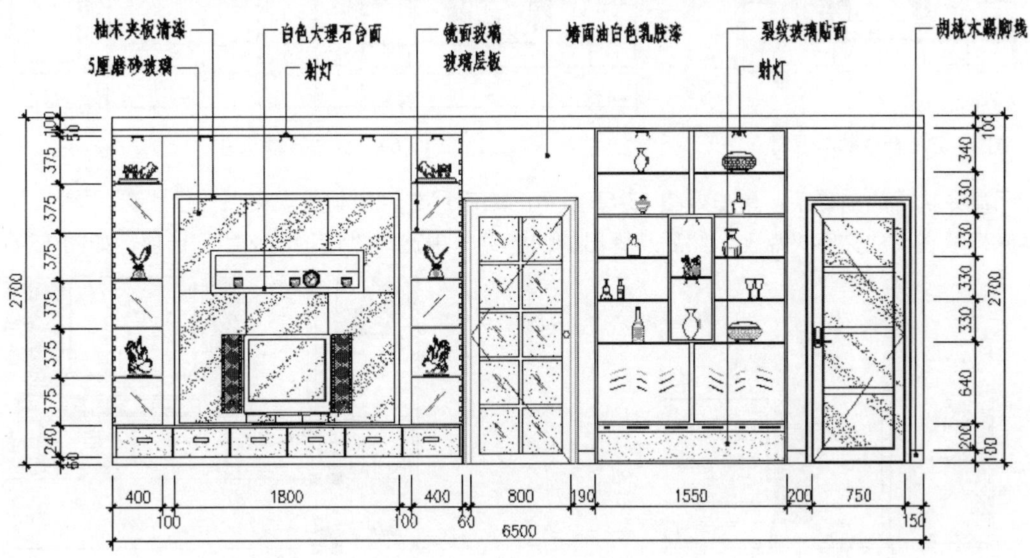

图 15-62　实例效果

15.5.1　B 向装修立面图标注思路

在标注客厅与餐厅 B 向装修立面图时，具体可以参照如下思路：

- 首先调用立面图文件并设置当前图层与标注样式。
- 使用“线性”、“连续”命令标注立面图细部尺寸和总尺寸。
- 使用“快速夹点”功能调整完善尺寸标注文字。
- 使用“标注样式”命令设置引线注释样式。
- 最后使用“快速引线”命令快速标注立面图引线注释。

15.5.2　标注客厅与餐厅 B 向装修立面尺寸 

01 打开上例存储的“绘制客厅与餐厅 B 向立面图.dwg”，或者直接从随书光盘中的“\实例效果文件\第 15 章\”目录下调用此文件。

02 在“常用”选项卡→“图层”面板中设置“尺寸层”为当前操作层。

03 使用快捷键“D”激活“标注样式”命令，将“建筑标注”设为当前样式，同时修改标注比例为 30。

04 单击“常用”选项卡→“注释”面板→“线性”按钮，配合“端点捕捉”功能标注如图 15-63 所示的线性尺寸。

05 单击“注释”选项卡→“标注”面板→“连续”按钮，以刚标注的线性尺寸作为基准尺寸，标注

如图 15-64 所示的细部尺寸。

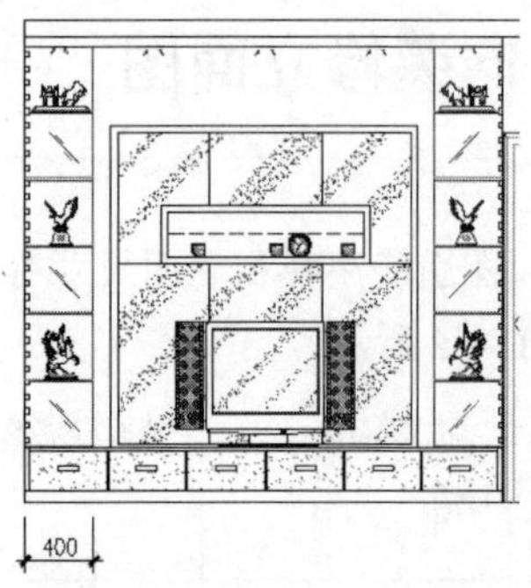

图 15-63　标注线性尺寸

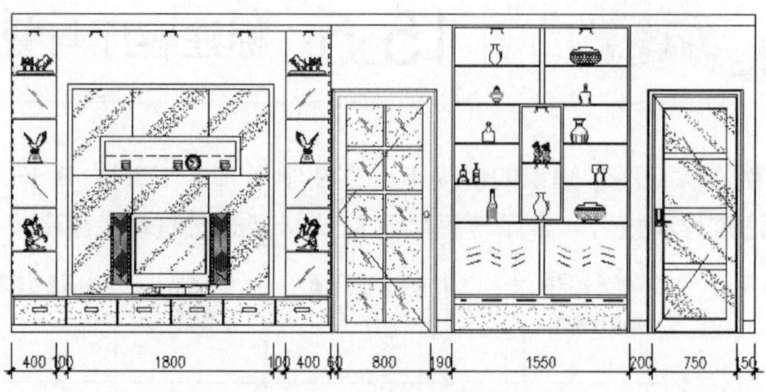

图 15-64　标注连续尺寸

06 在无命令执行的前提下，单击如图 15-65 所示的细部尺寸，使其呈现夹点显示状态。

07 将光标放在尺寸文字夹点上，然后从弹出的快捷菜单中选择“仅移动文字”选项，如图 15-66 所示。

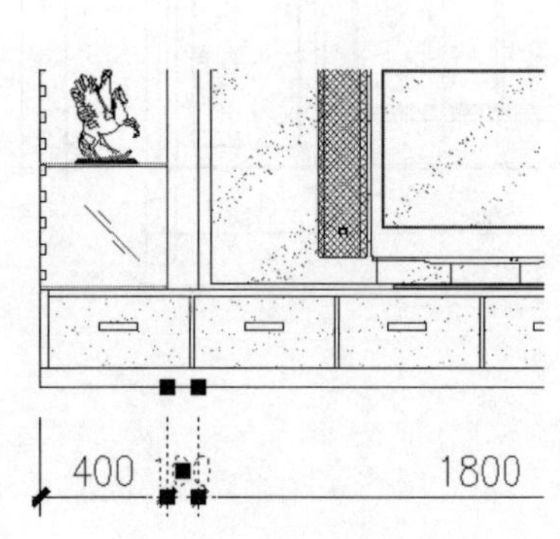

图 15-65　夹点显示尺寸

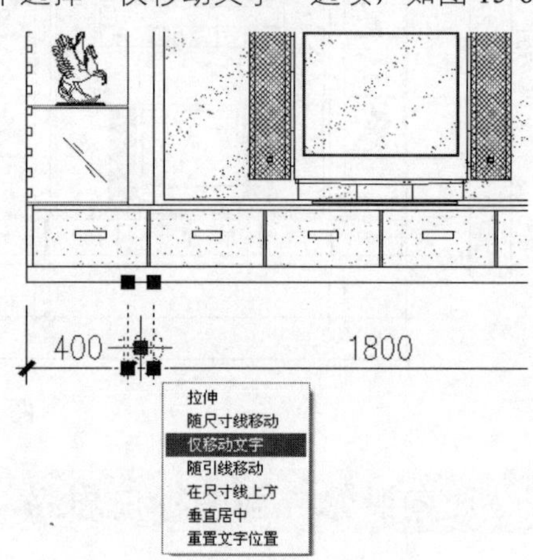

图 15-66　尺寸文字夹点菜单

08 接下来在命令行“** 仅移动文字 **指定目标点:”提示下，在适当位置指定文字的位置，结果如图 15-67 所示。

09 按下键盘上的 Esc 键，取消尺寸的夹点显示状态，结果如图 15-68 所示。

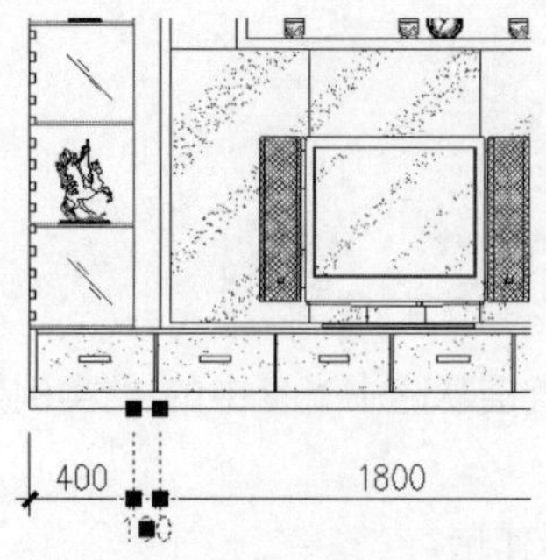

图 15-67　夹点移动尺寸文字

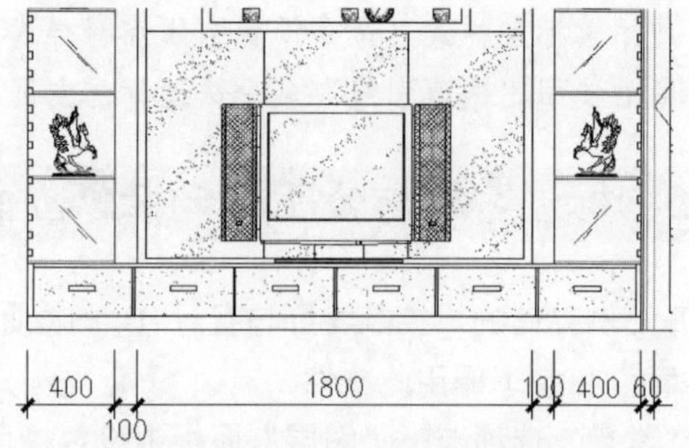

图 15-68　夹点编辑后的效果

10 参照步骤 06～09 的操作，分别对其他位置的尺寸文字进行调整，结果如图 15-69 所示。

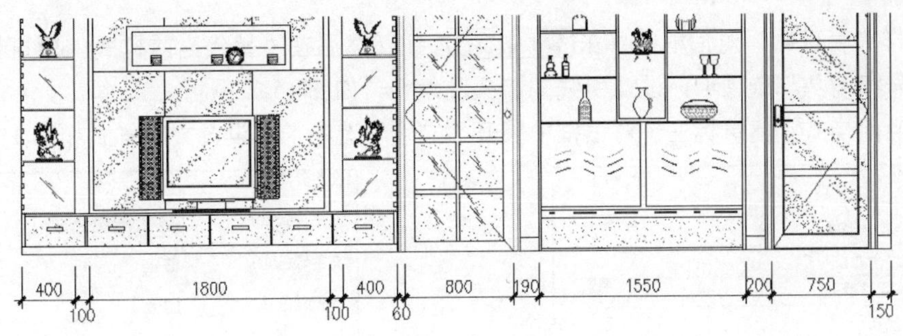

图 15-69　调整结果

11 单击“常用”选项卡→“注释”面板→“线性”按钮，配合 “端点捕捉”功能标注立面图下侧的总尺寸，结果如图 15-70 所示。

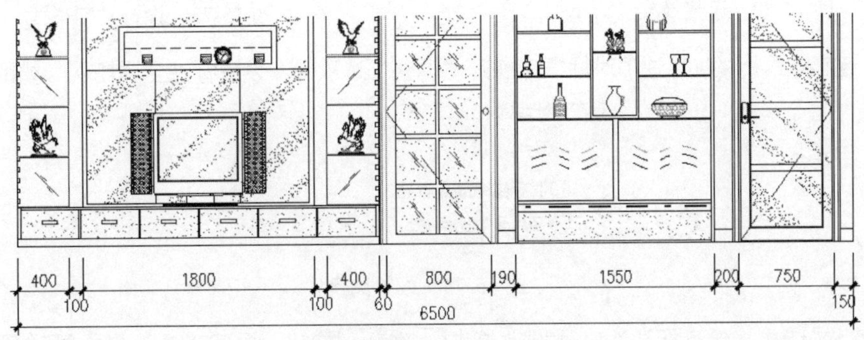

图 15-70　标注总尺寸

12 参照步骤 04～11 的操作，综合使用“线性”、“连续”等命令，分别标注立面图两侧的细部尺寸和总尺寸，并对尺寸文字进行位置调整，结果如图 15-71 所示。

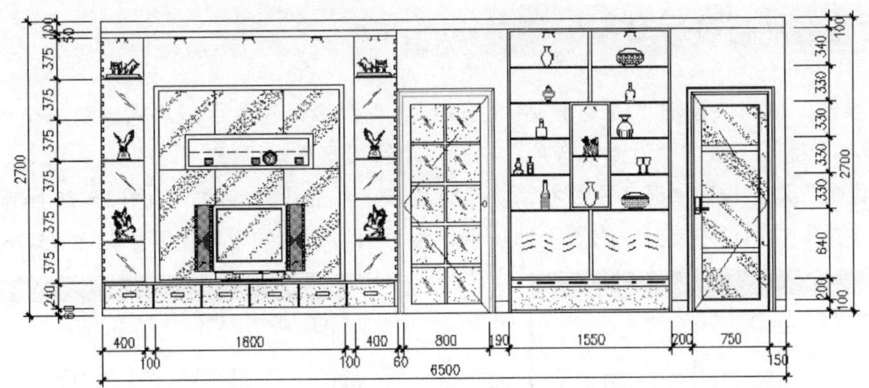

图 15-71　标注两侧尺寸

至此，客厅与餐厅 B 向立面图的尺寸标注完毕。下一节将学习立面引线注释样式的设置过程。

15.5.3　设置 B 向立面图引线注释样式

01 继续上节操作。在“常用”选项卡→“图层”面板中设置“文本层”为当前操作层。

02 使用快捷键“D”激活“标注样式”命令，打开“标注样式管理器”对话框。

03 在“标注样式管理器”对话框中单击 替代(O)... 按钮，然后在“替代当前样式：建筑标注”对话框中展开“符号和箭头”选项卡，设置引线的箭头及大小，如图 15-72 所示。

04 在“替代当前样式：建筑标注”对话框中展开“文字”选项卡，设置文字样式如图 15-73 所示。

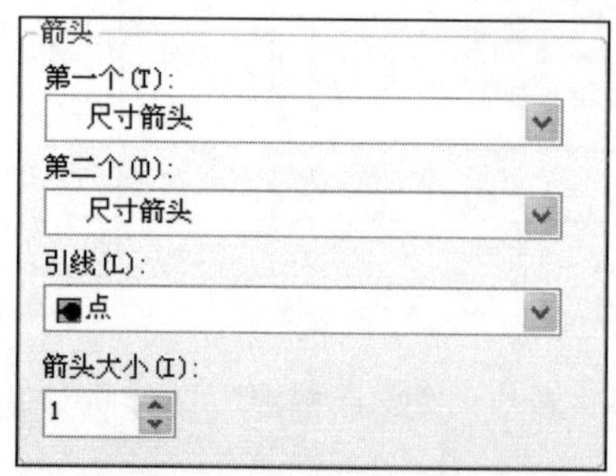

图 15-72 设置箭头及大小

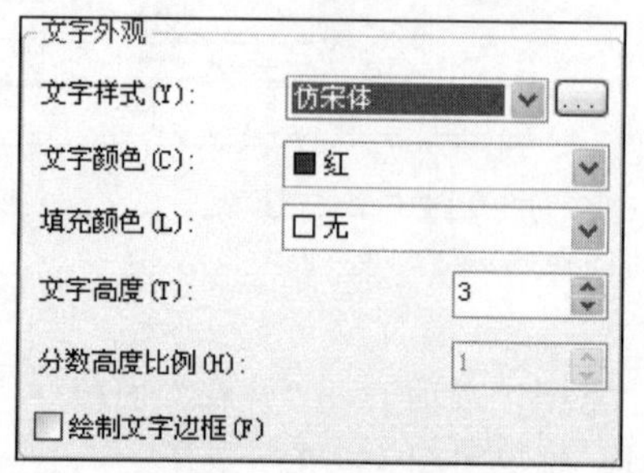

图 15-73 设置文字样式

05 在“替代当前样式：建筑标注”对话框中展开“调整”选项卡，设置标注全局比例，如图 15-74 所示。

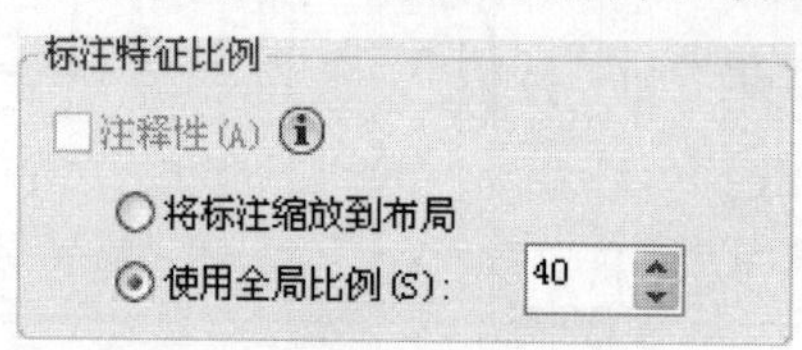

图 15-74 设置比例

06 在“替代当前样式：建筑标注”对话框中单击 确定 按钮，返回“标注样式管理器”对话框。

07 在“标注样式管理器”对话框中单击 关闭 按钮，结束命令。

至此，立面图引线注释样式设置完毕。下一节将详细学习立面图引线注释的具体标注过程和技巧。

15.5.4 标注客厅与餐厅 B 向装修材质

01 继续上节操作。使用快捷键“LE”激活“快速引线”命令，在命令行“指定第一个引线点或 [设置(S)] <设置>：”提示下激活“设置”选项，打开“引线设置”对话框。

02 在“引线设置”对话框中展开“引线和箭头”选项卡，然后设置参数，如图 15-75 所示。

03 在“引线设置”对话框中展开“附着”选项卡，设置引线注释的附着位置，如图 15-76 所示。

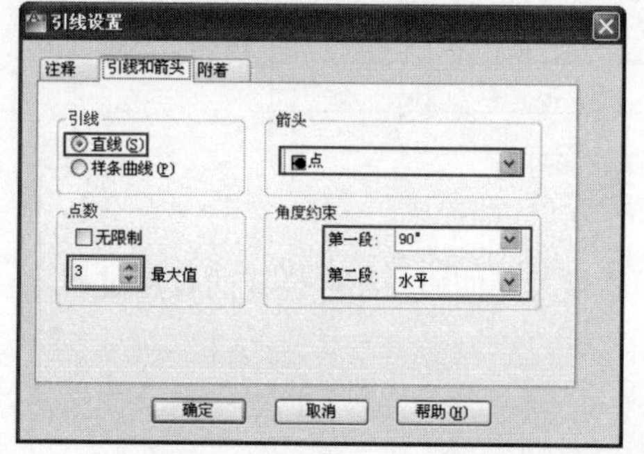

图 15-75 “引线和箭头”选项卡

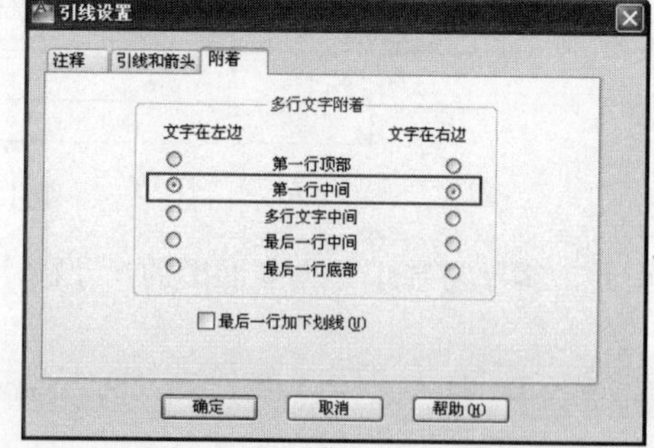

图 15-76 “附着”选项卡

04 单击“引线设置”对话框中的 确定 按钮，返回绘图区，根据命令行的提示指定 3 个引线点绘制引线，如图 15-77 所示。

05 在命令行“指定文字宽度 <0>:”提示下按 Enter 键。

06 在命令行“输入注释文字的第一行 <多行文字(M)>:”提示下，输入“5 厘磨砂玻璃”并按 Enter 键。

07 继续在命令行“输入注释文字的第一行 <多行文字(M)>:”提示下，按 Enter 键结束命令。标注结果如图 15-78 所示。

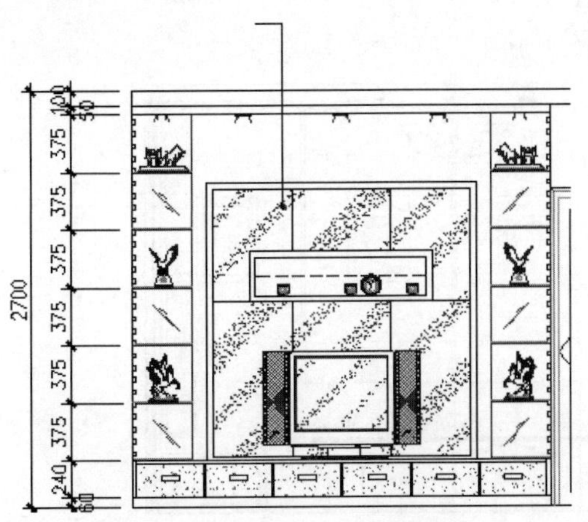

图 15-77　绘制引线

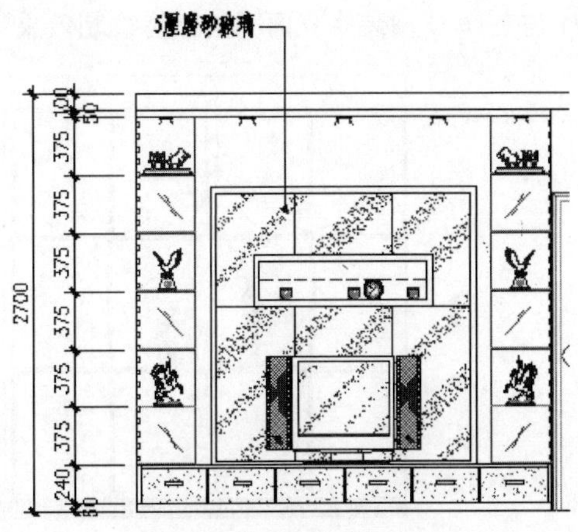

图 15-78　输入引线注释

08 重复执行“快速引线”命令，按照当前的引线参数设置，分别标注其他位置的引线注释，标注结果如图 15-79 所示。

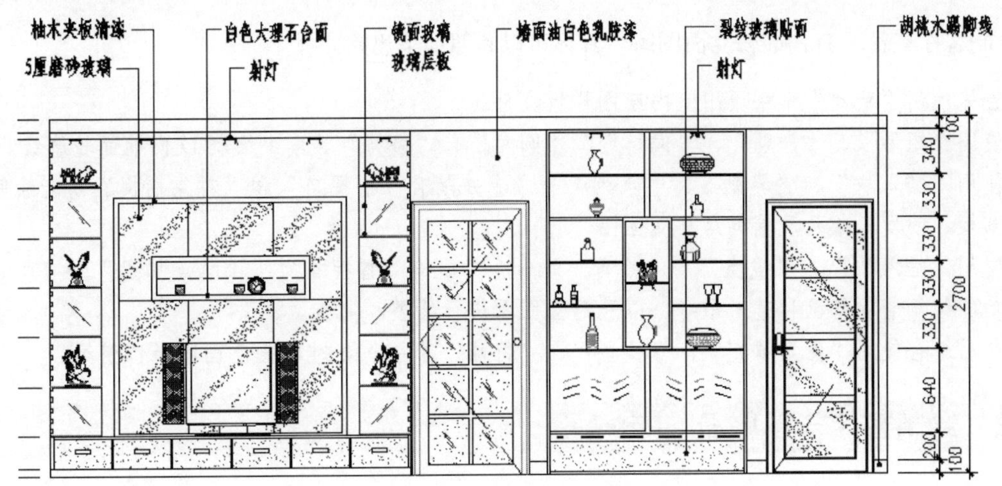

图 15-79　标注其他注释

09 调整视图，将图形全部显示，最终效果如图 15-62 所示。

10 最后执行“另存为”命令，将图形命名存储为“标注客厅与餐厅 B 向立面图.dwg”。

15.6 绘制客厅与餐厅 D 向装修立面图

本例在综合所学知识的前提下，主要学习客厅与餐厅 D 向装修立面图的具体绘制过程和绘制技巧。客厅与餐厅 D 向装修立面图的最终绘制效果如图 15-80 所示。

图 15-80 实例效果

15.6.1 D 向装修立面图绘图思路

在绘制客厅与餐厅 D 向装修立面图时，具体可以参照如下思路：

- 首先使用“新建”命令调用室内绘图样板文件。
- 使用“矩形”、“分解”、“偏移”、“圆角”、“修剪”等命令绘制 D 向墙面轮廓线。
- 使用“插入块”、“复制”、“阵列”等命令并配合“捕捉自”和“对象捕捉”功能绘制立面装饰柜、沙发、茶几及辅助灯具立面图。
- 使用“插入块”、“镜像”、“修剪”等命令并配合“捕捉自”、“端点捕捉”和“中点捕捉”功能绘制墙面壁画和艺术吊灯，以及对立面图进行修整和完善。
- 最后综合使用“图案填充”、“线型”、“特性”等命令绘制 D 向立面图装饰壁纸。

15.6.2 绘制客厅与餐厅 D 向轮廓图

01 单击“快速访问工具栏”中的按钮，选择随书光盘中的“\绘图样板文件\室内绘图样板.dwt”，新建空白文件。

02 在“常用”选项卡→“图层”面板中设置“轮廓线”为当前操作层。

03 单击“常用”选项卡→“绘图”面板→“矩形”按钮，绘制长度为 6500、宽度为 2700 的矩形作为墙面外轮廓线。

04 单击“常用”选项卡→“修改”面板→“分解”按钮，将矩形分解为 4 条独立的线段。

05 单击“常用”选项卡→“修改”面板→“偏移”按钮，将上侧的矩形水平边向下偏移 100 和 150 个绘图单位；将下侧的矩形水平边向上偏移 100 和 150 个绘图单位，结果如图 15-81 所示。

06 单击“常用”选项卡→“修改”面板→“偏移”按钮，将左侧的矩形垂直边向右偏移 2500 和 2550 个绘图单位；将右侧的矩形垂直边向左偏移 50 个绘图单位，结果如图 15-82 所示。

图 15-81　偏移水平边

图 15-82　偏移垂直边

07 单击“常用”选项卡→“修改”面板→“圆角”按钮，将圆角半径设置为 0，对图 15-83 所示的轮廓线 1、2、3、4 进行圆角编辑，如图 15-84 所示。

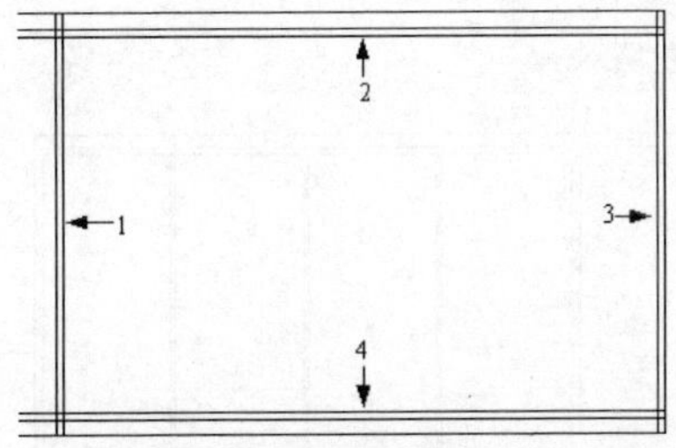

图 15-83　指定圆角图线

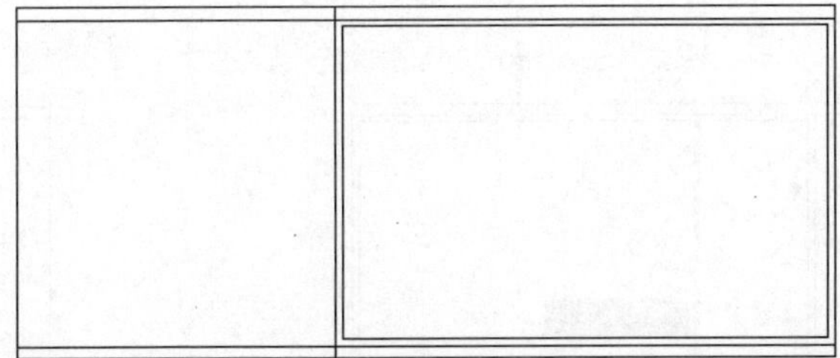

图 15-84　圆角结果

08 单击“常用”选项卡→“修改”面板→“修剪”按钮，选择图 15-85 所示的水平边作为修剪边界，对内部的垂直轮廓线进行修剪，结果如图 15-86 所示。

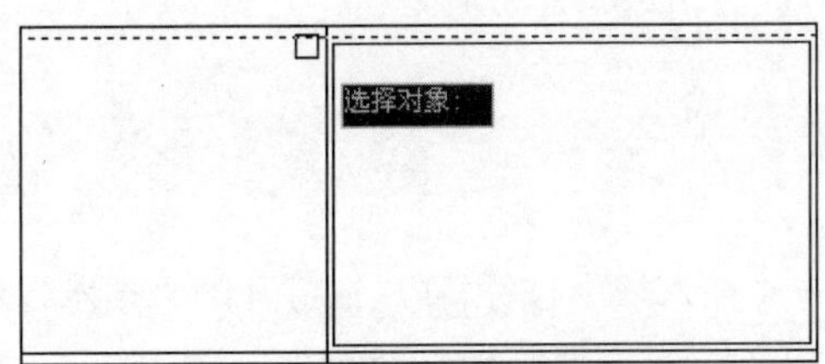

图 15-85　选择修剪边界

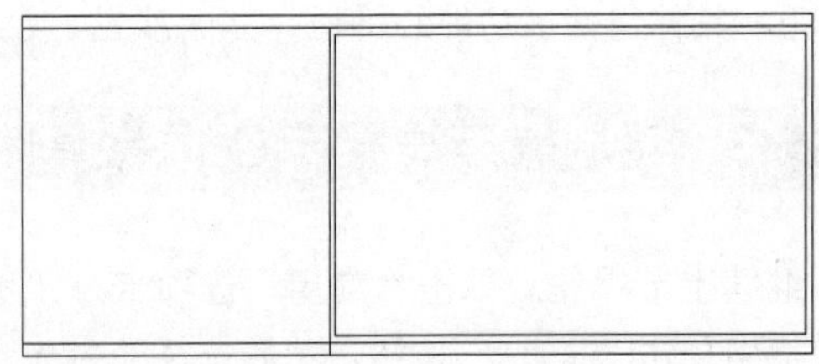

图 15-86　修剪结果

09 单击“常用”选项卡→“修改”面板→“偏移”按钮，选择如图 15-87 所示的垂直轮廓线，向右偏移 960 和 980 个单位作为墙面分隔线，偏移结果如图 15-88 所示。

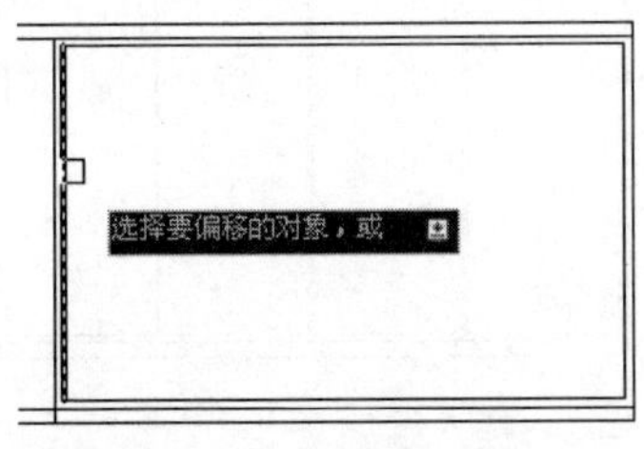

图 15-87　选择偏移对象

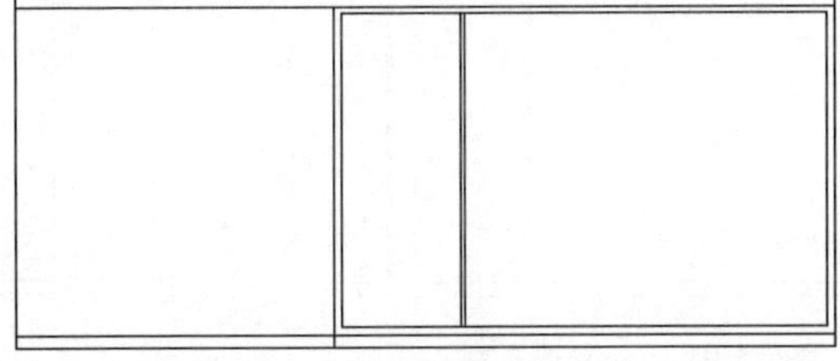

图 15-88　偏移结果

10 单击“常用”选项卡→“修改”面板→“矩形阵列”按钮，将分隔线进行矩形阵列。命令行操作如下：

```
命令: _arrayrect
选择对象:        //窗交选择如图 15-89 所示的两条分隔线
选择对象:        // Enter
类型 = 矩形  关联 = 是
为项目数指定对角点或 [基点(B)/角度(A)/计数(C)] <计数>:  // Enter
输入行数或 [表达式(E)] <4>:  //1Enter
输入列数或 [表达式(E)] <4>:   //3 Enter
指定对角点以间隔项目或 [间距(S)] <间距>: // Enter
指定列之间的距离或 [表达式(E)] <0>:   //980 Enter
按 Enter 键接受或 [关联(AS)/基点(B)/行(R)/列(C)/层(L)/退出(X)] <退出>:  //AS Enter
创建关联阵列 [是(Y)/否(N)] <是>:    //N Enter
按 Enter 键接受或 [关联(AS)/基点(B)/行(R)/列(C)/层(L)/退出(X)] <退出>:
                                   // Enter，阵列结果如图 15-90 所示
```

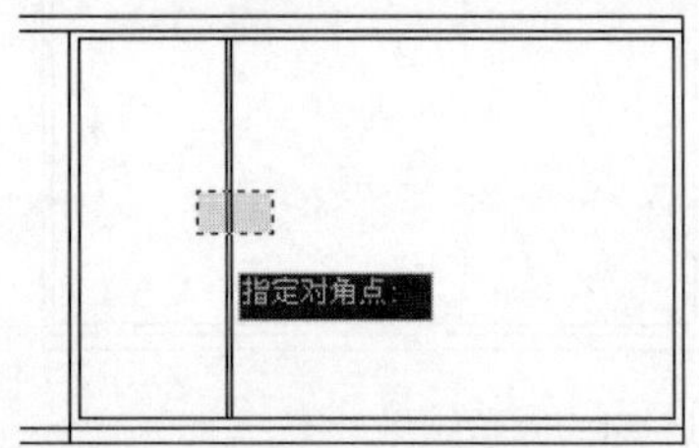

图 15-89　窗交选择阵列对象

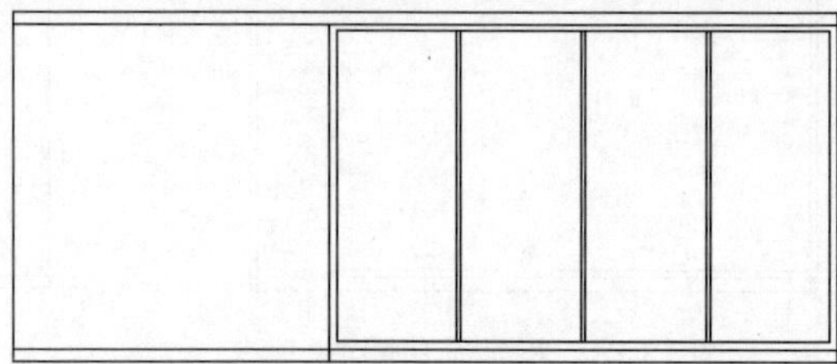

图 15-90　阵列结果

至此，客厅与餐厅 D 向立面轮廓图绘制完毕。下一节将学习客厅与餐厅 D 向立面家具图的绘制过程和技巧，具体包括多功能装饰柜、立面沙发、台灯、茶几及辅助灯具等。

15.6.3　绘制客厅与餐厅 D 向家具图

01 继续上节操作。单击“常用”选项卡→“绘图”面板→“插入块”按钮，在打开的“插入”对话框中单击 浏览(B)... 按钮，然后选择随书光盘中的“\图块文件\立面装饰柜 01.dwg”。

02 返回“插入”对话框，以默认参数将多功能装饰柜插入到立面图中，插入点为图 15-91 所示的端点 A，插入结果如图 15-92 所示。

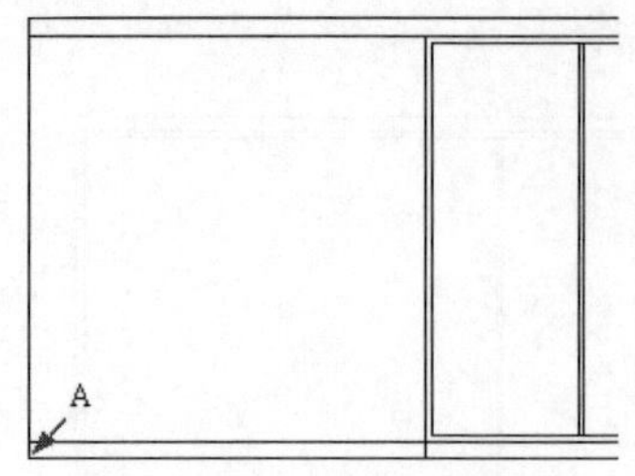

图 15-91　定位插入点

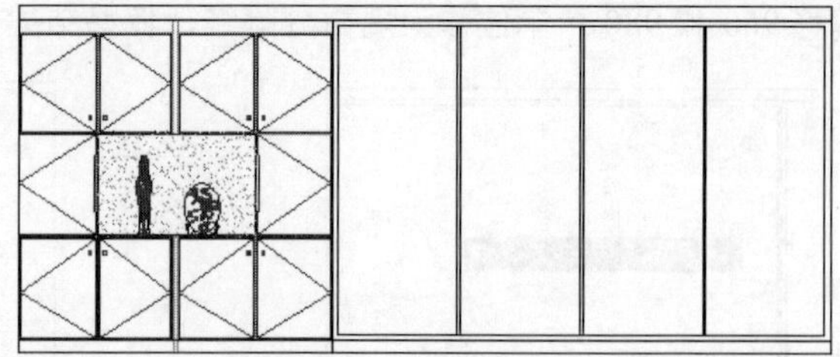

图 15-92　插入结果

03 使用快捷键“LT”激活“线型”命令，在打开的“线型管理器”对话框中修改线型比例为 20。此时立面图的显示效果如图 15-93 所示。

04 单击“常用”选项卡→“绘图”面板→“插入块”按钮，采用默认参数插入随书光盘中的“\图块文件\筒灯 01.dwg”，插入结果如图 15-94 所示。

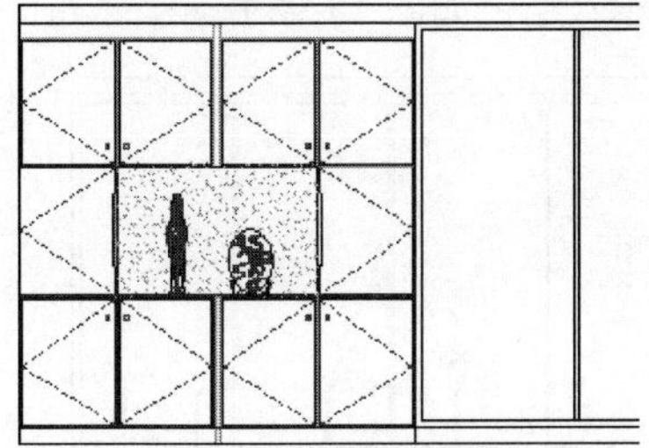

图 15-93　修改线型比例

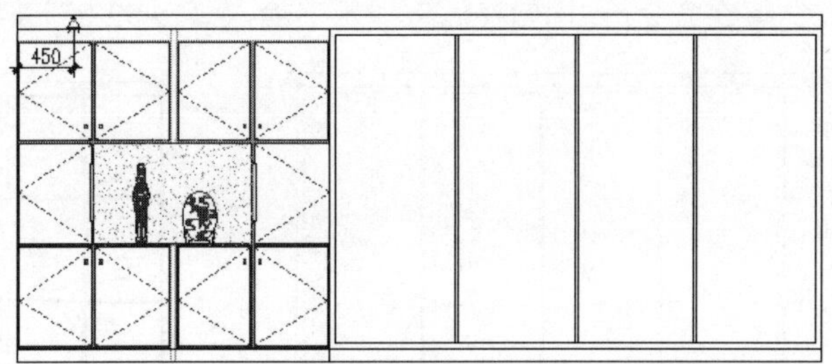

图 15-94　插入筒灯

05 单击“常用”选项卡→“修改”面板→“复制”按钮，将刚插入的筒灯图块水平向右复制 800 和 1600 个单位，结果如图 15-95 所示。

06 单击“常用”选项卡→“修改”面板→“矩形阵列”按钮，选择复制出的筒灯进行矩形阵列。命令行操作如下：

```
命令: _arrayrect
选择对象:        //选择最右侧的筒灯图块
选择对象:        // Enter
类型 = 矩形  关联 = 是
为项目数指定对角点或 [基点(B)/角度(A)/计数(C)] <计数>:  // Enter
输入行数或 [表达式(E)] <4>:  //1Enter
输入列数或 [表达式(E)] <4>:   //5 Enter
指定对角点以间隔项目或 [间距(S)] <间距>: // Enter
指定列之间的距离或 [表达式(E)] <0>:   //980 Enter
按 Enter 键接受或 [关联(AS)/基点(B)/行(R)/列(C)/层(L)/退出(X)] <退出>:  //AS Enter
创建关联阵列 [是(Y)/否(N)] <是>:    //N Enter
按 Enter 键接受或 [关联(AS)/基点(B)/行(R)/列(C)/层(L)/退出(X)] <退出>:
                                        // Enter，阵列结果如图 15-96 所示
```

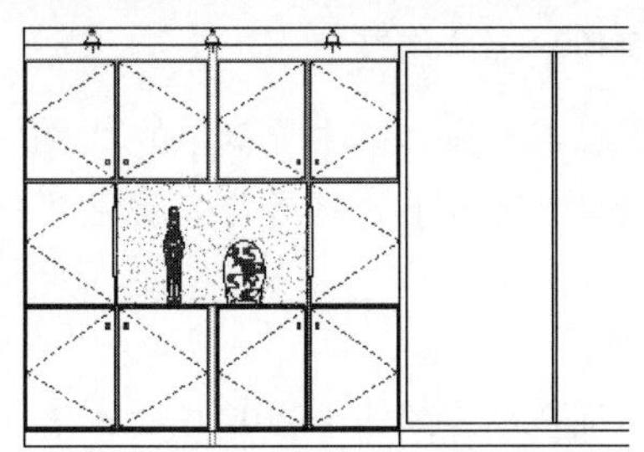

图 15-95　复制结果

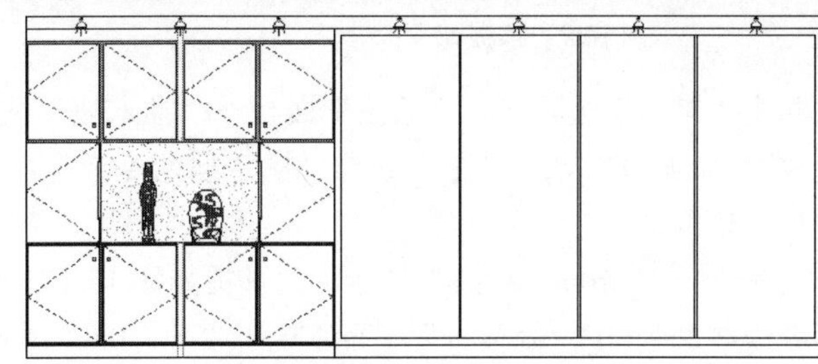

图 15-96　阵列结果

07 单击“常用”选项卡→“绘图”面板→“插入块”按钮，在打开的“插入”对话框中单击 浏览(B)... 按钮，然后选择随书光盘中的“\图块文件\立面沙发组.dwg”。

08 返回“插入”对话框，以默认参数将图块插入到立面图中。在命令行“指定插入点或 [基点(B)/比例

(S)/旋转(R)]：”提示下，激活“捕捉自”功能。

09 在命令行“_from 基点：”提示下，捕捉图 15-97 所示的轮廓线 W 的下端点。

10 继续在命令行“<偏移>：”提示下输入“@-92,0”并按 Enter 键，插入结果如图 15-98 所示。

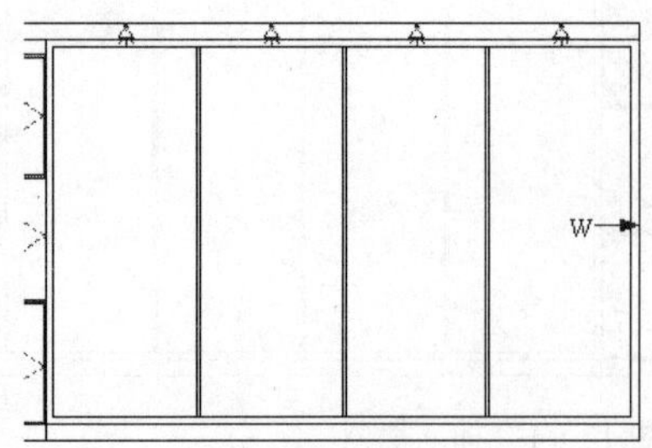

图 15-97　定位插入点

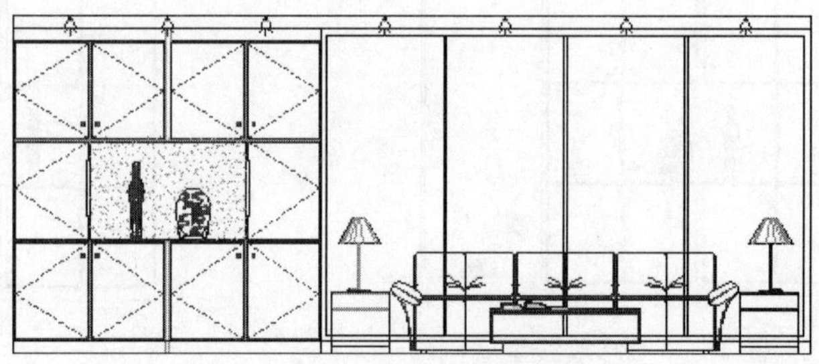

图 15-98　插入结果

至此，客厅与餐厅 D 向立面家具图绘制完毕。下一节将学习客厅与餐厅 D 向立面装饰壁画及主体灯具的绘制过程和表达技巧。

15.6.4　绘制 D 向装饰画和艺术吊灯

01 继续上节操作。单击“常用”选项卡→“绘图”面板→“插入块”按钮，以默认参数插入随书光盘中的“\图块文件\装饰画 02.dwg”。在命令行“指定插入点或 [基点(B)/比例(S)/旋转(R)]：”提示下，激活“捕捉自”功能。

02 在命令行“_from 基点：”提示下，捕捉如图 15-99 所示的端点。

03 继续在命令行“<偏移>：”提示下输入“@480,-1100”并按 Enter 键，插入结果如图 15-100 所示。

图 15-99　捕捉端点

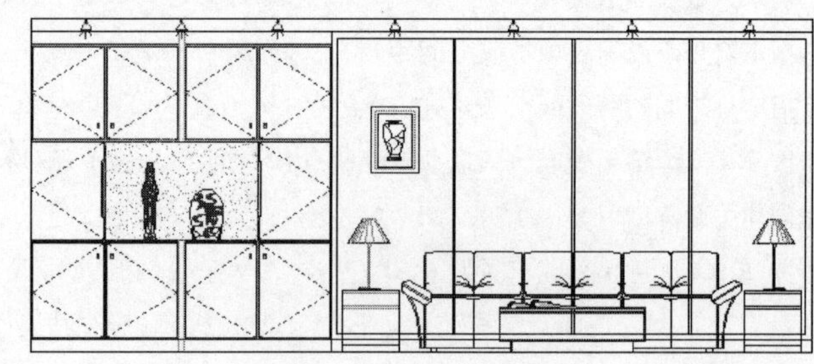

图 15-100　插入结果

04 单击“常用”选项卡→“绘图”面板→“插入块”按钮，以默认参数插入随书光盘中的“\图块文件\装饰画 03.dwg”。在命令行“指定插入点或 [基点(B)/比例(S)/旋转(R)]：”提示下，激活“捕捉自”功能。

05 在命令行“_from 基点：”提示下，捕捉如图 15-101 所示的插入点。

06 继续在命令行“<偏移>：”提示下输入“@980,0”并按 Enter 键，插入结果如图 15-102 所示。

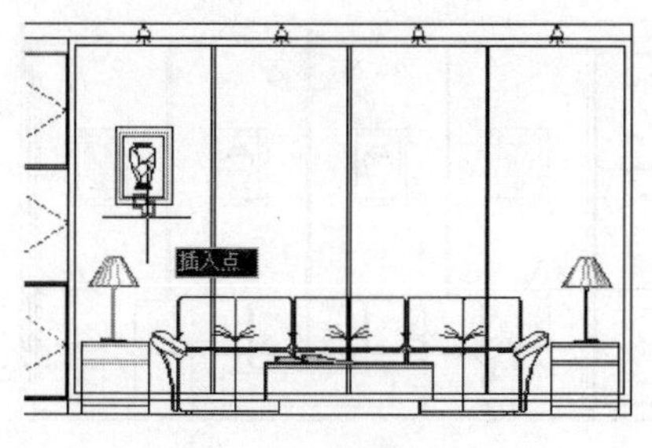

图 15-101 捕捉插入点

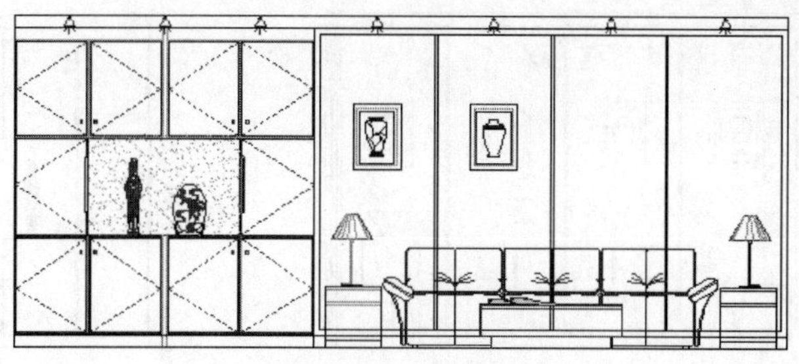

图 15-102 插入结果

07 单击“常用”选项卡→“修改”面板→“镜像”按钮，配合“中点捕捉”功能，窗口选择如图 15-103 所示的装饰画图块进行镜像，镜像结果如图 15-104 所示。

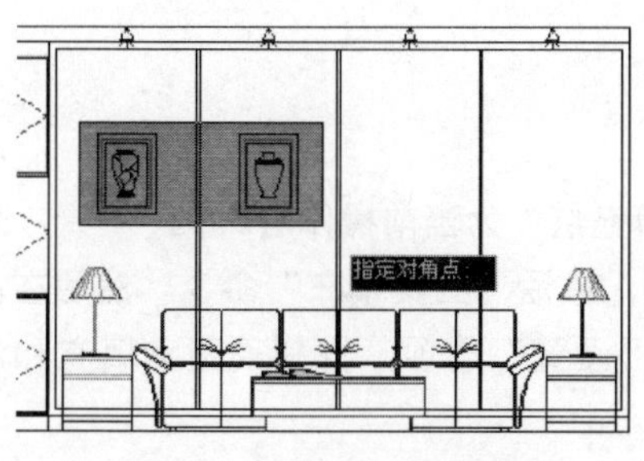

图 15-103 窗口选择

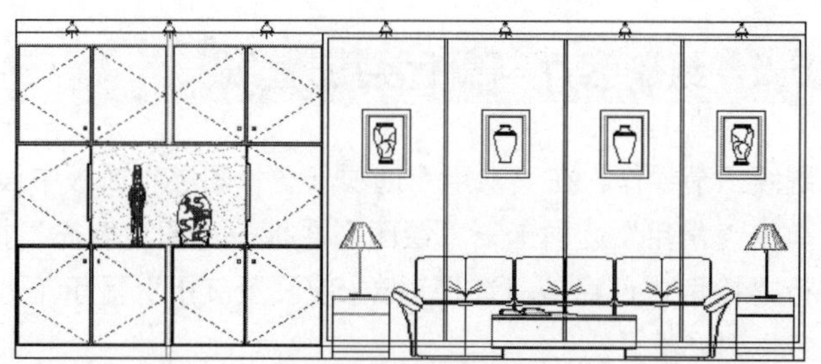

图 15-104 镜像结果

08 单击“常用”选项卡→“绘图”面板→“插入块”按钮，采用默认参数插入随书光盘中的“\图块文件\艺术吊灯（立面）.dwg”。在命令行“指定插入点或 [基点(B)/比例(S)/旋转(R)]：”提示下，激活“捕捉自”功能。

09 在命令行“_from 基点：”提示下，捕捉如图 15-105 所示的端点。

10 继续在命令行“<偏移>：”提示下输入“@-2000,0”并按 Enter 键，插入结果如图 15-106 所示。

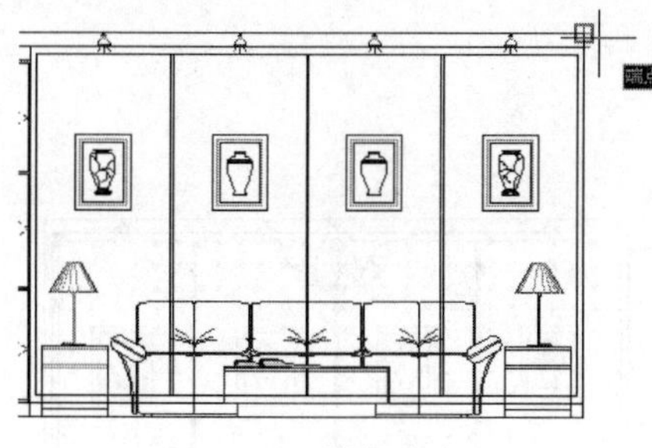

图 15-105 捕捉端点

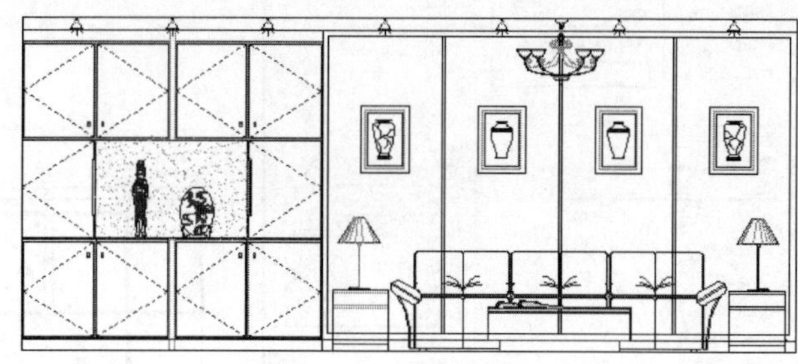

图 15-106 插入结果

11 重复执行“插入块”命令，以 0.8 的等比缩放比例，插入随书光盘中的“\图块文件\窗帘 01.dwg”，插入结果如图 15-107 所示。

12 单击“常用”选项卡→“修改”面板→“修剪”按钮，对立面图构件轮廓线进行修整，删除被遮挡住的图线，结果如图 15-108 所示。

图 15-107　插入窗帘

图 15-108　修整结果

至此，客厅与餐厅 D 向墙面装饰壁画与艺术吊灯绘制完毕。下一节将学习 D 向墙面壁纸的绘制过程和技巧。

15.6.5　绘制客厅与餐厅装饰壁纸

01 继续上节操作。在“常用”选项卡→“图层”面板中设置“填充层”为当前操作层。

02 单击“常用”选项卡→“绘图”面板→“图案填充”按扭，激活“图案填充”命令。然后在命令行“拾取内部点或 [选择对象(S)/设置(T)]:”提示下，激活“设置”选项，打开“图案填充和渐变色”对话框。

03 在“图案填充和渐变色”对话框中选择“预定义”图案，同时设置图案的填充角度及填充间距参数，如图 15-109 所示。

04 单击“图案填充创建”选项卡→“边界”面板→“拾取点”按钮，返回绘图区拾取填充区域，为立面图填充如图 15-110 所示的墙面壁纸图案。

图 15-109　设置填充图案与参数

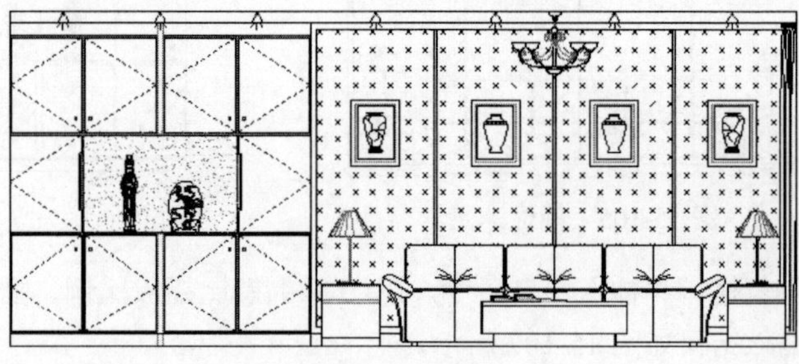

图 15-110　填充壁纸

05 单击“常用”选项卡→“绘图”面板→“图案填充”按扭，激活“图案填充”命令。然后在命令行“拾取内部点或 [选择对象(S)/设置(T)]:”提示下，激活“设置”选项，打开“图案填充和渐变色”对话框。

06 在“图案填充和渐变色”对话框中设置填充图案与填充参数如图 15-111 所示；为立面图填充 15-112 所示的装饰图案。

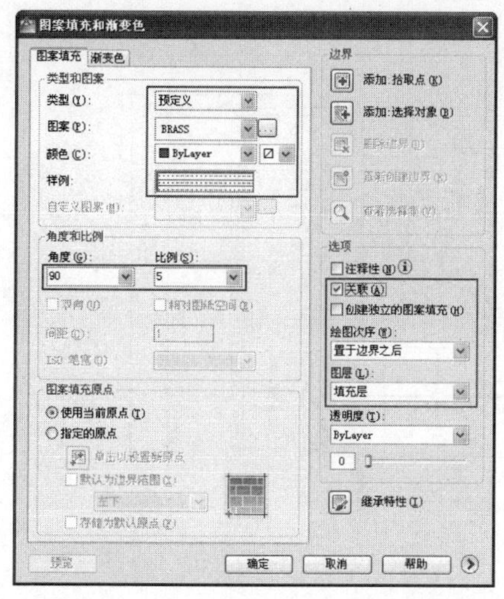

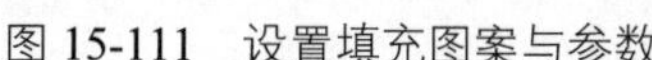
图 15-111　设置填充图案与参数

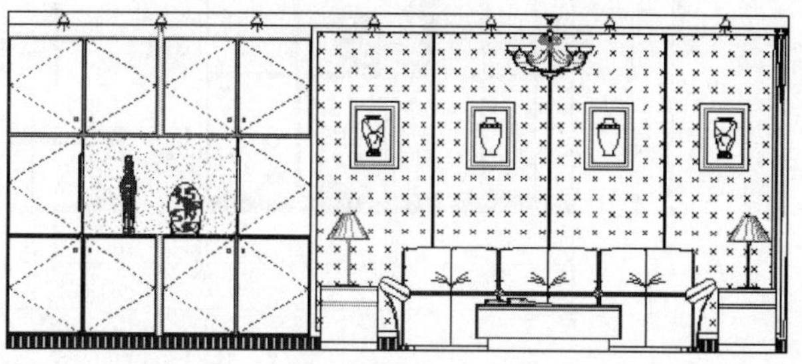
图 15-112　填充结果

07 使用快捷键“LT”激活“线型”命令，打开“线型管理器”对话框，使用对话框中的“加载”功能，加载一种名为“ACAD_ISO07w100”的线型。

08 在无命令执行的前提下，单击刚填充的墙面壁纸图案，使其呈现夹点显示状态，如图 15-113 所示。

09 按下 Ctrl+1 组合键，在打开的“特性”窗口中修改夹点图案的线型为“ACAD_ISO07w100”。

10 关闭“特性”窗口，然后取消图案的夹点显示，修改后的结果如图 15-114 所示。

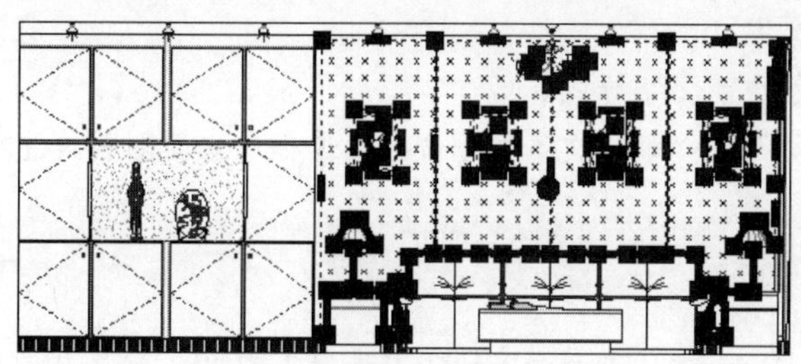
图 15-113　图案夹点效果

图 15-114　修改线型后的效果

11 调整视图，将图形全部显示，最终效果如图 15-80 所示。

12 最后执行“保存”命令，将图形命名存储为“绘制客厅与餐厅装修立面图.dwg”。

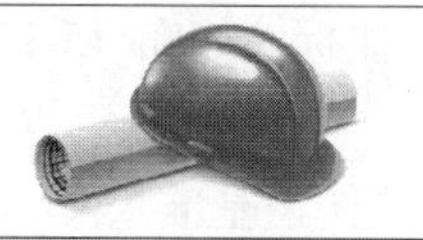

15.7 标注客厅与餐厅 D 向装修立面图

本例在综合所学知识的前提下，主要学习客厅与餐厅 D 向装修立面图引线注释和立面尺寸等内容的具体标注过程和标注技巧。客厅与餐厅 D 向装修立面图的最终标注效果如图 15-115 所示。

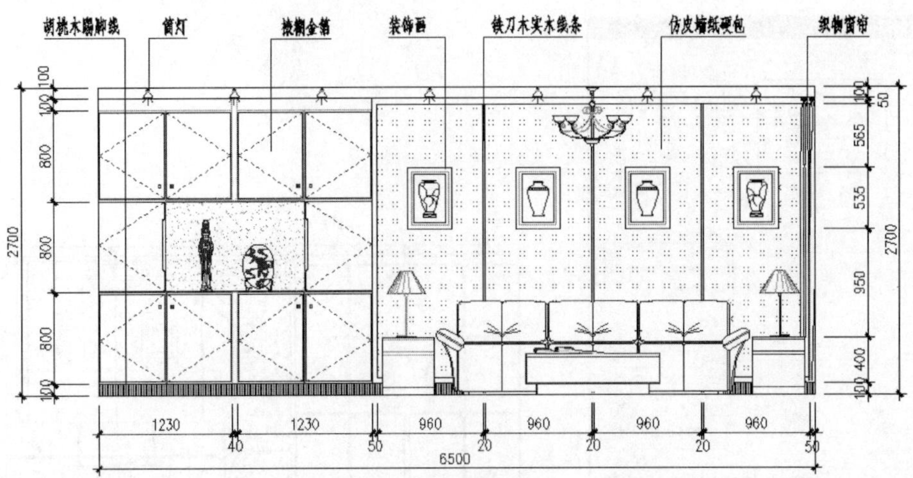

图 15-115　实例效果

15.7.1　D 向装修立面图标注思路

在标注客厅与餐厅 D 向立面图时，具体可以参照如下思路：

- 首先调用立面图文件并设置当前图层与标注样式。
- 使用“线性”、“连续”命令标注立面图细部尺寸和总尺寸。
- 使用“快速夹点”功能调整完善尺寸标注文字。
- 使用“多段线”命令绘制文字指示线并设置当前文字样式。
- 最后使用“单行文字”、“复制”、“移动”、“编辑文字”等命令快速标注立面图引线注释。

15.7.2　标注客厅与餐厅 D 向立面尺寸

01 打开上例存储的“绘制客厅与餐厅 D 向立面图.dwg”，或者直接从随书光盘中的“\实例效果文件\第 15 章\”目录下调用此文件。

02 在“常用”选项卡→“图层”面板中设置“尺寸层”为当前操作层。

03 在“常用”选项卡→“注释”面板中设置“建筑标注”为当前标注样式。

04 在命令行设置系统变量 DIMSCALE 的值为 30。

05 单击“常用”选项卡→“注释”面板→“线性”按钮，配合“端点捕捉”功能标注如图 15-116 所示的线性尺寸。

06 单击“注释”选项卡→“标注”面板→“连续”按钮，以刚标注的线性尺寸作为基准尺寸，标注如图 15-117 所示的细部尺寸。

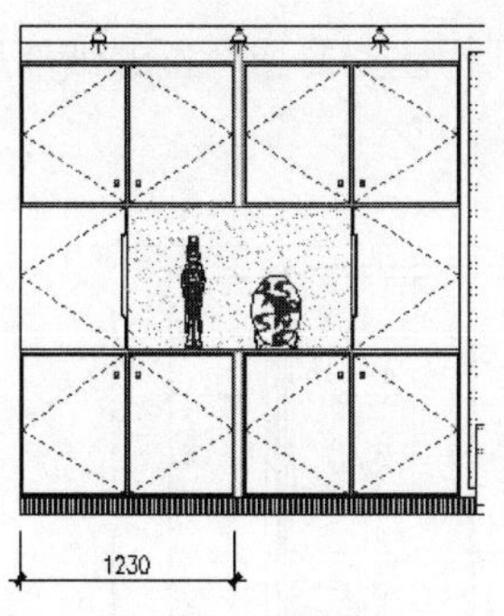

图 15-116　标注线性尺寸

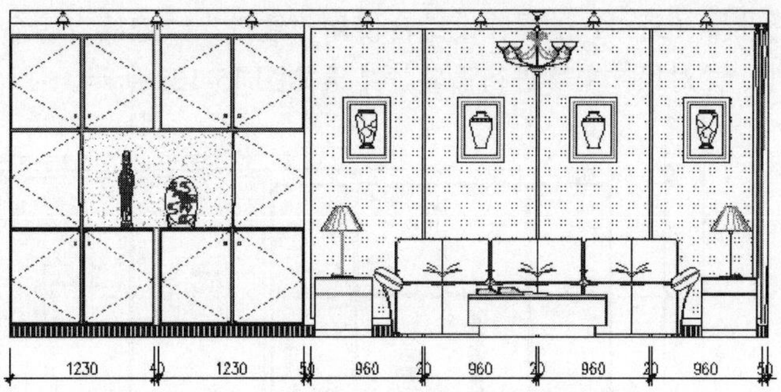

图 15-117　标注连续尺寸

07 在无命令执行的前提下，单击如图 15-118 所示的细部尺寸，使其呈现夹点显示状态。

08 将光标放在尺寸文字夹点上，然后从弹出的快捷菜单中选择“仅移动文字”选项。

09 接下来在命令行“** 仅移动文字 **指定目标点:”提示下，在适当位置指定文字的位置，结果如图 15-119 所示。

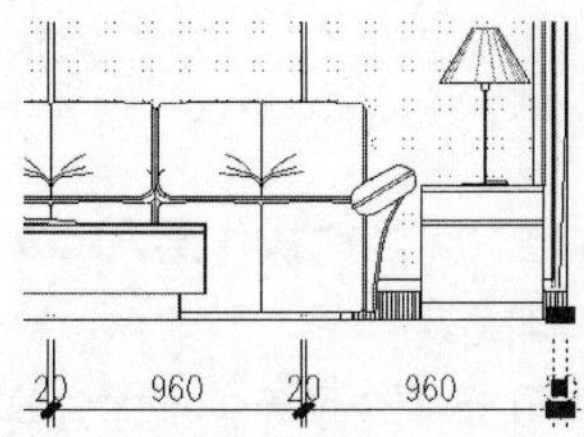

图 15-118　夹点显示尺寸

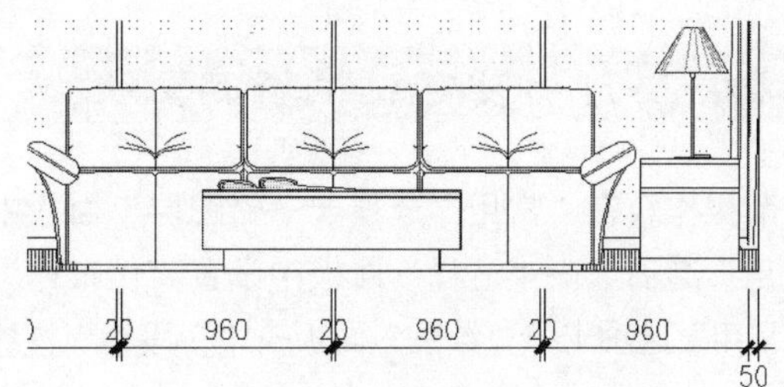

图 15-119　夹点编辑后的效果

10 参照步骤 07～09 的操作，分别对其他位置的尺寸文字进行协调位置，结果如图 15-120 所示。

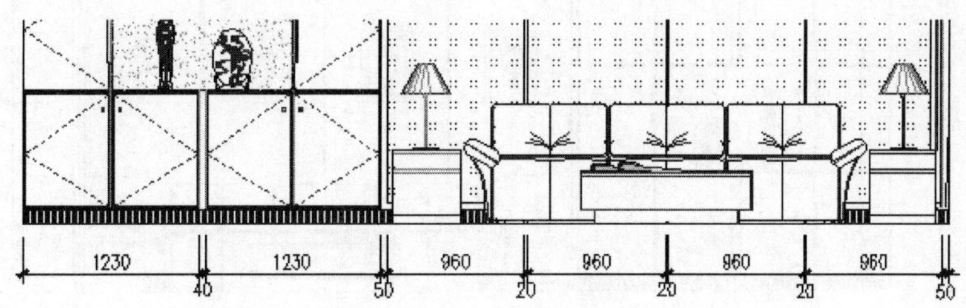

图 15-120　调整结果

11 单击“常用”选项卡→“注释”面板→“线性”按钮，配合“端点捕捉”功能标注立面图下侧的总尺寸，结果如图 15-121 所示。

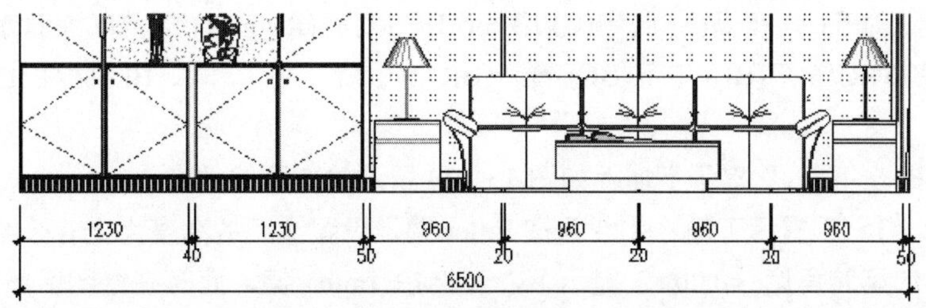

图 15-121　标注总尺寸

12 参照步骤 05～11 的操作，综合使用“线性”、“连续”等命令，分别标注立面图两侧的细部尺寸和总尺寸，并对尺寸文字进行调整，结果如图 15-122 所示。

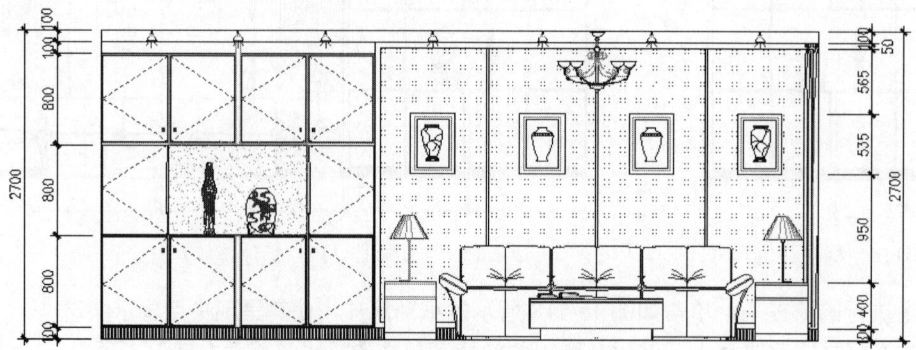

图 15-122　标注两侧尺寸

至此，客厅与餐厅 D 向立面图的尺寸标注完毕。下一节将为 D 向装修立面图标注墙面材质说明。

15.7.3　标注客厅与餐厅 D 向墙面材质

01 继续上节操作。在“常用”选项卡→“图层”面板中设置“文本层”为当前操作层。

02 在“常用”选项卡→“注释”面板中设置“仿宋体”为当前文字样式。

03 单击“常用”选项卡→“绘图”面板→“多段线”按钮，绘制如图 15-123 所示的文本注释指示线。

图 15-123　绘制指示线

04 单击“常用”选项卡→“注释”面板→“单行文字”按钮，在命令行“指定文字的起点或 [对正(J)/样式(S)]：”提示下，输入 J 并按 Enter 键。

05 在“输入选项 [对齐(A)/布满(F)/居中(C)/中间(M)/右对齐(R)/左上(TL)/中上(TC)/右上(TR)/左中(ML)/正中(MC)/右中(MR)/左下(BL)/中下(BC)/右下(BR)]:：”提示下，输入 BL 并按 Enter 键，设置文字的对正方式。

06 在“指定文字的左下点：”提示下捕捉如图 15-124 所示的指示线端点。

07 在“指定高度 <3>：”提示下输入 120 并按 Enter 键，设置文字的高度为 120 个绘图单位。

08 在“指定文字的旋转角度 <0.00>”提示下，直接按 Enter 键，此时在绘图区所指定的文字起点位置上出现一个文本输入框，输入“胡桃木踢脚线”并按 Enter 键，结果如图 15-125 所示。

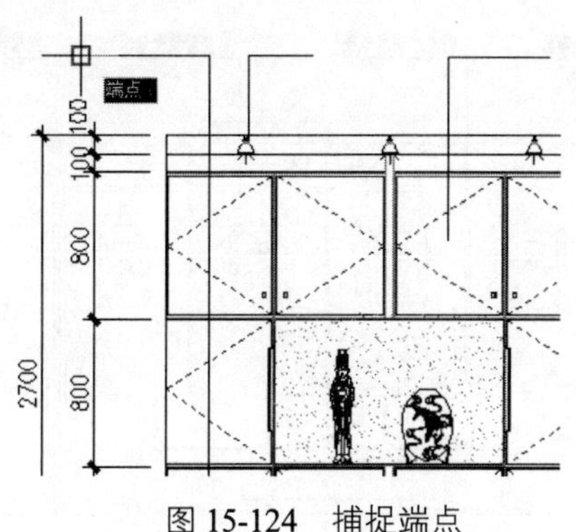

图 15-124　捕捉端点

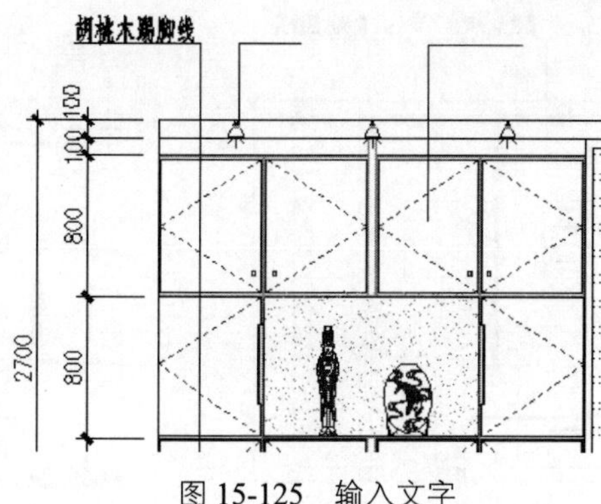

图 15-125　输入文字

09 单击“常用”选项卡→“修改”面板→“移动”按钮，将刚输入的文字注释垂直向上移动 30 个单位，结果如图 15-126 所示。

10 单击“常用”选项卡→“修改”面板→“复制”按钮，将位移后的文字分别复制到其他指示线上，结果如图 15-127 所示。

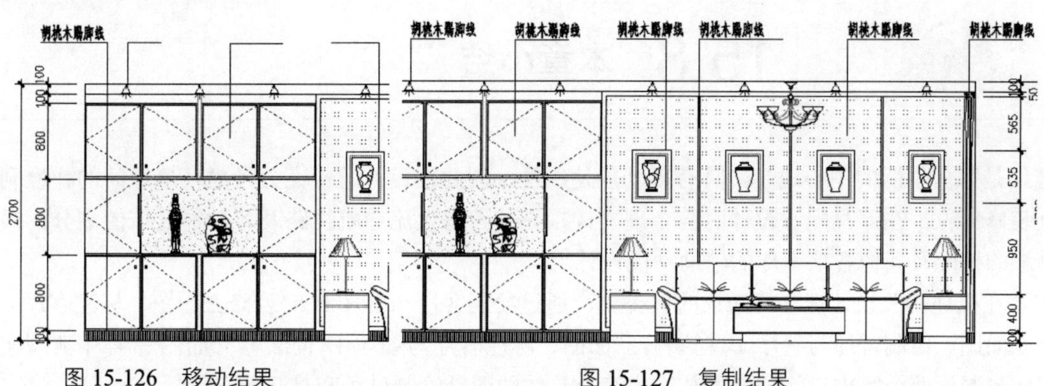

图 15-126　移动结果　　　　　图 15-127　复制结果

11 在复制出的文字上双击，此时文字呈现反白显示状态，如图 15-128 所示。

12 在反白显示的文字输入框内输入正确的文字内容，如图 15-129 所示。修改后的文字如图 15-130 所示。

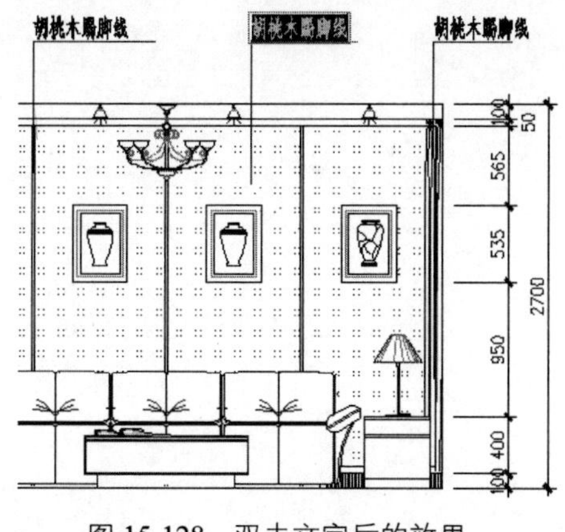

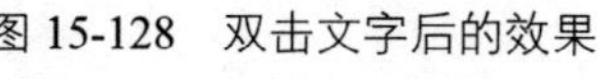
图 15-128　双击文字后的效果

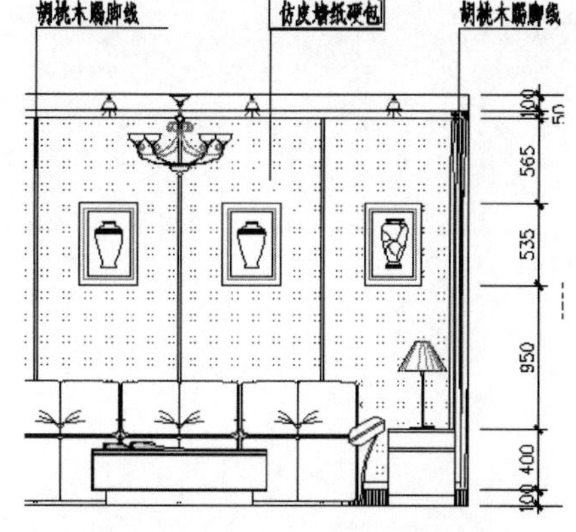

图 15-129　输入正确的文字内容

13 参照以上操作步骤，分别在其他文字上双击并输入正确的文字内容，结果如图 15-131 所示。

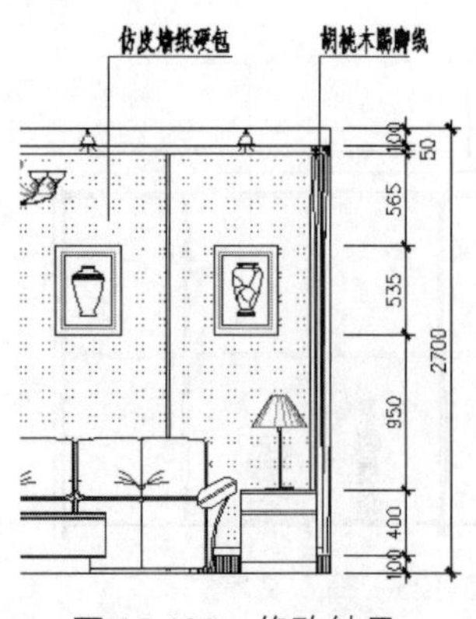

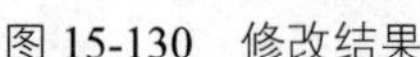

图 15-130 修改结果

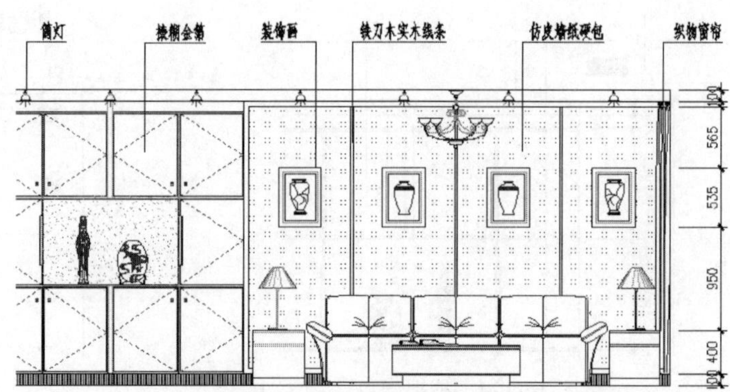

图 15-131 编辑其他文字

14 调整视图，将图形全部显示，最终效果如上图 15-115 所示。

15 最后执行“另存为”命令，将图形命名存储为“标注客厅与餐厅 D 向立面图.dwg”。

15.8 本章小结

客厅是家居生活的中心地带，具有多功能使用性，因此在设计时应充分考虑环境空间的弹性利用，突出重点装修部位。在家具配置设计时应合理安排，充分考虑人流导航线路及各功能区域的划分。最后考虑灯光色彩的搭配及其他各项客厅的辅助功能设计。

本章在概述相关设计理念等知识的前提下，通过绘制客厅与餐厅 B 向装修立面图、标注客厅与餐厅 B 向装修立面图、绘制客厅与餐厅 D 向装修立面图、标注客厅与餐厅 D 向装修立面图等 4 个典型实例，学习了客厅与餐厅两个室内空间的立面装饰内容及具体的图纸绘制过程和技巧等。

在绘制此类立面图时，一般使用“从外到内、最后完善细节”的绘制技巧，这种“蚕食”的绘图方法，能使用户充分顾全整体结构，且又兼顾到内部的细节，从而精确、快速、合理地定位各模块的位置。

第 16 章

主卧与次卧装饰设计

如果说客厅是展示给客人的一张外在脸谱，那么极具私密性的卧室则是私人风格的绝对体现了，相对于客厅或餐厅，卧室则是主人停留时间最多的房间，也是家居的最主要的功能性房间。本章在简单了解有关卧室装修要点及原则等相关设计理念知识的前提下，主要学习主卧室和次卧室装修立面图的绘图技能和相关技巧。

知识要点

- 卧室设计基本原则
- 卧室墙面装饰要点
- 绘制主卧室 B 向装修立面图
- 标注主卧室 B 向装修立面图
- 绘制次卧室 B 向装修立面图
- 标注次卧室 B 向装修立面图

16.1 卧室设计基本原则

卧室是整套房子中最私人的空间，是人们休息和独处的空间，基于卧室的这种特殊性，它应具有安静、温馨和相对隐私的特点，从选材、色彩、照明到室内物件的摆设都要遵循一定的原则进行精心设计。

1. 选料

（1）卧房应选择吸音性、隔音性好的装饰材料，触感柔细美观的布贴，具有保温、吸音功能的地毯都是卧室的理想之选。门扇所采用的材料应尽量厚点，不宜直接使用 3 厘或 5 厘的板材封闭，门扇的下部离地保持在 0.3~0.5cm 左右。

（2）窗帘应选择具有遮光性、防热性、保温性及隔音性较好的半透明的窗纱或双重花边的窗帘，使室内环境更富有情调。

（3）卧室内的卫生间要考虑到地毯和木质地板怕潮湿的特性，因而卧室的地面应略高于卫生间。

（4）卧室地面应具备保暖性，一般宜采用中性或暖色调，材料有木地板、地毯或陶瓷地砖等。

（5）卧室的墙面宜采用墙纸壁布或乳胶漆，颜色花纹应根据住户喜好来选择。床头上部的主体空间可

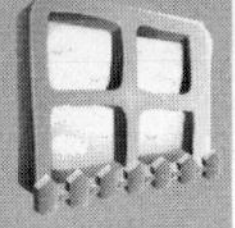

设计一些有个性化的装饰品，选材宜配合整体色调，烘托卧室气氛。

（6）卧室的顶面装饰，宜用乳胶漆、墙纸（布）或局部吊顶。

2. 色彩

卧室的色彩应以统一、和谐、淡雅为宜，避免选择刺激性较强的颜色，一般选择暖和的、平稳的中间色，如乳白色、粉红色、米黄色等。由于居住主体的不同，配色又不尽相同，具体如下：

- 主卧室应以温馨为主，地面宜用木地板。
- 次卧室同样应以温馨为主，如果是老人居住的，则要考虑老人的行动方便问题。
- 小孩房宜用一些较为活泼的颜色。男孩房间多用蓝调，女孩房间多粉红调或米黄调。
- 保姆房一般不需要做太多的装饰，处理墙、地、顶面即可。

3. 照明

照明色调能让你消除一天工作的疲劳，因此一般情况下，墙壁、家具及灯光的颜色以温馨柔和为主。除此之外，卧室的照明还应考虑整体照明与局部照明，具体可以分为天花板主灯、床灯及床头上方的筒灯或壁灯等辅灯，主灯应安装在光线不刺眼的位置，辅灯可使室内的光线变得柔和，使室内更具浪漫舒适的温情。

4. 摆设布局

卧室设计的核心是床和衣橱，其他的家具和摆设根据自己的习惯来添加。床铺的摆设直接影响到人的睡眠状况，建议床铺摆在靠墙角的地方，床头靠向墙壁的一侧，家具与床铺至少要间隔 70cm，以便走动，室内的家具陈设应尽可能简洁实用。

为了配合卧床的设计，床头柜的款式也格外丰富。一般床头柜是收纳日常用品、放置床头灯，但与暖气罩相连的固定家具，以及个性化的壁灯设计，使床头柜的装饰作用比实用性更重要。

16.2 卧室墙面装饰要点

墙面是家居装修中的一个重要方面，针对卧室中的墙面装饰，则要综合以下因素进行设计：

（1）墙面材料。在选择卧室墙面的装饰材料时应充分考虑到房间的大小、光线、色调等基本因素，所选取的材料应与室内的环境和格调相协调。卧室墙壁装饰材料的色彩以淡雅为宜，太浓厚的色彩往往取得相反的效果。

（2）墙面壁饰。卧室中的墙面壁饰应与室内的环境相协调，面积较小的卧室宜应选用低明度冷色画面，能给人以深远辽阔的感觉。一般地说，浅色墙面宜用浅棕色或黄色木制框架，现代风格的房间，选配的框架最好纤巧、浅淡、鲜明一点；中式格调的房间，则应选用色泽富丽的框架。

（3）色调选择。卧室墙面的色调应以宁静、和谐为主旋律。面积较大的卧室，墙面可选任何色彩、图案、冷暖色调的涂料、墙纸、壁布均可；而面积较小的卧室，选择范围相对小些，以偏暖色调、浅淡的图案较为适宜。

16.3 绘制主卧室 B 向装修立面图

本例在综合所学知识的前提下，主要学习主卧室 B 向装修立面图的具体绘制过程和绘制技巧。主卧室 B 向立面图的最终绘制效果如图 16-1 所示。

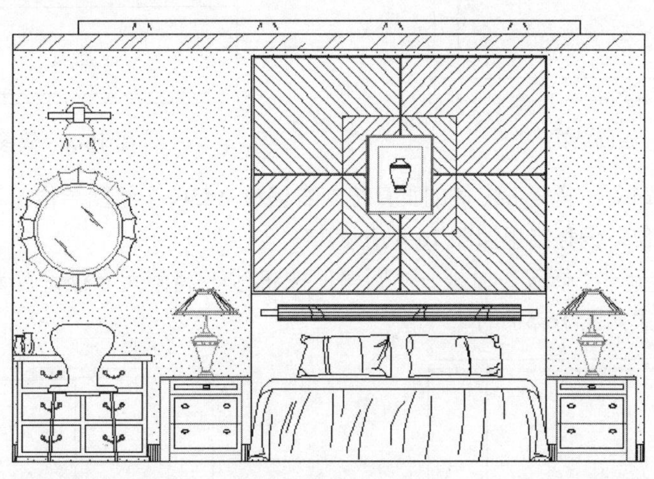

图 16-1　实例效果

16.3.1　主卧室 B 立面绘图思路

在绘制主卧室 B 向立面图时，具体可以参照如下思路：

- 首先使用“新建”命令调用室内绘图样板文件。
- 使用“矩形”、“分解”、“偏移”、“圆角”、“修剪”“多线”等命令绘制 B 向墙面轮廓线。
- 使用“矩形”、“阵列”、“插入块”命令并配合“捕捉自”、“端点捕捉”功能绘制梳妆台立面图。
- 使用“插入块”、“镜像”、“修剪”、“分解”等命令，并配合“捕捉自”或“对象捕捉”功能绘制 B 向立面构件图。
- 使用“图案填充”命令绘制立面图壁纸装饰图案。
- 最后使用“插入块”、“阵列”命令，并配合“捕捉自”、“端点捕捉”功能绘制立面图辅助灯具。

16.3.2　绘制主卧室 B 向轮廓图

01 单击“快速访问工具栏”中的按钮，选择随书光盘中的“\绘图样板文件\室内绘图样板.dwt”，新建空白文件。

02 在“常用”选项卡→“图层”面板中设置“轮廓线”为当前操作层。

03 单击“常用”选项卡→“绘图”面板→“矩形”按钮，绘制长度为 6500、宽度为 2700 的矩形作为墙面外轮廓线，如图 16-2 所示。

04 单击“常用”选项卡→“修改”面板→“分解”按钮，将矩形分解为 4 条独立的线段。

05 单击“常用”选项卡→“修改”面板→“偏移”按钮，将上侧的矩形水平边向下偏移 100 和 130

个绘图单位；将下侧的矩形水平边向上偏移 100 和 990 个绘图单位，结果如图 16-3 所示。

图 16-2 绘制结果

图 16-3 偏移水平边

06 重复执行“偏移”命令，将矩形左侧的垂直边向右偏移 1450 个绘图单位；将矩形右侧的垂直边向左偏移 600 个绘图单位，偏移结果如图 16-4 所示。

07 单击“常用”选项卡→“修改”面板→“圆角”按钮，将圆角半径设置为 0，对内部的图线进行圆角编辑，圆角结果如图 16-5 所示。

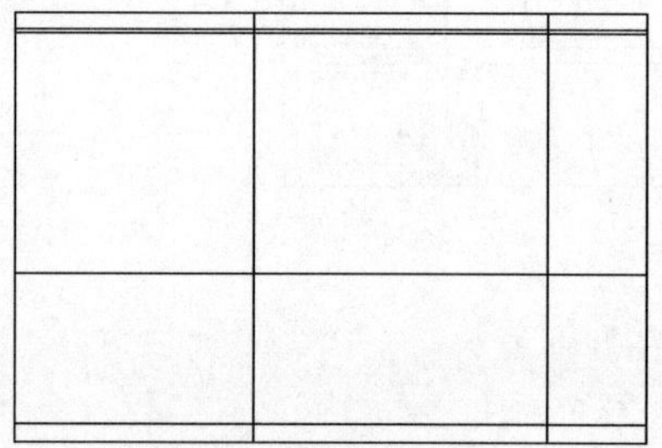
图 16-4 偏移垂直边

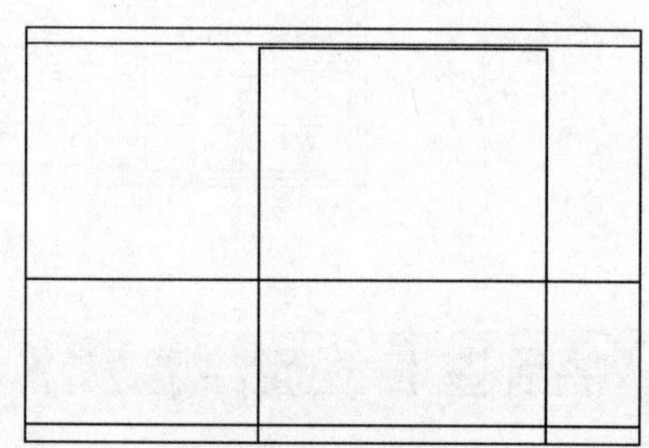
图 16-5 圆角结果

08 单击“常用”选项卡→“修改”面板→“修剪”按钮，对内部的水平图线和垂直图线进行修剪，结果如图 16-6 所示。

09 单击“常用”选项卡→“绘图”面板→“多段线”，配合“坐标输入”功能绘制如图 16-7 所示的轮廓线。

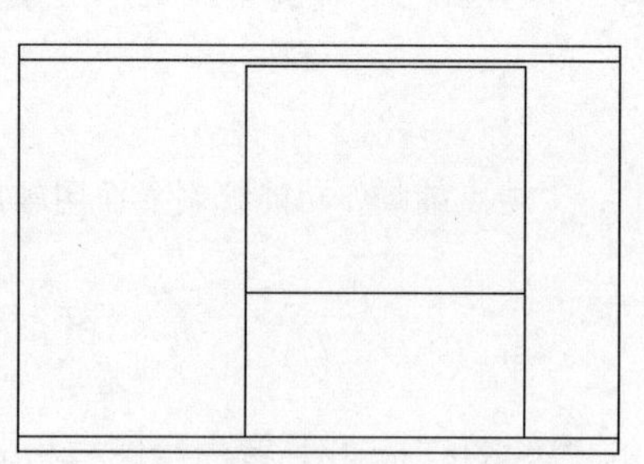
图 16-6 修剪结果

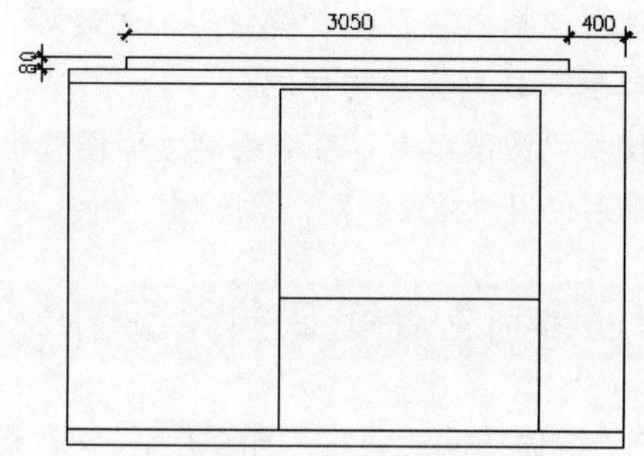

图 16-7 绘制结果

10 单击“常用”选项卡→“修改”面板→“偏移”按钮，将图 16-8 所示的轮廓线 1、2、3、4 分别向内侧偏移 13 个单位，并将偏移出的图线颜色设置为 11 号色，结果如图 16-9 所示。

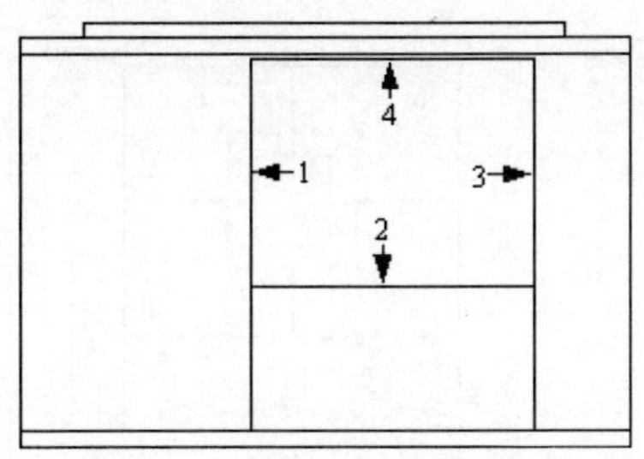

图 16-8　指定偏移对象

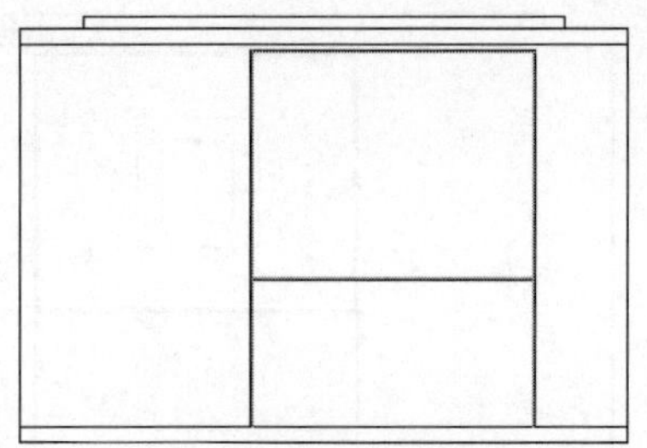
图 16-9　偏移结果

11 单击“常用”选项卡→“修改”面板→“圆角”按钮，将圆角半径设置为 0，对偏移出的图线进行圆角编辑，圆角结果如图 16-10 所示。

12 单击“常用”选项卡→“修改”面板→“偏移”按钮，将圆角后的两条垂直边向内侧偏移 538 个单位；将圆角后的两条水平边向内侧偏移 342 个单位，结果如图 16-11 所示。

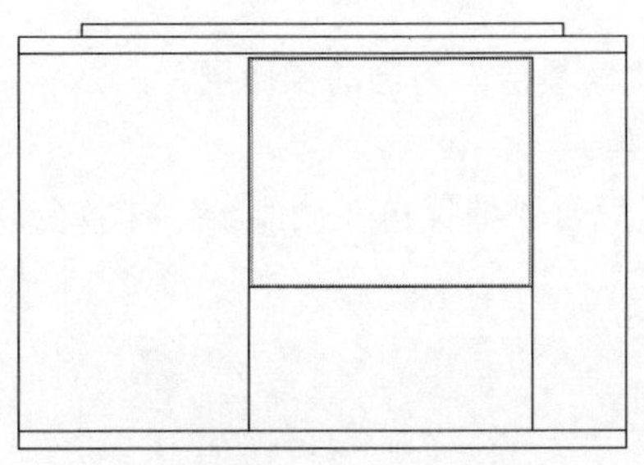
图 16-10　圆角结果

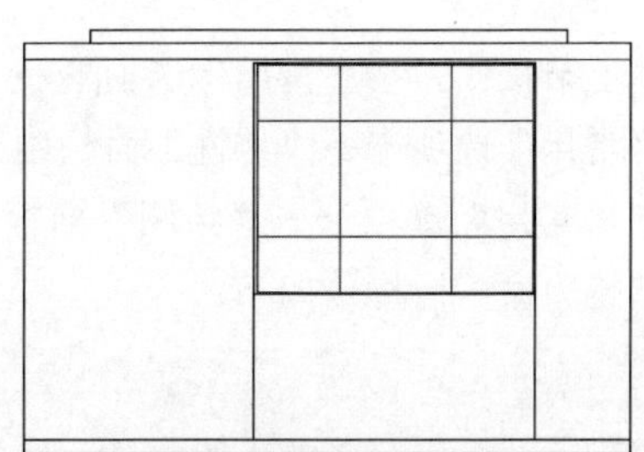
图 16-11　偏移结果

13 单击“常用”选项卡→“修改”面板→“圆角”按钮，将圆角半径设置为 0，对偏移出的图线进行圆角编辑，圆角结果如图 16-12 所示。

14 单击“常用”选项卡→“修改”面板→“偏移”按钮，将圆角后的两条垂直边向内侧偏移 148 个单位；将圆角后的两条水平边向内侧偏移 120 个单位，结果如图 16-13 所示。

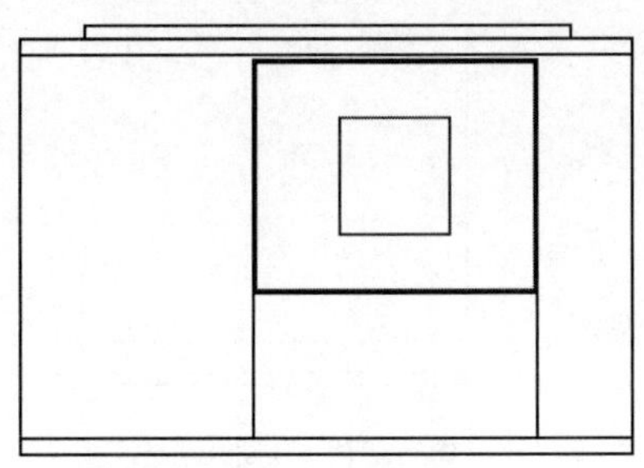
图 16-12　圆角结果

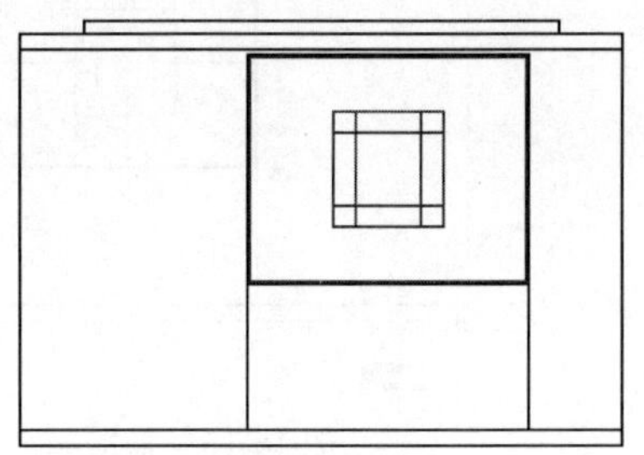
图 16-13　偏移结果

15 单击“常用”选项卡→“修改”面板→“圆角”按钮，将圆角半径设置为 0，对偏移出的图线进行圆角编辑，圆角结果如图 16-14 所示。

16 使用快捷键“ML”激活“多线”命令，将多线比例设置为 6，对正方式设置为“无”，然后配合“中点捕捉”功能绘制如图 16-15 所示的分隔线。

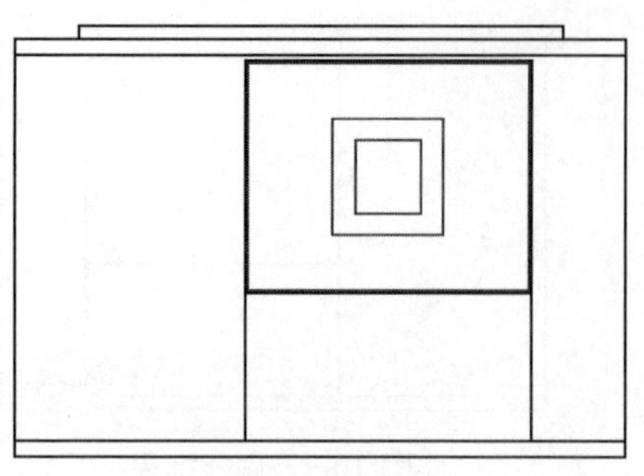
图 16-14 圆角结果

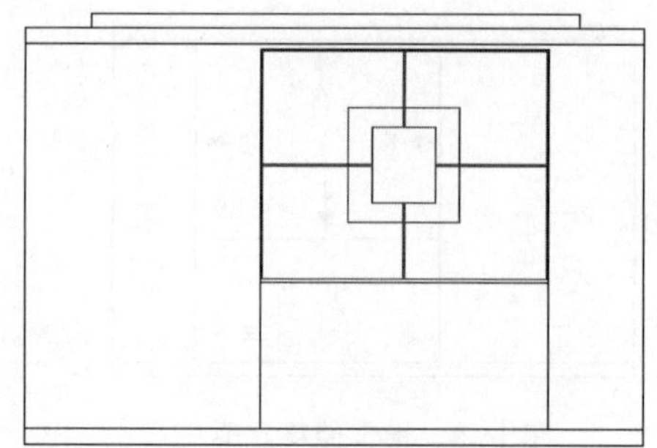
图 16-15 绘制结果

至此，主卧室 B 向墙面轮廓图绘制完毕。下一节将学习主卧室梳妆台立面图绘制过程和绘制技巧。

16.3.3 绘制主卧室梳妆台立面图

01 继续上节操作。在“常用”选项卡→“图层”面板中设置“家具层”为当前操作层。

02 在“常用”选项卡→“特性”面板中设置当前颜色为 11 号色。

03 单击“常用”选项卡→“绘图”面板→“矩形”按钮，配合“捕捉自”功能绘制梳妆台底部的矩形结构。命令行操作如下：

```
命令: _rectang
指定第一个角点或 [倒角(C)/标高(E)/圆角(F)/厚度(T)/宽度(W)]: //激活“捕捉自”功能
_from 基点:        //捕捉如图 16-16 所示的端点
<偏移>:            //@20,0 Enter
指定另一个角点或 [面积(A)/尺寸(D)/旋转(R)]:
 //@810,25 Enter，绘制结果如图 16-17 所示
```

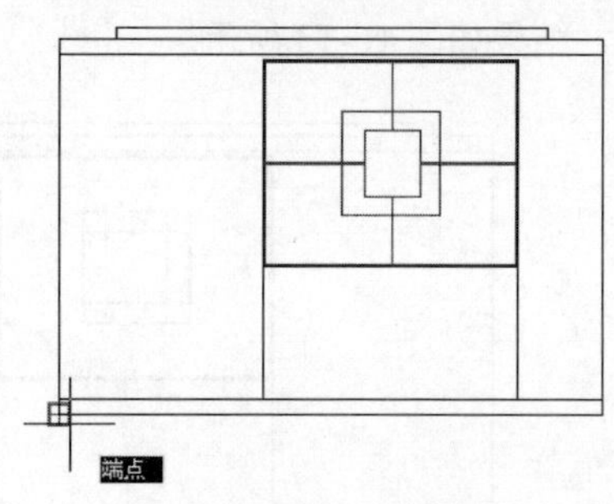

图 16-16 捕捉端点

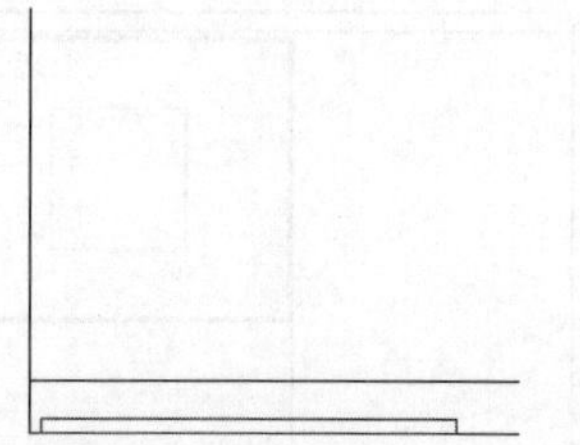
图 16-17 绘制结果

04 重复执行“矩形”命令，配合“捕捉自”功能绘制梳妆台及台面结构。命令行操作如下：

```
命令: _rectang
指定第一个角点或 [倒角(C)/标高(E)/圆角(F)/厚度(T)/宽度(W)]: //激活“捕捉自”功能
_from 基点:        //捕捉刚绘制的矩形左上角点
<偏移>:            //@10,0 Enter
指定另一个角点或 [面积(A)/尺寸(D)/旋转(R)]: //@790,570 Enter，结果如图 16-18 所示
        命令: _rectang
```

```
指定第一个角点或 [倒角(C)/标高(E)/圆角(F)/厚度(T)/宽度(W)]: //激活“捕捉自”功能
_from 基点:        //捕捉刚绘制的矩形左上角点
<偏移>:           //@-30,0 Enter
指定另一个角点或 [面积(A)/尺寸(D)/旋转(R)]:
 //@850,30 Enter，绘制结果如图 16-19 所示
```

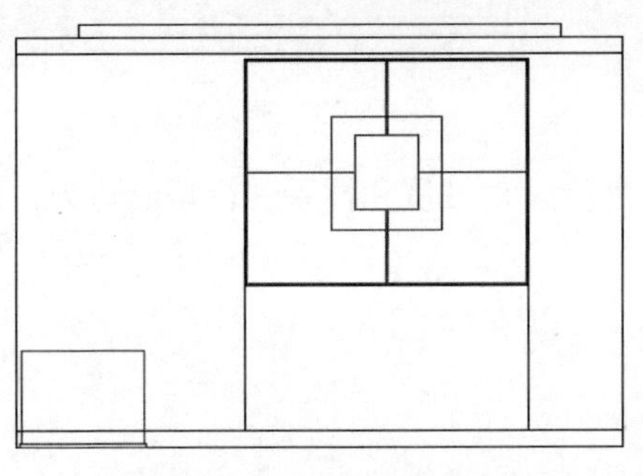

图 16-18　绘制梳妆台

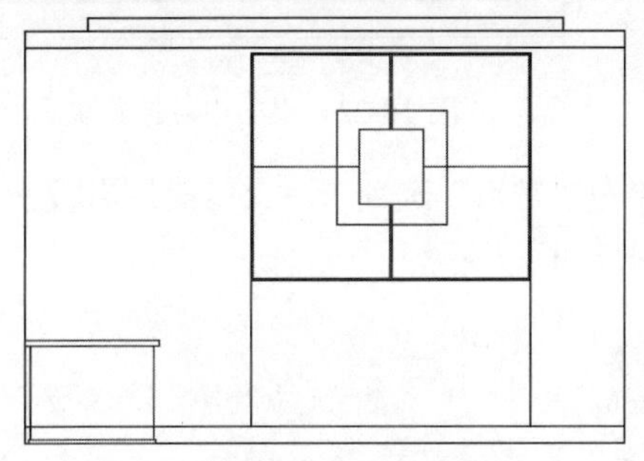

图 16-19　绘制台面

05 在“常用”选项卡→“特性”面板中设置当前颜色为 181 号色。

06 单击“常用”选项卡→“绘图”面板→“矩形”按钮，配合“捕捉自”功能绘制梳妆台抽屉。命令行操作如下：

```
命令: _rectang
指定第一个角点或 [倒角(C)/标高(E)/圆角(F)/厚度(T)/宽度(W)]: //激活“捕捉自”功能
_from 基点:        //捕捉如图 16-20 所示的端点
<偏移>:           //@30,30 Enter
指定另一个角点或 [面积(A)/尺寸(D)/旋转(R)]:
 //@350,160 Enter，绘制结果如图 16-21 所示
```

图 16-20　捕捉端点

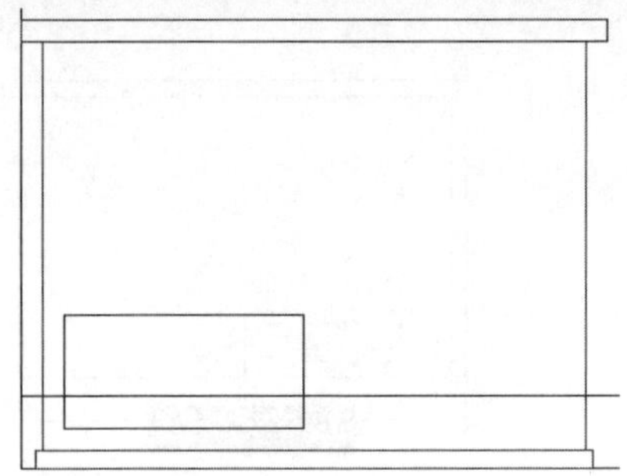

图 16-21　绘制抽屉

07 单击“常用”选项卡→“绘图”面板→“插入块”按钮，在打开的“插入”对话框中单击 浏览(B)... 按钮，然后选择随书光盘中的“\图块文件\拉手.dwg”。

08 返回“插入”对话框，以默认参数将拉手图块插入到立面图中，其中在命令行“指定插入点或 [基点(B)/比例(S)/旋转(R)]:”提示下，垂直向上引出如图 16-22 所示的中点追踪矢量；然后输入 60 并按 Enter 键，插入结果如图 16-23 所示。

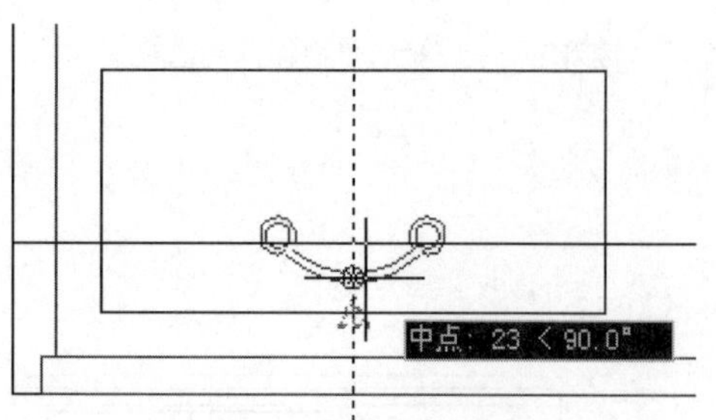

图 16-22　引出中点追踪矢量

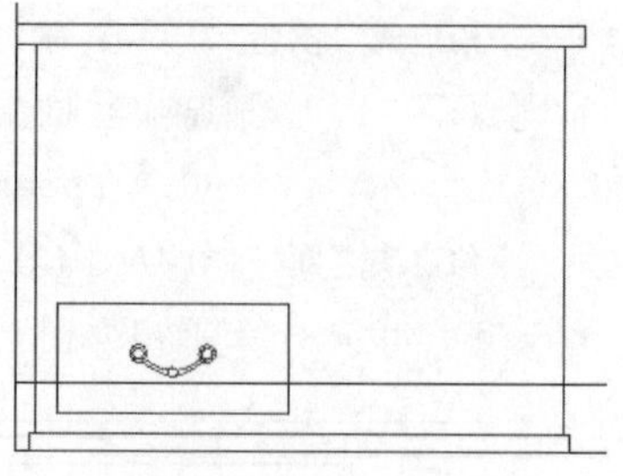

图 16-23　插入结果

09 单击“常用”选项卡→“修改”面板→“矩形阵列”按钮，对抽屉和拉手进行矩形阵列。命令行操作如下：

```
命令: _arrayrect
选择对象:        //窗交选择如图 16-24 所示的抽屉和拉手
选择对象:        // Enter
类型 = 矩形  关联 = 是
为项目数指定对角点或 [基点(B)/角度(A)/计数(C)] <计数>:  // Enter
输入行数或 [表达式(E)] <4>:  //3 Enter
输入列数或 [表达式(E)] <4>:   //2 Enter
指定对角点以间隔项目或 [间距(S)] <间距>: // Enter
指定行之间的距离或 [表达式(E)] <600>:   //190 Enter
指定列之间的距离或 [表达式(E)] <600>:   //380 Enter
按 Enter 键接受或 [关联(AS)/基点(B)/行(R)/列(C)/层(L)/退出(X)] <退出>:  //AS Enter
创建关联阵列 [是(Y)/否(N)] <是>:    //N Enter
按 Enter 键接受或 [关联(AS)/基点(B)/行(R)/列(C)/层(L)/退出(X)] <退出>:
                                  // Enter，阵列结果如图 16-25 所示
```

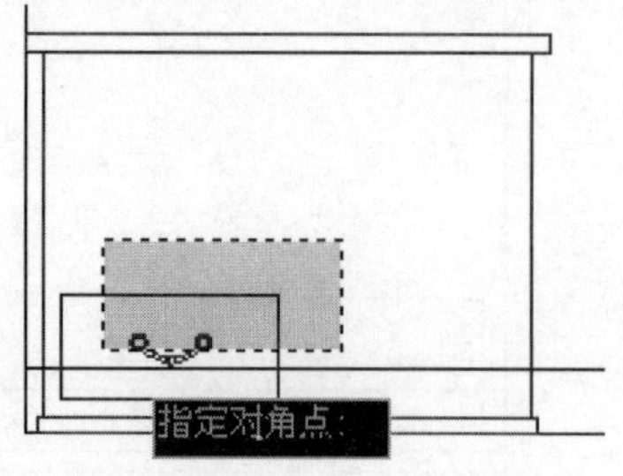

图 16-24　窗交选择

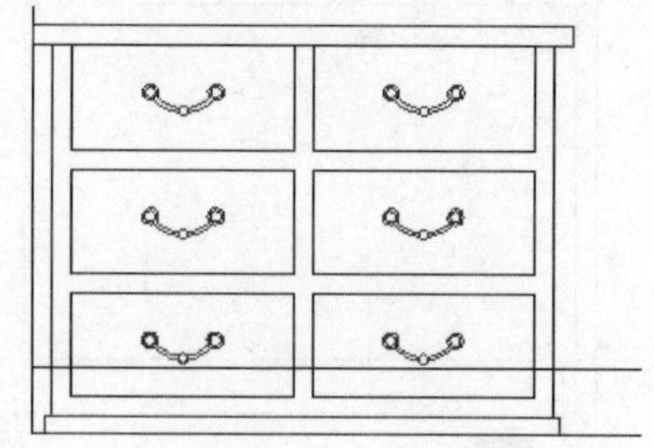

图 16-25　阵列结果

至此，主卧室梳妆台立面图绘制完毕。下一节将学习主卧室立面构件图的快速绘制过程和技巧。

16.3.4　绘制主卧室立面构件图

01 继续上节操作。单击“常用”选项卡→“绘图”面板→“插入块”按钮，在打开的“插入”对话框中单击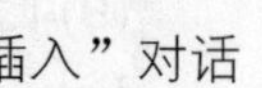按钮，然后选择随书光盘中的“\图块文件\立面床 01.dwg”。

02 返回“插入”对话框，以默认参数将立面床图块插入到立面图中，插入点为图 16-26 所示的端点；插

入结果如图 16-27 所示。

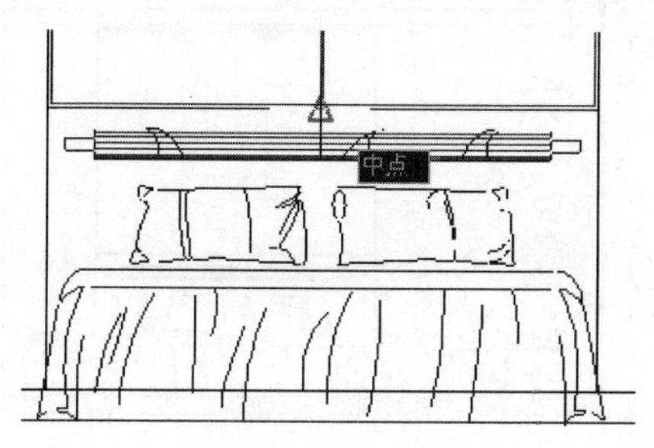

图 16-26　定位插入点

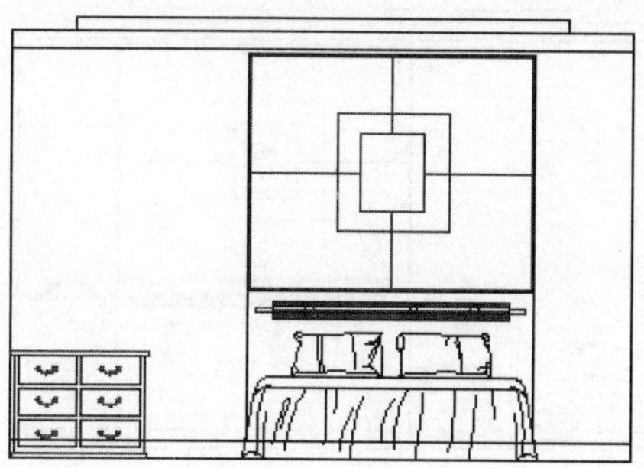

图 16-27　插入结果

03 单击“常用”选项卡→“绘图”面板→“插入块”按钮，采用默认参数插入随书光盘中的“\图块文件\床头柜与台灯 01.dwg”。

04 在命令行“指定插入点或 [基点(B)/比例(S)/旋转(R)]:”提示下，激活“捕捉自”功能。

05 在命令行“ _from 基点: ”提示下捕捉如图 16-28 所示的垂直轮廓线 A 的下端点。

06 继续在命令行“<偏移>:”提示下，输入（@900,0）后并按 Enter 键，插入结果如图 16-29 所示。

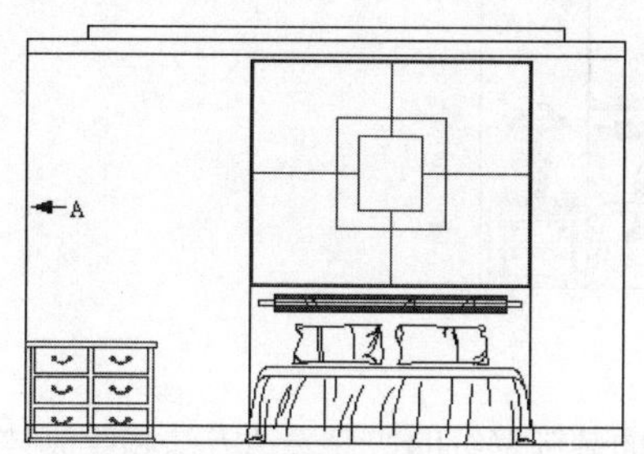

图 16-28　定位插入点

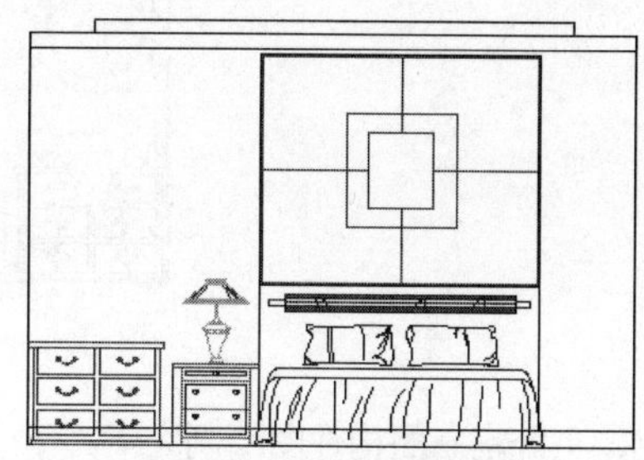

图 16-29　插入结果

07 单击“常用”选项卡→“修改”面板→“镜像”按钮，配合“中点捕捉”功能对刚插入的床头柜与台灯图块进行镜像，镜像结果如图 16-30 所示。

08 单击“常用”选项卡→“绘图”面板→“插入块”按钮，采用默认参数插入随书光盘中的“\图块文件\装饰画 01.dwg”。

09 在命令行“指定插入点或 [基点(B)/比例(S)/旋转(R)]:”提示下，引出如图 16-31 所示的两条中点追踪矢量；然后捕捉两条追踪矢量的交点作为插入点，插入结果如图 16-32 所示。

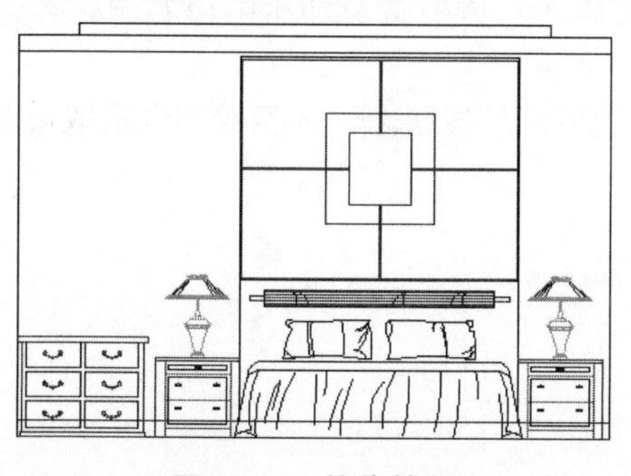

图 16-30　镜像结果

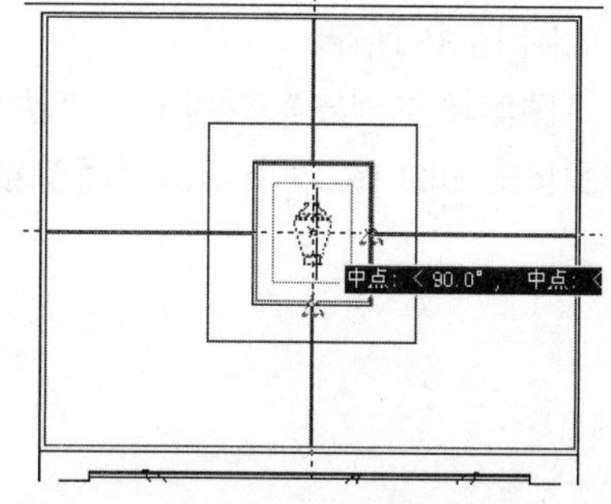

图 16-31　定位插入点

10 重复执行“插入块”命令，以默认参数分别插入随书光盘中的“\图块文件\”目录下的“梳妆

椅.dwg、梳妆镜.dwg、壁灯 01.dwg 和花瓶 04.dwg”等图块，插入结果如图 16-33 所示。

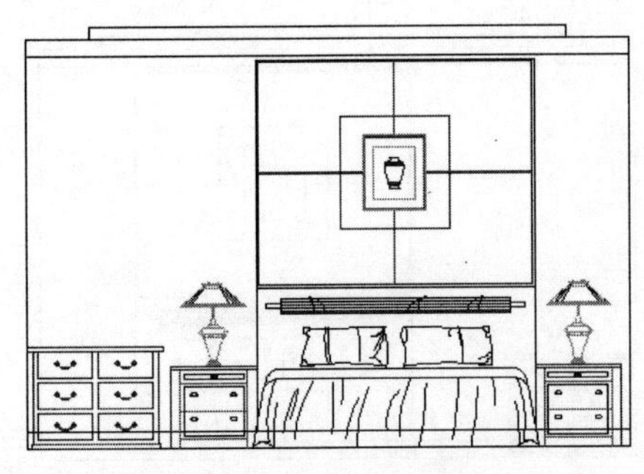
图 16-32　插入装饰画

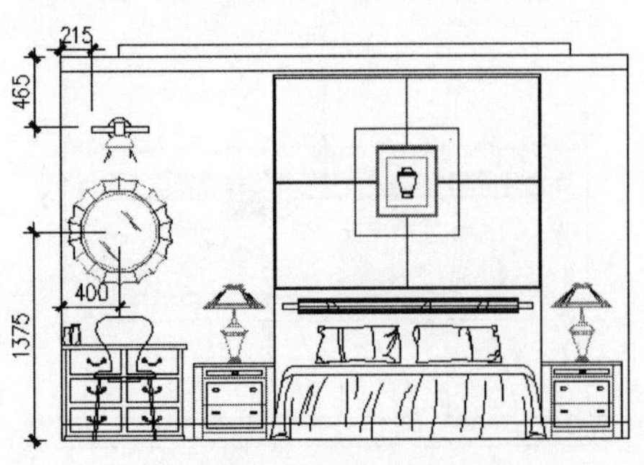

图 16-33　插入其他图块

11 接下来使用“分解”和“修剪”命令，对立面图构件轮廓线进行修整，删除被遮挡住的图线，结果如图 16-34 所示。

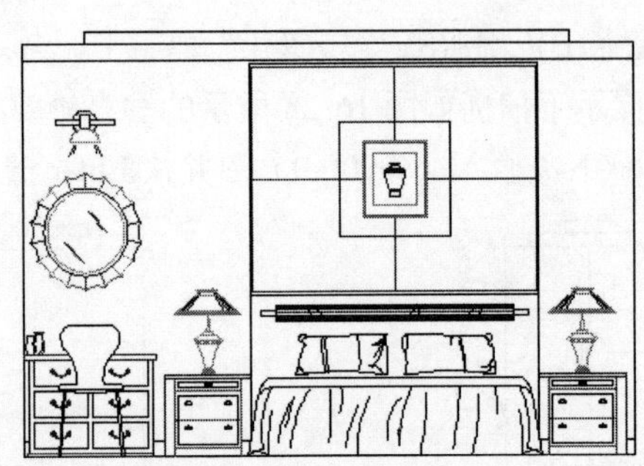
图 16-34　修整结果

至此，主卧室立面构件图绘制完毕。下一节将学习主卧室墙面装饰壁纸的快速表达方法和绘制技巧。

16.3.5　绘制主卧室墙面装饰壁纸

01 继续上节操作。在“常用”选项卡→“图层”面板中设置“填充层”为当前操作层。

02 单击“常用”选项卡→“绘图”面板→“图案填充”按扭，激活“图案填充”命令。然后在命令行“拾取内部点或 [选择对象(S)/设置(T)]:”提示下，激活“设置”选项，打开“图案填充和渐变色”对话框。

03 在“图案填充和渐变色”对话框中选择“预定义”图案，同时设置图案的填充角度及填充比例参数，如图 16-35 所示。

04 单击“图案填充创建”选项卡→“边界”面板→“拾取点”按钮，返回绘图区拾取填充区域，为立面图填充如图 16-36 所示的墙面壁纸图案。

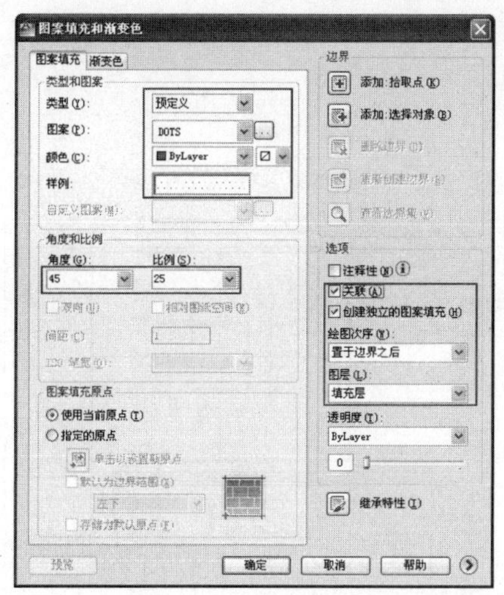
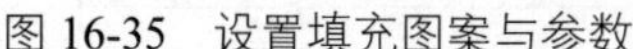

图 16-35　设置填充图案与参数

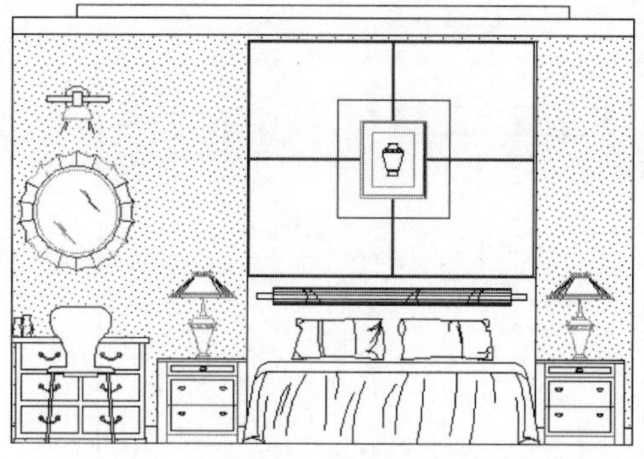

图 16-36　填充结果

05 单击"常用"选项卡→"绘图"面板→"图案填充"按钮，激活"图案填充"命令。然后在命令行"拾取内部点或 [选择对象(S)/设置(T)]:"提示下，激活"设置"选项，打开"图案填充和渐变色"对话框。

06 在"图案填充和渐变色"对话框中设置填充图案与填充参数，如图 16-37 所示；为立面图填充 15-38 所示的装饰图案。

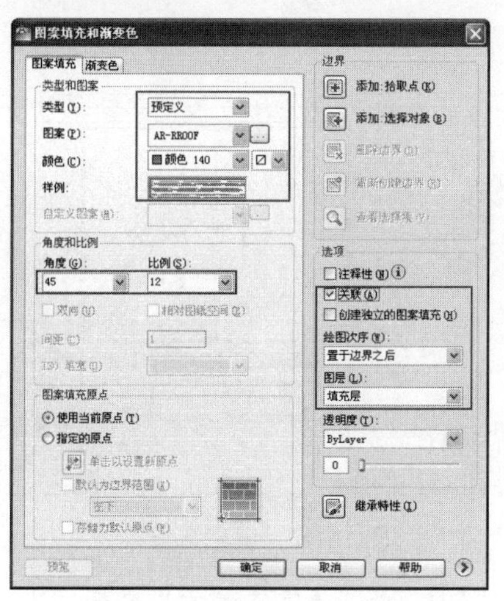

图 16-37　设置填充图案与参数

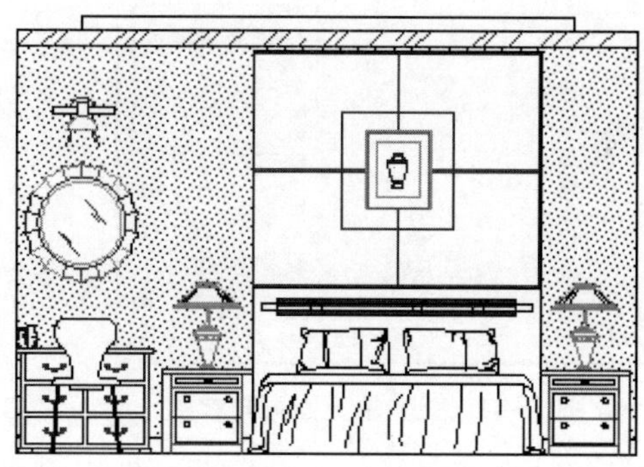

图 16-38　填充结果

07 单击"常用"选项卡→"绘图"面板→"图案填充"按钮，激活"图案填充"命令，设置填充图案与参数，如图 16-39 所示；为踢脚线填充如图 16-40 所示的图案。

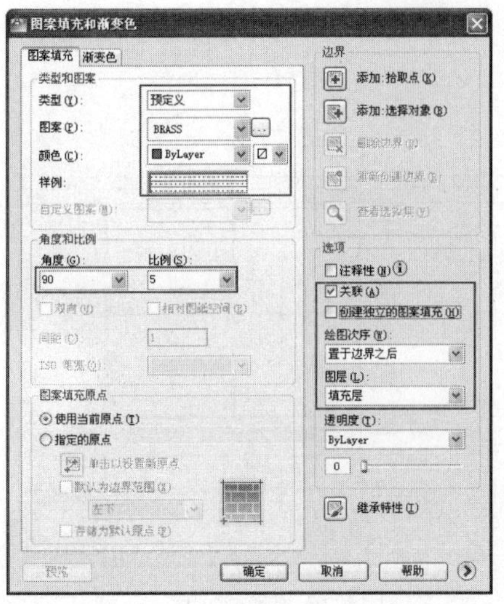

图 16-39　设置填充图案与参数

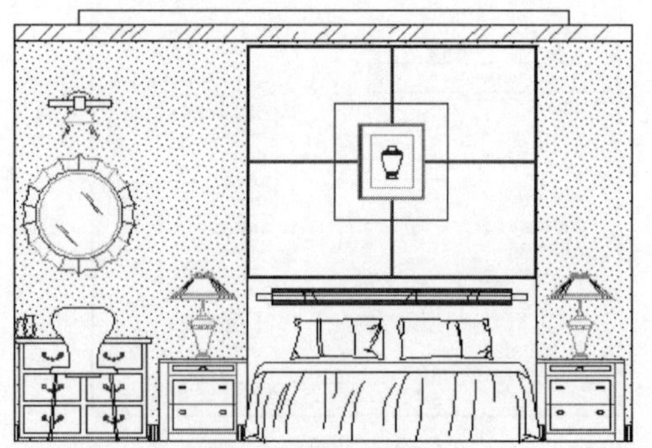

图 16-40　填充结果

08 单击“常用”选项卡→“绘图”面板→“图案填充”按钮，激活“图案填充”命令，设置填充图案与参数，如图 16-41 所示；为踢脚线填充如图 16-42 所示的图案。

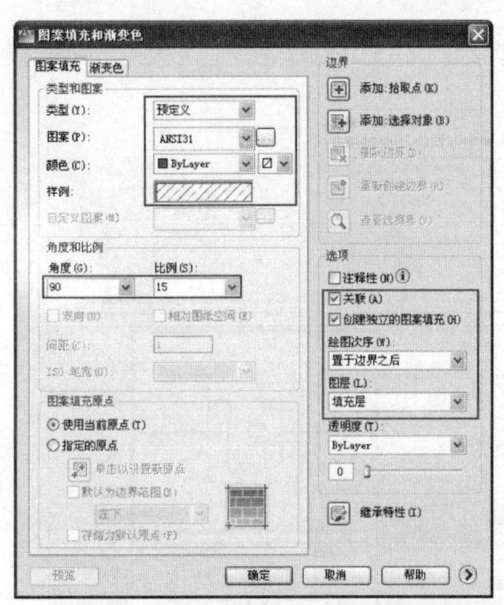

图 16-41　设置填充图案与参数

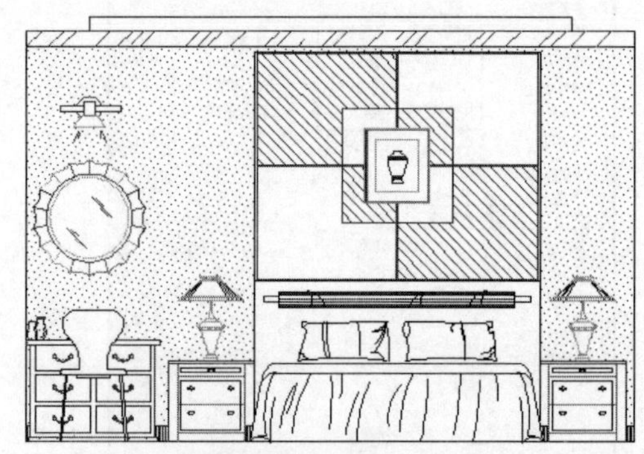

图 16-42　填充结果

09 单击“常用”选项卡→“绘图”面板→“图案填充”按钮，激活“图案填充”命令，设置填充图案与参数，如图 16-43 所示；为踢脚线填充如图 16-44 所示的图案。

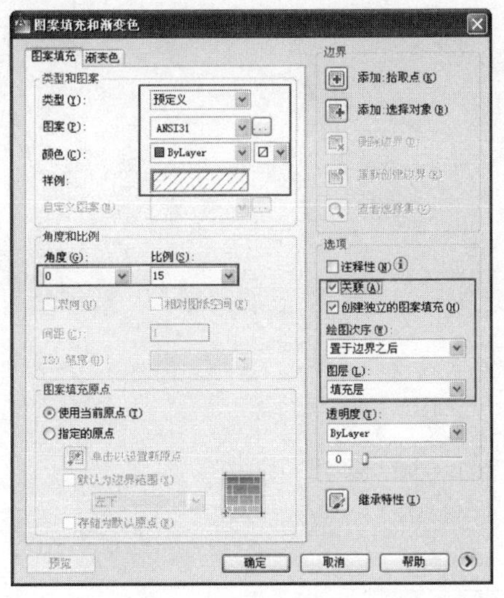

图 16-43　设置填充图案与参数

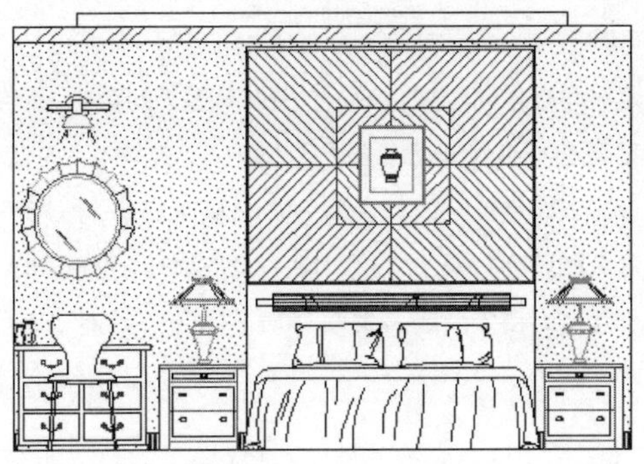

图 16-44　填充结果

至此，主卧室 B 向墙面装饰壁纸绘制完毕。下一节将学习主卧室 B 向立面辅助灯具的绘制过程和技巧。

16.3.6　绘制主卧室立面灯具图

01 继续上节操作。在“常用”选项卡→“图层”面板中设置“家具层”为当前操作层。

02 单击“常用”选项卡→“绘图”面板→“插入块”按钮，在打开的“插入”对话框中单击 浏览(B)... 按钮，然后选择随书光盘中的“\图块文件\筒灯 02.dwg”。

03 返回“插入”对话框，以默认参数将图块插入到立面图中，在命令行“指定插入点或 [基点(B)/比例(S)/旋转(R)]:”提示下，激活“捕捉自”功能。

04 在命令行“ _from 基点: ”提示下捕捉如图 16-45 所示的端点。

05 继续在命令行“<偏移>:”提示下，输入（@385,0）并按 Enter 键，插入结果如图 16-46 所示。

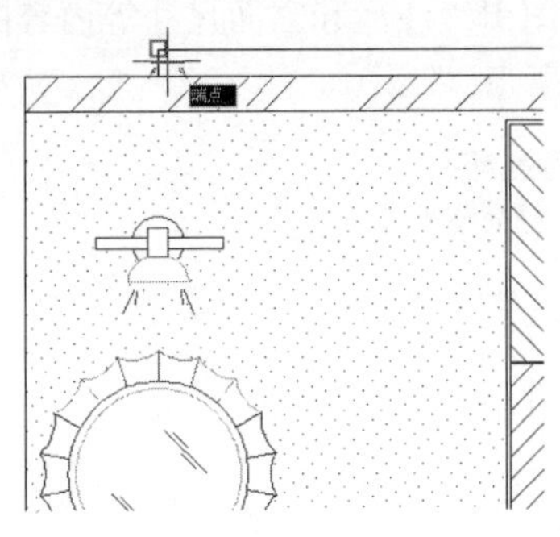

图 16-45　捕捉端点

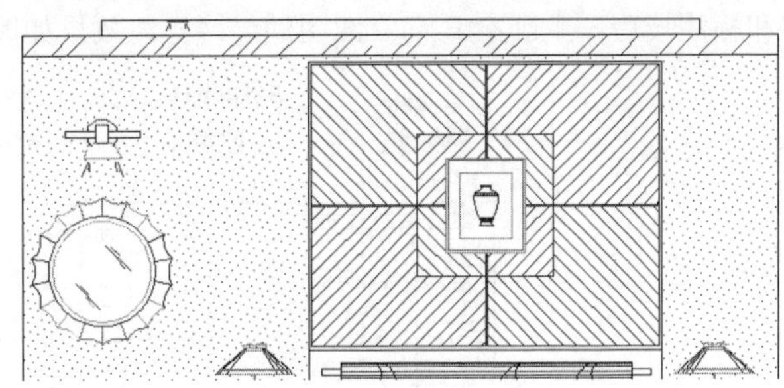

图 16-46　插入筒灯

06 单击“常用”选项卡→“修改”面板→“矩形阵列”按钮，将刚插入的灯具图块进行矩形阵列。命令行操作如下：

```
命令: _arrayrect
选择对象:         //选择刚插入的灯具图层
```

```
选择对象:        // Enter
类型 = 矩形  关联 = 是
为项目数指定对角点或 [基点(B)/角度(A)/计数(C)] <计数>: // Enter
输入行数或 [表达式(E)] <4>:  //1 Enter
输入列数或 [表达式(E)] <4>:   //4 Enter
指定对角点以间隔项目或 [间距(S)] <间距>: // Enter
指定列之间的距离或 [表达式(E)] <600>:   //760 Enter
按 Enter 键接受或 [关联(AS)/基点(B)/行(R)/列(C)/层(L)/退出(X)] <退出>:  //AS Enter
创建关联阵列 [是(Y)/否(N)] <是>:    //N Enter
按 Enter 键接受或 [关联(AS)/基点(B)/行(R)/列(C)/层(L)/退出(X)] <退出>:
                                    // Enter，阵列结果如图 16-47 所示
```

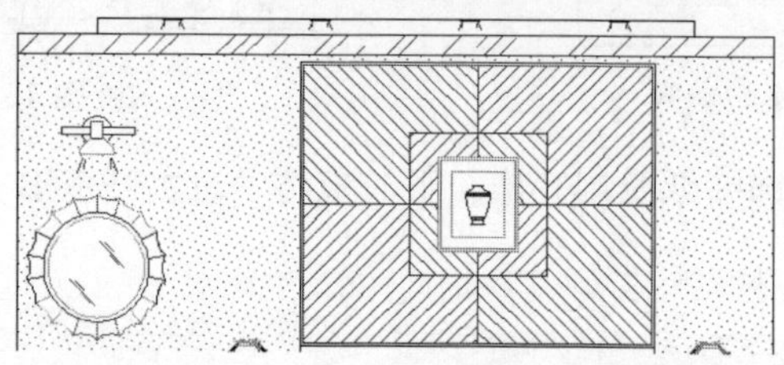

图 16-47　阵列结果

07 调整视图，将图形全部显示，最终效果如图 16-1 所示。

08 最后执行“保存“命令，将图形命名存储为“绘制主卧室 B 向立面图.dwg”。

16.4 标注主卧室 B 向装修立面图

本例在综合所学知识的前提下，主要学习主卧室 B 向装修立面图引线注释和立面尺寸等内容的具体标注过程和标注技巧。主卧室 B 向立面图的最终标注效果如图 16-48 所示。

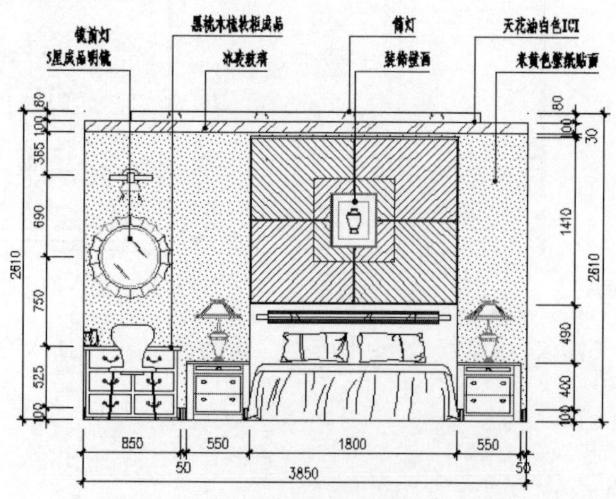

图 16-48　实例效果

16.4.1　主卧室 B 向立面图标注思路

在标注主卧室 B 向立面图时，具体可以参照如下思路：

- 首先调用立面图文件并设置当前图层与标注样式。
- 使用“线性”、“连续”命令标注立面图细部尺寸和总尺寸。
- 使用“快速夹点”功能调整完善尺寸标注文字。
- 使用“标注样式”命令设置引线注释样式。
- 最后使用“快速引线”命令快速标注立面图引线注释。

16.4.2　标注主卧室 B 向立面尺寸

01 打开上例存储的“绘制主卧室 B 向立面图.dwg”，或者直接从随书光盘中的“\实例效果文件\第 16 章\”目录下调用此文件。

02 在“常用”选项卡→“图层”面板中设置“尺寸层”为当前操作层。

03 使用快捷键“D”激活“标注样式”命令，将“建筑标注”设为当前样式，同时修改标注比例为 28。

04 单击“常用”选项卡→“注释”面板→“线性”按钮，配合 “端点捕捉”功能标注如图 16-49 所示的线性尺寸。

05 单击“注释”选项卡→“标注”面板→“连续”按钮，以刚标注的线性尺寸作为基准尺寸，标注如图 16-50 所示的细部尺寸。

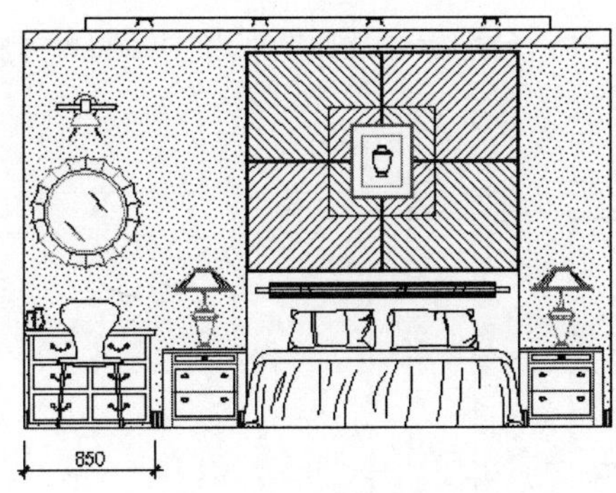

图 16-49　标注线性尺寸

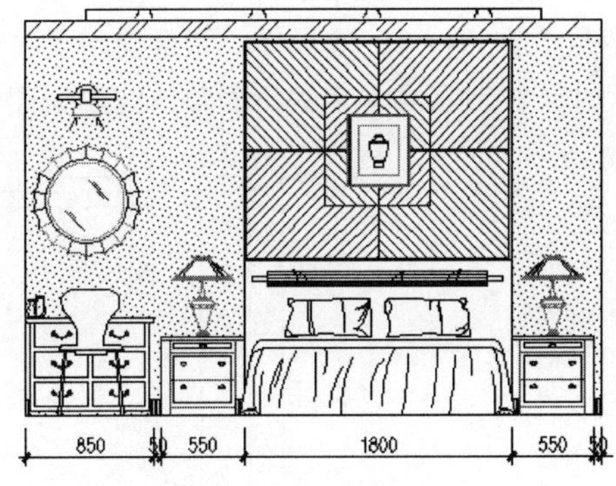

图 16-50　标注连续尺寸

06 在无任何命令执行的前提下，单击如图 16-51 所示的细部尺寸，使其呈现夹点显示状态。

07 将光标放在尺寸文字夹点上，然后从弹出的快捷菜单中选择“仅移动文字”选项。

08 接下来在命令行“** 仅移动文字 **指定目标点:”提示下，指定文字的位置，结果如图 16-52 所示。

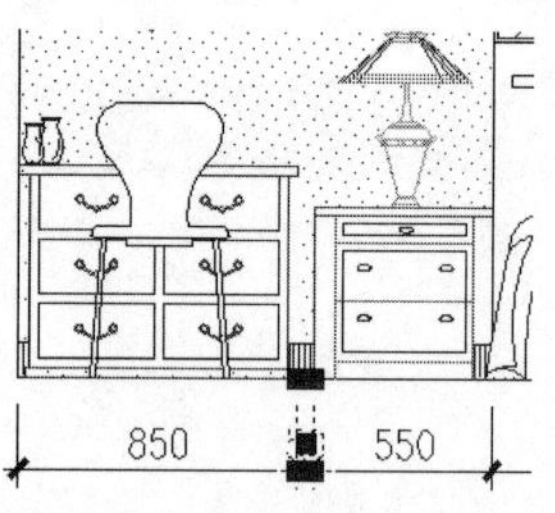

图 16-51 夹点显示尺寸

图 16-52 夹点编辑后的效果

09 参照步骤 06～08 的操作，分别对其他位置的尺寸文字进行调整，结果如图 16-53 所示。

10 单击“常用”选项卡→“注释”面板→“线性”按钮，配合 “端点捕捉”功能标注立面图下侧的总尺寸，结果如图 16-54 所示。

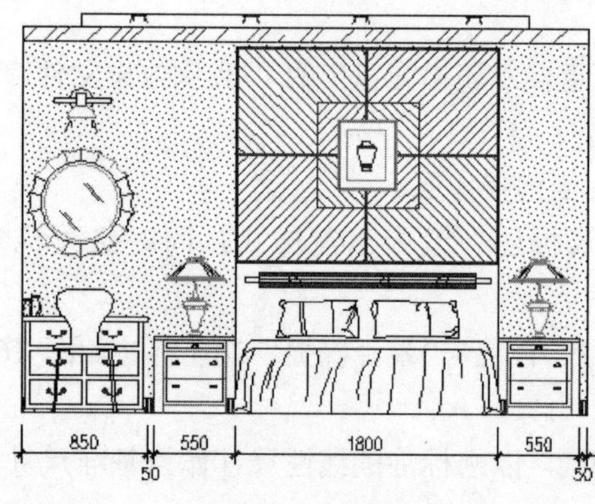

图 16-53 调整结果

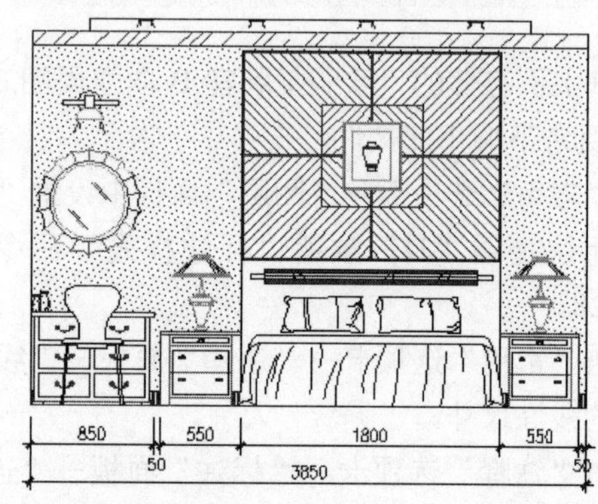

图 16-54 标注总尺寸

11 参照步骤 04～10 的操作，综合使用“线性”、“连续”等命令，分别标注立面图两侧的细部尺寸和总尺寸，并对尺寸文字进行调整，结果如图 16-55 所示。

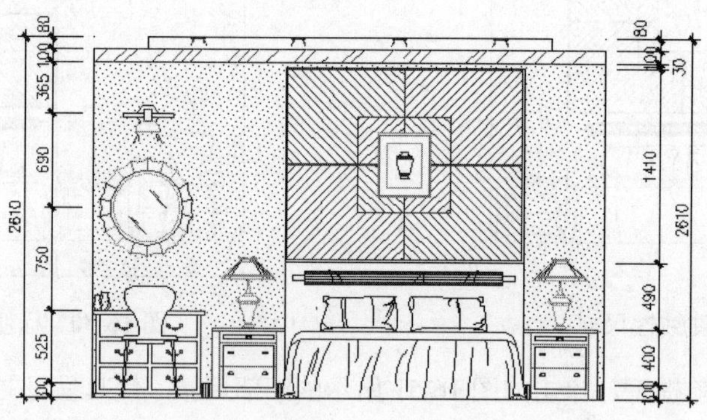

图 16-55 标注两侧尺寸

至此，主卧室 B 向立面图的尺寸标注完毕。下一节将学习立面引线注释样式的设置过程。

16.4.3 设置 B 向立面图引线注释样式

01 继续上节操作。在“常用”选项卡→“图层”面板中设置“文本层”为当前操作层。

02 使用快捷键“D”激活“标注样式”命令，打开“标注样式管理器”对话框。

03 在“标注样式管理器”对话框中单击[替代(O)...]按钮，然后在“替代当前样式：建筑标注”对话框中展开“符号和箭头”选项卡，设置引线的箭头及大小，如图 16-56 所示。

04 在“替代当前样式：建筑标注”对话框中展开“文字”选项卡，设置文字样式，如图 16-57 所示。

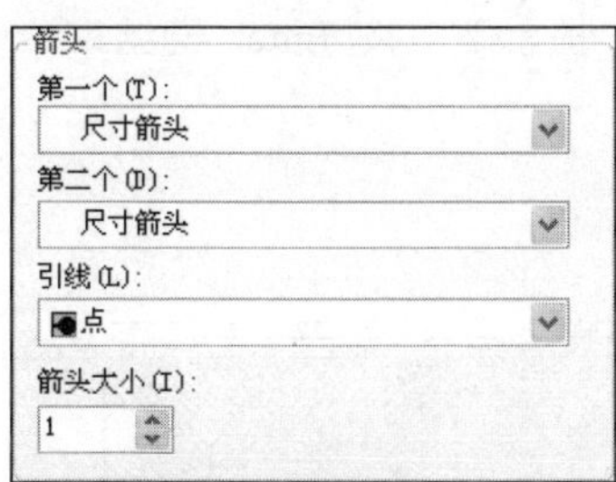

图 16-56　设置箭头及大小

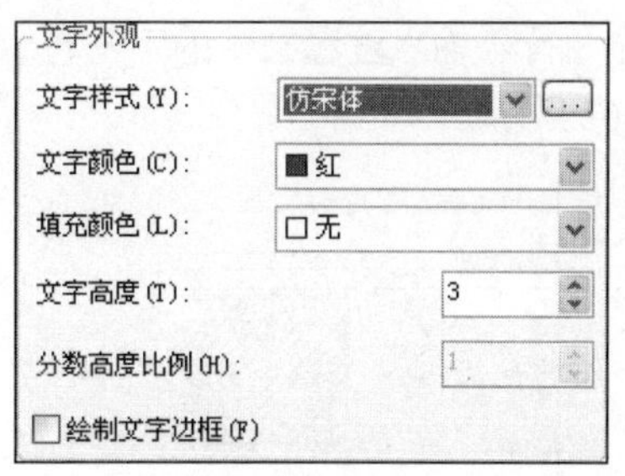

图 16-57　设置文字样式

05 在“替代当前样式：建筑标注”对话框中展开“调整”选项卡，设置标注全局比例，如图 16-58 所示。

图 16-58　设置比例

06 在“替代当前样式：建筑标注”对话框中单击[确定]按钮，返回“标注样式管理器”对话框。

07 在“标注样式管理器”对话框中单击[关闭]按钮，结束命令。

至此，立面图引线注释样式设置完毕。下一节将详细学习立面图引线注释的具体标注过程和标注技巧。

16.4.4　标注主卧室 B 向装修材质

01 继续上节操作。使用快捷键“LE”激活“快速引线”命令，在命令行“指定第一个引线点或 [设置(S)] <设置>：”提示下激活“设置”选项，打开“引线设置”对话框。

02 在“引线设置”对话框中展开“引线和箭头”选项卡，然后设置参数，如图 16-59 所示。

03 在“引线设置”对话框中展开“附着”选项卡，设置引线注释的附着位置，如图 16-60 所示。

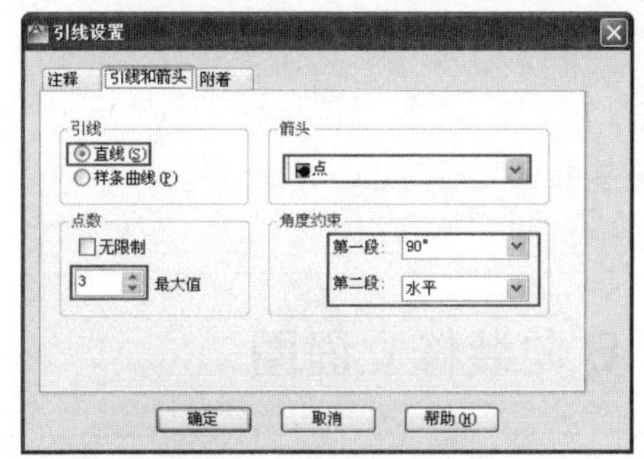

图 16-59　“引线和箭头”选项卡

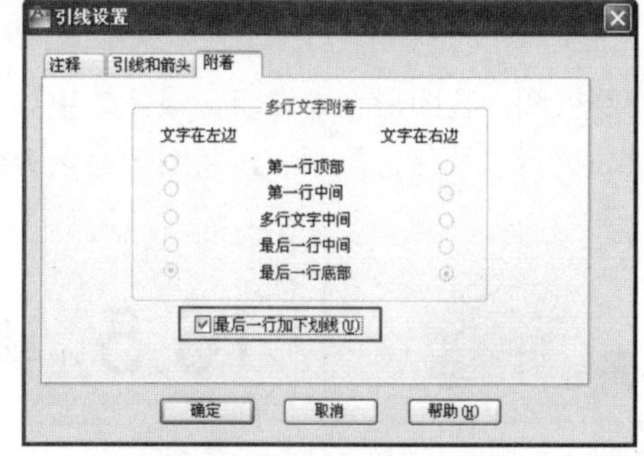

图 16-60　“附着”选项卡

04 单击“引线设置”对话框中的[确定]按钮，返回绘图区，根据命令行的提示指定 3 个引线点绘制引线，如图 16-61 所示。

05 在命令行“指定文字宽度 <0>:”提示下按 Enter 键。

06 在命令行“输入注释文字的第一行 <多行文字(M)>:”提示下，输入“镜前灯”并按 Enter 键。

07 在命令行“输入注释文字的下一行: ”提示下，输入“5 厘成品明镜”并按 Enter 键。

08 继续在命令行“输入注释文字的下一行 <多行文字(M)>:”提示下，按 Enter 键结束命令，标注结果如图 16-62 所示。

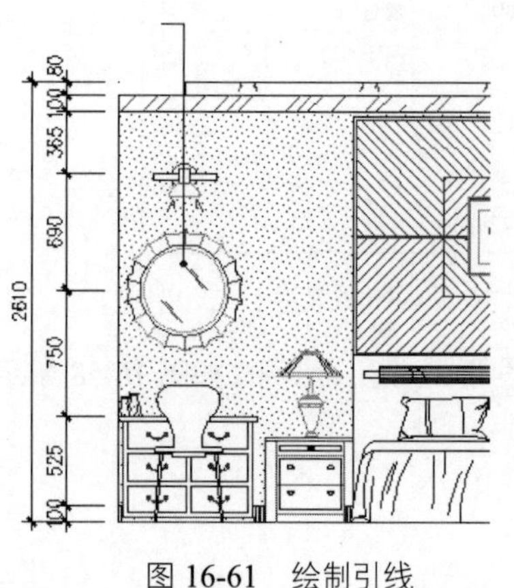

图 16-61 绘制引线

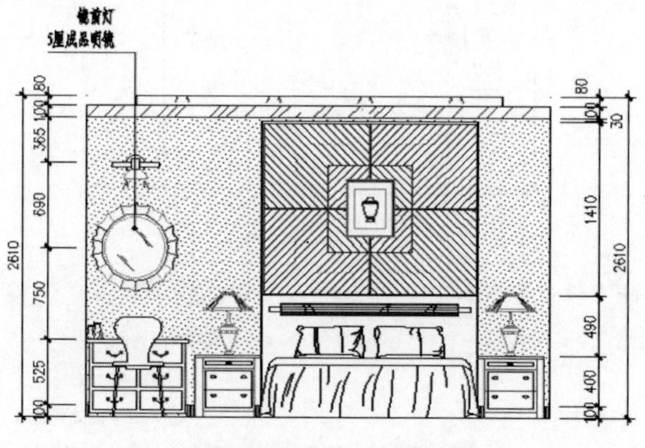

图 16-62 输入引线注释

09 重复执行“快速引线”命令，按照当前的引线参数设置，分别标注其他位置的引线注释，标注结果如图 16-63 所示。

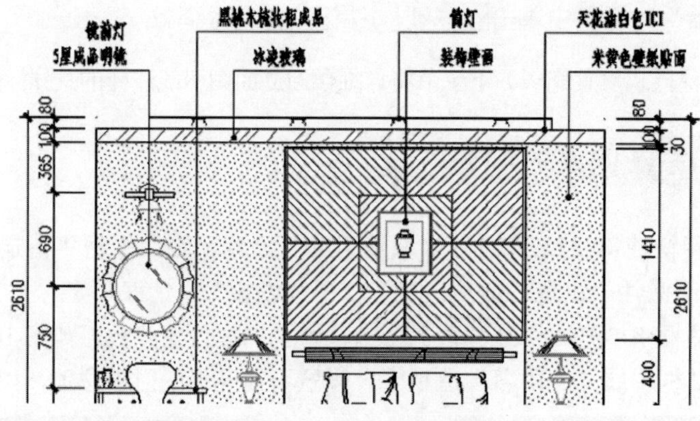

图 16-63 标注其他注释

10 调整视图，将图形全部显示，最终效果如上图 16-48 所示。

11 最后执行“另存为”命令，将图形命名存储为“标注主卧室 B 向立面图.dwg”。

16.5 绘制次卧室 B 向装修立面图

本例在综合所学知识的前提下，主要学习次卧室 B 向装修立面图的具体绘制过程和绘制技巧。次卧室 B 向立面图的最终绘制效果如图 16-64 所示。

图 16-64　实例效果

16.5.1　次卧室 B 向立面绘图思路

在绘制次卧室 B 向立面图时，具体可以参照如下思路：

- 首先使用“新建”命令调用室内绘图样板文件。
- 使用“矩形”、“分解”、“偏移”、“圆角”、“修剪”等命令绘制次卧室 B 向墙面轮廓线。
- 使用“偏移”、“圆角”、“修剪”、“特性”和“复制”命令绘制次卧室衣柜内立面图。
- 使用“插入块”、“复制”等命令，并配合“捕捉自”和“对象捕捉”功能绘制立面矮柜、立面电视、梳妆台、梳妆镜及饰品和饰画等构件。
- 最后综合使用“图案填充”、“线型”、“特性”等命令绘制次卧室 B 向立面图装饰壁纸。

16.5.2　绘制次卧室 B 向轮廓图

01 单击“快速访问工具栏”中的按钮，选择随书光盘中的“\绘图样板文件\室内绘图样板.dwt”，新建空白文件。

02 在“常用”选项卡→“图层”面板中设置“轮廓线”为当前操作层。

03 单击“常用”选项卡→“绘图”面板→“矩形”按钮，绘制长度为 3850、宽度为 2600 的矩形作为墙面外轮廓线。

04 单击“常用”选项卡→“修改”面板→“分解”按钮，将矩形分解为 4 条独立的线段。

05 单击“常用”选项卡→“修改”面板→“偏移”按钮，将上侧的矩形水平边向下偏移 140 和 170 个绘图单位，将下侧的矩形水平边向上偏移 100 和 2400 个绘图单位，结果如图 16-65 所示。

06 单击“常用”选项卡→“修改”面板→“偏移”按钮，将左侧的矩形垂直边向右偏移 1600 个绘图单位；将右侧的矩形垂直边向左偏移 750 和 1500 个绘图单位，结果如图 16-66 所示。

图 16-65　偏移水平边

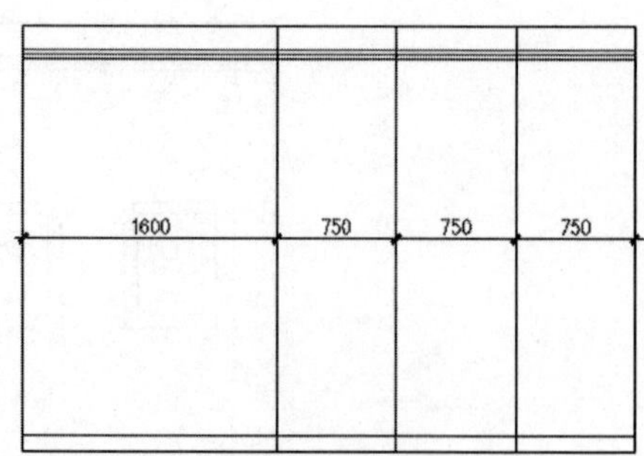

图 16-66　偏移垂直边

07 单击“常用”选项卡→“修改”面板→“修剪”按钮，对内部的垂直轮廓线和水平轮廓线进行修剪，结果如图 16-67 所示。

08 单击“常用”选项卡→“修改”面板→“偏移”按钮，将图 16-67 所示的水平轮廓线 1 向下偏移 20、740 和 800 个绘图单位，将垂直轮廓线 2 和 3 分别向内侧偏移 23 个绘图单位；并修改偏移图线的颜色为 232 号色，结果如图 16-68 所示。

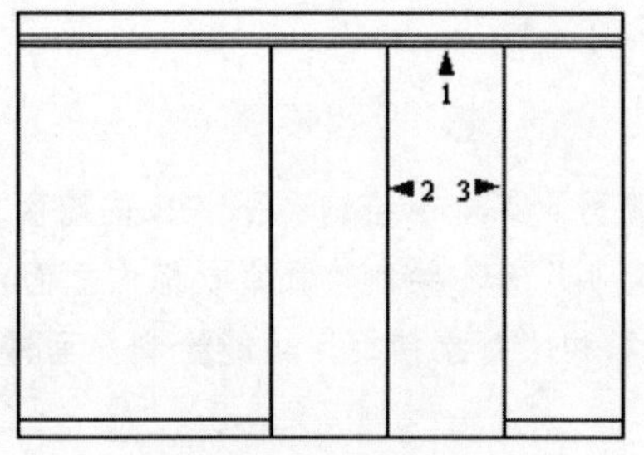

图 16-67　修剪结果

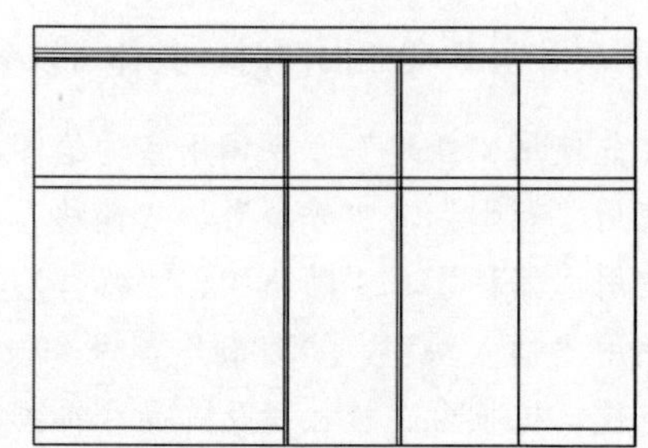

图 16-68　偏移结果

09 单击“常用”选项卡→“修改”面板→“圆角”按钮，将圆角半径设置为 0，对偏移出的图线进行圆角编辑，圆角结果如图 16-69 所示。

10 单击“常用”选项卡→“修改”面板→“修剪”按钮，对偏移出的垂直轮廓线和水平轮廓线进行修剪，结果如图 16-70 所示。

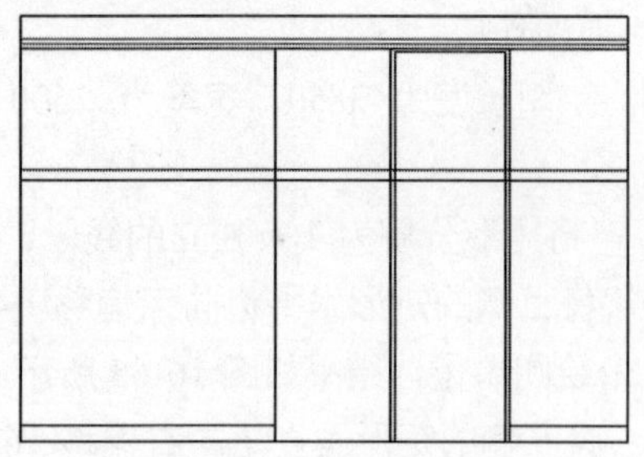

图 16-69　圆角结果

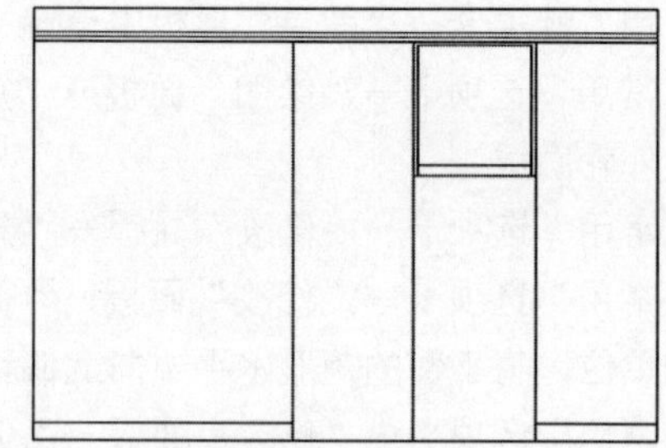

图 16-70　修剪结果

至此，次卧室 B 向立面轮廓图绘制完毕。下一节将学习次卧室衣柜内立面图的绘制过程和表达技巧。

16.5.3　绘制次卧室衣柜立面图

01 继续上节操作。在"常用"选项卡→"图层"面板中设置"家具层"为当前操作层。

02 单击"常用"选项卡→"修改"面板→"偏移"按钮，将图 16-71 所示的水平轮廓线 1 向下偏移 20 个绘图单位；将垂直轮廓线 2 和 3 分别向内侧偏移 15 个绘图单位，结果如图 16-72 所示。

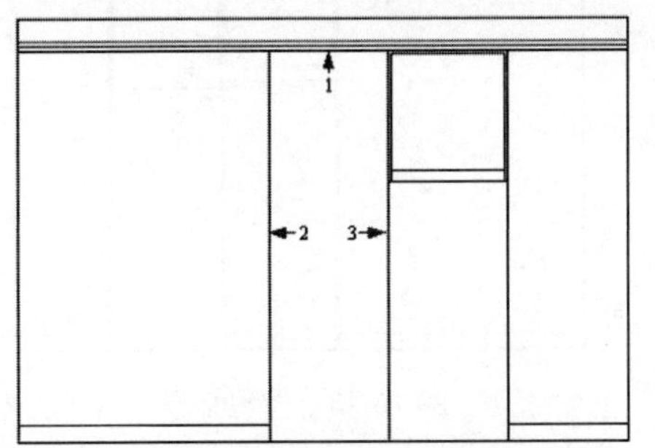

图 16-71　指定偏移对象

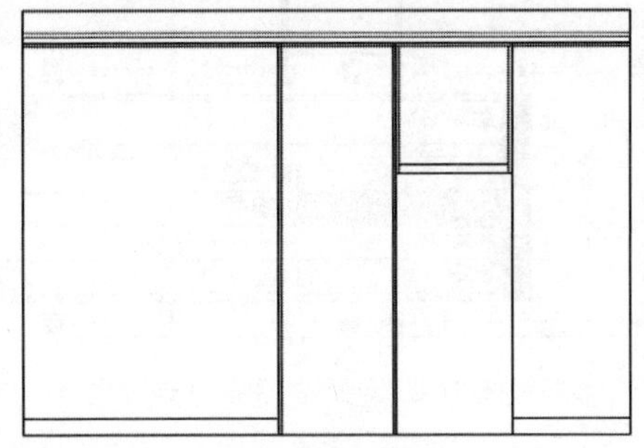

图 16-72　偏移结果

03 在无命令执行的前提下，单击刚偏移的 3 条图线，使其呈现夹点显示状态。

04 按下 Ctrl+Shift+P 组合键，打开"快捷特性"面板，修改夹点图线的颜色及图层特性，如图 16-73 所示。

05 单击"常用"选项卡→"修改"面板→"圆角"按钮，将圆角半径设置为 0，对偏移出的图线进行圆角编辑，圆角结果如图 16-74 所示。

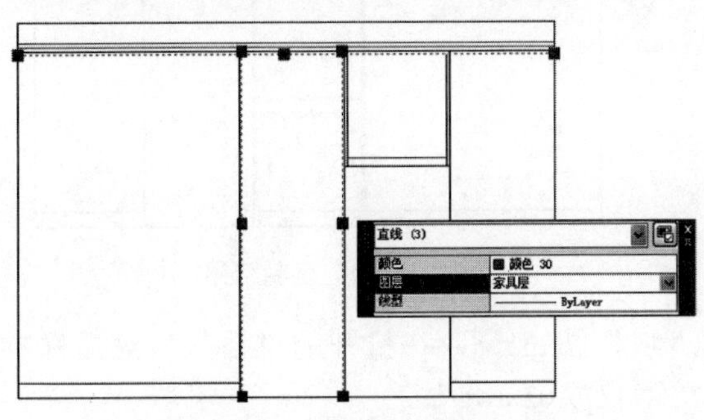

图 16-73　修改颜色及图层特性

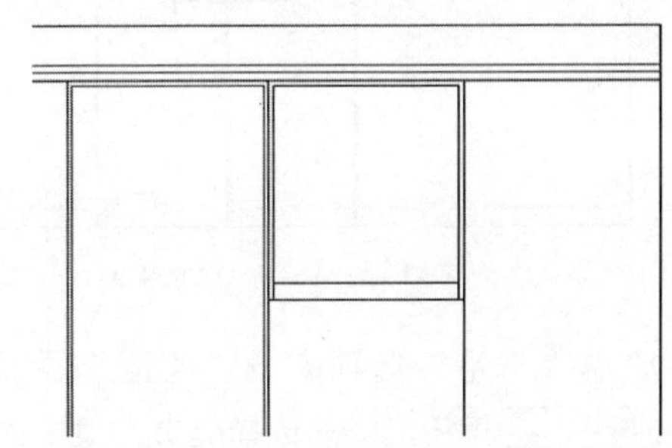

图 16-74　圆角结果

06 单击"常用"选项卡→"修改"面板→"偏移"按钮，将图 16-75 所示的水平轮廓线 1 向下偏移 580 和 600 个绘图单位；将水平轮廓线 2 向上偏移 100、1670 和 1700 个绘图单位，结果如图 16-76 所示。

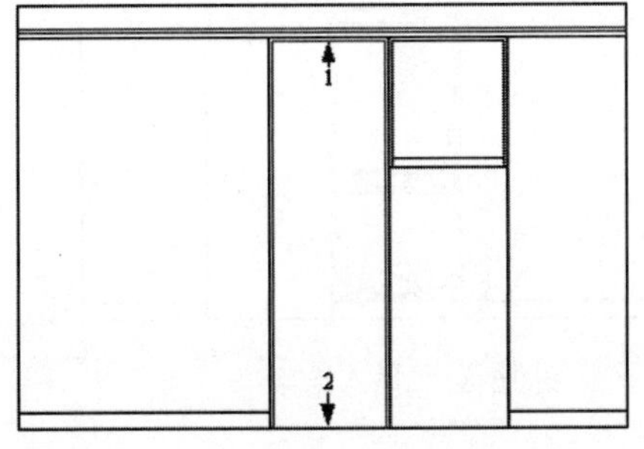

图 16-75　指定偏移对象

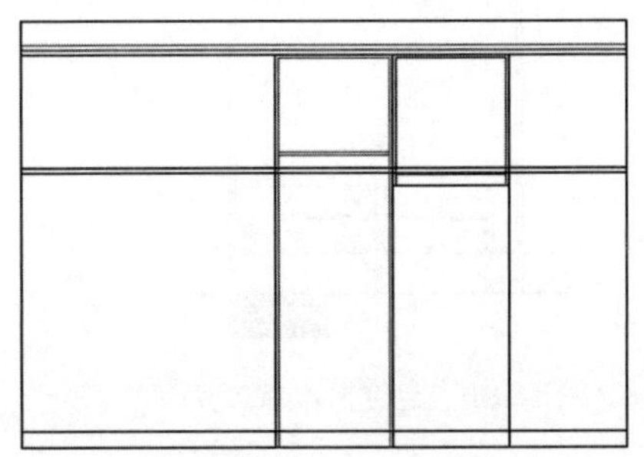

图 16-76　偏移结果

07 在无任何命令执行的前提下，夹点显示下侧偏移出的 3 条水平图线，然后在"快捷特性"面板中修改其颜色和图层特性，如图 16-77 所示。

08 单击"常用"选项卡→"修改"面板→"修剪"按钮，对内部的垂直轮廓线和水平轮廓线进行修剪，结果如图 16-78 所示。

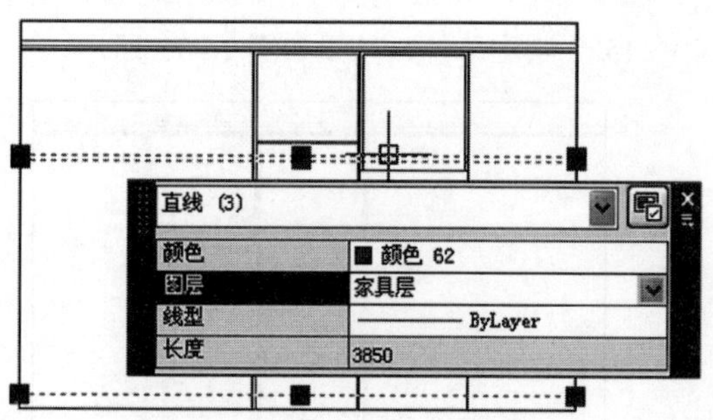

图 16-77 修改图线内部特性

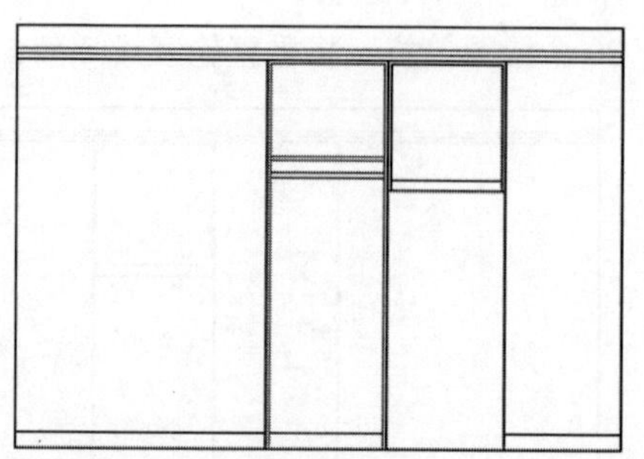

图 16-78 修剪结果

09 单击"常用"选项卡→"修改"面板→"复制"按钮，窗交选择如图 16-79 所示的隔板轮廓线；垂直向下复制 950 个单位，结果如图 16-80 所示。

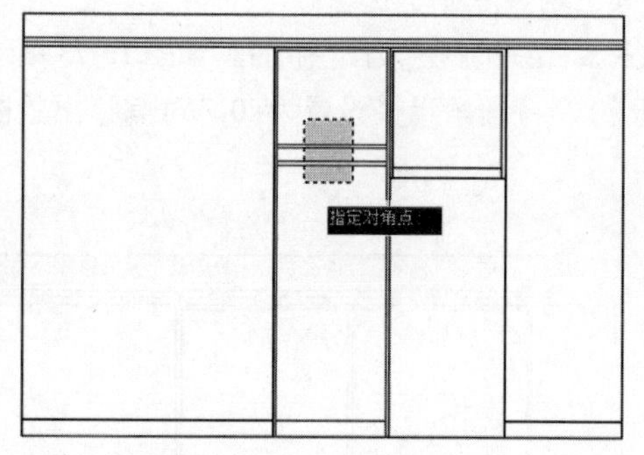

图 16-79 窗交选择

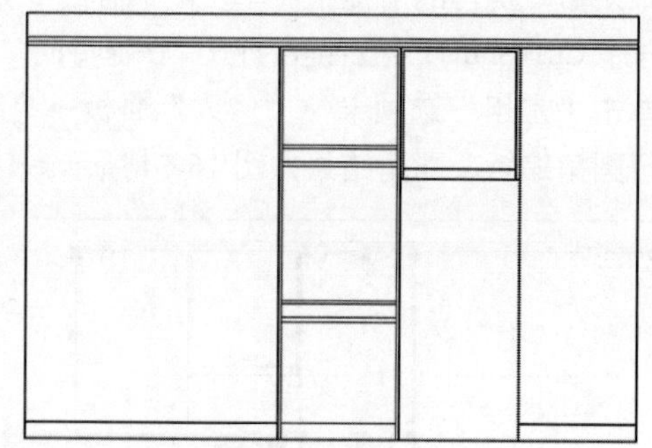

图 16-80 复制结果

10 单击"常用"选项卡→"绘图"面板→"插入块"按钮，在打开的"插入"对话框中单击 浏览(B)... 按钮，然后选择随书光盘中的"\图块文件\棉被 02.dwg"。

11 返回"插入"对话框，以默认参数将棉被插入到立面图中，插入点为图 16-81 所示的中点；插入结果如图 16-82 所示。

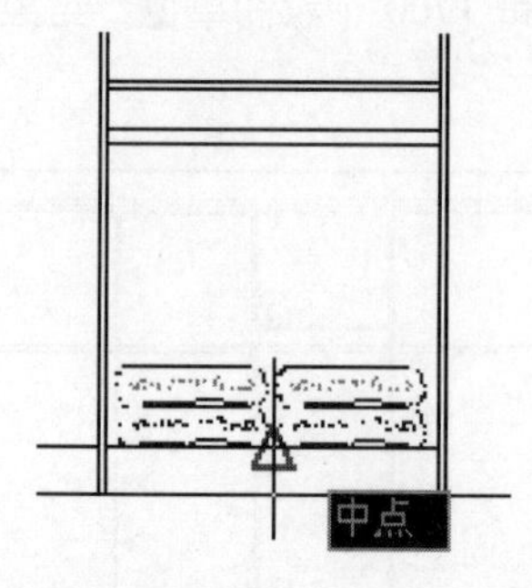

图 16-81 定位插入点

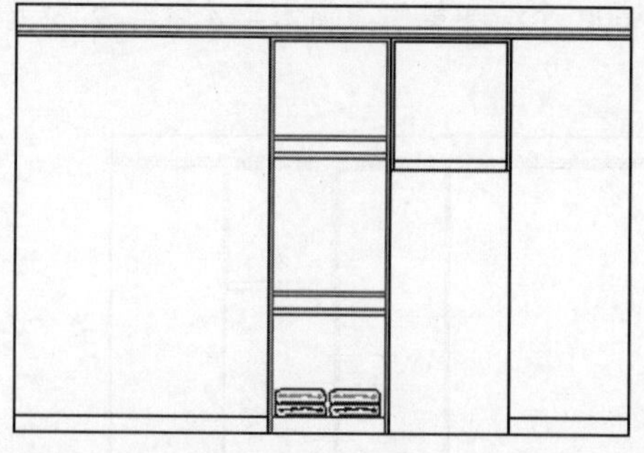

图 16-82 插入结果

12 重复执行“插入块”命令，以默认参数插入随书光盘中的“\图块文件\衣服 01.dwg”，插入结果如图 16-83 所示。

13 重复执行“插入块”命令，配合“中点捕捉”功能，以默认参数分别插入随书光盘中的“\图块文件\”目录下的“棉被 02.dwg 和衣服 02.dwg”，结果如图 16-84 所示。

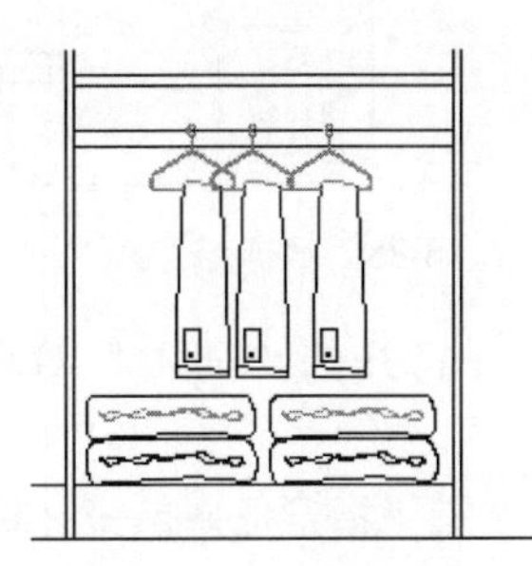

图 16-83 插入结果

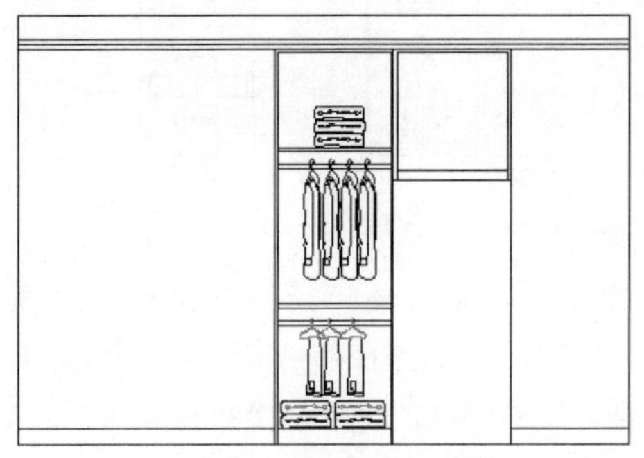

图 16-84 插入其他衣物

至此，次卧室衣柜内立面图绘制完毕。下一节将学习次卧室立面构件图的具体绘制过程和技巧。

16.5.4 绘制次卧室立面构件图

01 继续上节操作。单击“常用”选项卡→“绘图”面板→“插入块”按钮，在打开的“插入”对话框中单击 浏览(B)... 按钮，然后选择随书光盘中的“\图块文件\梳妆台与梳妆椅.dwg”。

02 返回“插入”对话框，以默认参数将梳妆台与梳妆椅图块插入到立面图中，插入点为图 16-85 所示的端点 A，插入结果如图 16-86 所示。

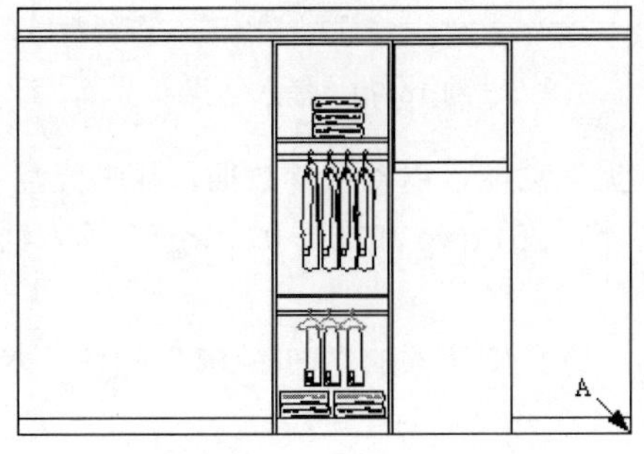

图 16-85 定位插入点

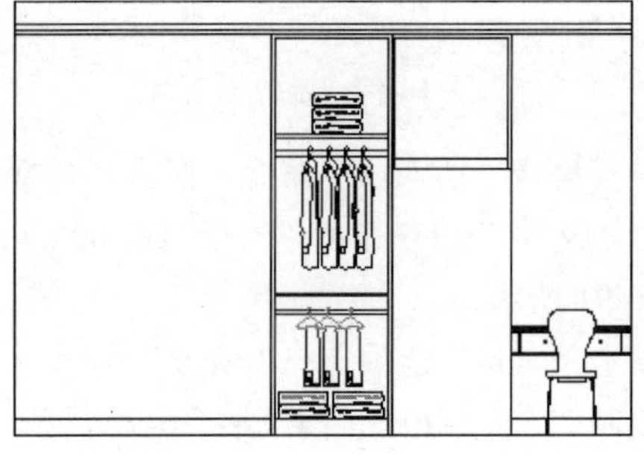

图 16-86 插入结果

03 单击“常用”选项卡→“绘图”面板→“插入块”按钮，在打开的“插入”对话框中单击 浏览(B)... 按钮，然后选择随书光盘中的“\图块文件\梳妆镜与镜前灯.dwg”。

04 返回“插入”对话框，以默认参数将图块插入到立面图中，在命令行“指定插入点或 [基点(B)/比例(S)/旋转(R)]:”提示下，激活“捕捉自”功能。

05 在命令行“_from 基点:”提示下，捕捉图 16-87 所示的端点 B。

06 继续在命令行“<偏移>:”提示下输入（@-375,-600）并按 Enter 键，插入结果如图 16-88 所示。

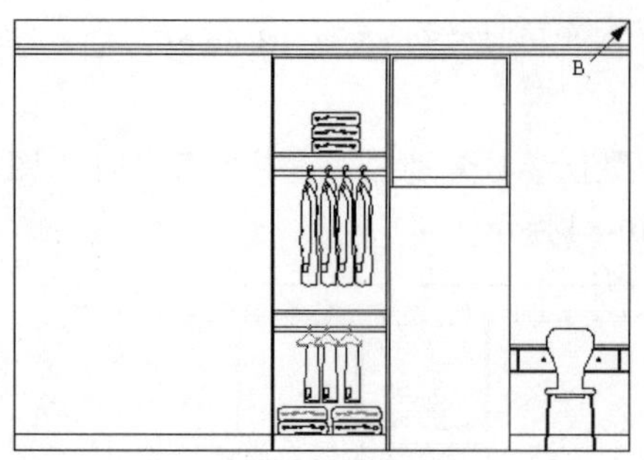

图 16-87 定位插入点

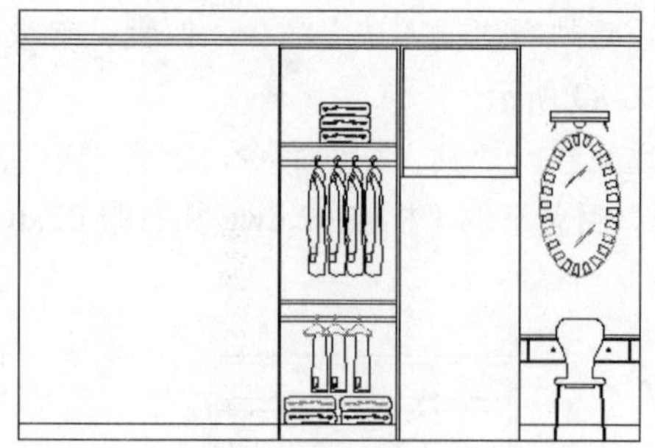

图 16-88 插入结果

07 单击“常用”选项卡→“绘图”面板→“插入块”按钮，在打开的“插入”对话框中单击浏览(B)...按钮，然后选择随书光盘中的“\图块文件\矮柜.dwg”。

08 返回“插入”对话框，以默认参数将图块插入到立面图中，在命令行“指定插入点或 [基点(B)/比例(S)/旋转(R)] :”提示下，激活“两点之间的中点”功能。

09 在“_m2p 中点的第一点: ”提示下，捕捉如图 16-89 所示的端点 1。

10 继续在“中点的第二点:”提示下，捕捉如图 16-89 所示的端点 2；插入结果如图 16-90 所示。

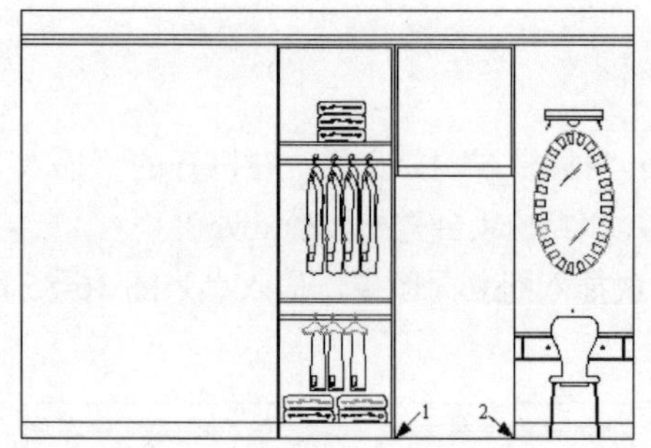

图 16-89 定位插入点

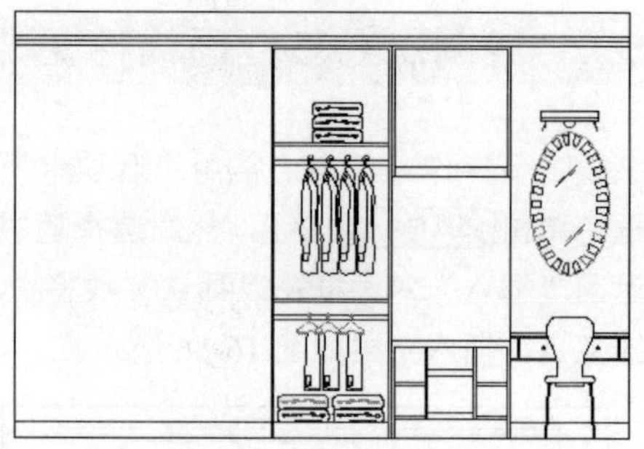

图 16-90 插入结果

11 重复执行“插入块”命令，配合“捕捉自”和“端点捕捉”功能，以默认参数插入随书光盘中的“\图块文件\”目录下的“立面电视 02.dwg、饰品 01.dwg、饰画 01.dwg 和饰画 02.dwg”，插入结果如图 16-91 所示。

12 单击“常用”选项卡→“修改”面板→“复制”按钮，选择刚插入的“饰品 01”图块，水平向右复制 275 个单位，结果如图 16-92 所示。

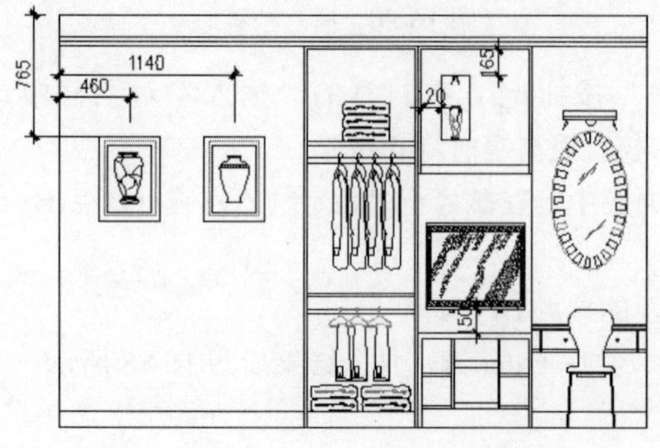

图 16-91 插入结果

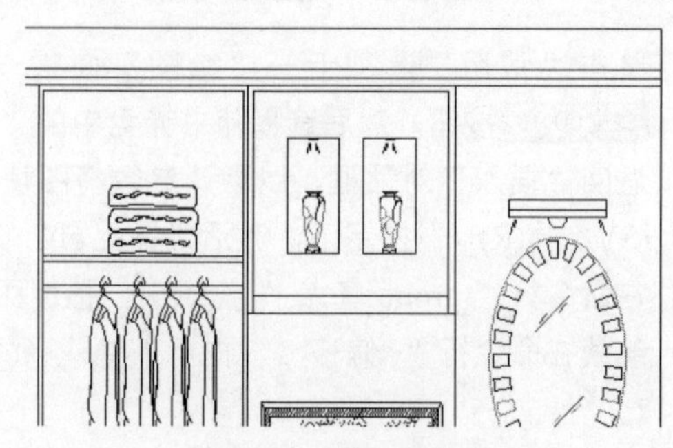

图 16-92 复制结果

至此，次卧室 B 向立面构件图绘制完毕。下一节将学习次卧室 B 向墙面壁纸的快速表达技巧和绘制过程。

16.5.5　绘制次卧室墙面装饰壁纸

01 继续上节操作。在“常用”选项卡→“图层”面板中设置“填充线”为当前操作层。

02 单击“常用”选项卡→“绘图”面板→“图案填充”按钮，激活“图案填充”命令。然后在命令行“拾取内部点或 [选择对象(S)/设置(T)]:”提示下，激活“设置”选项，打开“图案填充和渐变色”对话框。

03 在“图案填充和渐变色”对话框中选择“预定义”图案，同时设置图案的填充角度及填充间距参数，如图 16-93 所示。

04 单击“图案填充创建”选项卡→“边界”面板→“拾取点”按钮，返回绘图区拾取填充区域，为立面图填充如图 16-94 所示的墙面壁纸图案。

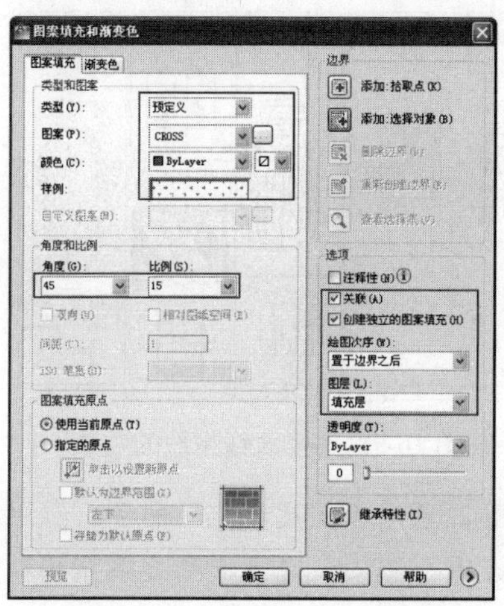

图 16-93　设置填充图案与参数

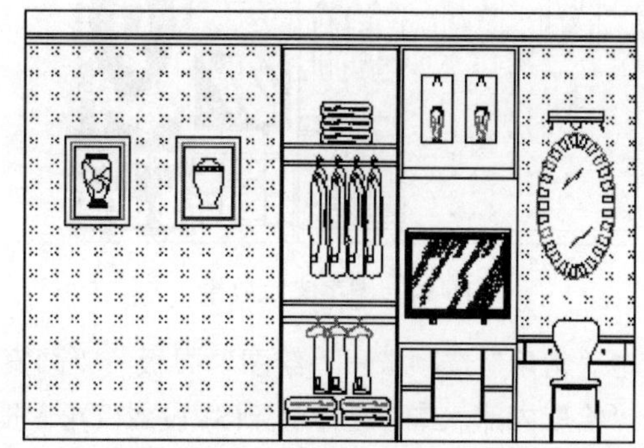

图 16-94　填充结果

05 单击“常用”选项卡→“绘图”面板→“图案填充”按钮，激活“图案填充”命令。然后在命令行“拾取内部点或 [选择对象(S)/设置(T)]:”提示下，激活“设置”选项，打开“图案填充和渐变色”对话框。

06 在“图案填充和渐变色”对话框中设置填充图案与填充参数，如图 16-95 所示；为立面图填充 15-96 所示的装饰图案。

07 使用快捷键“LT”激活“线型”命令，打开“线型管理器”对话框，使用对话框中的“加载”功能，加载一种名为“DOT”的线型。

08 在无任何命令执行的前提下，单击刚填充的墙面壁纸图案，使其呈现夹点显示状态，如图 16-97 所示。

09 按下 Ctrl+1 组合键，在打开的“特性”窗口中修改夹点图案的线型为“DOT”，修改线型比例为 3。

10 关闭“特性”窗口，然后取消图案的夹点显示，修改后的结果如图 16-98 所示。

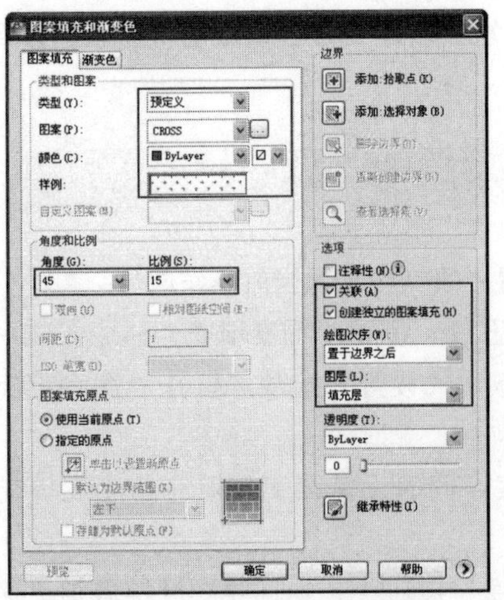

图 16-95　设置填充图案与参数

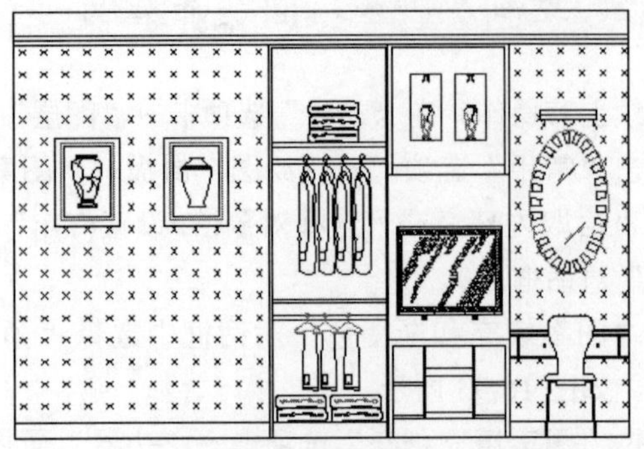

图 16-96　填充结果

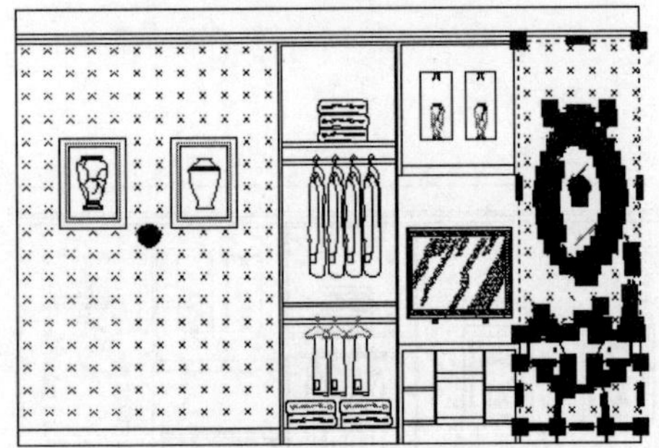

图 16-97　图案夹点效果

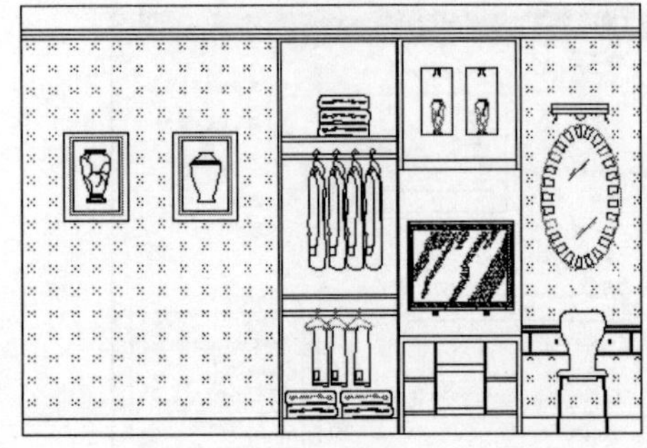

图 16-98　修改线型后的效果

11 单击“常用”选项卡→“绘图”面板→“图案填充”按钮，激活“图案填充”命令。然后在命令行“拾取内部点或 [选择对象(S)/设置(T)]:”提示下激活“设置”选项，打开“图案填充和渐变色”对话框。

12 在“图案填充和渐变色”对话框中设置填充图案与填充参数，如图 16-99 所示；为立面图填充 16-100 所示的装饰图案。

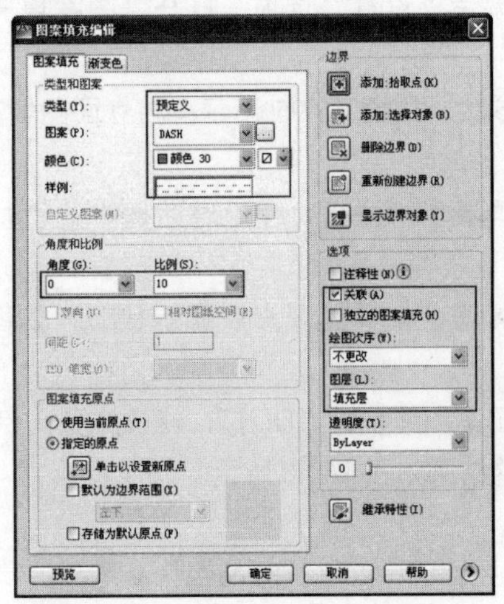

图 16-99　设置填充图案与参数

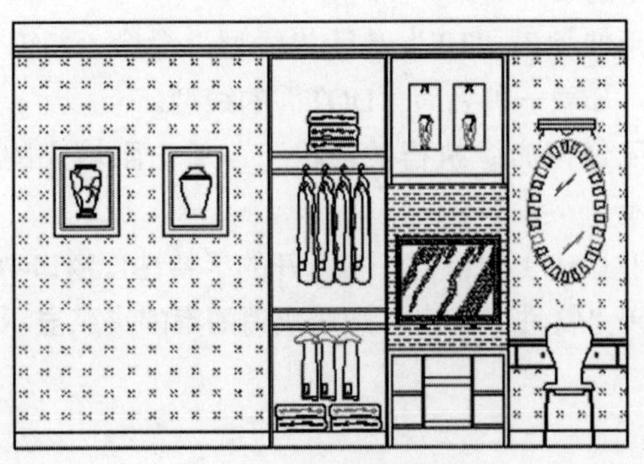

图 16-100　填充结果

13 重复执行“图案填充”命令，设置填充图案与参数，如图 16-101 所示；为立面图填充如图 16-102 所示的图案。

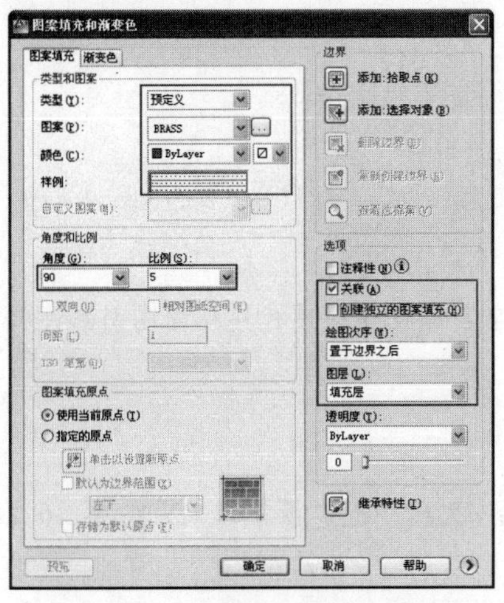

图 16-101　设置填充图案与参数

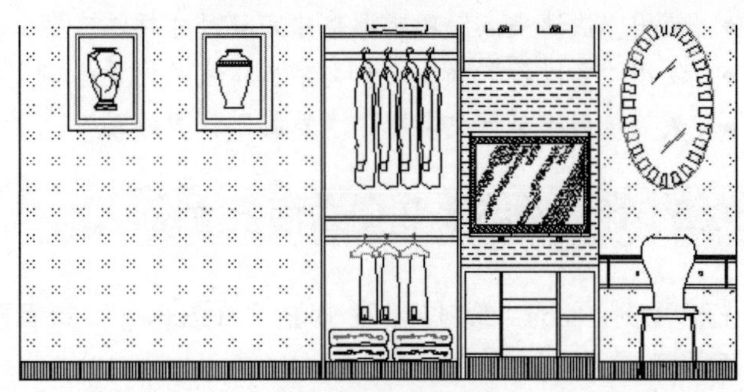

图 16-102　填充结果

14 调整视图，将图形全部显示，最终效果如图 16-64 所示。

15 最后执行“保存”命令，将图形命名存储为“绘制次卧室 B 向立面图.dwg”。

16.6 标注次卧室 B 向装修立面图

本例在综合所学知识的前提下，主要学习次卧室 B 向装修立面图引线注释和立面尺寸等内容的具体标注过程和标注技巧。次卧室 B 向立面图的最终标注效果，如图 16-103 所示。

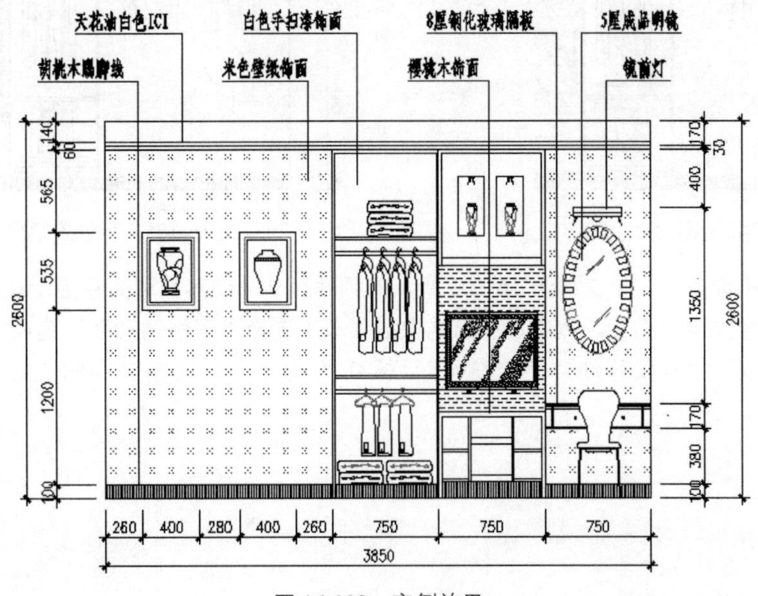

图 16-103　实例效果

16.6.1 次卧室 B 向立面图标注思路

在标注次卧室 B 向立面图时，具体可以参照如下思路：

- 首先调用立面图文件并设置当前图层与标注样式。
- 使用“线性”、“连续”命令标注立面图细部尺寸和总尺寸。
- 使用“快速夹点”功能调整并完善尺寸标注文字。
- 使用“多段线”命令绘制文字指示线并设置当前文字样式。
- 最后使用“单行文字”、“复制”、“移动”、“编辑文字”等命令快速标注立面图引线注释。

16.6.2 标注次卧室 B 向立面尺寸

01 打开上例存储的“绘制次卧室 B 向立面图.dwg”，或者直接从随书光盘中的“\实例效果文件\第 16 章\”目录下调用此文件。

02 在“常用”选项卡→“图层”面板中设置“尺寸层”为当前操作层。

03 在“常用”选项卡→“注释”面板中设置“建筑标注”为当前标注样式。

04 在命令行设置系统变量 DIMSCALE 的值为 25。

05 单击“常用”选项卡→“注释”面板→“线性”按钮，配合“端点捕捉”功能标注如图 16-104 所示的线性尺寸。

06 单击“注释”选项卡→“标注”面板→“连续”按钮，以刚标注的线性尺寸作为基准尺寸，标注如图 16-105 所示的细部尺寸。

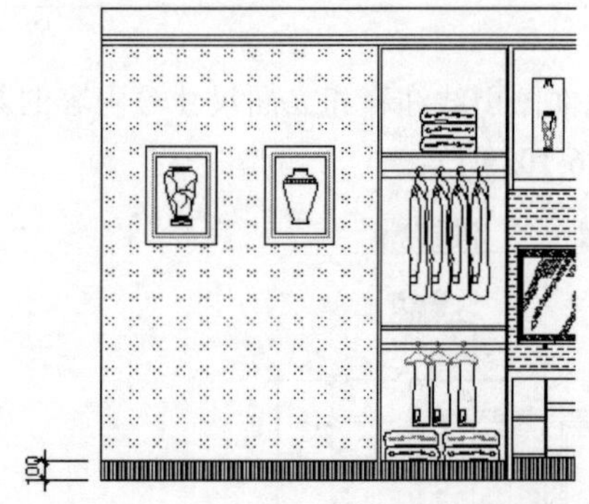

图 16-104 标注线性尺寸

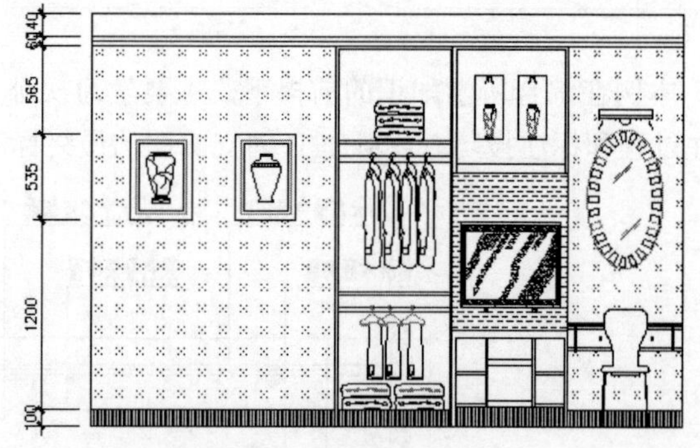

图 16-105 标注连续尺寸

07 在无命令执行的前提下，单击如图 16-106 所示的细部尺寸，使其呈现夹点显示状态。

08 将光标放在尺寸文字夹点上，然后从弹出的快捷菜单中选择“仅移动文字”选项。

09 接下来在命令行“** 仅移动文字 **指定目标点:”提示下，指定文字的位置，结果如图 16-107 所示。

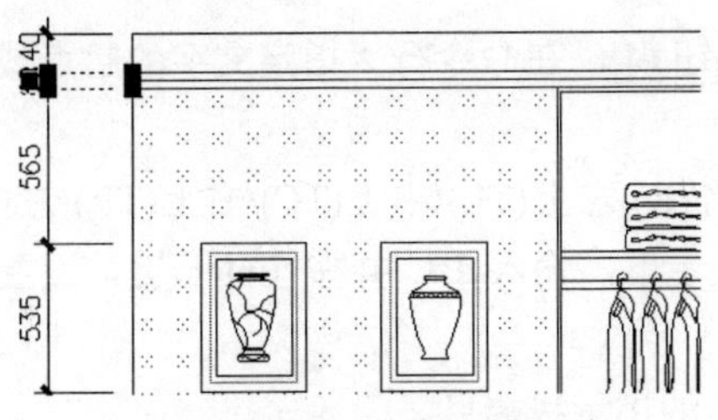

图 16-106　夹点显示尺寸

图 16-107　夹点编辑后的效果

10 单击“常用”选项卡→“注释”面板→“线性”按钮，配合“端点捕捉”功能标注立面图左侧的总尺寸，结果如图 16-108 所示。

11 参照步骤 05～10 的操作，综合使用“线性”、“连续”等命令，分别标注立面图其他侧的细部尺寸和总尺寸，并对尺寸文字进行调整，结果如图 16-109 所示。

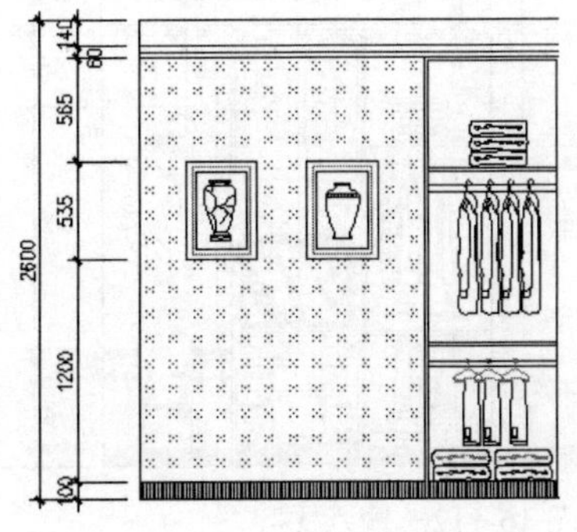

图 16-108　标注总尺寸

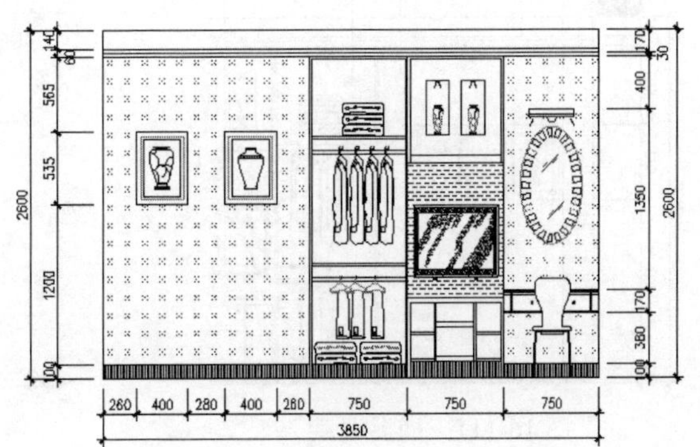

图 16-109　标注其他侧的尺寸

至此，次卧室 B 向立面图的尺寸标注完毕。下一节将为 B 向装修立面图标注墙面材质说明。

16.6.3　标注次卧室 B 向墙面材质

01 继续上节操作。在“常用”选项卡→“图层”面板中设置“文本层”为当前操作层。

02 在“常用”选项卡→“注释”面板中设置“仿宋体”为当前文字样式。

03 单击“常用”选项卡→“绘图”面板→“多段线”按钮，绘制如图 16-110 所示的文本注释指示线。

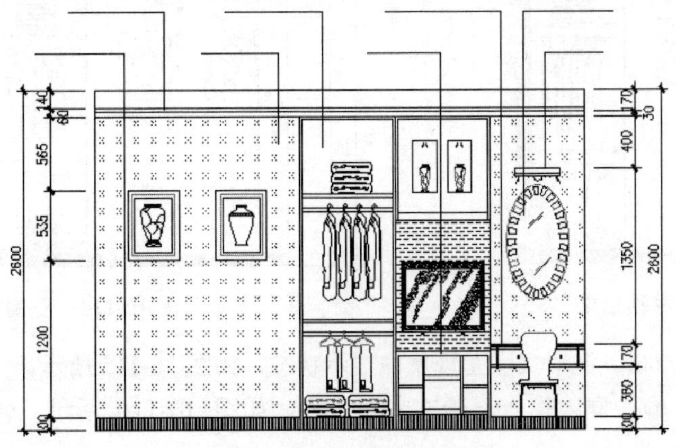

图 16-110　绘制指示线

04 单击“常用”选项卡→“注释”面板→“单行文字”按钮，在命令行“指定文字的起点或 [对正(J)/样式(S)]：”提示下，输入 J 并按 Enter 键。

05 在“输入选项 [对齐(A)/布满(F)/居中(C)/中间(M)/右对齐(R)/左上(TL)/中上(TC)/右上(TR)/左中(ML)/正中(MC)/右中(MR)/左下(BL)/中下(BC)/右下(BR)]：”提示下，输入 BL 并按 Enter 键，设置文字的对正方式。

06 在“指定文字的左下点：”提示下，捕捉如图 16-111 所示的指示线端点。

07 在“指定高度 <3>：”提示下输入 105 并按 Enter 键，设置文字的高度为 105 个绘图单位。

08 在“指定文字的旋转角度 <0.00>”提示下，直接按 Enter 键。此时在绘图区所指定的文字起点位置上出现一个文本输入框，输入“胡桃木踢脚线”并按 Enter 键，结果如图 16-112 所示。

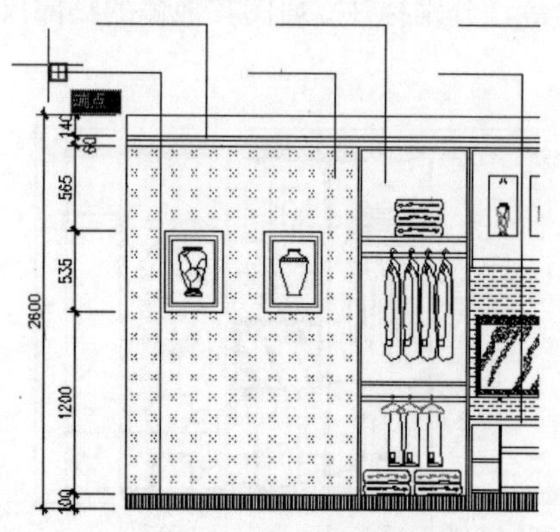
图 16-111　捕捉端点

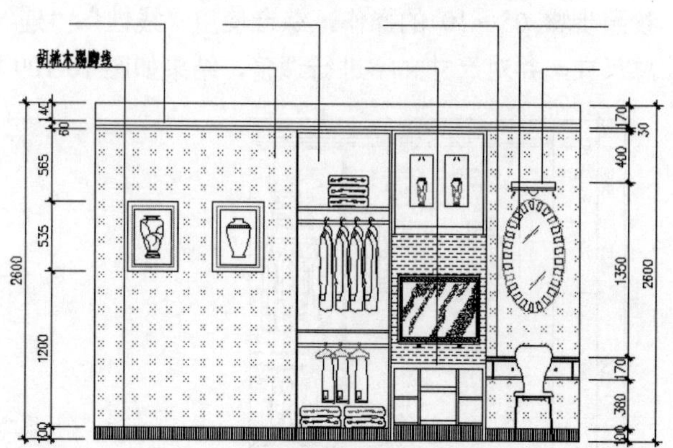

图 16-112　输入文字

09 单击“常用”选项卡→“修改”面板→“移动”按钮，将刚输入的文字注释垂直向上移动 25 个单位，结果如图 16-113 所示。

10 单击“常用”选项卡→“修改”面板→“复制”按钮，将位移后的文字分别复制到其他指示线上，结果如图 16-114 所示。

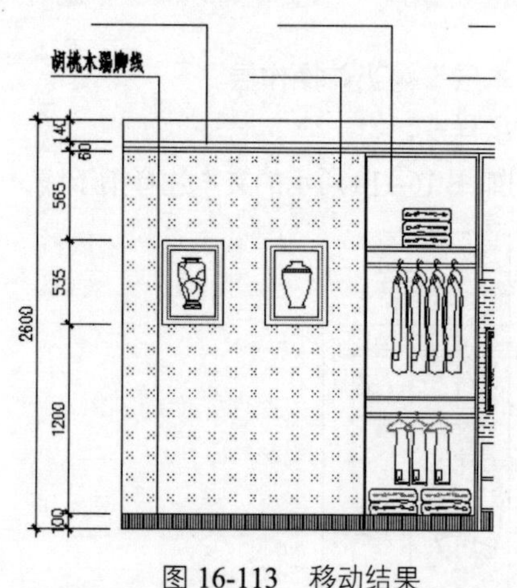

图 16-113　移动结果

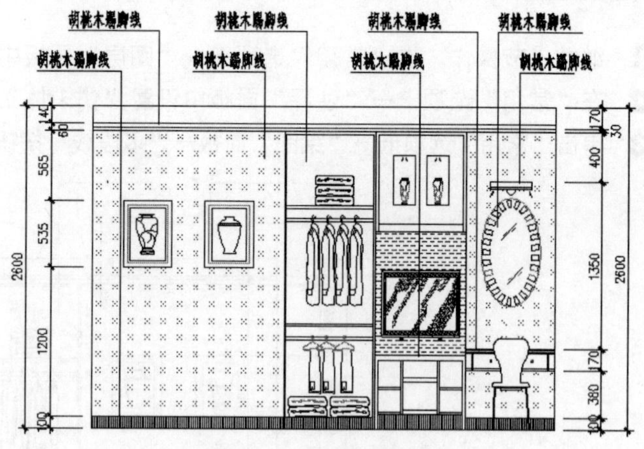

图 16-114　复制结果

11 在复制出的文字上双击，此时文字呈现反白显示状态，如图 16-115 所示。

12 在反白显示的文字输入框内输入正确的文字内容，如图 16-116 所示，修改后的文字如图 16-117 所示。

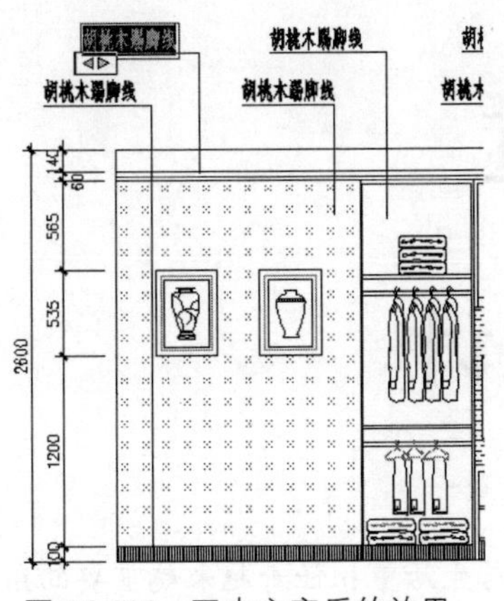

图 16-115　双击文字后的效果

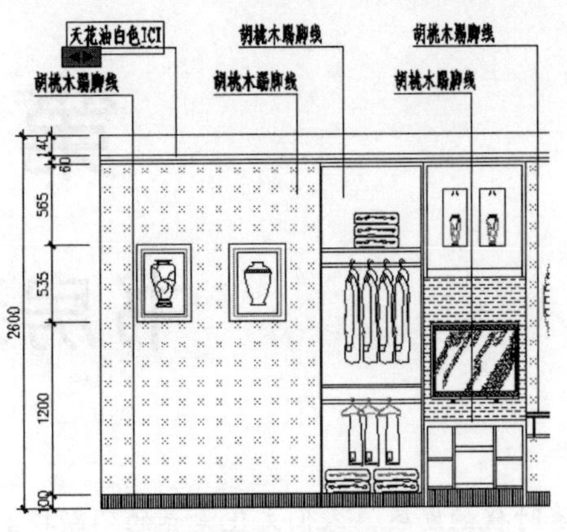

图 16-116　输入正确的文字内容

13 参照以上操作步骤，分别在其他文字上双击并输入正确的文字内容，结果如图 16-118 所示。

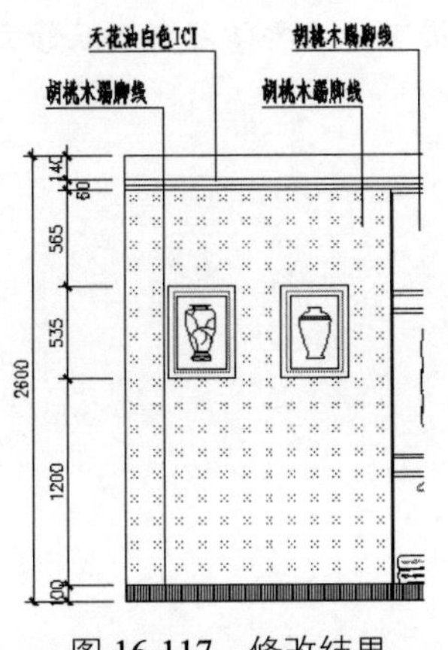

图 16-117　修改结果

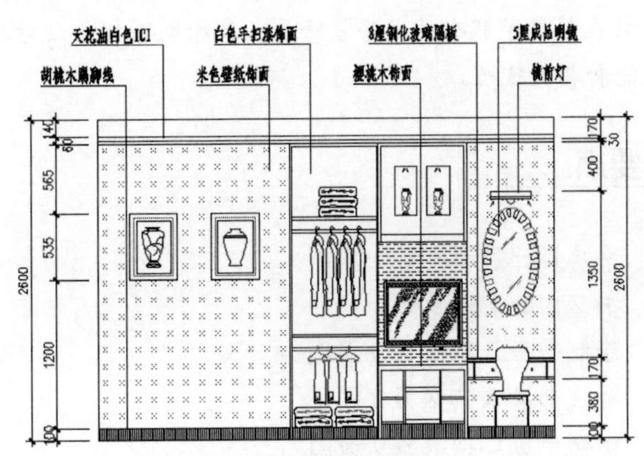

图 16-118　编辑其他文字

14 调整视图，将图形全部显示，最终效果如图 16-103 所示。

15 最后执行“另存为”命令，将图形命名存储为“标注次卧室 B 向立面图.dwg”。

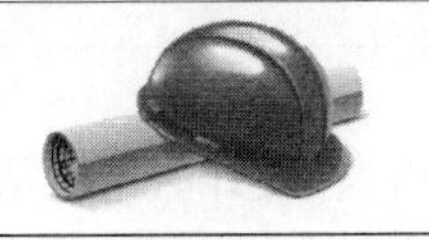

16.7　本章小结

在室内装修设计时，几乎每个空间都有一个“设计重心”，而卧室中的“设计重心”就是床，空间的装修风格、布局、色彩和装饰，一切都应以床为中心而展开。除此之外，在卧室的装修设计上还要追求优雅独特、简洁明快的设计风格，注重功能与形式的完美统一；在审美角度上要追求时尚而不浮燥，庄重典雅而不乏轻松浪漫的感觉。

本章在概述室内设计相关设计理念等知识的前提下，分别以绘制主卧室 B 向装修立面图、标注主卧室 B 向装修立面图、绘制次卧室 B 向装修立面图、标注次卧室 B 向装修立面图 4 个代表性的实例，详细讲述了卧室装修立面图的一般表达内容、设计原则要点及具体的绘图过程与相关技巧。希望读者通过本章的学习，在了解和掌握卧室装修要点和表达内容的前提下，主要掌握卧室装修立面图的具体绘制方法、绘制过程及各种立面图元的快速表达技巧。

第 17 章
书房装饰设计

随着时代的发展，人们文化素养的不断提高，书房在现代家居生活中担任着越来越重要的角色，它不但是休闲、读书的场所，也是一个家庭办公、学习的个人空间。在营造书房的这种特殊空间氛围的同时，也要注意与其他居室融为一体，透露出浓浓的生活气息。

本章在简单了解有关书房装修要点及原则等相关设计理念知识的前提下，主要学习书房装修立面图的绘图技能和相关技巧。

知识要点

- 书房设计基本原则
- 书房内的采光原则
- 绘制书房 A 向装修立面图
- 标注书房 A 向装修立面图
- 绘制书房 C 向装修立面图
- 标注书房 C 向装修立面图

17.1 书房设计基本原则

书房是家庭居室中的一个重要组成部分，集修身养性、读书、家庭办公于一体，在设计时可以从以下几个方面进行着手。

1. 书房的采光

书房作为学习办公的场所，对于照明和采光的要求是很高的，因为人眼在过于强和弱的光线中工作，都会对视力产生很大的影响。人工照明要把握明亮、均匀、自然、柔和的原则，重点部位要有局部照明，如书柜内板里的藏灯，可以方便查找书籍。台灯是很重要的，最好要选择可以调节角度、明暗的灯，这样读书时可以增加舒适度。

另外，在书房装修中，为了直接利用自然光源，工作区应当被安排在窗前，如果是朝南的房间，光线会比较强烈，可以用窗帘调节。窗帘一般选用既能遮光，又有通透感觉的浅色纱帘，高级柔和的百叶帘效果更加，强烈的日照通过窗幔折射会变的温和舒适。

2. 书房的隔音

书房是学习和工作的场所，相对来说环境要安静，因此书房应尽量远离电视、音响。装修要选用隔音、吸音效果好的装饰材料：顶面可采用吸音石膏板吊顶；墙壁可采用亚光乳胶漆或装饰布来装饰，地面可采用吸音效果好的地毯；窗帘选用较厚的材料，以阻隔窗外的噪音，或者选用双层中空玻璃窗。

3. 书房的装饰

书房的装饰布局尽可能雅致。书房是读书人的天地，一定要体现出读书人的高雅、切忌豪华。在书房里不只是要书柜、写字台，椅子，更多的是可以把主人的情趣融入到书房的装饰中。一只艺术收藏品，几幅钟爱的字画，几个古朴简单的工艺品都可以为书房增添几份淡雅、彰显主人的修养和情趣。

4. 书房的布局

书房要合理安排空间，书房空间布局大致分为三个部分。在工作区，所有常用的东西都要保证很方便地拿到；在辅助区可以安排一些不常用的设备，如传真机或打印机；在休闲区可以安排一些娱乐项目，或者根据需要做成一个会客环境，并通过一些放松的活动来调节工作节奏。

5. 书房的摆设

书房内的各种摆设要整齐有序。书房内一般陈设有写字台、电脑操作台、书柜、坐椅、沙发等；写字台、坐椅的色彩、形状要精心设计，做到坐姿合理舒适，操作方便自然。

另外，书房里一般都藏有大量的书籍，书的种类很多，应进行一定的分类，以使书房井然有序，并且还可提高工作效率。书房里的工艺品、小摆设和花卉等装饰品也应安排得当，做到井然有序，以保证书房的环境整洁。

17.2 书房内的采光原则

书房的采光在书房装修中是一个比较重要且复杂的项目，这里就简单介绍一下几种常见的采光手法。

（1）使用自然光。书房的位置最设好在自然光源能照射到的地方，书桌的位置最好贴近窗户比较好。另外，可透过百叶窗调整书房自然光源的明暗。

（2）书桌上加设台灯。若想坐在书桌前阅读，仅靠自然光是远远不够的，最好在桌角处安置一盏台灯，或者在正上方设置垂吊灯作重点局部照明。

（3）辅助光源。辅助光源不仅能避免灯光直射所造成的视觉炫光的伤害，还可以烘托书房沉静气氛，如在天花板的四周安置隐藏式光源，这样能烘托出书房沉稳的氛围。

（4）书柜内的采光。在书柜内设置轨道灯或嵌灯，让光直射书柜上的藏书或物品，以产生端景的视觉焦点变化，营造有趣的效果。

最后还要避免强光源直射计算机屏幕，以引出显示器屏幕反光，造成主人视觉上的疲劳。

17.3 绘制书房 A 向装修立面图

本例在综合所学知识的前提下，主要学习书房 A 向装修立面图的具体绘制过程和绘制技巧。书房 A 向装修立面图的最终绘制效果如图 17-1 所示。

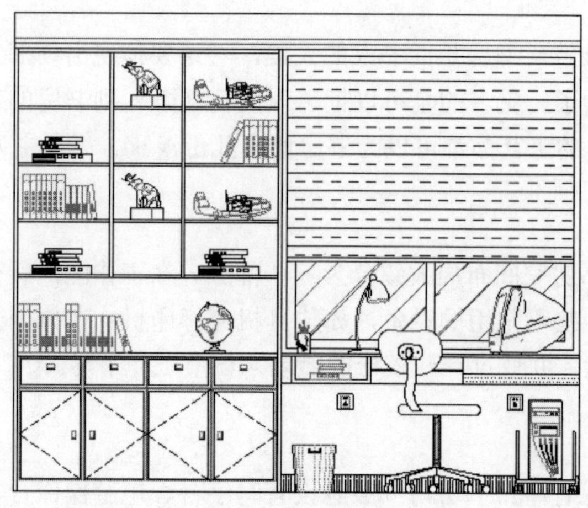

图 17-1 实例效果

17.3.1 书房 A 立面绘图思路

在绘制书房 A 向立面图时，具体可以参照如下思路：

- 首先使用“新建”命令调用室内绘图样板文件。
- 使用“矩形”、“分解”、“偏移”、“圆角”、“修剪”等命令绘制书房 A 向墙面轮廓线。
- 使用“矩形”、“偏移”、“修剪”、“多段线”、“特性”、“旋转”、“移动”等命令，并配合“捕捉自”、“端点捕捉”功能绘制写字台立面图。
- 使用“偏移”、“阵列”、“修剪”、“插入块”、“复制”等命令绘制书架立面构件图。
- 最后综合使用“插入块”、“镜像”、“分解”、“修剪”、“图案填充”等命令，并配合“捕捉自”、“端点捕捉”功能绘制立面窗、窗帘、电脑桌椅以及其他构件。

17.3.2 绘制书房 A 向轮廓图

01 单击“快速访问工具栏”中的按钮，选择随书光盘中的“\绘图样板文件\室内绘图样板.dwt”，新建空白文件。

02 在“常用”选项卡→“图层”面板中设置“轮廓线”为当前操作层。

03 单击“常用”选项卡→“绘图”面板→“矩形”按钮，绘制长度为 3170、宽度为 2600 的矩形作为墙面外轮廓线，如图 17-2 所示。

04 单击“常用”选项卡→“修改”面板→“分解”按钮，将矩形分解为 4 条独立的线段。

05 单击“常用”选项卡→“修改”面板→“偏移”按钮，将上侧的矩形水平边向下偏移 140 和 170

个绘图单位，将下侧的矩形水平边向上偏移 100 和 2400 个绘图单位，结果如图 17-3 所示。

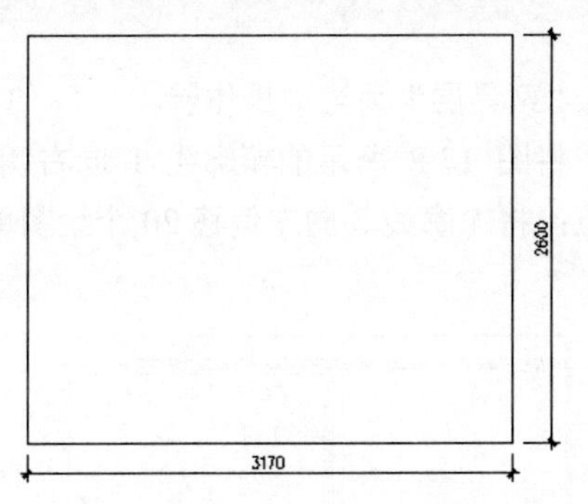

图 17-2　绘制墙面外轮廓线

图 17-3　偏移水平边

06 重复执行“偏移”命令，将矩形左侧的垂直边向右偏移 1500 和 1530 个绘图单位；将右侧的垂直图线向左偏移 30 个单位，偏移结果如图 17-4 所示。

07 重复执行“偏移”命令，将图 17-4 所示的水平轮廓线 1 向下偏移 30 个绘图单位；将水平轮廓线 2 向上偏移 680 个绘图单位，偏移结果如图 17-5 所示。

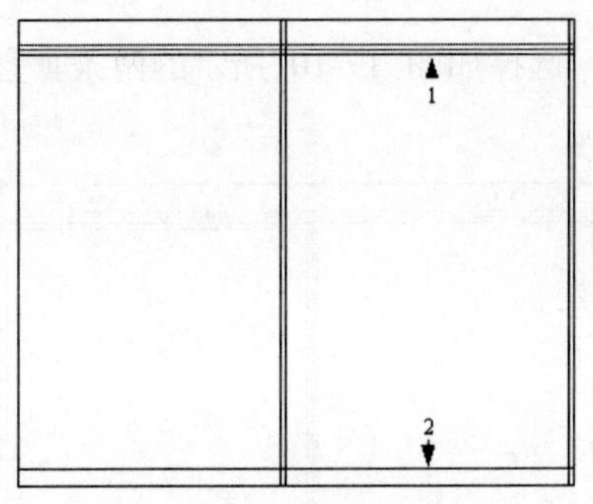

图 17-4　偏移垂直边

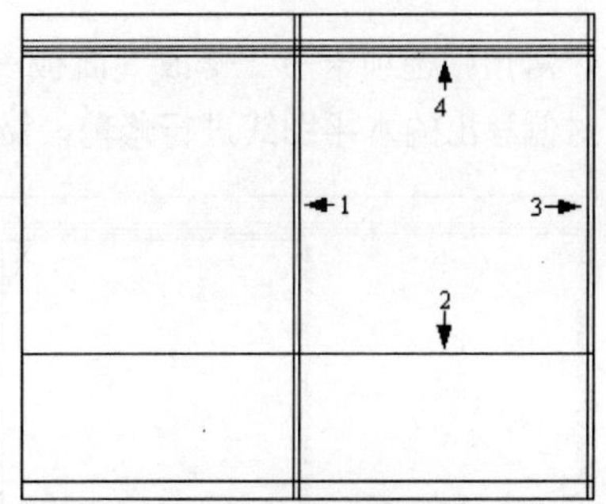

图 17-5　偏移结果

08 单击“常用”选项卡→“修改”面板→“圆角”按钮，将圆角半径设置为 0，对刚偏移出的图线 1、2、3、4 进行圆角编辑，圆角结果如图 17-6 所示。

09 单击“常用”选项卡→“修改”面板→“修剪”按钮，对内部的水平图线和垂直图线进行修剪，结果如图 17-7 所示。

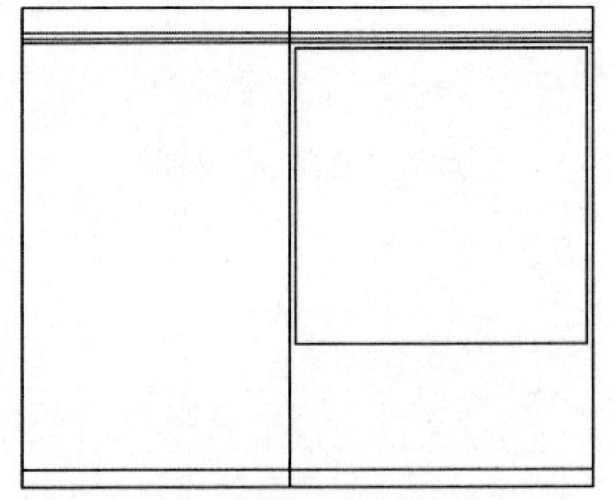

图 17-6　圆角结果

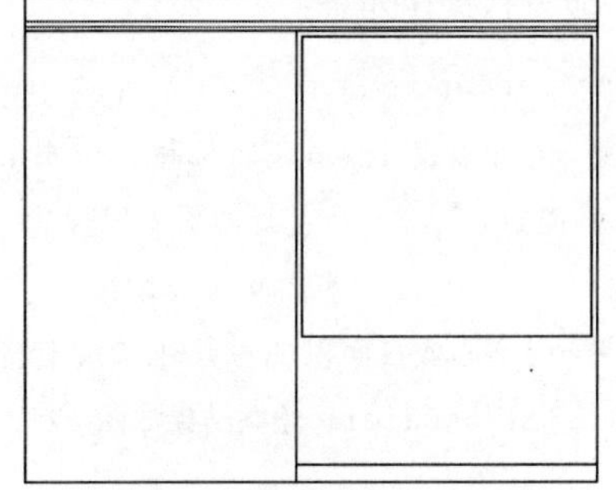

图 17-7　修剪结果

至此，书房 A 向墙面轮廓图绘制完毕。下一节将学习书房书柜立面图绘制过程和绘制技巧。

17.3.3 绘制书房写字台立面图

01 继续上节操作。在“常用”选项卡→“图层”面板中设置“家具层”为当前操作层。

02 单击“常用”选项卡→“修改”面板→“偏移”按钮，将图 17-8 所示的轮廓线 1 向右侧偏移 20 个绘图单位；将轮廓线 2 向上偏移 730 和 750 个绘图单位；将轮廓线 3 向左偏移 20 个绘图单位，结果如图 17-9 所示。

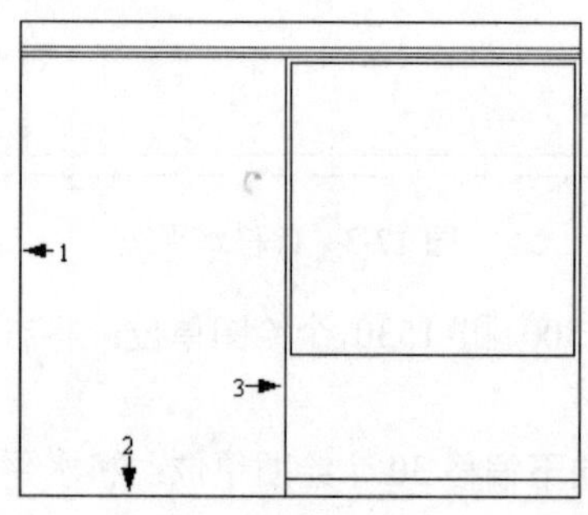

图 17-8 指定偏移对象

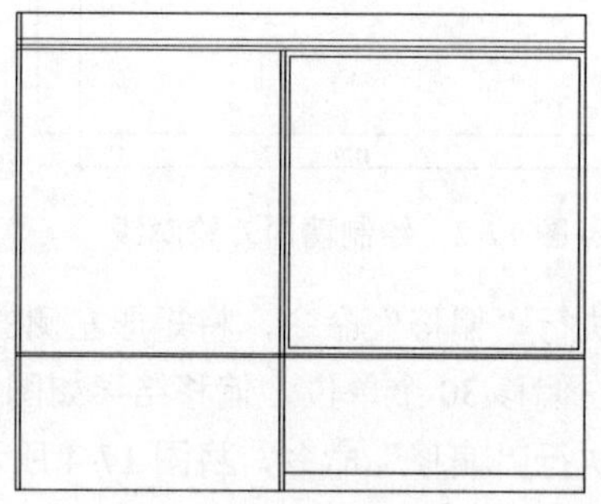

图 17-9 偏移结果

03 单击“常用”选项卡→“修改”面板→“修剪”按钮，选择如图 17-10 所示的两条垂直边作为边界；对偏移出的水平图线进行修剪，结果如图 17-11 所示。

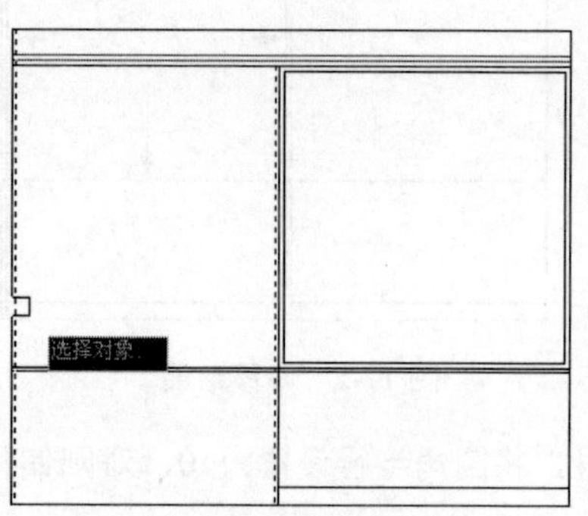

图 17-10 选择边界

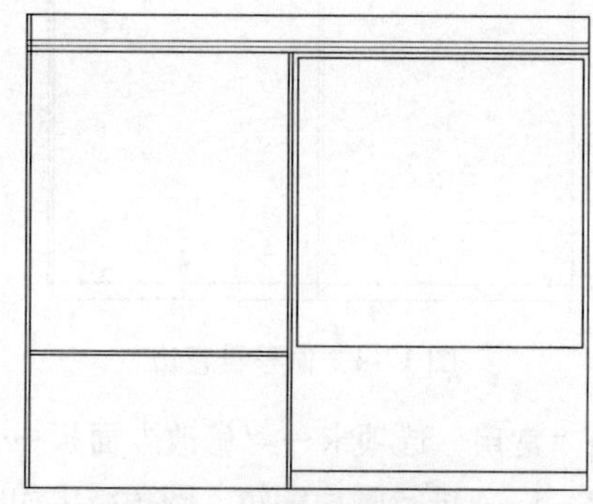

图 17-11 修剪结果

04 单击“常用”选项卡→“绘图”面板→“矩形”按钮，配合“捕捉自”功能绘制写字台门扇结构。命令行操作如下：

```
命令: _rectang
指定第一个角点或 [倒角(C)/标高(E)/圆角(F)/厚度(T)/宽度(W)]: //激活“捕捉自”功能
_from 基点:        //捕捉如图 17-12 所示的端点
<偏移>:            //@20,70 Enter
指定另一个角点或 [面积(A)/尺寸(D)/旋转(R)]:
 //@333,475 Enter，绘制结果如图 17-13 所示
```

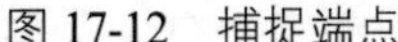

图 17-12　捕捉端点

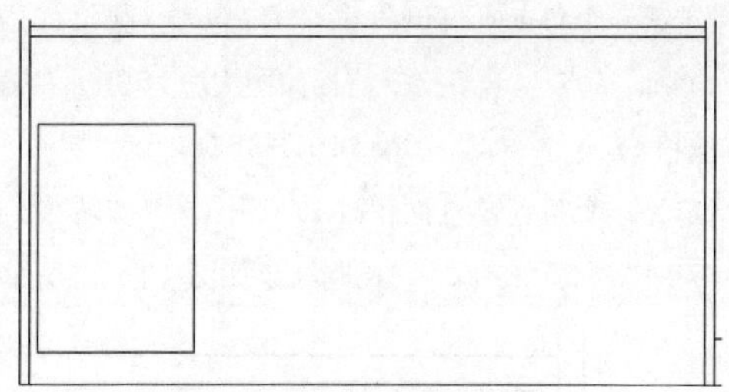

图 17-13　绘制写字台门扇

05 重复执行“矩形”命令，配合“捕捉自”功能绘制写字台抽屉结构。命令行操作如下：

```
命令：_rectang
指定第一个角点或 [倒角(C)/标高(E)/圆角(F)/厚度(T)/宽度(W)]：//激活“捕捉自”功能
_from 基点：        //捕捉如图 17-14 所示的角点
<偏移>：            //@0,30 Enter
指定另一个角点或 [面积(A)/尺寸(D)/旋转(R)]：
//@333,140 Enter，绘制结果如图 17-15 所示
```

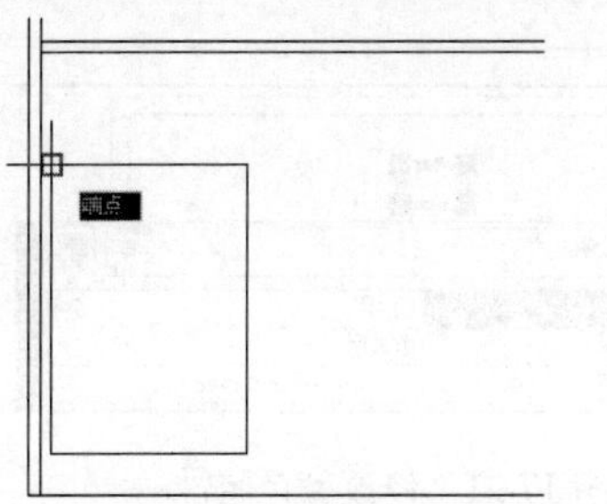

图 17-14　捕捉端点

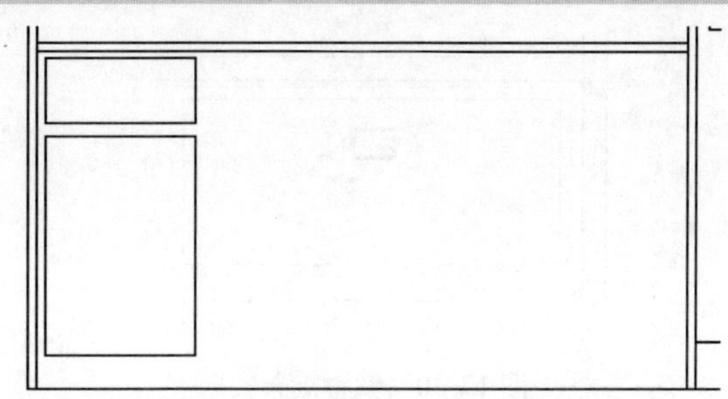

图 17-15　绘制写字台抽屉

06 单击“常用”选项卡→“修改”面板→“偏移”按钮，将刚绘制的两个矩形分别向外侧偏移 10 个单位，结果如图 17-16 所示。

07 在无命令执行的前提下，夹点显示刚偏移出的两个矩形，然后在“快捷特性”面板中修改矩形的颜色为“绿色”，如图 17-17 所示。

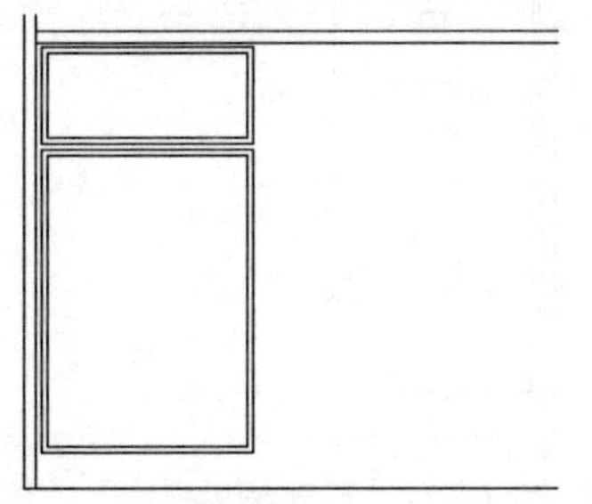

图 17-16　偏移结果

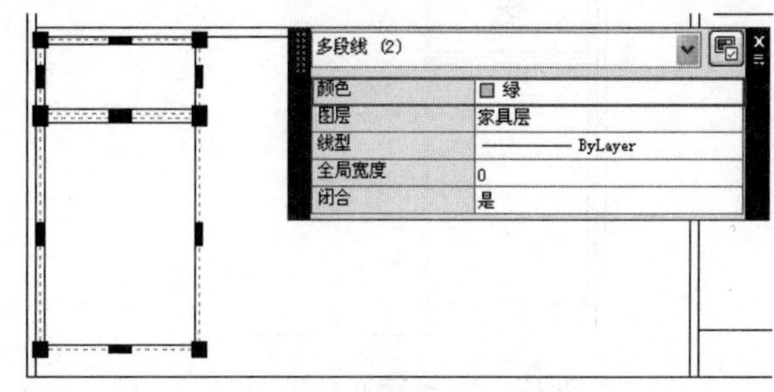

图 17-17　修改颜色特性

08 单击“常用”选项卡→“绘图”面板→“矩形”按钮，配合“捕捉自”功能绘制凹槽作为拉手。命令行操作如下：

```
命令：_rectang
```

```
指定第一个角点或 [倒角(C)/标高(E)/圆角(F)/厚度(T)/宽度(W)]: //激活"捕捉自"功能
_from 基点:        //捕捉如图 17-18 所示的端点
<偏移>:            //@146,-25Enter
指定另一个角点或 [面积(A)/尺寸(D)/旋转(R)]:
 //@40,-25 Enter，绘制结果如图 17-19 所示
```

图 17-18　捕捉端点

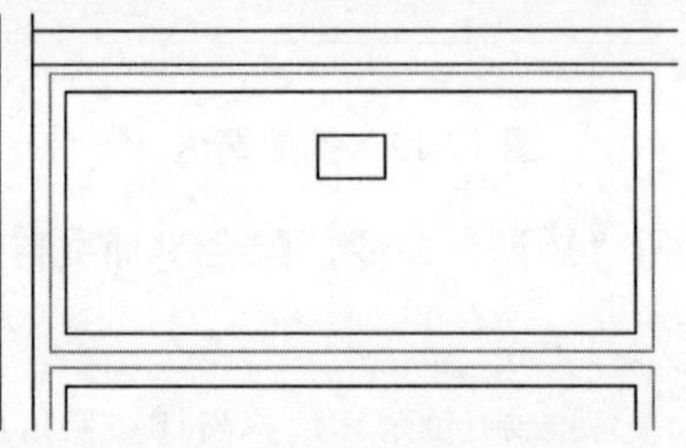

图 17-19　绘制拉手

09 单击"常用"选项卡→"修改"面板→"偏移"按钮，将刚绘制的矩形向内侧偏移 2 个单位，结果如图 17-20 所示。

10 夹点显示刚偏移出的矩形，然后在"快捷特性"面板中修改矩形的颜色为"绿色"，如图 17-21 所示。

图 17-20　偏移结果

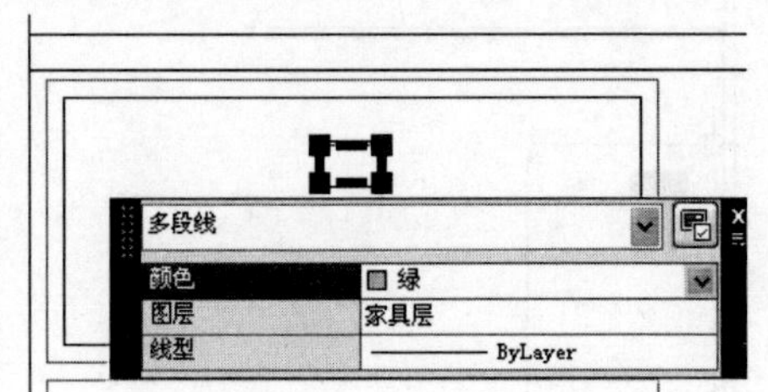

图 17-21　修改颜色特性

11 单击"常用"选项卡→"修改"面板→"旋转"按钮，将矩形凹槽复制并旋转 90°，旋转基点为矩形凹槽下侧边中点，结果如图 17-22 所示。

12 单击"常用"选项卡→"修改"面板→"移动"按钮，配合"中点捕捉"功能将旋转复制出的矩形凹槽进行位移，结果如图 17-23 所示。

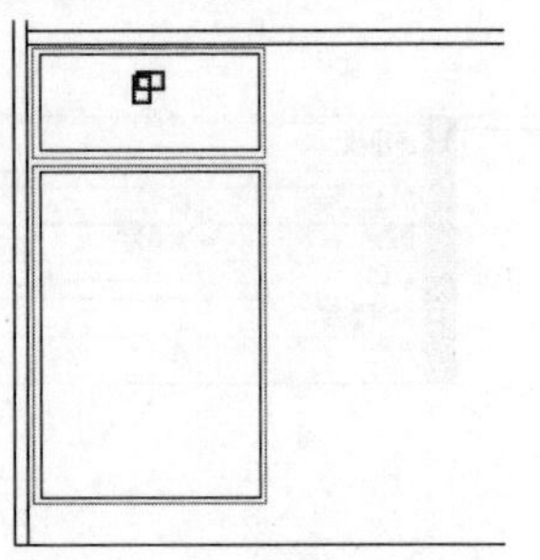

图 17-22　旋转并复制

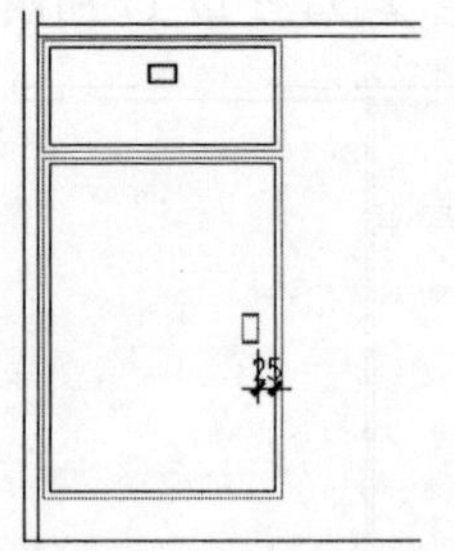

图 17-23　移动结果

13 使用快捷键"LT"激活"线型"命令，打开"线型管理器"对话框，使用对话框中的"加载"功能，加载一种名为"HIDDEN"的线型，并设置线型比例为 3。

14 单击"常用"选项卡→"绘图"面板→"多段线"，配合"端点捕捉"和"中点捕捉"功能绘制开启方向线，绘制结果如图 17-24 所示。

15 在无命令执行的前提下单击刚绘制的方向线，然后按 Ctrl+1 组合键，在打开的“特性”窗口中修改线型及颜色特性，如图 17-25 所示。

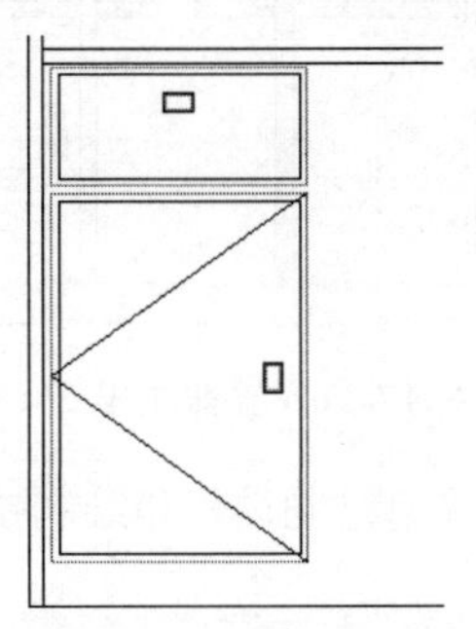

图 17-24　绘制方向线

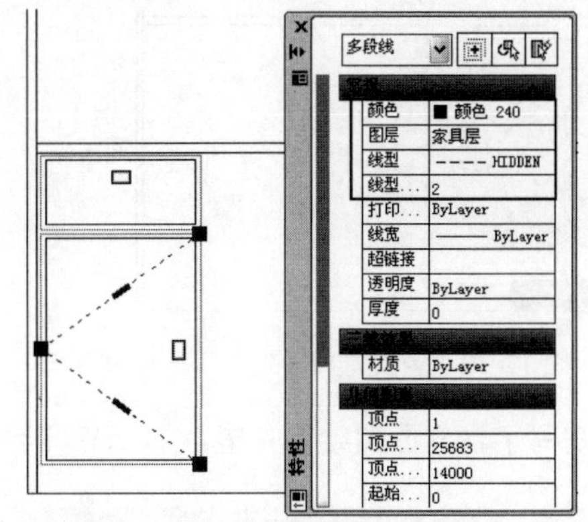

图 17-25　修改线型及颜色特性

16 关闭“特性”窗口，然后取消图线的夹点显示，修改后的结果如图 17-26 所示。

17 单击“常用”选项卡→“修改”面板→“镜像”按钮，窗交选择如图 17-27 所示的对象并进行镜像。命令行操作如下：

```
命令: _mirror
选择对象:        //窗交选择如图 17-27 所示的图形
选择对象:        // Enter
指定镜像线的第一点:    //激活“捕捉自”功能
_from 基点:             //捕捉如图 17-28 所示的中点
<偏移>:                //@4.5,0 Enter
指定镜像线的第二点:  // @0,1 Enter
要删除源对象吗? [是(Y)/否(N)] <N>:  // Enter ，镜像结果如图 17-29 所示
```

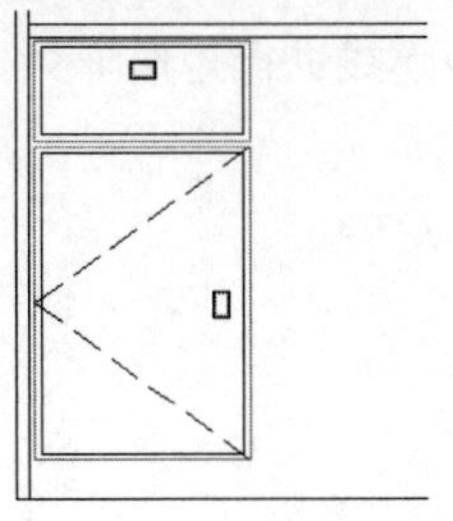

图 17-26　修改结果

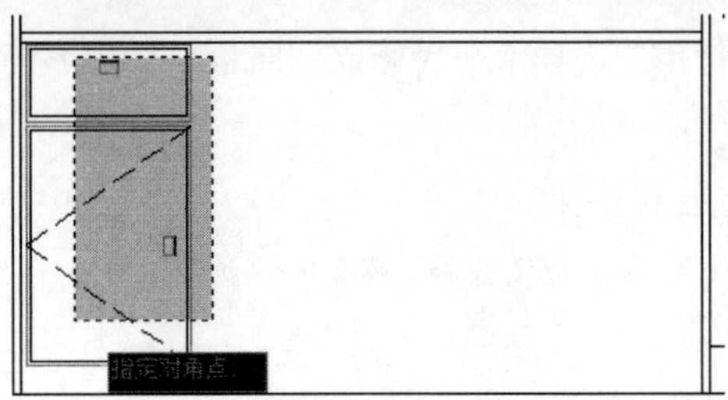

图 17-27　窗交选择

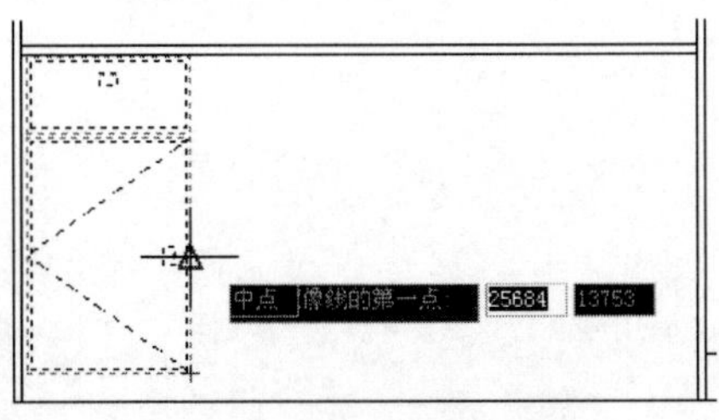

图 17-28　捕捉中点

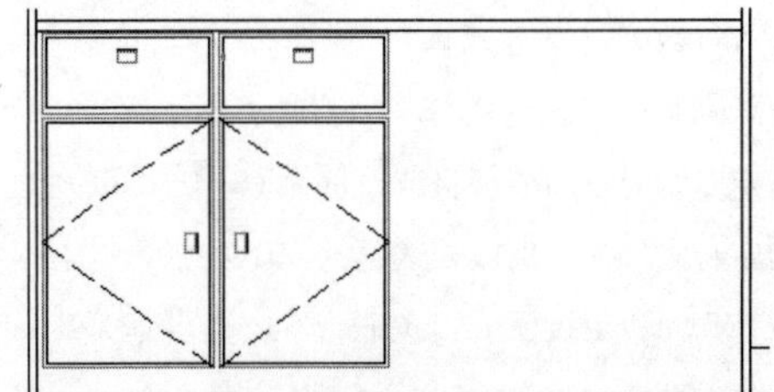

图 17-29　镜像结果

18 重复执行“镜像”命令，配合“捕捉自”和“中点捕捉”功能，窗交选择如图 17-30 所示的图形进行镜像，结果如图 17-31 所示。

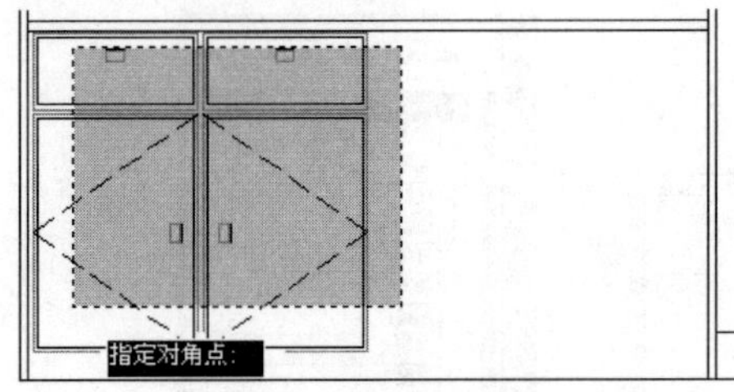

图 17-30 窗交选择

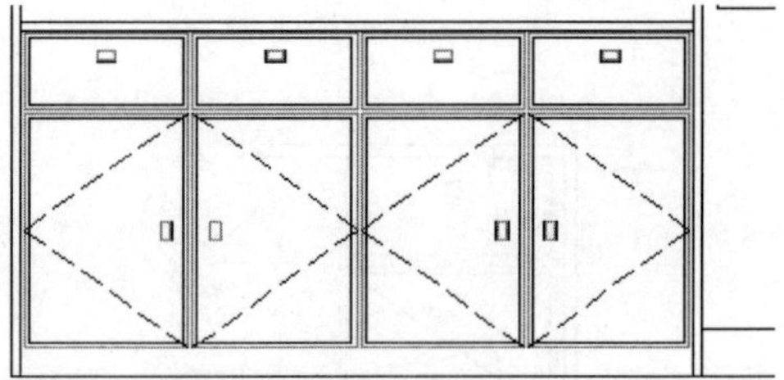

图 17-31 镜像结果

至此，书房写字台立面图绘制完毕。下一节将学习书架立面图的快速绘制过程和绘制技巧。

17.3.4 绘制书房书架立面图

01 继续上节操作。单击“常用”选项卡→“修改”面板→“偏移”按钮，将图 17-32 所示的轮廓线 L 向上偏移 410 和 425 个绘图单位，结果如图 17-33 所示。

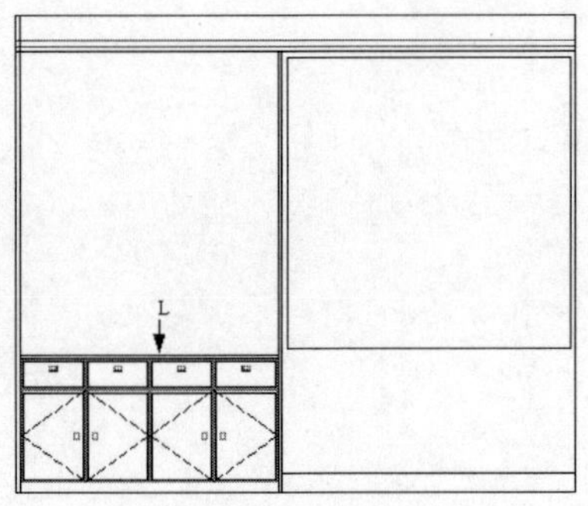

图 17-32 指定偏移对象

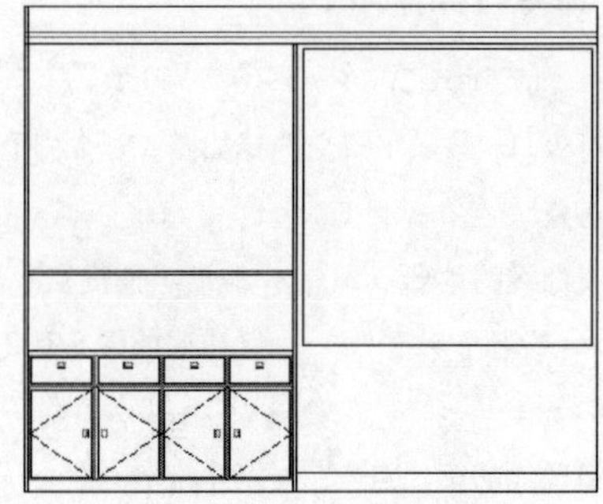

图 17-33 偏移结果

02 单击“常用”选项卡→“修改”面板→“矩形阵列”按钮，将分隔线进行矩形阵列。命令行操作如下：

```
命令: _arrayrect
选择对象:        //窗口选择如图 17-34 所示的对象
选择对象:        // Enter
类型 = 矩形  关联 = 是
为项目数指定对角点或 [基点(B)/角度(A)/计数(C)] <计数>:  // Enter
输入行数或 [表达式(E)] <4>:  //5 Enter
输入列数或 [表达式(E)] <4>:   //1 Enter
指定对角点以间隔项目或 [间距(S)] <间距>: // Enter
指定行之间的距离或 [表达式(E)] <0>:   //305 Enter
按 Enter 键接受或 [关联(AS)/基点(B)/行(R)/列(C)/层(L)/退出(X)] <退出>:  //AS Enter
创建关联阵列 [是(Y)/否(N)] <是>:    //N Enter
按 Enter 键接受或 [关联(AS)/基点(B)/行(R)/列(C)/层(L)/退出(X)] <退出>:
```

// Enter，阵列结果如图 17-35 所示

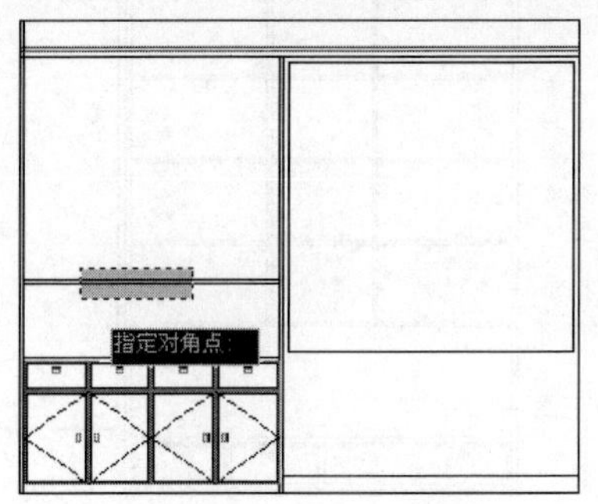

图 17-34　窗交选择阵列对象

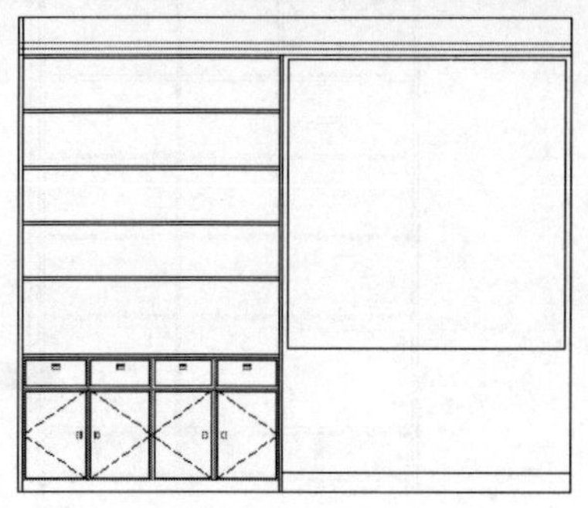
图 17-35　阵列结果

03 删除阵列出的最上侧水平图线。然后单击“常用”选项卡→“修改”面板→“修剪”按钮，对左侧的垂直轮廓线进行修剪，结果如图 17-36 所示。

04 单击“常用”选项卡→“修改”面板→“偏移”按钮，将图 17-36 所示的垂直轮廓线 1 向右侧偏移 523 和 538 个绘图单位；将垂直轮廓线 2 向左偏移 523 和 538 个绘图单位，结果如图 17-37 所示。

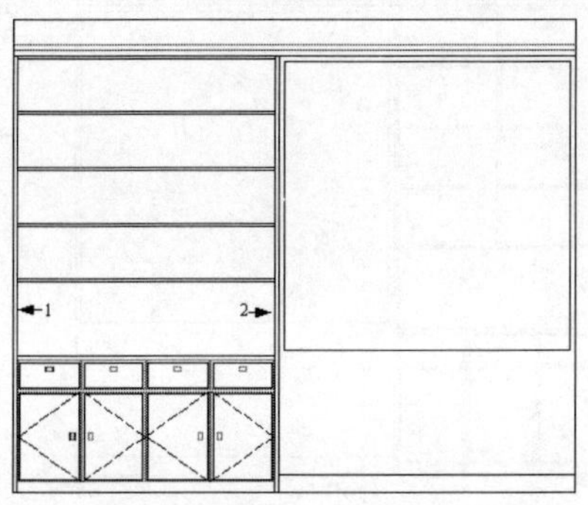

图 17-36　修剪结果

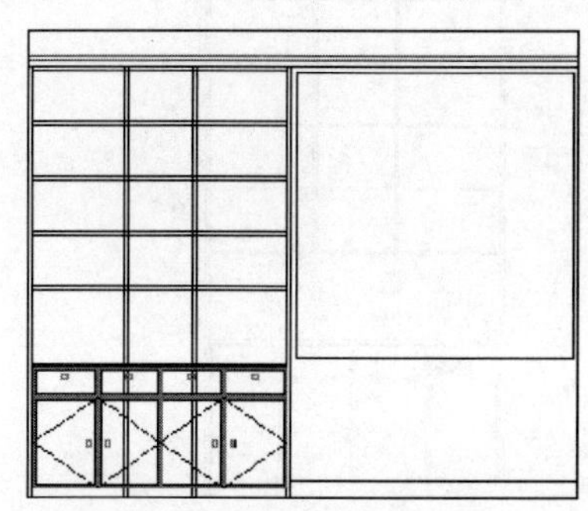
图 17-37　偏移结果

05 单击“常用”选项卡→“修改”面板→“修剪”按钮，选择如图 17-38 所示的 4 条垂直轮廓线作为边界，对水平轮廓线进行修剪，结果如图 17-39 所示。

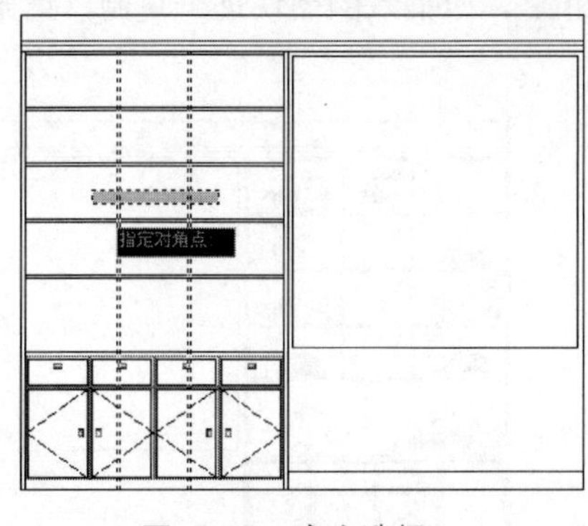

图 17-38　窗交选择

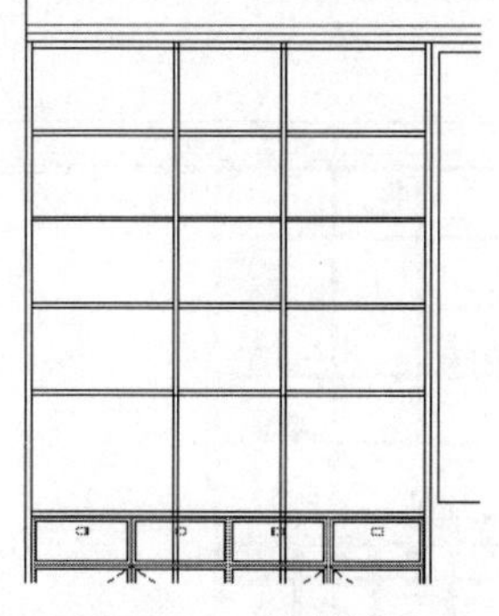
图 17-39　修剪结果

06 重复执行“修剪”命令，选择如图 17-40 所示的两条水平轮廓线作为边界，对 4 条垂直轮廓线进行修剪，结果如图 17-41 所示。

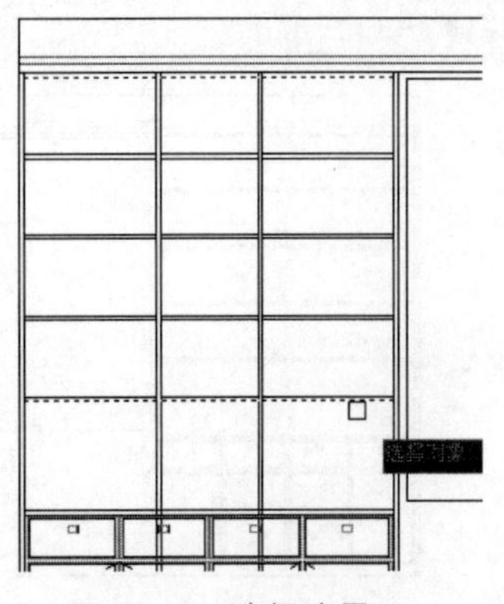
图 17-40　选择边界

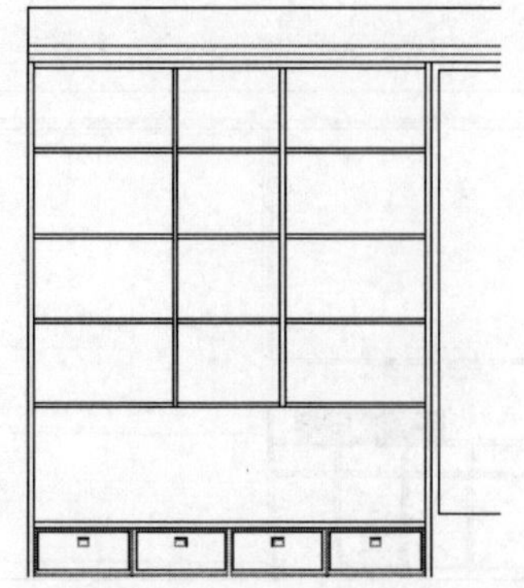
图 17-41　修剪结果

07 单击“常用”选项卡→“绘图”面板→“插入块”按钮，在打开的“插入”对话框中单击 浏览(B)... 按钮，选择随书光盘中的“\图块文件\书 01.dwg”。

08 返回“插入”对话框，以默认参数将立面床图块插入到立面图中，插入点为图 17-42 所示的端点，插入结果如图 17-43 所示。

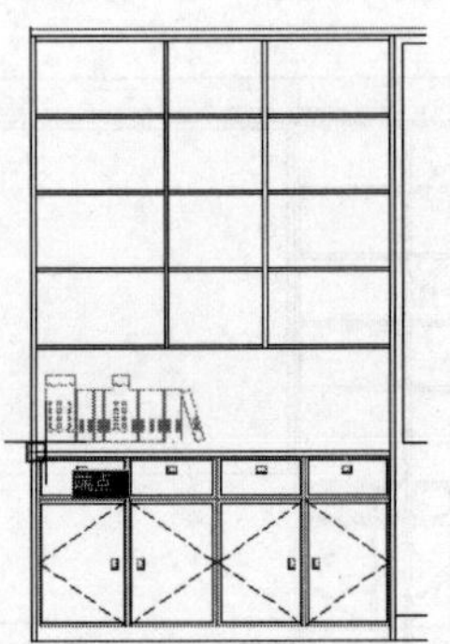
图 17-42　捕捉端点

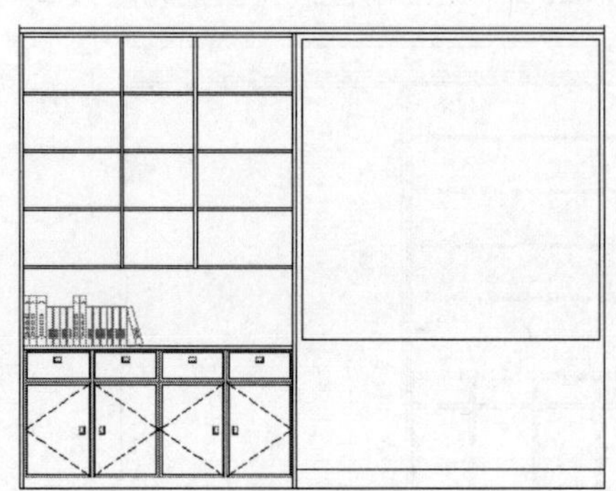
图 17-43　插入结果

09 重复执行“插入块”命令，以默认参数分别插入随书光盘中的“\图块文件\”目录下的“地球仪.dwg、书 02.dwg、书 03.dwg、书 04.dwg、小象.dwg 和飞机.dwg”，插入结果如图 17-44 所示。

10 单击“常用”选项卡→“修改”面板→“复制”按钮，对插入的图块进行复制，结果如图 17-45 所示。

图 17-44　插入结果

图 17-45　复制结果

至此，书架立面图绘制完毕。下一节将学习书房立面窗、电脑桌椅等构件的绘制过程和技巧。

17.3.5　绘制立面窗及电脑桌椅

01 继续上节操作。单击“常用”选项卡→“绘图”面板→“插入块”按钮，在打开的“插入”对话框中单击浏览(B)...按钮，然后选择随书光盘中的“\图块文件\立面窗及窗帘.dwg”。

02 返回“插入”对话框，以默认参数将立面床图块插入到立面图中，插入点为图 17-46 所示的水平轮廓线 L 的中点；插入结果如图 17-47 所示。

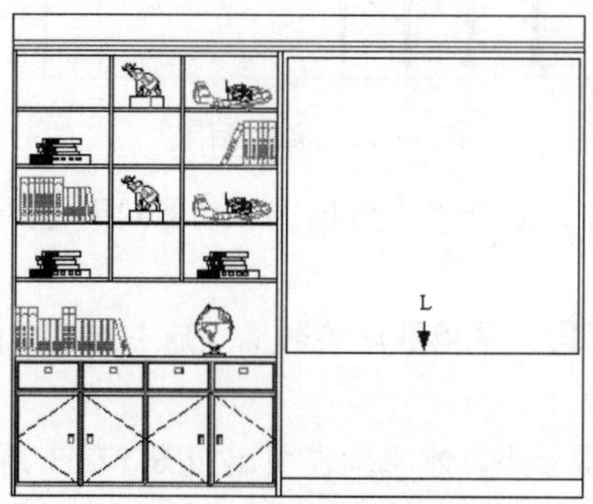

图 17-46　定位插入点

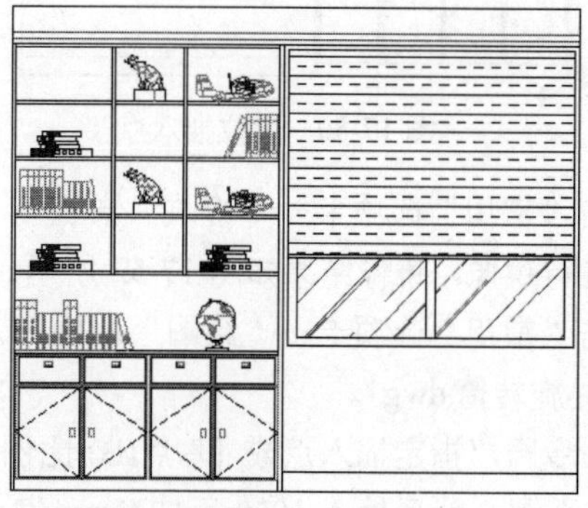
图 17-47　插入结果

03 单击“常用”选项卡→“绘图”面板→“插入块”按钮，采用默认参数插入随书光盘中的“\图块文件\电脑桌.dwg”。

04 在命令行“指定插入点或 [基点(B)/比例(S)/旋转(R)]:”提示下，激活“捕捉自”功能。

05 在命令行“ _from 基点: ”提示下捕捉如图 17-48 所示的端点 A。

06 继续在命令行“<偏移>:”提示下，输入 @0,590 后按 Enter 键，插入结果如图 17-49 所示。

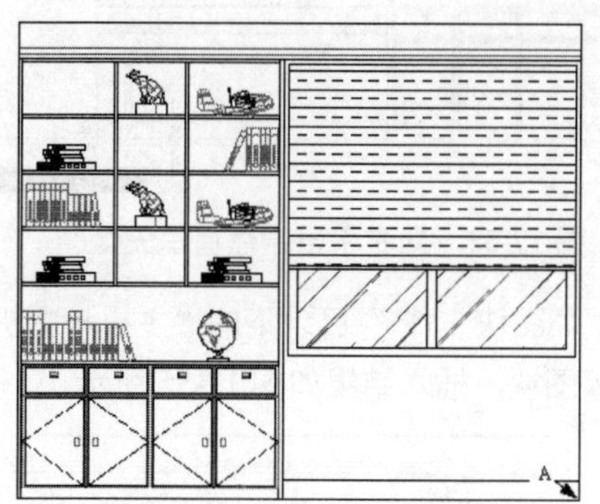

图 17-48　定位插入点

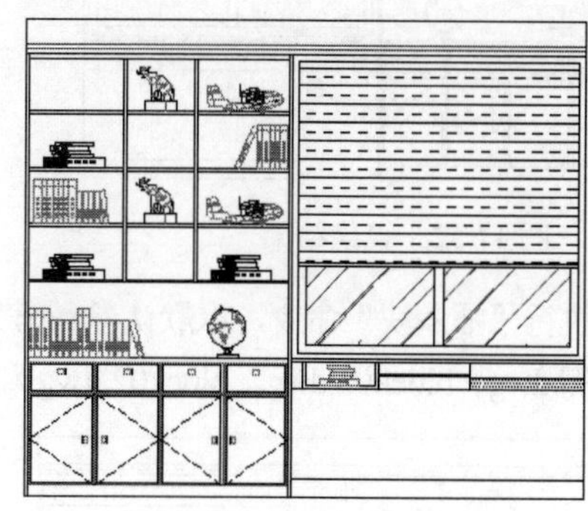
图 17-49　插入结果

07 单击“常用”选项卡→“绘图”面板→“插入块”按钮，采用默认参数插入随书光盘中的“\图块文件\插座.dwg”。

08 在命令行“指定插入点或 [基点(B)/比例(S)/旋转(R)]:”提示下，激活“捕捉自”功能。

09 在命令行“ _from 基点: ”提示下，捕捉如图 17-50 所示的端点 W。

10 继续在命令行“<偏移>:”提示下，输入（@-360,-140）后按 Enter 键，插入结果如图 17-51 所示。

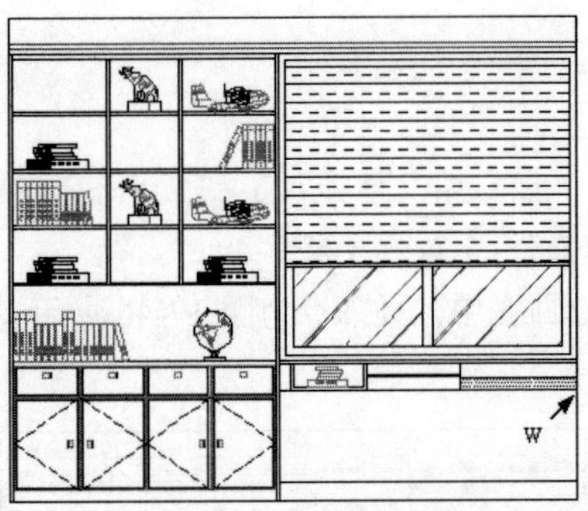
图 17-50　定位插入点

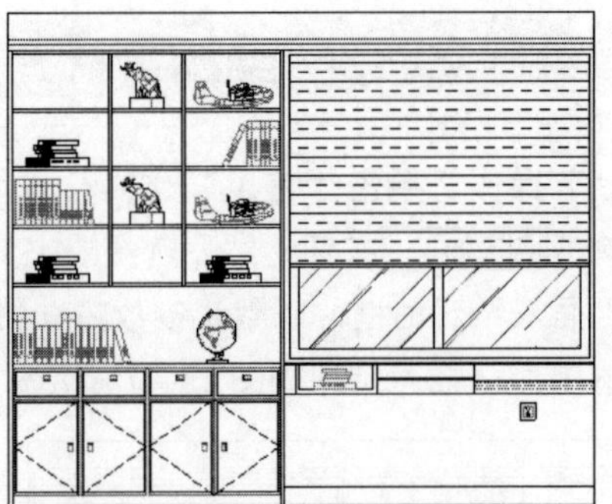
图 17-51　插入结果

11 单击“常用”选项卡→“修改”面板→“镜像”按钮，配合“中点捕捉”功能对刚插入的插座图块进行镜像，镜像结果如图 17-52 所示。

12 单击“常用”选项卡→“绘图”面板→“插入块”按钮，采用默认参数插入随书光盘中的“\图块文件\旋转椅.dwg”。

13 在命令行“指定插入点或 [基点(B)/比例(S)/旋转(R)]:”提示下，水平向左引出如图 17-53 所示的端点追踪矢量，然后输入 1050 后按 Enter 键，插入结果如图 17-54 所示。

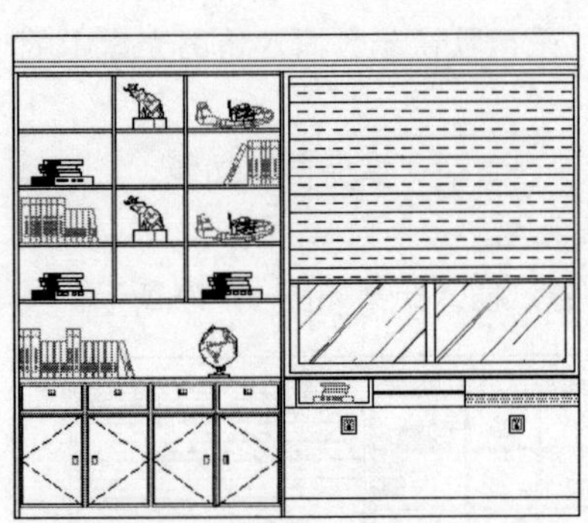
图 17-52　镜像结果

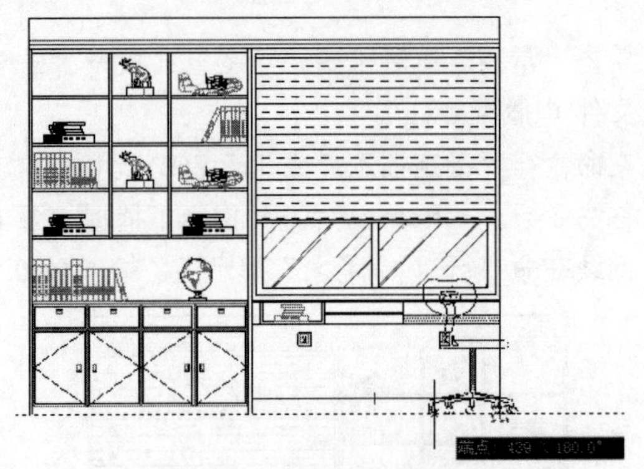
图 17-53　向左引出端点追踪矢量

14 重复执行“插入块”命令，以默认参数分别插入随书光盘“\图块文件\”目录下的“主机与主机架.dwg、电脑侧.dwg、block03.dwg、block02.dwg 和垃圾筒.dwg”等图块，插入结果如图 17-55 所示。

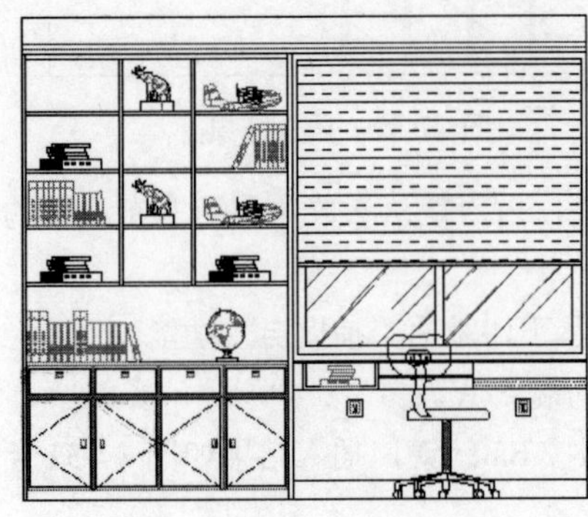
图 17-54　插入装饰画

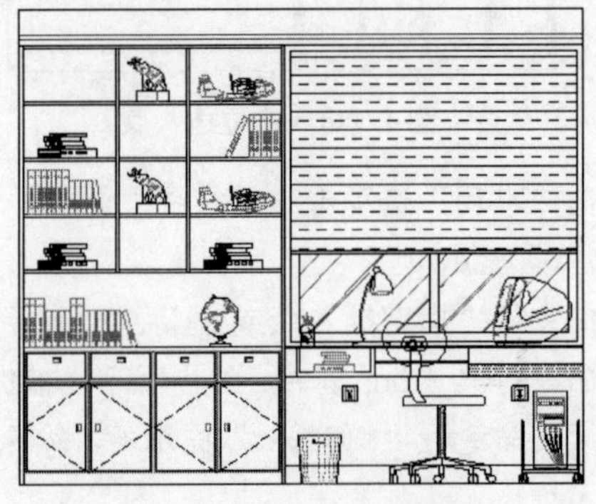
图 17-55　插入其他图块

15 接下来使用“分解”和“修剪”命令，对立面图构件轮廓线进行修整，删除被遮挡住的图线，结果如图 17-56 所示。

16 在“常用”选项卡→“图层”面板中设置“填充层”为当前操作层。

17 单击“常用”选项卡→“绘图”面板→“图案填充”按扭，激活“图案填充”命令。然后在命令行“拾取内部点或 [选择对象(S)/设置(T)]:”提示下，激活“设置”选项，打开“图案填充和渐变色”对话框。

18 在“图案填充和渐变色”对话框中选择“预定义”图案，同时设置图案的填充角度及填充比例参数，如图 17-57 所示。

图 17-56　修整结果

图 17-57　设置填充图案与参数

19 单击“图案填充创建”选项卡→“边界”面板→“拾取点”按钮，返回绘图区拾取填充区域，为立面图填充如图 17-58 所示的图案。

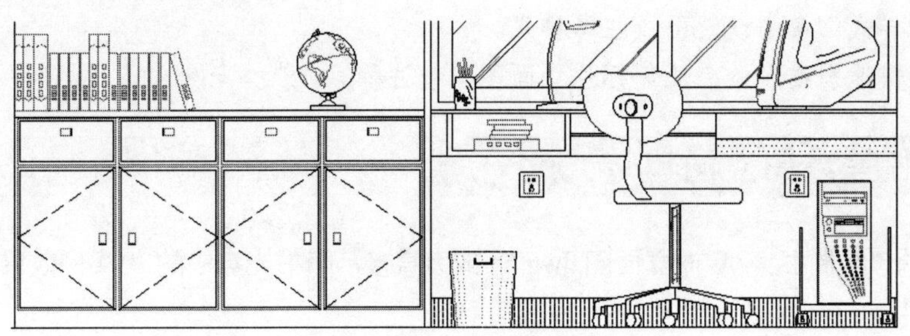

图 17-58　填充结果

20 调整视图，将图形全部显示，最终效果如图 17-1 所示。

21 最后执行“保存”命令，将图形命名存储为“绘制书房 A 向立面图.dwg”。

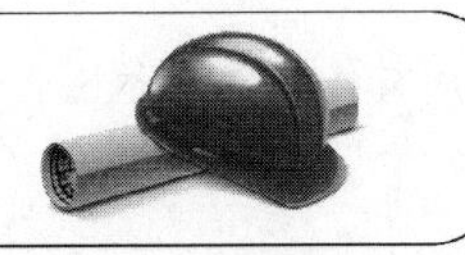

17.4 标注书房 A 向装修立面图

本例在综合所学知识的前提下，主要学习书房 A 向装修立面图引线注释和立面尺寸等内容的具体标注过程和技巧。书房 A 向立面图的最终标注效果如图 17-59 所示。

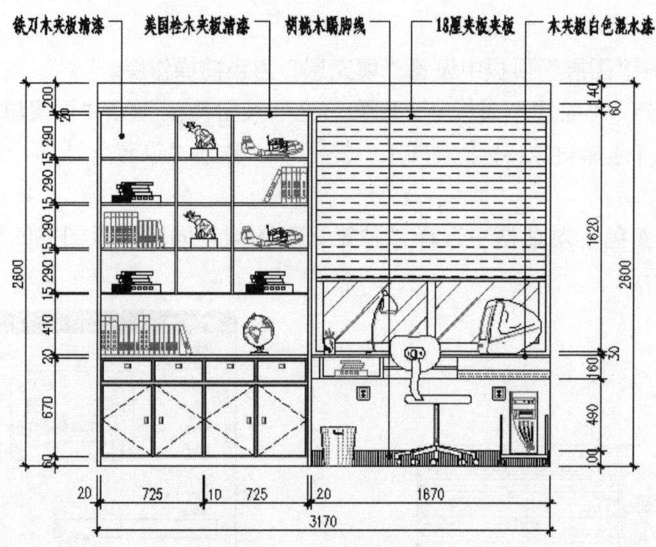

图 17-59　实例效果

17.4.1　书房 A 向立面图标注思路

在标注书房 A 向立面图时，具体可以参照如下思路：

- 首先调用立面图文件并设置当前图层。
- 使用“标注样式”命令设置当前标注样式与比例
- 使用“线性”、“连续”命令标注立面图细部尺寸和总尺寸。
- 使用“快速夹点”功能调整并完善尺寸标注文字。
- 使用“标注样式”命令设置引线注释样式。
- 最后使用“快速引线”命令快速标注立面图引线注释。

17.4.2　标注书房 A 向立面尺寸

01 打开上例存储的“绘制书房 A 向立面图.dwg”，或者直接从随书光盘中的“\实例效果文件\第 17 章\”目录下调用此文件。

02 在“常用”选项卡→“图层”面板中设置“尺寸层”为当前操作层。

03 使用快捷键“D”激活“标注样式”命令，将“建筑标注”设为当前样式，同时修改标注比例为 22。

04 单击“常用”选项卡→“注释”面板→“线性”按钮，配合“端点捕捉”功能标注如图 17-60 所示的线性尺寸。

05 单击“注释”选项卡→“标注”面板→“连续”按钮，以刚标注的线性尺寸作为基准尺寸，标注如图 17-61 所示的细部尺寸。

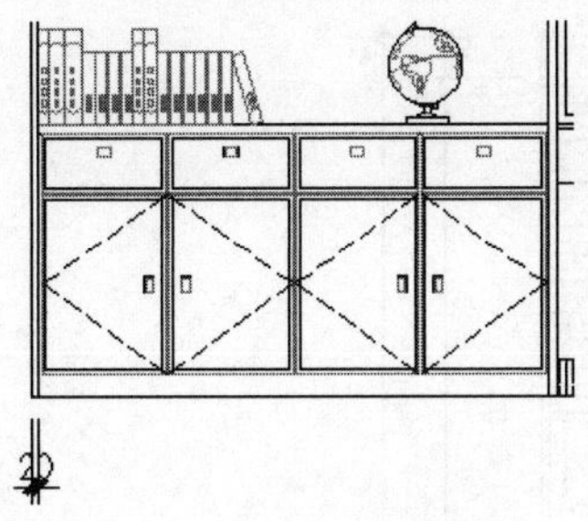

图 17-60　标注线性尺寸

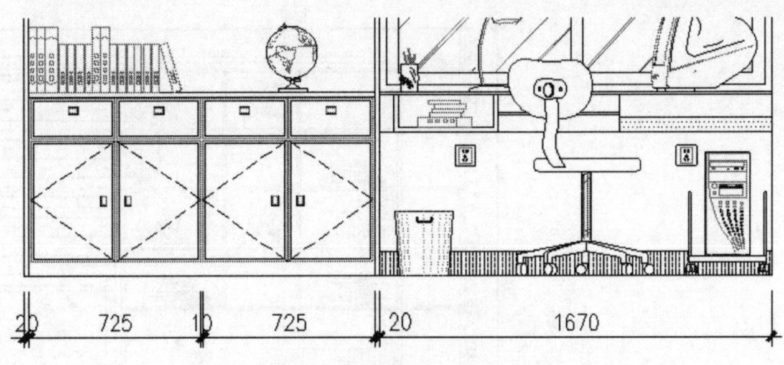

图 17-61　标注连续尺寸

06 在无命令执行的前提下，单击如图 17-62 所示的细部尺寸，使其呈现夹点显示状态。

07 将光标放在尺寸文字夹点上，然后从弹出的快捷菜单中选择“仅移动文字”选项。

08 接下来在命令行“** 仅移动文字 **指定目标点:”提示下，在适当位置指定文字的位置，结果如图 17-63 所示。

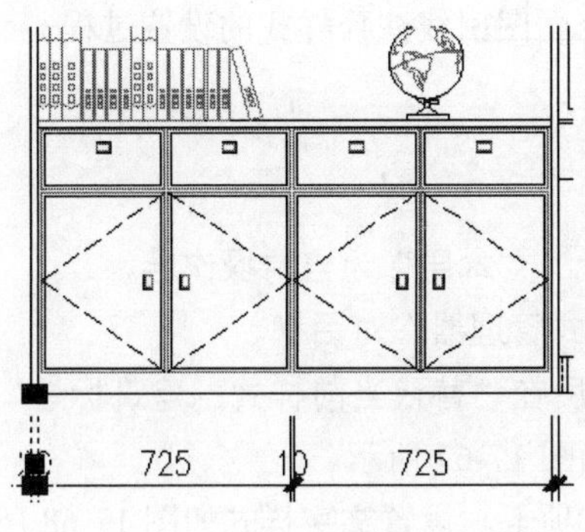

图 17-62　夹点显示尺寸

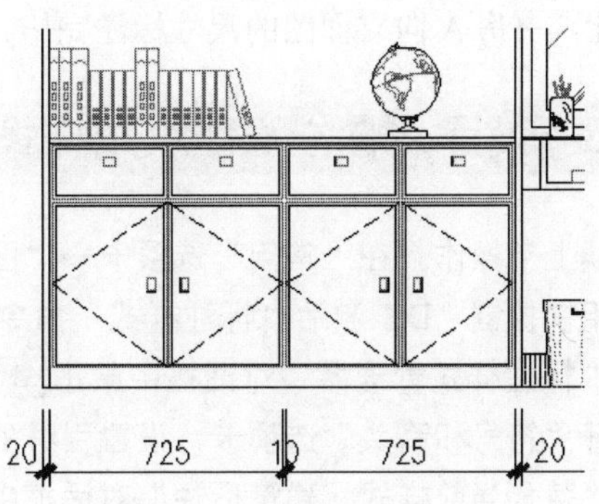

图 17-63　夹点编辑后的效果

09 参照步骤 06～08 的操作，分别对其他位置的尺寸文字进行调整，结果如图 17-64 所示。

10 单击“常用”选项卡→“注释”面板→“线性”按钮，配合“端点捕捉”功能标注立面图下侧的总尺寸，结果如图 17-65 所示。

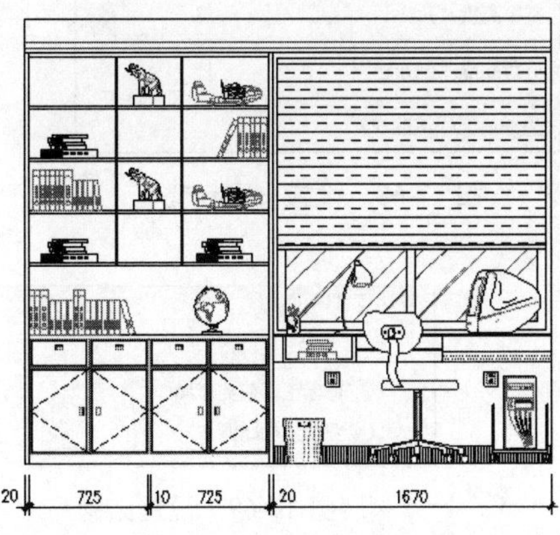

图 17-64　调整结果

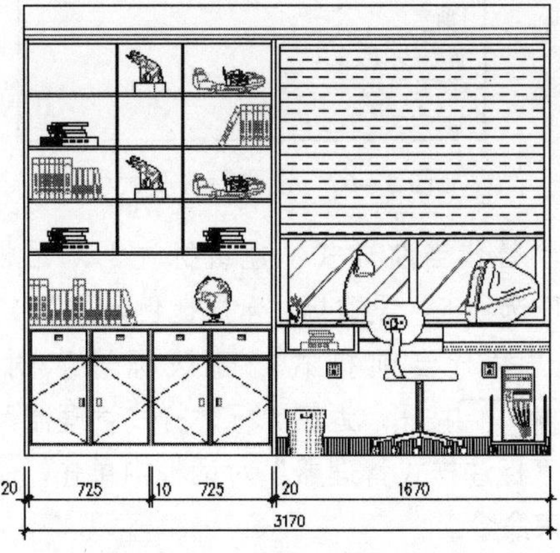

图 17-65　标注总尺寸

11 参照步骤 04～10 的操作，综合使用“线性”、“连续”等命令，分别标注立面图两侧的细部尺寸和总尺寸，并对尺寸文字进行调整，结果如图 17-66 所示。

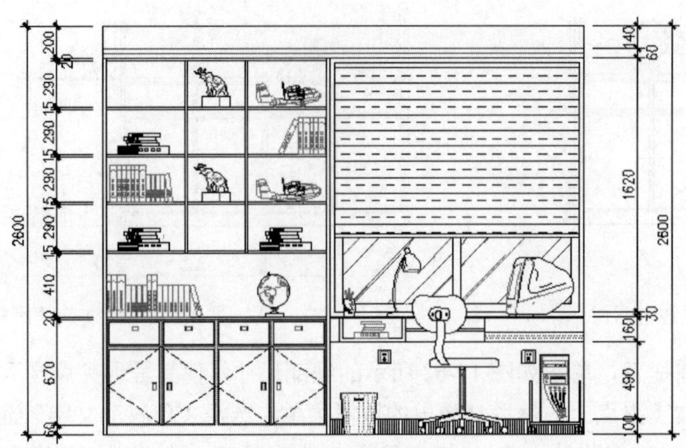

图 17-66　标注两侧尺寸

至此，书房 A 向立面图的尺寸标注完毕。下一节将学习立面图引线注释样式的设置过程。

17.4.3　设置 A 向立面图引线样式

01 继续上节操作。在“常用”选项卡→“图层”面板中设置“文本层”为当前操作层。

02 使用快捷键“D”激活“标注样式”命令，打开“标注样式管理器”对话框。

03 在“标注样式管理器”对话框中单击 替代(O)... 按钮，然后在“替代当前样式：建筑标注”对话框中展开“符号和箭头”选项卡，设置引线的箭头及大小，如图 17-67 所示。

04 在“替代当前样式：建筑标注”对话框中展开“文字”选项卡，设置文字样式如图 17-68 所示。

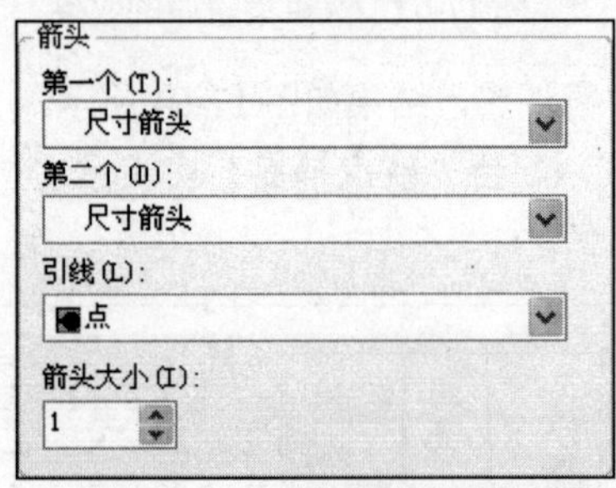

图 17-67　设置箭头及大小

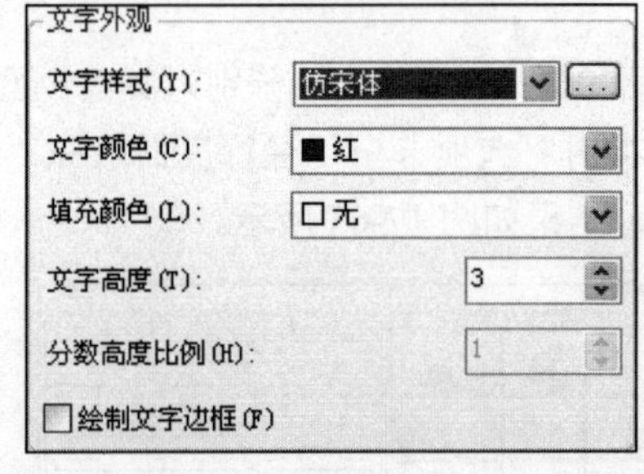

图 17-68　设置文字样式

05 在“替代当前样式：建筑标注”对话框中展开“调整”选项卡，设置标注全局比例，如图 17-69 所示。

06 在“替代当前样式：建筑标注”对话框中单击 确定 按钮，返回“标注样式管理器”对话框。

07 在“标注样式管理器”对话框中单击 关闭 按钮，结束命令。

图 17-69　设置比例

至此，立面图引线注释样式设置完毕。下一节将详细学习立面图引线注释的具体过程和标注技巧。

17.4.4　标注书房 A 向装修材质

01 继续上节操作。使用快捷键“LE”激活“快速引线”命令，在命令行“指定第一个引线点或 [设置(S)] <设置>：”提示下激活“设置”选项，打开“引线设置”对话框。

02 在“引线设置”对话框中展开“引线和箭头”选项卡，然后设置参数，如图 17-70 所示。

03 在“引线设置”对话框中展开“附着”选项卡，设置引线注释的附着位置，如图 17-71 所示。

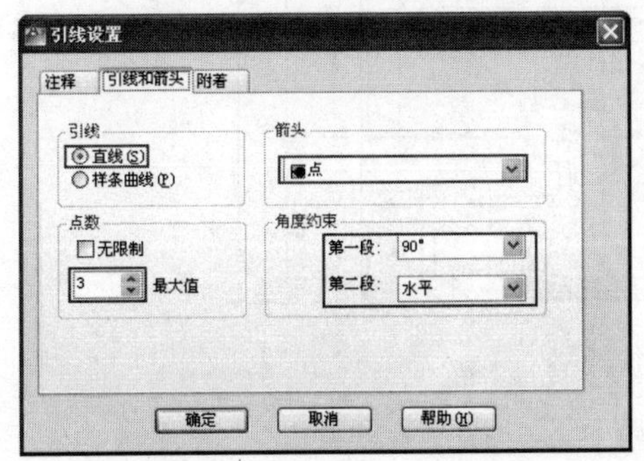

图 17-70　“引线和箭头”选项卡

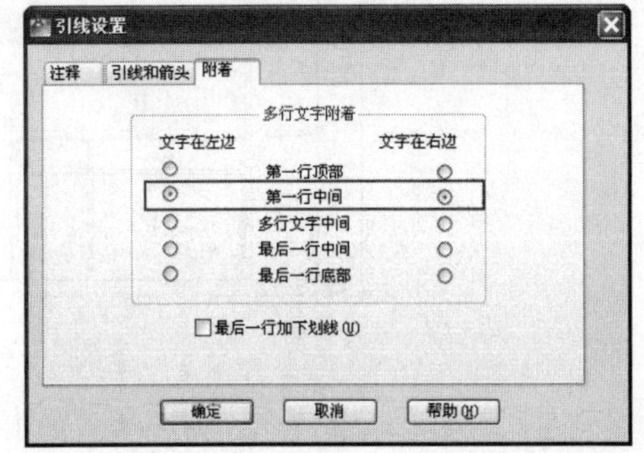

图 17-71　“附着”选项卡

04 单击“引线设置”对话框中的 确定 按钮返回绘图区，根据命令行的提示，指定三个引线点绘制引线，如图 17-72 所示。

05 在命令行“指定文字宽度 <0>:”提示下按 Enter 键。

06 在命令行“输入注释文字的第一行 <多行文字(M)>:”提示下，输入“铁刀木夹板清漆”并按 Enter 键。

07 在命令行“输入注释文字的下一行:”提示下，按 Enter 键结束命令。标注结果如图 17-73 所示。

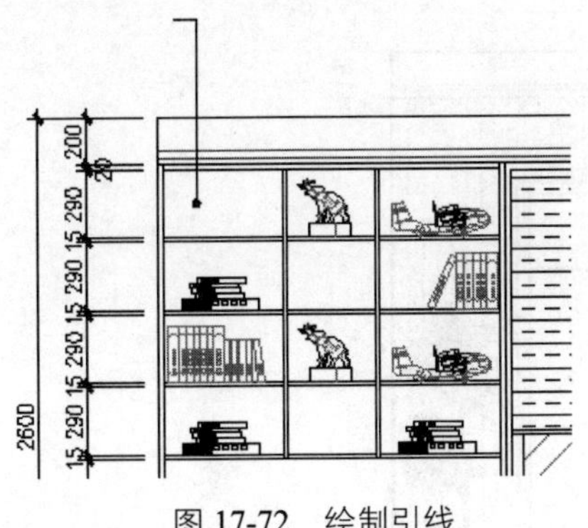

图 17-72　绘制引线

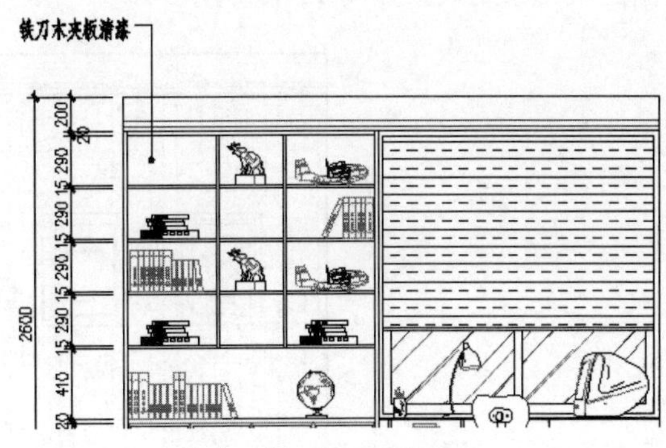

图 17-73　输入引线注释

08 重复执行“快速引线”命令，按照当前的引线参数设置，分别标注其他位置的引线注释，标注结果如图 17-74 所示。

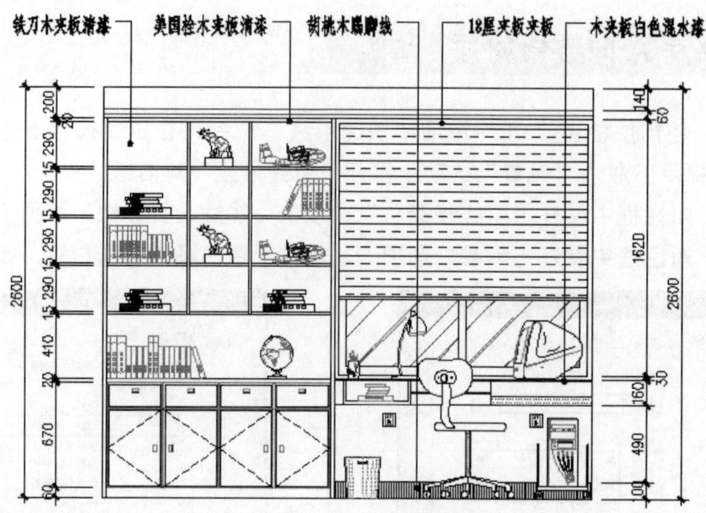

图 17-74　标注其他注释

09 调整视图，将图形全部显示，最终效果如上图 17-45 所示。

10 最后执行“另存为”命令，将图形命名存储为“标注书房 A 向立面图.dwg”。

17.5 绘制书房 C 向装修立面图

本例在综合所学知识的前提下，主要学习书房 C 向装修立面图的具体绘制过程和绘制技巧。书房 C 向立面图的最终绘制效果如图 17-75 所示。

图 17-75　实例效果

17.5.1　书房 C 立面绘图思路

在绘制书房 C 向立面图时，具体可以参照如下思路：

- 首先使用“新建”命令调用室内绘图样板文件。
- 使用“矩形”、“分解”、“偏移”、“圆角”、“修剪”等命令绘制书房 C 向墙面轮廓线。
- 使用“编辑多段线”、“偏移”、“矩形”、“多段线”、“修剪”、“特性”和“阵列”命令绘制书房单开门立面图。
- 使用“插入块”、“修剪”等命令，并配合“捕捉自”、“对象捕捉”和“对象追踪”功能绘制 C 向立面构件图。
- 最后综合使用“图案填充”、“线型”、“特性”等命令绘制书房 C 向立面图装饰壁纸。

17.5.2　绘制书房 C 向轮廓图

01 单击“快速访问工具栏”中的按钮，选择随书光盘中的“\绘图样板文件\室内绘图样板.dwt”，新建空白文件。

02 在“常用”选项卡→“图层”面板中设置“轮廓线”为当前操作层。

03 单击“常用”选项卡→“绘图”面板→“矩形”按钮，绘制长度为 3170、宽度为 2600 的矩形作为墙面外轮廓线。

04 单击“常用”选项卡→“修改”面板→“分解”按钮，将矩形分解为 4 条独立的线段。

05 单击“常用”选项卡→“修改”面板→“偏移”按钮，将上侧的矩形水平边向下偏移 140 和 170 个绘图单位；将下侧的矩形水平边向上偏移 100 和 2400 个绘图单位，结果如图 17-76 所示。

06 单击“常用”选项卡→“修改”面板→“偏移”按钮，将左侧的矩形垂直边向右偏移 1770 个绘图单位；将右侧的矩形垂直边向左偏移 600 个绘图单位；将下侧的矩形水平边向上偏移 2000 个绘图单位，结果如图 17-77 所示。

图 17-76　偏移水平边

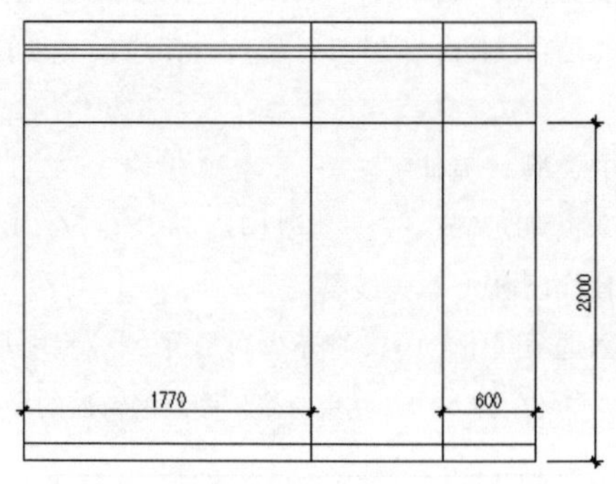

图 17-77　偏移结果

07 单击“常用”选项卡→“修改”面板→“圆角”按钮，将圆角半径设置为 0，对偏移出的图线进行圆角编辑，圆角结果如图 17-78 所示。

08 单击“常用”选项卡→“修改”面板→“修剪”按钮，对偏移出的垂直轮廓线和水平轮廓线进行修剪，结果如图 17-79 所示。

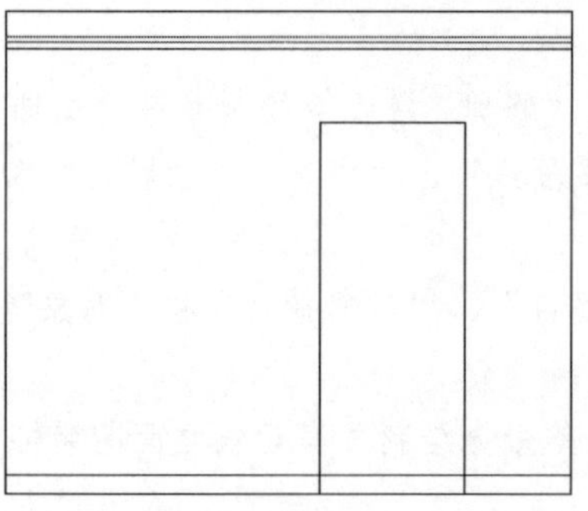
图 17-78　圆角结果

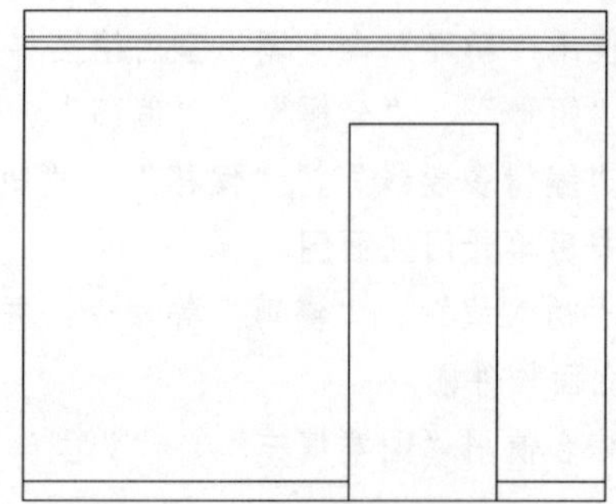
图 17-79　修剪结果

至此，书房 C 向立面轮廓图绘制完毕。下一节将学习书房单开门内立面图的绘制过程和表达技巧。

17.5.3　绘制书房单开门立面图

01 继续上节操作。在“常用”选项卡→“图层”面板中设置“家具层”为当前操作层。

02 使用快捷键“PE”激活“编辑多段线”命令，窗交选择如图 17-80 所示的 3 条图线，将其编辑为一条多段线。命令行操作如下：

```
命令: PE                // Enter
PEDIT 选择多段线或 [多条(M)]:  //m Enter
选择对象:           //窗交选择如图 17-80 所示的轮廓线
选择对象:           // Enter
是否将直线、圆弧和样条曲线转换为多段线? [是(Y)/否(N)]? <Y>  // Enter
输入选项 [闭合(C)/打开(O)/合并(J)/宽度(W)/拟合(F)/样条曲线(S)/非曲线化(D)/线型生成(L)/反转(R)/放弃(U)]:  //J Enter
合并类型 = 延伸
输入模糊距离或 [合并类型(J)] <0>:  // Enter
多段线已增加 2 条线段
输入选项 [闭合(C)/打开(O)/合并(J)/宽度(W)/拟合(F)/样条曲线(S)/非曲线化(D)/线型生成(L)/反转(R)/放弃(U)]:  // Enter，结束命令，图线编辑后的夹点效果如图 17-81 的示
```

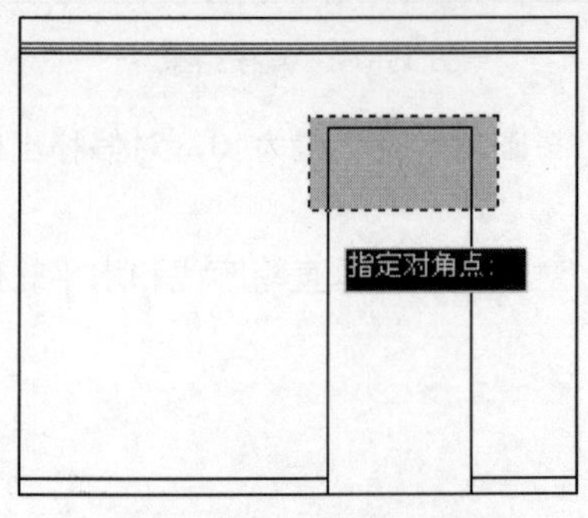

图 17-80　窗交选择

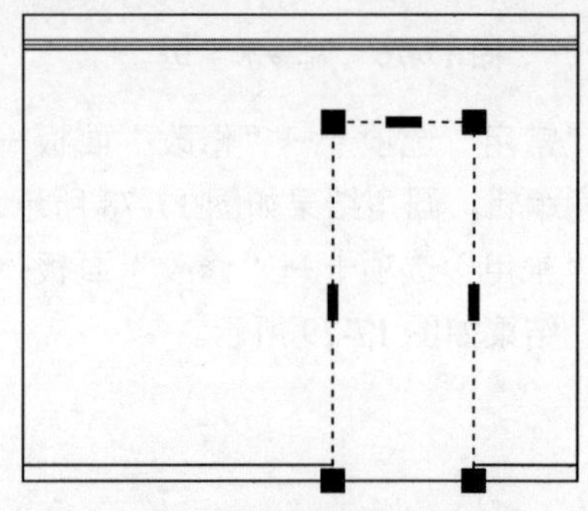
图 17-81　编辑后的夹点效果

03 打开“快捷特性”面板，修改夹点多段线的所在层为“家具层”，如图 17-82 所示。

04 单击“常用”选项卡→“修改”面板→“偏移”按钮，将编辑后的多段线向外侧偏移 20、40 和 50 个绘图单位，结果如图 17-83 所示。

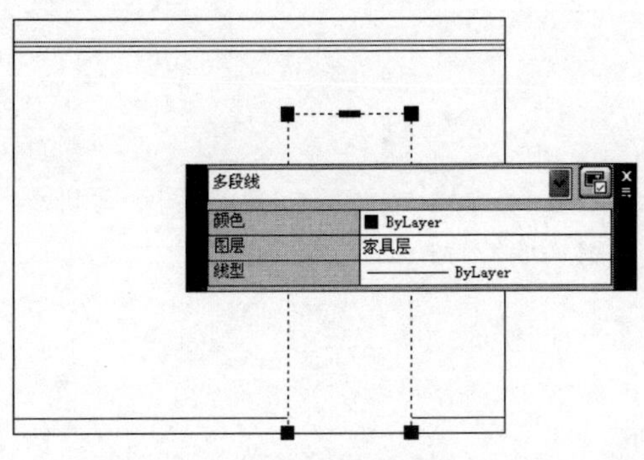

图 17-82　修改夹点图线所在层

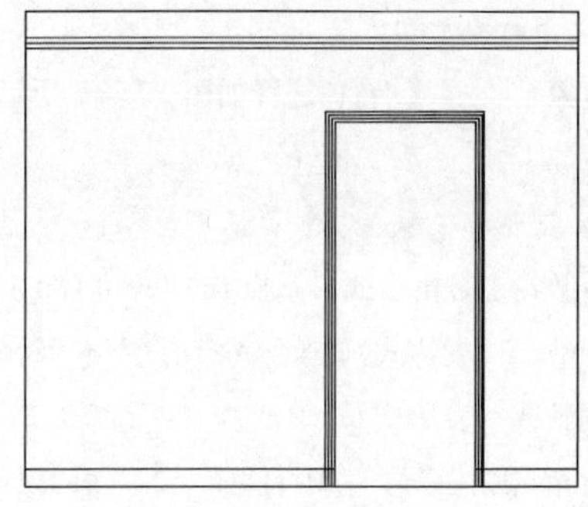

图 17-83　偏移结果

05 分别夹点显示内侧的两条多段线，在“快捷特性”面板中更改其颜色为青色和绿色，结果如图 17-84 所示。

06 单击“常用”选项卡→“修改”面板→“偏移”按钮，将最下侧的水平轮廓线向上偏移 330 和 335 个绘图单位；将最右侧的垂直轮廓线向左偏移 1300 个绘图单位，结果如图 17-85 所示。

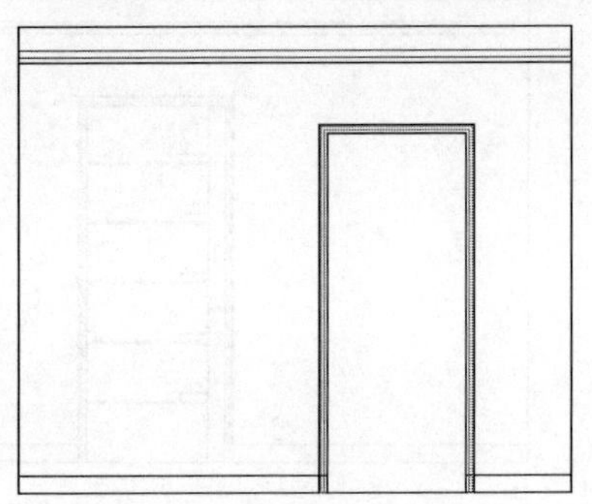

图 17-84　更改颜色

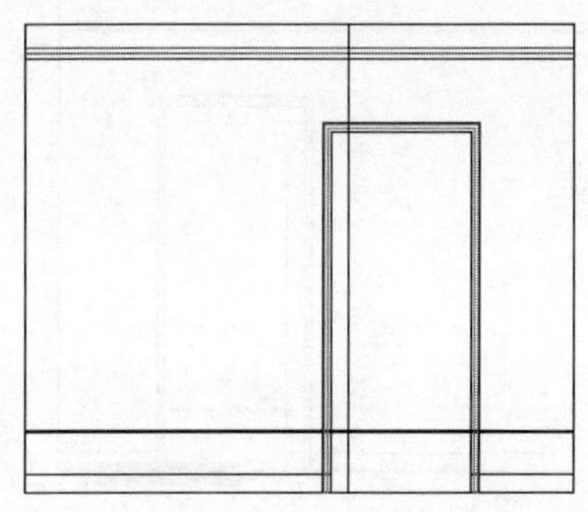

图 17-85　偏移结果

07 在“快捷特性”面板中修改偏移图线的图层为“家具层”。然后单击“常用”选项卡→“修改”面板→“修剪”按钮，对其进行修剪编辑，结果如图 17-86 所示。

08 单击“常用”选项卡→“绘图”面板→“矩形”按钮，配合“端点捕捉”和“坐标输入”功能，绘制长度为 150、宽度为 50 的矩形，如图 17-87 所示。

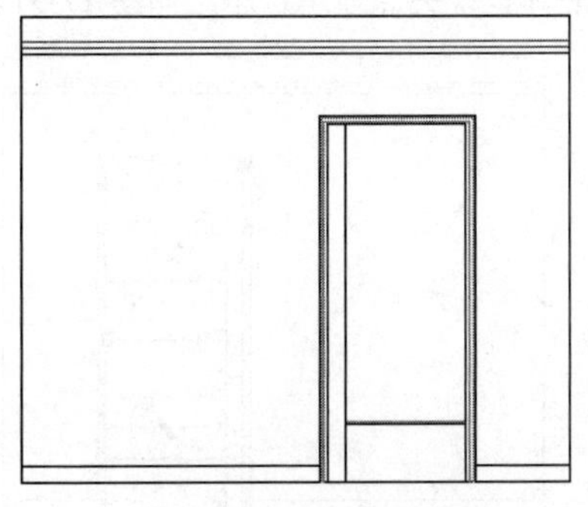

图 17-86　编辑结果

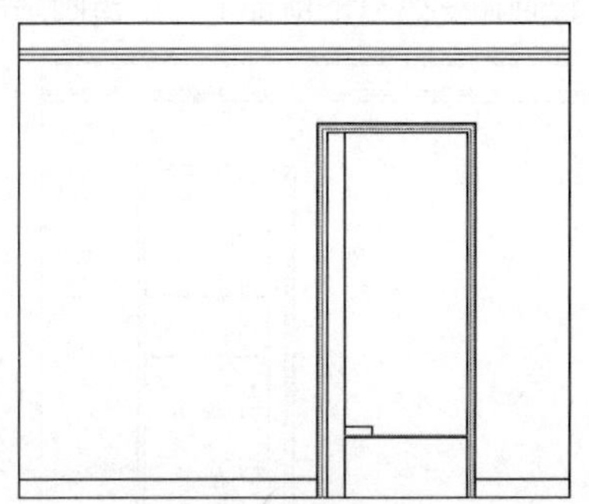

图 17-87　绘制结果

09 单击“常用”选项卡→“修改”面板→“矩形阵列”按钮，窗交选择如图 17-88 所示的图线并进行矩形阵列。命令行操作如下：

```
命令: _arrayrect
选择对象:        //窗口选择如图 17-88 所示的对象
选择对象:        // Enter
类型 = 矩形  关联 = 是
为项目数指定对角点或 [基点(B)/角度(A)/计数(C)] <计数>:  // Enter
输入行数或 [表达式(E)] <4>:  //5 Enter
输入列数或 [表达式(E)] <4>:   //10 Enter
指定对角点以间隔项目或 [间距(S)] <间距>: // Enter
指定行之间的距离或 [表达式(E)] <0>:   //335 Enter
按 Enter 键接受或 [关联(AS)/基点(B)/行(R)/列(C)/层(L)/退出(X)] <退出>:  //AS Enter
创建关联阵列 [是(Y)/否(N)] <是>:    //N Enter
按 Enter 键接受或 [关联(AS)/基点(B)/行(R)/列(C)/层(L)/退出(X)] <退出>:
                                    // Enter，阵列结果如图 17-89 所示
```

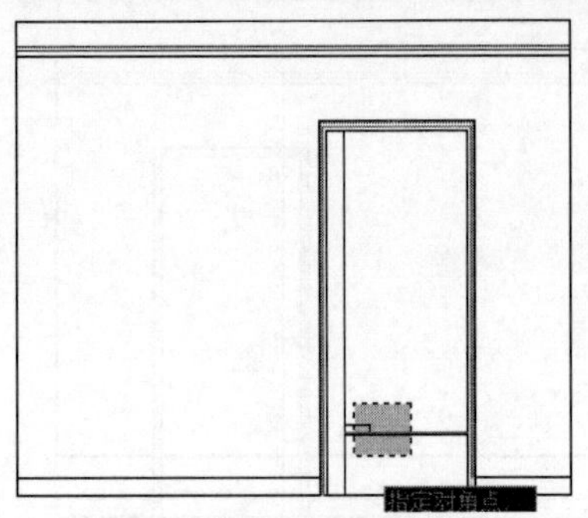

图 17-88 窗交选择

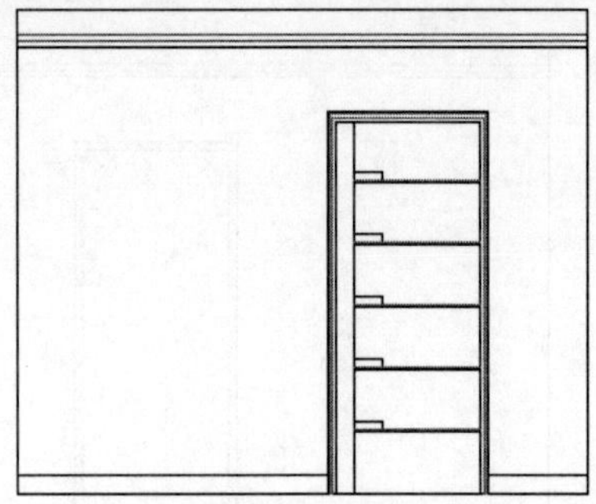

图 17-89 阵列结果

10 单击“常用”选项卡→“绘图”面板→“多段线”按钮，配合“对象捕捉”功能绘制门的角线及开启方向线，结果如图 17-90 所示。

11 使用快捷键“LT”激活“线型”命令，打开“线型管理器”对话框，使用对话框中的“加载”功能，加载一种名为“DASHED”的线型。

12 在无任何命令执行的前提下，单击刚绘制门的开启方向线，使其呈现夹点显示状态，如图 17-91 所示。

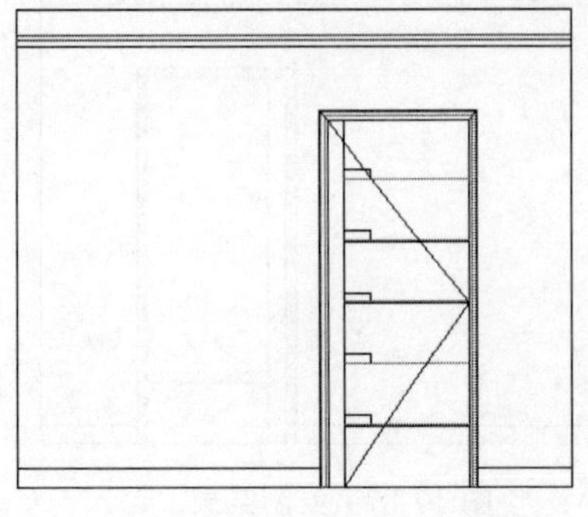

图 17-90 绘制角线和方向线

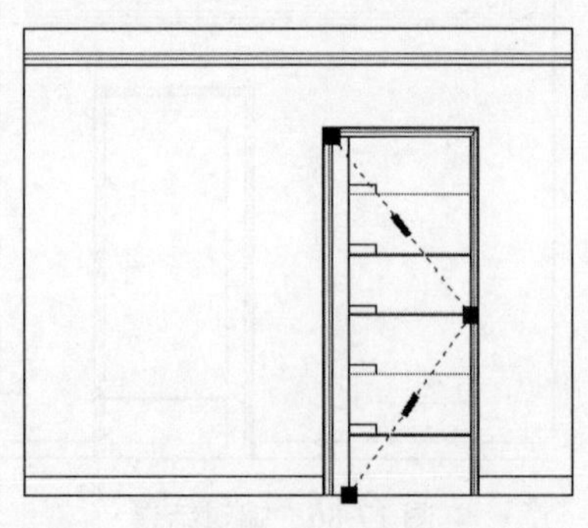

图 17-91 夹点效果

13 按下 Ctrl+1 组合键，在打开的“特性”窗口中修改夹点图案的线型为“DASHED ”，修改线型比例为 8，如图 17-92 所示。

14 关闭“特性”窗口，然后取消图案的夹点显示。修改后的结果如图 17-93 所示。

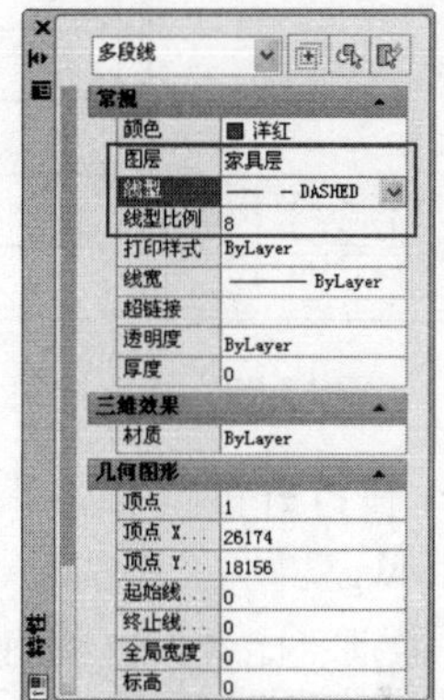

图 17-92　修改线型与比例

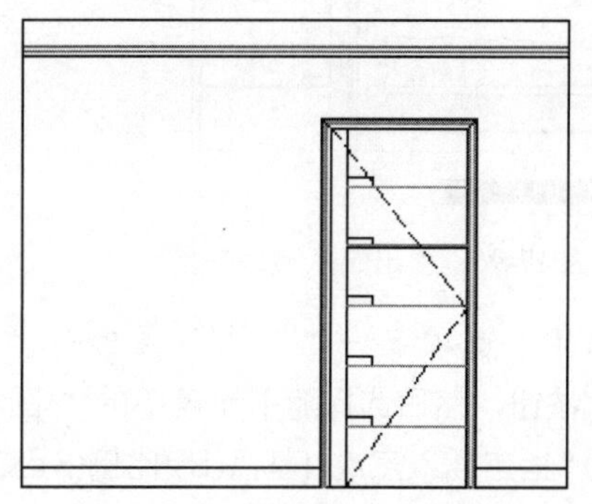

图 17-93　修改后的效果

15 单击“常用”选项卡→“绘图”面板→“插入块”按钮，在打开的“插入”对话框中单击“浏览(B)...”按钮，然后选择随书光盘中的“\图块文件\门拉手.dwg”。

16 返回“插入”对话框，以默认参数将图块插入到立面图中。在命令行“指定插入点或 [基点(B)/比例(S)/旋转(R)]：”提示下，激活“捕捉自”功能。

17 在命令行“_from 基点：”提示下，捕捉图 17-94 所示的端点 A。

18 继续在命令行“<偏移>：”提示下输入（@-525,920）并按 Enter 键，插入结果如图 17-95 所示。

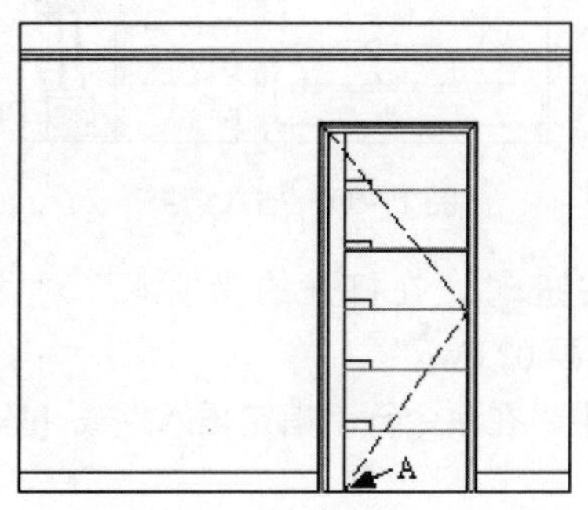

图 17-94　定位插入点

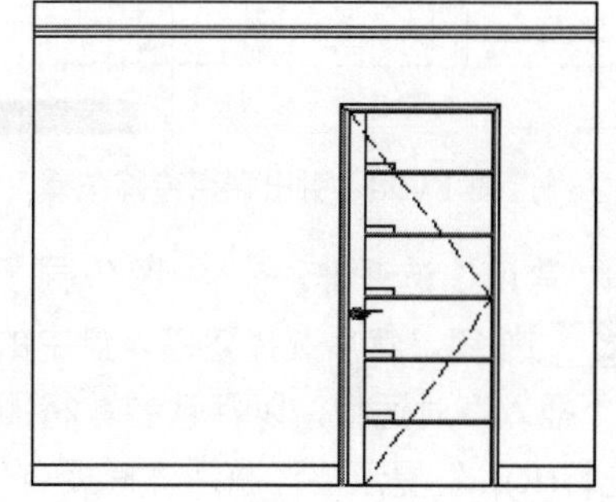

图 17-95　插入结果

至此，书房单开门立面图绘制完毕。下一节将学习书房 C 向立面构件图的具体绘制过程和技巧。

17.5.4　绘制书房 C 向立面构件图

01 继续上节操作。单击“常用”选项卡→“绘图”面板→“插入块”按钮，在打开的“插入”对话框中单击“浏览(B)...”按钮，然后选择随书光盘中的“\图块文件\休闲沙发 02.dwg”。

02 返回“插入”对话框，以默认参数将图块插入到立面图中。在命令行“指定插入点或 [基点(B)/比例(S)/旋转(R)]：”提示下，水平向右引出如图 17-96 所示的端点追踪矢量，然后输入 55 并按 Enter 键，定位插入点，插入结果如图 17-97 所示。

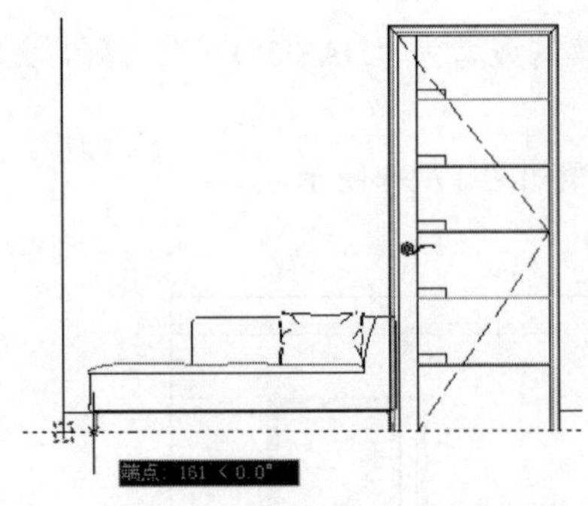

图 17-96　引出端点追踪矢量

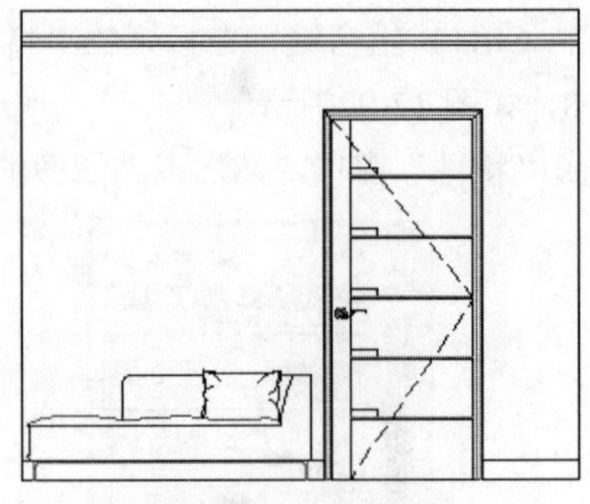

图 17-97　插入结果

03 单击“常用”选项卡→“绘图”面板→“插入块”按钮，在打开的“插入”对话框中单击 浏览(B)... 按钮，然后选择随书光盘中的“\图块文件\立面盆景 01.dwg”。

04 在命令行“指定插入点或 [基点(B)/比例(S)/旋转(R)]:”提示下，激活“比例”选项功能。

05 在“指定 XYZ 轴的比例因子 <1>: ”提示下，输入 1.25 后并按 Enter 键。

06 在“指定插入点或 [基点(B)/比例(S)/旋转(R)]:”提示下，水平向左引出如图 17-98 所示的端点追踪矢量，然后输入 280 并按 Enter 键，定位插入点，插入结果如图 17-99 所示。

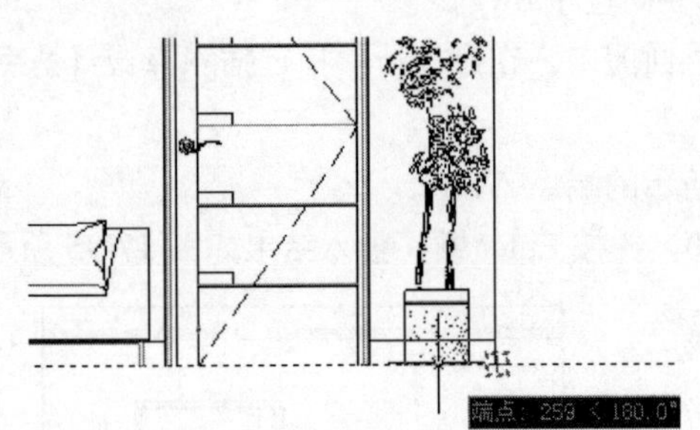

图 17-98　引出端点追踪矢量

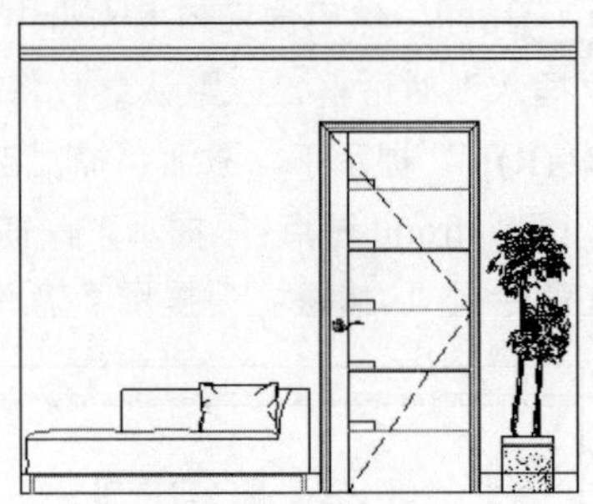

图 17-99　插入结果

07 单击“常用”选项卡→“绘图”面板→“插入块”按钮，在打开的“插入”对话框中单击 浏览(B)... 按钮，然后选择随书光盘中的“\图块文件\装饰画 02.dwg”。

08 返回“插入”对话框，以默认参数将图块插入到立面图中。在命令行“指定插入点或 [基点(B)/比例(S)/旋转(R)]:”提示下，激活“捕捉自”功能。

09 在命令行“_from 基点:”提示下，捕捉图 17-100 所示的端点 S。

10 继续在命令行“<偏移>:”提示下，输入（@510,-1100）并按 Enter 键，插入结果如图 17-101 所示。

图 17-100　定位插入点

图 17-101　插入结果

11 重复执行“插入块”命令，配合“捕捉自”和“端点捕捉”功能，以默认参数插入随书光盘中的“\图块文件\”目录下的“装饰画 02.dwg、装饰画 03、壁灯 02.dwg”，插入结果如图 17-102 所示。

12 单击“常用”选项卡→“修改”面板→“修剪”按钮，以插入的立面图块外边缘作为修剪边界，对下侧的踢脚线进行修剪并完善，结果如图 17-103 所示。

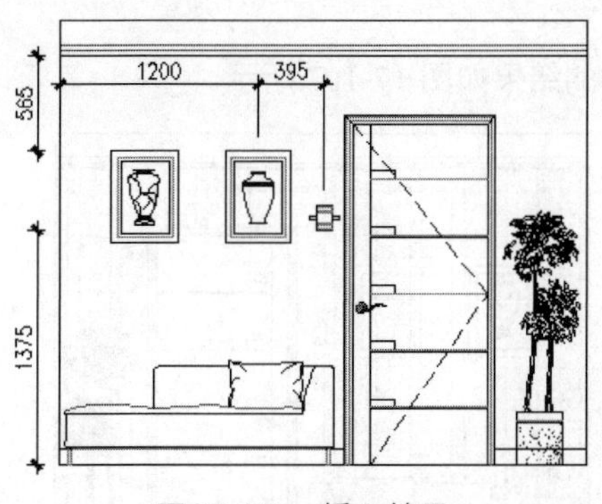

图 17-102　插入结果

图 17-103　修剪结果

至此，书房 C 向立面构件图绘制完毕。下一节将学习书房 C 向墙面壁纸的快速表达技巧和绘制过程。

17.5.5　绘制书房 C 向装饰壁纸

01 继续上节操作。在“常用”选项卡→“图层”面板中设置“填充线”为当前操作层。

02 单击“常用”选项卡→“绘图”面板→“图案填充”按钮，激活“图案填充”命令。然后在命令行“拾取内部点或 [选择对象(S)/设置(T)]:”提示下，激活“设置”选项，打开“图案填充和渐变色”对话框。

03 在“图案填充和渐变色”对话框中选择“预定义”图案，同时设置图案的填充角度及填充间距参数，如图 17-104 所示。

04 单击“图案填充创建”选项卡→“边界”面板→“拾取点”按钮，返回绘图区拾取填充区域，为立面图填充如图 17-105 所示的墙面壁纸图案。

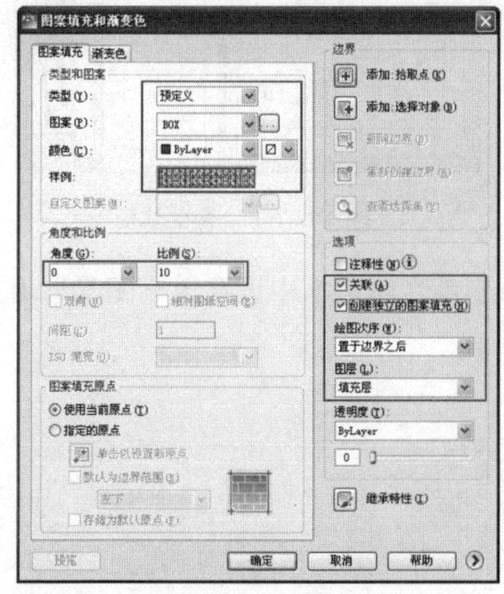

图 17-104　设置填充图案与参数

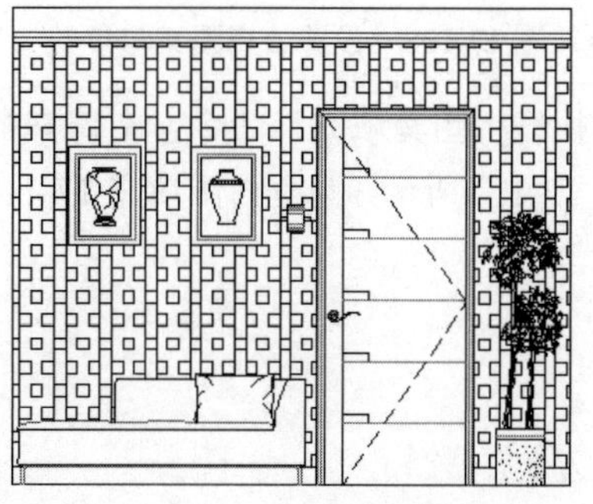

图 17-105　填充结果

05 使用快捷键“LT”激活“线型”命令，打开“线型管理器”对话框，使用对话框中的“加载”功能，加载一种名为“ACAD_ISO07W100”的线型。

06 在无命令执行的前提下，单击刚填充的墙面壁纸图案，使其呈现夹点显示状态，如图 17-106 所示。

07 按下 Ctrl+1 组合键，在打开的“特性”窗口中修改夹点图案的线型为“ACAD_ISO07W100”，修改线型比例为 7。

08 关闭“特性”窗口，然后取消图案的夹点显示。修改后的结果如图 17-107 所示。

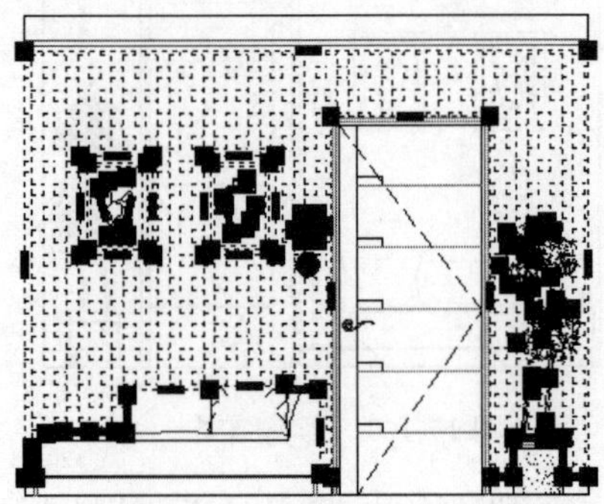

图 17-106　图案的夹点效果

图 17-107　图案的修改效果

09 重复执行“图案填充”命令，在打开的“图案填充和渐变色”对话框中设置填充图案与填充参数，如图 17-108 所示；为立面图填充 17-109 所示的装饰图案。

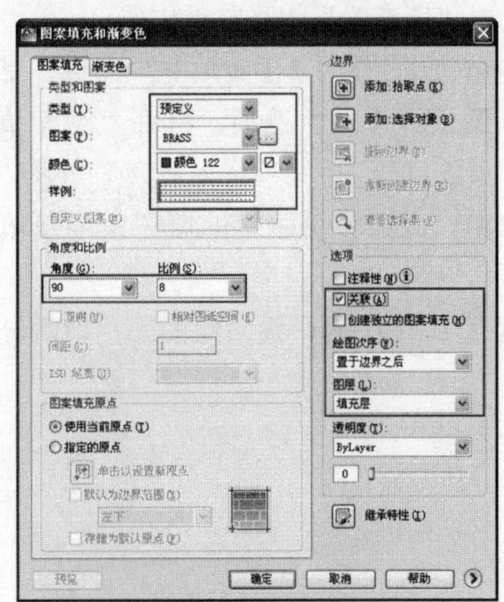

图 17-108　设置填充图案与参数

图 17-109　填充结果

10 重复执行“图案填充”命令，在打开的“图案填充和渐变色”对话框中设置填充图案与填充参数，如图 17-110 所示；为立面图填充 17-111 所示的装饰图案。

图 17-110　设置填充图案与参数

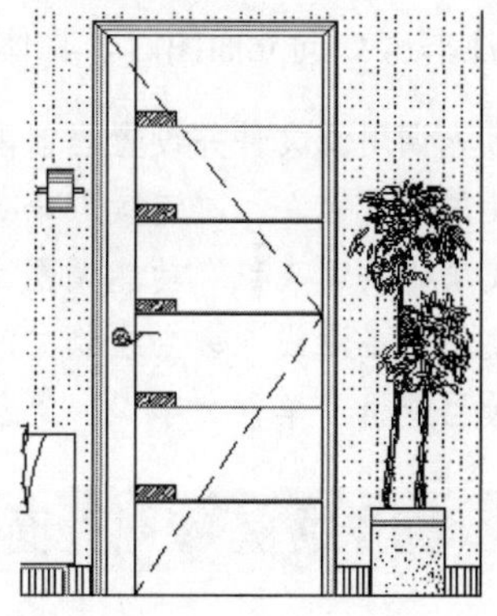

图 17-111　填充结果

11 调整视图，将图形全部显示，最终效果如图 17-75 所示。

12 最后执行“保存”命令，将图形命名存储为“绘制书房 C 向立面图.dwg”。

17.6　标注书房 C 向装修立面图

本例在综合所学知识的前提下，主要学习书房 C 向装修立面图引线注释和立面尺寸等内容的具体标注过程和标注技巧。书房 C 向立面图的最终标注效果如图 17-112 所示。

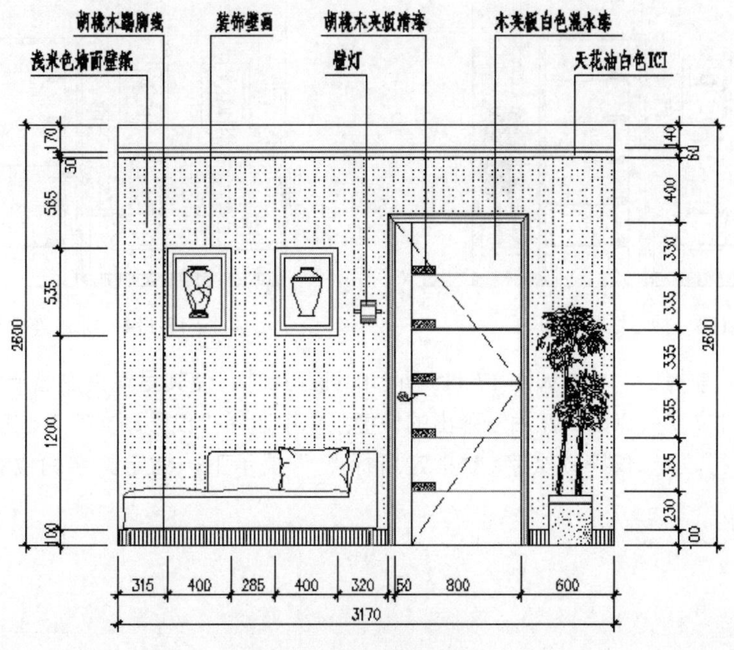

图 17-112　实例效果

17.6.1 书房 C 向立面图标注思路

在标注书房 C 向立面图时，具体可以参照如下思路：

- 首先调用源文件并设置当前图层与标注样式。
- 使用“线性”、“连续”命令标注立面图细部尺寸和总尺寸。
- 使用“快速夹点”功能调整完善尺寸标注文字。
- 使用“多段线”命令绘制文字指示线并设置当前文字样式。
- 最后使用“单行文字”、“复制”、“移动”、“编辑文字”等命令快速标注立面图引线注释。

17.6.2 标注书房 C 向立面尺寸

01 打开上例存储的“绘制书房 C 向立面图.dwg”，或者直接从随书光盘中的“\实例效果文件\第 17 章\”目录下调用此文件。

02 在“常用”选项卡→“图层”面板中设置“尺寸层”为当前操作层。

03 在“常用”选项卡→“注释”面板中设置“建筑标注”为当前标注样式。

04 在命令行设置系统变量 DIMSCALE 的值为 22。

05 单击“常用”选项卡→“注释”面板→“线性”按钮，配合“端点捕捉”功能标注如图 17-113 所示的线性尺寸。

06 单击“注释”选项卡→“标注”面板→“连续”按钮，以刚标注的线性尺寸作为基准尺寸，标注如图 17-114 所示的细部尺寸。

图 17-113 标注线性尺寸

图 17-114 标注连续尺寸

07 在无命令执行的前提下，单击如图 17-115 所示的细部尺寸，使其呈现夹点显示状态。

08 将光标放在尺寸文字夹点上，然后从弹出的快捷菜单中选择“仅移动文字”选项。

09 接下来在命令行“** 仅移动文字 **指定目标点:”提示下，指定文字的位置，结果如图 17-116 所示。

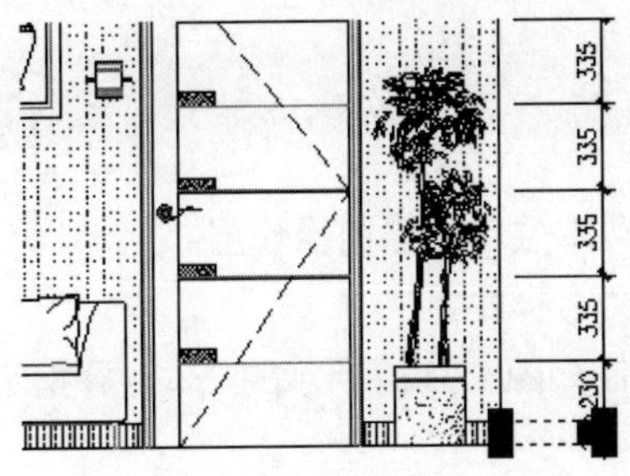

图 17-115　夹点显示尺寸

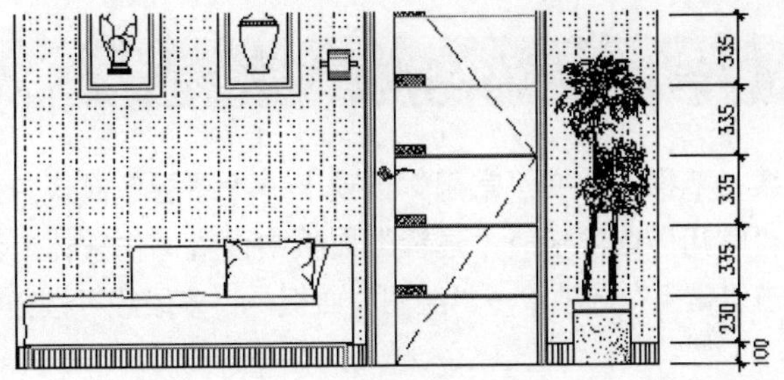

图 17-116　夹点编辑后的效果

10 参照步骤 07～09 的操作，对其他位置的标注文字进行调整，结果如图 17-117 所示。

11 单击“常用”选项卡→“注释”面板→“线性”按钮，配合 “端点捕捉”功能标注立面图右侧的总尺寸，结果如图 17-118 所示。

图 17-117　编辑结果

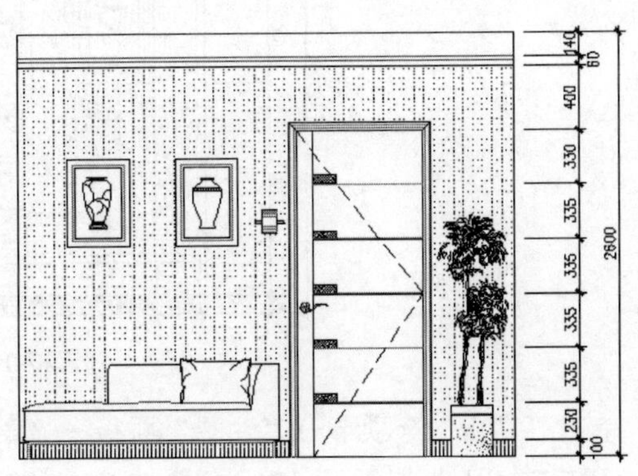

图 17-118　标注总尺寸

12 参照步骤 05～11 的操作，综合使用“线性”、“连续”等命令配合“快速夹点”功能和“对象捕捉”功能，分别标注立面图其他侧的细部尺寸和总尺寸，结果如图 17-119 所示。

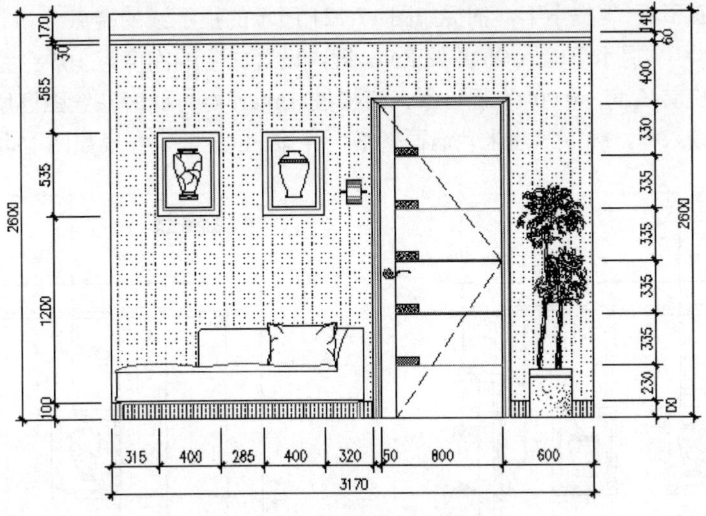

图 17-119　标注其他侧的尺寸

至此，书房 C 向立面图的尺寸标注完毕。下一节将为 C 向装修立面图标注墙面材质说明。

17.6.3 标注书房 C 向墙面材质

01 继续上节操作。在“常用”选项卡→“图层”面板中设置“文本层”为当前操作层。

02 在“常用”选项卡→“注释”面板中设置“仿宋体”为当前文字样式。

03 单击“常用”选项卡→“绘图”面板→“多段线”按钮，绘制如图 17-120 所示的文本注释指示线。

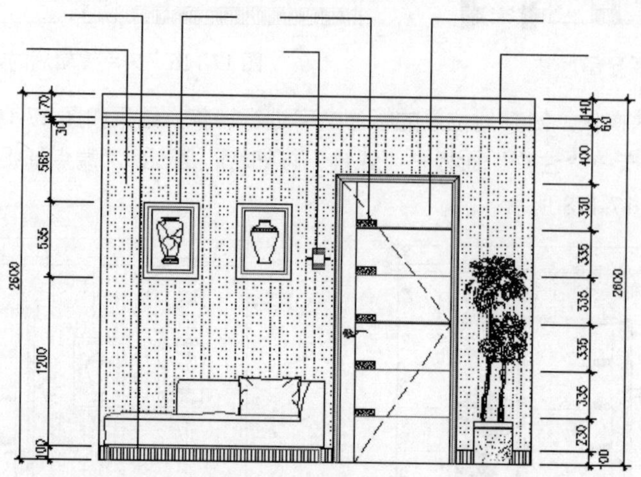

图 17-120 绘制指示线

04 单击“常用”选项卡→“注释”面板→“单行文字”按钮，在命令行“指定文字的起点或 [对正(J)/样式(S)]：”提示下，输入 J 并按 Enter 键。

05 在“输入选项 [对齐(A)/布满(F)/居中(C)/中间(M)/右对齐(R)/左上(TL)/中上(TC)/右上(TR)/左中(ML)/正中(MC)/右中(MR)/左下(BL)/中下(BC)/右下(BR)]：”提示下，输入 BL 并按 Enter 键，设置文字的对正方式。

06 在“指定文字的左下点：”提示下，捕捉如图 17-121 所示的指示线的端点。

07 在“指定高度 <3>：”提示下输入 96 并按 Enter 键，设置文字的高度为 105 个绘图单位。

08 在“指定文字的旋转角度 <0.00>”提示下，直接按 Enter 键。此时在绘图区所指定的文字起点位置上出现一个文本输入框，输入“浅米色墙面壁纸”并按 Enter 键，结果如图 17-122 所示。

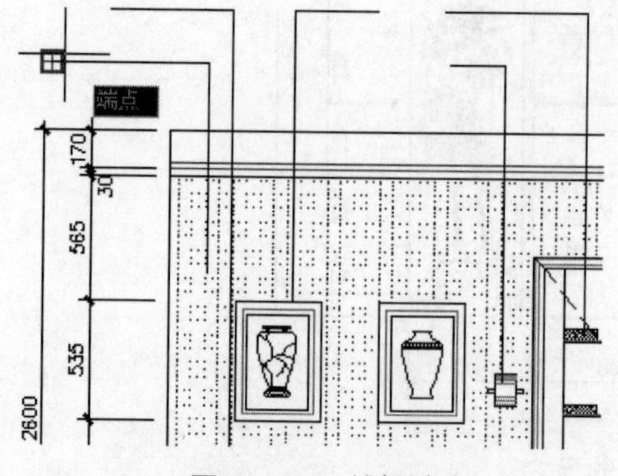

图 17-121 捕捉端点

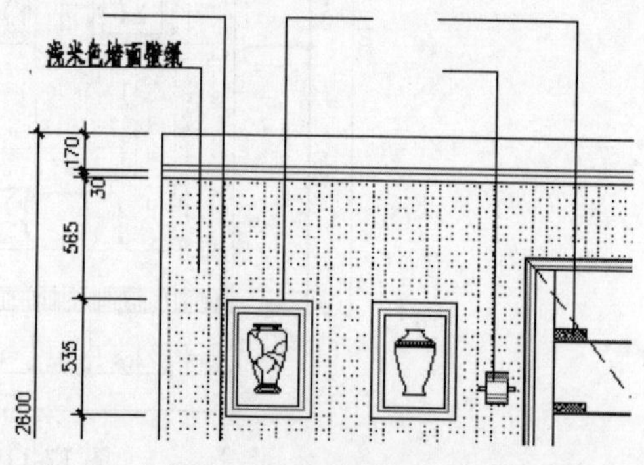

图 17-122 输入文字

09 单击“常用”选项卡→“修改”面板→“移动”按钮，将刚输入的文字注释垂直向上移动 30 个单位，结果如图 17-123 所示。

10 单击“常用”选项卡→“修改”面板→“复制”按钮，将位移后的文字分别复制到其他指示线上，结果如图 17-124 所示。

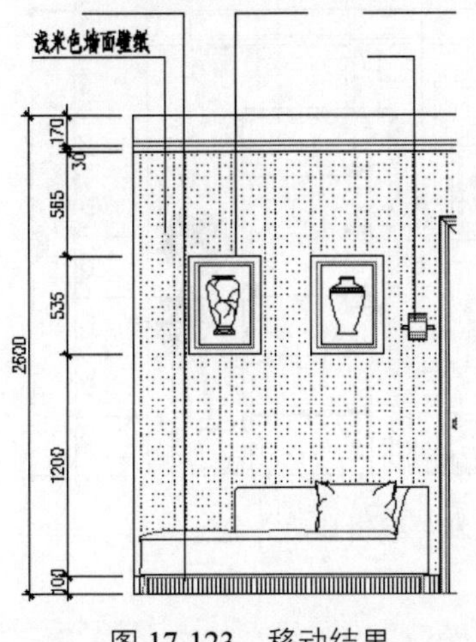

图 17-123　移动结果

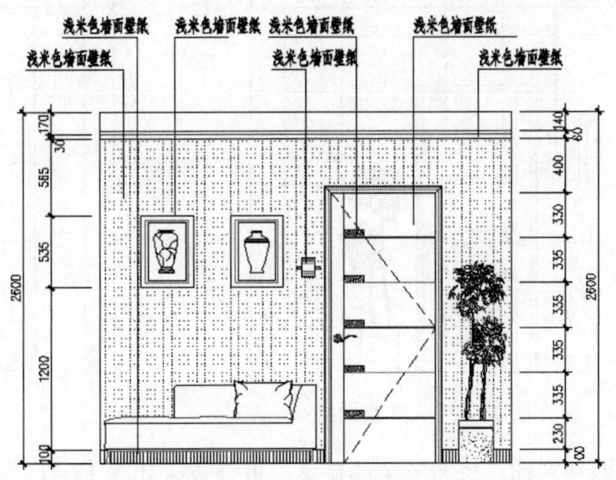

图 17-124　复制结果

11 在复制出的文字上双击，此时文字呈现反白显示状态，如图 17-125 所示。

12 在反白显示的文字输入框内输入正确的文字内容，如图 17-126 所示。修改后的文字如图 17-127 所示。

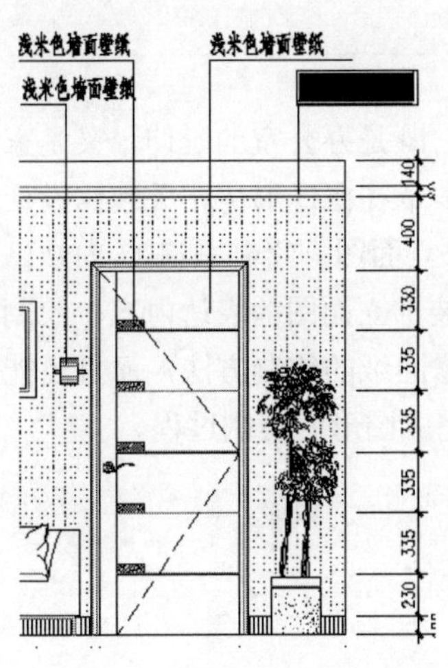

图 17-125　双击文字后的效果

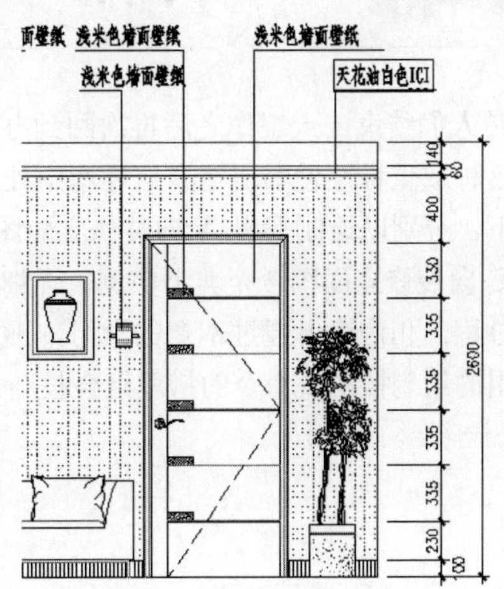

图 17-126　输入正确的文字内容

13 参照以上操作步骤，分别在其他文字上双击，输入正确的文字内容，结果如图 17-128 所示。

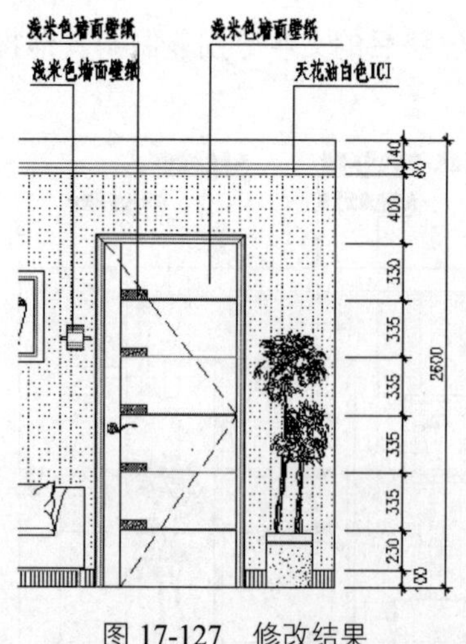

图 17-127 修改结果

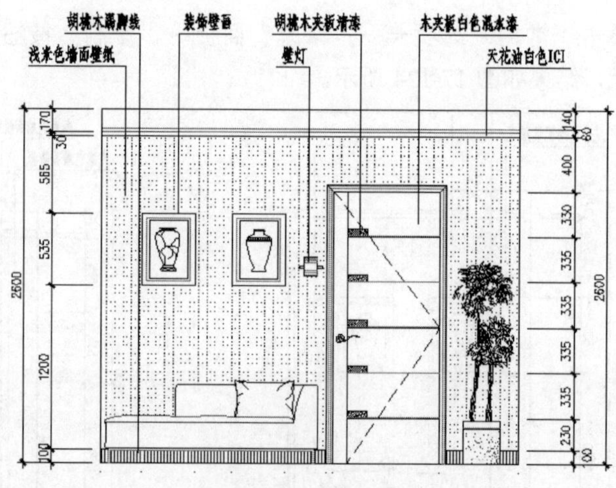

图 17-128 编辑其他文字

14 调整视图，将图形全部显示，最终效果如图 17-112 所示。

15 最后执行“另存为”命令，将图形命名存储为“标注书房 C 向立面图.dwg”。

17.7 本章小结

书房是人们结束一天工作之后再次回到办公环境的一个场所，它既是办公室的延伸，又是家庭生活的一部分，这种双重特性使书房在家居环境中处于一种独特的地位。本章在概述书房相关装修设计理念等知识的前提下，分别以绘制书房 A 向装修立面图、标注书房 A 向装修立面图、绘制书房 C 向装修立面图、标注书房 C 向装修立面图 4 个典型实例，详细讲述了家居书房空间装饰立面图的表达内容、绘制思路和具体的绘图过程。相信读者通过本章的学习，不仅能轻松学会书房装修图纸的绘制方法，而且还能学习并掌握各种常用的绘制技法及命令的搭配组合技巧，利用最少的时间来完成图形的绘制过程。

第 18 章 儿童房装饰设计

孩子永远是家庭的重心，每个妈妈都希望自己的孩子能拥有一个最适宜的环境，那么房子的装修也要围绕这一重心展开，究竟怎样装修才能让孩子有一个快乐健康的成长环境，不仅是每个父母最关心的事情，也是设计人员首要重点考虑的一个问题。本章在简单了解有关儿童房装修要点及原则等相关设计理念知识的前提下，主要学习儿童房装修立面图的具体绘图技能和相关技巧。

知识要点

- 儿童房设计基本原则
- 儿童房界面装修要点
- 绘制儿童房 B 向装修立面图
- 标注儿童房 B 向装修立面图
- 绘制儿童房 D 向装修立面图
- 标注儿童房 D 向装修立面图

18.1 儿童房设计基本原则

每个孩子都是上帝赐予的天使，每个父母都希望绘自己的孩子创造一个健康适宜的环境。要设计出符合儿童身心健康发展的环境，还需要本着以下设计原则。

1. 安全性

安全性是儿童房设计时需考虑的重点之一。由于孩子正处于活泼好动、好奇心强的阶段，容易发生意外，在设计时，需处处考虑，如在窗户设护栏、家具都要尽量避免棱角的出现、采用圆弧收边等，家具、建材应挑选耐用的、承受破坏力强的、使用率高的。

2. 控制污染

装饰材料应采用环保的安全建材为佳。由于儿童的身体娇嫩，抵抗力比较弱，因此装修的污染一定要控制在最低限度。首先在选择墙面材料时应该选择环保性好的产品，如针对儿童而研发的乳胶漆，这类乳胶漆的环保性、耐擦洗性比一般的乳胶漆更好，更适合在儿童房使用。

3. 用品的配置

由于孩子的活动力强，房间用品的配置要适合孩子的天性，以柔软、自然素材为佳，如地毯、原木、壁布或塑料等。

家具的款式宜小巧、简洁、质朴、新颖，同时要有孩子喜欢的装饰品位。小巧，适合幼儿的身体特点，并且适合他们活泼好动的天性的同时也能为孩子多留出一些活动空间。

4. 充足的照明

充足的照明能让房间温暖、有安全感，有助于消除孩童独处时的恐惧感。一般可采取整体与局部两种方式布设。当孩子游戏玩耍时，以整体灯光照明；孩子看书学习时，可选择局部可调光台灯来加强照明，以取得最佳亮度。

此外，还可以在孩子居室内安装一盏低瓦数的夜明灯，或者在其他灯具上安装调节器，方便孩子夜间醒来。

5. 明亮活泼的色调

活泼明亮的色彩有助于塑造儿童开朗健康的心态，还能改善室内亮度，形成明朗亲切的室内环境。儿童房的居室或家具色调，最好以明亮、轻松、愉悦为选择方向，色泽上不妨多点对比色。

粉红、淡绿色、淡蓝色都是很好的墙面装饰色彩，如果分色，如淡粉配白、淡蓝配白、榉木配浅棕等等，则更显活泼多彩，符合孩子幻想中斑斓瑰丽的童话世界。

6. 可重新组合和发展性

合格的儿童房应该考虑到孩子们的天性，可随时重新调整摆设，空间属性应是多功能且具多变性的。家具不妨选择易移动、组合性高的，方便随时重新调整空间，家具的颜色、图案或小摆设的变化，有助于增加孩子的想象空间。

另外，不断成长的孩子，需要一个灵活舒适的空间，选用看似简单，却设计精心的家具，是保证房间不断“长大”的最为经济、有效的办法。在购买或设计儿童家具时，安全性应为首先需要考虑的项目，其次才是色彩、款式、性能等方面。

18.2 儿童房界面装修要点

了解孩子成长中的性格特点及对居室布置的要求，与了解一些影响孩子生活的设计因素同等重要。

1. 地面

儿童房房间的地面一般选择抗磨、耐用而且较软的材料。坚实而富有弹性的材料，如软木、橡木、塑料、油布则是地面材料的首先。因为小孩子生性好动，选用这些材料对孩子的安全有了一定的保障。

另外，刷漆的木质地板也是一种实用且较为经济装修材质。现在，为了避免孩子摔倒等，通常在坚实耐磨的地板面上铺一块彩色地毯，不仅对孩子起到一种保护作用，还能弥补地面材料色彩的单一。

2. 地毯

地毯最好铺设在床和桌子的周围。这样可以避免孩子在上、下床时因意外摔倒在地的磕伤，也可以避免床上的东西摔掉在地时摔破或摔裂从而对孩子形成伤害。而孩子经常玩耍的地方，特别对于那些爱玩积木，喜欢电动小汽车的孩子来说，则不宜在地面上大面积地铺设地毯。

3. 家居陈设与灯光

在孩子房间里陈设家具对父母来讲应该是一件很有趣味的事情。在这里随心所欲，完全沉浸于想象之中，设计将变得不过分也不荒唐了。因为孩子正是在利用想象力和创造力装点出的房间里才能获得极大的乐趣和启发。

4. 布艺

孩子会像大人一样对某些颜色情有独钟。因此可以选择颜色素淡或简单的条纹或方格图案的布料来做床罩，然后用色彩斑斓的长枕、垫子、玩具或毯子去搭配床、椅子和地面，这样的做法比较经济、实用。

5. 窗帘

窗帘的颜色可以选择浅色或带有一些卡通图案的面料，材质不宜过厚。

6. 墙面

儿童房墙面处理方法是很多的，如五彩缤纷的墙漆，优雅温馨的墙纸、壁布等。

7. 色调

一般儿童房的色调可根据小孩子比较喜欢的颜色来选定，色调也应以明快、亮丽为主，避免沉闷，明快的色调可以使孩子性格开朗，开拓思维。黄色优雅、稚嫩，粉色可爱、素净，绿色健康、活泼，蓝色安静，童话色彩较浓。

8. 天花板

屋顶天花板的造型应有些变化，应让孩子多体会大自然的气息，充分发挥孩子们的想象力。

9. 家具

儿童房家具的选购也是不容忽视的。应以圆角为主，这也是从安全方面来考虑，尽量避免室内有较尖锐的物品出现。

18.3 绘制儿童房 B 向装修立面图

本例在综合所学知识的前提下，主要学习儿童房 B 向装修立面图的具体绘制过程和绘制技巧。儿童房 B 向立面图的最终绘制效果如图 18-1 所示。

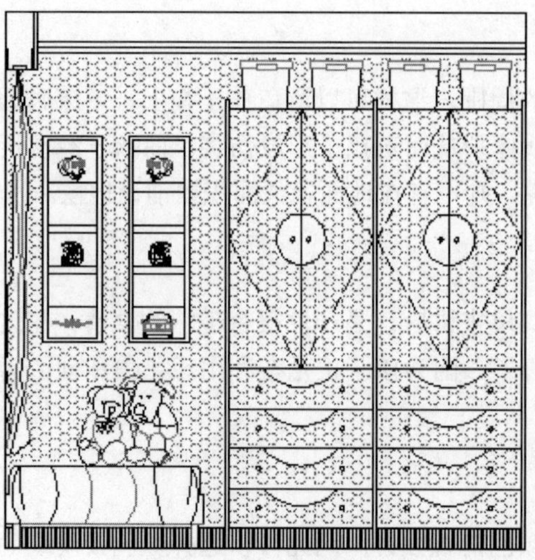

图 18-1　实例效果

18.3.1　儿童房 B 立面绘图思路

在绘制儿童房 B 向立面图时，具体可以参照如下思路：

- 首先使用“新建”命令调用室内绘图样板文件。
- 使用“矩形”、“分解”、“偏移”、“修剪”等命令绘制儿童房 B 向墙面轮廓线。
- 使用“矩形”、“偏移”、“修剪”、“复制”等命令，并配合“捕捉自”、“端点捕捉”功能绘制墙面装饰架立面图。
- 使用“矩形”、“分解”、“圆角”、“偏移”、“镜像”、“修剪”、“圆”、“圆弧”、“阵列”等多种命令绘制儿童房组合柜立面图。
- 使用“插入块”、“镜像”、“修剪”等命令，并配合“捕捉自”、“端点捕捉”功能绘制立面床、窗帘及其他装饰构件。
- 最后使用“图案填充”、“线型”、“特性”命令绘制儿童房墙面装饰壁纸和踢脚线。

18.3.2　绘制儿童房 B 向轮廓图

01 单击“快速访问工具栏”中的按钮，选择随书光盘中的“\绘图样板文件\室内绘图样板.dwt”，新建空白文件。

02 在“常用”选项卡→“图层”面板中设置“轮廓线”为当前操作层。

03 单击“常用”选项卡→“绘图”面板→“矩形”按钮，绘制长度为 2600、宽度为 2600 的矩形作为墙面外轮廓线，如图 18-2 所示。

04 单击“常用”选项卡→“修改”面板→“分解”按钮，将矩形分解为 4 条独立的线段。

05 单击“常用”选项卡→“修改”面板→“偏移”按钮，将上侧的矩形水平边向下偏移 140 和 170 个绘图单位，将下侧的矩形水平边向上偏移 100、2320 和 2400 个绘图单位，结果如图 18-3 所示。

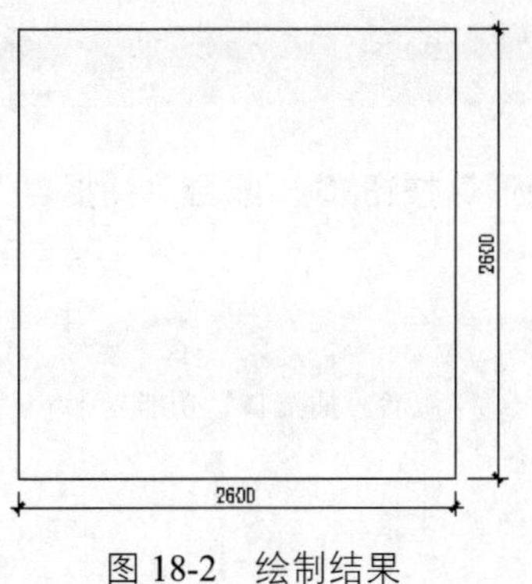

图 18-2　绘制结果

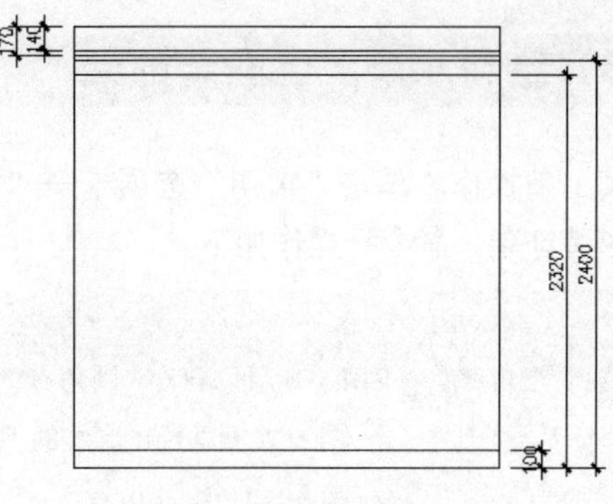

图 18-3　偏移水平边

06 重复执行"偏移"命令，将矩形左侧的垂直边向右偏移 132 和 150 个绘图单位，偏移结果如图 18-4 所示。

07 单击"常用"选项卡→"修改"面板→"修剪"按钮，对偏移出的垂直轮廓线和水平轮廓线进行修剪，结果如图 18-5 所示。

图 18-4　偏移垂直边

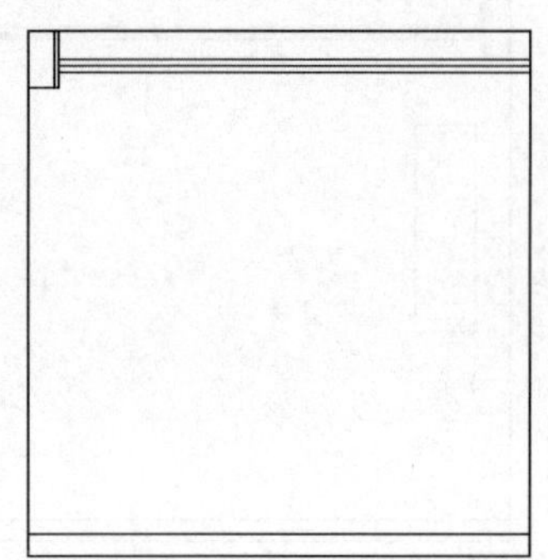

图 18-5　偏移结果

08 单击"常用"选项卡→"修改"面板→"偏移"按钮，将图 18-6 所示的垂直轮廓线 1 向右侧偏移 5 个单位；将垂直轮廓线 2 向上侧偏移 5 和 100 个单位；将垂直轮廓线 3 向左偏移 5 个单位；结果如图 18-7 所示。

09 单击"常用"选项卡→"修改"面板→"修剪"按钮，对偏移出的图线进行修剪，结果如图 18-8 所示。

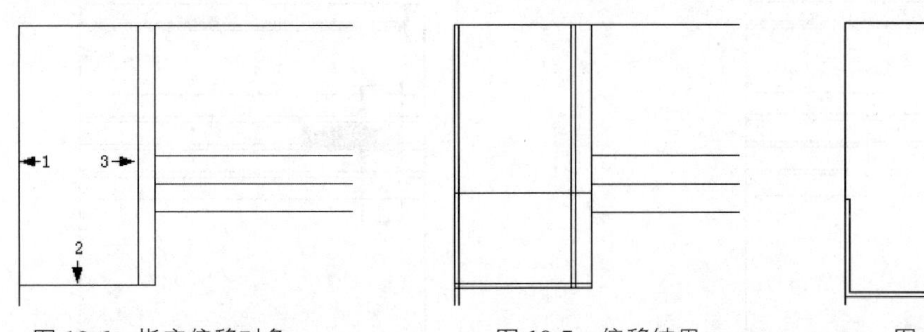

图 18-6　指定偏移对象　　图 18-7　偏移结果　　图 18-8　修剪结果

至此，儿童房 B 向轮廓图绘制完毕。下一节将学习儿童房墙面装饰架的绘制过程和技巧。

18.3.3 绘制儿童房墙面装饰架

01 继续上节操作。单击“常用”选项卡→“绘图”面板→“矩形”按钮，配合“捕捉自”功能绘制矩形装饰架。命令行操作如下：

```
命令: _rectang
指定第一个角点或 [倒角(C)/标高(E)/圆角(F)/厚度(T)/宽度(W)]: //激活“捕捉自”功能
_from 基点:        //捕捉左侧垂直轮廓线的下端点
<偏移>:            //@180,1000 Enter
指定另一个角点或 [面积(A)/尺寸(D)/旋转(R)]:
 //@300,1000 Enter，绘制结果如图 18-9 所示
```

02 单击“常用”选项卡→“修改”面板→“偏移”按钮，将刚绘制的矩形向内侧偏移 20 个单位，结果如图 18-10 所示。

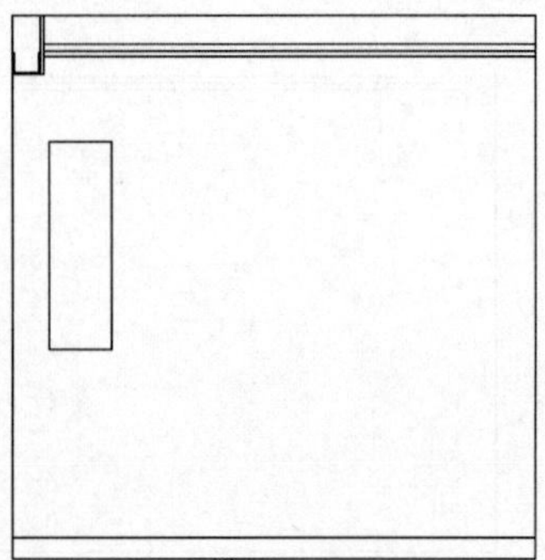

图 18-9　绘制装饰架

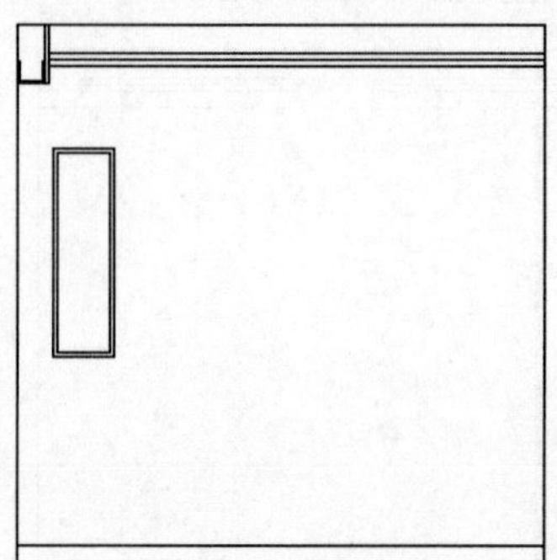

图 18-10　偏移结果

03 单击“常用”选项卡→“修改”面板→“偏移”按钮，将最上侧的水平轮廓线向下侧偏移 670、830、870 和 1030 个绘图单位；将最下侧的水平轮廓线向上侧偏移 1170、1330、1370 和 1530 个绘图单位，结果如图 18-11 所示。

04 单击“常用”选项卡→“修改”面板→“修剪”按钮，选择如图 18-12 所示的矩形作为修剪边界；对偏移出的水平图线进行修剪，结果如图 18-13 所示。

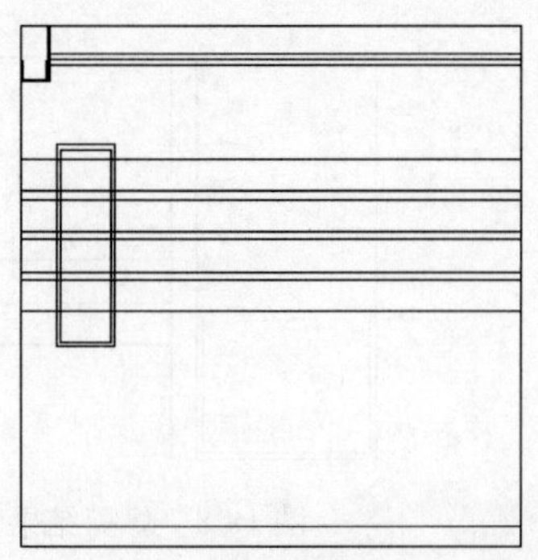

图 18-11　偏移结果

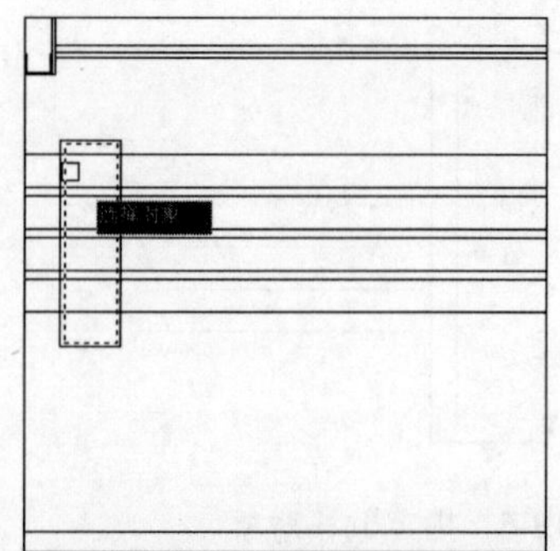

图 18-12　选择修剪边界

05 单击“常用”选项卡→“修改”面板→“复制”按钮，对修剪后的装饰架水平向右复制 440 个绘

图单位，结果如图 18-14 所示。

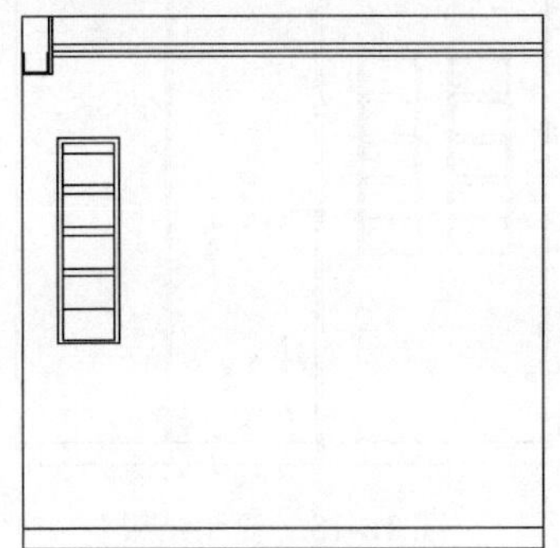
图 18-13　修剪结果

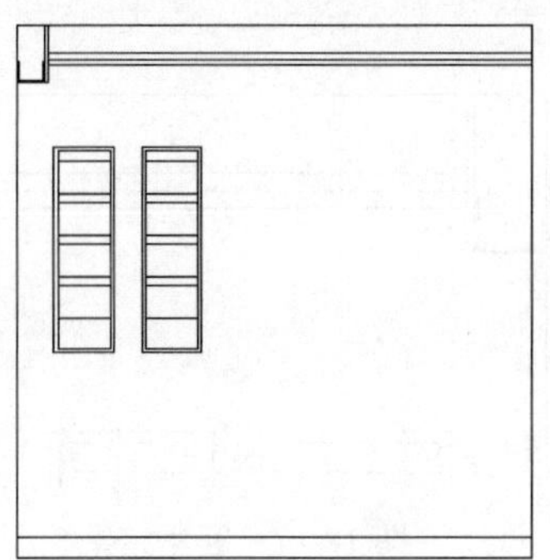
图 18-14　复制结果

至此，儿童房 B 向墙面装饰架绘制完毕。下一节将学习儿童房组合柜立面图绘制过程和绘制技巧。

18.3.4　绘制儿童房组合柜立面图

01 继续上节操作。单击“常用”选项卡→“绘图”面板→“矩形”按钮，配合“捕捉自”功能绘制组合柜侧面板。命令行操作如下：

```
命令: _rectang
指定第一个角点或 [倒角(C)/标高(E)/圆角(F)/厚度(T)/宽度(W)]: //激活“捕捉自”功能
_from 基点:        //捕捉如图 18-15 所示的端点 W
<偏移>:            //@1100,0 Enter
指定另一个角点或 [面积(A)/尺寸(D)/旋转(R)]:
 //@20,2170 Enter，绘制结果如图 18-16 所示
```

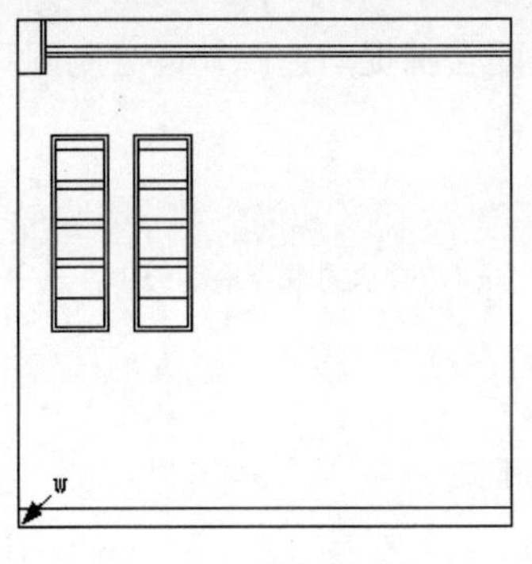

图 18-15　捕捉端点

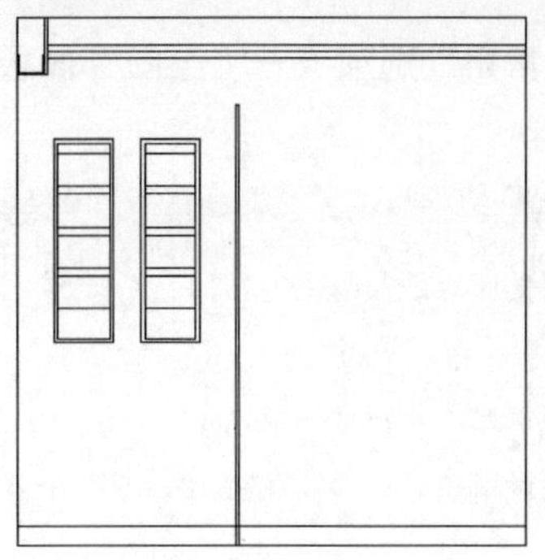
图 18-16　绘制结果

02 使用快捷键“X”激活“分解”命令，将矩形分解，并将矩形上侧的水平边删除。

03 单击“常用”选项卡→“修改”面板→“圆角”按钮，对矩形的两条垂直边进行圆角，圆角结果如图 18-17 所示。

04 单击“常用”选项卡→“修改”面板→“复制”按钮，选择圆角后的侧板，水平向右复制 740 个单位，结果如图 18-18 所示。

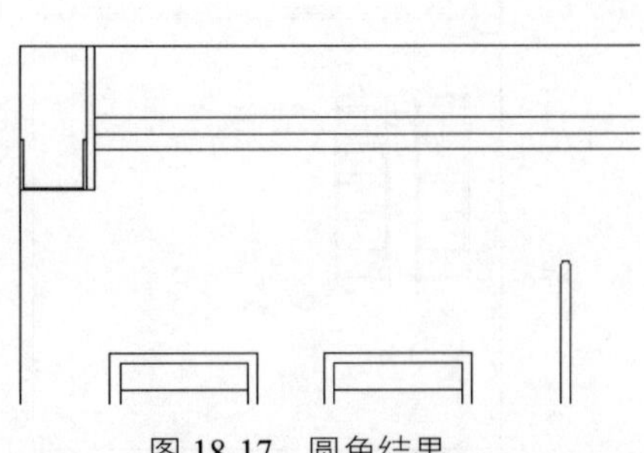
图 18-17 圆角结果

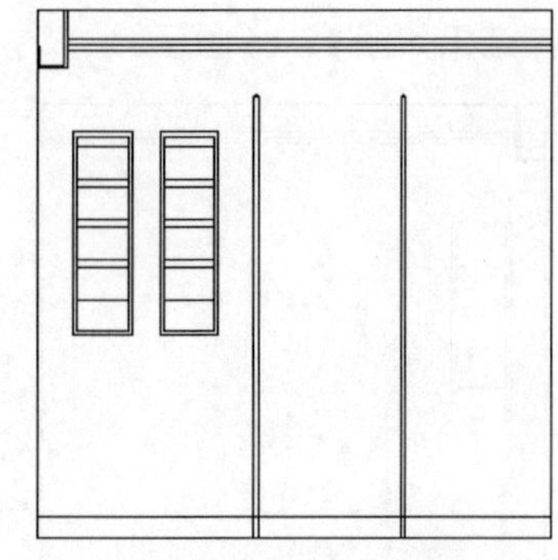
图 18-18 复制结果

05 单击“常用”选项卡→“修改”面板→“偏移”按钮，将最下侧的水平轮廓线向上偏移 292.5 个单位；将最上侧的水平轮廓线向下偏移 470 个单位，结果如图 18-19 所示。

06 单击“常用”选项卡→“修改”面板→“修剪”按钮，以侧板轮廓线作为边界，对内部的水平轮廓线进行修剪，结果如图 18-20 所示。

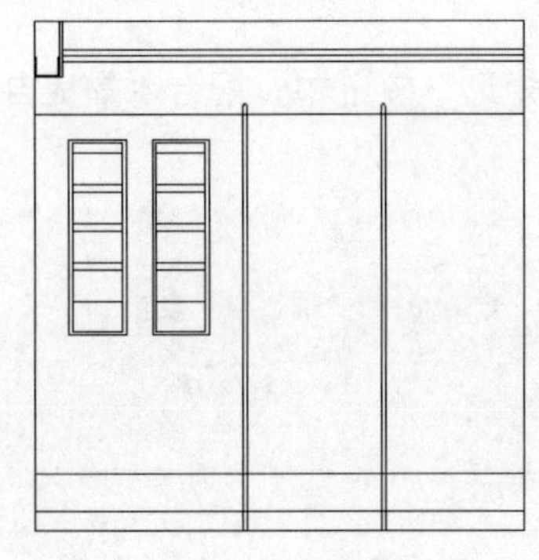
图 18-19 偏移结果

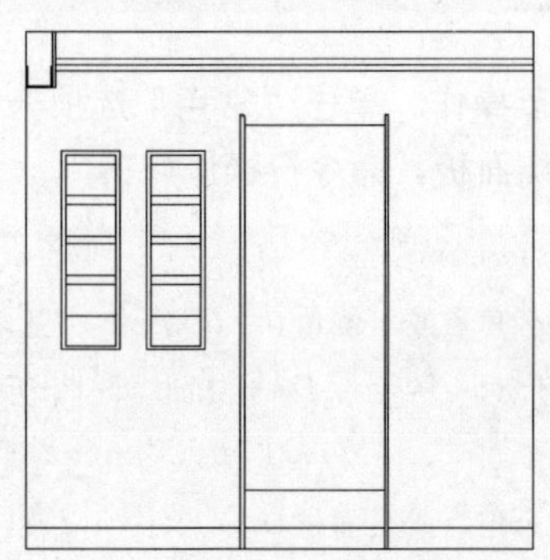
图 18-20 修剪结果

07 单击“常用”选项卡→“绘图”面板→“圆弧”按钮，配合捕捉与追踪功能绘制圆弧。命令行操作如下：

```
命令: _arc
指定圆弧的起点或 [圆心(C)]:                //水平向右引出如图 18-21 所示的端点追踪矢量，输入 170 定第圆弧的端点
指定圆弧的第二个点或 [圆心(C)/端点(E)]:  //@190,-85 Enter
指定圆弧的端点:        //@190,85 Enter，绘制结果如图 18-22 所示
```

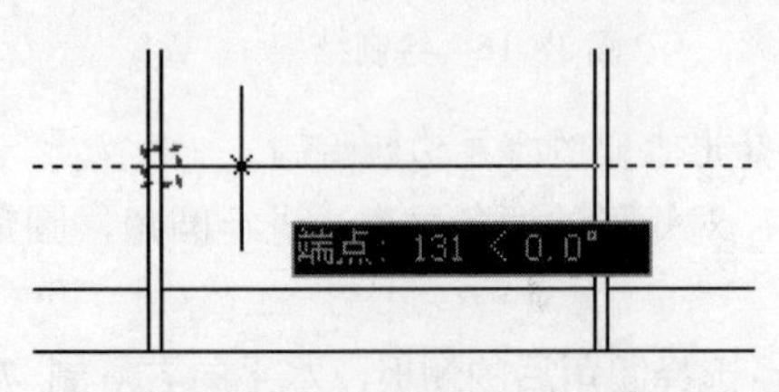

图 18-21 引出端点追踪矢量

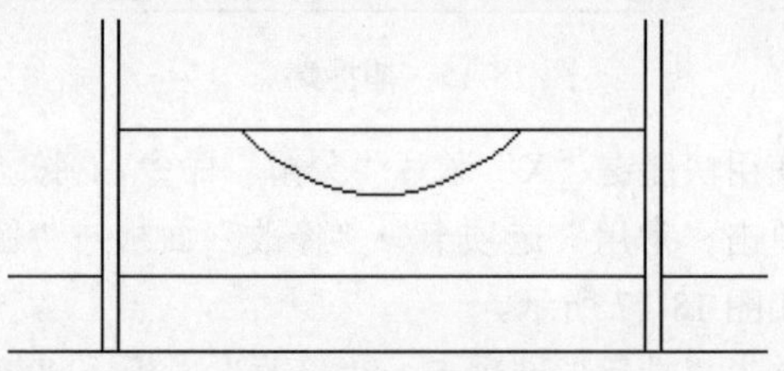
图 18-22 绘制圆弧

08 单击“常用”选项卡→“绘图”面板→“圆”按钮，配合“捕捉自”功能绘制半径为 10 的圆。命

令行操作如下：

```
命令: _circle
指定圆的圆心或 [三点(3P)/两点(2P)/切点、切点、半径(T)]:    //激活“捕捉自”功能
_from 基点:                    //捕捉如图 18-23 所示的端点
<偏移>:                        //@150,-96.25 Enter
指定圆的半径或 [直径(D)]:       //10 Enter，绘制结果如图 18-24 所示
```

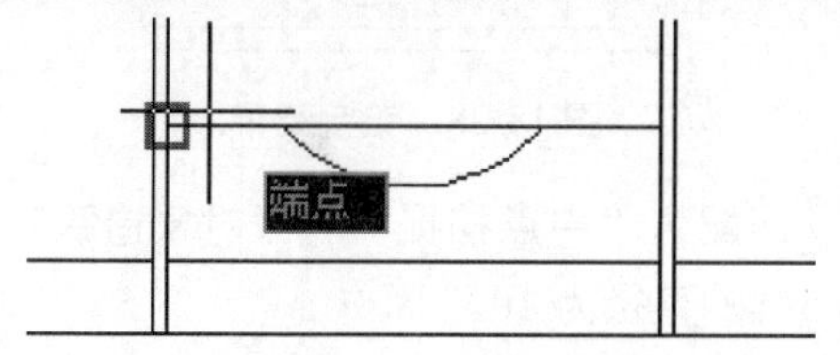

图 18-23　捕捉端点

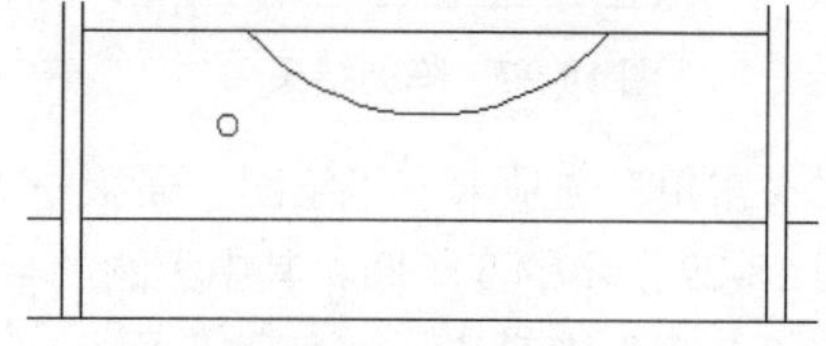

图 18-24　绘制结果

09 在“快捷特性”面板中修改圆弧的颜色为 201 号色，修改圆的颜色为 30 号色。然后单击“常用”选项卡→“修改”面板→“镜像”按钮，配合“中点捕捉”功能对刚绘制的圆进行镜像，结果如图 18-25 所示。

10 单击“常用”选项卡→“修改”面板→“矩形阵列”按钮，窗交选择如图 18-26 所示的图线进行矩形阵列。命令行操作如下：

```
命令: _arrayrect
选择对象:        //窗口选择如图 18-26 所示的对象
选择对象:        // Enter
类型 = 矩形  关联 = 是
为项目数指定对角点或 [基点(B)/角度(A)/计数(C)] <计数>: // Enter
输入行数或 [表达式(E)] <4>:  //4Enter
输入列数或 [表达式(E)] <4>:   //1 Enter
指定对角点以间隔项目或 [间距(S)] <间距>: // Enter
指定行之间的距离或 [表达式(E)] <0>:   //192.5 Enter
按 Enter 键接受或 [关联(AS)/基点(B)/行(R)/列(C)/层(L)/退出(X)] <退出>:  //AS Enter
创建关联阵列 [是(Y)/否(N)] <是>:    //N Enter
按 Enter 键接受或 [关联(AS)/基点(B)/行(R)/列(C)/层(L)/退出(X)] <退出>:
                        // Enter，阵列结果如图 18-27 所示
```

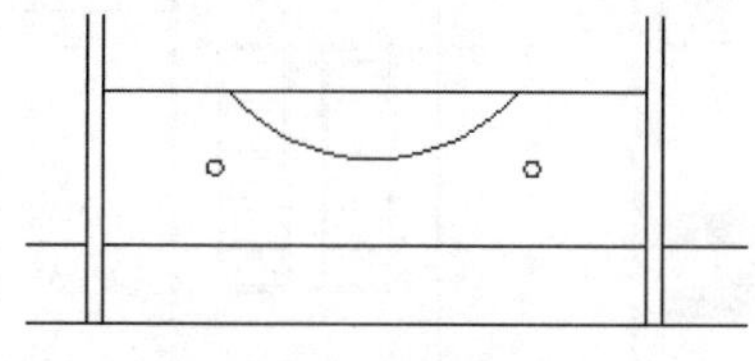

图 18-25　镜像结果

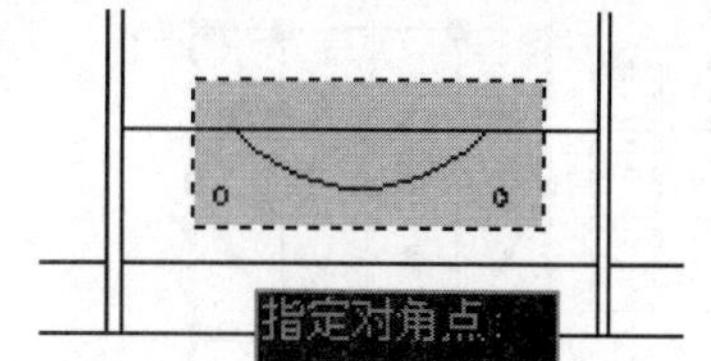

图 18-26　窗交选择

11 单击“常用”选项卡→“绘图”面板→“多段线”，配合“端点捕捉”和“两点之间的中点”功能，绘制如图 18-28 所示的中分线和方向线。

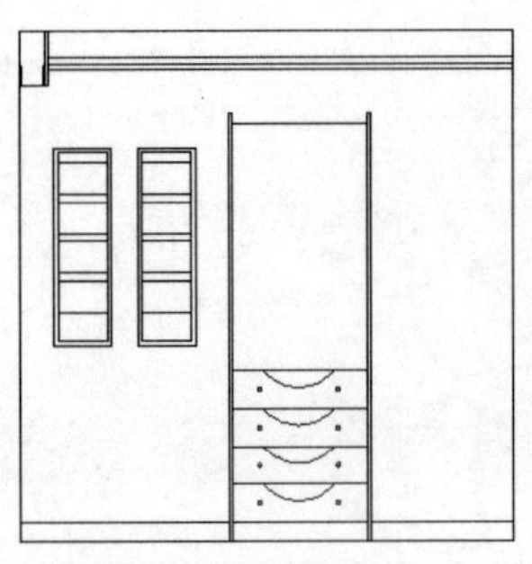
图 18-27　阵列结果

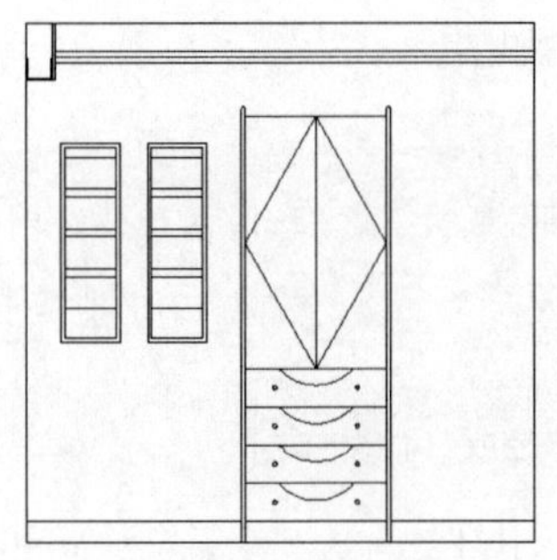
图 18-28　绘制结果

12 单击“常用”选项卡→“绘图”面板→“圆”按钮，配合“中点捕捉”和“对象追踪”功能绘制如图 18-29 所示的 3 个圆。其中大圆的半径为 125，小圆的直径为 10。

13 单击“常用”选项卡→“修改”面板→“镜像”按钮，配合“中点捕捉”功能，窗交选择如图 18-30 所示的图形进行镜像。镜像结果如图 18-31 所示。

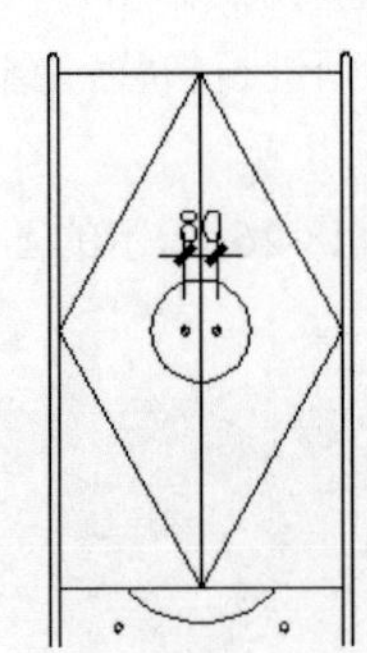

图 18-29　绘制圆

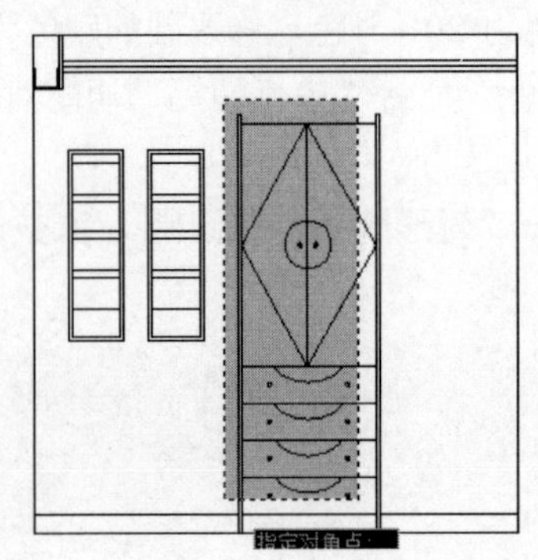

图 18-30　窗交选择

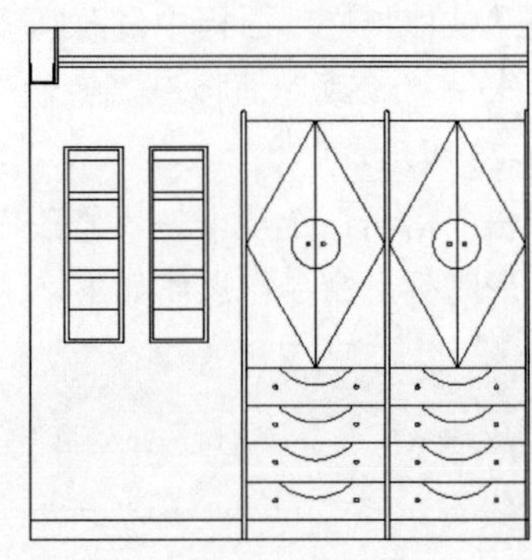
图 18-31　镜像结果

14 使用快捷键“LT”激活“线型”命令，打开“线型管理器”对话框，使用对话框中的“加载”功能，加载一种名为“DASHED”的线型。

15 在无任何命令执行的前提下，单击门的开启方向线，使其呈现夹点显示状态，如图 18-32 所示。

16 按下 Ctrl+1 组合键，在打开的“特性”窗口中修改夹点图案的线型为“DASHED ”，修改线型及比例如图 18-33 所示。

17 关闭“特性”窗口，然后取消图案的夹点显示，修改后的结果如图 18-34 所示。

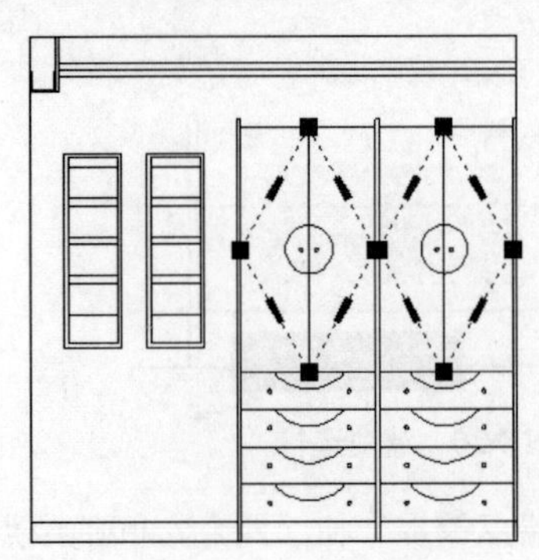
图 18-32　夹点效果

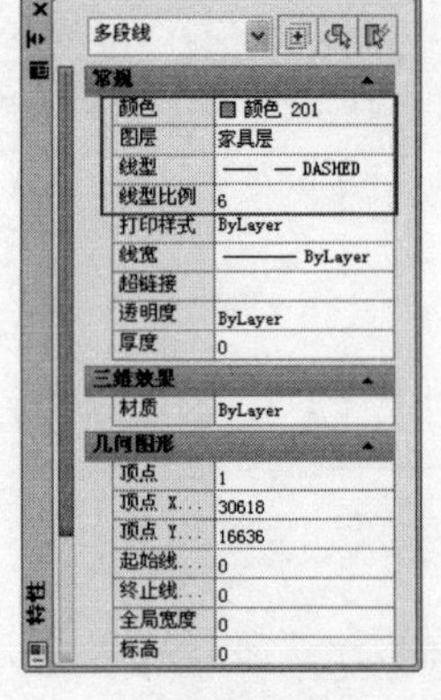

图 18-33　修改线型及比例

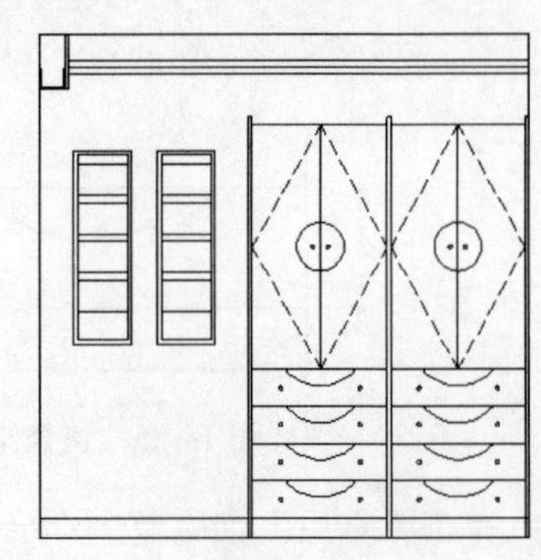
图 18-34　修改效果

至此，儿童房组合柜立面图绘制完毕。下一节将学习儿童房立面构件图的绘制过程和技巧。

18.3.5　绘制儿童房 B 向构件图

01 继续上节操作。单击“常用”选项卡→“绘图”面板→“插入块”按钮，在打开的“插入”对话框中单击浏览(B)...按钮，然后选择随书光盘中的“\图块文件\单人床.dwg”。

02 返回“插入”对话框，以默认参数将单人床图块插入到立面图中，在命令行“指定插入点或 [基点(B)/比例(S)/旋转(R)]:”提示下，激活“捕捉自”功能。

03 在命令行“_from 基点: ”提示下，捕捉如图 18-35 所示的端点 W。

04 继续在命令行“<偏移>:”提示下，输入（@30,0）并按 Enter 键，插入结果如图 18-36 所示。

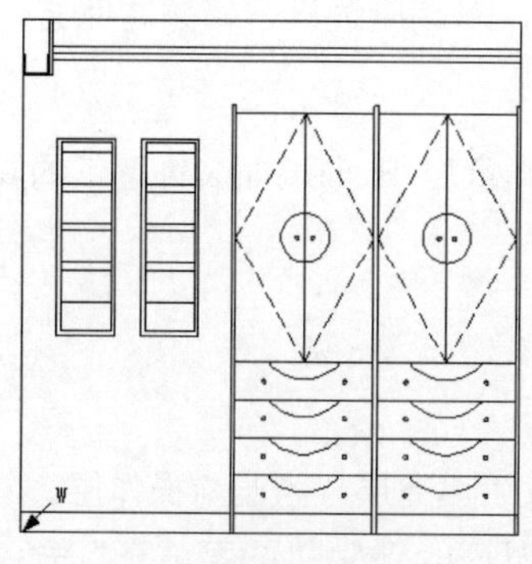

图 18-35　定位插入点

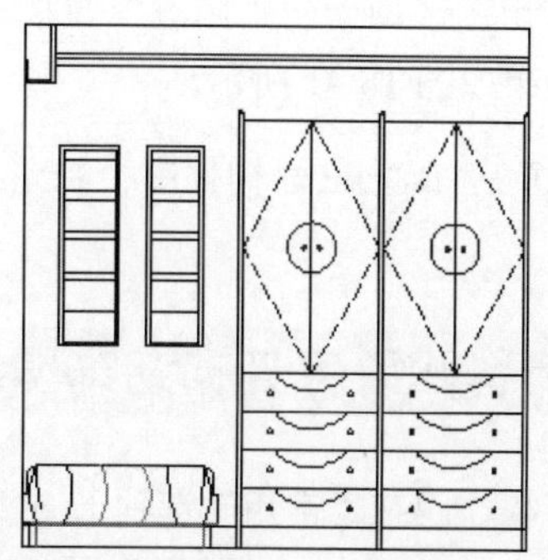

图 18-36　插入结果

05 单击“常用”选项卡→“绘图”面板→“插入块”按钮，在打开的“插入”对话框中单击浏览(B)...按钮，然后选择随书光盘中的“\图块文件\窗帘 03.dwg”。

06 返回“插入”对话框，以默认参数将图块插入到立面图中，插入点为图 18-37 所示的中点 A；插入结果如图 18-38 所示。

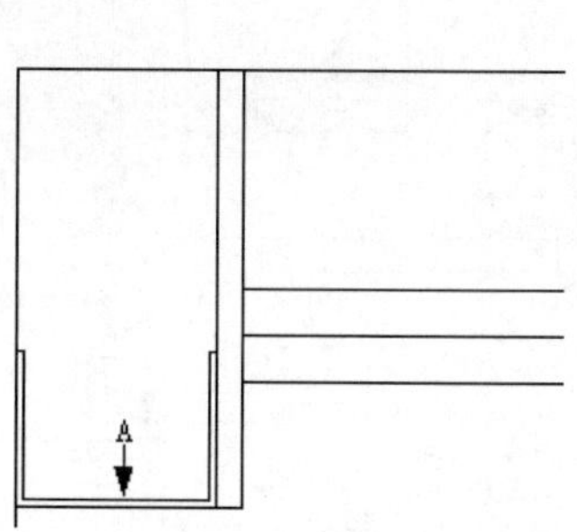

图 18-37　定位插入点

图 18-38　插入结果

07 重复执行“插入块”命令，以默认参数分别插入随书光盘“\图块文件\”目录下的“block04.dwg、block07.dwg、block08.dwg、block09.dwg、block10.dwg 和 block11.dwg”等图块，插入结果如图 18-39 所示。

08 单击“常用”选项卡→“修改”面板→“镜像”按钮，配合“端点捕捉”、“中点捕捉”和“两点之间的中点”功能，对插入的个别图块进行镜像，结果如图 18-40 所示。

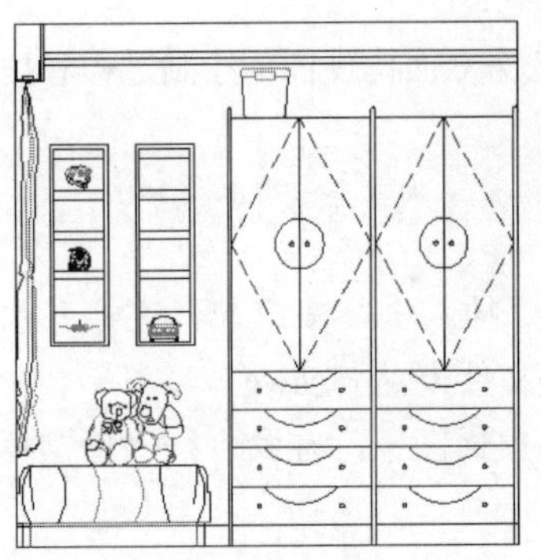
图 18-39　插入其他图块

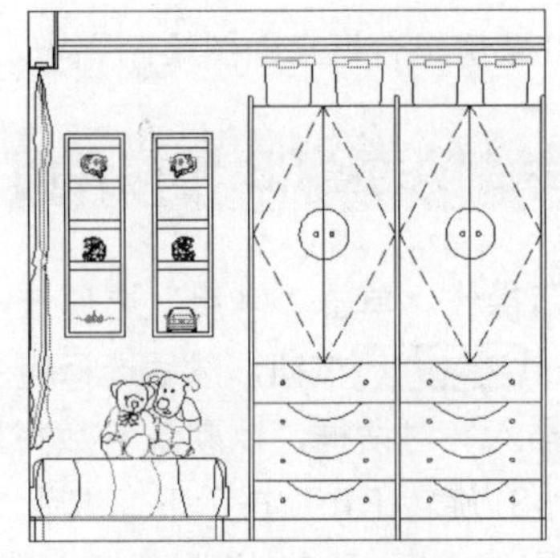
图 18-40　镜像结果

09 单击“常用”选项卡→“修改”面板→“修剪”按钮，对踢脚线进行修整并完善，删除被挡住的部分，结果如图 18-41 所示。

至此，儿童房 B 向立面构件图绘制完结。下一节将学习儿童房 B 向墙面装饰壁纸的具体绘制过程和技巧。

18.3.6　绘制儿童房 B 向装饰壁纸

01 继续上节操作。在“常用”选项卡→“图层”面板中设置“填充层”为当前操作层。

02 单击“常用”选项卡→“绘图”面板→“图案填充”按钮，激活“图案填充”命令。然后在命令行“拾取内部点或 [选择对象(S)/设置(T)]:”提示下激活“设置”选项，打开“图案填充和渐变色”对话框。

03 在“图案填充和渐变色”对话框中选择“预定义”图案，同时设置图案的填充角度及填充比例参数，如图 18-42 所示。

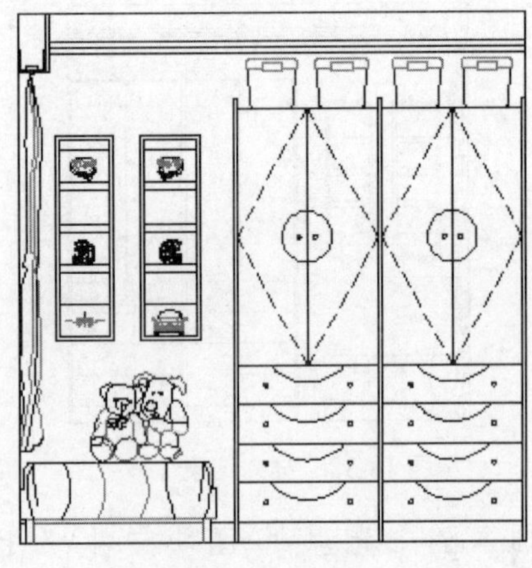
图 18-41　修整结果

图 18-42　设置填充图案与参数

04 单击“图案填充创建”选项卡→“边界”面板→“拾取点”按钮，返回绘图区拾取填充区域，为立面图填充如图 18-43 所示的图案。

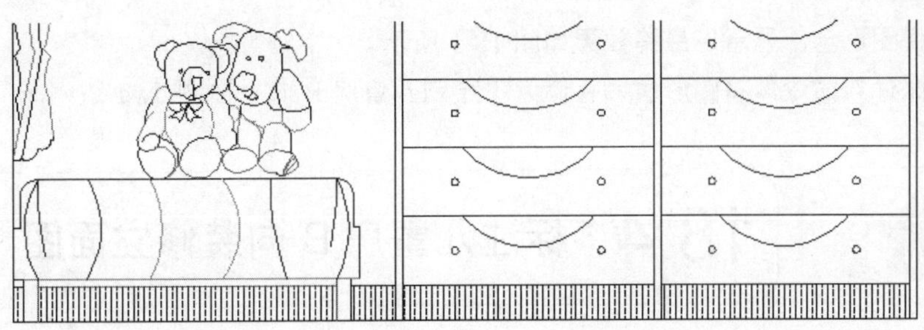

图 18-43　填充结果

05 重复执行“图案填充”命令，设置填充图案与参数，如图 18-44 所示。为立面图填充如图 18-45 所示的壁纸图案。

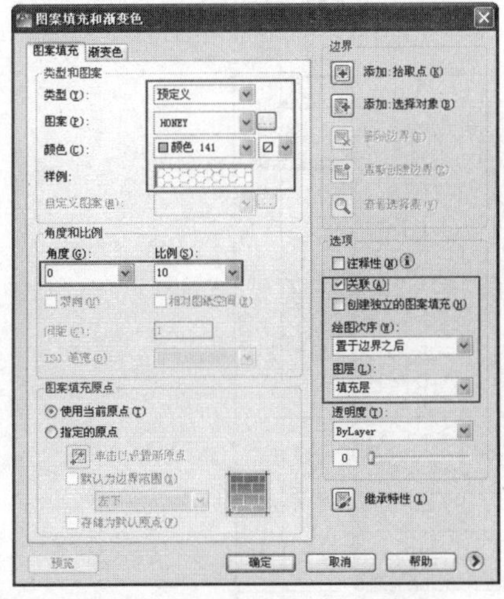

图 18-44　设置填充图案与参数

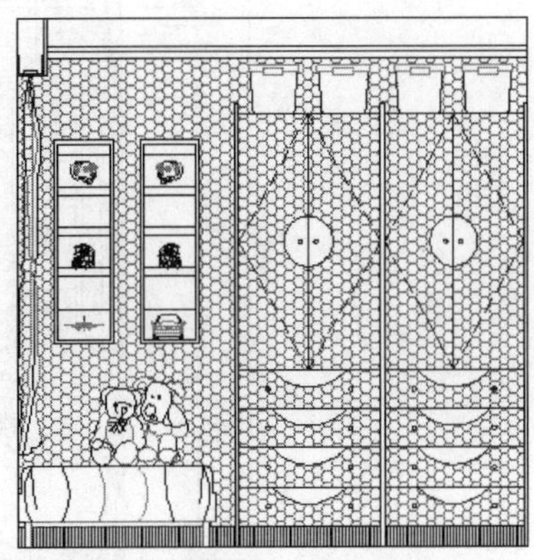

图 18-45　填充结果

06 使用快捷键“LT”激活“线型”命令，打开“线型管理器”对话框，使用对话框中的“加载”功能，加载一种名为“DOT2”的线型。

07 在无命令执行的前提下，单击刚填充的图案，使其呈现夹点显示状态，如图 18-46 所示。

08 按下 Ctrl+1 组合键，在打开的“特性”窗口中修改夹点图案的线型为“DOT2 ”，修改线型比例为 5。

09 关闭“特性”窗口，然后取消图案的夹点显示，修改后的结果如图 18-47 所示。

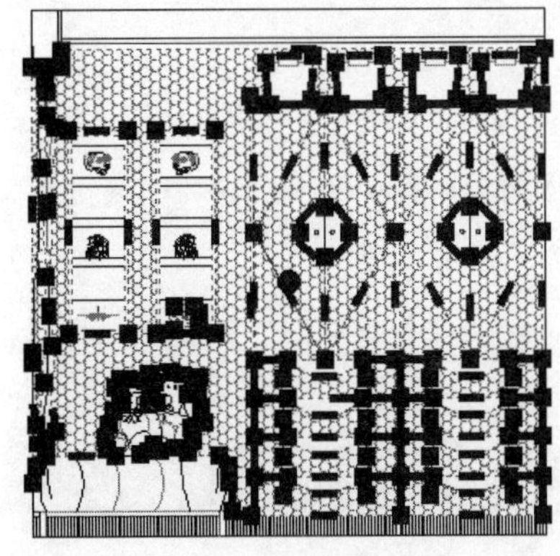

图 18-46　夹点效果

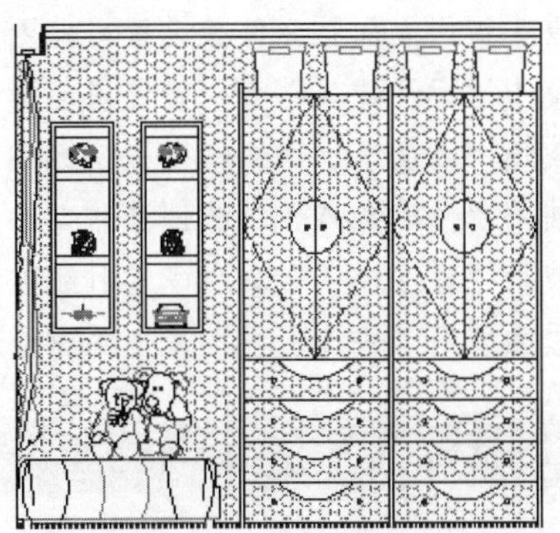

图 18-47　修改后的效果

10 调整视图，将图形全部显示，最终效果如图 18-1 所示。

11 最后执行“保存”命令，将图形命名存储为“绘制儿童房 B 向立面图.dwg”。

18.4 标注儿童房 B 向装修立面图

本例在综合所学知识的前提下，主要学习儿童房 B 向装修立面图引线注释和立面尺寸等内容的具体标注过程和标注技巧。儿童房 B 向立面图的最终标注效果如图 18-48 所示。

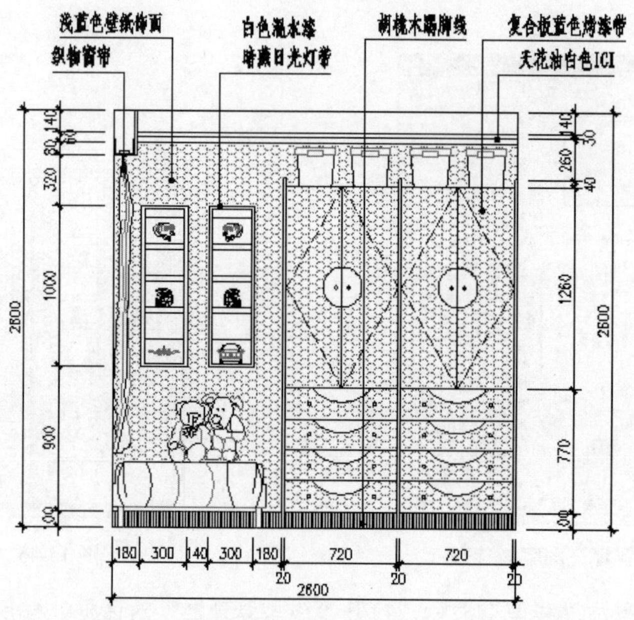

图 18-48 实例效果

18.4.1 儿童房 B 向立面图标注思路

在标注儿童房 B 向立面图时，具体可以参照如下思路：

- 首先调用立面图文件并设置当前图层。
- 使用“标注样式”命令设置当前标注样式与比例
- 使用“线性”、“连续”命令标注立面图细部尺寸和总尺寸。
- 使用“快速夹点”功能调整并完善尺寸标注文字。
- 使用“标注样式”命令设置引线注释样式。
- 最后使用“快速引线”命令快速标注立面图引线注释。

18.4.2 标注儿童房 B 向立面尺寸

01 打开上例存储的“绘制儿童房 B 向立面图.dwg”，或者直接从随书光盘中的“\实例效果文件\第 18 章

\”目录下调用此文件。

02 在“常用”选项卡→“图层”面板中设置“尺寸层”为当前操作层。

03 使用快捷键“D”激活“标注样式”命令，将“建筑标注”设为当前样式，同时修改标注比例为 22。

04 单击“常用”选项卡→“注释”面板→“线性”按钮，配合“端点捕捉”功能标注如图 18-49 所示的线性尺寸。

05 单击“注释”选项卡→“标注”面板→“连续”按钮，以刚标注的线性尺寸作为基准尺寸，标注如图 18-50 所示的细部尺寸。

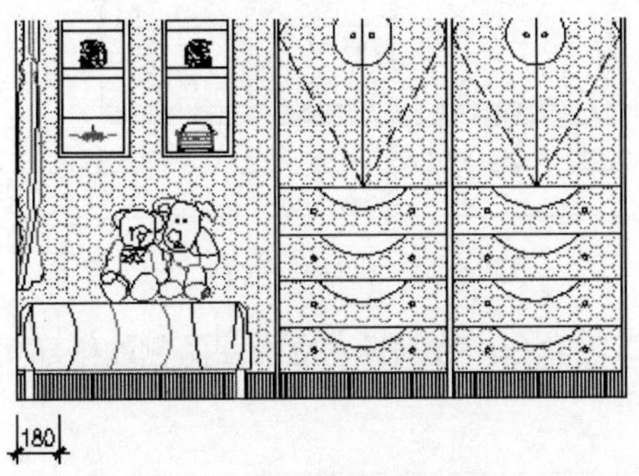

图 18-49　标注线性尺寸

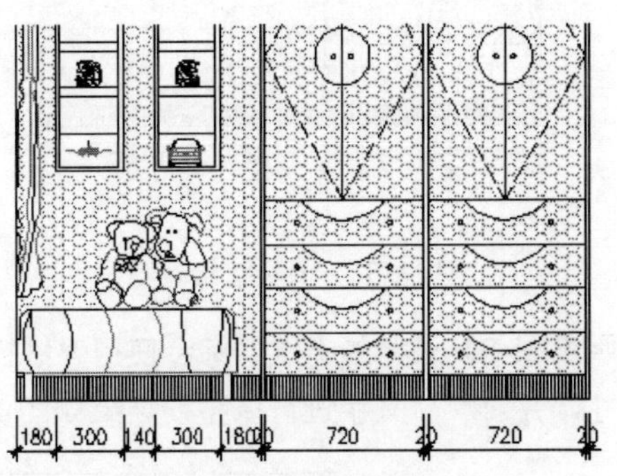

图 18-50　标注连续尺寸

06 在无命令执行的前提下，单击如图 18-51 所示的细部尺寸，使其呈现夹点显示状态。

07 将光标放在尺寸文字夹点上，然后从弹出的快捷菜单中选择“仅移动文字”选项。

08 接下来在命令行“** 仅移动文字 **指定目标点:”提示下，指定文字的位置，结果如图 18-52 所示。

图 18-51　夹点显示尺寸

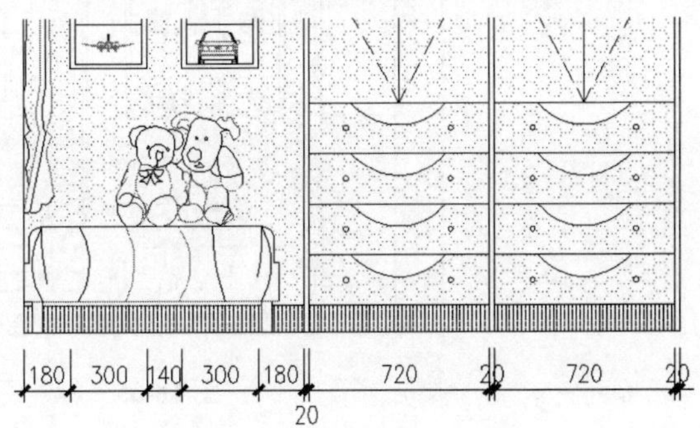

图 18-52　夹点编辑后的效果

09 参照步骤 06～08 的操作，分别对其他位置的尺寸文字进行调整，结果如图 18-53 所示。

10 单击“常用”选项卡→“注释”面板→“线性”按钮，配合 “端点捕捉”功能标注立面图下侧的总尺寸，结果如图 18-54 所示。

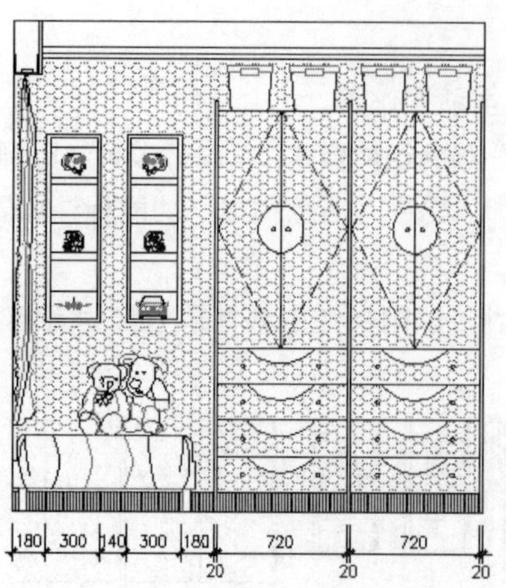

图 18-53 调整结果

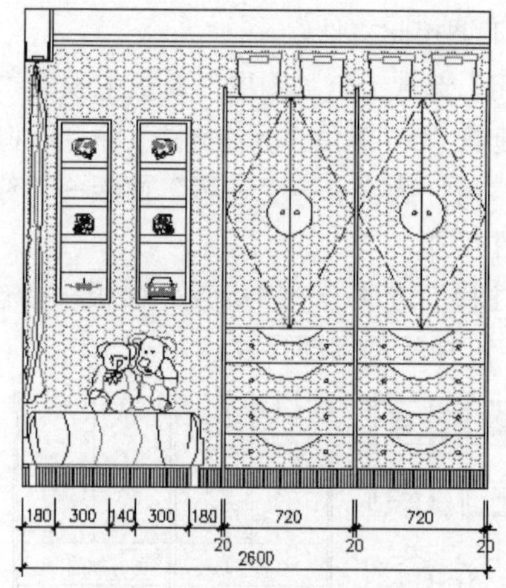

图 18-54 标注总尺寸

11 参照步骤 04～10 的操作，综合使用“线性”、“连续”等命令，分别标注立面图两侧的细部尺寸和总尺寸，并对尺寸文字进行调整，结果如图 18-55 所示。

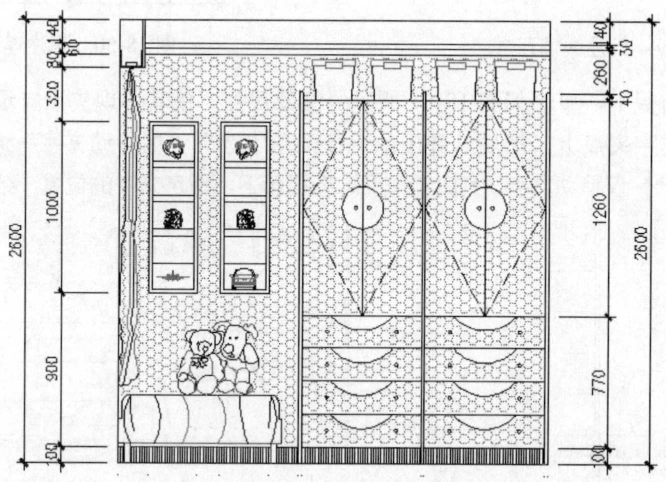

图 18-55 标注两侧尺寸

至此，儿童房 B 向立面图尺寸标注完毕。下一节将学习立面引线注释样式的设置过程。

18.4.3 设置 B 向立面图引线样式

01 继续上节操作。在“常用”选项卡→“图层”面板中设置“文本层”为当前操作层。

02 使用快捷键“D”激活“标注样式”命令，打开“标注样式管理器”话框。

03 在“标注样式管理器”话框中单击按钮，然后在“替代当前样式：建筑标注”对话框中展开“符号和箭头”选项卡，设置引线的箭头及大小，如图 18-56 所示。

04 在“替代当前样式：建筑标注”对话框中展开“文字”选项卡，设置文字样式，如图 18-57 所示。

05 在“替代当前样式：建筑标注”对话框中展开“调整”选项卡，设置标注全局比例，如图 18-58 所示。

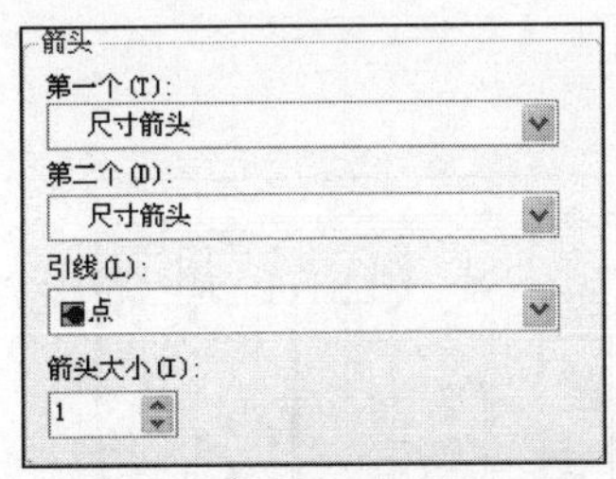

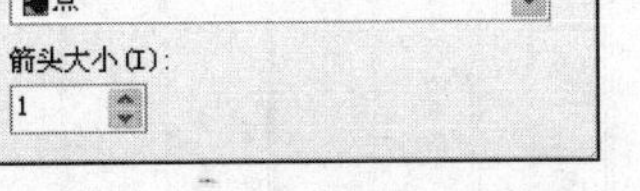

图 18-56　设置箭头及大小

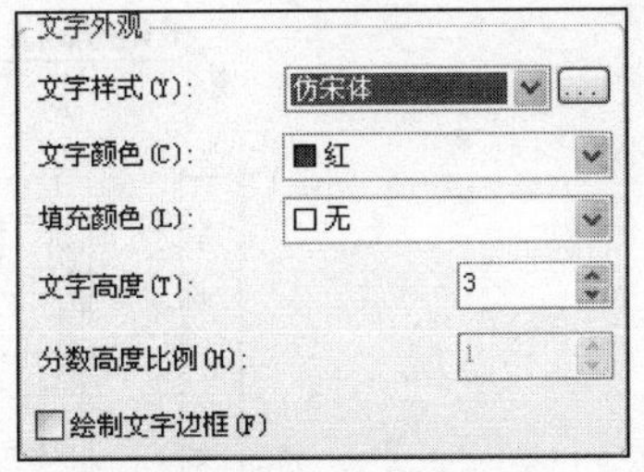

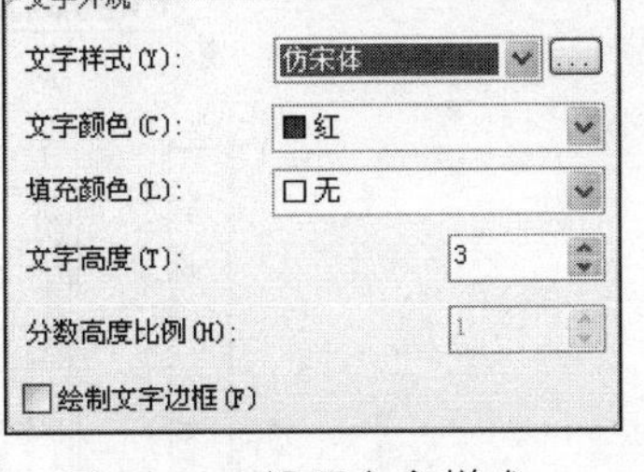

图 18-57　设置文字样式

标注特征比例
注释性(A)
将标注缩放到布局
使用全局比例(S):
33

图 18-58　设置比例

06 在“替代当前样式：建筑标注”对话框中单击 确定 按钮，返回“标注样式管理器”对话框。

07 在“标注样式管理器”对话框中单击 关闭 按钮，结束命令。

至此，立面图引线注释样式设置完毕。下一节将详细学习立面图引线注释的具体标注过程和技巧。

18.4.4　标注儿童房 B 向装修材质

01 继续上节操作。使用快捷键“LE”激活“快速引线”命令，在命令行“指定第一个引线点或 [设置(S)] <设置>：”提示下激活“设置”选项，打开“引线设置”对话框。

02 在“引线设置”对话框中展开“引线和箭头”选项卡，然后设置参数，如图 18-59 所示。

03 在“引线设置”对话框中展开“附着”选项卡，设置引线注释的附着位置，如图 18-60 所示。

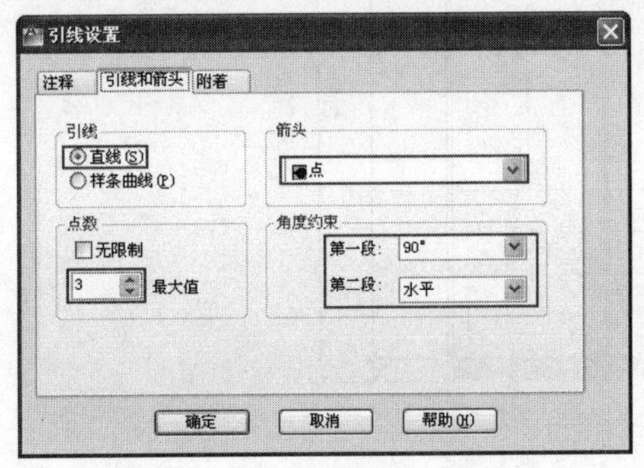

图 18-59　“引线和箭头”选项卡

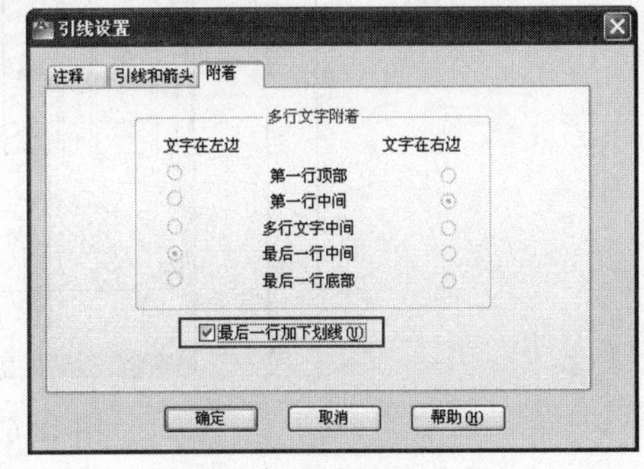

图 18-60　“附着”选项卡

04 单击“引线设置”对话框中的 确定 按钮，返回绘图区，根据命令行的提示指定 3 个引线点绘制引线，如图 18-61 所示。

05 在命令行“指定文字宽度 <0>:”提示下按 Enter 键。

06 在命令行“输入注释文字的第一行 <多行文字(M)>:”提示下，输入“浅蓝色壁纸饰面”并按 Enter 键。

07 在命令行“输入注释文字的下一行：”提示下，按 Enter 键结束命令。标注结果如图 18-62 所示。

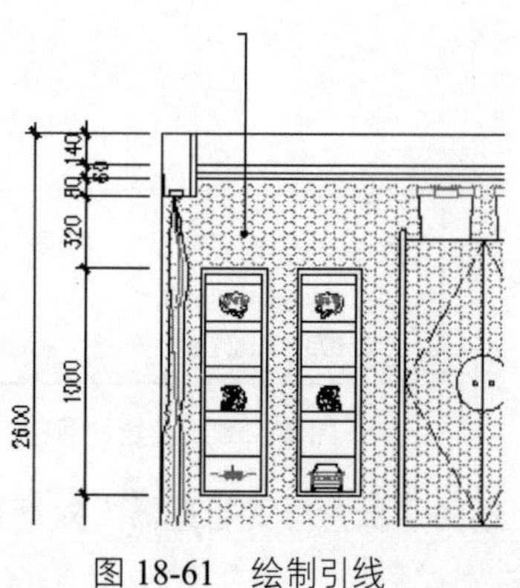

图 18-61　绘制引线

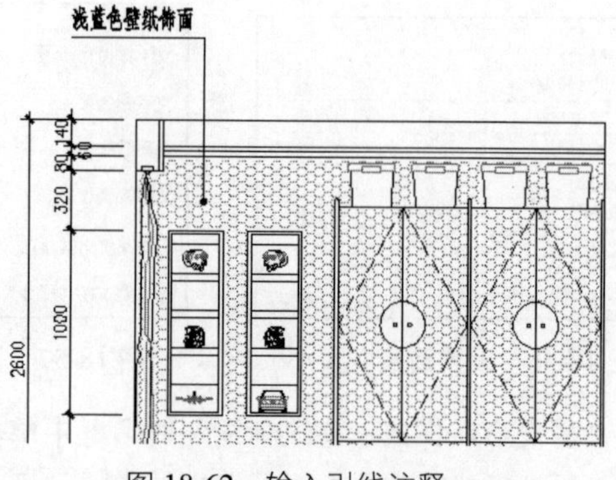

图 18-62　输入引线注释

08 重复执行“快速引线”命令，按照当前的引线参数设置，分别标注其他位置的引线注释，标注结果如图 18-63 所示。

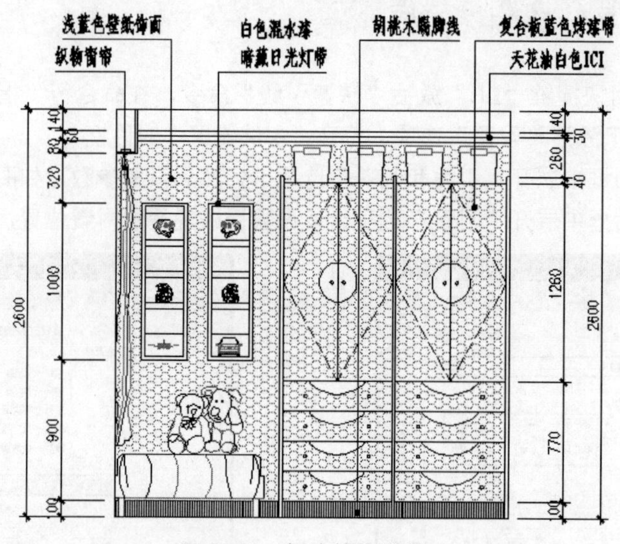

图 18-63　标注其他注释

09 调整视图，将图形全部显示，最终效果如图 18-48 所示。

10 最后执行“另存为”命令，将图形命名存储为“标注儿童房 B 向立面图.dwg”。

18.5 绘制儿童房 D 向装修立面图

本例在综合所学知识的前提下，主要学习儿童房 D 向装修立面图的具体绘制过程和技巧。儿童房 D 向立面图的最终绘制效果如图 18-64 所示。

图 18-64　实例效果

18.5.1　儿童房 D 立面绘图思路

在绘制儿童房 D 向立面图时，具体可以参照如下思路：

- 首先使用“新建”命令调用室内绘图样板文件。
- 使用“矩形”、“分解”、“偏移”、“圆角”、“修剪”等命令绘制儿童房 D 向墙面轮廓线。
- 使用“插入块”、“修剪”等命令，并配合“捕捉自”、“对象捕捉”功能绘制 D 向立面构件图。
- 使用“多线”、“镜像”、“多线编辑工具”等命令，并配合“捕捉自”、“端点捕捉”和“坐标输入”功能绘制墙面 V 形装饰架。
- 最后综合使用“图案填充”、“线型”、“特性”等命令绘制儿童房 D 向立面图装饰壁纸。

18.5.2　绘制儿童房 D 向轮廓图

01 单击“快速访问工具栏”中的按钮，选择随书光盘中的“\绘图样板文件\室内绘图样板.dwt”，新建空白文件。

02 在“常用”选项卡→“图层”面板中设置“轮廓线”为当前操作层。

03 单击“常用”选项卡→“绘图”面板→“矩形”按钮，绘制长度为 2600、宽度为 2600 的矩形作为墙面外轮廓线。

04 单击“常用”选项卡→“修改”面板→“分解”按钮，将矩形分解为 4 条独立的线段。

05 单击“常用”选项卡→“修改”面板→“偏移”按钮，将上侧的矩形水平边向下偏移 140 和 170 个绘图单位，将下侧的矩形水平边向上偏移 100 和 2400 个绘图单位，结果如图 18-65 所示。

06 单击“常用”选项卡→“修改”面板→“偏移”按钮，将矩形左侧垂直边向右偏移 1100 个绘图单位；将右侧的矩形垂直边向左偏移 1000 个绘图单位，结果如图 18-66 所示。

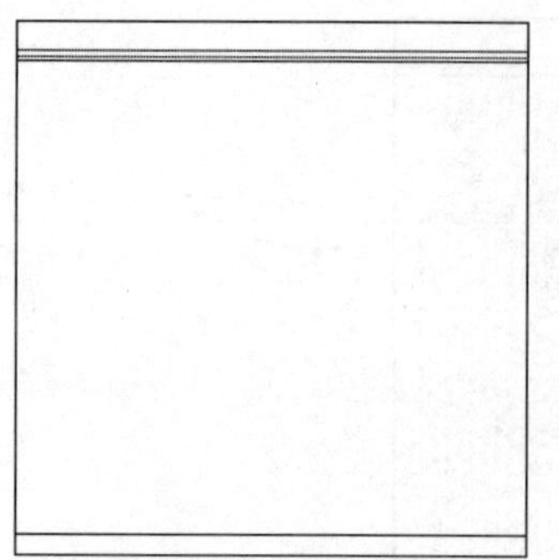

图 18-65　偏移水平边

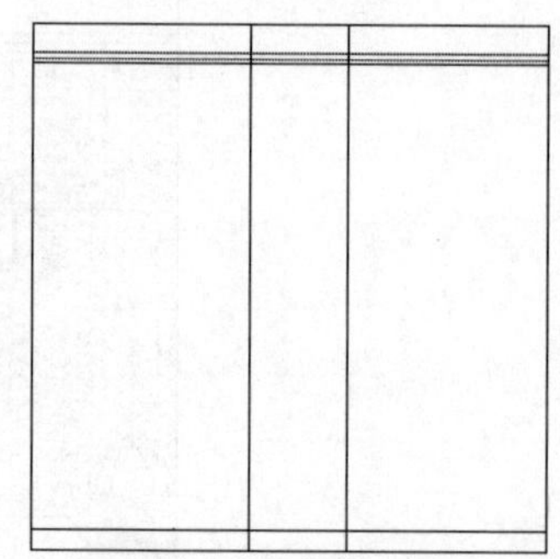

图 18-66　偏移结果

07 重复执行“偏移”命令，将最下侧的水平轮廓线向上偏移 605 个绘图单位，结果如图 18-67 所示。

08 单击“常用”选项卡→“修改”面板→“圆角”按钮，将圆角半径设置为 0，对偏移出的图线 1 和 2 进行圆角编辑，圆角结果如图 18-68 所示。

09 单击“常用”选项卡→“修改”面板→“修剪”按钮，对内部的水平轮廓线进行修剪，结果如图 18-69 所示。

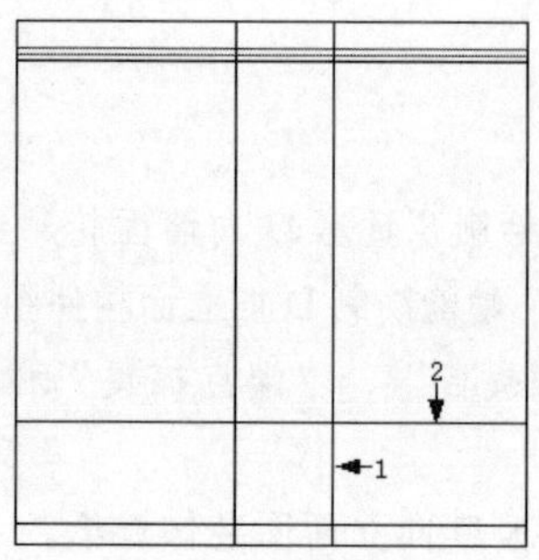

图 18-67　偏移结果

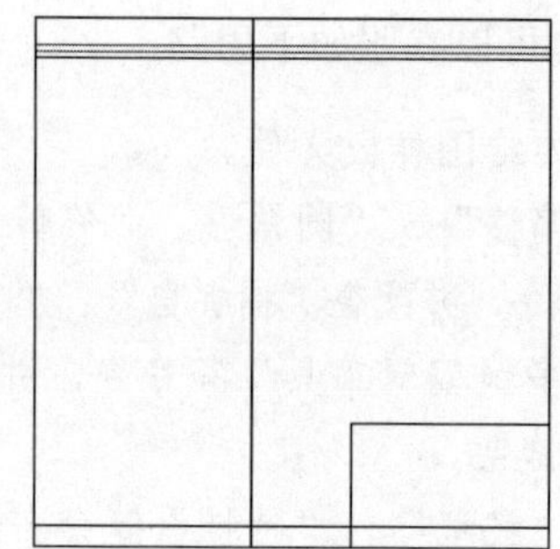

图 18-68　圆角结果

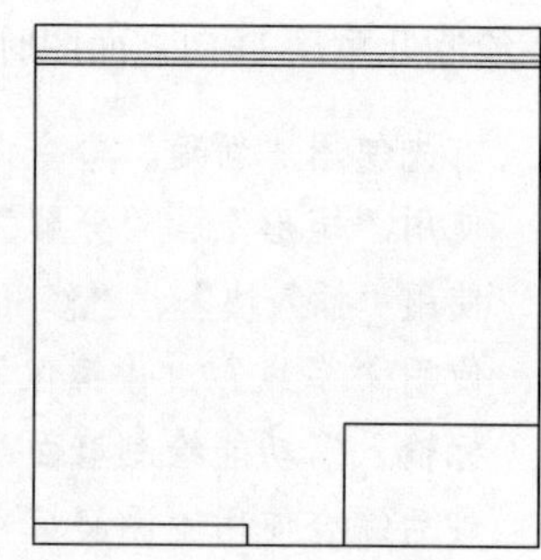

图 18-69　修剪结果

至此，儿童房 D 向立面轮廓图绘制完毕。下一节将学习儿童房 D 向构件图的具体绘制过程和表达技巧，主要包括立面床、床头柜、学习桌、旋转椅、台灯、开关等。

18.5.3　绘制儿童房 D 向构件图

01 继续上节操作。在“常用”选项卡→“图层”面板中设置“家具层”为当前操作层。

02 单击“常用”选项卡→“绘图”面板→“插入块”按钮，在打开的“插入”对话框中单击 浏览(B)... 按钮，然后选择随书光盘中的“\图块文件\立面单人床.dwg”。

03 返回“插入”对话框，以默认参数将立面单人床插入到立面图中，插入点为图 18-70 所示的端点 A，插入结果如图 18-71 所示。

04 重复执行“插入块”命令，以默认参数插入随书光盘中的“\图块文件\学习桌与旋转椅.dwg”，插入点为图 18-71 所示的端点 S，插入结果如图 18-72 所示。

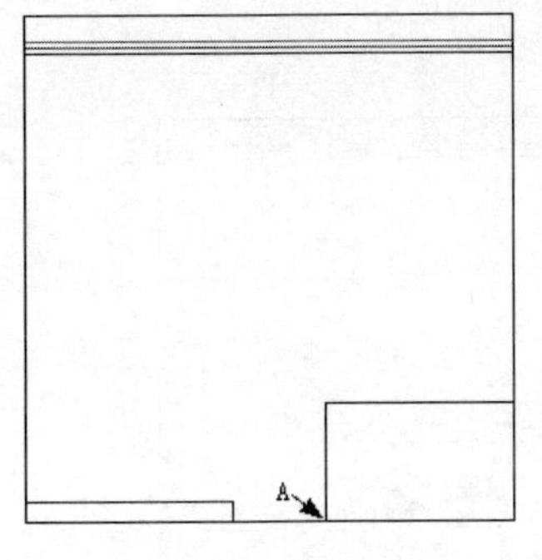

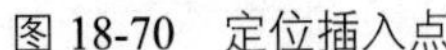
图 18-70　定位插入点

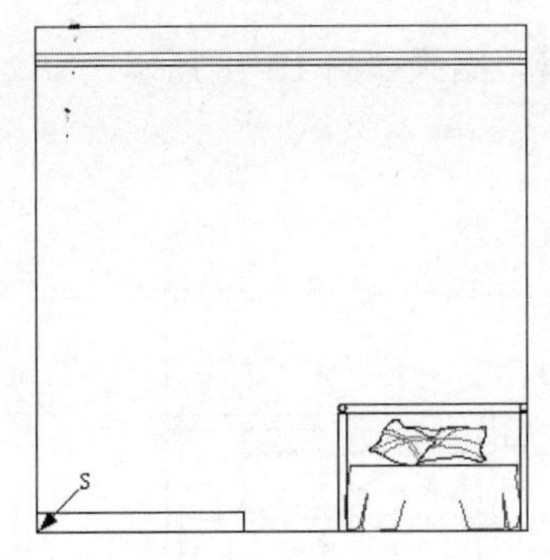

图 18-71　插入立面床

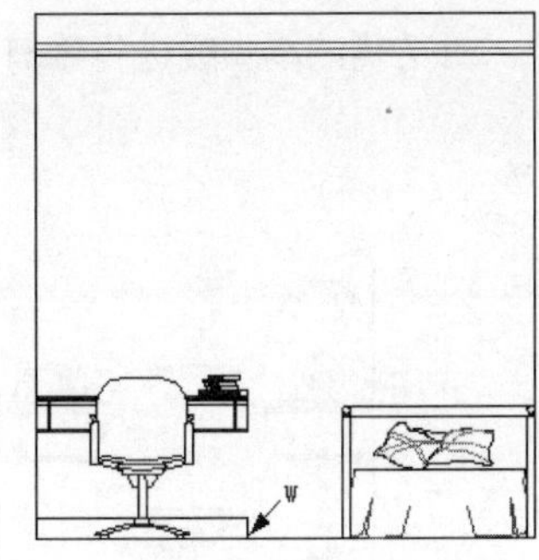

图 18-72　插入结果

05 重复执行“插入块”命令，以默认参数插入随书光盘中的“\图块文件\床头柜 02.dwg”，插入点为图 18-72 所示的端点 W；插入结果如图 18-73 所示。

06 重复执行“插入块”命令，配合“中点捕捉”功能，以默认参数插入随书光盘中的“\图块文件\立面台灯 03.dwg”，插入结果如图 18-74 所示。

图 18-73　插入床头柜

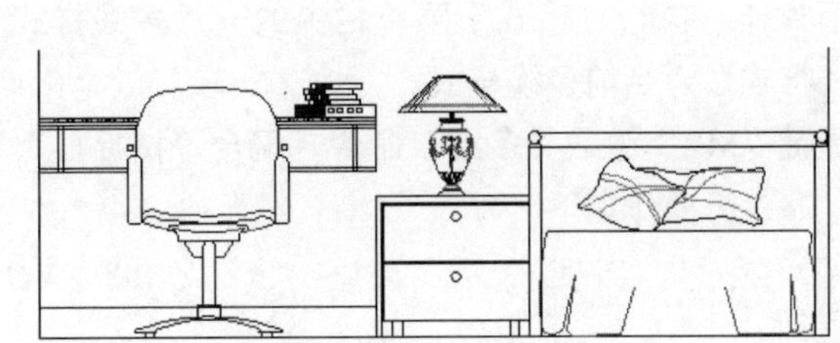

图 18-74　插入台灯

07 单击“常用”选项卡→“绘图”面板→“插入块”按钮，在打开的“插入”对话框中单击浏览(B)...按钮，然后选择随书光盘中的“\图块文件\开关.dwg”。

08 返回“插入”对话框，以默认参数将图块插入到立面图中，在命令行“指定插入点或 [基点(B)/比例(S)/旋转(R)]:”提示下，激活“捕捉自”功能。

09 在命令行“_from 基点:”提示下，捕捉图 18-75 所示的端点 E。

10 继续在命令行“<偏移>:”提示下输入（@1520,550）并按 Enter 键，插入结果如图 18-76 所示。

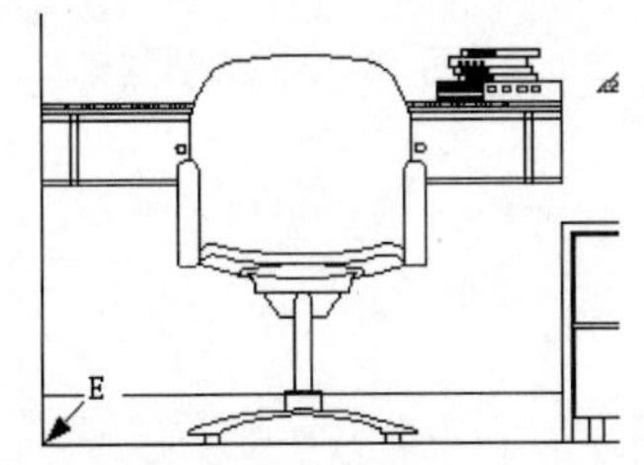

图 18-75　定位插入点

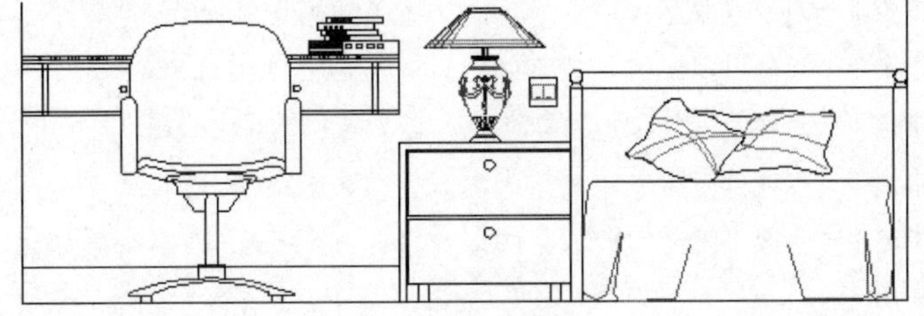

图 18-76　插入台灯

11 重复执行“插入块”命令，以默认参数插入随书光盘中的“\图块文件\”目录下的“台灯 02.dwg 和蓝球.dwg”，插入结果如图 18-77 所示。

12 单击“常用”选项卡→“修改”面板→“修剪”按钮，以插入的立面图块外边缘作为修剪边界，对下侧的踢脚线进行修剪并完善，结果如图 18-78 所示。

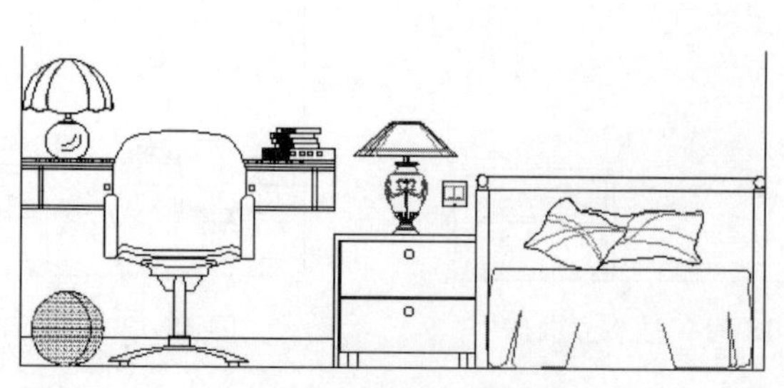

图 18-77　插入台灯和蓝球

图 18-78　修剪结果

至此，儿童房 D 向立面构件图绘制完毕。下一节将学习儿童房墙面 V 形装饰架的快速绘制过程和技巧。

18.5.4　绘制儿童房 V 形装饰架

01 继续上节操作。执行“格式”菜单栏中的→“多线样式”命令，在打开的“多线样式“对话框中设置“墙线样式”为当前多线样式。

02 使用快捷键“ML”激活“多线”命令，配合“捕捉自”、“端点捕捉”和“坐标输入”功能绘制 V 形装饰架。命令行操作如下：

```
命令：ml
MLINE 当前设置：对正 = 上，比例 = 20.00，样式 = 墙线样式
指定起点或 [对正(J)/比例(S)/样式(ST)]:   //j Enter
输入对正类型 [上(T)/无(Z)/下(B)] <上>:   //B Enter
当前设置：对正 = 下，比例 = 20.00，样式 = 墙线样式
指定起点或 [对正(J)/比例(S)/样式(ST)]：//激活“捕捉自”功能
_from 基点:     //捕捉最左侧垂直轮廓线的上端点
<偏移>:         //@190,-620 Enter
指定下一点:                    //@0 ,-120 Enter
指定下一点或 [放弃(U)]:           //@580,0 Enter
指定下一点或 [闭合(C)/放弃(U)]:   //@0,-440 Enter
指定下一点或 [闭合(C)/放弃(U)]:   //@440,0 Enter
指定下一点或 [闭合(C)/放弃(U)]:   //@0,-200 Enter
指定下一点或 [闭合(C)/放弃(U)]: // Enter，绘制结果如图
18-79 所示
```

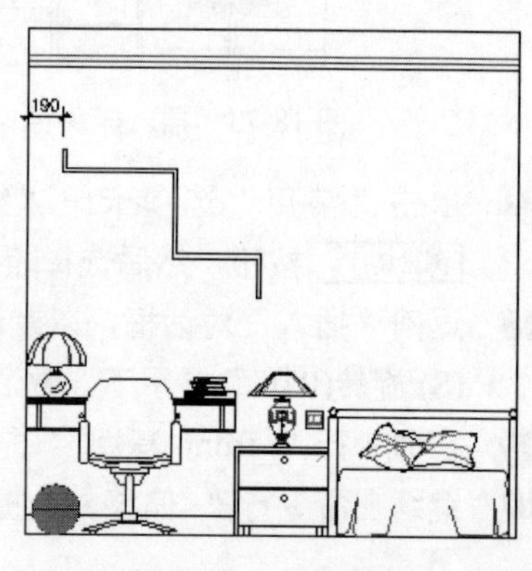

图 18-79　绘制结果

03 重复执行“多线”命令，配合“捕捉自”、“端点捕捉”和“坐标输入”功能继续绘制 V 形装饰架。命令行操作如下：

```
命令: ml
MLINE 当前设置: 对正 = 下, 比例 = 20.00, 样式 = 墙线样式
指定起点或 [对正(J)/比例(S)/样式(ST)]:  //激活“捕捉自”功能
_from 基点:                              //捕捉如图 18-80 所示的端点
<偏移>:                            //@380,0 Enter
指定下一点:                         // @0,-220 Enter
指定下一点或 [放弃(U)]:               // @420,0 Enter
指定下一点或 [闭合(C)/放弃(U)]:  //@0,-440 Enter
指定下一点或 [闭合(C)/放弃(U)]:  //@620,0 Enter
指定下一点或 [闭合(C)/放弃(U)]:  //@0,440 Enter
指定下一点或 [闭合(C)/放弃(U)]:  //@420,0 Enter
指定下一点或 [闭合(C)/放弃(U)]:  //@0,220 Enter
指定下一点或 [闭合(C)/放弃(U)] : // Enter, 绘制结果如图 18-81 所示
```

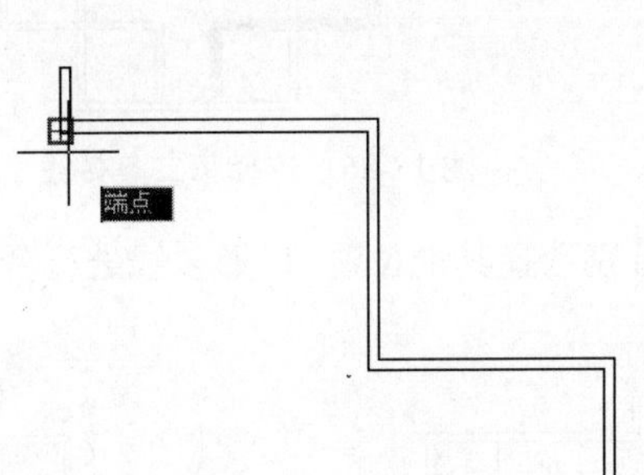

图 18-80　捕捉端点

图 18-81　绘制结果

04 单击“常用”选项卡→“修改”面板→“镜像”按钮，选择如图 18-82 所示的多线进行镜像。镜像线上的点为图 18-83 所示的中点；镜像结果如图 18-84 所示。

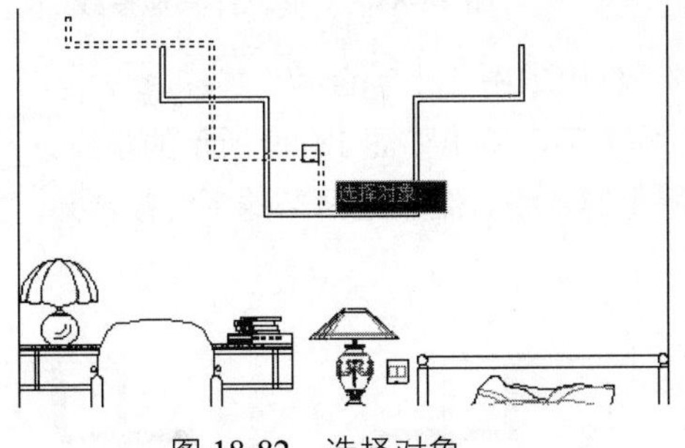

图 18-82　选择对象

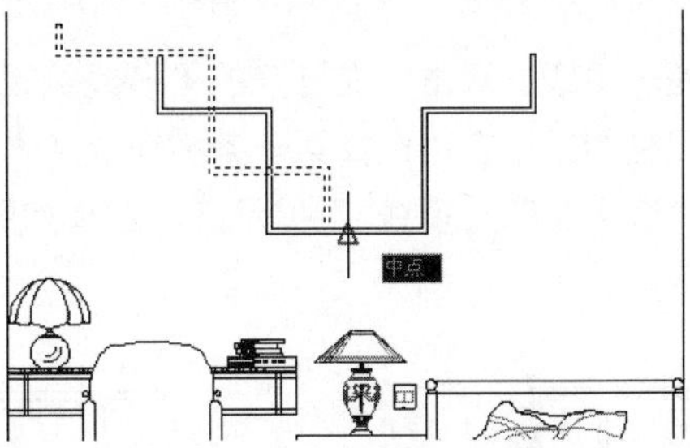

图 18-83　定位镜像线上的点

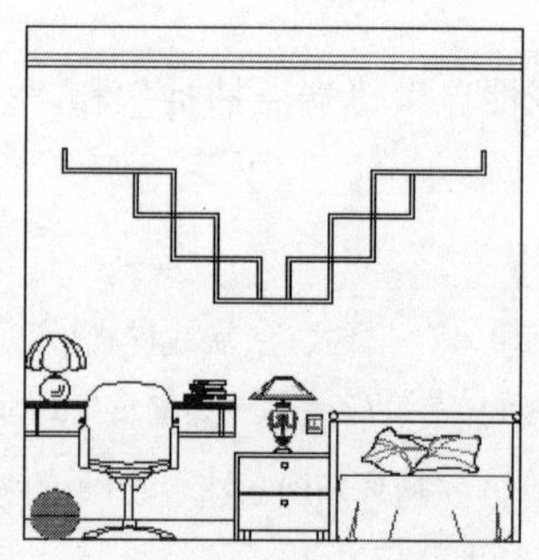

图 18-84　镜像结果

05 执行菜单栏中的“修改”→“对象”→“多线”命令，在打开的“多线编辑工具”对话框内单击按钮，激活“T 形合并”功能。

06 返回绘图区，在命令行“选择第一条多线:”提示下，选择如图 18-85 所示的多线。

07 在“选择第二条多线:”提示下，选择如图 18-86 所示的多线。结果这两条 T 形相交的多线被合并，如图 18-87 所示。

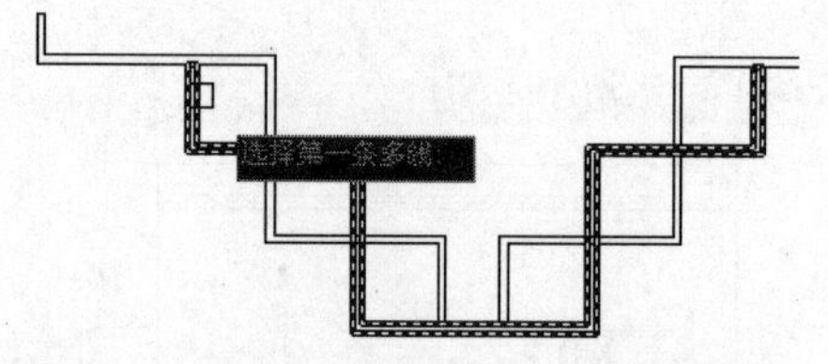

图 18-85　选择第一条多线

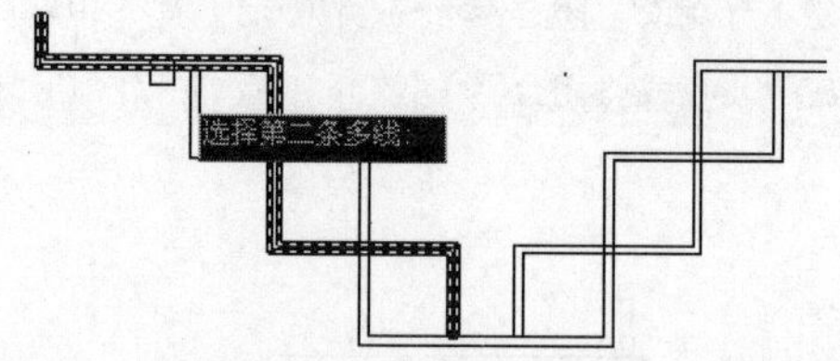

图 18-86　选择第二条多线

08 继续在“选择第一条多线或 [放弃(U)]:”提示下，分别选择其他位置 T 形多线进行合并。合并结果如图 18-88 所示。

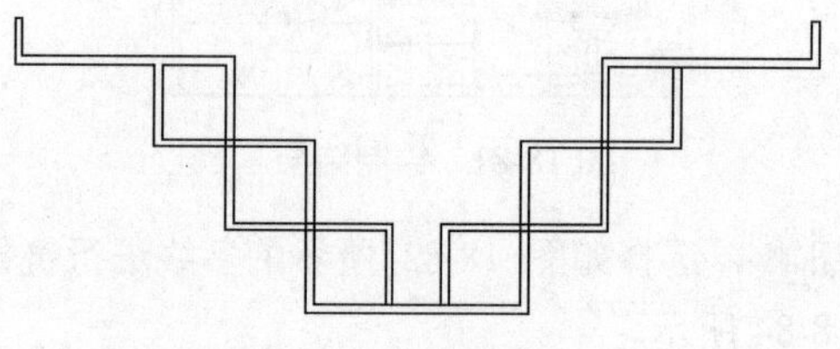

图 18-87　T 形合并结果

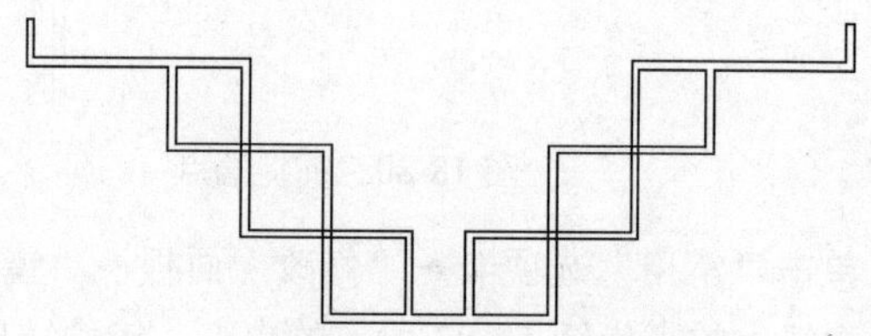

图 18-88　T 形合并其他多线

09 在任一多线上双击，在打开的“多线编辑工具”对话框中单击“十字合并”按钮。

10 返回绘图区，在“选择第一条多线或 [放弃(U)]:”提示下，单击如图 18-89 所示的多线。

11 在“选择第二条多线:”提示下，选择如图 18-90 所示的多线。结果这两条的多线被合并，如图 18-91 所示。

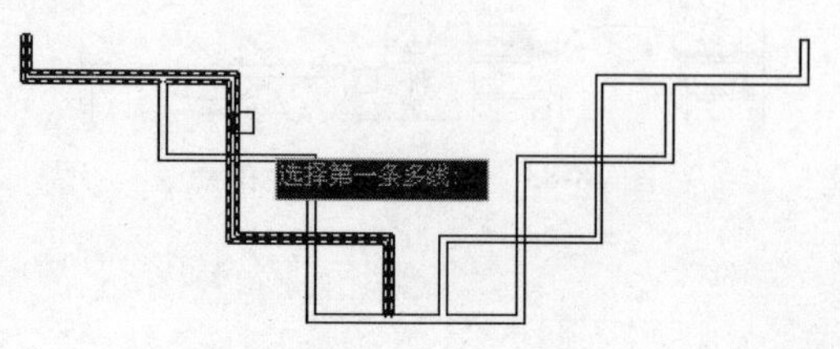

图 18-89　选择第一条多线

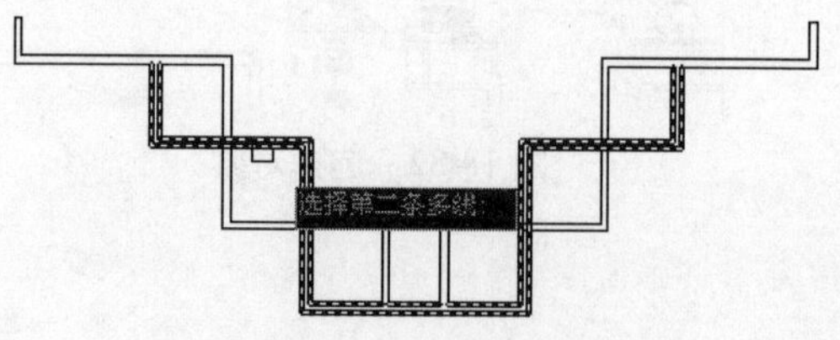

图 18-90　选择第二条多线

12 接下来继续在“选择第一条多线或 [放弃(U)]：”提示下，分别选择其他位置十字相并的多线进行合并。合并结果如图 18-92 所示。

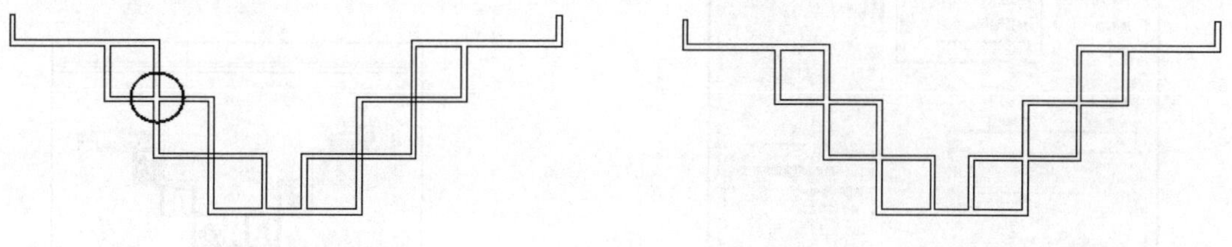

图 18-91 十字合并结果　　图 18-92 十字合并其他多线

13 单击“常用”选项卡→“绘图”面板→“插入块”按钮，在打开的“插入”对话框中单击 浏览(B)... 按钮，然后选择随书光盘中的“\图块文件\block1.dwg”。

14 返回“插入”对话框，配合“最近点捕捉”功能，以默认参数将图块插入到立面图中，插入结果如图 18-93 所示。

15 重复执行“插入块”命令，配合“最近点捕捉”功能，以默认参数插入随书光盘中的“\图块文件\”目录下的“block1~Block8.dwg”。插入结果如图 18-94 所示。

图 18-93 插入结果

图 18-94 插入其他图块

至此，儿童房 D 向墙面 V 形装饰架绘制完毕。下一节将学习儿童房 D 向墙面装饰壁纸的绘制过程和技巧。

18.5.5 绘制儿童房 D 向装饰壁纸

01 继续上节操作。在“常用”选项卡→“图层”面板中设置“填充层”为当前操作层。

02 单击“常用”选项卡→“绘图”面板→“图案填充”按钮，激活“图案填充”命令。然后在命令行“拾取内部点或 [选择对象(S)/设置(T)]:”提示下激活“设置”选项，打开“图案填充和渐变色”对话框。

03 在“图案填充和渐变色”对话框中选择“预定义”图案，同时设置图案的填充角度及填充比例参数，如图 18-95 所示。

04 单击“图案填充创建”选项卡→“边界”面板→“拾取点”按钮，返回绘图区拾取填充区域，为立面图填充如图 18-96 所示的图案。

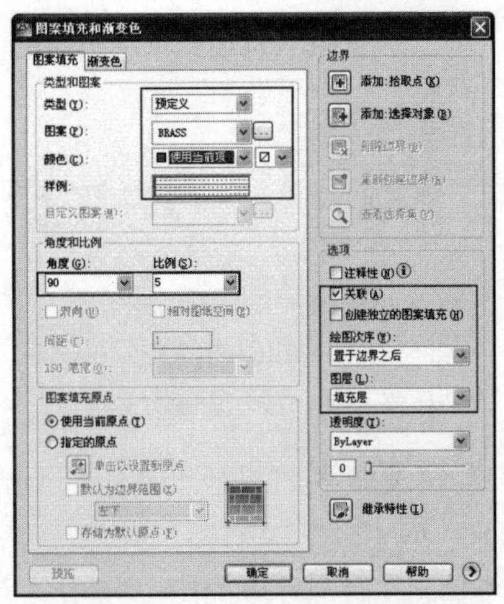

图 18-95 设置填充图案与参数

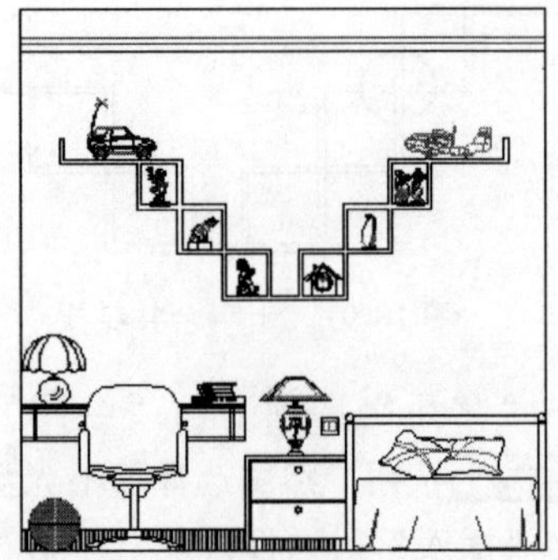

图 18-96 填充结果

05 重复执行“图案填充”命令，设置填充图案与参数，如图 18-97 所示。为立面图填充如图 18-98 所示的壁纸图案。

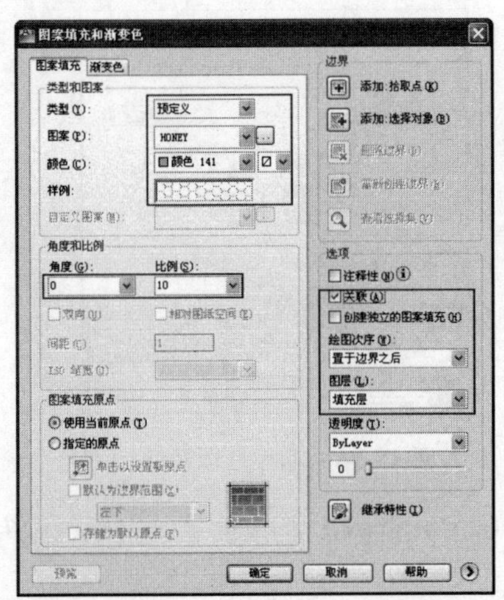

图 18-97 设置填充图案与参数

图 18-98 填充结果

06 使用快捷键“LT”激活“线型”命令，打开“线型管理器”对话框，使用对话框中的“加载”功能，加载一种名为“DOT2”的线型。

07 在无命令执行的前提下，单击刚填充的图案，使其呈现夹点显示状态，如图 18-99 所示。

08 按下 Ctrl+1 组合键，在打开的“特性”窗口中修改夹点图案的线型为“DOT2 ”，修改线型比例为 5。

09 关闭“特性”窗口，然后取消图案的夹点显示，修改后的结果如图 18-100 所示。

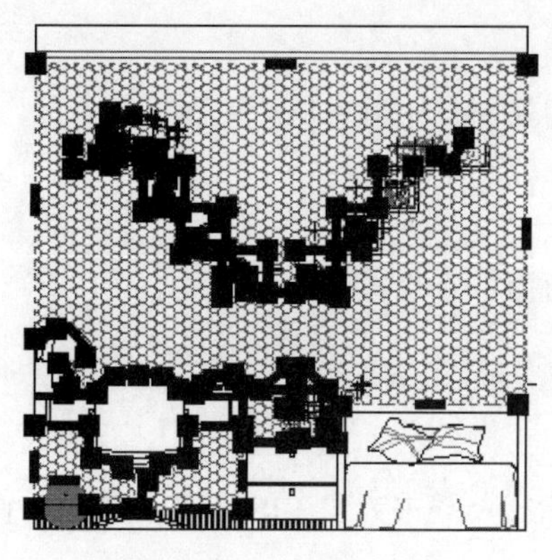

图 18-99　夹点效果

图 18-100　修改后的效果

10 调整视图，将图形全部显示，最终效果如图 18-64 所示。

11 最后执行“保存”命令，将图形命名存储为“绘制儿童房 D 向立面图.dwg”。

18.6 标注儿童房 D 向装修立面图

本例在综合所学知识的前提下，主要学习儿童房 D 向装修立面图引线注释和立面尺寸等内容的具体标注过程和标注技巧。儿童房 D 向立面图的最终标注效果，如图 18-101 所示。

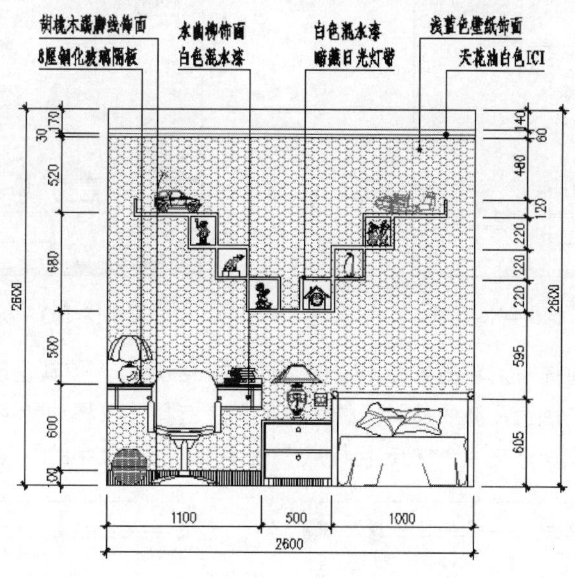

图 18-101　实例效果

18.6.1　儿童房 D 向立面图标注思路

在标注儿童房 D 向立面图时，具体可以参照如下思路：

- 首先调用立面图文件并设置当前图层。

- 使用“标注样式”命令设置当前标注样式与比例
- 使用“线性”、“连续”命令标注儿童房 D 向立面图细部尺寸和总尺寸。
- 使用“快速夹点”功能调整并完善 D 向立面图尺寸标注文字。
- 使用“标注样式”命令设置 D 向立面图引线注释样式。
- 最后使用“快速引线”命令快速标注儿童房 D 向立面图引线注释。

18.6.2 标注儿童房 D 向立面尺寸

01 打开上例存储的“绘制儿童房 D 向立面图.dwg”，或者直接从随书光盘中的“\实例效果文件\第 18 章\”目录下调用此文件。

02 在“常用”选项卡→“图层”面板中设置“尺寸层”为当前操作层。

03 在“常用”选项卡→“注释”面板中设置“建筑标注”为当前标注样式。

04 在命令行设置系统变量 DIMSCALE 的值为 22。

05 单击“常用”选项卡→“注释”面板→“线性”按钮，配合“端点捕捉”功能标注如图 18-102 所示的线性尺寸。

06 单击“注释”选项卡→“标注”面板→“连续”按钮，以刚标注的线性尺寸作为基准尺寸，标注如图 18-103 所示的细部尺寸。

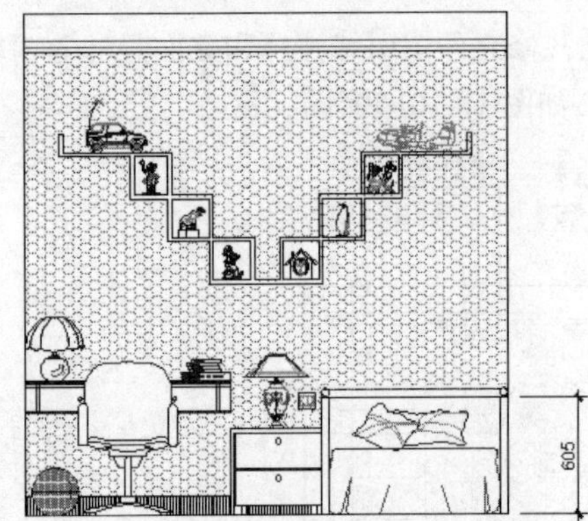

图 18-102 标注线性尺寸

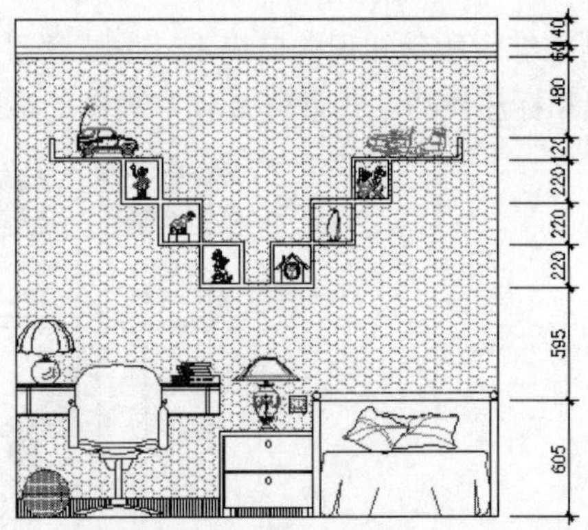

图 18-103 标注连续尺寸

07 在无任何命令执行的前提下，单击如图 18-104 所示的细部尺寸，使其呈现夹点显示状态。

08 将光标放在尺寸文字夹点上，然后从弹出的快捷菜单中选择“仅移动文字”选项。

09 接下来在命令行“** 仅移动文字 **指定目标点:”提示下，指定文字的位置，结果如图 18-105 所示。

图 18-104 夹点显示尺寸

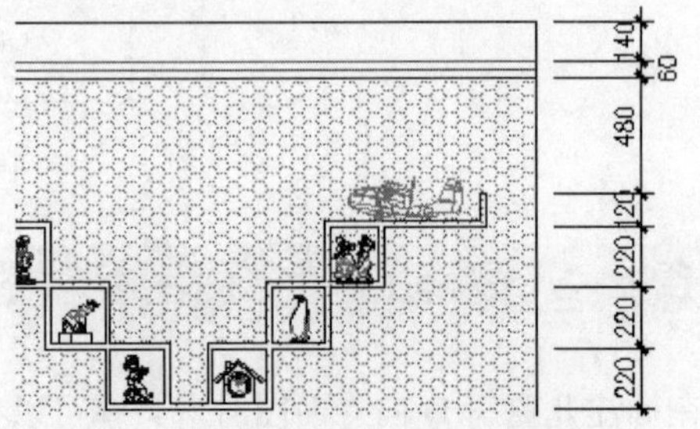

图 18-105 夹点编辑后的效果

10 参照步骤 07～09 的操作，对其他位置的标注文字进行调整，结果如图 18-106 所示。

11 单击“常用”选项卡→“注释”面板→“线性”按钮，配合“端点捕捉”功能标注立面图右侧的总尺寸，结果如图 18-107 所示。

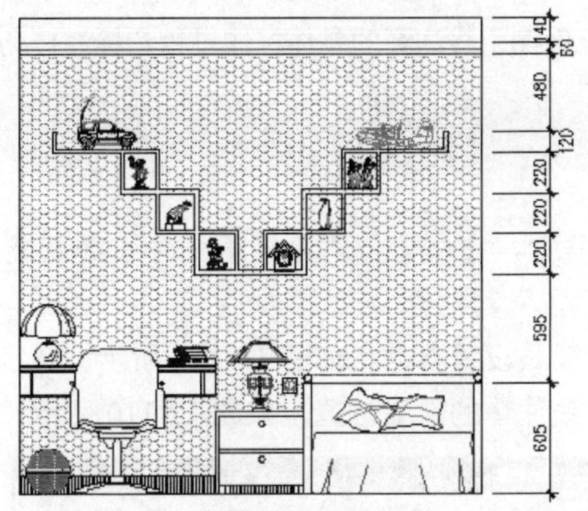

图 18-106　编辑结果

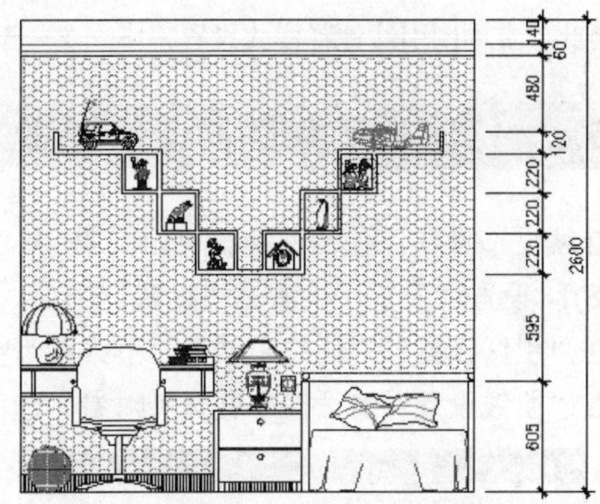

图 18-107　标注总尺寸

12 参照步骤 05～11 的操作，综合使用“线性”、“连续”等命令配合“快速夹点”功能和“对象捕捉”功能，分别标注立面图其他侧的细部尺寸和总尺寸，结果如图 18-108 所示。

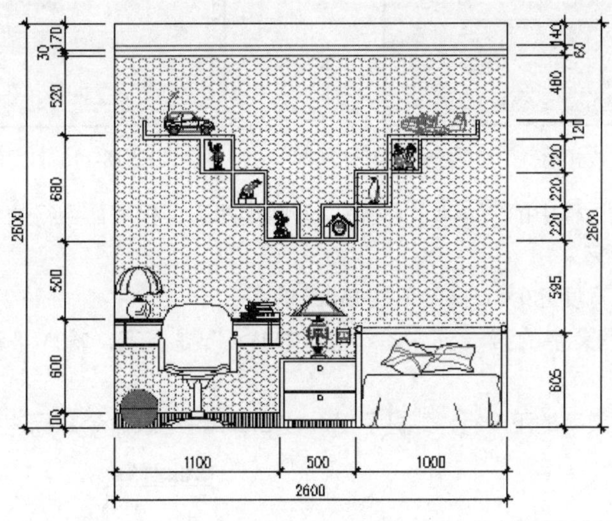

图 18-108　标注其他侧的尺寸

至此，儿童房 D 向立面图尺寸标注完毕。下一节将学习立面引线注释样式的设置过程。

18.6.3　设置 D 向立面图引线样式

01 继续上节操作。在“常用”选项卡→“图层”面板中设置“文本层”为当前操作层。

02 使用快捷键“D”激活“标注样式”命令，打开“标注样式管理器”对话框。

03 在“标注样式管理器”对话框中单击 替代(O)... 按钮，然后在“替代当前样式：建筑标注”对话框中展开“符号和箭头”选项卡，设置引线的箭头及大小。

04 在“替代当前样式：建筑标注”对话框中展开“文字”选项卡，设置文字样式。

05 在“替代当前样式：建筑标注”对话框中展开“调整”选项卡，设置标注全局比例为 33。

06 在“替代当前样式：建筑标注”对话框中单击 确定 按钮，返回“标注样式管理器”对话框。

07 在“标注样式管理器”对话框中单击 关闭 按钮，结束命令。

至此，立面图引线注释样式设置完毕。下一节将详细学习立面图引线注释的具体标注过程和标注技巧。

18.6.4 标注儿童房 D 向装修材质

01 继续上节操作。使用快捷键“LE”激活“快速引线”命令，在命令行“指定第一个引线点或 [设置(S)] <设置>：”提示下激活“设置”选项，打开“引线设置”对话框。

02 在“引线设置”对话框中展开“引线和箭头”选项卡，然后设置参数，如图 18-109 所示。

03 在“引线设置”对话框中展开“附着”选项卡，设置引线注释的附着位置，如图 18-110 所示。

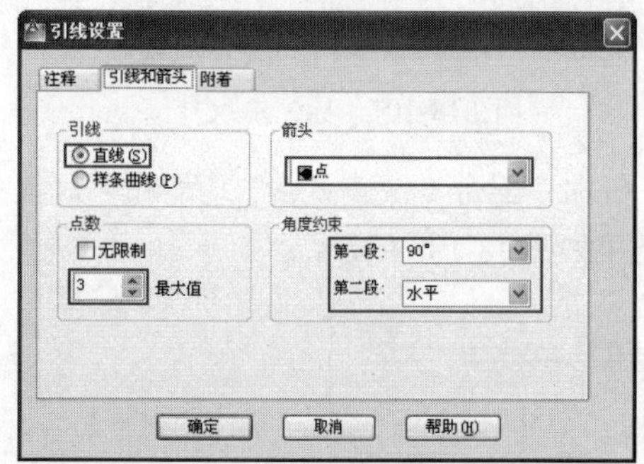

图 18-109 “引线和箭头”选项卡

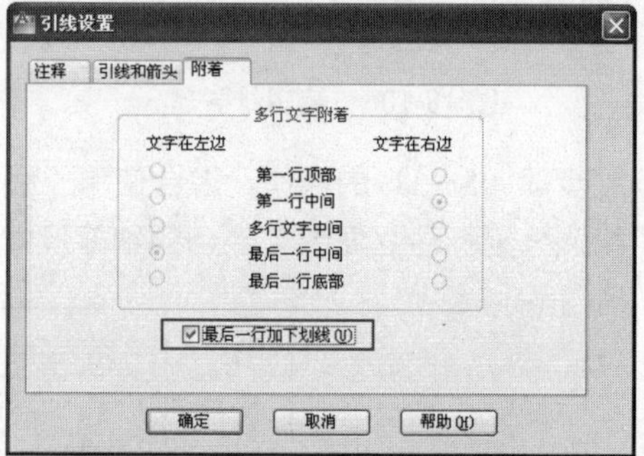

图 18-110 “附着”选项卡

04 单击“引线设置”对话框中的 确定 按钮，返回绘图区，根据命令行的提示指定 3 个引线点绘制引线，如图 18-111 所示。

05 在命令行“指定文字宽度 <0>:”提示下按 Enter 键。

06 在命令行“输入注释文字的第一行 <多行文字(M)>:”提示下，输入“8 厘钢化玻璃隔板”并按 Enter 键。

07 在命令行“输入注释文字的下一行: ”提示下，按 Enter 键结束命令。标注结果如图 18-112 所示。

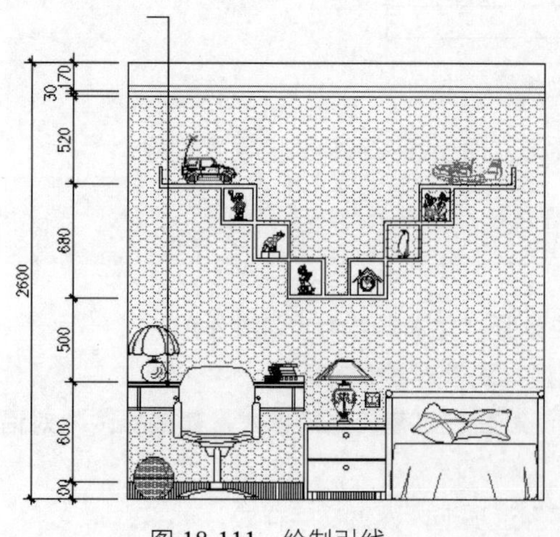

图 18-111 绘制引线

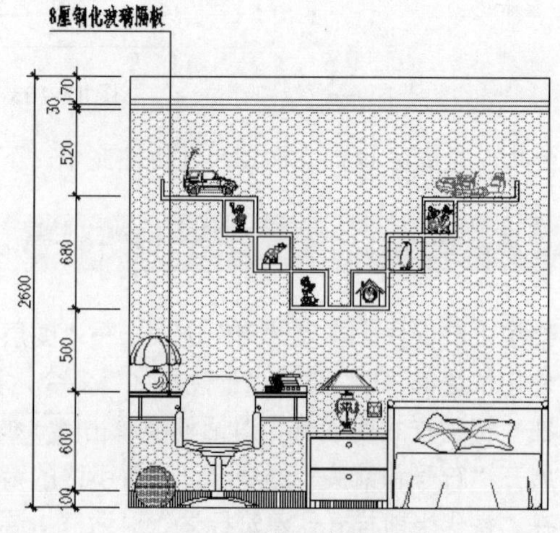

图 18-112 输入引线注释

08 重复执行“快速引线”命令，按照当前的引线参数设置，分别标注其他位置的引线注释，标注结果如图 18-113 所示。

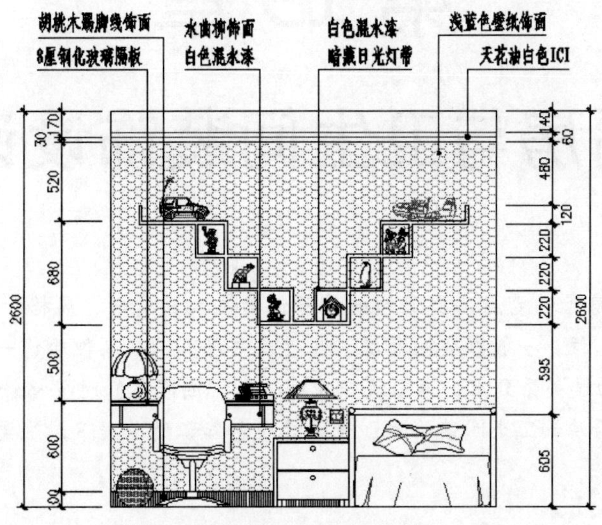

图 18-113　标注其他注释

09 调整视图，将图形全部显示，最终效果如图 18-101 所示。

10 最后执行“另存为”命令，将图形另名存储为“标注儿童房 B 向立面图.dwg”。

18.7　本章小结

儿童房是孩子们最亲近的场所，有着多样的功能性，即是孩子们的卧室、起居室，又可看作是孩子们的游戏空间，因此在设计上要充分考虑孩子成长中的要求，增添有利于孩子观察、思考、游戏的成分，为孩子全方位的健康成长创造条件。

本章在概述儿童房相关装修设计理念等知识的前提下，分别以绘制儿童房 B 向装修立面图、标注儿童房 B 向装修立面图、绘制儿童房 D 向装修立面图、标注儿童房 D 向装修立面图 4 个典型实例，详细讲述了儿童房空间装饰立面图的表达内容、绘制思路和具体的绘图过程。相信读者能通过本章的学习，在了解儿童房装修理念的基础上，掌握儿童房装修立面图的具体绘制方法和相关技巧。

第19章

厨房与卫生间装饰设计

厨房和卫生间是一套房子的重点，厨卫的设计不但与主人的爱好、风格和经济实力有关，更重要的是，它是一个半永久性的工程。一般家庭的卧房、客厅或书房可以在入住后作一些装修调整，但厨房卫生间要改造就并非易事，因为这关系到水、电、暖一系列工程，因而装修时要格外注意。

本章在简单了解有关厨房和卫生间装修原则等设计理念知识的前提下，主要学习厨房卫生间装修立面图的绘图技能和相关技巧。

知识要点

- 厨房基本设计原则
- 卫生间基本设计原则
- 绘制厨房 B 向装修立面图
- 标注厨房 B 向装修立面图
- 绘制卫生间 C 向装修立面图
- 绘制主卧卫生间 A 向装修立面图
- 标注主卧卫生间 A 向装修立面图

19.1 厨房基本设计原则

厨房是住宅生活设施密度和使用频率较高的空间，具有烧煮、洗涤，进餐等多种功能，是住房中使用最频繁、家务劳动最集中的地方。因此，厨房的装修设计应本着实用、安全和卫生的基本原则，具体内容如下。

1. 提高安全系数

厨房设计时全面检索厨房内尖利部位，采取针对性的打磨清除、钝化处理。还要细心创制儿童安保系统，比如，安全锁扣装置、防磕碰防烫伤策略等。另外，厨房的设计还要提供全面稳妥的防滑方案，包括地面的处理、科学防滑产品的应用等。

2. 足够的操作空间

厨房设计时要有洗涤、配切、餐具的搁置等周转场所，要有存放烹饪器具和佐料的地方，以保证基本的操作空间。现代厨具生产已走向组合化，应尽可能合理配备，以保证现代家庭厨房拥有齐全的功能。

3. 丰富的储存空间

厨房设计时应本着储物、取物更为方便的原则，尽量采用组合式吊柜，合理利用一切可贮存物品的空间。组合柜下面贮存较重较大的瓶、罐、米、菜等物品，操作台前设置存放油、酱、糖等调味品。

4. 充分的活动空间

厨房设计时要依照人体工程学的原理，进行合理的空间布局，提供科学的厨房工作流线规划，合理安排厨房用具的机能、方位、尺寸。厨房的工作区的规划大致有一字型、U 型、L 型及岛型。一字型厨房是一直线靠墙排列。U 型厨房是厨具环绕三面墙，相对需要的空间较一字型的厨房大；L 型厨房是将冰箱、水槽、火炉合理地配置成三角形，是厨房设置最节省空间的设计；岛型厨房设计是在厨房中间摆置一个独立的料理台或工作台，家人和朋友可在料理台上共同准备餐点，此种方式需要厨房有较大的空间。

5. 厨具的尺寸

厨房中操作平台的高度对防止疲劳和灵活转身起到决定性作用，台面、吊柜必须依据人体工程学设计，操作台面高度应该约为 85cm；深度约 60cm；吊柜约为 37cm。另外，长度方面则可依据厨房空间，将厨具合理地配置，各种大小不同规格尺寸，让使用者感到舒适。

6. 厨房的通风

通风是厨房设计的起码要求，是保证户内卫生的重要条件，也是保持人身健康、安全的必要措施。排气扇、排气罩、油烟机都是必要的设备。油烟机一般安装在煤气灶上方 70mm 左右，油烟机造型、色彩应与橱柜的造型色彩协调统一。

另外，灶台上方切不可有窗，否则燃气灶具的火焰受风影响不能稳定，甚至会被大风吹灭酿成大祸。

7. 厨房的隔断

与客厅、餐厅或卧室相联的开敞式厨房要搞好间隔，可用吊柜、立柜做隔断、装上玻璃移门、尽量使油烟不溢入内室。

8. 厨房的照明

厨房的照明首要安全与效率。为了提高厨房的照明度，可以根据不同用途设计多种灯具，具体可以分成两个层次：一个是对整个厨房的照明；一个是对洗涤、准备、操作的照明。前者最好选用集中式光源，如日光灯，后者一般在吊柜下部布置局部灯光，如射灯。

9. 厨房的色调

厨房的色调应尽量使用冷色调，而且要用偏浅色类的。清新的果绿色、纯净的木色、精致的银灰、高雅的紫蓝色、典雅的米白色，都是近来热门的选择，淡色或白色的贴磁墙面有利于清除污垢，一直是厨房装修经常使用的。

19.2 卫生间基本设计原则

一般说来，卫生间的装修应本着以下设计原则：

（1）卫生间的空间布局应严谨有序。浴缸、洗脸盆、座便器是卫生间的三大件，布局中的通常秩序是三者呈平行势。为体现布局的整体协调，卫生间其他的附属品也要风格一致。

（2）卫生间的色彩以清洁感的冷色调为佳，搭配同类色和类似色为宜，如浅灰色的瓷砖、白色的浴缸、奶白色的洗脸台，配上淡黄色的墙面。也可用清晰单纯的暖色调，如乳白、象牙黄或玫瑰红墙面等。

（3）卫生间的陈设品是根据卫生洁具三大件的布局来添补充实的。主要是保证实用上的功能和安全，同时也起到点缀美化的作用。如在浴缸上方的窗台上放盆绿花，在空余的墙上挂幅玻璃马赛克壁挂，洗脸盆下端放上一只塑料纸篓等。

（4）卫生间应作好防水、防滑措施。地面应采用防水、耐脏、防滑的地砖、花岗岩等材料，卫生间的地坪应向排水口倾斜等。

（5）卫生间的墙面宜采用光洁素雅的瓷砖、顶棚宜用塑料板材、玻璃和半透明板材等吊板，亦可用防水涂料装饰。

（6）卫生间的采光与通风。卫生间的装饰设计不应影响卫生间的采光、通风效果，电线和电器设备的选用和设置应符合电器安全规程的规定。

（7）卫生间应作好防潮措施。卫生间经常会被水蒸气包围，因此在卫生间装修时要考虑好顶部的防潮问题，最好采用防水性能较好的 PVC 扣板。这种扣板可以安装在龙骨上，还能起到遮掩管道的作用。

（8）卫生间的绿化。卫生间不应该成为被绿色遗忘的角落。可以选择些耐阴、喜湿的盆栽放置在卫生间里，使这里多几分生气，少几许凉意。

19.3 绘制厨房 B 向装修立面图

本例在综合所学知识的前提下，主要学习厨房 B 向装修立面图的具体绘制过程和绘制技巧。厨房 B 向立面图的最终绘制效果如图 19-1 所示。

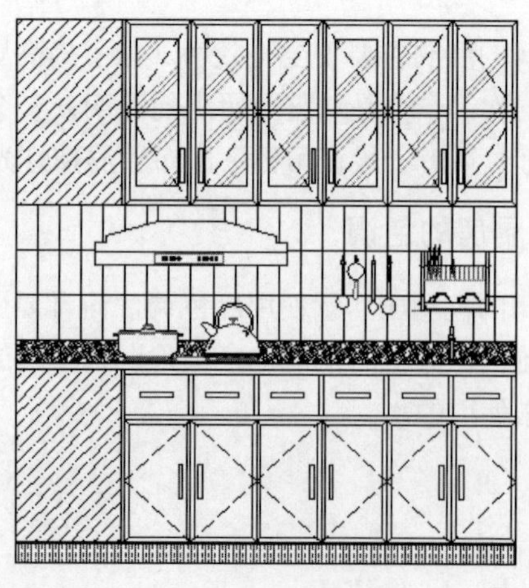

图 19-1　实例效果

19.3.1　厨房 B 立面绘图思路

在绘制厨房 B 向立面图时，具体可以参照如下思路：

- 首先使用“新建”命令调用室内绘图样板文件。
- 使用“矩形”、“分解”、“偏移”等命令绘制厨房 B 向墙面轮廓线。
- 使用“矩形”、“偏移”、“修剪”、“直线”、“镜像”、“阵列”、“线型”、“特性”等命令绘制橱柜立面图。
- 使用“偏移”、“修剪”、“多段线”、“镜像”、“阵列”、“特性匹配”等多种命令绘制厨房吊柜立面图。
- 使用“插入块”命令，并配合“捕捉自”、“端点捕捉”、“对象追踪”等功能绘制厨房立面构件。
- 最后使用“图案填充”命令绘制厨房立面图墙面材质。

19.3.2　绘制厨房橱柜立面图 

01 单击“快速访问工具栏”中的□按钮，选择随书光盘中的“\绘图样板文件\室内绘图样板.dwt”，新建空白文件。

02 在“常用”选项卡→“图层”面板中设置“轮廓线”为当前操作层。

03 单击“常用”选项卡→“绘图”面板→“矩形”按钮□，绘制长度为 2300、宽度为 2400 的矩形作为墙面外轮廓线，如图 19-2 所示。

04 单击“常用”选项卡→“修改”面板→“分解”按钮，将矩形分解为 4 条独立的线段。

05 单击“常用”选项卡→“修改”面板→“偏移”按钮，将上侧的矩形水平边向下偏移 820 和 1420 个绘图单位；将下侧的矩形水平边向上偏移 80 和 880 个绘图单位，结果如图 19-3 所示。

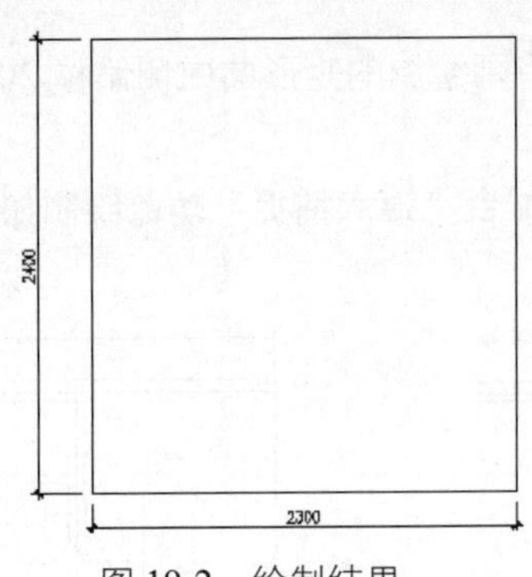

图 19-2　绘制结果

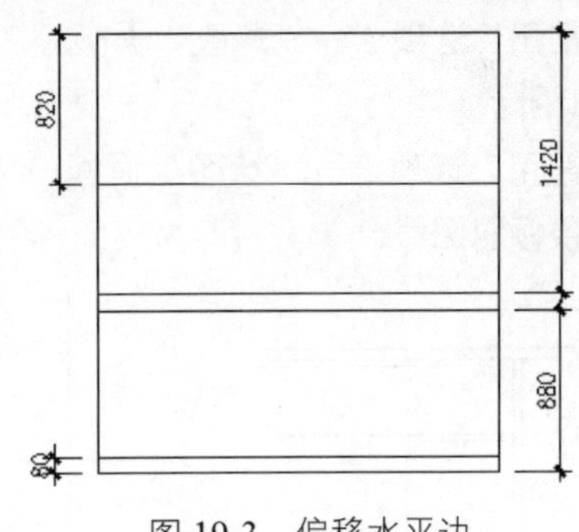

图 19-3　偏移水平边

06 在“常用”选项卡→“图层”面板中设置“家具层”为当前操作层，并修改图层的颜色为 30 号色。

07 单击“常用”选项卡→“修改”面板→“偏移”按钮，将图 19-4 所示的轮廓线 1 向右偏移 480 和 500 个绘图单位；将水平轮廓线 3 向下偏移 30 个单位；将将水平轮廓线 2 向上偏移 10 个单位，并将偏移出的图线放到“家具层”上，结果如图 19-5 所示。

08 单击“常用”选项卡→“修改”面板→“修剪”按钮，对偏移出的垂直轮廓线进行修剪，结果如图 19-6 所示。

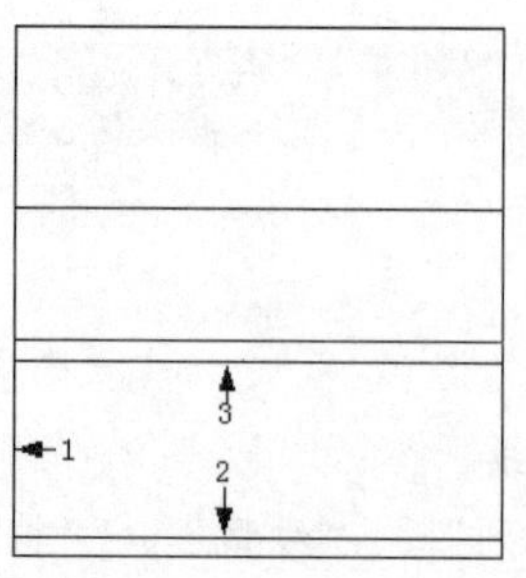

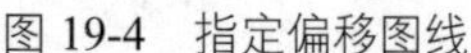

图 19-4　指定偏移图线

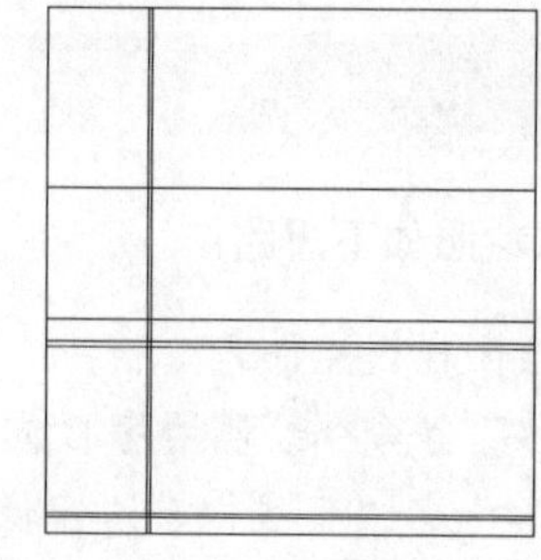

图 19-5　偏移结果

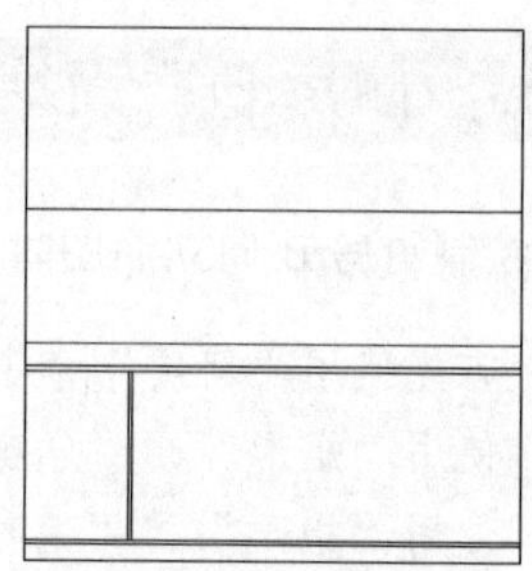

图 19-6　修剪结果

09 单击“常用”选项卡→“修改”面板→“偏移”按钮，将图 19-7 所示的轮廓线 L 向下偏移 20 和 200 个绘图单位，结果如图 19-8 所示。

10 单击“常用”选项卡→“修改”面板→“修剪”按钮，对偏移出的水平轮廓线进行修剪，结果如图 19-9 所示。

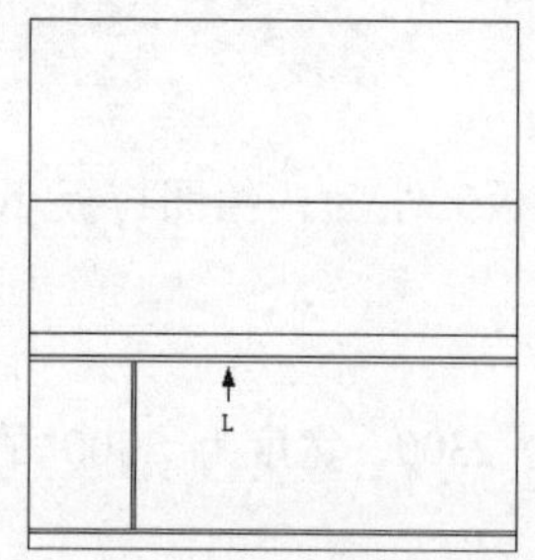

图 19-7　指定偏移对象

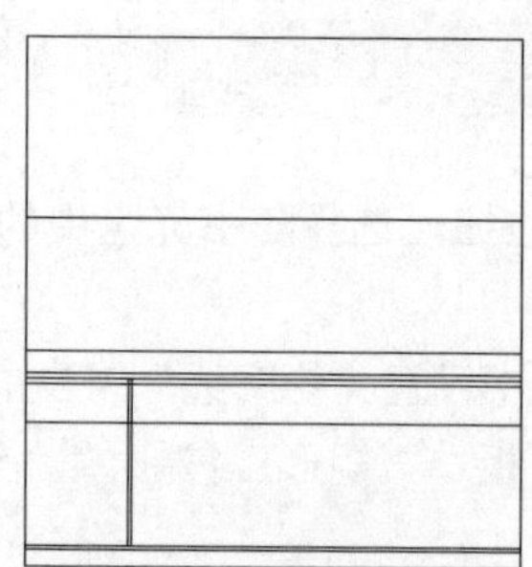

图 19-8　偏移结果

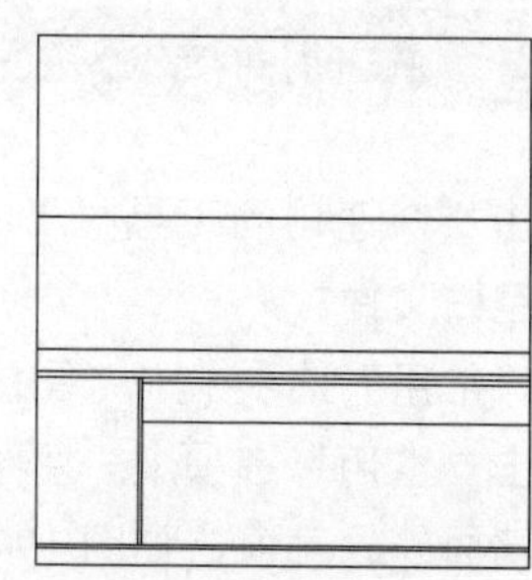

图 19-9　修剪结果

11 单击“常用”选项卡→“绘图”面板→“矩形”按钮，配合“端点捕捉”功能绘制长度为 300、宽度为 540 的矩形，如图 19-10 所示。

12 单击“常用”选项卡→“修改”面板→“偏移”按钮，将刚绘制的矩形向内侧偏移 20 个单位，如图 19-11 所示。

13 单击“常用”选项卡→“绘图”面板→“直线”按钮，配合“端点捕捉”功能绘制如图 19-12 所示的 4 条倾斜图线。

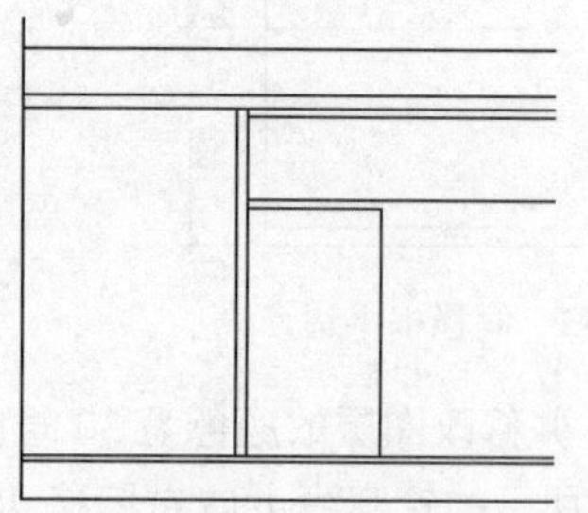

图 19-10　绘制矩形

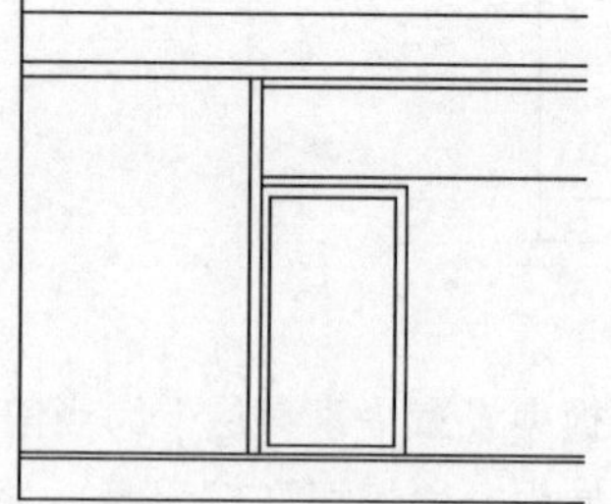

图 19-11　偏移矩形

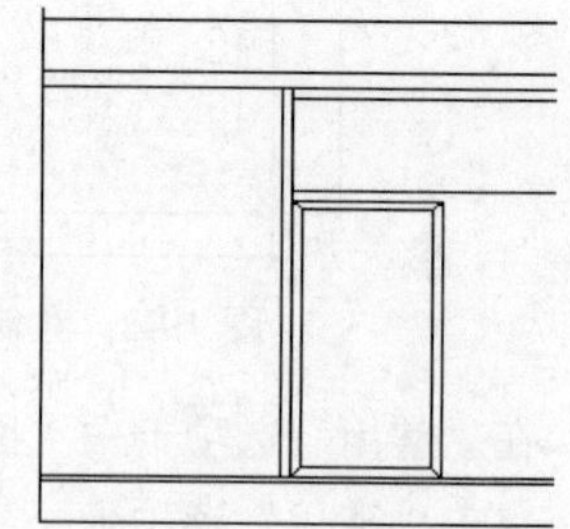

图 19-12　绘制直线

14 将当前颜色设置为 151 号色。然后单击“常用”选项卡→“绘图”面板→“矩形”按钮，配合“捕捉自”功能绘制矩形把手。命令行操作如下：

```
命令： _rectang
指定第一个角点或 [倒角(C)/标高(E)/圆角(F)/厚度(T)/宽度(W)]： //激活“捕捉自”功能
```

```
_from 基点:          //捕捉内侧矩形的右下角上空
<偏移>:              //@-15,175 Enter
指定另一个角点或 [面积(A)/尺寸(D)/旋转(R)]:
 //@-20,150 Enter，绘制结果如图 19-13 所示
```

15 将当前颜色设置为 190 号色。然后单击“常用”选项卡→“绘图”面板→“多段线”按钮，绘制如图 19-14 所示的开启方向线。

16 使用快捷键“LT”激活“线型”命令，打开“线型管理器”对话框，使用对话框中的“加载”功能，加载一种名为“DASHED”的线型。

17 在无任何命令执行的前提下，单击刚绘制的方向线。然后按下 Ctrl+1 组合键，在打开的“特性”窗口中修改夹点图案的线型为“DASHED”，修改线型比例为 5，结果如图 19-15 所示。

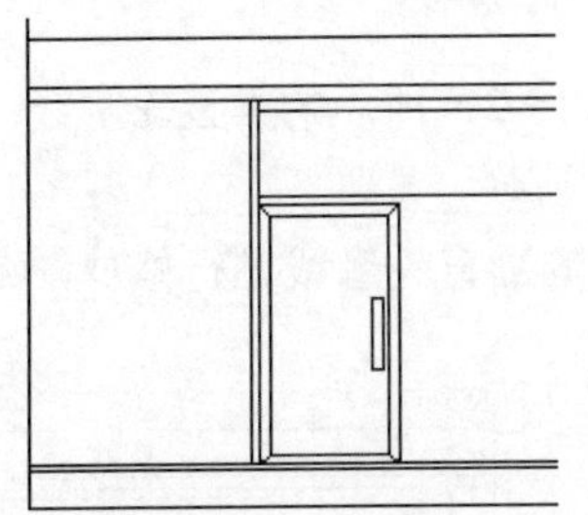
图 19-13　绘制把手

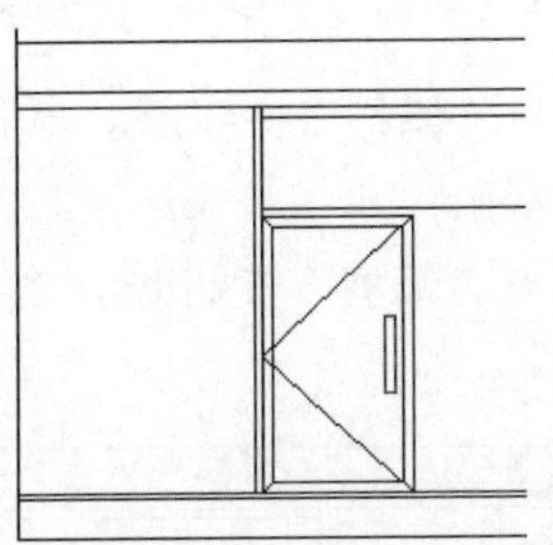
图 19-14　绘制方向线

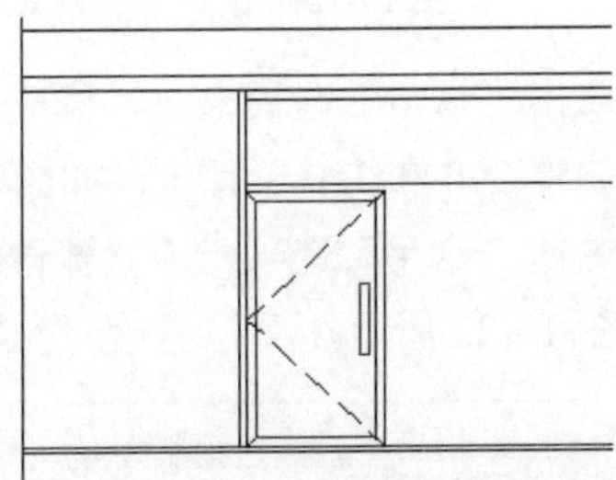
图 19-15　修改线型及比例

18 单击“常用”选项卡→“修改”面板→“镜像”按钮，选择如图 19-16 所示的图形进行镜像，结果如图 19-17 所示。

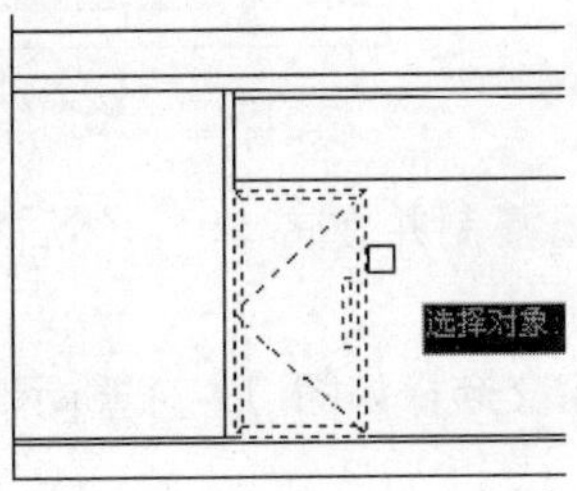

图 19-16　选择镜像对象

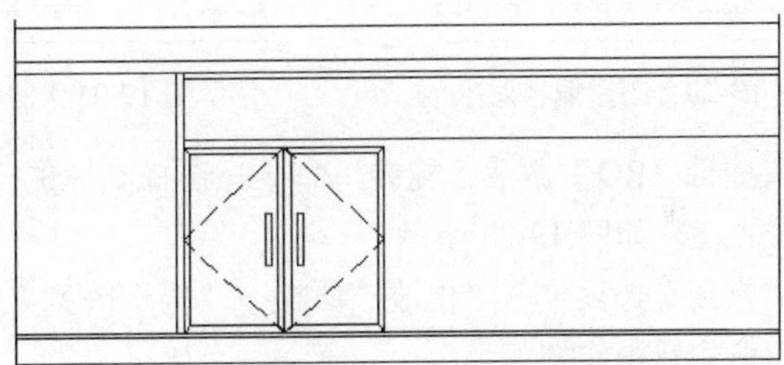
图 19-17　镜像结果

19 单击“常用”选项卡→“修改”面板→“矩形阵列”按钮，选择如图 19-18 所示的图形进行阵列。命令行操作如下：

```
命令: _arrayrect
选择对象:        //选择如图 19-18 所示的对象
选择对象:        // Enter
类型 = 矩形  关联 = 是
为项目数指定对角点或 [基点(B)/角度(A)/计数(C)] <计数>:  // Enter
输入行数或 [表达式(E)] <4>:  //1 Enter
输入列数或 [表达式(E)] <4>:   //3 Enter
指定对角点以间隔项目或 [间距(S)] <间距>: // Enter
指定列之间的距离或 [表达式(E)] <0>:   //600 Enter
```

```
按 Enter 键接受或 [关联(AS)/基点(B)/行(R)/列(C)/层(L)/退出(X)] <退出>:  //AS Enter
创建关联阵列 [是(Y)/否(N)] <是>:    //N Enter
按 Enter 键接受或 [关联(AS)/基点(B)/行(R)/列(C)/层(L)/退出(X)] <退出>:
                                  // Enter，阵列结果如图 19-19 所示
```

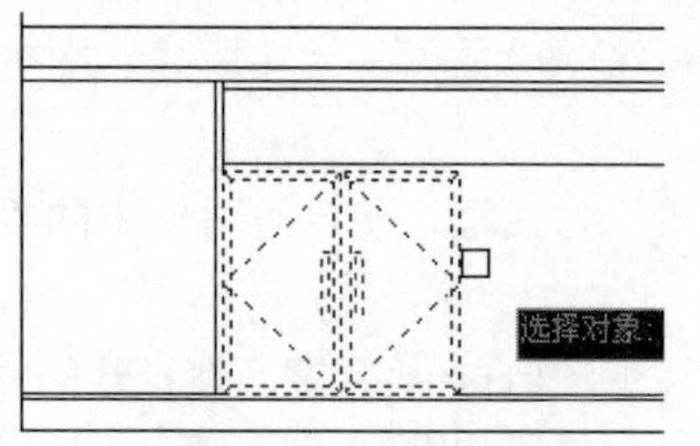

图 19-18　选择阵列对象

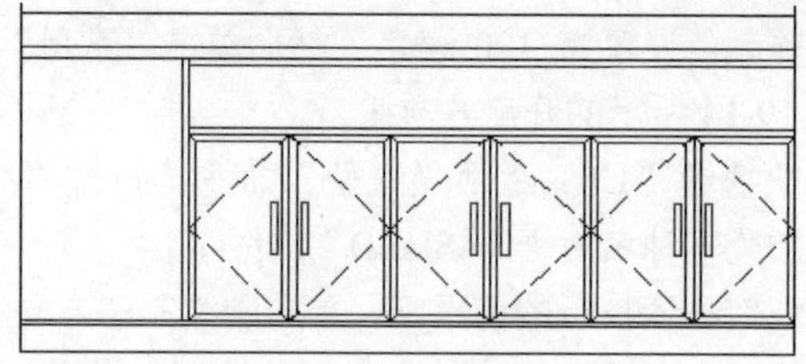
图 19-19　阵列结果

20 单击“常用”选项卡→“修改”面板→“偏移”按钮，选择如图 19-20 所示的垂直轮廓线；向右偏移 290 和 310 个单位，如图 19-21 所示。

21 单击“常用”选项卡→“修改”面板→“修剪”按钮，对偏移出的垂直轮廓线进行修剪，结果如图 19-22 所示。

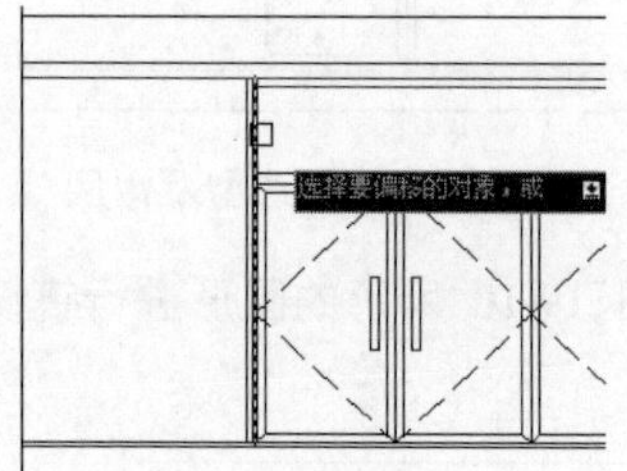

图 19-20　选择偏移对象

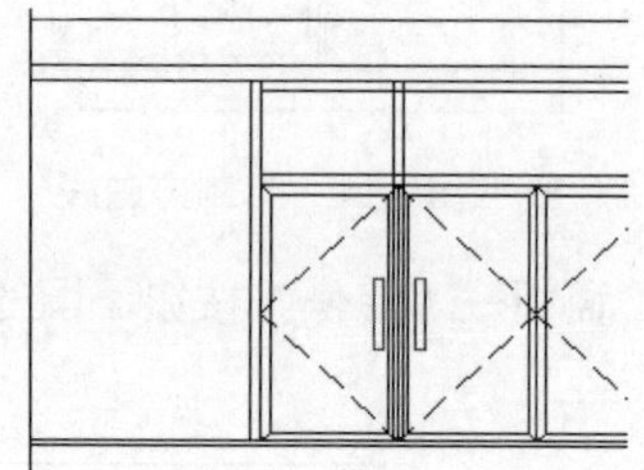
图 19-21　偏移结果

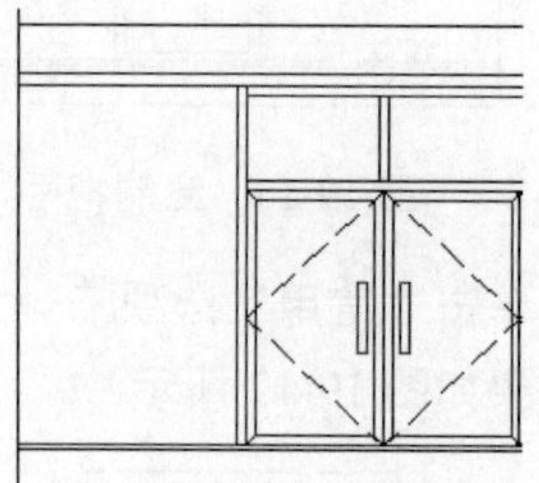
图 19-22　修剪结果

22 使用快捷键“RO”激活“旋转”命令，选择其中的一个把手进行复制并旋转 90º，然后将把手移至抽屉位置上，如图 19-23 所示。

23 单击“常用”选项卡→“修改”面板→“矩形阵列”按钮，窗交选择如图 19-24 所示的图形进行阵列。命令行操作如下：

```
命令: _arrayrect
选择对象:      //选择如图 19-24 所示的对象
选择对象:      // Enter
类型 = 矩形  关联 = 是
为项目数指定对角点或 [基点(B)/角度(A)/计数(C)] <计数>: // Enter
输入行数或 [表达式(E)] <4>:  //1 Enter
输入列数或 [表达式(E)] <4>:   //6 Enter
指定对角点以间隔项目或 [间距(S)] <间距>: // Enter
指定列之间的距离或 [表达式(E)] <600>:   //300 Enter
按 Enter 键接受或 [关联(AS)/基点(B)/行(R)/列(C)/层(L)/退出(X)] <退出>:  //AS Enter
创建关联阵列 [是(Y)/否(N)] <是>:    //N Enter
按 Enter 键接受或 [关联(AS)/基点(B)/行(R)/列(C)/层(L)/退出(X)] <退出>:
```

// Enter，阵列结果如图 19-25 所示

24 使用快捷键“M”激活“移动”命令，将最右侧阵列出的两条垂直图线水平向左位移 10 个单位，结果如图 19-26 所示。

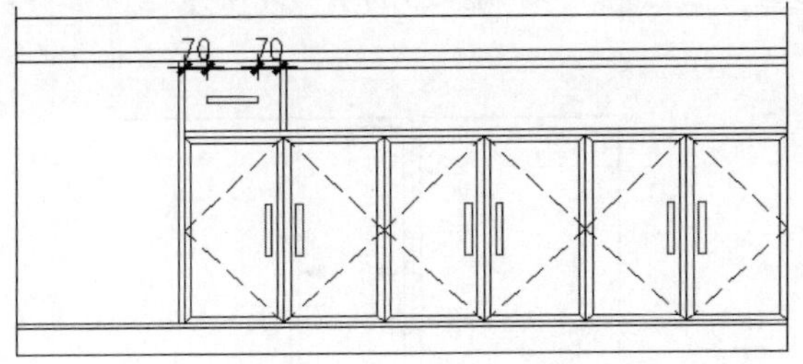

图 19-23　旋转并移动

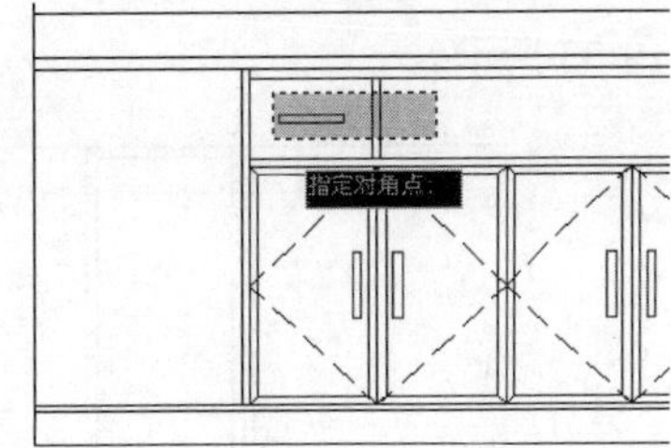

图 19-24　窗交选择

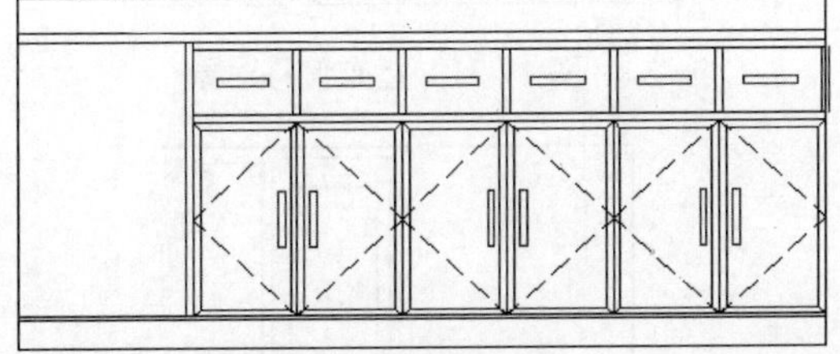

图 19-25　阵列结果

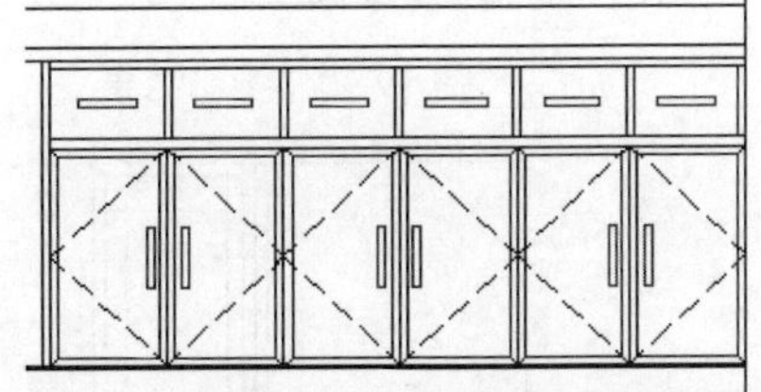

图 19-26　移动结果

至此，厨房橱柜立面图绘制完毕。下一节将学习厨房墙面吊柜立面图的绘制过程和技巧。

19.3.3　绘制厨房吊柜立面图

01 继续上节操作。单击“常用”选项卡→“修改”面板→“偏移”按钮，将图 19-27 所示的轮廓线 1 向右偏移 480、500、520、780 和 800 个绘图单位；将水平轮廓线 3 向下偏移 20 个单位；将将水平轮廓线 2 向上偏移 20 个单位，并将偏移出的图线放到“家具层”上，结果如图 19-28 所示。

02 单击“常用”选项卡→“修改”面板→“修剪”按钮，对偏移出的垂直轮廓线进行修剪，结果如图 19-29 所示。

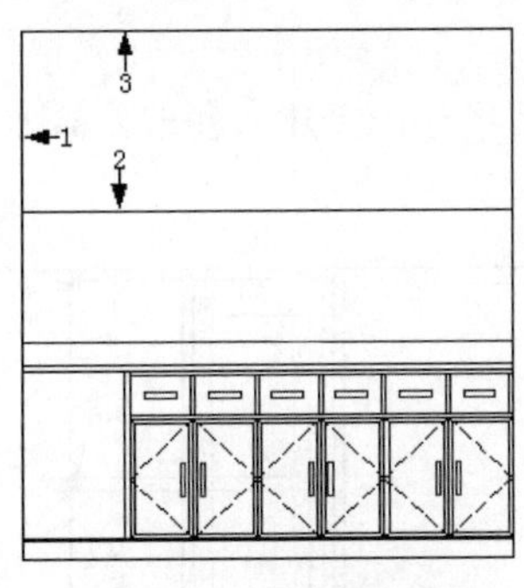

图 19-27　指定偏移图线

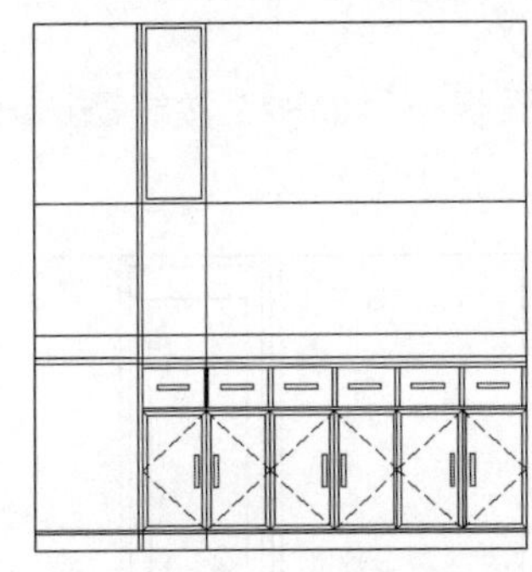

图 19-28　偏移结果

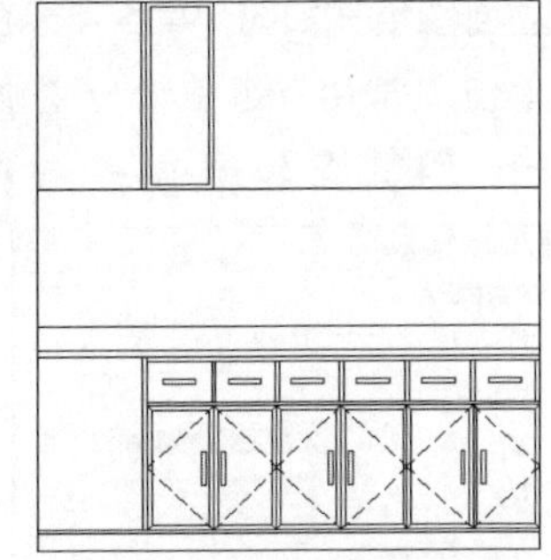

图 19-29　修剪结果

03 单击“常用”选项卡→“绘图”面板→“直线”按钮，配合“端点捕捉”功能绘制如图 19-30 所示的 4 条倾斜图线。

04 单击“常用”选项卡→“修改”面板→“偏移”按钮，将图 19-31 所示的轮廓线 1 向下偏移 65 个绘图单位；将轮廓线 3 向上偏移 65 个绘图单位；将轮廓线 2 向右偏移 30 个绘图单位；将轮廓线 4 向左偏移 40 个绘图单位，并将偏移出的 4 条图线颜色修改为 140 号色，结果如图 19-32 所示。

05 单击“常用”选项卡→“修改”面板→“修剪”按钮，对偏移出的水平轮廓线进行修剪，结果如图 19-33 所示。

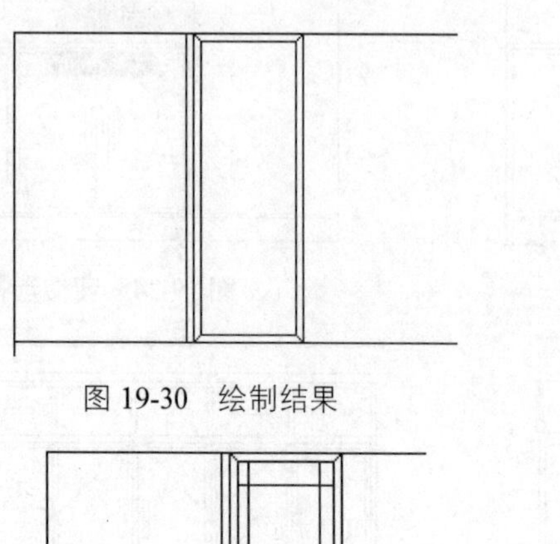

图 19-30　绘制结果

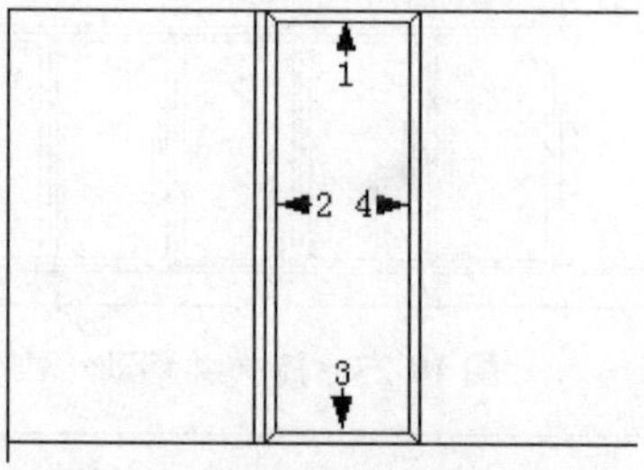

图 19-31　指定偏移对象

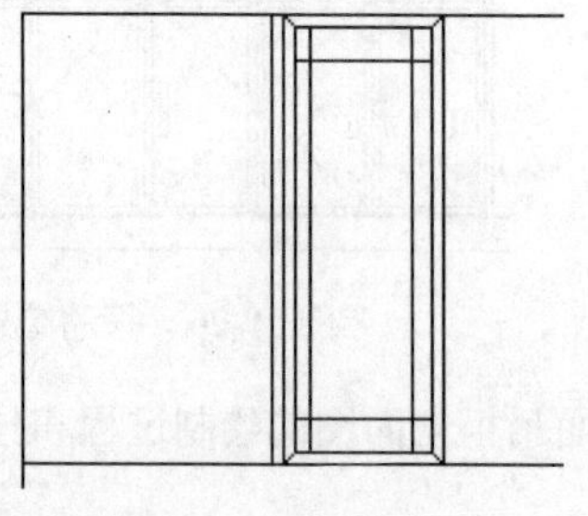

图 19-32　偏移结果

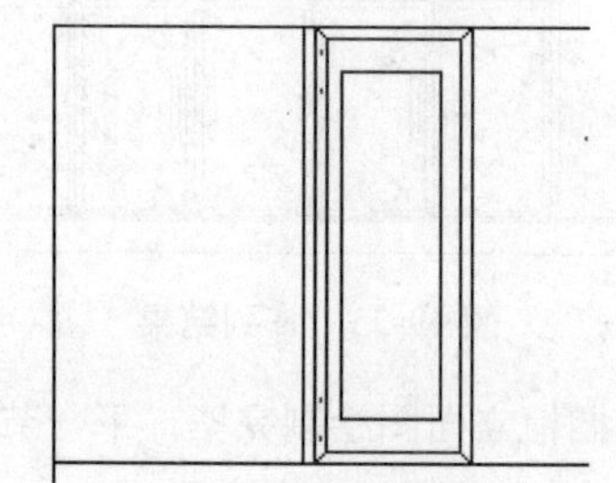

图 19-33　修剪结果

06 单击“常用”选项卡→“绘图”面板→“图案填充”按钮，激活“图案填充”命令。然后在命令行“拾取内部点或 [选择对象(S)/设置(T)]:”提示下激活“设置”选项，打开“图案填充和渐变色”对话框。

07 在“图案填充和渐变色”对话框中选择“预定义”图案，同时设置图案的填充角度及填充比例参数，如图 19-34 所示。

08 单击“图案填充创建”选项卡→“边界”面板→“拾取点”按钮，返回绘图区拾取填充区域，为立面图填充如图 19-35 所示的图案。

09 单击“常用”选项卡→“修改”面板→“偏移”按钮，根据图示尺寸，创建内侧的两条水平图线，如图 19-36 所示。

图 19-34　设置填充图案与参数

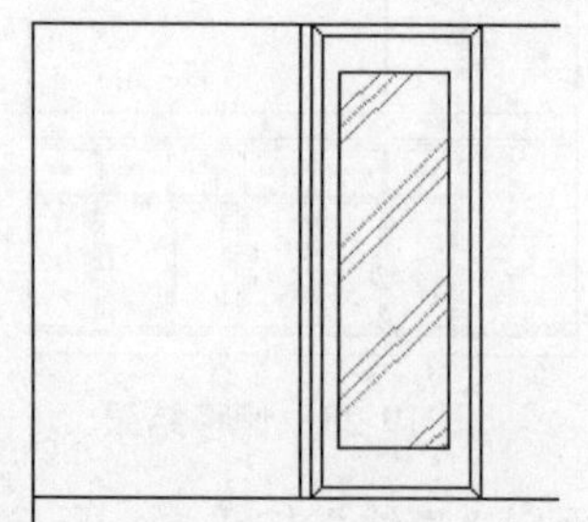

图 19-35　填充结果

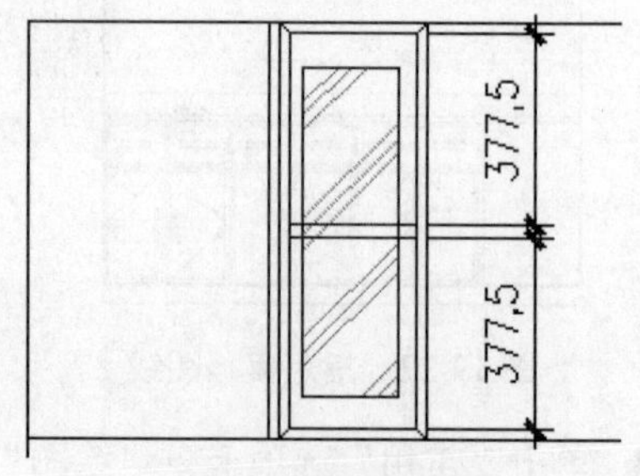

图 19-36　偏移结果

10 单击“常用”选项卡→“绘图”面板→“多段线”按钮，配合“端点捕捉”和“中点捕捉”功能，绘制如图 19-37 所示的开启方向线。

11 使用快捷键“MA”激活“特性匹配”命令，选择如图 19-38 所示的对象作为源对象，选择刚绘制的吊柜方向线作为目标对象，匹配线型和颜色特性，匹配结果如图 19-39 所示。

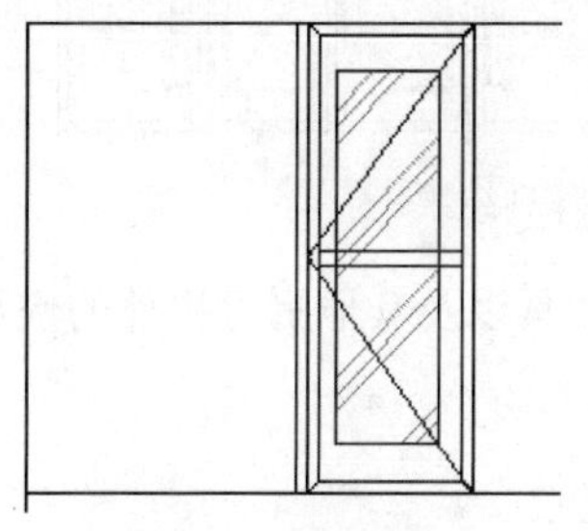
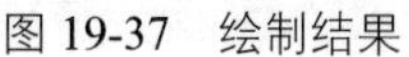

图 19-37　绘制结果

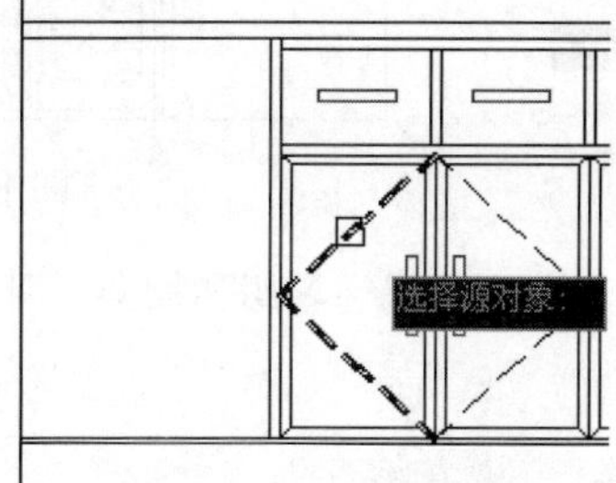

图 19-38　选择源对象

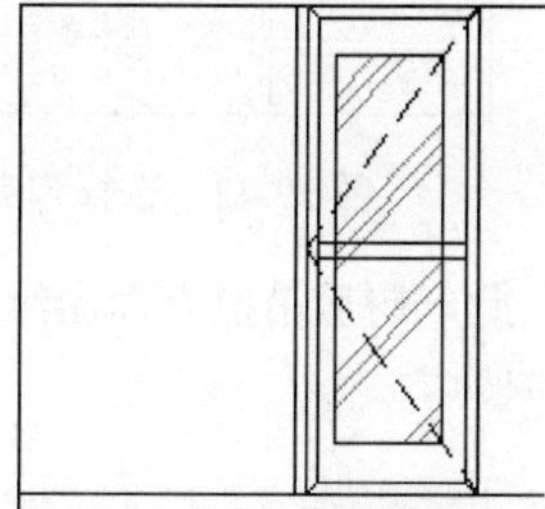

图 19-39　匹配结果

12 单击“常用”选项卡→“绘图”面板→“矩形”按钮，配合“端点捕捉”功能，绘制长度为 20、宽度为 150 的矩形把手，如图 19-40 所示。

13 单击“常用”选项卡→“修改”面板→“镜像”按钮，选择如图 19-41 所示的图形并进行镜像，结果如图 19-42 所示。

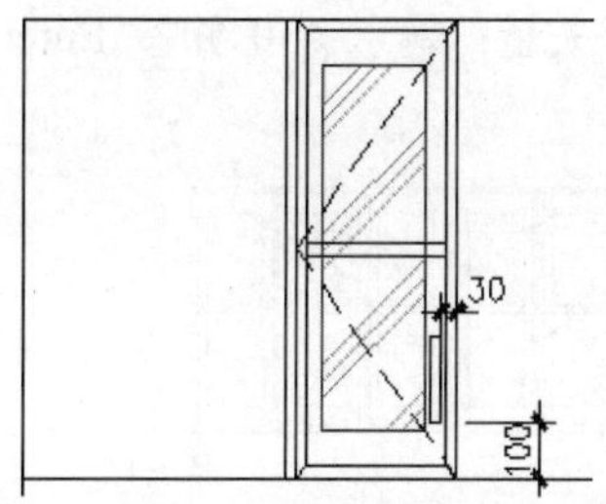

图 19-40　绘制把手

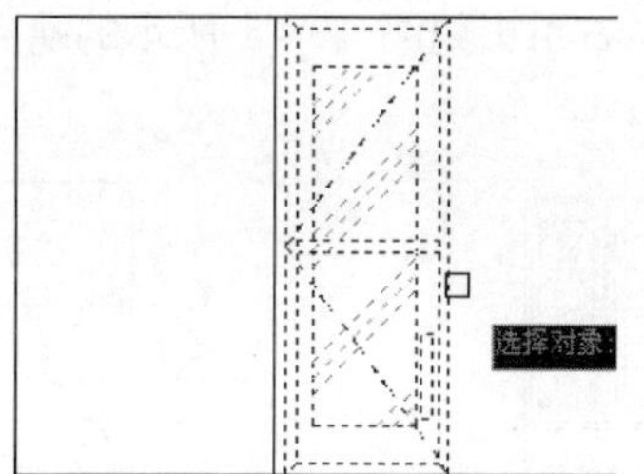

图 19-41　选择镜像对象

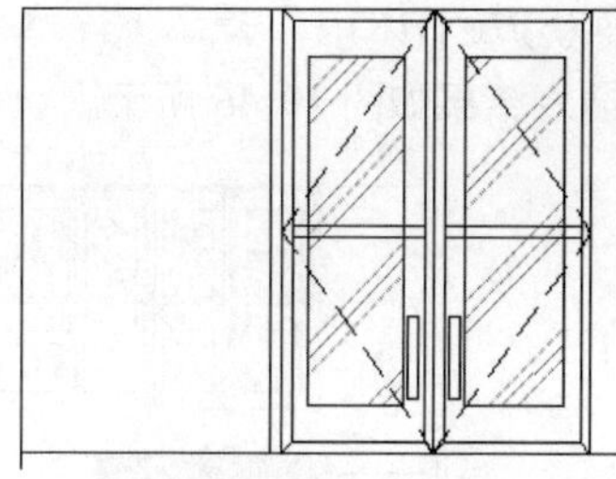

图 19-42　镜像结果

14 单击“常用”选项卡→“修改”面板→“矩形阵列”按钮，选择如图 19-43 所示的图形进行阵列。命令行操作如下：

```
命令：_arrayrect
选择对象：        //选择如图 19-43 所示的对象
选择对象：        // Enter
类型 = 矩形  关联 = 是
为项目数指定对角点或 [基点(B)/角度(A)/计数(C)] <计数>： // Enter
输入行数或 [表达式(E)] <4>： //1 Enter
输入列数或 [表达式(E)] <4>：  //3 Enter
指定对角点以间隔项目或 [间距(S)] <间距>：// Enter
指定列之间的距离或 [表达式(E)] <0>：  //600 Enter
按 Enter 键接受或 [关联(AS)/基点(B)/行(R)/列(C)/层(L)/退出(X)] <退出>： //AS Enter
创建关联阵列 [是(Y)/否(N)] <是>：   //N Enter
按 Enter 键接受或 [关联(AS)/基点(B)/行(R)/列(C)/层(L)/退出(X)] <退出>：
                       // Enter，阵列结果如图 19-44 所示
```

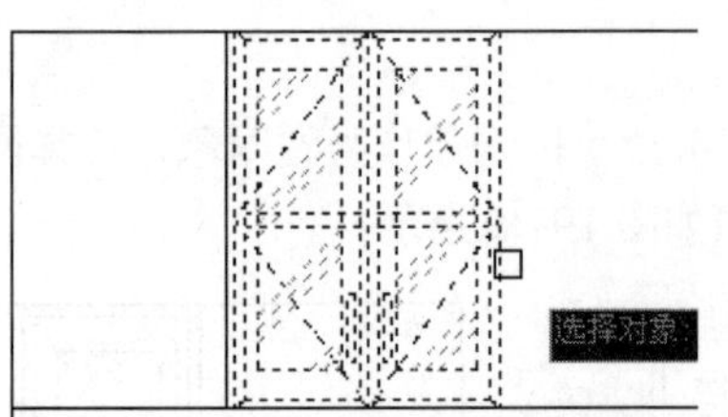

图 19-43　选择阵列对象

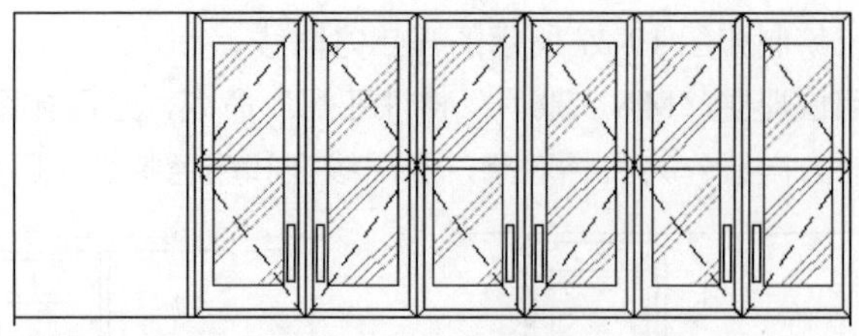

图 19-44　阵列结果

至此，厨房吊柜立面图绘制完结。下一节将学习厨房厨具、灶具、洁具以及其他厨房构件的快速绘制过程和技巧。

19.3.4　绘制厨房立面构件图

01 继续上节操作。在“常用”选项卡→“图层”面板中设置“家具层”为当前操作层。

02 单击“常用”选项卡→“绘图”面板→“插入块”按钮，在打开的“插入”对话框中单击浏览(B)...按钮，然后选择随书光盘中的“\图块文件\油烟机.dwg”。

03 返回“插入”对话框，以默认参数将油烟机插入到立面图中，在命令行“指定插入点或 [基点(B)/比例(S)/旋转(R)]:”提示下，水平向右引出如图 19-45 所示的端点追踪矢量；输入 650 并按 Enter 键，插入结果如图 19-46 所示。

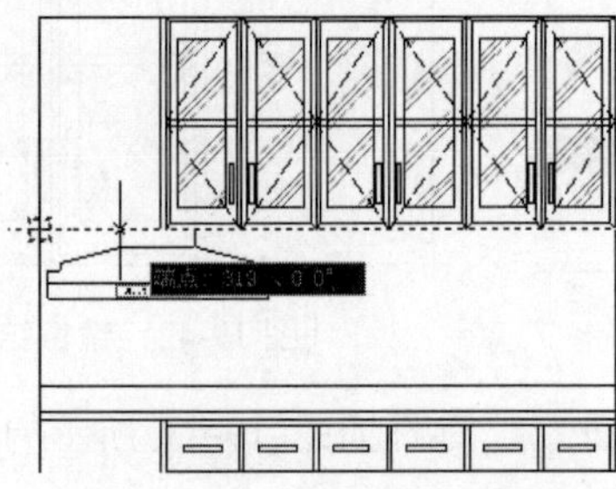

图 19-45　引出水平追踪矢量

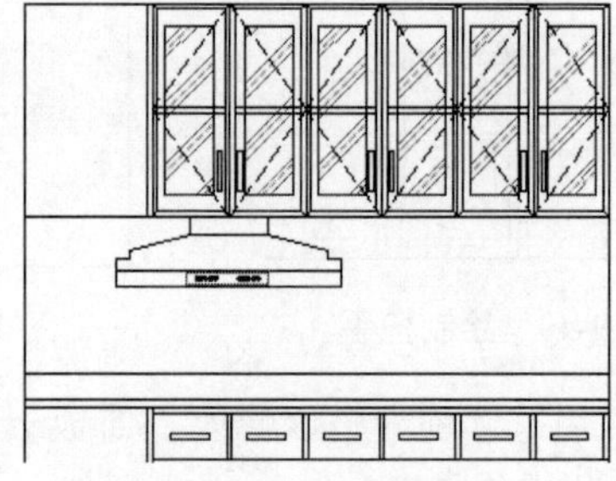

图 19-46　插入结果

04 单击“常用”选项卡→“绘图”面板→“插入块”按钮，在打开的“插入”对话框中单击浏览(B)...按钮，然后选择随书光盘中的“\图块文件\灶具组合.dwg”。

05 返回“插入”对话框，以默认参数将图块插入到立面图中，在命令行“指定插入点或 [基点(B)/比例(S)/旋转(R)]:”提示下，水平向右引出如图 19-47 所示的端点追踪矢量；输入 800 并按 Enter 键，插入结果如图 19-48 所示。

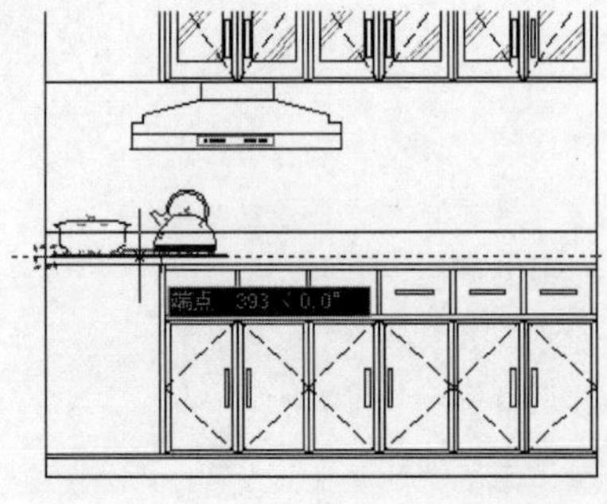

图 19-47　引出水平追踪矢量

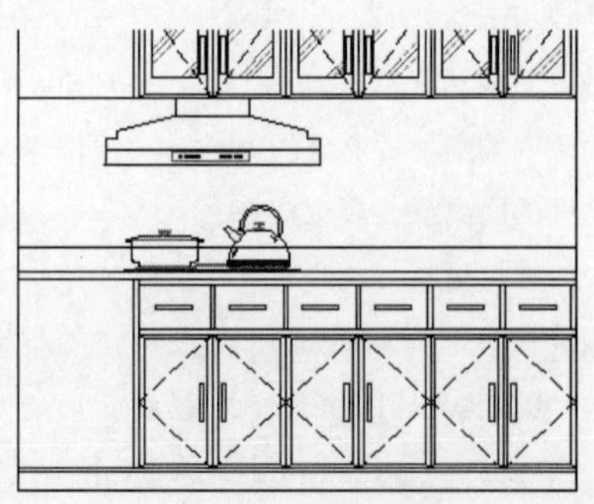

图 19-48　插入结果

06 单击“常用”选项卡→“绘图”面板→“插入块”按钮，在打开的“插入”对话框中单击 浏览(B)... 按钮，然后选择随书光盘中的“\图块文件\水笼头.dwg”。

07 返回“插入”对话框，以默认参数将图块插入到立面图中，在命令行“指定插入点或 [基点(B)/比例(S)/旋转(R)]：”提示下，水平向左引出如图 19-49 所示的端点追踪矢量；输入 300 并按 Enter 键，插入结果如图 19-50 所示。

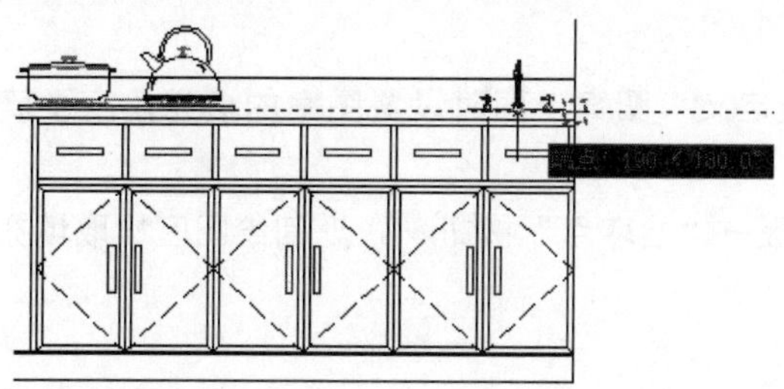

图 19-49　引出水平追踪矢量

图 19-50　插入结果

08 单击“常用”选项卡→“绘图”面板→“插入块”按钮，在打开的“插入”对话框中单击 浏览(B)... 按钮，然后选择随书光盘中的“\图块文件\厨房用具.dwg”。

09 返回“插入”对话框，以默认参数将图块插入到立面图中，在命令行“指定插入点或 [基点(B)/比例(S)/旋转(R)]：”提示下，激活“捕捉自”功能。

10 在命令行“_from 基点：”提示下，捕捉图 19-51 所示的端点。

11 继续在命令行“<偏移>：”提示下输入（@-435,135）并按 Enter 键，插入结果如图 19-52 所示。

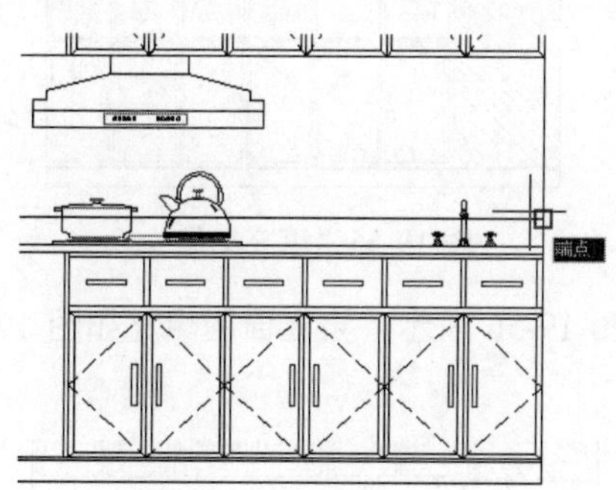

图 19-51　捕捉端点

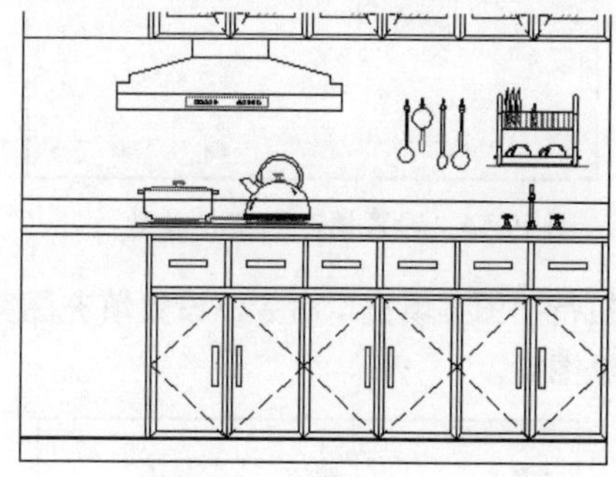

图 19-52　插入结果

12 单击“常用”选项卡→“修改”面板→“修剪”按钮，以插入的立面图块外边缘作为修剪边界，对轮廓线进行修剪并完善，结果如图 19-53 所示。

图 19-53　修剪结果

至此，厨房 C 向立面构件图绘制完毕。下一节将学习厨房墙面材质图绘制过程和技巧。

19.3.5 绘制厨房墙面材质图

01 继续上节操作。在“常用”选项卡→“图层”面板中设置“填充层”为当前操作层。

02 单击“常用”选项卡→“绘图”面板→“图案填充”按钮，激活“图案填充”命令。然后在命令行“拾取内部点或 [选择对象(S)/设置(T)]:”提示下激活“设置”选项，打开“图案填充和渐变色”对话框。

03 在“图案填充和渐变色”对话框中选择“预定义”图案，同时设置图案的填充角度及填充比例参数，如图 19-54 所示。

04 单击“图案填充创建”选项卡→“边界”面板→“拾取点”按钮，返回绘图区拾取填充区域，为立面图填充如图 19-55 所示的图案。

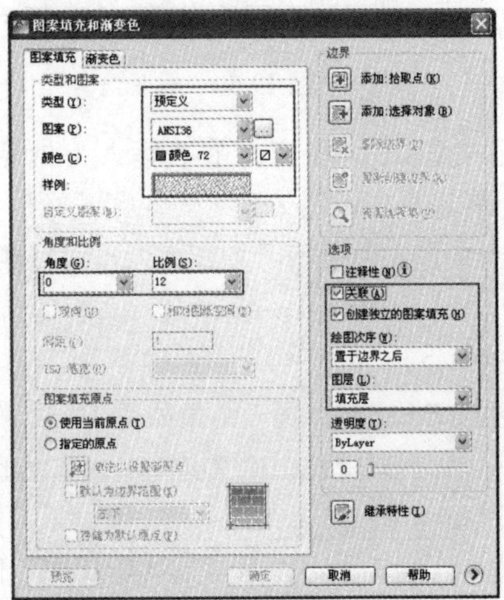

图 19-54 设置填充图案与参数

图 19-55 填充结果

05 重复执行“图案填充”命令，设置填充图案与参数，如图 19-56 所示。为立面图填充如图 19-57 所示的壁纸图案。

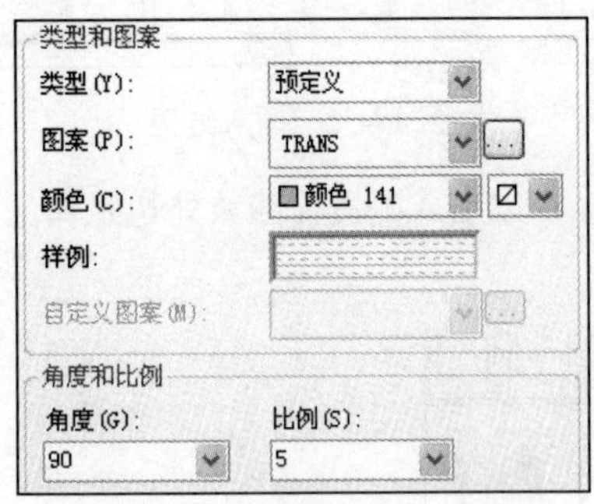

图 19-56 设置填充图案与参数

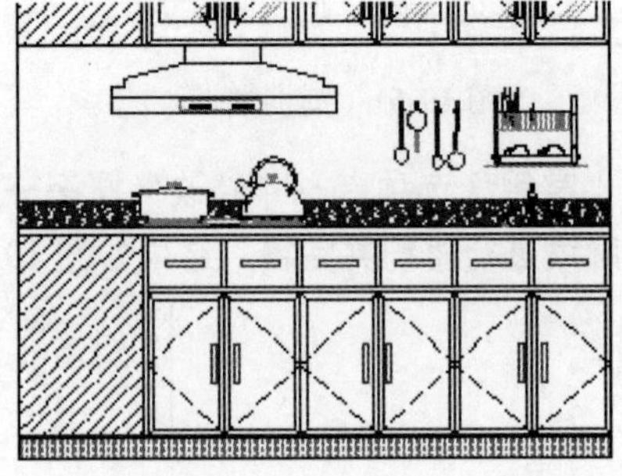

图 19-57 填充结果

06 重复执行“图案填充”命令，设置填充图案与参数，如图 19-58 所示。为立面图填充如图 19-59 所示的壁纸图案。

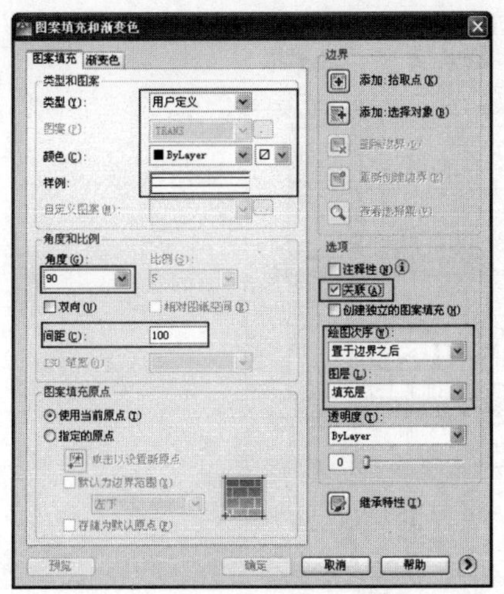

图 19-58　设置填充图案与参数

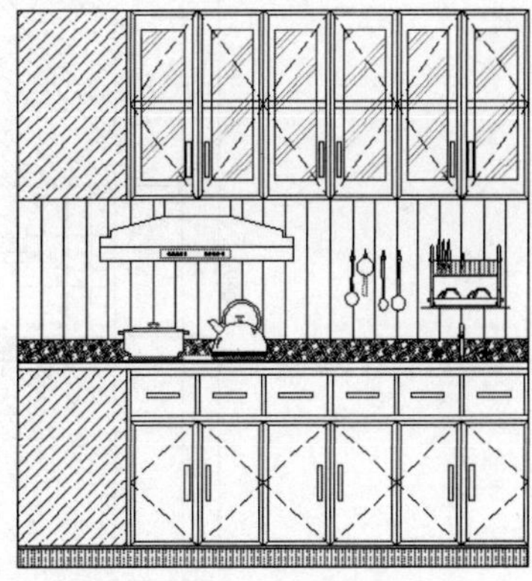

图 19-59　填充结果

07 重复执行“图案填充”命令，设置填充图案与参数，如图 19-60 所示。为立面图填充如图 19-61 所示的壁纸图案。

图 19-60　设置填充图案与参数

图 19-61　填充结果

08 调整视图，将图形全部显示，最终效果如图 19-1 所示。

09 最后执行“保存”命令，将图形命名存储为“绘制厨房 B 向立面图.dwg”。

19.4 标注厨房 B 向装修立面图

本例在综合所学知识的前提下，主要学习厨房 B 向装修立面图引线注释和立面尺寸等内容的具体标注过程和技巧。厨房 B 向立面图的最终标注效果如图 19-62 所示。

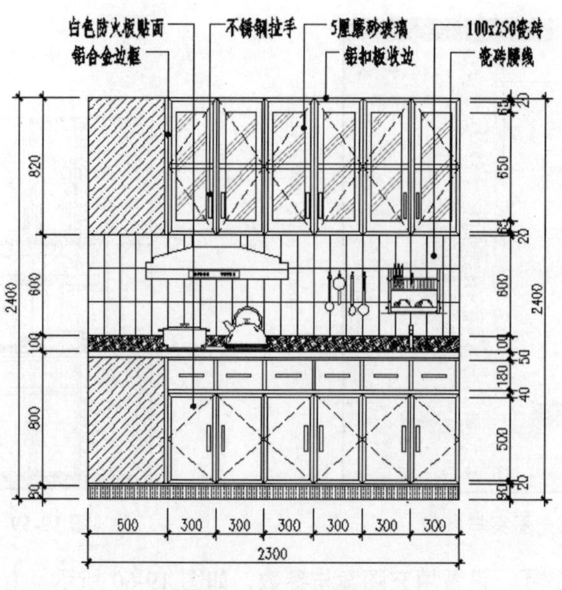

图 19-62　实例效果

19.4.1　厨房 B 向立面图标注思路

在标注厨房 B 向立面图时，具体可以参照如下思路：

- 首先调用立面图文件并设置当前图层。
- 使用“标注样式”命令设置当前标注样式与比例
- 使用“线性”、“连续”命令标注厨房 B 向立面图细部尺寸和总尺寸。
- 使用“快速夹点”功能调整并完善尺寸标注文字。
- 使用“标注样式”命令设置引线注释样式。
- 最后使用“快速引线”命令快速标注厨房 B 向立面图引线注释。

19.4.2　标注厨房 B 向立面尺寸

01 打开上例存储的“绘制厨房 B 向立面图.dwg”，或者直接从随书光盘中的“\实例效果文件\第 19 章\”目录下调用此文件。

02 在“常用”选项卡→“图层”面板中设置“尺寸层”为当前操作层。

03 使用快捷键“D”激活“标注样式”命令，将“建筑标注”设为当前样式，同时修改标注比例为 20。

04 单击“常用”选项卡→“注释”面板→“线性”按钮，配合“端点捕捉”功能标注如图 19-63 所示的线性尺寸。

05 单击“注释”选项卡→“标注”面板→“连续”按钮，以刚标注的线性尺寸作为基准尺寸，标注如图 19-64 所示的细部尺寸。

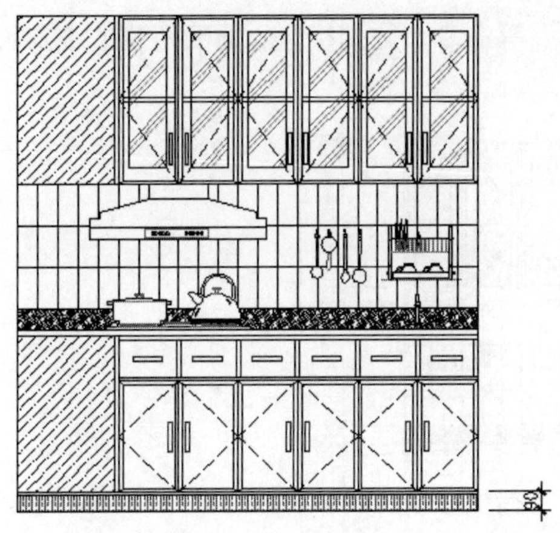

图 19-63　标注线性尺寸

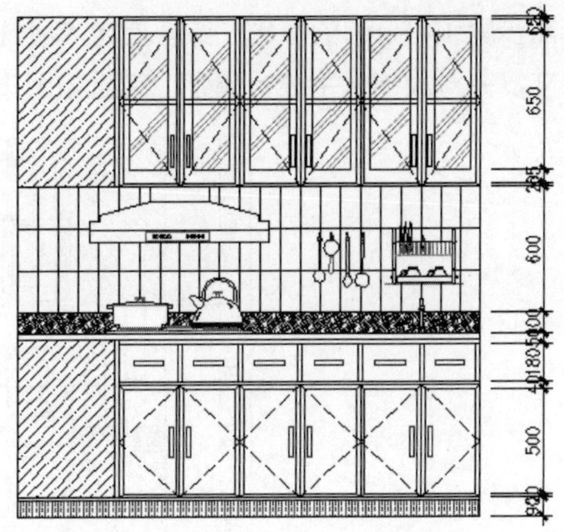

图 19-64　标注连续尺寸

06 在无任何命令执行的前提下，单击如图 19-65 所示的细部尺寸，使其呈现夹点显示状态。

07 将光标放在尺寸文字夹点上，然后从弹出的快捷菜单中选择“仅移动文字”选项。

08 接下来在命令行“** 仅移动文字 **指定目标点:”提示下，指定文字的位置，结果如图 19-66 所示。

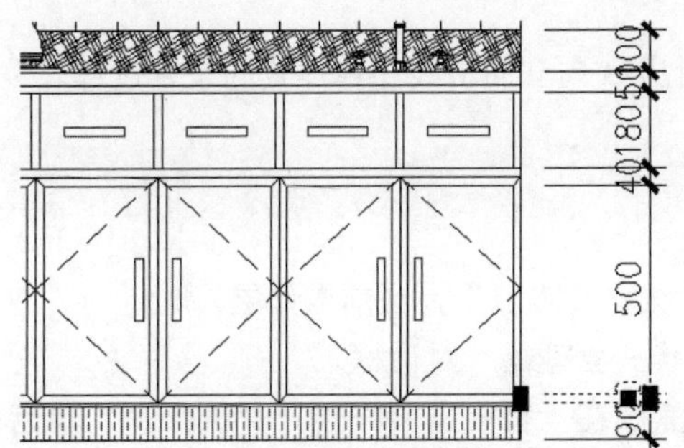

图 19-65　夹点显示尺寸

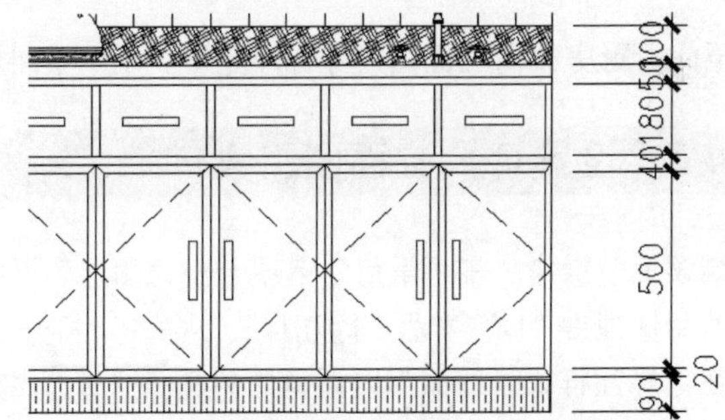

图 19-66　夹点编辑后的效果

09 参照步骤 06～08 的操作，分别对其他位置的尺寸文字进行调整，结果如图 19-67 所示。

10 单击“常用”选项卡→“注释”面板→“线性”按钮，配合 “端点捕捉”功能标注立面图右侧的总尺寸，结果如图 19-68 所示。

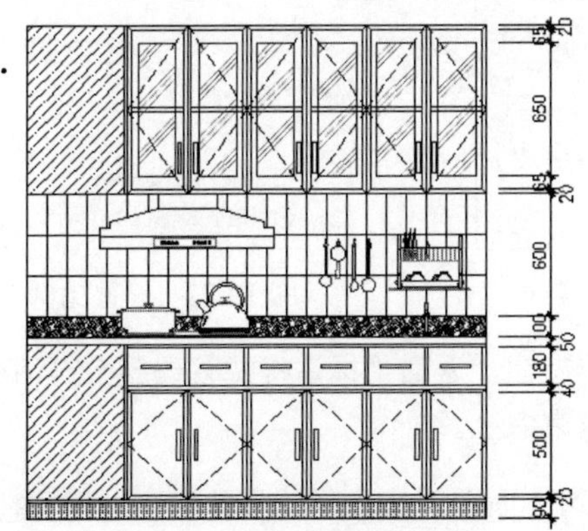

图 19-67　调整结果

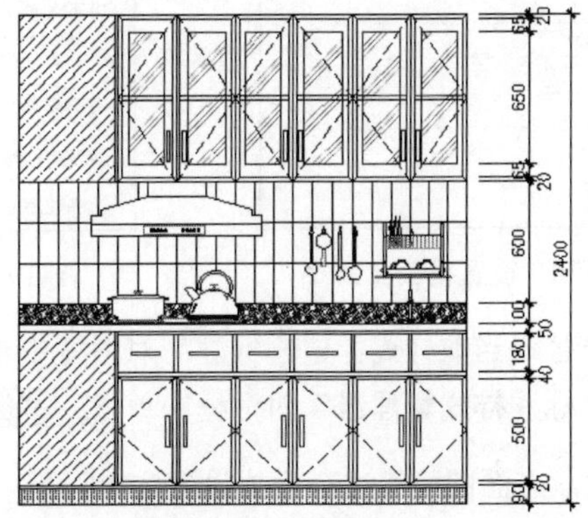

图 19-68　标注总尺寸

11 参照步骤 04～10 的操作，综合使用“线性”、“连续”等命令，分别标注立面图两侧的细部尺寸和总尺寸，并对尺寸文字进行调整，结果如图 19-69 所示。

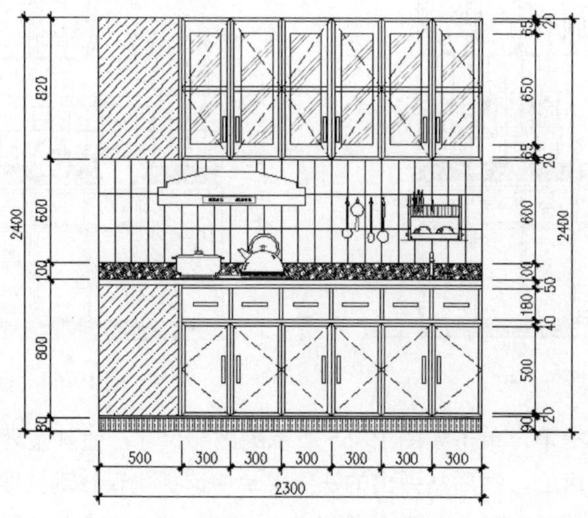

图 19-69　标注两侧尺寸

至此，厨房 B 向立面图尺寸标注完毕。下一节将学习厨房 B 向立面引线注释样式的设置过程。

19.4.3　设置 B 向立面图引线样式

01 继续上节操作。在“常用”选项卡→“图层”面板中设置“文本层”为当前操作层。

02 使用快捷键“D”激活“标注样式”命令，打开“标注样式管理器”对话框。

03 在“标注样式管理器”以话框中单击 替代(O)... 按钮，然后在“替代当前样式：建筑标注”对话框中展开“符号和箭头”选项卡，设置引线的箭头及大小，如图 19-70 所示。

04 在“替代当前样式：建筑标注”对话框中展开“文字”选项卡，设置文字样式如图 19-71 所示。

05 在“替代当前样式：建筑标注”对话框中展开“调整”选项卡，设置标注全局比例，如图 19-72 所示。

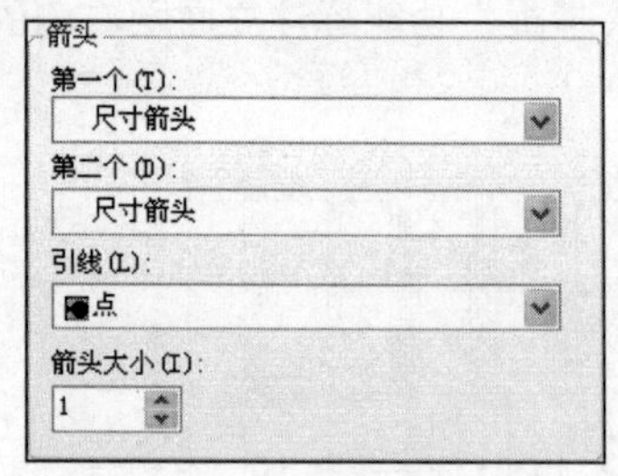

图 19-70　设置箭头及大小

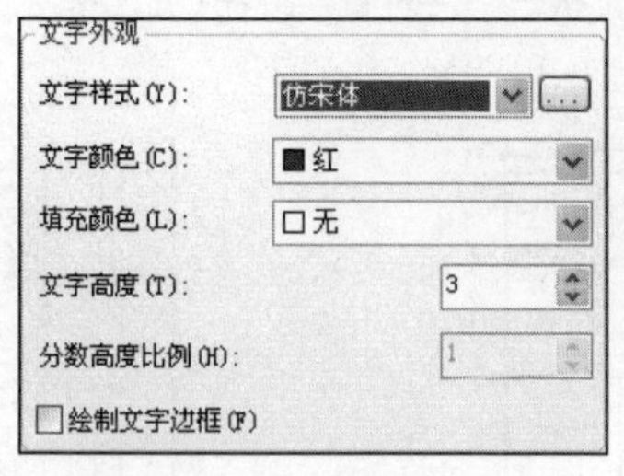

图 19-71　设置文字样式

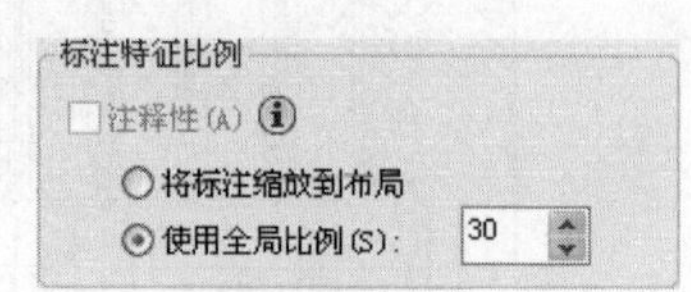

图 19-72　设置比例

06 在“替代当前样式：建筑标注”对话框中单击 确定 按钮，返回“标注样式管理器”对话框。

07 在“标注样式管理器”对话框中单击 关闭 按钮，结束命令。

至此，立面图引线注释样式设置完毕。下一节将详细学习立面图引线注释的具体标注过程和技巧。

19.4.4　标注厨房 B 向装修材质

01 继续上节操作。使用快捷键“LE”激活“快速引线”命令，在命令行“指定第一个引线点或 [设置(S)] <设置>：”提示下激活“设置”选项，打开“引线设置”对话框。

02 在“引线设置”对话框中展开“引线和箭头”选项卡，然后设置参数，如图 19-73 所示。

03 在“引线设置”对话框中展开“附着”选项卡，设置引线注释的附着位置，如图 19-74 所示。

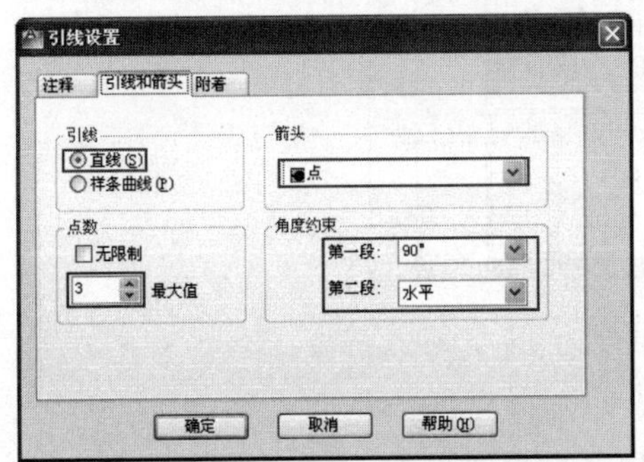

图 19-73　“引线和箭头”选项卡

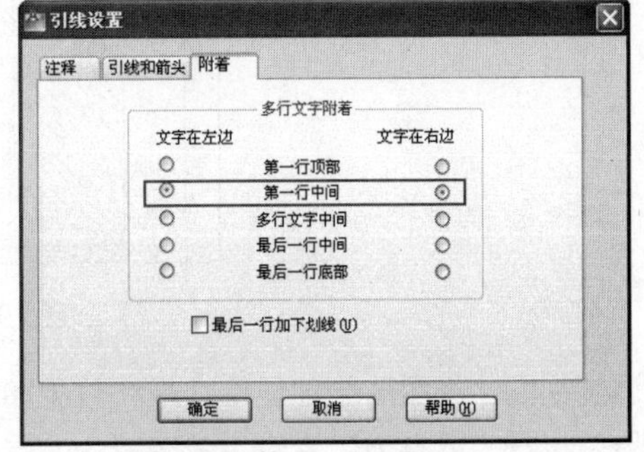

图 19-74　“附着”选项卡

04 单击“引线设置”对话框中的 确定 按钮，返回绘图区，根据命令行的提示指定 3 个引线点绘制引线，如图 19-75 所示。

05 在命令行“指定文字宽度 <0>:”提示下按 Enter 键。

06 在命令行“输入注释文字的第一行 <多行文字(M)>:”提示下，输入“白色防火板贴面”并按 Enter 键。

07 在命令行“输入注释文字的下一行：”提示下，按 Enter 键结束命令。标注结果如图 19-76 所示。

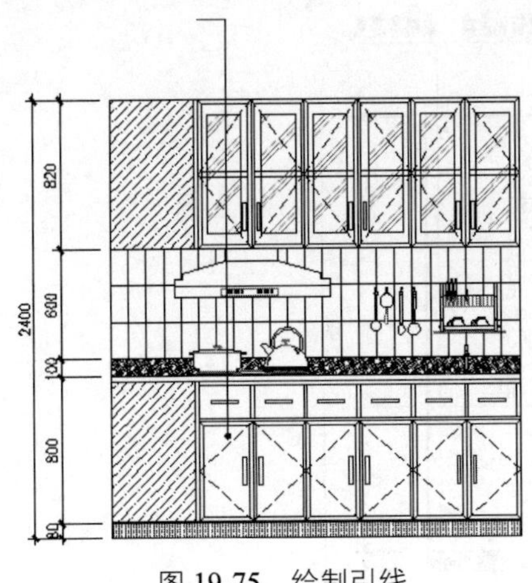

图 19-75　绘制引线

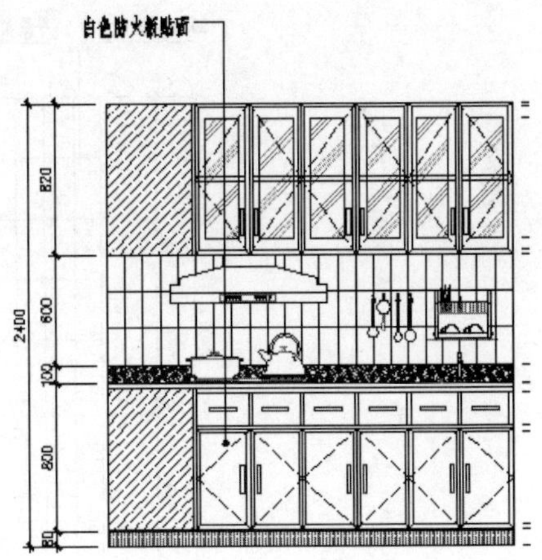

图 19-76　输入引线注释

08 重复执行“快速引线”命令，按照当前的引线参数设置，分别标注其他位置的引线注释，标注结果如图 19-77 所示。

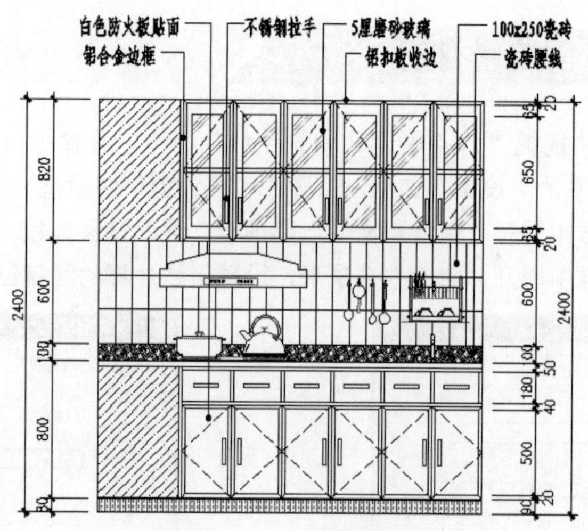

图 19-77　标注其他注释

09 调整视图，将图形全部显示，最终效果如图 19-62 所示。

10 最后执行“另存为”命令，将图形命名存储为“标注厨房 B 向立面图.dwg”。

19.5 绘制卫生间 C 向装修立面图

本例在综合所学知识的前提下，主要学习卫生间 C 向装修立面图的具体绘制过程和绘制技巧。卫生间 C 向立面图的最终绘制效果如图 19-78 所示。

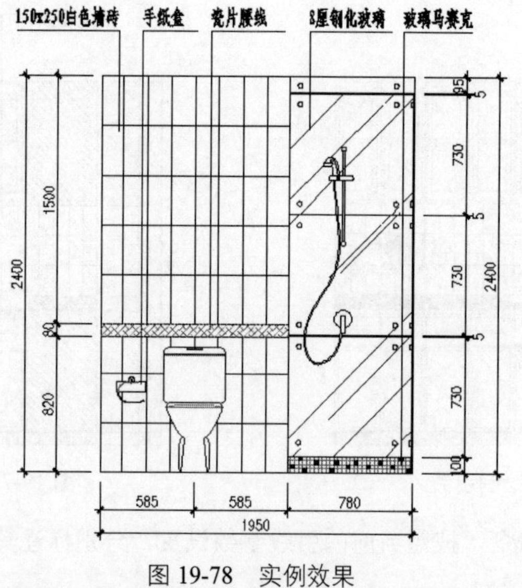

图 19-78　实例效果

19.5.1 卫生间 C 向立面绘图思路

在绘制卫生间 C 向立面图时，具体可以参照如下思路：

- 首先使用“新建”命令调用室内绘图样板文件。
- 使用“矩形”、“分解”、“偏移”、“修剪”等命令绘制卫生间 C 向墙面轮廓线。
- 使用“插入块”命令并配合“捕捉自”、“对象捕捉”、“对象追踪”功能绘制 D 向立面构件图。
- 使用“图案填充”命令绘制卫生间墙面材质图案。
- 使用“线性”、“连续”命令，并配合“快速夹点”、“对象捕捉”等辅助功能标注卫生间立面图尺寸。
- 最后综合使用“单行文字”、“复制”、“编辑文字”、“多段线”等命令标注卫生间 C 向立面图引线注释。

19.5.2　绘制卫生间 C 向轮廓图 

01 单击“快速访问工具栏”中的按钮，选择随书光盘中的“\绘图样板文件\室内绘图样板.dwt”，新建空白文件。

02 在“常用”选项卡→“图层”面板中设置“轮廓线”为当前操作层。

03 单击“常用”选项卡→“绘图”面板→“矩形”按钮，绘制长度为 1950、宽度为 2400 的矩形作为墙面外轮廓线。

04 单击“常用”选项卡→“修改”面板→“分解”按钮，将矩形分解为 4 条独立的线段。

05 单击“常用”选项卡→“修改”面板→“偏移”按钮，将上侧的矩形水平边向下偏移 1500 个绘图单位；将下侧的矩形水平边向上偏移 820 个绘图单位，结果如图 19-79 所示。

06 单击“常用”选项卡→“修改”面板→“偏移”按钮，将矩形右侧垂直边向左偏移 780 个绘图单位，结果如图 19-80 所示。

07 单击“常用”选项卡→“修改”面板→“修剪”按钮，对内部的水平轮廓线进行修剪，结果如图 19-81 所示。

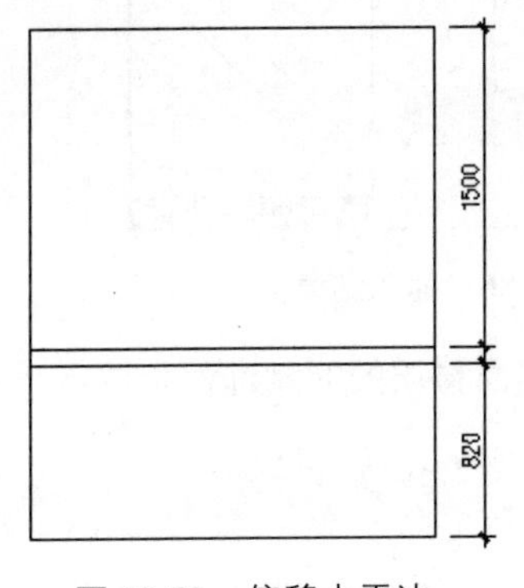

图 19-79　偏移水平边

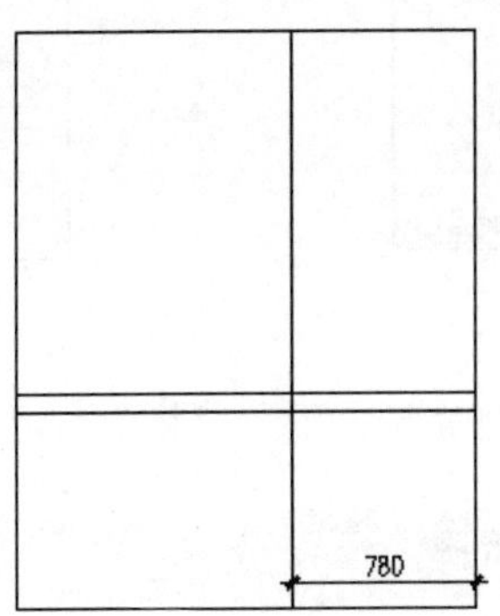

图 19-80　偏移垂直边

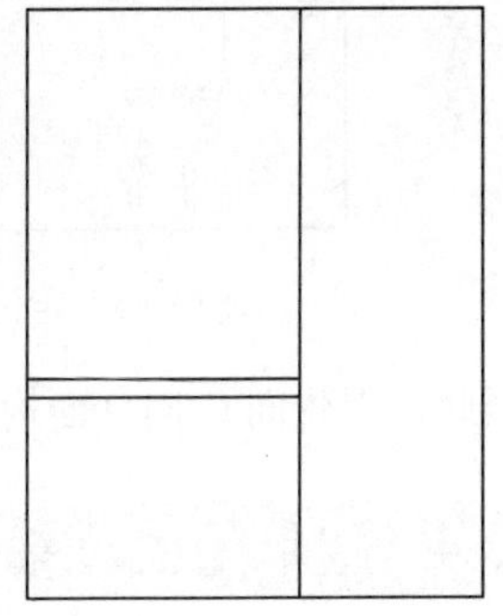

图 19-81　修剪结果

至此，卫生间 C 向立面轮廓图绘制完毕。下一小节将学习卫生间 C 向构件图的具体绘制过程和表达技巧。

19.5.3　绘制卫生间 C 向构件图 

01 继续上节操作。在“常用”选项卡→“图层”面板中设置“图块层”为当前操作层。

02 单击“常用”选项卡→“绘图”面板→“插入块”按钮，在打开的“插入”对话框中单击 浏览(B)... 按钮，然后选择随书光盘中的“\图块文件\立面马桶 01.dwg”。

03 返回“插入”对话框，以默认参数将立面马桶插入到立面图中，在命令行“指定插入点或 [基点(B)/比例(S)/旋转(R)]：”提示下，水平向右引出如图 19-82 所示的端点追踪矢量；输入 585 并按 Enter 键，插入结果如图 19-83 所示。

04 重复执行“插入块”命令，以默认参数插入随书光盘中的“\图块文件\淋浴房立面图.dwg”，插入点为图 19-83 所示的端点 A；插入结果如图 19-84 所示。

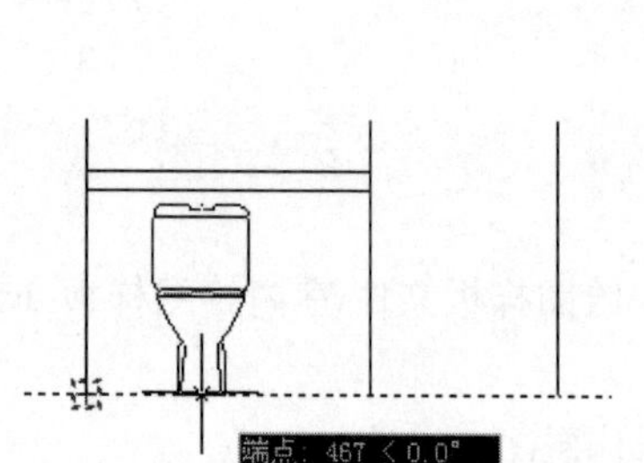

图 19-82　引出水平追踪矢量

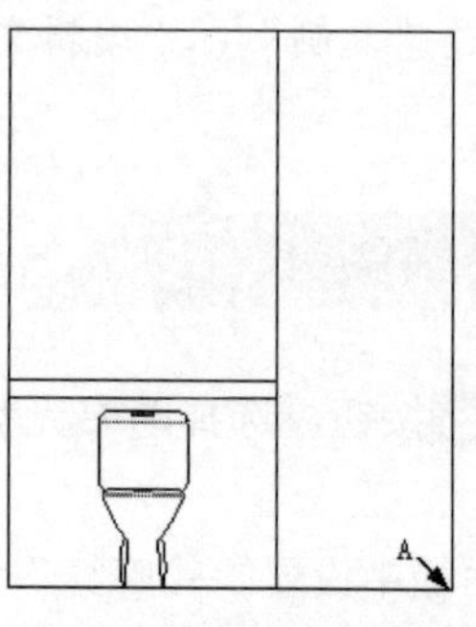

图 19-83　插入马桶

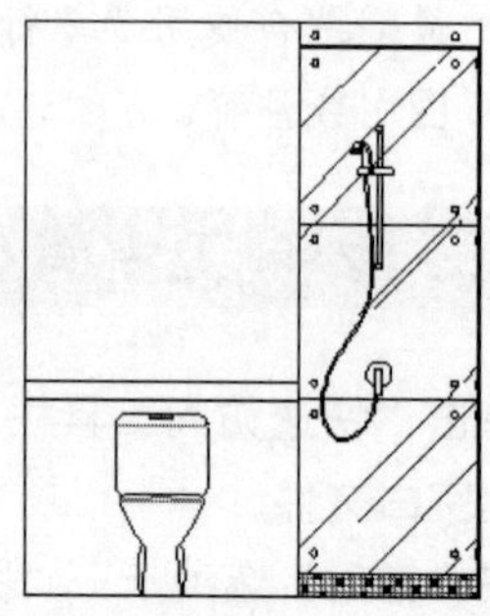

图 19-84　插入淋浴房立面图块

05 单击“常用”选项卡→“绘图”面板→“插入块”按钮，在打开的“插入”对话框中单击 浏览(B)... 按钮，然后选择随书光盘中的“\图块文件\手纸盒.dwg”。

06 返回“插入”对话框，以默认参数将图块插入到立面图中，在命令行“指定插入点或 [基点(B)/比例(S)/旋转(R)]：”提示下，激活“捕捉自”功能。

07 在命令行“_from 基点：”提示下，捕捉图 19-85 所示的端点 S。

08 继续在命令行“<偏移>：”提示下输入“@190,-260”并按 Enter 键，插入结果如图 19-86 所示。

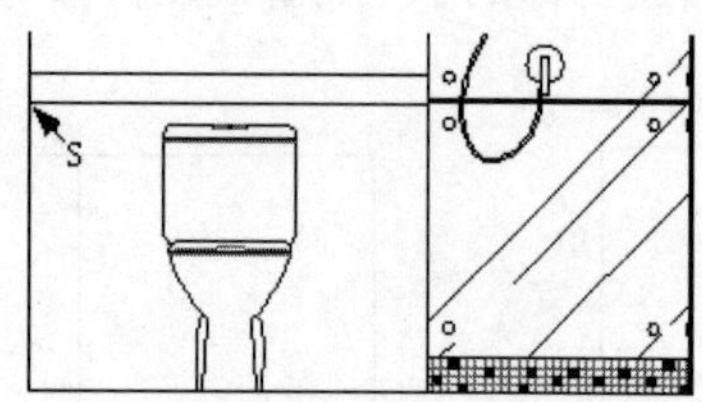

图 19-85　定位插入点

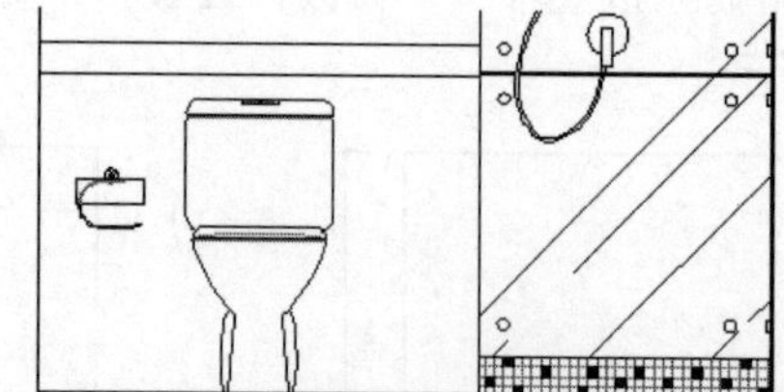

图 19-86　插入结果

至此，卫生间 C 向立面构件图绘制完毕。下一节将学习卫生间房墙面材质图的制过程和技巧。

19.5.4　绘制卫生间墙面材质图

01 继续上节操作。在“常用”选项卡→“图层”面板中设置“填充层”为当前操作层。

02 单击“常用”选项卡→“绘图”面板→“图案填充”按钮，激活“图案填充”命令，然后在命令行“拾取内部点或 [选择对象(S)/设置(T)]:”提示下激活“设置”选项，打开“图案填充和渐变色”对话框。

03 在“图案填充和渐变色”对话框中选择“用户定义”图案，同时设置图案的填充角度及填充比例参数，如图 19-87 所示。

04 单击“图案填充创建”选项卡→“边界”面板→“拾取点”按钮，返回绘图区拾取填充区域，为立面图填充如图 19-88 所示的图案。

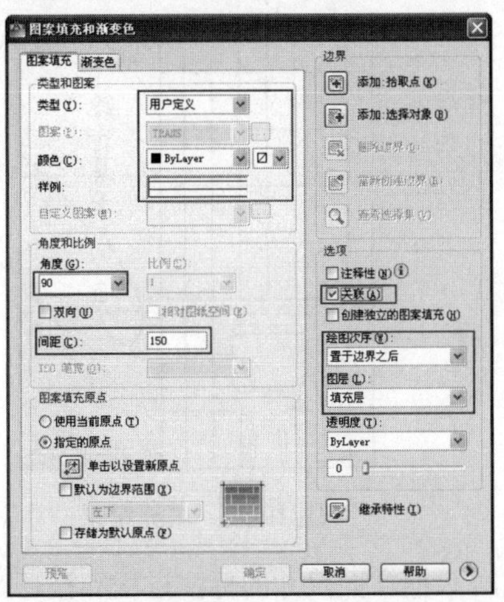

图 19-87　设置填充图案与参数

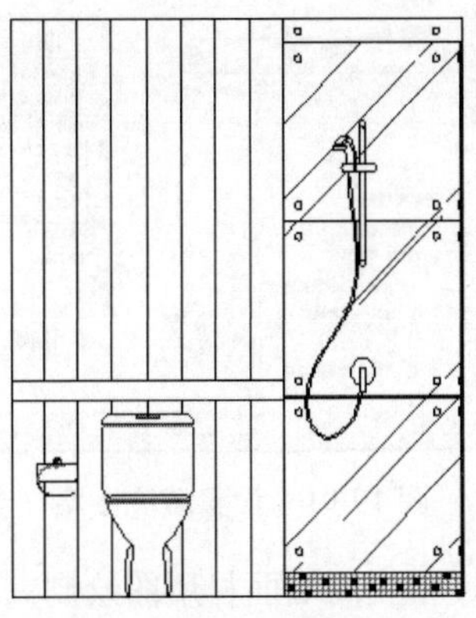

图 19-88　填充结果

05 重复执行“图案填充”命令，在打开的“图案填充和渐变色”对话框中选择“用户定义”图案，同时设置图案的填充角度及填充比例参数，如图 19-89 所示。

06 单击“图案填充创建”选项卡→“边界”面板→“拾取点”按钮，返回绘图区拾取填充区域，为立面图填充如图 19-90 所示的图案。

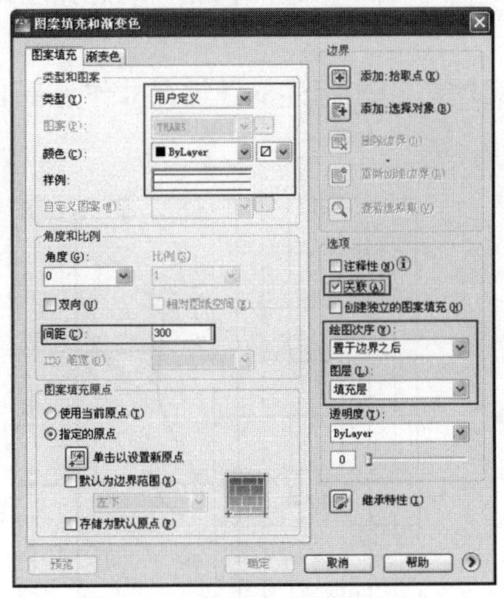

图 19-89　设置填充图案与参数

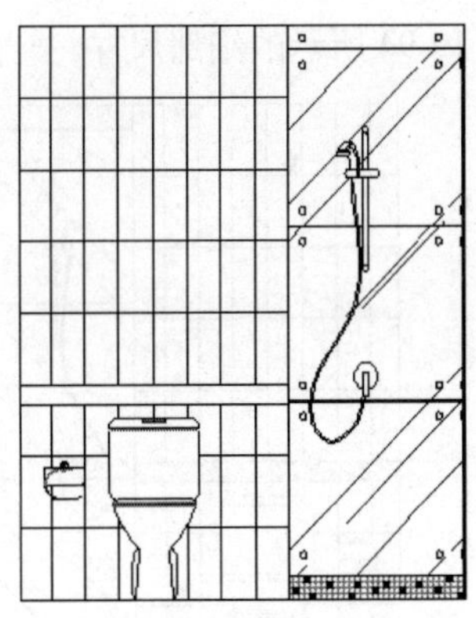

图 19-90　填充结果

07 重复执行“图案填充”命令，在打开的“图案填充和渐变色”对话框中选择“预定义”图案，同时设置图案的填充角度及填充比例参数，如图 19-91 所示。

08 单击“图案填充创建”选项卡→“边界”面板→“拾取点”按钮，返回绘图区拾取填充区域，为立面图填充如图 19-92 所示的图案。

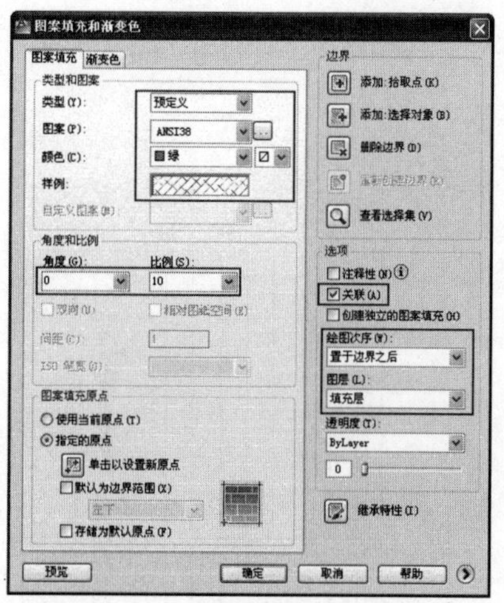

图 19-91　设置填充图案与参数

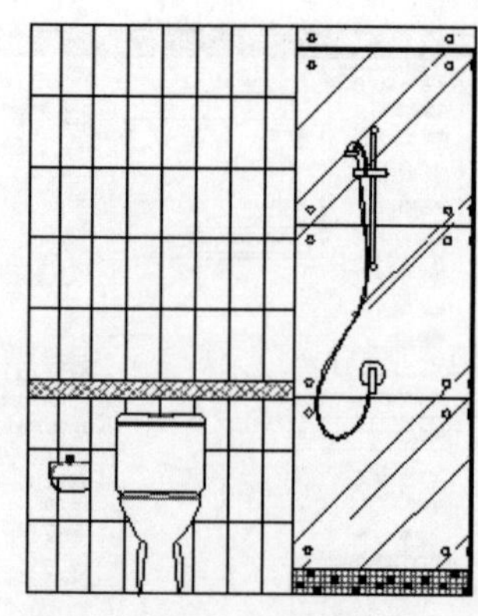

图 19-92　填充结果

至此，卫生间墙面材质图绘制完毕。下一节将学习卫生间 C 向立面尺寸的标注过程和技巧。

19.5.5　标注卫生间 C 立面尺寸

01 继续上节操作。在“常用”选项卡→“图层”面板中设置“尺寸层”为当前操作层。

02 使用快捷键“D”激活“标注样式”命令，将“建筑标注”设为当前样式，同时修改标注比例为 20。

03 单击“常用”选项卡→“注释”面板→“线性”按钮，配合 “端点捕捉”功能标注如图 19-93 所示的线性尺寸。

04 单击“注释”选项卡→“标注”面板→“连续”按钮，以刚标注的线性尺寸作为基准尺寸，标注如图 19-94 所示的细部尺寸。

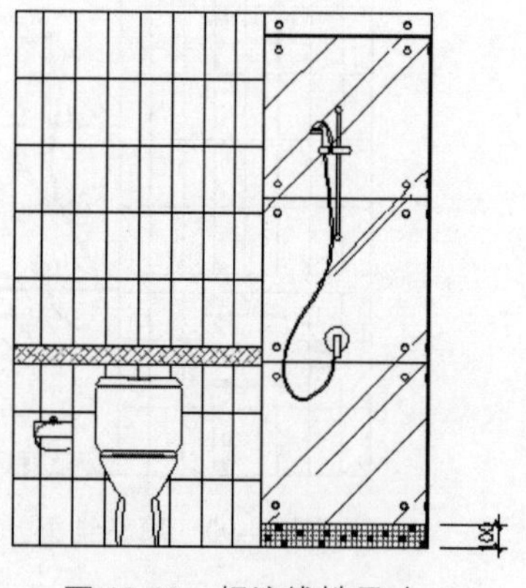

图 19-93　标注线性尺寸

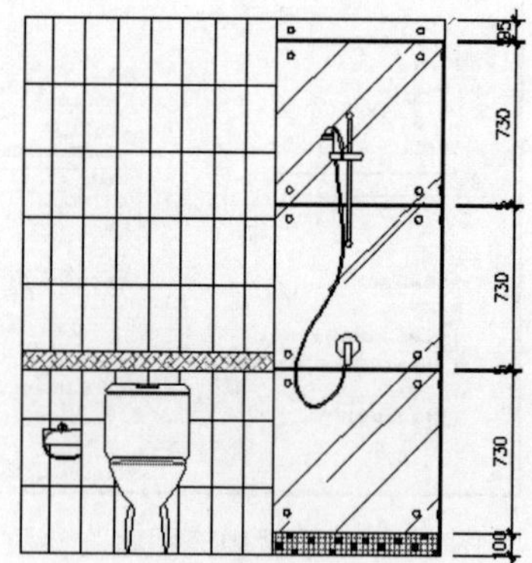

图 19-94　标注连续尺寸

05 在无任何命令执行的前提下，单击如图 19-95 所示的细部尺寸，使其呈现夹点显示状态。

06 将光标放在尺寸文字夹点上，然后从弹出的快捷菜单中选择“仅移动文字”选项。

07 接下来在命令行“** 仅移动文字 **指定目标点:”提示下，指定文字的位置，结果如图 19-96 所示。

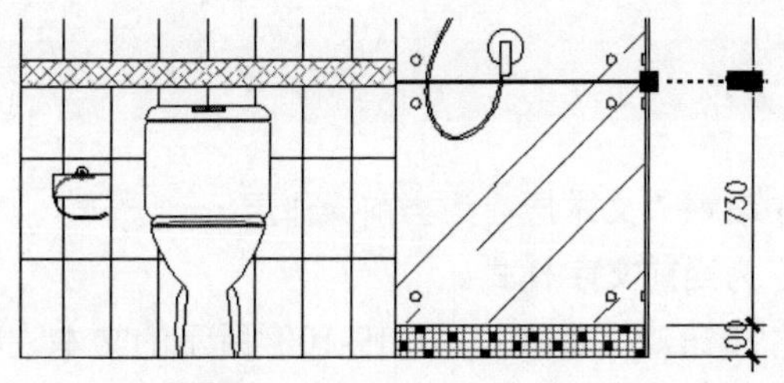

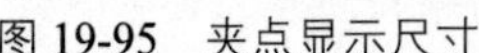

图 19-95　夹点显示尺寸

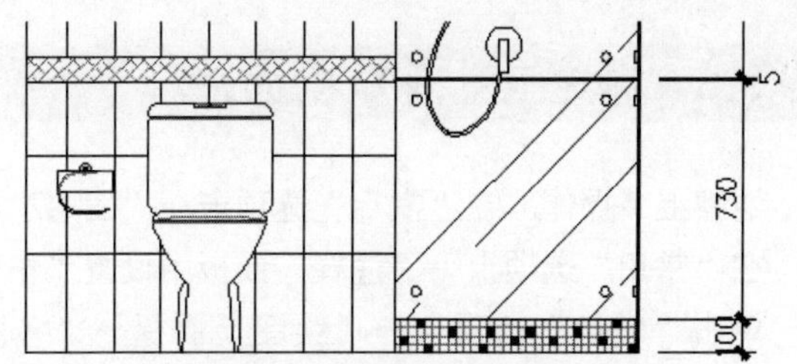

图 19-96　夹点编辑后的效果

08 参照步骤 06～08 的操作，分别对其他位置的尺寸文字进行协调位置，结果如图 19-97 所示。

09 单击“常用”选项卡→“注释”面板→“线性”按钮，配合 “端点捕捉”功能标注立面图右侧的总尺寸，结果如图 19-98 所示。

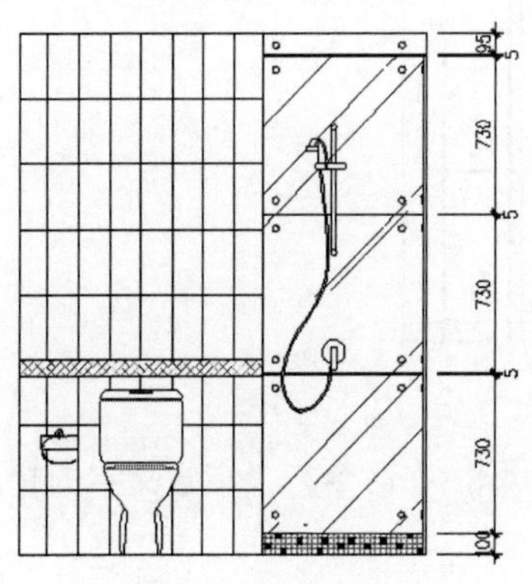

图 19-97　调整结果

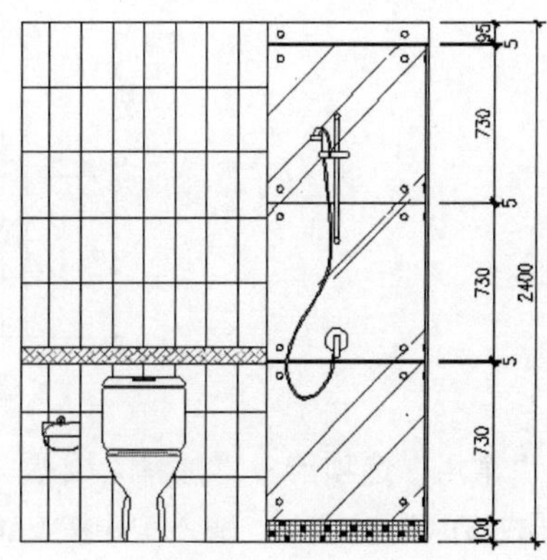

图 19-98　标注总尺寸

10 参照步骤 04～10 的操作，综合使用“线性”、“连续”等命令，分别标注立面图两侧的细部尺寸和总尺寸，并对尺寸文字进行协调位置，结果如图 19-99 所示。

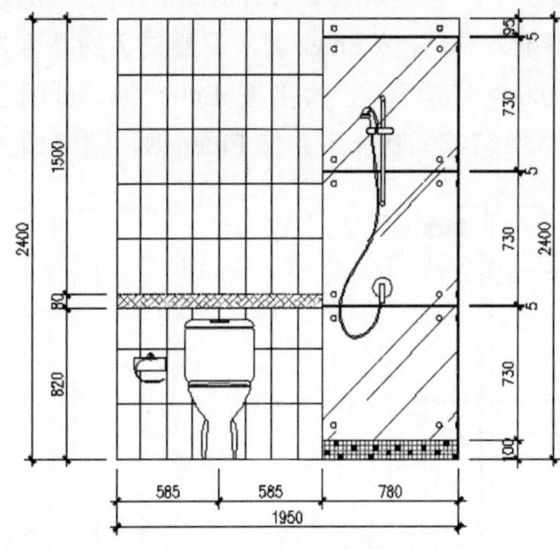

图 19-99　标注两侧尺寸

至此，卫生间 C 向立面图尺寸标注完毕。下一节将学习卫生间 C 向立面引线注释的标注过程和技巧。

19.5.6 标注卫生间 C 立面注释

01 继续上节操作。在“常用”选项卡→“图层”面板中设置“文本层”为当前操作层。

02 在“常用”选项卡→“注释”面板中设置“仿宋体”为当前文字样式。

03 单击“常用”选项卡→“绘图”面板→“多段线”按钮，绘制如图 19-100 所示的文本注释指示线。

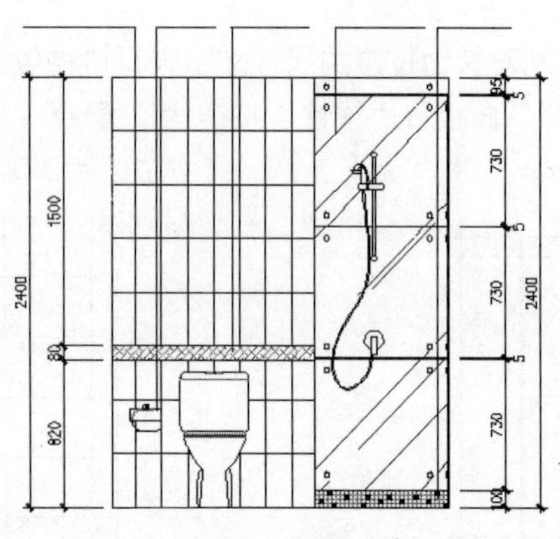

图 19-100 绘制指示线

04 单击“常用”选项卡→“注释”面板→“单行文字”按钮，在命令行“指定文字的起点或 [对正(J)/样式(S)]：”提示下，输入 J 并按 Enter 键。

05 在“输入选项 [对齐(A)/布满(F)/居中(C)/中间(M)/右对齐(R)/左上(TL)/中上(TC)/右上(TR)/左中(ML)/正中(MC)/右中(MR)/左下(BL)/中下(BC)/右下(BR)]：”提示下，输入 BL 并按 Enter 键，设置文字的对正方式。

06 在“指定文字的左下点：”提示下，捕捉如图 19-101 所示的指示线的端点。

07 在“指定高度 <3>：”提示下输入 90 并按 Enter 键，设置文字的高度为 90 个绘图单位。

08 在“指定文字的旋转角度 <0.00>”提示下，直接按 Enter 键。此时在绘图区所指定的文字起点位置上出现一个文本输入框，输入“玻璃马赛克”并按 Enter 键，结果如图 19-102 所示。

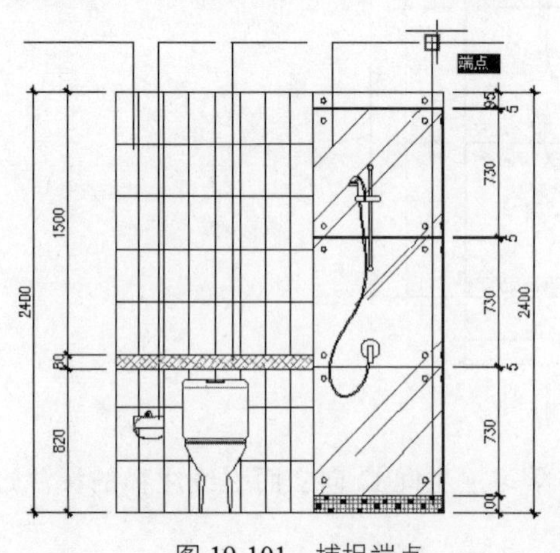

图 19-101 捕捉端点

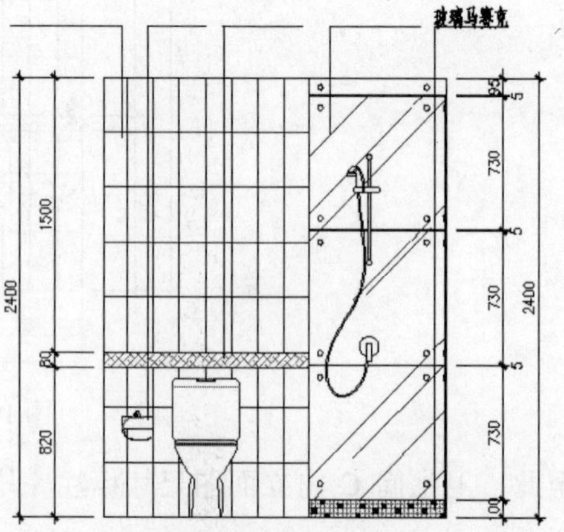

图 19-102 输入文字

09 单击“常用”选项卡→“修改”面板→“移动”按钮，将刚输入的文字注释垂直向上移动 30 个单位，结果如图 19-103 所示。

10 单击“常用”选项卡→“修改”面板→“复制”按钮，将位移后的文字分别复制到其他指示线上，结果如图 19-104 所示。

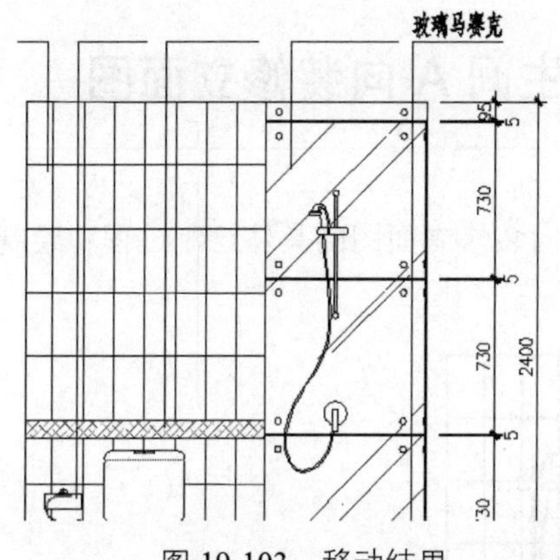

图 19-103　移动结果

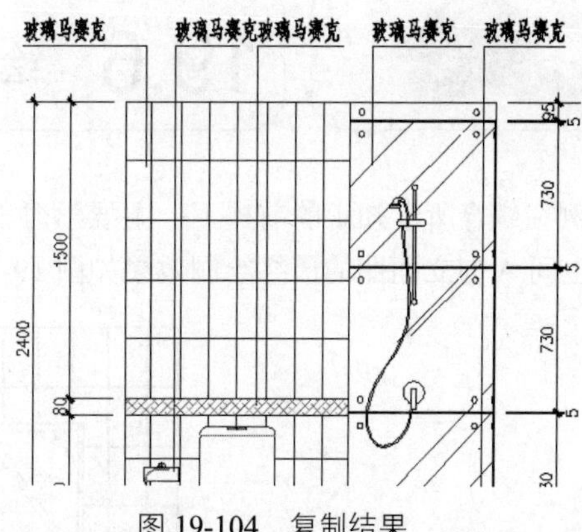

图 19-104　复制结果

11 在复制出的文字上双击，此时文字呈现反白显示状态，如图 19-105 所示。

12 在反白显示的文字输入框内输入正确的文字内容，如图 19-106 所示。修改后的文字如图 19-107 所示。

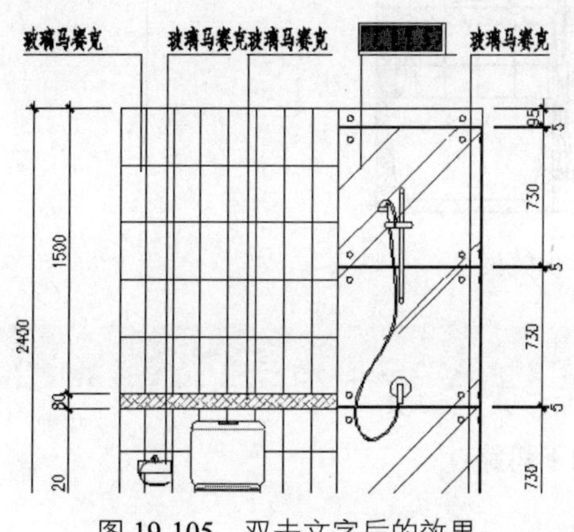

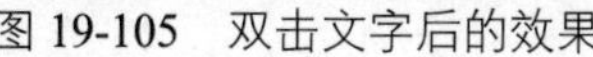

图 19-105　双击文字后的效果

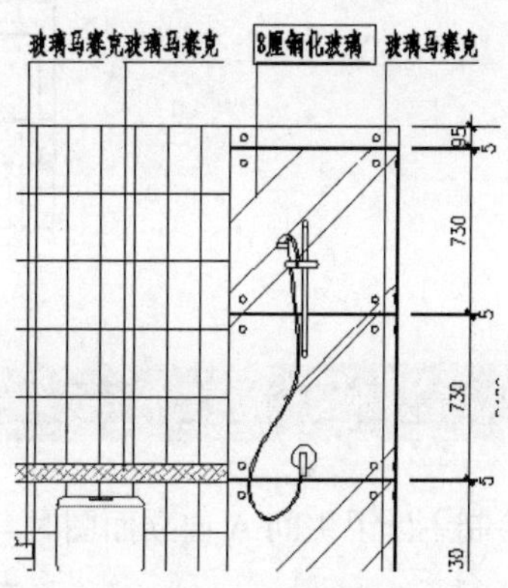

图 19-106　输入正确的文字内容

13 参照以上操作步骤，分别在其他文字上双击，输入正确的文字内容，结果如图 19-108 所示。

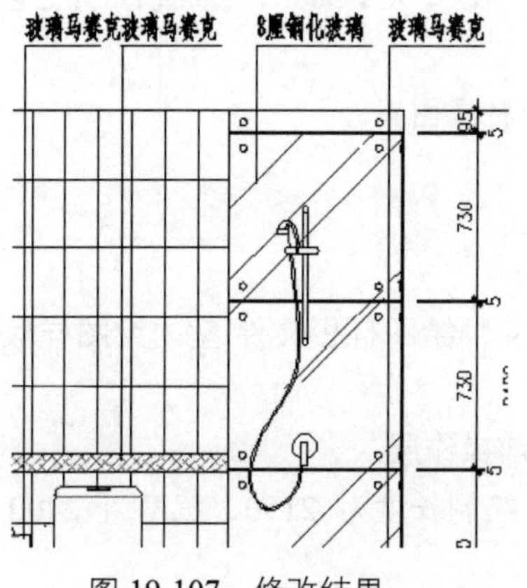

图 19-107　修改结果

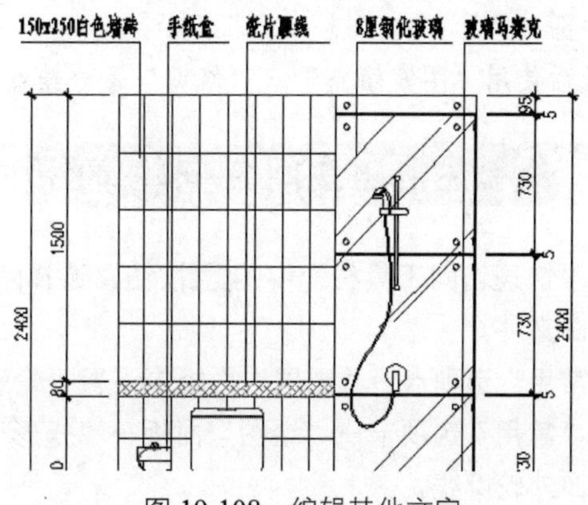

图 19-108　编辑其他文字

14 调整视图，将图形全部显示，最终效果如图 19-78 所示。

15 最后执行“保存”命令，将图形命名存储为“卫生间 C 向立面图.dwg”。

19.6 绘制主卧卫生间 A 向装修立面图

本例在综合所学知识的前提下，主要学习主卧卫生间 A 向装修立面图的具体绘制过程和绘制技巧。主卧卫生间 A 向立面图的最终绘制效果如图 19-109 所示。

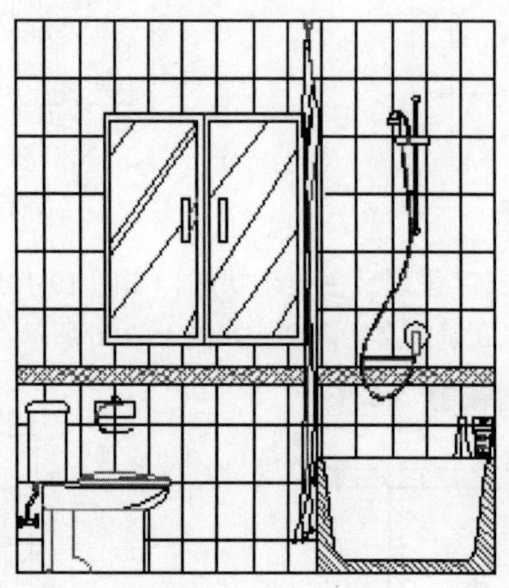

图 19-109　实例效果

19.6.1　主卧卫生间立面绘图思路

在绘制主卧卫生间 A 向立面图时，具体可以参照如下思路：

- 首先使用“新建”命令调用室内绘图样板文件。
- 使用“矩形”、“分解”、“偏移”、“修剪”等命令绘制主卧卫生间 A 向墙面轮廓线。
- 使用“插入块”命令并配合“捕捉自”、“对象捕捉”、“对象追踪”功能绘制卫生间立面构件图。
- 最后使用“图案填充”、“修剪”命令绘制卫生间墙面材质图案。

19.6.2　绘制主卧卫生间 A 向轮廓图

01 单击“快速访问工具栏”中的按钮，选择随书光盘中的“\绘图样板文件\室内绘图样板.dwt”，新建空白文件。

02 在“常用”选项卡→“图层”面板中设置“轮廓线”为当前操作层。

03 单击“常用”选项卡→“绘图”面板→“矩形”按钮，绘制长度为 2150、宽度为 2400 的矩形作为墙面外轮廓线。

04 单击“常用”选项卡→“修改”面板→“分解”按钮，将矩形分解为 4 条独立的线段。

05 单击“常用”选项卡→“修改”面板→“偏移”按钮，将上侧的矩形水平边向下偏移 400 和 1400 个绘图单位；将下侧的矩形水平边向上偏移 820 和 900 个绘图单位，结果如图 19-110 所示。

06 单击“常用”选项卡→“修改”面板→“偏移”按钮，将矩形右侧垂直边向左偏移 850 个绘图单位；将矩形左侧的垂直边向右偏移 400 个单位，结果如图 19-111 所示。

07 单击“常用”选项卡→“修改”面板→“修剪”按钮，对内部的水平轮廓线进行修剪，结果如图 19-112 所示。

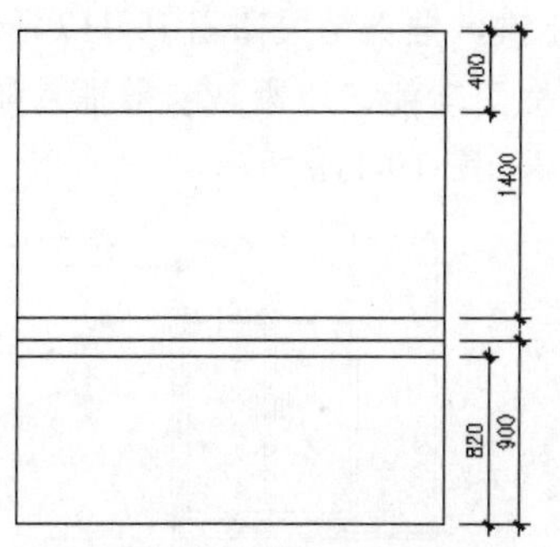

图 19-110　偏移水平边

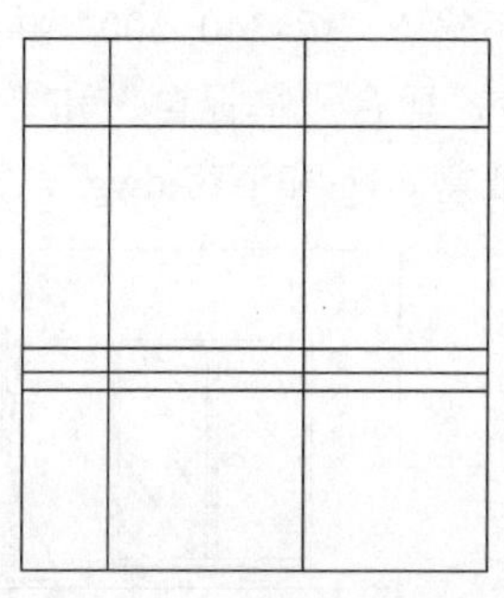

图 19-111　偏移垂直边

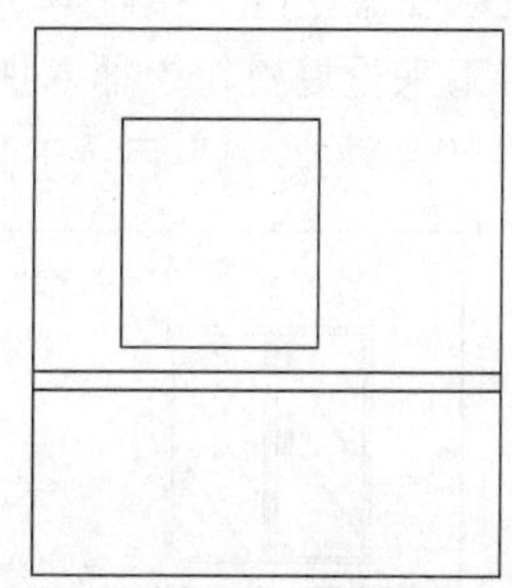

图 19-112　修剪结果

至此，主卧卫生间 A 向立面轮廓图绘制完毕。下一节将学习主卧卫生间 A 向立面构件图的具体绘制过程和表达技巧。

19.6.3　绘制主卧卫生间 A 向构件图

01 继续上节操作。在“常用”选项卡→“图层”面板中设置“图块层”为当前操作层。

02 单击“常用”选项卡→“绘图”面板→“插入块”按钮，在打开的“插入”对话框中单击 浏览(B)... 按钮，然后选择随书光盘中的“\图块文件\立面马桶.dwg”。

03 返回“插入”对话框，以默认参数将立面马桶插入到立面图中，在命令行“指定插入点或 [基点(B)/比例(S)/旋转(R)]：”提示下，捕捉如图 19-113 所示的端点 A；插入结果如图 19-114 所示。

04 单击“常用”选项卡→“绘图”面板→“插入块”按钮，在打开的“插入”对话框中单击 浏览(B)... 按钮，然后选择随书光盘中的“\图块文件\浴盆 04.dwg”。

05 返回“插入”对话框，将 X 轴向比例设置为-1，然后在命令行“指定插入点或 [基点(B)/比例(S)/旋转(R)]：”提示下，捕捉如图 19-114 所示的端点 S；插入结果如图 19-115 所示。

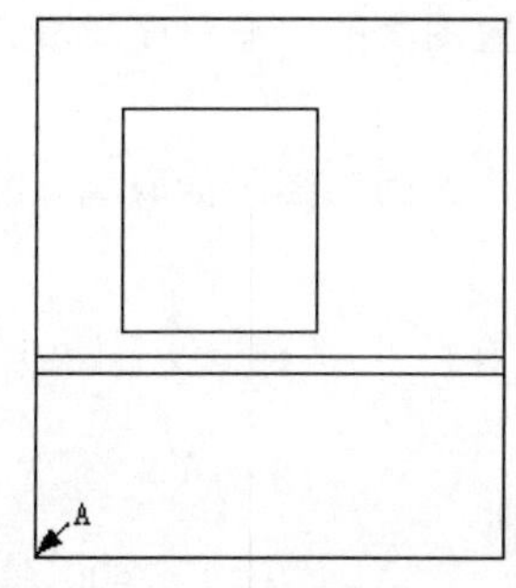

图 19-113　捕捉端点

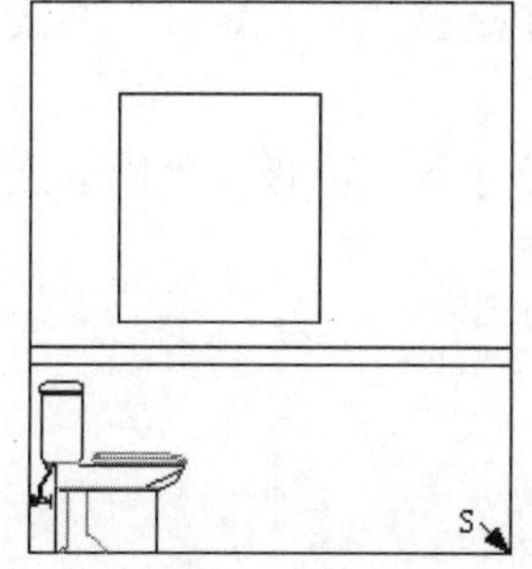

图 19-114　插入结果

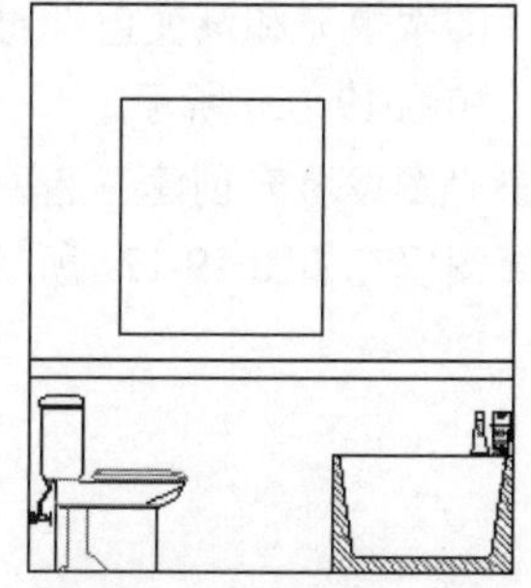

图 19-115　插入浴盆

06 重复执行“插入块”命令，配合“中点捕捉”功能，以默认参数插入随书光盘中的“\图块文件\立面

窗 02.dwg”，插入结果如图 19-116 所示。

07 单击“常用”选项卡→“绘图”面板→“插入块”按钮，在打开的“插入”对话框中单击浏览(B)...按钮，然后选择随书光盘中的“\图块文件\淋浴头.dwg”。

08 返回“插入”对话框，以默认参数将图块插入到立面图中，在命令行“指定插入点或 [基点(B)/比例(S)/旋转(R)]：”提示下，激活“捕捉自”功能。

09 在命令行“_from 基点：”提示下，捕捉图 19-116 所示的端点 S。

10 继续在命令行“<偏移>：”提示下输入“@-340,-500”并按 Enter 键，插入结果如图 19-117 所示。

11 接下来重复执行“插入块”命令，配合“捕捉自”和“对象捕捉”功能，以默认参数插入随书光盘的“\图块文件\”目录下的“手纸盒.dwg 和浴帘.dwg”，插入结果如图 19-118 所示。

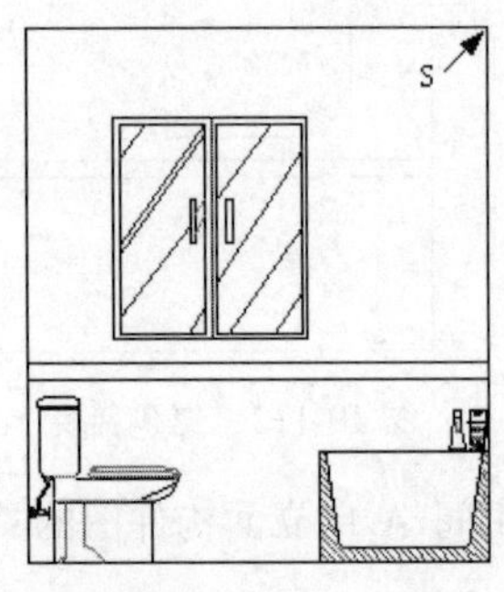

图 19-116　插入立面窗

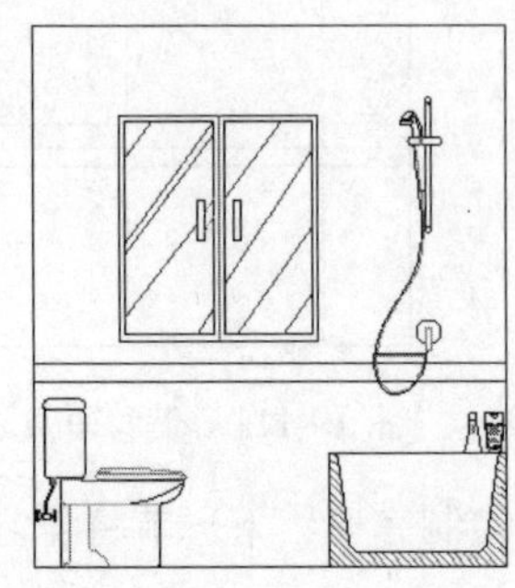

图 19-117　插入淋浴头

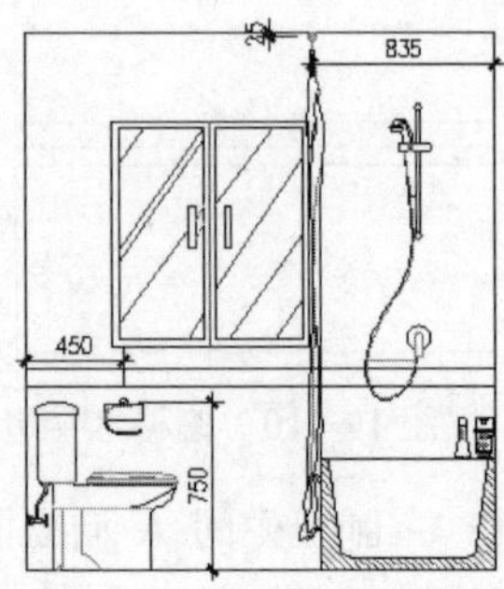

图 19-118　插入其他图块

12 单击“常用”选项卡→“修改”面板→“修剪”按钮，对插入的淋浴头和浴帘外轮廓边作为边界，对墙面腰线进行修整，结果如图 19-119 所示。

至此，主卧卫生间 A 向立面构件图绘制完毕。下一节将学习主卧卫生间房墙面材质的快速绘制过程和技巧。

19.6.4　绘制主卧卫生间墙面材质图

01 继续上节操作。在“常用”选项卡→“图层”面板中设置“填充层”为当前操作层。

02 单击“常用”选项卡→“绘图”面板→“图案填充”按钮，激活“图案填充”命令，然后在命令行“拾取内部点或 [选择对象(S)/设置(T)]:”提示下，激活“设置”选项，打开“图案填充和渐变色”对话框。

03 在“图案填充和渐变色”对话框中选择“用户定义”图案，同时设置图案的填充角度及填充比例参数，如图 19-120 所示。

04 单击“图案填充创建”选项卡→“边界”面板→“拾取点”按钮，返回绘图区拾取填充区域，为立面图填充如图 19-121 所示的图案。

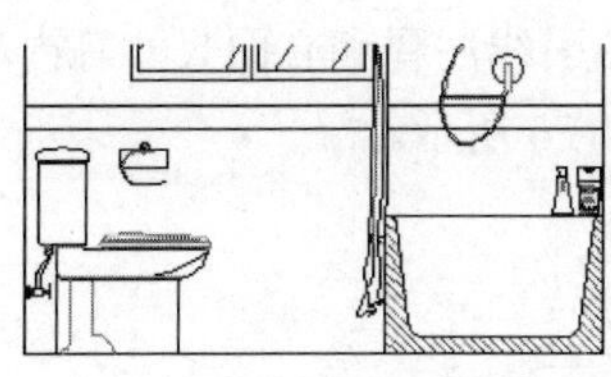

图 19-119　修剪结果

图 19-120　设置填充图案与参数

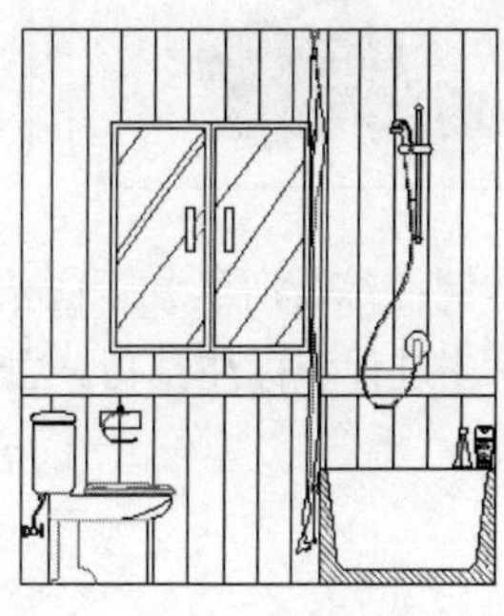

图 19-121　填充结果

05 重复执行“图案填充”命令，在打开的“图案填充和渐变色”对话框中选择“用户定义”图案，同时设置图案的填充角度及填充比例参数，如图 19-122 所示。

06 单击“图案填充创建”选项卡→“边界”面板→“拾取点”按钮，返回绘图区拾取填充区域，为立面图填充如图 19-123 所示的图案。

图 19-122　设置填充图案与参数

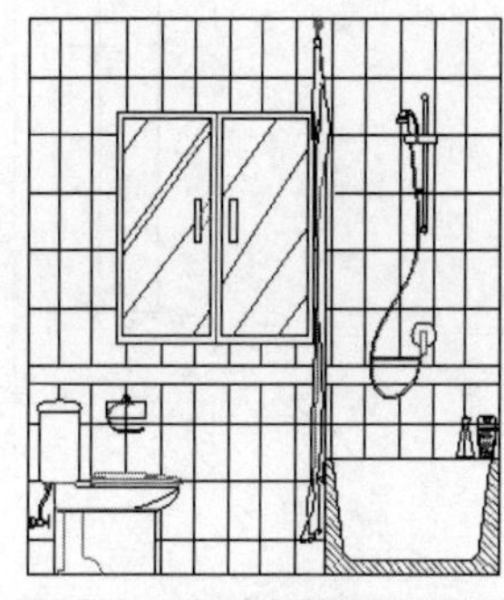

图 19-123　填充结果

07 重复执行“图案填充”命令，在打开的“图案填充和渐变色”对话框中选择“预定义”图案，同时设置图案的填充角度及填充比例参数，如图 19-124 所示。

08 单击“图案填充创建”选项卡→“边界”面板→“拾取点”按钮，返回绘图区拾取填充区域，为立面图填充如图 19-125 所示的图案。

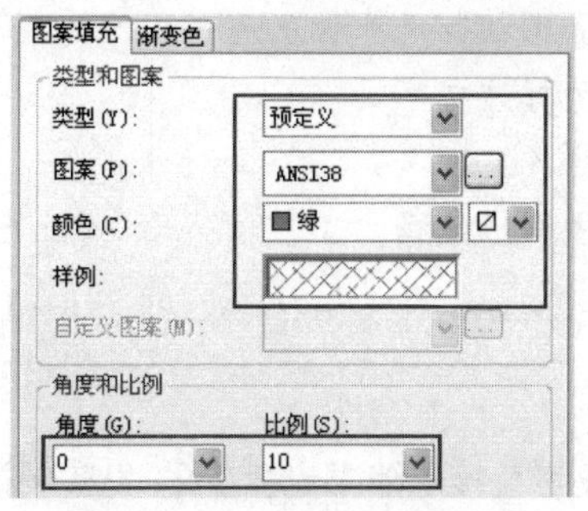

图 19-124　设置填充图案与参数

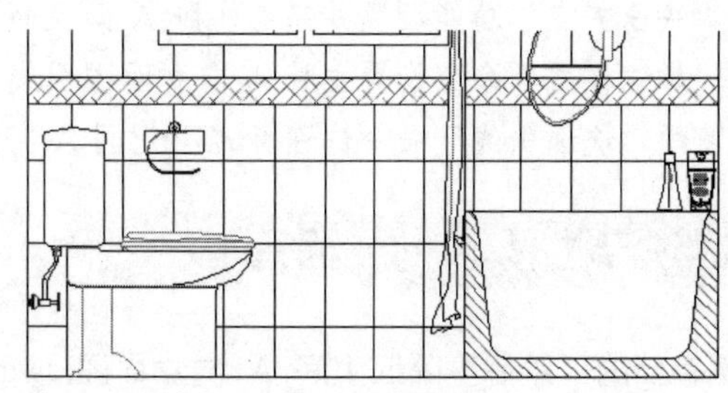

图 19-125　填充结果

09 调整视图，将图形全部显示，最终效果如图 19-109 所示。

10 最后执行“保存”命令，将图形命名存储为“绘制主卧卫生间 A 向立面图.dwg”。

19.7 标注主卧卫生间 A 向装修立面图

本例在综合所学知识的前提下，主要学习主卧卫生间 A 向装修立面图引线注释和立面尺寸等内容的具体标注过程和标注技巧。主卧卫生间 A 向立面图的最终标注效果如图 19-126 所示。

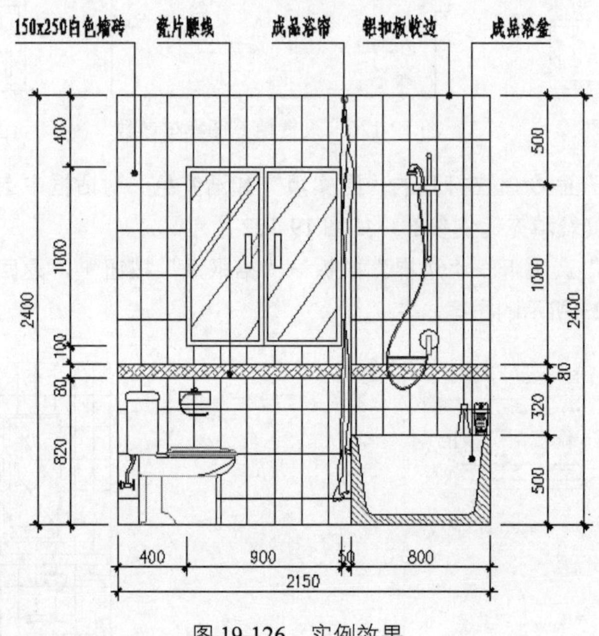

图 19-126　实例效果

19.7.1　主卧卫生间 A 向立面标注思路

在标注主卧卫生间 A 向立面图时，具体可以参照如下思路：

- 首先调用立面图文件并设置当前图层。
- 使用“标注样式”命令设置当前标注样式与比例
- 使用“线性”、“连续”命令标注主卧卫生间 A 向立面图细部尺寸和总尺寸。
- 使用“快速夹点”功能调整并完善主卧 A 向立面图尺寸标注文字。
- 使用“标注样式”命令设置主卧 A 向立面图引线注释样式。
- 最后使用“快速引线”命令快速标注卫生间 A 向立面图引线注释。

19.7.2　标注卫生间 A 向立面尺寸

01 打开上例存储的“绘制主卧卫生间 A 向立面图.dwg”，或者直接从随书光盘中的“\实例效果文件\第 19 章\”目录下调用此文件。

02 在“常用”选项卡→“图层”面板中设置“尺寸层”为当前操作层。

03 在“常用”选项卡→“注释”面板中设置“建筑标注”为当前标注样式。

04 在命令行设置系统变量 DIMSCALE 的值为 20。

05 单击“常用”选项卡→“注释”面板→“线性”按钮，配合“端点捕捉”功能标注如图 19-127 所示的线性尺寸。

06 单击“注释”选项卡→“标注”面板→“连续”按钮，以刚标注的线性尺寸作为基准尺寸，标注如图 19-128 所示的细部尺寸。

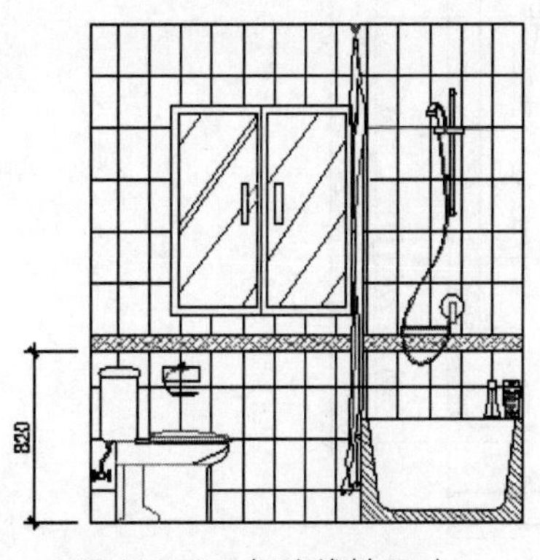

图 19-127　标注线性尺寸

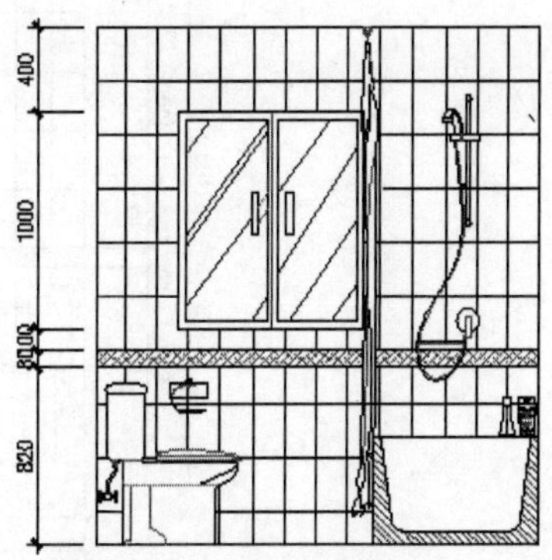

图 19-128　标注连续尺寸

07 在无命令执行的前提下，单击如图 19-129 所示的细部尺寸，使其呈现夹点显示状态。

08 将光标放在尺寸文字夹点上，然后从弹出的快捷菜单中选择“仅移动文字”选项。

09 接下来在命令行“** 仅移动文字 **指定目标点:”提示下，指定文字的位置，结果如图 19-130 所示。

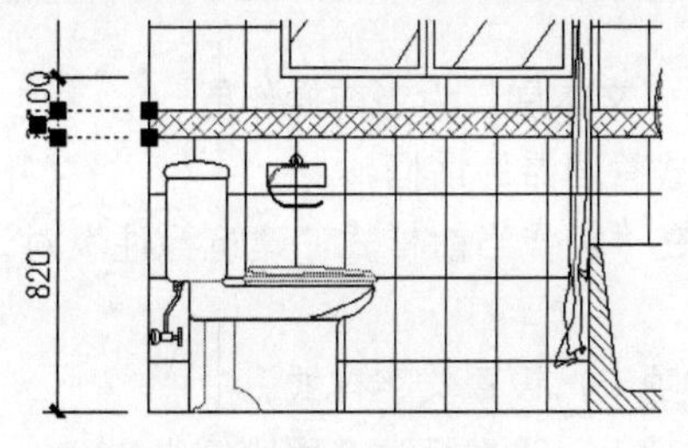

图 19-129　夹点显示尺寸

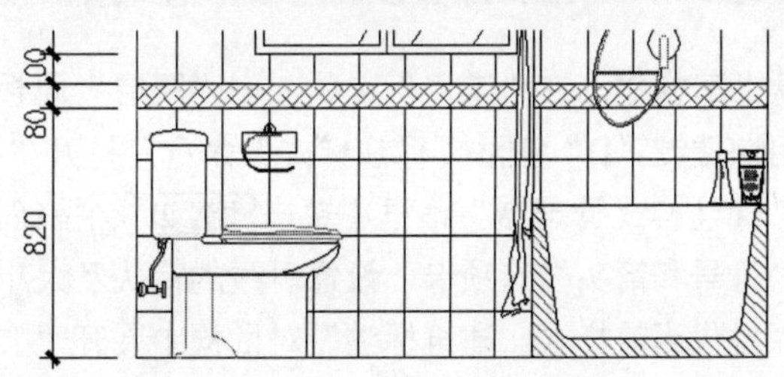

图 19-130　夹点编辑后的效果

10 参照步骤 07～09 的操作，对其他位置的标注文字进行调整，结果如图 19-131 所示。

11 单击“常用”选项卡→“注释”面板→“线性”按钮，配合“端点捕捉”功能标注立面图左侧的总尺寸，结果如图 19-132 所示。

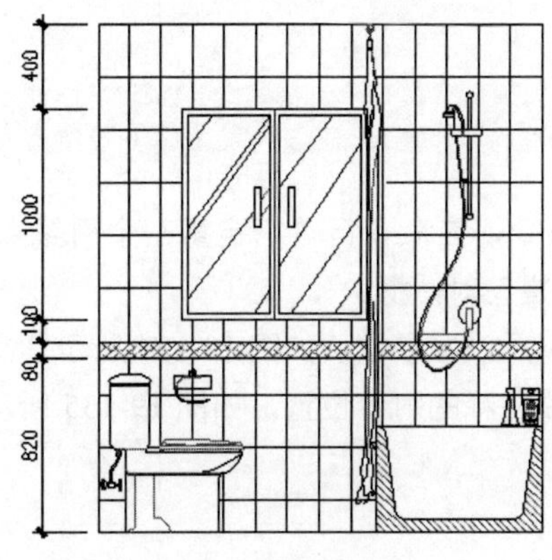

图 19-131　编辑结果

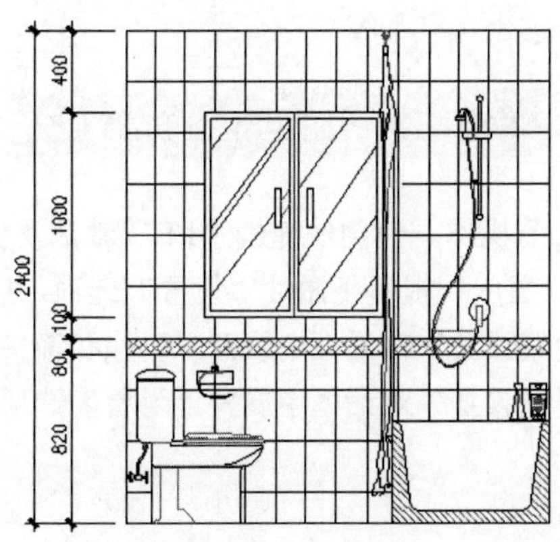

图 19-132　标注总尺寸

12 参照步骤 05～11 的操作，综合使用“线性”、“连续”等命令配合“快速夹点”功能和“对象捕捉”功能，分别标注立面图其他侧的细部尺寸和总尺寸，结果如图 19-133 所示。

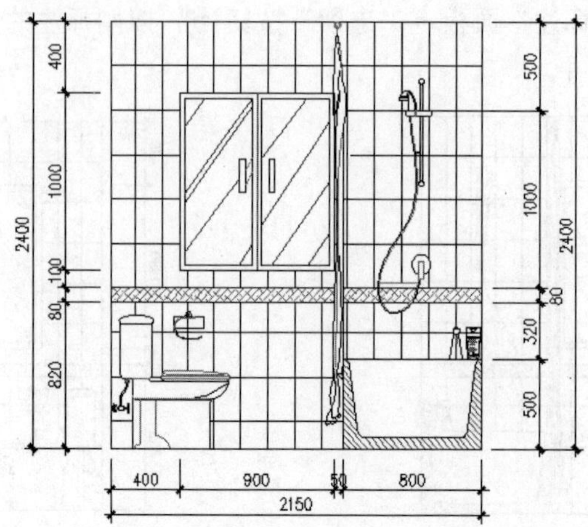

图 19-133　标注其他侧的尺寸

至此，主卧卫生间 A 向立面图尺寸标注完毕。下一节将学习卫生间引线注释样式的设置过程。

19.7.3　设置 A 向立面图引线样式

01 继续上节操作。在“常用”选项卡→“图层”面板中设置“文本层”为当前操作层。

02 使用快捷键“D”激活“标注样式”命令，打开“标注样式管理器”话框。

03 在“标注样式管理器”话框中单击 替代(O)... 按钮，然后在“替代当前样式：建筑标注”对话框中展开“符号和箭头”选项卡，设置引线的箭头及大小。

04 在“替代当前样式：建筑标注”对话框中展开“文字”选项卡，设置文字样式。

05 在“替代当前样式：建筑标注”对话框中展开“调整”选项卡，设置标注全局比例为 30。

06 在“替代当前样式：建筑标注”对话框中单击 确定 按钮，返回“标注样式管理器”对话框。

07 在“标注样式管理器”对话框中单击 关闭 按钮，结束命令。

至此，立面图引线注释样式设置完毕。下一小节将详细学习卫生间立面图引线注释的具体标注过程和标注技巧。

19.7.4　标注主卧卫生间墙面材质

01 继续上节操作。使用快捷键“LE”激活“快速引线”命令，在命令行“指定第一个引线点或 [设置(S)] <设置>：”提示下激活“设置”选项，打开“引线设置”对话框。

02 在“引线设置”对话框中展开“引线和箭头”选项卡，然后设置参数，如图 19-134 所示。

03 在“引线设置”对话框中展开“附着”选项卡，设置引线注释的附着位置，如图 19-135 所示。

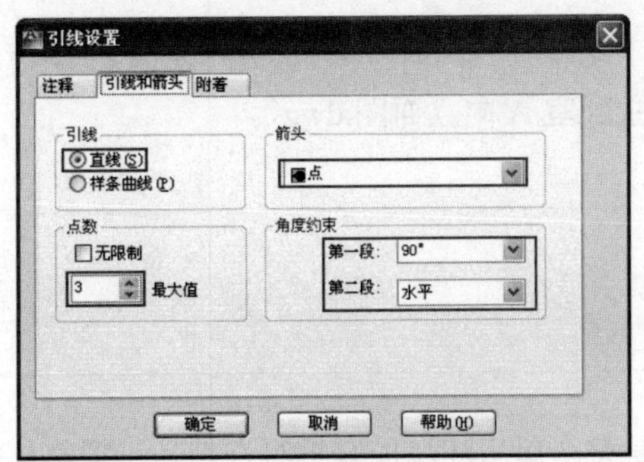

图 19-134　“引线和箭头”选项卡

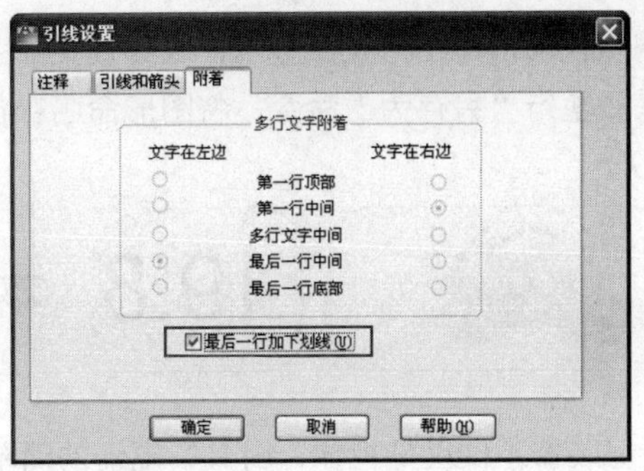

图 19-135　“附着”选项卡

04 单击“引线设置”对话框中的 确定 按钮，返回绘图区，根据命令行的提示指定 3 个引线点绘制引线，如图 19-136 所示。

05 在命令行“指定文字宽度 <0>:”提示下按 Enter 键。

06 在命令行“输入注释文字的第一行 <多行文字(M)>:”提示下，输入“150×250 白色墙砖”并按 Enter 键。

07 在命令行“输入注释文字的下一行：”提示下，按 Enter 键结束命令。标注结果如图 19-137 所示。

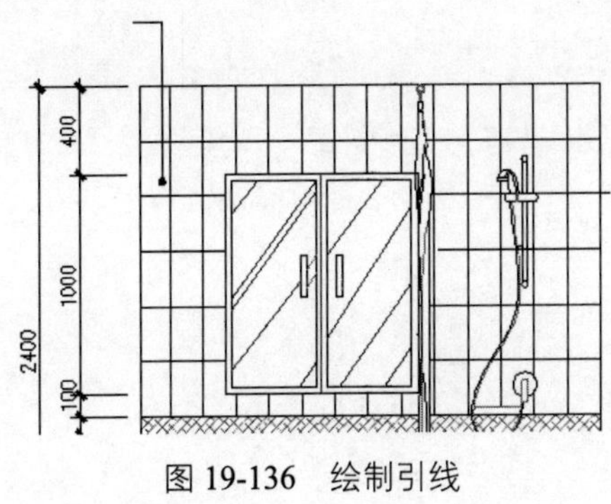

图 19-136　绘制引线

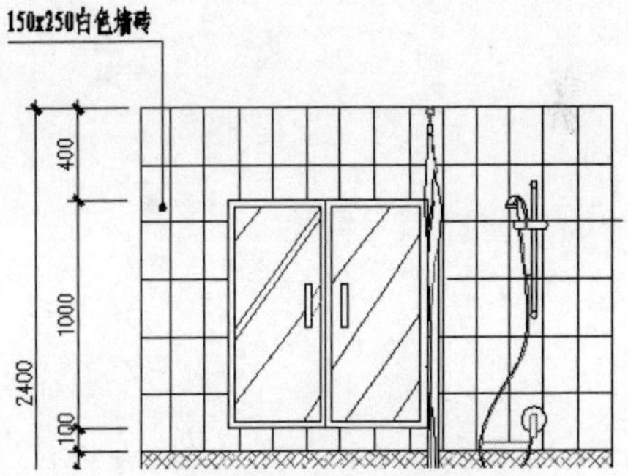

图 19-137　输入引线注释

08 重复执行“快速引线”命令，按照当前的引线参数设置，分别标注其他位置的引线注释，标注结果如图 19-138 所示。

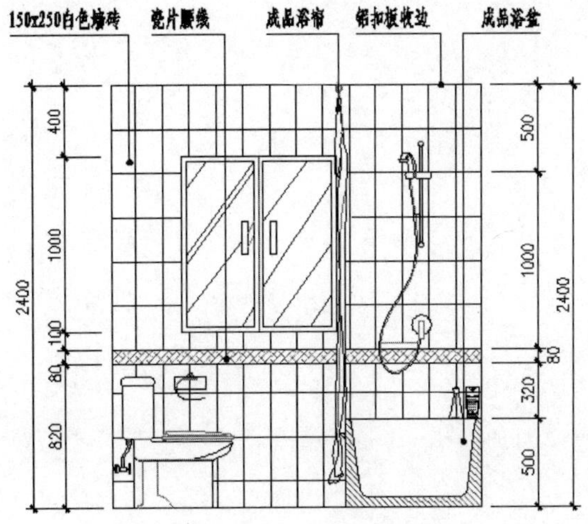

图 19-138　标注其他注释

09 调整视图，将图形全部显示，最终效果如上图 19-126 所示。

10 最后执行“另存为”命令，将图形命名存储为“标注主卧室 A 向立面图.dwg”。

19.8 本章小结

厨房装修不仅仅是柜体、厨具、电器的简单叠加，而是整个厨房环境的有机组合，是一项整体规划的系统工程；而装备良好的卫生间，则是人们消除疲劳、松身的理想场所。本章在概述厨房与卫生间相关装修设计理念等知识的前提下，分别以绘制厨房 B 向装修立面图、标注厨房 B 向装修立面图、绘制卫生间 C 向装修立面图、绘制主卧卫生间 A 向装修立面图和标注主卧卫生间 A 向装修立面图等典型实例，详细讲述了厨卫空间装饰立面图的表达内容、绘制思路和具体的绘图过程。读者通过本章的学习，在了解厨卫设计理念的前提下，要掌握厨卫立面图纸的具体绘制方法和相关技巧。

第 20 章

设计图纸输出与数据交换

AutoCAD 为用户提供了两种操作空间，即模型空间和布局空间。“模型空间”是图形的设计空间，主要用于设计和修改图形，但是它在打印方面有一定的缺陷，只能进行简单的打印操作；而“布局空间”则是 AutoCAD 的主要打印空间，打印功能比较完善。本章将学习这两种空间下的图纸打印技巧及与其他软件间的数据转换技巧。

知识要点

- 配置打印设备
- 设置打印页面
- 预览与打印图形
- 在模型空间快速打印室内吊顶图
- 在布局空间精确打印室内布置图
- 以多种比例方式打印室内立面图
- AutoCAD&3DMax 间的数据转换
- AutoCAD&Photoshop 间的数据转换

20.1 配置打印设备

本节主要学习绘图仪和打印样式的配置功能，具体有“绘图仪管理器”和“打印样式管理器”两个命令。

20.1.1 绘图仪管理器

在打印图形之前，首先需要配置打印设备，使用“绘图仪管理器”命令则可以配置绘图仪设备、定义和修改图纸尺寸等。执行“绘图仪管理器”命令主要有以下几种方法：

- 选择菜单栏中的“文件”→“绘图仪管理器”命令
- 在命令行中输入“Plottermanager”后按 Enter 键
- 单击“输出”选项卡→“打印”面板→“绘图仪管理器”按钮

下面通过配置光栅文件格式的打印机，学习“绘图仪管理器”命令的使用方法，具体操作步骤如下：

01 单击“输出”选项卡→“打印”面板→“绘图仪管理器”按钮，打开如图 20-1 所示的窗口。

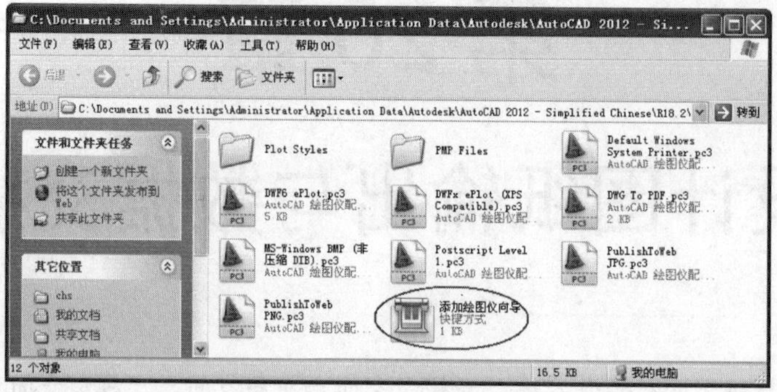

图 20-1 “Plotters”窗口

02 双击“添加绘图仪向导”图标，打开如图 20-2 所示的“添加绘图仪-简介”对话框。

03 依次单击 下一步(N) > 按钮，打开“添加绘图仪 – 绘图仪型号”对话框，设置绘图仪型号及其生产商，如图 20-3 所示。

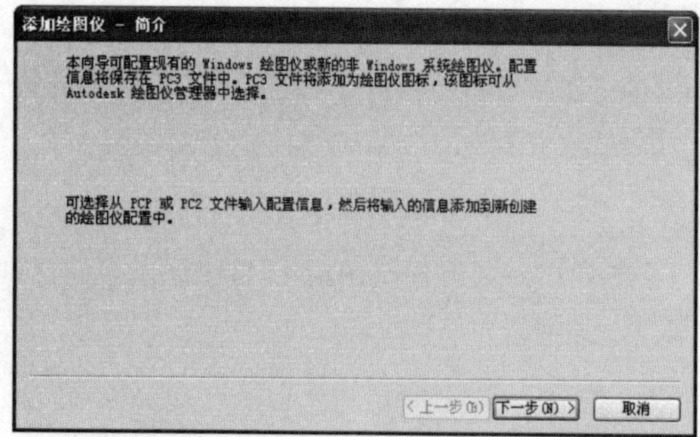

图 20-2 “添加绘图仪-简介”对话框

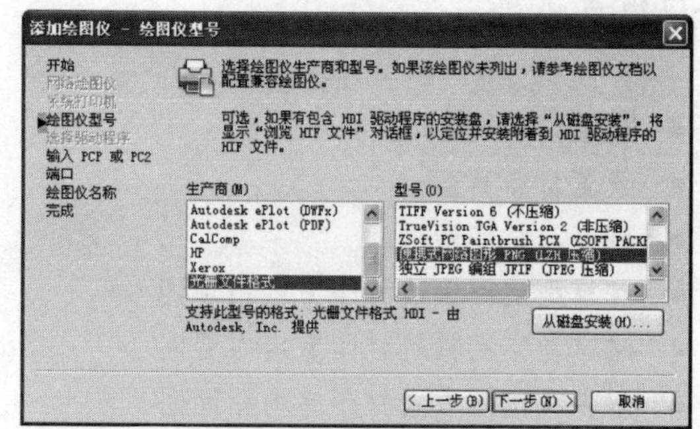

图 20-3 设置绘图仪型号

04 依次单击 下一步(N) > 按钮，打开如图 20-4 所示的“添加绘图仪 – 绘图仪名称”对话框，用于为添加的绘图仪命名，在此采用默认设置。

05 单击 下一步(N) > 按钮，打开如图 20-5 所示的“添加绘图仪 – 完成”对话框。

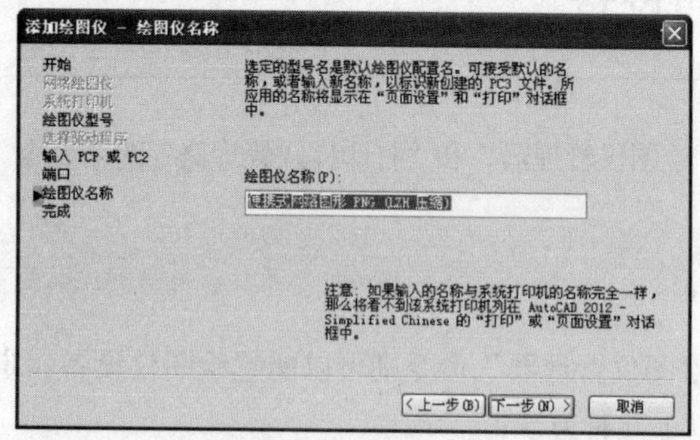

图 20-4 “添加绘图仪 – 绘图仪名称”对话框

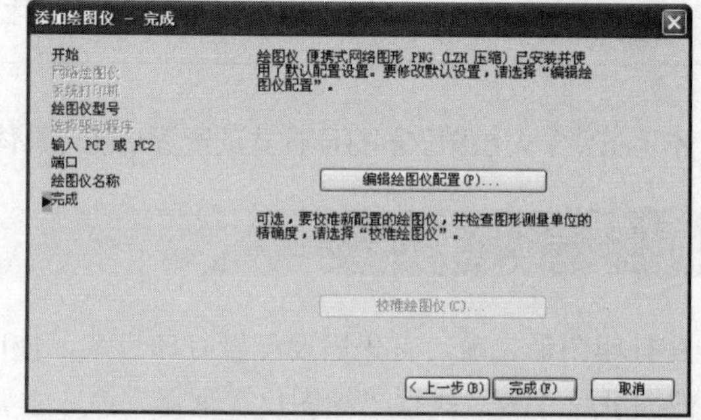

图 20-5 完成绘图仪的添加

06 单击 完成(F) 按钮，添加的绘图仪会自动出现在如图 20-6 所示的窗口内。使用此款绘图仪可以输出 PNG 格多的文件。

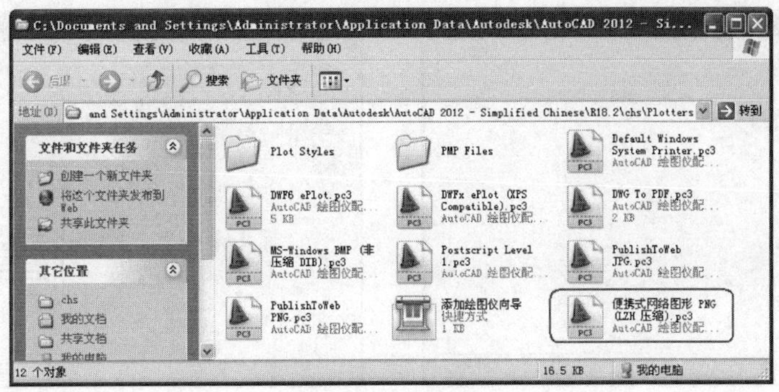

图 20-6　添加绘图仪

20.1.2　配置图纸尺寸

每一款型号的绘图仪，都各自配有相应规格的图纸尺寸，但有时这些图纸尺寸与打印图形很难匹配，这就需要用户重新定义图纸尺寸。

01 继续上节操作。在图 20-6 所示的窗口中双击刚添加的绘图仪图标，打开“绘图仪配置编辑器“对话框。

02 在“绘图仪配置编辑器“对话框中展开”设备和文档设置“选项卡，如图 20-7 所示。

03 单击“自定义图纸尺寸“选项，打开“自定义图纸尺寸”选项组，如图 20-8 所示。

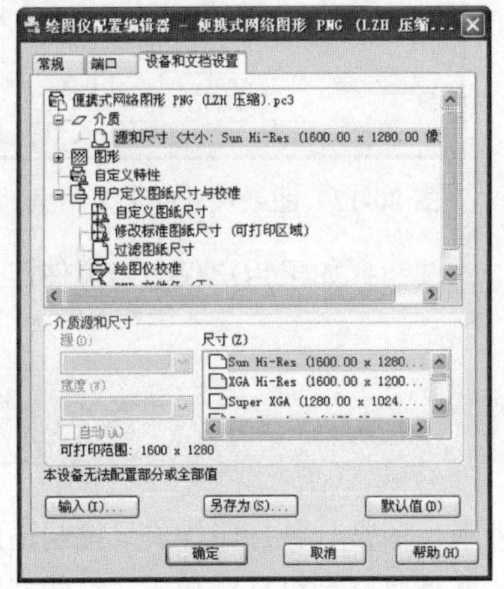

图 20-7　“设备和文档设置”选项卡

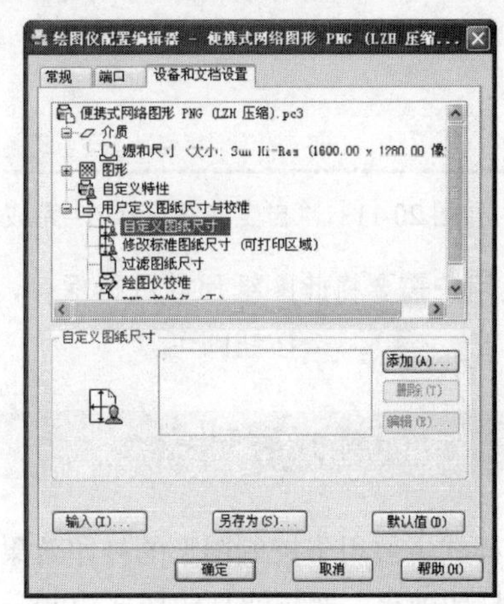

图 20-8　打开“自定义图纸尺寸”选项组

04 单击添加(A)... 按钮，此时系统打开如图 20-9 所示的“自定义图纸尺寸 – 开始”对话框，开始自定义图纸的尺寸。

05 单击下一步(N) >按钮，打开“自定义图纸尺寸 – 介质边界”对话框，然后分别设置图纸的宽度、高度及单位，如图 20-10 所示。

06 依次单击下一步(N) >按钮，直至打开如图 20-11 所示的“自定义图纸尺寸–完成”对话框，完成图纸尺寸的自定义过程。

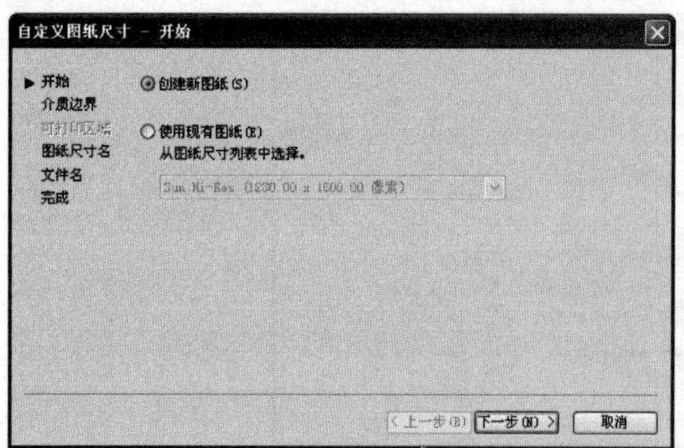

图 20-9　自定义图纸尺寸

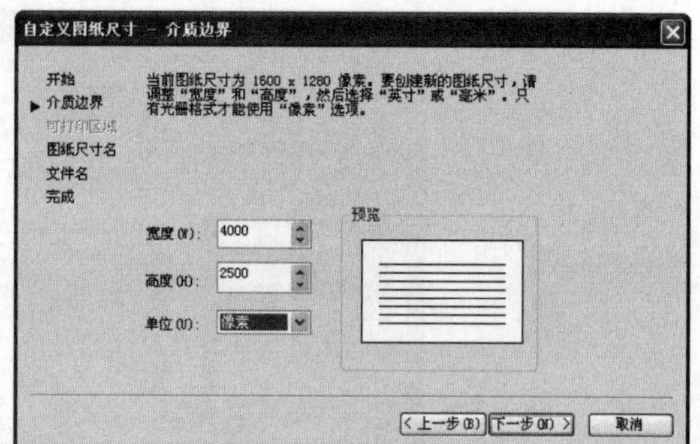

图 20-10　设置图纸尺寸

07 单击 完成(F) 按钮，结果新定义的图纸尺寸自动出现在图纸尺寸选项组中，如图 20-12 所示。

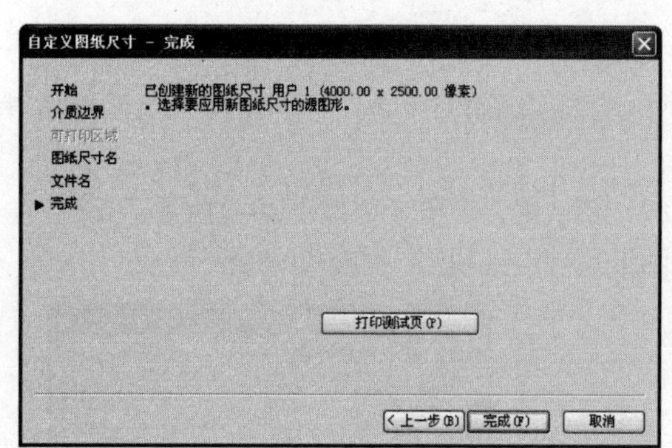

图 20-11　“自定义图纸尺寸–完成”对话框

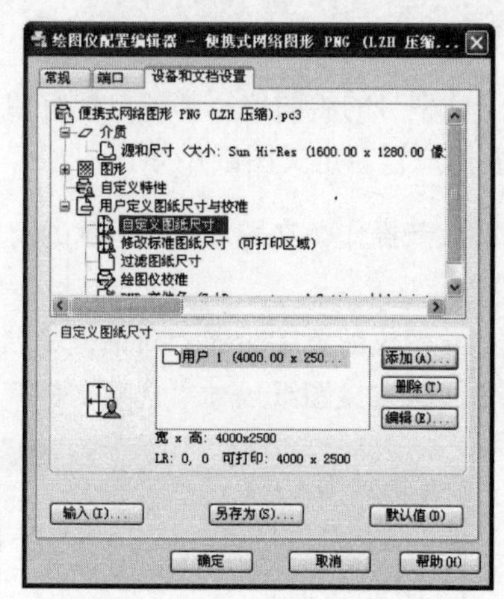

图 20-12　图纸尺寸的定义结果

08 如果用户需要将此图纸尺寸进行保存，可以单击 另存为(S)... 按钮；如果用户仅在当前使用一次，可以单击 确定 按钮即可。

20.1.3　打印样式管理器

打印样式主要用于控制图形的打印效果，修改打印图形的外观。通常一种打印样式只控制输出图形某一方面的打印效果。要想让打印样式控制一张图纸的打印效果，就需要有一组打印样式，这些打印样式集合在一块称为打印样式表，而“打印样式管理器”命令则是用于创建和管理打印样式表的工具。

执行“打印样式管理器”命令主要有以下几种方式：

- 选择菜单栏中的“文件”→“打印样式管理器”命令。
- 在命令行中输入“Stylesmanager”后按 Enter 键。

下面通过添加名为“stb01”颜色相关打印样式表，学习“打印样式管理器”命令的使用方法和技巧。

01 选择菜单栏中的“文件”→“打印样式管理器”命令，打开如图 20-13 所示的窗口。

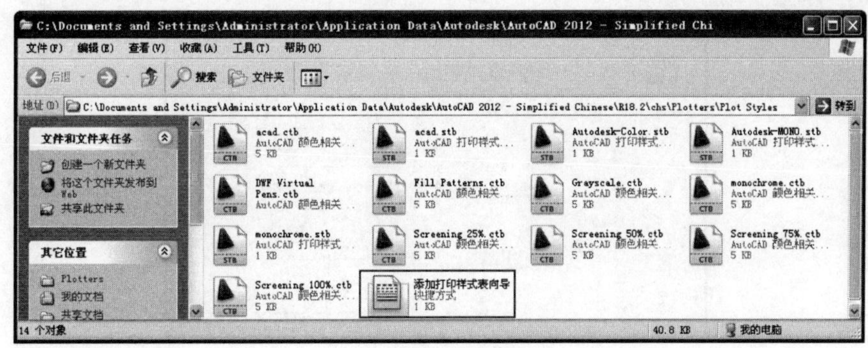

图 20-13　Plot Styles 窗口

02 双击窗口中的“添加打印样式表向导”图标，打开如图 20-14 所示的“添加打印样式表”对话框。

03 单击 下一步(N) > 按钮，打开如图 20-15 所示的“添加打印样式表-开始”对话框，开始配置打印样式表的操作。

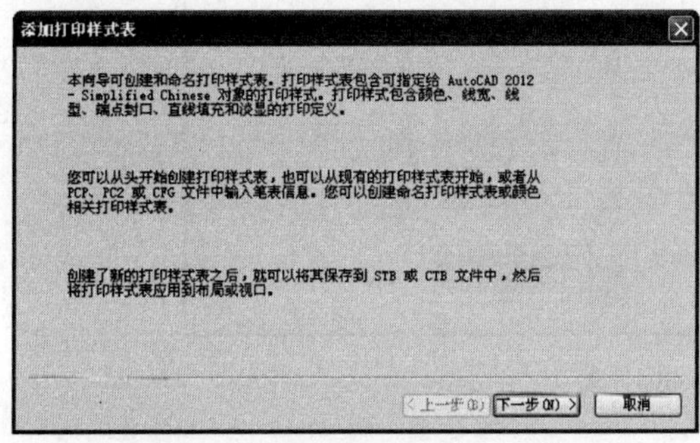

图 20-14 “添加打印样式表”对话框

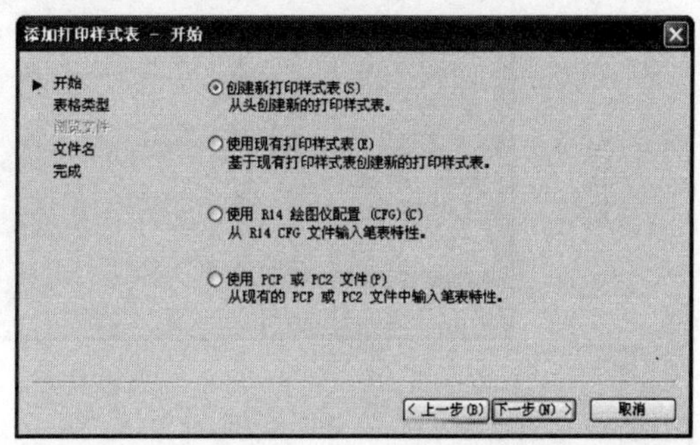

图 20-15 “添加打印样式表－开始”对话框

04 单击 下一步(N) > 按钮，打开“添加打印样式表－选择打印样式表”对话框，选择打印样表的类型，如图 20-16 所示。

05 单击 下一步(N) > 按钮，打开“添加打印样式表-文件名”对话框，为打印样式表命名，如图 20-17 所示。

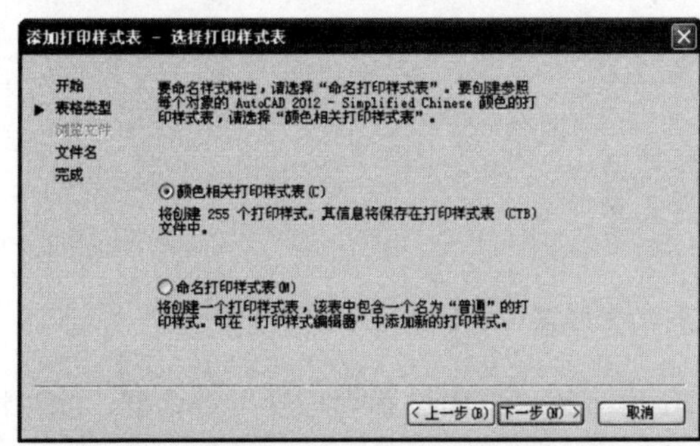

图 20-16　选择打印样式表

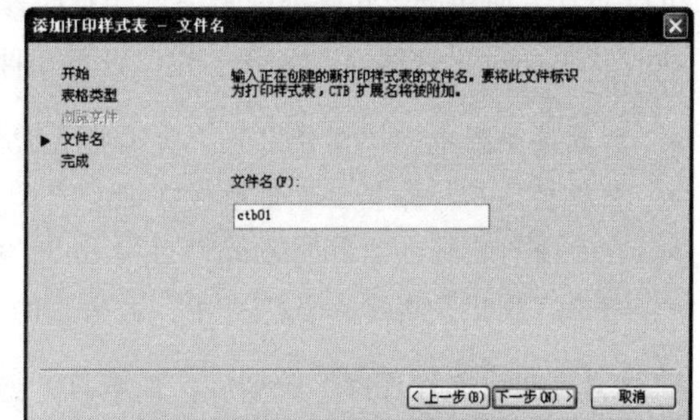

图 20-17　添加打印样式表

06 单击 下一步(N) > 按钮，打开如图 20-18 示的“添加打印样式表-完成”对话框，完成打印样式表各参数的设置。

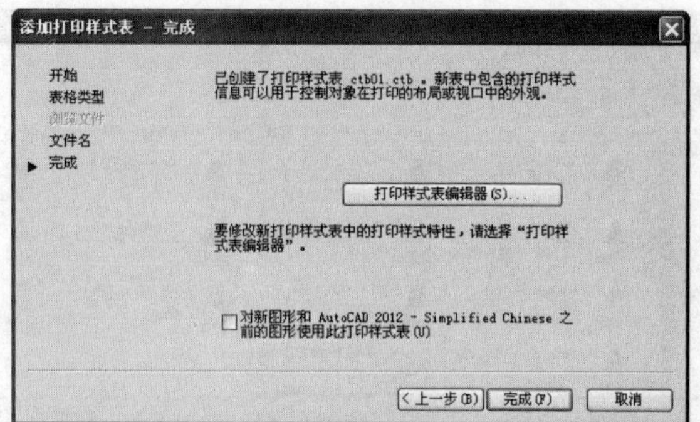

图 20-18 “添加打印样式表－完成”对话框

07 单击 完成(F) 按钮，即可添加设置的打印样式表。新建的打印样式表文件图标显示在“Plot Styles”窗口中，如图 20-19 所示。

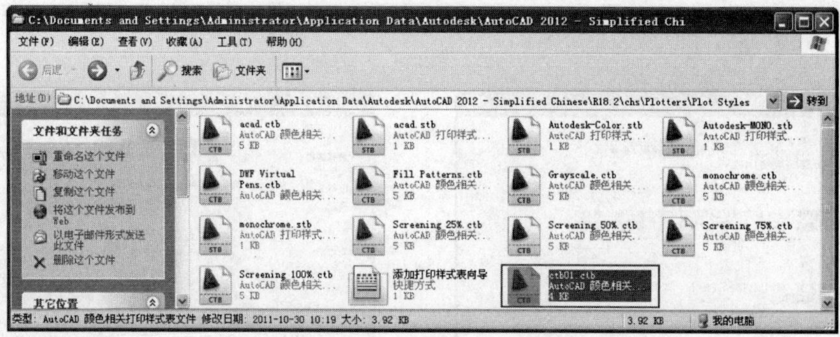

图 20-19 “Plot Styles”窗口

20.2 设置打印页面

在配置好打印设备后，下一步就是设置图形的打印页面。使用 AutoCAD 提供“页面设置管理器”命令，可以非常方便地设置和管理图形的打印页面参数。

执行“页面设置管理器”命令主要有以下几种方式：

- 选择菜单栏中的“文件”→“页面设置管理器”命令
- 在模型或布局标签上单击鼠标右键，选择“页面设置管理器”命令
- 在命令行中输入“Pagesetup”后按 Enter 键
- 单击“输出”选项卡→“打印”面板上的“页面设置管理器”按钮

执行“页面设置管理器”命令后，系统打开如图 20-20 所示的“页面设置管理器”对话框，此对话框主要用于设置、修改和管理当前的页面设置。

在此对话框中单击 新建(N)... 按钮，打开如图 20-21“新建页面设置”对话框，用于为新页面赋名。

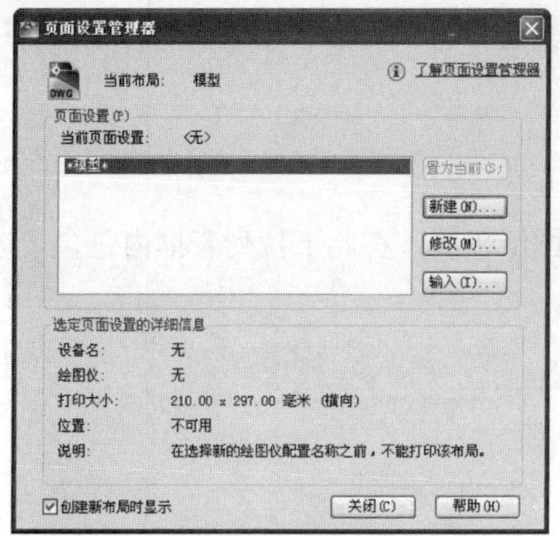

图 20-20　“页面设置管理器”对话框

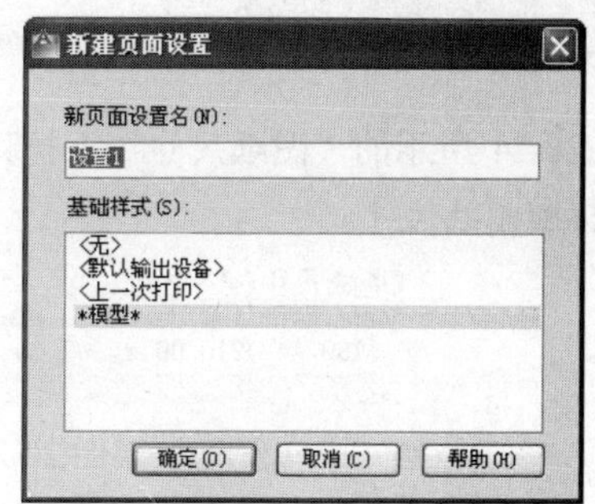

图 20-21　“新建页面设置”对话框

单击 确定(O) 按钮，打开如图 20-22 所示“页面设置-模型”对话框，在此对话框内可以进行打印设备的配置、图纸尺寸的匹配、打印区域的选择及打印比例的调整等操作。

图 20-22　“页面设置-模型”对话框

20.2.1　选择打印设备 

在“打印机/绘图仪”选项组中，主要用于配置绘图仪设备，单击“名称”下拉列表框，在展开的下拉列表框中进行选择 Windows 系统打印机或 AutoCAD 内部打印机（“.Pc3”文件）作为输出设备，如图 20-23 所示。

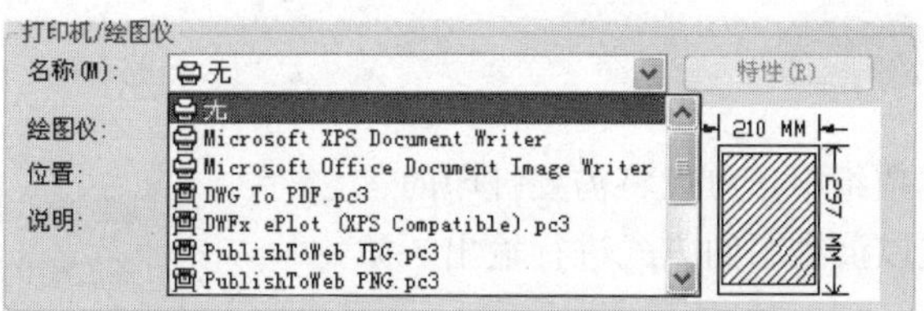

图 20-23　“打印机/绘图仪”选项组

如果用户在此选择了“.pc3”文件打印设备，AutoCAD 则会创建出电子图纸，即将图形输出并存储为 Web 上可用的“.dwf”格式的文件。AutoCAD 提供了两类用于创建“.dwf”文件的“.pc3”文件，分别是

“ePlot.pc3”和“eView.pc3”。前者生成的“.dwf”文件较适合于打印，后者生成的文件则适合于观察。

20.2.2 选择图纸幅面

如图 20-24 所示的“图纸尺寸”下拉列表框用于配置图纸幅面，在此下拉列表框内包含了选定打印设备可用的标准图纸尺寸。

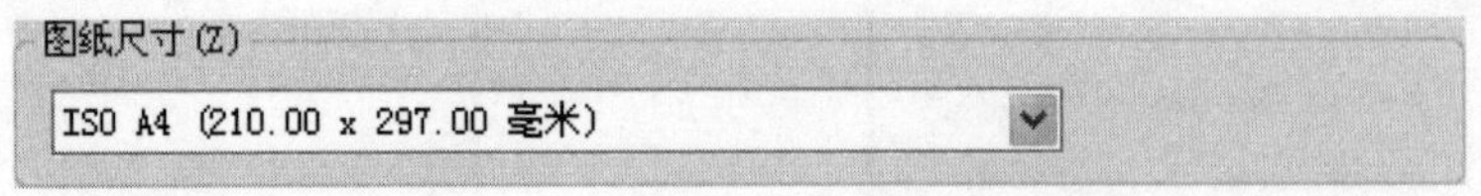

图 20-24 “图纸尺寸”下拉列表框

当选择了某种幅面的图纸后，该列表右上角则出现所选图纸及实际打印范围的预览图像，将光标移到预览区中，光标位置处会显示出精确的图纸尺寸及图纸的可打印区域的尺寸。

20.2.3 设置打印区域

在“打开区域”选项组中，可以进行设置需要输出的图形范围。在“打印范围”下列表框中包含 4 种打印区域的设置方式，具体有显示、窗口、图形界限等，如图 20-25 所示。

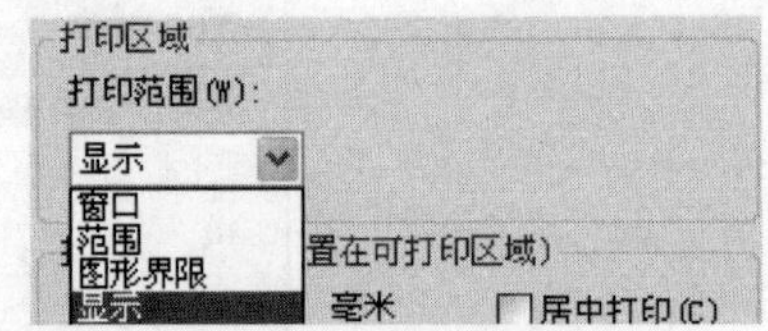

图 20-25 打印范围

20.2.4 设置打印比例

在如图 20-26 所示的“打印比例”选项组中，可以设置图形的打印比例。其中，“布满图纸”复选框仅能适用于模型空间中的打印，当勾选该复选框后，AutoCAD 将缩放自动调整图形，与打印区域和选定的图纸等相匹配，使图形取最佳位置和比例。

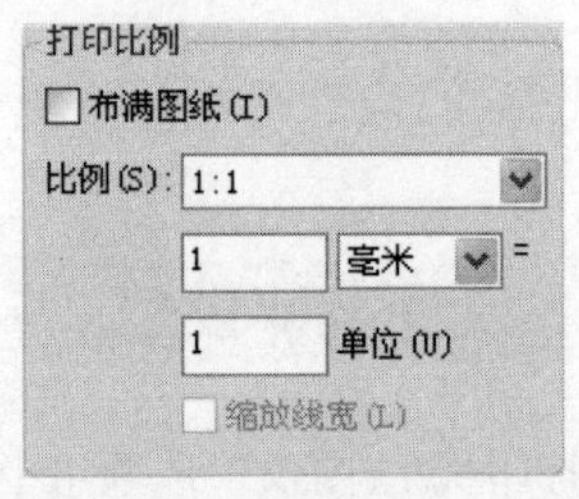

图 20-26 “打印比例”选项组

20.2.5 设置着色打印

在“着色视口选项”选项组中，可以将需要打印的三维模型设置为着色、线框或以渲染图的方式进行输出，如图 20-27 所示。

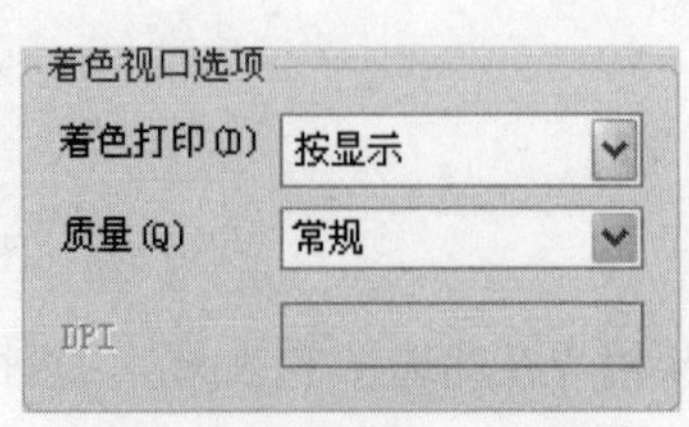

图 20-27 着色视口选项

20.2.6　设置出图方向

在如图 20-28 所示的“图形方向”选项组中，可以调整图形在图纸上的打印方向。在右侧的图纸图标中，图标代表图纸的放置方向，图标中的字母 A 代表图形在图纸上的打印方向。共有“纵向、横向和上下颠倒打印”3 种打印方向。

在如图 20-29 所示的选项组中，可以设置图形在图纸上的打印位置。默认设置下，AutoCAD 从图纸左下角打印图形。打印原点处在图纸左下角，坐标是（0,0），用户可以在此选项组中重新设定新的打印原点，这样图形在图纸上将沿 x 轴和 y 轴移动。

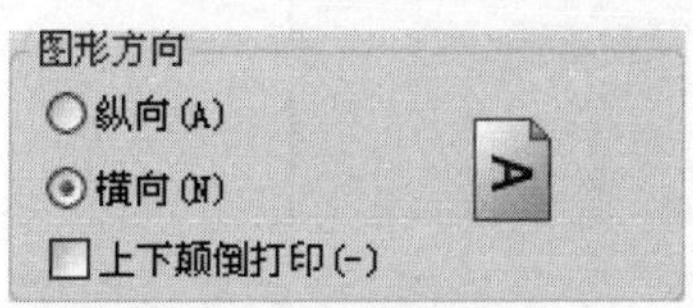

图 20-28　调整出图方向

打印偏移（原点设置在可打印区域）
X: 0.00 毫米　居中打印(C)
Y: 0.00 毫米

图 20-29　打印偏移

20.3　预览与打印图形

“打印”命令主要用于打印或预览当前已设置好的页面布局，也可直接使用此命令设置图形的打印布局。执行”打印”命令主要有以下几种方式：

- 选择菜单栏中的“文件”→“打印”命令
- 单击“输出”选项卡→“打印”面板→“打印”按钮
- 单击“标准”工具栏或“快速访问”工具栏→“打印”按钮
- 在命令行中输入“Plot”后按 Enter 键
- 按组合键 Ctrl+P
- 在“模型”选项卡或“布局”选项卡上单击鼠标右键，选择“打印”选项

激活“打印”命令后，可打开如图 20-30 所示的“打印”对话框。在此对话框中，具备“页面设置管理器”对话框中的参数设置功能，用户不仅可以按照已设置好的打印页面进行预览和打印图形，还可以在对话框中重新设置、修改图形的打印参数。

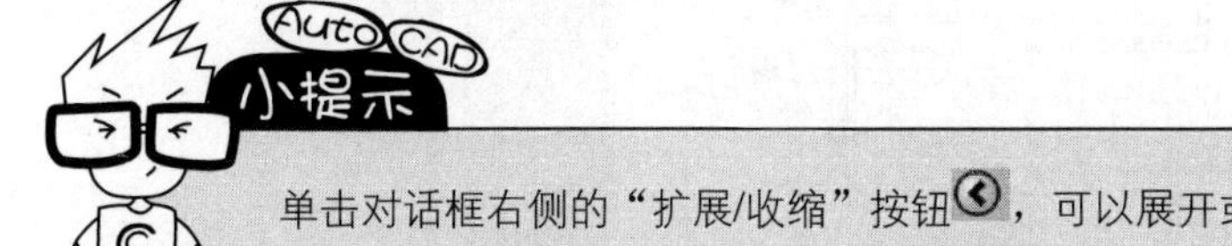

单击对话框右侧的“扩展/收缩”按钮，可以展开或隐藏右侧的部分选项。

单击[预览(P)...]按钮，可以提前预览图形的打印效果。单击[确定]按钮，即可对当前的页面设置进行打印。

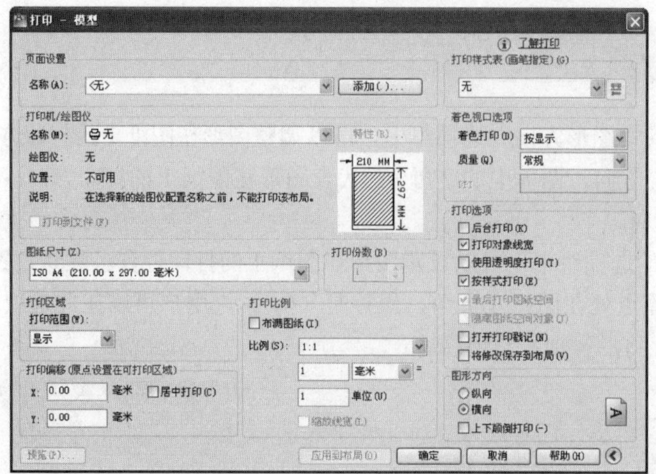

图 20-30 “打印”对话框

“打印预览”命令主要用于对设置好的打印页面进行预览和打印。执行此命令主要有以下几种方式：

- 选择菜单栏中的“文件”→“打印预览”命令
- 单击“输出”选项卡→“打印”面板→“预览”按钮
- 单击“标准”工具栏→“打印预览”按钮
- 在命令行中输入“Preview”后按 Enter 键

20.4 在模型空间快速打印室内吊顶图

本例在模型空间内，将多居室户型吊顶装修图输出到 A4 图纸上，主要学习模型操作空间内图纸的快速打印过程和相关技巧。多居室吊顶装修图的最终打印效果如图 20-31 所示。

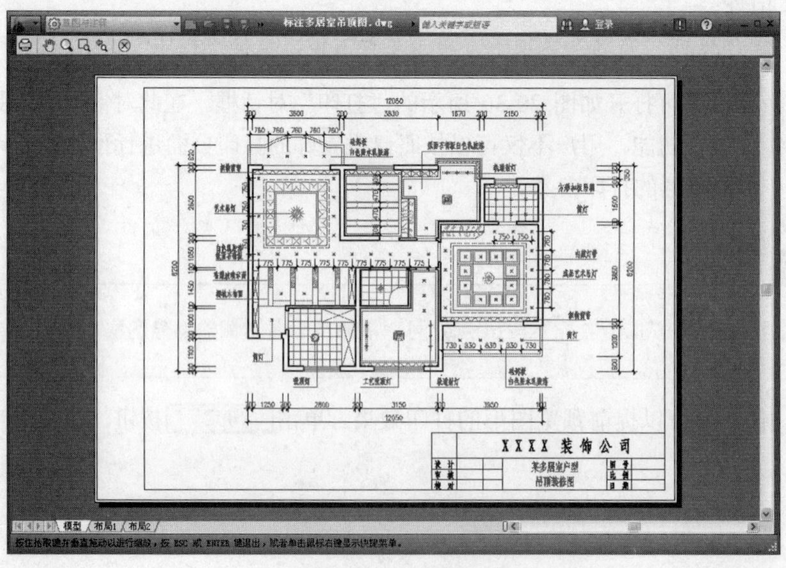

图 20-31 打印效果

01 执行“打开“命令，打开随书光盘“/实例效果文件/第 20 章/标注多居室吊顶图.dwg”。

02 在“常用”选项卡→“图层”面板中设置“0 图层”为当前操作层。

03 单击“常用”选项卡→“绘图”面板→“插入块”按钮，以 80 倍的等比缩放比例，插入随书光盘中的“\图块文件\A4-H.dwg”，并适当调整图框的位置，结果如图 20-32 所示

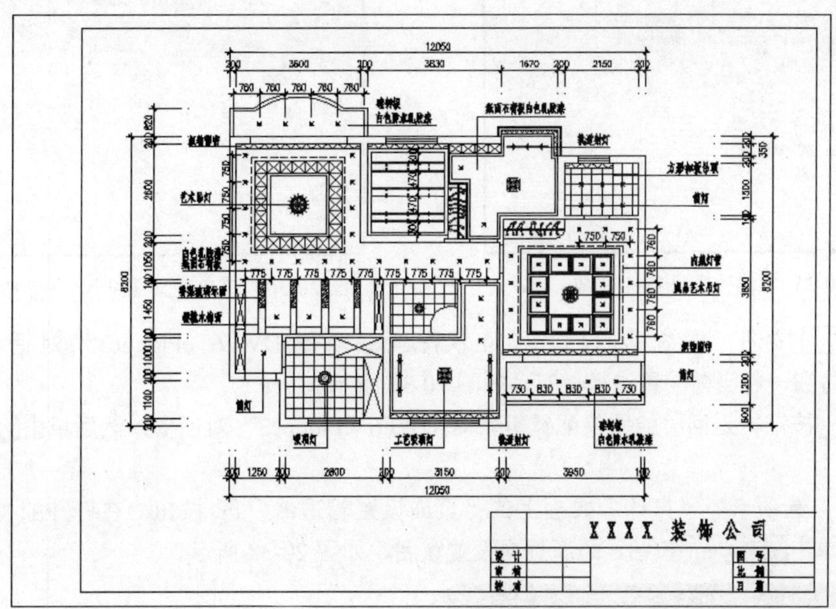

图 20-32　插入结果

04 单击“输出”选项卡→“打印”面板→“绘图仪管理器”按钮，在打开的对话框中双击“DWF6 ePlot”图标，打开“绘图仪配置编辑器- DWF6 ePlot.pc3”对话框。

05 展开“设备和文档设置”选项卡，选择“用户定义图纸尺寸与校准”目录下的“修改标准图纸尺寸（可打印区域）”选项，如图 20-33 所示。

06 在“修改标准图纸尺寸”组合框内选择“ISO A4 图纸尺寸”，如图 20-34 所示。

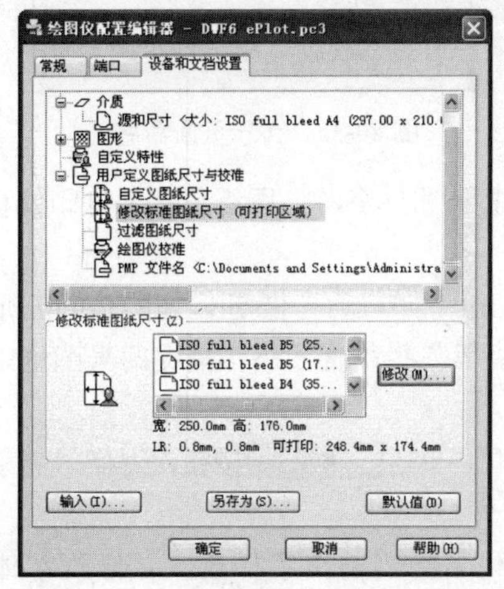

图 20-33　展开“设备和文档设置”选项卡

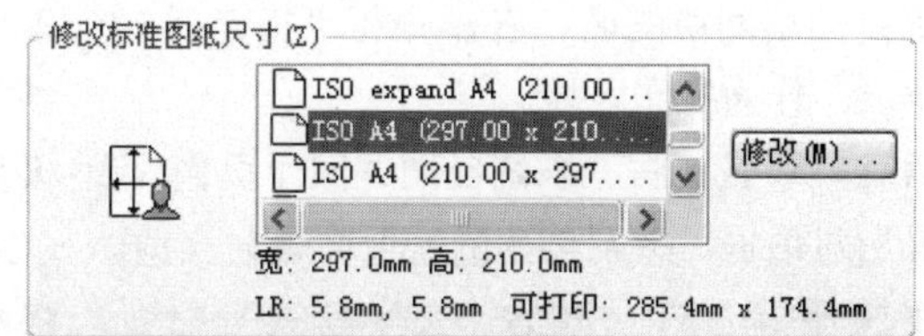

图 20-34　选择图纸尺寸

07 单击 修改(M)... 按钮，在打开的“自定义图纸尺寸-可打印区域”对话框中设置参数，如图 20-35 所示。

08 单击[下一步(N) >]按钮，在打开的“自定义图纸尺寸-完成”对话框中列出了所修改后的标准图纸的尺寸，如图 20-36 所示。

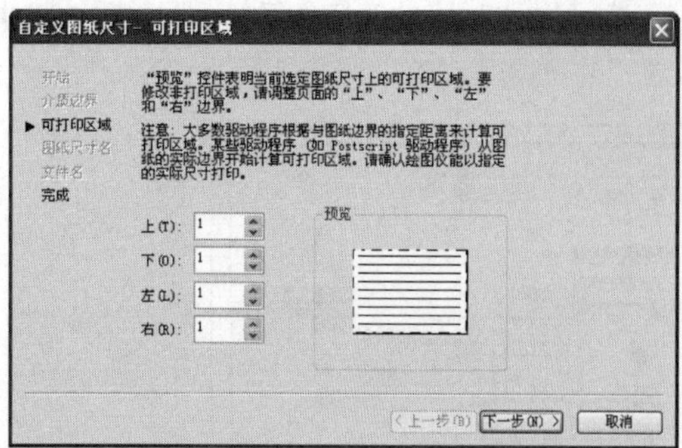

图 20-35　修改图纸打印区域

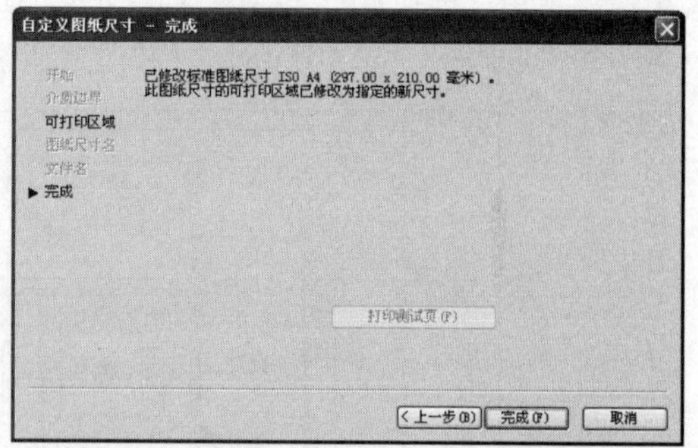

图 20-36　“自定义图纸尺寸-完成”对话框

09 单击[完成(F)]按钮，系统返回到“绘图仪配置编辑器-DWF6 ePlot.pc3”对话框。然后单击[另存为(S)...]按钮，将当前配置进行保存，如图 20-37 所示。

10 单击[保存(S)]按钮，返回“绘图仪配置编辑器-DWF6 ePlot.pc3”对话框，然后单击[确定]按钮，结束命令。

11 单击“输出”选项卡→“打印”面板上的“页面设置管理器”按钮，在打开的“页面设置管理器”对话框单击[新建(N)...]按钮，为新页面设置赋名，如图 20-38 所示。

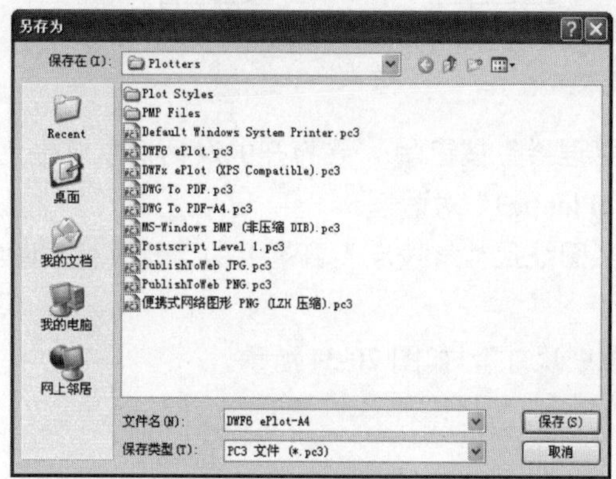

图 20-37　“另存为”对话框

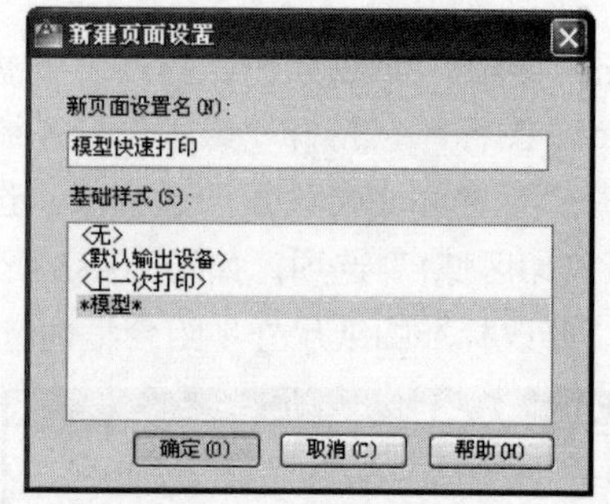

图 20-38　为新页面命名

12 单击[确定(O)]按钮，打开“页面设置-模型”对话框，设置打印机的名称、图纸尺寸、打印偏移、打印比例和图形方向等页面参数，如图 20-39 所示。

13 单击“打印范围”下拉列表框，选择“窗口”选项，然后单击[窗口(O)<]按钮，如图 20-40 所示。

14 系统自动返回绘图区，在命令行“指定第一个角点、对角点等”操作提示下，捕捉四号图框的内框对角点，作为打印区域。

15 当指定打印区域后，系统自动返回“页面设置-模型”对话框。单击[确定]按钮，返回“新建页面设置”对话框，将刚创建的新页面置为当前。

16 使用快捷键“ST”激活“文字样式”命令，将“宋体”设置为当前文字样式，并修改字体高度为 320。

17 使用“窗口缩放”视图调整工具，将标题栏区域进行放大显示，如图 20-41 所示。

图 20-39　设置页面参数

图 20-40　窗口打印

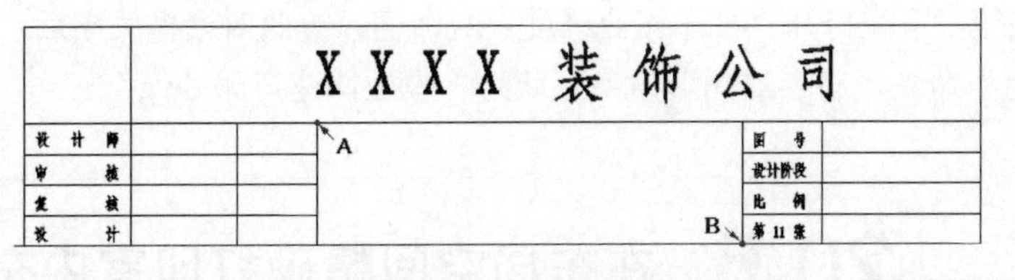

图 20-41　窗口缩放

18 在“常用”选项卡→“注释”面板→“多行文字”命令，将对正方式设置为“正中”。然后根据命令行的提示，分别捕捉图 20-41 所示的方格对角点 A 和 B；在打开的多行文字输入框内输入如图 20-42 所示的图名。

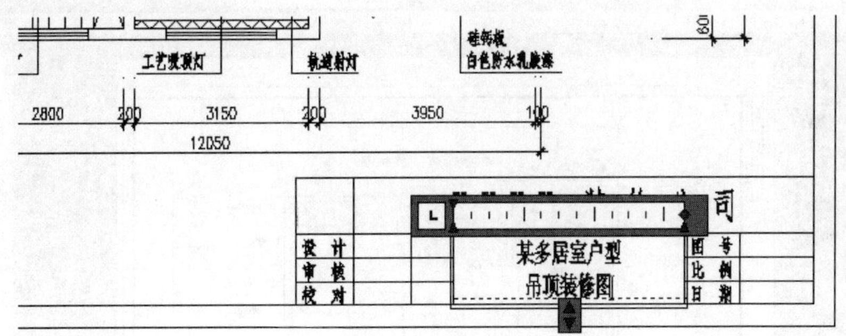

图 20-42　输入文字

19 使用快捷键“LA”激活“图层”命令，修改“墙线层”的线框为 0.6mm。

20 单击“输出”选项卡→“打印”面板→“预览”按钮，对当前图形进行打印预览，预览结果如图 20-31 所示。

21 单击鼠标右键，选择“打印”选项，此时系统打开“浏览打印文件”对话框，在此对话框内设置打印文件的保存路径及文件名，如图 20-43 所示。

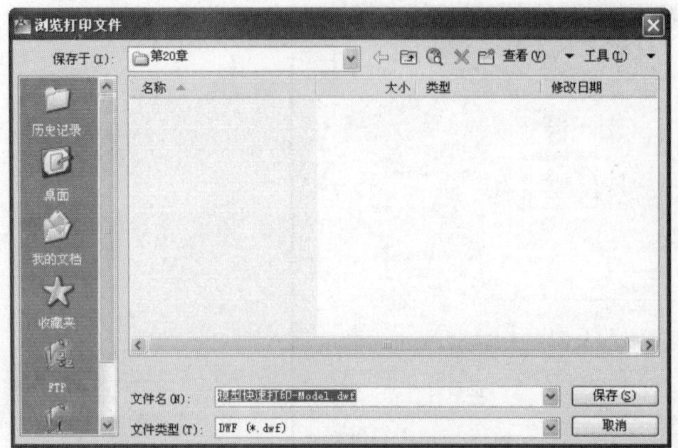

图 20-43 保存打印文件

22 单击 保存(S) 按钮，系统打开“打印作业进度”对话框，等此对话框关闭后，打印过程即可结束。

23 最后执行“另存为”命令，将当前图形命名存储为“模型快速打印.dwg”。

20.5 在布局空间精确打印室内布置图

本例将在布局空间内按照 1:40 的精确出图比例，将某多居室户型装修布置图打印输出到 A2 图纸上，学习布局空间精确出图的操作方法和操作技巧。本例打印效果如图 20-44 所示。

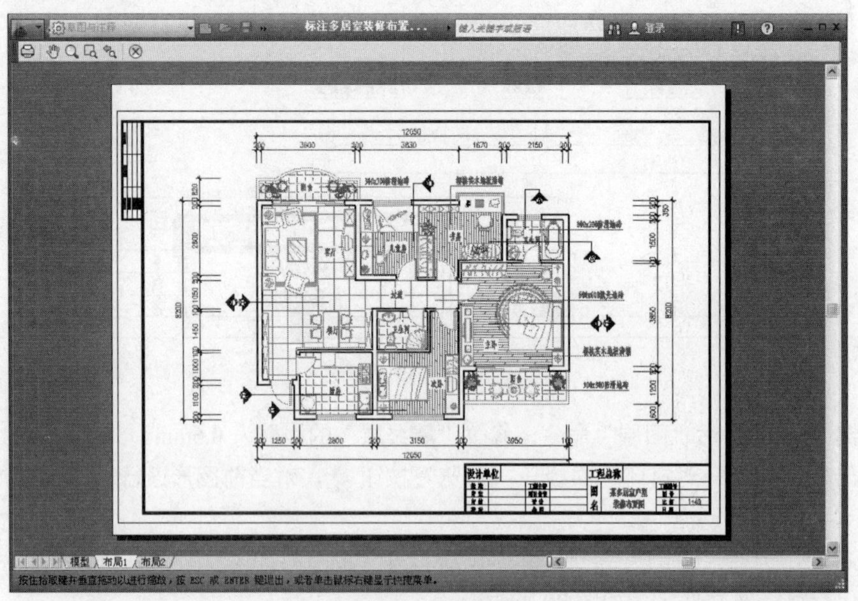

图 20-44 打印效果

01 打开随书光盘“\实例效果文件\第 20 章\标注多居室装修布置图.dwg”。

02 单击绘图区底部的 布局1 标签，进入“布局 1”操作空间，如图 20-45 所示。

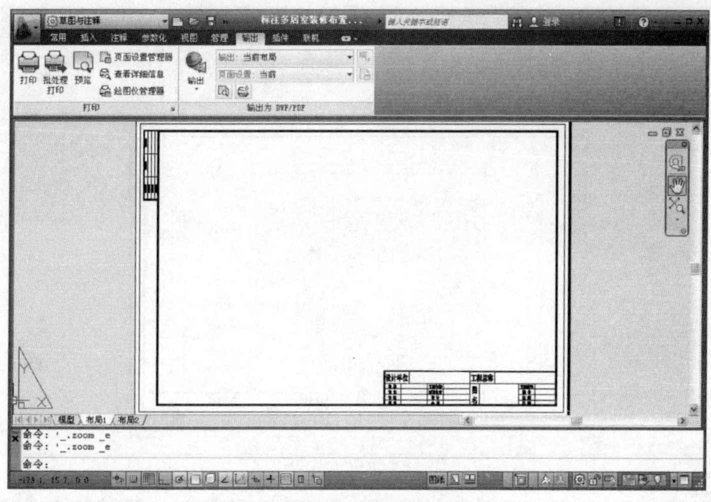

图 20-45　进入布局空间

03 在“常用”选项卡→“图层”面板中设置“0 图层”为当前操作层。

04 单击“视图”选项卡→“视口”面板→“多边形视口”按钮，分别捕捉内框各角点创建一个多边形视口，结果如图 20-46 所示。

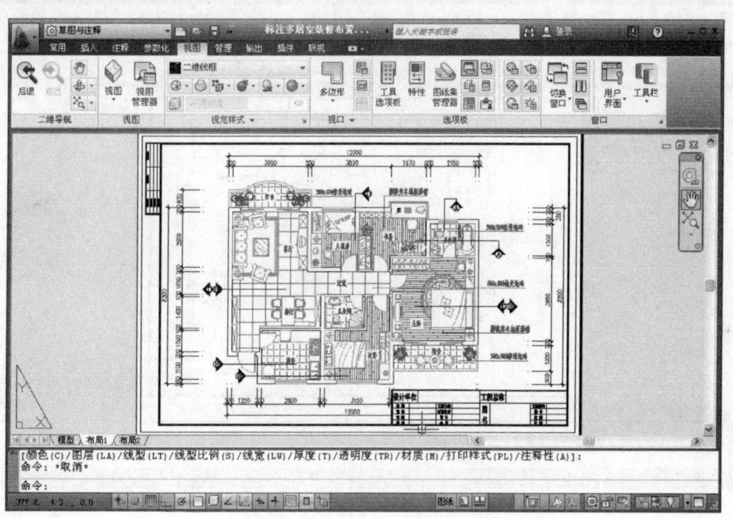

图 20-46　创建多边形视口

05 在状态栏上单击图纸按钮，激活刚创建的多边形视口。

06 单击“视图”选项卡→“二维导航”面板→“比例缩放”按钮，在命令行“输入比例因子 (nX 或 nXP): ”提示下，输入 0.025xp 后按 Enter 键，设置出图比例。此时图形在当前视口中的缩放效果如图 20-47 所示。

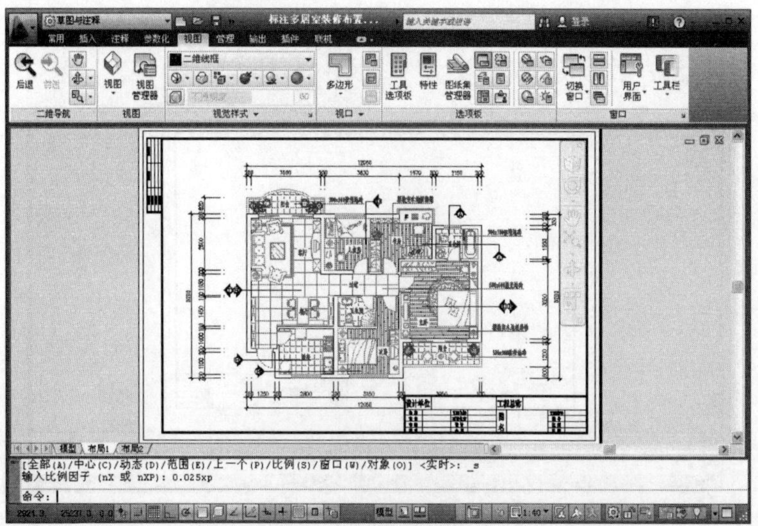

图 20-47　设置出图比例后的效果

07 接下来使用“实时平移”工具调整平面图在视口内的位置，结果如图 20-48 所示。

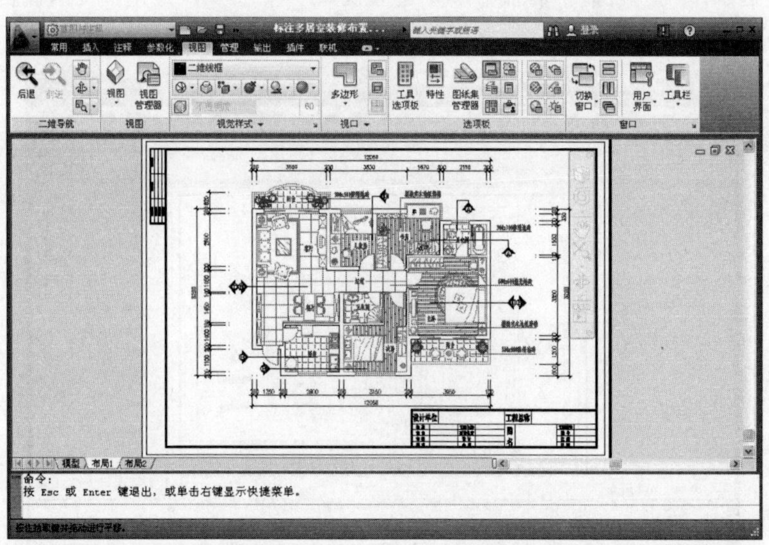

图 20-48　调整图形位置

08 单击状态栏中的模型按钮返回图纸空间。

09 单击“视图”选项卡→“二维导航”面板→“窗口缩放”按钮，调整视图，结果如图 20-49 所示。

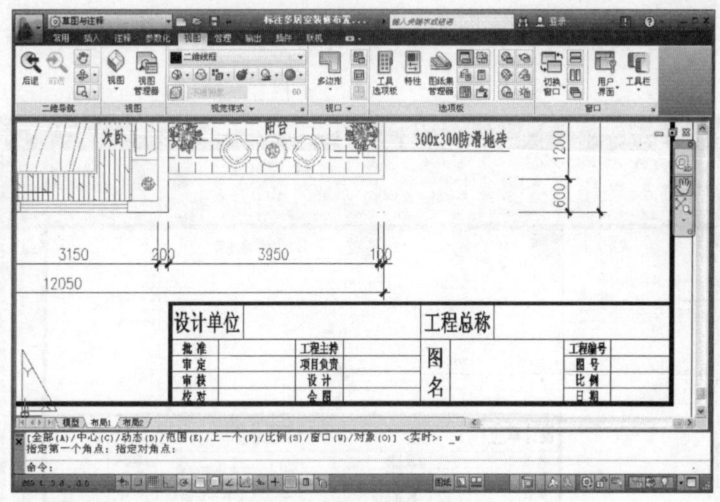

图 20-49　调整视图

10 在“常用”选项卡→“图层”面板中设置“文本层”为当前操作层。

11 在“常用”选项卡→“注释”面板中设置“宋体”为当前文字样式。

12 使用快捷键“T”激活“多行文字”命令，分别捕捉如图 20-50 所示的两个角点 A 和 B，打开“文字编辑器”选项卡。

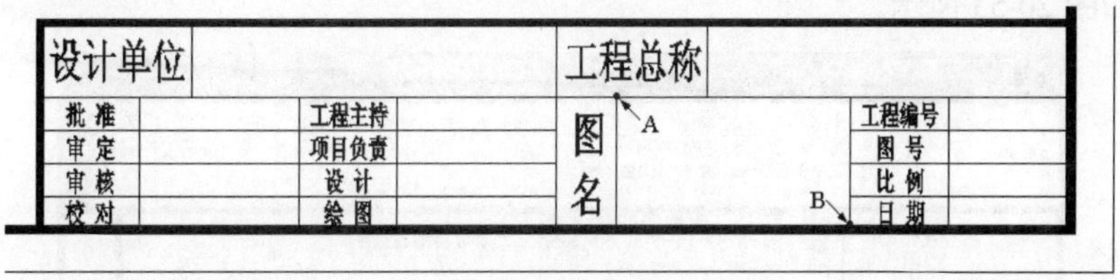

设计单位			工程总称		
批 准		工程主持	图 名	A	工程编号
审 定		项目负责			图 号
审 核		设 计			比 例
校 对		绘 图		B	日 期

图 20-50　定位角点

13 在“文字编辑器”选项卡中设置文字高度为 6、对正方式为“正中”，然后输入如图 20-51 所示的文字内容。

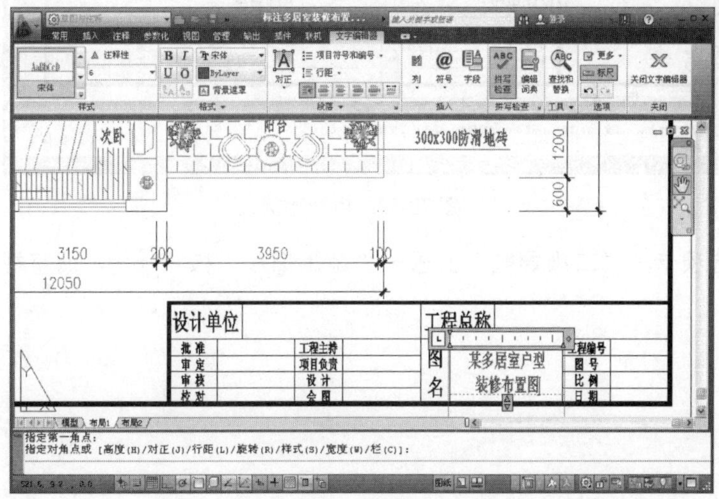

图 20-51　输入文字

14 在“关闭”面板中单击按钮 ，关闭“文字格式编辑器”选项卡，结果为标题栏填充图名，如图 20-52 所示。

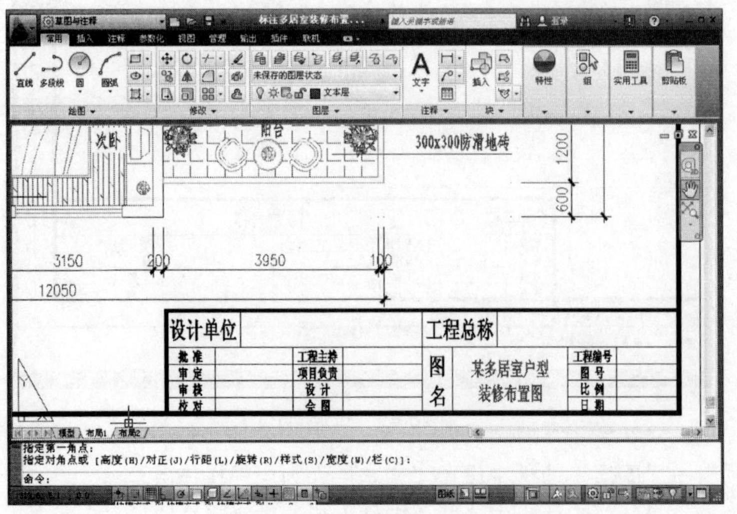

图 20-52　填充图名

15 参照上述操作步骤，执行“多行文字”命令，设置文字样式、字体、对正方式不变，为标题栏填充比例，结果如图 20-53 所示。

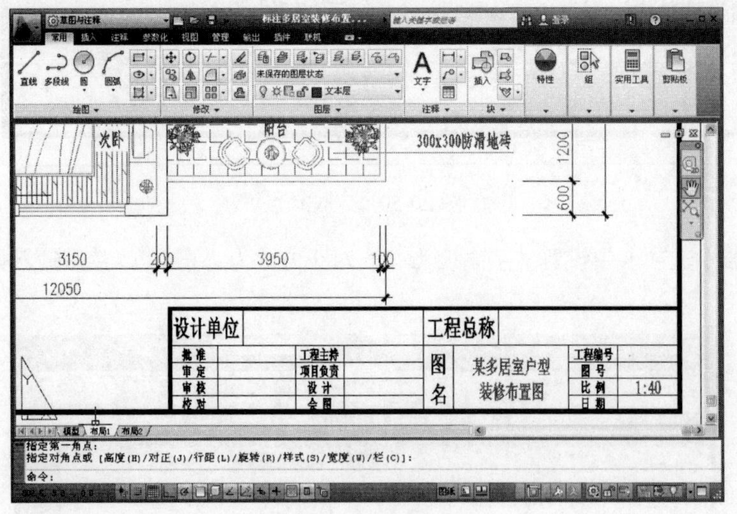

图 20-53　填充比例

16 单击“视图”选项卡→“二维导航”面板→“范围缩放”按钮 ，调整视图，结果如图 20-54 所示。

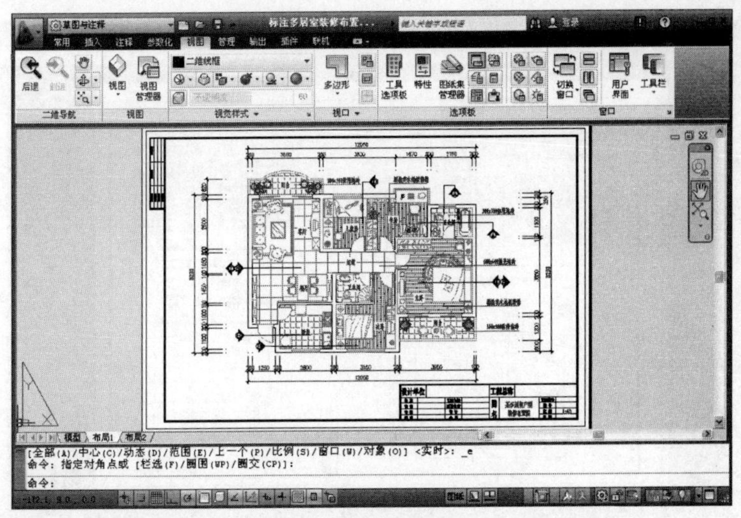

图 20-54　调整视图

17 使用快捷键“LA”激活“图层”命令，修改“墙线层”的线框为 1.2mm。

18 单击“输出”选项卡→“打印”面板→“打印”按钮，在打开的“打印-布局 1”对话框中单击 预览(P)... 按钮，对图形进行预览，效果如图 20-44 所示。

19 按 Esc 键退出预览状态，返回“打印-布局 1”对话框单击 确定 按钮。

20 系统打开“浏览打印文件”对话框，设置文件的保存路径及文件名，如图 20-55 所示。

21 单击 保存(S) 按钮，即可进行精确打印。

22 最后执行“另存为”命令，将当前文件另名存储为“布局精确打印.dwg”。

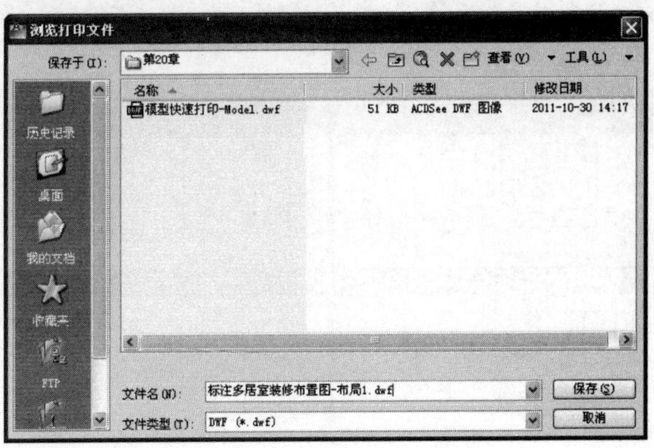

图 20-55　保存打印文件

20.6 以多种比例方式打印室内立面图

本例通过将某多居室住宅的客厅、餐厅、书房、儿童房、卧室等室内装修立面图等打印输出到同一张图纸上，主要学习多种比例并列打印的布局方法和打印技巧。本例最终打印预览效果，如图 20-56 所示。

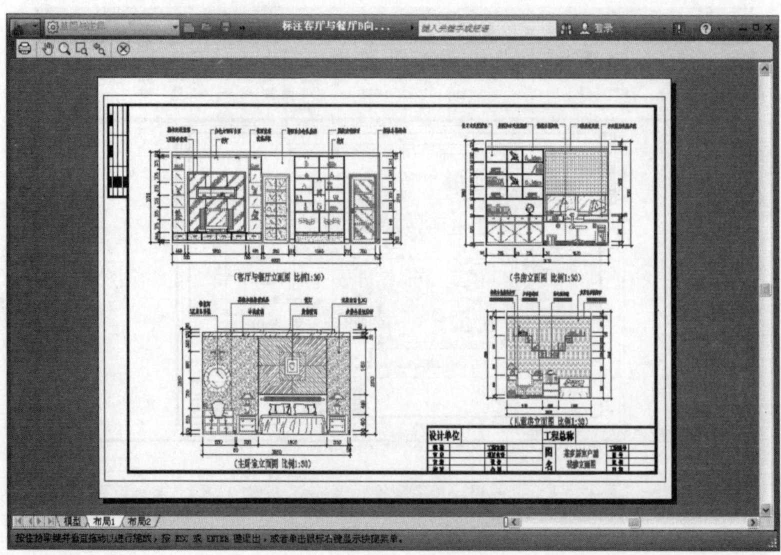

图 20-56　打印效果

01 执行“打开”命令，在随书光盘“\实例效果文件”目录下打开“\第 15 章\标注客厅与餐厅 B 向立面图.dwg”、“\第 16 章\标注主卧室 B 向立面图.dwg”、“\第 17 章\标注书房 A 向立面图.dwg”和“\第 18 章\标注儿童房 D 向立面图.dwg” 4 个立面图文件。

02 单击“视图”选项卡→“窗口”面板→“垂直平铺”按钮，将各立面图文件进行垂直平铺，结果如图 20-57 所示。

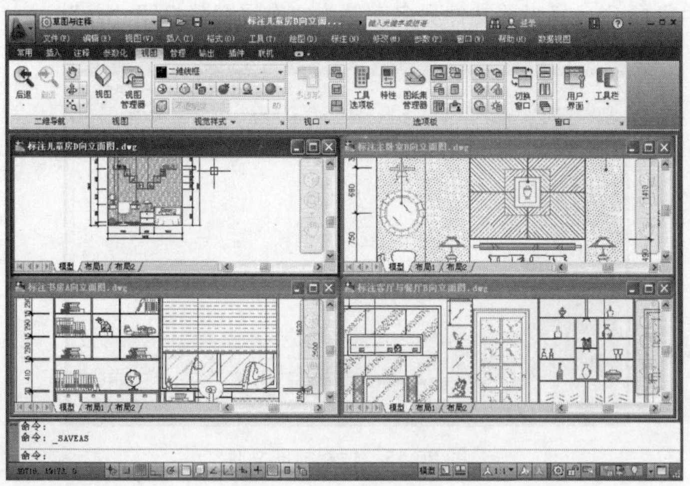

图 20-57　垂直平铺

03 使用视图的调整工具分别调整每个文件内的视图，使每个文件内的立面图能完全显示，结果如图 20-58 所示。

04 接下来使用多文档间的数据共享功能，分别将其他 3 个文件中的立面图以块的方式共享到一个文件中，并将其最大化显示，结果如图 20-59 所示。

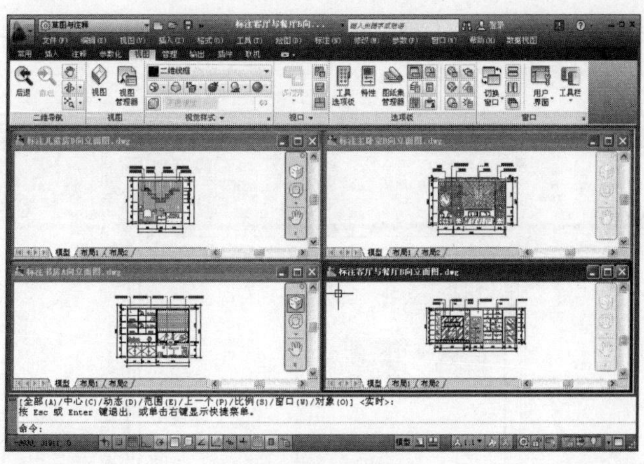

图 20-58　调整视图

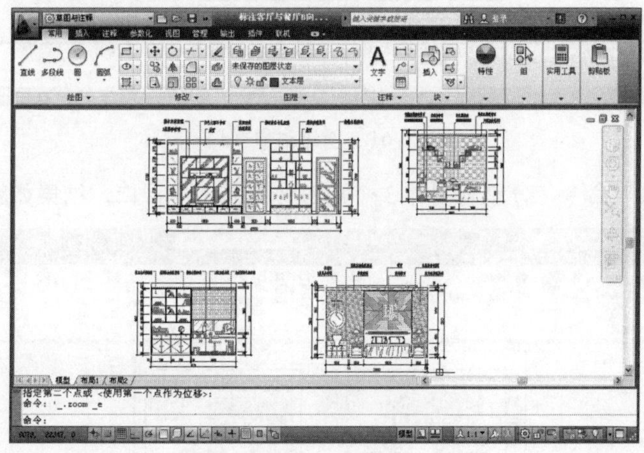

图 20-59　调整图形位置

05 单击绘图区底部的 布局1 标签，进入“布局 1”空间。

06 在“常用”选项卡→“图层”面板中设置“0 图层”为当前操作层。

07 单击“常用”选项卡→“绘图”面板→“矩形”按钮，配合“端点捕捉”和“中点捕捉”功能绘制如图 20-60 所示的 4 个矩形。

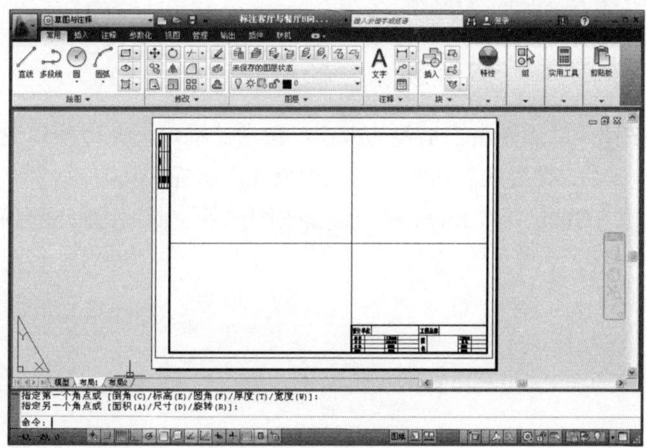

图 20-60　绘制矩形

08 单击“视图”选项卡→“视口”面板→“从对象”按钮，根据命令行的提示选择左上侧的矩形，将其转化为矩形视口，结果如图 20-61 所示。

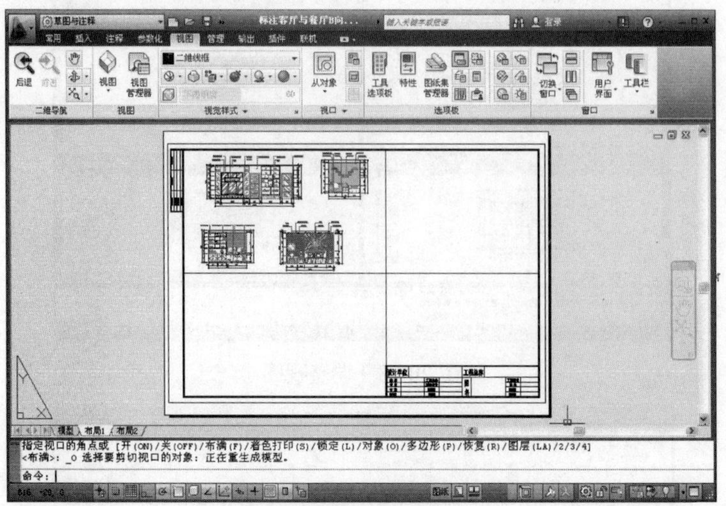

图 20-61　创建对象视口

09 重复执行“对象视口”命令，分别将另外 3 个矩形转化为矩形视口，结果如图 20-62 所示。

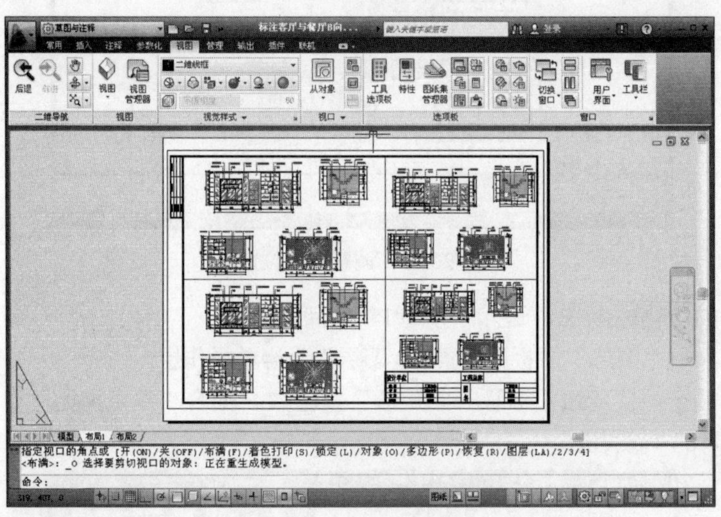

图 20-62　创建矩形视口

10 单击状态栏中的图纸按钮，然后单击左上侧的视口，激活此视口，此时视口边框粗显。

11 单击“视图”选项卡→“二维导航”面板→“比例缩放”按钮，在命令行“输入比例因子 (nX 或 nXP): ”提示下，输入 1/30xp 并按 Enter 键，设置出图比例。此时图形在当前视口中的缩放效果如图 20-63 所示。

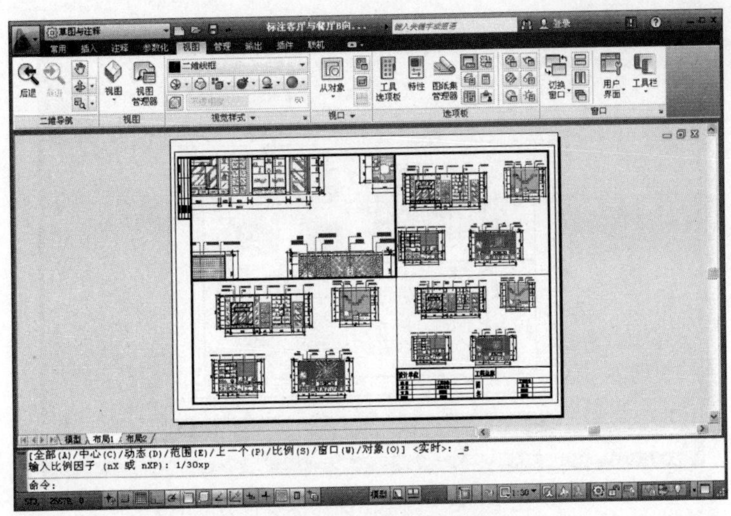

图 20-63　设置出图比例

12 接下来使用“实时平移”工具调整平面图在视口内的位置，结果如图 20-64 所示。

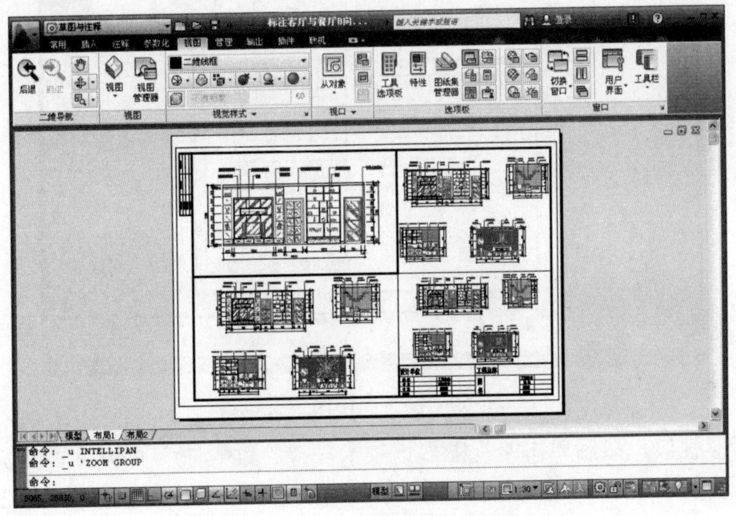

图 20-64　调整出图位置例

13 接下来激活左下侧的矩形视口，然后单击“视图”选项卡→“二维导航”面板→“比例缩放”按钮，在命令行“输入比例因子 (nX 或 nXP): ”提示下，输入 1/25xp 后按 Enter 键，设置出图比例并调整出图位置，结果如图 20-65 所示。

14 激活右上侧的矩形视口，然后单击“视图”选项卡→“二维导航”面板→“比例缩放”按钮，在命令行“输入比例因子 (nX 或 nXP): ”提示下，输入 1/25xp 后按 Enter 键，设置出图比例并调整出图位置，结果如图 20-66 所示。

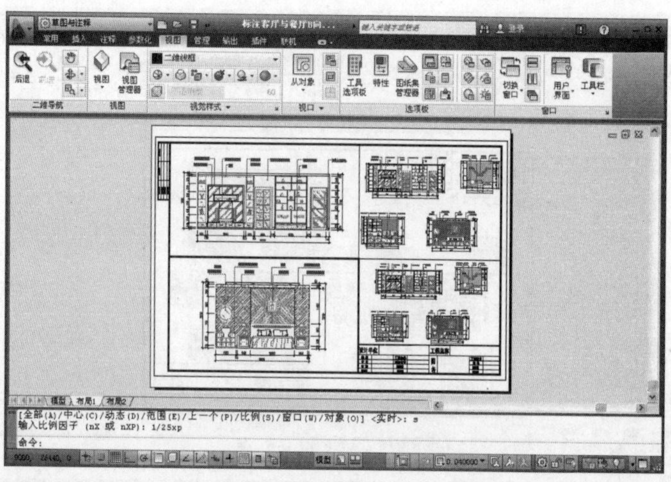

图 20-65 调整出图比例及位置

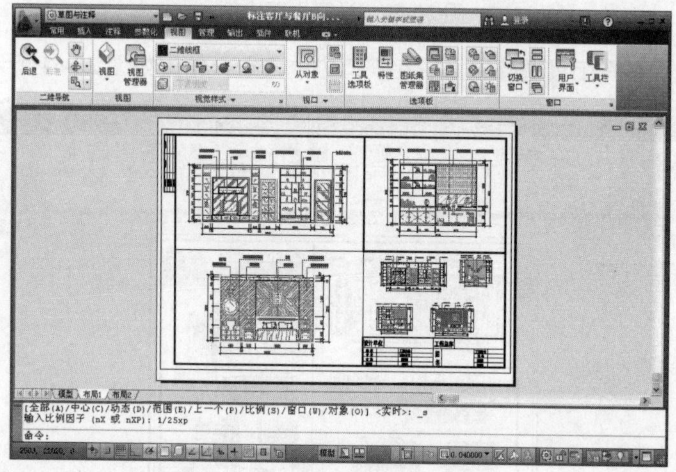

图 20-66 调整出图比例及位置

15 激活右下侧的矩形视口，然后单击“视图”选项卡→“二维导航”面板→“比例缩放”按钮，在命令行“输入比例因子 (nX 或 nXP): ”提示下，输入 1/30xp 后按 Enter 键，设置出图比例并调整出图位置，结果如图 20-67 所示。

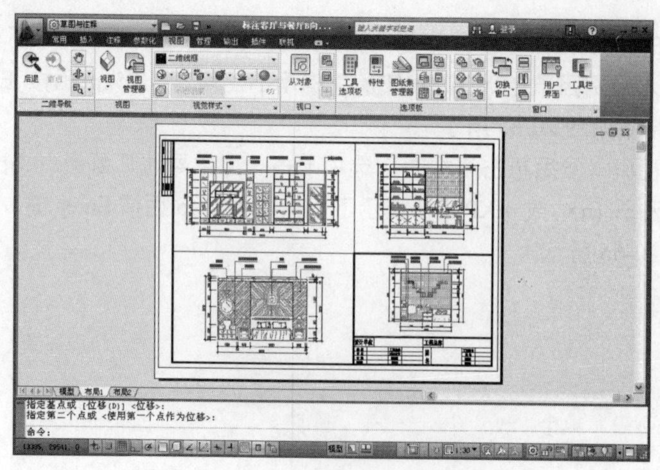

图 20-67 调整出图比例及位置

16 返回图纸空间，然后在“常用”选项卡→“图层”面板中设置“文本层”为当前操作层。

17 在“常用”选项卡→“注释”面板中设置“宋体”为当前文字样式。

18 使用快捷键“DT”激活“单行文字”命令，设置文字高度为 6，标注图 20-68 所示的文字。

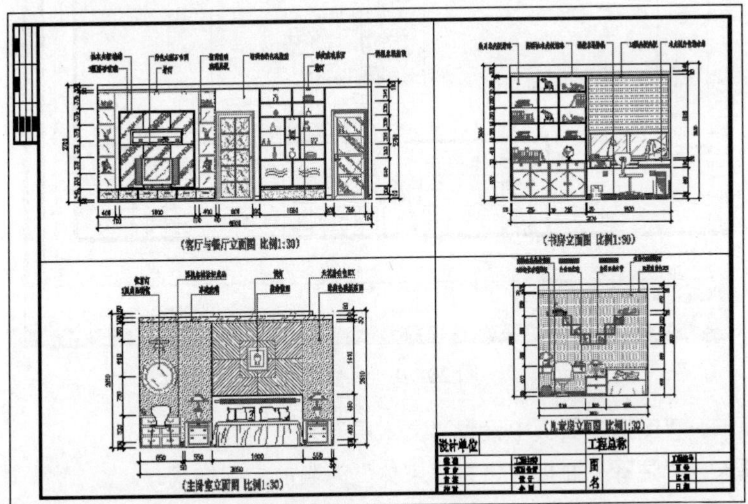

图 20-68　标注文字

19 选择 4 个矩形视口边框线，将其放到其他的 Defpoints 图层上，并将此图层关闭，结果如图 20-69 所示。

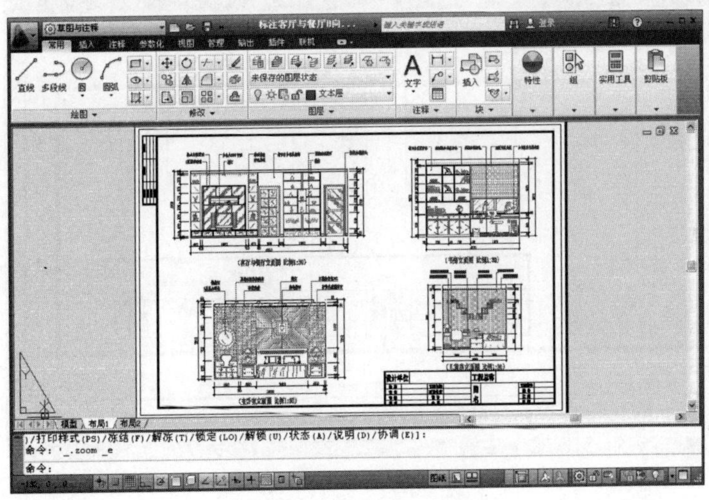

图 20-69　隐藏视口边框

20 单击“视图”选项卡→“二维导航”面板→“窗口缩放”按钮，调整视图，结果如图 20-70 所示。

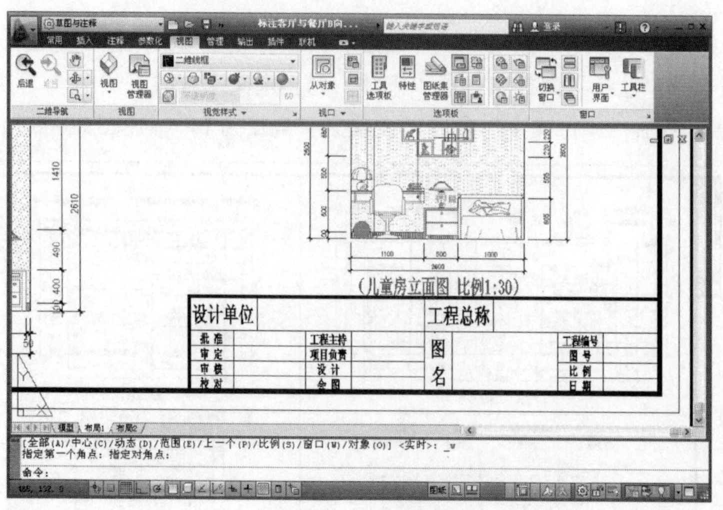

图 20-70 调整视图

21 在“常用”选项卡→“图层”面板中设置“文本层”为当前操作层。

22 在“常用”选项卡→“注释”面板中设置“宋体”为当前文字样式。

23 使用快捷键“T”激活“多行文字”命令，在打开的“文字格式编辑器”选项卡功能区面板中设置文字高度为 6、对正方式为“正中”，然后输入如图 20-71 所示的图名。

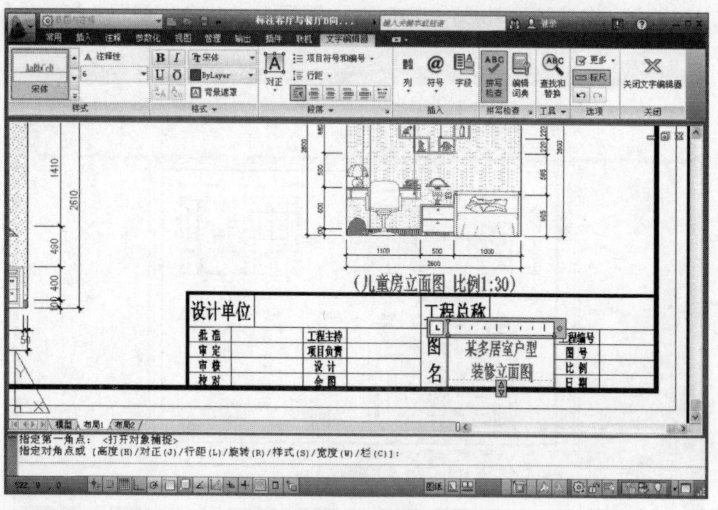

图 20-71 输入文字

24 在“关闭”面板中单击按钮 ，关闭“文字格式编辑器”选项卡，结果为标题栏填充图名，如图 20-72 所示。

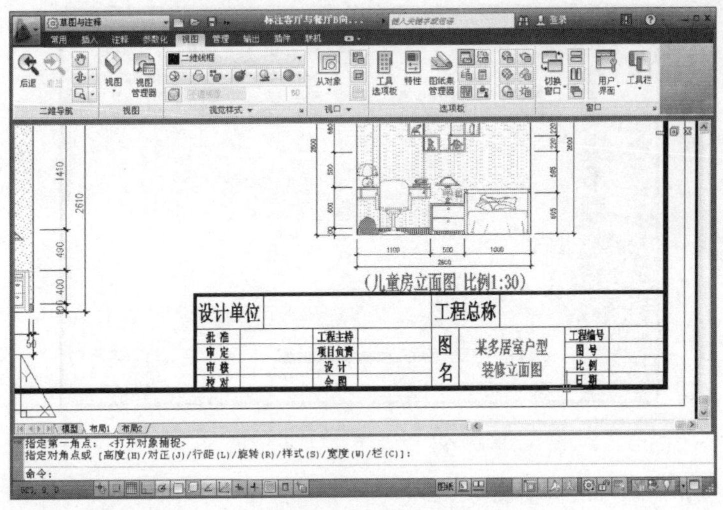

图 20-72　填充图名

25 单击“视图”选项卡→“二维导航”面板→“范围缩放”按钮，调整视图，结果如图 20-73 所示。

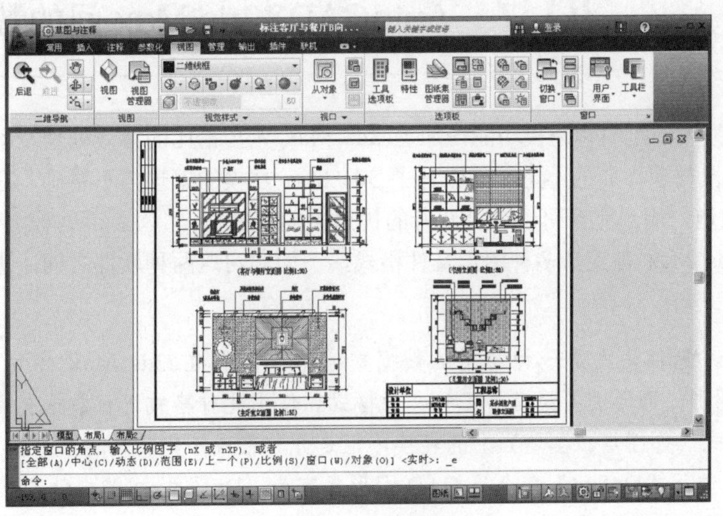

图 20-73　调整视图

26 单击“输出”选项卡→“打印”面板→“打印”按钮，在打开的“打印-布局 1”对话框中单击“预览(P)...”按钮，对图形进行预览，效果如图 20-56 所示。

27 按 Esc 键退出预览状态，返回“打印-布局 1”对话框单击“确定”按钮。

28 系统打开“浏览打印文件”对话框，设置文件的保存路径及文件名，如图 20-74 所示。

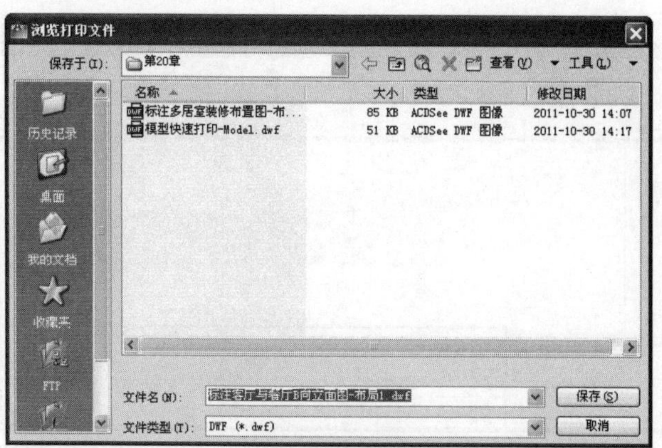

图 20-74　保存打印文件

29 单击 保存(S) 按钮，即可进行精确打印。

30 最后执行“另存为”命令，将当前文件命名存储为“多比例并列打印.dwg”。

20.7 AutoCAD&3ds Max 间的数据转换

AutoCAD 精确强大的绘图和建模功能，加上 3ds Max 无与伦比的特效处理及动画制作功能，既克服了 AutoCAD 的动画及材质方面的不足，又弥补了 3ds Max 建模的繁琐与不精确。在这两种软件之间存在有一条数据互换的通道，用户完全可以综合两者的优点来构造模型。

AutoCAD 与 3ds Max 都支持多种图形文件格式，下面学习这两种软件之间，进行数据转换时，使用到的三种文件格式。

- DWG 格式。此种格式是一种常用的数据交换格式，即在 3ds Max 中可以直接读入该格式的 AutoCAD 图形，而不需要经过第三种文件格式。使用此种格式进行数据交换，可能为用户提供图形的组织方式（如图层、图块）上的转换，但是此种格式不能转换材质和贴图信息。
- DXF 格式。使用“Dxfout”命令将 CAD 图形保存为“Dxf”格式的文件，然后 3ds Max 中也可以读入该格式的 CAD 图形。不过此种格式属于一种文本格式，它是在众多的 CAD 建模程序之间，进行一般数据交换的标准格式。使用此种格式，可以将 AutoCAD 模型转化为 3ds Max 中的网格对象。
- DOS 格式。这是 DOS 环境下的 3DStudio 的基本文本格式，使用这种格式可以使 3ds Max 转化为 AutoCAD 的材质和贴图信息，并且它是从 AutoCAD 向 3ds Max 输出 ARX 对象的最好办法。

另外，用户可以根据自己的实际情况，选择相应的数据交换格式，具体情况如下：

- 如果使从 AutoCAD 转换到 3ds Max 中的模型尽可能参数化，则可以选择 DWG 格式；
- 如果在 AutoCAD 和 3ds Max 来回交换数据，也可使用择 DWG 格式；
- 如果要在 3ds Max 中保留 AutoCAD 材质和贴图坐标，则可以使用 3DS 格式；
- 如果只需要将 AutoCAD 中的三维模型导入到 3ds Max，则可以使用 DXF 格式。

20.8 AutoCAD&Photoshop 间的数据转换

AutoCAD 绘制的图形，除了可以用 3ds max 处理外，同样也可以用 Photoshop 对其进行更细腻的光影、色彩等处理。具体如下：

- 使用“输出”命令。选择菜单栏中的“文件”→“输出”命令，打开“输出数据”对话框，将“文件类型”设置为“Bitmap（*.bmp）”选项，再确定一个合适的路径和文件名，即可将当前 CAD 图形文件输出为位图文件。
- 使用“打印到文件”方式输出位图，使用此种方式时，需要事先添加一个位图格式的光栅打印机，然后再进行打印输出位图。

虽然 AutoCAD 可以输出 BMP 格式图片，但 Photoshop 却不能输出 AutoCAD 格式图片，不过在 AutoCAD 中可以通过“光栅图像参照”命令插入 BMP、JPG、GIF 等格式的图形文件。选择菜单栏“插入”/“光栅图像参照”命令，打开“选择参照文件”对话框，然后选择所需的图像文件，如图 20-75 所示。

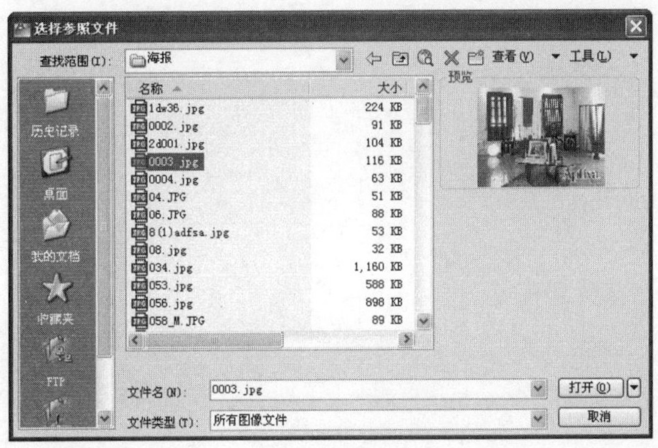

图 20-75　“选择图像文件”对话框

单击 打开(O) 按钮，打开如图 20-76 所示的“附着图像”对话框，根据需要设置图片文件的插入点、插入比例和旋转角度。单击 确定 按钮，指定图片文件的插入点等，按提示完成操作。

图 20-76　“附着图像”对话框

20.9 本章小结

打印输出是施工图设计的最后一个操作环节，只有将设计成果打印输出到图纸上，才算完成了整个绘图的流程。本章主要针对这一环节，通过模型打印、布局打印、并列视口打印等典型操作实例，学习 AutoCAD 的后期打印输出功能及与其他软件间的数据转换功能，使打印出的图纸能够完整、准确地表达出设计意图和效果，让设计与生产实践紧密结合起来。